2021
최신개정판

합격의 공식 **시대에듀**

KB165445

출제기준에 맞게 엄선된
이론 + 기출문제

본 도서는 항균잉크로 인쇄하였습니다.
항균+
99.9%
안심도서

2008~2020년
기출문제 및
해설수록!

소방설비
산업기사

기계편 필기
과년도 기출문제

편저 이덕수

4

NAVER 카페 │ 진격의 소방(소방학습카페)
cafe.naver.com/sogonghak / 소방 관련 수험자료 무료 제공 및 응시료 지원 이벤트

이 책의 특징 최근 10년간 출제경향분석표 수록

01 가장 어려운 부분인 소방유체역학을 쉽게 풀이하여 해설하였으며, 구조 원리는 화재안전기준에 준하여 작성하였습니다. **02** 한국산업인력공단의 출제기준을 토대로 예상문제를 다양하게 수록하였습니다. **03** 모든 내용은 최신개정법령을 기준으로 하였습니다. **04** 소방관계법규는 소방기본법 → 소방법, 화재예방, 소방시설 설치·유지 및 안전관리에 관한 법률 → 설치유지법률, 위험물안전관리법 → 위험물법으로 요약, 정리하였습니다.

소방설비 산업기사

소방설비 산업기사

기계편 필기

과년도 기출문제

Always with you

사람이 길에서 우연하게 만나거나 함께 살아가는 것만이 인연은 아니라고 생각합니다.
책을 펴내는 출판사와 그 책을 읽는 독자의 만남도 소중한 인연입니다.
(주)시대고시기획은 항상 독자의 마음을 헤아리기 위해 노력하고 있습니다.
늘 독자와 함께하겠습니다.

머리글

현대 문명의 발전이 물질적인 풍요와 안락한 삶을 추구함을 목적으로 급속한 변화를 보이는 현실에 도시의 대형화, 밀집화, 30층 이상의 고층화가 되어 어느 때보다도 소방안전에 대한 필요성을 느끼지 않을 수 없습니다.

발전하는 산업구조와 복잡해지는 도시의 생활, 화재로 인한 재해는 대형화될 수 밖에 없으므로 소방설비의 자체점검(종합정밀점검, 작동기능점검)강화, 홍보의 다양화, 소방인력의 고급화로 화재를 사전에 예방하여 화재로 인한 재해를 최소화하여야 하는 현실입니다.

특히 소방설비기사 · 산업기사의 수험생 및 소방설비업계에 종사하는 실무자에게 소방관련 서적이 절대적으로 필요하다는 인식이 들어 저자는 오랜 기간 동안에 걸쳐 외국과 국내의 소방관련자료를 입수하여 정리한 한편 오랜 소방학원의 강의 경험과 실무 경험을 토대로 본 서를 집필하게 되었습니다.

이 책의 특징...

❶ 오랜 기간 소방학원 강의 경력을 토대로 집필하였으며

❷ 강의 시 수험생이 가장 어려워하는 소방유체역학을 출제기준에 맞도록 쉽게 해설하였으며, 구조 원리는 개정된 화재안전기준에 맞게 수정하였습니다.

❸ 한국산업인력공단의 출제기준을 토대로 예상문제를 다양하게 수록하였고

❹ 최근 개정된 소방법규에 맞게 수정 · 보완하였습니다.

❺ 내용 중 "고딕체"부분과, PLUS ONE은 과년도 출제문제로서 중요성을 강조하였고

❻ 문제해설 중 소방관계법규는 참고사항으로 소방기본법 → 기본법, 소방시설 공사업법 → 공사업법, 화재예방, 소방시설 설치 · 유지 및 안전관리에 관한 법률 → 설치유지법률, 위험물안전관리법 → 위험물법으로 요약 정리하였습니다.

필자는 부족한 점에 대해서는 계속 수정, 보완하여 좋은 수험대비서가 되도록 노력하겠으며 수험생 여러분의 합격의 영광을 기원하는 바입니다.

끝으로 이 수험서가 출간하기까지 애써주신 시대고시기획 회장님 그리고 임직원 여러분의 노고에 감사드립니다.

편저자 드림

📢 개요

건물이 점차 대형화, 고층화, 밀집화되어 감에 따라 화재발생 시 진화보다는 화재의 예방과 초기진압에 중점을 둠으로써 국민의 생명, 신체 및 재산을 보호하는 방법이 더 효과적인 방법이다. 이에 따라 소방설비에 대한 전문인력을 양성하기 위하여 자격제도를 제정하였다.

📢 수행직무

소방시설공사 또는 정비업체 등에서 소방시설공사의 설계도면을 작성하거나 소방시설공사를 시공, 관리하며, 소방시설의 점검 · 정비와 화기의 사용 및 취급 등 방화안전관리에 대한 감독, 소방계획에 의한 소화, 통보 및 피난 등의 훈련을 실시하는 방화관리자의 직무를 수행한다.

📢 시험일정

구 분	필기시험접수 (인터넷)	필기시험	필기합격(예정자) 발표	실기시험접수	실기시험	합격자 발표
제1회	1.26~1.29	3.2~3.12	3.19	4.1~4.6	4.24~5.7	5.21(1차) 6.2(2차)
제2회	4.13~4.16	5.9~5.19	6.2	6.15~6.18	7.10~7.23	8.6(1차) 8.20(2차)
제4회	8.17~8.20	9.5~9.15	10.6	10.19~10.22	11.13~11.26	12.10(1차) 12.24(2차)

※ 상기 시험일정은 시행처의 사정에 따라 변경될 수 있으니, www.q-net.or.kr에서 확인하시기 바랍니다.

📢 시험요강

❶ **시행처** : 한국산업인력공단

❷ **관련 학과** : 대학 및 전문대학의 소방학, 건축설비공학, 기계설비학, 가스냉동학, 공조냉동학 관련 학과

❸ **시험과목**

　㉠ 필기 : 1. 소방원론 2. 소방유체역학 3. 소방관계법규 4. 소방기계시설의 구조 및 원리

　㉡ 실기 : 소방기계시설 설계 및 시공실무

❹ **검정방법**

　㉠ 필기 : 객관식 4지 택일형 과목당 20문항(과목당 30분)

　㉡ 실기 : 필답형(2시간 30분)

❺ **합격기준**

　㉠ 필기 : 100점을 만점으로 하여 과목당 40점 이상, 전 과목 평균 60점 이상

　㉡ 실기 : 100점을 만점으로 하여 60점 이상

📢 출제경향분석표 소방설비산업기사편(지난 10년간)

제 1 과목 : 소방원론

1. 화재의 특성과 원인 및 피해	9.7%(2문제)
2. 연소의 이론과 실제	31.6%(5문제)
3. 열 및 연기의 이동과 특성	8.4%(2문제)
4. 건축물의 화재성상	9.9%(2문제)
5. 물질의 화재위험	10.4%(2문제)
6. 건축물의 내화성상	10.7%(2문제)
7. 건축물의 방화 및 안전대책	6.6%(1문제)
8. 소방안전관리	2.6%(1문제)
9. 소화원리 및 방법	8.1%(2문제)
10. 물소화약제	3.7%(1문제)
11. 포소화약제	7.7%(2문제)
12. 이산화탄소소화약제	5.8%(1문제)
13. 할론소화약제	6.2%(1문제)
14. 할로겐화합물 및 불활성기체 소화약제	4.0%(1문제)
15. 분말소화약제	5.1%(1문제)

제 2 과목 : 소방유체역학

1. 유체의 일반적인 성질	24.8%(5문제)
2. 유체의 운동 및 압력	15.8%(3문제)
3. 유체의 유동 및 측정	15.5%(3문제)
4. 유체의 배관 및 마찰	5.6%(1문제)
5. 펌프 및 펌프의 발생현상	7.8%(2문제)

제 3 과목 : 소방관계법규

항목	비율
1. 소방기본법	11.0%(2문제)
2. 소방기본법 시행령	4.5%(1문제)
3. 소방기본법 시행규칙	4.3%(1문제)
4. 소방시설공사업법	4.3%(1문제)
5. 소방시설공사업법 시행령	5.8%(1문제)
6. 소방시설공사업법 시행규칙	5.1%(1문제)
7. 화재예방, 소방시설 설치·유지 및 안전관리에 관한 법률	9.5%(2문제)
8. 화재예방, 소방시설 설치·유지 및 안전관리에 관한 법률 시행령	19.8%(4문제)
9. 화재예방, 소방시설 설치·유지 및 안전관리에 관한 법률 시행규칙	5.0%(1문제)
10. 위험물안전관리법	7.7%(2문제)
11. 위험물안전관리법 시행령	11.0%(2문제)
12. 위험물안전관리법 시행규칙	12.0%(2문제)

제 4 과목 : 소방기계시설의 구조 및 원리

항목	비율
1. 소화기	5.6%(1문제)
2. 옥내소화전설비	12.3%(2문제)
3. 옥외소화전설비	6.0%(1문제)
4. 스프링클러설비	24.0%(5문제)
5. 물분무소화설비	5.8%(1문제)
6. 포소화설비	6.8%(1문제)
7. 이산화탄소소화설비	7.4%(1문제)
8. 할론소화설비	4.0%(1문제)
9. 할로겐화합물 및 불활성기체 소화설비	4.2%(1문제)
10. 분말소화설비	5.1%(1문제)
11. 피난구조설비	5.0%(1문제)
12. 소화용수설비	2.4%(1문제)
13. 제연설비	4.7%(1문제)
14. 연결송수관설비	3.6%(1문제)
15. 연결살수설비	3.1%(1문제)

CONTENTS

제1편 핵심이론

제1과목 소방원론

CONTENTS

제 **2** 과목 소방유체역학

제1장 소방유체역학

제 **3** 과목 소방관계법규

CONTENTS

제 **4** 과목 소방기계시설의 구조 및 원리

제1장 소화설비

CONTENTS

CONTENTS

제3장 피난구조설비

제4장 소화용수설비

CONTENTS

시험안내 Infomation | 합격의 공식 Formula of pass | 시대에듀 www.sdedu.co.k

제2편 과년도 출제문제

소방설비산업기사[필기] [기계편]

제 1 편

핵심이론

소방설비산업기사 [필기]

[기계편]

Always with you

사람이 길에서 우연하게 만나거나 함께 살아가는 것만이 인연은 아니라고 생각합니다.
책을 펴내는 출판사와 그 책을 읽는 독자의 만남도 소중한 인연입니다.
(주)시대고시기획은 항상 독자의 마음을 헤아리기 위해 노력하고 있습니다. 늘 독자와 함께하겠습니다.

제1과목 소방원론

제1장 화재론

1-1 화재의 특성과 원인 및 피해

1. 화재의 특성과 원인

(1) 화재의 정의

① 자연 또는 인위적인 원인에 의해 물체를 연소시키고 인간의 신체, 재산, 생명의 손실을 초래하는 재난
② 사람의 의도에 반하여 출화 또는 방화에 의하여 불이 발생하고 확대되는 현상
③ 불을 사용하는 사람의 부주의와 불안정한 상태에서 발생하는 현상
④ 불이 그 사용 목적을 넘어 다른 곳으로 연소하여 사람들이 예기치 않는 경제상의 손실을 가져오는 현상

> **PLUS ONE ➕ 화 재**
> • 소화의 필요성이 있는 불
> • 소화에 효과가 있는 어떤 물건을 사용할 필요가 있다고 판단되는 불
> • 실화 또는 방화로 발생하는 연소현상

(2) 화재의 발생현황

① 원인별 화재발생현황(연도에 따라 약간 다름) : **전기** > 담배 > 방화 > 불티 > 불장난 > 유류

> 화재발생 빈도가 가장 높은 것 : 전기

② 장소별 화재발생현황 : 주택, 아파트 > 차량 > 공장 > 음식점 > 점포
③ 계절별 화재발생현황 : 겨울(12~2월) > 봄 > 가을 > 여름

2. 화재의 종류

구분 \ 급수	A 급	B 급	C 급	D 급	K 급
화재의 종류	일반화재	유류화재	전기화재	금속화재	식용유화재
표시색	백 색	황 색	청 색	무 색	–

(1) 일반화재

목재, 종이, 합성수지류 등의 일반가연물의 화재

(2) 유류화재

제4류 위험물(특수인화물, 제1석유류~제4석유류, 알코올류, 동식물유류)의 화재

> 유류화재 시 주수소화 금지이유 : **연소면(화재면) 확대**

(3) 전기화재

전기화재는 양상이 다양한 원인 규명의 곤란이 많은 전기가 설치된 곳의 화재

> **PLUS ONE** **전기화재의 발생원인**
> 합선(단락) · 과부하 · 누전 · 스파크 · 배선불량 · 전열기구의 과열

(4) 금속화재

칼륨(K), 나트륨(Na), 카바이드(CaC₂), 마그네슘(Mg), 아연(Zn) 등 물과 반응하여 가연성 가스를 발생하는 물질의 화재

> **PLUS ONE** **금수성 물질의 반응식**
> • $2K + 2H_2O \rightarrow 2KOH + H_2 \uparrow$
> • $2Na + 2H_2O \rightarrow 2NaOH + H_2 \uparrow$
> • $Mg + 2H_2O \rightarrow Mg(OH)_2 + H_2 \uparrow$
> • 금속화재 시 주수소화를 금지하는 이유 : **수소(H_2)가스 발생**
> • **알킬알루미늄**에 적합한 소화약제 : **팽창질석, 팽창진주암**
> • 알킬알루미늄은 공기나 물과 반응하면 발화한다.
> • $2(C_2H_5)_3Al + 21O_2 \rightarrow 12CO_2 + Al_2O_3 + 15H_2O$
> • $(C_2H_5)_3Al + 3H_2O \rightarrow Al(OH)_3 + 3C_2H_6$

(5) 가스화재

가연성가스, 압축가스, 액화가스 등의 화재

① 가연성가스

수소, 일산화탄소, 아세틸렌, 메탄, 에탄, 프로판, 부탄 등의 폭발한계 농도가 하한값이 10[%] 이하, 상한값과 하한값의 차이가 20[%] 이상인 가스

② 압축가스

수소, 질소, 산소 등 고압으로 저장되어 있는 가스

③ 액화가스

액화석유가스(LPG), 액화천연가스(LNG) 등 액화되어 있는 가스

> **PLUS ONE** ⊕ LPG(액화석유가스, Liquefied Petroleum Gas)의 특성
> - 무색무취
> - 물에 녹지 않고, 유기용제에는 잘 녹는다.
> - 석유류, 동식물유류, 천연고무를 잘 녹인다.
> - 공기 중에서 쉽게 연소 폭발한다.
>   - $C_3H_8 + 5O_2 \rightarrow 3CO_2 + 4H_2O$
>   - $2C_4H_{10} + 13O_2 \rightarrow 8CO_2 + 10H_2O$
> - 액체상태에서 기체로 될 때 체적은 약 250배로 된다.
> - 액체상태는 물보다 가볍고(약 0.5배), **기체상태는 공기보다 무겁다**(약 1.5~2.0배).

3. 가연성 가스의 폭발(연소)범위

(1) 폭발범위(연소범위)

① 폭발범위 : 가연성 물질이 기체상태에서 공기와 혼합하여 일정농도 범위 내에서 연소가 일어나는 범위

㉠ 하한값(하한계) : 연소가 계속되는 최저의 용량비

㉡ 상한값(상한계) : 연소가 계속되는 최대의 용량비

> **PLUS ONE** ⊕ 폭발범위와 화재의 위험성
> - 하한계가 낮을수록 위험
> - 상한계가 높을수록 위험
> - **연소범위가 넓을수록 위험**
> - 온도(압력)가 상승할수록 위험(압력이 상승하면 하한계는 불변, 상한계는 증가.
>   단, **일산화탄소**는 압력상승 시 연소범위가 **감소**)

(2) 공기 중의 폭발(연소)범위

가 스	하한계[%]	상한계[%]
아세틸렌(C_2H_2)	2.5	81.0
수소(H_2)	4.0	75.0
일산화탄소(CO)	12.5	74.0
암모니아(NH_3)	15.0	28.0
메탄(CH_4)	5.0	15.0
에탄(C_2H_6)	3.0	12.4
프로판(C_3H_8)	2.1	9.5
부탄(C_4H_{10})	1.8	8.4

(3) 위험도(Degree of Hazards)

$$위험도\ H = \frac{U-L}{L}$$

여기서, U : 폭발상한계 L : 폭발하한계

(4) 혼합가스의 폭발한계값

$$L_m = \frac{100}{\dfrac{V_1}{L_1} + \dfrac{V_2}{L_2} + \dfrac{V_3}{L_3} + \cdots + \dfrac{V_n}{L_n}}$$

여기서, L_m : 혼합가스의 폭발한계(하한값, 상한값[vol%])

V_1, V_2, V_3, ..., V_n : **가연성 가스의 하한값 또는 상한값**[vol%]

L_1, L_2, L_3, ..., L_n : 가연성 가스의 용량[vol%]

(5) 폭굉과 폭연

① **폭연**(Deflagration) : 발열반응으로서 연소의 전파속도가 **음속보다 느린** 현상
② **폭굉**(Detonation) : 발열반응으로서 연소의 전파속도가 **음속보다 빠른** 현상

4. 화재의 피해 및 소실 정도

(1) 화재피해의 증가원인

① 인구증가에 따른 공동 주택의 밀집현상
② 가연성 물질의 대량사용
③ 방화사범의 증가
④ 소방안전에 관련된 법규의 미비

> 화재의 일반적인 특성 : **확대성, 불안정성, 우발성**

(2) 화재피해의 감소방안

① 화재의 효과적인 **예방**
② 화재의 효과적인 **경계**
③ 화재의 효과적인 **진압**

> 화재의 피해 감소방안 : 예방, 경계, 진압

(3) 위험물과 화재위험의 상호관계

제반사항	위험성
온도, 압력	높을수록 위험
인화점, 착화점, 융점, 비점	**낮을수록 위험**
연소범위	넓을수록 위험
연소속도, 증기압, 연소열	클수록 위험

(4) 화재의 소실 정도

① 부분소화재 : 전소, 반소 화재에 해당되지 아니하는 것
② 반소화재 : 건물의 30[%] 이상 70[%] 미만이 소실된 것
③ 전소화재 : 건물의 70[%] 이상(입체면적에 대한 비율)이 소실되었거나 또는 그 미만이라도 잔존 부분을 보수하여도 재사용이 불가능한 것

5. 화상의 종류

(1) 1도 화상(홍반성)

최외각의 피부가 손상되어 그 부위가 분홍색이 되며 심한 통증을 느끼는 상태

(2) 2도 화상(수포성)

화상 부위가 **분홍색**으로 되고 **분비액이 많이 분비**되는 화상의 정도

(3) 3도 화상(괴사성)

화상 부위가 벗겨지고 열이 깊숙이 침투하여 검게 되는 현상, 피부원상 회복이 불가능한 상태

1-2 연소의 이론과 실제

1. 연 소

(1) 연소의 정의

가연물이 공기 중에서 산소와 반응하여 열과 빛을 동반하는 급격한 **산화현상**

(2) 연소의 색과 온도

색 상	담암적색	암적색	적 색	휘적색	황적색	백적색	휘백색
온도[℃]	520	700	850	950	1,100	1,300	1,500 이상

> 연소의 색과 온도 : 적색, 백적색, 휘백색의 온도는 꼭 암기

(3) 연소물질의 온도

상 태	온 도
목재화재	1,200~1,300[℃]
촛불, 연강용해	1,400[℃]
아세틸렌 불꽃	3,300~4,000[℃]
전기용접불꽃	3,000[℃]
물의 비점	100[℃]

(4) 연소의 3요소

① 가연물

목재, 종이, 석탄, 플라스틱 등과 같이 산소와 반응하여 발열반응하는 물질

㉠ 가연물의 조건

- **열전도율**이 **작을 것**
- **발열량**이 **클 것**
- 표면적이 넓을 것

- 산소와 친화력이 좋을 것
- **활성화에너지**가 **작을 것**

ⓒ 가연물이 될 수 없는 물질

- 산소완결반응 : CO_2, H_2O, Al_2O_3 등
- **질소** 또는 산화물 : 산소와 반응은 하나 **흡열반응**을 하기 때문
- 0족(18족)원소(불활성기체) : 헬륨(He), 네온(Ne), 아르곤(Ar), 크립톤(Kr), 크세논(Xe), 라돈(Rn)

> 질소가 가연물이 될 수 없는 이유 : 흡열반응

② 산소공급원

산소, 공기, 제1류 위험물, 제5류 위험물, 제6류 위험물

③ 점화원

전기불꽃, 충격, 정전기불꽃, 충격마찰의 불꽃, 단열압축, 나화 및 고온표면 등

- 연소의 3요소 : 가연물, 산소공급원, 점화원
- 연소의 4요소 : 가연물, 산소공급원, 점화원, **순조로운 연쇄반응**
- 점화원이 될 수 없는 것 : 액화열, 기화열
- 정전기의 방지대책 : 접지, 상대습도 70[%] 이상 유지, 공기이온화
- PVC(폴리염화비닐) Film제조 : 정전기 발생의 위험이 크다.
- 정전기의 발화과정 : 전하의 발생 → 전하의 축적 → 방전 → 발화

2. 연소의 형태

(1) 고체의 연소

종 류	정 의	물질명
증발연소	고체를 가열 → 액체 → 액체가열 → 기체 → 기체가 연소하는 현상	**황, 나프탈렌** 왁스, 파라핀
분해연소	연소 시 열분해에 의해 발생된 가스와 공기가 혼합하여 연소하는 현상	석탄, 종이 목재, 플라스틱
표면연소	연소 시 열분해에 의해 가연성 가스는 발생하지 않고 그 물질 자체가 연소하는 현상(작열연소)	목탄, 코크스 금속분, 숯
내부연소	그 물질이 가연물과 산소를 동시에 가지고 있는 가연물이 연소하는 현상	나이트로셀룰로스 질화면 등 제5류 위험물

(2) 액체의 연소

종 류	정 의	물질명
증발연소	액체를 가열하면 증기가 되어 연소하는 현상	아세톤, 휘발유, 등유, 경유
액적연소	가열하여 점도를 낮추어 버너 등을 사용하여 액체의 입자를 안개로 분출하여 연소하는 현상	벙커C유

(3) 기체의 연소

종 류	정 의	물질명
확산연소	화염의 안정 범위가 넓고 조작이 용이하여 역화의 위험이 없는 연소	수소, 아세틸렌 프로판, 부탄
폭발연소	밀폐된 용기에 공기와 혼합가스가 있을 때 점화되면 연소속도가 증가하여 폭발적으로 연소하는 현상	-
예혼합연소	가연성 기체와 공기 중의 산소를 미리 혼합하여 연소하는 현상	-

3. 연소에 따른 제반사항

(1) 비열(Specific Heat)

① 1[g]의 물체를 1[℃](14.5~15.5[℃]) 올리는 데 필요한 열량[cal]

② 1[lb]의 물체를 60[℉]에서 1[℉] 올리는 데 필요한 열량(BTU)

> 물을 소화약제로 사용하는 이유 : 비열과 증발잠열이 크기 때문

(2) 잠열(Latent Heat)

어떤 물질이 온도는 변하지 않고 상태만 변화할 때 발생하는 열($Q = \gamma \cdot m$)

① 증발잠열 : 액체가 기체로 될 때 출입하는 열(물의 증발잠열 : 539[cal/g])

② 융해잠열 : 액체가 고체로 될 때 출입하는 열(물의 융해잠열 : 80[cal/g])

- 현열 : 어떤 물질이 상태는 변화하지 않고 온도만 변화할 때 발생하는 열

  ($Q = m C_p \Delta t$)
- 0[℃]의 물 1[g]을 100[℃]의 수증기로 되는 데 필요한 열량 : 639[cal]

  $Q = m C_p \Delta t + \gamma \cdot m$ = 1[g] × 1[cal/g·℃] × (100 − 0)[℃] + 539[cal/g] × 1[g] = **639[cal]**
- 0[℃]의 얼음 1[g]을 100[℃]의 수증기로 되는 데 필요한 열량 : 719[cal]

  $Q = \gamma_1 \cdot m + m C_p \Delta t + \gamma_2 \cdot m$

  = (80[cal/g] × 1[g]) + 1[g] × 1[cal/g·℃] × (100 − 0)[℃] + 539[cal/g] × 1[g] = **719[cal]**

(3) 인화점(Flash Point)

휘발성 물질에 불꽃을 접하여 발화될 수 있는 최저의 온도

PLUS ONE 인화점
- 가연성 액체의 위험성의 척도
- 가연성 증기를 발생할 수 있는 최저의 온도

(4) 발화점(Ignition Point)

가연성 물질에 점화원을 접하지 않고도 불이 일어나는 최저의 온도

① **자연발화의 형태**

㉠ 산화열에 의한 발화 : 석탄, 건성유, 고무분말

㉡ 분해열에 의한 발화 : 나이트로셀룰로스, 셀룰로이드

ⓒ 미생물에 의한 발화 : 퇴비, 먼지

ⓔ 흡착열에 의한 발화 : 목탄, 활성탄

ⓜ 중합열에 의한 발화 : 시안화수소

> 자연발화의 형태 : 산화열, 분해열, 미생물, 흡착열

② **자연발화의 조건**

ⓐ 주위의 온도가 높을 것

ⓑ **열전도율이 작을 것**

ⓒ 발열량이 클 것

ⓓ **표면적이 넓을 것**

> **PLUS ONE ➕** **자연발화 방지법**
> • 습도를 낮게 할 것
> • 주위의 온도를 낮출 것
> • 통풍을 잘 시킬 것
> • 불활성 가스를 주입하여 공기와 접촉을 피할 것

③ **발화점이 낮아지는 이유**

ⓐ **분자구조가 복잡할 때**

ⓑ 산소와 친화력이 좋을 때

ⓒ 열전도율이 낮을 때

ⓓ 증기압과 습도가 낮을 때

(5) 연소점(Fire Point)

어떤 물질이 공기 중에서 열을 받아 지속적인 연소를 일으킬 수 있는 최저온도로서 인화점보다 10[℃] 높다.

(6) 증기비중

$$증기비중 = \frac{분자량}{29}$$

① 공기의 조성 : 산소(O_2) 21[%], 질소(N_2) 78[%], 아르곤(Ar) 등 1[%]

② 공기의 평균분자량 = $(32 \times 0.21) + (28 \times 0.78) + (40 \times 0.01) = 28.96$
　　　　　　　　　 $≒ 29$

(7) 증기 - 공기밀도(Vapor - Air Density)

$$증기-공기밀도 = \frac{P_2 d}{P_1} + \frac{P_1 - P_2}{P_1}$$

여기서, P_1 : 대기압　　　　　　P_2 : 주변온도에서의 증기압
　　　　 d : 증기밀도

4. 연소생성물이 인체에 미치는 영향

(1) 일산화탄소(CO)의 영향

농 도	인체의 영향
2,000[ppm]	1시간 노출로 생명이 위험
4,000[ppm]	1시간 이내에 치사

(2) 이산화탄소(CO_2)의 영향

농 도	인체에 미치는 영향
0.1[%]	공중위생상의 상한선
2[%]	불쾌감 감지
4[%]	두부에 압박감 감지
6[%]	두통, 현기증, 호흡곤란
10[%]	시력장애, 1분 이내에 의식 불명하여 방치 시 사망
20[%]	중추신경이 마비되어 사망

(3) 주요 연소생성물의 영향

가 스	현 상
CH_2CHCHO(아크롤레인)	석유제품이나 유지류가 연소할 때 생성
SO_2(아황산가스)	황을 함유하는 유기화합물이 완전 연소 시에 발생
H_2S(황화수소)	황을 함유하는 유기화합물이 불완전 연소 시에 발생 달걀 썩는 냄새가 나는 가스
CO_2(이산화탄소)	연소가스 중 가장 많은 양을 차지, 완전 연소 시 생성
CO(일산화탄소)	불완전 연소 시에 다량 발생, 혈액 중의 헤모글로빈(Hb)과 결합하여 혈액 중의 산소운반 저해하여 사망

5. 열에너지(열원)의 종류

(1) 화학열

① 연소열 : 어떤 물질이 완전히 산화되는 과정에서 발생하는 열
② **분해열** : 어떤 화합물이 **분해할 때** 발생하는 열
③ 용해열 : 어떤 물질이 액체에 용해될 때 발생하는 열

> 기름걸레를 **빨래줄**에 걸어 놓으면 **자연발화**가 되지 않는다(산화열의 미축적으로).

(2) 전기열

① 저항열

> **백열전구의 발열 : 저항열**

② 유전열 : 누설전류에 의해 절연물질이 가열하여 절연이 파괴되어 발생하는 열

③ **유도열** : 도체 주위에 변화하는 자장이 존재하면 전위차를 발생하고 이 전위차로 전류의 흐름
이 일어나 도체의 저항 때문에 열이 발생하는 것

④ **아크열**

⑤ **정전기열** : 정전기가 방전할 때 발생하는 열

> **PLUS ONE** ➕ **정전기 방전에 대한 설명**
> • 방전시간은 짧다.
> • 많은 열을 발생하지 않으므로 종이와 같은 가연물을 점화시키지 못한다.
> • 가연성 증기나 기체 또는 **가연성 분진**은 **발화**시킬 수 있다.

(3) 기계열

① **마찰열** : 두 물체를 마주대고 마찰시킬 때 발생하는 열

② **압축열** : 기체를 압축할 때 발생하는 열

③ **마찰스파크** : 금속과 고체물체가 충돌할 때 발생하는 열

> • 기계열 : 마찰열, 압축열
> • 화학열 : 연소열, 분해열, 용해열

6. 열의 전달

(1) 전도(Conduction)

하나의 물체가 다른 물체와 직접 접촉하여 전달되는 현상이다.

(2) 대류(Convection)

화로에 의해서 방 안이 더워지는 현상은 대류현상에 의한 것이다.

(3) 복사(Radiation)

양지바른 곳에 햇볕을 쬐면 따뜻함을 느끼는 복사현상에 의한 것이다.

> 복사 : 화재 시 **열의 이동에 가장 크게 작용**하는 열

> **PLUS ONE** ➕ **슈테판 - 볼츠만(Stefan - Boltzmann) 법칙**
> 복사열은 절대온도차의 **4제곱**에 비례하고 열전달 면적에 비례한다.
> • $Q = aAF(T_1^4 - T_2^4)$ [kcal/h]
> • $Q_1 : Q_2 = (T_1 + 273)^4 : (T_2 + 273)^4$

7. 유류탱크(가스탱크)에서 발생하는 현상

(1) 보일오버(Boil Over)

① 중질유탱크에서 장시간 조용히 연소하다가 탱크의 잔존기름이 갑자기 분출(Over Flow)하는
현상

② 유류탱크 바닥에 물 또는 물-기름에 에멀션이 섞여 있을 때 화재가 발생하는 현상

③ 연소유면으로부터 100[℃] 이상의 열파가 탱크저부에 고여 있는 물을 비등하게 하면서 연소유를 탱크 밖으로 비산하며 연소하는 현상

> **"보일오버"**의 정의만 종종 출제됨

(2) 슬롭오버(Slop Over)

물이 연소유의 뜨거운 표면에 들어갈 때 기름 표면에서 화재가 발생하는 현상

(3) 프로스오버(Froth Over)

물이 뜨거운 기름 표면 아래서 끓을 때 화재를 수반하지 않고 용기에서 넘쳐흐르는 현상

(4) 블레비(BLEVE ; Boiling Liquid Expanding Vapor Explosion)

액화가스 저장탱크의 누설로 부유 또는 확산된 액화가스가 착화원과 접촉하여 액화가스가 공기 중으로 확산, 폭발하는 현상

1-3 열 및 연기의 이동과 특성

1. 불(열)의 성상

(1) 플래시오버(Flash Over)

① 가연성 가스를 동반하는 연기와 유독가스가 방출하여 실내의 급격한 온도상승으로 실내 전체가 순간적으로 연기가 충만해지는 현상
② 옥내화재가 서서히 진행되어 열이 축적되었다가 일시에 화염이 크게 발생하는 상태

(2) 플래시오버에 영향을 미치는 요인

① 개구부의 크기(**개구율**)
② **내장재료**
③ **화원의 크기**
④ 가연물의 종류
⑤ 실내의 표면적

(3) 플래시오버의 지연대책

① 두꺼운 내장재 사용
② 열전도율이 큰 내장재 사용
③ 실내에 가연물 분산 적재
④ 개구부 많이 설치

(4) 플래시오버 발생시간에 영향

① 가연재료가 난연재료보다 빨리 발생
② 열전도율이 적은 내장재가 빨리 발생
③ 내장재의 두께가 얇은 것이 빨리 발생

> **PLUS ONE** ⊕ 　플래시오버(Flash Over)
> - 플래시오버 : 폭발적인 착화현상, 순발적인 연소확대현상
> - 발생시기 : 성장기에서 **최성기**로 넘어가는 분기점
> - 최성기시간 : 내화구조는 **60분 후**(950[℃]), 목조건물은 10분 후(1,100[℃]) 최성기에 도달

2. 연기의 성상

(1) 연 기

① 연기는 완전 연소되지 않는 가연물인 **탄소 및 타르입자**가 떠돌아다니는 상태

② 탄소나 타르입자에 의해 연소가스가 눈에 보이는 것

> **PLUS ONE** ⊕ 　연 기
> **습기가 많을 때** 그 전달속도가 빨라져서 사람이 방호할 수 있는 능력을 떨어지게 하며 폐 속으로 급히 흡입하면 **혈압이 떨어져** 혈액순환에 장해를 초래하게 되어 사망할 수 있는 화재의 연소생성물

(2) 연기의 이동속도

방 향	수평방향	수직방향	실내계단
이동속도	0.5~1.0[m/s]	2.0~3.0[m/s]	3.0~5.0[m/s]

> **PLUS ONE** ⊕ 　연기의 이동속도
> - 연기층의 두께는 연도의 강하에 따라 달라진다.
> - 연소에 필요한 신선한 공기는 연기의 유동방향과 같은 방향으로 유동한다.
> - 화재실로부터 분출한 연기는 공기보다 가벼워 통로의 상부를 따라 유동한다.
> - 연기는 발화층부터 위층으로 확산된다.

(3) 연기유동에 영향을 미치는 요인

① 연돌(굴뚝)효과 　　　　　　　② 외부에서의 풍력

③ 공기유동의 영향 　　　　　　　④ 건물 내 기류의 강제이동

⑤ 비중차 　　　　　　　　　　　⑥ 공조설비

> 연돌효과와 관계가 있는 것 : 화재실의 온도, 건물의 높이, 건물 내·외의 온도차

(4) 연기가 인체에 미치는 영향

① 질 식

② 인지능력 감소

③ 시력장애

(5) 연기로 인한 투시거리에 영향을 주는 요인

① 연기의 농도

② 연기의 흐름속도

③ 보는 표시의 휘도, 형상, 색

(6) 연기농도와 가시거리

감광계수	가시거리[m]	상 황
0.1	20~30	연기감지기가 작동할 때의 정도
0.3	5	건물 내부에 익숙한 사람이 피난에 지장을 느낄 정도
0.5	3	어둠침침한 것을 느낄 정도
1	1~2	거의 앞이 보이지 않을 정도
10	0.2~0.5	화재 최성기 때의 정도

PLUS ONE ➕ 감광계수
- 연기의 농도를 나타내는 계수
- 감광계수 $= \dfrac{1}{가시거리}$

1-4 건축물의 화재성상

1. 목조건축물의 화재

(1) 화학적 성질

주성분 : 셀룰로스$[(C_6H_{10}O_5)_x]$, 리그닌, 무기물, 수분 등

(2) 외 관

잘고 얇은 가연물이 두껍고 큰 것보다 더 잘 탄다.

(이유 : 표면적이 커서 공기와 접촉 면적이 많아지고 입자표면에서 열전도율의 방출이 적으므로)

(3) 열전도율

목재의 열전도율은 콘크리트나 철재보다 적다.

건축재료	열전도율[cal/cm · s · ℃]
콘크리트	4.10×10^{-3}
철 재	0.15
목 재	0.41×10^{-3}

(4) 열팽창률

열팽창은 건물붕괴의 주 인자가 된다. 목재의 열팽창률은 철재, 벽돌, 콘크리트보다 적고 철재, 벽돌, 콘크리트는 열팽창률이 대체적으로 비슷하다.

물 질	선팽창계수
목 재	4.92×10^{-5}
철 재	1.15×10^{-3}
벽 돌	9.50×10^{-5}
콘크리트	$1.0 \sim 1.4 \times 10^{-4}$

(5) 수분의 함유량

목재류의 수분함량이 15[%] 이상 : 고온에 장시간 접촉해도 착화하기 어렵다.

(6) 목재의 연소과정

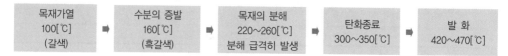

| 목재가열
100[℃]
(갈색) | ➡ | 수분의 증발
160[℃]
(흑갈색) | ➡ | 목재의 분해
220~260[℃]
분해 급격히 발생 | ➡ | 탄화종료
300~350[℃] | ➡ | 발 화
420~470[℃] |

(7) 목조건축물의 화재진행과정

| ← 전 기 → | ← 후 기 → |

화재의 원인 → 무염 착화 → 발염 착화 → 발화 → 최성기 → 연소 낙하 → 진화

- **무염착화** : 가연물이 연소하면서 재로 덮힌 숯불모양으로 **불꽃없이** 착화하는 현상
- **발염착화** : 무염상태의 가연물에 바람을 주어 불꽃이 발생되면서 착화하는 현상

(8) 목재의 형태에 따른 연소상태

목재형태 \ 연소속도	빠 름	느 림
건조의 정도	수분이 적은 것	수분이 많은 것
두께와 크기	얇고 가는 것	두껍고 큰 것
형 상	사각인 것	둥근 것
표 면	거친 것	매끄러운 것
색	검은색	백 색

(9) 목조건축물의 화재온도 표준곡선

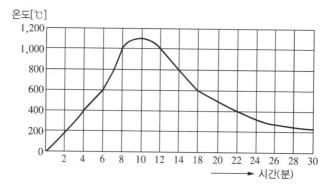

[목조건건축물의 경과시간]

풍속[m/s]	발화 → 최성기	최성기 → 연소낙하	발화 → 연소낙하
0~3	5~15분	6~19분	13~24분

(10) 목조건축물의 화재원인

① 접염 : 화염 또는 열의 접촉에 의하여 불이 옮겨 붙는 것
② 복사열 : 복사파에 의하여 열이 고온에서 저온으로 이동하는 것
③ 비화 : 화재현장에서 불꽃이 날아가 먼 지역까지 발화하는 현상

> 목조건축물의 화재원인 : **접염, 복사열, 비화**

(11) 출화의 종류

① 옥내출화
  ㉠ 천장 및 벽 속 등에서 발염착화할 때
  ㉡ 불연천장인 경우 실내에서는 그 뒤판에 발염착화할 때
  ㉢ 가옥구조일 때 천장판에서 발염착화할 때

② 옥외출화
  ㉠ 창, 출입구 등에서 발염착화할 때
  ㉡ 목재가옥에서는 벽, 추녀 밑의 판자나 목재에 발염착화할 때

> • 옥내출화와 옥외출화의 구분
> • **도괴방향법** : 출화가옥 등의 기둥, 벽 등은 발화부를 향하여 **도괴하는 경향**이 있으므로 이곳을 출화부로 추정하는 것

2. 내화건축물의 화재

(1) 내화건축물의 화재성상 – 저온장기형

> PLUS ONE 건축물의 화재성상
> • 내화건축물의 화재성상 : 저온장기형
> • 목조건축물의 화재성상 : 고온단기형

(2) 내화건축물의 화재의 진행과정

초 기 ➡ 성장기 ➡ 최성기 ➡ 종 기

> PLUS ONE 성장기
> 개구부 등 공기의 유통구가 생기면 연소속도는 급격히 진행되어 **실내는 순간적으로 화염이 가득** 휩싸이는 시기

(3) 내화건축물의 표준온도곡선

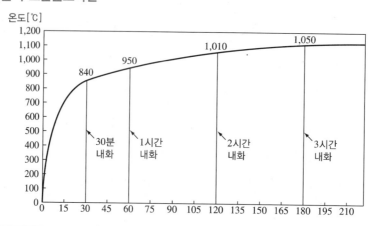

> 내화건축물 화재 시 1시간 경과 후의 온도 : 950[℃]

(4) 화재하중

단위면적당 가연성 수용물의 양으로서 건물화재 시 **발열량 및 화재의 위험성**을 나타내는 용어이고, 화재의 규모를 결정하는 데 사용된다.

소방대상물	주택, 아파트	사무실	창 고	시 장	도서실	교 실
화재하중[kg/m²]	30~60	30~150	200~1,000	100~200	100~250	30~45

$$화재하중\ Q = \frac{\sum(G_t \times H_t)}{H \times A} = \frac{Q_t}{4,500 \times A}\,[\mathrm{kg/m^2}]$$

여기서, G_t : 가연물의 질량[kg]　　　　　H_t : 가연물의 단위발열량[kcal/kg]

　　　H : 목재의 단위발열량(4,500[kcal/kg])　A : 화재실의 바닥면적[m²]

　　　Q_t : 가연물의 전발열량[kcal]

1-5 물질의 화재위험

1. 화재의 위험성

(1) 발화성(금수성) 물질

일정온도 이상에서 착화원이 없어도 스스로 연소하거나 또는 물과 접촉하여 가연성 가스를 발생하는 물질

> 발화성 물질 : 황린, 나트륨, 칼륨, **금속분**, **마그네슘분**, 카바이드, 생석회 등

(2) 인화성 물질

액체표면에서 증발된 가연성 증기와의 혼합기체에 의한 폭발 위험성을 가진 물질

> 인화성 물질 : 이황화탄소, 에테르, 아세톤, 가솔린, 등유, 경유, 중유, 기어유 등

(3) 가연성 물질

15[℃], 1[atm]에서 기체상태인 가연성 가스

PLUS ONE **가스의 종류**
- 용해가스 : 아세틸렌
- 불연성 가스 : 질소, 이산화탄소, 0족원소(불활성기체), 수증기
- **조연성 가스** : 자신은 연소하지 않고 연소를 도와주는 가스(**산소, 공기**, 오존, **염소**, 플루오린 등)

(4) 산화성 물질

제1류 위험물과 제6류 위험물

> **산화성 물질 : 염소산염류**, 과염소산염류, 무기과산화물, 질산칼륨, **질산나트륨** 등

(5) 폭발성 물질

나이트로기($-NO_2$)가 2개 이상인 물질로서 강한 폭발성을 가진 물질

① 물리적인 폭발 : 화산폭발, 진공용기의 과열폭발, 증기폭발
② 화학적 폭발 : 산화폭발, 분해폭발, 중합폭발

> **폭발성 물질 : TNT**(트라이나이트로톨루엔), 피크르산, 나이트로메탄 등

2. 위험물의 종류 및 성상

(1) 제1류 위험물

구 분	내 용
성 질	산화성 고체
품 명	• 아염소산염류, **염소산염류**, 과염소산염류 • 무기과산화물, 브롬산염류, 질산염류 • 아이오딘산염류, 과망간산염류, 다이크롬산염류 등
성 상	• 대부분 무색결정 또는 백색분말 • 비중이 1보다 크고 수용성이 많다. • 반응성이 크므로 열, 마찰, 충격에 의해 분해된다. • 산소를 많이 함유하는 강산화제이다. • **불연성**이다.
저장 및 취급 주의사항	• **질산염류**는 **조해성**이므로 습기에 주의해야 한다. • 강산화제이므로 가연물과 접촉을 피한다. • 가열, 마찰, 충격, 화기를 피한다. • 서늘하고 건조한 곳에 저장하여야 한다.
소화방법	물에 의한 냉각소화(무기과산화물은 건조된 모래에 의한 질식소화)

(2) 제2류 위험물

구 분	내 용
성 질	**가연성 고체(환원성 물질)**
품 명	• 황화인, 적린, 유황 • 철분, 마그네슘, 인화성 고체 • **금속분**
성 상	• 낮은 온도에서 착화되기 쉬운 가연물 • 연소하기 쉬운 가연성 고체 • **강환원제**이며 연소열량이 크다. • 연소 시 유독성 가스 발생 • 금속분은 물과 산의 접촉 시 발열한다.
저장 및 취급 주의사항	• 공기, 산화제와의 접촉을 피한다. • 화기를 피한다. • 냉암소에 보관, 환기를 시킨다.
소화방법	물에 의한 냉각소화(금속분은 건조된 모래에 의한 피복소화)

(3) 제3류 위험물

구 분	내 용
성 질	**자연발화성 및 금수성 물질**
품 명	• **칼륨**, 나트륨, **알킬알루미늄**, 알킬리튬 • **황린**, 알칼리금속 및 알칼리토금속 • 유기금속화합물, 칼슘 또는 알루미늄의 탄화물
성 상	• **금수성 물질**로서 물과의 접촉을 피한다(**수소**, 아세틸렌 등 가연성 가스 발생). • **황린**은 물속에 저장(34[℃]에서 **자연발화**) • 산소와 결합력이 커서 자연발화한다.
저장 및 취급 주의사항	• 공기와 수분과의 접촉을 피한다. • 산과 접촉을 피한다. • 용기의 내압상승에 주의하여야 한다.
소화방법	건조된 모래에 의한 소화(알킬알루미늄은 팽창질석이나 팽창진주암으로 소화)

PLUS ONE 저장방법

• **황린**, 이황화탄소 : **물속에 저장**
• **칼륨**, 나트륨 : **등유, 경유, 유동파라핀** 속에 저장
• 나이트로셀룰로스 : 알코올 또는 물로 습면시켜 저장
• 아세틸렌 : DMF(다이메틸폼아미드), 아세톤에 저장(분해폭발방지)

(4) 제4류 위험물

구 분	내 용
성 질	**인화성 액체**
품 명	• 특수인화물 • 제1석유류, 제2석유류, 제3석유류, 제4석유류 • 알코올류, 동식물유류
성 상	• 가연성 액체로서 대단히 인화되기 쉽다. • 증기는 공기보다 무겁다. • **액체는 물보다 가볍**고 물에 녹기 어렵다. • 증기와 공기가 약간 혼합하여도 연소한다.

구 분	내 용
저장 및 취급 주의사항	• 불티, 불꽃 등 화기를 피한다. • 발생한 증기는 체류하지 않도록 하여야 한다. • 용기의 파손으로 인한 누설을 방지하여야 한다.
소화방법	포, CO_2, 할론, 분말에 의한 질식소화(**수용성 액체는 내알코올용포로 소화**)

(5) 제5류 위험물

구 분	내 용
성 질	**자기반응성(내부연소성) 물질**
품 명	• **유기과산화물**, 질산에스테르류 • 나이트로화합물, 나이트로소화합물 • 아조화합물, 디아조화합물, 하이드라진유도체
성 상	• 산소와 가연물을 동시에 가지고 있는 자기연소성 물질 • 연소속도가 빨라 폭발적이다. • 가열, 마찰, 충격에 의해 폭발성이 강하다.
저장 및 취급 주의사항	• 용기의 파손 균열에 주의하여야 한다. • 가열, 마찰, 충격을 피하여야 한다. • 운반용기에는 "화기엄금", "충격주의" 등의 표시를 할 것
소화방법	화재 초기에는 대량의 주수소화

(6) 제6류 위험물

구 분	내 용
성 질	**산화성 액체**
품 명	**과염소산**, 과산화수소, 질산
성 상	• **불연성 물질**로서 강산화제이다. • 비중이 1보다 크고 물에 잘 녹는다. • 물과 접촉 시 발열한다.
저장 및 취급 주의사항	• 물과 접촉을 피해야 한다. • 유기물, 가연물과 접촉을 피해야 한다.
소화방법	건조된 모래로 소화

3. 플라스틱 및 방염섬유의 성상

(1) 플라스틱의 성상

① **열가소성 수지** : 열에 의하여 변형되는 수지(폴리에틸렌수지, 폴리스타이렌수지, **PVC수지 등**)
② **열경화성 수지** : 열에 의하여 굳어지는 수지(**페놀수지**, 요소수지, 멜라민수지)

(2) 고분자 재료의 난연화방법

① 재료의 열분해 속도를 제어하는 방법
② 재료의 열분해 생성물을 제어하는 방법
③ 재료의 표면에 열전달을 제어하는 방법
④ 재료의 기상반응을 제어하는 방법

(3) 방염섬유의 성상

방염섬유는 화재성상을 L.O.I(Limited Oxygen Index)로 결정한다.

L.O.I(산소지수) : 가연물을 수직으로 하여 가장 윗부분에 점화하여 연소를 유지시킬 수 있는 최소산소농도

PLUS ONE ⊕ 고분자물질의 L.O.I(산소지수)값
- 폴리염화비닐 : 45[%]
- 폴리프로필렌 : 19[%]
- 폴리스타이렌 : 18.1[%]
- 폴리에틸렌 : 17.4[%]

제 2 장 | 방화론

2-1 건축물의 내화성상

1. 건축물의 내화구조, 방화구조

(1) 내화구조

내화구분		내화구조의 기준
벽	모든 벽	• 철근콘크리트조 또는 철골·철근콘크리트조로서 두께가 10[cm] 이상인 것 • 골구를 철골조로 하고 그 양면을 두께 4[cm] 이상의 철망모르타르로 덮은 것 • 두께 5[cm] 이상의 콘크리트 블록·벽돌 또는 석재로 덮은 것 • 철재로 보강된 콘크리트블록조·벽돌조 또는 석조로서 철재에 덮은 두께가 5[cm] 이상인 것
	외벽 중 비내력벽	• 철근콘크리트조 또는 철골·철근콘크리트조로서 두께가 7[cm] 이상인 것 • 골구를 철골조로 하고 그 양면을 두께 3[cm] 이상의 철망모르타르로 덮은 것 • 두께 4[cm] 이상의 콘크리트 블록·벽돌 또는 석재로 덮은 것 • 무근콘크리트조·콘크리트블록조·벽돌조 또는 석조로서 두께가 7[cm] 이상인 것
기 둥 (작은 지름이 25[cm] 이상인 것)		• 철근콘크리트조 또는 철골·철근콘크리트조 • 철골을 두께 6[cm] 이상의 철망모르타르로 덮은 것 • 철골을 두께 7[cm] 이상의 콘크리트 블록·벽돌 또는 석재로 덮은 것 • 철골을 두께 5[cm] 이상의 콘크리트로 덮은 것
바 닥		• 철근콘크리트조 또는 철골·철근콘크리트조로서 두께가 10[cm] 이상인 것 • 철재로 보강된 콘크리트블록조·벽돌조 또는 석조로서 철재에 덮은 두께가 5[cm] 이상인 것 • 철재의 양면을 두께 5[cm] 이상의 철망모르타르 또는 콘크리트로 덮은 것
보		• 철근콘크리트조 또는 철골·철근콘크리트조 • 철골을 두께 6[cm] 이상의 철망모르타르로 덮은 것 • 철골을 두께 5[cm] 이상의 콘크리트조로 덮은 것

> 내화구조 : 철근콘크리트조, 연와조, 석조

(2) 방화구조

① 철망모르타르로서 그 바름 두께가 2[cm] 이상인 것
② 석고판 위에 시멘트모르타르 또는 회반죽을 바른 것으로서 그 두께의 합계가 2.5[cm] 이상인 것
③ 시멘트모르타르 위에 타일을 붙인 것으로서 그 두께의 합계가 2.5[cm] 이상인 것
④ 심벽에 흙으로 맞벽치기한 것

2. 건축물의 방화벽, 방화문

(1) 방화벽

화재 시 연소의 확산을 막고 피해를 줄이기 위해 주로 목조건축물에 설치하는 벽

대상건축물	구획단지	방화벽의 구조
주요구조부가 내화구조 또는 불연재료가 아닌 연면적 1,000[m²] 이상인 건축물	연면적 1,000[m²] 미만마다 구획	• 내화구조로서 홀로 설 수 있는 구조로 할 것 • 방화벽의 양쪽 끝과 위쪽 끝 건축물의 외벽면 및 지붕면으로부터 0.5[m] 이상 튀어 나오게 할 것 • 방화벽에 설치하는 출입문의 너비 및 높이는 각각 2.5[m] 이하로 하고 **갑종방화문**을 설치할 것

(2) 방화문

갑종방화문	을종방화문
품질검사를 한 결과 비차열 1시간 이상, 차열 30분 이상(아파트 발코니에 설치하는 대피공간)의 성능을 확보할 것	품질검사를 한 결과 비차열 30분 이상의 성능을 확보할 것

3. 건축물의 주요구조부, 불연재료 등

(1) 주요구조부

> 주요구조부 : 내력벽, **기둥**, **바닥**, 보, **지붕틀**, 주계단
> (단, 사잇기둥, **최하층의 바닥**, 작은 보, 차양, 옥외계단, **기초는 제외**)

(2) 불연재료 등

불연재료	콘크리트, 석재, 벽돌, 기와, 석면판, 철강, 알루미늄, 유리, 시멘트모르타르, 회 등(난연 1급)
준불연재료	불연재료에 준하는 성질을 가진 재료(난연 2급)
난연재료	불에 잘 타지 않는 성질을 가진 재료(난연 3급)

4. 건축물의 방화구획

(1) 방화구획의 기준

건축물의 규모	구획기준		비 고
10층 이하의 층	바닥면적 1,000[m²](3,000[m²]) 이내마다 구획		( ) 안의 면적은 스프링클러 등 자동식소화설비를 설치한 경우임
기타층	매 층마다 구획(면적에 무관)		
11층 이상의 층	실내마감이 불연재료의 경우	바닥면적 500[m²](1,500[m²]) 이내마다 구획	
	실내마감이 불연재료가 아닌 경우	바닥면적 200[m²](600[m²]) 이내마다 구획	

PLUS ONE ➕ 연소확대방지를 위한 방화구획
- 층 또는 면적별로 구획
- 위험용도별 구획
- 방화댐퍼설치

(2) 방화구획의 구조

① 방화구획으로 사용되는 **갑종방화문**은 언제나 닫힌 상태를 유지하거나 화재로 인한 연기의 발생 또는 온도상승에 의하여 **자동으로 닫히는 구조**로 할 것

② 급수관, 배전반 기타의 관이 방화구획 부분을 관통하는 경우에는 그 관과 방화구획과의 틈을 **시멘트모르타르 기타 불연재료**로 메울 것

③ 방화댐퍼를 설치할 것

PLUS ONE ✚ 댐퍼의 기준
- 철재로서 **철판**의 두께가 1.5[mm] 이상일 것
- 화재가 발생하는 경우에는 연기의 발생 또는 온도상승에 의하여 자동적으로 닫힐 것
- 닫힌 경우에는 방화에 지장이 있는 틈이 생기지 아니할 것

5. 건축물 방화의 기본사항

(1) 공간적 대응

① 대항성 : 건축물의 내화, 방연성능, 방화구획의 성능, 화재방어의 대응성, 초기소화의 대응성 등의 화재의 사상에 대응하는 성능과 항력

② 회피성 : 난연화, 불연화, 내장제한, 방화구획의 분화, 발화훈련 등 화재의 발화, 확대 등 저감시키는 예방적 조치 또는 상황

③ 도피성 : 화재발생 시 사상과 공간적 대응 관계에서 화재로부터 피난할 수 있는 공간성과 시스템 등의 성상

(2) 설비적 대응

대항성의 방연성능현상으로 제연설비, 방화문, 방화셔터, 자동화재탐지설비, 스프링클러설비 등에 의한 대응

> 공간적 대응 : 대항성, 회피성, 도피성

(3) 건축물 방재 기능

① 배치계획 : 소화활동에 지장이 없는 장소에 건축물을 배치하는 것

② 평면계획 : 일반기능을 추구하는 요소로서 방연구획과 제연구획을 설정하여 소화활동, 소화, 피난 등을 적절하게 하기 위한 계획

③ 단면계획 : 방재면에서는 상하층의 방화구획으로 철근콘크리트의 슬라브로 구획하여 불이나 연기가 다른 층으로 이동하지 않도록 구획하는 계획

④ 입면계획 : 입면계획의 가장 큰 요소는 벽과 개구부 방재면에서는 조형상의 구조예방, 연소방지, 소화, 피난, 구출에 대한 계획을 하는 계획

⑤ 재료계획 : 내장재 및 사용재료의 불연성능, 내화성능을 고려하여 화재를 예방하기 위한 계획

> 연소확대 방지를 위한 방화계획 : 수평구획, 수직구획, 용도구획

2-2 건축물의 방화 및 안전대책

1. 건축물의 방화대책

(1) 건축물 전체의 불연화

① 내장재의 불연화

② 일반설비의 배관, 기자재, 보냉재의 불연화

③ 가연물의 수납을 적게, 가연물의 양을 규제한다.

(2) 피난대책의 일반적인 원칙

① 피난경로는 간단명료하게 할 것

② 피난구조설비는 **고정식 설비**를 **위주**로 할 것

③ 피난수단은 **원시적 방법**에 의한 것을 **원칙**으로 할 것

④ 2방향 이상의 피난통로를 확보할 것

> **PLUS ONE ➕ 피난동선의 특성**
> • 수평동선과 수직동선으로 구분한다.
> • 가급적 단순형태가 좋다.
> • 상호반대방향으로 다수의 출구와 연결되는 것이 좋다.
> • 어느 곳에서도 2개 이상의 방향으로 피난할 수 있으며 그 말단은 화재로부터 안전한 장소이어야 한다.

> **PLUS ONE ➕ 재해발생 시 피난행동**
> • 평상상태에서의 행동
> • 긴장상태에서의 행동
> • 패닉상태에서의 행동

2. 건축물의 안전대책

(1) 피난방향

① 수평방향의 피난 : 복도

② 수직방향의 피난 : 승강기(수직 동선), **계단**(보조수단)

> 화재발생 시 승강기는 1층에 정지시키고 사용하지 말아야 한다.

(2) 피난시설의 안전구획

① 1차 안전구획 : 복도

② **2차 안전구획** : **부실(계단전실)**

③ 3차 안전구획 : 계단

(3) 피난방향 및 경로

구 분	구 조	특 징
T형		피난자에게 피난경로를 확실히 알려주는 형태
X형		양방향으로 피난할 수 있는 확실한 형태
H형		중앙코어방식으로 피난자의 집중으로 **패닉현상**이 일어날 우려가 있는 형태
Z형		중앙복도형 건축물에서의 피난경로로서 코어식 중 제일 안전한 형태

(4) 제연방법

① 희석 : 외부로부터 신선한 공기를 불어 넣어 내부의 연기의 농도를 낮추는 것
② 배기 : 건물 내·외부의 압력차를 이용하여 연기를 외부로 배출시키는 것
③ 차단 : 연기의 확산을 막는 것

> 연기의 제연방법 : **희석, 배기, 차단**

(5) 화재 시 인간의 피난행동 특성

① **귀소본능** : 평소에 사용하던 출입구나 통로 등 습관적으로 친숙해 있는 경로로 도피하려는 본능
② **지광본능** : 화재발생 시 연기와 정전 등으로 가시거리가 짧아져 시야가 흐리면 **밝은 방향**으로 **도피하려는 본능**
③ **추종본능** : 화재발생 시 최초로 행동을 개시한 사람에 따라 전체가 움직이는 본능(많은 사람들이 달아나는 방향으로 무의식적으로 안전하다고 느껴 위험한 곳임에도 불구하고 따라가는 경향)
④ **퇴피본능** : 연기나 화염에 대한 공포감으로 화원의 반대방향으로 이동하려는 본능
⑤ **좌회본능** : 좌측으로 통행하고 시계의 반대방향으로 회전하려는 본능

(6) 방폭구조의 종류

① 내압방폭구조   ② 압력방폭구조
③ 유입방폭구조   ④ 안전증방폭구조
⑤ 본질안전방폭구조   ⑥ 특수방폭구조

PLUS ONE ⊕ **내압방폭구조**
폭발성 가스가 용기 내부에서 폭발하였을 때 용기가 압력에 견디거나 외부의 폭발성 가스에 인화할 위험이 없도록 한 구조

2 - 3 방화안전관리

1. 방재센터

(1) 방재센터의 정의
건물 내의 화재정보를 총괄집중 감시하는 기능을 가지고 화재의 진전상황을 파악하는 곳

(2) 방재센터의 설비
① 화재의 탐지 및 감시
② 화재의 확인, 판단, 지령, 통보
③ 초기소화
④ 연소방지
⑤ 피난유도
⑥ 본격적인 소화
⑦ 방범관리

(3) 방재센터의 설치
① 방재센터는 피난층으로부터 가능한 같은 위치에 설치하여야 한다.
② 방재센터는 연소위험이 없도록 충분한 면적을 갖추어야 한다.
③ 소화설비 등 감시제어기능을 갖추어야 한다.

(4) 화재발생 시 소방기관에 통보사항
① 화재발생시간
② 화재발생 사업장의 소재지 및 명칭
③ 건물의 용도(시장, 백화점, 지하음식점 등)
④ 연소 정도, 연소물질
⑤ 화재 부근의 목조건물 등
⑥ 기타 소방활동상 필요한 사항(요구조사의 유무, 위험물, 고압가스, 연소위험유무)

2. 소방훈련

(1) 실시방법에 의한 분류
① **기초훈련** : 초기소화에 사용되는 소화기, 옥내・외소화전설비 등 소화활동에 필요한 설비를 취급방법을 익히는 훈련
② **부분훈련** : 연락, 통보, 지휘, 소화, 피난유도, 응급조치 등 개별적으로 실시하는 훈련
③ **종합훈련** : 연락, 통보, 지휘, 소화, 피난유도, 응급조치 등 종합적으로 실시하는 훈련
④ **도상훈련** : 화재 진압작전 기준에 의하여 실시하는 훈련

(2) 대상에 의한 분류
① **합동훈련** : 대형화재 취약 대상업체 중에서 선정하여 실시하는 훈련
② **자체훈련** : 합동훈련의 대상업체를 제외한 소규모 단체 또는 회사 자체에서 실시하는 훈련

③ 지도훈련 : 합동훈련대상을 제외한 대상물 중 화재 취약 정도가 큰 순서로 특별 지도하는 훈련

(3) 소방 5단계의 훈련과정

① 통보훈련
② 상황판단
③ 대피구조훈련
④ 소화작업
⑤ 후처리

(4) 인명구조활동의 주의사항

① 필요한 장비장착
② 요(要)구조자 위치확인
③ 세심한 주의로 명확한 판단
④ 용기와 정확한 판단

3. 안전관리

① 인명 및 재산을 보호하기 위한 활동
② 무사고 상태를 유지하기 위한 활동
③ 손실의 최소화를 위한 활동

> 제품의 질을 향상시키는 활동 : 품질관리

2-4 소화원리 및 방법

1. 소화의 원리

(1) 소화의 원리

연소의 3요소 중 어느 하나를 없애주어 소화하는 방법

(2) 소화의 종류

① 냉각소화 : 화재현장에 물을 주수하여 발화점 이하로 온도를 낮추어 소화하는 방법

> • 물을 소화약제로 사용하는 주된 이유 : **비열**과 **증발잠열**이 크기 때문
> • 물 1[L/min]이 건물 내의 일반가연물을 진화할 수 있는 양 : 0.75[m³]

② 질식소화 : 공기 중의 산소의 농도를 21[%]에서 16[%] 이하로 낮추어 소화하는 방법

> **질식소화 시 산소의 유효 한계농도 : 10~15[%]**

③ 제거소화 : 화재현장에서 가연물을 없애주어 소화하는 방법

> 표면연소는 불꽃연소보다 연소속도가 매우 느리다.

④ **화학소화(부촉매효과)** : 연쇄반응을 차단하여 소화하는 방법

> **PLUS ONE** ➕ **화학소화(부촉매효과)**
> - **화학소화방법은 불꽃연소에만** 한한다.
> - **화학소화제는** 연쇄반응을 억제하면서 동시에 냉각, 산소희석, 연료제거 등의 작용을 한다.
> - **화학소화제는 불꽃연소에는** 매우 **효과적**이나 표면연소에는 효과가 없다.

⑤ **희석소화** : 알코올, 에테르, 에스테르, 케톤류 등 **수용성 물질**에 다량의 물을 방사하여 가연물의 농도를 낮추어서 소화하는 방법

⑥ **유화효과** : 물분무소화설비를 중유에 방사하는 경우 유류표면에 엷은 막으로 유화층을 형성하여 화재를 소화하는 방법

⑦ **피복효과** : 이산화탄소 약제방사 시 가연물의 구석까지 침투하여 피복하므로 연소를 차단하여 소화하는 방법

> **PLUS ONE** ➕ **소화효과**
> - 물(적상, 봉상) 방사 : 냉각효과
> - 물(무상)방사 : **질식, 냉각, 희석, 유화효과**
> - 포 : 질식, 냉각효과
> - 이산화탄소 : 질식, 냉각, 피복효과
> - 분말 : 질식, 냉각, 부촉매효과
> - 할론 : 질식, 냉각, 부촉매효과
> - 할로겐화합물 및 불활성기체
>   - 할로겐화합물 : 질식, 냉각, 부촉매효과
>   - 불활성기체 : 질식, 냉각효과

2. 소화의 방법

(1) 소화기의 분류

① **축압식 소화기** : 미리 용기에 압력을 축압한 것

② **가압식 소화기** : 별도로 이산화탄소 가압용 봄베 등을 설치하여 그 가스압으로 약제를 송출하는 방식

(2) 소화기의 종류

① **물소화기** : 펌프식, 축압식, 가압식

> **동결방지제 : 에틸렌글리콜, 프로필렌글리콜, 글리세린**

② **산·알칼리소화기** : 전도식, 파병식, 이중병식

$$2NaHCO_3 + H_2SO_4 \rightarrow Na_2SO_4 + 2CO_2 + 2H_2O$$

※ 무상일 때는 전기화재에도 가능하다.

③ **강화액소화기** : 축압식, 가스가압식

> **봉상일 때 : 일반화재에, 무상일 때 : A, B, C급 화재에 적합**

④ 포소화기 : 전도식, 파괴전도식

$$6NaHCO_3 + Al_2(SO_4)_3 \cdot 18H_2O \rightarrow 3Na_2SO_4 + 2Al(OH)_3 + 6CO_2 + 18H_2O$$

> 포소화기의 내통액 : 황산알루미늄[$Al_2(SO_4)_3$], 외통액 : $NaHCO_3$

⑤ 할론소화기 : 축압식, 수동펌프식, 수동축압식, 자기증기압식

PLUS ONE ➕ **할론소화약제**
- **부촉매(소화효과)**의 크기 : F<Cl<Br<I
- **전기음성도(친화력)**의 크기 : F>Cl>Br>I
- **할론 1301** : 소화효과가 가장 크고 독성이 가장 적다.

⑥ 이산화탄소소화기 : 액화탄산가스를 봄베에 넣고 여기에 용기밸브를 설치한 것

> 이산화탄소의 **충전비** : 1.5 이상, 함량 : 99.5[%] 이상, 수분 : 0.05[%] 이하

⑦ 분말소화기 : 축압식, 가스가압식
ㄱ. 축압식 : 용기에 분말소화약제를 채우고 방출압력원으로 질소가스가 충전되어 있는 방식 (제3종 분말 사용)
ㄴ. 가스가압식 : 탄산가스로 충전된 방출압력원의 봄베는 용기 내부 또는 외부에 설치되어 있는 방식(제1종·제2종 분말 사용)

종 별	소화약제	약제의 착색	적응화재	열분해 반응식
제1종 분말	중탄산나트륨($NaHCO_3$)	백 색	B, C급	$2NaHCO_3 \xrightarrow{\triangle} Na_2CO_3 + CO_2 + H_2O$
제2종 분말	중탄산칼륨($KHCO_3$)	담회색	B, C급	$2KHCO_3 \xrightarrow{\triangle} K_2CO_3 + CO_2 + H_2O$
제3종 분말	인산암모늄($NH_4H_2PO_4$)	담홍색, 황색	A, B, C급	$NH_4H_2PO_4 \xrightarrow{\triangle} HPO_3 + NH_3 + H_2O$
제4종 분말	중탄산칼륨+요소 [$KHCO_3+(NH_2)_2CO$]	회 색	B, C급	$2KHCO_3 + (NH_2)_2CO$ $\xrightarrow{\triangle} K_2CO_3 + 2NH_3 + 2CO_2$

2-5 소화약제

1. 물(水)소화약제

(1) 물소화약제의 장점
① 인체에 무해하며 다른 약제와 혼합하여 수용액으로 사용 가능
② 가격이 저렴, 장기보존이 가능
③ 냉각효과에 우수

(2) 물소화약제의 단점
① 동파 및 응고현상으로 소화효과가 적다.
② 물 방사 후 2차 피해의 우려가 있다.
③ 전기화재나 금속화재에는 적응성이 없다.
④ 유류화재에는 연소면 확대로 소화효과를 기대하기 어렵다.

물의 기화열 : 539[cal/g], 얼음의 융해열 : 80[cal/g]

(3) 물소화약제의 성질

① 표면장력이 크다.

② **비열**과 **증발잠열**이 크다.

③ 열전도계수와 열흡수가 크다.

④ 점도가 낮다.

⑤ 물은 **극성공유결합**을 하므로 비등점이 높다.

(4) 물소화약제의 방사방법

① 봉상주수 : 물이 가늘고 긴 물줄기 모양을 형성하여 방사되는 것

② 적상주수 : 물방울을 형성하면서 방사되는 것으로 봉상주수보다 물방울의 입자가 작다.

③ 무상주수 : 안개 또는 구름모양을 형성하면서 방사되는 것

PLUS ONE 물의 방사형태

• 봉상주수 : 옥내소화전설비, 옥외소화전설비

• 적상주수 : 스프링클러설비

• 무상주수 : 물분무소화설비

(5) 물소화약제의 소화효과

① 봉상주수 : 냉각효과

② 적상주수 : 냉각효과

③ 무상주수 : **질식**효과, **냉각**효과, **희석**효과, **유화**효과

B-C유(중유) : 물분무소화설비 가능

(6) Wet Water

물의 표면장력을 감소시켜 물의 침투성을 증가시키는 Wetting Agents를 혼합한 수용액

① 연소열의 흡수를 향상시킨다.

② 물의 **표면장력**을 **감소**시켜 침투성을 증가시킨다.

③ **다공질 표면** 및 **심부화재**에 적합하다.

④ **재연소 방지**에 **적합**하다.

Wetting Agent : 합성계면활성제

(7) Viscosity Water

물의 점도를 증가시키는 Viscosity Agent를 혼합한 수용액으로 산림화재에 적합하다.

2. 포소화약제

(1) 포소화약제의 구비조건

① 포의 안정성이 좋아야 한다.

② **독성**이 **적어야** 한다.

③ 유류와의 접착성이 좋아야 한다.

④ 포의 유동성이 좋아야 한다.

⑤ 바람에 잘 견디는 힘이 커야 한다.

(2) 화학포소화약제

PLUS ONE
- 화학포의 화학반응식

  $Al_2(SO_4)_3 \cdot 18H_2O + 6NaHCO_3 \rightarrow 2Al(OH)_3 + 3Na_2SO_4 + 6CO_2 + 18H_2O$
- 약제 습식의 혼합비 : 물 1[L]에 분말 120[g]

(3) 기계포소화약제

① 특 징

㉠ **혼합기구**가 **복잡**하다.

㉡ 유동성이 크다.

㉢ 넓은 면적의 유류화재에 적합하다.

㉣ 고체표면에 접착성이 우수하다.

> 포헤드 : 공기포(기계포)를 형성하는 곳

② 기계포소화약제의 종류

㉠ 포소화약제의 특성

약 제	pH	비 중	특 성
단백포	6.0~7.5	1.1~1.2	• **동물성 단백질** 가수분해물에 **염화제일철염**의 안정제를 첨가한 약제 • 특이한 냄새가 나는 흑갈색 액체 • 다른 포약제에 비해 부식성이 크다. • 옥외저장 시에는 보온조치가 필요하다.
합성계면활성제포	6.5~8.5	0.9~1.2	• 고급알코올 황산에스테르와 고급알코올 황산염을 사용하여 안정제를 첨가한 소화약제 • 저발포와 고발포를 임의로 발포할 수 있다. • 카바이드, 칼륨, 나트륨, 전기설비에는 부적합하다.
수성막포	6.0~8.5	1.0~1.15	• **유류화재 진압용**으로 가장 우수하다. • Light Water 또는 **AFFF**(Aqueouss Film Forming Foam)라고도 한다. • 안정성이 좋아 장기보관이 가능하다. • 내약품성이 좋아 타약제와 겸용이 가능하다. • 보존성이 좋고 독성이 없는 흑갈색 원액이다. • 단백포에 비해 300[%]의 효과가 있다.
내알코올형포	6.0~8.5	0.9~1.2	• 단백질의 가수분해물에 합성세제를 혼합하여 제조한 약제 • 알코올, 에스테르 등 **수용성인 액체**에 적합하다. • 가연성 액체에 적합하다.
플루오린화단백포	–	–	• 단백포에 플루오린계 **계면활성제**를 혼합하여 제조한 약제 • 소화성능이 우수하나 가격이 비싸다. • 표면하 주입방식에 적합하다.

> 알코올형 포소화약제의 사용온도범위 : 5[℃] 이상 30[℃] 이하

③ 혼합비율에 따른 분류

구 분	약 제	농 도
저발포용	단백포소화약제	3[%]형, 6[%]형
	합성계면활성제포소화약제	3[%]형, 6[%]형
	수성막포소화약제	3[%]형, 6[%]형
	내알코올형 포소화약제	3[%]형, 6[%]형
	플루오린화단백포소화약제	3[%]형, 6[%]형
고발포용	**합성계면활성제포소화약제**	**1[%]형, 1.5[%]형, 2[%]형**

④ 발포배율에 따른 분류

구 분	팽창비
저발포	팽창비가 **20배 이하**
고발포	80배 이상 1,000배 미만

$$\text{팽창비} = \frac{\text{방출 후 포의 체적[L]}}{\text{방출 전 포수용액의 체적(포원액+물)[L]}} = \frac{\text{방출 후 포의 체적[L]}}{\dfrac{\text{원액의 양[L]}}{\text{농도[\%]}}}$$

(4) 25[%] 환원시간시험

채취한 포에서 환원하는 포수용액량이 실린더 내의 포에 함유되어 있는 전 포수용액량의 25[%] (1/4)환원에 요하는 시간

포소화약제의 종류	25[%] 환원시간(분)
단백포소화약제	1
수성막포소화약제	1
합성계면활성제포소화약제	3

3. 이산화탄소소화약제

(1) 소화약제의 성상

① 상온에서 기체이다.

② 가스비중은 공기보다 **1.51배** 무겁다.

③ 화학적으로 안정하고 가연성, 부식성도 없다.

④ 이산화탄소의 허용농도는 **5,000[ppm](0.5[%])**이다.

(2) 소화약제의 물성

K=임계점(31.35[℃], 72.75[atm]) T=삼중점(−56.3[℃], 0.42[MPa])

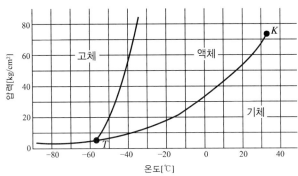

구 분	물성치
화학식	CO_2
삼중점	−56.3[℃](0.42[MPa])
임계압력	72.75[atm]
임계온도	31.35[℃]
충전비	1.5 이상

(3) 소화약제량 측정법

① **중량측정법** : 용기밸브 개방장치 및 조작관 등을 떼어낸 후 저울을 사용하여 가스용기의 총중량을 측정한 후 용기에 부착된 중량표(명판)와 비교하여 기재중량과 계량중량의 차가 충전량의 **10[%] 이내**가 되어야 한다.

② **액면측정법** : 액화가스미터기로 액면의 높이를 측정하여 약제량을 계산한다.

③ **비파괴검사법**

> 임계온도 : 액체의 밀도와 기체의 밀도가 같아지는 온도(31.35[℃])

(4) 소화약제 소화효과

① **질식효과** : 산소의 농도를 21[%]에서 15[%]로 낮추어 소화하는 방법

② **냉각효과** : 이산화탄소 가스방출 시 기화열에 의한 방법

③ **피복효과** : 증기의 비중이 1.51배 무겁기 때문에 이산화탄소에 의한 방법

> 기체의 용해도는 압력이 증가하면 증가하고, 저온, 고압일 때 용해되기 쉽다.

4. 할론소화약제

(1) 소화약제의 특성

① 변질, 분해가 없다.

② 전기부도체이다.

③ **금속**에 대한 **부식성이 적다.**

④ 연소억제작용으로 부촉매소화효과가 크다.

⑤ 가연성 액체화재에도 소화속도가 매우 크다.

⑥ 가격이 비싸다는 단점이 있다.

(2) 소화약제의 구비조건

① 기화되기 쉬운 저비점 물질이어야 한다.

② 공기보다 무겁고 불연성이어야 한다.

③ 증발 잔유물이 없어야 한다.

(3) 할론소화약제의 성상

약 제	분자식	분자량	적응화재	성 상
할론 1301	CF_3Br	148.9	B, C급	• 메탄에 플루오린 3원자와 브롬 1원자가 치환된 약제 • 상온에서 기체이다. • 무색, 무취로 전기전도성이 없다. • 공기보다 5.1배 무겁다. • 21[℃]에서 약 1.41[MPa]의 압력을 가하면 액화할 수 있다.
할론 1211	CF_2ClBr	165.4	A, B, C급	• 메탄에 플루오린 2원자, 염소 1원자, 브롬 1원자가 치환된 약제 • 상온에서 기체이다. • 공기보다 5.7배 무겁다. • 비점이 −4[℃]로서 방출 시 액체상태로 방출된다.
할론 1011	CH_2ClBr	129.4	B, C급	• 메탄에 염소 1원자와 브롬 1원자가 치환된 약제 • 상온에서 액체이다. • 공기보다 4.5배 무겁다.
할론 2402	$C_2F_4Br_2$	259.8	B, C급	• 에탄에 플루오린 4원자, 브롬 2원자가 치환된 약제 • 상온에서 액체이다. • 공기보다 9.0배 무겁다.

PLUS ONE ➕ 할론소화약제의 명명법

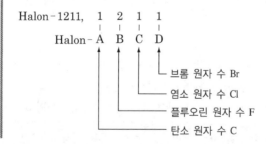

(4) 할론소화약제의 특성

물 성 \ 종 류	할론 1301	할론 1211	할론 2402
임계온도[℃]	37.0	153.8	214.6
임계압력[atm]	39.1	40.57	33.5
증기비중	5.1	5.7	9.0
증발잠열[kJ/kg]	119	130.6	105

> • 할론소화약제의 **소화효과** : F < Cl < Br < I
> • 할론소화약제의 **전기음성도** : F > Cl > Br > I
> • **휴대용** 소화기 : **할론 1211**과 **할론 2402**는 증기압이 낮아 사용

(5) 사염화탄소소화약제

이 약제는 염소 4원자를 치환시킨 약제로서 1988년에 사용금지된 소화약제이다.

① 공기 중 : $2CCl_4 + O_2 \rightarrow 2COCl_2 + 2Cl_2$
② 수분 중 : $CCl_4 + H_2O \rightarrow COCl_2 + 2HCl$
③ 탄산가스 중 : $CCl_4 + CO_2 \rightarrow 2COCl_2$
④ 금속접촉 중 : $3CCl_4 + Fe_2O_3 \rightarrow 3COCl_2 + 2FeCl_2$
⑤ 발연황산 중 : $2CCl_4 + H_2SO_4 + SO_3 \rightarrow 2COCl_2 + S_2O_5Cl_2 + 2HCl$

5. 할로겐화합물 및 불활성기체 소화약제

(1) 할로겐화합물 및 불활성기체 소화약제의 종류

소화약제	화학식
퍼플루오로부탄(이하 "FC-3-1-10"이라 한다)	C_4F_{10}
하이드로클로로플루오로카본혼화제 (이하 "HCFC BLEND A"라 한다)(상표명 : NAFS Ⅲ)	$HCFC-123(CHCl_2CF_3)$: 4.75[%] $HCFC-22(CHClF_2)$: 82[%] $HCFC-124(CHClFCF_3)$: 9.5[%] $C_{10}H_{16}$: 3.75[%]
클로로테트라플루오로에탄(이하 "HCFC-124"라 한다)	$CHClFCF_3$
펜타플루오로에탄(이하 "HFC-125"라 한다)	CHF_2CF_3
헵타플루오로프로판(이하 "HFC-227ea"라 한다)(상표명 : FM200)	CF_3CHFCF_3
트리플루오로메탄(이하 "HFC-23"이라 한다)	CHF_3
헥사플루오로프로판(이하 "HFC-236fa"라 한다)	$CF_3CH_2CF_3$
트리플루오로이오다이드(이하 "FIC-13 I1"이라 한다)	CF_3I
불연성·불활성기체 혼합가스(이하 "IG-01"이라 한다)	Ar
불연성·불활성기체 혼합가스(이하 "IG-100"이라 한다)	N_2
불연성·불활성기체 혼합가스(이하 "IG-541"이라 한다)	N_2 : 52[%], Ar : 40[%], CO_2 : 8[%]
불연성·불활성기체 혼합가스(이하 "IG-55"라 한다)	N_2 : 50[%], Ar : 50[%]
도데카플루오로-2-메틸펜탄-3-원(이하 "FK-5-1-12"라 한다)	$CF_3CF_2C(O)CF(CF_3)_2$

(2) 할로겐화합물 및 불활성기체 소화약제의 특성

① 할로겐화합물(할론 1301, 할론 2402, 할론 1211은 제외) 및 불활성기체로서 전기적으로 비전
도성이다.
② 휘발성이 있거나 증발 후 잔여물은 남기지 않는 액체이다.
③ 할론소화약제 대처용이다.

(3) 소화약제의 구분

① 할로겐화합물 계열

㉠ 분 류

계 열	정 의	해당 물질
HFC(Hydro Fluoro Carbons) 계열	C(탄소)에 F(플루오린)과 H(수소)가 결합된 것	HFC-125, HFC-227ea HFC-23, HFC-236fa
HCFC(Hydro Chloro Fluoro Carbons) 계열	C(탄소)에 Cl(염소), F(플루오린), H(수소)가 결합된 것	HCFC-BLEND A, HCFC-124
FIC(Fluoro Iodo Carbons) 계열	C(탄소)에 F(플루오린)과 I(아이오딘)이 결합된 것	FIC-13I1
FC(PerFluoro Carbons) 계열	C(탄소)에 F(플루오린)이 결합된 것	FC-3-1-10, FK-5-1-12

㉡ 명명법

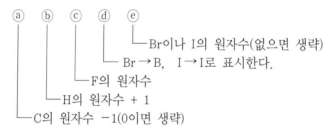

ⓐ ⓑ ⓒ ⓓ ⓔ

ⓔ ─ Br이나 I의 원자수(없으면 생략)
ⓓ ─ Br→B, I→I로 표시한다.
ⓒ ─ F의 원자수
ⓑ ─ H의 원자수 + 1
ⓐ ─ C의 원자수 −1(0이면 생략)

[예시]

- HFC계열(HFC−227, CF_3CHFCF_3)
  ⓐ → C의 원자수(3 − 1 = 2)
  ⓑ → H의 원자수(1 + 1 = 2)
  ⓒ → F의 원자수(7)
- HCFC계열(HCFC−124, $CHClFCF_3$)
  ⓐ → C의 원자수(2 − 1 = 1)
  ⓑ → H의 원자수(1 + 1 = 2)
  ⓒ → F의 원자수(4)
  ※ 부족한 원소는 Cl로 채운다.

- FIC계열(FIC−13I1, CF_3I)
  ⓐ → C의 원자수(1 − 1 = 0, 생략)
  ⓑ → H의 원자수(0 + 1 = 1)
  ⓒ → F의 원자수(3)
  ⓓ → I로 표기
  ⓔ → I의 원자수(1)
- FC계열(FC−3−1−10, C_4F_{10})
  ⓐ → C의 원자수(4 − 1 = 3)
  ⓑ → H의 원자수(0 + 1 = 1)
  ⓒ → F의 원자수(10)

② 불활성기체 계열

㉠ 분 류

종 류	화학식
IG − 01	Ar
IG − 100	N_2
IG − 55	N_2(50[%]), Ar(50[%])
IG − 541	N_2(52[%]), Ar(40[%]), CO_2(8[%])

ⓛ 명명법

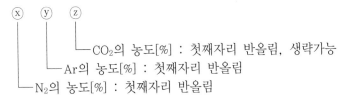

x → N_2의 농도[%] : 첫째자리 반올림
y → Ar의 농도[%] : 첫째자리 반올림
z → CO_2의 농도[%] : 첫째자리 반올림, 생략가능

> **[예시]**
>
> • IG–01
> x → N_2의 농도(0[%] = 0)
> y → Ar의 농도(100[%] = 1)
> z → CO_2의 농도(0[%]) : 생략
>
> • IG–100
> x → N_2의 농도(100[%] = 1)
> y → Ar의 농도(0[%] = 0)
> z → CO_2의 농도(0[%] = 0)
>
> • IG–55
> x → N_2의 농도(50[%] = 5)
> y → Ar의 농도(50[%] = 5)
> z → CO_2의 농도(0[%]) : 생략
>
> • IG–541
> x → N_2의 농도(52[%] = 5)
> y → Ar의 농도(40[%] = 4)
> z → CO_2의 농도(8[%] → 10[%] = 1)

(4) 약제의 구비조건

① 독성이 낮고 설계농도는 NOAEL 이하일 것
② 오존파괴지수(ODP), 지구온난화지수(GWP)가 낮을 것
③ 소화효과 할론소화약제와 유사할 것
④ 비전도성이고 소화 후 증발잔유물이 없을 것
⑤ 저장 시 분해하지 않고 용기를 부식시키지 않을 것

(5) 소화효과

① 할로겐화합물 소화약제 : 질식, 냉각, 부촉매 효과
② 불활성기체 소화약제 : 질식, 냉각 효과

6. 분말소화약제

(1) 분말소화약제의 종류

① 제1종 분말소화약제 : 이 약제는 주방에서 사용하는 **식용유화재**에는 가연물과 반응하여 **비누화현상**을 일으키므로 효과가 있다.

> **식용유 및 지방질유의 화재 : 제1종 분말소화약제**

② 제2종 분말소화약제 : 칼륨염은 제1종 분말인 나트륨보다 흡습성이 강하고 고체화가 쉽게 되므로 제1종보다 소화효과는 약 1.67배나 크다, 식용유나 지방질 화재에는 적당하지 않다.

③ 제3종 분말소화약제 : 화재 시 열분해에 의해 메타인산, 암모니아, 수증기의 생성물이 되는데 메타인산(HPO_3)은 가연물의 표면에 부착되어 산소와 접촉을 차단하기 때문에 제1, 2종보다 소화효과는 20~30[%]가 크다.

> 차고, 주차장에 적합한 약제 : 제3종 분말소화약제

④ 제4종 분말소화약제 : 유기산, 무기산에 의해 방습가공된 것으로 현재는 거의 사용하지 않고 있다.

(2) 분말소화약제의 품질기준

① 제1종 분말
㉠ 순도 : 90[%] 이상
㉡ 탄산나트륨 : 2[%] 이하
㉢ 첨가제 : 8[%] 이하

② 제2종 분말
㉠ 순도 : 92[%] 이상
㉡ 첨가제 : 8[%] 이하

③ 제3종 분말
㉠ 순도 : 75[%] 이상
㉡ 물에 불용해분 : 5[wt%] 이하
㉢ 물에 용해분 : 20[wt%] 이하

④ 분말도(입도)

PLUS ONE **분말소화약제의 입도**
- 너무 커도, 너무 미세하여도 소화효과가 떨어진다.
- 미세도의 분포가 **골고루** 되어 있어야 한다.
- 입도의 크기 : **20~25[μm]**

(3) 분말소화약제의 소화효과

① 수증기에 의하여 산소차단에 의한 **질식효과**
② 수증기에 의하여 흡수열에 의한 **냉각효과**
③ 유리된 NH_4^+에 의한 **부촉매효과**
④ 메타인산(HPO_3)에 의한 방진작용
⑤ 탈수효과

제**2**과목 **소방유체역학**

제**1**장 | 소방유체역학

1-1 유체의 일반적인 성질

1. 유체의 정의

(1) 유 체

어떤 힘을 작용하면 움직이려는 액체와 기체상태의 물질

(2) 압축성 유체

기체와 같이 압력을 가하면 체적이 변하는 성질을 가진 유체

(3) 비압축성 유체

액체와 같이 압력을 가해도 체적이 변하지 않는 성질을 가진 유체

- 이상유체 : 점성이 없는 비압축성 유체
- 실제유체 : 점성이 있는 압축성 유체, 유동 시 마찰이 존재하는 유체

2. 유체의 단위와 차원

차 원	중력단위 [차원]	절대단위 [차원]
길 이	$[\text{m}]\ [\text{L}]$	$[\text{m}]\ [\text{L}]$
시 간	$[\text{s}]\ [\text{T}]$	$[\text{s}]\ [\text{T}]$
질 량	$[\text{kg}_f \cdot \text{s}^2/\text{m}]\ [\text{FL}^{-1}\text{T}^2]$	$[\text{kg}]\ [\text{M}]$
힘	$[\text{kg}_f]\ [\text{F}]$	$[\text{kg} \cdot \text{m/s}^2]\ [\text{MLT}^{-2}]$
밀 도	$[\text{kg}_f \cdot \text{s}^2/\text{m}^4]\ [\text{FL}^{-4}\text{T}^2]$	$[\text{kg/m}^3]\ [\text{ML}^{-3}]$
압 력	$[\text{kg}_f/\text{m}^2]\ [\text{FL}^{-2}]$	$[\text{kg/m} \cdot \text{s}^2]\ [\text{ML}^{-1}\text{T}^{-2}]$
속 도	$[\text{m/s}]\ [\text{LT}^{-1}]$	$[\text{m/s}]\ [\text{LT}^{-1}]$
가속도	$[\text{m/s}^2]\ [\text{LT}^{-2}]$	$[\text{m/s}^2]\ [\text{LT}^{-2}]$
점성계수	$[\text{kg}_f \cdot \text{s/m}^2]\ [\text{FTL}^{-2}]$	$[\text{kg/m} \cdot \text{s}]\ [\text{ML}^{-1}\text{T}^{-1}]$

(1) 온 도

① $[℃] = \dfrac{5}{9}([℉] - 32)$

② $[℉] = 1.8[℃] + 32$

③ $[R] = 460 + [℉]$

$$K = 273.16 + [℃]$$

(2) 힘

① $1[N] = 1[kg \cdot m/s^2]$

② $1[dyne] = 1[g \cdot cm/s^2]$

③ $1[N] = 10^5[dyne]$

④ $1[kg_f] = 9.8[N] = 9.8 \times 10^5[dyne]$

(3) 열 량

① $1[BTU] = 252[cal]$

② $1[CHU] = 1.8[BTU]$

③ $1[kcal] = 3.968[BTU] = 2.205[CHU]$

④ $1[cal] = 4.184[Joule]$

(4) 일

① $1[Joule] = 1[N \cdot m] = [kg \cdot m/s^2 \times m] = [kg \cdot m^2/s^2]$

② $1[erg] = 1[dyne \cdot cm] = [g \cdot cm/s^2 \times cm] = [g \cdot cm^2/s^2]$

$$W(일) = F(힘) \times S(거리)$$

(5) 일 률

① $1[PS] = 75[kg_f \cdot m/s] = 0.735[kW]$

② $1[HP] = 76[kg_f \cdot m/s] = 0.746[kW]$

$$1[kW] = 102[kg_f \cdot m/s], \ 1[W] = 1[J/s]$$

(6) 부 피

① $1[m^3] = 1,000[L]$

② $1[L] = 1,000[cm^3]$

③ $1[gal] = 3.785[L]$

④ $1[barrel] = 42[gal] = 158.97[L]$

(7) 압 력

압력 $P = \dfrac{F}{A}$ (F : 힘, A : 단면적)

PLUS ONE ⊕ **표준대기압(0[℃], 1[atm])**

$1[\text{atm}] = 760[\text{mmHg}] = 10.332[\text{mH}_2\text{O, mAq}] = 1.0332[\text{kg}_f/\text{cm}^2] = 10,332[\text{kg}_f/\text{m}^2]$

$= 1,013[\text{mbar}] = 101,325[\text{Pa, N/m}^2] = 101.325[\text{kPa, kN/m}^2] = 0.101325[\text{MPa}]$

$= 14.7[\text{PSI, lb}_f/\text{in}^2]$

(8) 점 도

① $1[\text{p}](\text{poise}) = 1[\text{g/cm} \cdot \text{s}] = 0.1[\text{kg/m} \cdot \text{s}] = 1[\text{dyne} \cdot \text{s}]/[\text{cm}^2] = 100[\text{cp}]$

② **$1[\text{cp}](\text{centi poise}) = 0.01[\text{g/cm} \cdot \text{s}] = 0.001[\text{kg/m} \cdot \text{s}]$**

> **물의 점도(25[℃])=1[cp](=0.01[g/cm · s])**

③ 동점도 $1[\text{stokes}] = 1[\text{cm}^2/\text{s}]$

> **동점도 $\nu = \dfrac{\mu}{\rho}$ (μ : 절대점도, ρ : 밀도)**

(9) 비 중

$$비중(S) = \frac{물체의\ 무게}{4[℃]의\ 동체적의\ 물의\ 무게} = \frac{\gamma}{\gamma_w} = \frac{\rho}{\rho_w}$$

여기서, γ : 어떤 물질의 비중량 γ_w : 표준물질의 비중량

ρ : 어떤 물질의 밀도 ρ_w : 표준물질의 밀도

(10) 비중량

> $$\gamma = \frac{1}{V_s} = \frac{P}{RT} = \rho g$$

여기서, γ : 비중량[kg$_f$/m^3] V_s : 비체적[m^3/kg]

P : 압력[kg/m^2] R : 기체상수

T : 절대온도[K] ρ : 밀도[kg/m^3]

> **물의 비중량(γ) = 1,000[kg$_f$/m^3]**

(11) 밀 도

단위체적당 질량 $\rho = \dfrac{W}{V}$ (W : 질량, V : 체적)

> **물의 밀도(ρ)=1[g/cm^3]=1,000[kg/m^3]=1,000[N · s^2/m^4]=102[kg$_f$ · s^2/m^4]**

(12) 비체적

단위질량당 체적, 즉 밀도의 역수

> $$V_s = \frac{1}{\rho}$$

안심Touch

3. Newton의 법칙

(1) Newton의 운동법칙

① 제1법칙(관성의 법칙)

물체는 외부에서 힘을 가하지 않는 한 정지해 있던 물체는 계속 정지해 있고 운동하던 물체는 계속 운동상태를 유지하려는 성질

② 제2법칙(가속도의 법칙)

물체에 힘을 가하면 가속도가 생기고 가한 힘의 크기는 질량과 가속도에 비례한다.

$$F = m\,a$$

여기서, F : 힘[dyne, N] m : 질량[gr]
a : 가속도[cm/s²]

③ 제3법칙(작용, 반작용의 법칙)

물체에 힘을 가하면 다른 물체에 반작용이 나타나고 동일 작용선상에는 크기가 같다.

(2) Newton의 점성법칙

① **난류** : 전단응력은 점성계수와 속도구배에 비례한다.

$$\text{전단응력 } \tau = \frac{F}{A} = \mu\frac{du}{dy}$$

여기서, τ : 전단응력[dyne/cm²] F : 힘[dyne]
A : 단면적[cm²] $\frac{du}{dy}$: 속도구배(속도기울기)

② **층류** : 수평원통형 관 내에 유체가 흐를 때 **전단응력**은 **중심선에서** 0이고 **반지름에 비례**하면서 관벽까지 직선적으로 증가한다.

$$\text{전단응력 } \tau = \frac{P_A - P_B}{l} \cdot \frac{r}{2}$$

여기서, τ : 전단응력[dyne/cm²] l : 길이[cm]
r : 반경[cm]

③ Newton 유체는 속도구배에 관계없이 점성계수가 일정하다.

4. 열역학의 법칙

(1) 열역학의 제1법칙

기체에 공급된 열에너지는 내부에너지 증가와 기체가 외부에서 한 일과 같다.

(2) 열역학의 제2법칙

① 외부에서 **열을 가하지 않는** 한 항상 **고온에서 저온으로** 흐른다.

열은 스스로 저온에서 고온으로 절대로 흐르지 않는다.

② 열을 완전히 일로 바꿀 수 있는 열기관을 만들 수 없다.

③ 자발적인 변화는 비가역적이다.

④ 엔트로피는 증가하는 방향으로 흐른다.

(3) 열역학의 제3법칙

순수한 물질이 1[atm]하에서 완전히 결정상태이면 그의 엔트로피는 0[K]에서 0이다.

5. 힘의 작용

(1) 수평면에 작용하는 힘

$$F = \gamma h A$$

여기서, γ : 비중량[kg$_f$/m^3] h : 깊이[m]
A : 면적[m^2]

(2) 경사면에 작용하는 힘

$$F = \gamma y A \sin\theta$$

여기서, γ : 비중량[kg$_f$/m^3] y : 면적의 도심
A : 면적[m^2] θ : 경사진 각도

(3) 물체의 무게

$$W = \gamma V$$

여기서, γ : 비중량[kg$_f$/m^3] V : 물체가 잠긴 체적[m^3]

6. 엔트로피, 엔탈피 등

(1) 엔트로피

$$\Delta S = \frac{dQ}{T}[\text{cal/g} \cdot \text{K}]$$

여기서, dQ : 변화한 열량[cal/g] T : 절대온도[K]

- 가역과정에서 엔트로피는 0이다($\Delta S = 0$).
- 비가역과정에서 엔트로피는 증가한다($\Delta S > 0$).
- 등엔트로피과정은 단열가역과정이다.
- 가역과정
  - 등엔트로피 과정이다.
  - 항상 평형상태를 유지하면서 변화하는 과정
  - 마찰이 없는 노즐에서의 팽창
  - 실린더 내의 기체의 급팽창
  - 카르노의 순환
- 카르노사이클의 순서 : 등온팽창 → 단열팽창 → 등온압축 → 단열압축

(2) 엔탈피

$$H = E + PV$$

여기서, H : 엔탈피 E : 내부에너지
P : 압력 V : 부피

완전기체의 엔탈피는 온도만의 함수이다.

(3) Gibbs의 자유에너지

$$G = H + TS$$

여기서, G : 자유에너지 H : 엔탈피
T : 온도 S : 엔트로피

① 경로에 무관한 양 : 엔탈피, 내부에너지, 엔트로피, Helmholtz의 자유에너지, Gibbs의 자유에너지
② 경로에 관계있는 양 : 열량, 일

7. 특성치

(1) 시량특성치(Extensive Property, 용량성 상태량)

양에 따라 변하는 값(부피, 엔탈피, 엔트로피, 내부에너지)

(2) 시강특성치(Intensive Property)

양에 관계없이 일정한 값(**온도**, 압력, 밀도)

시량특성치(용량성 상태량) : 부피, 엔탈피, 엔트로피, 내부에너지

1-2 유체의 운동 및 압력

1. 유체의 흐름

(1) 정상류

임의의 한 점에서 속도, 온도, 압력, 밀도 등이 시간에 따라 변하지 않는 흐름

$$\frac{\partial V}{\partial t} = 0, \ \frac{\partial \rho}{\partial t} = 0, \ \frac{\partial p}{\partial t} = 0, \ \frac{\partial T}{\partial t} = 0$$

(2) 비정상류

임의의 한 점에서 속도, 온도, 압력, 밀도 등이 시간에 따라 변하는 흐름

$$\frac{\partial V}{\partial t} \neq 0, \ \frac{\partial \rho}{\partial t} \neq 0, \ \frac{\partial p}{\partial t} \neq 0, \ \frac{\partial T}{\partial t} \neq 0$$

2. 연속의 방정식

(1) 질량유량

$$\overline{m} = A_1 V_1 \rho_1 = A_2 V_2 \rho_2$$

여기서, $\overline{m}$: 질량유량[kg/s]　　　A : 단면적[m^2]
　　　　V : 유속[m/s]　　　　　ρ : 밀도[kg/m^3]

(2) 중량유량

$$G = A_1 V_1 \gamma_1 = A_2 V_2 \gamma_2$$

여기서, G : 중량유량[kg$_f$/s]　　　A : 단면적[m^2]
　　　　V : 유속[m/s]　　　　　γ : 비중량[kg$_f$/m^3]

(3) 체적(용량)유량

$$Q = A_1 V_1 = A_2 V_2$$

여기서, Q : 체적유량[m^3/s]　　　A : 단면적[m^2]
　　　　V : 유속[m/s]

(4) 비압축성 유체

$$\frac{V_2}{V_1} = \frac{A_1}{A_2} = \left(\frac{D_1}{D_2}\right)^2$$

여기서, V : 유속[m/s]　　　　A : 단면적[m^2]
　　　　D : 내경 [m]

유속을 V 나 u 로 표현한다.

3. 유선, 유적선, 유맥선

(1) 유 선

유동장의 한 선상의 모든 점에서 **그은 접선**이 그 점의 **속도방향과 일치되는 선**

(2) 유적선

한 유체입자가 **일정기간 동안에 움직일 경로**

(3) 유맥선

공간 내의 한점을 지나는 모든 유체입자들의 순간 궤적

4. 오일러의 운동방정식

PLUS
ONE
오일러(Euler)의 운동방정식의 적용조건
• 정상유동일 때
• 유선에 따라 입자가 운동할 때
• 유체의 마찰이 없을 때

5. 베르누이 방정식

(1) 베르누이 방정식의 적용조건

① 이상유체일 때   ② 정상흐름일 때

③ 비압축성 흐름일 때   ④ 비점성 흐름일 때

(2) 베르누이 방정식

$$\frac{V_1^2}{2g} + \frac{p_1}{\gamma} + Z_1 = \frac{V_2^2}{2g} + \frac{p_2}{\gamma} + Z_2 = \text{Const}$$

여기서, V : 유속[m/s] p : 압력[kg$_f$/m^2] γ : 비중량[kg$_f$/m^3]
Z : 높이[m] g : 중력가속도(9.8[m/s^2])

$$\frac{V^2}{2g} \text{ : 속도수두, } \quad \frac{p}{\gamma} \text{ : 압력수두, } \quad Z \text{ : 위치수두}$$

6. 유체의 운동량 방정식

(1) 운동량 보정계수

$$\beta = \frac{1}{AV^2} \int_A u^2 dA$$

(2) 운동에너지 보정계수

$$\beta = \frac{1}{AV^3} \int_A u^3 dA$$

여기서, β : 운동량 보정계수 A : 단면적
V : 평균속도 u : 유속
dA : 미소단면적

(3) 힘

$$F = Q\rho V$$

여기서, F : 힘[kg$_f$, N] Q : 유량[m^3/s]
ρ : 밀도(물 : 102[kg$_f \cdot$ s^2 / m^4]) V : 유속[m/s]

7. 토리첼리의 식

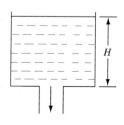 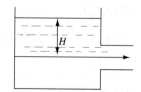

$$V = \sqrt{2gH}$$

8. 파스칼의 원리

밀폐된 용기에 들어 있는 유체에 작용하는 압력의 크기는 변하지 않고 모든 방향으로 전달된다.

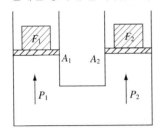

$$\frac{F_1}{A_1} = \frac{F_2}{A_2}, \ P_1 = P_2$$

여기서, F : 가해진 힘 A : 단면적

수압기 : 파스칼의 원리

9. 모세관현상과 표면장력

(1) 모세관현상

액체 속에 가는 관(모세관)을 넣으면 액체가 관을 따라 상승, 하강하는 현상

액체와 고체가 서로 접촉하면 상호 부착하려는 성질을 갖고 있는데 이 부착력과 액체의 응집력의 상대적 크기에 의해 일어나는 현상

(2) 표면장력

액체표면을 최소로 작게 하는 데 필요한 힘

온도가 높고 농도가 크면 표면장력은 작아진다.

10. 기체의 상태방정식

(1) 이상기체 상태방정식

$$PV = nRT = \frac{W}{M}RT, \ \rho = \frac{PM}{RT}$$

여기서, P : 압력[atm]　　　　　　　　V : 부피[m^3]

n : 몰수$\left(= \dfrac{무게}{분자량} = \dfrac{W}{M}\right)$　　R : 기체상수(0.08205[atm · m^3/kg–mol · K])

T : 절대온도(273+[℃])　　　　ρ : 밀도[kg/m^3]

PLUS ONE 기체상수(R)의 값
- 0.08205[L · atm/g–mol · K]
- 1.987[cal/g–mol · K]
- 848.4[kg · m/kg–mol · K]
- 0.08205[m^3 · atm/kg–mol · K]
- 0.7302[atm · ft^3/lb–mol · R]
- 8.314×10^7[erg/g–mol · K]

안심Touch

(2) 완전기체 상태방정식

$$PV = WRT = \rho RT, \ \rho = \frac{P}{RT}$$

여기서, P : 압력$[kg_f/m^2]$　　　　　　V : 부피$[m^3]$
　　　　W : 무게$[kg]$　　　　　　　　ρ : 밀도$[kg/m^3]$
　　　　R : 기체상수$\left(\frac{848}{M}[kg \cdot m/kg \cdot K]\right)$　T : 절대온도$(273+[℃])$

　※ 기체상수(R)
　　　① 공기의 기체상수 = 287$[J/kg \cdot K]$ = 29.27$[kg \cdot m / kg \cdot K]$
　　　② 질소의 기체상수 = 296$[J / kg \cdot K]$

완전기체 : $P = \rho RT$를 만족시키는 기체

11. 보일-샤를의 법칙

(1) 보일의 법칙

온도가 일정할 때 **기체의 부피**는 압력에 **반비례**한다.

$$P_1 V_1 = P_2 V_2$$

여기서, P : 압력[atm]　　　　V : 부피$[m^3]$

(2) 샤를의 법칙

압력이 일정할 때 기체가 차지하는 **부피**는 **절대온도**에 **비례**한다.

$$\frac{V_1}{T_1} = \frac{V_2}{T_2}$$

여기서, V : 부피$[m^3]$　　　　T : 절대온도[K]

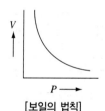
[보일의 법칙]

[샤를의 법칙]
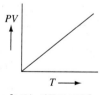
[보일-샤를의 법칙]

(3) 보일 - 샤를의 법칙

기체가 차지하는 **부피**는 **압력에 반비례**하고 **절대온도에 비례**한다.

$$\frac{P_1 V_1}{T_1} = \frac{P_2 V_2}{T_2}, \ V_2 = V_1 \times \frac{P_1}{P_2} \times \frac{T_2}{T_1}$$

여기서, P : 압력[atm]　　　　V : 부피$[m^3]$
　　　　T : 절대온도[K]

12. 체적탄성계수

압력 P일 때 체적 V인 유체에 압력을 ΔP만큼 증가시켰을 때 체적이 ΔV만큼 감소한다면 체적탄성계수(K)는

$$K = -\frac{\Delta P}{\Delta V/V} = \frac{\Delta P}{\Delta\rho/\rho}$$

여기서, P : 압력[kg$_f$/m^2] V : 체적[m^3]
ρ : 밀도[kg/m^3] $\Delta V/V$: 체적변화(무차원)

압축률 $\beta = \dfrac{1}{K}$

• 등온변화 $K = P$ • 단열변화 $K = kP$(k : 비열비)

13. 유체의 압력

(1) 대기압

공기가 지구를 싸고 있는 압력

(2) 계기압력

국소대기압을 기준으로 측정한 압력

(3) 절대압력

완전진공을 기준으로 측정한 압력

절대압 = 대기압 + 계기압력, 절대압 = 대기압 − 진공압력

(4) 물속의 압력

$$P = P_o + \gamma H$$

여기서, P : 물속의 압력[kg$_f$/m^2] P_o : 대기압[kg$_f$/m^2]
γ : 물의 비중량[kg$_f$/m^3] H : 수두[m]

• 부력은 그 물체에 의해서 배제된 액체의 무게와 같다.
• 부력의 크기는 물체의 무게와 같지만 방향이 반대이다.

1-3 유체의 유동 및 측정

1. 유체의 마찰손실

다르시-바이스바흐(Darcy-Weisbach)식 : **곧고 긴 배관**에서의 손실수두 계산에 적용

$$H = \frac{\Delta P}{\gamma} = \frac{fl V^2}{2gD}$$

여기서, H : 마찰손실[m]　　　　　　　ΔP : 압력차[kg$_f$/m^2]

　　　　γ : 비중량(물의 비중량=1,000[kg$_f$/m^3])　f : 관마찰계수

　　　　l : 관의 길이[m]　　　　　　　V : 유속[m/s]

　　　　g : 중력가속도(9.8[m/s^2])　　　D : 내경[m]

2. 레이놀즈수

$$Re = \frac{DV\rho}{\mu} = \frac{DV}{\nu}$$

여기서, Re : 레이놀드수　　　　　　D : 내경[cm]

　　　　V : 유속[cm/s]　　　　　　ρ : 밀도[g/cm^3]

　　　　E : 점도[g/cm·s]　　　　　ν : 동점도($\frac{\mu}{\rho} = $ [cm^2/s])

PLUS ONE ➕ 임계레이놀즈수
- 상임계레이놀즈수 : **층류**에서 **난류**로 변할 때의 레이놀즈수(Re = 4,000)
- 하임계레이놀즈수 : **난류**에서 **층류**로 변할 때의 레이놀즈수(Re = 2,100)

3. 유체흐름의 종류

(1) 층류(Laminar Flow)

유체입자가 질서정연하게 층과 층이 미끄러지면서 흐르는 흐름

(2) 난류(Turbulent Flow)

유체입자가 불규칙적으로 운동하면서 흐르는 흐름

PLUS ONE ➕ 유체의 흐름 구분
- 층류 : Re < 2,100
- 임계영역 : 2,100 < Re < 4,000
- 난류 : Re > 4,000

(3) 임계레이놀드수

$$Re = \frac{DV\rho}{\mu} = \frac{DV}{\nu} \qquad 2{,}100 = \frac{DV\rho}{\mu} = \frac{DV}{\nu}$$

$$\therefore \text{임계유속 } V = \frac{2{,}100\mu}{D\rho} = \frac{2{,}100\nu}{D}$$

(4) 전이길이

유체의 흐름이 완전히 발달된 흐름이 될 때까지의 거리

4. 직관에서의 마찰손실

(1) 층류(Laminar Flow)

매끈하고 수평관 내를 층류로 흐를 때는 Hagen-Poiseuille법칙이 적용

$$H = \frac{\Delta P}{\gamma} = \frac{128\mu l Q}{r\pi d^4}$$

여기서, ΔP : 압력차[kg$_f$/m^2] γ : 비중량(물의 비중량=1,000[kg$_f$/m^3])
μ : 점도[kg/m·s] l : 관의 길이[m]

(2) 난류(Turbulent Flow)

불규칙적인 유체는 Fanning법칙이 적용

$$H = \frac{\Delta P}{\gamma} = \frac{2fl V^2}{g_c D}$$

여기서, ΔP : 압력차[kg$_f$/m^2] γ : 비중량(물의 비중량=1,000[kg$_f$/m^3])
f : 관마찰계수 l : 관의 길이[m]
g_c : 중력가속도(9.8[m/s^2]) D : 관의 내경[m]

구 분	층 류	난 류
레이놀드수	2,100 이하	4,000 이상
흐 름	정상류	비정상류
전단응력	$\tau = \dfrac{P_A - P_B}{l} \cdot \dfrac{\gamma}{2}$	$\tau = \dfrac{F}{A} = \mu\dfrac{du}{dy}$
평균속도	$V = 0.5 V_{\max}$	$V = 0.8 V_{\max}$
손실수두	$H = \dfrac{\Delta P}{\gamma} = \dfrac{128\mu l Q}{r\pi d^4}$	$H = \dfrac{\Delta P}{\gamma} = \dfrac{2fl V^2}{g_c D}$
속도분포식	$V = V_{\max}\left[1 - \left(\dfrac{r}{r_o}\right)^2\right]$	－
관마찰계수	$f = \dfrac{64}{Re}$	－

(3) 관마찰계수(f)

- 층 류 : 상대조도와 무관하며 레이놀드수만의 함수이다.
- 임계영역 : **상대조도와 레이놀드수의 함수**이다.
- 난 류 : 상대조도와 무관하다.

$$\text{층류일 때 } f = \frac{64}{Re}$$

(4) 관의 상당길이

$$\text{층류일 때 } Le = \frac{Kd}{f}$$

여기서, Le : 관 상당길이 K : 손실계수
d : 내경 f : 관마찰계수

(5) 관마찰손실

주손실	관로마찰에 의한 손실
부차적 손실	급격한 확대, 급격한 축소, 관부속품에 의한 손실

① 급격한 축소관일 때

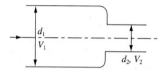

$$H = K\frac{V_2^2}{2g}[\text{m}]$$

여기서, H : 손실수두 K : 축소손실계수
g : 중력가속도(9.8[m/s²])

② 급격한 확대관일 때

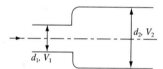

$$H = K\frac{(V_1 - V_2)^2}{2g}[\text{m}]$$

여기서, H : 손실수두 K : 확대손실계수
V_1 : 축소관의 유속[m/s] V_2 : 확대관의 유속[m/s]
g : 중력가속도(9.8[m/s²])

5. 수력반경과 수력도약

(1) 수력반경

면적을 접수 길이로 나눈 값

$$R_h = \frac{A}{l}$$

어기서, A : 단면적[m²] l : 접수길이[m]

$$\text{원관일 때 } R_h = \frac{d}{4}$$

여기서, d : 내경[m]

$$상대조도\left(\frac{e}{d}\right) = \frac{e}{4R_h}$$

여기서, e : 상대조도　　　R_h : 수력반경

(2) 수력도약

개수로에서 유체가 빠른 흐름에서 느린 흐름으로 변하면서 수심이 깊어지는 현상

개수로에서 흐르는 액체의 **운동에너지**가 **위치에너지**로 갑자기 변할 때 수력도약이 일어난다.

6. 무차원수

명 칭	무차원식	물리적인 의미
Reynold수	$Re = \dfrac{Du\rho}{\mu}$	$\dfrac{\text{관성력}}{\text{점성력}}$
Eluer수	$Eu = \dfrac{\Delta P}{\rho u^2}$	$\dfrac{\text{압축력}}{\text{관성력}}$
Weber수	$We = \dfrac{\rho L u^2}{\sigma}$	$\dfrac{\text{관성력}}{\text{표면장력}}$
Froude수	$Fr = \dfrac{u}{\sqrt{gL}}$	$\dfrac{\text{관성력}}{\text{중력}}$

7. 유체의 측정

(1) 압력 측정

① U자관 Manometer의 압력차

$$\Delta P = \frac{g}{g_c}R(\gamma_A - \gamma_B)$$

여기서, R : Manometer의 읽음　　γ_A : 유체의 비중량
　　　　γ_B : 물의 비중량

Manometer의 종류 : U자관, 경사마노미터, 압력차계

② **피에조미터**(Piezometer) : **유동하고 있는** 유체의 **정압** 측정

유동하고 있는 유체의 정압 측정 : 피에조미터, 정압관

③ **피토 - 정압관** : 전압과 정압의 차이, 즉 **동압**을 측정하는 장치
④ 시차액주계 : 두 개 탱크의 지점 간의 압력을 측정하는 장치

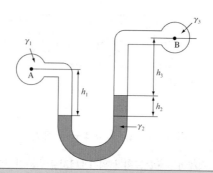

$$P_A + \gamma_1 h_1 = P_B + \gamma_2 h_2 + \gamma_3 h_3$$

여기서, P_A, P_B : A, B점의 압력 γ : 물의 비중량
h : 높이

(2) 유량 측정

① 벤투리미터(Venturi Meter) : 유량측정이 정확하고, 설치비가 고가이며 압력손실이 적은 배관에 적합하다.

$$\therefore Q = \frac{C_v A_2}{\sqrt{1 - \left(\dfrac{D_2}{D_1}\right)^4}} \sqrt{\frac{2g(\rho_1 - \rho_2)R}{\rho_2}} \, [\mathrm{m^3/s}]$$

② 오리피스미터(Orifice Meter) : 설치하기는 쉬우나 압력손실이 큰 배관에 적합하다.

$$Q = \frac{C_o A_2}{\sqrt{1 - \left(\dfrac{D_2}{D_1}\right)^4}} \sqrt{\frac{2g(\rho_1 - \rho_2)R}{\rho_2}}$$

③ 위어(Weir) : 다량의 유량을 측정할 때 사용한다.

- 위어(Weir) : 개수로의 유량측정에 사용
- V-notch의 유량 $Q = \dfrac{8}{15} C\sqrt{2g} \tan \dfrac{\theta}{2} H^{5/2}$

④ 로터미터(Rotameter) : 유체 속에 부자를 띄워서 **직접 눈으로** 유량을 읽을 수 있는 장치

(3) 유속 측정

① 피토관(Pitot Tube) : 유체의 국부속도를 측정하는 장치

$$V = k\sqrt{2gH}$$

여기서, V : 유속[m/s] k : 속도정수
g : 중력가속도(9.8[m/s²]) H : 수두[m]

② 피토-정압관(Pitot-Static Tube) : 동압을 이용하여 유속을 측정하는 장치

1-4 유체의 배관 및 펌프

1. 유체의 배관

배관의 강도는 스케줄 수로 표시하며 스케줄 수가 클수록 배관은 두껍다.

$$\text{Schedule No} = \frac{\text{내부작업압력}[kg_f/m^2]}{\text{재료의 허용응력}[kg_f/m^2]} \times 1,000$$

2. 관부속품

① 두 개의 관을 연결할 때 : 플랜지(Flange), 유니언(Union), 니플(Nipple), 소켓(Socket), 커플링

② **관선의 직경을 바꿀 때 : 리듀서(Reducer), 부싱(Bushing)**

③ 관선의 방향을 바꿀 때 : 엘보(Elbow), 티(Tee), 십자(Cross), Y자관

④ 유로를 차단할 때 : 플러그(Plug), 캡(Cap), 밸브(Valve)

⑤ 지선을 연결할 때 : 티(Tee), Y지관, 십자(Cross)

3. 펌프의 종류

(1) 원심펌프(Centrifugal Pump)

① **벌류트 펌프** : 회전차 주위에 **안내날개(가이드 베인)가 없고**, 양정이 낮고 양수량이 많은 곳에 사용

② 터빈펌프 : 회전차 주위에 안내날개(가이드 베인)가 있고, 양정이 높고 양수량이 적은 곳에 사용

③ 원심펌프의 전효율 E = 체적효율×기계효율×수력효율

> **PLUS ONE** 원심펌프의 수력손실
> - 펌프의 흡입구로부터 토출구에 이르는 유로 전체에 발생하는 마찰손실
> - 회전차, 안내깃, 와류실, 송출관 등에서 유체의 부차적 손실인 와류손실
> - 회전차의 깃 입구와 출구에서의 유체입자들의 충돌손실

(2) 왕복펌프(Reciprocating Pump)

피스톤의 왕복운동에 의하여 유체를 수송하는 장치로서 피스톤펌프(저압), 플랜지펌프(고압)가 있다.

항 목 \ 종 류	원심펌프	왕복펌프
구 분	벌류트펌프, 터빈펌프	피스톤펌프, 플랜지펌프
구 조	간 단	복 잡
수송량	크 다	적 다
배출속도	연속적	불연속적
양정거리	적 다	크 다
운전속도	고 속	저 속

(3) 회전펌프

왕복펌프의 피스톤에 해당하는 부분을 회전운동하는 회전자로 바꾼 것으로서 회전수가 일정할 때에는 토출량이 증가함에 따라 양정이 감소하다가 어느 한도 내에서는 급격히 감소하는 펌프

① 기어펌프
- ㉠ 구조간단, 가격이 저렴
- ㉡ 운전보수가 용이
- ㉢ 고속운전 가능

② 베인펌프 : 베인(Vane)이 원심력 또는 스프링의 장력에 의하여 벽에 밀착되면서 회전하여 유체를 수송하는 펌프

> 베인펌프 : **회전속도**의 범위가 가장 **넓고** 효율이 가장 높다.

4. 펌프의 성능 및 양정

(1) 펌프의 성능

PLUS ONE ● **펌프 연결**
- 2대 **직렬연결** : 유량 Q, 양정 $2H$
- 2대 **병렬연결** : 유량 $2Q$, 양정 H

(2) 펌프의 양정

① **흡입양정** : 흡입수면에서 펌프의 중심까지의 거리
② **토출양정** : 펌프의 중심에서 최상층의 송출수면까지의 수직거리
③ **실양정** : 흡입수면에서 최상층의 송출수면까지의 수직거리

> 실양정 = 흡입양정 + 토출양정

④ **전양정** : 실양정 + 관부속품의 마찰손실수두 + 직관의 마찰손실수두

5. 펌프의 동력

(1) 펌프의 수동력

펌프 내의 임펠러의 회전차에 의해서 펌프를 통과하는 유체에 주어진 동력으로 전달계수와 펌프의 효율을 고려하지 않는 것이다.

$$P[\text{kW}] = \frac{\gamma QH}{102}, \ P[\text{HP}] = \frac{\gamma QH}{76}, \ P[\text{PS}] = \frac{\gamma QH}{75}$$

여기서, γ : 물의 비중량(1,000[kg_f/m^3]) Q : 유량[m^3/s]
H : 양정[m]

(2) 펌프의 축동력

외부의 동력원으로부터 펌프의 회전차를 구동하는 데 필요한 동력으로 전달계수를 고려하지 않는 것이다.

$$P[\text{kW}] = \frac{\gamma \cdot Q \cdot H}{102 \times \eta}$$

$$P[\text{HP}] = \frac{\gamma \cdot Q \cdot H}{76 \times \eta}$$

$$P[\text{PS}] = \frac{\gamma \cdot Q \cdot H}{75 \times \eta}$$

여기서, γ : 물의 비중량(1,000[kg_f/m³]) Q : 유량[m³/s]
H : 양정[m] η : 펌프의 효율
K : 여유율(전달계수)

(3) 펌프의 전동력

일반적으로 전달계수와 효율을 고려한 동력을 말한다.

$$P[\text{kW}] = \frac{\gamma \cdot Q \cdot H}{102 \times \eta} \times K, \quad P[\text{HP}] = \frac{\gamma \cdot Q \cdot H}{76 \times \eta} \times K, \quad P[\text{PS}] = \frac{\gamma \cdot Q \cdot H}{75 \times \eta} \times K$$

PLUS ONE 참고사항
- 1[HP] = 76[kg_f · m/s]
- 1[PS] = 75[kg_f · m/s]
- 1[kW] = 102[kg_f · m/s]

6. 펌프 관련 공식

(1) 펌프의 상사법칙

① 유량 $Q_2 = Q_1 \times \dfrac{N_2}{N_1} \times \left(\dfrac{D_2}{D_1}\right)^3$

② 양정 $H_2 = H_1 \times \left(\dfrac{N_2}{N_1}\right)^2 \times \left(\dfrac{D_2}{D_1}\right)^2$

③ 동력 $P_2 = P_1 \times \left(\dfrac{N_2}{N_1}\right)^3 \times \left(\dfrac{D_2}{D_1}\right)^5$

여기서, N : 회전수[rpm]
D : 내경[mm]

(2) 압축비

압축비 $r = \sqrt[\varepsilon]{\dfrac{P_2}{P_1}}$

여기서, ε : 단수
P_1 : 최초의 압력
P_2 : 최종의 압력

(3) 압력손실

Hazen－Williams 방정식

$$\Delta P_m = 6.053 \times 10^4 \times \frac{Q^{1.85}}{C^{1.85} \times d^{4.87}}$$

여기서, ΔP_m : 배관 1[m]당 압력손실[MPa·m] Q : 유량[L/min]
　　　　C : 조도계수 d : 내경[mm]

7. 펌프에서 발생하는 현상

(1) 공동현상(Cavitation)

펌프의 흡입측 배관 내의 수온상승으로 물이 수증기로 변화하여 물이 펌프로 흡입되지 않는 현상

① **공동현상(Cavitation)의 발생원인**
　㉠ 펌프의 마찰손실, 흡입측수두, **회전수(임펠러속도)가 클 때**
　㉡ 펌프의 **흡입관경이 적을 때**
　㉢ 펌프의 설치위치가 수원보다 높을 때
　㉣ **펌프의 흡입압력**이 유체의 증기압보다 **낮을 때**
　㉤ 유체가 고온일 때

② **공동현상(Cavitation)의 발생현상**
　㉠ 소음과 진동발생
　㉡ 관정부식
　㉢ 임펠러 손상
　㉣ 펌프의 성능 저하

③ **공동현상(Cavitation)의 방지대책**
　㉠ 펌프의 마찰손실, 흡입측수두, **회전수(임펠러속도)를 작게 할 것**
　㉡ 펌프의 **흡입관경이 크게 할 것**
　㉢ 펌프의 설치위치가 수원보다 낮게 할 것
　㉣ 펌프의 흡입압력이 유체의 증기압보다 높게 할 것
　㉤ 양흡입 펌프를 사용할 것

> • 공동현상(Cavitation)의 발생원인 : 무조건 암기
> • 공동현상(Cavitation)의 방지대책 : 무조건 암기

(2) 수격현상(Water Hammering)

밸브를 차단할 때 유체가 감속되어 운동에너지가 압력에너지로 변하여 유체 내의 고압이 발생하여 압력변화를 가져와 벽면을 타격하는 현상

① **수격현상의 발생원인**
　㉠ 펌프를 갑자기 정지시킬 때

ⓛ 정상운전일 때 액체의 압력변동이 생길 때

ⓒ 밸브를 급히 개폐할 때

② **수격현상 방지방법**

㉠ 관로 내의 **관경을 크게** 한다.

ⓛ 관로 내의 **유속을 낮게** 한다.

ⓒ 압력강하의 경우 **Fly Wheel**을 설치한다.

㉣ 수격방지기를 설치하여 적정압력을 유지한다.

㉤ **Air Chamber**를 설치한다.

(3) 맥동현상(Surging)

펌프의 입구측의 진공계나 연성계와 토출측의 압력계가 심하게 흔들려 유체가 일정하지 않는 현상

① **맥동현상의 발생원인**

㉠ 펌프의 양정곡선($Q - H$)이 산모양의 곡선으로 상승부에서 운전하는 경우

ⓛ 수량조절밸브가 **수조의 후방**에서 행하여 질 때

ⓒ 배관 중에 외부와 접촉할 수 있는 **공기탱크나 물탱크**가 있을 때

㉣ 흐르는 배관의 **개폐밸브**가 잠겨 있을 때

㉤ 운전 중인 펌프를 정지시킬 때

② **맥동현상 방지방법**

㉠ 펌프 내의 양수량을 증가한다.

ⓛ 임펠러의 회전수를 변화시킨다.

ⓒ 배관 내의 공기를 제거한다.

㉣ 관로의 유속을 조절한다.

㉤ 배관 내의 불필요한 수조를 제거한다.

소방관계법규

제 1 장 소방기본법, 영, 규칙

1-1 목 적

(1) 화재를 **예방·경계·진압**

(2) 화재, 재난, 재해, 그 밖의 위급한 상황에서의 구조·구급활동

(3) 국민의 **생명·신체** 및 **재산 보호**

(4) 공공의 안녕 및 질서유지와 복리증진에 이바지함

1-2 용어 정의

(1) **소방대상물** : 건축물, **차량, 선박**(항구 안에 매어둔 선박만 해당), **선박건조구조물, 산림** 그 밖의 인공구조물 또는 물건

(2) **관계지역** : **소방대상물이 있는 장소** 및 **그 이웃지역**으로서 화재의 예방·경계·진압, 구조·구급 등의 활동에 필요한 지역

(3) **관계인** : 소방대상물의 **소유자, 관리자, 점유자**

(4) **소방대(消防隊)** : 화재를 진압하고 화재, 재난·재해 그 밖의 위급한 상황에서의 구조·구급활동 등을 하기 위하여 구성된 조직체

> 소방대 : 소방공무원, 의무소방원, 의용소방대원

1-3 소방기관의 설치

(1) 소방업무를 수행하는 소방본부장 또는 소방서장의 지휘권자 : **시 · 도지사**

(2) 소방업무에 대한 책임 : 시 · 도지사

(3) 소방업무를 수행하는 소방기관의 설치에 필요한 사항 : **대통령령**

> 소방업무에 관한 종합계획 : 국가가 5년마다 수립 · 시행

1-4 119종합상황실

(1) 119종합상황실 설치 · 운영권자 : 소방청장, 소방본부장, 소방서장

(2) 119종합상황실의 설치와 운영에 필요한 사항 : 행정안전부령

(3) 보고발생사유

① **사망자 5명 이상, 사상자 10명 이상** 발생한 화재
② **이재민**이 **100명 이상** 발생한 화재
③ **재산피해액**이 **50억원 이상** 발생한 화재
④ 관공서, 학교, 정부미도정공장, 문화재, 지하철, 지하구의 화재
⑤ 관광호텔, **11층 이상**인 건축물, 지하상가, **시장, 백화점**, 지정수량의 3,000배 이상의 위험물제조소 · 저장소 · 취급소, 5층 이상이거나 객실 30실 이상인 숙박시설, 5층 이상이거나 병상 30개 이상인 종합병원, 정신병원, 한방병원, 요양소, 연면적이 15,000[m²] 이상인 공장, 화재 경계지구에서 발생한 **화재**
⑥ 다중이용업소의 화재

1-5 소방박물관 등

(1) 소방박물관의 설립 · 운영권자 : 소방청장

(2) 소방체험관의 설립 · 운영권자 : 시 · 도지사

1-6 소방력의 기준

(1) 소방업무를 수행하는 데에 필요한 인력과 장비 등(소방력, 消防力)에 관한 기준 : 행정안전부령

(2) 관할 구역의 소방력을 확충하기 위하여 필요한 계획의 수립 · 시행권자 : **시 · 도지사**

1-7 소방장비 등에 대한 국고보조

(1) 국고보조의 대상사업의 범위와 기존 보조율 : **대통령령**

(2) 국고보조대상
 ① 소방활동장비와 설비의 구입 및 설치
   ㉠ **소방자동차**
   ㉡ **소방헬리콥터** 및 소방정
   ㉢ 소방전용통신설비 및 전산설비
   ㉣ 그 밖의 방열복 또는 방화복 등 소방활동에 필요한 소방장비
 ② 소방관서용 청사의 건축

> 소방의(소방복장)는 국고보조대상이 아니다.

1-8 소방용수시설의 설치 및 관리

(1) 소화용수시설의 설치, 유지·관리 : **시·도지사**

(2) **수도법**에 따라 소화전을 설치하는 일반수도사업자는 관할 소방서장과 사전협의를 거친 후 소화전을 설치하여야 하며, 설치 사실을 관할 소방서장에게 통지하고, 그 소화전을 **유지·관리**하여야 한다.

(3) 소방용수시설 설치의 기준 : **행정안전부령**

(4) 소방용수시설 설치의 기준
 ① 소방대상물과의 수평거리
   ㉠ **주거지역, 상업지역, 공업지역 : 100[m] 이하**
   ㉡ 그 밖의 지역 : 140[m] 이하
 ② 소방용수시설별 설치기준
   ㉠ **소화전**의 설치기준 : 상수도와 연결하여 지하식 또는 지상식의 구조로 하고 소화전의 연결금속구의 구경은 65[mm]로 할 것
   ㉡ **급수탑** 설치기준
     • 급수배관의 구경 : 100[mm] 이상
     • 개폐밸브의 설치 : **지상에서 1.5[m] 이상 1.7[m] 이하**
   ㉢ **저수조** 설치기준
     • 지면으로부터의 낙차가 **4.5[m] 이하**일 것
     • 흡수 부분의 수심이 **0.5[m] 이상**일 것
     • 소방펌프자동차가 쉽게 접근할 수 있을 것
     • 흡수에 지장이 없도록 토사, 쓰레기 등을 제거할 수 있는 설비를 갖출 것

- 흡수관의 투입구가 사각형의 경우에는 한 변의 길이가 60[cm] 이상, 원형의 경우에는 지름이 60[cm] 이상일 것
- 저수조에 물을 공급하는 방법은 상수도에 연결하여 **자동으로 급수되는 구조**일 것

(5) 소방용수시설 및 지리조사

① 실시권자 : 소방본부장 또는 소방서장
② 실시횟수 : **월 1회 이상**
③ 조사내용
　㉠ 소방용수시설에 대한 조사
　㉡ 소방대상물에 인접한 **도로의 폭, 교통상황**, 도로변의 **토지의 고저, 건축물의 개황** 그 밖의 소방활동에 필요한 지리조사
④ 조사결과 보관 : 2년간

1-9 소방업무의 상호응원협정사항

(1) 소방활동에 관한 사항

① 화재의 경계·진압 활동
② 구조·구급 업무의 지원
③ 화재조사활동

(2) 응원출동대상지역 및 규모

(3) 소요경비의 부담에 관한 사항

① 출동대원의 수당·식사 및 피복의 수선
② 소방장비 및 기구의 정비와 연료의 보급
③ 그 밖의 경비

(4) 응원출동의 요청방법

(5) 응원출동훈련 및 평가

1-10 화재의 예방조치

(1) 화재의 예방조치 명령

① 불장난, 모닥불, 흡연, 화기(火氣) 취급, 풍등 등 소형 열기구 날리기, 그 밖에 화재 예방상 위험하다고 인정되는 행위의 금지 또는 제한

② 타고 남은 불 또는 화기(火氣)가 있을 우려가 있는 재의 처리

③ 함부로 버려두거나 그냥 둔 위험물 그 밖에 불에 탈 수 있는 물건을 옮기거나 치우게 하는 등의 조치

> 화재예방 조치권자 : 소방본부장이나 소방서장

(2) 소방본부장, 소방서장은 위험물 또는 물건 보관 시 : 그 날부터 **14일 동안** 소방본부 또는 소방서의 **게시판 공고** 후 공고기간 종료일 다음 날부터 **7일간 보관한 후 매각하여야 한다.**

1-11 화재경계지구

(1) 화재경계지구

화재가 발생할 우려가 높거나 화재가 발생하는 경우 그로 인하여 피해가 클 것으로 예상되는 지역

(2) 화재경계지구 지정권자 : 시·도지사

(3) 화재경계지구의 지정지역

① **시장지역**

② 공장·창고가 밀집한 지역

③ **목조건물이 밀집한 지역**

④ 위험물의 저장 및 처리시설이 밀집한 지역

⑤ 석유화학제품을 생산하는 공장이 있는 지역

⑥ 소방시설·소방용수시설 또는 소방출동로가 없는 지역

(4) 화재경계지구 안의 소방특별조사 : 소방본부장, 소방서장

(5) 소방특별조사 내용 : 소방대상물의 **위치·구조·설비**

(6) 소방특별조사 횟수 : 연 1회 이상

(7) 화재경계지구로 지정 시 소방훈련과 교육 : 연 1회 이상

(8) 소방훈련과 교육 시 관계인에게 통보 : 훈련 및 교육 10일 전까지 통보

1-12　불을 사용하는 설비 등의 관리

(1) 보일러, 난로, 건조설비, 가스·전기시설 그 밖에 화재발생의 우려가 있는 설비 또는 기구 등의 위치·구조 및 관리와 화재예방을 위하여 불을 사용할 때 지켜야 하는 사항 : **대통령령**

(2) 보일러 등의 위치·구조 및 관리와 화재예방을 위하여 불의 사용에 있어서 지켜야 하는 사항

종 류	내 용
보일러	1. 가연성 벽·바닥 또는 천장과 접촉하는 증기기관 또는 연통의 부분은 규조토·석면 등 난연성 단열재로 덮어씌워야 한다. 2. **경유·등유 등 액체연료**를 사용하는 경우에는 다음의 사항을 지켜야 한다. 　가. 연료탱크는 보일러 본체로부터 수평거리 1[m] 이상의 간격을 두어 설치할 것 　나. 연료탱크에는 화재 등 긴급 상황이 발생하는 경우 연료를 차단할 수 있는 개폐밸브를 연료탱크로부터 0.5[m] 이내에 설치할 것 　다. 연료탱크 또는 연료를 공급하는 배관에는 여과장치를 설치할 것 　라. 사용이 허용된 연료 외의 것을 사용하지 아니할 것 　마. 연료탱크에는 불연재료로 된 받침대를 설치하여 연료탱크가 넘어지지 아니하도록 할 것 3. **기체연료**를 사용하는 경우에는 다음에 의한다. 　가. 보일러를 설치하는 장소에는 환기구를 설치하는 등 가연성 가스가 머무르지 아니하도록 할 것 　나. 연료를 공급하는 배관은 금속관으로 할 것 　다. 화재 등 긴급 시 연료를 차단할 수 있는 개폐밸브를 연료용기 등으로부터 0.5[m] 이내에 설치할 것 　라. 보일러가 설치된 장소에는 가스누설경보기를 설치할 것 4. **보일러와 벽·천장 사이의 거리는 0.6[m] 이상** 되도록 하여야 한다. 5. 보일러를 실내에 설치하는 경우에는 콘크리트바닥 또는 금속 외의 불연재료로 된 바닥 위에 설치하여야 한다.

1-13　특수가연물

(1) **종 류**

품 명		수 량
면화류		200[kg] 이상
나무껍질 및 대팻밥		400[kg] 이상
넝마 및 종이부스러기		1,000[kg] 이상
사류(絲類)		1,000[kg] 이상
볏짚류		1,000[kg] 이상
가연성 고체류		3,000[kg] 이상
석탄·목탄류		10,000[kg] 이상
합성수지류	발포시킨 것	20[m^3] 이상
	그 밖의 것	3,000[kg] 이상

(2) **특수가연물을 쌓아 저장하는 경우**

다음 기준에 따라 쌓아 저장할 것. 다만, 석탄·목탄류를 발전용으로 저장하는 경우에는 그러하지 아니하다.

① 품명별로 구분하여 쌓을 것

② 쌓는 높이 : 10[m] 이하

③ 쌓는 부분의 바닥면적 : 50[m²](**석탄, 목탄류 : 200[m²]**) 이하, 단, **살수설비를 설치**하거나 **대형수동식소화기 설치** 시에는 **쌓는 높이 15[m] 이하**, 쌓는 부분의 **바닥면적은 200[m²]**(석탄, 목탄류의 경우에는 300[m²]) 이하

④ 쌓는 부분의 바닥면적 사이는 **1[m] 이상**이 되도록 할 것

1-14　소방신호

(1) **정의** : **화재예방, 소방활동** 또는 **소방훈련**을 위하여 사용되는 신호

(2) **소방신호의 종류와 방법** : 행정안전부령

(3) **소방신호의 종류와 방법**

신호종류	발령 시기	타종신호	사이렌신호
경계신호	화재예방상 필요하다고 인정되거나 **화재위험 경보** 시 발령	1타와 연 2타를 반복	5초 간격을 두고 30초씩 3회
발화신호	화재가 발생한 때 발령	난 타	5초 간격을 두고 5초씩 3회
해제신호	소화활동의 필요 없다고 인정할 때 발령	상당한 간격을 두고 1타씩 반복	1분간 1회
훈련신호	훈련상 필요하다고 인정할 때 발령	연 3타 반복	10초 간격을 두고 1분씩 3회

1-15　소방활동 등

(1) **소방자동차의 우선통행**

① 모든 차와 사람은 소방자동차(지휘를 위한 자동차 및 구조·구급차를 포함)가 화재 진압 및 구조·구급활동을 위하여 출동을 할 때에는 이를 방해하여서는 아니 된다.

② **소방자동차**가 화재진압 및 구조·구급활동을 위하여 출동하거나 **훈련을 위하여** 필요한 때에는 **사이렌을 사용**할 수 있다.

(2) **소방활동구역**

① 소방활동구역의 설정 및 출입제한권자 : **소방대장**

② 소방활동의 종사 명령권자 : 소방본부장·소방서장, 소방대장

③ 시·도지사는 규정에 따라 소방활동에 종사한 사람이 그로 인하여 사망하거나 부상을 입은 경우에는 보상하여야 한다.

④ 명령에 따라 소방활동에 종사한 사람은 시·도지사로부터 소방활동의 비용을 지급받을 수 있다.

PLUS ONE ➕ **소방활동의 비용을 지급받을 수 없는 사람**
- 소방대상물에 화재, 재난·재해 그 밖의 위급한 상황이 발생한 경우 그 관계인
- 고의 또는 과실로 인하여 화재 또는 구조·구급활동이 필요한 상황을 발생시킨 사람
- 화재 또는 구조·구급현장에서 물건을 가져간 사람

⑤ **소방활동구역의 출입자**

　　㉠ 소방활동구역 안에 있는 소방대상물의 **소유자, 관리자, 점유자**

　　㉡ **전기, 가스, 수도, 통신, 교통**의 업무에 종사하는 자로서 원활한 소방활동을 위하여
　　　필요한 자

　　㉢ **의사 · 간호사** 그 밖의 구조 · 구급업무에 종사하는 자

　　㉣ 취재인력 등 **보도업무에 종사하는 자**

　　㉤ **수사업무에 종사하는 자**

　　㉥ 그 밖에 **소방대장**이 소방활동을 위하여 출입을 허가한 자

(3) 강제처분

① **소방본부장, 소방서장** 또는 **소방대장**은 사람을 구출하거나 불이 번지는 것을 막기 위하여
　필요할 때에는 화재가 발생하거나 불이 번질 우려가 있는 소방대상물 및 토지를 일시적으로
　사용하거나 그 사용의 제한 또는 소방활동에 필요한 처분을 할 수 있다.

② **소방본부장, 소방서장** 또는 **소방대장**은 사람을 구출하거나 불이 번지는 것을 막기 위하여
　긴급하다고 인정할 때에는 ①에 따른 소방대상물 또는 토지 외의 소방대상물과 토지에 대하여
　①에 따른 처분을 할 수 있다.

③ 소방본부장, 소방서장 또는 소방대장은 소방활동을 위하여 긴급하게 출동할 때에는 소방자동
　차의 통행과 소방활동에 방해가 되는 주차 또는 정차된 차량 및 물건 등을 제거하거나 이동시킬
　수 있다.

1 - 16 화재의 조사

(1) 화재의 원인 및 피해 조사권자 : 소방청장, 소방본부장 또는 **소방서장**

(2) 소방청장, 소방본부장 또는 소방서장은 화재조사를 하기 위하여 필요하면 관계인에게 보
　고 또는 자료제출을 명하거나 관계공무원으로 하여금 화재의 원인과 피해의 상황을 조사
　하거나 관계인에게 질문하게 할 수 있다.

(3) 소방공무원과 **국가경찰공무원**은 화재조사를 할 때에 **서로 협력**하여야 한다.

(4) 화재조사는 관계공무원이 **화재사실을 인지하는 즉시** 장비를 활용하여 **실시**되어야 한다.

(5) 화재조사의 종류 및 조사의 범위

① 화재원인조사

종 류	조사범위
가. 발화원인조사	화재가 발생한 과정, 화재가 발생한 지점 및 불이 붙기 시작한 물질
나. 발견 · 통보 및 초기 소화상황조사	화재의 발견 · 통보 및 초기소화 등 일련의 과정
다. 연소상황조사	화재의 연소경로 및 확대원인 등의 상황
라. 피난상황조사	피난경로, 피난상의 장애요인 등의 상황
마. 소방시설 등 조사	소방시설의 사용 또는 작동 등의 상황

② 화재피해조사

종 류	조사범위
가. 인명피해조사	• 소방활동 중 발생한 사망자 및 부상자 • 그 밖에 화재로 인한 사망자 및 부상자
나. 재산피해조사	• 열에 의한 탄화, 용융, 파손 등의 피해 • 소화활동 중 사용된 물로 인한 피해 • 그 밖에 연기, 물품반출, 화재로 인한 폭발 등에 의한 피해

1-17 한국소방안전원

(1) 소방안전원의 업무
① 소방기술과 안전관리에 관한 교육 및 조사·연구
② 소방기술과 안전관리에 관한 각종 간행물의 발간
③ 화재예방과 안전관리의식의 고취를 위한 대 국민 홍보
④ 소방업무에 관하여 행정기관이 위탁하는 업무

(2) 소방안전원은 **정관을 변경하려면 소방청장의 인가**를 받아야 한다.

1-18 벌 칙

(1) 5년 이하의 징역 또는 5,000만원 이하의 벌금
① 제16조 제2항을 위반하여 다음의 어느 하나에 해당하는 행위를 한 사람
㉠ 위력(威力)을 사용하여 출동한 소방대의 화재진압, 인명구조 또는 구급활동을 방해하는 행위
㉡ 소방대가 화재진압, 인명구조 또는 구급활동을 위하여 현장에 출동하거나 현장에 출입하는 것을 고의로 방해하는 행위
㉢ 출동한 소방대원에게 폭행 또는 협박을 행사하여 화재진압, 인명구조 또는 구급활동을 방해하는 행위
㉣ 출동한 소방대의 소방장비를 파손하거나 그 효용을 해하여 화재진압, 인명구조 또는 구급활동을 방해하는 행위
② **소방자동차의 출동을 방해한 사람**
③ 사람을 구출하는 일 또는 불을 끄거나 불이 번지지 아니하도록 하는 일을 방해한 사람
④ 정당한 사유 없이 소방용수시설 또는 비상소화장치를 사용하거나 소방용수시설 또는 비상소화장치의 효용을 해치거나 그 정당한 사용을 방해한 사람

(2) 3년 이하의 징역 또는 3,000만원 이하의 벌금
강제처분을 방해한 사람 또는 정당한 사유 없이 그 처분에 따르지 아니한 사람

(3) 300만원 이하의 벌금

 ① 토지처분, 차량 또는 물건 이동, 제거의 규정에 따른 처분을 방해한 사람 또는 정당한 사유 없이 그 처분에 따르지 아니한 사람

 ② 관계인의 정당한 업무를 방해하거나 화재조사를 수행하면서 알게 된 비밀을 다른 사람에게 누설한 사람

(4) 200만원 이하의 벌금

 ① 정당한 사유 없이 화재의 예방조치 명령(정당한 사유 없이 불장난, 모닥불, 흡연, 화기취급, 풍등 등 연날리기의 행위)에 따르지 아니하거나 이를 방해한 사람

 ② 정당한 사유 없이 관계공무원의 출입 또는 조사를 거부·방해 또는 기피한 사람

(5) 100만원 이하의 벌금

 ① **화재경계지구** 안의 소방대상물에 대한 **소방특별조사를 거부·방해** 또는 기피한 사람

 ② 정당한 사유 없이 소방대의 생활안전활동을 방해한 사람

 ③ 정당한 사유 없이 소방대가 현장에 도착할 때까지 사람을 구출하는 조치 또는 불을 끄거나 불이 번지지 아니하도록 하는 조치를 하지 아니한 사람

 ④ 피난명령을 위반한 사람

(6) 500만원 이하의 과태료

 화재 또는 구조·구급이 필요한 상황을 거짓으로 알린 사람

(7) 200만원 이하의 과태료

 ① 소방용수시설, 소화기구 및 설비 등의 설치 명령을 위반한 자

 ② 불을 사용할 때 지켜야 하는 사항 및 같은 조 제2항에 따른 특수가연물의 저장 및 취급 기준을 위반한 자

 ③ 한국119청소년단 또는 이와 유사한 명칭을 사용한 자

 ④ 소방활동구역을 출입한 사람

 ⑤ 출입·조사 등의 명령을 위반하여 보고 또는 자료 제출을 하지 아니하거나 거짓으로 보고 또는 자료 제출을 한 자

 ⑥ 한국소방안전원 또는 이와 유사한 명칭을 사용한 자

(8) 100만원 이하의 과태료

 전용구역에 차를 주차하거나 전용구역에의 진입을 가로막는 등의 방해행위를 한 자

(9) 20만원 이하의 과태료

 화재로 오인할 우려가 있는 불을 피우거나, 연막소독을 실시하는 사람이 소방본부장이나 소방서장에게 신고하지 아니하여 소방자동차를 출동하게 한 사람

제 2 장　소방시설공사업법, 영, 규칙

2-1 용어 정의

(1) **소방시설업** : 소방시설**설계업**, 소방시설**공사업**, 소방공사**감리업**, 방염처리업

(2) **소방시설설계업** : 소방시설공사에 기본이 되는 공사계획, 설계도면, 설계 설명서·기술계산서 및 이와 관련된 서류를 작성(설계)하는 영업

(3) **소방시설공사업** : 설계도서에 따라 소방시설을 신설, 증설, 개설, 이전 및 정비(시공)하는 영업

(4) **소방공사감리업** : 소방시설공사에 관한 발주자의 권한을 대행하여 소방시설공사가 설계도서와 관계법령에 따라 적법하게 시공되는지를 확인하고 품질·시공관리에 대한 기술 지도(감리)를 하는 영업

(5) **방염처리업** : 방염대상물품에 대하여 방염처리하는 영업

2-2 소방시설업

(1) **소방시설업의 등록 : 시·도지사**(특별시장, 광역시장, 특별자치시장, 도지사 또는 특별자치도지사)

> 등록요건 : 자본금(개인인 경우에는 자산평가액), 기술인력

(2) **소방시설업의 등록 결격사유**

　① 피성년후견인
　② 소방관련 4개 법령에 따른 금고 이상의 실형의 선고를 받고 그 집행이 끝나거나(집행이 끝난 것으로 보는 경우를 포함) 면제된 날부터 **2년**이 지나지 아니한 사람
　③ 소방관련 4개 법령에 따른 금고 이상의 형의 집행유예 선고를 받고 그 **유예기간 중에 있는 사람**
　④ 등록하려는 소방시설업 등록이 취소된 날부터 2년이 지나지 아니한 사람

(3) **등록사항의 변경신고 : 30일 이내**에 **시·도지사**에게 **신고**

(4) **등록사항 변경신고 사항**

　① 상호(명칭) 또는 영업소소재지
　② 대표자
　③ 기술인력

(5) **등록사항 변경 시 제출서류**

　① 상호(명칭) 또는 영업소 소재지 : 소방시설업등록증 및 등록수첩

② 대표자 변경

    ㉠ 소방시설업등록증 및 등록수첩

    ㉡ 변경된 대표자의 성명, 주민등록번호 및 주소지 등의 인적사항이 적힌 서류

③ 기술인력

    ㉠ 소방시설업 등록수첩

    ㉡ 기술인력 증빙서류

(6) 소방시설업자가 관계인에게 지체없이 알려야 하는 사실

① 소방시설업자의 지위를 승계한 경우

② 소방시설업의 등록취소처분 또는 영업정지처분을 받은 경우

③ 휴업하거나 폐업한 경우

(7) 등록의 취소와 시정이나 6개월 이내의 영업정지

① **거짓**이나 그 밖의 **부정한 방법**으로 **등록**한 경우(**등록취소**)

② 등록기준에 미달하게 된 후 30일이 경과한 경우

③ **등록 결격사유**에 해당하게 된 경우(**등록취소**)

④ 등록을 한 후 정당한 사유 없이 1년이 지날 때까지 영업을 시작하지 아니하거나 계속하여 1년 이상 휴업한 때

⑤ 다른 자에게 등록증 또는 등록수첩을 빌려준 경우

⑥ 영업정지 기간 중에 소방시설공사 등을 한 경우(**등록취소**)

⑦ 소방기술자를 공사현장에 배치하지 아니하거나 거짓으로 한 경우

⑧ 감리원 배치기준을 위반한 경우

⑨ 감리 결과를 알리지 아니하거나 거짓으로 알린 경우 또는 공사감리 결과보고서를 제출하지 아니하거나 거짓으로 제출한 경우

⑩ **동일인**이 **시공과 감리**를 함께 한 경우

⑪ 정당한 사유 없이 관계 공무원의 출입 또는 검사·조사를 거부·방해 또는 기피한 경우

(8) 소방시설업자의 지위승계 : **30일 이내**에 **시·도지사**에게 **신고**

(9) 소방시설업자의 지위승계사유

① 소방시설업자가 사망한 경우 그 상속인

② 소방시설업자가 그 영업을 양도한 경우 그 양수인

③ 법인인 소방시설업자가 다른 법인과 합병한 경우 합병 후 존속하는 법인이나 합병으로 설립되는 법인

(10) 과징금 처분

① **과징금 처분권자 : 시·도지사**

② 영업의 정지가 그 이용자에게 심한 불편을 주거나 그 밖에 공익을 해칠 우려가 있는 때에는 영업정지 처분에 갈음하여 부과되는 과징금 : **3,000만원 이하**(2021년 6월 10일 이후 : 2억원 이하)

2-3 소방시설업의 업종별 등록기준

(1) 소방시설설계업

업종별 \ 항목		기술인력	영업범위
전문소방 시설설계업		가. 주된 기술인력 : 소방기술사 1명 이상 나. **보조기술인력 : 1명 이상**	• 모든 특정소방대상물에 설치되는 소방시설의 설계
일 반 소 방 시 설 설 계 업	기 계 분 야	가. 주된 기술인력 : 소방기술사 또는 기계분야 소방설비기사 1명 이상 나. **보조기술인력 : 1명 이상**	가. 아파트에 설치되는 기계분야 소방시설(제연설비 를 제외)의 설계 나. **연면적 3만[m²](공장의 경우에는 1만[m²]) 미만의 특정** 소방대상물(제연설비가 설치되는 특정소방대상물을 제외)에 설치되는 기계분야 소방시설의 설계 다. 위험물제조소 등에 설치되는 기계분야 소방시설의 설계
	전 기 분 야	가. 주된 기술인력 : 소방기술사 또는 전기분야 소방설비기사 1명 이상 나. **보조기술인력 : 1명 이상**	가. 아파트에 설치되는 전기분야 소방시설의 설계 나. **연면적 3만[m²](공장의 경우에는 1만[m²]) 미만**의 특정 소방대상물에 설치되는 전기분야 소방시설의 설계 다. 위험물제조소 등에 설치되는 전기분야 소방시설의 설계

(2) 소방시설공사업

업종별 \ 항목		기술인력	자본금 (자산평가액)	영업범위
전문 소방시설 공사업		• 주된 기술인력 : **소방기술사 또는 기 계분야와 전기분야의 소방설비기 사 각 1명(기계·전기분야의 자격을 함께 취득한 사람 1명) 이상** • **보조기술인력 : 2명 이상**	• **법인 : 1억원 이상** • **개인 : 자산평가액 1억원 이상**	• 특정소방대상물에 설치되는 기계분야 및 전기분야의 소방시설의 공사·개설·이 전 및 정비
일 반 소 방 시 설 공 사 업	기 계 분 야	• 주된 기술인력 : 소방기술사 또는 기 계분야 소방설비기사 1명 이상 • **보조기술인력 : 1명 이상**	• **법인 : 1억원 이상** • **개인 : 자산평가액** **1억원 이상**	• **연면적 10,000[m²] 미만의 특정소방대** 상물에 설치되는 기계분야 소방시설의 공사·개설·이전 및 정비 • 위험물제조소 등에 설치되는 기계분야 소방시설의 공사·개설·이전 및 정비
	전 기 분 야	• 주된 기술인력 : 소방기술사 또는 전 기분야 소방설비기사 1명 이상 • **보조기술인력 : 1명 이상**	• **법인 : 1억원 이상** • 개인 : 자산평가액 1억원 이상	• 연면적 10,000[m²] 미만의 특정소방대 상물에 설치되는 전기분야 소방시설의 공사·개설·이전 및 정비 • 위험물제조소 등에 설치되는 전기분야 소방시설의 공사·개설·이전 및 정비

(3) 소방공사감리업

항목 업종별		기술인력	영업범위
전문 소방 공사 감리업		• **소방기술사 1명** 이상 • 기계분야 및 전기분야의 **특급감리원** 각 1명 이상(기계분야 및 전기분야의 자격을 함께 가지고 있는 사람이 있는 경우에는 그에 해당하는 사람 1명) • 기계분야 및 전기분야의 **고급감리원** 이상의 감리원 각 1명 이상 • 기계분야 및 전기분야의 **중급감리원** 이상의 감리원 각 1명 이상 • 기계분야 및 전기분야의 **초급감리원** 이상의 감리원 각 1명 이상	• 모든 특정소방대상물에 설치되는 소방시설공사 감리
일 반 소 방 공 사 감 리 업	기 계 분 야	• 기계분야 특급감리원 1명 이상 • 기계분야 고급감리원 또는 중급감리원 이상의 감리원 1명 이상 • 기계분야 초급감리원 이상의 감리원 1명 이상	• 연면적 30,000[m^2](공장은 10,000[m^2]) 미만의 특정소방대상물(제연설비는 제외)에 설치되는 기계분야 소방시설의 감리 • 아파트에 설치되는 기계분야 소방시설(제연설비는 제외)의 감리 • 위험물제조소 등에 설치되는 기계분야의 소방시설의 감리
	전 기 분 야	• 전기분야 특급감리원 1명 이상 • 전기분야 고급감리원 또는 중급감리원 이상의 감리원 1명 이상 • 전기분야 초급감리원 이상의 감리원 1명 이상	• 연면적 30,000[m^2](공장은 10,000[m^2]) 미만의 특정소방대상물에 설치되는 전기분야 소방시설의 감리 • 아파트에 설치되는 전기분야 소방시설의 감리 • 위험물제조소 등에 설치되는 전기분야의 소방시설의 감리

(4) 방염처리업

항목 업종별	실험실	방염처리시설 및 시험기기	영업범위
섬유류 방염업	1개 이상 갖출 것	부표에 따른 섬유류 방염업의 방염처리시설 및 시험기기를 모두 갖추어야 한다.	커튼·카펫 등 섬유류를 주된 원료로 하는 방염대상물품을 제조 또는 가공 공정에서 방염처리
합성수지류 방염업		부표에 따른 합성수지류 방염업의 방염처리시설 및 시험기기를 모두 갖추어야 한다.	합성수지류를 주된 원료로 하는 방염대상물품을 제조 또는 가공 공정에서 방염처리
합판·목재류 방염업		부표에 따른 합판·목재류 방염업의 방염처리시설 및 시험기기를 모두 갖추어야 한다.	합판 또는 목재류를 제조·가공 공정 또는 설치 현장에서 방염처리

2-4 소방시설공사

(1) 착공신고 및 완공검사 : 소방본부장이나 **소방서장**

(2) 소방시설공사의 착공신고 대상

① 특정소방대상물에 다음 어느 하나에 해당하는 설비를 **신설하는 공사**
- 옥내소화전설비(호스릴옥내소화전설비 포함), 옥외소화전설비, 스프링클러설비, 간이스프링클러설비(캐비닛형 간이스프링클러설비 포함), 화재조기진압형 스프링클러설비, 물분무 등 소화설비, 연결송수관설비, 연결살수설비, 제연설비, 소화용수설비 및 연소방지설비
- 자동화재탐지설비, 비상경보설비, 비상방송설비, 비상콘센트설비, 무선통신보조설비

> **물분무 등 소화설비 :** 물분무소화설비, 미분무소화설비, 포소화설비, 이산화탄소소화설비, 할론소화설비, 할로겐화합물 및 불활성기체 소화설비, 분말소화설비, 강화액소화설비, 고체에어로졸소화설비

② 특정소방대상물에 다음 어느 하나에 해당하는 설비를 **증설하는 공사**
- 옥내·옥외소화전설비
- **스프링클러설비**, 간이스프링클러설비 또는 물분무 등 소화설비의 **방호구역, 자동화재탐지설비의 경계구역, 제연설비의 경계구역**, 연결살수설비의 살수구역, 연결송수관설비의 송수구역·비상콘센트설비의 전용회로, **연소방지설비의 살수구역**

③ 소방시설 등의 전부 또는 일부를 **교체·보수하는 공사**(긴급보수 또는 교체 시에는 제외)
- 수신반
- 소화펌프
- 동력(감시)제어반

(3) 착공신고 시 제출서류

① 공사업자의 소방시설공사업등록증 사본 1부 및 등록수첩 1부
② 기술인력의 기술등급을 증명하는 서류 사본 1부
③ 소방시설공사 계약서 사본 1부
④ 설계도서(설계설명서서 포함, 건축허가동의 시 제출된 설계도서에 변동이 있는 경우)
⑤ 소방시설공사 하도급통지서 사본(소방시설공사를 하도급하는 경우)

(4) 완공검사 : 소방본부장, 소방서장에게 완공검사를 받아야 한다.

(5) 완공검사를 위한 현장 확인 대상 특정소방대상물

① 문화 및 집회시설, 종교시설, 판매시설, **노유자시설**, 수련시설, 운동시설, **숙박시설**, 창고시설, 지하상가, **다중이용업소**
② 스프링클러실비 등, 물분무 등 소화설비(호스릴 방식은 제외)가 설치되는 특정소방대상물
③ **연면적 10,000[m²] 이상**이거나 **11층 이상**인 특정소방대상물(아파트는 제외)
④ **가연성 가스**를 제조·저장 또는 취급하는 시설 중 지상에 노출된 가연성 가스탱크의 저장용량의 합계가 **1,000[t] 이상**인 시설

(6) 공사의 하자보수

관계인은 규정에 따른 기간 내에 소방시설의 하자가 발생한 때에는 공사업자에게 그 사실을 알려야 하며, 통보를 받은 공사업자는 **3일 이내**에 이를 보수하거나 보수일정을 기록한 하자보수계획을 관계인에게 서면으로 알려야 한다.

> **PLUS ONE** ⊕ 소방시설공사의 하자보수보증기간
> • 2년 : 피난기구, 유도등, 유도표지, **비상경보설비**, 비상조명등, 비상방송설비 및 무선통신보조설비
> • 3년 : **자동소화장치, 옥내소화전설비**, 스프링클러설비, 간이스프링클러설비, **물분무 등 소화설비**, 옥외소화전설비, **자동화재탐지설비**, 상수도 소화용수설비, **소화활동설비**(무선통신보조설비 제외)

2-5 소방공사감리

(1) 소방공사감리의 종류·방법 및 대상 : 대통령령

(2) 소방공사감리의 종류·방법 및 대상

종 류	대 상
상주 공사감리	1. 연면적 3만[m²] 이상의 특정소방대상물(아파트는 제외한다)에 대한 소방시설의 공사 2. 지하층을 포함한 층수가 16층 이상으로서 500세대 이상인 아파트에 대한 소방시설의 공사
일반 공사감리	상주 공사감리에 해당하지 않는 소방시설의 공사

(3) 소방공사감리자 지정대상 특정소방대상물의 범위

① 옥내소화전설비를 신설·개설 또는 증설할 때
② 스프링클러설비 등(캐비닛형 간이스프링클러설비는 제외한다)을 신설·개설하거나 방호·방수 구역을 증설할 때
③ 물분무 등 소화설비(호스릴 방식의 소화설비는 제외한다)를 신설·개설하거나 방호·방수 구역을 증설할 때
④ 옥외소화전설비를 신설·개설 또는 증설할 때
⑤ **자동화재탐지설비**를 **신설** 또는 **개설**할 때
⑥ **비상방송설비**를 **신설** 또는 **개설**할 때
⑦ 통합감시시설을 신설 또는 개설할 때
⑧ **비상조명등**을 **신설** 또는 **개설**할 때
⑨ 소화용수설비를 신설 또는 개설할 때
⑩ 다음에 해당하는 소화활동설비를 시공할 때
　　㉠ **제연설비**를 **신설·개설**하거나 **제연구역을 증설**할 때
　　㉡ 연결송수관설비를 신설 또는 개설할 때
　　㉢ 연결살수설비를 신설·개설하거나 송수구역을 증설할 때
　　㉣ 비상콘센트설비를 신설·개설하거나 전용회로를 증설할 때
　　㉤ 무선통신보조설비를 신설 또는 개설할 때
　　㉥ 연소방지설비를 신설·개설하거나 살수구역을 증설할 때

(4) 관계인은 **공사감리자를 지정 또는 변경한 때**에는 변경일로부터 **30일 이내**에 **소방본부장** 또는 **소방서장에게 신고**하여야 한다.

(5) 소방공사감리원의 배치기준

감리원의 배치기준		소방시설공사 현장의 기준
책임감리원	보조감리원	
가. 행정안전부령으로 정하는 특급감리원 중 소방기술사	행정안전부령으로 정하는 초급감리원 이상의 소방공사 감리원 (기계분야 및 전기분야)	1) 연면적 20만[m²] 이상인 특정소방대상물의 공사 현장 2) 지하층을 포함한 층수가 40층 이상인 특정소방대상물의 공사 현장
나. 행정안전부령으로 정하는 **특급감리원** 이상의 소방공사 감리원(기계분야 및 전기분야)	행정안전부령으로 정하는 초급감리원 이상의 소방공사 감리원 (기계분야 및 전기분야)	1) **연면적 3만[m²] 이상 20만[m²] 미만인 특정소방대상물 (아파트는 제외)의 공사 현장** 2) 지하층을 포함한 층수가 16층 이상 40층 미만인 특정소방대상물의 공사 현장
다. 행정안전부령으로 정하는 **고급감리원** 이상의 소방공사 감리원(기계분야 및 전기분야)	행정안전부령으로 정하는 초급감리원 이상의 소방공사 감리원 (기계분야 및 전기분야)	1) 물분무 등 소화설비(호스릴 방식의 소화설비는 제외) 또는 제연설비가 설치되는 특정소방대상물의 공사 현장 2) **연면적 3만[m²] 이상 20만[m²] 미만인 아파트의 공사 현장**
라. 행정안전부령으로 정하는 중급감리원 이상의 소방공사 감리원 (기계분야 및 전기분야)		연면적 5,000[m²] 이상 3만[m²] 미만인 특정소방대상물의 공사 현장
마. 행정안전부령으로 정하는 초급감리원 이상의 소방공사 감리원 (기계분야 및 전기분야)		1) 연면적 5,000[m²] 미만인 특정소방대상물의 공사 현장 2) 지하구의 공사 현장

(6) 감리원의 배치기준

① **상주공사감리대상인 경우**

　㉠ 기계분야의 감리원 자격을 취득한 사람과 전기분야의 감리원 자격을 취득한 사람 각 1명 이상을 책임감리원으로 배치할 것. 다만, 기계분야 및 전기분야의 감리원 자격을 함께 취득한 사람이 있는 경우에는 그에 해당하는 사람 1명 이상을 배치할 수 있다.

　㉡ 소방시설용 **배관(전선관을 포함한다)을 설치**하거나 **매립하는 때부터 소방시설 완공검사증명서를 발급받을 때까지** 소방공사감리현장에 **책임감리원을 배치**할 것

② **일반공사감리대상인 경우**

　㉠ 감리원은 **주 1회 이상** 소방공사감리현장에 배치되어 감리할 것

　㉡ **1명의 감리원**이 담당하는 소방공사감리현장은 **5개 이하**(**자동화재탐지설비** 또는 **옥내소화전설비** 중 어느 하나만 설치하는 2개의 소방공사감리현장이 최단 차량주행거리로 30[km] 이내에 있는 경우에는 1개의 소방공사감리현장으로 본다)로서 감리현장 **연면적의 총합계**가 10만[m²] 이하일 것. 다만, 일반공사감리대상인 아파트의 경우에는 연면적의 합계에 관계없이 **1명의 감리원이 5개 이내의 공사현장**을 감리할 수 있다.

(7) 감리원의 배치 통보

① 감리원을 소방공사감리현장에 배치하는 경우에는 소방공사감리원 배치통보서(전자문서로 된 소방공사감리원 배치통보서를 포함한다)에, 배치한 감리원이 변경된 경우에는 소방공사감리원 배치변경통보서(전자문서로 된 소방공사감리원 배치변경통보서를 포함한다)에 다음의 구분에 따른 해당 서류(전자문서를 포함한다)를 첨부하여 감리원 배치일부터 **7일 이내**에 **소방본부장** 또는 **소방서장에게 알려야 한다.**

② 소방공사감리원 배치통보서에 첨부하는 서류(전자문서를 포함한다)

ㄱ 감리원의 등급을 증명하는 서류

ㄴ 소방공사 감리계약서 사본 1부

③ 소방공사감리원배치변경통보서에 첨부하는 서류(전자문서를 포함한다)

ㄱ 변경된 감리원의 등급을 증명하는 서류(감리원을 배치하는 경우에만 첨부한다)

ㄴ 변경 전 감리원의 등급을 증명하는 서류

(8) 감리결과의 통보

감리업자가 소방공사의 감리를 마쳤을 때에는 소방공사감리 결과보고(통보)서[전자문서로 된 소방공사감리 결과보고(통보)서를 포함한다]에 다음의 서류(전자문서를 포함한다)를 첨부하여 **공사가 완료된 날부터 7일 이내**에 특정소방대상물의 **관계인**, 소방시설공사의 **도급인** 및 특정소방대상물의 공사를 감리한 **건축사**에게 알리고, **소방본부장 또는 소방서장에게 보고**하여야 한다.

2-6 소방시설공사업의 도급

(1) 도급계약의 해지 사유

① 소방시설업이 등록취소되거나 영업정지된 경우

② 소방시설업을 **휴업하거나 폐업한 경우**

③ 정당한 사유 없이 **30일 이상 소방시설공사를 계속하지 아니하는 경우**

④ 하도급의 통지를 받은 경우 그 하수급인이 적당하지 아니하다고 인정되어 하수급인의 변경을 요구하였으나 정당한 사유 없이 따르지 아니하는 경우

(2) 동일한 특정소방대상물의 소방시설에 대한 시공 및 감리를 함께 할 수 없는 경우

① 공사업자와 감리업자가 같은 자인 경우

② 기업진단의 관계인 경우

③ 법인과 그 법인의 임직원의 관계인 경우

④ 친족 관계인 경우

(3) 하도급 통지 시 첨부서류

① 하도급계약서 1부

② 예정공정표 1부

③ 하도급내역서 1부

④ 하수급인의 소방시설공사업등록증 사본 1부

(4) 시공능력평가의 평가방법

① **시공능력평가액** = 실적평가액 + 자본금평가액 + 기술력평가액 + 경력평가액 ± 신인도평가액

② 실적평가액 = 연평균공사 실적액

③ 자본금평가액 = (실질자본금 × 실질자본금의 평점 + 출자·예치·담보금액) × 70/100

④ 기술력평가액 = 전년도공사업계의 기술자 1인당 평균생산액 × 보유기술인력가중치합계 × 30/100 + 전년도 기술개발투자액

⑤ **경력평가액 = 실적평가액 × 공사업 영위기간 평점 × 20/100**

⑥ 신인도평가액 = (실적평가액 + 자본금평가액 + 기술력평가액 + 경력평가액) × 신인도 반영비율 합계

> 시공능력 평가자 : 소방청장

2-7 감 독

(1) 청문 실시권자 : 시·도지사

(2) 청문 대상 : 소방시설업 등록취소처분이나 영업정지처분, 소방기술인정 자격취소의 처분

2-8 벌 칙

(1) 3년 이하의 징역 또는 3,000만원 이하의 벌금

소방시설업의 **등록을 하지 아니하고 영업을 한 자**

(2) 1년 이하의 징역 또는 1,000만원 이하의 벌금

① 영업정지처분을 받고 그 영업정지기간에 영업을 한 자

② 설계업자, 공사업자의 화재안전기준 규정을 위반하여 설계나 시공을 한 자

③ 감리업자의 **업무규정을 위반하여 감리를 하거나 거짓으로 감리한 자**

④ 감리업자가 **공사감리자를 지정하지 아니한 자**

⑤ 소방시설업자가 아닌 자에게 소방시설공사를 도급한 자

⑥ 하도급 규정을 위반하여 **도급받은 소방시설의 설계, 시공, 감리를 하도급한 자**

⑦ 하수급인이 하도급받은 소방시설공사를 제3자에게 다시 하도급한 자

(3) 300만원 이하의 벌금

① 다른 자에게 자기의 성명이나 상호를 사용하여 소방시설공사 등을 수급 또는 시공하게 하거나 소방시설업의 등록증이나 등록수첩을 빌려준 자

② 소방시설 공사현장에 **감리원을 배치하지 아니한 자**

③ 소방시설공사가 설계도서 또는 화재안전기준에 적합하지 아니하여 보완하도록 한 감리업자의 요구에 따르지 아니한 자

④ 공사감리계약을 해지하거나, 대가 지급을 거부하거나 지연시키거나 불이익을 준 자

⑤ 소방기술인정 자격수첩 또는 경력수첩을 빌려준 사람

⑥ **소방기술자가 동시에 둘 이상의 업체에 취업한 사람**

⑦ 관계인의 정당한 업무를 방해하거나 업무상 알게 된 비밀을 누설한 사람

(4) 100만원 이하의 벌금

① 소방시설업자 및 관계인의 보고 및 자료제출, 관계서류 검사 또는 질문 등 위반하여 보고 또는 자료제출을 하지 아니하거나 거짓으로 한 사람

② 소방시설업자 및 관계인의 보고 및 자료제출, 관계서류 검사 또는 질문 등 규정을 위반하여 정당한 사유 없이 관계공무원의 출입 또는 검사·조사를 거부·방해 또는 기피한 사람

(5) 200만원 이하의 과태료

① 등록사항의 변경신고, 소방시설업자의 지위승계, 소방시설공사의 착공신고, 공사업자의 변경신고, 감리업자의 지정신고 또는 변경신고를 하지 아니하거나 거짓으로 신고한 사람

② 관계인에게 지위승계, 행정처분 또는 휴업·폐업의 사실을 알리지 아니하거나 거짓으로 알린 사람

③ 공사업자가 소방기술자를 공사현장에 배치하지 아니한 사람

④ 공사업자가 완공검사를 받지 아니한 사람

⑤ 공사업자가 3일 이내에 보수하지 아니하거나 하자보수계획을 관계인에게 거짓으로 알린 사람

⑥ 감리 관계 서류를 인수·인계하지 아니한 자

⑦ 배치통보 및 변경통보를 하지 아니하거나 거짓으로 통보한 자

⑧ 방염성능기준 미만으로 방염을 한 자

> 과태료 부과권자 : 관할 시·도지사, 소방본부장, 소방서장

제 3 장 화재예방, 소방시설 설치·유지 및 안전관리에 관한 법률, 영, 규칙

3-1 용어 정의

(1) **소방시설** : 소화설비·경보설비·피난구조설비·소화용수설비 그 밖의 소화활동설비로서 대통령령으로 정하는 것

(2) **무창층** : 지상층 중 다음 요건을 갖춘 개구부의 면적의 합계가 해당 층의 바닥면적의 **1/30 이하**가 되는 층

① 크기는 지름 50[cm] 이상의 원이 내접할 수 있는 크기일 것

② 해당 층의 바닥면으로부터 개구부 밑부분까지의 높이가 1.2[m] 이내일 것

③ 도로 또는 차량이 진입할 수 있는 빈터를 향할 것

④ 화재 시 건축물로부터 쉽게 피난할 수 있도록 창살이나 그 밖의 장애물이 설치되지 아니할 것

⑤ 내부 또는 외부에서 쉽게 부수거나 열 수 있을 것

(3) **피난층** : 곧바로 지상으로 갈 수 있는 출입구가 있는 층

> 비상구 : 가로 75[cm] 이상, 세로 150[cm] 이상의 출입구

3-2 소방시설의 종류

(1) **소화설비**

① **소화기구**

㉠ **소화기**

㉡ **간이소화용구** : 에어로졸식 소화용구, 투척용 소화용구, 소공간용 소화공구 및 소화약제 외의 것을 이용한 간이소화용구

㉢ 자동확산소화기

② **자동소화장치**

㉠ 주거용 주방자동소화장치

㉡ 상업용 주방자동소화장치

㉢ 캐비닛형 자동소화장치

㉣ 가스 자동소화장치

㉤ 분말 자동소화장치

㉥ 고체에어로졸 자동소화장치

③ 옥내소화전설비(호스릴 옥내소화전설비를 포함한다)

④ 스프링클러설비 등[스프링클러설비, 간이스프링클러설비(캐비닛형 간이스프링클러 설비 포함), 화재조기진압용 스프링클러설비]

⑤ 물분무 등 소화설비
ㄱ 물분무소화설비
ㄴ 미분무소화설비
ㄷ 포소화설비
ㄹ 이산화탄소소화설비
ㅁ 할론소화설비
ㅂ 할로겐화합물 및 불활성기체 소화설비
ㅅ 분말소화설비
ㅇ 강화액소화설비
ㅈ 고체에어로졸소화설비
⑥ 옥외소화전설비

> **물분무 등 소화설비** : 물분무소화설비, 미분무소화설비, 포소화설비, 이산화탄소소화설비, 할론소화설비, 할로겐화합물 및 불활성기체 소화설비, 분말소화설비, 강화액소화설비, 고체에어로졸소화설비

(2) 경보설비
① 단독경보형감지기
② 비상경보설비(비상벨설비, 자동식 사이렌설비)
③ 시각경보기
④ 자동화재탐지설비
⑤ 비상방송설비
⑥ 자동화재속보설비
⑦ 통합감시시설
⑧ 누전경보기
⑨ 가스누설경보기

(3) 피난구조설비
① **피난기구** : 미끄럼대, 피난사다리, 구조대, 완강기, 피난교, 피난교트랩, 간이완강기, 공기안전매트, 다수인 피난장비, 승강식 피난기 등
② 인명구조기구[방열복 또는 방화복(안전헬멧, 보호장갑, 안전화 포함), 공기호흡기, 인공소생기]
③ 유도등(피난유도선, 피난구유도등, 통로유도등, 객석유도등, 유도표지)
④ **비상조명등** 및 휴대용 비상조명등

(4) 소화용수설비
① 상수도 소화용수설비
② 소화수조, 저수조

(5) 소화활동설비

① 제연설비
② 연결송수관설비
③ 연결살수설비
④ 비상콘센트설비
⑤ 무선통신보조설비
⑥ 연소방지설비

3-3 특정소방대상물의 구분

(1) 근린생활시설

① **슈퍼마켓**과 일용품(식품, 잡화, 의류, 완구, 서적, 건축자재, 의약품, 의료기기 등) 등의 소매점으로서 같은 건축물(하나의 대지에 두 동 이상의 건축물이 있는 경우에는 이를 같은 건축물로 본다)에 해당 용도로 쓰는 **바닥면적의 합계가 1,000[m²] 미만인 것**

② **휴게음식점**, 제과점, 일반음식점, **기원**, **노래연습장** 및 **단란주점**(같은 건축물에 해당 용도로 쓰는 바닥면적의 합계가 150[m²] 미만인 것만 해당한다)

③ **의원**, **치과의원**, **한의원**, 침술원, 접골원(接骨院), **조산원**(모자보건법 제2조 제11호에 따른 산후조리원을 포함한다) 및 **안마원**(의료법 제82조 제4항에 따른 **안마시술소**를 포함한다)

④ 탁구장, 테니스장, 체육도장, 체력단련장, **에어로빅장**, 볼링장, 당구장, **실내낚시터**, **골프연습장**, 물놀이형 시설 및 그 밖에 이와 비슷한 것으로서 같은 건축물에 해당 용도로 쓰는 바닥면적의 합계가 **500[m²] 미만인 것**

⑤ **공연장**(극장, 영화상영관, 연예장, 음악당, 서커스장) 비디오물감상실업의 시설, **종교집회장**(교회, 성당, 사찰, 기도원, 수도원, 수녀원, 제실(祭室), 사당, 그 밖에 이와 비슷한 것을 말한다)으로서 같은 건축물에 해당 용도로 쓰는 바닥면적의 합계가 **300[m²] 미만인 것**

⑥ 사진관, 표구점, **학원**(같은 건축물에 해당 용도로 쓰는 바닥면적의 합계가 500[m²] 미만인 것만 해당되며, **자동차학원 및 무도학원은 제외**한다), **독서실**, **고시원**(다중이용업 중 고시원업의 시설로서 독립된 주거의 형태를 갖추지 않은 것으로서 같은 건축물에 해당 용도로 쓰는 바닥면적의 합계가 **500[m²] 미만인 것**을 말한다), **장의사**, **동물병원**, 총포판매사

(2) 문화 및 집회시설

① 공연장으로서 **근린생활시설에 해당하지 않는 것**

> 근린생활시설에 해당하지 않는 것 : 바닥면적의 합계가 300[m²] 이상

② **집회장 : 예식장**, **공회당**, 회의장, 마권(馬券) 장외 발매소, 마권 전화투표소 및 그 밖에 이와 비슷한 것으로서 근린생활시설에 해당하지 않는 것

③ **관람장 : 경마장**, **경륜장**, **경정장**, 자동차 경기장, 그 밖에 이와 비슷한 것과 체육관 및 운동장으로서 관람석의 바닥면적의 합계가 **1,000[m²] 이상인 것**

④ **전시장 : 박물관**, 미술관, 과학관, 문화관, **체험관**, **기념관**, **산업전시장**, **박람회장**

⑤ **동ㆍ식물원 : 동물원**, **식물원**, **수족관** 및 그 밖에 이와 비슷한 것

(3) 의료시설

① **병원** : 종합병원, 병원, 치과병원, 한방병원, 요양병원

② **격리병원** : 전염병원, **마약진료소** 및 그 밖에 이와 비슷한 것

③ **정신의료기관**

④ 장애인 의료재활시설

(4) 노유자시설

① **노인 관련시설** : **노인주거복지시설, 노인의료복지시설, 노인여가복지시설**, 주·야간보호서비스나 단기보호서비스를 제공하는 **재가노인복지시설**(재가장기요양기관을 포함한다), **노인보호전문기관**, 노인일자리지원기관, 학대피해노인 전용 쉼터

② **아동 관련시설** : 아동복지시설, **어린이집, 유치원**(병설유치원은 제외한다)

③ **장애인 관련시설** : 장애인 생활시설, 장애인 지역 사회시설(장애인 심부름센터, 수화통역센터, 점자도서 및 녹음서 출판시설 등 장애인이 직접 그 시설 자체를 이용하는 것을 주된 목적으로 하지 않는 시설은 제외한다), 장애인직업재활시설

④ **정신질환자 관련시설** : 정신질환자사회 복귀시설(정신질환자 생산품 판매시설을 제외한다), 정신요양시설

⑤ **노숙인 관련 시설** : 노숙인복지시설(노숙인일시보호시설, 노숙인자활시설, **노숙인재활시설**, 노숙인요양시설 및 쪽방상담소만 해당한다), 노숙인종합지원센터 및 그 밖에 이와 비슷한 것

⑥ 사회복지시설 중 결핵환자 또는 한센인 요양시설 등 다른 용도로 분류되지 않는 것

(5) 업무시설

① **공공업무시설** : 국가 또는 지방자치단체의 청사와 외국공관의 건축물로서 **근린생활시설에 해당하지 않는 것**

② **일반업무시설** : 금융업소, 사무소, 신문사, **오피스텔** 및 그 밖에 이와 비슷한 것으로서 **근린생활시설에 해당하지 않는 것**

> 근린생활시설에 해당하지 않는 것 : 바닥면적의 합계가 500[m²] 이상

③ **주민자치센터**(동사무소), 경찰서, 지구대, 파출소, **소방서, 119안전센터**, 우체국, 보건소, 공공도서관, 국민건강보험공단

④ 마을공회당, 마을공동작업소, 마을공동구판장

⑤ **변전소**, 양수장, 정수장, 대피소, **공중화장실**

(6) 위락시설

① 단란주점으로서 **근린생활시설에 해당하지 않는 것**

> 근린생활시설에 해당하지 않는 것 : 바닥면적의 합계가 150[m²] 이상

② **유흥주점**이나 그 밖에 이와 비슷한 것

③ 관광진흥법에 따른 유원시설업의 시설, 그 밖에 이와 비슷한 시설(근린생활시설에 해당하는 것은 제외한다)

④ **무도장** 및 **무도학원**

⑤ **카지노영업소**

(7) 지하가

지하의 인공구조물 안에 설치되어 있는 상점, 사무실 및 그 밖에 이와 비슷한 시설로서 연속하여 지하도에 면하여 설치된 것과 그 지하도를 합한 것

① **지하상가**

② **터널** : 차량(궤도차량용은 제외한다) 등의 통행을 목적으로 지하, 해저 또는 산을 뚫어서 만든 것

(8) 지하구

① 전력 · 통신용의 전선이나 가스 · 냉난방용의 배관 또는 이와 비슷한 것을 집합수용하기 위하여 설치한 지하인공구조물로서 사람이 점검 또는 보수하기 위하여 출입이 가능한 것 중 **폭 1.8[m] 이상**이고 **높이가 2[m] 이상**이며 **길이가 50[m] 이상**(**전력** 또는 **통신사업용**인 것은 **500[m] 이상**)인 것

② 국토의 계획 및 이용에 관한 법률 제2조 제9호에 따른 공동구

(9) 복합건축물

하나의 건축물 안에 다른 특정소방대상물 중 둘 이상의 용도로 사용되는 것

> [비 고]
> ① 내화구조로 된 하나의 특정소방대상물이 개구부(건축물에서 채광 · 환기 · 통풍 · 출입목적으로 만든 창이나 출입구를 말한다)가 없는 내화구조의 바닥과 벽으로 구획되어 있는 경우(이하 "완전구획"이라 한다)에는 그 구획된 부분을 각각 **별개의 특정소방대상물**로 본다.
> ② 연결통로 또는 지하구와 소방대상물의 양쪽에 다음의 어느 하나에 적합한 경우에는 **각각 별개의 소방대상물**로 본다.
> 　㉠ 화재 시 경보설비 또는 자동소화설비의 작동과 연동하여 자동으로 닫히는 **방화셔터** 또는 **갑종방화문**이 설치된 경우
> 　㉡ 화재 시 자동으로 방수되는 방식의 **드렌처설비** 또는 **개방형 스프링클러헤드**가 설치된 경우
> ③ 둘 이상의 특정소방대상물이 다음의 어느 하나에 해당되는 구조의 복도 또는 통로(이하 "연결통로"라 한다)로 연결된 경우에는 이를 **하나의 소방대상물**로 본다.
> 　㉠ 내화구조로 된 연결통로가 다음의 어느 하나에 해당되는 경우
> 　　㉮ 벽이 없는 구조로서 그 길이가 6[m] 이하인 경우
> 　　㉯ 벽이 있는 구조로서 그 길이가 10[m] 이하인 경우. 다만, 벽 높이가 바닥에서 천장 높이의 1/2분 이상인 경우에는 벽이 있는 구조로 보고, 벽 높이가 바닥에서 천장 높이의 1/2분 미만인 경우에는 벽이 없는 구조로 본다.
> 　㉡ 내화구조가 아닌 연결통로로 연결된 경우
> 　㉢ 컨베이어로 연결되거나 플랜트설비의 배관 등으로 연결되어 있는 경우
> 　㉣ 지하보도, 지하상가, 지하가로 연결된 경우
> 　㉤ 방화셔터 또는 갑종방화문이 설치되지 않은 피트로 연결된 경우
> 　㉥ 지하구로 연결된 경우

3-4 소방특별조사

(1) 소방특별조사

① 소방특별조사권자 : 소방청장, 소방본부장, 소방서장

② 소방특별조사의 항목

㉠ 특정소방대상물 또는 공공기관의 **소방안전관리 업무 수행**에 관한 사항

㉡ **소방계획서의 이행**에 관한 사항

㉢ 소방시설 등의 **자체점검** 및 **정기적 점검** 등에 관한 사항

㉣ **화재의 예방조치** 등에 관한 사항

㉤ 불을 사용하는 설비 등의 관리와 특수가연물의 저장·취급에 관한 사항

㉥ 다중이용업소의 안전관리에 관한 사항

③ 관계인의 승낙 없이 해가 뜨기 전이나 해가 진 뒤에 할 수 있는 경우

㉠ 화재, 재난·재해가 발생할 우려가 뚜렷하여 긴급하게 조사할 필요가 있는 경우

㉡ 소방특별조사의 실시를 사전에 통지하면 조사목적을 달성할 수 없다고 인정되는 경우

④ **소방청장, 소방본부장** 또는 **소방서장**은 소방특별조사를 하려면 **7일 전**에 관계인에게 **조사대상, 조사기간** 및 **조사사유** 등을 **서면으로 알려야 한다.**

PLUS ONE 7일 전까지 서면으로 알리지 않아도 되는 경우

• 화재, 재난·재해가 발생할 우려가 뚜렷하여 긴급하게 조사할 필요가 있는 경우

• 소방특별조사의 실시를 사전에 통지하면 조사목적을 달성할 수 없다고 인정되는 경우

(2) 소방특별조사 결과에 따른 조치명령

① 조치명령권자 : **소방청장, 소방본부장** 또는 **소방서장**

② 조치명령의 내용 : 소방대상물의 **위치·구조·설비** 또는 **관리**의 상황

③ 조치명령 시기 : 화재나 재난·재해 예방을 위하여 보완될 필요가 있거나 화재가 발생하면 인명 또는 재산의 피해가 클 것으로 예상되는 때

④ 조치사항 : 그 소방대상물의 **개수**(改修)·**이전·제거, 사용의 금지** 또는 **제한, 사용폐쇄, 공사의 정지** 또는 **중지**, 그 밖의 필요한 조치

⑤ 조치명령 **위반사실** 등의 **공개 절차**, 공개 기간, 공개 방법 등 필요한 사항 : **대통령령**

3-5 건축허가 등의 동의

(1) 건축허가 등의 동의권자 : 건축물 등의 시공지 또는 소재지 **관할하는 소방본부장**이나 **소방서장**

(2) 건축허가 등의 동의대상물의 범위

① **연면적이 400[m²] 이상**인 건축물. 다만, 다음 각 목의 어느 하나에 해당하는 시설은 해당 목에서 정한 기준 이상인 건축물로 한다.
　　㉠ 학교시설 : 100[m²]
　　㉡ **노유자시설(老幼者施設) 및 수련시설 : 200[m²]**
　　㉢ 정신의료기관(입원실이 없는 정신건강의학과 의원은 제외) : 300[m²]
　　㉣ 장애인 의료재활시설(의료재활시설) : 300[m²]

② 6층 이상인 건축물

③ 차고·주차장 또는 주차용도로 사용되는 시설로서 다음의 어느 하나에 해당하는 것
　　㉠ 차고·주차장으로 사용되는 바닥면적이 200[m²] 이상인 층이 있는 건축물이나 주차시설
　　㉡ 승강기 등 기계장치에 의한 주차시설로서 자동차 20대 이상을 주차할 수 있는 시설

④ **항공기격납고**, 관망탑, 항공관제탑, 방송용 송수신탑

⑤ 지하층 또는 무창층이 있는 건축물로서 바닥면적이 150[m²](**공연장**의 경우에는 **100[m²]**) **이상**인 층이 있는 것

⑥ 위험물 저장 및 처리 시설, 지하구

⑦ ①에 해당하지 않는 노유자시설 중 다음 각 목의 어느 하나에 해당하는 시설(다만, ㉠의 ㉯ 및 ㉡목부터 ㉮목까지의 시설 중 건축법 시행령 별표 1의 단독주택 또는 공동주택에 설치되는 시설은 제외)
　　㉠ 노인 관련 시설 중 다음의 어느 하나에 해당하는 시설
　　　㉮ 노인주거복지시설·노인의료복지시설 및 재가노인복지시설
　　　㉯ 학대피해노인 전용 쉼터
　　㉡ 아동복지시설(아동상담소, 아동전용시설 및 지역아동센터는 제외)
　　㉢ 장애인 거주시설
　　㉣ 정신질환자 관련 시설(공동생활가정을 제외한 재활훈련시설, 종합시설 중 24시간 주거를 제공하지 아니하는 시설은 제외)
　　㉤ 노숙인 관련 시설 중 노숙인자활시설, 노숙인재활시설 및 노숙인요양시설
　　㉥ 결핵환자나 한센인이 24시간 생활하는 노유자시설

⑧ **요양병원**(정신의료기관 중 정신병원과 의료재활시설은 제외)

(3) 건축허가 등의 동의 여부에 대한 회신

① 일반대상물 : **5일 이내**

② 특급소방안전관리대상물(30층 이상, 연면적 20만[m²] 이상, 높이 120[m] 이상)인 경우 : **10일 이내**

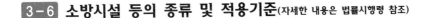

3-6 소방시설 등의 종류 및 적용기준(자세한 내용은 법률시행령 참조)

(1) 소화기구 및 자동소화장치

① 소화기구 : 연면적 33[m²] 이상, **지정문화재**, 가스시설, 터널
② 주거용 주방자동소화장치 : 아파트 등 및 30층 이상 오피스텔의 모든 층

(2) 옥내소화전설비

① **연면적이 3,000[m²] 이상(터널은 제외)**, 지하층, 무창층(축사는 제외) 또는 4층 이상인 것 중 바닥면적이 600[m²] 이상인 층이 있는 것은 모든 층
② 지하가 중 **터널**의 경우 길이가 **1,000[m] 이상**
③ **근린생활시설**, 판매시설, 운수시설, 의료시설, **노유자시설**, **업무시설**, **숙박시설**, **위락시설**, 공장, 창고시설, 항공기 및 자동차 관련시설, 교정 및 군사시설 중 국방·군사시설, 방송통신시설, 발전시설, **장례시설** 또는 복합건축물로서 연면적 **1,500[m²] 이상**이거나 지하층·무창층 또는 층수가 4층 이상인 층 중 바닥면적이 300[m²] 이상인 층이 있는 것은 모든 층
④ 건축물의 옥상에 설치된 차고 또는 주차장으로서 바닥면적이 200[m²] 이상

(3) 스프링클러설비

① **문화 및 집회시설**(동·식물원 제외), 종교시설(주요구조부가 목조인 것은 제외), 운동시설(물놀이형 시설은 제외)로서 다음에 해당하는 모든 층
   ㉠ **수용인원이 100명 이상**
   ㉡ 영화상영관의 용도로 쓰이는 층의 바닥면적이 지하층 또는 무창층인 경우 500[m²] 이상, 그 밖의 층은 1,000[m²] 이상
   ㉢ 무대부가 지하층, 무창층, 4층 이상 : 무대부의 면적이 300[m²] 이상
   ㉣ 무대부가 그 밖의 층 : 무대부의 면적이 500[m²] 이상
② **판매시설**, 운수시설 및 **창고시설(물류터미널)**로서 바닥면적의 합계가 5,000[m²] 이상이거나 수용인원 500명 이상인 경우에는 모든 층
③ 층수가 **6층 이상**인 경우는 모든 층
④ 다음의 어느 하나에 해당하는 용도로 사용되는 시설의 바닥면적의 합계가 600[m²] 이상인 것은 모든 층
   ㉠ 의료시설 중 정신의료기관
   ㉡ 의료시설 중 종합병원, 병원, 치과병원, 한방병원 및 요양병원(정신병원은 제외)
   ㉢ 노유자시설
   ㉣ 숙박이 가능한 수련시설
⑤ 지하층·무창층(축사는 제외) 또는 층수가 4층 이상인 층으로서 바닥면적이 1,000[m²] 이상인 층
⑥ **지하가**(터널 제외)로서 연면적이 **1,000[m²] 이상**
⑦ 기숙사(교육연구시설·수련시설 내에 있는 학생 수용을 위한 것을 말한다) 또는 복합건축물로서 연면적 5,000[m²] 이상인 경우에는 모든 층

⑧ **보호감호소, 교도소**, 구치소, 보호관찰소, 갱생보호시설, 치료감호시설, 소년원 및 소년분류심사원의 수용거실, 보호시설(외국인 보호소의 경우에는 보호대상자의 생활공간)로 사용하는 부분

⑨ 유치장

(4) 간이스프링클러설비

① 근린생활시설로 사용되는 부분의 바닥면적의 합계가 1,000[m²] 이상인 것은 모든 층

② 근린생활시설로서 의원, 치과의원 및 한의원으로서 입원실이 있는 거실

③ 교육연구시설 내에 있는 **합숙소**로서 연면적이 **100[m²] 이상**

④ **노유자시설**로서

ㄱ 노유자생활시설(시행령 제12조 제1항 제6호)

ㄴ 바닥면적의 합계가 **300[m²] 이상 600[m²] 미만**인 시설

ㄷ 바닥면적의 합계가 **300[m²] 미만**이고 **창살이 설치된 시설**

⑤ 생활형 숙박시설로서 바닥면적의 합계가 600[m²] 이상인 것

⑥ 복합건축물로서 연면적 1,000[m²] 이상인 것은 모든 층

(5) 물분무 등 소화설비

① **항공기** 및 **항공기 격납고**

② 차고, **주차용 건축물** 또는 **철골 조립식 주차시설**로서 연면적 **800[m²] 이상**

③ 건축물 내부에 설치된 차고 또는 주차장으로서 차고 또는 주차의 용도로 사용되는 부분의 바닥면적의 합계가 200[m²] 이상

④ 기계장치에 의한 주차시설을 이용하여 **20대 이상의 차량**을 주차할 수 있는 것

⑤ **전기실, 발전실, 변전실**, 축전지실, 통신기기실, 전산실로서 **바닥면적이 300[m²] 이상**

(6) 옥외소화전설비

① **지상 1층 및 2층**의 바닥면적의 합계가 **9,000[m²] 이상**(이 경우 동일구내에 둘 이상의 특정소방대상물이 **행정안전부령으로 정하는 연소 우려가 있는 구조**인 경우에는 이를 하나의 특정소방대상물로 본다)

> **[행정안전부령으로 정하는 연소우려가 있는 구조]**
> 1. 건축물대장의 건축물 현황도에 표시된 대지경계선 안에 둘 이상의 건축물이 있는 경우
> 2. 각각의 건축물이 다른 건축물의 외벽으로부터 수평거리가 **1층의 경우**에는 **6[m] 이하, 2층 이상의 층**의 경우에는 **10[m] 이하**인 경우
> 3. 개구부(영 제2조 제1호에 따른 개구부를 말한다)가 다른 건축물을 향하여 설치되어 있는 경우

② 국보 또는 보물로 지정된 목조건축물

③ 공장 또는 창고시설로서 정하는 수량의 750배 이상의 특수가연물을 저장·취급하는 곳

(7) 비상경보설비

① 연면적이 **400[m²] 이상**

② 지하층 또는 무창층의 바닥면적이 150[m²] 이상(**공연장**은 **100[m²] 이상**)

③ 지하가 중 **터널**로서 길이가 **500[m] 이상**

④ 50명 이상의 근로자가 작업하는 옥내작업장

(8) 비상방송설비(가스시설, 터널, 사람이 거주하지 않는 동물 및 식물관련시설, 축사, 지하구는 제외)

① 연면적 **3,500[m²] 이상**

② **11층 이상**(지하층 제외)

③ **지하층**의 층수가 **3층** 이상

(9) 자동화재탐지설비

① **근린생활시설**(목욕장은 제외), **의료시설**(정신의료기관, 요양병원은 제외), **숙박시설, 위락시설, 장례시설** 및 복합건축물로서 연면적 **600[m²] 이상**

② **공동주택,** 근린생활 중 **목욕장,** 문화 및 집회시설, 종교시설, 판매시설, 운수시설, 운동시설, 업무시설, 공장, 창고시설, 위험물 저장 및 처리시설, 항공기 및 자동차관련시설, 교정 및 군사시설 중 국방·군사시설, 방송통신시설, 발전시설, 관광휴게시설, 지하가(터널은 제외)로서 **연면적 1,000[m²] 이상**

③ **교육연구시설**(기숙사 및 합숙소를 포함), 수련시설(기숙사 및 합숙소를 포함하며 숙박시설이 있는 수련시설은 제외), 동물 및 식물관련시설(기둥과 지붕만으로 구성되어 외부와 기류가 통하는 장소는 제외), 분뇨 및 쓰레기 처리시설, 교정 및 군사시설(국방·군사시설은 제외), 묘지관련시설로서 **연면적 2,000[m²] 이상**

④ 지하구

⑤ 길이 **1,000[m] 이상**인 **터널**

⑥ **노유자 생활시설**

⑦ ⑥에 해당하지 않는 노유자시설로서 연면적 400[m²] 이상인 노유자시설 및 숙박시설이 있는 수련시설로서 수용인원 100명 이상인 것

⑧ 판매시설 중 전통시장

(10) 자동화재속보설비

① 업무시설, 공장, 창고시설, 교정 및 국방·군사시설, 발전시설(사람이 근무하지 않는 시간에는 무인경비시스템으로 관리하는 시설만 해당한다)로서 바닥면적 1,500[m²] 이상(24시간 상주시에는 제외)

② **노유자 생활시설**

③ ②에 해당되지 않는 **노유자시설로서 바닥면적 500[m²] 이상**(24시간 상주 시에는 제외)

④ **수련시설**(숙박시설이 있는 건축물에 한함)로서 **바닥면적 500[m²] 이상**(24시간 상주 시에는 외)

⑤ **보물** 또는 **국보**로 지정된 목조건축물(다만, 사람이 24시간 상주 시 제외)

⑥ 근린생활시설 중 **의원, 치과의원 및 한의원**으로서 **입원실이 있는 시설**

⑦ 의료시설 중 다음의 어느 하나에 해당하는 시설

　　㉠ 종합병원, 병원, 치과병원, 한방병원 및 요양병원(정신병원과 의료재활시설은 제외)

ⓛ **정신병원**과 **의료재활시설**로 사용되는 바닥면적의 합계가 **500[m²] 이상**인 층이 있는 것

　　⑧ 판매시설 중 전통시장

　　⑨ ①부터 ⑧까지에 해당하지 않는 특정소방대상물 중 층수가 **30층 이상**인 것

(11) 단독경보형감지기

　　① 연면적 **1,000[m²] 미만**의 **아파트 등, 기숙사**

　　② **교육연구시설** 또는 수련시설 내에 있는 합숙소 또는 기숙사로서 연면적 **2,000[m²] 미만**

　　③ 연면적 600[m²] 미만의 숙박시설

　　④ 연면적 400[m²] 미만의 유치원

(12) 시각경보기

　　① 근린생활시설, **문화** 및 **집회시설**, 종교시설, 판매시설, 운수시설, 운동시설, 위락시설, 물류터미널

　　② **의료시설, 노유자시설**, 업무시설, 숙박시설, 발전시설 및 **장례시설**

　　③ **도서관, 방송국**

　　④ 지하상가

(13) 가스누설경보기

　　① 판매시설, 운수시설, **노유자시설**, 숙박시설, 창고시설 중 물류터미널

　　② 문화 및 집회시설, 종교시설, 의료시설, 수련시설, 운동시설, **장례시설**

(14) 피난구조설비

　　① **피난기구 : 피난층, 지상1층, 지상2층, 11층 이상인 층**과 가스시설, 터널, 지하구를 제외한 특정대상물의 모든 층

　　② **인명구조기구**는 지하층을 포함하는 층수가 **7층 이상인 관광호텔[방열복 또는 방화복(안전헬멧, 보호장갑 및 안전화 포함), 인공소생기, 공기호흡기]** 및 지하층을 포함한 **5층 이상인 병원[방열복 또는 방화복(안전헬멧, 보호장갑 및 안전화 포함), 공기호흡기]**에 설치하여야 한다.

　　③ **공기호흡기**의 설치대상

　　　　㉠ **수용인원 100명 이상**의 문화 및 집회시설 중 **영화상영관**

　　　　㉡ 판매시설 중 **대규모점포**

　　　　㉢ 운수시설 중 **지하역사**

　　　　㉣ 지하가 중 **지하상가**

　　　　㉤ 이산화탄소 소화설비를 설치하여야 하는 특정소방대상물

　　④ **유도등**

　　　　㉠ 피난구유도등, 통로유도등, 유도표지 : 모든 소방대상물(지하구, 터널 제외)에 설치

　　　　㉡ **객석유도등 : 유흥주점영업시설, 문화 및 집회시설, 종교시설, 운동시설**에 설치

　　⑤ **비상조명등**

　　　　㉠ **5층(지하층 포함) 이상**으로 **연면적 3,000[m²] 이상**

　　　　㉡ 지하층 또는 무창층의 바닥면적이 450[m²] 이상인 경우에는 그 지하층 또는 무창층

ⓒ 지하가 중 **터널의 길이가 500[m] 이상**

⑥ **휴대용 비상조명등**

　　㉠ **숙박시설**

　　㉡ 수용인원 100명 이상의 영화상영관, 판매시설 중 대규모 점포, 지하역사, 지하상가

(15) 상수도 소화용수설비

① 연면적 5,000[m²] 이상(가스시설, 지하구, 터널은 제외)

② 가스시설로서 지상에 노출된 탱크의 저장용량의 합계가 100[t] 이상

(16) 소화활동설비

① **제연설비**

　　㉠ **문화 및 집회시설, 종교시설, 운동시설**로서 무대부의 바닥면적이 **200[m²] 이상** 또는 **문화 및 집회시설 중 영화상영관**으로서 **수용인원 100명 이상**

　　㉡ 시외버스정류장, **철도** 및 **도시철도시설**, 공항시설 및 **항만시설의 대합실** 또는 휴게실로서 지하층 또는 무창층의 바닥면적이 1,000[m²] 이상

　　ⓒ **지하가**(터널 제외)로서 연면적이 **1,000[m²] 이상**

② **연결송수관설비**

　　㉠ **5층 이상**으로서 **연면적 6,000[m²] 이상**

　　㉡ 지하층을 포함한 층수가 **7층 이상**

　　ⓒ 지하층의 층수가 3층 이상이고 지하층의 바닥면적의 합계가 1,000[m²] 이상인 것

　　㉣ **터널의 길이가 1,000[m] 이상**

③ **연결살수설비**

　　㉠ 판매시설, 운수시설, 창고시설 중 물류터미널로서 바닥면적의 합계가 1,000[m²] 이상

　　㉡ **지하층**으로서 바닥면적의 합계가 **150[m²] 이상**[국민주택 규모 이하의 **아파트**의 지하층(대피시설로 사용하는 것만 해당)과 **학교의 지하층**은 **700[m²] 이상**]

④ **비상콘센트설비**

　　㉠ **11층 이상은 11층 이상의 층**

　　㉡ **지하층**의 층수가 **3층 이상**이고 지하층의 바닥면적의 합계가 1,000[m²] 이상인 것은 지하층의 모든 층

　　ⓒ **터널의 길이가 500[m] 이상**

⑤ **무선통신보조설비**

　　㉠ **지하가**(터널 제외)로서 **연면적 1,000[m²] 이상**

　　㉡ 지하층의 바닥면적의 합계가 3,000[m²] 이상

　　ⓒ 지하층의 층수가 3층 이상이고 지하층의 바닥면적의 합계가 1,000[m²] 이상인 것은 지하층의 모든 층

　　㉣ 지하가 중 터널의 길이가 500[m] 이상

　　㉤ **공동구**

　　㉥ 층수가 **30층 이상**인 것으로서 **16층 이상 부분의 모든 층**

⑥ 연소방지설비

　지하구(전력 또는 통신사업용인 것만 해당)

3-7 수용인원 산정방법

(1) 숙박시설이 있는 특정소방대상물

① **침대가 있는 숙박시설 : 종사자수 + 침대의 수**(2인용 침대는 2인으로 산정)

② **침대가 없는 숙박시설 : 종사자수 + (바닥면적의 합계 ÷ 3[m²])**

(2) 그 외 특정소방대상물

① **강의실·교무실·상담실·실습실·휴게실 용도로 쓰이는 특정소방대상물 : 바닥면적의 합계 ÷ 1.9[m²]**

② **강당, 문화 및 집회시설, 운동시설, 종교시설 : 바닥면적의 합계 ÷ 4.6[m²]**(관람석이 있는 경우 고정식 의자를 설치한 부분은 해당 부분의 의자수로 하고, 긴 의자의 경우에는 의자의 정면너비를 0.45[m]로 나누어 얻은 수)

③ **그 밖의 소방대상물 : 바닥면적의 합계 ÷ 3[m²]**

　※ **바닥면적 산정 시 제외 : 복도, 계단, 화장실의 바닥면적**

3-8 소방시설의 적용대상 및 면제

(1) 소급적용 대상

다음에 해당하는 소방시설의 경우에는 대통령령 또는 화재안전기준의 변경으로 **강화된 기준을 적용한다.**

① 다음 소방시설 중 대통령령으로 정하는 것

　　㉠ 소화기구

　　㉡ 비상경보설비

　　㉢ 자동화재속보설비

　　㉣ 피난구조설비

② 지하구에 설치하여야 하는 소방시설(공동구, 전력 또는 통신사업용 지하구)

③ 노유자시설, 의료시설에 설치하여야 하는 소방시설 중 대통령령으로 정하는 것

[대통령령으로 정하는 것]
1. 노유자시설에 설치하는 간이스프링클러설비, 자동화재탐지설비, 단독경보형감지기
2. 의료시설에 설치하는 간이스프링클러설비, 자동화재탐지설비, 스프링클러설비, 자동화재속보설비

PLUS ONE ➕ 내진설계를 하여야 하는 소방시설

　옥내소화전설비, 스프링클러설비, 물분무 등 소화설비

(2) 소방시설의 면제

화재안전기준에 적합하게 설치된 소방시설	면제 소방시설
물분무 등 소화설비	스프링클러설비
스프링클러설비	물분무 등 소화설비
스프링클러설비, 물분무소화설비, 미분무소화설비	간이스프링클러설비
자동화재탐지설비	비상경보설비, 단독경보형감지기
단독경보형감지기	비상경보설비
자동화재탐지설비, 비상경보설비	비상방송설비
스프링클러설비, 간이스프링클러설비, 물분무소화설비, 미분무소화설비	연결살수설비
피난구유도등, 통로유도등	비상조명등
스프링클러설비, 물분무소화설비, 미분무소화설비	연소방지설비
옥내소화전설비, 스프링클러설비, 간이스프링클러설비, 연결살수설비	연결송수관설비
스프링클러설비, 물분무 등 소화설비	자동화재탐지설비
국보 또는 보물로 지정된 목조문화재에 상수도 소화용수설비	옥외소화전설비

3-9 성능위주설계를 하여야 하는 특정소방대상물의 범위

(1) 연면적 20만[m^2] 이상인 특정소방대상물[단, 공동주택 중 주택으로 쓰이는 층수가 5층 이상인 주택(아파트 등)은 제외]

(2) 다음 각 목의 어느 하나에 해당하는 특정소방대상물(단, 아파트 등은 제외)
  ① 건축물의 높이가 100[m] 이상인 특정소방대상물
  ② 지하층을 포함한 층수가 30층 이상인 특정소방대상물

(3) 연면적 3만[m^2] 이상인 특정소방대상물로서 다음의 어느 하나에 해당하는 특정소방대상물
  ① 철도 및 도시철도 시설
  ② 공항시설

(4) 하나의 건축물에 영화상영관이 10개 이상인 특정소방대상물

3-10 임시소방시설의 종류와 설치기준

(1) 임시소방시설의 종류(영 별표 5의2)
  ① 소화기(소형소화기, 대형소화기, 자동확산소화기)
  ② 간이소화장치 : 물을 방사(放射)하여 화재를 진화할 수 있는 장치로서 **소방청장이 정하는 성능을 갖추고 있을 것**(공사현장에서 화재위험 작업 시 신속한 화재 진압이 가능하도록 물을 방수하는 이동식 또는 고정식 형태의 소화장치)
  ③ 비상경보장치 : 화재가 발생한 경우 주변에 있는 작업자에게 화재사실을 알릴 수 있는 장치로서 **소방청장이 정하는 성능을 갖추고 있을 것**[화재위험작업 공간 등에서 수동조작에 의해서 화재경보상황을 알려줄 수 있는 설비(비상벨, 사이렌, 휴대용확성기 등)]

④ 간이피난유도선 : 화재가 발생한 경우 피난구 방향을 안내할 수 있는 장치로서 **소방청장이 정하는 성능을 갖추고 있을 것**(화재위험 작업 시 작업자의 피난을 유도할 수 있는 케이블 형태의 장치)

(2) 임시소방시설을 설치하여야 하는 공사의 종류와 규모(영 별표 5의2)

① 소화기 : 건축허가 등을 할 때 소방본부장 또는 소방서장의 동의를 받아야 하는 특정소방대상물의 건축·대수선·용도변경 또는 설치 등을 위한 공사 중 임시소방시설을 설치하여야 하는 작업을 하는 현장에 설치한다.

② 간이소화장치 : 다음의 어느 하나에 해당하는 공사의 작업현장에 설치한다.
  ㉠ 연면적 3,000[m²] 이상
  ㉡ 지하층, 무창층 및 4층 이상의 층. 이 경우 해당 층의 바닥면적이 600[m²] 이상인 경우만 해당한다.

③ 비상경보장치 : 다음의 어느 하나에 해당하는 공사의 작업현장에 설치한다.
  ㉠ 연면적 400[m²] 이상
  ㉡ 지하층 또는 무창층. 이 경우 해당 층의 바닥면적이 150[m²] 이상인 경우만 해당한다.

④ 간이피난유도선 : 바닥면적이 150[m²] 이상인 지하층 또는 무창층의 작업현장에 설치한다.

3-11 소방기술심의위원회

(1) 중앙소방기술심의위원회(중앙위원회)

① 소속 : 소방청
② 심의사항
  ㉠ 화재안전기준에 관한 사항
  ㉡ 소방시설의 구조 및 원리 등에서 공법이 특수한 설계 및 시공에 관한 사항
  ㉢ 소방시설의 설계 및 공사감리의 방법에 관한 사항
  ㉣ 소방시설공사의 **하자를 판단하는 기준**에 관한 사항
  ㉤ 그 밖에 소방기술 등에 관하여 대통령령으로 정하는 사항

(2) 지방소방기술심의위원회(지방위원회)

① 소속 : 특별시·광역시·특별자치시·도 및 특별자치도
② 심의사항
  ㉠ 소방시설에 **하자가 있는지의 판단**에 관한 사항
  ㉡ 그 밖에 소방기술 등에 관하여 대통령령으로 정하는 사항

3-12 방염 등

(1) 방염성능기준 이상의 실내장식물 등 설치 특정소방대상물

　　① 근린생활시설 중 의원, 체력단련장, 공연장 및 종교집회장
　　② 건축물의 옥내에 있는 시설로서 다음의 시설
　　　　㉠ 문화 및 집회시설
　　　　㉡ 종교시설
　　　　㉢ 운동시설(**수영장은 제외**)
　　③ 의료시설
　　④ 교육연구시설 중 합숙소
　　⑤ **노유자시설**
　　⑥ 숙박이 가능한 수련시설
　　⑦ 숙박시설
　　⑧ 방송통신시설 중 방송국 및 촬영소
　　⑨ **다중이용업소**
　　⑩ 층수가 11층 이상인 것(아파트는 제외)

(2) 방염처리대상 물품

　　제조 또는 가공 공정에서 방염처리를 한 물품(합판·목재류의 경우에는 설치 현장에서 방염처리를 한 것을 포함)
　　① 창문에 설치하는 커튼류(블라인드를 포함)
　　② 카펫, **두께가 2[mm] 미만인 벽지류**(종이벽지는 제외)
　　③ 전시용 합판 또는 섬유판, 무대용 합판 또는 섬유판
　　④ 암막·무대막(영화상영관에 설치하는 스크린과 골프연습장업에 설치하는 스크린 포함)
　　⑤ 섬유류 또는 합성수지류 등을 원료로 하여 제작된 소파·의자(단란주점영업, 유흥주점영업 및 노래연습장업의 영업장에 설치하는 것만 해당)

(3) 방염성능기준

　　① 버너의 불꽃을 제거한 때부터 **불꽃을 올리며 연소하는** 상태가 그칠 때까지 시간 : **20초 이내(잔염시간)**
　　② 버너의 불꽃을 제거한 때부터 **불꽃을 올리지 아니하고** 연소하는 상태가 그칠 때까지 시간 : **30초 이내(잔신시간)**
　　③ **탄화면적 : 50[cm^2] 이내**
　　　　탄화길이 : 20[cm] 이내
　　④ 불꽃에 완전히 녹을 때까지 불꽃의 접촉횟수 : 3회 이상
　　⑤ 발연량을 측정하는 경우 최대연기밀도 : 400 이하

[소방대상물의 방염물품 권장사항]
소방본부장 또는 소방서장은 다음에 해당하는 물품의 경우에는 방염처리된 물품을 사용하도록 권장할 수 있다.
① 다중이용업소, 의료시설, 노유자시설, 숙박시설 또는 장례식장에 사용하는 침구류, 소파 및 의자
② 건축물 내부의 천장 또는 벽에 부착하거나 설치하는 가구류

3-13 소방대상물의 안전관리

(1) 소방안전관리자 선임

① 소방안전관리자 및 소방안전관리보조자 선임권자 : 관계인

② 소방안전관리자 선임 : 30일 이내에 선임하고 선임한 날부터 14일 이내에 소방본부장 또는 소방서방에게 신고

③ 소방안전관리자 선임 기준일

   ㉠ 신축·증축·개축·재축·대수선 또는 용도 변경으로 신규로 선임하는 경우 : 완공일

   ㉡ 증축 또는 용도변경으로 특급, 1급 또는 2급 소방안전관리 대상물로 된 경우 : 증축공사의 완공일 또는 용도변경사실을 건축물관리대장에 기재한 날

   ㉢ 양수, 경매, 환가, 매각 등 관계인이 권리를 취득한 경우 : 해당 권리를 취득한 날 또는 관할 소방서장으로부터 소방안전관리자 선임안내를 받은 날

   ㉣ 공동소방안전관리 특정소방대상물의 경우 : 소방본부장 또는 소방서장이 공동소방안전관리 대상으로 지정한 날

   ㉤ 소방안전관리자 해임한 경우 : 소방안전관리자를 해임한 날

(2) 관계인과 소방안전관리자의 업무

① 피난계획에 관한 사항과 대통령령으로 정하는 사항이 포함된 소방계획서의 작성 및 시행

② 자위소방대 및 초기 대응체계의 구성·운영·교육

③ 피난시설·방화구획 및 방화시설의 유지·관리

④ 소방훈련 및 교육

⑤ 소방시설이나 그 밖의 소방관련 시설의 유지·관리

⑥ 화기 취급의 감독

  ※ ①, ②, ④의 업무는 소방안전관리대상물의 경우에만 해당한다.

PLUS ONE ➕ 소방계획서의 내용

- 소방안전관리대상물의 위치, 구조, 연면적, 용도, 수용인원 등 일반현황
- 소방안전관리대상물에 설치하는 소방시설, 방화시설, 전기시설, 가스시설, 위험물시설의 현황
- 화재예방을 위한 자체점검계획 및 진압대책
- 소방시설·피난시설 및 방화시설의 점검·정비계획
- 피난층 및 피난시설의 위치와 피난경로의 설정, 장애인 및 노약자의 피난계획 등을 포함한 피난계획
- 소방교육 및 훈련에 관한 계획
- 특정소방대상물의 근무자 및 거주자의 자위소방대 조직과 대원의 임무(장애인 및 노약자의 피난 보조임무를 포함)에 관한 사항
- 증축, 개축, 재축, 이전, 대수선 중인 특정소방대상물의 공사장의 소방안전관리에 관한 사항
- 공동 및 분임소방안전관리에 관한 사항
- 소화 및 연소방지에 관한 사항
- 위험물의 저장·취급에 관한 사항(예방규정을 정하는 제조소 등은 제외)

(3) 소방안전관리대상물

① 특급 소방안전관리대상물

　　동·식물원, 철강 등 불연성 물품을 저장·취급하는 창고, 위험물제조소 등, 지하구를 제외한 것

　　㉠ **50층 이상(지하층은 제외)**이거나 지상으로부터 높이가 **200[m] 이상인 아파트**

　　㉡ **30층 이상(지하층을 포함)**이거나 지상으로부터 높이가 **120[m] 이상**인 특정소방대상물
　　　(아파트는 제외)

　　㉢ **연면적이 20만[m²] 이상**인 특정소방대상물(아파트는 제외)

　　PLUS ONE ➕ 특급 소방안전관리대상물의 소방안전관리자 선임자격
　　　• **소방기술사** 또는 **소방시설관리사**의 자격이 있는 사람
　　　• **소방설비기사**의 자격을 취득한 후 **5년 이상 1급 소방안전관리대상물**의 소방안전관리자로
　　　　근무한 실무경력(법 제20조 제3항에 따라 소방안전관리자로 선임되어 근무한 경력은 제외
　　　　한다)이 있는 사람
　　　• **소방설비산업기사**의 자격을 취득한 후 **7년 이상 1급 소방안전관리대상물**의 소방안전관리자
　　　　로 근무한 실무경력이 있는 사람
　　　• **소방공무원으로 20년 이상** 근무한 경력이 있는 사람

② 1급 소방안전관리대상물

　　동·식물원, 철강 등 불연성 물품을 저장·취급하는 창고, 위험물제조소 등, 지하구와 특급
　　소방안전관리대상물을 제외한 것

　　㉠ **30층 이상(지하층은 제외)**이거나 지상으로부터 높이가 **120[m] 이상인 아파트**

　　㉡ **연면적 15,000[m²] 이상**인 특정소방대상물(아파트는 제외)

　　㉢ 층수가 **11층 이상**인 특정소방대상물(아파트는 제외)

　　㉣ 가연성 가스를 **1,000[t] 이상** 저장·취급하는 시설

　　PLUS ONE ➕ 1급 소방안전관리대상물의 소방안전관리자 선임자격
　　　• **소방설비기사** 또는 **소방설비산업기사**의 자격이 있는 사람
　　　• **산업안전기사** 또는 **산업안전산업기사**의 자격을 취득한 후 **2년 이상 2급 소방안전관리 대상
　　　　물** 또는 **3급 소방안전관리대상물**의 소방안전관리자로 근무한 실무경력이 있는 사람
　　　• **소방공무원으로 7년 이상** 근무한 경력이 있는 사람
　　　• **위험물기능장·위험물산업기사** 또는 **위험물기능사** 자격을 가진 사람으로서 **위험물안전관리
　　　　자로 선임된 사람**
　　　• 고압가스 안전관리법, 액화석유가스의 안전관리 및 사업법, 도시가스사업법에 따라 안전관리
　　　　자로 선임된 사람
　　　• 전기사업법에 따라 전기안전관리자로 선임된 사람

③ 2급 소방안전관리대상물

　　특급 소방안전관리대상물과 1급 소방안전관리대상물을 제외한 다음에 해당하는 것

　　㉠ **옥내소화전설비**, **스프링클러설비**, 간이스프링클러설비, **물분무 등 소화설비**가 설치된
　　　특정소방대상물(호스릴방식의 물분무 등 소화설비만을 설치한 경우는 제외)

　　㉡ 가스 제조설비를 갖추고 도시가스사업의 허가를 받아야 하는 시설 또는 가연성 가스를
　　　100[t] 이상 1,000[t] 미만 저장·취급하는 시설

ⓒ 지하구

ⓔ 공동주택

ⓜ **보물** 또는 **국보로 지정된 목조건축물**

PLUS ONE ➕ 2급 소방안전관리대상물의 소방안전관리자 선임자격
- 건축사·산업안전기사·산업안전산업기사·건축기사·건축산업기사·일반기계기사·전기기능장·전기기사·전기산업기사·전기공사기사 또는 전기공사산업기사 자격을 가진 사람
- **위험물기능장·위험물산업기사** 또는 **위험물기능사** 자격을 가진 사람
- 광산보안기사 또는 광산보안산업기사 자격을 가진 사람으로서 광산안전법에 따라 광산안전관리직원(안전관리자 또는 안전감독자만 해당한다)으로 선임된 사람
- **소방공무원으로 3년 이상** 근무한 경력이 있는 사람
- 소방청장이 실시하는 2급 소방안전관리대상물의 소방안전관리에 관한 시험에 합격한 사람. 이 경우 해당 시험은 다음 각 목의 어느 하나에 해당하는 사람만 응시할 수 있다.
  - ㉮ 소방본부 또는 소방서에서 1년 이상 화재진압 또는 그 보조 업무에 종사한 경력이 있는 사람
  - ㉯ **의용소방대원으로 3년 이상** 근무한 경력이 있는 사람
  - ㉰ 군부대(주한 외국군부대를 포함한다) 및 의무소방대의 소방대원으로 1년 이상 근무한 경력이 있는 사람
  - ㉱ 위험물안전관리법에 따른 **자체소방대의 소방대원으로 3년 이상** 근무한 경력이 있는 사람
  - ㉲ **경찰공무원으로 3년 이상** 근무한 경력이 있는 사람

④ 3급 소방안전관리대상물

자동화재탐지설비가 설치된 특정소방대상물

PLUS ONE ➕ 3급 소방안전관리대상물의 소방안전관리자 선임자격
- **소방공무원으로 1년 이상** 근무한 경력이 있는 사람
- 소방청장이 실시하는 3급 소방안전관리대상물의 소방안전관리에 관한 시험에 합격한 사람. 이 경우 해당 시험은 다음 각 목의 어느 하나에 해당하는 사람만 응시할 수 있다.
  - ㉮ **의용소방대원으로 2년 이상** 근무한 경력이 있는 사람
  - ㉯ 위험물안전관리법에 따른 **자체소방대의 소방대원으로 1년 이상** 근무한 경력이 있는 사람
  - ㉰ **경찰공무원으로 2년 이상** 근무한 경력이 있는 사람

⑤ **소방안전관리보조자를 두어야 하는 특정소방대상물**

특정소방대상물	보조자 선임기준
아파트(300세대 이상인 아파트만 해당)	1명 (단, 초과되는 300세대마다 1명 추가로 선임)
아파트를 제외한 연면적이 15,000[m²] 이상인 특정소방대상물	1명 [단, 초과되는 연면적 15,000[m²](방재실에 자위소방대가 24시간 상시 근무하고 소방자동차 중 소방장비(생략)를 운용하는 경우에는 30,000[m²]로 한다)마다 1명 추가로 선임]
공동주택 중 기숙사, 의료시설, 노유자시설, 수련시설, 숙박시설(숙박시설로 사용되는 바닥면적의 합계가 1,500[m²] 미만이고 관계인이 24시간 상시 근무하고 있는 숙박시설은 제외)	1명

(4) 공동소방안전관리자 선임대상물
 ① **고층건축물**(지하층을 제외한 **11층 이상**)
 ② **지하가**
 ③ **복합건축물**로서 **연면적**이 **5,000[m²] 이상** 또는 **5층 이상**
 ④ **도매시장** 또는 **소매시장**
 ⑤ 특정소방대상물 중 소방본부장 또는 소방서장이 지정하는 것

3-14 소방시설 등의 자체점검

(1) **소방시설자체 점검자** : 관계인, 관리업자, 소방안전관리자로 선임된 소방시설관리사 및 소방기술사

(2) 점검의 구분과 그 대상, 점검인력의 배치기준 및 점검자의 자격, 점검장비, 점검방법 및 횟수 등 필요한 사항 : **행정안전부령**

(3) **점검결과보고서 제출**
 ① **작동기능점검** : 소방안전관리대상물, 공공기관에 작동기능점검을 실시한 자는 **7일 이내** 작동기능점검결과보고서를 소방본부장 또는 소방서장에게 제출
 ② **종합정밀점검** : **7일 이내** 소방시설 등 점검결과보고서에 소방시설 등 점검표를 첨부하여 소방본부장 또는 소방서장에게 제출

(4) **소방시설 등의 자체점검의 구분 · 대상 · 점검자의 자격 · 점검방법 및 점검횟수**
 ① **작동기능점검**

구 분	내 용
정 의	소방시설 등을 인위적으로 조작하여 정상적으로 작동하는지를 점검하는 것
대 상	영 제5조에 따른 특정소방대상물을 대상으로 한다(다만, 다음 어느 하나에 해당하는 **특정소방대상물**은 제외). ① 위험물제조소 등과 영 별표 5에 따라 **소화기구만**을 설치하는 특정소방대상물 ② 영 제22조 제1항 제1호에 해당하는 특정소방대상물(30층 이상, 높이 120[m] 이상 또는 연면적 20만[m²] 이상인 특급소방안전관리대상물)
점검횟수	연 1회 이상 실시한다.

② 종합정밀점검

구 분	내 용
정 의	소방시설 등의 작동기능점검을 포함하여 소방시설 설비별 주요 구성 부품의 구조기준이 법 제9조 제1항에 따라 소방청장이 정하여 고시하는 화재안전기준 및 건축법 등 관련법령에서 정하는 기준에 적합한지 여부를 점검하는 것을 말한다.
대 상	① 스프링클러설비가 설치된 특정소방대상물 ② 물분무 등 소화설비(호스릴 방식은 제외)가 설치된 연면적 5,000[m²] 이상인 특정소방대상물(위험물 제조소 등은 제외) ③ 다중이용업소의 안전관리에 관한 특별법 시행령 제2조 제1호 나목(단란주점영업과 유흥주점영업), 같은 조 제2호[영화상영관, 비디오물감상실업, 복합영상물제공업(비디오물소극장업은 제외)], 제6호(노래연습장업), 제7호(산후조리원업), 제7호의2(고시원업), 제7호의5(안마시술소)의 다중이용업의 영업장이 설치된 특정소방대상물로서 연면적이 2,000[m²] 이상인 것 ④ 제연설비가 설치된 터널 ⑤ 공공기관의 소방안전관리에 관한 규정 제2조에 따른 공공기관 중 연면적(터널·지하구의 경우 그 길이와 평균폭을 곱하여 계산된 값을 말한다)이 1,000[m²] 이상인 것으로서 옥내소화전설비 또는 자동화재탐지설비가 설치된 것(다만, 소방기본법 제2조 제5호에 따른 소방대가 근무하는 공공기관은 제외)
점검횟수	① 연 1회 이상(30층 이상, 높이 120[m] 이상 또는 연면적 20만[m²] 이상인 특급소방대상물은 반기별로 1회 이상) 실시한다. ② ①에도 불구하고 소방본부장 또는 소방서장은 소방청장이 소방안전관리가 우수하다고 인정한 특정소방대상물에 대해서는 3년의 범위 내에서 소방청장이 고시하거나 정한 기간 동안 종합정밀점검을 면제할 수 있다(다만, 면제기간 중 화재가 발생한 경우는 제외).

3-15 소방시설관리사

(1) 소방시설관리사 시험 실시권자 : 소방청장

(2) 자격의 취소

① 거짓이나 그 밖의 부정한 방법으로 시험에 합격한 경우

② 소방시설관리사증을 다른 자에게 빌려준 경우

③ 동시에 둘 이상의 업체에 취업한 경우

④ 관리사의 결격사유에 해당하게 된 경우

(3) 관리사의 응시자격

① 소방기술사·**위험물기능장**·건축사·건축기계설비기술사·건축전기설비기술사 또는 공조냉동기계기술사

② **소방설비기사** 자격을 취득한 후 **2년 이상 소방청장**이 정하여 고시하는 소방에 관한 실무경력(이하 "소방실무경력"이라 한다)이 있는 사람

③ **소방설비산업기사** 자격을 취득한 후 **3년 이상** 소방실무경력이 있는 사람

④ 국가과학기술 경쟁력 강화를 위한 이공계지원 특별법 제2조 제1호에 따른 이공계(이하 "이공계"라 한다) 분야를 전공한 사람으로서 다음 각 목의 어느 하나에 해당하는 사람

㉠ **이공계 분야**의 **박사학위**를 취득한 사람

㉡ 이공계 분야의 **석사학위**를 취득한 후 **2년 이상** 소방실무경력이 있는 사람

㉢ 이공계 분야의 **학사학위**를 취득한 후 **3년 이상** 소방실무경력이 있는 사람

⑤ **소방안전공학**(소방방재공학, 안전공학을 포함한다) 분야를 전공한 후 다음 각 목의 어느 하나에 해당하는 사람
　　㉠ 해당 분야의 **석사학위** 이상을 취득한 사람
　　㉡ **2년 이상** 소방실무경력이 있는 사람
⑥ **위험물산업기사** 또는 **위험물기능사** 자격을 취득한 후 **3년 이상** 소방실무경력이 있는 사람
⑦ **소방공무원**으로 **5년 이상** 근무한 경력이 있는 사람
⑧ **소방안전 관련 학과의 학사학위를 취득**한 후 **3년 이상** 소방실무경력이 있는 사람
⑨ 산업안전기사 자격을 취득한 후 3년 이상 소방실무경력이 있는 사람
⑩ 다음 각 목의 어느 하나에 해당하는 사람
　　㉠ **특급 소방안전관리대상물**의 소방안전관리자로 **2년 이상** 근무한 실무경력이 있는 사람
　　㉡ **1급 소방안전관리대상물**의 소방안전관리자로 **3년 이상** 근무한 실무경력이 있는 사람
　　㉢ **2급 소방안전관리대상물**의 소방안전관리자로 **5년 이상** 근무한 실무경력이 있는 사람
　　㉣ **3급 소방안전관리대상물**의 소방안전관리자로 **7년 이상** 근무한 실무경력이 있는 사람
　　㉤ **10년 이상 소방실무경력**이 있는 사람

3-16 소방시설관리업

(1) 소방시설관리업의 등록

① 관리업의 업무 : 소방안전관리업무의 대행 또는 소방시설 등의 점검 및 유지·관리의 업
② 소방시설관리업의 등록 및 등록사항의 변경신고 : 시·도지사
③ 기술 인력, 장비 등 관리업의 등록기준에 관하여 필요한 사항 : 대통령령
④ **등록의 결격사유**
　　㉠ 피성년후견인
　　㉡ 이 법, 소방기본법, 소방시설공사업법 또는 위험물 안전관리법에 따른 금고 이상의 실형을 선고받고 그 집행이 끝나거나(집행이 끝난 것으로 보는 경우를 포함한다) 집행이 면제된 날부터 2년이 지나지 아니한 사람
　　㉢ 이 법, 소방기본법, 소방시설공사업법 또는 위험물 안전관리법에 따른 금고 이상의 형의 집행유예를 선고받고 그 유예기간 중에 있는 사람
　　㉣ 관리업의 등록이 취소된 날부터 2년이 지나지 아니한 사람
⑤ **등록신청 시 첨부서류**
　　㉠ 소방시설관리업 등록신청서
　　㉡ 기술인력연명부 및 기술자격증(자격수첩)

(2) 소방시설관리업의 등록기준

① 인력기준
　　㉠ 주된 기술인력 : **소방시설관리사 1명 이상**
　　㉡ 보조기술인력 : **2명 이상**

② 장비기준

> ※ 2016년 6월 30일 법 개정으로 인하여 내용이 삭제되었습니다.

(3) 등록사항의 변경신고 : 변경일로부터 30일 이내

(4) 등록사항의 변경신고 사항

① 명칭·상호 또는 영업소소재지
② 대표자
③ 기술인력

(5) 등록사항의 변경신고 시 첨부서류

① 명칭·상호 또는 영업소소재지를 변경하는 경우 : 소방시설관리업 등록증 및 등록수첩
② 대표자를 변경하는 경우 : 소방시설관리업등록증 및 등록수첩
③ 기술인력을 변경하는 경우

> ㉠ 소방시설관리업등록수첩
> ㉡ 변경된 기술인력의 기술자격증(자격수첩)
> ㉢ 기술인력연명부

(6) 지위승계 : 지위를 승계한 날부터 **30일 이내 시·도지사**에게 제출

(7) 소방시설관리업자가 관계인에게 사실을 통보하여야 할 경우

① 관리업자의 **지위를 승계한 경우**
② 관리업의 **등록취소** 또는 **영업정지 처분을 받은 경우**
③ **휴업** 또는 **폐업을 한 경우**

(8) 소방시설관리업의 등록의 취소와 6개월 이내의 영업정지

① 거짓이나 그 밖의 부정한 방법으로 등록을 한 경우**(등록취소)**
② 점검을 하지 아니하거나 점검결과를 거짓으로 보고한 경우
③ 등록기준에 미달하게 된 경우
④ 등록의 결격사유에 해당하게 된 경우(법인으로서 결격사유에 해당하게 된 날부터 2개월 이내에 그 임원을 결격사유가 없는 임원으로 바꾸어 선임한 경우는 제외한다)**(등록취소)**
⑤ 다른 자에게 등록증이나 등록수첩을 빌려준 경우**(등록취소)**

(9) 과징금 처분권자 : **시·도지사**

(10) 관리업자의 영업정지처분에 갈음하는 과징금 : 3,000만원 이하

3 - 17 소방용품의 품질관리

(1) 소방용품의 형식승인 등

① **소방용품**을 **제조** 또는 **수입하려는 자 : 소방청장**의 **형식승인**을 받아야 한다(연구개발목적으로 제조 또는 수입하는 경우에는 예외).

② **형식승인의 방법·절차** 등과 제3항에 따른 **제품검사의 구분·방법·순서·합격표시** 등에 관한 사항 : **행정안전부령**

③ 형식승인의 내용 또는 행정안전부령으로 정하는 사항을 변경하려면 **소방청장**의 **변경승인**을 받아야 한다.

(2) 형식승인 소방용품

① **소화설비**를 구성하는 제품 또는 기기

　㉠ 소화기구(소화약제 외의 것을 이용한 간이소화용구는 제외)

　㉡ 자동소화장치(상업용 주방자동소화장치는 제외)

　㉢ 소화설비를 구성하는 **소화전, 관창, 소방호스,** 스프링클러헤드, 기동용 수압개폐장치, 유수제어밸브 및 가스관선택밸브

② **경보설비**를 구성하는 제품 또는 기기

　㉠ **누전경보기** 및 **가스누설경보기**

　㉡ 경보설비를 구성하는 **발신기, 수신기,** 중계기, **감지기** 및 음향장치(경종만 해당한다)

③ **피난구조설비**를 구성하는 제품 또는 기기

　㉠ 피난사다리, **구조대, 완강기**(간이완강기 및 지지대를 포함한다)

　㉡ **공기호흡기**(충전기를 포함한다)

　㉢ 피난구유도등, 통로유도등, 객석유도등 및 예비전원이 내장된 **비상조명등**

④ **소화용**으로 사용하는 제품 또는 기기

　㉠ 소화약제(별표 1 제1호 나목 2)와 3)의 자동소화장치와 같은 호 마목 3)부터 8)까지의 소화설비용만 해당)

　㉡ **방염제**(방염액·방염도료 및 방염성 물질)

(3) 소방용품의 우수품질 인증권자 : 소방청장

3 - 18 소방안전관리자 등에 대한 교육

(1) 강습 또는 실무교육 실시권자 : 소방청장(한국소방안전원장에게 위임)

(2) 소방안전관리자 등의 실무교육 : 2년마다 1회 이상 실시

3-19 청문실시

(1) **청문 실시권자** : 소방청장 또는 시·도지사

(2) **청문 실시 대상**
　① 소방시설관리사 자격의 취소 및 정지
　② 소방시설관리업의 등록취소 및 영업정지
　③ 소방용품의 **형식승인취소 및 제품검사 중지**
　④ 성능인증 및 우수품질인증의 취소
　⑤ 전문기관의 지정취소 및 업무정지

3-20 행정처분

(1) 소방시설관리사에 대한 행정처분

위반사항	근거법령	행정처분기준		
		1차	2차	3차
(1) 거짓이나 그 밖의 부정한 방법으로 시험에 합격한 경우	법 제28조 제1호	자격취소		
(2) 법 제20조 제6항에 따른 소방안전관리업무를 하지 않거나 거짓으로 한 경우	법 제28조 제2호	경고 (시정명령)	자격정지 6월	자격 취소
(3) 법 제25조에 따른 점검을 하지 않거나 거짓으로 한 경우	법 제28조 제3호	경고 (시정명령)	자격정지 6월	자격 취소
(4) 법 제26조 제6항을 위반하여 소방시설관리증을 다른 자에게 빌려준 경우	법 제28조 제4호	자격취소		
(5) 법 제26조 제7항을 위반하여 동시에 둘 이상의 업체에 취업한 경우	법 제28조 제5호	자격취소		
(6) 법 제26조 제8항을 위반하여 성실하게 자체점검업무를 수행하지 아니한 경우	법 제28조 제6호	경 고	자격정지 6월	자격취소
(7) 법 제27조의 어느 하나의 결격사유에 해당하게 된 경우	법 제28조 제7호	자격취소		

(2) 소방시설관리업에 대한 행정처분

위반사항	근거법조문	행정처분기준		
		1차	2차	3차
(1) 거짓, 그 밖의 부정한 방법으로 등록을 한 경우	법 제34조 제1항 제1호	등록취소		
(2) 법 제25조 제1항에 따른 **점검을 하지 않거나 거짓으로** 한 경우	법 제34조 제1항 제2호	**경고** (시정명령)	**영업정지** 3개월	**등록** 취소
(3) 법 제29조 제2항에 따른 등록기준에 미달하게 된 경우. 다만, 기술인력이 퇴직하거나 해임되어 30일 이내에 재선임하여 신고하는 경우는 제외한다.	법 제34조 제1항 제3호	경고 (시정명령)	영업정지 3개월	등록 취소
(4) 법 제30조의 어느 히나의 등록의 결격사유에 해당하게 된 경우	법 제34조 제1항 제4호	등록취소		
(5) 법 제33조 제1항을 위반하여 다른 자에게 등록증 또는 등록수첩을 빌려준 경우	법 제34조 제1항 제7호	등록취소		

3 - 21 벌 칙

(1) 5년 이하의 징역 또는 5,000만원 이하의 벌금

소방시설에 폐쇄, 차단 등의 행위를 한 사람

(2) 7년 이하의 징역 또는 7,000만원 이하의 벌금

소방시설을 폐쇄·차단 등의 행위를 하여 사람을 상해에 이르게 한 때

(3) 10년 이하의 징역 또는 1억원 이하의 벌금

소방시설을 폐쇄·차단 등의 행위를 하여 사람을 사망에 이르게 한 때

(4) 3년 이하의 징역 또는 3,000만원 이하의 벌금

① 소방시설의 화재 안전기준, 피난시설 및 방화시설의 유지·관리의 필요한 조치, 임시소방시설의 필요한 조치, 방염성능기준 미달 및 방염대상물품 제거, 소방용품의 회수·교환·폐기, 판매중지 등 규정에 따른 명령을 정당한 사유 없이 위반한 사람

② **관리업**의 **등록을 하지 아니하고 영업을 한 사람**

③ 소방용품의 **형식승인을 받지 아니하고** 소방용품을 제조하거나 수입한 사람

④ 소방용품의 **제품검사를 받지 아니한 사람**

⑤ 규정을 위반하여 소방용품을 판매·진열하거나 소방시설공사에 사용한 사람

⑥ 거짓이나 그 밖의 부정한 방법으로 전문기관의 지정을 받은 사람

(5) 1년 이하의 징역 또는 1,000만원 이하의 벌금

① 관계인의 정당한 업무를 방해한 자, 조사·검사 업무를 수행하면서 알게 된 비밀을 제공 또는 누설하거나 목적 외의 용도로 사용한 사람

② 관리업의 등록증이나 등록수첩을 다른 자에게 빌려준 사람

③ 영업정지처분을 받고 그 영업정지기간 중에 관리업의 업무를 한 사람

④ 소방시설 등에 대한 **자체점검을 하지 아니하거나** 관리업자 등으로 하여금 정기적으로 점검하게 하지 아니한 사람

⑤ 소방시설관리사증을 다른 자에게 빌려주거나 동시에 둘 이상의 업체에 취업한 사람

⑥ 제품검사에 합격하지 아니한 제품에 합격표시를 하거나 합격표시를 위조 또는 변조하여 사용한 자

⑦ 형식승인의 변경승인을 받지 아니한 사람

(6) 300만원 이하의 벌금

① 소방특별조사를 정당한 사유 없이 거부·방해 또는 기피한 사람

② 방염성능검사에 합격하지 아니한 물품에 합격표시를 하거나 합격표시를 위조하거나 변조하여 사용한 사람

③ 규정을 위반하여 거짓 시료를 제출한 사람

④ **소방안전관리자,** 소방안전관리보조자, 공동소방안전관리자를 **선임하지 아니한 사람**

⑤ 소방시설·피난시설·방화시설 및 방화구획 등이 법령에 위반된 것을 발견하였음에도 필요한 조치를 할 것을 요구하지 아니한 소방안전관리자

⑥ 소방안전관리자에게 불이익한 처우를 한 관계인

⑦ 점검기록표를 거짓으로 작성하거나 해당 특정소방대상물에 부착하지 아니한 사람

(7) 300만원 이하의 과태료

① 화재안전기준을 위반하여 소방시설을 설치 또는 유지·관리한 사람

② 피난시설, 방화구획 또는 방화시설의 폐쇄·훼손·변경 등의 행위를 한 사람

③ 임시소방시설을 설치·유지·관리하지 아니한 사람

(8) 200만원 이하의 과태료

① 소방안전관리자의 선임신고기간, 관리업의 등록사항 변경신고, 관리업자의 지위승계신고를 하지 아니한 자 또는 거짓으로 신고한 사람

② 특정소방대상물의 소방안전관리 업무를 수행하지 아니한 사람

③ 소방안전관리 업무를 하지 아니한 특정소방대상물의 관계인 또는 소방안전관리대상물의 소방안전관리자

④ 소방훈련 및 교육을 하지 아니한 사람

⑤ 공공기관의 소방안전관리 업무를 하지 아니한 사람

⑥ 소방시설 등의 점검결과를 보고하지 아니한 자 또는 거짓으로 보고한 사람

⑦ 지위승계, 행정처분 또는 휴업·폐업의 사실을 특정소방대상물의 관계인에게 알리지 아니하거나 거짓으로 알린 관리업자

⑧ 기술인력의 참여 없이 자체점검을 한 사람

제4장 위험물안전관리법, 영, 규칙

제1절 위험물안전관리법, 영, 규칙

1-1 목 적

(1) 위험물로 인한 위해 방지

(2) 공공의 안전 확보함

1-2 용어 정의

(1) **위험물** : **인화성** 또는 **발화성** 등의 성질을 가지는 것으로서 대통령령으로 정하는 물품

(2) **지정수량** : 위험물의 종류별로 위험성을 고려하여 대통령령으로 정하는 수량(제조소 등의 설치허가 등에 있어서 최저의 기준이 되는 수량)

(3) **제조소 등** : 제조소, 저장소, 취급소

1-3 취급소의 종류

(1) **주유취급소** : 고정된 주유설비에 의하여 자동차·항공기 또는 선박 등의 연료탱크에 직접 주유하기 위하여 위험물을 취급하는 장소

(2) **판매취급소** : 점포에서 위험물을 용기에 담아 판매하기 위하여 **지정수량의 40배 이하**의 위험물을 취급하는 장소

(3) **이송취급소** : 배관 및 이에 부속된 설비에 의하여 위험물을 이송하는 장소

(4) **일반취급소** : 주유취급소, 판매취급소, 이송취급소 외의 장소

1-4 위험물 및 지정수량

유 별	성 질	품 명		위험 등급	지정 수량
제1류	산화성 고체	아염소산염류, 염소산염류, 과염소산염류, 무기과산화물		I	50[kg]
		브롬산염류, 질산염류, 아이오딘산염류		II	300[kg]
		과망간산염류, 다이크롬산염류		III	1,000[kg]
제2류	가연성 고체	황화인, 적린, 유황(순도 60[wt%] 이상)		II	100[kg]
		철분(53[μm]의 표준체통과 50[wt%] 미만은 제외) 금속분, 마그네슘		III	500[kg]
		인화성 고체(고형알코올)		III	1,000[kg]
제3류	자연발화성 물질 및 금수성 물질	칼륨, 나트륨, 알킬알루미늄, 알킬리튬		I	10[kg]
		황 린		I	20[kg]
		알칼리금속 및 알칼리토금속, 유기금속화합물		II	50[kg]
		금속의 수소화물, 금속의 인화물, 칼슘 또는 알루미늄의 탄화물		III	300[kg]
제4류	인화성 액체	특수인화물		I	50[L]
		제1석유류(아세톤, 휘발유 등)	비수용성 액체	II	200[L]
			수용성 액체	II	400[L]
		알코올류(탄소원자의 수가 1~3개로서 농도가 60[%] 이상)		II	400[L]
		제2석유류(등유, 경유 등)	비수용성 액체	III	1,000[L]
			수용성 액체	III	2,000[L]
		제3석유류(중유, 크레오소트유 등)	비수용성 액체	III	2,000[L]
			수용성 액체	III	4,000[L]
		제4석유류(기어유, 실린더유 등)		III	6,000[L]
		동식물유류		III	10,000[L]
제5류	자기반응성 물질	유기과산화물, 질산에스테르류		I	10[kg]
		하이드록실아민, 하이드록실아민염류		II	100[kg]
		나이트로화합물, 나이트로소화합물, 아조화합물, 다이아조화합물, 하이드라진유도체		II	200[kg]
제6류	산화성 액체	과염소산, 질산(비중 1.49 이상) 과산화수소(농도 36[wt%] 이상)		I	300[kg]

※ **수용성 액체** : 온도 20[℃], 1기압에서 동일한 양의 증류수와 완만하게 혼합하여 혼합액의 유동이 멈춘 후 해당 혼합액이 균일한 외관을 유지하는 것

1-5 위험물의 저장 및 취급의 제한

(1) 제조소 등이 아닌 장소에서 지정수량 이상의 위험물을 취급할 수 있는 경우

① 지정수량 이상의 위험물을 **90일 이내**의 기간동안 **임시로 저장** 또는 **취급**하는 경우

② 군부대가 지정수량 이상의 위험물을 군사목적으로 임시로 저장 또는 취급하는 경우

> 임시로 저장 또는 취급하는 장소의 위치 구조 및 설비의 기준 : **시·도의 조례**

(2) 위험물안전관리법의 적용 제외 : **항공기, 선박, 철도** 및 **궤도**

(3) 지정수량 미만인 위험물의 저장·취급의 기준 : 특별시·광역시 및 도(**시·도**)의 조례

(4) 둘 이상의 위험물을 같은 장소에서 저장 또는 취급하는 경우에 있어서 해당 장소에서 저장 또는 취급하는 각 위험물의 수량을 그 위험물의 지정수량으로 각각 나누어 얻은 수의 합계가 1 이상인 경우 해당 위험물은 지정수량 이상의 위험물로 본다.

$$\text{지정수량의 배수} = \frac{\text{저장(취급)량}}{\text{지정수량}} + \frac{\text{저장(취급)량}}{\text{지정수량}} + \cdots$$

1-6 위험물시설의 설치 및 변경 등

(1) 제조소 등을 설치·변경 시 허가권자 : **시·도지사**

제조소 등의 변경 내용 : **위치, 구조, 설비**

(2) 허가받지 않고 위치, 구조 설비를 변경하는 경우와 신고하지 않고 품명, 수량, 지정수량의 배수를 변경하는 경우
① 주택의 난방시설(**공동주택의 중앙난방시설을 제외한다**)을 위한 저장소 또는 취급소
② 농예용·축산용 또는 수산용으로 필요한 난방시설 또는 건조시설을 위한 지정수량 **20배 이하**의 저장소

(3) 위험물의 품명·수량 또는 지정수량의 배수 변경 시 : 변경하고자 하는 날의 **1일 전까지 시·도지사에게 신고**

1-7 완공검사

(1) 완공검사권자 : 시·도지사(**소방본부장** 또는 **소방서장**에게 위임)

(2) 제조소 등의 완공검사 신청시기
① **지하탱크가 있는 제조소 등의 경우** : 해당 **지하탱크를 매설하기 전**
② **이동탱크저장소의 경우** : **이동탱크를 완공하고 상치장소를 확보한 후**
③ **이송취급소의 경우** : 이송배관 **공사의 전체** 또는 **일부를 완료한 후**(다만, 지하·하천 등에 매설하는 이송배관의 공사의 경우에는 이송배관을 매설하기 전)
④ **제조소 등의 경우** : 제조소 등의 **공사를 완료한 후**

1-8 제조소 등의 지위승계, 용도폐지신고, 취소 사용정지 등

(1) 제조소 등의 설치자의 **지위**를 **승계한 자**는 승계한 날부터 **30일 이내**에 **시ㆍ도지사**에게 신고하여야 한다.

(2) 제조소 등의 **용도를 폐지한 때**에는 용도를 폐지한 날부터 **14일 이내**에 **시ㆍ도지사**에게 신고하여야 한다.

(3) 제조소 등의 과징금 처분
   ① 과징금 처분권자 : 시ㆍ도지사
   ② 과징금 부과금액 : 2억원 이하
   ③ 과징금을 부과하는 위반행위의 종별ㆍ정도의 과징금의 금액 그 밖의 필요한 사항 : 행정안전부령

1-9 위험물안전관리

(1) 제조소 등의 위치ㆍ구조 및 설비의 수리ㆍ개조 또는 이전을 명할 수 있는 사람 : 시ㆍ도지사, 소방본부장, 소방서장

(2) 안전관리자 선임 : 관계인

(3) 안전관리자 해임, 퇴직 시 : 해임하거나 퇴직한 날부터 **30일 이내**에 **안전관리자 재선임**

(4) 안전관리자 선임, 퇴직 시 : **14일 이내**에 **소방본부장, 소방서장에게 신고**

(5) 위험물취급자격자의 자격

위험물취급자격자의 구분	취급할 수 있는 위험물
국가기술자격법에 따라 위험물기능장, 위험물산업기사, 위험물기능사 자격을 취득한 사람	별표 1의 모든 위험물
안전관리교육이수자	제4류 위험물
소방공무원경력자(근무경력 3년 이상)	제4류 위험물

(6) 1인의 안전관리자를 중복하여 선임할 수 있는 저장소 등
   ① **10개 이하의 옥내저장소**
   ② **30개 이하의 옥외탱크저장소**
   ③ 옥내탱크저장소
   ④ 지하탱크저장소
   ⑤ 간이탱크저장소
   ⑥ **10개 이하의 옥외저장소**
   ⑦ **10개 이하의 암반탱크저장소**

1-10 위험물탱크 안전성능시험

(1) **탱크안전성능시험자의 등록** : 시·도지사

(2) **등록사항** : 기술능력, 시설, 장비

(3) **등록 중요사항 변경 시** : 그 날로부터 **30일 이내**에 시·도지사에게 변경신고

(4) **탱크시험자 등록의 결격사유**

　① 피성년후견인 또는 피한정후견인
　② 4개 법령에 따른 금고 이상의 실형의 선고를 받고 그 집행이 끝나거나 집행이 면제된 날부터
　　2년이 지나지 아니한 사람
　③ 4개 법령에 따른 금고 이상의 형의 집행유예 선고를 받고 그 유예기간 중에 있는 사람
　④ 탱크시험자의 등록이 취소된 날부터 2년이 지나지 아니한 사람
　⑤ 법인으로서 그 대표자가 ① 내지 ④에 해당하는 경우

(5) **등록취소나 업무정지권자** : 시·도지사

(6) **탱크안전성능검사의 대상 및 검사 신청시기**

검사 종류	검사 대상	신청시기
기초·지반검사	100만[L] 이상인 액체 위험물을 저장하는 옥외탱크저장소	위험물 탱크의 기초 및 지반에 관한 공사의 개시 전
충수·수압검사	액체 위험물을 저장 또는 취급하는 탱크	위험물을 저장 또는 취급하는 탱크에 배관 그 밖의 부속설비를 부착하기 전
용접부 검사	100만[L] 이상인 액체 위험물을 저장하는 옥외탱크저장소	탱크본체에 관한 공사의 개시 전
암반탱크검사	액체 위험물을 저장 또는 취급하는 암반 내의 공간을 이용한 탱크	암반탱크의 본체에 관한 공사의 개시 전

1-11 예방 규정

(1) **작성자** : 관계인(소유자, 점유자, 관리자)

(2) **처리** : 제조소 등의 사용을 시작하기 전에 시·도지사에게 제출(변경 시 동일)

(3) **예방규정을 정하여야 할 제조소 등**

　① 지정수량의 **10배 이상**의 위험물을 취급하는 **제조소**
　② 지정수량의 **10배 이상**의 위험물을 취급하는 **일반취급소**
　③ 지정수량의 **100배 이상**의 위험물을 저장하는 **옥외저장소**
　④ 지정수량의 **150배 이상**의 위험물을 저장하는 **옥내저장소**
　⑤ 지정수량의 **200배 이상**의 위험물을 저장하는 **옥외탱크저장소**

⑥ 암반탱크저장소

⑦ 이송취급소

(4) 예방규정의 작성 내용

① 위험물의 안전관리업무를 담당하는 자의 직무 및 조직에 관한 사항

② 안전관리자가 여행 · 질병 등으로 인하여 그 직무를 수행할 수 없을 경우 그 직무의 대리자에 관한 사항

③ **자체소방대의 편성**과 화학소방자동차의 배치에 관한 사항

④ 위험물의 안전에 관계된 작업에 종사하는 자에 대한 안전교육에 관한 사항

⑤ 위험물시설 및 작업장에 대한 안전순찰에 관한 사항

⑥ **위험물시설 · 소방시설** 그 밖의 관련시설에 대한 **점검** 및 **정비**에 관한 사항

⑦ 위험물시설의 운전 또는 조작에 관한 사항

⑧ 위험물 **취급 작업의 기준**에 관한 사항

⑨ 위험물의 안전에 관한 기록에 관한 사항

⑩ 제조소 등의 위치 · 구조 및 설비를 명시한 서류와 도면의 정비에 관한 사항

1-12 정기점검 및 정기검사

(1) 정기점검 대상

① **예방규정**을 정하여야 하는 **제조소 등**

② **지하탱크저장소**

③ **이동탱크저장소**

④ 위험물을 취급하는 탱크로서 **지하에 매설된 탱크**가 있는 **제조소, 주유취급소, 일반취급소**

(2) 정기검사 대상

50만[L] 이상의 옥외탱크저장소(소방본부장 또는 소방서장으로부터 정기검사를 받아야 한다)

> 정기점검의 횟수 : 연 1회 이상

(3) 정기검사의 시기

① 정밀정기검사 : 다음 각 목의 어느 하나에 해당하는 기간 내에 1회

  ㉠ 특정 · 준특정옥외탱크저장소의 설치허가에 따른 완공검사필증을 발급받은 날부터 12년

  ㉡ 최근의 정밀정기검사를 받은 날부터 11년

② 중간정기검사 : 다음 각 목의 어느 하나에 해당하는 기간 내에 1회

  ㉠ 특정 · 준특정옥외탱크저장소의 설치허가에 따른 완공검사필증을 발급받은 날부터 4년

  ㉡ 최근의 정밀정기검사 또는 중간정기검사를 받은 날부터 4년

(4) 구조안전점검의 시기
① 특정·준특정옥외탱크저장소의 설치허가에 따른 완공검사필증을 발급받은 날부터 12년
② 최근의 정밀정기검사를 받은 날부터 11년
③ 특정·준특정옥외저장탱크에 안전조치를 한 후 구조안전점검시기 연장신청을 하여 해당 안전조치가 적정한 것으로 인정받은 경우에는 최근의 정밀정기검사를 받은 날부터 13년

1-13 자체소방대

(1) 자체소방대 설치 대상
① 제4류 위험물의 최대수량의 합이 지정수량의 3,000배 이상을 취급하는 제조소 또는 일반취급소(다만, 보일러로 위험물을 소비하는 일반취급소는 제외)
② 제4류 위험물의 최대수량이 지정수량의 50만배 이상을 저장하는 옥외탱크저장소(2022. 1. 1. 시행)

(2) 자체소방대에 두는 화학소방자동차 및 인원

사업소의 구분	화학소방자동차	자체소방대원의 수
1. 제조소 또는 일반취급소에서 취급하는 제4류 위험물의 최대수량의 합이 지정수량의 3,000배 이상 12만배 미만인 사업소	1대	5명
2. 제조소 또는 일반취급소에서 취급하는 제4류 위험물의 최대수량의 합이 지정수량의 12만배 이상 24만배 미만인 사업소	2대	10명
3. 제조소 또는 일반취급소에서 취급하는 제4류 위험물의 최대수량의 합이 지정수량의 24만배 이상 48만배 미만인 사업소	3대	15명
4. 제조소 또는 일반취급소에서 취급하는 제4류 위험물의 최대수량의 합이 지정수량의 48만배 이상인 사업소	4대	20명
5. 옥외탱크저장소에 저장하는 제4류 위험물의 최대수량이 지정수량의 50만배 이상인 사업소(2022. 1. 1. 시행)	2대	10명

(3) 화학소방자동차에 갖추어야 하는 소화능력 및 설비의 기준

화학소방자동차의 구분	소화능력 및 설비의 기준
포수용액 방사차	포수용액의 방사능력이 매분 2,000[L] 이상일 것
	소화약액탱크 및 소화약액혼합장치를 비치할 것
	10만[L] 이상의 포수용액을 방사할 수 있는 양의 소화약제를 비치할 것
분말 방사차	분말의 방사능력이 매초 35[kg] 이상일 것
	분말탱크 및 가압용 가스설비를 비치할 것
	1,400[kg] 이상의 분말을 비치할 것
할로겐화합물 방사차	할로겐화합물의 방사능력이 매초 40[kg] 이상일 것
	할로겐화합물탱크 및 가압용 가스설비를 비치할 것
	1,000[kg] 이상의 할로겐화합물을 비치할 것
이산화탄소 방사차	이산화탄소의 방사능력이 매초 40[kg] 이상일 것
	이산화탄소저장용기를 비치할 것
	3,000[kg] 이상의 이산화탄소를 비치할 것
제독차	가성소다 및 규조토를 각각 50[kg] 이상 비치할 것

1-14 벌 칙

(1) 1년 이상 10년 이하의 징역

제조소 등에서 위험물을 유출·방출 또는 확산시켜 사람의 생명·신체 또는 재산에 대하여 위험을 발생시킨 사람

(2) 무기 또는 5년 이상의 징역

제조소 등에서 위험물을 유출·방출 또는 확산시켜 사람을 **사망에 이르게 한 때**

(3) 무기 또는 3년 이상의 징역

제조소 등에서 위험물을 유출·방출 또는 확산시켜 사람을 **상해(傷害)에 이르게 한 때**

(4) 10년 이하의 징역 또는 금고나 1억원 이하의 벌금

업무상 과실로 제조소 등에서 위험물을 유출·방출 또는 확산시켜 사람을 사상(死傷)에 이르게 한 사람

(5) 7년 이하의 금고 또는 7,000만원 이하의 벌금

업무상 과실로 제조소 등에서 위험물을 유출·방출 또는 확산시켜 사람의 생명·신체 또는 재산에 대하여 위험을 발생시킨 사람

(6) 5년 이하의 징역 또는 1억원 이하의 벌금

제6조 제1항 전단을 위반하여 제조소 등의 설치허가를 받지 아니하고 제조소 등을 설치한 사람

(7) 3년 이하의 징역 또는 3,000만원 이하의 벌금

제5조 제1항을 위반하여 저장소 또는 제조소 등이 아닌 장소에서 지정수량 이상의 위험물을 저장 또는 취급한 사람

(8) 1년 이하의 징역 또는 1,000만원 이하의 벌금

① 탱크시험자로 등록하지 아니하고 탱크시험자의 업무를 한 사람
② 정기점검을 하지 아니하거나 점검기록을 허위로 작성한 관계인으로서 허가를 받은 사람
③ **정기검사를 받지 아니한 관계인**으로서 **허가를 받은 사람**
④ 자체소방대를 두지 아니한 관계인으로서 허가를 받은 사람
⑤ 운반용기에 대한 검사를 받지 아니하고 운반용기를 사용하거나 유통시킨 사람

(9) 1,500만원 이하의 벌금

① 위험물의 **저장** 또는 **취급에 관한 중요기준**에 따르지 아니한 사람
② **변경허가를 받지 아니하고 제조소 등을 변경한 사람**
③ 제조소 등의 완공검사를 받지 아니하고 위험물을 저장·취급한 사람
④ 제조소 등의 사용정지명령을 위반한 사람
⑤ 수리·개조 또는 이전의 명령에 따르지 아니한 사람

⑥ 안전관리자를 선임하지 아니한 관계인으로서 허가를 받은 사람

⑦ 대리자를 지정하지 아니한 관계인으로서 허가를 받은 사람

⑧ 예방규정을 제출하지 아니하거나 변경명령을 위반한 관계인으로서 허가를 받은 사람

(10) 1,000만원 이하의 벌금

① 위험물의 취급에 관한 안전관리와 감독을 하지 아니한 사람

② **안전관리자** 또는 그 **대리자가 참여하지 아니한 상태에서 위험물을 취급한 사람**

③ 변경한 예방규정을 제출하지 아니한 관계인으로서 허가를 받은 사람

④ 위험물의 운반에 관한 중요기준에 따르지 아니한 사람

⑤ 규정을 위반하여 요건을 갖추지 아니한 위험물운반자

⑥ 규정을 위반한 위험물운송자

(11) 200만원 이하의 과태료

① 임시저장기간의 승인을 받지 아니한 사람

② 위험물의 **저장** 또는 **취급에 관한 세부기준**을 위반한 사람

③ 위험물의 품명 등의 변경신고를 기간 이내에 하지 아니하거나 허위로 한 사람

④ 위험물제조소 등의 지위승계신고를 기간 이내에 하지 아니하거나 허위로 한 사람

⑤ 제조소 등의 폐지신고, 안전관리자의 선임신고를 기간 이내에 하지 아니하거나 허위로 한 사람

⑥ 등록사항의 변경신고를 기간 이내에 하지 아니하거나 허위로 한 사람

⑦ 위험물제조소 등의 **정기 점검결과를 기록 · 보존 하지 아니한 사람**

⑧ 위험물의 운반에 관한 세부기준을 위반한 사람

⑨ 국가기술자격증 또는 교육수료증을 **지니지 아니하거나 위험물의 운송에 관한 기준을 따르지 아니한 사람**

제2절 제조소 등의 위치·구조 및 설비의 기준

2-1 위험물제조소

(1) 제조소의 안전거리

건축물	안전거리
사용전압 7,000[V] 초과 35,000[V] 이하의 특고압가공전선	3[m] 이상
사용전압 35,000[V]를 초과하는 특고압가공전선	5[m] 이상
주거용으로 사용되는 것(제조소가 설치된 부지 내에 있는 것을 제외)	10[m] 이상
고압가스, 액화석유가스, 도시가스를 저장 또는 취급하는 시설	20[m] 이상
학교, 병원급의료기관(종합병원, 병원, 치과병원, 한방병원 및 요양병원), **극장**, 공연장, 영화상영관으로서 수용인원 300명 이상 복지시설(아동복지시설, 노인복지시설, 장애인복지시설,한부모가족 복지시설), 어린이집, 성매매피해자 등을 위한 지원시설, 정신보건시설, 가정폭력피해자보호시설로서 수용인원 20명 이상	30[m] 이상
유형문화재, 지정문화재	50[m] 이상

(2) 제조소의 보유공지

취급하는 위험물의 최대수량	공지의 너비
지정수량의 10배 이하	3[m] 이상
지정수량의 10배 초과	5[m] 이상

(3) 제조소의 표지 및 게시판

① "위험물제조소"라는 표지를 설치
   ㉠ 표지의 크기 : 한 변의 길이 0.3[m] 이상, 다른 한 변의 길이 0.6[m] 이상
   ㉡ 표지의 색상 : **백색바탕**에 **흑색문자**
② 방화에 관하여 필요한 사항을 게시한 게시판 설치
   ㉠ 게시판의 크기 : 한 변의 길이 0.3[m] 이상, 다른 한 변의 길이 0.6[m] 이상
   ㉡ 기재 내용 : 위험물의 **유별·품명** 및 **저장최대수량** 또는 **취급최대수량**, **지정수량의 배수**
      및 **안전관리자의 성명** 또는 **직명**, 주의사항
   ㉢ 게시판의 색상 : 백색바탕에 흑색문자
③ 주의사항을 표시한 게시판 설치

위험물의 종류	주의사항	게시판의 색상
제1류 위험물 중 **알칼리금속의 과산화물** 제3류 위험물 중 **금수성 물질**	**물기엄금**	**청색바탕에 백색문자**
제2류 위험물(인화성 고체는 제외)	화기주의	적색바탕에 백색문자
제2류 위험물 중 인화성 고체 제3류 위험물 중 **자연발화성 물질** **제4류 위험물** 제5류 위험물	화기엄금	적색바탕에 백색문자
제1류 위험물의 알칼리금속의 과산화물외의 것과 제6류 위험물	별도의 표시를 하지 않는다.	

(4) 건축물의 구조

① **지하층이 없도록** 하여야 한다.

② 벽·기둥·바닥·보·서까래 및 계단 : **불연재료**(연소 우려가 있는 **외벽** : 출입구 외의 개구부가 없는 **내화구조의 벽**)

③ 지붕은 폭발력이 위로 방출될 정도의 가벼운 **불연재료**로 덮어야 한다.

④ **액체의 위험물**을 취급하는 건축물의 바닥 : **적당한 경사**를 두고 그 최저부에 **집유설비**를 할 것

(5) 채광·조명 및 환기설비

① 채광설비 : 불연재료로 하고 연소의 우려가 없는 장소에 설치하되 **채광면적**을 **최소**로 할 것

② 환기설비

㉠ 환기 : **자연배기방식**

㉡ **급기구**는 해당 급기구가 설치된 실의 바닥면적 150[m²]마다 1개 이상으로 하되 **급기구의 크기**는 800[cm²] 이상으로 할 것

[바닥면적 150[m²] 미만인 경우의 급기구의 크기]

바닥면적	급기구의 면적
60[m²] 미만	150[cm²] 이상
60[m²] 이상 90[m²] 미만	300[cm²] 이상
90[m²] 이상 120[m²] 미만	450[cm²] 이상
120[m²] 이상 150[m²] 미만	600[cm²] 이상

㉢ **급기구**는 **낮은 곳**에 **설치**하고 가는 눈의 **구리망**으로 **인화방지망**을 설치할 것

㉣ 환기구는 지붕 위 또는 지상 2[m] 이상의 높이에 회전식 고정 벤틸레이터 또는 루프팬방식으로 설치할 것

(6) 피뢰설비

지정수량의 10배 이상의 위험물을 제조소(**제6류 위험물**은 **제외**)에는 설치할 것

(7) 위험물 취급탱크(지정수량 1/5 미만은 제외)

① 위험물제조소의 **옥외**에 있는 위험물 **취급탱크**

㉠ 하나의 취급탱크 주위에 설치하는 **방유제의 용량** : 해당 **탱크용량**의 50[%] 이상

㉡ **2 이상**의 취급탱크 주위에 하나의 방유제를 설치하는 경우 **방유제의 용량** : 해당 탱크 중 용량이 **최대**인 것의 **50[%]**에 **나머지 탱크용량 합계**의 10[%]를 **가산한 양** 이상이 되게 할 것

② 위험물제조소의 **옥내**에 있는 위험물 **취급탱크**

㉠ 하나의 취급탱크의 주위에 설치하는 방유턱의 용량 : 해당 탱크용량 이상

ⓛ 2 이상의 취급탱크 주위에 설치하는 방유턱의 용량 : 최대 탱크용량 이상

> **방유제, 방유턱의 용량**
> • 위험물제조소의 옥외에 있는 위험물 취급탱크의 방유제의 용량
>   - 1기 일 때 : 탱크용량 × 0.5(50[%])
>   - 2기 이상일 때 : (최대탱크용량×0.5) + (나머지 탱크 용량합계×0.1)
> • 위험물제조소의 옥내에 있는 위험물 취급탱크의 방유턱의 용량
>   - 1기 일 때 : 탱크용량 이상
>   - 2기 이상일 때 : 최대 탱크용량 이상
> • 위험물옥외탱크저장소의 방유제의 용량
>   - 1기 일 때 : 탱크용량 × 1.1(110[%])(비인화성 물질×100[%])
>   - 2기 이상일 때 : 최대 탱크용량 × 1.1(110[%])(비인화성 물질×100[%])

2-2 위험물 저장소

(1) 옥내저장소(위험물법 규칙 별표 5)

① 옥내저장소의 안전거리, 표지 및 게시판 : 제조소와 동일함

② 옥내저장소의 안전거리 제외 대상

　　ⓜ **제4석유류** 또는 **동식물유류**의 위험물을 저장 또는 취급하는 옥내저장소로서 지정수량의 **20배 미만**인 것

　　ⓝ **제6류 위험물**을 저장 또는 취급하는 옥내저장소

③ 옥내저장소의 보유공지

저장 또는 취급하는 위험물의 최대수량	공지의 너비	
	벽·기둥 및 바닥이 내화구조로 된 건축물	그 밖의 건축물
지정수량의 5배 이하		0.5[m] 이상
지정수량의 5배 초과 10배 이하	1[m] 이상	1.5[m] 이상
지정수량의 10배 초과 20배 이하	2[m] 이상	3[m] 이상
지정수량의 20배 초과 50배 이하	3[m] 이상	5[m] 이상
지정수량의 50배 초과 200배 이하	5[m] 이상	10[m] 이상
지정수량의 200배 초과	10[m] 이상	15[m] 이상

④ 옥내저장소의 저장창고

　　ⓜ 저장창고는 지면에서 처마까지의 높이(처마높이)가 **6[m] 미만**인 **단층 건물**로 하고 그 바닥을 지반면보다 높게 하여야 한다.

　　ⓝ 저장창고의 바닥면적

위험물을 저장하는 창고의 종류	바닥면적
㉮ 제1류 위험물 중 아염소산염류, 염소산염류, 과염소산염류, 무기과산화물, 그 밖에 지정수량이 50[kg]인 위험물	
㉯ 제3류 위험물 중 칼륨, 나트륨, 알킬알루미늄, 알킬리튬, 그밖에 지정수량이 10[kg]인 위험물 및 황린	
㉰ 제4류 위험물 중 특수인화물, 제1석유류 및 알코올류	1,000[m²] 이하
㉱ 제5류 위험물 중 유기과산화물, 질산에스테르류, 그밖에 지정수량이 10[kg]인 위험물	
㉲ 제6류 위험물	
㉮~㉱의 위험물 외의 위험물을 저장하는 창고	2,000[m²] 이하

© 저장창고에 **물의 침투**를 막는 **구조**로 하여야 하는 위험물
- 제1류 위험물 중 **알칼리금속의 과산화물**
- 제2류 위험물 중 **철분, 금속분, 마그네슘**
- 제3류 위험물 중 **금수성 물질**
- **제4류 위험물**

② **피뢰침** 설치 : **지정수량의 10배 이상**의 저장창고(제6류 위험물은 제외)

(2) 옥외탱크저장소(위험물법 규칙 별표 6)

① 옥외탱크저장소의 보유공지

저장 또는 취급하는 위험물의 최대수량	공지의 너비
지정수량의 500배 이하	3[m] 이상
지정수량의 500배 초과 1,000배 이하	5[m] 이상
지정수량의 1,000배 초과 2,000배 이하	9[m] 이상
지정수량의 2,000배 초과 3,000배 이하	12[m] 이상
지정수량의 3,000배 초과 4,000배 이하	15[m] 이상
지정수량의 4,000배 초과	해당 탱크의 수평단면의 **최대지름**(횡형은 긴 변)과 높이 중 큰 것과 같은 거리 이상(단, 30[m] 초과 시 30[m] 이상으로, 15[m] 미만 시 15[m] 이상으로 할 것)

② 특정옥외탱크저장소 등
- ○ **특정옥외저장탱크** : 액체 위험물의 최대수량이 **100만[L] 이상**의 옥외저장탱크
- ○ **준특정옥외저장탱크** : 액체 위험물의 최대수량이 **50만[L] 이상**의 **100만[L] 미만**의 옥외저장탱크
- ○ **압력탱크** : 최대상용압력이 부압 또는 정압 5[kPa]를 초과하는 탱크

③ 옥외탱크저장소의 외부구조 및 설비
- ○ 옥외저장탱크
  - 특정옥외저장탱크 및 준특정옥외저장탱크 외의 두께 : 3.2[mm] 이상의 강철판
  - 시험방법
    - **압력탱크** : 최대상용압력의 1.5배의 압력으로 **10분간** 실시하는 수압시험에서 이상이 없을 것
    - **압력탱크 외의** 탱크 : **충수시험**

> 압력탱크 : 최대상용압력이 대기압을 초과하는 탱크

- ○ 통기관
  - **밸브 없는 통기관**
    - **직경은 30[mm] 이상일 것**
    - 선단은 수평면보다 **45도 이상** 구부려 **빗물 등의 침투를 막는 구조**로 할 것
- ○ 옥외저장탱크의 펌프설비
  - **펌프설비**의 주위에는 너비 **3[m] 이상의 공지를 보유**할 것(제6류 위험물, 지정수량의 10배 이하 위험물은 제외)

- 펌프실의 바닥의 주위에는 **높이 0.2[m] 이상의 턱**을 만들고 그 최저부에는 집유설비를 설치할 것
- ㉣ 기타 설치기준
  - **피뢰침 설치** : 지정수량의 **10배 이상**(단, 제6류 위험물은 제외)
  - **이황화탄소의 옥외저장탱크**는 벽 및 바닥의 두께가 **0.2[m] 이상**이고 철근콘크리트의 수조에 넣어 보관한다.
- ④ 옥외탱크저장소의 방유제
  - ㉠ 방유제의 용량
    - 탱크가 **하나일 때** : 탱크 용량의 **110[%] 이상**(인화성이 없는 액체 위험물은 100[%])
    - 탱크가 2기 이상일 때 : 탱크 중 용량이 최대인 것의 용량의 **110[%] 이상**(인화성이 없는 액체 위험물은 100[%])
  - ㉡ **방유제의 높이 0.5[m] 이상 3[m] 이하, 두께 0.2[m] 이상, 지하매설깊이 1[m] 이상**
  - ㉢ **방유제의 면적 : 80,000[m²] 이하**
  - ㉣ **방유제**는 탱크의 옆판으로부터 **일정 거리**를 유지할 것(단, 인화점이 200[℃] 이상인 위험물은 제외)
    - 지름이 **15[m] 미만**인 경우 : **탱크 높이의 1/3 이상**
    - 지름이 **15[m] 이상**인 경우 : **탱크 높이의 1/2 이상**

(3) 옥내탱크저장소(위험물법 규칙 별표 7)

- ① 옥내탱크저장소의 구조
  - ㉠ **옥내저장탱크**의 탱크전용실은 **단층건축물**에 설치할 것
  - ㉡ 옥내저장탱크와 **탱크전용실의 벽과의 사이** 및 **옥내저장탱크**의 **상호 간**에는 0.5[m] 이상의 간격을 유지할 것
  - ㉢ 옥내저장탱크의 **용량**(동일한 탱크 전용실에 2 이상 설치하는 경우에는 각 탱크의 용량의 합계)은 **지정 수량의 40배**(제4석유류 및 동식물유류 외의 제4류 위험물 : 20,000[L]를 초과할 때에는 20,000[L]) 이하일 것
- ② 옥내탱크저장소의 표지 및 게시판 : 제조소와 동일함
- ③ 옥내탱크저장소의 탱크 전용실이 단층 건축물 외에 설치하는 것
  - ㉠ 탱크전용실에 **펌프설비**를 설치하는 경우에는 불연재료로 된 턱을 0.2[m] 이상의 높이로 설치할 것
  - ㉡ **옥내저장탱크의 용량**(동일한 탱크전용실에 옥내저장탱크를 2 이상 설치하는 경우에는 각 탱크의 용량의 합계)
    - **1층 이하의 층** : 지정수량의 **40배**(제4석유류, 동식물유류 외의 제4류 위험물은 해당수량이 20,000[L] 초과 시 **20,000[L]**) 이하
    - **2층 이상의 층** : 지정수량의 **10배**(제4석유류, 동식물유류 외의 제4류 위험물은 해당수량이 5,000[L] 초과 시 **5,000[L]**) 이하

(4) 지하탱크저장소(위험물법 규칙 별표 8)

① **탱크전용실**은 지하의 가장 가까운 벽·피트·가스관 등의 시설물 및 대지경계선으로부터 0.1[m] 이상 떨어진 곳에 설치하고, **지하저장탱크와 탱크전용실의 안쪽과의 사이는 0.1[m] 이상**의 간격을 유지하도록 하며, 해당 탱크의 주위에 마른모래 또는 습기 등에 의하여 응고되지 아니하는 입자지름 5[mm] 이하의 마른 자갈분을 채워야 한다.

② 지하저장탱크의 **윗부분**은 **지면으로부터 0.6[m] 이상** 아래에 있어야 한다.

③ 지하저장탱크를 2 이상 인접해 설치하는 경우에는 그 상호 간에 1[m](해당 2 이상의 지하저장탱크의 용량의 합계가 **지정수량의 100배 이하**인 때에는 **0.5[m]**) **이상의 간격**을 유지하여야 한다.

④ 지하저장탱크의 **재질**은 두께 **3.2[mm] 이상**의 강철판으로 할 것

⑤ 지하저장탱크의 주위에는 해당 탱크로부터의 액체 위험물의 누설을 검사하기 위한 관을 **4개소 이상** 적당한 위치에 설치하여야 한다.

(5) 간이탱크저장소(위험물법 규칙 별표 9)

① 설치장소 : 옥외에 설치

② 하나의 간이탱크저장소

　　㉠ **간이저장탱크 수 : 3 이하**

　　㉡ 동일한 품질의 위험물의 간이저장탱크를 2 이상 설치하지 아니하여야 한다.

③ 간이저장탱크의 용량 : **600[L] 이하**

④ 간이저장탱크는 두께 : **3.2[mm] 이상의 강판**으로 흠이 없도록 제작하여야 하며, 70[kPa]의 압력으로 10분간의 수압시험을 실시하여 새거나 변형되지 아니하여야 한다.

⑤ 간이저장탱크의 밸브 없는 통기관의 설치기준

　　㉠ **통기관의 지름**은 **25[mm] 이상**으로 할 것

　　㉡ 통기관은 옥외에 설치하되, 그 선단의 높이는 지상 1.5[m] 이상으로 할 것

　　㉢ 통기관의 선단은 수평면에 대하여 아래로 45도 이상 구부려 빗물 등이 침투하지 아니하도록 할 것

　　㉣ 가는 눈의 구리망 등으로 인화방지장치를 할 것

(6) 이동탱크저장소(위험물법 규칙 별표 10)

① 이동탱크저장소의 상치장소

　　㉠ 옥외에 있는 **상치장소**는 화기를 취급하는 장소 또는 **인근의 건축물**로부터 **5[m] 이상**(인근의 건축물이 1층인 경우에는 **3[m] 이상**)의 거리를 확보하여야 한다.

　　㉡ 옥내에 있는 **상치장소**는 벽·바닥·보·서까래 및 지붕이 내화구조 또는 불연재료로 된 건축물의 **1층**에 **설치**하여야 한다.

② 이동저장탱크의 구조

　　㉠ **탱크의 두께 : 3.2[mm] 이상의 강철판**

  ⓛ 수압시험

   • **압력탱크**(최대 상용압력이 46.7[kPa] 이상인 탱크) **외의 탱크 : 70[kPa]의 압력으로**
    10분간

   • **압력탱크 : 최대상용압력의 1.5배의 압력으로 10분간**

  ⓒ 이동저장탱크는 그 내부에 **4,000[L] 이하**마다 **3.2[mm] 이상**의 강철판 또는 이와 동등
   이상의 강도·내열성 및 내식성이 있는 금속성의 것으로 **칸막이**를 설치하여야 한다.

  ⓔ 칸막이로 구획된 각 부분에 설치 : 맨홀, 안전장치, 방파판을 설치(용량이 2,000[L]
   미만 : 방파판설치 제외)

   • **안전장치의 작동 압력**

    – **상용압력이 20[kPa] 이하인 탱크 : 20[kPa] 이상 24[kPa] 이하의 압력**

    – **상용압력이 20[kPa]를 초과 : 상용압력의 1.1배 이하의 압력**

   • **방파판**

    – 두께 : **1.6[mm] 이상**의 강철판

    – 하나의 구획 부분에 2개 이상의 방파판을 이동탱크저장소의 진행방향과 평행으로
     설치하되, 각 방파판은 그 높이 및 칸막이로부터의 거리를 다르게 할 것

  ⓜ **방호틀의 두께 : 2.3[mm] 이상의 강철판**

(7) 옥외저장소(위험물법 규칙 별표 11)

 ① 옥외저장소의 기준

  ㉠ 선반 : 불연재료

  ㉡ **선반의 높이 : 6[m]**를 초과하지 말 것

  ㉢ 과산화수소, 과염소산 저장하는 옥외저장소 : 불연성 또는 난연성의 천막 등을 설치하여
   햇빛을 가릴 것

 ② 옥외저장소에 저장할 수 있는 위험물(시행령 별표 2)

  ㉠ 제2류 위험물 중 **유황, 인화성 고체**(인화점이 0[℃] 이상인 것에 한함)

  ㉡ 제4류 위험물 중 **제1석유류**(인화점이 0[℃] 이상인 것에 한함), **제2석유류, 제3석유류,
   제4석유류, 알코올류, 동식물유류**

  ㉢ **제6류 위험물**

2-3 위험물취급소

(1) **주유취급소**(위험물법 규칙 별표13)
① 주유취급소의 주유공지
　㉠ **주유공지** : 너비 **15[m] 이상**, 길이 **6[m] 이상**
　㉡ 공지의 바닥 : 주위 지면보다 높게 하고, 적당한 기울기, 배수구, 집유설비, 유분리장치를 설치
② 주유취급소의 저장 또는 취급 가능한 탱크
　㉠ 자동차 등에 주유하기 위한 **고정주유설비**에 직접 접속하는 전용탱크로서 **50,000[L] 이하**의 것
　㉡ **고정급유설비**에 직접 접속하는 전용탱크로서 **50,000[L] 이하**의 것
　㉢ **보일러** 등에 직접 접속하는 전용탱크로서 **10,000[L] 이하**의 것
　㉣ 자동차 등을 점검·정비하는 작업장 등(주유취급소 안에 설치된 것에 한한다)에서 사용하는 폐유·윤활유 등의 위험물을 저장하는 탱크로서 용량(2 이상 설치하는 경우에는 각 용량의 합계를 말한다)이 2,000[L] 이하인 탱크(이하 "폐유탱크 등"이라 한다)
　㉤ **고정주유설비** 또는 **고정급유설비**에 직접 접속하는 **3기 이하**의 **간이탱크**
③ 고정주유설비 등
　㉠ 고정주유설비 또는 고정급유설비의 **주유관의 길이**(선단의 개폐밸브를 포함) : **5[m]**(현수식의 경우에는 지면 위 0.5[m]의 수평면에 수직으로 내려 만나는 점을 중심으로 반경 **3[m]**) 이내로 하고 그 선단에는 축적된 정전기를 유효하게 제거할 수 있는 장치를 설치할 것
　㉡ 고정주유설비 또는 고정급유설비의 설치기준
　　• **고정주유설비**(중심선을 기점으로 하여)
　　　– **도로경계선**까지 : **4[m] 이상**
　　　– **부지경계선, 담 및 건축물의 벽까지** : **2[m] 이상**(개구부가 없는 벽까지는 1[m] 이상)
　　• 고정급유설비(중심선을 기점으로 하여)
　　　– 도로 경계선까지 : 4[m] 이상
　　　– 부지경계선 및 담까지 : 1[m] 이상
　　　– 건축물의 벽까지 : 2[m] 이상(개구부가 없는 벽까지는 1[m] 이상)
④ 주유취급소에 설치할 수 있는 건축물
　㉠ 주유 또는 등유·경유를 옮겨담기 위한 작업장
　㉡ 주유취급소의 업무를 행하기 위한 사무소
　㉢ 자동차 등의 **점검 및 간이정비**를 위한 작업장
　㉣ 자동차 등의 **세정**을 위한 작업장
　㉤ 주유취급소에 출입하는 사람을 대상으로 한 **점포·휴게음식점** 또는 **전시장**
　㉥ 주유취급소의 관계자가 거주하는 **주거시설**

ⓐ 전기자동차용 충전설비

        ※ ⓛ, ⓒ, ⓜ의 면적의 합은 1,000[m²]을 초과하지 아니할 것

    ⑤ 고속국도 주유취급소의 특례 : **고속국도의 도로변**에 설치된 **주유취급소**의 **탱크의 용량** : **60,000[L] 이하**

(2) 판매취급소(위험물법 규칙 별표 14)

    ① 제1종 판매취급소의 기준

        ㉠ **제1종 판매취급소**는 건축물의 **1층**에 설치할 것

        ㉡ 위험물 **배합실**의 기준

            • 바닥면적은 **6[m²] 이상 15[m²] 이하**일 것

            • **내화구조** 또는 **불연재료**로 된 벽으로 구획할 것

            • **출입구**에는 수시로 열 수 있는 **자동폐쇄식**의 **갑종방화문**을 설치할 것

            • 출입구 문턱의 높이는 바닥면으로부터 **0.1[m] 이상**으로 할 것

    ② 제2종 판매취급소의 기준

> • **제1종 판매취급소** : 지정수량의 **20배 이하** 저장 또는 취급
> • **제2종 판매취급소** : 지정수량의 **40배 이하** 저장 또는 취급

2-4 소방시설

(1) 소요단위의 계산방법

① **제조소** 또는 **취급소**의 건축물

    ㉠ 외벽이 **내화구조** : 연면적 **100[m²]**를 1소요단위

    ㉡ 외벽이 **내화구조가 아닌 것** : 연면적 **50[m²]**를 1소요단위

② **저장소**의 건축물

    ㉠ 외벽이 **내화구조** : 연면적 **150[m²]**를 1소요단위

    ㉡ 외벽이 **내화구조가 아닌 것** : 연면적 **75[m²]**를 1소요단위

③ **위험물**은 지정수량의 **10배** : 1소요단위

(2) 소화설비의 능력단위

소화설비	용 량	능력단위
소화전용(專用) 물통	8[L]	0.3
수조(소화전용 물통 3개 포함)	80[L]	1.5
수조(소화전용 물통 6개 포함)	190[L]	2.5
마른모래(삽 1개 포함)	50[L]	0.5
팽창질석 또는 팽창진주암(삽 1개 포함)	160[L]	1.0

(3) 소화설비의 설치기준

① 옥내소화전설비

    ㉠ 하나의 호스 접속구까지의 **수평거리 : 25[m] 이하**

    ㉡ 방수량 $Q = N$(최대 5개) $\times$ 260[L/min] 이상

    ㉢ 수원의 수량 $= N$(최대 5개) $\times$ 260[L/min] $\times$ 30[min]

             $= N$(최대 5개) $\times$ 7,800[L] $= N$(최대 5개) $\times$ 7.8[m³] 이상

    ㉣ 방수압력 : 350[kPa](0.35[MPa]) 이상

② 옥외소화전설비

    ㉠ 하나의 호스 접속구까지의 **수평거리 : 40[m]** 이하

    ㉡ 방수량 $Q = N$(최대 4개) $\times$ 450[L/min] 이상

    ㉢ 수원의 수량 $= N$(최대 4개) $\times$ 450[L/min]$\times$30[min]

             $= N$(최대 4개) $\times$ 13,500[L] $= N$(최대 4개) $\times$ 13.5[m³] 이상

    ㉣ 방수압력 : 350[kPa](0.35[MPa]) 이상

    ㉤ 옥외소화전설비에는 비상전원을 설치할 것

③ 스프링클러설비의 설치기준

    ㉠ 수원의 수량

      • 폐쇄형 스프링클러헤드 = 30(30개 미만은 설치개수) $\times$ 2.4[m³] 이상

      • 개방형 스프링클러헤드 = 가장 많이 설치된 방사구역의 스프링클러헤드 설치개수

                         $\times$ 2.4[m³] 이상

    ㉡ 방사압력 : 100[kPa](0.1[MPa]) 이상

      방수량 : 80[L/min] 이상

(4) 경보설비

① 제조소 등별로 설치하여야 하는 경보설비의 종류

제조소 등의 구분	제조소 등의 규모, 저장 또는 취급하는 위험물의 종류 및 최대수량 등	경보설비
가. 제조소 및 일반취급소	• 연면적이 500[m²] 이상인 것 • 옥내에서 지정수량의 100배 이상을 취급하는 것(고인화점위험물만을 100[℃] 미만의 온도에서 취급하는 것은 제외) • 일반취급소로 사용되는 부분 외의 부분이 있는 건축물에 설치된 일반취급소(일반취급소와 일반취급소 외의 부분이 내화구조의 바닥 또는 벽으로 개구부 없이 구획된 것은 제외)	자동화재탐지설비
나. 옥내저장소	• 지정수량의 100배 이상을 저장 또는 취급하는 것(고인화점위험물만을 저장 또는 취급하는 것은 제외) • 저장창고의 연면적이 150[m²]를 초과하는 것[연면적 150[m²] 이내마다 불연재료의 격벽으로 개구부 없이 완전히 구획된 저장창고와 제2류 위험물(인화성고체는 제외) 또는 제4류 위험물(인화점이 70[℃] 미만인 것은 제외)만을 저장 또는 취급하는 저장창고는 그 연면적이 500[m²] 이상인 것을 말한다] • 처마 높이가 6[m] 이상인 단층 건물의 것 • 옥내저장소로 사용되는 부분 외의 부분이 있는 건축물에 설치된 옥내저장소[옥내저장소와 옥내저장소 외의 부분이 내화구조의 바닥 또는 벽으로 개구부 없이 구획된 것과 제2류(인화성고체는 제외) 또는 제4류의 위험물(인화점이 70[℃] 미만인 것은 제외)만을 저장 또는 취급하는 것은 제외]	
다. 옥내탱크저장소	단층 건물 외의 건축물에 설치된 옥내탱크저장소로서 소화난이도등급 I 에 해당하는 것	
라. 주유취급소	옥내주유취급소	
마. 옥외탱크저장소	특수인화물, 제석유류 및 알코올류를 저장 또는 취급하는 탱크의 용량이 1,000만[L] 이상인 것	• 자동화재탐지설비 • 자동화재속보설비
바. 가목부터 마목까지의 규정에 따른 자동화재탐지설비 설치 대상 제조소 등에 해당하지 않는 제조소 등(이송취급소는 제외)	지정수량의 10배 이상을 저장 또는 취급하는 것	자동화재탐지설비, 비상경보설비, 확성장치 또는 비상방송설비 중 1종 이상

② 자동화재탐지설비의 설치기준

　　㉠ 하나의 경계구역의 면적 : 600[m²] 이하

　　㉡ 한 변의 길이 : 50[m](광전식분리형감지기를 설치할 경우에는 100[m]) 이하로 할 것

　　㉢ 건축물 그 밖의 공작물의 주요한 출입구에서 그 내부의 전체를 볼 수 있는 경우에 있어서는 그 면적을 1,000[m²] 이하로 할 수 있다.

2-5 위험물의 저장 및 운반기준

(1) 위험물의 저장 기준(위험물법 규칙 별표 18)

① 옥내저장소 또는 옥외저장소에는 있어서 유별을 달리하는 위험물을 저장하는 경우 1[m] 이상 간격을 두고 아래 유별을 저장할 수 있다.

⑦ **제1류 위험물**(알칼리금속의 과산화물은 제외)과 **제5류 위험물**을 저장하는 경우

ⓛ **제1류 위험물**과 **제6류 위험물**을 저장하는 경우

ⓒ **제1류 위험물**과 **자연발화성 물품**(황린 포함)을 저장하는 경우

ⓡ 제2류 위험물 중 **인화성 고체**와 **제4류 위험물**을 저장하는 경우

ⓜ 제3류 위험물 중 알킬알루미늄등과 제4류 위험물(알킬알루미늄 또는 알킬리튬을 함유한 것에 한함)을 저장하는 경우

ⓗ 제4류 위험물 중 유기과산화물과 제5류 위험물 중 유기과산화물을 저장하는 경우

[운반 시 위험물의 혼재 가능]

위험물의 구분	제1류	제2류	제3류	제4류	제5류	제6류
제1류		×	×	×	×	○
제2류	×		×	○	○	×
제3류	×	×		○	×	×
제4류	×	○	○		○	×
제5류	×	○	×	○		×
제6류	○	×	×	×	×	

1. "×"표시는 혼재할 수 없음을 표시한다.
2. "○"표시는 혼재할 수 있음을 표시한다.
3. 이 표는 지정수량의 $\frac{1}{10}$ 이하의 위험물에 대하여는 적용하지 아니한다.

② 옥내저장소에서 동일 품명의 위험물이더라도 **자연발화할 우려가 있는 위험물** 또는 **재해가 현저하게 증대할 우려가 있는 위험물**을 다량 저장하는 경우에는 지정수량의 **10배 이하**마다 구분하여 상호 간 **0.3[m]** 이상의 간격을 두어 저장하여야 한다.

③ 옥외저장소, 옥내저장소에 저장 시 높이(아래 높이를 초과하지 말 것)

⑦ **기계**에 의하여 **하역하는 구조**로 된 용기만을 겹쳐 쌓는 경우 : 6[m]

ⓛ 제4류 위험물 중 **제3석유류, 제4석유류, 동식물유류**를 수납하는 용기만을 겹쳐 쌓는 경우 : 4[m]

ⓒ 그 밖의 경우 : 3[m]

④ 이동저장탱크로부터 위험물을 저장 또는 취급하는 탱크에 인화점이 40[℃] 미만인 위험물을 주입할 때에는 이동탱크저장소의 **원동기를 정지시킬 것**

(2) 위험물의 운반 기준(위험물법 규칙 별표 19)

① 운반용기의 재질

강판, 알루미늄판, 양철판, 유리, 금속판, 종이, 플라스틱, 섬유판, 고무류, 합성섬유, 삼, 짚, 나무

② 적재방법

　㉠ **고체 위험물** : 운반용기 내용적의 **95[%] 이하**의 **수납률**로 수납할 것

　㉡ **액체 위험물** : 운반용기 내용적의 **98[%] 이하**의 **수납률**로 수납하되, 55[℃]의 온도에서 누설되지 아니하도록 충분한 공간용적을 유지하도록 할 것

　㉢ 적재위험물에 따른 조치

　　• **차광성**이 있는 것으로 피복

　　　– **제1류 위험물**

　　　– 제3류위험물 중 **자연발화성 물질**

　　　– 제4류 위험물 중 **특수인화물**

　　　– **제5류 위험물**

　　　– **제6류 위험물**

　　• **방수성**이 있는 것으로 피복

　　　– 제1류 위험물 중 **알칼리금속의 과산화물**

　　　– 제2류 위험물 중 **철분·금속분·마그네슘**

　　　– 제3류 위험물 중 **금수성 물질**

　㉣ **운반용기**의 **외부 표시 사항**

　　• 위험물의 **품명, 위험등급, 화학명** 및 **수용성**(제4류 위험물의 수용성인 것에 한함)

　　• 위험물의 **수량**

　　• **주의사항**

PLUS ONE ➕　주의사항
　• 제1류 위험물
　　– 알칼리금속의 과산화물 : 화기·충격주의, 물기엄금, 가연물접촉주의
　　– 그 밖의 것 : 화기·충격주의, 가연물접촉주의
　• 제2류 위험물
　　– 철분·금속분·마그네슘 : 화기주의, 물기엄금
　　– 인화성 고체 : 화기엄금
　　– 그 밖의 것 : 화기주의
　• 제3류 위험물
　　– 자연발화성 물질 : 화기엄금, 공기접촉엄금
　　– 금수성 물질 : 물기엄금
　• 제4류 위험물 : 화기엄금
　• 제5류 위험물 : 화기엄금, 충격주의
　• 제6류 위험물 : 가연물접촉주의

③ 운반방법(지정수량 이상 운반 시)

　㉠ 한 변의 길이가 0.3[m] 이상, 다른 한 변의 길이가 0.6[m] 이상인 직사각형의 판으로 할 것

　㉡ **흑색 바탕**에 **황색의 반사도료** 그 밖의 반사성이 있는 재료로 **"위험물"**이라고 표시할 것

소요단위 = 저장(운반)수량 ÷ (지정수량 × 10)
[참고] 위험물은 지정수량의 10배를 1소요단위로 한다.

제4과목 소방기계시설의 구조 및 원리

제1장 소화설비

소화설비의 종류

① 소화기구
  ㉠ 소화기
  ㉡ 간이소화용구 : 에어로졸식 소화용구, 투척용 소화용구, 소공간용 소화용구 및 소화약제 외의 것을 이용한 간이소화용구
  ㉢ 자동확산소화기
② 자동소화장치
  ㉠ 주거용 주방자동소화장치
  ㉡ 상업용 주방자동소화장치
  ㉢ 캐비닛형 자동소화장치
  ㉣ 가스자동소화장치
  ㉤ 분말자동소화장치
  ㉥ 고체에어로졸자동소화장치
③ 옥내소화전설비(호스릴 옥내소화전설비 포함)
④ 스프링클러설비 등(스프링클러설비, 간이스프링클러설비(캐비닛형 간이스프링클러설비를 포함) 및 화재조기진압용 스프링클러설비)
⑤ 물분무 등 소화설비
⑥ 옥외소화전설비

> **물분무 등 소화설비** : 물분무소화설비, 미분무소화설비, 포소화설비, 이산화탄소소화설비, 할론소화설비, 할로겐화합물 및 불활성기체 소화설비, 분말소화설비, 강화액소화설비, 고체에어로졸소화설비

1-1 소화기

1. 소화기의 분류

(1) 소화능력단위에 의한 분류

① 소형소화기 : 능력단위 1단위 이상

② 대형소화기 : 능력단위가 A급 : 10단위 이상, B급 : 20단위 이상, 아래 표에 기재한 충전량 이상

종 별	충전량	종 별	충전량
포소화기	20[L] 이상	분말소화기	20[kg] 이상
강화액소화기	60[L] 이상	할론소화기	30[kg] 이상
물소화기	80[L] 이상	이산화탄소소화기	50[kg] 이상

(2) 가압방식에 의한 분류

① 축압식 : 소화기 용기 내부에 소화약제와 압축공기 또는 불연성 가스(N_2, CO_2)를 축압시켜 그 압력에 의해 약제를 방출하는 방식

② 가압식 : 소화약제의 방출을 위한 가압용 가스 용기를 소화기의 내부에 따로 부설하여 가압가스의 압력에서 소화약제가 방출되는 방식

> 가압식 소화기 : 수동펌프식, 화학반응식, 가스가압식

2. 소화기의 종류

소화기명	소화약제	종 류	적응화재	소화효과	비 고
물소화기	물	수동펌프식, 화학반응식, 가스가압식	A급	냉 각	유류화재 시 주수금지 : 화재면 확대
산·알칼리 소화기	H_2SO_4 $NaHCO_3$	파병식, 전도식	A급(무상 : C급)	냉 각	−
포소화기	$NaHCO_3$ $Al_2(SO_4)_3 \cdot 18H_2O$	보통전도식, 내통밀폐식, 내통밀봉식	A, B급	질식, 냉각	• 내약제 : $Al_2(SO_4)_3 \cdot 18H_2O$ • 외약제 : $NaHCO_3$
강화액소화기	H_2SO_4 K_2CO_3	축압식, 반응식, 가압식	A급 (무상 : A, B, C급)	냉각(무상 : 질식, 부촉매)	한랭지나 겨울철에 적합
이산화탄소 소화기	CO_2	고압가스법 적용	B, C급	질식, 냉각, 피복	약제함량 : 99.5[%] 이상 수분 : 0.05[%] 이하
할론소화기	할론 1301, 할론 1211 할론 1011, 할론 2402	수동펌프식, 축압식, 수동축압식	B, C급	질식, 냉각, 부촉매	전기화재에 적합
분말소화기	제1종 분말, 제2종 분말 제3종 분말, 제4종 분말	축압식, 가압식	B, C급	질식, 냉각, 부촉매	−

3. 자동차용 소화기

강화액소화기(안개모양으로 방사), **포소화기**, 이산화탄소소화기, 할론소화기, 분말소화기

PLUS ONE ✛ 자동차용 소화기
강화액소화기(안개모양으로 방사), **포소화기**, 이산화탄소소화기, 할론소화기, 분말소화기

4. 소화기의 사용온도

종 류	강화액소화기	분말소화기	그 밖의 소화기
사용온도	$-20 \sim 40[℃]$	$-20 \sim 40[℃]$	$0 \sim 40[℃]$

5. 소화기의 사용 후 처리

① **산·알칼리 소화기**는 유리파편을 제거하고 용기는 **물로 세척**한다.

② **강화액소화기**는 내액을 완전히 배출시키고 용기는 **물로 세척**한다.

③ **포소화기**는 용기의 내면, 외면 및 호스를 물로 세척한다.

④ **분말소화기**는 거꾸로 하여 잔압에 의하여 **호스를 세척**한다.

1-2 옥내소화전설비

1. 옥내소화전설비의 계통도

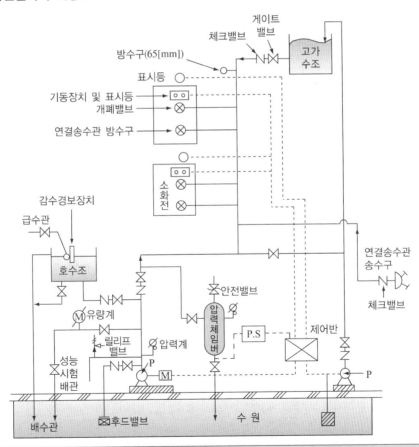

현장에서는 압력체임버 상단에는 안전밸브 또는 릴리프밸브가 설치되어 있다.

2. 수 원

(1) 수원의 용량

- 29층 이하일 때 수원의 양[L] = $N \times 2.6 [\text{m}^3]$ (130[L/min] $\times$ 20[min] = 2,600[L])(호스릴 옥내소화전설비를 포함)

[고층건축물(30층 이상, 높이 120[m] 이상)인 경우]
- 30층 이상 49층 이하일 때 수원의 양[L] = $N \times 5.2 [\text{m}^3]$ (130[L/min] $\times$ 40[min] = 5,200[L])
- 50층 이상일 때 수원의 양[L] = $N \times 7.8 [\text{m}^3]$ (130[L/min] $\times$ 60[min] = 7,800[L])
  ※ 1[m^3] = 1,000[L]

여기서, N : 가장 많이 설치된 층의 소화전 개수(최대 5개)

(2) 수원의 종류

① 고가수조　　　　　　　　　② 압력수조

③ 지하수조(펌프방식)　　　　　④ 가압수조

3. 가압송수장치

(1) 지하수조(펌프)방식

① 펌프의 토출량

펌프의 토출량　$Q \geqq N \times 130 [\text{L/min}]$(호스릴 옥내소화전설비를 포함)

여기서, N : 가장 많이 설치된 층의 소화전 개수(최대 5개)

옥내소화전설비의 규정방수량 : 130[L/min], 방수압력 : 0.17[MPa] 이상
(호스릴 옥내소화전설비를 포함)

② 펌프의 양정

펌프의 양정　$H \geqq h_1 + h_2 + h_3 + 17$(호스릴 옥내소화전설비를 포함)

여기서, H : 전양정[m]　　　　　　　h_1 : 소방용 호스의 마찰손실수두[m]
　　　h_2 : 배관의 마찰손실수두[m]　　h_3 : 낙차[m]
　　　17 : 노즐선단의 방수압력 환산수두

③ 펌프의 전동기 용량

$$P[\text{kW}] = \frac{\gamma \cdot Q \cdot H}{102 \times \eta} \times K \;\; \text{또는} \;\; P[\text{kW}] = \frac{0.163 \times Q \times H}{\eta} \times K$$

여기서, γ : 물의 비중량(1,000[kg$_f$/m^3])　　또는 Q : 유량[m^3/min]
　　　H : 양정[m]　　　　　　　　　　　　H : 양정[m]
　　　K : 여유율(전달계수)　　　　　　　　K : 여유율(전달계수)
　　　Q : 유량[m^3/s]　　　　　　　　　　η : 펌프의 효율
　　　η : 펌프의 효율

④ 펌프의 설치 시 사항

- 펌프의 **토출측**에는 압력계를 체크밸브 이전에 펌프토출측 플랜지에서 가까운 곳에 설치하고, **흡입측**에는 **연성계**나 **진공계**를 설치할 것
- 충압펌프의 정격토출압력 = 자연압 + 0.2 이상 = 가압송수장치의 정격토출압력과 동일

⑤ 물올림장치(호수조, 물마중장치, Priming Tank)

수원의 수위가 펌프보다 낮은 위치에 있을 때 설치한다.

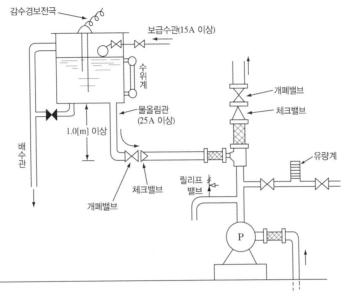

PLUS ONE **물올림장치**
- **물올림장치의 용량 : 100[L] 이상**
- 급수배관의 구경 : 15[mm] 이상
- 물올림배관의 구경 : 25[mm] 이상
- 오버플로관의 구경 : 50[mm] 이상
- 설치장소 : 수원이 펌프보다 낮게 설치되어 있을 때
- 설치 이유 : 펌프케이싱과 흡입측 배관에 항상 물을 충만하여 공기고임현상을 방지하기 위하여
- 물올림장치의 감수원인
  - 급수밸브의 차단
  - 자동급수장치의 고장
  - 배수밸브 개방

⑥ 순환배관

펌프 내의 체절운전 시 공회전에 의한 수온상승을 방지하기 위하여 설치하는 안전밸브(Relief Valve)가 있는 배관

㉠ 순환배관의 구경 : 20[mm] 이상

㉡ 분기점 : 펌프의 토출측 체크밸브 이전에 분기

㉢ 설치 이유 : 체절운전 시 수온상승 방지

㉣ 순환배관상에 설치하는 Relief Valve의 작동압력 : 체절압력 미만

ⓜ 순환배관의 토출량 : 정격토출량의 2~3[%]

ⓗ 체절운전 : 펌프의 토출측 배관이 모두 잠긴 상태에서 펌프가 계속 작동하여 압력이 최상한
점에 도달하여 더 이상 올라갈 수 없는 상태에서 펌프가 공회전하는 운전

⑦ 성능시험배관

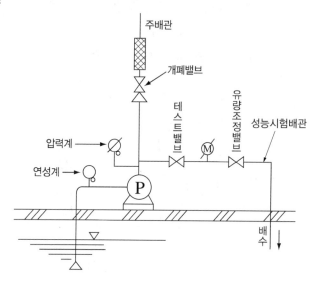

PLUS ONE ➕ 성능시험배관

- 분기점 : 펌프의 토출측 개폐밸브 이전에 분기
- 설치 이유 : 정격부하 운전 시 펌프의 성능을 시험하기 위하여
- 펌프의 성능 : 체절운전 시 정격토출압력의 140[%]를 초과하지 아니하고 정격토출량의 150[%]로
운전 시에 정격토출압력의 65[%] 이상이어야 한다.
- 성능시험배관의 관경 : $1.5Q = 0.6597D^2\sqrt{0.65 \times 10P}$ (D : 성능시험배관의 관경)
- 유량측정장치는 성능시험배관의 직관부에 설치하되 펌프의 정격 토출량의 175[%] 이상 측정할
수 있는 성능이 있을 것

⑧ 압력체임버(기동용 수압개폐장치)

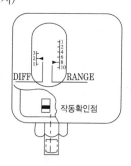

PLUS ONE ➕ 압력체임버(압력탱크)

- 압력체임버의 용량 : **100[L] 이상**(100[L], 200[L])
- 설치 이유 : 충압펌프와 주펌프의 기동과 규격방수압력 유지
- Range : 펌프의 정지점
- Diff : Range에 설정된 압력에서 Diff에 설정된 만큼 떨어졌을 때 펌프가 작동하는 압력의 차이

(2) 고가수조방식

건축물의 옥상에 물탱크를 설치하여 낙차의 압력을 이용하는 방식이다.

$$H \geq h_1 + h_2 + 17 \text{(호스릴 옥내소화전설비를 포함)}$$

여기서, H : 필요한 낙차[m]
h_1 : 소방용 호스 마찰손실수두[m]
h_2 : 배관의 마찰손실수두[m]

고가수조 : 수위계, 배수관, 급수관, 오버플로관, 맨홀 설치

(3) 압력수조방식

탱크 내에 물을 넣고 탱크 내의 압축공기의 압력에 의하여 송수하는 방식

$$P \geq P_1 + P_2 + P_3 + 0.17 \text{(호스릴 옥내소화전설비를 포함)}$$

여기서, P : 필요한 압력[MPa]
P_1 : 소방용 호스의 마찰손실 수두압[MPa]
P_2 : 배관의 마찰손실 수두압[MPa]
P_3 : 낙차의 환산수두압[MPa]

압력수조 : 수위계, 급수관, 급기관, 맨홀, 압력계, 안전장치, **자동식 공기압축기 설치**

4. 배 관

(1) 배관의 기준

① 펌프의 **흡입측 배관**에는 **버터플라이 밸브**를 설치할 수 없다.
② 펌프의 토출측 주배관의 구경은 유속이 4[m/s] 이하가 될 수 있는 크기 이상으로 할 것
③ 옥내소화전 방수구와 연결되는 **가지배관**의 구경 **40[mm](호스릴 25[mm])** 이상
④ 주배관 중 **수직배관**의 구경 **50[mm]**(호스릴 32[mm]) **이상**으로 할 것

PLUS ONE ○ **연결송수관설비의 배관과 겸용할 경우**
• 주배관의 구경 : 100[mm] 이상
• 방수구로 연결되는 배관 구경 : 65[mm] 이상

(2) 배관의 압력손실

Hazen-Williams 방정식

$$\Delta P_m = 6.053 \times 10^4 \times \frac{Q^{1.85}}{C^{1.85} \times d^{4.87}}$$

여기서, ΔP_m : 배관 1[m]당 압력손실[MPa·m]
Q : 유량[L/min]
C : 조도계수
d : 내경[mm]

5. 옥내소화전함 등

(1) 옥내소화전함의 구조

① 함의 재질 : 두께 **1.5[mm] 이상의 강판**, 두께 **4[mm] 이상의 합성수지재료**

② 문짝의 면적 : $0.5[\text{m}^2]$

③ 위치표시등의 식별도 시험 : 부착면과 15도 이하의 각도로 발산되어야 하며, 주위의 밝기가 0[lx]인 장소에서 측정하여 10[m] 떨어진 위치에서 켜진 등이 확실히 식별되어야 한다.

- **위치표시등** : 평상시 **적색등 점등**
- **기동표시등** : 평상시에는 소등, 주펌프 기동 시에만 적색등 점등

(2) 옥내소화전방수구의 설치기준

① 방수구(개폐밸브)는 소방대상물의 층마다 설치하되 소방대상물의 각 부분으로부터 방수구까지의 **수평거리는 25[m]**(호스릴 옥내소화전설비 포함) **이하**가 되도록 할 것

② 바닥으로부터 **1.5[m] 이하**가 되도록 할 것

옥내소화전설비의 유효반경 : 수평거리 25[m] 이하

6. 방수량 및 방수압력 측정

옥내소화전의 수가 5개 이상일 때는 5개, 5개 이하일 때는 설치개수를 동시에 개방하여 노즐선단의 방수압력과 방수량을 측정한다.

$$Q = 0.6597\,CD^2\sqrt{10\,P}$$

여기서, Q : 분당토출량[L/min], C : 유량계수, D : 내경[mm], P : 방수압력[MPa]

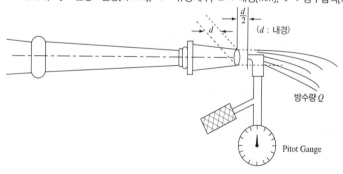

1-3 옥외소화전설비

1. 옥외소화전설비의 계통도

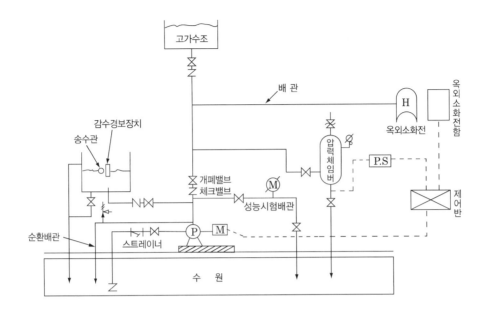

2. 수 원

(1) 수원의 용량

$$수원 \geqq N \times 7[\mathrm{m}^3]$$

여기서, N : 옥외소화전 개수(최대 2개)

(2) 수원의 종류

① 고가수조
② 압력수조
③ 지하수조(펌프방식)

3. 가압송수장치

(1) 지하수조(펌프)방식

① 펌프의 토출량

$$펌프의 토출량 \quad Q \geqq N \times 350[\mathrm{L/min}]$$

여기서, N : 옥외소화전 개수(최대 2개)

옥외소화전설비의 규정방수량 : 350[L/min]

② 펌프의 양정

$$H \geq h_1 + h_2 + h_3 + 25$$ 펌프의 양정

여기서, H : 전양정[m] h_1 : 소방용 호스 마찰손실수두[m]
h_2 : 배관의 마찰손실수두[m] h_3 : 낙차[m]
25 : 노즐선단의 방수압력 환산수두

옥외소화전설비의 규정방수압력 : 0.25[MPa] 이상

(2) 고가수조방식

$$H \geq h_1 + h_2 + 25$$

여기서, H : 필요한 낙차[m]
h_1 : 소방용 호스 마찰손실수두[m]
h_2 : 배관의 마찰손실수두[m]

(3) 압력수조방식

$$P \geq P_1 + P_2 + P_3 + 0.25$$

여기서, P : 필요한 압력[MPa]
P_1 : 소방용 호스의 마찰손실수두압[MPa]
P_2 : 배관의 마찰손실수두압[MPa]
P_3 : 낙차의 환산수두압[MPa]

4. 옥외소화전함 등

(1) 앵글밸브

앵글밸브는 구경 65[mm]로서 바닥으로부터 1.5[m] 이하에 설치한다.

옥외소화전설비의 유효반경 : 수평거리 40[m] 이하

(2) 소화전함

옥외소화전설비에는 옥외소화전으로부터 5[m] 이내에 소화전함을 설치하여야 한다.

소화전의 개수	소화전함의 설치기준
옥외소화전이 10개 이하	옥외소화전마다 5[m] 이내에 1개 이상 설치
옥외소화전이 11개 이상 30개 이하	11개 소화전함을 각각 분산 설치
옥외소화전이 31개 이상	옥외소화전 3개마다 1개 이상 설치

1-4 스프링클러설비

1. 스프링클러설비의 계통도

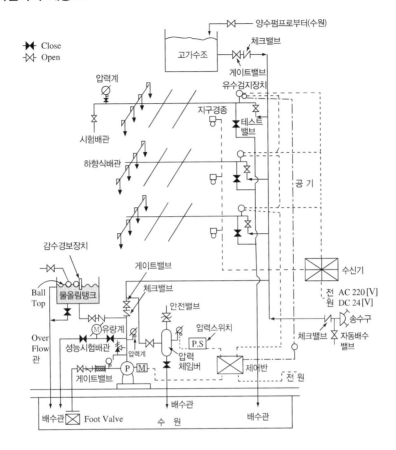

2. 스프링클러설비의 종류

(1) 스프링클러설비의 비교

항 목	종 류	습 식	건 식	부압식	준비작동식	일제살수식
사용헤드		폐쇄형	폐쇄형	폐쇄형	폐쇄형	개방형
배 관	1차측	가압수	가압수	가압수	가압수	가압수
	2차측	가압수	**압축공기**	부압수	대기압, 저압공기	대기압(개방)
경보밸브		알람밸브	건식밸브	준비작동밸브	준비작동밸브	일제개방밸브
감지기의 유무		無	無	有(단일회로)	有(교차회로)	有(교차회로)

(2) 스프링클러설비의 구성 부분

① **자동경보밸브**(습식설비) : 1차측과 2차측의 같은 압력을 유지하다가 헤드가 개방되면 2차측의 압력이 감소되면서 알람밸브가 개방되어 화재를 알리는 기능

> 리타딩체임버 : 오동작 방지, 배관 및 압력스위치의 손상보호

② **액셀레이터**(건식설비) : 건식밸브 개방 시 배관 내의 압축공기를 빼주어 속도를 증가시키기 위하여 설치로서 익져스터와 액셀레이터를 사용한다.

③ **드라이팬턴트형 헤드**(건식설비) : **하향형 헤드에만 설치**하는데 **동파 방지**

④ **감지기**(준비작동식설비) : **교차회로방식**으로 설치

> 교차회로방식 : 하나의 밸브의 담당구역 내에 2 이상의 화재감지기회로를 설치하고 인접한 2 이상의 화재감지기가 동시에 감지되는 때에는 밸브가 개방·작동되는 방식

⑤ **탬퍼스위치** : 관로상의 주밸브인 게이트밸브에 요크를 걸어서 밸브의 개폐를 수신반에 전달하는 주밸브의 감시기능 스위치

3. 수 원

(1) 폐쇄형 스프링클러설비의 수원

PLUS ONE ⊕ **수 원**

• 29층 이하　　　　　　수원$[m^3]$ = $N \times 80[L/min] \times 20[min]$ = $N \times 1.6[m^3]$
• 30층 이상 49층 이하　수원$[m^3]$ = $N \times 80[L/min] \times 40[min]$ = $N \times 3.2[m^3]$
• 50층 이상　　　　　　수원$[m^3]$ = $N \times 80[L/min] \times 60[min]$ = $N \times 4.8[m^3]$

여기서, 헤드수 : 폐쇄형 헤드의 기준개수(단, 기준개수 이하일 때에는 설치개수)

소방대상물		기준개수	수 원
10층 이하인 소방대상물 (지하층 제외)	공장, 창고로서 특수가연물 저장, 취급	30	$30 \times 1.6[m^3] = 48[m^3]$
	근린생활시설, 판매시설, 운수시설 또는 복합건축물[판매시설 또는 복합건축물(판매시설이 설치되는 복합건축물을 말한다)]	30	$30 \times 1.6[m^3] = 48[m^3]$
	헤드의 부착높이 8[m] 이상	20	$20 \times 1.6[m^3] = 32[m^3]$
	헤드의 부착높이 8[m] 미만	10	$10 \times 1.6[m^3] = 16[m^3]$
지하층을 제외한 **11층 이상**(아파트는 제외), 지하가, 지하역사		30	$30 \times 1.6[m^3] = 48[m^3]$
아파트		10	$10 \times 1.6[m^3] = 16[m^3]$

(2) 개방형 스프링클러설비의 수원

① 헤드의 개수가 30개 이하

$$수원 \geq 헤드수 \times 1.6[m^3]$$

② 헤드의 개수가 30개 초과

$$수원[L] \geq 헤드수 \times K\sqrt{10P} \times 20[min]$$

여기서, K : 상수(15[mm] : 80, 20[mm] : 114)　　P : 방수압력[MPa]

(3) 펌프의 토출량

$$펌프의\ 토출량 = 헤드수 \times 80[\text{L/min}]$$

4. 가압송수장치

(1) 가압송수장치의 설치기준

규격방사량	규격방사압력
80[L/min]	0.1[MPa] 이상 1.2[MPa] 이하

(2) 가압송수장치의 종류

① 지하수조(펌프)방식

$$펌프의\ 양정 \quad H = h_1 + h_2 + 10$$

여기서, H : 전양정[m] h_1 : 낙차(실양정, 펌프의 흡입양정＋토출양정)[m]
h_2 : 배관의 마찰손실수두[m]

② 고가수조방식

$$H = h_1 + 10$$

여기서, H : 필요한 낙차[m] h_1 : 배관의 마찰손실수두

③ 압력수조방식

$$P = P_1 + P_2 + 0.1$$

여기서, P : 필요한 압력[MPa] P_1 : 낙차의 환산수두압[MPa]
P_2 : 배관의 마찰손실수두압[MPa]

5. 스프링클러헤드의 배치

(1) 헤드의 배치기준

① 스프링클러는 천장, 반자, 천장과 반자 사이 덕트, 선반 등에 설치하여야 한다.
단, 폭이 **9[m] 이하**인 실내에 있어서는 **측벽**에 설치하여야 한다.
② **무대부**, 연소우려가 있는 개구부 : **개방형 스프링클러헤드**를 설치
③ 조기반응형 스프링클러헤드를 설치 대상물 : **공동주택·노유자시설의 거실, 오피스텔·숙박시설의 침실, 병원의 입원실**

설치장소	설치기준
무대부	수평거리 1.7[m] 이하
일반구조건축물	수평거리 2.1[m] 이하
내화구조건축물	수평거리 2.3[m] 이하
랙식 창고	수평거리 2.5[m] 이하
아파트	수평거리 3.2[m] 이하

(2) 헤드의 배치형태

① 정사각형(정방형)

$$S = 2R\cos 45° \qquad S = L$$

여기서, S : 헤드의 간격 R : 수평거리[m]
          L : 배관간격

② 직사각형(장방형)

$$S = \sqrt{4R^2 - L^2}$$
$$(L = 2R\cos\theta)$$

③ 지그재그형(나란히꼴형)

$$a = 2R\cos 30° \qquad b = 2a\cos 30° \qquad L = \frac{b}{2}$$

여기서, a : 수평헤드간격 R : 수평거리[m]
          b : 수직헤드간격 L : 배관간격

(3) 헤드의 설치기준

① 폐쇄형 헤드의 표시온도

설치장소의 최고주위온도	표시온도
39[℃] 미만	79[℃] 미만
39[℃] 이상 64[℃] 미만	79[℃] 이상 121[℃] 미만
64[℃] 이상 106[℃] 미만	121[℃] 이상 162[℃] 미만
106[℃] 이상	162[℃] 이상

② 스프링클러헤드와 부착면과의 거리 : **30[cm] 이하**

③ 스프링클러헤드의 반사판이 그 부착면과 **평행**하게 설치

④ 배관, 행거, 조명기구 등 살수를 방해하는 것이 있는 경우에는 그로부터 아래에 설치하여 살수에 장애가 없도록 할 것

(4) 헤드의 설치 제외 대상물

① 계단실 경사로, 승강기의 승강로, 비상용 승강기의 승강장·파이프덕트 및 덕트피트, **목욕실**, **수영장(관람석 부분은 제외)**, 화장실 등 유사한 장소

② 발전실, 변전실, 변압기, 기타 **전기설비**가 설치되어 있는 장소

③ **병원의 수술실, 응급처치실**

④ 펌프실, 물탱크실, 엘리베이터권상기실 등

⑤ 아파트의 대피공간

6. 유수검지장치 및 방수구역

① 일제개방밸브가 담당하는 방호구역 : **3,000[m²]**

② 하나의 방호구역은 2개 층에 미치지 아니하여야 한다.

③ 유수검지장치의 설치 : 0.8[m] 이상 1.5[m] 이하

개방형 스프링클러설비에서 하나의 방수구역을 담당하는 헤드의 수 : 50개 이하

7. 스프링클러설비의 배관

(1) 가지배관

① 가지배관의 배열은 토너먼트 방식이 아니어야 한다.

② 한쪽 **가지배관**에 설치하는 헤드의 개수 : **8개 이하**

(2) 교차배관

① 교차배관의 구경 : 40[mm] 이상

② 습식설비 또는 부압식 스프링클러설비 외의 설비에는 수평주행배관의 기울기 : **1/500 이상**

③ 습식설비 또는 부압식 스프링클러설비 외의 설비에는 가지배관의 기울기 : **1/250 이상**

④ 청소구 : 교차배관의 말단에 설치

8. 송수구

폐쇄형 헤드를 사용하는 스프링클러의 송수구는 하나의 층의 바닥면적이 3,000[m^2]를 넘을 때마다 1개 이상 설치

스프링클러설비의 송수구 : 65[mm]의 쌍구형

9. 드렌처설비

(1) 개 요

건축물의 외벽, 창 등 개구부의 실외의 부분에 유리창같이 깨지기 쉬운 부분에 살수하여 건축물의 외부화재를 막기 위한 방화설비이다.

(2) 설치기준

① 드렌처헤드는 개구부 위측에 **2.5[m] 이내**마다 **1개**를 설치하여야 한다.

② 제어밸브의 설치 : 바닥으로부터 0.8[m] 이상 1.5[m] 이하

③ 수원 : 설치헤드 수×1.6[m^3]

드렌처설비의 규정방수량 : 80[L/min],　　규정방수압력 : 0.1[MPa]

1-5 간이스프링클러설비

1. 방수압력 및 방수량

① 가장 먼 가지배관에서 2개(영 별표 5 제1호 마목 1) 또는 6)과 7)에 해당하는 경우에는 5개)의 간이헤드 개방 시 압력 : **0.1[MPa] 이상**

> [별표 5 제1호 마목]
> 1) 근린생활시설 중 다음에 해당하는 것
>   가. 근린생활시설로 사용되는 부분의 바닥면적 합계가 1,000[m²] 이상인 것은 모든 층
>   나. 의원, 치과의원 및 한의원으로서 입원실이 있는 시설
> 6) 생활형 숙박시설로서 해당 용도로 사용되는 바닥면적의 합계가 600[m²] 이상인 것
> 7) 복합건축물(별표 2 제3호 나목의 복합건축물만 해당)로서 연면적이 1,000[m²] 이상인 것은 모든 층

② 1개의 방수량 : 50[L/min] 이상

2. 수 원

적정방수량 및 방수압의 유지시간 : 10분(영 별표 5 제1호 마목 1) 또는 6)과 7)에 해당하는 경우에는 5개의 간이헤드에서 최소 20분) 이상

> 영 별표 5 제1호 마목 1) 또는 6)과 7)에 해당하는 특정소방대상물의 경우에는 상수도직결형 및 캐비닛형 간이스프링클러설비를 제외한 가압송수장치를 설치하여야 한다.

3. 배관 및 밸브류

① **상수도직결형의 경우 : 수도배관 호칭지름 32[mm] 이상의 배관**
② 가지배관의 유속은 6[m/s], 그 밖의 배관의 유속은 10[m/s]를 초과할 수 없다.
③ **연결송수관설비의 배관과 겸용**할 경우
   ㉠ **주배관은 구경 : 100[mm] 이상**
   ㉡ **방수구로 연결되는 배관의 구경 : 65[mm] 이상**
④ **유량측정장치**는 성능시험배관의 직관부에 설치하되, 펌프의 정격토출량의 **175[%] 이상** 측정할 수 있는 성능이 있을 것
⑤ 배관 및 밸브 등의 순서
   ㉠ **상수도직결형**의 경우 : 수도용 계량기 → 급수차단장치 → 개폐표시형 밸브 → 체크밸브 → 압력계 → 유수검지장치 → **2개의 시험밸브**
   ㉡ **펌프** 등의 가압송수장치를 이용하는 경우 : 수원 → 연성계(진공계) → 펌프 또는 압력수조 → 압력계 → 체크밸브 → 성능시험배관 → 개폐표시형 밸브 → 유수검지장치 → **시험밸브**
   ㉢ **가압수조**를 가압송수장치로 이용하는 경우 : 수원 → 가압수조 → 압력계 → 체크밸브 → 성능시험배관 → 개폐표시형 밸브 → 유수검지장치 → **2개의 시험밸브**
   ㉣ **캐비닛형**의 가압송수장치로 이용하는 경우 : 수원 → 연성계(진공계) → 펌프 또는 압력수조 → 압력계 → 체크밸브 → 개폐표시형 밸브 → **2개의 시험밸브**
⑥ 배관의 구경
   ① 캐비닛형 및 상수도직결형을 사용하는 경우 주배관은 32[mm], 수평주행배관은 32[mm], 가지배관은 25[mm] 이상으로 할 것
   ② **하나의 가지배관**에는 간이헤드를 **3개 이내**로 설치하여야 한다.

4. 간이헤드

① 폐쇄형 간이헤드를 사용할 것

② 간이헤드의 작동온도

주위천장온도	0~38[℃]	39~66[℃]
공칭작동온도	57~77[℃]	79~109[℃]

③ 간이헤드를 설치하는 천장·반자·천장과 반자 사이·덕트·선반 등의 각 부분으로부터 간이헤드까지의 수평거리는 **2.3[m] 이하**가 되도록 하여야 한다.

④ 상향식 간이헤드 또는 하향식 간이헤드의 경우에는

ㄱ 간이헤드의 디플렉터에서 천장 또는 반자까지의 거리는 25[mm]에서 102[mm] 이내가 되도록 설치할 것

ㄴ 측벽형 간이헤드의 경우에는 102[mm]에서 152[mm] 사이에 설치할 것

ㄷ 플러시 스프링클러헤드의 경우에는 천장 또는 반자까지의 거리를 102[mm] 이하가 되도록 설치할 것

5. 송수구

① 송수구로부터 간이스프링클러설비의 주배관에 이르는 연결배관에 개폐밸브를 설치한 때에는 그 개폐상태를 쉽게 확인 및 조작할 수 있는 옥외 또는 기계실 등의 장소에 설치할 것

② 구경은 **65[mm]의 단구형** 또는 **쌍구형**으로 할 것

③ 송수배관의 안지름은 40[mm] 이상으로 할 것

④ 설치위치 : **0.5[m] 이상 1[m] 이하**

6. 비상전원

① 종류 : 비상전원, 비상전원수전설비

② 용량 : **10분 이상**(영 별표 5 제1호 마목 1) 또는 6)과 7)에 해당하는 경우에는 **20분**)

1-6 화재조기진압형 스프링클러설비

1. 설치장소의 구조

① 층의 높이 : 13.7[m] 이하

② 천장의 기울기 : 168/1,000을 초과하지 말 것(초과 시 반자를 지면과 수평으로 할 것)

2. 수 원

화재조기진압용 스프링클러설비의 수원은 수리학적으로 가장 먼 가지배관 3개에 각각 **4개의 스프링클러헤드가 동시에 개방**되었을 때 헤드선단의 압력이 **별표 3**에 의한 값 이상으로 **60분간** 방사할 수 있는 양으로 계산식은 다음과 같다.

$$\text{수원의 양} \quad Q = 12 \times 60 \times K\sqrt{10P}$$

여기서, Q : 수원의 양[L]
K : 상수[L/min/MPa$^{1/2}$]
P : 헤드선단의 압력[MPa]

3. 가압송수장치

① 펌프를 이용한 가압송수장치 : 스프링클러설비와 동일
② 고가수조를 이용한 가압송수장치

$$H = h_1 + h_2$$

여기서, H : 필요한 낙차[m]
h_1 : 배관의 마찰손실수두[m]
h_2 : 최소 방사압력의 환산수두[m]

③ 압력수조를 이용한 가압송수장치

$$P = p_1 + p_2 + p_3$$

여기서, P : 필요한 압력[MPa]　　　p_1 : 낙차의 환산수두압[MPa]
p_2 : 배관의 마찰손실수두압[MPa]　　p_3 : 최소 방사압력[MPa]

4. 방호구역 유수검지장치

① 하나의 **방호구역** : 3,000[m^2] 초과하지 말 것
② 하나의 방호구역은 2개 층에 미치지 아니하도록 할 것(1개 층에 설치된 헤드의 수가 10개 이하인 경우에는 3개 층 이내로 할 수 있다)
③ 유수검지장치 : 바닥으로부터 0.8[m] 이상 1.5[m] 이하에 설치
④ 유수검지장치 출입문의 크기 : 가로 0.5[m] 이상 세로 1[m] 이상

5. 배 관

① 연결송수관 배관과 겸용 시
　㉠ **주배관** : 구경 100[mm] 이상
　㉡ **방수구로 연결되는 배관** : 구경 65[mm] 이상
② 가지배관 사이의 거리 : 2.4[m] 이상 3.7[m] 이하(단, 천장높이 9.1[m] 이상 13.7[m] 이하 : 2.4[m] 이상 3.1[m] 이하)
③ 교차배관은 가지배관 밑에 수평으로 설치하고 최소구경은 40[mm] 이상으로 할 것
④ **수직배수배관의 구경 : 50[mm] 이상**
⑤ 화재조기진압용 스프링클러설비배관을 **수평**으로 설치할 것

6. 헤 드

① 하나의 **방호면적** : 6.0[m^2] 이상 9.3[m^2] 이하

② 가지배관의 헤드 사이의 거리
　　㉠ 천장의 높이 9.1[m] 미만 : 2.4[m] 이상 3.7[m] 이하
　　㉡ 천장의 높이 9.1[m] 이상 : 13.7[m] 이하 : 3.1[m] 이하
③ 헤드의 반사판은 천장 또는 반자와 평행하게 설치하고 저장물의 최상부와 914[mm] 이상 확보 되도록 할 것
④ 하향식 헤드의 반사판의 위치는 천장이나 반자아래 125[mm] 이상 355[mm] 이하일 것
⑤ **헤드와 벽과의 거리**는 헤드 상호 간 거리의 2분의 1을 초과하지 않아야 하며 최소 **102[mm] 이상**일 것
⑥ 헤드의 작동온도는 **74[℃] 이하**일 것

7. 송수구

① 구경 : **65[mm]**의 쌍구형
② 설치위치 : 지면으로부터 **0.5[m] 이상 1[m] 이하**

8. 화재조기진압용 스프링클러의 설치 제외 대상

① 제4류 위험물
② 타이어, 두루마리 종이 및 **섬유류, 섬유제품 등** 연소 시 화염의 속도가 빠르고 방사된 물이 하부까지에 도달하지 못하는 것

1-7 물분무소화설비

1. 물분무헤드

(1) 물분무헤드의 종류

① 충돌형　　　　　　　② 분사형
③ 선회류형　　　　　　④ 디플렉터형
⑤ 슬리트형

(2) 물분무헤드와 전기기기와의 이격거리

전압[kV]	거리[cm]	전압[kV]	거리[cm]
66 이하	70 이상	154 초과 181 이하	180 이상
66 초과 77 이하	80 이상	181 초과 220 이하	210 이상
77 초과 110 이하	110 이상	220 초과 275 이하	260 이상
110 초과 154 이하	150 이상	–	–

2. 펌프의 토출량 및 수원

소방대상물	펌프의 토출량[L/min]	수원[L]
특수가연물	바닥면적(최소 50[m²])×10[L/min · m²]	바닥면적(최소 50[m²]) ×10[L/min · m²]×20[min]
차고 · 주차장	바닥면적(최소 50[m²])×20[L/min · m²]	바닥면적(최소50[m²]) ×20[L/min · m²]×20[min]
절연유 봉입변압기	바닥 부분 제외한 표면적합계 ×10[L/min · m²]	바닥 부분 제외한 표면적합계 ×10[L/min · m²]×20[min]
케이블 트레이 · 케이블덕트	바닥면적[m²]×12[L/min · m²]	바닥면적[m²]×12[L/min · m²]×20[min]
컨베이어 벨트	바닥면적[m²]×10[L/min · m²]	바닥면적[m²]×10[L/min · m²]×20[min]

3. 가압송수장치

(1) 지하수조(펌프)방식

$$\text{펌프의 양정 } H \geqq h_1 + h_2$$

여기서, H : 전양정[m]
　　　　h_1 : 물분무헤드의 설계압력 환산수두[m]
　　　　h_2 : 배관의 마찰손실수두[m]

(2) 고가수조방식

$$H \geqq h_1 + h_2$$

여기서, H : 필요한 낙차[m]
　　　　h_1 : 물분무헤드의 설계압력 환산수두[m]
　　　　h_2 : 배관의 마찰손실수두[m]

고가수조 : 수위계, 배수관, 급수관, 오버플로관, 맨홀 설치

(3) 압력수조방식

$$P \geqq P_1 + P_2 + P_3$$

여기서, P : 필요한 압력[MPa]　　　　P_1 : 물분무헤드의 설계압력[MPa]
　　　　P_2 : 배관의 마찰손실수두압[MPa]　　P_3 : 낙차의 환산수두압[MPa]

PLUS ONE 압력수조
수위계, 배수관, 급수관, 급기관, 맨홀 압력계, 안전장치, **자동식 공기압축기** 설치

4. 배수설비

① 차량이 주차하는 곳에는 **10[cm] 이상**의 **경계턱**으로 배수구 설치
② 배수구에는 길이 **40[m] 이하마다** 집수관, 소화피트 등 **기름분리장치**를 설치

> 차량이 주차하는 바닥은 **배수구**를 향하여 기울기 : **2/100 이상**

5. 소화효과

> 물분무소화설비의 소화효과 : 질식, 냉각, 희석, 유화효과

1-8 미분무소화설비

1. 압력에 따른 분류

① **저압 미분무소화설비** : 최고사용압력이 1.2[MPa] 이하
② **중압 미분무소화설비** : 사용압력이 1.2[MPa]을 **초과**하고 3.5[MPa] 이하
③ **고압 미분무소화설비** : 최저사용압력이 3.5[MPa]을 **초과**

2. 수 원

$$Q = N \times D \times T \times S + V$$

여기서, Q : 수원의 양[m³] N : 방호구역(방수구역) 내 헤드의 개수
　　　　D : 설계유량[m³/min] T : 설계방수시간[min]
　　　　S : 안전율(1.2 이상) V : 배관의 총체적[m³]

3. 배관 등

① **수직배수배관의 구경**은 **50[mm] 이상**으로 하여야 한다. 다만, 수직배관의 구경이 50[mm] 미만인 경우에는 수직배관과 동일한 구경으로 할 수 있다.
② **주차장의 미분무소화설비**는 **습식 외의 방식**으로 하여야 한다.
③ 배관의 기울기
　㉠ 수평주행배관의 기울기 : 1/500 이상
　㉡ 가지배관의 기울기 : 1/250 이상
④ **호스릴방식**은 하나의 호스접결구까지의 **수평거리**가 **25[m] 이하**가 되도록 할 것

4. 헤드의 표시온도

폐쇄형 미분무헤드는 그 설치장소의 평상시 최고주위온도에 따라 다음 식에 따른 표시온도의 것으로 설치하여야 한다.

$$T_a = 0.9 T_m - 27.3 [℃]$$

여기서, T_a : 최고주위온도 T_m : 헤드의 표시온도

1-9 포소화설비

1. 포소화설비의 계통도

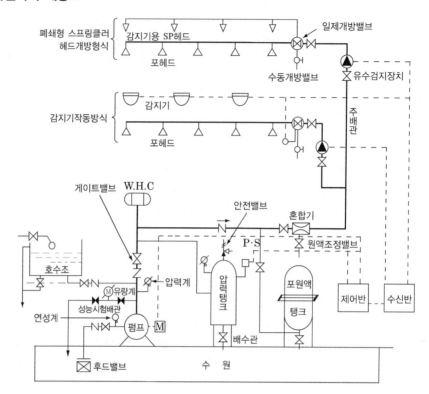

2. 포소화설비의 특징

① 포의 내화성이 커서 대규모 화재에 적합하다.
② 실외에서는 옥외소화전보다 소화효력이 크다.
③ 약제는 인체에 무해하다.
④ **기계포약제**는 **혼합기구**가 **복잡**하다.

> 기계포약제는 혼합기구가 복잡하다.

3. 포소화설비의 수원 및 약제량

(1) 옥내포소화전방식 또는 호스릴방식

구 분	소화약제량	수원의 양
옥내포소화전방식, 호스릴방식	$Q = N \times S \times 6,000[\text{L}]$ N : 호스접결구 수(5개 이상은 5개) S : 포소화약제의 농도[%]	$Q_W = N \times 6,000[\text{L}]$

> 바닥면적이 200[m²] 미만일 때 호스릴 방식의 약제량 : $Q = N \times S \times 6,000[\text{L}] \times 0.75$

(2) 고정포방출방식

구 분	약제량	수원의 양
① 고정포방출구	$Q = A \times Q_1 \times T \times S$ Q : 포소화약제의 양[L] A : 탱크의 액표면적[m²] Q_1 : 단위포소화수용액의 양[L/m² · min] T : 방출시간[포수용액의 양÷방출률(분)] S : 포소화약제 사용농도[%]	$Q_W = A \times Q_1 \times T$
② 보조소화전	$Q = N \times S \times 8,000[\text{L}]$ Q : 포소화약제의 양[L] N : 호스접결구 수(3개 이상일 경우 3개) S : 포소화약제의 사용농도[%]	$Q_W = N \times 8,000[\text{L}]$
③ 배관보정	가장 먼 탱크까지의 송액관(내경 75[mm] 이하 제외)에 충전하기 위하여 필요한 양 $$Q = Q_A \times S = \frac{\pi}{4}d^2 \times l \times S \times 1,000$$ Q : 배관 충전 필요량[L] Q_A : 송액관 충전량[L] S : 포소화약제 사용농도[%]	$Q_W = Q_A$
※ 고정포방출방식 약제저장량 = ① + ② + ③		

4. 가압송수장치

(1) 지하수조(펌프)방식

> 펌프의 양정 $H \geq h_1 + h_2 + h_3 + h_4$

여기서, H : 전양정[m]
h_1 : 방출구 설계압력환산수두 및 노즐선단의 방사압력환산수두[m]
h_2 : 배관의 마찰손실수두[m]
h_3 : 낙차[m]
h_4 : 소방용 호스의 마찰손실수두[m]

(2) 고가수조방식

> $H \geq h_1 + h_2 + h_3$

여기서, H : 필요한 낙차[m]
h_1 : 방출구 설계압력환산수두 및 노즐선단의 방사압력환산수두[m]
h_2 : 배관의 마찰손실수두[m]
h_3 : 소방용 호스의 마찰손실수두[m]

> 고가수조 : 수위계, 배수관, 급수관, 오버플로관, 맨홀 설치

(3) 압력수조방식

$$P \geq P_1 + P_2 + P_3 + P_4$$

여기서, P : 필요한 압력[MPa]
P_1 : 방출구 설계압력환산수두 및 노즐선단의 방사압력[MPa]
P_2 : 배관의 마찰손실수두압[MPa]
P_3 : 낙차의 환산수두압[MPa]
P_4 : 소방용 호스의 마찰손실수두압[MPa]

PLUS ONE 압력수조
수위계, 급수관, 배수관, 급기관, 맨홀, 압력계, 안전장치, **공기압축기** 설치

5. 포헤드

① 팽창비율에 의한 분류

팽창비	포방출구의 종류
팽창비가 20 이하(저발포)	포헤드
팽창비가 80 이상 1,000 미만(고발포)	고발포용 고정포방출구

② 포워터 스프링클러헤드 : 바닥면적 **8[m²]**마다 헤드 1개 이상 설치
③ 포헤드 : 바닥면적 **9[m²]**마다 헤드 1개 이상 설치

6. 포혼합장치

(1) 펌프 프로포셔너방식

펌프의 토출관과 흡입관 사이의 배관 도중에 설치한 흡입기에 펌프에서 토출된 물의 일부를 보내고, 농도조절밸브에서 조정된 포소화약제의 필요량을 포소화약제 탱크에서 펌프 흡입측으로 보내어 이를 혼합하는 방식

(2) 라인 프로포셔너방식

펌프와 발포기의 중간에 설치된 벤투리관의 벤투리작용에 따라 포소화약제를 흡입·혼합하는 방식

(3) 프레셔 프로포셔너방식

펌프와 발포기의 중간에 설치된 벤투리관의 벤투리작용과 펌프가압수의 포소화약제 저장탱크에 대한 압력에 따라 포소화약제를 흡입·혼합하는 방식

(4) 프레셔 사이드 프로포셔너방식

펌프의 토출관에 압입기를 설치하여 포소화약제 압입용 펌프로 포소화약제를 압입시켜 혼합하는 방식

(5) 압축공기포 믹싱체임버방식

압축공기 또는 압축질소를 일정비율로 포 수용액에 강제 주입 혼합하는 방식

프레셔 사이드 프로포셔너방식과 **라인 프로포셔너방식**은 자주 출제됨

1-10 이산화탄소소화설비

1. 이산화탄소설비의 특징

① **심부화재**에 적합하다.
② 화재진화 후 깨끗하다.
③ 증거보존이 양호하여 화재원인의 조사가 쉽다.
④ 비전도성이므로 **전기화재**에 적합하다.
⑤ 고압이므로 방사 시 **소음이 크다.**

2. 이산화탄소설비의 분류

(1) 소화약제 방출방식에 의한 분류

① 전역방출방식 : 한 방호구역을 방사하여 소화하는 방식
② 국소방출방식 : 각 소방대상물을 방사하여 소화하는 방식
③ 이동식(호스릴식) : 호스와 노즐만 이동하면서 소화하는 방식

(2) 저장방식에 의한 분류

① 고압저장방식 : 15[℃], 5.3[MPa]로 저장
② 저압저장방식 : −18[℃], 2.1[MPa]로 저장

3. 이산화탄소설비의 계통도

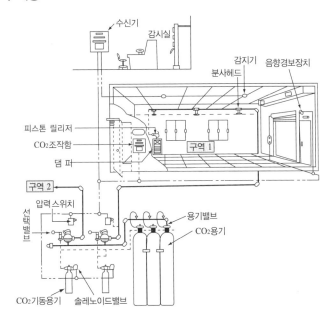

4. 저장용기와 용기밸브

(1) 저장용기의 충전비

$$충전비 = \frac{용기의\ 내용적[L]}{약제의\ 중량[kg]}$$

PLUS ONE ⊕ **저장용기의 충전비**

CO_2는 68[L]의 용기에 약제의 충전량은 45[kg]이다(**충전비 : 1.5**).
- 고압식 : **1.5 이상 1.9 이하**
- 저압식 : 1.1 이상 1.4 이하

(2) 저압 저장용기

① 저압식 저장용기에는 안전밸브와 봉판을 설치할 것

> - 안전밸브 : 내압시험 압력의 **0.64배부터 0.8배까지의 압력**에서 작동
> - 봉판 : 내압시험 압력의 0.8배부터 내압시험압력에서 작동

② 저압식 저장용기에는 압력경보장치를 설치할 것

> 압력경보장치 : 2.3[MPa] 이상 1.9[MPa] 이하에서 작동

③ 저압식 저장용기에는 자동냉동장치를 설치할 것

> 자동냉동장치 : -18[℃] 이하에서 2.1[MPa] 이상의 압력유지

④ 저장용기는 **고압식은 25[MPa] 이상, 저압식**은 3.5[MPa] 이상의 **내압시험**에 합격한 것으로 할 것

(3) 저장용기의 설치기준(할론, 분말저장용기와 동일)

① **방호구역 외의** 장소에 설치할 것(단, 방호구역 내에 설치한 경우에는 피난 및 조작이 용이하도록 피난구 부근에 설치)
② 온도가 **40[℃] 이하**이고, 온도변화가 적은 곳에 설치할 것
③ 직사광선 및 빗물의 침투할 우려가 없는 곳에 설치할 것
④ 갑종방화문 또는 을종방화문으로 구획된 실에 설치할 것
⑤ 용기의 설치장소에는 해당 용기가 설치된 곳임을 표시하는 표지를 할 것
⑥ **용기 간의 간격**은 점검에 지장이 없도록 **3[cm] 이상**의 간격을 유지할 것
⑦ 저장용기와 집합관을 연결하는 연결배관에는 체크밸브를 설치할 것

PLUS ONE ⊕ **저장용기의 설치기준**
- 방호구역 외의 장소에 설치할 것
- 온도가 40[℃] 이하인 장소에 설치할 것

(4) 안전장치

저장용기와 선택밸브 또는 개폐밸브 사이에는 **내압시험압력 0.8배**에서 작동하는 **안전장치**를 설치하여야 한다.

5. 분사헤드

방출방식	기 준
전역방출방식	방사압력 고압식 : 2.1[MPa], 저압식 : 1.05[MPa]
국소방출방식	30초 이내 약제 전량 방출
호스릴방식	하나의 노즐당 약제 방사량 : 60[kg/min] 이상

> 호스릴방식의 유효반경 : 수평거리 15[m] 이하

6. 기동장치

(1) 수동식 기동장치

① 전역방출방식은 방호구역마다, 국소방출방식은 방호대상물마다 설치할 것
② 방호구역의 출입구 부분 등 조작을 하는 자가 피난할 수 있는 장소에 설치할 것
③ 기동장치의 조작부는 바닥으로부터 0.8[m] 이상 1.5[m] 이하에 설치할 것
④ 전기를 사용하는 기동장치에는 전원표시등을 설치할 것

(2) 자동식 기동장치

① 7병 이상 저장용기를 동시에 개방할 때에는 2병 이상의 전자개방밸브를 부착할 것
② 가스 압력식 기동장치의 설치기준
  ㉠ 용기에 사용하는 밸브는 25[MPa] 이상의 압력에 견딜 수 있을 것
  ㉡ 안전장치의 작동압력 : 내압시험압력 **0.8배**부터 내압시험압력 이하

PLUS ONE ➕ **기동용 가스용기**
• 용적 : 5[L] 이상
• 충전가스 : 질소 등의 비활성기체
• 충전압력 : 6.0[MPa] 이상(21[℃] 기준)
• 압력게이지 설치할 것

7. 소화약제저장량

(1) 전역방출방식

① 표면화재방호대상물(가연성 가스, 가연성 액체)

> 탄산가스저장량[kg] = 방호구역체적[m³] × 소요가스량[kg/m³] × 보정계수 + 개구부면적[m²]
> × 가산량(5[kg/m²])

[전역방출방식(표면화재)의 소요 가스양]

방호구역 체적	소요가스량[kg/m³]	약제저장량의 최저한도량
45[m³] 미만	1.00	45[kg]
45[m³] 이상 150[m³] 미만	0.90	45[kg]
150[m³] 이상 1,450[m³] 미만	0.80	135[kg]
1,450[m³] 이상	0.75	1,125[kg]

참고 : ㉠ 방호구역체적[m³]×소요가스량[kg/m³]을 계산했을 때 약제량이 최저한도량 이하가 될 때에는 최저한도량으로 하여야 한다.
㉡ 자동폐쇄장치가 설치되어 있을 때는 개구부면적과 가산량은 계산하지 않는다.
㉢ 보정계수는 설계농도 도표는 생략하였음

② 심부화재방호대상물(종이, 목재, 석탄, 섬유류, 합성수지류)

> 탄산가스저장량[kg] = 방호구역체적[m³] × 소요가스량[kg/m³] + 개구부면적[m²] × 가산량(10[kg/m²])

[전역방출방식(심부화재)의 소요가스량]

방호대상물	방호구역의 체적 1[m³]에 대한 소화약제의 양	설계농도[%]
유압기기를 제외한 전기설비, 케이블실	1.3[kg]	50
체적 55[m³] 미만의 전기설비	1.6[kg]	50
서고, 전자제품창고, 목재가공품창고, 박물관	2.0[kg]	65
고무류·면화류 창고, 모피 창고, 석탄창고, 집진설비	2.7[kg]	75

(2) 국소방출방식

소방대상물	소요가스저장량[kg]	
	고압식	저압식
특수가연물(윗면이 개방된 용기에 저장하는 경우와 화재 시 연소면이 1면으로 한정되고, 가연물이 비산할 우려가 없는 경우)	방호대상물의 표면적[m²] ×13[kg/m²]×1.4	방호대상물의 표면적[m²] ×13[kg/m²]×1.1
상기 이외의 것	방호공간의 체적[m³] $\times \left(8-6\dfrac{a}{A}\right)$[kg/m³]×1.4	방호공간의 체적[m³] $\times \left(8-6\dfrac{a}{A}\right)$[kg/m³]×1.1

(3) 호스릴방식

> 호스릴 이산화탄소의 하나의 노즐에 대하여 약제저장량 : 90[kg] 이상

1-11 할론소화설비

1. 할론소화설비의 계통도

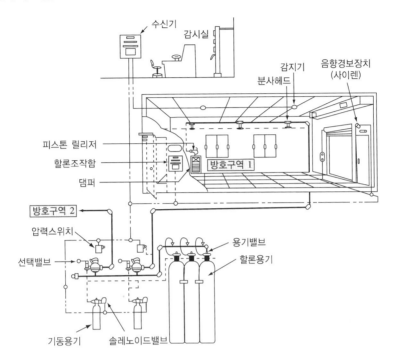

2. 할론소화설비의 특징

① **부촉매효과**에 의한 연소억제작용이 크다.
② 부식성이 적고 휘발성이 크다.
③ 변질, 분해 등이 없어 장기보존이 가능하다.
④ 소화약제의 가격이 다른 약제보다 비싸다.
⑤ 전기부도체이므로 **전기설비**에 적합하다.

3. 저장용기

(1) 축압식 저장용기의 압력

약 제	압 력	충전가스
할론 1211	1.1[MPa] 또는 2.5[MPa]	질소(N_2)
할론 1301	2.5[MPa] 또는 4.2[MPa]	질소(N_2)

(2) 저장용기의 충전비

약 제	할론 2402	할론 1211	할론 1301
충전비	가압식 : 0.51 이상 0.67 미만	0.7 이상 1.4 이하	0.9 이상 1.6 이하
	축압식 : 0.67 이상 2.75 이하		

(3) 가압용 저장용기

2[MPa] **이하**의 압력으로 조정할 수 있는 **압력조정장치** 설치할 것

4. 소화약제저장량

(1) 전역방출방식

> 할론가스저장량[kg] = 방호구역체적[m³]×소요가스량[kg/m³] + 개구부면적[m²]×가산량[kg/m²]

소방대상물 또는 그 부분		소화약제의 종별	방호구역의 체적 1[m³]당 소화약제의 양	가산량(개구의 면적 1[m²]당 소화약제의 양)
차고 · 주차장 · 전기실 · 통신기기실 · 전산실 기타 이와 유사한 전기설비가 설치되어 있는 부분		할론 1301	0.32[kg] 이상 0.64[kg] 이하	2.4[kg]
특수가연물을 저장 · 취급하는 소방 대상물 또는 그 부분	제1종 가연물 또는 제2종 가연물을 저장 · 취급하는 것	할론 2402	0.40[kg] 이상 1.1[kg] 이하	3.0[kg]
		할론 1211	0.36[kg] 이상 0.71[kg] 이하	2.7[kg]
		할론 1301	0.32[kg] 이상 0.64[kg] 이하	2.4[kg]
	고무류 · 목재가공품 · 톱밥 · **면화류** · 목모 · 대패밥 · 종이조각 · 사류 또는 볏짚류를 저장 · 취급하는 것	할론 1211	0.60[kg] 이상 0.71[kg] 이하	4.5[kg]
		할론 1301	**0.52[kg] 이상 0.64[kg] 이하**	3.9[kg]
	합성수지류를 저장 · 취급하는 것	할론 1211	0.36[kg] 이상 0.71[kg] 이하	2.7[kg]
		할론 1301	0.32[kg] 이상 0.64[kg] 이하	2.4[kg]

(2) 국소방출방식

소화약제의 종별	소요가스저장량[kg]		
	할론 2402	할론 1211	할론 1301
특수가연물을 윗면이 개방된 용기에 저장하는 경우와 화재 시 연소면이 1면에 한정되고 가연물이 비산할 우려가 없는 경우	방호대상물의 표면적[m²] ×8.8[kg/m²]×1.1	방호대상물의 표면적[m²] ×7.6[kg/m²]×1.1	방호대상물의 표면적[m²] ×6.8[kg/m²]×1.25
상기 이외의 경우	방호공간의 체적[m³] $\times \left(X - Y\dfrac{a}{A} \right)$[kg/m³]×1.1	방호공간의 체적[m³] $\times \left(X - Y\dfrac{a}{A} \right)$[kg/m³]×1.1	방호공간의 체적[m³] $\times \left(X - Y\dfrac{a}{A} \right)$[kg/m³]×1.25

(3) 호스릴방식

소화약제의 종별	약제저장량	분당방사량
할론 2402	50[kg]	45[kg]
할론 1211	50[kg]	40[kg]
할론 1301	45[kg]	35[kg]

5. 분사헤드

(1) 전역·국소방출방식

① 할론 2402의 분사헤드는 약제가 무상으로 분무되는 것이어야 한다.

② 분사헤드의 방사압력

약 제	할론 2402	할론 1211	할론 1301
방사압력	0.1[MPa]	0.2[MPa]	0.9[MPa]

③ 소화약제는 **10초 이내**에 방사할수 있어야 한다.

(2) 호스릴방식

① 저장용기의 개방밸브는 호스릴의 설치장소에서 수동으로 개폐할 수 있는 것으로 할 것

② 소화약제의 저장용기는 호스릴을 설치하는 장소마다 설치할 것

> 호스릴 할론소화설비의 유효반경 : **수평거리 20[m] 이하**

1-12 할로겐화합물 및 불활성기체 소화설비

1. 소화약제의 설치 제외 장소

① 사람이 상주하는 곳으로 최대허용설계농도를 초과하는 장소

② 제3류 위험물 및 제5류 위험물을 사용하는 장소

2. 소화약제의 저장용기

① 온도가 **55[℃] 이하**이고 온도변화가 적은 곳에 설치할 것

② 저장용기의 표시사항

    ㉠ 약제명

    ㉡ 저장용기의 자체중량과 총중량

    ㉢ 충전일시

    ㉣ 충전압력

    ㉤ 약제의 체적

③ 재충전 또는 교체 시기 : **약제량 손실이 5[%] 초과** 또는 **압력손실이 10[%] 초과** 시(단, 불활성기체 소화약제 : **압력손실이 5[%] 초과** 시)

④ 그 밖의 내용은 할론소화설비의 저장용기와 동일함

3. 할로겐화합물 및 불활성기체 소화약제의 저장량

(1) 할로겐화합물 소화약제

$$W = \frac{V}{S} \times \frac{C}{100 - C}$$

여기서, W : 소화약제의 무게[kg] V : 방호구역의 체적[m^3]
S : 소화약제별 선형상수($K_1 + K_2 \times t$)[m^3/kg](표 생략)
C : 소화약제의 설계농도[%] t : 방호구역의 최소예상온도[℃]

(2) 불활성기체 소화약제

$$X = 2.303 \frac{V_S}{S} \times \log_{10} \frac{100}{100 - C}$$

여기서, X : 공간용적에 더해진 소화약제의 부피[m^3/m^3]
S : 소화약제별 선형상수($K_1 + K_2 \times t$)[m^3/kg](표 생략)
C : 소화약제의 설계농도[%]
   [설계농도 = 소화농도[%]×안전계수(A, C급 화재 1.2, B급 화재 1.3)]
V_S : 20[℃]에서 소화약제의 비체적[m^3/kg]
t : 방호구역의 최소예상온도[℃]

4. 할로겐화합물 및 불활성기체의 설치기준

① 기동장치의 조작부 : 0.8[m] 이상 1.5[m] 이하
② 분사헤드의 설치 높이 : 방호구역의 바닥으로부터 **최소 0.2[m] 이상 최대 3.7[m] 이하**
③ 화재감지기의 회로 : 교차회로방식
④ 음향경보장치는 소화약제 방사 개시 후 1분 이상 경보를 계속할 것
⑤ 소화약제의 비상전원 : 20분 이상 작동
⑥ 배관의 구경
   ㉠ **할로겐화합물 소화약제 : 10초 이내**
   ㉡ **불활성기체 소화약제 : A · C급 화재 2분, B급 화재 1분 이내** 방호구역 각 부분에 최소 설계농도의 95[%] 이상에 해당하는 약제량이 방출되도록 하여야 한다.

1-13 분말소화설비

1. 분말소화설비의 계통도

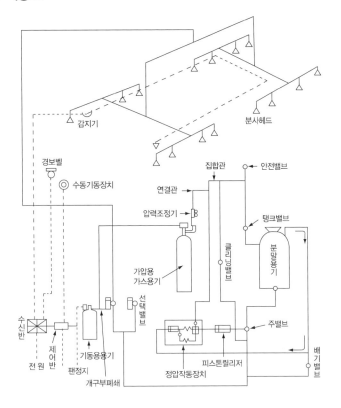

2. 소화약제 저장량

(1) 전역방출방식

> 분말 저장량[kg] = 방호구역체적[m³] × 소요가스량[kg/m³] + 개구부면적[m²] × 가산량[kg/m²]

약제의 종류	소요가스량[kg/m³]	가산량[kg/m²]
제1종 분말	0.60	4.5
제2종 또는 제3종 분말	0.36	2.7
제4종 분말	0.24	1.8

(2) 국소방출방식

$$Q = X - Y\frac{a}{A} \times 1.1$$

여기서, Q : 방호공간 1[m³]에 대한 분말소화약제의 양[kg/m³]
　　　　a : 방호대상물의 주변에 설치된 벽면적의 합계[m²]
　　　　A : 방호공간의 벽면적의 합계[m²]
　　　　X 및 Y : 수치(생략)

(3) 호스릴방식

소화약제 저장량 = 노즐수 × 소화약제량

소화약제의 종별	약제저장량	분당방사량
제1종 분말	50[kg]	45[kg]
제2종 분말 또는 제3종 분말	30[kg]	27[kg]
제4종 분말	20[kg]	18[kg]

> 호스릴 분말소화설비의 유효반경 : 수평거리 15[m] 이하

3. 저장용기

① 저장용기의 충전비

약 제	제1종 분말	제2종 · 제3종 분말	제4종 분말
충전비[L/kg]	0.8	1.0	1.25

② 안전밸브설치
- ㉠ 가압식 : 최고사용압력의 1.8배 이하
- ㉡ **축압식 : 내압시험압력의 0.8배 이하**

> 분말소화설비의 충전비 : 0.8 이상

③ 청소장치설치 : 소화 후 잔류약제가 수분을 흡수하여 응고되므로 청소가 필요

4. 가압용 가스용기

① 가압용 가스용기를 **3병 이상 설치**한 경우에는 **2개 이상**의 용기에 **전자개방밸브**를 부착하여야 한다.
② 배관청소에 필요한 가스는 **별도의 용기**에 저장한다.
③ 분말용기에 도입되는 압력을 감압시키기 위하여 압력조정기를 설치하여야 한다.
④ 가압용 가스 저장량

가 스	저장량
질소(가압용)	소화약제[kg]×40[L/kg](35[℃], 1기압에서 환산량)
질소(축압용)	소화약제[kg]×10[L/kg](35[℃], 1기압에서 환산량)
이산화탄소(가압용 및 축압용)	소화약제[kg]×(20[g]＋배관청소에 필요한 양, g)/[kg]

5. 정압작동장치

(1) 기 능

주밸브를 개방하여 **분말소화약제를 적절히** 내보내기 위하여 설치한다.

(2) 종 류

① 압력스위치방식

② 기계적인 방식

③ 시한릴레이방식

6. 배 관

① **동관 사용 시** : 고정압력 또는 최고사용압력의 **1.5배 이상**의 압력에 견딜 것

② 저장용기 등으로부터 배관의 절부까지의 거리는 배관 **내경의 20배 이상**으로 할 것

③ 주밸브에서 헤드까지의 배관의 분기는 **토너먼트 방식**으로 할 것

> 토너먼트방식으로 하는 이유 : 방사량과 방사압력을 일정하게 하기 위하여

제 2 장 소화활동설비

2-1 연결송수관설비

1. 가압송수장치

① 펌프의 **토출량**은 2,400[L/min] 이상으로 할 것
② 펌프의 양정은 최상층에 설치된 노즐선단의 압력이 **0.35[MPa] 이상**으로 할 것

> 습식설비 : 높이 31[m] 이상 또는 11층 이상인 소방대상물

2. 송수구

① 송수구는 연결송수관의 수직배관마다 1개 이상을 설치할 것

> 송수구의 접합부위 : **암나사**, 방수구의 접합부위 : **수나사**

② 송수구부근의 설치순서

구 분	설치순서
습 식	송수구 → 자동배수밸브 → 체크밸브
건 식	송수구 → 자동배수밸브 → 체크밸브 → 자동배수밸브

③ 구경 : 65[mm]의 쌍구경

3. 방수구

① **방수구**는 그 소방대상물의 층마다 설치하여야 한다(단, **아파트의 1층, 2층은 제외**).

> 아파트에는 방수구를 3층 이상에는 설치하여야 한다.

② **11층 이상**의 부분에 설치하는 방수구는 **쌍구형**으로 하여야 한다.
   (단, 아파트의 용도로 사용되는 층은 제외)
③ 방수구의 호스접결구는 바닥으로부터 **높이 0.5[m] 이상 1[m] 이하**의 위치에 설치하여야 한다.

> • 연결송수관설비의 방수구 구경 : 65[mm]의 것
> • 연결송수관설비의 주배관의 구경 : 100[mm] 이상

2-2 연결살수설비

1. 송수구 등

① **송수구**는 구경 **65[mm]의 쌍구형**으로 할 것(단, 살수헤드수가 **10개 이하**는 **단구형**)

② 개방형 헤드를 사용하는 송수구의 호스접결구는 각 송수구역마다 설치할 것
③ 폐쇄형 헤드 사용 : 송수구 → 자동배수밸브 → 체크밸브의 순으로 설치
④ **개방형 헤드 사용 : 송수구 → 자동배수밸브**

> 개방형 헤드의 하나의 송수구역에 설치하는 살수헤드의 수 : 10개 이하

2. 배 관

하나의 배관에 부착하는 살수헤드의 수	1개	2개	3개	4개 또는 5개	6개 이상 10개 이하
배관의 구경[mm]	32	40	50	65	80

① 한쪽 가지배관의 설치 헤드의 개수 : 8개 이하
② 개방형 헤드 사용 시 수평주행배관은 헤드를 향하여 상향으로 **1/100 이상**의 **기울기**로 설치

3. 헤 드

① 천장 또는 반자의 실내에 면하는 부분에 설치할 것
② 천장 또는 반자의 각 부분으로부터 하나의 살수헤드까지의 수평거리
  ㉠ 연결살수설비 전용헤드의 경우 : 3.7[m] 이하
  ㉡ 스프링클러헤드의 경우 : 2.3[m] 이하

2-3 제연설비

1. 제연방식의 종류

2. 제연구획

① 거실과 통로는 상호 제연구획한다.
② 통로상의 제연구역은 보행중심선의 길이가 **60[m]**를 초과하지 아니할 것
③ 하나의 제연구역은 직경 60[m] 원 내에 들어갈 수 있을 것

> 하나의 제연구역의 면적 : 1,000[m²] 이내

④ 제연구획의 방식 : 회전식, 낙하식, 미닫이식

3. 배출기 및 배출풍도

(1) 배출기

① 배출능력은 각 예상 제연구역별 배출량 이상이 되도록 할 것

② 배출기와 배출풍도의 접속 부분에 사용하는 캔버스는 내열성(석면 제외)이 있는 것으로 할 것

③ 배출기의 전동기 부분과 배풍기 부분은 분리하여 설치하여야 하며 배풍기 부분은 내열처리할 것

(2) 배출풍도

① 배출풍도는 아연 도금강판 등 내식성·내열성의 단열재로 단열처리할 것

② 배출풍도의 강판의 두께는 0.5[mm] 이상으로 할 것

③ 배출기의 풍속은 다음과 같다.

> • 배출기의 흡입측 풍도 안의 풍속 : 15[m/s] 이하
>   배출측 풍도 안의 풍속 : 20[m/s] 이하

④ 유입풍도 안의 풍속 : 20[m/s] 이하

4. 배출기의 용량

$$P[\text{kW}] = \frac{Q \times P_r}{6,120 \times \eta} \times K$$

여기서, Q : 풍량[m³/min] P_r : 풍압[mmAq]
η : 효율[%] K : 여유율(전달계수)

2-4 연소방지설비

1. 연소방지설비전용 헤드를 사용하는 경우

하나의 배관에 부착하는 살수헤드의 개수	1개	2개	3개	4개 또는 5개	6개 이상
배관의 구경[mm]	32	40	50	65	80

2. 연소방지설비의 배관

① 수평주행 배관의 구경 : 100[mm] 이상

② 연소방지설비 전용헤드 및 스프링클러헤드를 향하여 상향으로 1/1,000 이상의 기울기로 설치할 것

③ 교차배관 : 가지배관 밑에 수평으로 설치

④ 교차배관의 구경 : 40[mm] 이상

⑤ 청소구는 주배관 또는 교차배관 끝에 40[mm] 이상 크기의 개폐밸브를 설치할 것

⑥ 연소방지설비는 **습식 외의 방식**으로 한다.

3. 방수헤드

① 방수헤드 간의 수평거리

    ㉠ 연소방지설비 전용헤드 : 2[m] 이하

    ㉡ 스프링클러헤드 : 1.5[m] 이하

② 살수구역은 지하구의 길이방향으로 350[m] 이하마다 또는 환기구 등을 기준으로 1개 이상 설치하되 하나의 살수구역의 길이는 **3[m] 이상**으로 할 것

4. 송수구

① 구경 : **65[mm]**의 **쌍구형**

② 설치위치 : 지면으로부터 0.5[m] 이상 1[m] 이하

5. 산소지수

$$산소지수 = \frac{O_2}{O_2 + N_2} \times 100$$

여기서, O_2 : 산소유량[L/min]

N_2 : 질소유량[L/min]

※ 산소지수 : 평균 30 이상(난연테이프의 산소지수 평균 28 이상)

6. 발연량

발연량 측정하였을 때 최대연기밀도가 400 이하

제 3 장 피난구조설비

3-1 피난구조설비

1. 피난구조설비의 종류

① 피난기구 : 피난사다리, 완강기, 구조대, 미끄럼대, 피난교, 피난용트랩, 공기안전매트, 다수인
피난장비, 승강식피난기
② 인명구조기구[방열복 및 방화복(안전헬멧, 보호장갑, 안전화 포함), 공기호흡기, 인공소생기]
③ 피난유도선, 유도등(피난구유도등, 통로유도등, 객석유도등), 유도표지
④ 비상조명등, 휴대용 비상조명등

2. 피난사다리

① 고정식 사다리 : 수납식, 접는식, 신축식

금속성 고정사다리 : 4층 이상에 설치

② 올림식 사다리

> **PLUS ONE** ⊕ 올림식 사다리
> • 상부지지점 : 안전장치 설치
> • 하부지지점 : 미끄러짐을 막는 장치설치
> • **신축하는 구조 : 축제방지장치** 설치
> • **접어지는 구조 : 접힘방지장치** 설치

③ 내림식 사다리 : 와이어식, 접는식, 체인식

3. 완강기

완강기는 주로 3층 이상에 사용하는 것으로 피난자의 중량에 의하여 로프의 강하속도를 조속기로
자동조절하여 강하하는 피난기구
① 완강기의 구성 부분 : **속도조절기, 로프, 벨트, 속도조절기의 연결부**
② 안전하강속도 : 16~150[cm/s]
③ 최대사용자수 : 완강기의 최대사용하중÷1,500[N]
④ 완강기 벨트의 너비 : 45[mm] 이상
⑤ 완강기 착용에 필요한 부분의 길이 : 160~180[cm] 이하

4. 구조대

구조대는 주로 3층 이상에 설치하는 것으로 건물의 창이나 발코니 등에서 지면까지 포대를 이용하
여 활강하는 피난기구이다.

① 부대의 길이

ㄱ 경사형의 것(사강식) : 수직거리의 약 1.4배 길이를 뺀 길이

ㄴ 수직형의 것 : 수직거리로부터 1.3~1.5[m]를 뺀 길이

② 개구부의 크기 : 45[cm]×45[cm]

③ 창의 너비 및 높이 : 60[cm] 이상

5. 피난교

① **고정식**과 **이동식**이 있다.

② 피난교의 **폭은 60[cm] 이상**, **구배는 1/5 미만**으로 할 것

(단, 1/5 이상의 구배일 때는 계단식으로 하고 바닥면은 미끄럼 방지를 할 것)

③ 피난교의 난간 높이는 110[cm] 이상으로 **간격은 18[cm] 이하**로 할 것

6. 피난기구의 적응성

설치장소별 구분 \ 층별	지하층	1층	2층	3층	4층 이상 10층 이하
1. 노유자시설	피난용트랩	미끄럼대·구조대·피난교·다수인피난장비·승강식피난기	미끄럼대·구조대·피난교·다수인피난장비·승강식피난기	미끄럼대·구조대·피난교·다수인피난장비·승강식피난기	피난교·다수인피난장비·승강식피난기
2. 의료시설·근린생활시설 중 입원실이 있는 의원·접골원·조산원	피난용트랩	–	–	미끄럼대·구조대·피난교·피난용트랩·다수인피난장비·승강식피난기	구조대·피난교·피난용트랩·다수인피난장비·승강식피난기
3. 다중이용업소의 안전관리에 관한 특별법 시행령 제2조에 따른 다중이용업소로서 영업장의 위치가 4층 이하인 다중이용업소	–	–	미끄럼대·피난사다리·구조대·완강기·다수인피난장비·승강식피난기	미끄럼대·피난사다리·구조대·완강기·다수인피난장비·승강식피난기	미끄럼대·피난사다리·구조대·완강기·다수인피난장비·승강식피난기
4. 그 밖의 것	피난사다리·피난용트랩	–	–	미끄럼대·피난사다리·구조대·완강기·피난교·피난용트랩·간이완강기·공기안전매트·다수인피난장비·승강식피난기	피난사다리·구조대·완강기·피난교·간이완강기·공기안전매트·다수인피난장비·승강식피난기

※ 비고 : 간이완강기의 적응성은 숙박시설의 3층 이상에 있는 객실에, 공기안전매트의 적응성은 공동주택(공동주택관리법 시행령 제2조의 규정에 해당하는 공동주택)에 한한다.

3-2 유도등 유도표지

1. 피난구유도등

① 피난구유도등은 바닥으로부터 높이 **1.5[m] 이상**인 곳에 설치하여야 한다.

② 설치장소

㉠ 옥내로부터 직접 지상으로 통하는 출입구 및 그 부속실의 출입구

㉡ 직통계단·직통계단의 계단실 및 그 부속실의 출입구

㉢ 출입구에 이르는 복도 또는 통로로 통하는 출입구

㉣ 안전구획된 거실로 통하는 출입구

2. 통로유도등

① 복도통로유도등은 바닥으로부터 높이 1[m] 이하의 위치에 설치하여야 한다.

유도등	설치위치	설치장소
복도통로유도등	복 도	구부러진 모퉁이 및 보행거리 20[m]마다, 바닥으로부터 1[m] 이하
거실통로유도등	거실의 통로	구부러진 모퉁이 및 보행거리 20[m]마다, 바닥으로부터 1.5[m] 이상 (기둥이 설치된 경우에는 바닥으로부터 1.5[m] 이하)
계단통로유도등	경사로참 또는 계단참마다	바닥으로부터 1[m] 이하

② 조도는 바닥으로부터 0.5[m] 떨어진 지점에서 측정하여 1[lx] 이상이어야 한다.

③ 통로유도등은 백색바탕에 녹색표시로 할 것

3. 객석유도등

① 객석유도등은 객석의 통로, 바닥 또는 벽에 설치하여야 한다.

② 객석 내의 통로가 경사로 또는 수평로로 되어 있는 부분은 다음의 식에 따라 산출한 수(소수점 이하의 수는 1로 본다)의 유도등을 설치하여야 한다.

$$설치개수 = \frac{객석의 \ 통로 \ 직선부분의 \ 길이[m]}{4} - 1$$

4. 설치기준

① 피난구 유도표지는 출입구 상단에 설치하고, **통로유도표지**는 바닥으로부터 높이 **1.0[m] 이하**의 위치에 설치할 것

② 축광식 방식의 피난유도선은 바닥으로부터 높이 50[cm] 이하의 위치 또는 바닥면에 설치할 것

③ 축광식 방식의 피난유도선은 피난유도 표시부는 50[cm] 이내의 간격으로 연속되도록 설치할 것

④ 광원점등방식의 피난유도 표시부는 바닥으로부터 높이 1[m] 이하의 위치 또는 바닥면에 설치할 것

제4장 소화용수설비

4-1 소화수조 · 저수조

1. 소화수조 등

(1) 소화수조의 저수량

소방대상물의 구분	기준면적[m²]
1층 및 2층의 바닥 면적의 합계가 15,000[m²] 이상인 소방대상물	7,500
그 밖의 소방대상물	12,500

(2) 소화용수시설의 저수조 설치기준

① 지면으로부터 **낙차**가 **4.5[m] 이하**일 것
② 흡수 부분의 **수심**이 **0.5[m] 이상**일 것
③ 흡수관의 투입구가 사각형의 경우에는 한 변의 길이가 60[cm] 이상, 원형의 경우에는 지름이 60[cm] 이상일 것
④ 소방펌프자동차가 용이하게 접근할 수 있을 것
⑤ 소화수조, 저수조의 채수구 또는 흡수관 투입구는 소방차가 **2[m] 이내**의 지점까지 접근 가능한 위치에 설치할 것

> 채수구의 설치위치 : 지면으로부터 높이가 0.5[m] 이상 1.0[m] 이하

2. 가압송수장치

소화수조 또는 저수조가 지표면으로부터의 깊이가 **4.5[m] 이상**인 지하에 있는 경우에는 아래 표에 의하여 가압송수장치를 설치하여야 한다.

소요수량	20[m³] 이상 40[m³] 미만	40[m³] 이상 100[m³] 미만	100[m³] 이상
1분당 양수량	1,100[L] 이상	2,200[L] 이상	3,300[L] 이상
채수구의 수	1개	2개	3개

여기서 멈출 거예요? 고지가 바로 눈앞에 있어요.
마지막 한 걸음까지 시대에듀가 함께할게요!

소방설비 산업기사 [필기] **[기계편]**

제 **2** 편

과년도
기출문제

소방설비산업기사 [필기]

[기계편]

2008년 3월 2일 시행

제 **1** 회

제 **1** 과목 | **소방원론**

01

다음 중 점화원이 될 수 없는 것은?

① 정전기   ② 기화열

③ 전기불꽃   ④ 마찰열

해설 기화열은 액체가 기체로 될 때 발생하는 열로서 점화원이 될 수 없다.

02

다음 위험물 중 제2류 위험물인 가연성 고체에 해당하는 것은?

① 칼 륨   ② 나트륨

③ 질산에스테르류   ④ 마그네슘

해설 위험물의 분류

종 류	성 질	유 별
칼 륨	자연발화성 및 금수성 물질	제3류
나트륨	자연발화성 및 금수성 물질	제3류
질산에스테르류	자기반응성 물질	제5류
마그네슘	가연성 고체	제2류

03

연소의 기본 3요소라 할 수 없는 것은?

① 증발잠열   ② 점화원

③ 산소공급원   ④ 가연물

해설 연소의 기본 3요소 : 가연물, 산소공급원, 점화원

04

부피비로 메탄 80[%], 에탄 15[%], 프로판 4[%], 부탄 1[%]인 혼합기체가 있다. 이 기체의 공기 중에서의 폭발하한계는 약 몇 [vol%]인가?(단, 공기 중 단일 가스의 폭발하한계는 메탄 5[vol%], 에탄 2[vol%], 프로판 2[vol%], 부탄 1.8[vol%]이다)

① 2.2   ② 3.8

③ 4.9   ④ 6.2

해설 혼합가스의 폭발범위

$$L_m = \dfrac{100}{\dfrac{V_1}{L_1} + \dfrac{V_2}{L_2} + \dfrac{V_3}{L_3} + \dfrac{V_4}{L_4}}$$

하한값 $L_m = \dfrac{100}{\dfrac{80}{5} + \dfrac{15}{2} + \dfrac{4}{2} + \dfrac{1}{1.8}}$

$= 3.83[vol\%]$

05

폴리염화비닐이 연소할 때 생성되는 연소가스에 해당하지 않는 것은?

① HCl   ② CO_2

③ CO   ④ SO_2

해설 폴리염화비닐(Polyvinyl Chloride ; PVC)의 연소 : CO_2, HCl(완전연소 시 발생), CO(불완전연소 시 발생)

06

분말소화약제에 사용되는 제1인산암모늄의 열분해 시 생성되지 않는 것은?

① H_2O ② NH_3

③ HPO_3 ④ CO_2

해설 제3종 분말 열분해 시 이산화탄소(CO_2)는 발생하지 않는다.

> 제3종 분말 열분해반응식
> $NH_4H_2PO_4 \rightarrow HPO_3 + NH_3 + H_2O$

07

"압력이 일정할 때 기체의 부피는 절대온도에 비례하여 변한다."라고 하는 것을 무슨 법칙이라 하는가?

① 보일의 법칙　　　② 샤를의 법칙
③ 아보가드로의 법칙　④ 뉴턴의 제1법칙

해설 보일-샤를의 법칙
- 보일의 법칙 : 온도가 일정할 때 기체의 부피는 절대압력에 반비례한다.

$$PV = k(\text{일정})$$

- 샤를의 법칙 : 압력이 일정할 때 일정량의 기체가 차지하는 부피는 온도가 1[℃] 증가함에 따라 그 기체의 0[℃] 때의 부피의 1/273씩 증가한다. 즉, 압력이 일정할 때 기체가 차지하는 부피는 절대온도에 비례한다.

$$\frac{V}{T} = k$$

- 보일-샤를의 법칙 : 기체가 차지하는 부피는 압력에 반비례하며, 절대온도에 비례한다.

$$V_2 = V_1 \times \frac{P_1}{P_2} \times \frac{T_2}{T_1}$$

08

다음 중 패닉(Panic)현상의 직접적인 발생원인과 가장 거리가 먼 것은?

① 연기에 의한 시계제한
② 유독가스에 의한 호흡장애
③ 경종의 발령에 의한 청각장애
④ 외부와의 단절로 인한 고립

해설 패닉(Panic)현상의 발생원인
- 연기에 의한 시계에 제한
- 유독가스에 의한 호흡장애
- 외부와 단절되어 고립

09

소방시설의 분류에서 다음 중 소화설비에 해당하지 않는 것은?

① 스프링클러설비　　② 소화기
③ 옥내소화전설비　　④ 연결송수관설비

해설 연결송수관설비 : 소화활동설비

10

다음 가스 중 유독성이 커서 화재 시 인명피해 위험성이 높은 가스는?

① N_2　　　　　② O_2
③ CO　　　　　④ H_2

해설 일산화탄소(CO) : 화재 시 불완전연소 시 발생하는 가스로서 유독성이 커서 인명피해 위험성이 높은 가스

11

다음 중 피난구조설비와는 관계가 없는 것은?

① 유도등　　　　② 완강기
③ 비상콘센트설비　④ 휴대용 비상조명등

해설 비상콘센트설비는 소화활동설비이다.

12

다음 중 코크스의 일반적인 연소형태에 해당하는 것은?

① 분해연소　　　② 증발연소
③ 표면연소　　　④ 자기연소

해설 표면연소
목탄, 코크스, 숯, 금속분 등이 열분해에 의하여 가연성 가스를 발생하지 않고 그 물질 자체가 연소하는 현상

13

공기 중의 산소농도를 희박하게 하여 소화하는 방법에 해당하는 것은?

① 파괴소화　　　② 제거소화
③ 냉각소화　　　④ 질식소화

해설 질식소화 : 공기 중의 산소의 농도를 21[%]에서 15[%] 이하로 낮추어 산소농도를 희박하게 하여 소화하는 방법

14

물 1[g]이 100[℃]에서 수증기로 되었을 때의 부피는 1기압을 기준으로 약 몇 [L]인가?

① 0.3   ② 1.7
③ 10.8   ④ 22.4

해설 이상기체상태방정식을 적용하면

$$PV = nRT = \frac{W}{M}RT \qquad V = \frac{WRT}{PM}$$

여기서, P : 압력
V : 부피
n : mol수(무게/분자량)
W : 무게
M : 분자량(H_2O : 18)
R : 기체상수
T : 절대온도(273 + [℃])

$$\therefore V = \frac{WRT}{PM}$$
$$= \frac{1 \times 0.08205 \times (273 + 100)}{1 \times 18} = 1.7[L]$$

15

다음 중 메탄가스의 공기 중 연소범위[vol%]에 가장 가까운 것은?

① 2.1~9.5   ② 5~15
③ 2.5~81   ④ 4~75

해설 연소범위

종 류	분 류	종 류	분 류
프로판	2.1~9.5[%]	아세틸렌	2.5~81[%]
메 탄	5~15[%]	수 소	4.0~75[%]

16

B급 화재는 다음 중 어떤 화재인가?

① 금속화재   ② 일반화재
③ 전기화재   ④ 유류화재

해설 화재의 종류

구 분 급 수	화재의 종류	표시색
A급	일반화재	백 색
B급	유류화재	황 색
C급	전기화재	청 색
D급	금속화재	무 색

17

다음 한계산소농도에 대한 설명 중 틀린 것은?

① 가연물의 종류, 소화약제의 종류와 관계없이 항상 일정한 값을 갖는다.
② 연소가 중단되는 산소의 한계농도이다.
③ 한계산소농도는 질식소화와 관계가 있다.
④ 소화에 필요한 이산화탄소소화약제의 양을 구할 때 사용될 수 있다.

해설 한계산소농도는 가연물의 종류, 소화약제의 종류에 따라 다른 값을 갖는다.

18

가연물이 되기 쉬운 조건이 아닌 것은?

① 열전도율이 커야 한다.
② 발열량이 커야 한다.
③ 활성화에너지가 작아야 한다.
④ 산소와의 친화력이 큰 물질이어야 한다.

해설 가연물의 조건
• 열전도율이 작을 것   • 발열량이 클 것
• 표면적이 넓을 것   • 산소와 친화력이 좋을 것
• 활성화 에너지가 작을 것

19

건축물의 화재발생 시 열전달방법과 가장 관계가 먼 것은?

① 전 도   ② 대 류
③ 복 사   ④ 환 류

해설 화학공정인 증류 시 나타나는 현상이 환류(Reflux)이다.

20

피난계획의 일반원칙 중 Fail Safe에 대한 설명으로 옳은 것은?

① 한 가지 피난기구가 고장이 나도 다른 수단을 이용할 수 있도록 고려하는 것

② 피난구조설비를 반드시 이동식으로 하는 것

③ 본능적 상태에서도 쉽게 식별이 가능하도록 그림이나 색채를 이용하는 것

④ 피난 수단을 조작이 간편한 원시적인 방법으로 설계하는 것

해설 피난계획의 일반원칙
- Fool Proof : 비상시 머리가 혼란하여 판단능력이 저하되는 상태로 누구나 알 수 있도록 문자나 그림 등을 표시하여 직감적으로 작용하는 것
- Fail Safe : 하나의 수단이 고장으로 실패하여도 다른 수단에 의해 구제할 수 있도록 고려하는 것으로 양 방향 피난로의 확보와 예비전원을 준비하는 것 등이다.

제 **2** 과목 **소방유체역학 및 약제화학**

21

관 속의 부속품을 통한 유체 흐름에서 관의 등가길이(상당길이)를 표현하는 식은?(단, 부차손실계수 K, 관지름 d, 관마찰계수 f)

① Kfd

② $\dfrac{fd}{K}$

③ $\dfrac{Kd}{f}$

④ $\dfrac{Kf}{d}$

해설 관의 상당길이(Equivalent Length of Pipe) : 관 부속품이 직관의 길이에 상당하는 상당길이는 Darcy-Weisbach 식을 이용한다.

$$H=\frac{flu^2}{2gd} \text{에서} \quad \frac{fLeu^2}{2gd}=K\frac{u^2}{2g}$$

> 상당길이 $Le=\dfrac{Kd}{f}$

여기서, K : 부차적 손실계수
d : 관지름
f : 관마찰계수

22

무게가 45,000[N]이고 체적이 5.3[m³]인 유체의 비중은?

① 0.623

② 0.682

③ 0.866

④ 0.901

해설
$$비중량=\frac{45,000[\text{N}]}{5.3[\text{m}^3]}=8,490.57[\text{N/m}^3]$$

$$\therefore \ 비중=\frac{8,490.57[\text{N/m}^3]}{9,800[\text{N/m}^3]}=0.866$$

23

탄산수소나트륨(NaHCO₃)이 열분해하여 생성되는 물질이 아닌 것은?

① 탄산나트륨

② 이산화탄소

③ 수증기

④ 암모니아

해설 제1종 분말
$$2\text{NaHCO}_3 \ \rightarrow \ \text{Na}_2\text{CO}_3+\text{H}_2\text{O}+\text{CO}_2-Q[\text{kcal}]$$
(탄산나트륨)(수증기)(이산화탄소)

24

소화용 펌프를 유량 1.5[m³/min], 양정 60[m], 회전수 1,770[rpm]으로 선정하였으나 공장배치가 변경되어 양정이 90[m]가 필요하게 되었다. 이 펌프를 몇 [rpm]으로 운전하면 변경된 양정과 거의 같은 효율로 운전될 수 있는가?

① 2,230[rpm]

② 2,655[rpm]

③ 2,168[rpm]

④ 2,073[rpm]

해설
상사법칙 $H_2 = H_1 \times \left(\dfrac{N_2}{N_1}\right)^2$

$$회전수 \ N_2 = N_1 \times \left(\frac{H_2}{H_1}\right)^{\frac{1}{2}}=1,770 \times \left(\frac{90}{60}\right)^{\frac{1}{2}}$$
$$=2,167.8[\text{rpm}]$$

정답 20 ① 21 ③ 22 ③ 23 ④ 24 ③

25

열은 고온의 물체에서 저온의 물체로 옮겨가나, 반대의 현상은 일어나지 않음을 설명해 주는 열역학법칙은?

① 열역학 0법칙 ② 열역학 1법칙
③ 열역학 2법칙 ④ 열역학 3법칙

해설 열역학의 법칙

- 열역학 제1법칙(에너지보존의 법칙) : 기체에 공급된 열에너지는 기체 내부에너지의 증가와 기체가 외부에 한 일의 합과 같다.

> 공급된 열에너지 $Q = \Delta u + P\Delta V = \Delta w$

여기서, u : 내부에너지
  $P\Delta V$: 일
  Δw : 기체가 외부에 한 일

- 열역학 제2법칙
 - 열은 외부에서 작용을 받지 아니하고 저온에서 고온으로 이동시킬 수 없다.
 - 열을 완전히 일로 바꿀 수 있는 열기관을 만들 수 없다(열효율이 100[%]인 열기관은 만들 수 없다).
 - 자발적인 변화는 비가역적이다.
 - 엔트로피는 증가하는 방향으로 흐른다.
- 열역학 제3법칙 : 순수한 물질이 1[atm]하에서 완전히 결정상태이면 그의 엔트로피는 0[K]에서 0이다.

26

제2종 분말소화약제의 주성분은?

① 탄산수소칼륨($KHCO_3$)
② 탄산수소나트륨($NaHCO_3$)
③ 제1인산암모늄($NH_4H_2PO_4$)
④ 탄산수소칼륨+요소

해설 분말소화약제

종 별	소화약제	약제의 착색	적응 화재	열분해반응식
제1종 분말	탄산수소나트륨 ($NaHCO_3$)	백 색	B, C급	$2NaHCO_3 \rightarrow$ $Na_2CO_3 + CO_2 + H_2O$
제2종 분말	탄산수소칼륨 ($KHCO_3$)	담회색	B, C급	$2KHCO_3 \rightarrow$ $K_2CO_3 + CO_2 + H_2O$
제3종 분말	제일인산암모늄 ($NH_4H_2PO_4$)	담홍색, 황색	A, B, C급	$NH_4H_2PO_4 \rightarrow$ $HPO_3 + NH_3 + H_2O$
제4종 분말	중탄산칼륨+요소 $[KHCO_3 + (NH_2)_2CO]$	회 색	B, C급	$2KHCO_3 + (NH_2)_2CO$ $\rightarrow K_2CO_3 + 2NH_3 +$ $2CO_2$

27

유효흡입양정(NPSH)과 가장 관계가 있는 것은?

① 수격작용 ② 맥동현상
③ 공동현상 ④ 체절현상

해설 유효흡입양정(NPSH)은 공동현상과 관련이 있다.

28

소화약제의 구비조건이라 할 수 없는 것은?

① 가격이 싸야 한다.
② 환경오염이 없어야 한다.
③ 전도성이 있어야 한다.
④ 저장 안정성이 있어야 한다.

해설 소화약제는 비전도성이어야 한다.

29

지름이 3[m]에서 1.5[m]로 변하는 돌연히 축소하는 관에 6[m³/s]의 유량으로 물이 흐르고 있다. 이때 손실동력(에너지 손실률)은 몇 [kW]인가?(단, 돌연축소에 의한 손실계수 K는 0.3이다)

① 9.5 ② 10.4
③ 11.7 ④ 12.3

해설 유량 $Q = Au$에서

- 유속 $u = \dfrac{Q}{A} = \dfrac{Q}{\dfrac{\pi}{4} \times d^2} = \dfrac{6}{\dfrac{\pi}{4} \times 1.5^2} = 3.4[m/s]$

- 손실수두 $h_L = K \times \dfrac{u_2^2}{2g} = 0.3 \times \dfrac{3.4^2}{2 \times 9.8}$
  $= 0.177[m]$

- 손실동력 $L_K = \dfrac{\gamma H Q}{102} = \dfrac{1,000 \times 0.177 \times 6}{102}$
  $= 10.41[kW]$

30

레이놀즈수의 물리적 의미는?

① 관성력/점성력 ② 중력/점성력
③ 표면장력/관성력 ④ 중력/압력

해설 레이놀즈수 : 관성력/점성력

31

고체, 유체에서 서로 접하고 있는 물질 분자 간에 열이 직접 이동하는 열전도와 관련된 법칙은?

① Fourier의 법칙　　② Plank의 법칙
③ Kirchhoff의 법칙　　④ Lamber의 법칙

해설 Fourier의 법칙 : 고체, 유체에서 서로 접하고 있는 물질 분자 간에 열이 직접 이동하는 열전도와 관련된 법칙

$$q = -kA\frac{dt}{dl}[\text{kcal/h}]$$

여기서, k : 열전도도[kcal/m·h·℃]
　　　　A : 열전달면적[m²]
　　　　dt : 온도 차[℃]
　　　　dl : 미소거리[m]

32

오리피스 지름이 10[mm]이고, 유량계수가 0.94인 살수 노즐로부터 방수량을 측정하였더니 매분 100[L]이었다면 방수압력(계기압력)은 몇 [kPa]인가?(단, 물의 밀도는 1,000[kg/m³]이다)

① 225.2　　② 254.8
③ 268.3　　④ 295.0

해설 유량 $Q = 100[\text{L/min}] = 0.1[\text{m}^3/\text{min}]$
물의 비중량 $\gamma = 9,800[\text{N/m}^3]$
유량 $Q = CA\sqrt{2g\dfrac{P}{\gamma}}$ 에서
압력 $P = \left(\dfrac{Q}{CA}\right)^2 \times \dfrac{\gamma}{2g}$

$= \left(\dfrac{\frac{0.1}{60}}{0.94 \times \left(\frac{\pi}{4} \times 0.01^2\right)}\right)^2 \times \dfrac{9,800}{2 \times 9.8}$

$= 254,819[\text{Pa}] = 254.8[\text{kPa}]$

33

액체의 비중을 측정하기 위하여 쇠로 만든 추(무게 5[N], 체적 $1.5 \times 10^{-4}[\text{m}^3]$)를 액체 중에 넣고 무게를 재었더니 3.6[N]이었다. 이 액체의 비중량은 몇 [N/m³]인가?(단, 물의 비중량은 9,800[N/m³]이다)

① 467　　② 9,333
③ 24,000　　④ 33,333

해설 액체의 비중량

$$\gamma = \frac{W_1 - W_2}{V} = \frac{5 - 3.6}{1.5 \times 10^{-4}} = 9,333[\text{N/m}^3]$$

34

할로겐화합물소화약제 중 HCFC BLEND A를 구성하는 성분이 아닌 것은?

① HCFC − 22　　② HCFC − 124
③ HCFC − 123　　④ 아르곤(Ar)

해설 할로겐화합물 및 불활성기체의 종류

소화약제	화학식
퍼플루오르부탄 (이하 "FC-3-1-10"이라 한다)	C_4F_{10}
하이드로클로로플루오르카본혼화제 (이하 "HCFC BLEND A"라 한다)	HCFC-123(CHCl₂CF₃) : 4.75[%] HCFC-22(CHClF₂) : 82[%] HCFC-124(CHClCF₃) : 9.5[%] $C_{10}H_{16}$: 3.75[%]
클로로테트라플루오르에탄 (이하 "HCFC-124"라 한다)	CHClCF₃
펜타플루오르에탄 (이하 "HFC-125"라 한다)	CHF₂CF₃
헵타플루오르프로판 (이하 "HFC-227ea"라 한다)	CF₃CHFCF₃
트리플루오르메탄 (이하 "HFC-23"이라 한다)	CHF₃
헥사플루오르프로판 (이하 "HFC-236fa"라 한다)	CF₃CH₂CF₃
트리플루오르이오다이드 (이하 "FIC-13I1"이라 한다)	CF₃I
불연성·불활성기체 혼합가스 (이하 "IG-01"이라 한다)	Ar
불연성·불활성기체 혼합가스 (이하 "IG-100"이라 한다)	N₂
불연성·불활성기체 혼합가스 (이하 "IG-541"이라 한다)	N₂ : 52[%], Ar : 40[%], CO₂ : 8[%]
불연성·불활성기체 혼합가스 (이하 "IG-55"라 한다)	N₂ : 50[%], Ar : 50[%]
도데카플루오르-2-메틸펜탄-3-원 (이하 "FK-5-1-12"이라 한다)	CF₃CF₂C(O)CF(CF₃)₂

정답 31 ①　32 ②　33 ②　34 ④

35

이상유체를 가장 잘 설명한 것은?

① 과열유체

② 비점성, 압축성 유체

③ 점성, 비압축성 유체

④ 비점성, 비압축성 유체

해설 이상유체 : 점성이 없고 비압축성인 유체

36

관 A에 물이, 관 B에는 비중 0.9인 기름이 흐르고 있으며 마노미터의 액체는 비중이 13.6인 수은이다. $h_1 = 120[\text{mm}]$, $h_2 = 180[\text{mm}]$, $h_3 = 300[\text{mm}]$일 때 두 관의 압력차 $P_A - P_B$는 몇 [Pa]인가?

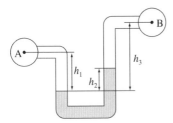

① 3.34×10^3

② 2.39×10^4

③ 2.5×10^3

④ 2.5×10^4

해설 압력 평형

$$P_A + \gamma_1 h_1 = P_B + \gamma_2 h_2 + \gamma_3 (h_3 - h_2)$$

$$P_A - P_B = \gamma_2 h_2 + \gamma_3 (h_3 - h_2) - \gamma_1 h_1$$

$$= (13.6 \times 9,800 \times 0.18) + [0.9 \times 9,800 \times (0.3 - 0.18)]$$

$$- (1 \times 9,800[\text{N/m}^3] \times 0.12[\text{m}])$$

$$= 23,873[\text{Pa}] = 2.39 \times 10^4[\text{Pa}]$$

37

노즐에서 10[m/s]로서 수직방향으로 물을 분사할 때 상승높이는 몇 [m]인가?(단, 저항 무시)

① 5.10

② 6.34

③ 3.22

④ 2.65

해설 유속 $u = \sqrt{2gh}$ 에서

상승높이 $h = \dfrac{u^2}{2g} = \dfrac{10^2}{2 \times 9.8} = 5.102[\text{m}]$

38

다음 그림에서 마찰손실과 제반손실이 없다고 가정하고 표면장력의 영향도 무시한다면 분류에서 반지름 r의 값으로 옳은 것은?

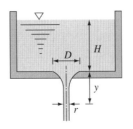

① $r = \dfrac{D}{2}\left(\dfrac{H}{H+y}\right)^2$

② $r = \dfrac{D}{2}\left(\dfrac{H}{H+y}\right)^{1/2}$

③ $r = \dfrac{D}{2}\left(\dfrac{H}{H+y}\right)$

④ $r = \dfrac{D}{2}\left(\dfrac{H}{H+y}\right)^{1/4}$

해설 유속 $u_1 = \sqrt{2gH}$, $u_2 = \sqrt{2g(H+y)}$

연속방정식 $Q = Au$ 에서

$$\frac{\pi}{4} \times D^2 \times \sqrt{2gH} = \pi r^2 \sqrt{2g(H+y)}$$

$$r^2 = \frac{D^2}{4} \sqrt{\frac{H}{H+y}}$$

$$r = \frac{D}{2}\left(\frac{H}{H+y}\right)^{1/4}$$

39

이상기체에 대한 다음의 설명 중 틀린 것은?

① 정적비열은 온도만의 함수이다.

② 정압비열은 정적비열보다 크다.

③ 정압비열과 정적비열의 차는 온도의 함수이다.

④ 원칙적으로 정압비열은 온도에 따라 그 값이 변한다.

해설 **이상기체**

• 정적비열은 온도만의 함수이다.

• 정압비열은 정적비열보다 크다.

• 원칙적으로 정압비열은 온도에 따라 그 값이 변한다.

40

두 장의 종이 사이로 바람을 불면 두 종이가 서로 달라붙으려고 한다. 무슨 원리인가?

① 베르누이의 원리 ② 파스칼의 원리

③ 질량보존의 원리 ④ 달랑베르의 원리

해설 베르누이의 원리 : 두 장의 종이 사이로 바람을 불면 두 종이가 서로 달라붙으려는 원리

제 **3** 과목 **소방관계법규**

41

화재의 예방조치 등과 관련하여 불장난, 모닥불, 흡연, 화기(火氣) 취급 그 밖의 화재예방상 위험하다고 인정되는 행위의 금지 또한 제한의 명령을 할 수 있는 자는?

① 행정안전부장관

② 시 · 도지사

③ 소방본부장이나 소방서장

④ 경찰서장

해설 화재예방조치명령권자 : 소방본부장이나 소방서장

42

다음 중 소방시설업 등에 관한 사항으로 옳은 것은?

① 소방시설업의 영업정지 시 그 이용자에게 심한 불편을 줄 때에는 영업정지 처분에 갈음하여 3,000만원 이하의 과징금을 부과할 수 있다.

② 소방시설의 공사와 감리는 동일인이 수행할 수 있다.

③ 소방시설업은 어떠한 경우에도 지위를 승계할 수 없다.

④ 소방시설업자는 소방시설업의 등록증 또는 등록수첩을 1회에 한하여 다른 자에게 빌려줄 수 있다.

해설 소방시설업

• 소방시설의 공사와 감리는 동일인이 수행할 수 없다.

• 소방시설업은 지위를 승계할 수 있다.

• 소방시설업자는 소방시설업의 등록증 또는 등록수첩을 다른 자에게 빌려 주어서는 아니 된다.

43

다음 중 인화성 액체 위험물(이황화탄소를 제외한다)의 옥외탱크저장소의 탱크 주위에 설치하는 방유제의 설치기준으로 맞는 것은?

① 방유제의 높이는 0.5[m] 이상 2.0[m] 이하로 할 것

② 방유제 내의 면적은 100,000[m²] 이하로 할 것

③ 방유제 안에 설치된 탱크가 2기 이상일 경우의 방유제의 용량은 용량이 최대인 탱크의 120[%] 이상으로 할 것

④ 방유제는 철근콘크리트로 만들고, 위험물이 방유제의 외부로 유출되지 아니하는 구조로 할 것

해설 옥외탱크저장소의 방유제

• 방유제의 용량

– 탱크가 하나일 때 : 탱크 용량의 110[%] 이상(인화성이 없는 액체 위험물은 100[%])

– **탱크가 2기 이상일 때** : 탱크 중 용량이 **최대인 것의 용량의 110[%] 이상**(인화성이 없는 액체 위험물은 100[%])

> 이 경우 **방유제 용량** = 내용적−(최대용량인 탱크 외의 탱크의 방유제 높이 이하의 용적 + 기초체적 + 간막이 둑의 체적 + 방유제 내의 배관 체적)

• **방유제의 높이** : 0.5[m] 이상 3[m] 이하

• **방유제의 면적** : 80,000[m²] 이하

• 방유제 내에 설치하는 옥외저장탱크의 수는 10(방유제 내에 설치하는 모든 옥외저장탱크의 용량이 20만[L] 이하이고, 위험물의 인화점이 70[℃] 이상 200[℃] 미만인 경우에는 20) 이하로 할 것(단, 인화점이 200[℃] 이상인 옥외저장탱크는 제외)

PLUS ONE 방유제 내에 탱크의 설치개수

• 제1석유류, 제2석유류 : 10기 이하

• 제3석유류(인화점 70[℃] 이상 200[℃] 미만) : 20기 이하

• 제4석유류(인회점 200[℃] 이상) : 제한 없음

- 방유제 외면의 1/2 이상은 자동차 등이 통행할 수 있는 3[m] 이상의 노면폭을 확보한 구내도로에 직접 접하도록 할 것
- 방유제는 탱크의 옆판으로부터 일정 거리를 유지할 것(단, 인화점이 200[℃] 이상인 위험물은 제외)
  - 지름이 15[m] 미만인 경우 : 탱크 높이의 1/3 이상
  - 지름이 15[m] 이상인 경우 : 탱크 높이의 1/2 이상
- 방유제의 재질 : 철근콘크리트, 흙

44

다음 중 저수조의 설치기준으로 옳지 않은 것은?

① 지면으로부터의 낙차가 4.5[m] 이하일 것
② 흡수 부분의 수심이 0.5[m] 이상일 것
③ 흡수관의 투입구가 사각형인 경우에는 한 변의 길이가 60[cm] 이하일 것
④ 저수조에 물을 공급하는 방법은 상수도에 연결하여 자동으로 급수되는 구조일 것

해설 저수조 흡수관의 투입구가 **사각형**일 경우에는 한 변의 길이가 **60[cm] 이상**, 원형의 경우에는 지름이 60[cm] 이상일 것

45

다음 중 소방활동구역의 설정권자는?

① 시·도지사
② 군수·구청장
③ 소방대장
④ 건설교통부장관

해설 소방활동구역의 설정권자 : 소방대장

46

소방설비산업기사의 자격을 취득한 후 몇 년 이상 소방실무경력이 있어야 소방시설관리사 시험의 응시자격이 있게 되는가?

① 1년
② 2년
③ 3년
④ 5년

해설 소방설비산업기사, 위험물산업기사, 위험물기능사, 산업안전기사 자격을 취득하고 소방실무경력이 3년 이상이면 소방시설관리사의 응시자격이 된다.

47

다음 중 특정소방대상물로서 의료시설에 해당되지 않는 것은?

① 전염병원
② 마약진료소
③ 요양소
④ 치과의원

해설 의료시설
- 병원(종합병원, 병원, 치과병원, 한방병원, 요양병원)
- 격리병원(전염병원, 마약진료소)
- 정신의료기관
- 장애인의료재활시설

PLUS ONE ➕ 근린생활시설
　　　　　의원, 치과의원, 한의원, 침술원, 접골원, 산후조리원, 안마시술소

48

다음 (㉠), (㉡)에 알맞은 것은?

> "행정안전부령으로 정하는 연소우려가 있는 구조"란 건축물대장의 건축물 현황도에 표시된 대지경계선 안에 2 이상의 건축물이 있는 경우로서 각각의 건축물이 다른 건축물의 외벽으로부터 수평거리가 1층에 있어서는 (㉠) 이하, 2층 이상의 층에 있어서는 (㉡) 이하이고 개구부가 다른 건축물을 향하여 설치된 구조를 말한다.

① ㉠ 3[m] ㉡ 5[m]
② ㉠ 5[m] ㉡ 8[m]
③ ㉠ 6[m] ㉡ 8[m]
④ ㉠ 6[m] ㉡ 10[m]

해설 연소우려가 있는 건축물의 구조(설치유지법률 규칙 제7조)
"행정안전부령으로 정하는 연소우려가 있는 구조"란 건축물대장의 건축물 현황도에 표시된 대지경계선 안에 2 이상의 건축물이 있는 경우로서 각각의 건축물이 다른 건축물의 외벽으로부터 수평거리가 1층에 있어서는 (6[m]) 이하, 2층 이상의 층에 (10[m]) 이하이고 개구부가 다른 건축물을 향하여 설치된 구조를 말한다.

49

관계인의 정당한 업무를 방해하거나 화재 조사를 수행하면서 알게 된 비밀을 다른 사람에게 누설한 경우의 벌칙으로 알맞은 것은?

① 1,000만원 이하의 벌금
② 500만원 이하의 벌금
③ 300만원 이하의 벌금
④ 200만원 이하의 벌금

해설 관계인의 정당한 업무를 방해하거나 화재 조사를 수행하면서 알게 된 비밀을 다른 사람에게 누설한 경우의 벌칙 (소방공무원에 대한 벌칙임) : 300만원 이하의 벌금

50

특정소방대상물의 관계인이 소방안전관리업무를 수행하지 않은 사유로 과태료 처분을 받았다. 만일 과태료 처분에 불복할 경우 그 처분의 고지를 받은 날부터 며칠 이내에 부과권자에게 이의를 제기할 수 있는가?

① 120일 이내　　② 90일 이내
③ 60일 이내　　④ 30일 이내

해설 설치유지법률 시행령 개정으로 현행법에 맞지 않는 문제임

51

특정소방대상물의 관계인이 피난시설·방화구획 또는 방화시설을 폐쇄하거나 훼손하는 등의 행위를 한 경우 과태료 처분으로 알맞은 것은?

① 100만원　　② 200만원
③ 300만원　　④ 500만원

해설 특정소방대상물의 관계인이 피난시설·방화구획 또는 방화시설을 폐쇄·훼손·변경 등의 행위를 한 경우 : 300만원의 과태료(1차 위반 : 100만원, 2차 위반 : 200만원, 3차 이상 위반 : 300만원)

52

다음 중 제조 또는 가공공정에서 방염대상물품이 아닌 것은?

① 카 펫
② 창문에 설치하는 블라인드를 포함한 커튼류
③ 두께가 2[mm] 미만인 벽지류로서 종이벽지
④ 전시용 합판 또는 섬유판

해설 방염처리 대상물품(제조, 가공공정에서)
　• 창문에 설치하는 커튼류(블라인드 포함)
　• 카펫, 두께가 2[mm] 미만인 벽지류(종이벽지는 제외)
　• 전시용 합판 또는 섬유판, 무대용 합판 또는 섬유판
　• 암막, 무대막(영화상영관에 설치하는 스크린 포함)
　• 소파·의자(단란주점영업, 유흥주점영업, 노래연습장의 영업장에 설치하는 것만 해당)

53

소방시설공사업법상 소방시설업에 속하지 않는 것은?

① 소방시설관리업　　② 소방시설설계업
③ 소방시설공사업　　④ 소방공사감리업

해설 소방시설업 : 소방시설설계업, 소방시설공사업, 소방공사감리업, 방염처리업

54

다음 중 소방기본법상 특정소방대상물에 속하지 않는 것은?

① 건축물　　② 산 림
③ 선박건조구조물　　④ 항해 중인 선박

해설 소방대상물 : 건축물, **차량, 선박(항구 안에 매어둔 선박만 해당), 선박건조구조물, 산림** 그 밖의 인공구조물 또는 물건
　• 건축물 : 화재의 예방과 진압의 주 대상이 되는 것으로서 토지에 정착하는 공작물 중 지붕과 기둥 또는 벽이 있는 것과 이에 부수하는 시설물, 지하나 고가 공작물에 설치하는 사무소, 공연장, 점포, 차고, 창고 등
　• 차량 : 자동차, 원동기장치자전거, 긴급자동차, 차마, **철도**(지하철도), 궤도
　• 선박 : 수상 또는 수중에서 항해용으로 사용하거나 사용될 수 있는 배의 종류로서 항구 안에 매어둔 선박(기선, 범선, 부선)을 말한다.
　　– 기선 : 기관을 사용하여 추진하는 선박
　　– 범선 : 돛을 사용하여 추진하는 선박
　　– 부선 : 자력으로 항해능력이 없어 다른 선박에 의하여 끌려 항해하는 선박
　• 선박건조구조물 : 선박의 건조, 청소, 의장(선박 출범 준비), 수리를 하거나 화물 적재, 하역하기 위한 축조물
　• 산림 : 생육하고 있는 입목과 죽(竹)을 말한다.
　• 공작물 : 옹벽, 광고탑, 굴뚝, 조형물, 고가수조, 지하대피호 등

55

소방체험관의 설립·운영권자는?

① 행정안전부장관　　② 소방청장
③ 시·도지사　　④ 소방본부장 및 소방서장

해설 설립 · 운영권자
- **소방박물관** : 소방청장
- **소방체험관** : 시 · 도지사

56

소방시설별 하자보수보증기간이 다른 것은?

① 피난기구 ② 비상경보설비
③ 무선통신보조설비 ④ 자동화재탐지설비

해설 소방시설공사의 하자보수보증기간
- 2년 : **피난기구**, 유도등, 유도표지, **비상경보설비**, 비상조명등, 비상방송설비 및 **무선통신보조설비**
- 3년 : 자동소화장치, 옥내소화전설비, 스프링클러설비, 간이스프링클러설비, 물분무 등 소화설비, 옥외소화전설비, **자동화재탐지설비**, 상수도 소화용수설비, 소화활동설비(무선통신보조설비 제외)

57

다음 소방시설 중 "소화활동설비"가 아닌 것은?

① 상수도 소화용수설비
② 무선통신보조설비
③ 연소방지설비
④ 제연설비

해설 상수도 소화용수설비 : 소화용수설비

PLUS ONE **소화활동설비**
제연설비, 연결송수관설비, 연결살수설비, 비상콘센트설비, 무선통신보조설비, 연소방지설비

58

다음 중 대통령령으로 정하는 소방용품에 속하지 않는 것은?

① 방염제
② 소화약제에 따른 간이소화용구
③ 가스누설경보기
④ 휴대용 비상조명등

해설 유도등 및 예비전원이 내장된 비상조명등은 소방용품이고, **휴대용 비상조명등**은 소방용품이 아니다.

59

제4류 위험물의 성질로 알맞은 것은?

① 인화성 액체 ② 산화성 고체
③ 가연성 고체 ④ 산화성 액체

해설 제4류 위험물 : 인화성 액체

종 류	성 질
제1류	산화성 고체
제2류	가연성 고체
제3류	자연발화성 및 금수성 물질
제4류	인화성 액체
제5류	자기반응성 물질
제6류	산화성 액체

60

관계인이 화재예방과 화재 등 재해발생 시 비상조치를 위하여 예방규정을 정하여야 하는 옥외저장소는 지정수량의 몇 배 이상의 위험물을 저장하는 것을 말하는가?

① 10배 ② 100배
③ 150배 ④ 200배

해설 지정수량의 **100배 이상**의 위험물을 저장하는 **옥외저장소**는 예방규정을 정하여야 한다.

제 4 과목 **소방기계시설의 구조 및 원리**

61

이산화탄소소화설비용 가스압력식 가동장치의 가동용 가스용기에 대한 설치기준 중 잘못된 것은?

① 용기의 용적은 5[L] 이상으로 할 것
② 용기의 충전압력은 6.0[MPa] 이상(21[℃] 기준)이어야 할 것
③ 용기에는 1.5[MPa] 이상 2.5[MPa] 이하의 압력에서 작동하는 안전장치를 설치할 것
④ 용기에 사용하는 밸브는 25[MPa] 이상의 압력에 견딜 수 있는 것으로 할 것

안심Touch

해설 가스압력식 기동장치의 설치기준
- 용기의 용적 : 5[L] 이상
- 충전가스 : 질소 등의 비활성기체
- 충전압력 : 6.0[MPa] 이상(21[℃] 기준)
- 기동용 가스용기 및 해당 용기에 사용하는 밸브는 25[MPa] 이상의 압력에 견딜 수 있는 것으로 할 것
- 기동용 가스용기에는 **내압시험압력의 0.8배부터 내압시험압력 이하**에서 작동하는 **안전장치**를 설치할 것

62

제연설비에 설치되는 다음 기기 중 화재감지기와 연동되지 않아도 되는 것은?

① 가동식의 벽　② 댐퍼
③ 분배기　④ 배출기

해설 제연설비에서 **가동식의 벽, 제연경계벽, 댐퍼 및 배출기**의 작동은 **자동화재감지기**와 연동되어야 하며, 예상 제연구역 및 제어반에서 **수동 기동**이 가능하도록 하여야 한다.

63

연면적 3,000[m²]인 지하가에 폐쇄형 스프링클러설비가 최대기준으로 설치되어 있을 경우에 스프링클러설비에 필요한 펌프의 1분당 송수량은 얼마 이상이어야 하는가?

① 800[L/min]　② 1,600[L/min]
③ 2,400[L/min]　④ 3,200[L/min]

해설 지하가는 헤드의 수가 30개이므로 송수량
＝30개×80[L/min]＝2,400[L/min]

64

완강기의 구성요소를 크게 3가지로 분류할 수 있다. 다음 중 완강기의 구성요소가 아닌 것은?

① 속도 조절기　② 로프
③ 벨트 및 훅　④ 보호망

해설 완강기의 구성 부분 : 조속기, 로프, 벨트, 훅

65

옥내소화전설비의 배관에 관한 설명으로 틀린 것은?

① 배관 내 사용압력이 1.2[MPa] 이상일 경우 압력배관용 탄소강관이나 이와 동등 이상의 강도, 내식성 및 내열성을 가져야 한다.
② 펌프의 흡입측 배관에 여과장치(스트레이너)를 설치한다.
③ 수직 주배관(입상관)의 구경은 50[mm] 이상을 사용한다.
④ 토출측의 주배관의 유속이 4[m/s] 이상이 될 수 있는 크기의 배관으로 한다.

해설 펌프의 **토출측 주배관의 구경**은 유속이 **4[m/s] 이하**가 될 수 있는 크기 이상으로 하여야 하고, 옥내소화전방수구와 연결되는 **가지배관의 구경은 40[mm]**(호스릴 옥내소화전설비의 경우에는 25[mm]) 이상으로 하여야 하며, 주배관 중 **수직배관의 구경은 50[mm]**(호스릴 옥내소화전설비의 경우에는 32[mm]) 이상으로 하여야 한다.

66

펌프, 송풍기 등의 건물바닥에 대한 진동을 줄이기 위해 사용하는 방진재료가 아닌 것은?

① 방진고무　② 워터해머쿠션
③ 금속스프링　④ 공기스프링

해설 진동을 줄이기 위해 사용하는 방진재료 : 방진고무, 금속스프링, 공기스프링

> 수격작용을 방지하기 위하여 워터해머쿠션(WHC)을 설치한다.

67

분말소화약제 저장용기의 경우 가압식의 것은 최고사용압력의 몇 배 이하의 기준에서 작동하는 안전밸브를 설치하여야 하는가?

① 2.2배　② 2.5배
③ 1.8배　④ 2.0배

해설 안전밸브 설치기준
- 가압식 : 최고사용압력의 1.8배 이하
- 축압식 : 내압시험압력의 0.8배 이하

68

물(수계)소화설비의 배관에 개폐밸브로서 개폐표시형 밸브(Outside Stem & York Valve)를 설치하는 이유로서 가장 적합한 것은?

① 개폐조작이 용이하기 때문
② 개폐상태 여부를 용이하게 육안판단하기 위해서
③ 소방관의 수시점검을 위한 편의를 제공하기 위해서
④ 밸브의 고장을 가급적 막기 위해서

해설 개폐상태 여부를 용이하게 육안판단하기 위해서 개폐표시형 밸브(Outside Stem&York Valve)를 설치한다.

69

다음 할론소화설비의 분사헤드에 대한 설치기준에서 맞는 것은?

① 전역방출방식에서 할론 1301을 방사하는 헤드의 방사압력은 0.9[MPa] 이상이다.
② 전역방출방식에서 기준저장량의 소화약제를 20초 이내에 방사할 수 있도록 한다.
③ 국소방출방식에서 기준저장량의 소화약제를 20초 이내에 방사할 수 있도록 한다.
④ 호스릴방식에서 방호대상물의 각 부분으로부터 하나의 호스접결구까지의 수평거리는 30[m] 이하가 되도록 한다.

해설 할론소화설비의 분사헤드에 대한 설치기준
• **분사헤드**의 **방사압력**

약 제	방사압력
할론 2402	0.1[MPa]
할론 1211	0.2[MPa]
할론 1301	0.9[MPa]

• 전역, 국소방출방식에 의한 기준 저장량의 소화약제를 **10초 이내**에 방사할 것
• 호스릴방식에서 방호대상물의 각 부분으로부터 하나의 호스접결구까지의 수평거리는 **20[m] 이하**가 되도록 한다.

70

물분무소화설비로서 다음 설명 중 옳지 않은 것은?

① 분사된 물은 표면적이 크기 때문에 열을 흡수하기 쉽다.
② 화원으로 산소공급을 차단하는 질식효과를 가져온다.
③ 분사된 물은 절연성이 양호하므로 전기화재에도 이용 가능하다.
④ 분사된 물은 유화층을 형성하여 유류화재에는 부적당하다.

해설 물분무소화설비는 유화층을 형성하여 유류화재(중유)에 적당하다.

71

소화용수설비의 소화수조 또는 저수조의 설치기준이다. 옳지 못한 것은?

① 지하에 설치하는 소화용수설비의 흡수관 투입구는 그 한 변이 0.6[m] 이상이거나 직경 0.6[m] 이상인 것으로 한다.
② 흡수관 투입구는 소요수량이 80[m³] 미만인 것에 있어서는 1개 이상, 80[m³] 이상인 것에 있어서는 2개 이상을 설치한다.
③ 채수구는 소요수량이 40[m³] 이상 100[m³] 미만인 것에는 3개 설치한다.
④ 소방용 호스 또는 소방용 흡수관에 사용하는 채수구는 구경 65[mm] 이상의 나사식 결합금속구를 설치한다.

해설 채수구의 설치기준

소요수량	채수구의 수
20[m³] 이상 40[m³] 미만	1개
40[m³] 이상 100[m³] 미만	2개
100[m³] 이상	3개

72

물분무소화설비 가압송수장치의 토출측 배관에 설치할 필요성이 없는 것은?

① 연성계
② 펌프성능 시험배관
③ 수온상승 방지를 위한 순환배관
④ 체크밸브

해설 **연성계**는 펌프의 **흡입측**에 **설치**하여야 한다.

73

스프링클러 배관에 설치하는 행거에 대한 설명으로 옳지 않은 것은?

① 가지배관에서 헤드 간의 간격이 3.5[m]를 초과하는 경우에는 3.5[m] 이내마다 행거를 1개 이상 설치할 것
② 가지배관에서 상향식 헤드와 행거 사이에는 8[cm] 이상 간격을 둘 것
③ 교차배관에서 가지배관과 가지배관 사이의 거리가 3.5[m]를 초과하는 경우에는 3.5[m] 이내마다 행거를 1개 이상 설치할 것
④ 가지배관에는 헤드의 설치지점 사이마다 1개 이상의 행거를 설치할 것

해설 배관에 설치되는 행거의 설치기준
　① **가지배관**에는 헤드의 설치지점 사이마다 1개 이상의 행거를 설치하되, 헤드 간의 거리가 3.5[m]를 초과하는 경우에는 **3.5[m] 이내**마다 1개 이상 설치할 것. 이 경우 상향식 헤드와 행거 사이에는 8[cm] 이상의 간격을 두어야 한다.
　② **교차배관**에는 가지배관과 가지배관 사이마다 1개 이상의 행거를 설치하되, 가지배관 사이의 거리가 4.5[m]를 초과하는 경우에는 **4.5[m] 이내**마다 1개 이상 설치할 것
　③ 내지 ②의 수평주행배관에는 4.5[m] 이내마다 1개 이상 설치할 것

74

다음 중 지하층이나 무창층 또는 밀폐된 거실로서 바닥면적이 20[m²] 미만의 장소에 사용할 수 있는 소화기는?(단, 배기를 위한 유효한 개구부가 없는 장소인 경우임)

① 할론 1211소화기
② 분말소화기
③ 이산화탄소소화기
④ 할론 2402소화기

해설 **이산화탄소** 또는 **할론**을 방사하는 소화기구(자동확산소화기는 제외한다)는 **지하층**이나 **무창층** 또는 밀폐된 거실로서 그 **바닥면적**이 **20[m²]** 미만의 장소에는 **설치할 수 없다**. 다만, 배기를 위한 유효한 개구부가 있는 장소인 경우에는 그러하지 아니하다.

75

폐쇄형 스프링클러헤드에서 설치장소의 최고주위온도와 헤드의 표시온도를 바르게 나타낸 것은?

① 39[℃] 미만 : 70[℃] 미만
② 39[℃] 이상 64[℃] 미만 : 70[℃] 이상 110[℃] 미만
③ 64[℃] 이상 106[℃] 미만 : 110[℃] 이상 162[℃] 미만
④ 106[℃] 이상 : 162[℃] 이상

해설 설치장소의 최고주위온도와 표시온도

설치장소의 최고주위온도	표시온도
39[℃] 미만	79[℃] 미만
39[℃] 이상 64[℃] 미만	79[℃] 이상 121[℃] 미만
64[℃] 이상 106[℃] 미만	121[℃] 이상 162[℃] 미만
106[℃] 이상	162[℃] 이상

76

소화기를 설치할 때는 바닥으로부터 몇 [m] 이하의 높이에 설치하는 것이 가장 이상적인가?

① 1.5[m] 이하
② 2.0[m] 이하
③ 2.5[m] 이하
④ 3.0[m] 이하

해설 소화기의 설치 : 바닥으로부터 1.5[m] 이하에 설치

77

연결살수설비의 전용헤드는 천장 또는 반자의 각 부분으로부터 하나의 살수헤드까지의 수평거리를 몇 [m] 이하로 하여야 하는가?

① 2.1[m]
② 2.3[m]
③ 3.2[m]
④ 3.7[m]

해설 천장 또는 반자의 각 부분으로부터 하나의 살수헤드까지의 수평거리
  • 연결살수설비 전용헤드의 경우 : 3.7[m] 이하
  • 스프링클러헤드의 경우 : 2.3[m] 이하

78

특정소방대상물의 보가 있는 경우에 포헤드와 보의 하단의 수직거리가 0.2[m]일 때 포헤드와 보의 수평거리는?

① 0.75[m] 미만
② 0.75[m] 이상 1[m] 미만
③ 1[m] 이상 1.5[m] 미만
④ 1.5[m] 이상

해설 특정소방대상물의 보가 있는 경우에 포헤드와 보의 하단의 수직거리가 0.2[m]일 때 포헤드와 보의 수평거리
  : 1.5[m] 이상

79

다음 중 스케줄 번호는 무엇을 의미하는가?

① 강관의 길이
② 강관의 재질
③ 강관의 두께
④ 강관의 제조방법

해설 스케줄 번호 : 강관의 두께

80

옥외소화전(방수구) 주변 몇 [m] 이내에 소화전함을 설치해야 하며, 호스구경은 몇 [mm]인가?

① 3[m], 40[mm]
② 3[m], 65[mm]
③ 5[m], 40[mm]
④ 5[m], 65[mm]

해설 옥외소화전(방수구)
  • 방수구와 소화전함과의 거리 : 5[m] 이내
  • 옥외소화전의 호스구경 : 65[mm]

2008년 5월 11일 시행

제 **1** 과목 | **소방원론**

01

다음 중 증기압의 단위가 아닌 것은?

① [mmHg]   ② [kPa]

③ [N/cm^2]   ④ [cal/℃]

해설 증기압의 단위 : [mmHg], [kPa], [MPa], [N/cm^2] 등

02

화재로 인하여 산소가 부족한 건물 내에 산소가 새로 유입된 때에는 고열가스의 폭발 또는 급속한 연소가 발생하는데 이 현상을 무엇이라고 하는가?

① 플래시오버(Flash Over)

② 보일오버(Boil Over)

③ 백드래프트(Back Draft)

④ 백파이어(Back Fire)

해설 용어설명

백드래프트(Back Draft) : 밀폐된 공간에서 화재발생 시 산소부족으로 불꽃을 내지 못하고 가연성 가스만 축적되어 있는 상태에서 갑자기 문을 개방하면 신선한 공기 유입으로 폭발적인 연소가 시작되는 현상

① 플래시오버(Flash Over) : 가연성 가스를 동반하는 연기와 유독가스가 방출하여 실내의 급격한 온도상승으로 실내 전체가 순간적으로 연기가 충만하는 현상으로 이때의 온도가 800~900[℃]이다.

② 보일오버(Boil Over) : 중질유탱크에서 장시간 조용히 연소하다가 탱크의 잔존기름이 갑자기 분출(Over Flow)하는 현상

④ 백파이어(Back Fire) : 연료가스의 분출속도가 연소속도보다 느릴 때 불꽃이 연소기의 내부로 들어가 혼합관 속에서 연소하는 현상

03

제3종 분말소화약제의 주성분은?

① 탄산수소나트륨

② 제1인산암모늄

③ 탄산수소칼륨

④ 탄산수소칼륨과 요소

해설 제3종 분말소화약제의 주성분
제1인산암모늄($NH_4H_2PO_4$)

04

자연발화를 방지하는 방법으로 틀린 것은?

① 습도가 높은 곳을 피한다.

② 저장실의 온도를 높인다.

③ 통풍을 잘 시킨다.

④ 열이 쌓이지 않게 퇴적방법에 주의한다.

해설 자연발화의 예방대책

- 통풍이나 환기 방법 등을 고려하여 열의 축적을 방지한다.
- 황린은 물속에 저장한다.
- 저장실 및 주위의 온도를 낮게 유지한다.
- 가능한 **입자를 크게** 하여 공기와의 **접촉 표면적을 적게 한다.**

05

화재 시 발생할 수 있는 유해한 가스를 혈액 중의 산소 운반 물질의 헤모글로빈과 결합하여 헤모글로빈에 의한 산소 운반을 방해하는 작용을 하는 것은?

① CO   ② CO_2

③ H_2 ④ H_2O

해설 **일산화탄소(CO)** : 화재 시 발생할 수 있는 유해한 가스를 혈액 중의 산소 운반 물질의 헤모글로빈과 결합하여 헤모글로빈에 의한 산소 운반을 방해하는 작용

06

다음 중 유도등의 종류가 아닌 것은?

① 객석유도등　　　② 무대유도등
③ 피난구유도등　　④ 통로유도등

해설 유도등의 종류 : 객석유도등, 피난구유도등, 통로유도등

07

건축물의 주요구조부에 해당하는 것은?

① 작은 보　　　　② 옥외 계단
③ 지붕틀　　　　　④ 최하층 바닥

해설 주요구조부 : 내력벽, 기둥, 바닥, 보, **지붕틀**, 주계단

주요구조부 제외 : **사잇벽**, 사잇기둥, 최하층의 바닥, 작은 보, 차양, **옥외계단**

08

위험물안전관리법상 제1류 위험물의 성질을 옳게 나타낸 것은?

① 가연성 고체　　② 산화성 고체
③ 인화성 액체　　④ 자연발화성 물질

해설 제1류 위험물 : 산화성 고체

09

질소가 가연물이 될 수 없는 이유를 가장 옳게 설명한 것은?

① 흡열반응을 하기 때문에
② 연소 시 화염이 없기 때문에
③ 산소와 반응성이 대단히 작기 때문에
④ 발열반응을 하기 때문에

해설 **질소** 또는 질소산화물은 산소와 반응은 하나 흡열반응을 하기 때문에 가연물이 될 수 없다.

10

고체의 일반적인 연소 형태에 해당하지 않는 것은?

① 표면연소
② 분해연소
③ 증발연소
④ 확산연소

해설 확산연소 : 기체의 연소

11

다음 자체에 산소를 포함하고 있어서 자기연소가 가능한 물질은?

① 나이트로글리세린　　② 금속칼륨
③ 금속나트륨　　　　　④ 황 린

해설 자기연소하는 물질은 제5류 위험물이다.

종 류	구 분
나이트로글리세린	제5류 위험물
금속칼륨	제3류 위험물
금속나트륨	제3류 위험물
황 린	제3류 위험물

12

연소범위에 대한 다음 설명 중 틀린 것은?

① 연소범위에는 상한값과 하한값이 있다.
② 온도가 올라가면 연소범위는 넓어진다.
③ 연소범위가 좁을수록 폭발의 위험이 크다.
④ 연소범위가 압력의 영향을 받는다.

해설 **연소범위**
• 연소범위에는 상한값과 하한값이 있다.
• 온도나 압력이 증가하면 연소범위는 넓어진다.
• 연소범위가 넓을수록 폭발의 위험이 크다.

13

가연물질의 조건으로 옳지 않은 것은?

① 산화되기 쉬워야 한다.
② 연소반응을 일으키는 활성화에너지가 커야 한다.
③ 열의 축적이 용이하여야 한다.
④ 산소와의 친화력이 커야 한다.

해설 **가연물의 구비조건**
• **열전도율**이 작을 것
• 발열량이 클 것
• 표면적이 넓을 것
• 산소와 친화력이 좋을 것
• **활성화에너지**가 작을 것

14

칼륨과 같은 금속분말 화재 시 주수소화가 부적당한 가장 큰 이유는?

① 수소가 발생되기 때문
② 유독가스가 발생되기 때문
③ 산소가 발생되기 때문
④ 금속이 부식되기 때문

해설 금수성 물질인 칼륨과 나트륨은 주수소화하면 가연성 가스인 수소(H_2)를 발생한다.

• $2K + 2H_2O \rightarrow 2KOH + H_2\uparrow$
• $2Na + 2H_2O \rightarrow 2NaOH + H_2\uparrow$

15

CO_2소화기가 갖는 주된 소화효과는?

① 냉각소화　　　　② 질식소화
③ 연료제거소화　　④ 연쇄반응차단소화

해설 **CO_2소화기의 주된 소화효과** : 질식소화

16

다음 중 소화의 원리에서 소화 형태로 볼 수 없는 것은?

① 발열소화　　　　② 질식소화
③ 희석소화　　　　④ 제거소화

해설 **소화의 종류** : 제거소화, 질식소화, 냉각소화, 부촉매 소화 등

17

정전기 화재사고의 예방대책으로 옳지 않은 것은?

① 제전기를 설치한다.
② 공기를 되도록 건조하게 유지시킨다.
③ 접지를 한다.
④ 공기를 이온화한다.

해설 **정전기 방지법**
• 접지할 것
• 상대습도를 70[%] 이상으로 할 것
• 공기를 이온화할 것
• 유속을 1[m/s] 이하로 낮출 것

18

제3류 위험물인 나트륨 화재 시의 소화방법으로 가장 적합한 것은?

① 이산화탄소소화약제를 분사한다.
② 건조사를 뿌린다.
③ 할론 1301을 분사한다.
④ 물을 뿌린다.

해설 제3류 위험물은 자연발화성 및 금수성 물질이므로 주 수소화는 절대 불가능하고 마른모래로 소화한다.

19

다음 중 연소의 3요소라고 할 수 있는 것은?

① 공기, 연료, 바람
② 연료, 산소, 열
③ 마찰, 수분, 열
④ 열, 산소, 공기

해설 **연소의 3요소** : 가연물(연료), 산소공급원(산소), 점화원(열)

정답 13 ② 14 ① 15 ② 16 ① 17 ② 18 ② 19 ②

20

화재의 분류에서 다음 중 A급 화재에 속하는 것은?

① 유 류   ② 목 재
③ 전 기   ④ 가 스

해설 화재의 종류

급 수 \ 구 분	화재의 종류	표시색
A급	일반화재	백 색
B급	유류화재	황 색
C급	전기화재	청 색
D급	금속화재	무 색

제 2 과목   소방유체역학 및 약제화학

21

내경 20[cm]에 매분 5.4[m³] 물이 흐르고 있을 때 유속은 약 몇 [m/s]인가?

① 2.08   ② 2.86
③ 3.52   ④ 5.05

해설 유속을 구하면

$$Q = uA$$

$$u = \frac{Q}{\frac{\pi}{4}d^2} = \frac{5.4[\text{m}^3]/60[\text{s}]}{\frac{\pi}{4}(0.2[\text{m}])^2} = 2.86[\text{m/s}]$$

22

일차원 유동에서의 연속방정식(Continuity Equation)에 해당하는 것은?

① $PV = nRT$

② $\rho_1 A_1 V_1 = \rho_2 A_2 V_2$

③ $\dfrac{dx}{u} = \dfrac{dy}{v} = \dfrac{dz}{w}$

④ $\dfrac{dP}{\rho} + VdV + gdZ = 0$

해설 ① 이상기체 상태방정식
③ 유선의 방정식
④ 오일러의 운동방정식

23

안지름 10[cm]인 곧고 긴 수평 파이프 내를 평균유속 5[m/s]로 물이 흐르고 있다. 길이 10[m] 사이에서 나타나는 손실수두는 약 몇 [m]인가?(단, 관마찰계수는 0.0130이다)

① 0.17   ② 1.66
③ 1.8   ④ 1.89

해설 Darcy-Weisbach식 : 수평관을 정상적으로 흐를 때 적용

$$h = \frac{\Delta P}{\gamma} = \frac{flu^2}{2gD}[\text{m}]$$

여기서, h : 마찰손실[m],
ΔP : 압력차[kg$_f$/m²]
γ : 유체의 비중량
　　(물의 비중량 1,000[kg$_f$/m³])
f : 관의 마찰계수
l : 관의 길이[m]
u : 유체의 유속[m/s]
D : 관의 내경[m]

$$\therefore H = \frac{flu^2}{2gD} = \frac{0.013 \times 10 \times 5^2}{2 \times 9.8 \times 0.1} = 1.66[\text{m}]$$

24

다음 중 이상유체의 정의를 옳게 설명한 것은?

① 압축을 가하면 체적이 수축하고 압력을 제거하면 처음 체적으로 되돌아가는 유체
② 유체유동 시 마찰 전단 응력이 발생하지 않으며 압력변화에 따른 체적변화가 없는 유체
③ 뉴턴의 점성법칙을 만족하는 유체
④ 오염되지 않은 순수한 유체

해설 **이상유체** : 유체유동 시 마찰 전단 응력이 발생하지 않으며 압력변화에 따른 체적변화가 없는 유체

25

유량계수가 0.94인 방수노즐로부터 방수압력(계기압력) 255[kPa]로 물을 방사할 때 방수량을 측정하였더니 매분 0.1[m³]이었다면 사용한 노즐의 구경은 약 몇 [mm]인가?

① 10　　　　　　　② 12
③ 14　　　　　　　④ 16

해설
- 양정 $H = \dfrac{P}{\gamma} = \dfrac{255 \times 10^3 [\mathrm{N/m^2}]}{9,800 [\mathrm{N/m^3}]} = 26.02 [\mathrm{m}]$
- 유량 $Q = C\left(\dfrac{\pi}{4} \times d^2\right)\sqrt{2g\dfrac{P}{\gamma}}$ 에서
- 직경 $d = \sqrt{\dfrac{4Q}{C\pi\sqrt{2gH}}}$
  $= \sqrt{\dfrac{4 \times 0.1/60}{0.94 \times \pi \times \sqrt{2 \times 9.8 \times 26.02}}}$
  $= 9.998 \times 10^{-3} [\mathrm{m}]$
  $= 10 [\mathrm{mm}]$

26

벤투리미터에 물이 흐르고 있다. 입구(직경 10[cm])와 목부분(직경 4[cm])에 수은이 채워진 U자관으로 측정하니 수은주의 높이 차이가 8[cm]이었다. 유량계수가 0.65일 때 유량은 몇 [m³/s]인가?

① 0.00077　　　　② 0.00093
③ 0.00127　　　　④ 0.00367

해설
유량 $Q = \dfrac{C_v \times A_2}{\sqrt{1 - \left(\dfrac{A_2}{A_1}\right)^2}} \times \sqrt{2g\dfrac{P_1 - P_2}{\gamma}}$ 에서

$P_1 - P_2 = (13.6 - 1) \times 0.08 \times 1,000$
$\qquad\quad = 1,008 [\mathrm{kg_f/m^2}]$

$Q = \dfrac{0.65 \times \left(\dfrac{\pi}{4} \times 0.04^2\right)}{\sqrt{1 - \left(\dfrac{\dfrac{\pi}{4} \times 0.04^2}{\dfrac{\pi}{4} \times 0.1^2}\right)^2}} \times \sqrt{2 \times 9.8 \times \dfrac{1,008}{1,000}}$

$= 3.67 \times 10^{-3} [\mathrm{m^3/s}]$

27

이상기체의 정압비열(C_P), 정적비열(C_V), 비열비(k), 기체상수(R)의 관계 중 틀린 표현은?

① $k = \dfrac{C_P}{C_V}$　　　　② $C_P = \dfrac{R}{(k-1)}$

③ $C_P = \dfrac{(k-1)}{k}R$　　④ $C_P - C_V = R$

해설
기체상수 $R = C_P - C_V$, 비열비 $k = \dfrac{C_P}{C_V}$,

정적비열 $C_V = \dfrac{C_P}{k}$

$C_P - \dfrac{C_P}{k} = R$, $\dfrac{k-1}{k} \times C_P = R$

정압비열 $C_P = \dfrac{k}{k-1}R$

28

다음 분말소화약제의 주성분 중에서 A, B, C급 화재 모두에 적응성이 있는 것은?

① $KHCO_3$　　　　② $NaHCO_3$
③ $Al_2(SO_4)_3$　　④ $NH_4H_2PO_4$

해설 분말 제3종 : 제일인산암모늄($NH_4H_2PO_4$), A, B, C급 화재에 적응성이 있다.

29

소화약제의 특성에 관한 설명 중 옳은 것은?

① 분말소화약제는 입도가 클수록 소화효과가 증대된다.
② 제1종 분말소화약제는 백색으로 착색되어 있다.
③ 이산화탄소의 3중점은 31[℃]이다.
④ 할론소화약제 중 할론 2402가 가장 독성이 약하다.

해설 소화약제의 특성
- 분말소화약제는 입도가 골고루 미세하게(20~25 [μm]) 분포되어 있어야 소화효과가 증대된다.
- 제1종 분말소화약제는 백색으로 착색되어 있다.
- 이산화탄소의 3중점은 −56.3[℃]이다.
- 할론소화약제 중 할론 1301이 가장 독성이 약하다.

30

그림과 같은 작동 유체가 물인 수압기에서 정적 평형을 이루고자 할 때 A 부분에 가해야 하는 하중의 크기는 몇 [N]인가?

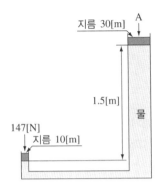

① 284

② 314

③ 362

④ 1,323

해설 압력 $P = \gamma H + P_A$ 에서

$$\frac{F}{A} = \gamma H + \frac{F_A}{A_A}$$

$$F_A = A_A \times \left(\frac{F}{A} - \gamma H \right)$$

$$= \frac{\pi}{4} \times 0.3^2 \times \left(\frac{147}{\frac{\pi}{4} \times 0.1^2} - 9,800 \times 1.5 \right)$$

$$= 283.9[N]$$

31

동점성계수가 $6 \times 10^{-5}[m^2/s]$인 유체가 $0.4[m^3/s]$의 유량으로 원관에 흐르고 있다. 하임계 레이놀즈수가 2,100일 때 층류로 흐를 수 있는 관의 최소 지름은 몇 [m]인가?

① 1.01

② 2.02

③ 4.05

④ 6.06

해설 레이놀즈수 $Re = \dfrac{ud}{\nu} = 2,100$

연속방정식 $Q = Au = \left(\dfrac{\pi}{4} \times d^2 \right) u$ 에서

$$Re = \frac{4Q}{\pi d^2} \times \frac{d}{\nu} = \frac{4Q}{\pi d \nu}$$

관경 $d = \dfrac{4Q}{\pi \nu Re}$

$$= \frac{4 \times 0.4}{\pi \times 6 \times 10^{-5} \times 2,100} = 4.044[m]$$

32

그림에서 A점의 압력 P_A와 B점의 압력 P_B와의 압력차 $(P_A - P_B)$는 약 몇 [kPa]인가?

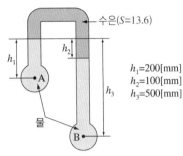

$h_1 = 200[mm]$
$h_2 = 100[mm]$
$h_3 = 500[mm]$

① 9.4

② 10.4

③ 11.4

④ 12.4

해설 P_A와 P_B의 관계식은

$$P_A - P_B = \gamma_2 h_2 + \gamma_1 h_1 - \gamma_3 h_3$$

$$= (13.6 \times 1,000[kg_f/m^3] \times 0.1[m])$$

$$+ (1 \times 1,000[kg_f/m^3] \times 0.2[m])$$

$$- (1 \times 1,000[kg_f/m^3] \times 0.5[m])$$

$$= 1,060[kg_f/m^2]$$

∴ 이것을 [kPa]로 환산하면

$$\frac{1,060[kg_f/cm^2]}{10,332[kg_f/m^2]} \times 101.3[kPa] = 10.39[kPa]$$

33

다음 중 오존층파괴효과가 없는(ODP = 0) 소화약제는?

① Halon 1301

② HFC-227ea

③ HCFC BLEND A

④ Halon 1211

해설 할로겐화합물 및 불활성기체 소화약제

소화약제	화학식
퍼플루오르부탄 (이하 "FC-3-1-10"이라 한다)	C_4F_{10}
하이드로클로로플루오르카본혼화제 (이하 "HCFC BLEND A"라 한다)	HCFC-123($CHCl_2CF_3$) : 4.75[%] HCFC-22($CHClF_2$) : 82[%] HCFC-124($CHClCF_3$) : 9.5[%] $C_{10}H_{16}$: 3.75[%]
클로로테트라플루오르에탄 (이하 "HCFC-124"라 한다)	$CHClFCF_3$
펜타플루오르에탄 (이하 "HFC-125"라 한다)	CHF_2CF_3

헵타플루오르프로판 (이하 "HFC-227ea"라 한다)	CF₃CHFCF₃
트리플루오르메탄 (이하 "HFC-23"이라 한다)	CHF₃
헥사플루오르프로판 (이하 "HFC-236fa"라 한다)	CF₃CH₂CF₃
트리플루오르이오다이드 (이하 "FIC-13I1"이라 한다)	CF₃I
불연성·불활성기체 혼합가스 (이하 "IG-01"이라 한다)	Ar
불연성·불활성기체 혼합가스 (이하 "IG-100"이라 한다)	N₂
불연성·불활성기체 혼합가스 (이하 "IG-541"이라 한다)	N₂ : 52[%], Ar : 40[%], CO₂ : 8[%]
불연성·불활성기체 혼합가스 (이하 "IG-55"라 한다)	N₂ : 50[%], Ar : 50[%]
도데카플루오르-2-메틸펜탄-3-원 (이하 "FK-5-1-12"라 한다)	CF₃CF₂C(O)CF(CF₃)₂

∴ HCFC BLEND A는 ODP가 0.044로서 2030년에는 생산이 금지되는 약제이고 할론소화약제는 당연히 ODP가 높고, HFC-227ea는 ODP가 0이고 비점이 −16.4[℃]로 전역방출방식에 적합한 소화약제이다.

34

펌프의 흡입 이론에서 볼 때 대기압이 100[kPa]인 곳에서 펌프의 흡입 배관으로 물을 흡수할 수 있는 이론 최대 높이는 약 몇 [m]인가?

① 5　　　　　　　　② 10
③ 14　　　　　　　　④ 98

해설 표준대기압 $1[atm] = 101.325[kPa] = 10.332[mH_2O]$

압력 $P = \gamma H$에서

양정 $H = \dfrac{100}{101.325} \times 10.332 = 10.2[m]$

35

관 속을 물이 유속 10[m/s]로 유동한다. 관경의 변화로 유속이 5[m/s]로 변화되었다면 압력 수두는?(단, 유동 마찰손실은 무시하고 위치에너지는 동일한 것으로 한다)

① 약 3.82[m] 증가　　② 약 3.44[m] 증가
③ 약 2.78[m] 증가　　④ 약 2.38[m] 증가

해설 베르누이 방정식

$$\frac{P_1}{\gamma} + \frac{u_1^2}{2g} + Z_1 = \frac{P_2}{\gamma} + \frac{u_2^2}{2g} + Z_2, \ Z_1 = Z_2$$

$$\frac{P_2}{\gamma} - \frac{P_1}{\gamma} = \frac{u_1^2}{2g} - \frac{u_2^2}{2g}$$

$$= \frac{10^2}{2 \times 9.8} - \frac{5^2}{2 \times 9.8}$$

$$= 3.827[m]$$

36

어떤 이상기체가 체적 V_1, 압력 P_1으로부터 체적 V_2, 압력 P_2까지 등온팽창하였다. 이 과정 중에 일어난 내부 에너지의 변화량 $\Delta U = U_2 - U_1$과 엔탈피의 변화량 $\Delta H = H_2 - H_1$을 맞게 나타낸 관계식은?

① $\Delta U > 0, \ \Delta H < 0$　　② $\Delta U < 0, \ \Delta H > 0$
③ $\Delta U > 0, \ \Delta H > 0$　　④ $\Delta U = 0, \ \Delta H = 0$

해설 등온과정($\Delta t = 0$)

내부에너지 $\Delta U = C_V \Delta t = 0$

엔탈피 $\Delta H = C_P \Delta t = 0$

37

할로겐화합물 및 불활성기체 소화약제가 저장용기의 설치 장소에 대한 설명으로 틀린 것은?

① 온도가 70[℃] 이하이고 온도변화가 작은 곳에 설치할 것
② 직사광선 및 빗물 침투 우려가 없는 곳에 설치할 것
③ 방화문으로 구획된 실에 설치할 것
④ 방호구역 외의 장소에 설치할 것

해설 할로겐화합물 및 불활성기체 소화약제의 저장용기 설치 기준
- 방호구역 외의 장소에 설치할 것. 다만, 방호구역 내에 설치할 경우에는 피난 및 조작이 용이하도록 피난구 부근에 설치하여야 한다.
- 온도가 55[℃] 이하이고 온도의 변화가 작은 곳에 설치할 것
- 직사광선 및 빗물이 침투할 우려가 없는 곳에 설치할 것
- 방화문으로 구획된 실에 설치할 것
- 용기의 설치장소에는 해당 용기가 설치된 곳임을 표시하는 표지를 할 것

- 용기 간의 간격은 점검에 지장이 없도록 3[cm] 이상의 간격을 유지할 것
- 저장용기와 집합관을 연결하는 연결배관에는 체크밸브를 설치할 것. 다만, 저장용기가 하나의 방호구역만을 담당하는 경우에는 그러하지 아니하다.

38

다음 중 등엔트로피과정은?

① 가역압축과정
② 가역등온과정
③ 가역등온압축과정
④ 가역단열과정

해설 등엔트로피과정 : 가역단열과정

39

계기압력이 1.2[MPa]이고 대기압이 96[kPa]일 때 절대압력은 몇 [kPa]인가?

① 1,104
② 1,200
③ 1,296
④ 108

해설 절대압력 = 대기압 + 계기압력
$$= 96[kPa] + 1.2 \times 1,000[kPa]$$
$$= 1,296[kPa]$$

40

캐비테이션(공동현상)의 발생원인과 관계가 먼 것은?

① 펌프의 설치위치가 물탱크보다 높을 때
② 관 내의 유체가 고온일 때
③ 펌프의 임펠러 속도가 클 때
④ 펌프의 흡입측 수두가 작을 때

해설 공동현상의 발생원인
- 펌프의 흡입측 수두가 클 때
- 펌프의 마찰손실이 클 때
- 펌프의 임펠러 속도가 클 때
- 펌프의 흡입관경이 적을 때
- 펌프 설치위치가 수원보다 높을 때
- 관 내의 유체가 고온일 때
- 펌프의 흡입압력이 유체의 증기압보다 낮을 때

제 3 과목 소방관계법규

41

다음 중 피난층에 대한 설명으로 가장 알맞은 것은?

① 건축물의 1층
② 건축물의 옥상
③ 옥상으로 직접 피난할 수 있는 층
④ 곧바로 지상으로 갈 수 있는 출입구가 있는 층

해설 피난층 : 곧바로 지상으로 갈 수 있는 출입구가 있는 층

42

다음 중 화재 또는 구조·구급이 필요한 상황을 거짓으로 알린 사람에게 부과하는 과태료금액의 기준으로 알맞은 것은?

① 50만원
② 100만원
③ 150만원
④ 500만원

해설 과태료
(1) **500만원 이하의 과태료**
   화재 또는 구조·구급이 필요한 상황을 거짓으로 알린 사람
(2) **200만원 이하의 과태료**
   ① 소방용수시설, 소화기구 및 설비 등의 설치 명령을 위반한 자
   ② 불을 사용할 때 지켜야 하는 사항 및 같은 조 제2항에 따른 특수가연물의 저장 및 취급 기준을 위반한 자
   ③ 한국119청소년단 또는 이와 유사한 명칭을 사용한 자
   ④ 소방자동차의 출동에 지장을 준 자
   ⑤ 소방활동구역을 출입한 사람
   ⑥ 출입·조사 등의 명령을 위반하여 보고 또는 자료 제출을 하지 아니하거나 거짓으로 보고 또는 자료 제출을 한 자
   ⑦ 한국소방안전원 또는 이와 유사한 명칭을 사용한 자
(3) **100만원 이하의 과태료**
   전용구역에 차를 주차하거나 전용구역에의 진입을 가로막는 등의 방해행위를 한 자

43

자동화재탐지설비를 설치하여야 하는 건축물의 기준으로 옳지 않은 것은?

① 연면적 600[m²] 이상인 숙박시설
② 연면적 1,000[m²] 이상인 공동주택
③ 연면적 2,000[m²] 이상인 동식물관련시설
④ 연면적 1,500[m²] 이상인 교육연구시설

해설 자동화재탐지설비를 설치하여야 하는 특정소방대상물

(1) **근린생활시설**(목욕장은 제외한다), **의료시설**(정신의료기관 또는 요양병원은 제외), **숙박시설, 위락시설, 장례식장** 및 **복합건축물**로서 연면적 600[m²] **이상**인 것
(2) **공동주택**, 근린생활시설 중 **목욕장, 문화 및 집회시설**, 종교시설, **판매시설**, 운수시설, **운동시설**, 업무시설, 공장, 창고시설, 위험물 저장 및 처리시설, 항공기 및 자동차 관련 시설, 교정 및 군사시설 중 국방·군사시설, 방송통신시설, **발전시설**, 관광 휴게시설, 지하가(터널은 제외한다)로서 연면적 **1,000[m²] 이상**인 것
(3) **교육연구시설**(교육시설 내에 있는 기숙사 및 합숙소를 포함한다), 수련시설(수련시설 내에 있는 기숙사 및 합숙소를 포함하며, 숙박시설이 있는 수련시설은 제외한다), **동물 및 식물 관련 시설**, 분뇨 및 쓰레기 처리시설, **교정 및 군사시설**(국방·군사시설은 제외한다) 또는 묘지 관련 시설로서 연면적 **2,000[m²] 이상**인 것
(4) **지하구**
(5) 지하가 중 **터널**로서 길이가 **1,000[m] 이상**인 것
(6) 노유자생활시설
(7) (6)에 해당하지 않는 노유자시설로서 연면적 400[m²] 이상인 노유자시설 및 숙박시설이 있는 수련시설로서 수용인원 100명 이상인 것
(8) 정신의료기관 또는 요양병원으로서 다음에 해당하는 시설
 • 요양병원(정신병원과 의료재활시설은 제외)
 • 정신의료기관 또는 의료재활시설로 사용되는 바닥면적의 합계가 300[m²] 이상인 시설
 • 정신의료기관 또는 의료재활시설로 사용되는 바닥면적의 합계가 300[m²] 미만이고 창살이 설치된 시설
(9) 판매시설 중 전통시장

44

다음 중 제조 또는 가공공정에서 방염성능이 있어야 할 물품에 속하지 않는 것은?

① 창문에 설치하는 커튼류(블라인드를 포함한다)
② 무대용 합판 또는 섬유판
③ 전시용 합판 또는 섬유판
④ 냉장고

해설 방염성능대상물품(제조, 가공공정에서)
 • 창문에 설치하는 커튼류(블라인드를 포함)
 • 카펫, 두께가 2[mm] 미만인 벽지류로서 종이벽지를 제외한 것
 • 전시용 합판 또는 섬유판, 무대용 합판 또는 섬유판
 • 암막·무대막(영화상영관에 설치하는 스크린을 포함)
 • 소파·의자(단란주점영업, 유흥주점영업, 노래연습장의 영업장에 설치하는 것만 해당)

45

특수가연물의 품명과 수량기준이 바르게 짝지어진 것은?

① 면화류 – 200[kg] 이상
② 대팻밥 – 300[kg] 이상
③ 가연성 고체류 – 1,000[kg] 이상
④ 발포시킨 합성수지류 – 10[m³] 이상

해설 특수가연물의 종류(영 별표 2)

품 명		수 량
면화류		200[kg] 이상
나무껍질 및 대팻밥		400[kg] 이상
넝마 및 종이부스러기		1,000[kg] 이상
사 류		1,000[kg] 이상
볏짚류		1,000[kg] 이상
가연성 고체류		3,000[kg] 이상
석탄·목탄류		10,000[kg] 이상
가연성 액체류		2[m³] 이상
목재가공품 및 나무부스러기		10[m³] 이상
합성수지류	발포시킨 것	20[m³] 이상
	그 밖의 것	3,000[kg] 이상

46

특정소방대상물의 관계인이 작동기능점검을 실시한 때 그 점검결과의 처리방법으로 가장 알맞은 것은?

① 30일 이내 소방본부장에 세출한다.
② 7일 이내 소방서장에게 제출한다.
③ 1년 이내 시·도지사에게 제출한다.
④ 3년간 자체보관한다.

정답 43 ④ 44 ④ 45 ① 46 ②

해설 점검결과 처리
- 작동기능점검 : 7일 이내에 소방본부장 또는 소방서장에게 제출
- 종합정밀점검 : 7일 이내에 소방본부장 또는 소방서장에게 제출

사이렌 신호	5초 간격을 두고 30초씩 3회	5초 간격을 두고 5초씩 3회	1분간 1회	10초 간격을 두고 1분씩 3회

그 밖의 신호	통풍대 ─ 적색 / 백색	게시판 ─ 화재경보발령중	기 ─ 적색 / 백색

47

다음 중 화재경계지구의 지정 등에 관한 설명으로 적절하지 않은 것은?

① 화재경계지구는 소방본부장이나 소방서장이 지정한다.

② 화재가 발생우려가 높거나 화재가 발생하는 경우 그로 인하여 피해가 클 것으로 예상되는 지역을 지정한다.

③ 소방본부장은 화재의 예방과 경계를 위하여 필요하다고 인정하는 때에는 관계인에 대하여 소방용수시설 또는 소화기구의 설치를 명할 수 있다.

④ 소방서장은 화재경계지구 안의 관계인에 대하여 소방상 필요한 훈련 및 교육을 실시할 수 있다.

해설 화재경계지구 지정권자 : 시·도지사

48

다음 화재예방·소방활동 또는 소방훈련을 위하여 사용되는 소방신호에 포함되지 않는 것은?

① 경계신호 ② 발화신호
③ 대피신호 ④ 해제신호

해설 소방신호(기본법 시행규칙 제 10조)
- 소방신호의 종류
  - 경계신호 : 화재예방상 필요하다고 인정되거나 법 제14조의 규정에 의한 화재위험 경보 시 발령
  - 발화신호 : 화재가 발생한 때 발령
  - 해제신호 : 소화활동이 필요 없다고 인정되는 때 발령
  - 훈련신호 : 훈련상 필요하다고 인정되는 때 발령
- 소방신호의 방법(규칙 별표 4)

종별 신호방법	경계신호	발화신호	해제신호	훈련신호
타종신호	1타와 연 2타를 반복	난 타	상당한 간격을 두고 1타씩 반복	연 3타 반복

49

일반음식점에서 조리를 위해 불을 사용하는 설비를 설치할 때 지켜야 할 사항으로 적절하지 않은 것은?

① 주방시설에는 동물 또는 식물의 기름을 제거할 수 있는 필터 등을 설치할 것

② 열을 발생하는 조리기구는 반자 또는 선반으로부터 50[cm] 이상 떨어지게 할 것

③ 주방설비에 부속된 배기덕트는 0.5[mm] 이상의 아연도금 강판·이와 동등 이상의 내식성 불연재료로 설치할 것

④ 열을 발생하는 조리기구로부터 15[cm] 이내의 거리에 있는 가연성 주요구조부는 석면판 또는 단열성이 있는 불연재료로 덮어 씌울 것

해설 보일러 등의 위치·구조 및 관리와 화재예방을 위하여 불의 사용에 있어서 지켜야 하는 사항(영 별표 1)

종 류	음식조리를 위하여 설치하는 설비
내 용	일반음식점에서 조리를 위하여 불을 사용하는 설비를 설치하는 경우에는 다음의 사항을 지켜야 한다. 가. 주방설비에 부속된 배기덕트는 0.5[mm] 이상의 아연도금강판 또는 이와 동등 이상의 내식성 불연재료로 설치할 것 나. 주방시설에는 동물 또는 식물의 기름을 제거할 수 있는 필터 등을 설치할 것 다. 열을 발생하는 조리기구는 반자 또는 선반으로부터 0.6[m] 이상 떨어지게 할 것 라. 열을 발생하는 조리기구로부터 0.15[m] 이내의 거리에 있는 가연성 주요구조부는 석면판 또는 단열성이 있는 불연재료로 덮어 씌울 것

50

형식승인을 받지 아니한 소방용품을 소방시설공사에
사용한 때의 벌칙으로 알맞은 것은?

① 10년 이하의 징역 또는 10,000만원 이하의 벌금
② 5년 이하의 징역 또는 5,000만원 이하의 벌금
③ 3년 이하의 징역 또는 3,000만원 이하의 벌금
④ 2년 이하의 징역 또는 1,000만원 이하의 벌금

해설 형식승인을 받지 아니한 소방용품을 소방시설공사에 사
용한 때의 벌칙 : 3년 이하의 징역 또는 3,000만원 이하
의 벌금

51

다음 중 소방시설업에 포함되지 않는 영업은?

① 소방시설공사업 　② 소방시설설계업
③ 소방시설관리업 　④ 소방공사감리업

해설 소방시설업 : 소방시설설계업, 소방시설공사업, 소방
공사감리업, 방염처리업

52

다음 중 대통령령 또는 화재안전기준의 변경으로 그
기준이 강화된 경우 기존 특정소방대상물에 대하여
강화된 기준을 적용할 수 있는 소방시설의 종류로
알맞은 것은?

① 옥내소화전설비
② 스프링클러설비
③ 물분무 등 소화설비
④ 자동화재속보설비

해설 화재안전기준의 변경으로 그 기준이 강화된 경우 기존
특정소방대상물에 대하여 강화된 기준을 적용할 수 있는
소방시설의 종류(설치유지법률 제11조)
• 지하구에 설치하여야 하는 소방시설 등(공동구, 전
　력 또는 통신사업용지하구)
• 노유자시설, 의료시설에 설치하는 소방시설 등 중
　대통령령으로 정하는 것
• 다음 소방시설 중 대통령령으로 정하는 것(소화기구,
　비상경보설비, 자동화재속보설비, 피난구조설비)

53

다음 중 소방기본법상 소방체험관을 설립하여 운영할
수 있는 자로 알맞은 것은?

① 문화체육관광부장관
② 소방청장
③ 시·도지사
④ 소방본부장

해설 소방체험관의 설립·운영권자 : 시·도지사

소방박물관의 설립·운영권자 : **소방청장**

54

소방용수시설인 저수조의 설치기준으로서 알맞은
것은?

① 지면으로부터의 낙차가 4.5[m] 이하일 것
② 흡수 부분의 수심이 0.5[m] 이하일 것
③ 흡수관의 투입구가 사각형의 경우에는 한 변의
　길이가 60[cm] 이하일 것
④ 저수조에 물을 공급하는 방법은 상수도에 연결하
　여 수동으로 급수되는 구조일 것

해설 저수조는 지면으로부터의 낙차가 4.5[m] 이하일 것

55

소방기본법상 소방용수시설에 포함되지 않는 것은?

① 소화전 　② 급수탑
③ 저수조 　④ 전용수조

해설 소방용수시설 : 소화전, 급수탑, 저수조

56

전문소방시설공사업의 등록을 하고자 할 때 법인의
자본금의 기준은?

① 5,000만원 이상 　② 1억원 이상
③ 2억원 이상 　④ 3억원 이상

해설 소방시설공사업의 등록기준 및 영업범위

업종별 \ 항목		기술인력
전문소방시설 공사업		가. 주된 기술인력 : 소방기술사 또는 기계분야와 전기분야의 소방설비기사 각 1명(기계분야 및 전기분야의 자격을 함께 취득한 사람 1명) 이상 나. 보조기술인력 : 2명 이상
일반 소방시설 공사업	기계 분야	가. 주된 기술인력 : 소방기술사 또는 기계분야 소방설비기사 1명 이상 나. 보조기술인력 : 1명 이상
	전기 분야	가. 주된 기술인력 : 소방기술사 또는 전기분야 소방설비기사 1명 이상 나. 보조기술인력 : 1명 이상

업종별 \ 항목		자본금(자산평가액)
전문소방시설 공사업		가. 법인 : 1억원 이상 나. 개인 : 자산평가액 1억원 이상
일반 소방시설 공사업	기계 분야	가. 법인 : 1억원 이상 나. 개인 : 자산평가액 1억원 이상
	전기 분야	가. 법인 : 1억원 이상 나. 개인 : 자산평가액 1억원 이상

업종별 \ 항목		영업범위
전문소방시설 공사업		특정소방대상물에 설치되는 기계분야 및 전기분야 소방시설의 공사·개설·이전 및 정비
일반 소방시설 공사업	기계 분야	가. 연면적 1만[m²] 미만의 특정소방대상물에 설치되는 기계분야 소방시설의 공사·개설·이전 및 정비 나. 위험물제조소 등에 설치되는 기계분야 소방시설의 공사·개설·이전 및 정비
	전기 분야	가. 연면적 1만[m²] 미만의 특정소방대상물에 설치되는 전기분야 소방시설의 공사·개설·이전·정비 나. 위험물제조소 등에 설치되는 전기분야 소방시설의 공사·개설·이전·정비

57

다음 중 위험물제조소의 변경허가를 받아야 하는 경우가 아닌 것은?

① 제조소의 위치를 이전하는 경우
② 안전장치를 신설하는 경우
③ 지정수량의 배수를 변경하는 경우
④ 위험물취급탱크의 탱크전용실을 증설하는 경우

해설 위험물제조소의 변경허가 대상
• 제조소 또는 일반취급소의 위치를 이전하는 경우
• 온도 및 농도의 상승에 의한 위험한 반응을 방지하기 위한 설비를 신설하는 경우
• 위험물취급탱크의 탱크전용실을 증설 또는 교체하는 경우

> 제조소 등의 변경신고대상 : 위험물의 품명, 위험물의 수량, 지정수량의 배수

58

단독경보형감지기의 설치대상 기준으로 옳지 않은 것은?

① 연면적 1,000[m²] 미만의 아파트
② 연면적 500[m²] 미만의 숙박시설
③ 연면적 2,000[m²] 미만의 교육연구시설 내에 있는 기숙사
④ 연면적 1,000[m²] 미만의 기숙사

해설 단독경보형감지기를 설치하여야 하는 특정소방대상물
• 연면적 1,000[m²] 미만의 아파트
• 연면적 1,000[m²] 미만의 기숙사
• 교육연구시설 내에 있는 합숙소 또는 기숙사로서 연면적 2,000[m²] 미만인 것
• 연면적 600[m²] 미만의 숙박시설
• 연면적 400[m²] 미만의 유치원

59

다음 소방시설 중 소화설비에 포함되지 않는 것은?

① 연결살수설비   ② 자동확산소화기
③ 옥외소화전설비   ④ 옥내소화전설비

해설 연결살수설비 : 소화활동설비

60

다음 소방시설 중 하자보수보증기간이 2년이 아닌 것은?

① 유도등   ② 피난기구
③ 무선통신보조설비   ④ 자동화재탐지설비

해설 자동화재탐지설비는 하자보수보증기간이 3년이다.

제 **4** 과목 | **소방기계시설의 구조 및 원리**

61

특별피난계단의 계단실 및 부속실 제연설비에서 유입 공기의 배출방식으로 옳지 않은 것은?

① 수직풍도에 따른 배출
② 배출구에 따른 배출
③ 제연설비에 따른 배출
④ 수평풍도에 따른 배출

[해설] **유입공기의 배출방식(특별피난계단의 계단실 및 부속실 제연설비의 화재안전기준 제13조)**
- **수직풍도에 따른 배출** : 옥상으로 직통하는 전용의 배출용 수직풍도를 설치하여 배출하는 것으로서 다음의 어느 하나에 해당하는 것
  - 자연배출식 : 굴뚝효과에 따라 배출하는 것
  - 기계배출식 : 수직풍도의 상부에 전용의 배출용 송풍기를 설치하여 강제로 배출하는 것
- **배출구에 따른 배출** : 건물의 옥내와 면하는 외벽마다 옥외와 통하는 배출구를 설치하여 배출하는 것
- **제연설비에 따른 배출** : 거실제연설비가 설치되어 있고 해당 옥내로부터 옥외로 배출하여야 하는 유입공기의 양을 거실제연설비의 배출량에 합하여 배출하는 경우 유입공기의 배출은 해당 거실제연설비에 따른 배출로 갈음할 수 있다.

62

다음은 연결살수설비가 설치된 하나의 송수구역에 설치한 헤드수가 12개인 경우 송수구의 설치상태이다. 옳지 않은 것은?

① 송수구는 쌍구형으로 설치하였다.
② 송수구는 지면으로부터 1.2[m] 높이에 설치하였다.
③ 송수구로부터 주배관에 이르는 배관에는 개폐밸브를 설치하지 아니하였다.
④ 소방자동차의 접근이 가능하고 노출된 장소에 설치하였다.

[해설] **송수구 등**
- 소방차가 쉽게 접근할 수 있고 노출된 장소에 설치할 것
- 송수구는 구경 65[mm]의 쌍구형으로 할 것(단, 살수 헤드의 수가 10개 이하인 것은 단구형)
- 개방형 헤드를 사용하는 송수구의 호스접결구는 각 송수구역마다 설치할 것(단, 선택밸브가 설치되어 있고 주요구조부가 내화구조일 때에는 예외)
- 송수구로부터 주 배관에 이르는 연결 배관에는 개폐밸브를 설치하지 아니할 것
- **송수구**는 지면으로부터 높이가 **0.5[m] 이상 1[m] 이하**의 위치에 설치할 것
- 송수구 부근의 설치기준
  - 폐쇄형 헤드 사용 : 송수구 → 자동배수밸브 → 체크밸브
  - 개방형 헤드 사용 : 송수구 → 자동배수밸브
- 개방형 헤드를 사용하는 연결살수설비에 있어서 하나의 송수구역에 설치하는 살수 헤드의 수는 10개 이하가 되도록 할 것

63

연결송수관설비 송수구를 건식의 경우에 설치하는 순서로 적당한 것은?

① 송수구 → 자동배수밸브 → 체크밸브
② 송수구 → 자동배수밸브 → 체크밸브 → 자동배수밸브
③ 송수구 → 체크밸브 → 자동배수밸브
④ 송수구 → 자동배수밸브 → 자동배수밸브 → 체크밸브

[해설] **연결송수관설비의 송수구 설치기준**
- 송수구는 65[mm]의 나사식 쌍구형으로 할 것
- 송수구 부근의 설치기준
  - 습식 : 송수구 → 자동배수밸브 → 체크밸브
  - **건식 : 송수구 → 자동배수밸브 → 체크밸브 → 자동배수밸브**
- 소방자동차가 쉽게 접근할 수 있고 노출된 장소에 설치할 것
- 지면으로부터 높이가 0.5[m] 이상 1.0[m] 이하의 위치에 설치할 것
- 송수구는 연결송수관의 수직배관마다 1개 이상을 설치할 것
- 주배관의 구경 : 100[mm] 이상

64

대형소화기의 능력단위를 바르게 설명한 것은?

① A급 5단위 이상, B급 10단위 이상
② A급 10단위 이상, B급 15단위 이상
③ A급 10단위 이상, B급 20단위 이상
④ A급 20단위 이상, B급 30단위 이상

해설 **소화능력단위에 의한 분류**

- 소형소화기 : 능력단위 1단위 이상이면서 대형소화기의 능력단위 이하인 소화기
- 대형소화기 : 능력단위가 **A급 화재는 10단위 이상**, **B급 화재는 20단위 이상**인 것으로서 소화약제 충전량은 표에 기재한 이상인 소화기

종 별	소화약제의 충전량	종 별	소화약제의 충전량
포	20[L]	분 말	20[kg]
강화액	60[L]	할 론	30[kg]
물	80[L]	이산화탄소	50[kg]

65

다음 중 옥내소화전설비의 함에 표시되지 않는 것은?

① 옥내소화전설비의 위치 표시등
② 가압송수장치의 시동 표시등
③ 옥내소화전설비의 사용요령을 기재한 표지판
④ 상용전원 또는 비상전원의 확인 표시등

해설 **옥내소화전설비의 함**

- 위치 표시등
- 가압송수장치의 기동 표시등
- 옥내소화전설비의 사용요령을 기재한 표지판
- "소화전"이라는 표시와 사용요령을 기재한 표지판 (외국어 병기)

66

옥상에 설치되어 있는 소화설비 전용 물탱크에 수원을 공급하기 위하여 양정 25[m], 송출량 30[L/s]인 소형 급수펌프를 설치하였을 경우 본 급수펌프의 수동력은 약 몇 [kW]인가?(단, 유체의 비중은 0.998이다)

① 7.34
② 8.34
③ 9.34
④ 10.34

해설 **수동력**

$$P[\text{kW}] = \frac{\gamma \times Q \times H}{102}$$
$$= \frac{998[\text{kg}_f/\text{m}^3] \times 0.03[\text{m}^3/\text{s}] \times 25[\text{m}]}{102}$$
$$= 7.34[\text{kW}]$$

67

제연설비에 대한 설명으로 맞는 것은?

① 배출기의 배출측 풍도 안의 풍속은 15[m/s] 이하로 한다.
② 유입풍도 안의 풍속은 15[m/s] 이하로 한다.
③ 배출기의 흡입측 풍도 안의 풍속은 20[m/s] 이하로 한다.
④ 예상제연구역에 공기가 유입되는 순간의 풍속은 5[m/s] 이하가 되도록 한다.

해설 **배출기 및 배출풍도**

- 배출기
  - 배출기와 배출풍도의 접속 부분에 사용하는 캔버스는 내열성(석면 재료는 제외)이 있는 것으로 할 것
  - 배출기의 전동기 부분과 배풍기 부분은 분리하여 설치하여야 하며 배풍기 부분은 유효한 내열처리 할 것
- 배출풍도
  - 배출풍도는 아연도금강판 등 내식성·내열성이 있는 것으로 할 것
  - 배출기 흡입측 풍도 안의 풍속은 15[m/s] 이하로 하고, 배출측의 풍속은 20[m/s] 이하로 할 것
- 유입풍도 안의 풍속은 20[m/s] 이하로 한다.

68

스프링클러설비에 설치한 물올림탱크(Priming Tank)에 대한 설명이다. 가장 적합한 것은?

① 가압펌프 및 흡입관로상에 누수가 발생하였을 때 이를 보충하여 주기 위한 설비이다.
② 오보(誤報)를 방지하기 위한 설비이다.
③ 배관 내의 급격한 압력상승을 방지하기 위하여 설비의 최상부에 설치하는 설비이다.
④ 경보 체크밸브(Alarm Check Valve)의 누수를 보충하기 위하여 각 경보 체크밸브에 설치하는 설비이다.

해설 물올림탱크(Priming Tank) : 펌프가 수조보다 높게 설치되어 있을 때 설치하는 것으로 가압펌프 및 흡입관로상에 누수가 발생하였을 때 이를 보충하여 주기 위한 설비

69

특수가연물을 저장하는 장소에 포워터 스프링클러헤드를 사용하여 포소화설비를 설치하고자 할 때 바닥면적 얼마 이내의 부분에서, 표준방사량으로 몇 분간 동시에 방사할 수 있는 저수량 이상이어야 하는가?

① 200[m²], 10분 ② 200[m²], 20분
③ 100[m²], 20분 ④ 100[m²], 10분

해설 특정소방대상물에 따른 수원

특정소방 대상물	적용설비	수 원
특수가연물을 저장·취급하는 공장 또는 창고	• 포워터스프링클러설비 • 포헤드설비	가장 많이 설치된 층의 포헤드(바닥면적이 200[m²] 초과 시 200[m²] 이내에 설치된 포헤드)에서 동시에 표준방사량으로 10분간 방사할 수 있는 양 이상
	• 고정포방출설비 • 압축공기포소화설비	가장 많이 설치된 방호구역 안의 고정포 방출구에서 표준방사량으로 10분간 방사할 수 있는 양 이상
차고·주차장	• 호스릴 포소화설비 • 포소화설비	방수구(5개 이상은 5개)×6[m³] 이상
	• 포워터스프링클러설비 • 포헤드설비 • 고정포방출설비 • 압축공기포소화설비	특수가연물의 저장·취급하는 공장 또는 창고와 동일함
비행기 격납고	• 포워터스프링클러설비 • 포헤드설비 • 고정포방출설비 • 압축공기포소화설비	[가장 많이 설치된 포헤드 또는 고정포방출구에서 동시에 표준방사량으로 10분간 방사할 수 있는 양]+[호스릴 포소화설비를 함께 설치 시·방구구수(최대 5개)×6[m³]]

70

옥내소화전설비의 유효수량이 15,000[L]라고 하면 몇 [L] 이상을 옥상(옥내소화전설비가 설치된 건축물의 주된 옥상을 말한다)에 설치하여야 하는가?

① 5,000 이상 ② 7,500 이상
③ 10,000 이상 ④ 12,500 이상

해설 옥상에는 유효수량의 $\frac{1}{3}$ 을 옥상에 저장하여야 하므로

$$15,000[L] \times \frac{1}{3} = 5,000[L]$$

71

급기가압방식 제연설비에 사용되는 플랩댐퍼의 기능은 무엇인가?

① 제연공간의 과도한 압력을 외부로 방출하는 장치이다.
② 제연덕트 내에 설치되어 화재 시 자동으로 폐쇄 또는 개방되는 장치이다.
③ 급기가압 공간의 제연량을 자동으로 조절하는 장치이다.
④ 제연구역과 화재구역 사이의 연결을 자동으로 차단할 수 있는 댐퍼이다.

해설 플랩댐퍼
부속실의 설정압력범위를 초과하는 경우 압력을 배출하여 설정압 범위를 유지하게 하는 과압방지장치

72

옥외소화전설비의 설치, 유지에 관한 기술상의 기준 중 잘못된 것은?

① 소화전함에는 그 표면에 "호스격납함"이라고 표시한다.
② 소화전함은 옥외소화전마다 그로부터 5[m] 이내의 장소에 설치한다.
③ 가압송수장치의 기동을 표시하는 표시등은 적색으로 하고, 소화전함 상부 또는 그 직근에 설치한다.
④ 가압송수장치는 점검에 편리하고 화재 등에 의해 피해를 받을 우려가 없는 장소에 설치한다.

해설 옥외소화전설비의 소화전함 표면에는 "옥외소화전"이라고 표시한 표지를 할 것

73

스프링클러설비에서 가압송수장치의 펌프가 작동하고 있으나 헤드에서 물이 방출되지 않는 경우의 원인으로서 관계가 적은 것은?

① 헤드가 막혀있다.
② 배관이 막혀있다.
③ 제어밸브 및 자동밸브가 열리지 않는다.
④ 전기계통의 접속불량이 있다.

해설 전기계통의 접속불량이면 펌프가 작동하지 않는다.

74

국소방출방식에서 이산화탄소소화약제는 몇 초 이내에 방사할 수 있어야 하는가?

① 15초   ② 20초
③ 25초   ④ 30초

해설 방사시간

특정소방대상물	시 간
가연성 액체 또는 가연성 가스 등 표면화재 방호대상물	1분
종이, 목재, 석탄, 섬유류, 합성수지류 등 심부화재 방호대상물(설계농도가 2분 이내에 30[%] 도달)	7분
국소방출방식	30초

75

다음 할로겐화합물 및 불활성기체 중 기본성분이 다른 하나는?

① HCFC BLEND A   ② HFC-125
③ HFC-227ea   ④ IG-541

해설 IG-541은 불연성 · 불활성기체이다.

76

호스릴 분말소화설비는 방호대상물의 각 부분으로부터 하나의 호스 접결구까지의 수평거리가 몇 [m] 이하가 되도록 하여야 하는가?

① 10   ② 15
③ 20   ④ 25

해설 호스릴 소화설비의 방호대상물의 각 부분으로부터 하나의 호스접결구까지의 수평거리

• 이산화탄소, 분말소화설비 : 15[m] 이하
• 할론소화설비 : 20[m] 이하

77

다음은 옥내소화전 방수구에 대하여 설명한 것이다. 옳은 것은?

① 특정소방대상물의 각 부분으로부터 하나의 옥내소화전방수구까지의 수평거리가 40[m] 이하일 것
② 바닥으로부터의 높이가 1.8[m] 이하일 것
③ 호스는 구경 40[mm] 이하일 것
④ 특정소방대상물의 층마다 설치할 것

해설 옥내소화전설비의 방수구(개폐 밸브)

• 방수구(개폐 밸브)는 층마다 설치할 것
• 하나의 옥내소화전 방수구까지의 수평거리
  : 25[m] 이하(호스릴 옥내소화전설비를 포함)
• 설치위치 : 바닥으로부터 1.5[m] 이하
• 호스의 구경 : 40[mm] 이상(호스릴 옥내소화전설비
  : 25[mm] 이상)
• 옥내소화전 방수구의 설치 제외
  – 냉장창고 중 온도가 영하인 냉장실 또는 냉동창고의 냉동실
  – 고온의 노가 설치된 장소 또는 물과 격렬하게 반응하는 물품의 저장 또는 취급 장소
  – 발전소 · 변전소 등으로서 전기시설이 설치된 장소
  – 식물원 · 수족관 · 목욕실 · 수영장(관람석 부분은 제외), 그 밖의 이와 비슷한 장소
  – 야외음악당 · 야외극장 또는 그 밖의 이와 비슷한 장소

78

완강기의 속도 조절기에 관한 기술 중 옳지 않은 것은?

① 견고하고 내구성이 있어야 한다.
② 강하 시 발생하는 열에 의해 기능에 이상이 생기지 아니하여야 한다.
③ 모래 등 이물질이 들어가지 않도록 견고한 커버로 덮어져야 한다.
④ 평상시에는 분해, 청소 등을 하기 쉽게 만들어져 있어야 한다.

해설 완강기의 속도조절기는 평상시에는 분해·청소 등을 하지 아니하여도 작동될 수 있어야 한다.

79

할로겐화합물 및 불활성기체의 저장용기에 표시하는 사항이 아닌 것은?

① 사용연한
② 저장용기의 자체중량과 총중량
③ 충전일시
④ 약제명

해설 **저장용기의 표시사항**
- 약제명
- 저장용기의 자체중량과 총중량
- 충전일시
- 충전압력
- 약제의 체적

80

다음 중 물분무소화설비의 헤드 기능에 대한 설명으로 가장 적합한 것은?

① 모두 열에 의해 동작하고 경보를 발하는 것이다.
② 모두 파열되어 동작하는 것이다.
③ 일정한 조건 밑에서 일정한 방사량 및 방사각도를 나타내는 기능이 있다.
④ 방사압력이 자동조정되어 방출량이 항상 일정하다.

해설 물분무소화설비의 헤드는 일정한 조건 밑에서 일정한 방사량 및 방사각도를 나타내는 기능이 있다.

2008년 9월 7일 시행

제 1 과목 소방원론

01

다음 물질 중 자연발화의 위험성이 가장 낮은 것은?

① 석 탄
② 팽창질석
③ 셀룰로이드
④ 퇴 비

해설 팽창질석은 소화약제이다.

02

0[℃]의 얼음 1[g]이 100[℃]의 수증기가 되려면 몇 [cal]의 열량이 필요한가?(단, 0[℃] 얼음의 융해열은 80[cal/g]이고 100[℃] 물의 증발잠열은 539 [cal/g]이다)

① 539
② 719
③ 939
④ 1,119

해설 열 량

$Q = \gamma_1 \cdot m + mCp\Delta t + \gamma_2 \cdot m$
$= (80[\text{cal/g}] \times 1[\text{g}]) + (1[\text{g}] \times 1[\text{cal/g} \cdot \text{℃}]$
$\times (100-0)[\text{℃}]) + [539[\text{cal/g}] \times 1[\text{g}]]$
$= 719[\text{cal}]$

03

화재 시 연소물에 대한 공기공급을 차단하여 소화하는 방법은?

① 냉각소화
② 부촉매소화
③ 제거소화
④ 질식소화

해설 질식소화 : 공기 중의 산소의 농도를 21[%]에서 15[%] 이하로 낮추어 소화하는 방법

04

사염화탄소를 소화약제로 사용하지 않는 주된 이유는?

① 폭발의 위험성이 있기 때문에
② 유독가스의 발생 위험이 있기 때문에
③ 전기전도성이 있기 때문에
④ 공기보다 비중이 크기 때문에

해설 사염화탄소는 물, 공기, 이산화탄소와 반응하면 포스겐($COCl_2$)의 독가스를 발생하므로 소화약제로 사용하지 않고 있다.

05

연소의 3요소가 모두 포함된 것은?

① 나무, 산소, 불꽃
② 산화열, 산소, 점화에너지
③ 질소, 가연물, 산소
④ 가연물, 헬륨, 공기

해설 연소의 3요소 : 가연물(나무), 산소공급원(산소), 점화원(불꽃)

06

다음 중 인화점이 가장 낮은 물질은?

① 메탄올
② 메틸에틸케톤
③ 에탄올
④ 산화프로필렌

해설 제4류 위험물의 인화점

종 류	품 명	인화점
메탄올	알코올류	11[℃]
메틸에틸케톤	제1석유류	-7[℃]
에탄올	알코올류	13[℃]
산화프로필렌	특수인화물	-37[℃]

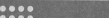

07

고체 물질의 연소형태에 해당하지 않는 것은?

① 증발연소　　　② 분해연소
③ 자기연소　　　④ 확산연소

해설 고체의 연소
- 표면연소 : 목탄, 코크스, 숯, 금속분 등이 열분해에 의하여 가연성 가스를 발생하지 않고 그 물질 자체가 연소하는 현상
- 분해연소 : 석탄, 종이, 목재, 플라스틱 등의 연소 시 열분해에 의해 발생된 가스와 공기가 혼합하여 연소하는 현상
- 증발연소 : 황, 나프탈렌, 왁스, 파라핀 등과 같이 고체를 가열하면 열분해는 일어나지 않고 고체가 액체로 되어 일정온도가 되면 액체가 기체로 변화하여 기체가 연소하는 현상
- 자기연소(내부연소) : 제5류 위험물인 나이트로셀룰로스, 질화면 등 그 물질이 가연물과 산소를 동시에 가지고 있는 가연물이 연소하는 현상

08

B급 화재는 다음 중 어떤 화재를 의미하는가?

① 금속화재
② 일반화재
③ 전기화재
④ 유류화재

해설 B급 화재 : 유류화재

09

다음 중 가연성 물질이 아닌 것은?

① 수 소
② 산 소
③ 메 탄
④ 암모니아

해설 가스의 분류
- 가연성 가스 : 수소, 일산화탄소, 아세틸렌, 메탄, 에탄, 프로판, 부탄 등의 폭발한계 농도가 하한값이 10[%] 이하, 상한값과 하한값의 차이가 20[%] 이상인 가스

- 압축가스 : 수소, 질소 등 고압으로 저장되어 있는 가스
- 액화가스 : 액화석유가스(LPG), 액화천연가스(LNG) 등 액화되어 있는 가스
- **조연성 가스** : **산소**, 공기와 같이 자신은 연소하지 않고 연소를 도와주는 가스

10

제1류 위험물 중 과산화나트륨의 화재에 가장 적합한 소화방법은?

① 다량의 물에 의한 소화
② 마른모래에 의한 소화
③ 포소화기에 의한 소화
④ 분무상의 주수소화

해설 과산화나트륨(Na_2O_2)은 물과 반응하면 산소를 발생하므로 부적합하고 마른모래가 적합하다.

11

부피비로 질소 65[%], 수소 15[%], 탄산가스 20[%]로 혼합된 760[mmHg]의 기체가 있다. 이때 질소의 분압은 몇 [mmHg]인가?(단, 모두 이상기체로 간주한다)

① 152　　　② 252
③ 394　　　④ 494

해설 질소의 분압 = 760[mmHg]×0.65 = 494[mmHg]

12

물과 반응하여 가연성인 아세틸렌가스를 발생시키는 것은?

① 칼 륨　　　② 나트륨
③ 마그네슘　　④ 탄화칼슘

해설 탄화칼슘(카바이드)과 물의 반응식

$$CaC_2 + 2H_2O \rightarrow Ca(OH)_2 + C_2H_2 \uparrow$$
(소석회, 수산화칼슘)　(아세틸렌)

13

밀폐된 화재발생 공간에서 산소가 일시적으로 부족하다가 갑작스럽게 공급되면서 폭발적인 연소가 발생하는 현상은?

① 백드래프트
② 프로스오버
③ 보일오버
④ 슬롭오버

해설 용어정의

- **백드래프트(Back Draft)** : 밀폐된 공간에서 화재발생 시 산소부족으로 불꽃을 내지 못하고 가연성 가스만 축적되어 있는 상태에서 갑자기 문을 개방하면 신선한 공기 유입으로 폭발적인 연소가 시작되는 현상
- **프로스오버(Froth Over)** : 물이 뜨거운 기름 표면 아래서 끓을 때 화재를 수반하지 않는 용기에서 넘쳐 흐르는 현상
- **보일오버(Boil Over)** : 유류 저장탱크에 화재발생 시 열류층에 의해 탱크 하부에 고인 물 또는 에멀션이 비점 이상으로 가열되어 부피가 팽창되면서 유류를 탱크 외부로 분출시켜 화재를 확대시키는 현상
- **슬롭오버(Slop Over)** : 물이 연소유의 뜨거운 표면에 들어갈 때 기름 표면에서 화재가 발생하는 현상
- **롤오버(Roll Over)** : 화재발생 시 천장 부근에 축적된 가연성 가스가 연소범위에 도달하면 천장 전체의 연소가 시작하여 불덩어리가 천장을 굴러다니는 것처럼 뿜어져 나오는 현상
- **플래시오버(Flash Over ; FO)** : 가연성 가스를 동반하는 연기와 유독가스가 방출하여 실내의 급격한 온도상승으로 실내 전체가 확산되어 연소하는 현상
- **플래시백(Flash Back)** : 환기가 잘되지 않는 장소에서 화재발생 시 산소부족으로 불꽃을 내지 못하고 가연성 가스만 축적되어 있는 상태에서 갑자기 문을 개방하면 신선한 공기 유입으로 폭발적인 연소가 시작되는 현상

14

다음 중 변전실 화재에 적합하지 않은 소화설비는?

① 이산화탄소소화설비
② 물분무소화설비
③ 할론소화설비
④ 포소화설비

해설 변전실, 발전실, 전자기기실 등에는 포소화설비가 부적합하다.

15

피난계획의 일반원칙 중 Fail Safe 원칙에 해당하는 것은?

① 피난경로는 간단 명료할 것
② 두 방향 이상의 피난통로를 확보하여 둘 것
③ 피난수단은 이동식 시설을 원칙으로 할 것
④ 그림을 이용하여 표시를 할 것

해설 피난계획의 일반원칙

- **Fool Proof** : 비상시 머리가 혼란하여 판단능력이 저하되는 상태로 누구나 알 수 있도록 문자나 그림 등을 표시하여 직감적으로 작용하는 것
- **Fail Safe** : 하나의 수단이 고장으로 실패하여도 다른 수단에 의해 구제할 수 있도록 고려하는 것으로 양 방향 피난로의 확보와 예비전원을 준비하는 것 등이다.

16

다음 중 불완전 연소 시 발생하는 가스로서 헤모글로빈에 의한 산소의 공급에 장해를 주는 것은?

① CO
② CO_2
③ HCN
④ HCl

해설 **일산화탄소(CO)** : 불완전 연소 시 발생하는 가스로서 헤모글로빈에 의한 산소의 공급에 장해를 주는 연소가스

17

위험물별 성질이 잘못 연결된 것은?

① 제2류 위험물 – 가연성 고체
② 제3류 위험물 – 금수성 물질 및 자연발화성 물질
③ 제4류 위험물 – 산화성 고체
④ 제5류 위험물 – 자기반응성 물질

해설 위험물의 성질

종 류	구 분
제1류	산화성 고체
제2류	가연성 고체
제3류	자연발화성 및 금수성 물질
제4류	인화성 액체
제5류	자기반응성 물질
제6류	산화성 액체

18

프로판가스의 증기비중은 약 얼마인가?(단, 공기의 분자량은 29이고, 탄소의 원자량은 12, 수소의 원자량은 1이다)

① 1.37

② 1.52

③ 2.21

④ 2.51

해설 프로판의 분자식 C_3H_8로서 분자량은 44이다.

∴ 증기비중 = 분자량/29 = 44/29 = 1.517

19

건축물의 주요구조부에 해당하는 것은?

① 사잇기둥

② 지붕틀

③ 작은 보

④ 옥외계단

해설 주요구조부 : 내력벽, 기둥, 바닥, 보, 지붕틀, 주계단

> 주요구조부 제외 : 사잇벽, 사잇기둥, 최하층의 바닥, 작은 보, 차양, 옥외계단

20

공기 중에 산소는 약 몇 [vol%] 포함되어 있는가?

① 15

② 18

③ 21

④ 25

해설 공기의 조성 : 산소(O_2) 21[%], 질소(N_2) 78[%], 아르곤(Ar) 등 1[%]

제 2 과목 **소방유체역학 및 약제화학**

21

이상 유체에 대한 설명으로 가장 적합한 것은?

① 비압축성이며 점성이 없는 유체

② 압축성이며 정상류인 유체

③ 비압축성이 점성이 있는 유체

④ 압축성이며 비정상류인 유체

해설 이상 유체 : 비압축성이며 점성이 없는 유체

22

소화약제 Halon 1301의 분자식으로 옳은 것은?

① CF_3Br

② CF_2BrCl

③ $CHCl_2CF_3$

④ $C_2F_4Br_2$

해설 할론소화약제

종류 ＼ 구 분	화학식	분자량
할론 1301	CF_3Br	148.95
할론 1211	CF_2ClBr	165.4
할론 2402	$C_2F_4Br_2$	259.8
할론 1011	CH_2ClBr	129.4

23

A, B, C급 화재에 모두 적용 가능한 분말소화약제는?

① $KHCO_3$

② $NH_4H_2PO_4$

③ $NaHCO_3$

④ $CO(NH_2)_2 + KHCO_3$

해설 제3종 분말 : 제일인산암모늄($NH_4H_2PO_4$), A, B, C급 화재 적용

24

펌프의 양정 가운데 실양정(Actual Head)을 가장 적합하게 설명한 것은?

① 펌프의 중심선으로부터 흡입 액면까지의 수직 높이
② 펌프를 중심으로 하여 흡입 액면에서 송출 액면까지의 수직 높이
③ 펌프의 중심선으로부터 송출 액면까지의 수직 높이
④ 펌프를 중심으로 하여 흡입 액면에서 송출 액면까지의 마찰손실수두

해설 실양정 : 펌프를 중심으로 하여 흡입 액면에서 송출 액면까지의 수직 높이

25

대기압 101[kPa]인 곳에서 측정된 진공 압력이 7 [kPa]일 때, 절대 압력은 몇 [kPa]인가?

① −7
② 7
③ 94
④ 108

해설 절대압＝대기압−진공압력
＝101−7＝94[kPa]

26

체적 유량에 대한 설명으로 틀린 것은?

① 단면적이 일정할 때 속도에 비례한다.
② 단위 면적당 질량 유량을 나타낸다.
③ 체적 유량의 차원은 L^3T^{-1}(L : 길이, T : 시간)이다.
④ 체적 유량의 단위는 $[m^3/s]$이다.

해설 체적유량 $Q=uA$로 표시한다.

27

베르누이 방정식을 유도하기 위한 가정으로 틀린 것은?

① 정상유동이다.
② 마찰이 없는 유동이다.
③ 같은 유선 위의 두 점에 적용한다.
④ 점성유동이다.

해설 베르누이 방정식 적용 조건
• 정상흐름
• 비압축성 흐름
• 비점성 흐름

28

어떤 관 속의 정압(절대압력)은 294[kPa], 온도는 27 [℃], 공기의 기체상수 $R=287$[J/kg·K]일 경우, 안지름 250[mm]인 관 속을 흐르고 있는 공기의 평균 유속이 50[m/s]이면 공기는 매초 약 몇 [kg]이 흐르는가?

① 8.4
② 9.5
③ 10.7
④ 12.5

해설 질량유량
$$\rho=\frac{P}{RT}$$
$$=\frac{294\times10^3[\text{N/m}^2]}{287\times(273+27)[\text{K}]}=3.41[\text{kg/m}^3]$$
$$m=Au\rho$$
$$=\frac{\pi}{4}(0.25[\text{m}])^2\times50[\text{m/s}]\times3.41[\text{kg/m}^3]$$
$$=8.36[\text{kg/s}]$$

29

웨버수(Weber Number)의 물리적 의미를 옳게 나타낸 것은?

① $\dfrac{관성력}{표면장력}$

② $\dfrac{관성력}{중력}$

③ $\dfrac{표면장력}{관성력}$

④ $\dfrac{중력}{관성력}$

해설
웨버수(Weber Number) : $\dfrac{관성력}{표면장력}$

30

할론 대체소화약제(할로겐화합물 및 불활성기체 소화약제)에 대한 설명으로 틀린 것은?

① ODP는 오존파괴능력을 나타내는 지표이다.
② GWP는 지구온난화에 기여하는 정도를 나타내는 지표이다.
③ 소화약제의 GWP는 가능한 한 커야 한다.
④ 안정하여 저장 시 분해되지 말아야 한다.

해설 할로겐화합물 및 불활성기체 소화약제는 GWP(지구온난화지수)는 가능한 한 적어야 한다.

31

수면으로부터 3[m] 깊이에 단면적이 0.01[m²]인 오리피스를 설치하여 4[m³/min]의 물을 유출시킬 때 오리피스의 유량계수는 얼마 정도인가?

① 0.96
② 0.91
③ 0.87
④ 0.83

해설 유량(Q)

$Q = CA_o \times \sqrt{2gh}$

$4[\text{m}^3]/60[\text{s}] = C \times 0.01[\text{m}^2]\sqrt{2 \times 9.8 \times 3}$

$\therefore C = 0.87$

32

20[℃]의 공기(기체상수 $R = 0.287$[kJ/kg · K], 정압비열 $C_P = 1.004$[kJ/kg · K]) 3[kg]이 압력 0.1[MPa]에서 등압 팽창하여 부피가 두 배로 되었다. 이때 공급된 열량은 약 몇 [kJ]인가?

① 252
② 883
③ 441
④ 1,765

해설 보일법칙 $\dfrac{V_1}{T_1} = \dfrac{V_2}{T_2}$ 에서

$T_2 = T_1 \times \dfrac{V_2}{V_1} = 293 \times \dfrac{2V_1}{V_1} = 586[\text{K}]$

$Q = mC_P \Delta t$

$\quad = 3 \times 1.004 \times (586 - 293) = 882.516[\text{kJ}]$

33

물속에 지름 4[mm]의 유리관을 삽입할 때, 모세관에 의한 상승높이는 약 몇 [mm]인가?(단, 물과 유리관의 접촉각은 0°이고, 물의 표면장력은 0.0742[N/m]이다)

① 4.1
② 5.3
③ 6.7
④ 7.6

해설 상승높이(h)

$$h = \frac{4\sigma\cos\theta}{\gamma d}$$

여기서, σ : 표면장력[N/m]
θ : 각도
γ : 비중량(9,800[N/m³])
d : 직경[m]

$\therefore h = \dfrac{4 \times 0.0742[\text{N/m}] \times \cos\theta}{9,800 \times 0.004[\text{m}]}$

$\quad = 0.00757[\text{m}]$

$\quad = 7.57[\text{mm}]$

34

실제표면에 대한 복사를 연구하는 것은 매우 어려우므로 이상적인 표면인 흑체의 표면을 도입하는 것이 편리하다. 다음 흑체를 설명한 것 중 잘못된 것은?

① 흑체는 방향, 파장의 길이에 관계없이 에너지를 흡수 또는 방사한다.
② 흑체에서 방출된 총복사는 파장과 온도만의 함수이고 방향과는 관계없다.
③ 일정한 온도와 파장에서 흑체보다 더 많은 에너지를 방출하는 표면은 없다.
④ 흑체가 방출하는 단위 면적당 복사 에너지는 온도와 무관하다.

해설 흑 체
• 흑체는 방향, 파장의 길이에 관계없이 에너지를 흡수 또는 방사한다.
• 흑체에서 방출된 총복사는 파장과 온도만의 함수이고 방향과는 관계없다.
• 일정한 온도와 파장에서 흑체보다 더 많은 에너지를 방출하는 표면은 없다.
• 흑체가 방출하는 단위 면적당 복사 에너지는 온도와 관계가 있다.

35

HCFC BLEND A의 사용을 제한하여야 하는 화재는?

① 유기과산화물의 저장소 화재
② 컴퓨터실 화재
③ 라디오방송국 화재
④ 항공기 객실 화재

해설 할로겐화합물 및 불활성기체 소화설비는 **제3류 위험물**과 **제5류 위험물**(유기과산화물)을 사용하는 장소에는 설치할 수 없다.

36

회전수 1,000[rpm], 전양정 60[m]에서 0.12[m³/s]의 물을 배출하는 펌프의 축동력이 100[kW]이다. 이 펌프와 상사인 펌프가 크기가 3배이면서 500[rpm]으로 운전될 때의 축동력을 구하면 몇 [kW]인가?

① 2,037.5   ② 203.75
③ 3,037.5   ④ 4,037.5

해설 펌프의 상사법칙

$$동력\ P_2 = P_1 \times \left(\frac{N_2}{N_1}\right)^3 \times \left(\frac{D_2}{D_1}\right)^5$$

여기서, N : 회전수[rpm]
D : 내경[mm]

$$\therefore\ P_2 = P_1 \times \left(\frac{N_2}{N_1}\right)^3 \times \left(\frac{D_2}{D_1}\right)^5$$
$$= 100 \times \left(\frac{500}{1,000}\right)^3 \times \left(\frac{1}{3}\right)^5 = 3,037.51[kW]$$

37

그림과 같이 수직으로 서 있는 U자관 액주계에서 어떤 액체 30[cm]의 높이와 수은 10[cm]의 높이가 평형을 이루고 있다. 액체의 비중은 얼마인가?(단, 수은의 비중은 13.6이다)

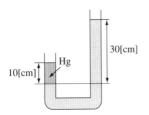

① 2.81   ② 4.53
③ 6.81   ④ 9.07

해설 액체의 비중

$$S_1 H_2 = S_1 H_2$$
$$S_2 = S_1 \times \frac{H_1}{H_2} = 13.6 \times \frac{10[cm]}{30[cm]} = 4.53$$

38

레이놀즈수가 1,200인 물이 흐르는 원관에서 마찰계수(f)는 약 얼마인가?

① 0.053   ② 0.53
③ 5.33   ④ 53.3

해설 층류일 때 관마찰계수 $f = \frac{64}{1,200} = 0.053$

39

헬륨, 네온, 아르곤 또는 질소가스 중 하나 이상의 원소를 기본성분으로 하는 소화약제는?

① 할론 1301 소화약제
② HCFC-124 소화약제
③ 불활성기체 소화약제
④ HFC-227ea 소화약제

해설 할로겐화합물 및 불활성기체 소화약제
• 불활성기체 소화약제 : 헬륨, 네온, 아르곤 또는 질소가스 중 하나 이상의 원소를 기본성분으로 하는 소화약제
• 할로겐화합물 소화약제 : 플루오린, 염소, 브롬 또는 아이오딘 중 하나 이상의 원소를 포함하고 있는 유기화합물을 기본성분으로 하는 소화약제

40

어떤 물체가 공기 중에서의 무게는 1.5[N]이고, 물속에서의 무게는 1.1[N]이다. 이 물체의 비중은?

① 2.65
② 1.65
③ 3.75
④ 3.50

해설 물체의 비중

$$물체의 비중 = \frac{공기\ 중의\ 무게}{공기\ 중의\ 무게 - 물속의\ 무게}$$

$$= \frac{1.5}{1.5 - 1.1} = 3.75$$

해설 소방시설공사의 하자보수보증기간

소방시설	하자보증기간
스프링클러설비	3년
자동화재탐지설비	3년
비상경보설비	2년
옥내소화전설비	3년

제 **3** 과목 소방관계법규

41

다음 화학물질 중 제6류 위험물에 속하지 않는 것은?

① 황 산
② 질 산
③ 과염소산
④ 과산화수소

해설 제6류 위험물 : 질산, 과염소산, 과산화수소

> 황산 : 유독물(현재는 위험물이 아니다)

42

다음 소방시설 중 경보시설에 속하지 않는 것은?

① 통합감시시설
② 가스누설경보기
③ 비상방송설비
④ 비상콘센트설비

해설 비상콘센트설비 : 소화활동설비

43

다음 중 소방시설과 하자보수보증기간이 올바른 것은?

① 스프링클러설비-2년
② 자동화재탐지설비-2년
③ 비상경보설비-3년
④ 옥내소화전설비-3년

44

다음 중 화재경계지구의 지정대상지역에 포함되지 않는 것은?

① 시장지역
② 공장·창고가 밀집한 지역
③ 유원지 및 학교 주변지역
④ 위험물의 저장 및 처리시설이 밀집한 지역

해설 화재경계지구의 지정지역
- 시장지역
- 공장·창고가 밀집한 지역
- 목조건물이 밀집한 지역
- 위험물의 저장 및 처리시설이 밀집한 지역
- 석유화학제품을 생산하는 공장이 있는 지역
- 소방시설·소방용수시설 또는 소방출동로가 없는 지역

45

다음 중 특수가연물의 저장 및 취급의 기준으로 올바르지 않은 것은?(단, 석탄·목탄류를 발전용으로 저장하는 경우가 아님)

① 품명별로 구분하여 쌓을 것
② 쌓는 높이는 20[m] 이하가 되도록 할 것
③ 쌓는 부분의 바닥면적은 50[m²] 이하가 되도록 할 것
④ 쌓는 부분의 바닥면적 사이는 1[m] 이상이 되도록 할 것

해설 특수가연물의 저장 및 취급의 기준
- 품명별로 구분하여 쌓을 것
- **쌓는 높이는 10[m] 이하**가 되도록 하고, **쌓는 부분의 바닥면적은 50[m²]**(석탄·목탄류의 경우에는 200[m²]) **이하**가 되도록 할 것 다만, 살수설비를 설치하거나, 방사능력 범위에 해당 특수가연물이 포함되도록 대형소화기

를 설치하는 경우에는 쌓는 높이를 15[m] 이하, 쌓는 부분의 바닥면적을 200[m²](석탄·목탄류의 경우에는 300[m²]) 이하로 할 수 있다.
• 쌓는 부분의 바닥면적 사이는 **1[m] 이상**이 되도록 할 것

46

다음 중 시·도의 조례가 정하는 바에 따라 관할 소방서의 승인을 받아 지정수량 이상의 위험물을 임시 저장 또는 취급할 수 있는 기간으로 알맞은 것은?

① 360일 이내
② 180일 이내
③ 90일 이내
④ 60일 이내

해설 위험물 임시저장기간 : **90일 이내**

47

대통령령이 정하는 특수가연물과 관련하여 다음 중 특수가연물에 규정된 품명별 수량으로 올바른 것은?

① 면화류 : 200[kg] 이상
② 나무껍질 및 대팻밥 : 300[kg] 이상
③ 넝마 및 종이부스러기 : 400[kg] 이상
④ 가연성 고체류 : 500[kg] 이상

해설 특수가연물(제6조 관련)

품 명		수 량
면화류		200[kg] 이상
나무껍질 및 대팻밥		400[kg] 이상
넝마 및 종이부스러기		1,000[kg] 이상
사 류		1,000[kg] 이상
볏짚류		1,000[kg] 이상
가연성 고체류		3,000[kg] 이상
석탄·목탄류		10,000[kg] 이상
가연성 액체류		2[m³] 이상
목재가공품 및 나무부스러기		10[m³] 이상
합성수지류	발포시킨 것	20[m³] 이상
	그 밖의 것	3,000[kg] 이상

48

다음 중 (㉠), (㉡)에 들어갈 내용으로 알맞은 것은?

> 구조대의 편성과 운영 등에 관하여 필요한 사항은 (㉠)으로 정하며, 구급대의 편성과 운영 등에 관하여 필요한 사항은 (㉡)으로 정한다.

① ㉠ 대통령령   ㉡ 대통령령
② ㉠ 대통령령   ㉡ 행정안전부령
③ ㉠ 행정안전부령   ㉡ 대통령령
④ ㉠ 행정안전부령   ㉡ 행정안전부령

해설 2011년 3월 08일 소방기본법 개정으로 현행법에 맞지 않는 문제임

49

다음 중 소방용수시설인 저수조의 설치기준으로 옳지 않은 것은?

① 지면으로부터의 낙차가 4.5[m] 이하일 것
② 흡수 부분의 수심이 0.5[m] 이상일 것
③ 흡수관의 투입구가 사각형의 경우에는 한 변의 길이가 60[cm] 이상일 것
④ 저수조에 물을 공급하는 방법은 상수도에 연결하여 수동으로 확실하게 급수되는 구조일 것

해설 저수조에 **물을 공급하는 방법**은 상수도에 연결하여 **자동으로 급수**되는 구조일 것

50

다음 중 소방관계법령상 소방용품에 속하지 않는 것은?

① 소화기
② 방염제
③ 휴대용 비상조명등
④ 가스누설경보기

해설 휴대용 비상조명등은 소방용품이 아니다.

51

다음 중 소방시설업의 등록을 취소하거나 6개월 이내의 기간을 정하여 이의 시정이나 그 영업을 정지하게 할 수 있는 경우에 속하는 것은?

① 등록을 한 후 정당한 사유없이 계속하여 6개월 이상 휴업한 경우
② 등록을 한 후 정당한 사유없이 계속하여 9개월 이상 휴업한 경우
③ 등록을 한 후 정당한 사유없이 6개월이 지날 때까지 영업을 개시하지 않을 경우
④ 등록증 또는 등록수첩을 빌려준 경우

해설 등록취소 또는 6개월 이내의 시정이나 영업의 정지 사항
• 거짓이나 그 밖의 부정한 방법으로 등록을 한 경우 (등록취소)
• 등록기준에 미달하게 된 후 30일이 경과한 경우
• 소방시설업 등록의 결격사유에 해당하게 된 경우(등록취소)
• 등록을 한 후 정당한 사유 없이 1년이 지날 때까지 영업을 시작하지 아니하거나 계속하여 1년 이상 휴업한 경우
• 등록증 또는 등록수첩을 빌려준 경우
• 영업기간 중에 설계 · 시공 또는 감리를 한 경우
• 동일인이 공사 및 감리를 한 때

52

2급 소방안전관리대상물에 두어야 할 소방안전관리자로 선임할 수 없는 사람은?

① 전기공사산업기사 자격을 가진 사람
② 소방공무원으로 3년 이상 근무한 경력이 있는 사람
③ 의용소방대원으로 2년 이상 근무한 경력이 있는 사람
④ 경찰공무원으로 3년 이상 근무한 경력이 있는 사람

해설 의용소방대원으로 3년 이상 근무한 경력이 있는 사람으로서 시험에 합격한 사람은 2급 소방안전관리 대상물에 선임자격이 된다.

53

숙박시설이 있는 수련시설의 경우 수용인원이 몇 명 이상일 경우 자동화재탐지설비를 설치하여야 하는가?

① 50명
② 100명
③ 150명
④ 200명

해설 연면적이 400[m²] 이상인 노유자시설 및 숙박시설이 있는 수련시설로서 수용인원 100명 이상이면 자동화재탐지설비 설치 대상이다.

54

소방본부장이나 소방서장은 화재경계지구 안의 관계인에 대하여 소방상 필요한 훈련 및 교육을 실시하고자 할 때는 화재경계지구 안의 관계인에게 훈련 또는 교육 며칠 전까지 그 사실을 통보하여야 하는가?

① 7일
② 10일
③ 15일
④ 30일

해설 소방본부장이나 소방서장은 소방상 필요한 훈련 및 교육을 실시하고자 하는 때에는 화재경계지구 안의 관계인에게 훈련 또는 교육 10일 전까지 그 사실을 통보하여야 한다(기본법령 제4조).

55

다음 중 소방특별조사의 결과 화재예방을 위하여 필요한 때 관계인에게 특정소방대상물에 대한 개수 · 이전 · 제거, 사용의 금지 또는 제한 등의 필요한 조치를 명할 수 있는 사람에 해당되지 않는 사람은?

① 시 · 도지사
② 소방본부장
③ 소방청장
④ 소방서장

해설 소방특별조사 결과에 따른 조치명령권자 : 소방청장, 소방본부장, 소방서장

56

특정소방대상물 중 근린생활시설과 가장 거리가 먼 것은?

① 안마시술소　　② 금융업소
③ 한의원　　　　④ 무도학원

해설 무도학원 : 위락시설

57

시·도지사는 완공검사를 받지 아니하고 제조소 등을 사용한 때에 제조소 등에 대한 사용정지가 그 이용자에게 심한 불편을 주거나 그 밖에 공익을 해칠 우려가 있는 때에는 사용정지처분에 갈음하여 얼마의 과징금을 부과할 수 있는가?

① 3,000만원 이하　　② 5,000만원 이하
③ 1억원 이하　　　　④ 2억원 이하

해설 위험물제조소 등의 과징금 : 2억원 이하

58

"무창층"이란 지상층 중 개구부 면적의 합계가 해당층의 바닥면적의 얼마 이하가 되는 층을 말하는가?

① $\frac{1}{3}$　　　　② $\frac{1}{10}$
③ $\frac{1}{30}$　　　　④ $\frac{1}{300}$

해설 무창층(無窓層) : 지상층 중 다음의 요건을 모두 갖춘 개구부의 면적의 합계가 해당 층의 바닥면적)의 **30분의 1 이하**가 되는 층을 말한다.
　• 개구부의 크기가 지름 50[cm] 이상의 원이 내접할 수 있는 크기일 것
　• 해당 층의 바닥면으로부터 개구부 밑부분까지의 높이가 1.2[m] 이내일 것
　• 도로 또는 차량이 진입할 수 있는 빈터를 향할 것
　• 화재 시 건축물로부터 쉽게 피난할 수 있도록 개구부에 창살 그 밖의 장애물이 설치되지 아니할 것
　• 내부 또는 외부에서 쉽게 부수거나 열 수 있을 것

59

방염대상물품에 대하여 방염처리를 하고자 하는 자는 누구에게 방염처리업의 등록을 하여야 하는가?

① 행정안전부장관
② 소방청장
③ 시·도지사
④ 소방본부장

해설 소방시설업(방염처리업)의 등록 : 시·도지사

60

다음 중 소방시설업자가 설계·시공 또는 감리를 수행하게 한 특정소방대상물의 관계인에게 지체 없이 그 사실을 통지하여야 하는 내용에 포함되지 않는 것은?

① 소방시설공사업법 위반에 따라 벌금이 부과되었을 경우
② 소방시설업의 등록취소 또는 영업정지의 처분을 받은 경우
③ 휴업 또는 폐업을 한 경우
④ 소방시설업자의 지위를 승계한 경우

해설 관계인에게 통보하여야 하는 내용
　• 소방시설업자의 지위를 승계한 경우
　• 소방시설업의 등록취소 또는 영업정지의 처분을 받은 경우
　• 휴업 또는 폐업을 한 경우

| 제 **4** 과목 | 소방기계시설의 구조 및 원리 |

61

소방법규에 따르면 옥내소화전설비에 있어 가압송수장치의 기동을 명시하는 표시등의 색은?

① 청 색　　　　② 황 색
③ 흑 색　　　　④ 적 색

해설 옥내소화전설비의 위치표시등과 가압송수장치의 기동표
시등 : 적색

62

경사 강하식의 구조대가 소방안전대상물의 벽면에
대해서 이루는 각도로서 가장 적당한 것은?

① 25도　　　　　　② 35도
③ 45도　　　　　　④ 30도

해설 경사 강하식의 구조대가 소방안전대상물의 벽면에 대해
서 이루는 각도 : 35도

63

아파트에 연결송수관설비를 설치할 때 방수구는 몇
층부터 설치를 할 수 있는가?

① 3　　　　　　② 4
③ 5　　　　　　④ 6

해설 아파트에 연결송수관설비를 설치할 때 방수구는 1층
과 2층은 제외규정이니까 설치는 3층부터 설치하여야
한다.

64

소화설비에 대한 설명 중 옳지 않은 것은?

① 물분무소화설비는 제4류의 위험물을 소화할 수
있는 물입자를 방사한다.
② 스프링클러설비는 전기설비에는 적당치 않으며
물분무설비는 전기설비에 적합하다.
③ 물분무소화설비는 주차장에 설치할 수 있으며 스
프링클러설비는 통신기기실에 설치할 수 있다.
④ 폐쇄형 스프링클러헤드는 그 자체가 자동화재탐
지장치의 역할을 할 수 있으나, 개방형 헤드는
그렇지 못하다.

해설 스프링클러설비는 통신기기실에 설치할 수 없다.

65

공기포소화설비에 있어서 공기포소화약제 혼합장치
의 기능을 올바르게 설명한 것은?

① 소화약제의 혼합비를 일정하게 유지하기 위한 것
② 유수량을 일정하게 유지하기 위한 것
③ 유수압력을 일정하게 유지하기 위한 것
④ 소화약제 원액의 성분비를 일정하게 유지하기
위한 것

해설 소화약제의 혼합비를 일정하게 유지하기 위하여 포소
화설비에 혼합장치를 설치한다.

66

호스릴 이산화탄소설비의 설치기준이다. 옳지 않은
것은?

① 노즐당 소화약제 방출량은 20[℃]에서 1분당
60[kg] 이상이어야 한다.
② 소화약제 저장용기는 호스릴 3개마다 1개 이상
설치해야 한다.
③ 소화약제 저장용기의 가장 가까운 곳의 보기 쉬
운 곳에 표시등을 설치해야 한다.
④ 약제개방밸브는 호스의 설치장소에서 수동으로
개폐할 수 있어야 한다.

해설 호스릴 이산화탄소소화설비 설치기준
- 방호대상물의 각 부분으로부터 하나의 호스접결구
까지의 수평거리가 15[m] 이하가 되도록 할 것
- 노즐은 20[℃]에서 하나의 노즐마다 60[kg/min] 이
상의 소화약제를 방사할 수 있는 것으로 할 것
- 소화약제 저장용기는 호스릴을 설치하는 장소마다
설치할 것
- 소화약제 저장용기의 개방밸브는 호스의 설치장소
에서 수동으로 개폐할 수 있는 것으로 할 것
- 소화약제 저장용기의 가장 가까운 곳의 보기 쉬운
곳에 표시등을 설치하고, 호스릴 이산화탄소소화설
비가 있다는 뜻을 표시한 표지를 할 것

67

옥외소화전이 60개 설치되어 있을 때 소화전함의 최소 설치개수는 몇 개인가?

① 5 ② 11
③ 20 ④ 30

해설 옥외소화전함의 설치기준

소화전의 개수	설치기준
10개 이하	옥외소화전마다 5[m] 이내에 1개 이상
11개 이상 30개 이하	11개를 각각 분산
31개 이상	옥외소화전 3개마다 1개 이상

※ 소화전함 = 60 ÷ 3 = 20개

68

소화용수설비의 소화수조의 소요수량이 120[m³]일 때 채수구는 몇 개를 설치하여야 하는가?

① 1개 ② 2개
③ 3개 ④ 4개

해설 채수구의 수

소요수량	채수구의 수	가압송수장치의 1분당 양수량
20[m³] 이상 40[m³] 미만	1개	1,100[L] 이상
40[m³] 이상 100[m³] 미만	2개	2,200[L] 이상
100[m³] 이상	3개	3,300[L] 이상

69

CO_2소화약제의 저장용기에 대한 설치기준에 대한 설명으로 틀린 것은?

① 저장용기의 충전비는 저압식에서는 1.5 이상 1.9 이하로 할 것
② 저장용기는 온도가 40[℃] 이하이고, 온도변화가 적은 곳에 설치할 것
③ 용기는 방화문으로 구획된 실에 설치할 것
④ 용기보관은 직사 일광 및 빗물이 침투할 우려가 없는 곳에 설치할 것

해설 저장용기의 충전비

구 분	충전비
저압식	1.1 이상 1.4 이하
고압식	1.5 이상 1.9 이하

70

예상제연구역의 각 부분으로부터 하나의 배출구까지 수평거리는 몇 [m] 이내이어야 하는가?

① 5 ② 7
③ 10 ④ 14

해설 예상제연구역의 각 부분으로부터 하나의 배출구까지 수평거리는 **10[m]** 이내이어야 한다.

71

다음 (　) 안에 적당한 것은?

> 바닥면적이 60[m²]인 차고 또는 주차장에 물분무소화설비를 설치하려고 한다. 이때 수원의 저수량은 1[m²]에 대하여 (　)[L/min]로 20분간 방수할 수 있는 양 이상이어야 한다.

① 10 ② 12
③ 20 ④ 24

해설 펌프의 토출량과 수원의 양

특정소방대상물	펌프의 토출량 [L/min]	수원의 양[L]
특수가연물 저장, 취급	바닥면적(50[m²] 이하는 50[m²]로)×10[L/min·m²]	바닥면적(50[m²] 이하는 50[m²]로)×10[L/min·m²]×20[min]
차고, 주차장	바닥면적(50[m²] 이하는 50[m²]로)×20[L/min·m²]	**바닥면적(50[m²] 이하는 50[m²]로)×20[L/min·m²]×20[min]**
절연유 봉입변압기	표면적(바닥 부분 제외)×10[L/min·m²]	표면적(바닥 부분 제외)×10[L/min·m²]×20[min]
케이블 트레이, 덕트	투영된 바닥면적×12[L/min·m²]	투영된 바닥면적×12[L/min·m²]×20[min]
컨베이어 벨트	벨트 부분의 바닥면적×10[L/min·m²]	벨트 부분의 바닥면적×10[L/min·m²]×20[min]

72

어떤 스프링클러헤드의 방사압력이 0.5[MPa]일 때 방사량이 180[L/min]이었다면 방사압력이 0.4[MPa]로 되었을 때 방사량은 약 몇 [L/min]인가?

① 130
② 144
③ 151
④ 161

해설 방사량

$Q = K\sqrt{10P}$ 에서

$180 = K\sqrt{10 \times 0.5}$

$K : 80.5$

$\therefore Q = 80.5\sqrt{10 \times 0.4} = 161.0[L/min]$

73

포소화설비에서 펌프의 토출관과 흡입관 사이의 배관 도중에 설치한 흡입기에 펌프에서 토출된 물의 일부를 보내고, 농도조절밸브에서 조정된 포소화약제의 필요량을 포소화약제탱크에서 펌프 흡입측으로 보내어 이를 혼합하는 방식은?

① 프레셔 프로포셔너방식
② 프레셔 사이드 프로포셔너방식
③ 펌프 프로포셔너방식
④ 라인 프로포셔너방식

해설 혼합장치

• **펌프 프로포셔너방식**(Pump Proportioner, 펌프혼합방식) : 펌프의 토출관과 흡입관 사이의 배관 도중에 설치한 흡입기에 펌프에서 토출된 물의 일부를 보내고 농도조절밸브에서 조정된 포소화약제의 필요량을 포소화약제 탱크에서 펌프 흡입측으로 보내어 약제를 혼합하는 방식

• **라인 프로포셔너방식**(Line Proportioner, 관로혼합방식) : 펌프와 발포기의 중간에 설치된 벤투리관의 벤투리 작용에 따라 포소화약제를 흡입·혼합하는 방식. 이 방식은 옥외소화전에 연결 주로 1층에 사용하며 원액 흡입력 때문에 송수압력의 손실이 크고, 토출측 호스의 길이, 포원액 탱크의 높이 등에 민감하므로 아주 정밀설계와 시공을 요한다.

• 프레셔 프로포셔너방식(Pressure Proportioner, 차압혼합방식) : 펌프와 발포기의 중간에 설치된 벤투리관의 벤투리작용과 펌프 가압수의 포소화약제 저장탱크에 대한 압력에 따라 포소화약제를 흡입 혼합하는 방식. 현재 우리나라에서는 3[%] 단백포 차압혼합방식을 많이 사용하고 있다.

• 프레셔 사이드 프로포셔너방식(Pressure Side Proportioner, 압입혼합방식) : 펌프의 토출관에 압입기를 설치하여 포소화약제 압입용 펌프로 포소화약제를 압입시켜 혼합하는 방식

74

제연설비의 유입풍도 안의 풍속은 몇 [m/s] 이하로 하여야 하는가?

① 10
② 15
③ 20
④ 25

해설 배출풍도

• 배출풍도는 아연도금강판 등 내식성·내열성이 있는 것으로 할 것
• 배출기 흡입측 풍도 안의 풍속은 15[m/s] 이하로 하고, 배출측의 풍속은 20[m/s] 이하로 할 것

> 유입풍도 안의 풍속 : 20[m/s] 이하

75

소화능력단위에 의한 분류에서 소형소화기를 올바르게 설명한 것은?

① 능력단위가 1단위 이상이면서 대형소화기의 능력단위 미만인 소화기이다.
② 능력단위가 3단위 이상이면서 대형소화기의 능력단위 미만인 소화기이다.
③ 능력단위가 5단위 이상이면서 대형소화기의 능력단위 미만인 소화기이다.
④ 능력단위가 10단위 이상이면서 대형소화기의 능력단위 미만인 소화기이다.

해설 소화능력 단위에 의한 분류

• 소형소화기 : 능력단위 1단위 이상이면서 대형소화기의 능력단위 이하인 소화기
• 대형소화기 : 능력단위가 A급 화재는 10단위 이상, B급 화재는 20단위 이상인 것으로서 소화약제 충전량은 표에 기재한 이상인 소화기

종 별	소화약제의 충전량	종 별	소화약제의 충전량
포	20[L]	분 말	20[kg]
강화액	60[L]	할 론	30[kg]
물	80[L]	이산화탄소	50[kg]

– 소방자동차가 쉽게 접근할 수 있고 노출된 장소에 설치할 것
– 지면으로부터 높이가 0.5[m] 이상 1.0[m] 이하의 위치에 설치할 것
– 송수구는 연결송수관의 수직배관마다 1개 이상을 설치할 것
– 주배관의 구경 : 100[mm] 이상

76

분말소화약제의 가압용 가스용기는 몇 [MPa] 이하에서 조정이 가능하도록 압력조정기를 설치하여야 하는가?

① 2.5   ② 5
③ 7.5   ④ 10

해설 가압용 가스용기 : 약제탱크에 부착하여 약제를 혼합하여 이것을 유동화시켜 일정한 압력으로 약제를 방출하기 위한 용기
• 가압용 가스용기는 분말소화약제의 저장용기에 접속하여 설치할 것
• 가압용 가스용기를 3병 이상 설치한 경우에는 2개 이상의 용기에 전자개방밸브를 부착할 것
• 가압용 가스용기에는 **2.5[MPa] 이하**의 압력에서 조정이 가능한 **압력조정기**를 설치할 것

77

연결송수관설비에서 송수구의 부근에는 자동배수밸브 또는 체크밸브를 설치하여야 한다. 설치기준으로 틀린 것은?

① 습식의 경우에는 송수구, 자동배수밸브, 체크밸브의 순으로 설치할 것
② 구경 65[mm]의 쌍구형으로 할 것
③ 지면으로부터 높이가 0.5[m] 이상 1.5[m] 이하의 위치에 설치할 것
④ 건식의 경우에는 송수구, 자동배수밸브, 체크밸브, 자동배수밸브의 순으로 설치할 것

해설 연결송수관설비의 송수구 설치기준
• 송수구는 65[mm]의 나사식 쌍구형으로 할 것
• 송수구 부근의 설치기준
  – 습식 : 송수구 → 자동배수밸브 → 체크밸브
  – 건식 : 송수구 → 자동배수밸브 → 체크밸브 → 자동배수밸브

78

5층 백화점 건물에 스프링클러설비를 설치하였다. 폐쇄형 스프링클러헤드를 기준개수로 사용하였을 경우에 필요한 수원의 저수량은 몇 [m³] 이상이어야 하는가?

① 12   ② 24
③ 32   ④ 48

해설 백화점은 헤드 갯수가 30개이므로 수원의 양을 구하면

$$수원[m^3] = N \times 80[L/min] \times 20[min]$$
$$= N \times 1.6[m^3]$$

$$\therefore 수원[m^3] = N \times 80[L/min] \times 20[min]$$
$$= 30 \times 1.6[m^3]$$
$$= 48[m^3]$$

79

할로겐화합물 및 불활성기체 소화약제의 저장용기 설치기준에 적합하지 않은 것은?

① 저장용기의 약제량 손실이 10[%]를 초과하거나 압력손실이 10[%]를 초과할 경우에는 재충전하거나 저장용기를 교체할 것
② 방호구역 내에 설치할 경우에는 피난 및 조작이 용이하도록 피난구 부근에 설치할 것
③ 온도가 55[℃] 이하이고 온도의 변화가 작은 곳에 설치할 것
④ 방화문으로 구획된 실에 설치할 것

해설 할로겐화합물 및 불활성기체 소화약제의 저장용기의 기준
• 저장용기는 약제명 · 저장용기의 자체중량과 총중량 · 충전일시 · 충전압력 및 약제의 체적을 표시할 것
• 집합관에 접속되는 저장용기는 동일한 내용적을 가진 것으로 충전량 및 충전압력이 같도록 할 것

- 저장용기에 충전량 및 충전압력을 확인할 수 있는 장치를 하는 경우에는 해당 소화약제에 적합한 구조로 할 것
- 저장용기의 **약제량 손실**이 **5[%]를 초과**하거나 **압력손실이 10[%]를 초과**할 경우에는 재충전하거나 저장용기를 교체할 것. 다만, 불활성기체 소화약제 저장용기의 경우에는 **압력손실이 5[%]를 초과**할 경우 재충전하거나 저장용기를 교체하여야 한다.

80

옥내소화전설비의 펌프 성능시험배관을 분기하는 위치로서 가장 적합한 것은?

① 펌프 토출측의 개폐밸브 이전에서 분기하여 설치
② 펌프 흡입측의 체크밸브와 펌프 사이에서 분기하여 설치
③ 펌프로부터 가장 가까운 소화전 사이에서 분기하여 설치
④ 펌프로부터 가장 먼 부분의 소화전 사이에서 분기하여 설치

 성능시험배관
- 기능 : 정격부하 운전 시 펌프의 성능을 시험하기 위하여
- **분기점** : 펌프의 **토출측의 개폐 밸브 이전**에서 **분기**한다.
- 펌프의 성능 : 체절운전 시 정격토출압력의 140[%]를 초과하지 아니하고 정격토출량의 150[%]로 운전 시 정격토출압력의 65[%] 이상이 되어야 한다.
- 유량측정장치는 성능시험배관의 직관부에 설치하되 펌프의 정격토출량의 175[%] 이상 측정할 수 있는 성능이 있을 것

2009년 3월 1일 시행

제 **1** 회

제 1 과목 | 소방원론

01

내화구조의 지붕에 해당하지 않는 구조는?

① 철근콘크리트조
② 철골 · 철근콘크리트조
③ 철재로 보강된 유리블록
④ 무근콘크리트조

해설 내화구조

내화구분		내화구조의 기준
벽	모든 벽	• **철근콘크리트조** 또는 철골 · 철근콘크리트조로서 두께가 **10[cm]** 이상인 것 • 골구를 철골조로 하고 그 양면을 두께 4[cm] 이상의 철망모르타르로 덮은 것 • 두께 5[cm] 이상의 콘크리트 블록 · 벽돌 또는 석재로 덮은 것 • 철재로 보강된 콘크리트블록조 · 벽돌조 또는 석조로서 철재에 덮은 두께가 5[cm] 이상인 것
	외벽 중 비내력벽	• **철근콘크리트조** 또는 철골 · 철근콘크리트조로서 두께가 **7[cm]** 이상인 것 • 골구를 철골조로 하고 그 양면을 두께 3[cm] 이상의 철망모르타르로 덮은 것 • 두께 4[cm] 이상의 콘크리트 블록 · 벽돌 또는 석재로 덮은 것 • 무근콘크리트조 · 콘크리트블록조 · 벽돌조 또는 석조로서 두께가 7[cm] 이상인 것
기 둥 (작은 지름이 25[cm] 이상인 것)		• 철근콘크리트조 또는 철골 · 철근콘크리트조 • 철골을 두께 6[cm] 이상의 철망모르타르로 덮은 것 • 철골을 두께 7[cm] 이상의 콘크리트 블록 · 벽돌 또는 석재로 덮은 것 • 철골을 두께 5[cm] 이상의 콘크리트로 덮은 것

내화구분	내화구조의 기준
바 닥	• 철근콘크리트조 또는 철골 · 철근콘크리트조로서 두께가 10[cm] 이상인 것 • 철재로 보강된 콘크리트블록조 · 벽돌조 또는 석조로서 철재에 덮은 두께가 5[cm] 이상인 것 • 철재의 양면을 두께 5[cm] 이상의 철망모르타르 또는 콘크리트로 덮은 것
보	• 철근콘크리트조 또는 철골 · 철근콘크리트조 • 철골을 두께 6[cm] 이상의 철망모르타르로 덮은 것 • 철골을 두께 5[cm] 이상의 콘크리트조로 덮은 것
지 붕	• **철근콘크리트조** 또는 철골 · **철근콘크리트조** • 철재로 보강된 콘크리트블록조 · 벽돌조 또는 석조 • 철재로 보강된 유리블록 또는 망입유리로 된 것

02

수분과 접촉하면 위험하며 경유, 유동파라핀 등과 같은 보호액에 보관하여야 하는 위험물은?

① 과산화수소
② 이황화탄소
③ 황
④ 칼 륨

해설 저장방법
• 황린 : 물속에 저장
• **칼륨**, 나트륨 : **등유(석유), 경유**, 유동파라핀 속에 저장
• 나이트로셀룰로스 : 물 또는 알코올에 습면시켜 저장
• 과산화수소 : 구멍 뚫린 마개 사용

03

질소가 가연물이 될 수 없는 이유는?

① 산소와 결합 시 흡열반응을 하기 때문이다.
② 비중이 작기 때문이다.
③ 연소 시 화염이 없기 때문이다.
④ 산소와의 반응이 불가능하기 때문이다.

해설 질소는 산소와 반응은 하나 **흡열반응**을 하기 때문에 가연물이 될 수 없다.

04

건축물의 주요구조부에서 제외되는 것은?

① 지 붕　　　② 내력벽
③ 바 닥　　　④ 사잇기둥

해설 주요구조부 : **내력벽, 기둥, 바닥, 보, 지붕(지붕틀),
주계단**

05

물의 증발잠열을 이용한 주요소화작용에 해당하는 것은?

① 희석작용　　　② 염 억제작용
③ 냉각작용　　　④ 질식작용

해설 **냉각작용** : **물의 증발잠열**을 이용하여 소화하는 방법

06

피난대책의 일반적 원칙이 아닌 것은?

① 2방향의 피난통로를 확보한다.
② 피난경로는 간단명료하게 한다.
③ 피난구조설비는 고정설비를 위주로 설치한다.
④ 원시적인 방법보다는 전자설비를 이용한다.

해설 **피난대책의 일반적 원칙**
• 피난경로는 간단명료하게 할 것
• 피난구조설비는 고정식 설비를 위주로 할 것
• 피난수단은 **원시적 방법**에 의한 것을 **원칙으로 할 것**
• 2방향 이상의 피난통로를 확보할 것

07

제5류 위험물의 나이트로화합물에 속하는 것은?

① 피크르산　　　② 나이트로글리세린
③ 휘발유　　　④ 아세트알데하이드

해설 위험물의 분류

종 류	품 명	유 별
피크르산	나이트로화합물	제5류 위험물
나이트로글리세린	질산에스테르류	제5류 위험물
휘발유	제1석유류	제4류 위험물
아세트알데하이드	특수인화물	제4류 위험물

08

공기 중의 산소농도는 약 몇 [vol%]인가?

① 15　　　② 21
③ 27　　　④ 31

해설 공기 중의 산소농도 : 21[vol%]

09

화재의 원인이 되는 발화원으로 볼 수 없는 것은?

① 화학반응열　　　② 전기적인 열
③ 기화잠열　　　④ 마찰열

해설 기화잠열은 액체가 기체로 될 때 발생하는 열로서 발화(점화)원이 될 수 없다.

10

15[℃]의 물 10[kg]이 100[℃]의 수증기가 되기 위해서는 약 몇 [kcal]의 열량이 필요한가?

① 850　　　② 1,650
③ 5,390　　　④ 6,240

해설 **열 량**
$$Q = mC_p\Delta t + \gamma \cdot m$$
$$= 10[\text{kg}] \times 1[\text{kcal/kg} \cdot ℃] \times (100-15)[℃]$$
$$\qquad + 539[\text{kcal/kg}] \times 10[\text{kg}]$$
$$= 6,240[\text{kcal}]$$

정답 03 ①　04 ④　05 ③　06 ④　07 ①　08 ②　09 ③　10 ④

11

기체연료의 연소형태로서 연료와 공기를 인접한 2개의 분출구에서 각각 분출시켜 계면에서 연소를 일으키게 하는 것은?

① 증발연소 ② 자기연소
③ 확산연소 ④ 분해연소

해설 기체의 연소 : 확산연소

12

화씨 122[℉]는 섭씨 몇 [℃]인가?

① 40 ② 50
③ 60 ④ 70

해설 온 도

- $[℃] = \dfrac{5}{9}([℉] - 32)$
- $[℉] = 1.8[℃] + 32$
- $[K] = 273 + [℃]$
- $[R] = 460 + [℉]$

$\therefore [℃] = \dfrac{5}{9}([℉] - 32) = \dfrac{5}{9}(122 - 32) = 50[℃]$

13

인화점에 대한 설명으로 틀린 것은?

① 가연성 액체의 인화와 관계가 있다.
② 점화원의 존재와 연관된다.
③ 연소가 지속적으로 확산될 수 있는 최저온도이다.
④ 연료의 조성에 따라 달라진다.

해설 연소점(Fire Point) : 어떤 물질이 연소 시 연소를 지속할 수 있는 최저온도로서 **인화점**보다 10[℃] 높다.

14

다음 중 황린의 연소 시에 주로 발생되는 물질은?

① P_2O ② PO_2
③ P_2O_3 ④ P_2O_5

해설 황린은 공기 중에서 연소 시 오산화인(P_2O_5)의 흰 연기를 발생한다.
$P_4 + 5O_2 \rightarrow 2P_2O_5$

15

가연성 물질이 되기 위한 조건으로 틀린 것은?

① 연소열이 많아야 한다.
② 공기와 접촉면적이 커야 한다.
③ 산소와 친화력이 커야 한다.
④ 활성화에너지가 커야 한다.

해설 활성화에너지가 작아야 가연물이 되기 쉽다.

16

플래시오버(FLASH OVER)란 무엇인가?

① 건물 화재에서 가연물이 착화하여 연소하기 시작하는 단계
② 건물 화재에서 발생한 가연성 가스가 축적되다가 일순간에 화염이 크게 되는 현상
③ 건물 화재에서 소방활동 진압이 끝난 단계
④ 건물 화재에서 다 타고 더 이상 탈 것이 없어 자연 진화된 상태

해설 플래시오버(FLASH OVER) : 건물 화재에서 발생한 가연성 가스가 축적되다가 일순간에 화염이 크게 되는 현상

17

A급 화재의 가연물질과 관계가 없는 것은?

① 섬 유 ② 목 재
③ 종 이 ④ 유 류

해설 유류 : B급 화재

18

다음 할론소화약제 중 소화효과가 탁월하고 독성이 가장 약한 것은?

① 할론 1301 ② 할론 1104
③ 할론 1211 ④ 할론 2402

해설 할론 1301 : 소화효과는 가장 우수하고 인체에 대한 독성이 가장 적다.

19

전기부도체이며 소화 후 장비의 오손 우려가 낮기 때문에 전기실이나 통신실 등의 소화설비로 적합한 것은?

① 스프링클러설비
② 옥내소화전설비
③ 포소화설비
④ CO_2소화설비

해설 전기실, 통신기기실 : 가스계 소화설비(CO_2소화설비, 할론소화설비, 할로겐화합물 및 불활성기체 소화설비)

20

화재 종류별 표시색상이 잘못 연결된 것은?

① A급 – 백색
② B급 – 적색
③ C급 – 청색
④ D급 – 무색

해설 화재 종류별 표시색상

구 분\n급 수	화재의 종류	표시색
A급	일반화재	백 색
B급	유류화재	황 색
C급	전기화재	청 색
D급	금속화재	무 색

제 2 과목 소방유체역학 및 약제화학

21

할로겐화합물소화약제 중 HFC계열인 펜타플루오르에탄(HFC –125, CHF_2CF_3)의 최대허용 설계농도는?

① 0.2[%]
② 1.0[%]
③ 11.5[%]
④ 12.5[%]

해설 할로겐화합물 및 불활성기체 소화약제 최대허용설계농도

소화약제	최대허용 설계농도[%]
FC–3–1–10	40
HCFC BLEND A	10
HCFC–124	1.0
HFC–125	11.5
HFC–227ea	10.5
HFC–23	30
HFC–236fa	12.5
FIC–13I1	0.3
FK–5–1–12	10
IG–01	43
IG–100	43
IG–541	43
IG–55	43

22

압력 2[MPa], 온도 120[℃]인 공기의 체적이 0.01 [m^3]라면 질량은 약 몇 [kg]인가?(단, 공기의 기체상수는 287[J/kg·K]이다)

① 0.143
② 0.152
③ 0.177
④ 0.217

해설 이상기체 상태방정식

$$PV = WRT \quad W = \frac{PV}{RT}$$

여기서, W(무게) : [kg]
P(압력) $= 2[MPa](MN/m^2)$
$= 2 \times 10^6 [N/m^2]$
V(부피) $= 0.01[m^3]$
R(기체상수) $= 287[J/kg·K]$
$= 287[N·m/kg·K]$
T(절대온도) $= 273+120 = 393[K]$

∴ 무게 $W = \frac{PV}{RT}$
$= \frac{2\times10^6[Pa]\times0.01[m^3]}{287[J/kg·K]\times393[K]}$
$= 0.177[kg]$

$[Pa] = [N/m^2], [J] = [N·m]$

23

270[℃]에서 제1종 분말소화약제의 열분해반응식은?

① $2NaHCO_3 + 열 \rightarrow Na_2CO_3 + CO_2 + H_2O$

② $2NaHCO_3 + 열 \rightarrow 2NaCO_3 + H_2$

③ $2KHCO_3 + 열 \rightarrow K_2CO_3 + CO_2 + H_2O$

④ $2KHCO_3 + 열 \rightarrow K_2C + 2CO_2 + H_2O$

해설 열분해반응식

- 제1종 분말
  - 1차 분해반응식(270[℃])
    $2NaHCO_3$
    $\rightarrow Na_2CO_3 + CO_2 + H_2O - Q[kcal]$
  - 2차 분해반응식(850[℃])
    $2NaHCO_3$
    $\rightarrow Na_2O + 2CO_2 + H_2O - Q[kcal]$
- 제2종 분말
  - 1차 분해반응식(190[℃])
    $2KHCO_3$
    $\rightarrow K_2CO_3 + CO_2 + H_2O - Q[kcal]$
  - 2차 분해반응식(590[℃])
    $2KHCO_3 \rightarrow K_2O + 2CO_2 + H_2O - Q[kcal]$
- 제3종 분말
  - 190[℃]에서 분해
    $NH_4H_2PO_4$
    $\rightarrow NH_3 + H_3PO_4$(인산, 오쏘인산)
  - 215[℃]에서 분해
    $2H_3PO_4 \rightarrow H_2O + H_4P_2O_7$(피로인산)
  - 300[℃]에서 분해
    $H_4P_2O_7 \rightarrow H_2O + HPO_3$(메타인산)
- 제4종 분말
  $2KHCO_3 + (NH_2)_2CO$
  $\rightarrow K_2CO_3 + 2NH_3 + 2CO_2 - Q[kcal]$

24

분말소화약제의 가압용 가스로서 가장 많이 사용되는 것은?

① 산 소

② 제1인산암모늄

③ 탄산수소칼륨

④ 질 소

해설 분말소화약제의 가압용 가스 : 질소(N_2)

25

물리량을 질량(M), 길이(L), 시간(T)의 기본 차원으로 나타낼 때, 에너지의 차원은?

① ML^2T^{-2} ② $ML^{-1}T^{-2}$

③ $ML^{-1}T^{-1}$ ④ $ML^{-2}T^{-2}$

해설 단위와 차원

차 원	중력 단위[차원]	절대 단위[차원]
길 이	[m], [L]	[m], [L]
시 간	[s], [T]	[s], [T]
질 량	[kg·s²/m], [FL⁻¹T²]	[kg], [M]
힘	[kg$_f$], [F]	[kg·m/s²], [MLT⁻²]
밀 도	[kg·s²/m⁴], [FL⁻⁴T²]	[kg/m³], [ML⁻³]
압 력	[kg/m²], [FL⁻²]	[kg/m·s²], [ML⁻¹T⁻²]
속 도	[m/s], [LT⁻¹]	[m/s], [LT⁻¹]
가속도	[m/s²], [LT⁻²]	[m/s²], [LT⁻²]
에너지	[kg·m], [FL]	[kg·m²/s²], [ML²T⁻²]

26

펌프로부터 1.5[m] 아래에 있는 물을 펌프 위 20[m]의 송출 액면에 유량 0.6[m³/min]로 양수하고자 할 때 펌프에 공급하여야 할 동력은 약 몇 [kW]인가?(단, 관로의 손실수두는 3[m]이다)

① 2.41   ② 3.31

③ 4.31   ④ 5.31

해설 전동기 용량

$$P[kW] = \frac{\gamma QH}{102 \times \eta} \times K$$

여기서, γ : 물의 비중량($1,000[kg_f/m^3]$)

Q : 유량[m³/s]

H : 전양정(1.5[m] + 20[m] + 3[m]
$= 24.5[m]$)

K : 전달계수

η : 펌프 효율

$P[kW] = \dfrac{\gamma QH}{102 \times \eta} \times K$

$= \dfrac{1,000 \times 0.6[m^3]/60[s] \times 24.5[m]}{102 \times 1} \times 1$

$= 2.40[kW]$

27

수평으로 놓여진 노즐로부터 물이 대기 중으로 분출되고 있다. 이 노즐의 지름은 2[cm]이고 내부 계기압력은 700[kPa]이다. 순수한 운동량 변화로 인해 노즐에 작용하는 힘은 약 몇 [N]인가?

① 22.4   ② 44.9
③ 220   ④ 440

해설 베르누이 방정식을 적용하면

$$\frac{P_1}{\gamma} + \frac{u_1^2}{2g} + Z_1 = \frac{P_2}{\gamma} + \frac{u_2^2}{2g} + Z_2$$

여기서,

$$u_1 = 0, \ Z_1 = Z_2, \ P_2 = 0, \ \frac{P_1}{\gamma} = \frac{u_2^2}{2g}$$

$$\frac{700 \times 10^3}{9,800} = \frac{u_2^2}{2 \times 9.8}, \ u_2 = 37.42[\text{m/s}]$$

노즐에 작용하는 힘

$$F = \rho Q u = \rho A u \times u$$
$$= 1,000 \times \left(\frac{\pi}{4} \times 0.02^2 \times 37.42 \right) \times 37.42$$
$$= 439.9[\text{N}]$$

28

그림과 같은 액주계에서 A점의 압력은 계기압력으로 약 몇 [Pa]인가?

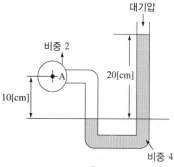

① 3,900   ② 5,880
③ 7,850   ④ 9,800

해설 액주계

$$P_A = \gamma_2 h_2 - \gamma_1 h_1$$
$$= (4[\text{g}_f/\text{cm}^3] \times 20[\text{cm}]) - (2[\text{g}_f/\text{cm}^3] \times 10[\text{cm}])$$
$$= 60[\text{g}_f/\text{cm}^2] = 0.06[\text{kg}_f/\text{cm}^2]$$

이것을 [Pa] 단위로 환산하면

$$\frac{0.06[\text{kg}_f/\text{cm}^2]}{1.0332[\text{kg}_f/\text{cm}^2]} \times 101,325[\text{Pa}] = 5,884[\text{Pa}]$$

29

0.01539[m³/s]의 유량으로 지름 30[cm]인 주철관 속을 비중 0.85, 점성계수 = 0.103[N·s/m²]의 유체가 흐르고 있다. 길이 3,000[m]에 대한 손실두수는 약 몇 [m]인가?

① 2.25   ② 2.46
③ 2.62   ④ 2.87

해설 다르시 - 바이스바흐(Darcy - Weisbach) 식

$$H = \frac{\Delta p}{r} = \frac{flu^2}{2gD}$$

여기서, f(관의 마찰계수)를 구하기 위하여

$$Re = \frac{Du\rho}{\mu} \ [\text{무차원}]$$

여기서, D : 관의 내경($= 0.3[\text{m}]$)

$$u(\text{유속}) = \frac{Q}{A} = \frac{4Q}{\pi D^2}$$
$$= \frac{4 \times 0.01539[\text{m}^3/\text{s}]}{3.14 \times (0.3[\text{m}])^2}$$
$$= 0.218[\text{m/s}]$$

ρ : 유체의 밀도($0.85 = 850[\text{kg/m}^3]$)
μ : 유체의 점도($0.103[\text{N·s/m}^2]$

$$= 0.103 \left[\frac{(\text{kg·m/s}^2)·\text{s}}{\text{m}^2} \right]$$
$$= 0.103[\text{kg/m·s}])$$

$$Re = \frac{Du\rho}{\mu} \ (\text{층류})$$
$$= \frac{0.3 \times 0.218 \times 850}{0.103} = 539.7$$

그러므로 관마찰계수 f를 구하면

$$f = \frac{64}{Re} = \frac{64}{539.7} = 0.1186$$

∴ Darcy - Weisbach 식에서

$$H = \frac{flu^2}{2gD}$$
$$= \frac{0.1186 \times 3,000 \times (0.218)^2}{2 \times 9.8 \times 0.3} = 2.87[\text{m}]$$

30

어떤 유체의 비중량이 A[N/m³]이고 점성계수가 B[N · s/m²]이다. 동점성계수[m²/s]는?(단, g는 중력가속도이다)

① $\dfrac{Bg}{A}$ ② $\dfrac{B}{Ag}$

③ $\dfrac{Ag}{B}$ ④ $\dfrac{A}{Bg}$

해설 단위환산을 하면

$$\nu(\text{동점성계수}) = \frac{B \cdot g}{A} = \frac{\left[\dfrac{\text{N} \cdot \text{s}}{\text{m}^2} \times \dfrac{\text{m}}{\text{s}^2}\right]}{\left[\dfrac{\text{N}}{\text{m}^3}\right]} = \left[\frac{\text{m}^2}{\text{s}}\right]$$

31

비중 0.86, 점성계수 0.027[N · s/m²]인 기름이 안지름 45[cm]의 파이프를 통하여 0.3[m³/s]의 유량으로 흐를 때 레이놀즈수는 얼마 정도인가?

① 1.90×10^4 ② 2.11×10^4

③ 2.30×10^4 ④ 2.70×10^4

해설 레이놀즈수

$$Re = \frac{Du\rho}{\mu}$$

여기서, D : 관의 내경($=0.3$[m])

u(유속) $= \dfrac{Q}{A} = \dfrac{4Q}{\pi D^2}$

$\qquad = \dfrac{4 \times 0.3[\text{m}^3/\text{s}]}{3.14 \times (0.45[\text{m}])^2}$

$\qquad = 1.89$[m/s]

ρ : 유체의 밀도($0.86 = 860$[kg/m³])

μ : 유체의 점도(0.027[N · s/m²]

$\qquad = 0.027\left[\dfrac{(\text{kg} \cdot \text{m/s}^2) \cdot \text{s}}{\text{m}^2}\right]$

$\qquad = 0.027$[kg/m · s])

$\therefore Re = \dfrac{Du\rho}{\mu} = \dfrac{0.45 \times 1.89 \times 860}{0.027} = 27,090$

$\qquad = 2.7 \times 10^4$

32

직경이 10[mm]인 노즐에서 방사압이 392[kPa]라면 방수량은 약 몇 [m³/min]인가?

① 0.402   ② 0.220

③ 0.131   ④ 0.002

해설 방수량

$$Q = 0.6597 D^2 \sqrt{10P}$$

여기서, Q : 분당토출량[L/min]

$\qquad D$: 관경(또는 노즐구경)[mm]

$\qquad P$: 방수압력[MPa]

$\therefore Q = 0.6597 \times (10)^2 \times \sqrt{10 \times 0.392[\text{MPa}]}$

$\qquad = 130.6[\ell/\text{min}] = 0.131[\text{m}^3/\text{min}]$

33

압력이 2[MPa], 온도가 250[℃]인 공기가 이상적인 단열팽창으로 압력이 0.2[MPa]로 내려갔을 때 공기의 온도는 약 몇 [K]인가?(단, 공기의 비열비는 1.40이다)

① 265   ② 271

③ 276   ④ 282

해설 온도를 구하면

$$T_2 = T_1\left(\frac{P_2}{P_1}\right)^{\frac{k-1}{k}} = (250+273) \times \left(\frac{0.2}{2}\right)^{\frac{1.4-1}{1.4}}$$

$$= 270.4[\text{K}]$$

34

길이 1.8[m], 폭이 1.2[m]인 직사각형의 평면수문이 수면과 수직으로 그 상단이 수면 아래 3[m]의 깊이에 설치되어 있다. 힘의 작용점인 압력중심은 수면으로부터 약 몇 [m]지점인가?(단, 수문의 길이 방향이 수면으로부터의 깊이 방향과 일치한다)

① 3.87   ② 3.97

③ 4.19   ④ 4.28

해설 압력중심 y_p 는

$$y_p = \frac{I_C}{\bar{y}A} + \bar{y}$$

$$= \frac{\dfrac{1.2 \times 1.8^3}{12}}{3.9 \times (1.8 \times 1.2)} + 3.9 = 3.97[\text{m}]$$

(면적의 도심은 $\bar{y} = 3 + \dfrac{1.8}{2} = 3.9$[m])

35

수직으로 세워진 노즐에서 물이 20[m/s] 속도로 쏘아 올려질 때 모든 손실이 무시된다면 물이 올라갈 수 있는 높이는 약 몇 [m]인가?

① 17.4   ② 18.6
③ 19.7   ④ 20.3

해설 수주 $H = \dfrac{u^2}{2g} = \dfrac{(20)^2}{2 \times 9.8[\text{m/s}^2]} = 20.4[\text{m}]$

36

비중 S인 액체가 액면으로부터 h[cm] 깊이에 있는 점의 압력은 수은주로 몇 [mmHg]인가?(단, 수은의 비중은 13.6이다)

① $13.6Sh$ ② $1,000Sh/13.6$
③ $Sh/13.6$ ④ $10Sh/13.6$

해설 압력 $P = \gamma h = 1,000Sh[\text{kg}_\text{f}/\text{m}^2]$

수은주 $h = \dfrac{P}{r} = \dfrac{1,000S \cdot 0.01h[\text{kg}_\text{f}/\text{m}^2]}{13.6 \times 1,000[\text{kg}_\text{f}/\text{m}^3]}$

$= \dfrac{0.01Sh}{13.6}[\text{m}] = \dfrac{10Sh}{13.6}[\text{mm}]$

37

압력이 1기압으로 일정하게 유지되는 용기 내에서 20[℃] 물 100[kg]이 완전히 증발하여 200[℃]의 수증기가 되었다면 총흡열량은 몇 [kJ]인가?(단, 물의 평균비열은 4.2[kJ/kg · K], 100[℃]에서의 증발잠열은 2,300[kJ/kg], 수증기의 평균비열은 2[kJ/kg · K]이다)

① 670×10^2 ② 283.6×10^3
③ 670×10^3 ④ 283.6×10^4

해설 • 물의 현열
$q = mC\Delta t$
$= 100[\text{kg}] \times 4.2[\text{kJ/kg · K}] \times (100-20)[\text{K}]$
$= 33,600[\text{kJ/kg}]$
• 100[℃] 수증기의 증발잠열
$q = m\gamma = 100 \times 2,300 = 230,000[\text{kJ/kg}]$
• 수증기의 현열
$q = mC\Delta t = 100 \times 2 \times (200-100)$

$= 20,000[\text{kJ/kg}]$

∴ 총흡열량 $q = 33,600 + 230,000 + 20,000$
$= 283.6 \times 10^3[\text{kJ/kg}]$

38

임펠러의 직경이 같은 원심식 송풍기에서 회전수만 변화시킬 때 동력변화를 구하는 식으로 맞는 것은? (단, 변화 전후의 회전수를 각각 N_1, N_2, 동력을 L_1, L_2로 표시한다)

① $L_2 = L_1 \times \left(\dfrac{N_2}{N_1}\right)^3$ ② $L_2 = L_1 \times \left(\dfrac{N_1}{N_2}\right)^2$
③ $L_2 = L_1 \times \left(\dfrac{N_1}{N_2}\right)^3$ ④ $L_2 = L_1 \times \left(\dfrac{N_2}{N_1}\right)^2$

해설 펌프의 상사법칙

• 유량 $Q_2 = Q_1 \times \dfrac{N_2}{N_1} \times \left(\dfrac{D_2}{D_1}\right)^3$

• 전양정 $H_2 = H_1 \times \left(\dfrac{N_2}{N_1}\right)^2 \times \left(\dfrac{D_2}{D_1}\right)^2$

• 동력 $L_2 = L_1 \times \left(\dfrac{N_2}{N_1}\right)^3 \times \left(\dfrac{D_2}{D_1}\right)^5$

여기서, N : 회전수[rpm]
D : 내경[mm]

39

다음 중 오존파괴지수(Ozone Depletion Potential ; ODP)가 가장 큰 할론소화약제는?

① Halon 1211   ② Halon 1301
③ Halon 2402   ④ Halon 104

해설 Halon 1301은 소화효과가 가장 좋고, 인체에 대한 독성은 가장 적으며, ODP는 13.1로 가장 크다.

40

수력기울기선(HGL)을 올바르게 설명한 것은?

① 관로 중심에서의 압력수두에 속도수두를 더한 높이 점을 연결한 선
② 관로 중심에서의 압력수두, 속도수두, 위치수두를 모두 더한 높이 점을 연결한 선

③ 관로 중심에서의 위치수두에 속도수두를 더한
　 높이 점을 연결한 선
④ 관로 중심에서의 위치수두에 압력수두를 더한
　 높이 점을 연결한 선

해설 수력기울기선(HGL) : 관로 중심에서의 위치수두에 압
　 력수두를 더한 높이 점을 연결한 선

제 3 과목　소방관계법규

41

소방시설공사업법령과 관련하여 성능위주설계를 하
여야 할 특정소방대상물로 알맞은 것은?(단, 신축
건축물인 경우이다)

① 아파트를 제외한 연면적이 10만[m²] 이상인 특정
　 소방대상물
② 아파트를 제외한 건축물의 높이가 70[m] 이상인
　 특정소방대상물
③ 연면적이 2만[m²] 이상인 철도역사·공항시설
④ 하나의 건축물에 관련법에 따른 영화상영관이
　 10개 이상인 특정소방대상물

해설 성능위주설계를 해야 할 특정소방대상물의 범위
　 • **연면적 20만[m²] 이상**인 특정소방대상물(**아파트 등
　 　은 제외**)
　 • 건축물의 높이가 **100[m] 이상**인 특정소방대상물(지
　 　하층을 포함한 층수가 30층 이상인 특정소방대상물
　 　을 포함한다)(아파트는 제외)
　 • 연면적 **3만[m²] 이상**인 **철도 및 도시철도시설. 공항
　 　시설**
　 • 하나의 건축물에 영화상영관이 10개 이상인 특정소
　 　방대상물

42

다음 특정소방대상물 중 교육연구시설에 포함되지
않는 것은?

① 자동차운전학원　　② 초등학교
③ 직업훈련소　　　　④ 도서관

해설 교육연구시설
　 • 학 교
　 　－ **초등학교**·중학교·고등학교·특수학교 : 교사
　 　　(교실·도서실 등 교수·학습활동에 직·간접적
　 　　으로 필요한 시설물), 체육관, 급식시설, 합숙소
　 　－ 대학·대학교 그 밖에 이에 준하는 각종 학교 :
　 　　교사 및 합숙소
　 • 교육원(연수원 그 밖에 이와 비슷한 것을 포함한다)
　 • **직업훈련소**
　 • 학원(근린생활시설에 해당하는 것과 자동차운전학
　 　원·정비학원 및 무도학원은 제외한다)
　 • 연구소(연구소에 준하는 시험소와 계량계측소를 포
　 　함한다)
　 • 도서관

　 자동차운전학원 : 항공기 및 자동차관련시설

43

다음 중 화재예방, 소방시설 설치·유지 및 안전관리
에 관한법률 시행령에서 사용하는 피난층에 대한 용
어의 정의로 알맞은 것은?

① 곧바로 지상으로 갈 수 있는 출입구가 있는 층
② 곧바로 지상으로 갈 수 있는 출입구가 있는 1층
③ 곧바로 옥상으로 갈 수 있는 출입구가 있는 층
④ 곧바로 옥상으로 갈 수 있는 출입구가 있는 꼭대
　 기 층

해설 피난층 : 곧바로 지상으로 갈 수 있는 출입구가 있
　 는 층

44

특정소방대상물 중 근린생활시설(목욕장 제외), 의료
시설, 복합건축물 등은 연면적 몇 [m²] 이상인 경우에
자동화재탐지설비를 설치하여야 하는가?

① 400[m²]　　　　　② 600[m²]
③ 1,000[m²]　　　　④ 3,500[m²]

해설 근린생활시설(목욕장은 제외), 의료시설 (정신의료기
　 관 또는 요양병원은 제외), 숙박시설, 위락시설, 장례
　 식장 및 복합건축물로서 **연면적 600[m²] 이상**이면 **자
　 동화재탐지설비**를 설치하여야 한다.

45

소방용수시설의 설치기준에 관한 사항 중 옳지 않은 것은?

① 주거지역에 설치하는 경우 특정소방대상물과의 수평거리를 140[m] 이하가 되도록 할 것
② 소방호스와 연결하는 소화전의 연결금속구의 구경은 65[mm]로 할 것
③ 저수조는 지면으로부터 낙차가 4.5[m] 이하일 것
④ 저수조에 물을 공급하는 방법은 상수도에 연결하여 자동으로 급수되는 구조일 것

해설 소방용수시설은 **주거지역·상업지역** 및 공업지역에 설치하는 경우 : 소방대상물과의 수평거리를 **100[m]** 이하가 되도록 할 것

46

다음 중 의용소방대 설치대상지역이 아닌 것은?

① 시   ② 읍
③ 면   ④ 리

해설 **소방본부장**이나 **소방서장**은 소방업무를 보조하게 하기 위하여 **특별시·광역시·시·읍·면**에 **의용소방대(義勇消防隊)**를 둔다.
※ 법개정으로 현재 맞지 않는 문제임

47

둘 이상의 위험물을 같은 장소에서 저장 또는 취급하는 경우에 있어서 해당 장소에서 저장 또는 취급하는 각 위험물의 수량을 그 위험물의 지정수량으로 각각 나누어 얻은 수의 합계가 얼마 이상인 경우 해당 위험물은 지정수량 이상의 위험물로 보는가?

① 0.5   ② 0.8
③ 1.0   ④ 1.5

해설 지정수량배수 $= \dfrac{\text{저장(취급)량}}{\text{지정수량}} + \dfrac{\text{저장(취급)량}}{\text{지정수량}} + \cdots$
$=1$ 이상이면 지정수량 이상으로 본다.

48

화재가 발생하거나 불이 번질 우려가 있는 특정소방대상물 및 토지를 일시적으로 사용하거나 그 사용의 제한 또는 소방활동에 필요한 처분을 할 수 있는 사람으로 옳지 않은 것은?

① 소방대장   ② 소방서장
③ 소방본부장   ④ 종합상황실장

해설 **소방본부장·소방서장** 또는 **소방대장**은 사람을 구출하거나 불이 번지는 것을 막기 위하여 필요할 때에는 화재가 발생하거나 불이 번질 우려가 있는 특정소방대상물 및 토지를 일시적으로 사용하거나 그 사용의 제한 또는 소방활동에 필요한 처분을 할 수 있다(소방기본법 제25조).

49

함부로 버려두거나 그냥 둔 위험물의 소유자·관리자 또는 점유자의 주소와 성명을 알 수 없어, 일정 기간 게시 및 보관 후 이를 매각 또는 폐기하였다. 그 후에 위험물의 소유자가 보상을 요구할 경우 조치사항으로 올바른 것은?

① 매각한 경우에는 소유자와 협의를 거쳐 이를 보상하여야 하나, 폐기한 경우에는 보상하지 않는다.
② 매각한 경우에는 보상하지 아니하나, 폐기한 경우에는 소유자와 협의를 거쳐 이를 보상하여야 한다.
③ 매각하거나 폐기된 경우 보상금액에 대하여 소유자와 협의를 거쳐 이를 보상하여야 한다.
④ 매각하거나 폐기된 경우 보상금액에 대하여 소유자와 협의를 거쳐 보상하지 않는다.

해설 소방본부장이나 소방서장은 매각되거나 폐기된 위험물 또는 물건의 소유자가 보상을 요구하는 경우에는 보상금액에 대하여 소유자와 협의를 거쳐 이를 보상하여야 한다.

50

제4류 위험물 중 경유의 지정수량으로 알맞은 것은?

① 200[L]   ② 500[L]
③ 1,000[L]   ④ 2,000[L]

해설 **제4류 위험물 중 경유의 지정수량** : 제2석유류(비수용성)로서 1,000[L]

정답 45 ①   46 ④   47 ③   48 ④   49 ③   50 ③

51

소방청장·소방본부장 또는 소방서장은 화재가 발생한 때에는 화재의 원인 및 피해 등에 대하여 조사를 하여야 하는데 다음 중 화재조사의 시기로 알맞은 것은?

① 화재의 발견 및 통보 시점부터 실시되어야 한다.
② 화재사실을 인지하는 즉시 실시되어야 한다.
③ 화재진압이 완료된 후 즉시 실시되어야 한다.
④ 화재현장에 도착 후 실시되어야 한다.

해설 화재조사는 화재사실을 인지하는 즉시 실시되어야 한다.

52

다음 중 소방시설공사의 설계와 감리에 관한 약정을 할 때 그 대가를 산정하는 기준으로 알맞은 것은?

① 발주자와 도급자 간의 약정에 따라 산정한다.
② 국가를 당사자로 하는 계약에 관한 법률에 따라 산정한다.
③ 엔지니어링기술진흥법 제31조의 규정에 따른 실비정액 가산방식으로 산정한다.
④ 민법에서 정하는 바에 따라 산정한다.

해설 소방기술용역의 대가기준(공사업법 제25조) : 소방시설공사의 설계와 감리에 관한 약정을 할 때 그 대가는 엔지니어링산업진흥법 제31조에 따른 엔지니어링사업의 대가기준 가운데 행정안전부령이 정하는 방식에 따라 산정한다.

53

소방대상물의 방염 등과 관련하여 방염성능기준은 무엇으로 정하는가?

① 대통령령   ② 행정안전부령
③ 소방청훈령   ④ 소방청예규

해설 방염성능기준 : 대통령령

54

특정소방대상물의 소방시설에 대하여 설계·시공 또는 감리를 하고자 하는 자는?

① 관할 소방서장에게 소방시설업의 신고를 하여야 한다.

② 소방청장에게 소방시설업의 허가를 받아야 한다.
③ 특별시장·광역시장, 도지사에게 소방시설업의 등록을 하여야 한다.
④ 행정안전부장관에게 소방시설업의 신고를 하여야 한다.

해설 특정소방대상물의 소방시설을 설계·시공하거나 감리를 하려는 자는 업종별로 대통령령으로 정하는 자본금(개인인 경우에는 자산평가액을 말한다) 및 기술인력을 갖추어 특별시장·광역시장·도지사 또는 특별자치도지사(이하 "시·도지사"라 한다)에게 소방시설업의 등록을 하여야 한다.

55

다음 중 2급 소방안전관리대상물의 소방안전관리자로 선임될 수 있는 경력요건으로 경력기간이 가장 짧은 것은?

① 의무소방대의 소방대원으로 근무경력
② 의용소방대원 근무경력
③ 경찰공무원 근무경력
④ 위험물안전관리법에 의한 자체소방대원 근무경력

해설 2급 소방안전관리대상물의 소방안전관리자의 선임자격자
- 군부대 및 의무소방대의 소방대원으로 1년 이상 근무한 경력이 있는 사람
- 의용소방대원으로 3년 이상 근무한 경력이 있는 사람으로서 시험에 합격한 사람
- 경찰공무원으로 3년 이상 근무한 경력이 있는 사람으로서 시험에 합격한 사람
- 위험물안전관리법 제19조에 따른 자체소방대의 소방대원으로 3년 이상 근무한 경력이 있는 사람으로서 시험에 합격한 사람

56

지정수량 미만인 위험물의 저장 또는 취급에 관한 기술상의 기준은 특별시·광역시 및 도의 무엇으로 정하는가?

① 예 규   ② 조 례
③ 훈 령   ④ 안전기준

해설 지정수량 미만인 위험물의 저장 또는 취급에 관한 기술상의 기준 : 시·도의 조례

57

다음 (㉠), (㉡)에 들어갈 내용을 알맞은 것은?

이동탱크저장소에는 차량의 전면 및 후면의 보기 쉬운 곳에 사각형의 (㉠)바탕에 (㉡)의 반사도료로 "위험물"이라고 표시한 표지를 설치하여야 한다.

① ㉠ 흑색 ㉡ 황색   ② ㉠ 황색 ㉡ 흑색
③ ㉠ 백색 ㉡ 적색   ④ ㉠ 적색 ㉡ 백색

해설 운반방법(지정수량 이상 운반 시)
- 60[cm] 이상 × 30[cm] 이상의 횡형사각형
- **흑색바탕에 황색의 반사도료**로 "위험물"이라고 표시할 것
- 표지는 차량의 전면 및 후면의 보기 쉬운 곳에 내걸 것

58

다음 중 특정소방대상물의 수용인원의 산정방법으로 옳지 않은 것은?

① 침대가 있는 숙박시설의 경우 해당 특정소방대상물의 종사자의 수에 침대의 수(2인용 침대는 2개로 산정한다)를 합한 수
② 침대가 없는 숙박시설의 경우 해당 특정소방대상물의 종사자의 수에 숙박시설의 바닥면적의 합계를 3[m²]로 나누어 얻은 수를 합한 수
③ 강의실 용도로 쓰이는 특정소방대상물의 경우 해당 용도로 사용되는 바닥면적의 합계를 1.9[m²]로 나누어 얻은 수
④ 문화 및 집회시설의 경우 해당 용도로 사용되는 바닥면적의 합계를 2.6[m²]로 나누어 얻은 수

해설 수용인원의 산정방법
(1) 숙박시설이 있는 특정소방대상물
① **침대가 있는 숙박시설** : 해당 특정소방대상물의 종사자의 수에 침대의 수(2인용 침대는 2개로 산정한다)를 합한 수
② **침대가 없는 숙박시설** : 해당 특정소방대상물의 종사자의 수에 숙박시설의 바닥면적의 합계를 3[m²]로 나누어 얻은 수를 합한 수

(2) (1) 외의 특정소방대상물
① **강의실·교무실·상담실·실습실·휴게실** 용도로 쓰이는 특정소방대상물 : 해당 용도로 사용하는 바닥면적의 합계를 1.9[m²]로 나누어 얻은 수
② **강당·문화 및 집회시설**, 운동시설, 종교시설 : 해당 용도로 사용하는 바닥면적의 합계를 4.6[m²]로 나누어 얻은 수(관람석이 있는 경우 고정식 의자를 설치한 부분에 있어서는 해당 부분의 의자수로 하고, 긴 의자의 경우에는 의자의 정면너비를 0.45[m]로 나누어 얻은 수로 한다)
③ 그 밖의 특정소방대상물 : 해당 용도로 사용하는 바닥면적의 합계를 3[m²]로 나누어 얻은 수

59

소방본부장이나 소방서장은 건축허가 등의 동의요구 서류를 접수한 날부터 며칠 이내에 건축허가 등의 동의 여부를 회신하여야 하는가?(단, 허가 신청한 건축물 등의 연면적은 20만[m²]이다)

① 3일   ② 7일
③ 10일   ④ 14일

해설 건축허가 등의 동의요구 서류접수 시 동의 여부 회신
- 일반대상물 : 5일 이내
- 특급소방관리대상물 : 10일 이내

60

위험물저장소 등의 설치자의 지위를 승계한 자는 승계한 날부터 며칠 이내에 시·도지사에게 그 사실을 신고하여야 하는가?

① 7일   ② 14일
③ 30일   ④ 60일

해설 제조소 등의 지위 승계 : 승계한 날부터 **30일** 이내에 시·도지사에게 신고하여야 한다.

제**4**과목 소방기계시설의 구조 및 원리

61

제연설비의 설치장소에 대한 설명으로 틀린 것은?

① 하나의 제연구역의 면적은 1,000[m²] 이내로 한다.
② 거실과 복도를 포함한 통로는 상호 제연구획한다.
③ 통로상 제연구역은 보행 중심선의 길이가 60[m]를 초과하지 않도록 한다.
④ 층의 구분이 불분명한 부분은 그 부분을 다른 부분과 별도로 제연구획을 할 필요가 없다.

해설 제연설비의 설치장소기준
• 하나의 제연구역의 면적은 1,000[m²] 이내로 할 것
• 거실과 통로(복도를 포함한다)는 상호 제연구획할 것
• 통로상의 제연구역은 보행중심선의 길이가 60[m]를 초과하지 아니할 것
• 하나의 제연구역은 직경 60[m] 원내에 들어갈 수 있을 것
• 하나의 제연구역은 2개 이상 층에 미치지 아니하도록 할 것. 다만, 층의 구분이 불분명한 부분은 그 부분을 다른 부분과 별도로 제연구획하여야 한다.

62

굽도리판이 탱크 벽면으로부터 내부로 0.5[m] 떨어져서 설치된 직경 20[m]의 플로팅 루프 탱크에 고정포방출구가 설치되어 있다. 고정포방출구로부터의 포방출량은 약 얼마 이상이어야 하는가?(단, 포방출량은 탱크 벽면과 굽도리판 사이의 환상면적당 4[L/m²·min]이다)

① 31[L/min] ② 63[L/min]
③ 93[L/min] ④ 123[L/min]

해설 탱크의 표면적 $=\pi r^2 = 3.14\times(10)^2 = 314[m^2]$
포를 방출해야 할 면적
$=314[m^2]-(3.14\times9.5\times9.5)=30.61[m^2]$
포방출량 $=30.61[m^2]\times4[L/m^2\cdot min]$
$=122.46[L/min]$

63

할론소화약제는 가압용 가스용기 내의 가스를 이용하여 소화약제가 방출되도록 한다. 이때 용기 내의 가스로 가장 적합한 것은?

① NO_2 ② O_2
③ N_2 ④ H_2

해설 가압용 가스용기의 가스 : 질소(N_2)

64

다음 설명 중 A, B, C에 들어갈 설비에 해당하지 않는 것은?

> 대형소화기를 설치하여야 할 특정소방대상물 또는 그 부분에 (A), (B), (C) 또는 옥외 소화전설비를 설치한 경우에는 해당 설비의 유효범위 안의 부분에 대하여는 대형소화기를 설치하여야 할 대상이라도 설치하지 아니할 수 있다.

① 제연설비 ② 옥내소화전설비
③ 물분무소화설비 ④ 스프링클러설비

해설 대형소화기를 설치하여야 할 특정소방대상물 또는 그 부분에 **옥내소화전설비·스프링클러설비·물분무 등 소화설비** 또는 **옥외소화전설비**를 설치한 경우에는 해당 설비의 유효범위 안의 부분에 대하여는 대형소화기를 설치하지 아니할 수 있다(화재안전기준 제5조).

65

포소화설비에 포함되지 않는 것은?

① 포소화약제 저장탱크
② 포혼합장치
③ 포원액교반장치
④ 가압송수장치

해설 **포소화설비의 장치** : 저장탱크, 포 혼합장치, 가압송수장치 등

66

분말소화약제의 저장용기에 대한 설치기준으로 틀린 것은?

① 가압식의 것은 최고사용압력의 0.8배 이하의 압력에서 작동하는 안전밸브를 설치할 것
② 저장용기의 내부압력이 설정압력으로 되었을 때 주밸브를 개방하는 정압작동장치를 설치할 것
③ 저장용기의 충전비는 0.8 이상으로 할 것
④ 저장용기 및 배관에는 잔류 소화약제를 처리할 수 있는 청소장치를 설치할 것

해설 분말소화약제 저장용기의 설치기준
• 저장용기의 내용적

소화약제의 종별	소화약제 1[kg] 당 저장용기의 내용적
제1종 분말(탄산수소나트륨을 주성분으로 한 분말)	0.8[L]
제2종 분말(탄산수소칼륨을 주성분으로 한 분말)	1.0[L]
제3종 분말(인산염을 주성분으로 한 분말)	1.0[L]
제4종 분말(탄산수소칼륨과 요소가 화합된 분말)	1.25[L]

• 저장용기에는 **가압식의 것은 최고사용압력의 1.8배 이하, 축압식의 것은 용기의 내압시험압력의 0.8배 이하**의 압력에서 작동하는 **안전밸브**를 설치할 것
• 저장용기에는 저장용기의 내부압력이 설정압력으로 되었을 때 주 밸브를 개방하는 정압작동장치를 설치할 것
• 저장용기의 **충전비는 0.8 이상**으로 할 것
• 저장용기 및 배관에는 잔류 소화약제를 처리할 수 있는 청소장치를 설치할 것
• 축압식의 분말소화설비는 사용압력의 범위를 표시한 지시압력계를 설치할 것

67

자동소화장치가 아닌 것은?

① 주방 자동소화장치
② 캐비닛형 자동소화장치
③ 분말 자동소화장치
④ 투척용 자동소화장치

해설 자동소화장치
• 주거용 주방자동소화장치
• 상업용 주방자동소화장치
• 캐비닛형 자동소화장치
• 가스자동소화장치
• 분말자동소화장치
• 고체에어로졸 자동소화장치

68

일반적인 산·알칼리소화기의 약제방출 압력원에 대한 설명으로 옳은 것은?

① 산과 알칼리의 화학반응에 의해 생성된 CO_2의 압력이다.
② 소화기 내부의 압축 질소가스 압력이다.
③ 소화기 내부의 이산화탄소 충전압력이다.
④ 수동펌프를 주로 이용하고 있다.

해설 산·알칼리소화기의 압력원은 산과 알칼리의 화학반응에 의해 생성된 CO_2이다.

69

피난기구인 완강기의 최대사용하중으로 옳은 것은?

① 800[N] 이상
② 1,000[N] 이상
③ 1,200[N] 이상
④ 1,500[N] 이상

해설 완강기의 **최대사용하중** 및 **최대사용자수** 등
• **최대사용하중**은 1,500[N] 이상의 하중이어야 한다.
• **최대사용자수**(1회에 강하할 수 있는 사용자의 최대수를 말한다)는 최대사용하중을 1,500[N]으로 나누어서 얻은 값(1 미만의 수는 계산하지 아니한다)으로 한다.
• 최대사용자수에 상당하는 수의 벨트가 있어야 한다.

70

벌류트펌프와 터빈펌프에 대한 설명 중 옳은 것은?

① 벌류트펌프는 고양정, 터빈펌프는 저양정에 사용된다.
② 임펠러의 주위에 고정된 물의 안내날개가 있는 것이 터빈펌프이다.

③ 펌프를 다단으로 제작하면 흡입능력을 높일 수 있다.

④ 터빈펌프는 캐비테이션현상이 발생하기 쉽다.

> **해설** 터빈펌프 : 임펠러의 주위에 고정된 물의 **안내날개가 있는 것**으로 **고양정**에 사용한다.

71

소화용수설비 소화수조의 채수구는 소방펌프차가 몇 [m] 이내의 지점까지 접근할 수 있게 설치해야 하는가?

① 2[m]　　　　② 3[m]
③ 4[m]　　　　④ 5[m]

> **해설** 채수구는 소방펌프차가 2[m] 이내의 지점까지 접근할 수 있어야 한다.

72

연결살수설비의 설치기준으로 옳은 것은?

① 폐쇄형 헤드를 사용하는 설비의 경우는 송수구, 자동배수밸브, 체크밸브, 자동배수밸브 순으로 설치한다.

② 폐쇄형 헤드 사용 시 시험배관 구경은 송수구의 가장 먼 가지배관의 구경과 동일하게 한다.

③ 살수헤드는 폐쇄형 헤드를 사용해야 한다.

④ 송수구의 호스 접결구는 반드시 쌍구형으로 해야 한다.

> **해설** 연결살수설비의 설치기준
> • 송수구부근의 설치기준
> – 폐쇄형 헤드를 사용하는 설비의 경우에는 송수구 자동배수밸브·체크밸브의 순으로 설치할 것
> – 개방형 헤드를 사용하는 설비의 경우에는 송수구 ·자동배수밸브의 순으로 설치할 것
> • 폐쇄형 헤드 사용 시 시험배관
> – 송수구의 가장 먼 가지배관의 끝으로부터 연결하여 설치할 것
> – **시험장치 배관의 구경은** 가장 먼 가지배관의 구경과 동일한 구경으로 하고, 그 끝에는 물받이통 및 배수관을 설치하여 시험 중 방사된 물이 바닥으로 흘러내리지 아니하도록 할 것. 다만, 목욕실·화장실 또는 그 밖의 배수처리가 쉬운 장소의 경우에는 물받이통 또는 배수관을 설치하지 아니할 수 있다.

• 살수헤드는 폐쇄형 헤드 또는 개방형 헤드를 사용해야 한다.

• **송수구**는 구경 **65[mm]**의 **쌍구형**으로 설치할 것. 다만, 하나의 송수구역에 부착하는 살수헤드의 수가 **10개 이하**인 것에 있어서는 **단구형**의 것으로 할 수 있다.

73

연결송수관설비의 방수구에 대한 설치기준이 맞는 것은?

① 아파트에서 방수구는 1층 및 2층에 설치한다.

② 방수구는 연결송수관설비의 전용방수구 또는 옥내소화전방수구로서 구경 85[mm]의 것으로 설치한다.

③ 11층 이상의 부분에 설치하는 방수구는 쌍구형으로 한다.

④ 아파트의 용도로 사용되는 층에는 반드시 쌍구형을 설치한다.

> **해설** 연결송수관설비의 방수구에 대한 설치기준
> • 아파트의 1층 및 2층은 방수구 설치 제외 대상이다.
> • 방수구는 연결송수관설비의 전용방수구 또는 옥내소화전방수구로서 구경 **65[mm]**의 것으로 설치할 것
> • **11층 이상**의 부분에 설치하는 **방수구는 쌍구형**으로 할 것. 다만, 다음에 해당하는 층에는 **단구형으로 설치**할 수 있다.
> – 아파트의 용도로 사용되는 층
> – 스프링클러설비가 유효하게 설치되어 있고 방수구가 2개소 이상 설치된 층

74

제연설비에 있어서 예상제연구역에 대한 공기유입량은 배출량에 비교해 어떻게 규정하고 있는가?

① 배출량 이하가 되도록 하여야 한다.

② 배출량 이상이 되도록 하여야 한다.

③ 공기유입량과 배출량은 같은 양이 되도록 하여야 한다.

④ 급기량은 0으로 한다.

> **해설** 예상제연구역에 대한 공기유입량은 배출량 이상이 되도록 하여야 한다.

안심Touch

75

관 이음쇠 중 지름이 다른 관을 서로 연결하는 이음쇠는 어느 것인가?

① 소 켓 ② 니 플
③ 유니언 ④ 부 싱

해설 **관부속품(Pipe Fitting)**
- 두 개의 관을 연결할 때
  - 관을 고정하면서 연결 : 플랜지(Flange), 유니언(Union)
  - 관을 회전하면서 연결 : 니플(Nipple), 소켓(Socket), 커플링(Coupling)
- **관선의 직경을 바꿀 때** : 리듀서(Reducer), **부싱**(Bushing)
- 관선의 방향을 바꿀 때 : 엘보(Elbow), Y자관, 티(Tee), 십자(Cross)
- 유로(관선)를 차단할 때 : 플러그(Plug), 캡(Cap), 밸브(Valve)
- 지선을 연결할 때 : 티(Tee), Y자관, 십자(Cross)

76

드렌처헤드를 설치한 개구부의 길이가 20[m]일 경우 설치해야 할 헤드 수는 몇 개인가?

① 8 ② 6
③ 5 ④ 3

해설 드렌처헤드는 개구부 위측에 2.5[m] 이내마다 1개를 설치하여야 하므로 20[m]÷2.5[m]=8개

77

옥내소화전 방수구의 설치기준은 바닥으로부터 몇 [m] 이하인가?

① 1[m] ② 1.5[m]
③ 2[m] ④ 3[m]

해설 **옥내소화전 방수구의 설치기준**
바닥으로부터 1.5[m] 이하

78

스프링클러설비의 음향장치는 유수검지장치 및 일제개방밸브 등의 담당구역마다 설치하되 그 구역이 각 부분으로부터 하나의 음향장치까지의 수평거리는 몇 [m] 이하로 하는가?

① 5 ② 10
③ 25 ④ 50

해설 스프링클러설비의 **음향장치**는 유수검지장치 및 일제개방밸브 등의 담당구역마다 설치하되 그 구역이 각 부분으로부터 하나의 음향장치까지의 **수평거리**는 25[m] **이하**로 한다.

79

이산화탄소소화설비로 유효하게 소화할 수 없는 것은?

① 가연성 액체 ② 변압기
③ 합성수지류 ④ 나트륨

해설 나트륨, 칼륨은 소량의 물이 있으면 수소가스를 발생하므로 이산화탄소소화설비는 적합하지 않다.

80

스프링클러설비의 헤드는 방수압력이 0.1[MPa]일 때 방수량이 80[L/min]이다. 동일한 헤드에 0.4[MPa]의 방수압이 걸리면 방수량은 몇 [L/min]인가?

① 120[L/min] ② 160[L/min]
③ 240[L/min] ④ 320[L/min]

해설 $80[\text{L/min}] = K\sqrt{10 \times 0.1}$ $K=80$
$$\therefore \; Q = K\sqrt{10P}$$
$$= 80 \times \sqrt{10 \times 0.4}$$
$$= 160[\text{L/min}]$$

2009년 5월 10일 시행

제 **2** 회

제 1 과목 소방원론

01

다음 중 발화의 위험이 가장 낮은 것은?

① 트라이에틸알루미늄 ② 팽창질석
③ 수소화리튬   ④ 황 린

해설 팽창질석은 소화약제로 사용되므로 발화의 위험은
없다.

02

건축물의 내부에 설치하는 피난계단의 구조에서 계단
은 내화구조로 하고, 어디까지 직접 연결되도록 하여
야 하는가?

① 피난층 또는 옥상
② 피난층 또는 지상
③ 개구부 또는 옥상
④ 개구부 또는 지하

해설 건축물의 내부에 설치하는 피난계단의 구조에서 계단
은 내화구조로 하고 **피난층** 또는 **지상**으로 직접 연결
되도록 하여야 한다.

03

액체 물 1[g]이 100[℃], 1기압에서 수증기로 변할
때 열의 흡수량은 몇 [cal]인가?

① 439   ② 539
③ 649   ④ 739

해설 물의 기화잠열(수증기로 변할 때 흡수량) : 539[kcal/kg]

04

질소를 불연성 가스로 취급하는 주된 이유는?

① 어떠한 물질과도 화합하지 아니하므로
② 산소와 화합하나 흡열반응을 하기 때문에
③ 산소와 산화반응을 하므로
④ 산소와 같이 공기 성분으로 산소와 화합할 수
없기 때문에

해설 질소(N_2)는 산소와 반응은 하나 흡열반응을 하므로 가
연물이 될 수 없다.

$$N_2 + 1/2O_2 \rightarrow N_2O - Q[kcal]$$

05

화학적 점화원이 아닌 것은?

① 연소열
② 용해열
③ 분해열
④ 아크열

해설 **열에너지원의 분류**
• 화학적 에너지 : 연소열, 분해열, 용해열, 자연발열
• 기계적 에너지 : 마찰열, 마찰스파크, 압축열
• **전기적 에너지** : 저항가열, 유도가열, 유전가열,
아크가열, 정전기가열, 낙뢰에 의한 발열

06

프로판가스의 공기 중 폭발범위는 약 몇 [vol%]인가?

① 2.1~9.5
② 15~25.5
③ 20.5~32.1
④ 33.1~63.5

해설 가스의 폭발범위(공기 중)

가 스	하한계[%]	상한계[%]
아세틸렌(C_2H_2)	2.5	81.0
수소(H_2)	4.0	75.0
일산화탄소(CO)	12.5	74.0
암모니아(NH_3)	15.0	28.0
메탄(CH_4)	5.0	15.0
에탄(C_2H_6)	3.0	12.4
프로판(C_3H_8)	2.1	9.5
부탄(C_4H_{10})	1.8	8.4

07

표준상태에서 탄산가스의 증기비중은 약 얼마인가?
(단, 탄산가스의 분자량은 44이다)

① 1.52
② 2.60
③ 3.14
④ 4.20

해설 증기비중 $= \dfrac{분자량}{29} = \dfrac{44}{29} ≒ 1.52$

08

Halon 104가 수증기와 작용해서 생기는 유독 가스에 해당하는 것은?

① 포스겐
② 황화수소
③ 이산화질소
④ 포스핀

해설 사염화탄소는 수증기, 공기(산소), 탄산가스 등과 반응하면 맹독성 가스인 포스겐($COCl_2$)을 발생하므로 위험하여 현재 사용하고 있지 않는 소화약제이다.

- 공기 중 : $2CCl_4 + O_2 \rightarrow 2COCl_2 + 2Cl_2$
- 수분 중 : $CCl_4 + H_2O \rightarrow COCl_2 + 2HCl$
- 산화철 중 : $3CCl_4 + Fe_2O_3 \rightarrow 3COCl_2 + 2FeCl_3$
- 탄산가스 중 : $CCl_4 + CO_2 \rightarrow 2COCl_2$

09

자연발화를 일으키는 원인이 아닌 것은?

① 산화열
② 분해열
③ 흡착열
④ 기화열

해설 자연발화의 형태
- 산화열에 의한 발화 : 석탄, 건성유, 고무분말
- 분해열에 의한 발화 : 나이트로셀룰로스, 셀룰로이드
- 미생물에 의한 발화 : 퇴비, 먼지
- 흡착열에 의한 발화 : 목탄, 활성탄
- 중합열에 의한 발열 : 시안화수소 등

10

목탄의 주된 연소형태에 해당하는 것은?

① 자기연소
② 표면연소
③ 증발연소
④ 확산연소

해설 고체의 연소
- **표면연소 : 목탄, 코크스, 숯, 금속분** 등이 열분해에 의하여 가연성 가스를 발생하지 않고 그 물질 자체가 연소하는 현상
- 분해연소 : 석탄, 종이, 목재, 플라스틱 등의 연소 시 열분해에 의해 발생된 가스와 공기가 혼합하여 연소하는 현상
- 증발연소 : 황, 나프탈렌, 왁스, 파라핀 등과 같이 고체를 가열하면 열분해는 일어나지 않고 고체가 액체로 되어 일정온도가 되면 액체가 기체로 변화하여 기체가 연소하는 현상
- 자기연소(내부연소) : 제5류 위험물인 나이트로셀룰로스, 질화면 등 그 물질이 가연물과 산소를 동시에 가지고 있는 가연물이 연소하는 현상

11

다음 중 제4류 위험물이 아닌 것은?

① 가솔린
② 메틸알코올
③ 아닐린
④ 탄화칼슘

해설 위험물의 분류

종 류	유 별
가솔린	제4류 위험물 제1석유류
메틸알코올	제4류 위험물 알코올류
아닐린	제4류 위험물 제3석유류
탄화칼슘	제3류 위험물 칼슘의 탄화물

12
제1석유류는 어떤 위험물에 속하는가?

① 산화성 액체   ② 인화성 액체
③ 자기반응성 물질   ④ 금수성 물질

해설 제4류 위험물 제1석유류 : 인화성 액체

13
물과 접촉하면 발열하면서 수소기체를 발생하는 것은?

① 과산화수소   ② 나트륨
③ 황 린   ④ 아세톤

해설 나트륨
• 물 성

분자식	원자량	비 점
Na	23	880[℃]

• 은백색의 광택이 있는 무른 경금속으로 노란색 불꽃을 내면서 연소한다.
• 비중(0.97), 융점(97.8[℃])이 낮다.
• 보호액(석유, 경유, 유동파라핀)을 넣은 내통에 밀봉 저장한다.

> 나트륨을 석유 속에 보관 중 수분이 혼입되면 화재 발생요인이 된다.

• 아이오딘산(HIO_3)과 접촉 시 폭발하며 수은(Hg)과 격렬하게 반응하고 경우에 따라 폭발한다.
• 알코올이나 산과 반응하면 수소가스를 발생한다.
• 나트륨은 물과 반응하면 수소가스를 발생한다.

> $2Na + 2H_2O \rightarrow 2NaOH + H_2\uparrow + 92.8[kcal]$

14
열전달의 슈테판-볼츠만의 법칙은 복사체에서 발산되는 복사열은 복사체의 절대온도의 몇 승에 비례한다는 것인가?

① $\frac{1}{2}$ ② 2
③ 3   ④ 4

해설 슈테판-볼츠만의 법칙 : 복사열은 절대온도차의 4제곱에 비례하고 열전달면적에 비례한다.

> $Q_1 : Q_2 = (T_1 + 273)^4 : (T_2 + 273)^4$

15
공기 중의 산소는 용적으로 약 몇 [%] 정도인가?

① 15   ② 21
③ 25   ④ 30

해설 공기의 산소 : [vol%]로는 21[%], [wt%]로는 23[%] 존재

16
다음 중 연소 시 발생하는 가스로 독성이 가장 강한 것은?

① 수 소   ② 질 소
③ 이산화탄소   ④ 일산화탄소

해설 연소가스 중 일산화탄소가 독성이 가장 강하다.

17
다음 중 화재하중에 주된 영향을 주는 것은?

① 가연물의 온도   ② 가연물의 색상
③ 가연물의 양   ④ 가연물의 융점

해설 화재하중은 단위면적당 가연성 수용물의 양으로서 건물화재시 발열량 및 화재의 위험성을 나타내는 용어이고, 화재의 규모를 결정하는 데 사용된다.

> 화재하중 $Q = \dfrac{\sum(G_t \times H_t)}{H \times A} = \dfrac{Q_t}{4,500 \times A}[kg/m^2]$

여기서, G_t : 가연물의 질량
H_t : 가연물의 단위발열량[kcal/kg]
H : 목재의 단위발열량(4,500[kcal/kg])
A : 화재실의 바닥면적[m²]
Q_t : 가연물의 전발열량[kcal]

18
관람석 또는 집회실의 바닥면적 합계가 200[m²]인 다음 건축물의 주요구조부를 내화구조로 하지 않아도 되는 것은?

① 종교시설   ② 주점영업소
③ 동·식물원   ④ 장례식장

해설 종교시설, 주점영업소, 장례식장은 주요구조부를 내화구조로 하여야 한다.

19

화재종류 중 A급 화재에 속하지 않는 것은?

① 목재화재   ② 섬유화재

③ 종이화재   ④ 금속화재

해설 화재의 종류

구 분 급 수	화재의 종류	표시색
A급	일반화재	백 색
B급	유류화재	황 색
C급	전기화재	청 색
D급	금속화재	무 색

20

건축물의 주요구조부가 아닌 것은?

① 기 둥   ② 바 닥

③ 보   ④ 옥외계단

해설 주요구조부 : 내력벽, 기둥, 바닥, 보, 지붕틀, 주계단

> 주요구조부 제외 : **사잇벽**, 사잇기둥, 최하층의 바닥, 작은 보, 차양, **옥외계단**

제 **2** 과목   **소방유체역학 및 약제화학**

21

피토관을 이용하여 흐르는 물의 압력을 측정하였더니 전압력이 294[kPa], 정압이 98[kPa]이었다. 이 위치에서 유속은 약 몇 [m/s]인가?

① 6.2   ② 8.2

③ 15.7   ④ 19.8

해설 피토관

$$u = \sqrt{2gH}$$

여기서, g : 중력가속도(9.8[m/s])

H : 양정(동압 = 전압 - 정압
= 294 - 98 = 196[kPa])

이것을 [mH₂O]로 환산하면

$$\frac{196[\text{kPa}]}{101.3[\text{kPa}]} \times 10.332[\text{mH}_2\text{O}] = 19.99[\text{mH}_2\text{O}]$$

$$\therefore \ u = \sqrt{2gH} = \sqrt{2 \times 9.8 \times 19.99} = 19.8[\text{m/s}]$$

22

A, B, C급 화재에 모두 적응성이 있어 가장 널리 쓰이는 분말소화약제의 주성분은?

① $NH_4H_2PO_4$ ② $NaHCO_3$

③ $KHCO_3$ ④ $KHCO_3 + (NH_2)_2CO$

해설 분말소화약제의 분류

종 별	소화약제	약제의 착색	적응 화재	열분해반응식
제1종 분말	중탄산나트륨 (NaHCO₃)	백 색	B, C급	$2NaHCO_3 \rightarrow$ $Na_2CO_3 + CO_2 + H_2O$
제2종 분말	중탄산칼륨 (KHCO₃)	담회색	B, C급	$2KHCO_3 \rightarrow$ $K_2CO_3 + CO_2 + H_2O$
제3종 분말	인산암모늄 (NH₄H₂PO₄)	담홍색, 황색	A, B, C급	$NH_4H_2PO_4 \rightarrow$ $HPO_3 + NH_3 + H_2O$
제4종 분말	중탄산칼륨+요소 [KHCO₃+(NH₂)₂CO]	회 색	B, C급	$2KHCO_3 + (NH_2)_2CO$ $\rightarrow K_2CO_3 + 2NH_3 +$ $2CO_2$

23

회전속도 1,000[rpm]일 때 송출량 Q[m³/min], 전양정 H[m]인 원심펌프가 상사한 조건에서 회전속도가 1,200[rpm]으로 작동할 때 유량 및 전양정은?

① $1.2Q$, $1.44H$ ② $1.2Q$, $\sqrt{1.44}\,H$

③ $1.44Q$, $\sqrt{1.44}\,H$ ④ $1.44Q$, $1.2H$

해설 펌프의 상사법칙

- 유량 $Q_2 = Q_1 \times \dfrac{N_2}{N_1} \times \left(\dfrac{D_2}{D_1}\right)^3$

- 전양정 $H_2 = H_1 \times \left(\dfrac{N_2}{N_1}\right)^2 \times \left(\dfrac{D_2}{D_1}\right)^2$

- 동력 $P_2 - P_1 \times \left(\dfrac{N_2}{N_1}\right)^3 \times \left(\dfrac{D_2}{D_1}\right)^5$

여기서, N : 회전수[rpm]

D : 내경[mm]

$$\therefore Q_2 = Q_1 \times \left(\frac{N_2}{N_1}\right) = Q \times \left(\frac{1,200}{1,000}\right) = 1.2Q$$

$$H_2 = H_1 \times \left(\frac{N_2}{N_1}\right)^2 = H \times \left(\frac{1,200}{1,000}\right)^2 = 1.44H$$

24

체적이 200[L]인 용기에 압력이 800[kPa]이고 온도가 20[℃]의 공기가 들어 있다. 공기를 냉각하여 압력을 500[kPa]로 낮추려면 약 몇 [kJ]의 열을 제거하여야 하는가?(단, 공기의 정적비열은 0.718[kJ/kg·K]이고, 기체상수는 0.287[kJ/kg·K]이다)

① 150
② 570
③ 990
④ 1,400

해설 완전기체

$$PV = WRT$$

여기서, P : 압력(800[kN/m²])
V : 부피[m³]
W : 질량[kg]
R : 기체상수(0.287[kJ/kg·K])
T : 절대온도(273+200=473[K])

• 공기의 질량을 구하면
$$W = \frac{PV}{RT} = \frac{800[\text{kN/m}^2] \times 0.2[\text{m}^3]}{0.287[\text{kN}\cdot\text{m/kg}\cdot\text{K}] \times 473[\text{K}]}$$
$$= 1.18[\text{kg}]$$

• 압력 500[kPa]로 압력을 낮출 때의 온도
$$T = \frac{PV}{WR} = \frac{500[\text{kN/m}^2] \times 0.2[\text{m}^3]}{1.18[\text{kg}] \times 0.287[\text{kN}\cdot\text{m/kg}\cdot\text{K}]}$$
$$= 295.3[\text{K}]$$

• Δt(온도차)=473[K] - 295.3[K] = 177.7[K]
$$\therefore \text{열량}[\text{kJ}] = mC\Delta t$$
$$= 1.18[\text{kg}] \times 0.718[\text{kJ/kg}\cdot\text{K}]$$
$$\times 177.7[\text{K}]$$
$$= 150.5[\text{kJ}]$$

25

길이 300[m], 지름이 10[cm]인 관에 1.2[m/s]의 평균속도로 물이 흐르고 있다면 손실수두는 약 몇 [m]인가?(단, 관의 마찰계수는 0.02이다)

① 2.1
② 4.4
③ 6.7
④ 8.3

해설 다르시-바이스바흐(Darcy-Weisbach) 식

$$H = \frac{flu^2}{2gD}$$

여기서, f : 관의 마찰계수(0.02)
l : 관의 길이(300[m])
u : 유체의 유속(1.2[m/s])
g : 중력가속도(9.8[m/s²])
D : 관의 내경(0.1[m])

$$\therefore H = \frac{0.02 \times 300 \times (1.2)^2}{2 \times 9.8 \times 0.1} = 4.4[\text{mH}_2\text{O}]$$

26

관 지름이 400[mm]인 수평 원관 내에 어떤 액체가 층류로 흐르고 있을 때, 관 벽에서의 전단 응력은 200[N/m²]이다. 이때 관 길이 30[m]에 대한 압력강하는 몇 [kPa]인가?

① 15
② 30
③ 60
④ 120

해설 수평원관 내의 액체가 층류로 흐를 때 전단응력

$$\tau = -\frac{dp}{dl} \cdot \frac{r}{2}$$

여기서, $\tau = 200[\text{N/m}^2 = \text{Pa}]$
$l = 30[\text{m}]$
$r = 200[\text{mm}] = 0.2[\text{m}]$
$dp = \Delta p$
$$\Delta p = \frac{2\tau l}{r} = \frac{2 \times 200 \times 30}{0.2}$$
$$= 60,000[\text{Pa}] = 60[\text{kPa}]$$

27

유체에 대한 설명으로 가장 적합한 것은?

① 유체는 전단응력에 견디지 못하고 연속적으로 변형한다.
② 유체에 있어서 분자운동의 범위는 고체의 것과 거의 같다.
③ 어떠한 용기를 채울 때에는 항상 팽창한다.
④ 유체는 아무리 작은 접선력에도 계속적으로 저항할 수 있는 것이다.

해설 유체(Fluid) : 전단력이 아무리 작은 값이라도 작용하면 전단력을 제거하여도 유체 내부에 전단응력이 작용하는 동안 연속적으로 변형하는 물질

해설 $\nu(\text{동점성계수})=\dfrac{\mu(\text{점성계수})}{\rho(\text{밀도})}$

$\mu(\text{점성계수})=2\times10^{-4}[\text{m}^2/\text{s}]\times900[\text{kg/m}^3]$
$=0.18[\text{kg/m}\cdot\text{s}]$

28

수평면과 45° 경사를 갖는 지름 250[mm]인 원관의 위쪽 출구 방향으로 유출하는 물 제트의 유출속도가 9.8[m/s]라고 한다면 출구로부터의 물 제트의 최고 수직상승 높이는 약 몇 [m]인가?(단, 공기의 저항은 무시함)

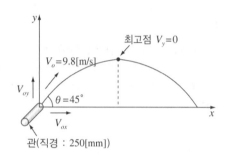

① 2.45   ② 3
③ 3.45   ④ 4.45

해설 수평면과 각 θ를 이룬 방향으로 던진 물체의 운동
x방향의 초기속도 $=V_o\cos\theta$
y방향의 초기속도 $=V_o\sin\theta$
최고점에서 $V_y=0$
자유낙하운동에서 연직방향의 속도 $V_{oy}=V_o\sin\theta$
최고높이에서 속도 $V_y=0$
연직투상 $-2gh=V_y{}^2-V_{oy}{}^2$ ($V_y=0$이므로)
$\quad -2gh=-V_{oy}{}^2$
$\quad 2gh=(V_o\sin\theta)^2$
$h=\dfrac{(V_o\sin\theta)^2}{2g}=\dfrac{(9.8\times\sin45)^2}{2\times9.8}=2.45[\text{m}]$

29

어떤 오일의 동점성계수가 2×10⁻⁴[m²/s]이고 비중이 0.9라면 점성계수는 몇 [kg/m·s]인가?(단, 물의 밀도는 1,000[kg/m³]이다)

① 1.2   ② 2.0
③ 0.18   ④ 1.8

30

국소대기압이 94.66[kPa]인 곳에서 개방탱크 속에 높이 2[m]의 물과 그 위에 비중 0.83인 기름이 2[m] 높이로 들어있다. 탱크 밑면의 절대 압력은 약 몇 [kPa]인가?

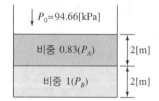

① 130.5   ② 133.8
③ 136.5   ④ 146.5

해설 절대압력
$P=P_0+P_A+P_B$
$=94.66[\text{kPa}]+\left(\dfrac{830[\text{kg}_f/\text{m}^3]\times2[\text{m}]}{10,332[\text{kg}_f/\text{m}^2]}\right)\times101.3[\text{kPa}]$
$\quad+\left(\dfrac{1,000[\text{kg}_f/\text{m}^3]\times2[\text{m}]}{10,332[\text{kg}_f/\text{m}^2]}\times101.3[\text{kPa}]\right)$
$=130.54[\text{kPa}]$

31

펌프 입구에서의 압력 80[kPa], 출구에서의 압력 160[kPa]이고, 이 두 곳의 높이 차이(출구가 높음)은 1[m]이다. 입구 및 출구 관의 직경은 같으며 송출유량이 0.02[m³/s]일 때, 효율 90[%]인 펌프에 필요한 동력은 약 몇 [kW]인가?

① 1.4   ② 1.6
③ 1.8   ④ 2.0

해설 전동기 용량

$$P[\text{kW}]=\frac{\gamma\,QH}{102\times\eta}\times K$$

여기서, γ : 물의 비중량(1,000[kg_f/m³])
$\quad\quad\quad Q$: 유량[m³/s]

H : 전양정($\dfrac{80[\text{kPa}]}{101.325[\text{kPa}]} \times 10.332[\text{m}]$

$\qquad + 1[\text{m}] = 9.16[\text{m}]$

$\therefore\ P[\text{kW}] = \dfrac{\gamma Q H}{102\eta}$

$\qquad = \dfrac{1,000 \times 0.02 \times 9.16}{102 \times 0.9} = 1.99[\text{kW}]$

32

직경 10[cm]의 원형 노즐에서 물이 50[m/s]의 속도로 분출되어 평판에 수직으로 충돌할 때 벽이 받는 힘의 크기는 약 몇 [kN]인가?

① 19.6   ② 33.9

③ 57.1   ④ 79.3

해설 $F = Q \cdot \rho \cdot u = uA \cdot \rho \cdot u$

$\qquad = 50[\text{m/s}] \times \dfrac{\pi}{4}(0.1[\text{m}])^2 \times 1,000[\text{kg/m}^3]$

$\qquad \times 50[\text{m/s}]$

$\qquad = 19.625[\text{kg} \cdot \text{m/s}^2] = 19.6[\text{kN}]$

33

다음 그림과 같이 시차 액주계의 압력차(ΔP)를 계산하시오.

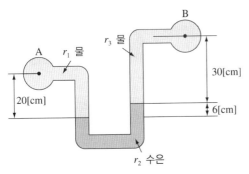

① 0.0916[kg/cm²]   ② 0.916[kg/cm²]

③ 9.16[kg/cm²]   ④ 91.6[kg/cm²]

해설 P_A와 P_B의 관계식은

$\quad P_A + \gamma_1 h_1 = P_B + \gamma_2 h_2 + \gamma_3 h_3$

$\quad P_A - P_B = \gamma_2 h_2 + \gamma_3 h_3 - \gamma_1 h_1$

$\qquad = (13.6 \times 1,000[\text{kg}_\text{f}/\text{m}^3] \times 0.06[\text{m}])$

$\qquad + (1 \times 1,000[\text{kg}_\text{f}/\text{m}^3] \times 0.3[\text{m}])$

$\qquad - (1 \times 1,000[\text{kg}_\text{f}/\text{m}^3] \times 0.2[\text{m}])$

$\qquad = 916[\text{kg}_\text{f}/\text{m}^2]$

$\qquad = 0.0916[\text{kg}_\text{f}/\text{cm}^2]$

34

할로겐화합물소화약제인 HCFC - 124의 화학식은?

① CHF_3 ② CF_3CHFCF_3

③ $CHClFCF_3$ ④ C_4H_{10}

해설 할로겐화합물 및 불활성기체의 종류

소화약제	화학식
퍼플루오르부탄 (이하 "FC-3-1-10"이라 한다)	C_4F_{10}
하이드로클로로플루오르카본혼화제 (이하 "HCFC BLEND A"라 한다)	HCFC-123($CHCl_2CF_3$) : 4.75[%] HCFC-22($CHClF_2$) : 82[%] HCFC-124($CHClCF_3$) : 9.5[%] $C_{10}H_{16}$: 3.75[%]
클로로테트라플루오르에탄 (이하 "HCFC-124"라 한다)	$CHClFCF_3$
펜타플루오르에탄 (이하 "HFC-125"라 한다)	CHF_2CF_3
헵타플루오르프로판 (이하 "HFC-227ea"라 한다)	CF_3CHFCF_3
트리플루오르메탄 (이하 "HFC-23"이라 한다)	CHF_3
헥사플루오르프로판 (이하 "HFC-236fa"라 한다)	$CF_3CH_2CF_3$
트리플루오르이오다이드 (이하 "FIC-13I1"이라 한다)	CF_3I
불연성·불활성기체 혼합가스 (이하 "IG-01"이라 한다)	Ar
불연성·불활성기체 혼합가스 (이하 "IG-100"이라 한다)	N_2
불연성·불활성기체 혼합가스 (이하 "IG-55"라 한다)	N_2 : 50[%], Ar : 50[%]
도데카플루오르-2-메틸펜탄-3-원 (이하 "FK-5-1-12"이라 한다)	$CF_3CF_2C(O)CF(CF_3)_2$

35

일명 AFFF라고도 하며 유류화재에 우수한 소화효과가 있는 포소화약제는?

① 단백포   ② 내알코올포

③ 불화단백포   ④ 수성막포

해설 수성막포(AFFF ; Aqueous Film Forming Foam)는 유류화재에 효과가 뛰어난 소화약제로 장기보존이 가능하고 분말약제와 겸용이 가능하다.

$$= (250+273)[K] \times \left(\frac{0.2}{2}\right)^{\frac{1.4-1}{1.4}}$$
$$= 270.9[K]$$

36

그림과 같이 폭 1[m], 길이 2[m]인 평판이 수면과 수직을 이루고 있다. 평판 윗면의 수심이 20[cm]일 때 평판에 작용하는 물에 의한 힘의 크기는 약 몇 [kN]인가?

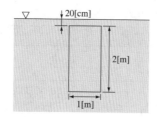

① 20.5
② 21.2
③ 22.1
④ 23.5

해설 $F = \gamma h A = 9,800[\text{N/m}^3] \times (0.2[\text{m}]) \times (1 \times 2)[\text{m}^2]$
$= 23,520[\text{N}]$
$= 23.5[\text{kN}]$

37

할론소화약제 중 가장 독성이 약한 것은?

① 할론 1211
② 할론 1011
③ 할론 1301
④ 할론 2402

해설 할론 1011은 독성이 심하여 현재 사용하지 않고 할론 1301은 인체에 대한 독성이 가장 약하다.

38

압력 2[MPa], 온도 250[℃]의 공기가 이상적인 가역단열팽창을 하여 압력이 0.2[MPa]로 변화할 때 변화 후 온도는 약 몇 [K]인가?(단, 공기의 비열비는 1.40이다)

① 265[K]
② 271[K]
③ 278[K]
④ 283[K]

해설 단열팽창 시 온도
$$T_2 = T_1 \times \left(\frac{P_2}{P_1}\right)^{\frac{r-1}{r}}$$

39

4[MPa], 27[℃]에서 질소의 비체적은 몇 [m³/kg]인가?(단, 질소의 기체상수는 296.8[J/kg · K]이다)

① 0.01956
② 0.02012
③ 0.02135
④ 0.02226

해설 비체적
$$\rho = \frac{P}{RT}$$

여기서, R : 기체상수(296.8[J/kg · K]
$= 296.8[\text{N} \cdot \text{m/kg} \cdot \text{K}])$
T : 절대온도(273+27=300[K])
P : 압력(4[MPa]=4×1,000,000
$= 4,000,000[\text{Pa}]$
$= 4,000,000[\text{N/m}^2])$
∴ 비체적$(\nu) = \frac{1}{\rho} = \frac{RT}{P}$
$= \frac{296.8[\text{N} \cdot \text{m/kg} \cdot \text{K}] \times 300[\text{K}]}{4 \times 1,000,000[\text{N/m}^2]}$
$= 0.02226[\text{m}^3/\text{kg}]$

40

배관 내에서 물의 수격작용(Water Hammer)을 방지하는 대책으로 잘못된 것은?

① 조압 수조(Surge Tank)를 관선에 설치한다.
② 밸브를 펌프 송출구에서 멀게 설치한다.
③ 밸브를 서서히 조작한다.
④ 관경을 크게 하고 유속을 작게 한다.

해설 수격현상(Water Hammering)의 방지대책
• 관경을 크게 하고 유속을 낮게 한다.
• 압력강하의 경우 Fly Wheel을 설치한다.
• Surge Tank(조압수조)를 설치하여 적정압력을 유지하여야 한다.
• Pump 송출구 가까이 송출밸브를 설치하여 압력 상승 시 압력을 제어하여야 한다.

제 **3** 과목　소방관계법규

41

특정소방대상물로 위락시설에 해당되지 않는 것은?

① 유흥주점　　　　② 카지노업소
③ 무도장　　　　　④ 공연장

해설 **위락시설**
- 단란주점으로서 근린생활시설에 해당하지 않는 것
- 유흥주점이나 그 밖에 이와 비슷한 것
- 관광진흥법에 따른 유원시설업의 시설 그 밖에 이와 비슷한 것(근린생활시설에 해당하는 것을 제외한다)
- **무도장** 및 **무도학원**
- **카지노영업소**

> 공연장(바닥면적 300[m²] 이상) : 문화 및 집회시설

42

다음 중 화재원인조사의 종류에 속하지 않는 것은?

① 연소상황조사
② 인명피해조사
③ 피난상황조사
④ 소방시설 등 조사

해설 **화재조사의 종류 및 조사의 범위**
- 화재원인조사

종 류	조사범위
발화원인조사	화재가 발생한 과정 화재가 발생한 지점 및 불이 붙기 시작한 물질
발견·통보 및 초기소화상황조사	화재의 발견·통보 및 초기소화 등 일련의 과정
연소상황조사	화재의 연소경로 및 확대원인 등의 상황
피난상황조사	피난경로, 피난상의 장애요인 등의 상황
소방시설 등 조사	소방시설의 사용 또는 작동 등의 상황

- 화재피해조사

종 류	조사범위
인명피해조사	• 소방활동 중 발생한 사망자 및 부상자 • 그 밖에 화재로 인한 사망자 및 부상자
재산피해조사	• 열에 의한 탄화, 용융, 파손 등의 피해 • 소화활동 중 사용된 물로 인한 피해 • 그 밖에 연기, 물품반출, 화재로 인한 폭발 등에 의한 피해

43

소방안전관리대상물의 관계인이 소방안전관리자를 선임한 경우에는 행정안전부령이 정하는 바에 따라 선임한 날부터 며칠 이내에 소방본부장이나 소방서장에게 신고하여야 하는가?

① 7일　　　　　　② 14일
③ 21일　　　　　④ 30일

해설 소방안전관리자나 위험물안전관리자를 선임한 경우 : 선임한 날부터 **14일** 이내에 **소방본부장**이나 **소방서장**에게 신고하여야 한다.

44

다량의 위험물을 저장·취급하는 제조소 등으로서 대통령령이 정하는 제조소 등이 있는 동일한 사업소에서 대통령령이 정하는 수량 이상의 위험물을 저장 또는 취급하는 경우 해당 사업소의 관계인은 대통령령이 정하는 바에 따라 해당 사업소에 자체소방대를 설치하여야 한다. 여기서, "대통령령이 정하는 수량"이라 함에서 제조소는 지정수량의 몇 배를 말하는가?

① 2,000배　　　　② 3,000배
③ 4,000배　　　　④ 5,000배

해설 지정수량의 **3,000배 이상**을 취급하는 제조소나 일반취급소에는 자체소방대를 편성하여야 한다.

45

소방시설관리업자의 지위를 승계한 자는 승계한 날로부터 며칠 이내에 시·도지사에게 신고하여야 하는가?

① 14일 이내　　　② 20일 이내
③ 28일 이내　　　④ 30일 이내

해설 소방시설관리업자의 **지위를 승계한 자**는 승계한 날부터 **30일 이내**에 시도지사에게 신고하여야 한다.

46

의용소방대의 설치 등에 대한 사항으로 옳지 않은 것은?

① 의용소방대원은 비상근으로 한다.
② 소방업무를 보조하기 위하여 특별시·광역시·시·읍·면에 의용소방대를 둔다.
③ 의용소방대의 운영과 처우 등에 대한 경비는 그 대원의 임면권자가 부담한다.
④ 의용소방대의 설치·명칭·구역·조직·훈련 등 운영 등에 관하여 필요한 사항은 소방청장이 정한다.

해설 법 개정으로 맞지 않는 문제임

47

다음 중 2급 소방안전관리대상물의 소방안전관리자의 선임대상으로 부적합한 것은?

① 소방본부 또는 소방서에서 1년 이상 화재진압 또는 보조업무에 종사한 경력이 있는 사람으로 시험에 합격한 사람
② 경찰공무원으로 1년 이상 근무한 경력이 있는 사람으로 시험에 합격한 사람
③ 소방안전관리에 관한 강습교육을 수료한 사람으로 시험에 합격한 사람
④ 의무소방대의 소방대원으로 1년 이상 근무한 경력이 있는 사람으로 시험에 합격한 사람

해설 **경찰공무원**으로 **3년 이상** 근무한 경력이 있는 사람으로서 소방청장이 실시하는 **2급 소방안전관리대상물의 소방안전관리에 관한 시험에 합격한 사람**이면 2급 소방안전관리대상물의 소방안전관리자로 선임할 수 있다.

48

다음 중 소방용수시설의 저수조의 설치기준으로 옳지 않은 것은?

① 지면으로부터의 낙차가 4.5[m] 이하일 것
② 흡수 부분의 수심이 0.5[m] 이상일 것
③ 흡수관의 투입구가 사각형의 경우에는 한 변의 길이가 60[cm] 이상일 것
④ 저수조에 물을 공급하는 방법은 상수도에 연결하여 수동으로 급수되는 구조일 것

해설 저수조는 저수조에 물을 공급하는 방법은 상수도에 연결하여 **자동으로 급수**되는 구조일 것

49

소방시설업의 등록을 하지 아니하고 영업한 자의 벌칙은?

① 1년 이하의 징역 또는 1,000만원 이하의 벌금
② 3년 이하의 징역 또는 1,500만원 이하의 벌금
③ 3년 이하의 징역 또는 3,000만원 이하의 벌금
④ 5년 이하의 징역 또는 3,000만원 이하의 벌금

해설 **소방시설업의 등록을 하지 아니하고 영업한 자** : 3년 이하의 징역 또는 3,000만원 이하의 벌금

50

건축허가 등의 동의대상물과 관련하여 항공기 격납고의 경우 건축허가 등의 동의를 받아야 하는 조건으로 알맞은 것은?

① 바닥면적 1,000[m²] 이상인 것
② 바닥면적 3,000[m²] 이상인 것
③ 바닥면적 5,000[m²] 이상인 것
④ 바닥면적에 관계없이 건축허가 동의 대상이다.

해설 건축허가 등의 동의대상물의 범위
• 연면적 400[m²](학교시설은 100[m²], 노유자시설 및 수련시설은 200[m²], 정신의료기관(입원실이 없는 정신건강의학과의원은 제외), 장애인의료재활시설은 300[m²]) 이상인 건축물
• 6층 이상인 건축물

정답 46 ④ 47 ② 48 ④ 49 ③ 50 ④

- 차고·주차장 또는 주차용도로 사용되는 시설로서 다음에 해당하는 것
  - 차고·주차장으로 사용되는 바닥면적이 200[m²] 이상인 층이 있는 건축물이나 주차시설
  - 승강기 등 기계장치에 의한 주차시설로서 자동차 20대 이상을 주차할 수 있는 시설
- **항공기 격납고**, 관망탑, 항공관제탑, 방송용 송·수신탑
- 지하층 또는 무창층이 있는 건축물로서 바닥면적이 150[m²](공연장의 경우에는 100[m²]) 이상인 층이 있는 것
- 위험물저장 및 처리시설, 지하구
- 요양병원(정신병원과 장애인의료재활시설은 제외)

51

제4류 위험물제조소의 경우 사용전압이 22[kV]인 특고압가공전선이 지나갈 때 제조소의 외벽과 가공전선 사이의 수평거리(안전거리)는 몇 [m] 이상이어야 하는가?

① 3[m]
② 5[m]
③ 10[m]
④ 20[m]

해설 제조소 등의 안전거리

건축물	안전거리
사용전압 7,000[V] 초과 35,000[V] 이하의 특고압가공전선	3[m] 이상
사용전압 35,000[V] 초과의 특고압가공전선	5[m] 이상
주거용으로 사용되는 것(제조소가 설치된 부지 내에 있는 것을 제외)	10[m] 이상
고압가스, 액화석유가스, 도시가스를 저장 또는 취급하는 시설	20[m] 이상
• 학교, 병원(종합병원, 병원, 치과병원, 한방병원 및 요양병원), • 공연장, 영화상영관 및 그밖에 수용인원 300명 이상 수용 • 복지시설(아동복지시설, 노인복지시설, 장애인복지시설, 한부모가족복지시설), 어린이집, 성매매피해자 등을 위한 지원시설, 정신보건시설, 보호시설, 그밖에 이와 유사한 시설로서 20명 이상 수용	30[m] 이상
유형문화재, 지정문화재	50[m] 이상

52

하자보수대상 소방시설 중 하자보수보증기간이 3년인 것은?

① 유도등
② 비상방송설비
③ 간이스프링클러설비
④ 무선통신보조설비

해설 하자보수증기간(공사업법령 제6조)
- 2년 : 피난기구·**유도등**·유도표지·비상경보설비·비상조명등·**비상방송설비, 무선통신보조설비**
- 3년 : 자동소화장치·옥내소화전설비·스프링클러설비·**간이스프링클러설비**·물분무 등 소화설비·옥외소화전설비·자동화재탐지설비·상수도 소화용수설비, 소화활동설비(무선통신보조설비는 제외)

53

다음 중 소방용품에 해당하지 않는 것은?

① 방염제
② 구조대
③ 휴대용 비상조명등
④ 공기호흡기

해설 휴대용 비상조명등은 소방용품이 아니다.

54

제1종 판매취급소는 저장 또는 취급하는 위험물의 수량이 지정수량의 얼마인 판매취급소를 말하는가?

① 20배 이하
② 20배 이상
③ 40배 이하
④ 40배 이상

해설 취급소
- **제1종 판매취급소** : 지정수량 **20배 이하**인 판매취급소
- 제2종 판매취급소 : 지정수량 40배 이하인 판매취급소

55

저장소 또는 제조소 등이 아닌 장소에서 지정수량 이상의 위험물을 저장 또는 취급한 사람에 대한 벌칙은?

① 3년 이하 징역 또는 3,000만원 이하의 벌금
② 2년 이하 징역 또는 1,000만원 이하의 벌금
③ 1년 이하 징역 또는 2,000만원 이하의 벌금
④ 2년 이하 징역 또는 2,000만원 이하의 벌금

해설 (1) 3년 이하의 징역 또는 3,000만원 이하의 벌금
- 저장소 또는 제조소 등이 아닌 장소에서 **지정수량 이상의 위험물을 저장 또는 취급한 사람**

(2) 1년 이하의 징역 또는 1,000만원 이하의 벌금
- 탱크시험자로 등록하지 아니하고 탱크시험자의 업무를 한 사람
- 정기점검을 하지 아니하거나 점검기록을 허위로 작성한 관계인으로서 허가를 받은 사람
- 정기검사를 받지 아니한 관계인으로서 허가를 받은 자
- 자체소방대를 두지 아니한 관계인으로서 허가를 받은 사람
- 운반용기에 대한 검사를 받지 아니하고 운반용기를 사용하거나 유통시킨 사람
- 관계공무원에 대하여 필요한 보고 또는 자료제출을 하지 아니하거나 허위의 보고 또는 자료제출을 한 자 또는 관계공무원의 출입·검사 또는 수거를 거부·방해 또는 기피한 사람
- 제조소 등에 대한 긴급 사용정지·제한명령을 위반한 사람

56

소방기본법령상 구급대의 편성과 운영을 할 수 있는 자와 거리가 먼 것은?

① 소방청장　　　　② 소방본부장
③ 소방서장　　　　④ 시장·군수

해설 2011년 3월 08일 소방기본법 개정으로 현행법에 맞지 않는 문제임

57

소방용수시설 중 저수조 설치 시 지면으로부터 낙차의 범위로 알맞은 것은?

① 2.5[m] 이하　　　② 3.5[m] 이하
③ 4.5[m] 이하　　　④ 5.5[m] 이하

해설 저수조는 지면으로부터의 **낙차**가 **4.5[m]** 이하일 것

58

방염대상물품 중 제조 또는 가공공정에서 방염처리를 하여야 하는 물품이 아닌 것은?

① 암 막
② 두께가 2[mm] 미만인 종이벽지

③ 바닥에 설치하는 카펫
④ 창문에 설치하는 블라인드

해설 **방염처리 대상물품(제조 또는 가공공정에서)**
- 창문에 설치하는 커튼류(블라인드를 포함한다)
- 카펫, 두께가 2[mm] 미만인 벽지류로서 종이벽지를 제외한 것
- 전시용 합판 또는 섬유판, 무대용 합판 또는 섬유판
- 암막·무대막(영화상영관에 설치하는 스크린을 포함한다)
- 소파·의자(단란주점영업, 유흥주점영업, 노래연습장의 영업장에 설치하는 것만 해당)

59

소방본부장이나 소방서장은 건축허가 등의 동의요구 서류를 접수한 날부터 며칠 이내에 건축허가 등의 동의 여부를 회신하여야 하는가?(단, 허가 신청한 건축물 등의 연면적은 30,000[m²] 이상인 경우이다)

① 5일　　　　　　② 10일
③ 14일　　　　　　④ 30일

해설 **건축허가 등의 동의 여부 회신기간**
- 일반건축물 : 5일 이내
- 특급소방안전관리대상물 : 10일 이내

60

방염업자의 지위승계에 관한 사항으로 옳지 않은 것은?

① 합병 후 존속하는 법인이나 합병에 의하여 설립되는 법인은 그 방염업자의 지위를 승계한다.
② 방염업자의 지위를 승계한 자는 행정안전부령이 정하는 바에 따라 시·도지사에게 신고하여야 한다.
③ 지방세법에 따른 압류재산의 매각과 그 밖에 이에 준하는 절차에 따라 시설의 전부를 인수한 자는 그 방염업자의 지위를 승계한다.
④ 시·도지사는 지위승계 신고를 받은 때에는 30일 이내에 방염처리업등록증 및 등록수첩을 새로 교부하고, 제출된 기술인력의 기술자격증에 그 변경사항을 기재하여 교부한다.

해설 **지위승계(공사업법규칙 제7조)**
- 소방시설업자의 지위승계 신고 : 지위를 승계한 날로부터 30일 이내에 시·도지사에게 신고

- 지위승계 신고 서류를 제출받은 협회는 접수일로부터 7일 이내에 시·도지사에게 보고
- 시·도지사는 소방시설업 지위승계 신고의 확인사실을 보고받은 날부터 3일 이내에 협회를 경유하여 지위승계인에게 등록증 및 등록수첩을 발급하여야 한다.

제4과목 소방기계시설의 구조 및 원리

61

가연성 가스의 저장·취급시설에 설치하는 연결살수설비헤드의 상호 간 거리는 얼마인가?

① 2.1[m] 이하 ② 2.3[m] 이하
③ 3.0[m] 이하 ④ 3.7[m] 이하

해설 가연성 가스 저장, 취급시설의 연결살수설비헤드의 설치기준
- 연결살수설비 전용의 개방형 헤드를 설치할 것
- **가스저장탱크·가스홀더 및 가스발생기의 주위에 설치하되, 헤드상호 간의 거리는 3.7[m] 이하**로 할 것
- 헤드의 살수범위는 가스저장탱크·가스홀더 및 가스발생기의 몸체의 중간 윗부분의 모든 부분이 포함되도록 하여야 하고 살수된 물이 흘러내리면서 살수범위에 포함되지 아니한 부분에도 모두 적셔질 수 있도록 할 것

62

분말소화설비에 사용되는 밸브 중 정압작동장치에 의해 개방되는 밸브는?

① 클리닝밸브 ② 니들밸브
③ 주밸브   ④ 기동용기밸브

해설 **정압작동장치**는 15[MPa]의 압력으로 충전된 가압용 가스용기에서 1.5~2.0[MPa]로 감압하여 저장용기에 보내어 약제와 혼합하여 소정의 방사압력에 달하여(통상15~30초) **주밸브를 개방**시키기 위하여 설치하는 것으로 저장용기의 압력이 낮을 때는 열려 가스를 보내고 적정압력에 달하면 정지하는 구조로 되어 있다.

63

고정포방출구방식에 있어서 고정포방출구에서 방출하기 위하여 필요한 포소화약제의 양을 산출하는 공식으로 적합한 것은?

> Q : 포소화약제의 양[L]
> A : 탱크의 액표면적[m^2]
> Q_1 : 단위 포소화수용액의 양[$L/m^2 \cdot min$]
> T : 방출시간[min]
> S : 포소화약제의 사용농도[%]

① $Q = A \times Q_1$
② $Q = A \times Q_1 \times T$
③ $Q = A \times Q_1 \times T \times S$
④ $Q = 1.2 \times (A \times Q_1 \times T \times S)$

해설 고정포방출방식의 약제저장량

구 분	약제량	수원의 양
① 고정포 방출구	$Q = A \times Q_1 \times T \times S$ Q : 포소화약제의 양[L] A : 탱크의 액표면적[m^2] Q_1 : 단위포소화 수용액의 양 [$L/m^2 \cdot min$] T : 방출시간[min] S : 포소화약제 사용농도[%]	$Q_w = A \times Q_1 \times T$
② 보조 포소화전	$Q = N \times S \times 8,000$[L] Q : 포소화약제의 양[L] N : 호스 접결구수(3개 이상일 경우 3개) S : 포소화약제의 사용농도[%]	$Q_w = N \times 8,000$[L]
③ 배관보정	가장 먼 탱크까지의 송액관(내경 75[mm] 이하 제외)에 충전하기 위하여 필요한 양 $Q = Q_A \times S$ $\quad = \dfrac{\pi}{4} d^2 \times l \times S \times 1,000$ Q : 배관 충전 필요량[L] Q_A : 송액관 충전량[L] S : 포소화약제 사용농도[%]	$Q_w = Q_A$

※ 고정포방출방식 약제저장량 = ① + ② + ③

64

옥내소화전방수구와 연결되는 가지배관의 구경은 얼마인가?

① 40[mm] 이상   ② 50[mm] 이상
③ 65[mm] 이상   ④ 100[mm] 이상

해설 옥내소화전설비 배관의 설치기준
- 펌프 토출측 주배관의 구경은 유속 4[m/s] 이하가 될 수 있는 크기 이상으로 하고 **옥내소화전방수구와 연결되는 가지배관의 구경은 40[mm]**(호스릴 옥내소화전설비의 경우 : 25[mm]) 이상, 주배관 중 수직배관의 구경은 50[mm](호스릴 옥내소화전설비의 경우 : 32[mm]) 이상으로 할 것
- **연결송수관설비**의 배관과 겸용할 경우 주배관은 구경 100[mm] 이상, **방수구로 연결되는 배관의 구경**은 **65[mm] 이상**으로 할 것

65

자동소화설비가 설치되지 아니한 음식점의 바닥면적이 170[m²]인 주방에 소화기를 설치하고, 그 외 추가하여야 할 소화기구인 자동확산소화기는 몇 개인가?

① 1개   ② 2개
③ 3개   ④ 4개

해설 부속용도별로 추가하여야 할 소화기구

용도별	1. 다음의 시설. 다만, 스프링클러설비·간이스프링클러설비·물분무 등 소화설비 또는 상업용 주방자동소화장치가 설치된 경우에는 자동확산소화기를 설치하지 아니 할 수 있다. 가. 보일러실의(아파트의 경우 방화구획된 것을 제외한다)·건조실·세탁소·대량화기취급소 나. 음식점(지하가의 음식점을 포함한다)·다중이용업소·호텔·기숙사·의료시설·업무시설·공장의 주방 다만, 의료시설·업무시설 및 공장의 주방은 공동취사를 위한 것에 한한다. 다. 관리자의 출입이 곤란한 변전실·송전실·변압기실 및 배전반실(불연재료로 된 상자 안에 장치된 것을 제외한다) 라. 지하구의 제어반 또는 분전반 상부
소화기구의 능력단위	해당 용도의 바닥면적 25[m²]마다 능력단위 1단위 이상의 소화기로 하고, 그 외에 자동확산소화기를 바닥면적 10[m²] 이하는 1개, **10[m²] 초과는 2개를 설치** 할 것. 다만, 지하구의 제어반 또는 분전반의 경우에는 제어반 또는 분전반의 내부에 가스·분말·고체에어로졸 자동소화장치를 설치하여야 한다.

66

소화펌프의 성능시험 방법 및 배관에 대한 설명으로 맞는 것은?

① 펌프의 성능은 체절 운전 시 정격토출압력의 150[%]를 초과하지 아니하여야 할 것
② 정격토출량의 150[%]로 운전 시 정격토출압력의 65[%] 이상이어야 할 것
③ 성능시험배관은 펌프의 토출측에 설치된 개폐밸브 이후에서 분기할 것
④ 유량측정장치는 펌프의 정격토출량의 165[%]까지 측정할 수 있는 성능이 있을 것

해설 펌프의 성능시험
펌프의 성능은 체절 운전 시 정격토출압력의 **140[%]**를 초과하지 아니하고, 정격토출량의 150[%]로 운전 시 정격토출압력의 **65[%] 이상**이 되어야 하며, 펌프의 성능시험배관은 다음 기준에 적합하여야 한다.
- **성능시험배관**은 펌프의 토출측에 설치된 **개폐밸브 이전에서 분기**하여 설치하고, 유량측정장치를 기준으로 전단 직관부에 개폐밸브를 후단 직관부에는 유량조절밸브를 설치할 것
- **유량측정장치**는 성능시험배관의 직관부에 설치하되, 펌프의 정격토출량의 **175[%] 이상** 측정할 수 있는 성능이 있을 것

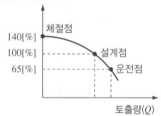

67

분무상태를 만드는 방법에 따라 물분무헤드를 구분할 때 적당하지 않은 것은?

① 분사형   ② 충돌형
③ 슬리트형   ④ 리프트형

해설 물분무헤드(분무상태를 만드는 방법)의 종류
- 충돌형 : 유수와 유수의 충돌에 의해 미세한 물방울을 만드는 물분무헤드
- 분사형 : 소구경의 오리피스로부터 고압으로 분사하여 미세한 물방울을 만드는 물분무헤드
- 선회류형 : 선회류에 의해 확산방출하든가 선회류와 직선류의 충돌에 의해 확산방출하여 미세한 물방울로 만드는 물분무헤드

- 디플렉터형 : 수류를 살수판에 충돌하여 미세한 물방울을 만드는 물분무헤드
- 슬리트형 : 수류를 슬리트에 의해 방출하여 수막상의 분무를 만드는 물분무헤드

68

연소할 우려가 있는 개구부의 스프링클러헤드 설명으로 맞는 것은?

① 개구부 상하좌우에 3.2[m] 간격으로 헤드를 설치한다.
② 스프링클러헤드와 개구부의 내측면으로부터 직선거리는 15[cm] 이하이다.
③ 개구부 폭이 3.2[m] 이하인 경우 그 중앙에 1개의 헤드를 설치한다.
④ 사람이 상시 출입하는 개구부로서 통행에 지장이 있는 때에는 설치하지 않아도 된다.

해설 연소할 우려가 있는 개구부에는 그 상하좌우에 **2.5[m] 간격**으로(개구부의 폭이 2.5[m] 이하인 경우에는 그 중앙에) 스프링클러헤드를 설치하되, 스프링클러헤드와 개구부의 내측면으로부터 직선거리는 **15[cm] 이하**가 되도록 할 것. 이 경우 사람이 상시 출입하는 개구부로서 통행에 지장이 있는 때에는 개구부의 상부 또는 측면(개구부의 폭이 9[m] 이하인 경우에 한한다)에 설치하되 헤드 상호 간의 간격은 1.2[m] 이하로 설치하여야 한다.

69

스프링클러설비의 종류 중 개방형 헤드를 사용하는 설비는?

① 습 식   ② 건 식
③ 일제살수식   ④ 준비작동식

해설 **스프링클러설비의 비교**

항 목	종 류	습 식	건 식	준비작동식	일제살수식
사용 헤드		폐쇄형	폐쇄형	폐쇄형	개방형
배 관	1차측	가압수	가압수	가압수	가압수
	2차측	가압수	압축공기	대기압, 저압공기	대기압 (개방)
경보밸브		알람체크밸브	건식밸브	준비작동밸브	일제개방밸브
감지기의 유무		없다.	없다.	있다.	있다.

70

이산화탄소소화약제의 저장용기의 설치기준 중 고압식 저장용기의 충전비는?

① 1.34 이상 1.5 이하
② 1.5 이상 1.9 이하
③ 1.1 이상 1.9 이하
④ 1.8 이상

해설 **이산화탄소소화설비의 충전비**

구 분	충전비
저압식	1.1 이상 1.4 이하
고압식	1.5 이상 1.9 이하

71

연결살수설비의 송수구 설치에서 하나의 송수구역에 부착하는 살수헤드가 몇 개 이하인 것에 있어서는 단구형으로 설치를 할 수 있는가?

① 10개   ② 15개
③ 20개   ④ 30개

해설 연결살수설비 송수구는 구경 65[mm]의 쌍구형으로 설치할 것. 다만, 하나의 송수구역에 부착하는 살수헤드의 수가 **10개 이하**인 것에 있어서는 **단구형의 것**으로 할 수 있다.

72

옥외소화전이 하나의 특정소방대상물을 포용하기 위하여 4개소에 설치되어 있다. 규정에 적합한 수원의 유효수량은 몇 [m³] 이상이어야 하는가?

① 5.2   ② 7
③ 10.4   ④ 14

해설 **옥외소화전설비의 수원**

수원의 양[L]
$= N \times 350[\text{L/min}] \times 20[\text{min}] = N \times 7[\text{m}^3]$

$\therefore \ Q = 2 \times 7[\text{m}^3] = 14[\text{m}^3]$ 이상

73

연결살수설비의 배관에 관한 설치기준에서 맞는 것은?

① 연결살수설비 전용헤드를 사용하는 경우, 배관의 구경이 50[mm]일 때 하나의 배관에 부착하는 헤드의 개수는 4개이다.
② 폐쇄형 헤드를 사용하는 경우, 시험배관은 송수구에서 가장 먼 거리에 위치한 가지배관의 끝으로부터 연결설치 한다.
③ 개방형 헤드를 사용하는 수평주행배관은 헤드를 향하여 상향으로 $\frac{1}{50}$ 이상의 기울기로 설치한다.
④ 가지배관의 배열은 토너먼트방식으로 한다.

해설 연결살수설비

• 연결살수설비 전용헤드 사용 시 배관의 구경

하나의 배관에 부착하는 살수헤드의 개수	배관의 구경[mm]
1개	32
2개	40
3개	50
4개 또는 5개	65
6개 이상 10개 이하	80

• 폐쇄형 헤드 사용할 경우 시험배관의 설치기준
  – 송수구에서 가장 먼 거리에 위치한 가지배관의 끝으로부터 연결하여 설치할 것
  – **시험장치 배관의 구경은 25mm 이상**으로 하고, 그 끝에는 물받이통 및 배수관을 설치하여 시험 중 방사된 물이 바닥으로 흘러내리지 아니하도록 할 것. 다만, 목욕실·화장실 또는 그 밖의 배수처리가 쉬운 장소의 경우에는 물받이통 또는 배수관을 설치하지 아니할 수 있다.
• 개방형 헤드를 사용하는 연결살수설비에 있어서의 **수평주행배관**은 헤드를 향하여 상향으로 **1/100 이상의 기울기**로 설치하고, 주배관 중 낮은 부분에는 자동배수밸브를 설치하여야 한다.
• 가지배관 또는 교차배관을 설치하는 경우에는 가지배관의 배열은 **토너먼트방식이 아니어야** 하며, 가지배관은 교차배관 또는 주배관에서 분기되는 지점을 기점으로 한쪽 가지배관에 설치되는 헤드의 개수는 **8개 이하**로 하여야 한다.

74

이산화탄소약제에 의한 소화가 부적합한 장소는 어느 것인가?

① 컴퓨터실
② 경유 저장실
③ 도서실
④ 나이트로셀룰로스 저장실

해설 이산화탄소소화설비 분사헤드 설치 제외
• 방재실·제어실 등 사람이 상시 근무하는 장소
• **나이트로셀룰로스**·셀룰로이드제품 등 자기연소성 물질을 저장·취급하는 장소
• 나트륨·칼륨·칼슘 등 활성 금속물질을 저장·취급하는 장소
• 전시장 등의 관람을 위하여 다수인이 출입·통행하는 통로 및 전시실 등

75

특수가연물을 저장하는 랙식 창고에 스프링클러설비를 설치하려고 할 때 높이 몇 [m] 이하마다 스프링클러헤드를 설치하여야 하는가?

① 3
② 4
③ 5
④ 6

해설 스프링클러헤드의 배치기준

설치장소			설치기준
폭 1.2[m] 초과하는 천장 반자 덕트 선반 기타 이와 유사한 부분	무대부, 특수가연물		수평거리 1.7[m] 이하
	랙식 창고		수평거리 2.5[m] 이하 (특수가연물 저장·취급하는 창고 : 1.7[m] 이하)
	아파트		수평거리 3.2[m] 이하
	그 외의 특정소방대상물	기타 구조	수평거리 2.1[m] 이하
		내화구조	수평거리 2.3[m] 이하
랙식 창고	**특수가연물**		**높이 4[m] 이하마다**
	그 밖의 것		높이 6[m] 이하마다

76

할론소화설비의 특징으로 적당하지 않은 것은?

① 오존층을 보호하여 준다.
② 연소억제작용이 크며, 소화능력이 크다.
③ 금속에 대한 부식성이 적다.
④ 변질, 분해 등이 적다.

해설 할론소화약제는 소화효과는 매우 우수하지만 오존층 파괴로 환경오염의 문제가 되고 있다.

77

전역방출방식의 고발포용 고정포방출구는 바닥면적 얼마마다 1개 이상 설치하는가?

① 500[m²] ② 400[m²]
③ 600[m²] ④ 300[m²]

해설 전역방출방식의 고발포용 고정포방출구는 바닥면적 500[m²]마다 1개 이상으로 하여 방호대상물의 화재를 유효하게 소화할 수 있도록 할 것

78

피난기구로 미끄럼대를 설치할 때 사용자의 안전상 보통 지상 몇 층까지 설치토록 하는가?

① 2층 ② 3층
③ 4층 ④ 5층

해설 미끄럼대 설치 : 3층에만 설치

79

특별피난계단의 부속실에 제연설비를 하려고 한다. 자연배출식 수직풍도의 내부단면적이 5[m²]일 경우 송풍기를 이용한 기계배출식 수직풍도의 최소 내부단면적은 몇 [m²] 이상이어야 하는가?

① 1[m²] ② 1.25[m²]
③ 1.5[m²] ④ 2[m²]

해설 수직풍도의 내부단면적
• 자연배출식의 경우

$$A_P = \frac{Q_N}{2}$$

여기서, A_P : 수직풍도의 내부단면적[m²]

Q_N : 수직풍도가 담당하는 1개 층의 제연구역의 출입문(옥내와 면하는 출입문을 말한다) 1개의 면적[m²]과 방연풍속[m/s]을 곱한 값[m³/s]

• 송풍기를 이용한 기계배출식의 경우 풍속은 15[m/s] 이하로 할 것

※ 법 개정으로 인하여 맞지 않는 문제임

80

제연구역으로부터 공기가 누설하는 출입문의 누설 틈새 면적을 식 $A = (L/l) \times A_d$로 산출할 때 각 출입문의 l과 A_d의 수치가 잘못된 것은?(단, A : 출입문의 틈새[m²], L : 출입문 틈새의 길이[m], l : 표준 출입문의 틈새길이[m], A_d : 표준 출입문의 누설면적[m²]이다)

① 외여닫이문 : $l = 6.5$
② 쌍여닫이 문 : $l = 9.2$
③ 승강기 출입문 : $l = 8.0$
④ 승강기 출입문 : $A_d = 0.06$

해설 누설틈새의 면적
• 출입문 틈새면적의 산출식

$$A = \left(\frac{L}{l} \right) \times A_d$$

– A : 출입문의 틈새[m²]
– L : 출입문 틈새의 길이[m]
　다만, L의 수치가 l의 수치 이하인 경우에는 l의 수치로 할 것
– l과 A_d의 수치

출입문 형태		기준틈새 길이[L]	기준틈새 면적[A_d]
외여닫이 문	제연구역의 실내 쪽으로 개방	5.6[m]	0.01[m²]
	제연구역의 실외 쪽으로 개방	5.6[m]	0.02[m²]
쌍여닫이 문		9.2[m]	0.03[m²]
승강기 출입문		8.0[m]	0.06[m²]

• 창문의 틈새면적의 산출식

출입문 형태		기준틈새길이 [L]
여닫이식 창문	창틀에 방수팩킹이 없는 경우	$2.55 \times 10^{-4} \times$ 틈새의 길이[m]
	창틀에 방수팩킹이 있는 경우	$3.61 \times 10^{-5} \times$ 틈새의 길이[m]
미닫이식 창문		$1.00 \times 10^{-4} \times$ 틈새의 길이[m]

2009년 8월 23일 시행

제 **4** 회

제 **1** 과목 | **소방원론**

01

황린의 저장방법으로 옳은 것은?

① 물속에 저장한다.
② 아세톤 속에 저장한다.
③ 강산화제와 혼합하여 저장한다.
④ 아세틸렌가스를 봉입하여 저장한다.

해설 **저장방법**
- 황린 : 물속에 저장
- 칼륨, 나트륨 : 등유(석유), 경유, 유동파라핀 속에 저장
- 나이트로셀룰로스 : 물 또는 알코올에 습면시켜 저장
- 과산화수소 : 구멍 뚫린 마개 사용

02

플래시오버(Flash Over) 발생시간과 내장재의 관계에 대한 설명 중 틀린 것은?

① 벽보다 천장재가 크게 영향을 미친다.
② 난연재료는 가연재료보다 빨리 발생한다.
③ 열전도율이 작은 내장재가 빨리 발생한다.
④ 내장재의 두께가 얇은 쪽이 빨리 발생한다.

해설 가연재료가 난연재료보다 빨리 플래시오버에 도달한다.

03

일반 건축물에서 가연성 건축 구조재와 가연성 수용물의 양으로 건물화재 시 화재 위험성을 나타내는 용어는?

① 화재하중
② 연소범위
③ 활성화에너지
④ 착화점

해설 **화재하중** : 단위면적당 가연성 수용물의 양으로서 건물화재 시 발열량 및 화재의 위험성을 나타내는 용어이고, 화재의 규모를 결정하는 데 사용된다.

04

기름탱크에서 화재가 발생하였을 때 탱크 저면에 있는 물 또는 물-기름 에멀션이 뜨거운 열유층에 의해서 가열되어 유류가 탱크 밖으로 갑자기 분출하는 현상은?

① 리프트(Lift)
② 백파이어(Back Fire)
③ 플래시오버(Flash Over)
④ 보일오버(Boil Over)

해설 **보일오버** : 기름탱크에서 화재가 발생하였을 때 탱크 저면에 있는 물 또는 물-기름 에멀션이 뜨거운 열유층에 의해서 가열되어 유류가 탱크 밖으로 갑자기 분출하는 현상

05

다음 중 화재의 원인으로 볼 수 없는 것은?

① 복사열
② 마찰열
③ 기화열
④ 정전기

해설 기화열은 액체가 기체로 될 때 발생하는 열로서 점화원이 될 수 없다.

06

다음 중 열분해하여 산소를 발생시키는 물질이 아닌 것은?

① 과산화칼륨   ② 과염소산칼륨
③ 이황화탄소   ④ 염소산칼륨

해설 제1류 위험물의 분해반응식
- 과산화칼륨 $2K_2O_2 \rightarrow 2K_2O + O_2 \uparrow$
- 과염소산칼륨 $KClO_4 \rightarrow KCl + 2O_2 \uparrow$
- 염소산칼륨 $2KClO_3 \rightarrow 2KCl + 3O_2 \uparrow$

> 이황화탄소는 제4류 위험물로서 물속에 저장한다.

07

건축물의 주요구조부가 아닌 것은?

① 내력벽   ② 지붕틀
③ 보   ④ 옥외계단

해설 주요구조부 : **내력벽**, **기둥**, **바닥**, **보**, **지붕틀**, 주계단

> 주요구조부 제외 : **사잇벽**, 사잇기둥, 최하층의 바닥, 작은 보, 차양, **옥외계단**

08

공기 중 산소의 농도를 낮추어 화재를 진압하는 소화 방법에 해당하는 것은?

① 부촉매소화   ② 냉각소화
③ 제거소화   ④ 질식소화

해설 질식소화 : 공기 중의 산소 21[%]를 15[%] 이하로 낮추어 소화하는 방법

09

가연물에 점화원을 가했을 때 연소가 일어나는 최저 온도는?

① 인화점   ② 발화점
③ 연소점   ④ 자연발화점

해설 인화점 : 가연물에 점화원을 가했을 때 연소가 일어나는 최저의 온도

10

건축물의 화재 시 피난에 대한 설명으로 옳지 않은 것은?

① 피난동선은 가급적 단순한 형태가 좋다.
② 정전 시에도 피난 방향을 알 수 있는 표시를 한다.
③ 피난동선이라 함은 엘리베이터로 피난을 하기 위한 경로를 말한다.
④ 2방향의 피난통로를 확보한다.

해설 피난동선
- 피난하기 위한 창문, 벽, 복도를 말한다.
- 특 성
  - 수평동선과 수직동선으로 구분한다.
  - 가급적 단순형태가 좋다.
  - 상호반대방향으로 다수의 출구와 연결되는 것이 좋다.
  - 어느 곳에서도 2개 이상의 방향으로 피난할 수 있으며 그 말단은 화재로부터 안전한 장소이어야 한다.

11

연기의 농도가 감광계수로 10일 때의 상황을 옳게 설명한 것은?

① 가시거리는 0.2~0.5[m]이고 화재 최성기 때의 농도
② 가시거리는 5[m]이고 어두운 것을 느낄 정도의 농도
③ 가시거리는 10~20[m]이고 연기감지기가 작동할 정도의 농도
④ 가시거리는 10[m]이고 출화실에서 연기가 분출할 때의 농도

해설 연기농도와 가시거리

감광계수	가시거리 [m]	상 황
0.1	20~30	**연기감지기가 작동**할 때의 정도
0.3	5	건물 내부에 익숙한 사람이 피난에 지장을 느낄 정도
0.5	3	어둠침침한 것을 느낄 정도
1	1~2	거의 앞이 보이지 않을 정도
10	0.2~0.5	화재 **최성기** 때의 정도

12

다음 물질 중 연소범위가 가장 넓은 것은?

① 아세틸렌 ② 메 탄
③ 프로판 ④ 에 탄

해설 연소범위(공기 중)

가 스	하한계[%]	상한계[%]
아세틸렌(C_2H_2)	2.5	81.0
수소(H_2)	4.0	75.0
일산화탄소(CO)	12.5	74.0
암모니아(NH_3)	15.0	28.0
메탄(CH_4)	5.0	15.0
에탄(C_2H_6)	3.0	12.4
프로판(C_3H_8)	2.1	9.5
부탄(C_4H_{10})	1.8	8.4

13

다음 중 산화성 고체 위험물에 해당하지 않는 것은?

① 과염소산 ② 질산칼륨
③ 아염소산나트륨 ④ 과산화바륨

해설 위험물의 분류

종 류	성 질	유 별
과염소산	산화성 액체	제6류 위험물
질산칼륨	산화성 고체	제1류 위험물
아염소산나트륨	산화성 고체	제1류 위험물
과산화바륨	산화성 고체	제1류 위험물

14

소화약제로서 이산화탄소의 특징이 아닌 것은?

① 전기전도성이 있어 위험하다.
② 장시간 저장이 가능하다.
③ 소화약제에 의한 오손이 없다.
④ 무색이고 무취이다.

해설 이산화탄소소화약제는 전기부도체이므로 유류화재, 전기화재에 적합하다.

15

다음 불꽃의 색상 중 가장 온도가 높은 것은?

① 암적색 ② 적 색
③ 휘백색 ④ 휘적색

해설 연소의 색과 온도

색 상	온도[℃]	색 상	온도[℃]
담암적색	520	황적색	1,100
암적색	700	백적색	1,300
적 색	850	휘백색	1,500 이상
휘적색	950		

16

다음 중 연소재료로 볼 수 있는 것은?

① C ② N_2
③ Ar ④ CO_2

해설 질소(N_2), 아르곤(Ar), 이산화탄소(CO_2)는 불연성이고 탄소(C)는 가연물이다.

17

다음 중 유도등의 종류가 아닌 것은?

① 객석유도등 ② 무대유도등
③ 피난구유도등 ④ 통로유도등

해설 유도등의 종류 : 객석유도등, 피난구유도등, 통로유도등

18

화재에 관한 일반적인 이론에 해당되지 않는 것은?

① 착화 온도와 화재의 위험은 반비례한다.
② 인화점과 화재의 위험은 반비례한다.
③ 인화점이 낮은 것은 착화 온도가 높다.
④ 온도가 높아지면 연소범위는 넓어진다.

해설 화재의 이론
• 착화 온도와 화재의 위험은 반비례한다.
• 인화점과 화재의 위험은 반비례한다.
• 인화점이 낮은 것은 착화 온도가 낮고, 높은 것이 있다.

정답 12 ① 13 ① 14 ① 15 ③ 16 ① 17 ② 18 ③

종 류	인화점	착화점
가솔린	$-43 \sim -20[℃]$	≒ 300[℃]
등 유	$40 \sim 70[℃]$	220[℃]

• 온도나 압력이 높아지면 연소범위는 넓어진다.

19

물의 증발잠열은 약 몇 [kal/kg]인가?

① 439 ② 539
③ 639 ④ 739

해설 물의 증발잠열 : $539[\text{cal/g}] = 539[\text{kcal/kg}]$

20

햇빛에 방치한 기름걸레가 자연발화를 일으켰다. 다음 중 이때의 원인에 가장 가까운 것은?

① 광합성 작용 ② 산화열 축적
③ 흡열반응 ④ 단열압축

해설 기름걸레를 햇빛에 방치하면 산화열의 축적에 의하여 자연발화한다.

제 **2** 과목 **소방유체역학 및 약제화학**

21

유효흡입수두(NPSH)가 4.8[m]일 때 흡입 실양정은 약 몇 [m]인가?(단, 대기압은 101[kPa]이고 흡입관로의 손실수두는 1[m], 물의 포화 증기압을 수두로 환산하면 0.3[m]이다)

① 5.8 ② 5.1
③ 4.7 ④ 4.2

해설 NPSH = 대기압두 − 흡입양정 − 포화수증기압두 − 전손실수두

$$4.8 = \left(\frac{101[\text{kPa}]}{101.325[\text{kPa}]} \times 10.332[\text{m}]\right) - x - 0.3[\text{m}] - 1[\text{m}]$$

$$\therefore\ x = 4.2[\text{m}]$$

(참고) $101.325[\text{kPa}] = 101,325[\text{Pa}] = 1[\text{atm}]$
$= 10.332[\text{mH}_2\text{O}]$

22

다음 그림에서 압력차 $P_1 - P_2$는 약 몇 [Pa]인가?(단, 수은의 비중은 13.5, 물의 비중은 1, 벤투리관은 수평으로 놓여 있으며, h는 [m]단위이다)

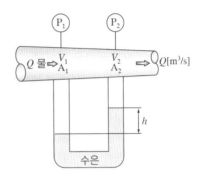

① $1.35 \times 10^4 h$ ② $1.25 \times 10^4 h$
③ $13.25 \times 10^4 h$ ④ $12.25 \times 10^4 h$

해설 압력차
$$P_1 - P_2 = (\gamma_{Hg} - \gamma)h$$
$$= (13.5 - 1) \times 9,800[\text{N/m}^3] \times h$$
$$= 122,500h$$

23

베르누이 방정식에서 운동에너지의 항이 압력 단위가 되도록 나타내면 어떻게 표시되는가?(단, u는 유속, g는 중력가속도, ρ는 밀도, γ는 비중량이다)

① $\dfrac{u^2}{2g}$ ② $\dfrac{\rho u^2}{2}$
③ $\dfrac{\rho u^2}{2g}$ ④ $\dfrac{\gamma u^2}{2g}$

해설 압력단위 $P = [\text{kg/m} \cdot \text{s}^2][\text{M/L}^{-1}\text{T}^{-2}]$이므로 ②의 단위를 정리하면

$$\frac{\rho u^2}{2} = \frac{\dfrac{[\text{kg}]}{[\text{m}^3]} \times \left(\dfrac{[\text{m}]}{[\text{s}]}\right)^2}{2} = \frac{[\text{kg}]}{[\text{m} \cdot \text{s}^2]}\ \text{이다.}$$

24

할로겐화합물 및 불활성기체 소화설비의 화재안전기준에서 정하는 용어의 정의를 설명한 것으로 옳은 것은?

① "할로겐화합물 및 불활성기체"란 할론(할론 1301, 할론 2402, 할론 1211 포함한다) 및 불활성기체로서 전기적으로 비전도성이며 휘발성이 있거나 증발 후 잔여물을 남기지 않는 소화약제를 말한다.
② "할로겐화합물소화약제"란 헬륨, 네온, 아르곤 또는 질소가스 중 하나 이상의 원소를 기본성분으로 하는 소화약제를 말한다.
③ "불활성기체 소화약제"란 플루오린, 염소, 브롬 또는 아이오딘 중 하나 이상의 원소를 포함하고 있는 소화약제를 말한다.
④ "충전밀도"란 용기의 단위 용적당 소화약제의 중량의 비율을 말한다.

해설 용어정의
- 할로겐화합물 및 불활성기체 : 할론(할론 1301, 할론 2402, 할론 1211 제외) 및 불활성기체로서 전기적으로 비전도성이며 휘발성이 있거나 증발 후 잔여물을 남기지 않는 소화약제를 말한다.
- 할로겐화합물소화약제 : 플루오린, 염소, 브롬 또는 아이오딘 중 하나 이상의 원소를 포함하고 있는 유기화합물을 기본성분으로 하는 소화약제를 말한다.
- 불활성기체 소화약제 : 헬륨, 네온, 아르곤 또는 질소가스 중 하나 이상의 원소를 기본성분으로 하는 소화약제를 말한다.
- 충전밀도 : 용기의 단위 용적당 소화약제의 중량의 비율을 말한다.

25

다음 열분해반응식과 관계가 있는 분말소화약제는?

$$2NaHCO_3 \rightarrow Na_2CO_3 + CO_2 + H_2O$$

① 제1종 분말
② 제2종 분말
③ 제3종 분말
④ 제4종 분말

해설 분말소화약제

종 별	소화약제	약제의 착색	적응 화재	열분해반응식
제1종 분말	중탄산나트륨 ($NaHCO_3$)	백 색	B, C급	$2NaHCO_3 \rightarrow Na_2CO_3 + CO_2 + H_2O$
제2종 분말	중탄산칼륨 ($KHCO_3$)	담회색	B, C급	$2KHCO_3 \rightarrow K_2CO_3 + CO_2 + H_2O$
제3종 분말	인산암모늄 ($NH_4H_2PO_4$)	담홍색, 황색	A, B, C급	$NH_4H_2PO_4 \rightarrow HPO_3 + NH_3 + H_2O$
제4종 분말	중탄산칼륨+요소 $[KHCO_3 + (NH_2)_2CO]$	회 색	B, C급	$2KHCO_3 + (NH_2)_2CO \rightarrow K_2CO_3 + 2NH_3 + 2CO_2$

26

직경 15[cm]인 원관에 5[m/s]의 평균 유속으로 물이 흐른다. 이 관로의 40[m] 구간에서 생긴 손실수두가 6[m]라고 할 때 관로의 마찰손실계수는?

① 0.0005
② 0.0176
③ 0.0882
④ 11.33

해설 Darcy - Weisbach식

$$h = \frac{\Delta P}{\gamma} = \frac{flu^2}{2gD}[m]$$

여기서, h : 마찰손실[m]
　　　　ΔP : 압력차[kg_f/m^2]
　　　　γ : 유체의 비중량
　　　　　　(물의 비중량 $1,000[kg_f/m^3]$)
　　　　f : 관의 마찰계수
　　　　l : 관의 길이[m]
　　　　u : 유체의 유속[m/s]
　　　　D : 관의 내경[m]

$$f = \frac{h \times 2 \times g \times D}{l \times u^2}$$
$$= \frac{6 \times 2 \times 9.8[m/s^2] \times 0.15[m]}{40[m] \times (5[m/s])^2} = 0.01764$$

27

다음 중 포소화약제에 대한 설명으로 맞는 것은?

① 포소화약제의 주된 소화효과는 질식과 냉각이다.
② 포소화약제는 모든 화재에 효과가 있다.
③ 포소화약제의 사용온도는 제한이 없다.
④ 포소화약제는 저장 기간이 영구적이다.

해설 포소화약제의 소화효과 : 질식효과, 냉각효과

28

원심 팬이 1,700[rpm]으로 회전할 때의 전압은 155 [mmAq], 풍량은 240[m³/min]이다. 이 팬의 비교 회전도는?(단, 공기의 밀도는 1.2[kg/m³]이다)

① 502   ② 652
③ 687   ④ 827

해설 비교회전도

$$N_s = \frac{N \cdot Q^{\frac{1}{2}}}{H^{\frac{3}{4}}}$$

여기서, N : 회전수
 Q : 유량[m³/min]
 H : 양정

$$\therefore N_s = \frac{1,700 \times (240)^{\frac{1}{2}}}{\left(\frac{\left(\frac{155}{10.332}\right) \times 10.332[\text{kg/m}^2]}{1.2[\text{kg/m}^3]}\right)^{\frac{3}{4}}}$$

$$= 687.45$$

29

유체 속에 완전히 잠긴 경사 평면에 작용하는 힘의 작용점은?

① 경사평면의 도심보다 밑에 있다.
② 경사평면의 도심에 있다.
③ 경사평면의 도심보다 위에 있다.
④ 경사평면의 도심과는 관계가 없다.

해설 압력 중심

$$y_d = \frac{I_c}{yA} + \bar{y}$$

여기서, $\bar{y}$: 면적의 도심
 I_c : 도심에 관한 단면 2차 관성 모멘트
그러므로 압력중심은 도심보다 항상 아래에 있다.

30

이산화탄소가 압력 2×10^5[Pa], 비체적이 0.04 [m³/kg] 상태로 저장되었다가 온도가 일정한 상태로 압축되어 압력이 8×10^5[Pa]로 되었을 때 비체적은 얼마인가?

① 0.01[m³/kg]   ② 0.02[m³/kg]
③ 0.16[m³/kg]   ④ 0.32[m³/kg]

해설

$$PV = nRT = \frac{W}{M}RT \left(\rho = \frac{W}{V}\right) \quad \rho = \frac{P}{RT}$$

비체적(V_s)은 밀도의 역수이므로 $V_s = \frac{RT}{PV}$

따라서 비체적은 압력(P)에 반비례하므로

$$0.04 : \frac{1}{2 \times 10^5} = x : \frac{1}{8 \times 10^5}$$

$$\therefore x = 0.01[\text{m}^3/\text{kg}]$$

31

그림과 같은 수평 관로에서 유체가 ㉠에서 ㉡으로 흐르고 있다. ㉠, ㉡에서의 압력과 속도를 각각 P_1, V_1 및 P_2, V_2라 하고 손실수두를 H_l이라 할 때 에너지 방정식은?

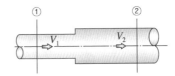

① $\dfrac{P_1}{\gamma} + \dfrac{V_1^2}{2g} = \dfrac{P_2}{\gamma} + \dfrac{V_2^2}{2g} + H_l$

② $\dfrac{P_1}{\gamma} + \dfrac{V_1^2}{2g} + H_l = \dfrac{P_2}{\gamma} + \dfrac{V_2^2}{2g}$

③ $\dfrac{P_1}{\gamma} + \dfrac{V_1^2}{2g} = \dfrac{P_2}{\gamma} + \dfrac{V_2^2}{2g}$

④ $H_l = \dfrac{P_1}{\gamma} + \dfrac{P_2}{\gamma} - \left(\dfrac{V_1^2}{2g} + \dfrac{V_2^2}{2g}\right)$

해설 유체의 마찰을 고려하면, 즉 비압축성 유체일 때의 방정식

$$\frac{V_1^2}{2g} + \frac{P_1}{\gamma} + Z_1 = \frac{V_2^2}{2g} + \frac{P_2}{\gamma} + Z_2 + \Delta H$$

안심Touch

32

지름 200[mm]인 수평원관 내를 액체가 층류로 흐를 때 관 벽에서의 전단응력은 150[Pa]이다. 관의 길이가 30[m]일 때 압력강하 ΔP는 몇 [kPa]인가?

① 70
② 80
③ 90
④ 100

해설 수평원관 내의 액체가 층류로 흐를 때 전단응력

$$\tau = -\frac{dp}{dl} \cdot \frac{r}{2}$$

여기서, $\tau = 150[Pa]$
$l = 30[m]$
$r = 100[mm] = 0.1[m]$
$dp = \Delta p$

$$\Delta p = \frac{2\tau l}{r} = \frac{2 \times 150 \times 30}{0.1}$$
$$= 90,000[Pa] = 90[kPa]$$

33

지름 6[cm]인 원관으로부터 매분 4,000[L]의 물이 고정된 평면판에 직각으로 부딪칠 때 평면에 작용하는 충격력은 약 몇 [N]인가?

① 1,380
② 1,570
③ 1,700
④ 1,930

해설 충격력

$$F = Q\rho u = Q\rho\frac{Q}{A}$$
$$= 4[m^3]/60[s] \times 1,000[kg/m^3] \times \frac{4[m^3]/60[s]}{\frac{\pi}{4}(0.06)^2}$$
$$= 1,573.5[kg \cdot m/s^2] = 1,573.5[N]$$

34

다음 중 압력이 가장 높은 것은?

① 0.1[atm]
② 0.2[MPa]
③ 1.3[kg_f/cm^2]
④ 17[mAq]

해설 압력을 [atm]으로 환산하면
① 0.1[atm]
② $0.2[MPa] = \frac{0.2[MPa]}{0.1013[MPa]} \times 1[atm]$
$= 1.97[atm]$

③ $1.3[kg_f/cm^2] = \frac{1.3[kg_f/cm^2]}{1.0332[kg_f/cm^2]} \times 1[atm]$
$= 1.26[atm]$
④ $17[mAq] = \frac{17[mAq]}{10.332[mAq]} \times 1[atm]$
$= 1.64[atm]$

35

다음 중 무차원인 것은?

① 비 중
② 표면장력
③ 탄성계수
④ 비 열

해설 무차원은 단위가 없는 것으로 비중이나 레이놀즈수를 말한다.

36

다음 설명 중 틀린 것은?

① 층류에서 원형관의 관마찰계수는 레이놀즈수에 반비례한다.
② 소화전 노즐에서 방사유량은 압력의 제곱근에 비례한다.
③ 로터미터는 유체속도를 측정하여 유량을 구하는 기구이다.
④ 낙구식 점도계는 스토크스법칙을 이용하여 점성계수를 측정하는 것이다.

해설 피토관이 유체의 속도를 측정하여 유량을 구하는 장치이다.

로터미터는 유량을 직접 눈으로 읽을 수 있는 유량 측정장치이다.

37

지구오존층파괴와 관련되어 문제점으로 대두되고 있는 소화약제와 가장 관련이 있는 것은?

① 인산암모늄
② 할 론
③ 라이트워터
④ 탄산가스

해설 할론소화약제 : 오존층을 파괴하여 환경오염의 주범이다.

38

어떤 펌프가 1,500[rpm]으로 회전하여 전양정 100 [m]에 대해 0.25[m³/s]의 유량을 방출한다. 이것과 상사로서 바깥지름이 2배가 되는 펌프가 2,000[rpm] 으로 운전할 때 유량은 약 [m³/s]가 되겠는가?

① 2.67   ② 3.43
③ 4.72   ④ 5.39

해설 펌프의 상사법칙

$$유량 \ Q_2 = Q_1 \times \frac{N_2}{N_1} \times \left(\frac{D_2}{D_1}\right)^3$$

여기서, N : 회전수[rpm]
D : 내경[mm]

$$\therefore Q_2 = Q_1 \times \frac{N_2}{N_1} \times \left(\frac{D_2}{D_1}\right)^3$$
$$= 0.25[\text{m}^3/\text{s}] \times \frac{2,000[\text{rpm}]}{1,500[\text{rpm}]} \times \left(\frac{2}{1}\right)^3$$
$$= 2.67[\text{m}^3/\text{s}]$$

39

이상기체를 단열팽창시키면 온도는 어떻게 되는가?

① 내려간다.   ② 올라간다.
③ 변화하지 않는다.   ④ 알 수 없다.

해설 이상기체를 단열팽창시키면 온도는 내려간다.

40

안지름이 100[mm]인 관로를 통하여 온도가 20[℃] 이고, 압력이 220[kPa]인 조건하에서 24[m/s]로 공기를 유동시킬 때 공기의 질량 유량은 약 몇 [kg/s] 인가?(단, 공기의 기체상수는 287[J/kg·K]이다)

① 0.481   ② 0.493
③ 0.505   ④ 0.519

해설 질량유량 $\overline{m} = Au\rho$에서
$$\rho = \frac{P}{RT}$$
$$= \frac{220 \times 1,000[\text{N/m}^2]}{287[\text{N·m/kg·K}] \times (273+20)[\text{K}]}$$
$$= 2.62[\text{kg/m}^3]$$

$$\therefore \ \overline{m} = Au\rho$$
$$= \frac{\pi}{4}(0.1[\text{m}])^2 \times 24[\text{m/s}] \times 2.62[\text{kg/m}^3]$$
$$= 0.493[\text{kg/s}]$$

$$J = N \cdot m$$

제 **3** 과목   **소방관계법규**

41

소방공무원으로서 소방특별조사자의 자격을 가질 수 없는 사람은?

① 위험물기능사 자격을 취득한자
② 정보처리기사 자격을 취득한자
③ 국가기술자격법에 의한 건축과 관련된 자격을 취득한자
④ 국가기술자격법에 의한 기계와 관련된 자격을 취득한자

해설 소방공무원으로 정보처리기사 자격을 취득한자는 소 방특별조사자의 자격이 안 된다.

42

소방시설공사의 착공신고 대상인 것은?

① 특정소방대상물에 설치된 소화펌프를 일부 교체 하거나 보수하는 공사를 하는 경우
② 소방용 외의 용도와 겸용되는 비상방송설비를 정보통신공사업법에 의한 정보통신공사업자가 공사하는 경우
③ 비상콘센트설비를 전기공사업법에 의한 전기공 사업자가 공사하는 경우
④ 소방용 외의 용도와 겸용되는 무선통신보조설비 를 정보통신공사업법에 의한 정보통신공사업자 가 공사하는 경우

해설 소방시설공사의 착공신고 대상

- 특정소방대상물에 다음에 해당하는 설비를 신설하는 공사
  - 옥내소화전설비(호스릴옥내소화전설비 포함), 옥외소화전설비, 스프링클러설비, 간이스프링클러설비(캐비닛형 간이스프링클러설비 포함), 물분무소화설비·포소화설비·이산화탄소소화설비·할론소화설비·할로겐화합물 및 불활성기체소화설비, 미분무소화설비, 강화액소화설비, 고체에어로졸소화설비 및 분말소화설비(이하 "물분무 등 소화설비"라 한다), 연결송수관설비, 연결살수설비, 제연설비(소방용 외의 용도와 겸용되는 제연설비를 건설산업기본법 시행령 별표 1의 규정에 의한 기계설비공사업자가 공사하는 경우를 제외한다), 소화용수설비(소화용수설비를 건설산업기본법 시행령 별표 1의 규정에 의한 기계설비공사업자 또는 상·하수도설비공사업자가 공사하는 경우를 제외한다) 또는 연소방지설비
  - 자동화재탐지설비, 비상경보설비, 비상방송설비(**소방용 외의 용도와 겸용되는 비상방송설비를 정보통신공사업법에 의한 정보통신공사업자가 공사하는 경우를 제외한다**), 비상콘센트설비(**비상콘센트설비를 전기공사업법에 의한 전기공사업자가 공사하는 경우를 제외한다**) 또는 무선통신보조설비(**소방용 외의 용도와 겸용되는 무선통신보조설비를 정보통신공사업법에 의한 정보통신공사업자가 공사하는 경우를 제외한다**)
- 특정소방대상물에 다음에 해당하는 설비 또는 구역 등을 증설하는 공사
  - 옥내·옥외소화전설비
  - 스프링클러설비·간이스프링클러설비 또는 물분무 등 소화설비의 방호구역, 자동화재탐지설비의 경계구역, 제연설비의 제연구역, 연결살수설비의 살수구역, 연결송수관설비의 송수구역, 비상콘센트설비의 전용회로, 연소방지설비의 살수구역
- 특정소방대상물에 설치된 소방시설 등을 구성하는 다음에 해당하는 것의 **전부 또는 일부를 개설, 이전 또는 정비하는 공사**, 다만, 고장 또는 파손 등으로 인하여 작동시킬 수 없는 소방시설을 긴급히 교체하거나 보수하여야 하는 경우에는 신고하지 않을 수 있다.
  - 수신반
  - **소화펌프**
  - 동력(감시)제어반

43

소방안전관리대상물의 소방안전관리자로 선임된 자의 업무에 해당하는 것이 아닌 것은?

① 소방계획서의 작성 ② 자위소방대의 조직
③ 소방훈련 및 교육 ④ 소방관련시설의 시공

해설 소방안전관리자의 업무
- 피난계획에 관한 사항과 대통령령으로 정하는 사항이 포함된 **소방계획서의 작성 및 시행**
- **자위소방대**(自衛消防隊) 및 초기대응체계의 구성·운영·교육
- 제10조에 따른 **피난시설, 방화구역** 및 **방화시설**의 **유지·관리**
- 제22조에 따른 **소방훈련** 및 **교육**
- **소방시설**이나 그 밖의 **소방 관련시설의 유지·관리**
- 화기(火氣) 취급의 감독
- 그 밖에 소방안전관리에 필요한 업무

44

다음 중 가연성 고체류에 해당되지 않는 것은?

① 인화점이 40[℃] 이상 100[℃] 미만인 고체
② 인화점이 100[℃] 이상 200[℃] 미만이고 연소열량이 1[g]당 8[kcal] 이상인 고체
③ 인화점이 200[℃] 이상, 연소열량 1[g]당 8[kcal] 이상인 것으로서 융점이 100[℃] 미만인 고체
④ 1기압과 40[℃] 초과 60[℃] 이하에서 액상인 것으로서 인화점이 100[℃] 이상 200[℃] 미만인 고체

해설 가연성 고체류
(1) 인화점이 40[℃] 이상 100[℃] 미만인 것
(2) 인화점이 100[℃] 이상 200[℃] 미만이고, 연소열량이 8[kcal/g] 이상인 것
(3) 인화점이 200[℃] 이상이고 연소열량이 8[kcal/g] 이상인 것으로서 융점이 100[℃] 미만인 것
(4) 1기압과 20[℃] 초과 40[℃] 이하에서 액상인 것으로서 인화점이 70[℃] 이상 200[℃] 미만이거나 (2) 또는 (3)에 해당하는 것

45

아파트를 제외한 경우 상주공사감리를 하여야 하는 특정소방대상물의 연면적 기준은 몇 [m²] 이상인가?

① 10,000[m²]   ② 20,000[m²]
③ 30,000[m²]   ④ 50,000[m²]

해설 상주공사감리 대상
- 연면적 3만[m²] 이상의 특정소방대상물(아파트를 제외한다)에 대한 소방시설의 공사. 다만, 자동화재탐지설비·옥내소화전설비·옥외소화전설비 또는 소화용수시설만 설치되는 공사를 제외한다.
- 지하층을 포함한 층수가 16층 이상으로서 500세대 이상인 아파트에 대한 소방시설의 공사

46

다음 특정소방대상물에 소방특별조사 결과에 따른 조치명령에 해당되지 않는 것은?

① 양도명령 ② 이전명령
③ 사용금지명령 ④ 사용폐쇄명령

해설 소방특별조사 결과에 따른 조치명령
- 명령권자 : 소방청장, 소방본부장, 소방서장
- 조치내용 : **개수(改修)·이전·제거, 사용의 금지 또는 제한, 사용폐쇄, 공사의 정지 또는 중지**

47

위험물의 임시저장 취급기준을 정하고 있는 것은?

① 대통령령 ② 국무총리령
③ 행정안전부령 ④ 시·도 조례

해설 위험물 임시저장
- 기준 : 시·도의 조례
- 저장기간 : 90일 이내

48

다음 (   )에 들어갈 내용으로 알맞은 것은?

> 특정소방대상물의 관계인은 대통령령으로 정하는 바에 따라 특정소방대상물의 (㉠)·(㉡) 및 (㉢) 등을 고려하여 갖추어야 하는 소방시설 등을 소방청장이 정하여 고시하는 화재안전기준에 따라 설치 또는 유지·관리하여야 한다.

① ㉠ 신 축 ㉡ 증 축 ㉢ 개 축
② ㉠ 소유자 ㉡ 점유자 ㉢ 관리자
③ ㉠ 형 태 ㉡ 건축재료 ㉢ 소요예산
④ ㉠ 규 모 ㉡ 용 도 ㉢ 수용인원

해설 특정소방대상물에 설치하는 소방시설 등의 유지·관리 등(설치유지법률 제9조)
※ 법 개정으로 인하여 맞지 않는 문제임

49

특정소방대상물의 증축 또는 용도변경 시의 소방시설 기준 적용의 특례에 관한 설명 중 옳지 않은 것은?

① 증축되는 경우에는 기존 부분을 포함한 전체에 대하여 증축 당시의 소방시설 등의 설치에 관한 대통령령 또는 화재안전기준을 적용한다.
② 증축 시 기존 부분과 증축되는 부분이 내화구조로 된 바닥과 벽으로 구획되어 있는 경우에는 기존 부분에 대하여는 증축 당시의 소방시설 등의 설치에 관한 대통령령 또는 화재안전기준을 적용하지 아니한다.
③ 용도변경되는 경우에는 기존 부분을 포함한 전체에 대하여 용도 변경 당시의 소방시설 등의 설치에 관한 대통령령 또는 화재안전기준을 적용한다.
④ 용도변경 시 특정소방대상물의 구조·설비가 화재연소확대요인이 적어지거나 피난 또는 화재진압 활동이 쉬워지도록 용도 변경되는 경우에는 전체에 용도변경되기 전의 소방시설 등의 설치에 관한 대통령령 또는 화재안전기준을 적용한다.

해설 소방본부장이나 소방서장은 기존의 특정소방대상물이 증축되거나 용도 변경되는 경우에는 대통령령으로 정하는 바에 따라 **증축 또는 용도변경 당시의 소방시설 등**의 설치에 관한 대통령령 또는 화재안전기준을 적용한다.

50

방염업자의 등록사항 변경신고를 함에 있어서 행정안전부령이 정하는 중요사항에 속하지 않는 것은?

① 기술인력 ② 영업소소재지
③ 대표자 ④ 자본금

해설 소방시설업(방염처리업)의 등록사항의 변경신고 사항
- 명칭(상호) 또는 영업소소재지
- 대표자
- 기술인력

51

소방신호의 종류에 속하지 않는 것은?

① 발화신호   ② 해제신호

③ 훈련신호   ④ 소화신호

해설 소방신호의 종류(기본법 규칙 별표 4)

신호 종류	발령 시기	타종신호	사이렌신호
경계 신호	화재예방상 필요하다고 인정 또는 화재위험경보 시 발령	1타와 연 2타를 반복	5초 간격을 두고 30초씩 3회
발화 신호	화재가 발생한 때 발령	난 타	5초 간격을 두고 5초씩 3회
해제 신호	소화활동의 필요 없다고 인정할 때 발령	상당한 간격을 두고 1타씩 반복	1분간 1회
훈련 신호	훈련상 필요하다고 인정 할 때 발령	연 3타 반복	10초 간격을 두고 1분씩 3회

52

소방본부장이나 소방시장은 원활한 소방활동을 위하여 소방용수시설 및 소방활동에 필요한 지리조사를 실시하여야 한다. 다음 중 조사 회수로 옳은 것은?

① 월 1회 이상   ② 월 2회 이상

③ 연 1회 이상   ④ 연 2회 이상

해설 소방용수시설 및 지리조사(기본법 규칙 제7조)

- 조사권자 : 소방본부장이나 소방서장
- **조사횟수 : 월 1회 이상**
- 조사내용
  - 소방용수시설에 대한 조사
  - 특정소방대상물에 인접한 도로의 폭·교통상황, 도로주변의 토지의 고저·건축물의 개황 그 밖의 소방활동에 필요한 지리에 대한 조사
- 조사결과 보관 : **2년간 보관**

53

특정소방대상물에 소방시설이 화재안전기준에 따라 설치 또는 유지·관리되지 아니한 때 특정소방대상물의 관계인에게 필요한 조치를 명할 수 있는 자는?

① 소방본부장이나 소방서장

② 소방청장

③ 시·도지사

④ 종합상황실의 실장

해설 특정소방대상물의 관계인에게 소방시설의 유지, 관리에 조치를 할 수 있는 사람 : 소방본부장, 소방서장

54

자동화재탐지설비를 설치하여야 하는 특정소방대상물에 속하지 않는 것은?

① 복합건축물로서 연면적 600[m²] 이상인 것

② 지하구

③ 길이 700[m] 이상의 터널

④ 교정시설로서 연면적 2,000[m²] 이상인 것

해설 터널의 길이가 1,000[m] 이상이면 자동화재탐지설비 설치하여야 한다.

55

화재경계지구에 대한 소방용수시설 소화기구 그 밖에 소방에 필요한 설비의 설치 명령을 위반한 사람에 대한 과태료 부과기준은?

① 100만원 이하   ② 200만원 이하

③ 500만원 이하   ④ 1,500만원 이하

해설 **200만원 이하의 과태료**

- 화재경계지구에 대한 소방용수시설·소화기구 및 설비 등의 설치명령을 위반한 사람
- 불의 사용할 때 지켜야 하는 사항, 특수가연물의 저장 및 취급기준을 위반한 사람
- 한국119청소년단 또는 이와 유사한 명칭을 사용한 자
- 규정을 위반하여 소방활동 구역을 출입한 사람

56

위험물안전관리법에서 정하는 위험물질에 대한 설명으로 다음 중 옳은 것은?

① 철분이란 철의 분말로서 53[μm]의 표준체를 통과하는 것이 60[wt%] 미만인 것은 제외한다.
② 인화성 고체란 고형알코올 그 밖에 1기압에서 인화점이 21[℃] 미만인 고체를 말한다.
③ 유황은 순도가 60[wt%] 이상인 것을 말한다.
④ 과산화수소는 그 농도가 36[wt%] 이하인 것에 한 한다.

해설 위험물의 정의
- **철분** : 철의 분말로서 53[μm]의 표준체를 통과하는 것이 50[wt%] 미만인 것은 제외한다.
- **인화성 고체** : 고형알코올 그 밖에 1기압에서 **인화점**이 40[℃] 미만인 **고체**를 말한다.
- **유황** : 순도가 60[wt%] 이상인 것을 말한다. 이 경우 순도측정에 있어서 불순물은 활석 등 불연성 물질과 수분에 한한다.
- **과산화수소**는 그 농도가 36[wt%] 이상인 것에 한 한다.

57

소방본부장이나 소방서장은 화재경계지구에 대하여 소방상 필요한 훈련 및 교육을 실시하고자 할 때에는 훈련 또는 교육 얼마 전까지 화재경계지구 안의 관계인에게 그 사실을 통보하여야 하는가?

① 24시간　② 7일
③ 10일　④ 14일

해설 소방본부장이나 소방서장은 소방상 필요한 훈련 및 교육을 실시하고자 할 때에는 화재경계지구 안의 관계인에게 훈련 또는 교육 **10일 전**까지 그 사실을 통보하여야 한다.

58

소방안전관리자를 두어야 할 특정소방대상물로서 1급 소방안전관리대상물의 기준으로 옳은 것은?

① 가스제조설비를 갖추고 도시가스사업허가를 받아야하는 시설
② 가연성 가스를 1,000[t] 이상 저장·취급하는 시설

③ 지하구
④ 문화재보호법에 따라 국보 또는 보물로 지정된 목조건축물

해설 1급 소방안전관리대상물
(**동·식물원**, 철강 등 불연성 물품을 저장·취급하는 **창고**, 위험물 저장 및 처리 시설 중 **위험물제조소 등**, **지하구는 제외**)
- 30층 이상(지하층 제외), 지상 120[m] 이상인 아파트
- 연면적 15,000[m²] 이상인 특정소방대상물(아파트는 제외)
- 층수가 11층 이상인 특정소방대상물(아파트는 제외)
- 가연성 가스를 1,000[t] 이상 저장·취급하는 시설

59

관계인이 예방규정을 정하여야 하는 제조소 등에 속하는 것이 아닌 것은?

① 지정수량의 100배 이상의 위험물을 취급하는 옥내저장소
② 지정수량의 200배 이상의 위험물을 취급하는 옥외탱크저장소
③ 암반탱크저장소
④ 이송취급소

해설 예방규정을 정하여야 하는 제조소 등
- 지정수량의 10배 이상의 위험물을 취급하는 제조소, 일반취급소
- 지정수량의 100배 이상의 위험물을 저장하는 옥외저장소
- 지정수량의 **150배 이상**의 위험물을 저장하는 **옥내저장소**
- 지정수량의 200배 이상의 위험물을 저장하는 옥외탱크저장소
- 암반탱크저장소
- 이송취급소

60

위험물안전관리자가 퇴직한 때에는 퇴직한 날부터 며칠 이내에 다시 위험물안전관리자를 선임하여야 하는가?

① 7일 이내　② 15일 이내
③ 30일 이내　④ 45일 이내

해설 **위험물안전관리자 선임**
- **재선임** : 해임 또는 퇴직일로부터 **30일 이내**에 선임하여야 한다.
- **선임신고** : 선임일로부터 14일 이내에 소방본부장이나 소방서장에게 신고

제**4**과목 | 소방기계시설의 구조 및 원리

61

연결송수관설비의 방수용 기구함은 방수구가 가장 많이 설치된 층을 기준하여 몇 개 층마다 설치하여야 하는가?

① 각층
② 2개 층
③ 3개 층
④ 4개 층

해설 **연결송수관설비의 방수용기구함의 설치기준**
- **방수기구함**은 방수구가 가장 많이 설치된 층을 기준하여 **3개층마다 설치**하되, 그 층의 방수구마다 보행거리 5[m] 이내에 설치할 것
- 방수기구함에는 길이 15[m]의 호스와 방사형 관창을 다음의 기준에 따라 비치할 것
  - 호스는 방수구에 연결하였을 때 그 방수구가 담당하는 구역의 각 부분에 유효하게 물이 뿌려질 수 있는 개수 이상을 비치할 것. 이 경우 쌍구형 방수구는 단구형 방수구의 2배 이상의 개수를 설치하여야 한다.
  - 방사형 관창은 단구형 방수구의 경우에는 1개, 쌍구형 방수구의 경우에는 2개 이상 비치할 것
- 방수기구함에는 "방수기구함"이라고 표시한 표지를 할 것

62

옥외소화전설비에서의 설치기준이 맞는 것은?

① 수원의 저수량은 옥외소화전의 설치개수(2개 이상 설치 된 경우에는 2개)에 7[m³]를 곱한 양 이상이 되노록 한다.

② 해당 특정소방대상물에 설치된 옥외소화전을 동시에 사용할 경우 각 옥외소화전의 노즐선단에서 방수압력은 0.17[MPa] 이상이 되도록 한다.

③ 해당 특정소방대상물에 설치된 옥외소화전을 동시에 사용할 경우 각 옥외소화전의 노즐선단에서 방수량은 250[L/min] 이상이 되도록 한다.

④ 호스는 구경 50[mm]의 것으로 한다.

해설 **옥외소화전설비의 기준**
- 저수량

$$\text{수원의 양[L]} = N \times 350[\text{L/min}] \times 20[\text{min}] = N \times 7[\text{m}^3]$$

- 방수압 : 0.25[MPa]
- 방수량

$$\text{펌프의 토출량} = [\text{L/min}] = N \times 350[\text{L/min}]$$

여기서, N : 옥외소화전의 설치개수(2개 이상은 2개)
- 호스의 구경 : 65[mm]의 것

63

랙식 창고에 설치하는 스프링클러헤드는 천장 또는 각 부분으로부터 하나의 스프링클러헤드까지의 수평거리는 몇 [m] 이하이어야 하는가?

① 3.2
② 2.5
③ 2.1
④ 1.5

해설 **스프링클러헤드의 배치기준**

설치장소			설치기준
폭 1.2[m] 초과하는 천장 반자 덕트 선반 기타 이와 유사한 부분	무대부, 특수가연물		수평거리 1.7[m] 이하
	랙식 창고		**수평거리 2.5[m] 이하** (특수가연물 저장·취급하는 창고 : 1.7[m] 이하)
	아파트		수평거리 3.2[m] 이하
	그 외의 특정소방대상물	기타 구조	수평거리 2.1[m] 이하
		내화구조	수평거리 2.3[m] 이하
랙식 창고	**특수가연물**		**높이 4[m] 이하마다**
	그 밖의 것		높이 6[m] 이하마다

64

연결살수설비의 전용헤드를 사용하는 경우 배관의 구경이 50[mm]일 때 하나의 배관에 부착하는 살수헤드의 개수는?

① 3개   ② 4개
③ 6개   ④ 10개

해설 연결살수설비의 배관의 구경에 따른 헤드의 수

하나의 배관에 부착하는 살수헤드의 개수	배관의 구경[mm]
1개	32
2개	40
3개	50
4개 또는 5개	65
6개 이상 10개 이하	80

65

제연설비의 배출풍도가 400[mm]×200[mm]으로 설치되어 있다. 이 풍도 강판의 두께는 몇 [mm] 이상으로 하는가?

① 0.5   ② 0.6
③ 0.8   ④ 1.0

해설 풍도 강판의 두께

풍도단면의 긴 변 또는 직경의 크기	강판두께
450[mm] 이하	0.5[mm]
450[mm] 초과 750[mm] 이하	0.6[mm]
750[mm] 초과 1,500[mm] 이하	0.8[mm]
1,500[mm] 초과 2,250[mm] 이하	1.0[mm]
2,250[mm] 초과	1.2[mm]

66

경유를 저장한 옥외탱크 저장시설에 다음 조건과 같이 수성막포소화설비를 할 때 보조소화전에 필요한 포원액 저장량은 몇 [L]인가?(단, 탱크직경 32[m], 포원액농도 3[%], 호스접결구수는 5개소이다)

① 720   ② 840
③ 960   ④ 1,200

해설 보조포소화전의 약제저장량

$$Q = N \times S \times 8,000[L]$$

여기서, Q : 포소화약제의 양[L]
   N : 호스 접결구수(3개 이상일 경우 3개)
   S : 포소화약제의 사용농도[%]
∴ 저장량 $= 3 \times 0.03 \times 8,000[L] = 720[L]$

67

물분무소화설비의 수원에 대한 설명으로 적합하지 않은 것은?

① 특수가연물을 저장하는 곳은 바닥면적 1[m²]에 대하여 10[L/min]로 20분간 방수할 수 있는 양 이상으로 할 것
② 주차장은 바닥면적 1[m²]에 대하여 20[L/min]로 20분간 방수할 수 있는 양 이상으로 할 것
③ 케이블덕트에 있어서는 투영된 바닥면적 1[m²]에 대하여 10[L/min]로 20분간 방수할 수 있는 양 이상으로 할 것
④ 컨베이어 벨트에 있어서는 벨트 부분의 바닥면적 1[m²]에 대하여 10[L/min]로 20분간 방수할 수 있는 양 이상으로 할 것

해설 물분무소화설비의 펌프 토출량과 수원의 양

특정소방대상물	펌프의 토출량 [L/min]	수원의 양[L]
특수가연물 저장, 취급	바닥면적(50[m²] 이하는 50[m²]로)×10[L/min·m²]	바닥면적(50[m²] 이하는 50[m²]로)×10[L/min·m²]×20[min]
차고, 주차장	바닥면적(50[m²] 이하는 50[m²]로)×20[L/min·m²]	바닥면적(50[m²] 이하는 50[m²]로)×20[L/min·m²]×20[min]
절연유 봉입변압기	표면적(바닥 부분 제외)×10[L/min·m²]	표면적(바닥 부분 제외)×10[L/min·m²]×20[min]
케이블 트레이, 덕트	투영된 바닥면적×12[L/min·m²]	투영된 바닥면적×12[L/min·m²]×20[min]
컨베이어 벨트	벨트 부분의 바닥면적×10[L/min·m²]	벨트 부분의 바닥면적×10[L/min·m²]×20[min]

안심Touch

68

포소화설비의 자동식 기동장치로 폐쇄형 스프링클러헤드를 사용할 경우에 헤드의 표시온도는 몇 [℃] 미만인가?

① 162
② 121
③ 79
④ 64

해설 폐쇄형 스프링클러헤드를 사용하는 경우
- 표시온도가 **79[℃]** 미만인 것을 사용하고, 1개의 스프링클러헤드의 경계면적은 20[m²] 이하로 할 것
- **부착면의 높이**는 바닥으로부터 **5[m]** 이하로 하고, 화재를 유효하게 감지할 수 있도록 할 것
- 하나의 감지장치 경계구역은 하나의 층이 되도록 할 것

69

옥내소화전설비의 함에 표시되지 않는 것은?

① 옥내소화전설비의 위치표시등
② 가압송수장치의 기동표시등
③ 옥내소화전설비의 사용요령을 기재한 표지판
④ 상용전원 또는 비상전원의 확인표시등

해설 옥내소화전설비함의 표시
- 위치표시등
- 기동표시등
- "소화전"이라는 표시와 사용요령을 기재한 표지판

70

소화기의 소화능력 사항에 관한 기준 중 옳은 것은?

① A급 화재용 소화기의 소화능력 시험은 중유를 대상으로 한다.
② B급 화재용 소화기의 소화능력 시험에서 소화는 모형에 불을 붙인 다음 30초 후에 실시한다.
③ 소화기를 조작하는 사람은 안전을 위하여 방화복을 착용한다.
④ 소화기의 소화능력 시험은 무풍상태와 사용상태에서 실시한다.

해설 소화기의 소화능력 사항
- A급 화재용 소화기의 소화능력 시험은 소나무 또는 오리나무를 대상으로 한다.
- B급 화재용 소화기의 소화능력 시험에서 소화는 모형에 불을 붙인 다음 1분 후에 실시한다.
- 소화기를 조작하는 자는 방화복을 착용하지 아니하여야 한다.
- 소화는 무풍상태와 사용상태에서 실시한다.
- 소화약제의 방사 완료 후 1분 이내에 다시 불타지 아니한 경우 그 모형은 완전히 소화된 것으로 본다.

71

포소화설비의 포워터스프링클러헤드는 바닥면적 몇 [m²]마다 1개 이상을 설치하는가?

① 6
② 8
③ 9
④ 11

해설 포헤드의 설치기준
- **포워터스프링클러헤드**
  - 특정소방대상물의 천장 또는 반자에 설치할 것
  - 바닥면적 **8[m²]마다 1개 이상** 설치할 것
- **포헤드**
  - 특정소방대상물의 천장 또는 반자에 설치할 것
  - 바닥면적 9[m²]마다 1개 이상으로 설치할 것

72

옥내소화전설비의 화재안전기준에 대한 설명으로 틀린 것은?

① 배관은 배관용 탄소강관 또는 압력배관용 탄소강관이나 이와 동등 이상의 강도·내식성 및 내열성을 가진 것으로 설치하여야 한다.
② 펌프의 흡입측 배관에는 공기고임이 생기지 아니하는 구조로 하고 여과장치를 설치해야 한다.
③ 펌프의 토출측 주배관의 구경은 유속이 1초당 3[m] 이하가 될 수 있는 크기 이상으로 하여야 한다.
④ 토출측 주배관 중 수직배관의 구경은 50[mm] 이상으로 하여야 한다.

해설 펌프의 **토출측 주배관의 구경**은 유속이 4[m/s] 이하가 될 수 있는 크기 이상으로 하여야 하고, 옥내소화전방 수구와 연결되는 **가지배관의 구경**은 40[mm](호스릴 옥내소화전설비의 경우에는 25[mm]) 이상으로 하여야 하며, 주배관 중 **수직배관**의 구경은 50[mm](**호스릴 옥내소화전설비**의 경우에는 32[mm]) 이상으로 하여야 한다.

73

분말소화설비의 소화약제 중 차고 또는 주차장에 설치할 수 있는 것은 제 몇 종 분말소화약제인가?

① 1 ② 2
③ 3 ④ 4

해설 차고, 주차장 : 제3종 분말약제

74

경사강하식구조대의 입구틀 및 취부틀의 입구는 지름이 몇 [cm] 이상의 구체가 통과할 수 있어야 하는가?

① 100 ② 80
③ 50 ④ 30

해설 경사강하식 구조대의 구조
- 연속하여 활강할 수 있는 구조로 안전하고 쉽게 사용할 수 있을 것
- **입구틀 및 취부틀의 입구**는 **지름 50[cm] 이상**의 구체가 통과할 수 있을 것
- 포지를 사용할 때에 수직방향으로 현저하게 늘어나지 아니할 것
- 구조대 본체는 강하방향으로 봉합부가 설치되지 아니할 것
- 구조대 본체의 활강부는 낙하방지를 위해 포를 2중 구조로 하거나 또는 방목의 변의 길이가 8[cm] 이하인 망을 설치할 것

75

아파트의 주방에 설치되는 주거용 주방자동소화장치의 가스차단장치는 주방배관의 개폐밸브로부터 몇 [m] 이하의 위치에 설치하여야 하는가?

① 1 ② 2
③ 3 ④ 4

해설 ※ 화재안전기준 개정으로 인하여 현재는 맞지 않는 문제임

76

호스릴 할론소화설비에 있어서 소화약제로 할론 1301을 사용하는 경우 하나의 노즐에 대하여 몇 [kg] 이상의 소화약제가 필요한가?

① 40 ② 45
③ 50 ④ 55

해설 호스릴할로겐화합물의 약제저장량

소화약제의 종별	소화약제의 양
할론 2402 또는 할론 1211	50[kg]
할론 1301	45[kg]

77

예상제연구역에 대한 배출구와 공기유입(구)에 관한 설명으로 옳은 것은?

① 바닥면적이 400[m²] 미만인 곳의 예상제연구역이 벽으로 구획되어 있을 경우의 배출구 설치는 천장 또는 반자와 바닥 사이의 중간 윗부분에 한다.
② 바닥면적 400[m²] 이상의 거실인 예상제연구역에 설치되는 공기유입구는 바닥으로부터 1.5[m] 이상의 위치에 설치한다.
③ 예상제연구역에 대한 유입공기량은 배출량보다 작아야한다.
④ 예상제연구역에 공기가 유입되는 순간의 풍속은 5[m/s] 이상이 되도록 한다.

해설 배출구와 공기유입구의 기준
- 바닥면적이 400[m²] 미만인 예상제연구역(통로인 예상제연구역을 제외한다)에 대한 배출구의 설치기준
  - 예상제연구역이 벽으로 구획되어 있는 경우의 **배출구는 천장 또는 반자와 바닥 사이의 중간 윗부분에 설치**할 것
  - 예상제연구역 중 어느 한 부분이 제연경계로 구획되어 있는 경우에는 천장·반자 또는 이에 가까운 벽의 부분에 설치할 것. 다만, 배출구를 벽에 설치하는 경우에는 배출구의 하단이 해당예상제

연구역에서 제연경계의 폭이 가장 짧은 제연경계의 하단보다 높이 되도록 하여야 한다.
- 공기유입구는 바닥면적이 400[m²] 이상의 거실인 예상제연구역(제연경계에 따른 구획을 제외한다. 다만, 거실과 통로와의 구획은 그러하지 아니하다)에 대하여는 바닥으로부터 1.5[m] 이하의 높이에 설치하고 그 주변 2[m] 이내에는 가연성 내용물이 없도록 할 것
- 예상제연구역에 대한 공기유입량은 배출량 이상이 되도록 하여야 한다.
- 예상제연구역에 공기가 유입되는 순간의 풍속은 5[m/s] 이하가 되도록 하고, 유입구의 구조는 유입공기를 하향 60° 이내로 분출할 수 있도록 하여야 한다.
- 예상제연구역에 대한 공기유입구의 크기는 해당 예상제연구역 배출량 1[m³/min]에 대하여 35[cm²] 이상으로 하여야 한다.

78

옥내소화전설비의 배관을 설치하려 할 때 연결송수관설비의 배관을 겸용할 경우의 주배관 구경과 방수구로 연결되는 배관의 구경은 각각 몇 [mm] 이상이어야 하는가?

① 80, 40　　　　② 100, 65
③ 120, 50　　　　④ 150, 65

해설 연결송수관설비의 배관과 겸용할 경우
- 주배관의 구경 : 100[mm] 이상
- 방수구로 연결되는 배관의 구경 : 65[mm] 이상

79

이산화탄소소화설비에서 저압식 소화약제의 저장용기 설치기준으로 맞는 것은?

① 충전비는 1.5 이상 1.9 이하로 설치
② 압력경보장치는 2.3[MPa] 이상 1.9[MPa] 이하에서 작동
③ 안전밸브는 내압시험 압력의 0.8배~1.0배에서 작동
④ 자동냉동장치는 용기내부의 온도가 영하 18[℃] 이상에서 2.1[MPa]의 압력을 유지하도록 설치

해설 이산화탄소소화설비의 저장용기 설치기준
- 저장용기의 충전비는 고압식은 1.5 이상 1.9 이하, **저압식은 1.1 이상 1.4 이하**로 할 것
- **저압식 저장용기**에는 내압시험압력의 0.64배부터 0.8배까지의 압력에서 작동하는 **안전밸브**와 내압시험압력의 0.8배부터 내압시험압력에서 작동하는 봉판을 설치할 것
- 저압식 저장용기에는 액면계 및 압력계와 2.3[MPa] 이상 1.9[MPa] 이하의 압력에서 작동하는 **압력경보장치**를 설치할 것
- 저압식 저장용기에는 용기내부의 온도가 **영하 18[℃] 이하**에서 2.1[MPa]의 압력을 유지할 수 있는 **자동냉동장치**를 설치할 것
- 저장용기는 고압식은 25[MPa] 이상, **저압식은 3.5[MPa] 이상**의 내압시험압력에 합격한 것으로 할 것

80

소화용수설비의 가압송수장치 설치에 관하여 바르게 설명한 것은?

① 소화수조 또는 저수조가 지표면으로부터 수조 바닥까지의 깊이가 4.0[m] 이상인 지하에 있는 경우에는 가압송수장치를 설치하여야 한다.
② 소화수조가 옥상 또는 옥탑의 부분에 설치된 경우에는 지상에 설치된 채수구에서의 압력이 1[MPa] 이상이 되도록 하여야 한다.
③ 내연기관을 이용하는 것은 금지한다.
④ 가압송수장치 설치 시 기동장치로는 보호판을 부착한 기동스위치를 채수구 직근에 설치한다.

해설 소화용수설비의 가압송수장치 설치기준
- 소화수조 또는 저수조가 지표면으로부터의 깊이(수조 내부바닥까지의 길이를 말한다)가 4.5[m] 이상인 지하에 있는 경우에는 가압송수장치를 설치하여야 한다.
- 소화수조가 옥상 또는 옥탑의 부분에 설치된 경우에는 지상에 설치된 채수구에서의 압력이 0.15[MPa] 이상이 되도록 하여야 한다.
- 전동기 또는 내연기관에 따른 펌프를 이용하는 가압송수장치를 설치할 수 있다.
- 기동장치로는 보호판을 부착한 기동스위치를 채수구 직근에 설치할 것

제 **1** 회

2010년 3월 7일 시행

제 **1** 과목 | **소방원론**

01

할론소화약제에 대한 설명으로 옳은 것은?

① 연소연쇄반응을 촉진시킨다.
② 소화 후 잔사가 남지 않는 장점이 있다.
③ Halon 104는 소화효과도 우수하고 독성도 없다.
④ Halon 1301, Halon 1211은 에탄의 유도체이다.

해설 **할론소화약제의 특성**
- 연쇄반응을 차단한다.
- 소화 후 잔사가 남지 않는 장점이 있다.
- 할론 1301은 소화효과가 가장 우수하고 인체에 대한 독성이 가장 약하다.
- 할론 1301, 할론 1211은 메탄(CH_4)의 유도체이다.

02

다음 중 폭발을 일으킬 위험이 가장 낮은 물질은?

① 수소가스   ② 마그네슘분
③ 밀가루   ④ 시멘트가루

해설 **폭발**
- 분진폭발은 금속(알루미늄, 마그네슘, 아연분말), 플라스틱, 농산물, 황 등 가연성 고체가 미세한 분말 상태로 공기 중에서 부유 상태로 존재하다가 점화원이 있을 때 연소범위 내에 들면 폭발한다.
- 수소는 폭발성 가스이다.

> 분진폭발을 일으키지 않는 물질 : 시멘트가루, 생석회

03

Halon 1301에서 숫자 "0"은 무슨 원소가 없다는 것을 뜻하는가?

① 탄 소   ② 브 롬
③ 불 소   ④ 염 소

해설 **할론소화약제의 명명**

할 론	1	3	0	1
	탄소(C)	플루오린(F)	염소(Cl)	브롬(Br)

04

전기시설물에 적응성이 없는 소화방식은?

① 이산화탄소에 의한 소화
② 할론 1301에 의한 소화
③ 마른모래에 의한 소화
④ 물분무에 의한 소화

해설 **전기시설물의 소화약제** : 이산화탄소, 할론, 할로겐화합물 및 불활성기체, 분말, 물분무소화약제

05

다음 중 물과 반응하여 수소가 발생하지 않는 것은?

① Na   ② K
③ S   ④ Li

해설 **물과의 반응**
- 나트륨 : $2Na + 2H_2O \rightarrow 2NaOH + H_2 \uparrow$
- 칼륨 : $2K + 2H_2O \rightarrow 2KOH + H_2 \uparrow$
- 리튬 : $2Li + 2H_2O \rightarrow 2LiOH + H_2 \uparrow$
- 황은 물이나 산에는 녹지 않으나 알코올에는 조금 녹고 고무상황을 제외하고는 CS_2에 잘 녹는다.

---

01 ② 02 ④ 03 ④ 04 ③ 05 ③ **정답**

06

일반적으로 목조건축물의 화재 시 발화에서 최성기까지의 소요시간은 어느 정도인가?(단, 풍속이 거의 없을 경우를 가정한다)

① 1분 미만
② 4~14분
③ 30~60분
④ 90분 이상

해설 풍속에 따른 연소시간

풍속[m/s]	0~3
발화 → 최성기	5~15분(4~14분)
최성기 → 연소낙하	6~19분
발화 → 연소낙하	13~24분

07

다음 중 바닥 부분의 내화구조 기준으로 틀린 것은?

① 철근콘크리트조로서 두께가 5[cm] 이상인 것
② 철골철근콘크리트조로서 두께가 10[cm] 이상인 것
③ 철재로 보강된 콘크리트 블록조·벽돌조 또는 석조로서 철재에 덮은 콘크리트블록 등의 두께가 5[cm] 이상인 것
④ 철재의 양면을 두께 5[cm] 이상의 철망모르타르 또는 콘크리트로 덮은 것

해설 바닥은 철근콘크리트조로서 두께가 10[cm] 이상인 것은 내화구조이다.

08

피난계획의 일반원칙 중 Fail Safe에 대한 설명으로 옳은 것은?

① 한 가지 피난기구가 고장이 나도 다른 수단을 이용할 수 있도록 고려하는 것
② 피난구조설비를 반드시 이동식으로 하는 것
③ 본능적 상태에서도 쉽게 식별이 가능하도록 그림이나 색채를 이용하는 것
④ 피난수단을 조작이 간편한 원시적인 방법으로 설계하는 것

해설 피난대책의 일반적인 원칙
- 피난경로는 간단명료하게 할 것
- 피난구조설비는 고정식 설비를 위주로 할 것
- 피난수단은 원시적 방법에 의한 것을 원칙으로 할 것
- 2방향 이상의 피난통로를 확보할 것
- 상호반대방향으로 다수의 출구와 연결되어야 할 것
- 피난경로에 따라서는 피난존(Zone)을 설정할 것
- 피난로는 패닉(Panic)현상이 일어나지 않도록 상호 반대방향으로 대칭인 형태가 좋다.

> Fail Safe : 한가지 피난기구가 고장이 나도 다른 수단을 이용할 수 있도록 고려한 것

09

가연성 기체 또는 액체의 연소범위에 대한 설명 중 틀린 것은?

① 연소하한과 연소상한의 범위를 나타낸다.
② 연소하한이 낮을수록 발화위험이 높다.
③ 연소범위가 넓을수록 발화위험이 낮다.
④ 연소범위는 주위온도와 관계가 있다.

해설 연소범위가 넓을수록 발화위험이 높다.

10

다음 중 전기화재에 해당하는 것은?

① A급 화재
② B급 화재
③ C급 화재
④ D급 화재

해설 화재의 종류

급 수 \ 구 분	화재의 종류	표시색
A급	일반화재	백 색
B급	유류화재	황 색
C급	전기화재	청 색
D급	금속화재	무 색

11

소방시설의 분류에서 다음 중 소화설비에 해당하지 않는 것은?

① 스프링클러설비　　　② 소화기

③ 옥내소화전설비　　　④ 연결송수관설비

해설 연결송수관설비 : 소화활동설비

12

중질유가 탱크에서 조용히 연소하다 열유층에 의해 가열된 하부의 물이 폭발적으로 끓어 올라와 상부의 뜨거운 기름과 함께 분출하는 현상을 무엇이라 하는가?

① 플래시오버　　　② 보일오버

③ 백드래프트　　　④ 롤오버

해설 유류탱크(가스탱크)에서 발생하는 현상

- **보일오버**(Boil Over)
  - 중질유탱크에서 장시간 조용히 연소하다가 탱크의 잔존기름이 갑자기 분출(Over Flow)하는 현상
  - 유류탱크 바닥에 물 또는 물-기름에 에멀션이 섞여 있을 때 화재가 발생하는 현상
  - 연소유면으로부터 100[℃] 이상의 열파가 탱크저부에 고여 있는 물을 비등하게 하면서 연소유를 탱크 밖으로 비산하며 연소하는 현상
- **슬롭오버**(Slop Over) : 물이 연소유의 뜨거운 표면에 들어갈 때 기름 표면에서 화재가 발생하는 현상
- **프로스오버**(Froth Over) : 물이 뜨거운 기름 표면 아래서 끓을 때 화재를 수반하지 않는 용기에서 넘쳐 흐르는 현상

13

액화천연가스(LNG)의 주성분은?

① CH_4　　　② H_2

③ C_3H_8　　　④ C_2H_2

해설 액화가스

- 액화천연가스(LNG)의 주성분 : 메탄(CH_4)
- 액화석유가스(LPG)의 주성분 : 프로판(C_3H_8), 부탄(C_4H_{10})

14

인화점(Flash Point)을 가장 옳게 설명한 것은?

① 가연성 액체가 증기를 계속 발생하여 연소가 지속될 수 있는 최저온도

② 가연성 증기 발생 시 연소범위의 하한계에 이르는 최저온도

③ 고체와 액체가 평형을 유지하며 공존할 수 있는 온도

④ 가연성 액체의 포화증기압이 대기압과 같아지는 온도

해설 인화점 : 휘발성 물질에 불꽃을 접하여 발화될 수 있는 최저의 온도

> 인화점 : 가연성 증기 발생 시 연소범위의 하한계에 이르는 최저의 온도

15

부피비로 메탄 80[%], 에탄 15[%], 프로판 4[%], 부탄 1[%]인 혼합기체가 있다. 이 기체의 공기 중에서의 폭발하한계는 약 몇 [vol%]인가?(단, 공기 중 단일 가스의 폭발하한계는 메탄 5[vol%], 에탄 2[vol%], 프로판 2[vol%], 부탄 1.8[vol%]이다)

① 2.2　　　② 3.8

③ 4.9　　　④ 6.2

해설 혼합가스의 연소범위

$$L_m = \cfrac{100}{\cfrac{V_1}{L_1} + \cfrac{V_2}{L_2} + \cfrac{V_3}{L_3}}$$

$L_1,\ L_2,\ L_3$: 가연성 가스의 폭발한계[vol%]

$V_1,\ V_2,\ V_3$: 가연성 가스의 용량[vol%]

L_m : 혼합가스의 폭발한계[vol%]

$\therefore$ 하한값 $L_m = \cfrac{100}{\cfrac{V_1}{L_1} + \cfrac{V_2}{L_2} + \cfrac{V_3}{L_3}}$

$= \cfrac{100}{\cfrac{80}{5} + \cfrac{15}{2} + \cfrac{4}{2} + \cfrac{1}{1.8}} = 3.84[\%]$

안심Touch

16

연소의 3요소에 해당하지 않는 것은?

① 점화원　　　　　② 연쇄반응
③ 가연물질　　　　④ 산소공급원

해설 연소의 3요소 : 가연물, 산소공급원, 점화원

> 연소의 4요소 : 가연물, 산소공급원, 점화원, 연쇄반응

17

다음 중 착화 온도가 가장 높은 물질은?

① 황 린　　　　　② 아세트알데하이드
③ 메 탄　　　　　④ 이황화탄소

해설 착화 온도

종 류	착화 온도
황 린	34[℃]
아세트알데하이드	185[℃]
메 탄	537[℃]
이황화탄소	100[℃]

18

자연발화가 잘 일어나기 위한 조건이 아닌 것은?

① 주위의 온도가 높다.
② 열전도율이 낮다.
③ 표면적이 넓다.
④ 발열량이 작다.

해설 자연발화의 조건
- 주위의 온도가 높을 것
- 열전도율이 작을 것
- **발열량이 클 것**
- 표면적이 넓을 것

19

철골콘크리트의 기둥에서 내화구조의 기준으로 옳은 것은?

① 작은 지름 15[cm] 이상으로서 철골을 두께 4[cm] 이상의 철망모르타르로 덮은 것

② 작은 지름 20[cm] 이상으로서 철골을 두께 7[cm] 이상의 콘크리트블록으로 덮은 것

③ 작은 지름 25[cm] 이상으로서 철골을 두께 5[cm] 이상의 콘크리트로 덮은 것

④ 작은 지름 30[cm] 이상으로서 철골을 두께 3[cm] 이상의 석재로 덮은 것

해설 내화구조의 기준

내화구분		내화구조의 기준
벽	모든 벽	• **철근콘크리트조** 또는 철골·철근콘크리트조로서 두께가 10[cm] 이상인 것 • 골구를 철골조로 하고 그 양면을 두께 4[cm] 이상의 철망모르타르로 덮은 것 • 두께 5[cm] 이상의 콘크리트 블록·벽돌 또는 석재로 덮은 것 • 철재로 보강된 콘크리트블록조·벽돌조 또는 석조로서 철재에 덮은 두께가 5[cm] 이상인 것
	외벽 중 비내력벽	• **철근콘크리트조** 또는 철골·철근콘크리트조로서 두께가 7[cm] 이상인 것 • 골구를 철골조로 하고 그 양면을 두께 3[cm] 이상의 철망모르타르로 덮은 것 • 두께 4[cm] 이상의 콘크리트 블록·벽돌 또는 석재로 덮은 것 • 무근콘크리트조·콘크리트블록조·벽돌조 또는 석조로서 두께가 7[cm] 이상인 것
기 둥 (작은 지름이 25[cm] 이상인 것)		• 철근콘크리트조 또는 철골·철근콘크리트조 • 철골을 두께 6[cm] 이상의 철망모르타르로 덮은 것 • 철골을 두께 7[cm] 이상의 콘크리트 블록·벽돌 또는 석재로 덮은 것 • 철골을 두께 5[cm] 이상의 **콘크리트**로 덮은 것
바 닥		• **철근콘크리트조** 또는 철골·철근콘크리트조로서 두께가 10[cm] 이상인 것 • 철재로 보강된 콘크리트블록조·벽돌조 또는 석조로서 철재에 덮은 두께가 5[cm] 이상인 것 • 철재의 양면을 두께 5[cm] 이상의 철망모르타르 또는 콘크리트로 덮은 것
보		• 철근콘크리트조 또는 철골·철근콘크리트조 • 철골을 두께 6[cm] 이상의 철망모르타르로 덮은 것 • 철골을 두께 5[cm] 이상의 콘크리트조로 덮은 것

20

다음 중 가연성 물질이 아닌 것은?

① 수 소　　　　　② 산 소
③ 메 탄　　　　　④ 암모니아

해설 **산소**, 공기, 오존은 자신은 연소하지 않고 연소를 도와
주는 가스로서 **조연(지연)성 가스**이다.

제 **2** 과목 ┃ **소방유체역학 및 약제화학**

21

비중이 0.89인 유체 35[N]의 체적은 약 몇 [m³]인가?

① 0.13×10^{-3}　　　② 2.43×10^{-3}
③ 3.03×10^{-3}　　　④ 4.01×10^{-3}

해설 비중이 0.89이면
밀도 $\rho = 0.89 \times 9,800 [\text{N/m}^3]$ 이다.
$$\rho = \frac{W}{V} \quad V = \frac{W}{\rho} = \frac{35[\text{N}]}{0.89 \times 9,800[\text{N/m}^3]}$$
$$= 4.01 \times 10^{-3}[\text{m}^3]$$

22

간격이 5[mm]인 두 개의 평행평판 사이에 비중이
0.8, 동점성계수 $1.25 \times 10^{-4}[\text{m}^2/\text{s}]$인 유체가 채워져
있다. 한쪽 평판은 4[m/s]로 움직이고, 다른 쪽은
고정되어 있을 때, 판에 발생하는 평균 전단응력은
몇 [Pa]인가?

① 40　　　　　② 60
③ 80　　　　　④ 160

해설 전단응력

$$\tau = \mu \frac{u}{h} = v \cdot \rho \frac{u}{h}$$
$$= 1.25 \times 10^{-4}[\text{m}^2/\text{s}] \times 800[\text{kg/m}^3] \times \frac{4[\text{m/s}]}{0.005[\text{m}]}$$
$$= 80[\text{kg/m} \cdot \text{s}^2] = 80[\text{Pa}]$$

$$[\text{Pa}] = [\frac{\text{N}}{\text{m}^2}] = [\frac{\text{kg} \cdot \frac{\text{m}}{\text{s}^2}}{\text{m}^2}] = [\text{kg/m} \cdot \text{s}^2]$$

23

다음 유동들의 배열순서는 무엇을 기준으로 한 것인가?

모세혈관 내 유동 < 냉장고의 냉매 공급관 내 유동 < 송유
관 내 유동 < 쿠로시오 해류

① 특성 길이　　　② 특성 온도
③ 특성 압력　　　④ 특성 밀도

해설 모세혈관 내의 유동 < 냉장고의 냉매 공급관 내 유동 < 송
유관 내 유동 < 쿠로시오 해류 : 특성 길이의 기준

24

어느 일정 길이의 배관 속을 매분 200[L]의 물이
흐르고 있을 때의 마찰손실압력이 20[kPa]이었다면
동일 관에 물 흐름이 매분 300[L]로 증가할 경우
마찰손실압력은 약 몇 [kPa]인가?(단, 마찰손실 계산
은 하젠-윌리엄스 공식을 따른다고 한다)

① 32.35　　　　② 37.35
③ 42.34　　　　④ 47.35

해설 Hagen – William's 방정식

$$\Delta P_m = 6.053 \times 10^4 \times \frac{Q^{1.85}}{C^{1.85} \times d^{4.87}}$$

여기서, ΔP_m : 배관 1[m]당 압력손실[MPa · m]
　　　　d : 관의 내경[mm]
　　　　Q : 관의 유량[L/min]
　　　　C : 조도(Roughness)
∴ $20[\text{kPa}] : (200) = x : (300)^{1.85}$
　$x = 42.34[\text{kPa}]$

25

액체 속에 경사지게 잠겨있는 평판의 윗면에 작용하
는 압력 힘의 작용점에 대한 설명 중 맞는 것은?

① 경사진 평판의 도심에 있다.
② 경사진 평판의 도심보다 아래에 있다.
③ 경사진 평판의 도심보다 위에 있다.
④ 경사진 평판의 도심과는 관계가 없다.

해설 압력 중심

$$y_d = \frac{I_c}{\bar{y}A} + \bar{y}$$

20 ② 21 ④ 22 ③ 23 ① 24 ③ 25 ② **정답**

여기서, $\overline{y}$: 면적의 도심

I_c : 도심에 관한 단면 2차 관성 모멘트

압력중심은 경사진 평판의 도심보다 항상 아래에 있다.

26

압력이 100[kPa], 체적이 3[m³]인 0[℃]의 공기가 이상적으로 단열 압축되어 그 체적이 1[m³]으로 감소되었다. 이 과정에서 엔탈피 변화량은 약 몇 [kJ]인가?(단, 공기의 비열비는 1.4, 기체상수는 0.287[kJ/kg·K]이다)

① 550   ② 560

③ 570   ④ 580

해설
- 이상기체방정식 $PV = WRT$에서

질량 $W = \dfrac{PV}{RT} = \dfrac{100 \times 10^3 \times 3}{0.287 \times 10^3 \times 273} = 3.829[\text{kg}]$

- 압축 후의 온도

$T_2 = T_1 \times \left(\dfrac{V_1}{V_2}\right)^{k-1} = 273 \times \left(\dfrac{3}{1}\right)^{1.4-1}$

$= 423.65[\text{K}]$

- 엔탈피 변화량

$h_2 - h_1 = WC_P(T_2 - T_1)$

$= \dfrac{k}{k-1} WR(T_2 - T_1)$

$= \dfrac{1.4}{1.4 - 1} \times 3.829 \times (0.287 \times 10^3)$

$\times (423.65 - 273)$

$= 579,434.6\text{J}$

$= 579.4[\text{kJ}]$

27

그림과 같은 U자관 차압마노미터가 있다. 비중 S_1 = 0.9, S_2 = 13.6, S_3 = 1.2이고, h_1 = 10[cm], h_2 = 30[cm], h_3 = 20[cm]일 때, $P_A - P_B$는 얼마인가?

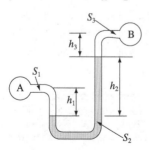

① 41.5[kPa]   ② 28.8[kPa]

③ 41.5[Pa]   ④ 28.8[Pa]

해설 $P_A - P_B = \gamma_2 h_2 + \gamma_3 h_3 - \gamma_1 h_1$

$= (13.6 \times 1,000[\text{kg}_\text{f}/\text{m}^3] \times 0.3[\text{m}])$

$+ (1.2 \times 1,000[\text{kg}_\text{f}/\text{m}^3] \times 0.2[\text{m}])$

$- (0.9 \times 1,000[\text{kg}_\text{f}/\text{m}^3] \times 0.1[\text{m}])$

$= 4,230[\text{kg}_\text{f}/\text{m}^2]$

이것을 [kPa]로 환산하면

$\dfrac{4,230[\text{kg}_\text{f}/\text{m}^2]}{10,332[\text{kg}_\text{f}/\text{m}^2]} \times 101.325[\text{kPa}] = 41.48[\text{kPa}]$

28

관 속의 부속품을 통한 유체 흐름에서 관의 등가길이(상당길이)를 표현하는 식은?(단, 부차 손실계수 K, 관지름 d, 관마찰계수 f)

① Kfd ② $\dfrac{fd}{K}$

③ $\dfrac{Kd}{f}$ ④ $\dfrac{Kf}{d}$

해설 등가길이

$$\text{상당길이 } Le = \dfrac{Kd}{f}$$

여기서, K : 부차적 손실계수

d : 관지름

f : 관마찰계수

29

지름 250[mm] 관 속을 평균속도 1.2[m/s]로 유체가 흐르고 있다. 이 유동이 층류라면 관 속에서의 최대 속도는 몇 [m/s]가 되겠는가?

① 0.6   ② 1.2

③ 2.4   ④ 3.0

해설 층류일 때 $u = 0.5 u_{\max}$

$u_{\max} = \dfrac{u}{0.5} = \dfrac{1.2[\text{m/s}]}{0.5} = 2.4[\text{m/s}]$

30

높이 40[m]의 저수조에서 15[m]의 저수조로 직경 45[cm], 길이 600[m]의 주철관을 통해 물이 흐르고 있다. 유량은 0.25[m³/s]이며, 관로 중의 터빈에서 29.4[kW]의 동력을 얻는다면 관로의 손실수두는 약 몇 [m]인가?(단, 터빈의 효율은 100[%]이다)

① 12 ② 13
③ 14 ④ 15

해설 터빈의 동력 $P = \dfrac{\gamma\, h_s\, Q}{1,000}$[kW]

$$h_s = \frac{1,000P}{\gamma Q} = \frac{1,000 \times 29.4}{9,800 \times 0.25} = 12[\text{m}]$$

주어진 조건에서
$P_1 = P_2$, $z_1 = 40[\text{m}]$, $z_2 = 15[\text{m}]$
여기서, 40[m]의 저수조 속도와 15[m]의 저수조 속도는 매우 작기 때문에 $V_1 = V_2 \approx 0[\text{m/s}]$로 가정한다.
기계에너지방정식을 적용하여 풀면

$$\boxed{\frac{P_1}{\gamma} + \frac{V_1}{2g} + z_1 = \frac{P_2}{\gamma} + \frac{V_2}{2g} + z_2 + h_L + h_s}$$

여기서, h_s : 단위중량당 축일(J/N = m)
h_L : 단위중량당 손실(J/N = m)

$$\frac{P_1}{\gamma} + 0 + 40 = \frac{P_2}{\gamma} + 0 + 15 + h_L + 12$$

관로손실 $h_L = 40 - 12 - 15 = 13[\text{m}]$

31

클라우지우스 부등식이 기술하는 열역학법칙은?

① 제0법칙 ② 제1법칙
③ 제2법칙 ④ 제3법칙

해설 열역학 제2법칙은 "엔트로피는 항상 증가하는 방향으로 진행한다"는 클라우지우스의 부등식을 기술한 것이다.

32

유체의 부력을 설명한 것으로 옳은 것은?

① 물체에 의해 배제된 액체의 밀도와 같다.
② 물체에 의해 배제된 액체의 비체적와 같다.
③ 물체에 의해 배제된 액체의 비중량와 같다.
④ 물체에 의해 배제된 액체의 무게와 같다.

해설 유체의 부력은 물체에 의해 배제된 액체의 무게와 같다.

33

그림과 같이 수평면에서 60°경사진 직경 10[cm]의 원관에서 물이 출구속도 7[m/s]로 분출될 때 물의 최고높이(H)에서 물기둥의 직경은 약 몇[cm]인가?(단, 유동단면에서의 물의 속도는 균일하고, 공기저항은 무시한다)

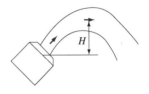

① 12.1 ② 14.1
③ 16.2 ④ 18.2

해설
• 포물선운동에서 최고 높이에서 속도는 x방향으로 $V_x = V\cos\theta$, y방향으로 $V_y = 0$이다.
$$V_x = 7 \times \cos 60° = 3.5[\text{m/s}]$$
• 연속방정식 $Q = AV$에서
$$Q = \frac{\pi}{4} \times d_1^2 \times V_1 = \frac{\pi}{4} \times d_2^2 \times V_2$$
물기둥의 직경
$$d_2 = d_1 \times \sqrt{\frac{V_1}{V_2}} = 10 \times \sqrt{\frac{7}{3.5}} = 14.14[\text{cm}]$$

34

이상기체에 대한 다음의 설명 중 틀린 것은?

① 엔탈피는 온도만의 함수이다.
② 정압비열은 온도와 압력의 함수로 볼 수 있다.
③ 내부에너지는 온도만의 함수이다.
④ 엔트로피는 온도와 압력의 함수로 볼 수 있다.

해설 **이상기체**
• 엔탈피, 내부에너지는 온도만의 함수이다.
• 엔트로피는 온도와 압력의 함수로 볼 수 있다.
• 이상기체 상태방정식을 만족한다.

35

판의 절대온도 T가 시간 t에 따라 $T = C\sqrt{t}$로 주어진다. 여기서, C는 상수이다. 이 판의 흑체방사도는 시간에 따라 어떻게 변하는가?(단, σ는 Stefan-Boltzmann 상수이다)

① σC^4

② $\sigma C^4 t$

③ $\sigma C^4 t^2$

④ $\sigma C^4 t^4$

해설 흑체방사도 $= \sigma C^4 t^2$

36

지름 75[mm]인 원관 속을 평균속도 2[m/s]로 물이 흐르고 있을 때 질량 유량은 약 몇 [kg/s]인가?

① 10.2

② 9.6

③ 9.2

④ 8.8

해설 질량 유량(질량 유동률)

$$\overline{m} = A_1 u_1 \rho_1 = A_2 u_2 \rho_2 \,[\text{kg/s}]$$

여기서, A : 면적[m²]

u : 유속[m/s]

ρ : 밀도[kg/m³]

$$\therefore\ \overline{m} = A u \rho$$

$$= \frac{\pi}{4}(0.075[\text{m}])^2 \times 2[\text{m/s}] \times 1,000[\text{kg/m}^3]$$

$$= 8.83[\text{kg/s}]$$

37

어떤 펌프가 1,000[rpm]으로 회전하여 전양정 10[m]에 0.5[m³/min]의 유량을 방출한다. 이 펌프가 2,000[rpm]으로 운전된다면 유량은 몇 [m³/min]이 되겠는가?

① 1.0

② 0.75

③ 0.5

④ 1.25

해설 상사법칙

유량 $Q_2 = Q_1 \times \dfrac{N_2}{N_1}$

$$= 0.5[\text{m}^3/\text{min}] \times \frac{2,000}{1,000} = 1.0[\text{m}^3/\text{min}]$$

38

그림과 같이 속도 V인 자유제트가 곡면에 부딪혀 θ의 각도로 유동방향이 바뀐다. 유체가 곡면에 가하는 힘의 x, y성분의 크기, F_x와 F_y는 θ가 증가함에 따라 각각 어떻게 되겠는가?(단, 유동단면적은 일정하고, $0° < \theta < 90°$이다)

① F_x : 감소한다. F_y : 감소한다.

② F_x : 감소한다. F_y : 증가한다.

③ F_x : 증가한다. F_y : 감소한다.

④ F_x : 증가한다. F_y : 증가한다.

해설
- x성분의 힘

  $-F_x = \rho Q(V\cos\theta - V)$, $F_x = \rho Q V(1 - \cos\theta)$

- y성분의 힘

  $F_y = \rho Q(V\sin\theta - 0)$, $F_y = \rho Q V \sin\theta$

- 밀도 ρ, 유량 Q, 속도 V가 일정한 경우

θ	30°	45°	60°
F_x	0.134	0.293	0.5
F_y	0.5	0.707	0.866

따라서, θ값이 증가할수록 x성분의 힘 F_x와 y성분의 힘 F_y는 증가한다.

39

유효낙차가 65[m]이고, 유량이 20[m³/s]인 수력발전소에서 수차의 이론 출력은 약 몇 [kW]인가?

① 12,740

② 1,300

③ 12.74

④ 1.3

해설 수차의 출력

$$P[\text{kW}] = \frac{\gamma \times Q \times H}{102 \times \eta} \times K$$

$$= \frac{1,000[\text{kg}_f/\text{m}^3] \times 20[\text{m}^3/\text{s}] \times 65[\text{m}]}{102}$$

$$= 12,745[\text{kW}]$$

40

펌프에서 공동현상이 발생할 때 나타나는 현상이 아닌 것은?

① 소음과 진동 발생　② 양정곡선 저하
③ 효율곡선 증가　④ 펌프 깃의 침식

해설 공동현상의 발생현상
- 소음과 진동 발생
- 관정 부식
- 임펠러의 손상
- 펌프의 성능저하(토출량, 양정, **효율감소**)

제 **3** 과목　**소방관계법규**

41

소방기본법의 목적으로 거리가 먼 것은?

① 화재의 예방 · 경계 · 진압
② 국민의 생명 · 신체 및 재산보호
③ 소방기술관리 및 진흥
④ 공공의 안녕 및 질서유지와 복리증진

해설 **소방기본법의 목적** : 이 법은 **화재를 예방 · 경계하거나 진압**하고 화재, 재난 · 재해 그 밖의 위급한 상황에서의 구조 · 구급활동 등을 통하여 **국민의 생명 · 신체 및 재산을 보호**함으로써 **공공의 안녕 및 질서유지와 복리증진**에 이바지함을 목적으로 한다.

42

소방시설기준 적용의 특례에서 특정소방대상물의 관계인이 소방시설을 갖추어야 함에도 불구하고 관련 소방시설을 설치하지 아니할 수 있는 특정소방대물을 설명한 것 중 옳지 않은 것은?

① 피난위험도가 낮은 특정소방대상물
② 화재안전기준을 적용하기가 어려운 특정소방대상물
③ 화재안전기준을 다르게 적용하여야 하는 특수한 용도 또는 구조를 가진 특정소방대상물
④ 위험물안전관리법 제19조에 따른 자체소방대가 설치된 특정소방대상물

해설 소방시설을 설치하지 아니할 수 있는 특정소방대상물 및 소방시설의 범위(별표 6)

구 분	특정소방대상물	소방시설
1. 화재 위험도가 낮은 특정소방대상물	석재 · 불연성 금속 · 불연성 건축재료 등의 가공공장 · 기계조립공장 · 주물공장 또는 불연성 물품을 저장하는 창고	옥외소화전 및 연결살수설비
	소방기본법 제2조 제5호의 규정에 의한 소방대가 조직되어 24시간 근무하고 있는 청사 및 차고	옥내소화전설비, 스프링클러설비, 물분무 등 소화설비, 비상방송설비, 피난기구, 소화용수설비, 연결송수관설비, 연결살수설비
2. 화재안전기준을 적용하기가 어려운 특정소방대상물	펄프공장의 작업장 · 음료수공장의 세정 또는 충전하는 작업장 그 밖에 이와 비슷한 용도로 사용하는 것	스프링클러설비, 상수도 소화용수설비 및 연결살수설비
	정수장, 수영장, 목욕장, 농예 · 축산 · 어류양식용시설 그 밖에 이와 비슷한 용도로 사용되는 것	자동화재탐지설비, 상수도 소화용수설비 및 연결살수설비
3. 화재안전기준을 다르게 적용하여야 하는 특수한 용도 또는 구조를 가진 특정소방대상물	원자력발전소, 핵폐기물처리시설	연결송수관설비 및 연결살수설비
4. 위험물안전관리법 제19조에 의한 자체소방대가 설치된 특정소방대상물	자체소방대가 설치된 위험물제조소 등에 부속된 사무실	옥내소화전설비, 소화용수설비, 연결살수설비 및 연결송수관설비

43

자체소방대를 설치하여야 하는 사업소는 몇 류 위험물을 취급하는 제조소인가?

① 제1류　② 제2류
③ 제3류　④ 제4류

해설 **제4류 위험물**을 지정수량의 **3,000배 이상**을 취급하는 **제조소, 일반취급소**에는 **자체소방대**를 설치하여야 한다(단, 보일러로 위험물을 소비하는 일반취급소는 제외).

44

소방공사감리업의 등록기준에서 전문소방공사감리업을 하고자하는 경우 갖추어야 할 장비에 속하지 않은 것은?

① 수압기
② 전기절연내력시험기
③ 검량계
④ 할론농도측정기

> **해설** 소방시설업의 등록기준은 법 개정으로 삭제되었으므로 현행법에 맞지 않는 문제임

45

2급 소방안전관리대상물의 소방안전관리자로 선임될 수 있는 자격기준으로 알맞은 것은?

① 전기기능사 자격을 가진 사람
② 소방서에서 1년 이상 화재진압 또는 보조업무에 종사한 경력이 있는 사람으로서 시험에 합격한 사람
③ 경찰공무원으로 2년 이상 근무한 경력이 있는 사람으로서 시험에 합격한 사람
④ 의용소방대원으로 2년 이상 근무한 경력이 있는 사람으로서 시험에 합격한 사람

> **해설** **2급 소방안전관리대상물 선임자격**
> 다음 어느 하나에 해당하는 사람으로서 소방청장이 실시하는 2급 소방안전관리대상물의 소방안전관리에 관한 **시험**에 **합격한 사람**
> • 대학에서 소방안전관리학과를 전공하고 졸업한 사람
> • 대학에서 소방안전 관련 교과목을 6학점 이상 이수하고 졸업하거나 소방안전관련학과를 전공하고 졸업한 사람
> • 소방본부 또는 소방서에서 **1년 이상 화재진압** 또는 **보조업무**에 종사한 경력이 있는 사람
> • **의용소방대원**으로 **3년 이상** 근무한 경력이 있는 사람
> • 군부대(주한 외국군부대를 포함한다) 및 의무소방대의 소방대원으로 1년 이상 근무한 경력이 있는 사람
> • 위험물안전관리법에 따른 자체소방대의 **소방대원**으로 **3년 이상** 근무한 경력이 있는 사람
> • 대통령 등의 경호에 관한 법률에 따른 경호공무원 또는 별정직공무원으로서 2년 이상 안전검측업무에 종사한 경력이 있는 사람
> • **경찰공무원**으로 **3년 이상** 근무한 경력이 있는 사람
> • 2급 소방안전관리대상물의 소방안전관리에 대한 강습교육을 수료한 사람

46

화재경계지구의 지정대상지역에 해당되지 않는 곳은?

① 공장·창고가 밀집한 지역
② 석유화학제품을 생산하는 공장이 있는 지역
③ 시장지역
④ 소방용수시설 또는 소방출동로가 있는 지역

> **해설** **화재경계지구 지정대상**
> • 시장지역
> • 공장·창고가 밀집한 지역
> • 목조건물이 밀집한 지역
> • 위험물의 저장 및 처리시설이 밀집한 지역
> • 석유화학제품을 생산하는 공장이 있는 지역
> • 소방시설·소방용수시설 또는 **소방출동로가 없는** 지역

47

특정소방대상물 중 노유자시설에 속하지 않는 것은?

① 노인여가복지시설
② 정신의료기관
③ 노숙인 보호시설
④ 유치원

> **해설** **노유자시설**
> • 노인관련시설 : 노인주거복지시설, 노인의료복지시설, 노인여가복지시설, 주·야간보호서비스나 단기보호서비스를 제공하는 재가노인복지시설(재가 장기요양기관을 포함한다), 노인보호전문기관, 노인일자리지원기관, 확대피해노인전용쉼터
> • 아동관련시설 : 아동복지시설, **어린이집**, **유치원**(병설유치원은 제외한다) 및 그 밖에 이와 비슷한 것
> • 장애인시설 : **장애인 생활시설**, **장애인 지역사회시설**(장애인 심부름센터, 수화통역센터, 점자도서 및 녹음서 출판시설 등 장애인이 직접 그 시설 자체를 이용하는 것을 주된 목적으로 하지 않는 시설은 제외한다), 장애인직업재활시설 및 그 밖에 이와 비슷한 것
> • 정신질환관련시설 : 정신질환자 사회복귀시설, 정신요양시설
> • 노숙인관련시설 : 노숙인복지시설, 노숙인종합지원센터
>
> > 정신의료기관 : 의료시설

48

피난층에 대한 설명으로 알맞은 것은?

① 지상 1층
② 2층 이하로 쉽게 피난할 수 있는 층
③ 지상으로 통하는 계단이 있는 층
④ 곧바로 지상으로 통하는 출입구가 있는 층

해설 피난층 : 곧바로 지상으로 통하는 출입구가 있는 층

49

위험물제조소 등의 관계인은 제조소 등의 용도를 폐지한 때에는 제조소 등의 용도를 폐지한 날부터 며칠 이내에 시·도지사에게 신고하여야 하는가?

① 7일   ② 10일
③ 14일   ④ 30일

해설 위험물제조소 등의 용도폐지 : 폐지한 날로부터 **14일** 이내에 시·도지사에게 신고

50

위험물안전관리법령상 제4류 위험물에 속하는 것으로 나열된 것은?

① 특수인화물, 질산염류, 황린
② 알코올, 황화인, 나이트로화합물
③ 동식물유류, 알코올류, 특수인화물
④ 알킬알루미늄, 질산, 과산화수소

해설 위험물의 분류

종 류	분 류
특수인화물	제4류 위험물
질산염류	제1류 위험물
황 린	제3류 위험물
알코올류	제4류 위험물
황화인	제2류 위험물
나이트로화합물	제5류 위험물
동식물유류	제4류 위험물
알킬알루미늄	제3류 위험물
질 산	제6류 위험물
과산화수소	제6류 위험물

51

신축 건축물 중 연면적이 몇 [m²] 이상인 특정대상물은 성능위주설계를 하여야 하는가?(단, 주택으로 쓰이는 층수가 5개층 이상인 주택인 아파트를 제외한다)

① 10만[m²]   ② 20만[m²]
③ 100만[m²]   ④ 500만[m²]

해설 성능위주설계를 해야 할 특정소방대상물의 범위
- **연면적 20만[m²] 이상**인 특정소방대상물(아파트 등은 제외한다)
- 건축물의 높이가 100[m] 이상인 특정소방대상물(지하층을 포함한 층수가 30층 이상인 특정소방대상물을 포함한다)(아파트는 제외한다)
- 연면적 3만[m²] 이상인 철도 및 도시철도시설, 공항시설
- 하나의 건축물에 영화상영관이 10개 이상인 특정소방대상물

52

화재에 관한 위험경보와 관련하여 기상법 관련 규정에 따른 이상기상의 예보 또는 특보가 있을 때에 화재에 관한 경보를 발령하고 그에 따른 조치를 할 수 있는 자는?

① 소방서장   ② 기상청장
③ 시·도지사   ④ 국무총리

해설 **소방본부장**이나 **소방서장**은 기상법 제13조 제1항에 따른 이상기상(異常氣象)의 예보 또는 특보가 있을 때에는 **화재에 관한 경보**를 발령하고 그에 따른 조치를 할 수 있다(기본법 제14조).

53

옥외에 연결송수구 및 옥내에 방수구가 부설된 옥내소화전설비·스프링클러설비·간이스프링클러설비 또는 연결살수설비를 화재안전기준엔 적합하게 설치한 경우 그 설비의 유효범위 안의 부분에서 설치가 면제되는 것은?

① 연소방지설비
② 상수도 소화용수설비
③ 물분무 등 소화설비
④ 연결송수관설비

해설 소방시설 설치면제 기준

설치가 면제되는 소방시설	설치면제 요건
물분무 등 소화설비	물분무 등 소화설비를 설치하여야 하는 차고·주차장에 스프링클러설비를 화재안전기준에 적합하게 설치한 경우에는 그 설비의 유효범위 안의 부분에서 설치가 면제된다.
연소방지설비	연소방지설비를 설치하여야 하는 특정소방대상물에 스프링클러설비 또는 물분무소화설비, 또는 미분무소화설비를 화재안전기준에 적합하게 설치한 경우에는 그 설비의 유효범위 안의 부분에서 설치가 면제된다.
연결송수관설비	연결송수관설비를 설치하여야 하는 특정소방대상물에 옥외에 연결송수구 및 옥내에 방수구가 부설된 옥내소화전설비·스프링클러설비·간이스프링클러설비 또는 연결살수설비를 화재안전기준에 적합하게 설치한 경우에는 그 설비의 유효범위 안의 부분에서 설치가 면제된다.

54

화재, 재난·재해 그 밖의 위급한 상황이 발생한 경우 소방대가 현장에 도착할 때까지 관계인의 소방활동에 포함되지 않는 것은?

① 불을 끄거나 불이 번지지 아니하도록 필요한 조치
② 소방활동에 필요한 보호장구 지급 등 안전을 위한 조치
③ 경보를 울리는 방법으로 사람을 구출하는 조치
④ 대피를 유도하는 방법으로 사람을 구출하는 조치

해설 관계인은 특정소방대상물에 화재, 재난·재해 그 밖의 위급한 상황이 발생한 경우에는 소방대가 현장에 도착할 때까지 경보를 울리거나 대피를 유도하는 등의 방법으로 사람을 구출하는 조치 또는 불을 끄거나 불이 번지지 아니하도록 필요한 조치를 하여야 한다(기본법 제20조).

55

위험물제조소 등별로 설치하여야 하는 경보설비의 종류에 포함되지 않는 것은?

① 자동화재탐지설비   ② 비상경보설비
③ 비상벨설비   ④ 확성장치

해설 위험물제조소 등의 경보설비 : 자동화재탐지설비, 비상방송설비, 비상경보설비, 확성장치

56

소방용품에 속하지 않는 것은?

① 휴대용 비상조명등
② 방염액·방염도료 및 방염성 물질
③ 송수구
④ 가스누설경보기

해설 예비전원이 내장된 비상조명등은 소방용품이고 휴대용 비상조명등은 소방용품이 아니다.

57

소방서의 종합상황실의 실장이 소방본부의 종합상황실에 지체 없이 보고하여야 하는 상황에 해당하지 않는 것은?

① 사망자가 5명 이상 발생한 화재
② 사상자가 10명 이상 발생한 화재
③ 이재민이 50명 이상 발생한 화재
④ 재산피해액이 50억 이상 발생한 화재

해설 종합상황실에 보고상황
- 사망자가 5명 이상 발생하거나 사상자가 10명 이상 발생한 화재
- 이재민이 100명 이상 발생한 화재
- 재산피해액이 50억원 이상 발생한 화재
- 관공서·학교·정부미도정공장·문화재·지하철 또는 지하구의 화재
- 관광호텔, 층수가 11층 이상인 건축물, 지하상가, 시장, 백화점, 지정수량의 3,000배 이상의 위험물의 제조소·저장소·취급소, 층수가 5층 이상이거나 객실이 30실 이상인 숙박시설, 층수가 5층 이상이거나 병상이 30개 이상인 종합병원·정신병원·한방병원·요양소, 연면적 15,000[m²] 이상인 공장 또는 화재경계지구에서 발생한 화재
- 철도차량, 항구에 매어둔 총톤수가 1,000[t] 이상인 선박, 항공기, 발전소 또는 변전소에서 발생한 화재
- 가스 및 화약류의 폭발에 의한 화재
- 다중이용업소의 화재

정답 54 ② 55 ③ 56 ① 57 ③

58

소방시설공사업자가 소속 소방기술자를 소방시설공사현장에 배치하지 않았을 경우 얼마의 과태료에 처하는가?

① 100만원 이하　② 200만원 이하
③ 300만원 이하　④ 400만원 이하

해설 200만원 이하의 과태료
- 소방기술자를 공사현장에 배치하지 아니한 자
- 규정을 위반하여 완공검사를 받지 아니한 자
- 규정을 위반하여 3일 이내에 보수하지 아니하거나 하자보수계획을 관계인에게 거짓으로 알린 자
- 감리관계서류를 인수·인계하지 아니한 경우
- 방염성능기준 미만으로 방염을 한 자

59

간이스프링클러설비를 설치하여야 할 특정소방대상물에 해당되는 것은?

① 근린생활시설로서 사용하는 바닥면적 합계가 5백[m²] 이상인 것은 모든 층
② 근린생활시설로서 사용하는 바닥면적 합계가 1,000[m²] 이상인 것은 모든 층
③ 교육연구시설 내에 합숙소로서 연면적 50[m²] 이상인 것
④ 교육연구시설 내에 합숙소로서 연면적 100[m²] 미만인 것

해설 간이스프링클러설비 설치대상물
- 근린생활시설로서 사용하는 부분의 바닥면적 합계가 1,000[m²] 이상인 것은 모든 층
- 교육연구시설 내에 합숙소로서 연면적 100[m²] 이상인 것

60

화재발생 사실을 통보하는 기계·기구 또는 설비인 경보설비가 아닌 것은?

① 무선통신보조설비　② 비상방송설비
③ 단독경보형감지기　④ 자동화재속보설비

해설 무선통신보조설비 : 소화활동설비

제4과목 소방기계시설의 구조 및 원리

61

제연설비에 전용 샤프트를 설치하여 건물 내외부의 온도차와 화재 시 발생되는 열기에 의한 밀도 차이를 이용하여 지붕 외부의 루프모니터 등을 이용하여 옥외로 배출, 환기시키는 방식을 무엇이라 하는가?

① 지연방식　② 루프해치방식
③ 스모크타워방식　④ 제3종 기계제연방식

해설 스모크타워제연방식 : 전용 샤프트를 설치하여 건물 내·외부의 온도차와 화재 시 발생되는 열기에 의한 밀도 차이를 이용하여 지붕 외부의 루프모니터 등을 이용하여 옥외로 배출·환기시키는 방식

62

배출풍도단면의 긴 변 또는 직경의 크기가 450[mm] 초과, 750[mm] 이하일 경우의 강판 두께는 최소 몇 [mm] 이상이어야 하는가?

① 0.5　② 0.6
③ 0.8　④ 1.0

해설 배출풍도 강판의 두께

풍도단면의 긴 변 또는 직경의 크기	강판두께
450[mm] 이하	0.5[mm]
450[mm] 초과 750[mm] 이하	0.6[mm]
750[mm] 초과 1,500[mm] 이하	0.8[mm]
1,500[mm] 초과 2,250[mm] 이하	1.0[mm]
2,250[mm] 초과	1.2[mm]

63

연결송수관설비에 관한 설명이다. 틀린 것은?

① 아파트 용도의 11층 이상에 설치하는 방수구는 단구형으로 할 수 있다.
② 배관은 지면으로부터 높이가 31[m] 이상인 특정소방대상물에는 습식 설비로 설치한다.
③ 주배관의 관경은 100[mm] 이상의 것이어야 한다.

④ 지표면에서 최상층 방수구의 높이가 70[m] 이상의 특정소방대상물의 펌프 양정은 최상층에 설치된 노즐선단의 압력이 0.25[MPa] 이상의 압력이 되어야 한다.

해설 지표면에서 최상층 방수구의 **높이가 70[m] 이상**의 특정소방대상물에 연결송수관설비의 **가압송수장치를** 설치하여야 하고, 펌프의 양정은 최상층에 설치된 노즐선단의 압력이 **0.35[MPa] 이상**의 압력이 되도록 할 것

64

상수도 소화용수설비에서 호칭지름 몇 [mm] 이상의 소화전을 접속해야 하는가?

① 80[mm], 65[mm]
② 75[mm], 100[mm]
③ 65[mm], 100[mm]
④ 50[mm], 65[mm]

해설 상수도 소화용수설비 설치기준
(1) 호칭지름 75[mm] 이상의 수도배관에 호칭지름 100[mm] 이상의 소화전을 접속할 것
(2) (1)의 규정에 따른 소화전은 소방자동차 등의 진입이 쉬운 도로변 또는 공지에 설치할 것
(3) (1)의 규정에 따른 소화전은 특정소방대상물의 수평투영면의 각 부분으로부터 140[m] 이하가 되도록 설치할 것

65

연결살수전용헤드가 7개 설치되어 있을 경우, 배관의 구경은?

① 40[mm]
② 50[mm]
③ 65[mm]
④ 80[mm]

해설 연결살수설비의 배관구경에 따른 헤드 수

하나의 배관에 부착하는 살수헤드의 개수	배관의 구경[mm]
1개	32
2개	40
3개	50
4개 또는 5개	65
6개 이상 10개 이하	80

66

폐쇄형 스프링클러헤드 사용하는 설비에서 하나의 방호구역의 바닥면적의 기준은 몇 [m²] 이하인가?

① 3,000
② 2,500
③ 2,000
④ 1,500

해설 폐쇄형 스프링클러헤드를 사용하는 설비에서 하나의 방호구역의 바닥면적은 3,000[m²]를 초과하지 아니할 것

67

전동기 또는 내연 기관에 따른 펌프를 이용하는 가압송수장치의 설치기준에 있어 해당 특정소방대상물에 설치된 옥외소화전을 동시에 사용하는 경우, 각 옥외소화전의 노즐선단에서의 ㉠ 방수압력과 ㉡ 방수량은 각각 얼마 이상이어야 하는가?

① ㉠ 0.25[MPa] 이상, ㉡ 350[L/min] 이상
② ㉠ 0.17[MPa] 이상, ㉡ 350[L/min] 이상
③ ㉠ 0.25[MPa] 이상, ㉡ 100[L/min] 이상
④ ㉠ 0.17[MPa] 이상, ㉡ 100[L/min] 이상

해설 옥외소화전설비
• 방수압력 : 0.25[MPa] 이상
• 방수량 : 350[L/min] 이상

68

국소방출방식의 이산화탄소설비의 분사헤드는 해당 설비의 소화약제의 저장량을 얼마 이내에 방사할 수 있는 것으로 설치하여야 하는가?

① 10초 이내
② 30초 이내
③ 1분 이내
④ 2분 이내

해설 국소방출방식의 분사헤드 방사시간 : 30초 이내

69

팽창비가 50인 포소화설비에서 혼합비율 3[%], 원액 저장량이 210[L]일 때, 포를 방출한 후의 포의 체적은 얼마가 되겠는가?

① 200[m³]
② 250[m³]
③ 300[m³]
④ 350[m³]

해설 팽창비

$$팽창비 = \frac{\text{방출 후 포의 체적[L]}}{\text{방출 전 포수용액의 체적(포원액+물)[L]}}$$

$$= \frac{\text{방출 후 포의 체적[L]}}{\text{원액의 양[L]}}{\text{농도[\%]}}$$

∴ 방출 후 포의 체적

$$50 = \frac{x}{\frac{210[L]}{0.03}}, \quad x = 350,000[L] = 350[m^3]$$

70

삽을 상비한 마른모래 50[L] 이상의 것 1포의 능력단위는 얼마인가?

① 0.1
② 0.2
③ 0.5
④ 1.0

해설 간이소화용구의 능력단위(제4조 제1항 제2호 관련)

간이소화용구		능력단위
1. 마른모래	삽을 상비한 50[L] 이상의 것 1포	0.5 단위
2. 팽창질석 또는 팽창진주암	삽을 상비한 80[L] 이상의 것 1포	

71

옥외소화전설비의 용어 정의 중 틀린 것은?

① "고가수조"란 구조물 또는 지형지물 등에 설치하여 자연낙차의 압력으로 급수하는 수조를 말한다.
② "연성계"란 대기압 이상의 압력을 측정할 수 있는 계측기를 말한다.
③ "진공계"란 대기압 이하의 압력을 측정하는 계측기를 말한다.
④ "개폐표시형 밸브"란 밸브의 개폐 여부를 외부에서 식별이 가능한 밸브를 말한다.

해설 용어의 정의
- 고가수조 : 구조물 또는 지형지물 등에 설치하여 자연낙차 압력으로 급수하는 수조
- 압력수조 : 소화용수와 공기를 채우고 일정압력 이상으로 가압하여 그 압력으로 급수하는 수조
- 충압펌프 : 배관 내 압력손실에 따른 주펌프의 빈번한 기동을 방지하기 위하여 충압역할을 하는 펌프

- 연성계 : 대기압 이상의 압력과 대기압 이하의 압력을 측정할 수 있는 계측기
- 진공계 : 대기압 이하의 압력을 측정하는 계측기
- 개폐표시형 밸브 : 밸브의 개폐 여부를 외부에서 식별이 가능한 밸브
- 기동용 수압개폐장치 : 소화설비의 배관 내 압력변동을 검지하여 자동적으로 펌프를 기동 및 정지시키는 것으로서 압력체임버 또는 기동용 압력스위치 등
- 가압수조 : 가압원인 압축공기 또는 불연성 고압기체에 따라 소방용수를 가압시키는 수조

72

특정소방대상물이 노유자시설인 경우 소화기구의 능력단위의 기준은 해당 용도의 바닥면적 몇 [m²]마다 1단위 이상으로 설치하는가?

① 30[m²]
② 50[m²]
③ 100[m²]
④ 200[m²]

해설 특정소방대상물별 소화기구의 능력단위기준

특정소방대상물	소화기구의 능력단위
1. 위락시설	해당 용도의 바닥면적 30[m²]마다 능력단위 1단위 이상
2. 공연장·집회장·관람장·문화재·장례식장 및 의료시설	해당 용도의 바닥면적 50[m²]마다 능력단위 1단위 이상
3. 근린생활시설·판매시설·운수시설·숙박시설·노유자시설·전시장·공동주택·업무시설·방송통신시설·공장·창고시설·항공기 및 자동차 관련시설 및 관광휴게시설	해당 용도의 바닥면적 100[m²]마다 능력단위 1단위 이상
4. 그 밖의 것	해당 용도의 바닥면적 200[m²]마다 능력단위 1단위 이상

(주) 소화기구의 능력단위를 산출함에 있어서 건축물의 주요구조부가 내화구조이고, 벽 및 반자의 실내에 면하는 부분이 불연재료·준불연재료 또는 난연재료로 된 특정소방대상물에 있어서는 위 표의 기준 면적의 2배를 해당 특정소방대상물의 기준면적으로 한다.

73

위험물 저장탱크에 고정포방출구 포소화설비를 설치하고, 탱크주위에 보조소화전을 2개소 설치하였다. 보조소화전에서 방출하기 위하여 필요한 소화약제의 양은?(단, 소화약제는 6[%] 단백포이다)

① 240[L] 이상
② 480[L] 이상
③ 720[L] 이상
④ 960[L] 이상

해설 보조포소화전

$$Q = N \times S \times 8,000[\text{L}]$$

여기서, N : 호스 접결구수(3개 이상은 3개)
$\qquad$ S : 포소화약제의 사용농도[%]
$\qquad$ ∴ $Q = 2 \times 0.06 \times 8,000 = 960[\text{L}]$

74

자동차 차고에 설치하는 물분무소화설비의 배수설비에 대해서 옳은 것은?

① 차량이 주차하는 장소의 바닥면에는 배수구를 향하여 100분의 1 이상의 경사를 유지하여야 한다.
② 차량의 주차하는 장소에는 모두 높이 5[cm] 이상의 구획경계턱을 하여야 한다.
③ 배수설비는 가압송수장치의 최대수송능력의 수량을 유효하게 배수할 수 있는 크기 및 기울기로 한다.
④ 배수구에는 길이 50[m]마다 집수관을 설치하여야 한다.

해설 차고 또는 주차장에 설치하는 물분무소화설비의 배수설비기준
- 차량이 주차하는 장소의 적당한 곳에 높이 **10[cm] 이상**의 **경계턱**으로 배수구를 설치할 것
- 배수구에는 새어나온 기름을 모아 소화할 수 있도록 길이 **40[m] 이하**마다 **집수관·소화피트** 등 기름분리장치를 설치할 것
- 차량이 주차하는 바닥은 배수구를 향하여 **100분의 2 이상**의 **기울기**를 유지할 것
- 배수설비는 가압송수장치의 최대송수능력의 수량을 유효하게 배수할 수 있는 크기 및 기울기로 할 것

75

분말소화설비에 사용하는 소화약제 중 제3종 분말은 어느 것을 주성분으로 한 것인가?

① 탄산수소칼륨
② 인산염
③ 탄산수소나트륨
④ 요 소

해설 분말소화설비의 약제

종 별	소화약제	약제의 착색	적응 화재	열분해반응식
제1종 분말	탄산수소나트륨 (NaHCO₃)	백 색	B, C급	$2\text{NaHCO}_3 \rightarrow \text{Na}_2\text{CO}_3 + \text{CO}_2 + \text{H}_2\text{O}$
제2종 분말	탄산수소칼륨 (KHCO₃)	담회색	B, C급	$2\text{KHCO}_3 \rightarrow \text{K}_2\text{CO}_3 + \text{CO}_2 + \text{H}_2\text{O}$
제3종 분말	제일인산암모늄 (NH₄H₂PO₄)	담홍색, 황색	A, B, C급	$\text{NH}_4\text{H}_2\text{PO}_4 \rightarrow \text{HPO}_3 + \text{NH}_3 + \text{H}_2\text{O}$
제4종 분말	중탄산칼륨+요소 [KHCO₃+(NH₂)₂CO]	회 색	B, C급	$2\text{KHCO}_3 + (\text{NH}_2)_2\text{CO} \rightarrow \text{K}_2\text{CO}_3 + 2\text{NH}_3 + 2\text{CO}_2$

76

6층 무대부(층고 12[m])에 각 회로당 개방형 스프링클러헤드를 20개씩 설치하였을 경우에 소요되는 최저 수원의 양은 얼마인가?

① 32.0[m³] 이상
② 38.0[m³] 이상
③ 48.0[m³] 이상
④ 51.2[m³] 이상

해설 수원 = 헤드수 × 1.6[m³]
$\qquad$ = 20개 × 1.6[m³]
$\qquad$ = 32[m³]

77

어느 특정소방대상물에 할론 1301소화설비를 하려고 한다. 적합한 배관은?

① KS D 3562 중 이음매 없는 스케줄 40 이상의 것
② KS D 3562 중 이음매 있는 스케줄 40 이상의 것
③ KS D 3507 중 이음매 없는 스케줄 80 이상의 것
④ KS D 3507 중 이음매 있는 스케줄 80 이상의 것

해설 할론소화설비의 배관 설치기준
- 배관은 전용으로 할 것
- 강관을 사용하는 경우의 배관은 압력배관용 탄소강관(KS D 3562) 중 **스케줄 40 이상**의 것 또는 이와 동등 이상의 강도를 가진 것으로서 아연도금 등에 따라 방식처리된 것을 사용할 것
- 동관을 사용하는 경우에는 이음이 없는 동 및 동합금관(KS D 5301)의 것으로서 고압식은 16.5[MPa] 이상, 저압식은 3.75[MPa] 이상의 압력에 견딜 수 있는 것을 사용할 것
- 배관부속 및 밸브류는 강관 또는 동관과 동등 이상의 강도 및 내식성이 있는 것으로 할 것

78

간이스프링클러설비에서 상수도설비에서 직접 연결할 경우 배관 및 밸브 등의 올바른 설치방법은?

① 수도용 계량기 → 급수차단장치 → 개폐표시형 개폐밸브 → 체크밸브 → 압력계 → 유수검지장치(압력스위치 등) → 2개의 시험밸브 순으로 설치

② 수도용 계량기 → 급수차단장치 → 개폐표시형 밸브 → 압력계 → 체크밸브 → 유수검지장치 → 2개의시험 밸브 순으로 설치

③ 수도용 계량기 → 개폐표시형 밸브 → 압력계 → 체크밸브 → 압력계 → 개폐표시형 밸브 → 일제개방밸브 순으로 설치

④ 수도용 계량기 → 개폐표시형 밸브 → 압력계 → 체크밸브 → 압력계 → 개폐표시형 밸브 순으로 설치

> **해설** 간이스프링클러설비의 배관 및 밸브 등의 순서
> • 상수도직결형일 경우
>   수도용 계량기 → 급수차단장치 → 개폐표시형 개폐밸브 → 체크밸브 → 압력계 → 유수검지장치(압력스위치 등) → 2개의 시험밸브
> • 펌프 등의 가압송수장치를 이용하는 경우
>   수원 → 연성계(진공계) → 펌프 또는 압력수조 → 압력계 → 체크밸브 → 성능시험배관 → 개폐표시형 개폐밸브 → 유수검지장치 → 시험밸브
> • 가압수조를 가압송수장치로 이용하는 경우
>   수원 → 가압수조 → 압력계 → 체크밸브 → 성능시험배관 → 개폐표시형 밸브 → 유수검지장치 → 2개의 시험밸브
> • 캐비닛형 가압송수장치를 이용하는 경우
>   수원 → 연성계(진공계) → 펌프 또는 압력수조 → 압력계 → 체크밸브 → 개폐표시형 밸브 → 2개의 시험밸브

79

소화기구를 설치할 때 바닥으로부터 몇 [m] 이하의 높이에 설치하는 것이 가장 이상적인가?

① 1.5[m] 이하
② 2.0[m] 이하
③ 2.5[m] 이하
④ 3.0[m] 이하

> **해설** 소화기구(자동확산소화기는 제외)는 바닥으로부터 높이 **1.5[m] 이하**의 곳에 비치할 것

80

옥내소화전설비에서 연결송수관설비의 배관을 겸용할 경우 방수구로 연결되는 배관의 구경은 얼마로 하여야 하는가?

① 50[mm] 이상
② 65[mm] 이상
③ 100[mm] 이상
④ 150[mm] 이상

> **해설** 연결송수관설비의 배관과 겸용할 경우의 주배관은 **구경 100[mm] 이상**, 방수구로 연결되는 **배관의 구경은 65[mm] 이상**의 것으로 하여야 한다.

2010년 5월 9일 시행

제 **2** 회

제 **1** 과목 | **소방원론**

01

연소의 4요소란 연소의 3요소에 무엇을 포함시킨 것인가?

① 점화원
② 산소와 반응하여 발열반응하는 물질
③ 공기 중의 산소
④ 연쇄반응

해설 연소의 4요소 = 연소의 3요소(가연물, 산소공급원, 점화원) + 연쇄반응

02

어떤 기체의 확산속도가 이산화탄소의 2배였다면 그 기체의 분자량은 얼마로 예상할 수 있는가?

① 11   ② 22
③ 44   ④ 88

해설 그레이엄의 확산속도법칙 : 확산속도는 **분자량**의 제곱근에 반비례, 밀도의 제곱근에 반비례한다.

$$\frac{U_B}{U_A} = \sqrt{\frac{M_A}{M_B}} = \sqrt{\frac{d_A}{d_B}}$$

여기서, U_B : B기체의 확산속도
U_A : A기체의 확산속도
M_B : B기체의 분자량
M_A : A기체의 분자량
d_B : B기체의 밀도
d_A : A기체의 밀도

$\therefore\ U_B = U_A \times \sqrt{\dfrac{M_A}{M_B}}$

$2 = 1 \times \sqrt{\dfrac{44}{x}}$

$\therefore\ x = 11$

03

15[℃]의 물 1[g]을 1[℃] 상승시키는 데 필요한 열량은?

① 1[cal]
② 15[cal]
③ 1[kcal]
④ 15[kcal]

해설 1[cal] : 물 1[g]을 1[℃]올리는 데 필요한 열량

04

화재이론에 따르면 일반적으로 연기의 수평방향 이동속도는 몇 [m/s] 정도인가?

① 0.1~0.2
② 0.5~1
③ 3~5
④ 5~10

해설 연기의 이동속도

방 향	이동속도
수평방향	0.5~1.0[m/s]
수직방향	2.0~3.0[m/s]
실내계단	3.0~5.0[m/s]

05

다음 물질 중 자연발화의 위험성이 가장 낮은 것은?

① 석 탄
② 팽창질석
③ 셀룰로이드
④ 퇴 비

해설 **팽창질석** : 알킬알루미늄의 **소화약제**

정답 01 ④   02 ①   03 ①   04 ②   05 ②

06

위험물의 저장방법 중 적절하지 못한 방법은?

① 금속칼륨 – 경유 속에 저장
② 아세트알데하이드 – 구리용기에 저장
③ 이황화탄소 – 수조에 저장
④ 알킬알루미늄 – 희석제를 넣어 저장

> **해설** 아세트알데하이드나 산화프로필렌은 **구리(Cu)**, 마그네슘(Mg), 수은(Hg), 은(Ag)의 합금을 사용하면 아세틸레이트를 생성하여 위험하다.

07

금속칼륨이 물과 반응하면 위험한 이유는?

① 수소를 발생하기 때문에
② 산소를 발생하기 때문에
③ 이산화탄소를 발생하기 때문에
④ 아세틸렌을 발생하기 때문에

> **해설** 칼륨은 물과 반응하면 **수소**를 발생하므로 위험하다.
>
> $$2K + 2H_2O \rightarrow 2KOH + H_2 \uparrow$$

08

휘발유의 인화점은 약 몇 [℃] 정도되는가?

① $-43 \sim -20[℃]$
② $30 \sim 50[℃]$
③ $50 \sim 70[℃]$
④ $80 \sim 100[℃]$

> **해설** 휘발유의 인화점 : $-43 \sim -20[℃]$

09

다음 연소 온도별 색상의 종류 중 가장 높은 온도를 나타내는 것은?

① 적 색   ② 휘백색
③ 암적색   ④ 휘적색

> **해설** 연소의 색과 온도
>
> | 색 상 | 온도[℃] | 색 상 | 온도[℃] |
> |---|---|---|---|
> | 담암적색 | 520 | 황적색 | 1,100 |
> | 암적색 | 700 | 백적색 | 1,300 |
> | 적 색 | 850 | 휘백색 | 1,500 이상 |
> | 휘적색 | 950 | | |

10

다음 중 소화의 원리에서 소화형태로 볼 수 없는 것은?

① 발열소화   ② 질식소화
③ 희석소화   ④ 제거소화

> **해설** 소화의 종류
> - 냉각소화 : 화재현장에 물을 주수하여 발화점 이하로 온도를 낮추어 소화하는 방법
> - 질식소화 : 공기 중의 산소의 농도를 21[%]에서 15[%] 이하로 낮추어 소화하는 방법
> - 제거소화 : 화재현장에서 가연물을 없애주어 소화하는 방법
> - 화학소화(부촉매효과) : 연쇄반응을 차단하여 소화하는 방법
> - 희석소화 : 알코올, 에테르, 에스테르, 케톤류 등 수용성 물질에 다량의 물을 방사하여 가연물의 농도를 낮추어 소화하는 방법
> - 유화효과 : 물분무소화설비를 중유에 방사하는 경우 유류표면에 엷은 막으로 유화층을 형성하여 화재를 소화하는 방법
> - 피복효과 : 이산화탄소약제 방사 시 가연물의 구석까지 침투하여 피복하므로 연소를 차단하여 소화하는 방법

11

제거소화의 방법으로 가장 거리가 먼 것은?

① 아직 타지 않은 가연물을 연소지역에서 다른 안전한 장소로 이동시킨다.
② 미연소 가연물을 다른 빈 탱크로 이동시킨다.
③ 산불의 확산방지를 위해 산림의 일부를 벌채한다.
④ 유류화재 시 젖은 이불이나 가마니를 덮는다.

> **해설** 제거소화 : 화재현장에서 가연물을 없애주어 소화하는 방법
>
> 유류화재 시 젖은 이불이나 가마니를 덮는다 : 질식소화

12

PVC가 공기 중에서 연소할 때 발생되는 자극성의 유독성 가스는?

① 염화수소   ② 아황산가스
③ 질소가스   ④ 암모니아

해설 PVC(폴리염화비닐, Poly Vinyl Chloride)는 공기 중에서 연소할 때 자극성의 유독성 가스인 염화수소(HCl)를 발생한다.

13

할론 1301소화약제와 이산화탄소소화약제는 소화기에 충전되어 있을 때 어떤 상태로 보존되고 있는가?

① 할론 1301 : 기체, 이산화탄소 : 고체
② 할론 1301 : 기체, 이산화탄소 : 기체
③ 할론 1301 : 액체, 이산화탄소 : 기체
④ 할론 1301 : 액체, 이산화탄소 : 액체

해설 할론이나 이산화탄소소화약제는 액체로 저장하였다가 방출 시 기체로 방출한다.

14

열분해 시 독성 가스인 포스겐(Phosgene)가스나 염화수소가스를 발생시킬 위험이 있어서 사용이 금지된 할론소화약제는?

① Halon 2402   ② Halon 1211
③ Halon 1301   ④ Halon 104

해설 독성이 심하여 사용 금지된 소화약제 : 할론 104, 할론 1011

15

정전기발생을 억제하기 위한 조치로서 적합하지 않은 것은?

① 공기를 이온화시킨다.
② 상대습두를 70[%] 이상이 되도록 한다.
③ 파이프라인을 통하여 인화성 액체를 수송 시 유속을 가능한한 빠르게 한다.
④ 접지를 시킨다.

해설 정전기 방지법
• 접지할 것
• 상대습도를 70[%] 이상으로 할 것
• 공기를 이온화할 것

16

상태의 변화 없이 물질의 온도를 변화시키기 위해서 가해진 열을 무엇이라 하는가?

① 현 열   ② 잠 열
③ 기화열   ④ 융해열

해설 현열 : 상태의 변화없이 물질의 온도를 변화시키기 위하여 가해진 열

17

내화구조의 기준에서 바닥의 경우 철근콘크리트조로서 두께가 몇 [cm] 이상인 것이 내화구조에 해당하는가?

① 3   ② 5
③ 10   ④ 15

해설 내화구조의 기준

내화구분	내화구조의 기준
바 닥	• 철근콘크리트조 또는 철골·철근콘크리트조로서 두께가 10[cm] 이상인 것 • 철재로 보강된 콘크리트블록조·벽돌조 또는 석조로서 철재에 덮은 두께가 5[cm] 이상인 것 • 철재의 양면을 두께 5[cm] 이상의 철망모르타르 또는 콘크리트로 덮은 것
보	• 철근콘크리트조 또는 철골·철근콘크리트조 • 철골을 두께 6[cm] 이상의 철망모르타르로 덮은 것 • 철골을 두께 5[cm] 이상의 콘크리트조로 덮은 것

18

숯, 코크스가 연소하는 형태에 해당하는 것은?

① 분무연소   ② 예혼합연소
③ 표면연소   ④ 분해연소

해설 고체의 연소
- 표면연소 : **목탄, 코크스, 숯, 금속분** 등이 열분해에 의하여 가연성 가스를 발생하지 않고 그 물질 자체가 연소하는 현상
- 분해연소 : 석탄, 종이, 목재, 플라스틱 등의 연소 시 열분해에 의해 발생된 가스와 공기가 혼합하여 연소하는 현상
- 증발연소 : 황, 나프탈렌, 왁스, 파라핀 등과 같이 고체를 가열하면 열분해는 일어나지 않고 고체가 액체로 되어 일정온도가 되면 액체가 기체로 변화하여 기체가 연소하는 현상
- 자기연소(내부연소) : 제5류 위험물인 나이트로셀룰로스, 질화면 등 그 물질이 가연물과 산소를 동시에 가지고 있는 가연물이 연소하는 현상

19

제4종 분말소화약제는 탄산수소칼륨과 무엇이 화합된 분말인가?

① 제일인산암모늄
② 요 소
③ 메타인산
④ 나트륨

해설 분말소화약제

종 별	소화약제	약제의 착색	적응 화재	열분해반응식
제1종 분말	탄산수소나트륨 (NaHCO₃)	백 색	B, C급	2NaHCO₃ → Na₂CO₃+CO₂+H₂O
제2종 분말	탄산수소칼륨 (KHCO₃)	담회색	B, C급	2KHCO₃ → K₂CO₃+CO₂+H₂O
제3종 분말	제일인산암모늄 (NH₄H₂PO₄)	담홍색, 황색	A, B, C급	NH₄H₂PO₄ → HPO₃+NH₃+H₂O
제4종 분말	탄산수소칼륨+요소 [KHCO₃+(NH₂)₂CO]	회 색	B, C급	2KHCO₃+(NH₂)₂CO → K₂CO₃+2NH₃+2CO₂

20

A, B, C급의 화재에 사용할 수 있기 때문에 일명 ABC 분말소화약제로 불리는 소화약제의 주성분은?

① 탄산수소나트륨
② 탄산수소칼륨
③ 제1인산암모늄
④ 황산알루미늄

해설 문제 19번 참조

21

단단한 탱크 속에 300[kPa], 0[℃]의 이상기체가 들어있다. 이것을 100[℃]까지 가열하였을 때, 압력 상승은 약 몇 [kPa]인가?

① 110
② 210
③ 410
④ 710

해설
- 체적이 일정하므로 $\dfrac{P_1}{T_1} = \dfrac{P_2}{T_2}$

  가열 후의 압력

  $P_2 = 300 \times \dfrac{273+100[\text{K}]}{273+0[\text{K}]} = 409.9[\text{kPa}]$

- 압력상승
  $\Delta P = P_2 - P_1 = 409.9 - 300 = 109.9[\text{kPa}]$

22

펌프의 공동현상(Cavitation)에 관한 설명으로 틀린 것은?

① 소음과 진동이 생긴다.
② 펌프의 효율이 상승된다.
③ 깃에 부식이 생긴다.
④ 양정과 동력이 급격히 저하한다.

해설 공동현상
- 공동현상의 발생원인
  - 펌프의 흡입측 수두가 클 때
  - 펌프의 마찰손실이 클 때
  - 펌프의 임펠러 속도가 클 때
  - 펌프의 흡입관경이 적을 때
  - 펌프 설치위치가 수원보다 높을 때
  - 관 내의 유체가 고온일 때
  - 펌프의 흡입압력이 유체의 증기압보다 낮을 때
- 공동현상의 발생현상
  - 소음과 진동 발생
  - 관정 부식
  - 임펠러의 손상
  - 펌프의 성능저하(**토출량, 양정, 효율감소**)

• 공동현상의 방지 대책
　– 펌프의 흡입측 수두, 마찰손실을 적게 한다.
　– 펌프 임펠러 속도를 적게 한다.
　– 펌프 흡입관경을 크게 한다.
　– 펌프 설치위치를 수원보다 낮게 하여야 한다.
　– 펌프 흡입압력을 유체의 증기압보다 높게 한다.
　– 양흡입 펌프를 사용하여야 한다.
　– 양흡입 펌프로 부족 시 펌프를 2대로 나눈다.

23

다음 그림에서 A점의 절대압력은 약 몇 [kPa]인가? (단, 대기압은 101.3[kPa]이며, 액체의 비중은 13.6이고, $h=10$[cm]이다)

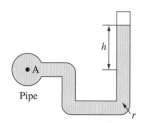

① 101.3　　　　② 103.2
③ 110.3　　　　④ 114.6

해설 A점의 절대압력＝대기압＋게이지압
　＝101.3[kPa]　＋
　　$\dfrac{(13.6[\text{g}_\text{f}/\text{cm}^3]\times 10[\text{cm}]\times 10^{-3}[\text{kg}_\text{f}/\text{g}_\text{f}])}{1.0332[\text{kg}_\text{f}/\text{cm}^2]}$
　　$\times 101.3[\text{kPa}]$
　＝114.6[kPa]

24

지름 2[cm]인 소방노즐에서 물이 50[m/s]로 화재가 난 자동차에 분사된다. 이때 자동차가 10[m/s]로 움직이고 있다면 분사되는 물이 자동차에 가하는 힘은 약 몇 [N]인가?

① 784　　　　② 78.4
③ 502　　　　④ 50.2

해설 힘

$$\text{힘} : -F_x = \rho Q(V_{x_2} - V_{x_1})$$

여기서, 유량 $Q = A(V-U)$

$Q = \dfrac{3.14}{4}\times 0.02^2 \times (50-10) = 0.01256[\text{m}^3/\text{s}]$

$V_{x_2} = 0, \quad V_{x_1} = V-U = 50-10 = 40[\text{m/s}]$

$\therefore F_x = 1,000 \times 0.01256 \times 40 = 502.4[\text{N}]$

25

유체의 밀도를 ρ, 비중량을 γ, 중력가속도를 g라 할 때, 이들 사이의 관계는?

① $\gamma = \rho \cdot g$　　　　② $\rho = \gamma \cdot g$

③ $\rho = \dfrac{g}{\gamma}$　　　　④ $\gamma = \dfrac{\rho}{2g}$

해설 비중량 $\gamma = \rho g$

26

직경이 5[mm]인 원형 직선관 내에 $0.2\times 10^{-3}[\text{m}^3/\text{min}]$의 속도로 물이 흐르고 있다. 유량을 두 배로 하기 위해서는 직선관 양단의 압력차가 몇 배가 되어야 하는가?(단, 물의 동점성계수는 약 $10^{-6}[\text{m}^2/\text{s}]$이다)

① 0.71배　　　　② 1.41배
③ 2배　　　　④ 4배

해설 하겐-포아젤방정식을 이용하여 압력차를 구하면

$$Q = \dfrac{\Delta P \pi d^4}{128\mu l}[\text{m}^3/\text{s}] \quad \Delta P = \dfrac{128\mu l Q}{\pi d^4}$$

• 유량 $Q = Au$에서
　속도 $u = \dfrac{Q}{A} = \dfrac{3.33\times 10^{-6}}{\dfrac{\pi}{4}\times 0.005^2} = 0.17[\text{m/s}]$

　(직경 $d = 5[\text{mm}] = 0.005[\text{m}]$
　유량 $Q = 0.2[\text{m}]\times 10^{-3}[\text{m}^3]/60[\text{s}]$
　　　$= 3.33\times 10^{-6}[\text{m}^3/\text{s}])$

• 레이놀즈수 $Re = \dfrac{\rho u D}{\mu} = \dfrac{uD}{\nu}$

　$\dfrac{0.17\times 0.005}{10^{-6}} = 850$(동점성계수 $\nu = 10^{-6}[\text{m}^2/\text{s}]$)

- 점성계수 $\mu = \dfrac{\rho u D}{Re}$

$$= \frac{1,000 \times 0.17 \times 0.005}{850} = 10^{-3} [\text{N} \cdot \text{s}/\text{m}^2]$$

- 하겐-포아젤방정식 $\Delta P = \dfrac{128 \mu l Q}{\pi d^4}$ 을 이용하여 직

  선관 길이 $l = 1[\text{m}]$로 가정하면 다음과 같다.

$$\Delta P_1 = \frac{128 \mu l Q}{\pi d^4}$$

$$= \frac{128 \times 10^{-3} \times 1 \times (3.33 \times 10^{-6})}{\pi \times 0.005^4}$$

$$= 217.2 [\text{Pa}]$$

$$\Delta P_2 = \frac{128 \mu l Q}{\pi d^4}$$

$$= \frac{128 \times 10^{-3} \times 1 \times (2 \times 3.33 \times 10^{-6})}{\pi \times 0.005^4}$$

$$= 434.4 [\text{Pa}]$$

$$\therefore \frac{\Delta P_2}{\Delta P_1} = \frac{434.4}{217.2} = 2$$

27

그림에서 모든 손실과 표면 장력의 영향을 무시할 때 분류에서 반지름 r의 값은?(단, H는 일정하게 유지된다)

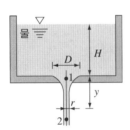

① $r = \dfrac{\pi D^2}{4} \left(\dfrac{H+y}{H} \right)^{1/2}$

② $r = \dfrac{D}{2} \left(\dfrac{H}{H+y} \right)^{1/4}$

③ $r = \dfrac{D}{4} \left(\dfrac{H+y}{H} \right)^{1/4}$

④ $r = \dfrac{D}{2} \left(\dfrac{H+y}{H} \right)^{1/2}$

해설 반지름 r의 값

유속 $V_1 = \sqrt{2gH}$, $V_2 = \sqrt{2g(H+y)}$

연속방정식 $Q = AV$에서

$$\frac{\pi}{4} \times D^2 \times \sqrt{2gH} = \pi r^2 \sqrt{2g(H+y)}$$

$$r^2 = \frac{D^2}{4} \sqrt{\frac{H}{H+y}}$$

$$r = \frac{D}{2} \left(\frac{H}{H+y} \right)^{1/4}$$

28

U자관에 수은이 채워져 있다. 여기서 어떤 액체를 넣었을 때 이 액체 24[cm] 수은 10[cm]가 평형을 이루였다면 이 액체의 비중은 얼마인가?(단, 수은의 비중은 13.6이다)

① 5.7   ② 5.8

③ 5.9   ④ 6.0

해설 $\gamma_1 H_1 = \gamma_2 H_2$

$$\gamma_2 = \frac{\gamma_1 H_1}{H_2} = \frac{13.6 \times 10 [\text{cm}]}{24 [\text{cm}]} = 5.67$$

29

캘빈온도를 화씨온도로 바꾸려면 캘빈온도에 a를 곱한 후, b를 빼면 된다. 여기서, $a+b$는?

① 461.47   ② 459.67

③ 213.8   ④ 33.8

해설 · 랭킨온도 $R = 1.8[\text{K}]$

· 화씨온도 $T_F = R - 459.67$

$\therefore a = 1.8$, $b = 459.67$이므로

$a + b = 1.8 + 459.67 = 461.47$

30

비원형인 관 내의 수두손실을 계산할 때, 원형관의 직경으로 환산하기 위해 비원형관의 수력직경을

$D_k = \dfrac{4A}{P}$ (A : 단면적의 크기, P : 접수길이)로 정의

하여 사용한다. 가로, 세로의 길이가 각각 W와 H인 직사각형 덕트의 수력직경은?

① $\dfrac{WH}{W+H}$ ② $\dfrac{2WH}{W+H}$

③ $\dfrac{W+H}{WH}$ ④ $\dfrac{W+H}{2WH}$

안심Touch

해설 수력직경

수력반경

$$D_k = 4R_h = \frac{4A}{P} = \frac{4WH}{2(W+H)} = \frac{2WH}{W+H}$$

여기서, R_h : 수력반경 A : 단면적

P : 접수길이 W : 가로

H : 세로

31

복사열전달에 대한 설명 중 올바른 것은?

① 방출되는 복사열은 절대온도의 4승에 비례한다.

② 방출되는 복사열은 단위면적에 반비례한다.

③ 방출되는 복사열은 방사율이 작을수록 커진다.

④ 완전흑체의 경우 방사율은 0이다.

해설 슈테판–볼츠만(Stefan–Boltzmann)법칙 : 복사열은 절대온도차의 4제곱에 비례하고 열전달면적에 비례한다.

$$Q = aAF(T_1{}^4 - T_2{}^4)[\text{kcal/h}]$$
$$Q_1 : Q_2 = (T_1 + 273)^4 : (T_2 + 273)^4$$

32

온도 60[℃], 압력 100[kPa]인 산소가 지름 10[mm]인 관 속을 흐르고 있다. 임계 레이놀즈수가 2,100일 때 층류로 흐를 수 있는 최대 평균속도는 몇 [m/s]인가?(단, 점성계수는 $\mu = 23 \times 10^{-6}$[kg/m·s]이고, 기체상수는 $R = 260$[N·m/kg·K]이다)

① 4.18 ② 5.72

③ 7.12 ④ 8.73

해설 레이놀즈수(Reynolds Number, Re)

$$Re = \frac{Du\rho}{\mu} \;[\text{무차원}]$$

여기서, D : 관의 내경[cm]

u : 유속[m/s]

μ : 유체의 점도[kg/m·s]

ρ : 유체의 밀도[gr/cm³]

• 먼저 유체의 밀도를 구하면

$$\rho = \frac{P}{RT} = \frac{100 \times 1,000[\text{N/m}^2]}{260[\text{N·m/kg·K}] \times (273+60)[\text{K}]}$$
$$= 1.155[\text{kg/m}^3]$$

• 임계레이놀즈수가 2,100일 때 유속을 구하면

$$Re = \frac{Du\rho}{\mu}$$

$$2,100 = \frac{0.01[\text{m}] \times u \times 1.155[\text{kg/m}^3]}{23 \times 10^{-6}[\text{kg/m·s}]}$$

$$\therefore u = 4.18[\text{m/s}]$$

33

안지름 15[cm]인 원관 내를 흐르는 유량을 알기 위해서 그림과 같이 피토관을 중심축에 설치하였더니 정압관과 동압관의 수면차가 15[cm]였다. 관의 평균유속이 중심측 속도의 0.8배라면 이 관을 통해 흐르는 유량은 약 몇 [m³/s]인가?

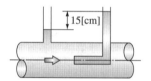

① 0.0242 ② 0.0122

③ 0.0363 ④ 0.0498

해설 유속을 구하면 $u = \sqrt{2gH}$

$$\sqrt{2 \times 9.8[\text{m/s}^2] \times 0.15[\text{m}]} = 1.7146[\text{m/s}]$$

문제에서 평균유속이 중심유속의 0.8배라고 하니까 평균유속 $u = 1.7146[\text{m/s}] \times 0.8 = 1.3717[\text{m/s}]$

$\therefore$ 유량 $Q = uA$

$$= 1.3717[\text{m/s}] \times \frac{\pi}{4}(0.15[\text{m}])^2$$

$$= 0.0242[\text{m}^3/\text{s}]$$

34

매분 1,400 회전하는 펌프가 12.6[m]의 양정에 대하여 0.07[m³/s]의 유량을 방출한다. 상사 법칙을 만족하면서 매분 1,450 회전할 경우 양정은 약 몇 [m]인가?

① 10.6 ② 12.6

③ 13.5 ④ 14.8

해설 펌프의 상사법칙

$$전양정(수두) \ H_2 = H_1 \times \left(\frac{N_2}{N_1}\right)^2 \times \left(\frac{D_2}{D_1}\right)^2$$

여기서, N : 회전수[rpm], D : 내경[mm]

$$\therefore H_2 = H_1 \times \left(\frac{N_2}{N_1}\right)^2$$
$$= 12.6 \times \left(\frac{1,450}{1,400}\right)^2$$
$$= 13.51[m]$$

35

단원자 이상기체인 아르곤(Ar)을 상온으로부터 3,000[K]까지 온도를 높일 경우, 정압비열의 변화를 바르게 설명한 것은?

① 온도가 높아질수록 작아진다.

② 온도가 높아져도 일정하다.

③ 온도가 높아질수록 커진다.

④ 온도가 높아지면서 커지다 작아진다.

해설 주기율표 0족의 불활성 가스(네온, 아르곤, 헬륨)는 고온에서 정압비열이 일정하다.

36

구형(球形)기구의 반지름이 5[m]이고, 내부압력이 100[kPa], 온도가 20[℃]일 때, 기구 내의 공기의 질량은 몇 [kg]인가?(단, 공기의 기체상수는 287 [J/kg·K]이다)

① 603

② 614

③ 622

④ 629

해설 공기의 질량

구의 체적 $V = \frac{\pi}{6} \times d^3 = \frac{\pi}{6} \times 10^3 = 523.6[m^3]$

$\therefore$ 질량 $W = \frac{PV}{RT}$

$$= \frac{100 \times 10^3 [N/m^2] \times 523.6[m^3]}{287[N \cdot m/kg \cdot K] \times (273+20)}$$
$$= 622.66[kg]$$

37

효율 80[%]의 펌프가 물을 전양정 20[m], 중량유량 0.7[kN/s]로 송출하는 데 필요한 축동력(Shaft Power)은 몇 [kW]인가?

① 12.5

② 14.0

③ 16.0

④ 17.5

해설 축동력 $L = \frac{20[m] \times 0.7[kN/s]}{0.8} = 17.5[kW]$

$$[\frac{kN}{s}] \times [m] = [\frac{kJ}{s}]$$
$$= [kW]([N \cdot m] = [J], \ [\frac{J}{s}] = [W])$$

38

체적유량에 대한 설명으로 틀린 것은?

① 단면적이 일정할 때 속도에 비례한다.

② 단위면적당 질량유량을 나타낸다.

③ 체적유량의 차원은 L^3T^{-1}(L : 길이, T : 시간)이다.

④ 체적유량의 단위에는 $[m^2/s]$이 있다.

해설 체적(용량)유량
- $Q = uA$(단면적이 일정할 때 속도에 비례한다)
- 차원은 $[L^3T^{-1}]$이므로 단위는 $[m^3/s]$이다.

39

너비 2[m], 높이 4[m]인 직사각형 수문이 수면과 수직으로 놓여있다. 수문 위 끝이 수면아래 2[m] 지점에 있다면 이 수문에 가해지는 압력중심은 수면으로부터 약 몇 [m] 지점인가?(단, 대기압은 무시한다)

① 3.67

② 4.0

③ 4.33

④ 5.55

해설 수문의 압력중심 y_p는

$$y_p = \frac{I_C}{\bar{y}A} + \bar{y} = \frac{\frac{2 \times 4^3}{12}}{1 \times (2 \times 4)} + 1 = 2.33[m]$$

$\therefore$ 수문과 수면의 높이는 2[m]이므로 수면으로부터 수면에 가해지는 압력중심은 2[m]+2.33[m]=4.33[m]이다.

35 ② 36 ③ 37 ④ 38 ② 39 ③ **정답**

40

슬라이딩 베어링 내에 뉴턴유체가 채워져 있다. 축의 회전수를 2배로 하였을 때, 윤활유에 작용하는 전단응력은?

① 변화가 없다.　　② 절반이 된다.
③ 두 배가 된다.　　④ 네 배가 된다.

해설 전단응력

$$\tau = \mu \frac{u}{h} = \mu \frac{r\omega}{h} = \mu \frac{r\dfrac{2\pi N}{60}}{h}$$

여기서, μ : 점성계수　　u : 내부속도
　　　　h : 간격　　　　r : 반지름
　　　　ω : 각속도　　N : 회전수

$$\therefore \tau' = \mu \frac{r\dfrac{2\pi(2N)}{60}}{h} = 2\tau$$

제 **3** 과목　**소방관계법규**

41

위험물 중 제6류 위험물(산화성 액체)의 품명에 속하지 않는 것은?

① 질 산　　　　　② 과염소산
③ 황 린　　　　　④ 과산화수소

해설 제6류 위험물
　• 질산 : 비중이 1.49 이상일 것
　• 과산화수소 : 농도가 36[%] 이상일 것
　• 과염소산

황린 : 제3류 위험물(자연발화성 물질)

42

특정소방대상물의 규모에 관계없이 물분무 등 소화설비를 적용할 대상은?

① 주차용 건축물　　② 전산실 및 통신기기실
③ 항공기 격납고　　④ 전기실 및 발전실

해설 항공기 격납고는 면적에 관계없이 **물분무 등 소화설비**를 설치하여야 한다.

43

지정수량 이상의 위험물을 ㉠ 임시로 저장·취급할 수 있는 기간과 ㉡ 임시저장 승인권자는?

① ㉠ 30일 이내, ㉡ 소방서장
② ㉠ 60일 이내, ㉡ 소방본부장
③ ㉠ 90일 이내, ㉡ 관할 소방서장
④ ㉠ 120일 이내, ㉡ 소방청장

해설 위험물 임시저장
　• 임시저장 승인권자 : 관할 소방서장
　• 임시저장기간 : 90일 이내

44

특정소방대상물의 소방계획의 작성 및 실시에 관하여 지도·감독을 하여야 하는 자는?

① 소방시설관리사　　② 소방본부장
③ 소방청장　　　　　④ 시·도지사

해설 소방계획서
　• 작성 : 소방안전관리자 또는 관계인
　• 지도·감독 : 소방본부장, 소방서장

45

소방시설설치유지 및 안전관리에 관한 법령상 소방용품에 속하지 않는 것은?

① 소화전　　　　　② 방염제
③ 누전경보기　　　④ 시각경보장치

해설 시각경보장치와 휴대용 비상조명등은 소방용품이 아니다.

46

저수조의 설치기준으로 적합한 것은?

① 지면으로부터 낙차가 5[m] 이상일 것
② 흡수 부분의 수심이 0.5[m] 이상일 것
③ 흡수관의 투입구가 사각형의 경우 한 변의 길이가 50[cm] 이상일 것
④ 흡수관의 투입구가 원형의 경우 지름이 50[cm] 이상일 것

해설 **저수조의 설치기준**
- 지면으로부터의 **낙차가 4.5[m] 이하**일 것
- 흡수 부분의 **수심이 0.5[m] 이상**일 것
- 소방펌프자동차가 쉽게 접근할 수 있도록 할 것
- 흡수에 지장이 없도록 토사 및 쓰레기 등을 제거할 수 있는 설비를 갖출 것
- 흡수관의 투입구가 사각형의 경우에는 **한 변의 길이가 60[cm] 이상**, 원형의 경우에는 **지름이 60 [cm] 이상**일 것
- 저수조에 물을 공급하는 방법은 상수도에 연결하여 자동으로 급수되는 구조일 것

47

특수가연물에 해당되는 품명과 거리가 먼 것은?

① 대팻밥   ② 나무껍질
③ 볏짚류   ④ 합성수지의 섬유

해설 **특수가연물의 종류**

품 명	수 량
면화류	200[kg] 이상
나무껍질 및 대팻밥	400[kg] 이상
넝마 및 종이부스러기	1,000[kg] 이상
사 류	1,000[kg] 이상
볏짚류	1,000[kg] 이상
가연성 고체류	3,000[kg] 이상
석탄·목탄류	10,000[kg] 이상
가연성 액체류	2[m³] 이상
목재가공품 및 나무부스러기	10[m³] 이상
합성수지류 발포시킨 것	20[m³] 이상
합성수지류 그 밖의 것	3,000[kg] 이상

48

소방시설을 구분하는 경우 소화설비에 해당되지 않는 것은?

① 옥내소화전설비
② 옥외소화전설비
③ 소화약제에 의한 간이소화용구
④ 제연설비

해설 제연설비 : 소화활동설비

49

소방기본법령상 특수구조대에 포함되지 않는 것은?

① 산악구조대   ② 수난구조대
③ 고속국도구조대   ④ 해상구조대

해설 2011년 9월 06일 소방기본법시행령 개정으로 현행법에 맞지 않는 문제임

50

소방본부장이나 소방서장이 소방시설의 완공검사에 있어서 감리결과 보고서대로 마쳤는지 현장에서 확인할 수 있는 특정소방대상물의 범위에 속하지 않는 것은?

① 청소년시설 및 노유자시설
② 문화 및 집회시설
③ 판매시설
④ 11층 이상인 아파트

해설 **완공검사를 위한 현장 확인 대상 특정소방대상물의 범위**
- 문화 및 집회시설, 종교시설, 판매시설, 노유자시설, 수련시설, 운동시설, 숙박시설, 창고시설, 지하상가 및 다중이용업소
- 스프링클러설비 등, 물분무 등 소화설비(호스릴방식은 제외)가 설치되는 특정소방대상물
- 연면적 1만[m²] 이상이거나 **11층 이상**인 특정소방대상물(**아파트**는 **제외**한다)
- 가연성 가스를 제조·저장 또는 취급하는 시설 중 지상에 노출된 가연성 가스 탱크의 저장용량의 합계가 1,000[t] 이상인 시설

51

기상법 규정에 따른 이상기상의 예보 또는 특보가 있을 때에는 화재에 관한 경보를 발령하고 그에 따른 조치를 할 수 있는 자는?

① 시·도지사　　② 소방청장
③ 기상청장　　　④ 소방서장

해설 **소방본부장**이나 **소방서장**은 기상법 제13조 제1항에 따른 이상기상(異常氣象)의 예보 또는 특보가 있을 때에는 **화재에 관한 경보**를 발령하고 그에 따른 조치를 할 수 있다.

52

일반적으로 일반공사감리대상인 경우 1인의 책임감리원이 담당하는 ㉠ 소방공사감리현장 수와 ㉡ 감리현장의 연면적의 총합계는?

① ㉠ 5개 이하, ㉡ 5만[m^2] 이하
② ㉠ 5개 이하, ㉡ 10만[m^2] 이하
③ ㉠ 10개 이하, ㉡ 5만[m^2] 이하
④ ㉠ 10개 이하, ㉡ 10만[m^2] 이하

해설 **일반감리대상**
- 소방공사감리현장 수 : **5개 이하**(자동화재탐지설비 또는 옥내소화전설비 중 어느 하나만 설치하는 2개의 소방공사감리현장이 최단 차량주행거리로 30[km] 이내에 있는 경우에는 1개의 소방공사감리현장으로 본다)
- 감리현장의 연면적의 합계 : **10만[m^2] 이하**

53

인화성 또는 발화성 등의 성질을 가지는 것으로서 대통령령이 정하는 물품을 무엇이라 하는가?

① 인화성 물질　　② 발화성 물질
③ 가연성 물질　　④ 위험물

해설 **위험물** : **인화성** 또는 **발화성** 등의 성질을 가지는 것으로서 **대통령령이 정하는 물품**

54

화재경계지구로 지정할 수 있는 지역에 포함되지 않는 것은?

① 소방용수시설이 없는 지역
② 창고가 밀집한 지역
③ 시장지역
④ 노유자시설과 인접한 지역

해설 **화재경계지구의 지정대상지역**
- 시장지역
- 공장·창고가 밀집한 지역
- 목조건물이 밀집한 지역
- 위험물의 저장 및 처리시설이 밀집한 지역
- 석유화학제품을 생산하는 공장이 있는 지역
- 소방시설·소방용수시설 또는 소방 출동로가 없는 지역

55

국제구조대의 편성·운영 등에 관한 구체적인 사항을 정하는 자는?

① 소방서장　　　② 소방본부장
③ 소방청장　　　④ 행정안전부장관

해설 2011년 3월 08일 소방기본법 개정으로 현행법에 맞지 않는 문제임

56

화재를 진압하고 화재·재난·재해 그 밖의 위급한 상황에서의 구조·구급활동을 위하여 소방공무원, 의무소방원, 의용소방대원으로 구성된 조직체는?

① 구조구급대　　② 의무소방대
③ 소방대　　　　④ 의용소방대

해설 **소방대**(消防隊) : 화재를 진압하고 화재, 재난·재해 그 밖의 위급한 상황에서의 구조·구급활동 등을 하기 위하여 다음의 사람으로 구성된 조직체를 말한다.
- 소방공무원법에 따른 **소방공무원**
- 의무소방대설치법 제3조의 규정에 따라 임용된 **의무소방원**(義務消防員)
- **의용소방대원**(義勇消防隊員)

57

화재발생의 우려가 있는 보일러 등의 위치·구조 및 관리와 화재예방을 위하여 불의 사용에 있어서 지켜야 할 사항 중 기체연료를 사용하는 경우에 대한 설명으로 잘못된 것은?

① 연료를 공급하는 배관은 금속관으로 한다.
② 보일러를 설치하는 장소에는 환기구를 설치한다.
③ 보일러가 설치된 장소에는 가스누설경보기를 설치한다.
④ 보일러와 벽 사이의 거리는 0.5[m] 이상 되도록 설치한다.

해설 보일러와 벽·천장 사이의 거리는 0.6[m] 이상 되도록 하여야 한다.

58

방염처리업자가 다른 자에게 규정을 위반하고 등록증 또는 등록수첩을 빌려준 경우 행정처분은?

① 1차에 등록이 취소된다.
② 1차에 경고, 2차에는 영업정지 6개월이 처해진다.
③ 1차에 영업정지 6개월, 2차에는 등록이 취소된다.
④ 1차에 경고, 2차에는 등록이 취소된다.

해설 소방시설업에 대한 행정처분기준(공사업법 시행규칙 별표 1)

위반사항	근거 법조문	행정처분기준		
		1차	2차	3차
법 제8조 제1항을 위반하여 다른 자에게 등록증 또는 등록수첩을 빌려준 경우	법 제9조	영업 정지 6개월	등록 취소	–

59

소방특별조사결과 화재예방상 필요하거나 화재가 발생할 경우 인명 또는 재산피해가 클 것으로 예상되는 때에는 해당 특정소방대상물의 관계인에게 소방본부장이나 소방서장이 조치할 수 있는 명령사항으로 잘못된 것은?

① 개수명령
② 양도명령
③ 제거명령
④ 이전명령

해설 소방특별조사 결과에 따른 조치명령
소방청장, 소방본부장 또는 소방서장은 소방특별조사 결과 특정소방대상물의 위치·구조·설비 또는 관리의 상황이 화재나 재난·재해 예방을 위하여 보완될 필요가 있거나 화재가 발생하면 인명 또는 재산의 피해가 클 것으로 예상되는 때에는 행정안전부령으로 정하는 바에 따라 관계인에게 그 특정소방대상물의 개수(改修)·이전·제거, 사용의 금지 또는 제한, 사용폐쇄, 공사의 정지 또는 중지, 그 밖의 필요한 조치를 명할 수 있다.

60

연면적 4만[m²]인 건축물의 건축허가동의요구에 대한 소방서장의 회신기간의 기준으로 알맞은 것은?

① 5일
② 7일
③ 10일
④ 15일

해설 건축허가 등의 동의 여부 회신기간
• 일반건축물 : 5일 이내
• 특급소방안전관리대상물 : 10일 이내

제 4 과목   **소방기계시설의 구조 및 원리**

61

상수도 소화용수설비에서 호칭지름 75[mm] 이상의 수도배관에 접속하는 소화전의 최소 관경은?

① 150[mm] 이상
② 140[mm] 이상
③ 100[mm] 이상
④ 80[mm] 이상

해설 상수도 소화용수설비는 수도법의 규정에 따른 기준 외에
설치기준
• 호칭지름 75[mm] 이상의 수도배관에 호칭지름 100[mm] 이상의 소화전을 접속할 것
• 소화전은 소방자동차 등의 진입이 쉬운 도로변 또는 공지에 설치할 것
• 소화전은 특정소방대상물의 수평투영면의 각 부분으로부터 140[m] 이하가 되도록 설치할 것

안심Touch

62

근린생활시설 중 4층에 입원실이 있는 의원에 피난기구를 설치하고자 한다. 이때 반드시 설치하지 않아도 되는 피난기구는?

① 완강기 　　　　　② 피난교
③ 피난용 트랩　　　④ 구조대

해설 화재안전기준의 피난기구 참조

63

할론소화설비 배관의 설치기준으로 적절치 않은 것은?

① 압력배관용 탄소강관(KS D 3562)으로 스케줄 80 이상의 것
② 고압식은 이음이 없는 동 및 동합금관으로 16.5[MPa] 이상의 압력에 견딜 수 있는 것
③ 저압식은 이음이 없는 동 및 동합금관으로 3.75[MPa] 이상의 압력에 견딜 수 있는 것
④ 동관의 배관부속은 사용하는 동관과 동등 이상의 강도와 내식성이 있는 것

해설 **할론소화설비의 배관 설치기준**
- 배관은 전용으로 할 것
- 강관을 사용하는 경우의 배관은 압력배관용 탄소강관(KS D 3562) 중 스케줄 40 이상의 것 또는 이와 동등 이상의 강도를 가진 것으로서 아연도금 등에 따라 방식처리된 것을 사용할 것
- 동관을 사용하는 경우에는 이음이 없는 동 및 동합금관(KS D 5301)의 것으로서 고압식은 16.5[MPa] 이상, 저압식은 3.75[MPa] 이상의 압력에 견딜 수 있는 것을 사용할 것
- 배관부속 및 밸브류는 강관 또는 동관과 동등 이상의 강도 및 내식성이 있는 것으로 할 것

64

아연도금강판으로 제작된 배출풍도 단면의 긴 변이 400[mm]와 2,500[mm]일 때 강판의 최소 두께는 각각 몇 [mm]인가?

① 0.4와 1.0　　　　② 0.5와 1.0
③ 0.5와 1.2　　　　④ 0.6과 1.2

해설 강판의 두께는 배출풍도의 크기에 따라 다음 표에 따른 기준 이상으로 할 것

풍도단면의 긴 변 또는 직경의 크기	강판두께
450[mm] 이하	0.5[mm]
450[mm] 초과 750[mm] 이하	0.6[mm]
750[mm] 초과 1,500[mm] 이하	0.8[mm]
1,500[mm] 초과 2,250[mm] 이하	1.0[mm]
2,250[mm] 초과	1.2[mm]

65

피난기구에 관한 정의이다. 틀린 것은?

① 피난사다리 : 화재 시 긴급대피를 위해 사용하는 사다리
② 간이완강기 : 사용자의 몸무게에 따라 자동적으로 내려올 수 있는 있는 기구 중 사용자가 교대하여 연속적으로 사용할 수 있는 것
③ 구조대 : 포지 등을 사용하여 지루형대로 만든 것으로서, 화재 시 사용자가 그 내부에 들어가서 내려옴으로써 대피할 수 있는 것
④ 다수인피난장비 : 화재 시 2인 이상의 피난자가 동시에 해당층에서 지상 또는 피난층으로 하강하는 피난기구

해설 **간이완강기** : 사용자의 몸무게에 따라 자동적으로 내려올 수 있는 기구 중 사용자가 연속적으로 사용할 수 없는 것

66

폐쇄형 스프링클러헤드가 설치된 건물에 하나의 유수검지장치가 담당해야 할 방호구역의 바닥면적은 얼마를 초과하지 않아야 하는가?

① 3,000[m²]
② 2,500[m²]
③ 2,000[m²]
④ 1,000[m²]

해설 유수검지장치가 담당해야 할 하나의 방호구역의 바닥면적은 3,000[m²]를 초과하지 아니할 것

67

제연설비의 설치장소로 통로상의 제연구역은 보행중심선의 길이가 몇 [m]를 초과하지 않아야 하는가?

① 30
② 60
③ 70
④ 90

해설 통로상의 제연구역은 보행중심선의 길이가 **60[m]**를 초과하지 아니할 것

68

스프링클러설비의 화재안전기준상 스프링클러설비의 배관 중 교차배관에서 분기되는 지점을 기점으로 한쪽 가지배관에 설치되는 헤드 개수의 최대 기준은?

① 5개 이하
② 8개 이하
③ 10개 이하
④ 12개 이하

해설 하나의 가지배관에 설치하는 헤드 수 : 8개 이하

69

옥외소화전설비의 설치, 유지에 관한 기술상의 기준 중 잘못된 것은?

① 소화전함 표면에는 "호스격납함"이라고 표시한다.
② 소화전함은 옥외소화전마다 그로부터 5[m] 이내의 장소에 설치한다.
③ 가압송수장치의 시동을 표시하는 표시등은 적색으로 하고, 소화전함 상부 또는 그 직근에 설치한다.
④ 소화전함이 31개 이상 설치된 때에는 옥외소화전 3개마다 1개 이상의 소화전을 설치한다.

해설 옥외소화전설비의 **소화전함 표면**에는 "**옥외소화전**"이라고 표시한 표지를 하고, 가압송수장치의 조작부 또는 그 부근에는 가압송수장치의 기동을 명시하는 적색등을 설치하여야 한다.

70

물분무소화설비의 화재안전기준에서 차량이 주차하는 바닥에 배수설비를 할 경우 배수구를 향한 기울기는?

① 50분의 2 이상
② 75분의 2 이상
③ 100분의 2 이상
④ 150분의 2 이상

해설 차고 또는 주차장에 설치하는 배수설비의 설치기준
- 차량이 주차하는 장소의 적당한 곳에 높이 10[cm] 이상의 경계턱으로 배수구를 설치할 것
- 배수구에는 새어나온 기름을 모아 소화할 수 있도록 길이 40[m] 이하마다 집수관·소화피트 등 기름분리장치를 설치할 것
- 차량이 주차하는 바닥은 배수구를 향하여 **100분의 2 이상의 기울기**를 유지할 것
- 배수설비는 가압송수장치의 최대송수능력의 수량을 유효하게 배수할 수 있는 크기 및 기울기로 할 것

71

연결살수설비 전용헤드의 경우, 천장 또는 반자의 각 부분으로부터 하나의 살수헤드까지의 수평거리의 최대기준은 몇 [m] 이하인가?

① 2.1[m]
② 2.3[m]
③ 3.2[m]
④ 3.7[m]

해설 연결살수설비의 헤드 기준
- 연결살수설비의 헤드는 연결살수설비 전용헤드 또는 스프링클러헤드로 설치하여야 한다.
- 건축물에 설치하는 연결살수설비의 헤드는 다음의 기준에 따라 설치하여야 한다.
  - 천장 또는 반자의 실내에 면하는 부분에 설치할 것
  - 천장 또는 반자의 각 부분으로부터 하나의 살수헤드까지의 수평거리가 **연결살수설비 전용헤드의 경우는 3.7[m] 이하**, 스프링클러헤드의 경우는 **2.3[m] 이하**로 할 것. 다만, 살수헤드의 부착면과 바닥과의 높이가 2.1[m] 이하인 부분에 있어서는 살수헤드의 살수분포에 따른 거리로 할 수 있다.

72

간이소화용구에서 삽을 상비한 마른모래 50[L] 이상의 것 1포의 능력단위는?

① 0.5
② 1
③ 2
④ 4

해설 간이소화용구의 능력단위

간이소화용구		능력단위
1. 마른모래	삽을 상비한 50[L] 이상의 것 1포	0.5 단위
2. 팽창질석 또는 팽창진주암	삽을 상비한 80[L] 이상의 것 1포	

73

제연설비에서 배출기 배출측 풍속은 몇 [m/s] 이하로 하여야 하는가?

① 5[m/s]
② 15[m/s]
③ 20[m/s]
④ 25[m/s]

해설 풍 속
- 배출기의 흡입측 풍도 안의 풍속은 15[m/s] 이하로 하고 배출측 풍속은 20[m/s] 이하로 할 것
- 유입풍도 안의 풍속은 20[m/s] 이하로 할 것

74

포소화설비 중 고정포방출구방식에 있어서 포소화약제 저장탱크 용량산정에 포함되지 않아도 되는 항목은?

① 보조소화전 방출량
② 10[%]여유 방출량
③ 고정포방출구 방출량
④ 가장 먼 탱크까지의 송액관 충전량

해설 고정포방출방식의 약제저장량

구 분	약제량	수원의 양
① 고정포 방출구	$Q = A \times Q_1 \times T \times S$ Q : 포소화약제의 양[L] A : 탱크의 액표면적[m²] Q_1 : 단위포소화 수용액의 양 　　　[L/m²·분] T : 방출시간[분] S : 포소화약제 사용농도[%]	$Q_w = A \times Q_1 \times T$
② 보조 포소화전	$Q = N \times S \times 8,000$[L] Q : 포소화약제의 양[L] N : 호스 접결구수(3개 이상일 경우 3개) S : 포소화약제의 사용농도[%]	$Q_w = N \times 8,000$[L]
③ 배관보정	가장 먼 탱크까지의 송액관(내경 75[mm] 이하 제외)에 충전하기 위하여 필요한 양 $Q = Q_A \times S$ $\quad = \dfrac{\pi}{4}d^2 \times l \times S \times 1,000$ Q : 배관 충전 필요량[L] Q_A : 송액관 충전량[L] S : 포소화약제 사용농도[%]	$Q_w = Q_A$

※ 고정포방출방식 약제저장량 = ① + ② + ③

75

포소화설비의 혼합방법 중 맞지 않는 것은?

① 프레셔 프로포셔너방식
② 라인 프로포셔너방식
③ 프레셔 사이드 프로포셔너방식
④ 리퀴드 펌핑 프로포셔너방식

해설 포혼합장치
- 펌프 프로포셔너방식
- 프레셔 프로포셔너방식
- 라인 프로포셔너방식
- 프레셔 사이드 프로포셔너방식

76

특정소방대상물 중 포소화설비 적용이 가장 적합하지 않은 것은?

① 차고 또는 주차장
② 항공기 격납고
③ 비행장의 통신시설
④ 특수가연물 저장 또는 취급하는 특정소방대상물

해설 포소화설비는 통신기기실, 전산실 등 전기시설에는 적합하지 않다.

77

연결살수설비 배관에 5개의 전용헤드를 사용하는 경우, 배관의 구경은 몇 [mm] 이상인가?

① 25 ② 32
③ 50 ④ 65

해설 배관의 구경에 따른 살수헤드의 수

하나의 배관에 부착하는 살수헤드의 개수	배관의 구경[mm]
1개	32
2개	40
3개	50
4개 또는 5개	65
6개 이상 10개 이하	80

78

스프링클러설비의 가압송수장치에 속하지 않는 것은?

① 압력수조를 이용한 가압송수장치
② 배수펌프를 이용한 가압송수장치
③ 고가수조의 자연낙차를 이용한 가압송수장치
④ 전동기 또는 내연기관에 따른 펌프를 이용하는 가압송수장치

해설 스프링클러설비의 가압송수장치
- 전동기 또는 내연기관에 따른 펌프를 이용하는 가압송수장치
- **고가수조**의 자연낙차를 이용한 가압송수장치
- **압력수조**를 이용한 가압송수장치
- 가압수조를 이용한 가압송수장치

79

2개의 호스릴을 가진 이산화탄소소화설비에서 소화약제의 저장량은 몇 [kg] 이상으로 해야 하는가?

① 100 ② 140
③ 180 ④ 200

해설 호스릴이산화탄소소화설비
- 약제저장량 : 90[kg] 이상
- 약제방출량 : 60[kg/min]
- ∴ 2개의 호스릴은 2개×90[kg]＝180[kg] 이상

80

소화기를 각층마다 설치하고자 한다. 대형소화기를 설치하는 경우, 특정소방대상물의 각 부분으로부터 1개의 소화기까지의 보행거리는 얼마 이내로 배치하여야 하는가?

① 10[m] ② 20[m]
③ 30[m] ④ 40[m]

해설 소화기의 설치기준
- 소형소화기 : 보행거리 25[m] 이내마다 설치
- **대형소화기 : 보행거리 30[m] 이내마다 설치**

2010년 9월 5일 시행

제 **4** 회

제 1 과목　소방원론

01

건물화재에서의 사망원인 중 가장 큰 비중을 차지하는 것은?

① 연소가스에 의한 질식
② 화 상
③ 열충격
④ 기계적 상해

해설 건물화재 시 **연소가스에 의한 질식**으로 사망하는 것이 가장 큰 비중을 차지한다.

02

연소를 멈추게 하는 방법이 아닌 것은?

① 가연물을 제거한다.
② 대기압 이상으로 가압한다.
③ 가연물을 냉각시킨다.
④ 산소 농도를 낮춘다.

해설 **소화방법**
• 제거소화 : 화재현장에서 가연물을 제거한다.
• 냉각소화 : 가연물을 냉각시킨다.
• 질식소화 : 산소의 농도 21[%]에서 15[%] 이하로 낮추어 소화한다.

03

피난대책의 일반적 원칙이 아닌 것은?

① 피난수단은 원시적인 방법으로 하는 것이 바람직하다.
② 피난대책은 비상시 본능 상태에서도 혼돈이 없도록 한다.

③ 피난경로는 가능한 한 길어야 한다.
④ 피난시설은 가급적 고정식 시설이 바람직하다.

해설 **피난대책의 일반적인 원칙**
• **피난경로**는 **간단명료**하게 할 것
• 피난구조설비는 고정식 설비를 위주로 할 것
• 피난수단은 원시적 방법에 의한 것을 원칙으로 할 것
• 2방향 이상의 피난통로를 확보할 것

04

이황화탄소가 연소 시 발생하는 유독성의 가스는?

① 황화수소
② 이산화질소
③ 아세트산가스
④ 아황산가스

해설 이황화탄소(CS_2)는 산소와 반응하면 아황산가스(SO_2)와 이산화탄소(CO_2)를 발생한다.

$$CS_2 + 3O_2 \rightarrow CO_2 + 2SO_2$$

05

대체 소화약제의 물리적 특성을 나타내는 용어 중 지구온난화지수를 나타내는 약어는?

① ODP
② GWP
③ LOAEL
④ NOAEL

해설 **용어정의**
• 오존파괴지수(ODP) : 어떤 물질의 오존파괴능력을 상대적으로 나타내는 지표의 정의

$$ODP = \frac{\text{어떤 물질 1[kg]이 파괴하는 오존량}}{\text{CFC-11(CFCl}_3\text{) 1[kg]이 파괴하는 오존량}}$$

• 지구온난화지수(GWP) : 어떤 물질이 기여하는 온난화 정도를 상대적으로 나타내는 시표의 정의

$$GWP = \frac{\text{어떤 물질 1[kg]이 기여하는 온난화 정도}}{\text{CO}_2 \text{ 1[kg]이 기여하는 온난화 정도}}$$

• **LOAEL**(Lowest Observed Adverse Effect Level)
: 심장 독성시험 시 심장에 영향을 미칠 수 있는 최소 허용농도
• **NOAEL**(No Observed Adverse Effect Level) : 심장 독성시험 시 심장에 영향을 미치지 않는 최대허용농도

06

금수성 물질이 아닌 것은?

① 칼 륨
② 나트륨
③ 알킬알루미늄
④ 황 린

해설 **위험물의 구분**

종 류	구 분
칼 륨	금수성 물질
나트륨	금수성 물질
알킬알루미늄	금수성 물질
황 린	자연발화성 물질

07

다음 중 점화원이 될 수 없는 것은?

① 전기불꽃   ② 정전기
③ 마찰열   ④ 기화열

해설 **기화열**과 **액화열**은 점화원이 될 수 없다.

08

연소반응이 일어나는 필요한 조건에 대한 설명으로 가장 거리가 먼 것은?

① 산화되기 쉬운 물질
② 충분한 산소 공급
③ 비휘발성인 액체
④ 연소반응을 위한 충분한 온도

해설 **연소반응이 일어나는 필요한 조건**
• 산화되기 쉬운 물질
• 충분한 산소공급
• 휘발성인 액체
• 연소반응을 위한 충분한 온도

09

화재 시 흡입된 일산화탄소는 혈액 내의 어떠한 물질과 작용하여 사람이 사망에 이르게 할 수 있는가?

① 수 분   ② 백혈구
③ 혈소판   ④ 헤모글로빈

해설 일산화탄소는 혈액 내의 **헤모글로빈(Hb)**과 작용하여 산소운반을 저해하여 사망에 이르게 한다.

10

소화약제의 화학식에 대한 표기가 틀린 것은?

① C_3F_8 : FC-3-1-10
② N_2 : IG-100
③ CF_3CHFCF_3 : HFC-227ea
④ Ar : IG-01

해설 **할로겐화합물 및 불활성기체의 종류**

소화약제	화학식
퍼플루오르부탄 (이하 "**FC-3-1-10**"이라 한다)	C_4F_{10}
하이드로클로로플루오르카본혼화제 (이하 "**HCFC BLEND A**"라 한다)	HCFC-123($CHCl_2CF_3$) : 4.75[%] HCFC-22($CHClF_2$) : 82[%] HCFC-124($CHClCF_3$) : 9.5[%] $C_{10}H_{16}$: 3.75[%]
클로로테트라플루오르에탄 (이하 "**HCFC-124**"라 한다)	$CHClFCF_3$
펜타플루오르에탄 (이하 "**HFC-125**"라 한다)	CHF_2CF_3
헵타플루오르프로판 (이하 "**HFC-227ea**"라 한다)	CF_3CHFCF_3
트리플루오르메탄 (이하 "**HFC-23**"이라 한다)	CHF_3
헥사플루오르프로판 (이하 "**HFC-236fa**"라 한다)	$CF_3CH_2CF_3$
트리플루오르이오다이드 (이하 "**FIC-13I1**"이라 한다)	CF_3I
불연성·불활성기체 혼합가스 (이하 "**IG-01**"이라 한다)	Ar
불연성·불활성기체 혼합가스 (이하 "**IG-100**"이라 한다)	N_2
불연성·불활성기체 혼합가스 (이하 "**IG-55**"라 한다)	N_2 : 50[%], Ar : 50[%]
도데카플루오르-2-메틸펜탄-3-원 (이하 "**FK-5-1-12**"이라 한다)	$CF_3CF_2C(O)CF(CF_3)_2$

안심Touch

11

제3류 위험물이며 금수성 물질에 해당하는 것은?

① 염소산염류　　　　② 적 린
③ 탄화칼슘　　　　　④ 유기과산화물

해설 위험물의 구분

종 류	구 분
염소산염류	제1류 위험물
적 린	제2류 위험물
탄화칼슘	제3류 위험물
유기과산화물	제5류 위험물

12

화재의 분류에서 A급 화재에 속하는 것은?

① 유 류　　　　　　② 목 재
③ 전 기　　　　　　④ 가 스

해설 화재의 종류

급 수 　 구 분	화재의 종류	표시색
A급	일반화재	백 색
B급	유류화재	황 색
C급	전기화재	청 색
D급	금속화재	무 색

13

탄화칼슘이 물과 반응할 때 생성되는 가연성 가스는?

① 메 탄　　　　　　② 아세틸렌
③ 에 탄　　　　　　④ 프로필렌

해설 탄화칼슘이 물과 반응하면 가연성 가스인 **아세틸렌가**
스를 발생한다.

$$CaC_2 + 2H_2O \rightarrow Ca(OH)_2 + C_2H_2\uparrow$$
(소석회, 수산화칼슘) (아세틸렌)

14

물의 증발잠열은 약 몇 [cal/g]인가?

① 79　　　　　　　② 539
③ 750　　　　　　　④ 810

해설 물의 증발잠열 : 539[cal/g] = 539[kcal/kg]

15

다음 중 할론 1301의 화학식은?

① CBr_3Cl　　　　　② $CBrCl_3$
③ CF_3Br　　　　　④ $CFBr_3$

해설 할론소화약제 화학식

종 류	분자식	분자량
할론 1301	CF_3Br	148.95
할론 1211	CF_2ClBr	165.4
할론 2402	$C_2F_4Br_2$	259.8
할론 1011	CH_2ClBr	129.4

16

조리를 하던 중 식용유화재가 발생하면 신선한 야채
를 넣어 소화할 수 있다. 이때의 소화방법에 해당하는
것은?

① 희석소화　　　　　② 냉각소화
③ 부촉매소화　　　　④ 질식소화

해설 **냉각소화** : 조리를 하던 중 식용유화재에 신선한 야채
를 넣어 소화하는 방법

17

다음 중 폭발의 위험성이 가장 낮은 분진은?

① 커피분　　　　　　② 밀가루분
③ 알루미늄분　　　　④ 시멘트분

해설 시멘트분, 석회석은 분진폭발하지 않는다.

18

제1종 분말소화약제의 주성분은?

① 탄산수소나트륨
② 탄산수소칼슘
③ 요 소
④ 황산알루미늄

해설 분말소화약제의 종류

종 별	소화약제	약제의 착색	적응 화재	열분해반응식
제1종 분말	탄산수소나트륨 ($NaHCO_3$)	백 색	B, C급	$2NaHCO_3 \rightarrow$ $Na_2CO_3 + CO_2 + H_2O$
제2종 분말	탄산수소칼륨 ($KHCO_3$)	담회색	B, C급	$2KHCO_3 \rightarrow$ $K_2CO_3 + CO_2 + H_2O$
제3종 분말	제일인산암모늄 ($NH_4H_2PO_4$)	담홍색, 황색	A, B, C급	$NH_4H_2PO_4 \rightarrow$ $HPO_3 + NH_3 + H_2O$
제4종 분말	탄산수소칼륨+요소 $[KHCO_3+(NH_2)_2CO]$	회 색	B, C급	$2KHCO_3+(NH_2)_2CO$ $\rightarrow K_2CO_3 + 2NH_3 +$ $2CO_2$

19

화재 시 발생하는 유독가스로 가장 거리가 먼 것은?

① 염화수소
② 이산화황
③ 암모니아
④ 인산암모늄

해설 인산암모늄($NH_4H_2PO_4$)은 제3종 분말소화약제이다.

20

제4류 위험물 중 제1석유류~제4석유류를 각 품명별로 구분하는 분류의 기준은?

① 발화점
② 인화점
③ 비 중
④ 연소범위

해설 제4류 위험물의 분류
- 특수인화물
  - 1기압에서 발화점이 100[℃] 이하인 것
  - 인화점이 영하 20[℃] 이하이고 비점이 40[℃] 이하인 것
- 제1석유류 : 1기압에서 인화점이 21[℃] 미만인 것
- 알코올류 : 1분자를 구성하는 탄소원자의 수가 1개부터 3개까지인 포화1가 알코올(변성알코올 포함)
- 제2석유류 : 1기압에서 인화점이 21[℃] 이상 70[℃] 미만인 것
- 제3석유류 : 1기압에서 인화점이 70[℃] 이상 200 [℃] 미만인 것
- 제4석유류 : 1기압에서 인화점이 200[℃] 이상 250 [℃] 미만의 것
- 동식물유류 : 동물의 지육 등 또는 식물의 종자나 과육으로부터 추출한 것으로서 1기압에서 인화점이 250[℃] 미만인 것

21

37.5[℃]인 원유가 30[m^3/min]로 원관을 흐르고 있다. 층류로 흐를 수 있는 관의 최소 직경은 몇 [m]인가?(단, 37.5[℃]에서 원유의 동점성계수는 6×10^{-5} [m^2/s]이고, 하임계 레이놀즈수는 2,100이다)

① 6.43
② 5.05
③ 2.53
④ 1.26

해설 최소 직경

$$Re = \frac{Du}{\nu} = \frac{D \times \frac{Q}{A}}{\nu} = \frac{D \times \frac{Q}{\frac{\pi}{4}D^2}}{\nu} = \frac{4Q}{\pi \nu D}$$

$$D = \frac{4Q}{Re \pi \nu}$$

$$= \frac{4 \times (30/60)}{2,100 \times 3.14 \times 6 \times 10^{-5}}$$

$$= 5.05[m]$$

22

직경 150[mm]의 실린더 내를 피스톤이 150[mm] 움직여서 질량 50[g]의 작동 유체를 흡입할 때 작동 유체의 비체적은 약 몇 [m^3/kg]인가?

① 0.039
② 0.045
③ 0.048
④ 0.053

해설 비체적(V_s)

$$V_s = \frac{1}{\rho}$$

$$\therefore V_s = \frac{1}{\rho} = \frac{1}{[kg/m^3]} = \left[\frac{m^3}{kg}\right] = \frac{\frac{\pi}{4}D^2 \times L}{[kg]}$$

$$= \frac{\frac{\pi}{4}(0.15)^2 \times 0.15[m]}{0.05[kg]} = 0.053[m^3/kg]$$

23

단면적이 변하는 수평 원관 내부를 밀도가 1,000 [kg /m³]인 유체가 흐르고 있다. 안지름이 300[mm]인 곳과 100[mm]인 곳의 압력차가 14.7[kPa]일 때 유량은 몇 [m³/s]인가?(단, 유량계수 $C_V = 0.7$이고 손실은 무시한다)

① 0.03 　　　　② 0.3

③ 3 　　　　　④ 30

해설 유량 $Q = CA_o \sqrt{2g \dfrac{(P_1 - P_2)}{r}}$

$= 0.7 \times \dfrac{\pi}{4} \times (0.1[\text{m}])^2 \times$

$\sqrt{2 \times 9.8 \times \dfrac{\dfrac{14.7[\text{kPa}]}{101.3[\text{kPa}]} \times 10,332[\text{kg}_f/\text{m}^2]}{1,000[\text{kg}_f/\text{m}^3]}}$

$= 0.0298[\text{m}^3/\text{s}]$

24

노즐에서 10[m/s]로서 수직방향으로 물을 분사할 때 최대 상승높이는 약 몇 [m]인가?(단, 저항 무시)

① 5.10 　　　　② 6.34

③ 3.22 　　　　④ 2.65

해설 유속 $u = \sqrt{2gH}$ 에서

상승높이 $H = \dfrac{u^2}{2g} = \dfrac{10^2}{2 \times 9.8} = 5.102[\text{m}]$

25

다음과 같이 유체의 정의를 설명할 때 괄호 속에 가장 알맞은 용어는?

> 유체란 아무리 작은 (　　)에도 저항할 수 없어 연속적으로 변형되는 물질이다.

① 수직응력 　　　② 전단응력

③ 압 력 　　　　④ 중 력

해설 **유체** : 아무리 작은 **전단응력**에도 저항할 수 없어 연속적으로 변형되는 물질

26

용기에 기울기가 30도인 경사진 마노미터가 연결되어 있고 물기둥의 높이가 수직으로 8[mm] 올라갔다면 용기 내의 계기압은 약 몇 [Pa]인가?

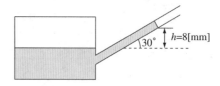

① 1.96 　　　　② 19.6

③ 39.2 　　　　④ 78.4

해설 계기압 $P = \gamma L \sin\theta = \gamma \dfrac{h}{\sin\theta} \sin\theta = \gamma h$

$= 9,800[\text{N/m}^3] \times 0.008[\text{m}] = 78.4[\text{Pa}]$

27

노즐구경이 같은 소방차가 방수압력이 2배가 되도록 방수하면 방수량은 약 몇 배로 늘어나는가?

① 1.4배 　　　　② 2배

③ 4배 　　　　　④ 8배

해설 방수량 $Q = 0.653D^2 \sqrt{P}$ 이므로
방수량은 압력의 평방근에 비례한다.
∴ $Q = \sqrt{2} = 1.41$ 배

28

안지름 25[cm]인 원관으로 1,500[m] 떨어진 곳(수평거리)에 하루 10,000[m³]의 물을 보내는 경우의 압력강하는 몇 [kN/m³]인가?(단, 마찰계수는 0035 이다)

① 58.4 　　　　② 584

③ 84.8 　　　　④ 848

해설 **유체의 관마찰손실**

$$h = \dfrac{\Delta P}{\gamma} = \dfrac{flu^2}{2gD}[\text{m}]$$

여기서, h : 마찰손실[m]
　　　　ΔP : 압력차[kg_f/m²]
　　　　γ : 유체의 비중량
　　　　　　(물의 비중량 1,000[kg_f/m³])

f : 관의 마찰계수(0.035)

l : 관의 길이(1,500[m])

u : 유체의 유속[m/s]

D : 관의 내경(0.25[m])

$$u = \frac{Q}{A} = \frac{Q}{\frac{\pi}{4}D^2} = \frac{10,000[\text{m}^3]/(24 \times 3,600)[\text{s}]}{\frac{\pi}{4}(0.25[\text{m}])^2}$$

$$= 2.359[\text{m/s}]$$

$$\therefore P = \frac{flu^2r}{2gD}[\text{kg}_\text{f}/\text{m}^2]$$

$$= \frac{0.035 \times 1,500 \times (2.359)^2 \times 1,000}{2 \times 9.8 \times 0.25}$$

$$= 59,623.72[\text{kg}_\text{f}/\text{m}^2]$$

$[\text{kg}_\text{f}/\text{m}^2]$을 $[\text{kN}/\text{m}^2]$으로 환산하면

$$\frac{59,623.72[\text{kg}_\text{f}/\text{m}^2]}{10,332[\text{kg}_\text{f}/\text{m}^2]} \times 101.3[\text{kN}/\text{m}^2]$$

$$= 584.58[\text{kN}/\text{m}^2]$$

29

수문이 열리지 않도록 하기 위해 수문의 하단에 받쳐 주어야 할 최소힘 P는 약 몇 [N]인가?(단, 수문의 폭은 1[m]이다)

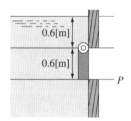

① 2,600
② 3,000
③ 3,500
④ 5,300

해설 • 수문에 작용하는 힘

$$F = \gamma \bar{y} A = 9,800 \times (0.6 + 0.3) \times (1 \times 0.6)$$

$$= 5,292[\text{N}]$$

• 압력 중심

$$y_P = \frac{I_c}{\bar{y}A} + \bar{y} = \frac{\frac{1 \times 0.6^3}{12}}{0.9 \times 0.6} + 0.9 = 0.933[\text{m}]$$

• P점에서 모멘트 합은 0이 되어야 하므로

$$0.6 \times F - (0.933 - 0.6) \times 5,292 = 0$$

$$\therefore F = 2,937.06[\text{N}]$$

30

고온 열원으로부터 열을 받아 그중 일부를 일로 바꾸고 나머지를 저온 열원으로 방출하는 다음의 비가역 열기관 사이클이 정상(Steady)상태로 운전되고 있다. 틀린 것은?

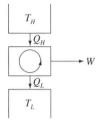

① 고온 열원의 엔트로피는 감소한다.
② 저온 열원의 엔트로피는 증가한다.
③ 열기관의 엔트로피는 증가한다.
④ 총엔트로피는 증가한다.

해설 비가역적 열기관 사이클이 정상상태로 운전하면 열기관의 엔트로피는 감소한다.

31

물체의 온도가 100[℃]에서 200[℃]로 상승하였을 때 물체에서 방출하는 복사에너지는 약 몇 배가 되겠는가?

① 1.41
② 2
③ 2.59
④ 16

해설 복사에너지는 절대온도의 4제곱에 비례하므로

$$T_1 = (100 + 273)^4 = 1.936 \times 10^{10}[\text{K}]$$

$$T_2 = (200 + 273)^4 = 5.00 \times 10^{10}[\text{K}]$$

$$\therefore \frac{T_2}{T_1} = \frac{5.00 \times 10^{10}}{1.936 \times 10^{10}} = 2.583 \text{배}$$

32

레이놀즈수가 106이고 상대조도가 0.0008인 원관의 마찰계수 f는 0.0190이다. 이 원관에 부차 손실계수가 6.46인 글로브밸브를 설치하였을 때, 이 밸브의 등가길이(또는 상당길이)는 관의 지름의 몇 배인가?

① 6.46배
② 34배
③ 340배
④ 8,075배

해설 등가길이 $Le = \dfrac{Kd}{f} = \dfrac{6.46 \times d}{0.019} = 340 \times d$

33

축동력이 80[kW]인 원심펌프의 회전수가 1,750[rpm]이라면 축토크는 약 몇 [J]인가?

① 218 　　　　② 437

③ 873 　　　　④ 2,740

해설 토크 $T = \dfrac{102 \times 9.8 \times 60 \times L_{kW}}{2\pi N}$

$\quad = \dfrac{102 \times 9.8 \times 60 \times 80}{2\pi \times 1,750}$

$\quad = 436.6[J]$

34

노즐에서 물의 유속이 20[m/s]로 벽에 수직으로 분사될 때 벽이 받는 힘은 약 몇 [N]인가?(단, 노즐의 구경은 2[cm]이다)

① 981 　　　　② 102

③ 1151.1 　　　④ 125.6

해설 힘을 구하면

$$F = Q\rho u = uA\rho u$$

여기서, Q(유량) $= uA$

$\quad = 20[\text{m/s}] \times \dfrac{\pi}{4}(0.02[\text{m}])^2$

$\quad = 0.00628[\text{m}^3/\text{s}]$

ρ(밀도) $= 1,000[\text{kg/m}^3]$

u(유속) $= 20[\text{m/s}]$

$\therefore F = Q\rho u = 0.00628 \times 1,000 \times 20$

$\quad = 125.6[\text{kg} \cdot \text{m/s}^2] = 125.6[\text{N}]$

35

흐르는 유체에 대한 연속방정식이란 어떤 이론과 관련된 법칙인가?

① 질량보존의 법칙

② 에너지보존의 법칙

③ 관성의 법칙

④ 뉴턴의 운동 제2법칙

36

온도 상승에 따른 액체의 점성계수의 변화를 바르게 설명한 것은?

① 분자 운동량의 증가로 점성계수는 증가한다.

② 분자 운동량의 감소로 점성계수는 감소한다.

③ 분자 간의 응집력이 약해지므로 점성계수가 증가한다.

④ 분자 간의 응집력이 약해지므로 점성계수가 감소한다.

해설 온도가 상승하면 액체의 점성계수는 응집력이 약해 감소한다.

37

회전차의 직경이 42[cm]인 모형터빈의 양정이 5.64[m], 회전수가 374[rpm]이다. 이것과 역학적 상사를 이루는 원형터빈의 회전차 직경이 409[cm], 양정이 55[m]일 때, 원형터빈의 회전수는 약 몇 [rpm]인가?

① 110 　　　　② 115

③ 120 　　　　④ 125

해설 상사법칙

$$H_2 = H_1 \times \left(\dfrac{N_2}{N_1}\right)^2 \times \left(\dfrac{D_2}{D_1}\right)^2$$

$\therefore 55 = 5.64 \times \left(\dfrac{N_2}{374}\right)^2 \times \left(\dfrac{409}{42}\right)^2$

$\quad N_2 = 120[\text{rpm}]$

38

압력 0.1[MPa], 온도 60[℃] 상태의 R-134a의 내부에너지는 약 몇 [kJ/kg]인가?(단, 이때 $h = 454.99$[kJ/kg], $\nu = 0.26791[\text{m}^3/\text{kg}]$이다)

① 428.20 　　　② 454.72

③ 549.6 　　　④ 26,336

정답 33 ②　34 ④　35 ①　36 ④　37 ③　38 ①

해설 내부에너지를 구하면

$$h = u + p\nu$$

$$\therefore\ u = h - p\nu$$
$$= 454.99[\text{kJ/kg}] - (0.1 \times 1,000[\text{kN/m}^2]$$
$$\times 0.26791[\text{m}^3/\text{kg}])$$
$$= 428.20[\text{kN} \cdot \text{m/kg}]$$
$$= 428.20[\text{kJ/kg}]$$

$$[\text{N} \cdot \text{m}] = [\text{J}], \quad [\text{kN} \cdot \text{m}] = [\text{kJ}]$$

39

밀폐된 용기 속에 비중이 0.8인 기름이 들어 있고, 위 공간에 공기가 들어있다. 공기의 압력이 9,800[Pa]로서 기름 표면에 미치고 있다. 기름 표면부터 1[m] 깊이에 있는 점의 압력을 물의 수두(Head)로 환산하면 몇 [m]인가?

① 0.8 ② 1.8
③ 100 ④ 800

해설 물의 수두
- 1[m]지점의 압력 $P = P_a + s\gamma_w h$
  $9,800 + (0.8 \times 9,800 \times 1) = 17,640[\text{Pa}]$
- 표준대기압 $1[\text{atm}] = 101,325[\text{Pa}]$
  $= 10.332[\text{mH}_2\text{O}]$이므로
$$\therefore\ \text{수두}\ H = \frac{17,640}{101,325} \times 10.332 = 1.8[\text{m}]$$

40

이상기체의 정압변화를 나타내는 것은?(단, P : 압력, V : 부피, T : 온도, k : 비열비)

① $PV^k = $ 일정 ② $PV = $ 일정
③ $\dfrac{P}{T} = $ 일정 ④ $\dfrac{V}{T} = $ 일정

해설 이상기체의 정압변화 $\dfrac{V}{T} = $ 일정

제3과목 소방관계법규

41

지정수량의 몇 배 이상의 위험물을 취급하는 제조소에는 피뢰침을 설치하여야 하는가?

① 5배 ② 10배
③ 500배 ④ 1,000배

해설 제조소에는 지정수량의 **10배 이상**(제6류 위험물은 제외)이면 **피뢰침**을 설치하여야 한다.

42

소방용수시설 · 소화기구 및 설비 등 설치명령을 위반한 자에 대한 과태료는?

① 100만원 이하 ② 200만원 이하
③ 300만원 이하 ④ 500만원 이하

해설 **200만원 이하의 과태료**
- **소방용수시설 · 소화기구** 및 **설비** 등의 **설치명령**을 위반한 자
- 불을 사용할 때 지켜야 하는 사항 및 특수가연물의 저장 및 취급 기준을 위반한 자
- 한국119청소년단 또는 이와 유사한 명칭을 사용한 자
- 소방활동 구역을 출입한 사람

43

형식승인대상 소방용품에 속하지 않는 것은?

① 가스누설경보기 ② 관 창
③ 공기안전매트 ④ 완강기

해설 공기안전매트, 시각경보기, 휴대용 비상조명등은 소방용품이 아니다.

44

소방자동차가 화재진압 및 구조 · 구급활동을 위하여 출동하는 때 소방자동차의 출동을 방해한 사람에 대한 벌칙은?

① 10년 이하의 징역 또는 5,000만원 이하의 벌금
② 5년 이하의 징역 또는 5,000만원 이하의 벌금

③ 3년 이하의 징역 또는 1,500만원 이하의 벌금

④ 1년 이하의 징역 또는 1,000만원 이하의 벌금

해설 5년 이하의 징역 또는 5,000만원 이하의 벌금
- 소방자동차의 출동을 방해한 사람
- 사람을 구출하는 일 또는 불을 끄거나 불이 번지지 아니하도록 하는 일을 방해한 사람
- 정당한 사유없이 소방용수시설을 사용하거나 소방용수시설의 효용을 해치거나 그 정당한 사용을 방해한 사람

45

위험물제조소에서 "위험물제조소"라는 표시를 한 표지의 바탕색은?

① 청 색

② 적 색

③ 흑 색

④ 백 색

해설 제조소의 표지 및 게시판
- "위험물제조소"라는 표지를 설치
  - 표지의 크기 : 한 변의 길이 0.3[m] 이상, 다른 한 변의 길이 0.6[m] 이상
  - 표지의 색상 : **백색바탕에 흑색문자**
- 방화에 관하여 필요한 사항을 게시한 게시판 설치
  - 게시판의 크기 : 한 변의 길이 0.3[m] 이상, 다른 한 변의 길이 0.6[m] 이상
  - 기재 내용 : 위험물의 유별·품명 및 저장최대수량 또는 취급최대수량, 지정수량의 배수 및 안전관리자의 성명 또는 직명
  - 게시판의 색상 : 백색바탕에 흑색문자
- 주의사항을 표시한 게시판 설치

위험물의 종류	주의 사항	게시판의 색상
제1류 위험물 중 알칼리금속의 과산화물 제3류 위험물 중 금수성 물질	물기 엄금	청색바탕에 백색문자
제2류 위험물(인화성 고체는 제외)	화기 주의	적색바탕에 백색문자
제2류 위험물 중 인화성 고체 제3류 위험물 중 자연발화성 물질 제4류 위험물 제5류 위험물	화기 엄금	적색바탕에 백색문자

46

화재가 발생하는 경우 화재의 확대가 빠른 특수가연물에 속하는 것으로 잘못된 것은?

① 면화류 100[kg] 이상

② 나무껍질 400[kg] 이상

③ 볏짚류 1,000[kg] 이상

④ 가연성 액체류 2[m³] 이상

해설 특수가연물(제6조 관련)

품 명		수 량
면화류		200[kg] 이상
나무껍질 및 대팻밥		400[kg] 이상
넝마 및 종이부스러기		1,000[kg] 이상
사 류		1,000[kg] 이상
볏짚류		1,000[kg] 이상
가연성 고체류		3,000[kg] 이상
석탄·목탄류		10,000[kg] 이상
가연성 액체류		2[m³] 이상
목재가공품 및 나무부스러기		10[m³] 이상
합성수지류	발포시킨 것	20[m³] 이상
	그 밖의 것	3,000[kg] 이상

47

보일러 등의 위치·구조 및 관리와 화재예방을 위하여 불의 사용에 있어서 지켜야 하는 사항 중 난로의 연통은 건물 밖으로 몇 [m] 이상 나오게 설치하여야 하는가?

① 0.5[m]

② 0.6[m]

③ 1.0[m]

④ 2.0[m]

해설 난로의 **연통**은 천장으로부터 0.6[m] 이상 떨어지고, 건물 밖으로 0.6[m] 이상 나오게 설치하여야 한다.

48

위험물안전관리법상 제1류 위험물의 성질은?

① 산화성 액체

② 가연성 고체

③ 금수성 물질

④ 산화성 고체

해설 위험물의 분류

유 별	성 질
제1류 위험물	산화성 고체
제2류 위험물	가연성 고체
제3류 위험물	자연발화성 및 금수성 물질
제4류 위험물	인화성 액체
제5류 위험물	자기반응성 물질
제6류 위험물	산화성 액체

49

특정소방대상물에 대한 소방시설의 자체점검 시 일반적인 종합정밀점검의 점검횟수로 옳은 것은?

① 연 1회 이상 ② 연 2회 이상
③ 반기별 2회 이상 ④ 분기별 2회 이상

해설 종합정밀점검횟수 : 연 1회 이상(특급소방안전관리 대상물은 반기에 1회 이상)

50

건축허가 등의 동의대상물의 범위에 속하지 않는 것은?

① 관망탑 ② 방송용 송 · 수신탑
③ 항공기 격납고 ④ 철 탑

해설 건축허가 등의 동의대상물의 범위
- 연면적이 400[m²][학교시설은 100[m²], 노유자시설 및 수련시설은 200[m²], 정신의료기관(입원실이 없는 정신건강의학과의원은 제외), 장애인의료재활시설은 300[m²]] 이상인 건축물
- 6층 이상인 건축물
- 차고 · 주차장 또는 주차용도로 사용되는 시설로서 다음의 어느 하나에 해당하는 것
  - 차고 · 주차장으로 사용되는 바닥면적이 200[m²] 이상인 층이 있는 건축물이나 주차시설
  - 승강기 등 기계장치에 의한 주차시설로서 자동차 20대 이상을 주차할 수 있는 시설
- 항공기 격납고, 관망탑, 항공관제탑, 방송용 송 · 수신탑
- 지하층 또는 무창층이 있는 건축물로서 바닥면적이 150[m²](공연장의 경우에는 100[m²]) 이상인 층이 있는 것
- 위험물 저장 및 처리시설, 지하구

51

소방기본법에서 사용하는 용어의 정의로 옳지 않은 것은?

① 특정소방대상물이란 건축물, 차량, 선박(항구 안에 매어둔 선박만 해당), 선박건조구조물, 산림 그 밖의 인공구조물 또는 물건을 말한다.
② 소방본부장이란 특별시 · 광역시 · 도 또는 특별자치도에서 화재의 예방 · 경계 · 진압 · 조사 및 구조 · 구급 등의 업무를 담당하는 부서의 장을 말한다.
③ 소방대장이란 소방본부장이나 소방서장 등 화재, 재난 · 재해 그 밖의 위급한 상황이 발생한 현장에서 소방대를 지휘하는 자를 말한다.
④ 소방대란 화재를 진압하고 화재, 재난 · 재해 그 밖의 위급한 상황에서의 구조 · 구급활동 등을 하기 위하여 소방공무원, 의무소방원, 자위소방대로 구성된 조직체를 말한다.

해설 소방대(消防隊) : 화재를 진압하고 화재, 재난 · 재해 그 밖의 위급한 상황에서의 구조 · 구급활동 등을 하기 위하여 **소방공무원, 의무소방원, 의용소방대원**으로 구성된 조직체를 말한다.

52

특정소방대상물 중 숙박시설에 해당하지 않는 것은?

① 오피스텔 ② 모 텔
③ 한국전통호텔 ④ 가족호텔

해설 숙박시설
- 일반숙박시설 : 호텔, 여관, 여인숙, 모텔
- 관광숙박시설 : 관광호텔, 수상관광호텔, 한국전통호텔, 가족호텔 및 휴양콘도미니엄
- 고시원(근린생활시설에 해당하지 않는 것을 말한다)

> 오피스텔 : 업무시설

53

제조소 등의 위치 · 구조 또는 설비의 변경 없이 해당 제조소 등에서 저장하거나 취급하는 위험물의 지정수량의 배수를 변경하고자 할 때는 누구에게 신고하여야 하는가?

① 행정안전부장관 ② 시 · 도지사
③ 관할소방본부장 ④ 관할소방서장

49 ① 50 ④ 51 ④ 52 ① 53 ② **정답**

안심Touch

해설 제조소 등의 위치·구조 또는 설비의 변경 없이 해당 제조소 등에서 저장하거나 취급하는 **위험물의 품명·수량** 또는 지정수량의 배수를 변경하고자 하는 **자는** 변경하고자 하는 날의 **1일 전**까지 행정안전부령이 정하는 바에 따라 **시·도지사**에게 **신고**하여야 한다.

54

소방시설관리업자가 점검을 하지 않는 경우의 1차 행정처분기준은?

① 등록취소 ② 영업정지 3월
③ 경고(시정명령) ④ 영업정지 6월

해설 소방시설관리업에 대한 행정처분기준

종류	근거 법조문	행정처분기준		
		1차	2차	3차
(1) 거짓, 그 밖의 부정한 방법으로 등록을 한 경우	법 제34조 제1항 제1호	등록 취소		
(2) 법 제25조 제1항에 따른 점검을 하지 않거나 거짓으로 한 경우	법 제34조 제1항 제2호	경고 (시정 명령)	영업 정지 3개월	등록 취소
(3) 법 제29조 제2항에 따른 등록기준에 미달하게 된 경우. 다만, 기술인력이 퇴직하거나 해임되어 30일 이내에 재선임하여 신고하는 경우는 제외한다.	법 제34조 제1항 제3호	경고 (시정 명령)	영업 정지 3개월	등록 취소
(4) 법 제30조의 어느 하나의 등록의 결격사유에 해당하게 된 경우	법 제34조 제1항 제4호	등록 취소		
(5) 법 제33조 제1항을 위반하여 다른 자에게 등록증 또는 등록수첩을 빌려준 경우	법 제34조 제1항 제7호	등록 취소		

55

특정소방대상물 중 지하가(터널 제외)로서 연면적이 몇 $[m^2]$ 이상인 것은 스프링클러설비를 설치하여야 하는가?

① $100[m^2]$ ② $200[m^2]$
③ $1,000[m^2]$ ④ $2,000[m^2]$

해설 **지하가**(터널을 제외한다)로서 연면적 **1,000$[m^2]$ 이상**인 것은 스프링클러설비를 설치하여야 한다.

56

소방안전관리자가 작성하는 소방계획서의 내용에 포함되지 않는 것은?

① 소방시설공사 하자를 판단하는 기준에 관한 사항
② 소방시설·피난시설 및 방화시설의 점검·정비 계획
③ 공동 및 분임소방안전관리에 관한 사항
④ 소화 및 연소방지에 관한 사항

해설 소방계획서의 내용
• 소방안전관리대상물의 위치·구조·연면적·용도 및 수용인원 등 일반현황
• 소방안전관리대상물에 설치한 소방시설 및 방화시설, 전기시설·가스시설 및 위험물시설의 현황
• 화재예방을 위한 자체점검계획 및 진압대책
• **소방시설·피난시설 및 방화시설의 점검·정비계획**
• 피난층 및 피난시설의 위치와 피난경로의 설정, 장애인 및 노약자의 피난계획 등을 포함한 피난계획
• 방화구획·제연구획·건축물의 내부마감재료(불연재료·준불연재료 또는 난연재료로 사용된 것을 말한다) 및 방염물품의 사용 그 밖의 방화구조 및 설비의 유지·관리계획
• 소방교육 및 훈련에 관한 계획
• 특정소방대상물의 근무자 및 거주자의 자위소방대 조직과 대원의 임무(장애인 및 노약자의 피난보조임무 포함)에 관한 사항
• 증축·개축·재축·이전·대수선 중인 특정소방대상물의 공사장의 소방안전관리에 관한 사항
• **공동 및 분임소방안전관리에 관한 사항**
• **소화 및 연소방지에 관한 사항**
• 위험물의 저장·취급에 관한 사항(위험물안전관리법 제17조의 규정에 의한 예방규정을 정하는 제조소 등을 제외한다)
• 그 밖에 소방안전관리를 위하여 소방본부장이나 소방서장이 특정소방대상물의 위치·구조·설비 또는 관리상황 등을 고려하여 소방안전관리상 필요하여 요청하는 사항

> 소방시설공사 하자를 판단하는 기준에 관한사항
> : 중앙소방기술심의위원회의 심의사항

57

위험물안전관리법령에 의하여 자체소방대에 배치하여야 하는 화학소방차의 구분에 속하지 않는 것은?

① 포수용액 방사차
② 고가 사다리차
③ 제독차
④ 할로겐화합물 방사차

해설 화학소방자동차에 갖추어야 하는 소화능력 및 설비의 기준

화학소방 자동차의 구분	소화능력 및 설비의 기준
포수용액 방사차	포수용액의 방사능력이 매분 2,000[L] 이상일 것
	소화약액탱크 및 소화약액혼합장치를 비치할 것
	10만[L] 이상의 포수용액을 방사할 수 있는 양의 소화약제를 비치할 것
분말 방사차	분말의 방사능력이 매초 35[kg] 이상일 것
	분말탱크 및 가압용 가스설비를 비치할 것
	1,400[kg] 이상의 분말을 비치할 것
할로겐 화합물 방사차	할로겐화합물의 방사능력이 매초 40[kg] 이상일 것
	할로겐화합물탱크 및 가압용 가스설비를 비치할 것
	1,000[kg] 이상의 할로겐화합물을 비치할 것
이산화탄소 방사차	이산화탄소의 방사능력이 매초 40[kg] 이상일 것
	이산화탄소저장용기를 비치할 것
	3,000[kg] 이상의 이산화탄소를 비치할 것
제독차	가성소다 및 규조토를 각각 50[kg] 이상 비치할 것

58

특정소방대상물의 발주자는 해당 도급계약의 수급인이 일정한 사유가 발생할 경우 대하여 도급계약을 해지할 수 있는 바, 그 사유에 해당되지 않는 것은?

① 소방시설업을 휴업하거나 폐업한 경우
② 소방시설업이 영업정지된 경우
③ 소방시설업이 등록이 취소된 경우
④ 정당한 사유 없이 20일 이상 소방시설공사를 계속하지 아니하는 경우

해설 도급계약의 해지사유
• 소방시설업이 등록취소되거나 영업정지된 경우
• 소방시설업을 휴업하거나 폐업한 경우
• 정당한 사유 없이 30일 이상 소방시설공사를 계속하지 아니하는 경우

59

특정소방대상물 중 근린생활시설에 속하지 않는 것은?

① 안마시술소   ② 박물관
③ 치과의원   ④ 산후조리원

해설 근린생활시설 : 의원, **치과의원**, 한의원, 침술원, 접골원, **안마시술소** 및 **산후조리원**

> 박물관 : 문화 및 집회시설(전시장)

60

피난구유도등 또는 통로유도등을 화재안전기준에 적합하게 설치한 경우에는 그 유도등의 유효범위 안의 부분에서 설치가 면제되는 소방시설은?

① 휴대용 비상조명등
② 비상조명등
③ 피난유도표지
④ 피난유도선

해설 **비상조명등**을 설치하여야 하는 특정소방대상물에 **피난구유도등** 또는 **통로유도등**을 화재안전기준에 적합하게 설치한 경우에는 그 유도등의 유효범위 안의 부분(유도등의 조도가 바닥에서 1[lx] 이상이 되는 부분)에는 설치가 면제된다.

제 4 과목 소방기계시설의 구조 및 원리

61

포소화설비에서 특수가연물을 저장·취급하는 공장 또는 창고에 설치할 수 없는 포소화설비는?

① 포헤드설비   ② 고정포방출설비
③ 포소화전설비   ④ 포워터스프링클러설비

해설 포소화설비의 적용성
- 특수가연물을 저장·취급하는 공장 또는 창고 : 포워터스프링클러설비·포헤드설비 또는 **고정포방출설비**
- 차고 또는 주차장 : 포워터스프링클러설비·포헤드설비 또는 고정포방출설비
- 항공기 격납고 : 포워터스프링클러설비·포헤드설비 또는 고정포방출설비

62

물분무소화설비를 설치하는 차고 또는 주차장에 설치하는 배수설비의 기준으로 틀린 것은?

① 차량이 주차하는 바닥은 배수구를 향하여 100분의 1 이상의 기울기를 유지할 것
② 차량이 주차하는 적당한 곳에 높이 10[cm] 이상의 경계턱으로 배수구를 설치할 것
③ 배수설비는 가압송수장치의 최대송수능력의 수량을 유효하게 배수할 수 있는 크기로 할 것
④ 배수구에서 새어나온 기름을 모아 소화할 수 있도록 길이 40[m] 이하마다 기름분리장치를 설치할 것

해설 배수설비의 기준
- 차량이 주차하는 장소의 적당한 곳에 높이 10[cm] 이상의 경계턱으로 배수구를 설치할 것
- 배수구에는 새어나온 기름을 모아 소화할 수 있도록 길이 40[m] 이하마다 집수관·소화피트 등 기름분리장치를 설치할 것
- 차량이 주차하는 바닥은 배수구를 향하여 100분의 **2 이상**의 **기울기**를 유지할 것
- 배수설비는 가압송수장치의 최대송수능력의 수량을 유효하게 배수할 수 있는 크기 및 기울기로 할 것

63

호스릴 분말소화설비에 있어서 하나의 노즐에 대한 소화약제의 종별에 따른 기준량으로 적합하지 않은 것은?

① 제1종 분말 : 50[kg]
② 제2종 분말 : 40[kg]
③ 제3종 분말 : 30[kg]
④ 제4종 분말 : 20[kg]

해설 호스릴 분말소화설비의 저장량 및 방사량

소화약제의 종별	소화약제의 양	분당 방사량
제1종 분말	50[kg]	45[kg]
제2종 분말 또는 제3종 분말	30[kg]	27[kg]
제4종 분말	20[kg]	18[kg]

64

포소화약제의 혼합장치로서 펌프와 발포기의 중간에 벤투리관을 설치하여 벤투리작용에 따라 소화약제를 흡입·혼합하는 방식은?

① 펌프 프로포셔너
② 프레셔 프로포셔너
③ 라인 프로포셔너
④ 프레셔 사이드 프로포셔너

해설 라인 프로포셔너방식(Line Proportioner, 관로 혼합방식) : 펌프와 발포기의 중간에 설치된 벤투리관의 벤투리작용에 따라 포소화약제를 흡입·혼합하는 방식. 이 방식은 옥외소화전에 연결 주로 1층에 사용하며 원액 흡입력 때문에 송수압력의 손실이 크고, 토출측 호스의 길이, 포원액 탱크의 높이 등에 민감하므로 아주 정밀설계와 시공을 요한다.

65

연결송수관설비의 배관을 습식으로 하여야 할 특정소방대상물은?

① 지상 8층인 병원 건물
② 지상 10층인 백화점 건물
③ 지면으로부터의 높이가 30[m]인 호텔 건물
④ 지면으로부터의 높이가 40[m]인 오피스 건물

해설 연결송수관설비의 배관은 지면으로부터의 높이가 **31[m] 이상**인 특정소방대상물 또는 지상 **11층 이상**인 특정소방대상물에 있어서는 **습식** 설비로 할 것

정답 62 ① 63 ② 64 ③ 65 ④

66

다음 중 피난기구의 화재안전기준에서 정의한 피난기구에 속하지 않는 것은?

① 구조대 ② 피난사다리
③ 공기안전매트 ④ 방열복 및 공기호흡기

해설 **피난구조설비** : 화재가 발생할 경우 피난하기 위하여 사용하는 기구 또는 설비로서 다음의 것
- 피난기구 : 미끄럼대·피난사다리·구조대·완강기·피난교·피난용트랩·공기안전매트·다수인 피난장비·승강식피난기 등
- 인명구조기구 : **방열복 및 방화복, 공기호흡기** 및 인공소생기
- 피난유도선, 유도등 및 유도표지
- 비상조명등 및 휴대용 비상조명등

67

소화기를 아파트의 각 세대별로 주방에 설치할 때 사용되는 가스차단장치는 주방배관의 개폐밸브로부터 몇 [m] 이하의 위치에 설치하여야 하는가?

① 1.0[m] ② 1.5[m]
③ 2.0[m] ④ 2.5[m]

해설 **주거용 주방자동소화장치의 설치기준**
- 아파트의 각 세대별 주방 및 30층 이상 오피스텔의 각 실별 주방에 설치할 것
- 소화약제 방출구는 환기구(주방에서 발생하는 열기류 등을 밖으로 배출하는 장치)의 청소 부분과 분리되어 있어야 하며, 형식승인받은 유효설치 높이 및 방호면적에 따라 설치할 것
- 감지부는 형식승인받은 유효한 높이 및 위치에 설치할 것
- 가스차단장치는 상시 확인 및 점검이 가능하도록 설치할 것(화재안전기준의 개정으로 설치높이 내용이 삭제되어 맞지 않는 문제임)
- 가스용 주방자동소화장치를 사용하는 경우 탐지부는 수신부와 분리하여 설치하되, 공기보다 가벼운 가스를 사용하는 경우에는 천장면으로부터 30[cm] 이하의 위치에 설치하고, 공기보다 무거운 가스를 사용하는 장소에는 바닥면으로부터 30[cm] 이하의 위치에 설치할 것
- 수신부는 주위의 열기류 또는 습기 등과 주위온도에 영향을 받지 아니하고 사용자가 상시 볼 수 있는 장소에 설치할 것

68

이산화탄소소화설비를 사람이 많이 출입하는 박물관에 설치하고자 한다. 수동식 기동장치를 설치할 때의 내용으로 잘못된 것은?

① 기동장치의 조작부는 보호판 등에 따른 보호장치를 설치하여야 한다.
② 기동장치의 조작부는 바닥으로부터 0.8[m] 이상 1.5[m] 이하의 위치에 설치한다.
③ 전역방출방식에 있어서는 방호구역마다 국소방출방식에 있어서는 방호대상물마다 설치한다.
④ 기동장치의 복구스위치는 음향경보장치와 연동하여 조작될 수 있는 것이어야 한다.

해설 **이산화탄소소화설비의 수동식 기동장치의 설치기준**
- **전역방출방식**에 있어서는 **방호구역마다 국소방출방식**에 있어서는 **방호대상물마다** 설치할 것
- 해당방호구역의 출입구 부분 등 조작을 하는 자가 쉽게 피난할 수 있는 장소에 설치할 것
- 기동장치의 조작부는 바닥으로부터 높이 0.8[m] 이상 1.5[m] 이하의 위치에 설치하고, 보호판 등에 따른 보호장치를 설치할 것
- 기동장치에는 그 가까운 곳의 보기 쉬운 곳에 "이산화탄소소화설비 기동장치"라고 표시한 표지를 할 것
- 전기를 사용하는 기동장치에는 전원표시등을 설치할 것
- 기동장치의 방출용 스위치는 음향경보장치와 연동하여 조작될 수 있는 것으로 할 것

69

스프링클러설비의 배관 중 수직배수배관의 구경은 얼마 이상으로 하여야 하는가?(단, 수직배관의 구경이 50[mm] 미만일 경우에는 제외한다)

① 40[mm]
② 45[mm]
③ 50[mm]
④ 60[mm]

해설 **수직배수배관의 구경** : 50[mm] 이상

70

전동기에 따른 펌프를 이용하는 가압송수장치의 설치는 특정소방대상물의 어느 층에 있어서도 해당 층의 옥내소화전을 동시에 사용할 경우 각 소화전의 노즐선단에서의 방수압력의 최소기준은 몇 [MPa] 이상인가?

① 0.17[MPa] 이상   ② 0.2[MPa] 이상
③ 0.27[MPa] 이상   ④ 0.7[MPa] 이상

해설 방수압력

소방시설의 종류	방수압력
옥내소화전설비	0.17[MPa] 이상
옥외소화전설비	0.25[MPa] 이상
스프링클러설비	0.1[MPa] 이상

71

제연설비의 배출기 및 배출풍도에 관한 설치기준으로 적당치 않은 것은?

① 배출기와 배출풍도의 접속 부분에 사용하는 캔버스는 내열성이 있는 것으로 한다.
② 풍도단면의 긴 변 또는 직경의 크기가 450[mm] 이하인 경우의 강판두께는 0.5[mm]이다.
③ 배출기의 전동기 부분과 배풍기 부분은 분리하여 설치하여야 하며, 배풍기 부분은 유효한 내열처리를 한다.
④ 배출기의 흡입측 풍도 안의 풍속은 20[m/s] 이하로 하고 배출측 풍속은 25[m/s] 이하로 한다.

해설 배출기 흡입측 풍도 안의 풍속은 **15[m/s]** 이하로 하고, **배출측**의 풍속은 **20[m/s]** 이하로 할 것

72

할론소화설비의 화재안전기준에서 할론 1301 축압식 저장용기의 충전비로서 맞는 것은?

① 0.51 이상 0.67 미만
② 0.67 이상 2.75 이하
③ 0.7 이상 1.4 이하
④ 0.9 이상 1.6 이하

해설 저장용기의 충전비

약 제		충전비
할론 1301		0.9~1.6 이하
할론 1211		0.7~1.4 이하
할론 2402	가압식	0.51~0.67 미만
	축압식	0.67~2.75 이하

73

연결송수관설비의 배관 설치기준으로 맞는 것은?

① 주배관의 구경은 75[mm] 이상으로 한다.
② 지상 11층 이상인 특정소방대상물은 습식 설비로 한다.
③ 배관은 주배관의 구경이 75[mm] 이상인 옥내소화전설비의 배관과 겸용할 수 있다.
④ 연결송수관설비의 수직배관은 학교 또는 공장이거나 배관주위를 30분 이상의 내화성능이 있는 재료로 보호하는 경우에는 설치하지 않아도 된다.

해설 연결송수관설비의 배관 설치기준
- 주배관의 구경은 100[mm] 이상의 것으로 할 것
- 지면으로부터의 높이가 31[m] 이상인 특정소방대상물 또는 지상 11층 이상인 특정소방대상물에 있어서는 습식 설비로 할 것
- 연결송수관설비의 배관은 주배관의 구경이 100[mm] 이상인 옥내소화전설비·스프링클러설비 또는 물분무 등 소화설비의 배관과 겸용할 수 있다.
- 연결송수관설비의 수직배관은 내화구조로 구획된 계단실(부속실을 포함한다) 또는 파이프덕트 등 화재의 우려가 없는 장소에 설치하여야 한다. 다만, 학교 또는 공장이거나 배관주위를 1시간 이상의 내화성능이 있는 재료로 보호하는 경우에는 그러하지 아니하다.

74

소화기구의 화재안전기준에서 정하고 있는 설치기준에서 지하층이나 무창층 또는 밀폐된 거실로서 그 바닥면적이 20[m²] 미만의 장소에서는 설치할 수 없는 소화기는?

① 분말소화기   ② 강화액소화기
③ 이산화탄소소화기   ④ 산, 알칼리소화기

해설 이산화탄소 또는 **할론**을 방사하는 소화기구(자동확산 소화기를 제외한다)는 **지하층**이나 **무창층** 또는 밀폐된 **거실**로서 그 **바닥면적**이 20[m²] 미만의 장소에는 설치할 수 없다. 다만, 배기를 위한 유효한 개구부가 있는 장소인 경우에는 그러하지 아니하다.

75

제연설비에서 배출풍도 단면의 직경이 300[mm]인 경우에 배출풍도 강판두께 기준은?

① 0.5[mm] 이상
② 0.8[mm] 이상
③ 1.0[mm] 이상
④ 1.3[mm] 이상

해설 배출풍도 강판의 두께

풍도단면의 긴 변 또는 직경의 크기	강판두께
450[mm] 이하	0.5[mm]
450[mm] 초과 750[mm] 이하	0.6[mm]
750[mm] 초과 1,500[mm] 이하	0.8[mm]
1,500[mm] 초과 2,250[mm] 이하	1.0[mm]
2,250[mm] 초과	1.2[mm]

76

특정소방대상물의 보와 가장 가까운 스프링클러헤드의 설치는 스프링클러헤드의 반사판중심과 보의 수평거리가 1.3[m]일 때 스프링클러헤드의 반사판 높이와 보의 하단 높이의 수직거리의 기준은?

① 0.1[m] 미만
② 0.15[m] 미만
③ 0.3[m] 미만
④ 보의 하단보다 낮을 것

해설 수직거리

스프링클러헤드의 반사판 중심과 보의 수평거리	스프링클러헤드의 반사판 높이와 보의 하단 높이의 수직거리
0.75[m] 미만	보의 하단보다 낮을 것
0.75[m] 이상 1[m] 미만	0.1[m] 미만일 것
1[m] 이상 1.5[m] 미만	0.15[m] 미만일 것
1.5[m] 이상	0.3[m] 미만일 것

77

연결송수관설비의 송수구설치에서 결합 금속구의 구경은 몇 [mm]인가?

① 32[mm]
② 40[mm]
③ 50[mm]
④ 65[mm]

해설 송수구는 외벽에 설치하여 소방호스를 연결하여 외부의 물을 공급할 수 있는 접속구로서 구경은 **65[mm]**의 나사식의 **쌍구형**으로 되어 있다.

78

다음 중 물분무소화설비의 송수구 설치기준으로 옳지 않은 것은?

① 구경은 65[mm] 쌍구형으로 한다.
② 지면으로부터 높이가 0.8[m] 이상 1.5[m] 이하에 설치한다.
③ 송수구의 가까운 부분에 자동배수밸브 및 체크밸브를 설치한다.
④ 송수구는 하나의 층의 바닥면적이 3,000[m²]를 넘을 때마다 1개(5개 이상은 5개) 이상을 설치한다.

해설 **물분무소화설비의 송수구 설치기준**
• 송수구는 화재층으로부터 지면으로 떨어지는 유리창 등이 송수 및 그 밖의 소화작업에 지장을 주지 아니하는 장소에 설치할 것
• 송수구로부터 물분무소화설비의 주배관에 이르는 연결배관에 개폐밸브를 설치한 때에는 그 개폐상태를 쉽게 확인 및 조작할 수 있는 옥외 또는 기계실 등의 장소에 설치할 것
• 구경 **65[mm]**의 **쌍구형**으로 할 것
• 송수구에는 그 가까운 곳의 보기 쉬운 곳에 송수압력 범위를 표시한 표지를 할 것
• 송수구는 하나의 층의 바닥면적이 3,000[m²]를 넘을 때마다 **1개**(5개를 넘을 경우에는 5개로 한다) 이상을 설치할 것
• 지면으로부터 높이가 **0.5[m] 이상 1[m] 이하**의 위치에 설치할 것
• 송수구의 가까운 부분에 **자동배수밸브**(또는 직경 5[mm]의 배수공) 및 **체크밸브**를 설치할 것. 이 경우 자동배수밸브는 배관안의 물이 잘 빠질 수 있는 위치에 설치하되, 배수로 인하여 다른 물건 또는 장소에 피해를 주지 아니하여야 한다.
• 송수구에는 이물질을 막기 위한 마개를 씌울 것

79

예상제연구역에 공기가 유입되는 순간의 풍속은 얼마 이하이어야 하는가?

① 2[m/s]

② 3[m/s]

③ 4[m/s]

④ 5[m/s]

해설 예상제연구역에 공기가 유입되는 순간의 풍속은 **5[m/s] 이하**가 되도록 하여야 한다.

80

옥내소화전설비에서 정격토출량이 300[L/min]인 펌프를 성능시험배관의 직관부에 설치하고자 할 때 유량계의 유량측정범위로 가장 적합한 것은?

① 200~300[L/min]

② 200~400[L/min]

③ 200~500[L/min]

④ 200~600[L/min]

해설 **유량측정범위**

• 정격토출량의 150[%]로 운전 시 정격토출압력의 65[%] 이상이 되어야 한다.

• **유량측정장치**는 성능시험배관의 직관부에 설치하되, 펌프의 정격토출량의 **175[%] 이상 측정**할 수 있는 성능이 있을 것

∴ 175[%] 이상 측정하여야 하므로

　300[L/min] × 1.75 = 525[L/min]

　⇒ **600[L/min]**

2011년 3월 20일 시행

제 **1** 회

제 **1** 과목 **소방원론**

01

일반적인 특정소방대상물에 따른 화재의 분류로 적합하지 않은 것은?

① 일반화재 : A급
② 유류화재 : B급
③ 전기화재 : C급
④ 특수가연물화재 : D급

해설 D급 화재 : 가연성 금속화재

02

소화기의 설치장소로 적합하지 않은 곳은?

① 통행 또는 피난에 지장을 주지 않는 장소
② 사용 시 반출이 용이한 장소
③ 장난을 방지하기 위하여 사람들의 눈에 띄지 않는 장소
④ 각 부분으로부터 규정된 거리 이내의 장소

해설 보기 쉬운 장소, 통행 또는 피난에 지장을 주지 않는 반출이 용이한 장소에 설치하여야 한다.

03

같은 부피를 갖는 기준물질과 질량비를 무엇이라고 하는가?

① 비 점   ② 비 열
③ 비 중   ④ 융 점

해설 용어 설명
• 비점 : 끓는점
• 비열 : 어떤 물질을 1[℃] 올리는 데 필요한 열량

• 비중 : 같은 부피를 갖는 기준물질과 질량비로서 단위가 없다.
• 융점 : 녹는점

04

물의 일반적인 성질에 대한 설명으로 틀린 것은?

① 물의 비열은 1[cal/g · ℃]이다.
② 100[℃], 1기압에서 증발잠열은 약 539[cal/g]이다.
③ 물의 비중은 0[℃]에서 가장 크다.
④ 액체상태에서 수증기로 바뀌면 체적이 증가한다.

해설 물의 일반적인 성질
• 물의 비열은 1[cal/g · ℃]이다.
• 100[℃], 1기압에서 증발잠열은 약 539[cal/g]이다.
• 물의 비중은 1이다.
• 액체상태에서 수증기로 바뀌면 체적이 약 1,700배로 증가한다.

05

불연성 물질로만 이루어진 것은?

① 황린, 나트륨
② 적린, 유황
③ 이황화탄소, 나이트로글리세린
④ 과산화나트륨, 질산

해설 위험물의 성질
• 황린, 나트륨 : 제3류 위험물(불연성 물질)인데 황린, 나트륨은 가연성 물질이다.
• 적린, 유황 : 제2류 위험물(가연성 고체)
• 이황화탄소 : 제4류 위험물(인화성 액체)
• 나이트로글리세린 : 제5류 위험물(가연성 물질)
• **과산화나트륨 : 제1류 위험물(불연성 물질)**
• **질산 : 제6류 위험물(불연성 물질)**

안심Touch

06

연소 또는 소화약제에 관한 설명으로 틀린 것은?

① 기체의 정압비열은 정적비열보다 크다.
② 탄화수소가 완전 연소하면 일산화탄소와 물이 발생한다.
③ CO_2약제는 액화할 수 있다.
④ 물의 증발잠열은 아세톤, 벤젠보다 크다.

해설 탄화수소(프로판)가 **완전 연소**하면 **이산화탄소와 물**이 발생한다.

$$C_3H_8 + 5O_2 \rightarrow 3CO_2 + 4H_2O$$

07

질식소화방법에 대한 예를 설명한 것으로 옳은 것은?

① 열을 흡수할 수 있는 매체를 화염 속에 투입한다.
② 열용량이 큰 고체물질을 이용하여 소화한다.
③ 중질유 화재 시 물을 무상으로 분무한다.
④ 가연성 기체의 분출화재 시 주 밸브를 닫아서 연료공급을 차단한다.

해설 중질유 화재 시 물을 무상으로 분무하면 질식과 유화효과가 있다.

08

전기부도체이며 소화 후 장비의 오손 우려가 낮기 때문에 전기실이나 통신실 등의 소화설비로 적합한 것은?

① 스프링클러설비
② 옥내소화전설비
③ 포소화설비
④ CO_2소화설비

해설 **전기실이나 통신실 등의 소화설비** : CO_2소화설비, 할론소화설비, 할로겐화합물 및 불활성기체 소화설비, 분말소화설비

09

가연물에 점화원을 가했을 때 연소가 일어나는 최저 온도를 무엇이라 하는가?

① 인화점
② 발화점
③ 연소점
④ 자연발화점

해설 **용어의 정의**
• **인화점** : 휘발성 물질에 불꽃을 접하여 발화될 수 있는 최저의 온도
• **발화점** : 가연성 물질에 점화원을 접하지 않고도 불이 일어나는 최저의 온도
• **연소점** : 어떤 물질이 연소 시 연소를 지속할 수 있는 최저온도로서 **인화점**보다 10[℃] 높다.

10

A, B, C급 화재에 적응성이 있는 분말소화약제는?

① $NH_4H_2PO_4$
② $KHCO_3$
③ $NaHCO_3$
④ Na_2O_2

해설 **분말소화약제의 성상**

종 별	소화약제	약제의 착색	적응 화재	열분해반응식
제1종 분말	탄산수소나트륨 ($NaHCO_3$)	백 색	B, C급	$2NaHCO_3 \rightarrow$ $Na_2CO_3 + CO_2 + H_2O$
제2종 분말	탄산수소칼륨 ($KHCO_3$)	담회색	B, C급	$2KHCO_3 \rightarrow$ $K_2CO_3 + CO_2 + H_2O$
제3종 분말	제일인산암모늄 ($NH_4H_2PO_4$)	담홍색, 황색	A, B, C급	$NH_4H_2PO_4 \rightarrow$ $HPO_3 + NH_3 + H_2O$
제4종 분말	탄산수소칼륨+요소 $[KHCO_3 + (NH_2)_2CO]$	회 색	B, C급	$2KHCO_3 + (NH_2)_2CO$ $\rightarrow K_2CO_3 + 2NH_3 +$ $2CO_2$

11

산화반응에 대한 설명 중 틀린 것은?

① 화재에서의 산화반응은 발열반응이다.
② 산화반응의 생성물은 아무것도 없다.
③ 화재와 같은 산화반응이 일어나기 위해서는 연료, 산소공급원, 점화원이 필요하다.
④ 공기 중의 산소는 산화제라 할 수 있다.

해설 가연성 물질이 연소(산화반응)하면 이산화탄소, 일산화탄소, 황화수소, 아황산가스 등이 발생한다.

12

다음 중 열전도율이 가장 낮은 것은?

① 구 리 　　　　② 화강암
③ 알루미늄 　　　④ 석 면

해설 석면은 현재는 사용이 금지되어 있으며 열전도율이 가장 낮다.

13

건축물의 주요구조부에 해당되지 않는 것은?

① 바 닥 　　　　② 기 둥
③ 작은 보 　　　④ 주계단

해설 주요구조부 : 내력벽, 기둥, 바닥, 보, 지붕틀, 주계단

> 주요구조부 제외 : **사잇벽**, 사잇기둥, 최하층의 바닥, 작은 보, 차양, **옥외계단**

14

화재 종류 중 A급 화재에 속하지 않는 것은?

① 목재화재
② 섬유화재
③ 종이화재
④ 금속화재

해설 금속화재 : D급 화재

15

나트륨의 화재 시 이산화탄소소화약제를 사용할 수 없는 이유로 가장 옳은 것은?

① 이산화탄소와 반응하여 연소·폭발 위험이 있기 때문에
② 이산화탄소로 인한 질식의 우려가 있기 때문에
③ 이산화탄소의 소화성능이 약하기 때문에
④ 이산화탄소가 금속재료를 부식시키기 때문에

해설 나트륨은 이산화탄소와 반응하면 폭발한다.

> $4Na + 3CO_2 \rightarrow 2Na_2CO_3 + C$(연소폭발)

16

다음 중 오존파괴지수(ODP)가 가장 큰 것은?

① Halon 104
② CFC-11
③ Halon 1301
④ CFC-113

해설 CFC는 할로겐화합물 및 불활성기체 소화약제로서 ODP는 0이고 할론 1301은 ODP가 14.1로 가장 크다.

17

내화건물의 화재에서 백드래프트(Back Draft)현상은 주로 언제 나타나는가?

① 감쇠기
② 초 기
③ 성장기
④ 최성기

해설 백드래프트(Back Draft)현상은 **감쇠기**에서 나타난다.

PLUS ONE 백드래프트(Back Draft)
밀폐된 공간에서 화재발생 시 산소부족으로 불꽃을 내지 못하고 가연성 가스만 축적되어 있는 상태에서 갑자기 문을 개방하면 신선한 공기 유입으로 폭발적인 연소가 시작되는 현상

18

열전달에 대한 설명으로 틀린 것은?

① 전도에 의한 열전달은 물질 표면을 보온하여 완전히 막을 수 있다.
② 대류는 밀도 차이에 의해서 열이 전달된다.
③ 진공 속에서도 복사에 의한 열전달이 가능하다.
④ 화재 시의 열전달은 전도, 대류, 복사가 모두 관여된다.

해설 전도 : 하나의 물체가 다른 물체와 직접 접촉하여 전달되는 현상

12 ④　13 ③　14 ④　15 ①　16 ③　17 ①　18 ①　**정답**

19

화재발생 위험에 대한 설명으로 옳지 않은 것은?

① 인화점이 낮을수록 위험하다.
② 발화점이 높을수록 위험하다.
③ 산소 농도는 높을수록 위험하다.
④ 연소하한계는 낮을수록 위험하다.

해설 발화점이 낮을수록 위험하다.

20

폴리염화비닐이 연소할 때 생성되는 연소가스에 해당되지 않는 것은?

① HCl   ② CO_2
③ CO   ④ SO_2

해설 폴리염화비닐($CH_2 = CH - Cl)_n$이므로 염산(HCl), 이산화탄소(CO_2), 일산화탄소(CO)가 발생한다.

제 2 과목 | 소방유체역학

21

수평 노즐입구에서의 계기압력이 P_1[Pa], 면적이 A_1[m²]이고 출구에서의 면적은 A_2[m²]이다. 물이 노즐을 통해 V_2[m/s]의 속도로 대기 중으로 방출될 때 노즐을 고정시키는 데 필요한 힘의 크기는 몇 [N]인가?(단, 물의 밀도는 ρ[kg/m³]이다)

① $P_1 A_1 + \rho\, A_2 V_2{}^2 \left(1 + \dfrac{A_2}{A_1}\right)$

② $P_1 A_1 + \rho\, A_2 V_2{}^2 \left(1 - \dfrac{A_2}{A_1}\right)$

③ $P_1 A_1 - \rho\, A_2 V_2{}^2 \left(1 - \dfrac{A_2}{A_1}\right)$

④ $P_1 A_1 - \rho\, A_2 V_2{}^2 \left(1 + \dfrac{A_2}{A_1}\right)$

해설 노즐 입출구의 운동량방정식을 적용하면
$$P_1 A_1 - P_2 A_2 - F_x = \rho\, Q(V_2 - V_1)$$

노즐 출구에서 P_2는 대기압이므로 0이다.

유량 $Q = A_1 V_1 = A_2 V_2$,

유속 $V_1 = V_2 \times \dfrac{A_2}{A_1}$

$$
\begin{aligned}
F_x &= P_1 A_1 - \rho\, Q(V_2 - V_1) \\
&= P_1 A_1 - \rho\, A_2 V_2 \left(V_2 - V_2 \dfrac{A_2}{A_1}\right) \\
&= P_1 A_1 - \rho\, A_2 V_2{}^2 \left(1 - \dfrac{A_2}{A_1}\right)
\end{aligned}
$$

22

직경 6[cm]이고 관마찰계수가 0.02인 원관에 부차적 손실계수가 5인 밸브가 장치되어 있을 때 이 밸브의 등가 길이(상당 길이)는 몇 [m]인가?

① 3   ② 6
③ 10   ④ 15

해설 등가 길이 $= \dfrac{kd}{f} = \dfrac{5 \times 0.06[\text{m}]}{0.02} = 15$

23

직각으로 굽힌 유리관의 한쪽을 수면 바로 밑에 넣고 다른 쪽은 연직으로 수면 위로 세워 수평방향으로 40[cm/s]의 속도로 관을 움직이면 물은 관 속에서 수면보다 몇 [mm] 상승하는가?

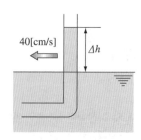

① 8.59   ② 8.47
③ 8.31   ④ 8.16

해설 $u = \sqrt{2gH}$ 의 공식을 이용하면
$$H = \dfrac{u^2}{2g}$$
$$= \dfrac{(0.4[\text{m/s}])^2}{2 \times 9.8[\text{m/s}]} = 0.00816[\text{m}] = 8.16[\text{mm}]$$

정답 19 ② 20 ④ 21 ③ 22 ④ 23 ④

24

그림과 같은 역 U자관에서 A점과 B점의 압력차는 약 몇 [Pa]인가?

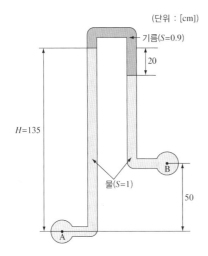

(단위 : [cm])

기름(S=0.9)

20

H=135

B

물(S=1)

50

A

① 5,096
② 50,96
③ 509.6
④ 5,096

해설 **U자관의 압력차**

$$P_A - P_B = \gamma_{물} h_{물} - \gamma_{물} h_{물} - \gamma_{기름} h_{기름}$$

$$= (9,800[\text{N/m}^3] \times 1.35[\text{m}])$$
$$\quad - [9,800[\text{N/m}^3] \times (1.35 - 0.5 - 0.2)[\text{m}]]$$
$$\quad - (0.9 \times 9,800[\text{N/m}^3] \times 0.2[\text{m}])$$
$$= 5,096[\text{N/m}^2]$$
$$= 5,096[\text{Pa}]$$

25

관 속을 흐르는 물의 압력손실이 40[kPa]이고 유량이 3[m³/s]일 때 이것을 동력손실로 환산하면 몇 [kW]인가?

① 88
② 120
③ 157
④ 214

해설

$$P[\text{kW}] = \frac{\gamma Q H}{102 \times \eta}$$

$$= \frac{1,000 \times 3 \times \left(\dfrac{40}{101.325} \times 10.332[\text{m}] \right)}{102 \times 1}$$

$$= 120[\text{kW}]$$

26

배관에 설치하는 유량, 유속 측정기구와 관련이 적은 것은?

① 벤투리미터(Venturi Meter)
② 피토관(Pitot Tube)
③ 마노미터(Manometer)
④ 로터미터(Rotameter)

해설 마노미터 : 압력을 측정하는 기기

27

가역 열기관이 뜨거운 고체물질로부터 열을 받아서 일을 하고 남은 열은 25[℃]의 주위로 방출한다. 이 과정 중에 고체물질은 540[kJ]의 열을 전달하며 엔트로피는 1.6[kJ/K]만큼 감소한다. 열기관이 한 일은 약 몇 [kJ]인가?

① 1.6
② 63
③ 477
④ 538

해설 일 $W = 540[\text{kJ}] - 1.6\dfrac{[\text{kJ}]}{[\text{K}]} \times (273 + 25)[\text{K}]$

$$= 63.2[\text{kJ}]$$

28

정상류(Steady Flow)가 되기 위한 조건들에 해당되지 않는 것은?(단, ρ : 밀도, P : 압력, V : 속도, T : 온도, t : 시간, S : 임의 방향의 좌표)

① $\dfrac{\partial \rho}{\partial t} = 0$
② $\dfrac{\partial p}{\partial t} = 0$
③ $\dfrac{\partial V}{\partial S} = 0$
④ $\dfrac{\partial T}{\partial t} = 0$

해설 정상류 : $\dfrac{\partial u}{\partial t} = \dfrac{\partial \rho}{\partial t} = \dfrac{\partial p}{\partial t} = \dfrac{\partial T}{\partial t} = 0$

29

Newton의 점성법칙을 기초로 한 회전 원롱식 점도계는?

① 낙구식 점도계
② Ostwald 점도계
③ Saybolt 점도계
④ Stomer 점도계

해설 점도계
- 맥마이클(Macmichael) 점도계, Stomer 점도계 : 뉴턴의 점성법칙
- Ostwald 점도계, 세이볼트 점도계 : 하겐-포아젤의 법칙
- 낙구식 점도계 : 스토크스법칙

30

그림과 같이 한쪽은 힌지로 연결된 수문에서 공기압력이 균등하게 작용할 때 $h=1.5$[m], $H=3$[m]라면 수문이 열리지 않을 공기의 최소 계기압력은 몇 [Pa]인가?(단, 수문의 폭은 1[m]임)

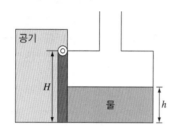

① 4,564   ② 3,452
③ 5,324   ④ 6,125

해설 물이 작용하는 힘 $F_W = \gamma \bar{h} A$

$$= 9,800[\text{N/m}^3] \times \frac{1.5}{2}[\text{m}] \times (1.5 \times 1)[\text{m}^2]$$

$$= 11,025[\text{N}]$$

공기가 작용하는 힘 $F_A = PA = (3 \times 1)P = 3P$

수문을 유지하기 위한 모멘트 합은 "0"이다.

$$\sum M = 3P \times 1.5 - \left(1.5 + 1.5 \times \frac{2}{3}\right) \times 11,025$$

$$P = 6,125[\text{N}]$$

31

직경 300[mm]인 수평 원관 속을 물이 흐르고 있다. 관의 길이 50[m]에 대해 압력강하가 100[kPa]이라면 관벽에서 평균 전단응력은 몇 [Pa]인가?

① 100   ② 150
③ 200   ④ 250

해설 관벽에서 전단응력

$$\tau = -\frac{dp}{dl} \cdot \frac{r}{2}$$

여기서, τ : 전단응력
      l : 길이(50[m])
      r : 반경(150[mm] 또는 0.15[m])
      Δp : 압력강하(100[kPa])

$$\therefore \tau = \frac{\Delta p \cdot r}{2l}$$

$$= \frac{100,000[\text{N/m}^2] \times 0.15[\text{m}]}{2 \times 50[\text{m}]}$$

$$= 150[\text{Pa}](\text{N/m}^2)$$

32

동일한 사양의 소방펌프를 1대로 운전하다가 2대로 병렬 연결하여 동시에 운전할 경우 나타나는 유체특성 현상 중 옳게 설명된 것은?(단, 펌프형식은 원심펌프이고, 배관 마찰손실 및 낙차 등은 고려하지 않는다)

① 체절 운전 시의 최고양정은 1대 운전 시의 최고양정보다 높다.
② 동일한 양정에서 유량은 1대 용량의 2배로 송출된다.
③ 동일한 유량에서 양정은 1대 운전 시의 양정보다 항상 2배로 높게 나타난다.
④ 유량과 양정이 모두 2배로 크게 나타난다.

해설 펌프의 2대 연결

2대 연결 방법		직렬연결	병렬연결
성능	유량(Q)	Q	$2Q$
	양정(H)	$2H$	H

∴ 동일한 양정에서 유량은 1대 용량의 2배로 송출된다.

33

안지름 50[mm]의 관에 기름이 2.5[m/s]의 속도로 흐를 때 관마찰계수는 얼마인가?(단, 기름의 동점성계수는 1.31×10^{-4}[m²/s]이다)

① 0.0013   ② 0.067
③ 0.125   ④ 0.954

해설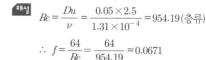

$$Re = \frac{Du}{\nu} = \frac{0.05 \times 2.5}{1.31 \times 10^{-4}} = 954.19(\text{층류})$$

$$\therefore f = \frac{64}{Re} = \frac{64}{954.19} = 0.0671$$

34

유체에 대한 일반적인 설명으로 틀린 것은?

① 유체 유동 시 비점성 유체는 마찰저항이 존재하지 않는다.
② 실제 유체에서는 마찰저항이 존재한다.
③ 뉴턴(Newton)의 점성법칙은 전단응력, 압력, 유체의 변형율에 관한 함수 관계를 나타내는 법칙이다.
④ 전단응력이 가해지면 정지상태로 있을 수 없는 물질을 유체라 한다.

해설 Newton의 점성법칙
• 난류일 때 : 전단응력은 점성계수와 속도구배에 비례한다.

$$\tau = \frac{F}{A} = \mu \frac{du}{dy}$$

여기서, τ : 전단응력[dyne/cm^2]
　　　　μ : 점성계수[dyne · s/cm^2]
　　　　$\frac{du}{dy}$: 속도구배
• 층류일 때 : 수평 원통형 관 내에 유체가 흐를 때 전단응력은 중심선에서 0이고 반지름에 비례하면서 관 벽까지 직선적으로 증가한다.

35

지름의 비가 1 : 2 : 3이 되는 3개의 모세관을 물속에 수직으로 세웠을 때 모세관현상으로 물이 관 속으로 올라가는 높이의 비는?

① 3 : 2 : 1　　　　② 32 : 22 : 12
③ 1 : 2 : 3　　　　④ 6 : 3 : 2

해설 모세관의 상승높이는 관의 직경에 반비례하므로
$\frac{1}{1} : \frac{1}{2} : \frac{1}{3} = 6 : 3 : 2$

36

15[℃]의 물 10[L]를 대기압에서 110[℃]의 증기로 만들려면 공급해야 하는 열량은 약 몇 [kJ]인가?(단, 대기압에서 물의 비열은 4.2[kJ/kg · ℃], 증발잠열은 2,260[kJ/kg]이고, 증기의 정압비열은 2.1[kJ/kg · ℃]이다)

① 26,380　　　　② 26,170
③ 22,600　　　　④ 3,780

해설 공급해야 하는 열량
• 물의 현열 $Q = mC\Delta t$
$= 10[\text{kg}] \times 4.2[\text{kJ/kg·℃}] \times (100-15)[℃]$
$= 3,570[\text{kJ}]$
• 100[℃] 수증기의 증발잠열 $Q = \gamma \cdot m$
$= 2,260 \times 10[\text{kg}] = 22,600[\text{kJ}]$
• 수증기의 현열 $Q = mC\Delta t$
$= 10[\text{kg}] \times 2.1 \times (110-100) = 210[\text{kJ}]$
∴ 공급해야 하는 열량
$Q = 3,570[\text{kJ}] + 22,600[\text{kJ}] + 210[\text{kJ}]$
$= 26,380[\text{kJ}]$

물 1[L] = 1[kg]

37

부력에 대한 다음 설명 중 틀린 것은?

① 유체 내에 잠긴 물체는 물체가 배제하는 유체의 무게가 동일한 수직부력을 받는다.
② 떠 있는 물체는 물체의 무게와 동일한 무게의 유체를 배제한다.
③ 유체 내에 잠긴 물체의 부력은 유체의 비중량 × 물체의 체적과 같다.
④ 떠 있는 물체의 부력은 물체의 비중량 × 배제된 체적으로 계산할 수 있다.

해설 유체에 떠 있는 물체의 부력은 유체에 잠겨있는 체적 × 유체의 비중량과 떠 있는 유체의 체적 × 떠 있는 부분의 유체의 비중량의 합이다.

38

다음 중 캐비테이션 방지법이 아닌 것은?

① 펌프의 설치 높이를 낮추어 흡입양정을 짧게 한다.
② 밸브를 송출구 가까이 설치한다.
③ 회전차를 수중에 완전히 잠기게 한다.
④ 펌프의 회전수를 작게 한다.

해설 캐비테이션 방지법
• 펌프의 흡입측 수두, 마찰손실을 적게 한다.
• 펌프 임펠러 속도(회전수)를 적게 한다.
• 펌프 흡입관경을 크게 한다.

• 펌프 설치위치를 수원보다 낮게 하여야 한다.
• 펌프 흡입압력을 유체의 증기압보다 높게 한다.
• 밸브를 송출구에서 멀리 설치한다.
• 양흡입 펌프로 부족 시 펌프를 2대로 나눈다.

39

벽의 두께가 15[cm]인 아주 넓은 평면의 표면온도가 각각 200[℃], 100[℃]로 일정하게 유지되고 있을 경우 벽을 통한 단위 면적당의 열전달률[W/m²]은? (단, 벽의 열전도계수는 0.9[W/m·K]이고, 전도에 의한 1차원 열전달이라고 가정한다)

① 450   ② 600
③ 750   ④ 900

해설 열전도열량 $q = \dfrac{\lambda}{l}\Delta t$

$$= \frac{0.9[\text{W/m · K}]}{0.15[\text{m}]} \times (473 - 373)[\text{K}]$$
$$= 600[\text{W/m}^2]$$

40

체적이 0.5[m³]인 용기에 1[MPa], 25[℃]의 공기가 들어 있다. 탱크의 밸브를 열고 2[kg]의 공기를 빼고 온도를 0[℃]로 낮추면 탱크 내의 압력은 약 몇 [kPa]로 되겠는가?(단, 공기의 기체상수는 287[J/kg·K]이다)

① 503   ② 603
③ 703   ④ 803

해설 $PV = WRT$ 에서

• $W = \dfrac{PV}{RT} = \dfrac{1 \times 10^6[\text{N/m}^2] \times 0.5[\text{m}^3]}{287[\text{N · m/kg · K}] \times 298[\text{K}]}$
  $= 5.846[\text{kg}]$

• $P = \dfrac{WRT}{V}$

  $= \dfrac{(5.846 - 2)[\text{kg}] \times 287 \times 273[\text{K}]}{0.5[\text{m}^3]}$

  $= 602,675.9[\text{N/m}^2]$

  $= 602.7\text{kN/m}^2[\text{kPa}]$

41

다음 중 품질이 우수하다고 인정하는 소방용품에 대하여 우수품질인증을 할 수 있는 자는?

① 지식경제부장관
② 시·도지사
③ 소방청장
④ 소방본부장이나 소방서장

해설 소방청장은 품질이 우수하다고 인정하는 소방용품에 대하여 우수품질인증(優秀品質認證)을 할 수 있다(법률 제40조).

42

소방용수시설에서 저수조의 설치기준으로 적합하지 않은 것은?

① 지면으로부터의 낙차가 6[m] 이하일 것
② 흡수 부분의 수심이 0.5[m] 이상일 것
③ 소방펌프자동차가 쉽게 접근할 수 있도록 할 것
④ 흡수에 지장이 없도록 토사 및 쓰레기 등을 제거할 수 있는 설비를 갖출 것

해설 저수조의 설치기준
• 지면으로부터의 **낙차**가 **4.5[m] 이하**일 것
• 흡수 부분의 수심이 0.5[m] 이상일 것
• 소방펌프자동차가 쉽게 접근할 수 있도록 할 것
• 흡수에 지장이 없도록 토사 및 쓰레기 등을 제거할 수 있는 설비를 갖출 것
• 흡수관의 투입구가 사각형의 경우에는 한 변의 길이가 60[cm] 이상, 원형의 경우에는 지름이 60[cm] 이상일 것
• 저수조에 물을 공급하는 방법은 상수도에 연결하여 자동으로 급수되는 구조일 것

43

소방안전관리자를 두어야 할 특정소방대상물로서 1급 소방안전관리대상물의 기준으로 옳은 것은?

① 가스제조설비를 갖추고 도시가스사업허가를 받아야 하는 시설
② 가연성 가스를 1,000[t] 이상 저장·취급하는 시설
③ 지하구
④ 문화재보호법에 따라 국보 또는 보물로 지정된 목조건축물

해설 1급 소방안전관리대상물의 기준(위험물제조소 등, 지하구, 철강 등 불연성 물품을 저장·취급하는 창고 및 동식물원을 제외한 것)
(1) 30층 이상(지하층 제외), 지상 120[m] 이상인 아파트
(2) 연면적 15,000[m²] 이상인 특정소방대상물(아파트는 제외)
(3) (1)에 해당되지 아니하는 특정소방대상물로서 층수가 11층 이상인 특정소방대상물(아파트는 제외)
(4) **가연성 가스를 1,000[t] 이상** 저장·취급하는 시설

44

다음 중 소방본부장이나 소방서장의 임무가 아닌 것은?

① 소방업무의 응원
② 화재의 예방조치
③ 특정소방대상물에 소방시설의 설치 및 유지관리
④ 화재의 원인 및 피해조사

해설 특정소방대상물에 소방시설의 설치 및 유지관리는 소방안전관리자의 업무이다.

45

소방시설관리업의 등록기준 중 분말소화설비의 장비기준이 아닌 것은?

① 기동관 누설시험기
② 절연저항계
③ 캡스퍼너
④ 전류전압측정계

해설 소방시설관리업의 장비기준
※ 2016년 6월 30일 법 개정으로 인하여 내용이 삭제되었습니다.

46

위험물의 임시저장 취급기준을 정하고 있는 것은?

① 대통령령
② 국무총리령
③ 행정안전부령
④ 시·도의 조례

해설 위험물의 임시저장 취급기준 : 시·도의 조례

47

소방본부장이나 소방서장이 특정소방대상물의 소방특별조사를 하고자 할 때 며칠 전에 관계인에게 알려야 하는가?

① 2일
② 5일
③ 7일
④ 14일

해설 소방본부장이나 소방서장이 특정소방대상물의 **소방특별조사**를 하고자할 때 **7일 전**에 관계인에게 서면으로 알려야 한다.

48

소방신호의 종류별 신호의 방법으로 5초 간격을 두고 5초씩 3회 사이렌을 울리는 신호는?

① 경계신호
② 발화신호
③ 해제신호
④ 훈련신호

해설 소방신호의 방법

종 별 신호방법	경계 신호	발화 신호	해제 신호	훈련 신호
타종 신호	1타와 연 2타를 반복	난 타	상당한 간격을 두고 1타씩 반복	연 3타 반복
사이렌 신호	5초 간격을 두고 30초씩 3회	5초 간격을 두고 5초씩 3회	1분간 1회	10초 간격을 두고 1분씩 3회
그 밖의 신호	통풍대 게시판 기 적색 백색 화재경보발령중 적색 백색			

49

형식승인을 받지 아니한 소방용품을 판매할 목적으로 진열했을 때의 벌칙으로 맞는 것은?

① 3년 이하의 징역 또는 3,000만원 이하의 벌금
② 2년 이하의 징역 또는 1,500만원 이하의 벌금
③ 1년 이하의 징역 또는 1,000만원 이하의 벌금
④ 1년 이하의 징역 또는 500만원 이하의 벌금

해설 형식승인을 받지 아니한 소방용품을 판매할 목적으로 진열했을 때의 벌칙 : 3년 이하의 징역 또는 3,000만원 이하의 벌금

50

방염업자가 소방관계법령을 위반하여 방염업의 등록증을 다른 자에게 빌려 주었을 때 부과할 수 있는 과징금의 최고금액으로 맞는 것은?

① 1,000만원　　　　② 2,000만원
③ 3,000만원　　　　④ 5,000만원

해설 소방시설업(방염업)의 등록증을 다른 자에게 빌려 주었을 때 과징금 : 최고 3,000만원

51

소방훈련을 실시하지 않아도 되는 특정소방대상물은?

① 아파트, 위험물제조소 등, 지하구, 철강 등 불연성 물품을 저장·취급하는 창고 및 동·식물원을 제외한 연면적 15,000[m²] 이상인 특정소방대상물
② 아파트, 위험물제조소 등, 지하구, 철강 등 불연성 물품을 저장·취급하는 창고 및 동·식물원을 제외한 11층 이상의 특정소방대상물
③ 가연성 가스를 1,000[t] 이상 저장·취급하는 시설
④ 상시근무 또는 거주하는 인원이 10명 이하인 특정소방대상물

해설 소방훈련은 1년에 1회 이상 실시하여야 하는데 상시근무 또는 거주하는 인원이 10명 이하인 특정소방대상물은 하지 않아도 된다.

52

소방시설업자의 지위를 승계하는 자는 행정안전부령이 정하는 바에 따라 누구에게 신고하여야 하는가?

① 소방본부장　　　　② 소방서장
③ 시·도지사　　　　④ 군 수

해설 소방시설업자의 **지위를 승계**하는 자는 승계한 날부터 **30일 이내**에 시·도지사에게 신고하여야 한다.

53

특정소방대상물의 관계인과 소방안전관리자의 직접적인 업무내용이 아닌 것은?

① 자위소방대의 조직
② 화기취급의 감독
③ 소방시설의 유지 및 관리
④ 소방시설의 공사 및 감독

해설 관계인과 소방안전관리자의 업무
• 피난계획에 관한 사항과 소방계획서의 작성 및 시행
• 자위소방대(自衛消防隊) 및 초기대응체계의 구성·운영·교육
• 피난시설·방화구획 및 방화시설의 유지·관리
• 소방훈련 및 교육
• 소방시설이나 그 밖의 소방관련시설의 유지·관리
• 화기(火氣) 취급의 감독

54

다음 화학물질 중 제6류 위험물에 속하지 않는 것은?

① 황 산
② 질 산
③ 과염소산
④ 과산화수소

해설 제6류 위험물 : 질산, 과산화수소, 과염소산(3종류)

55

소방본부장이나 소방서장의 건축허가동의를 받아야 하는 범위로서 거리가 가장 먼 것은?

① 노유자시설인 경우 연면적이 200[m²] 이상인 건축물
② 무창층이 있는 건축물로서 바닥면적이 150[m²] 이상인 층이 있는 것
③ 특정소방대상물 중 위험물제조소 등, 가스시설 및 지하구
④ 차고·주차장으로 사용되는 층 중 바닥면적이 100[m²] 이상인 층이 있는 시설

해설 건축허가 등의 동의대상물의 범위
- 연면적이 400[m²][학교시설은 100[m²]], **노유자시설 및 수련시설은 200[m²]**, 정신의료기관(입원실이 없는 정신건강의학과의원은 제외), 장애인의료재활시설은 300[m²]] 이상인 건축물
- 6층 이상인 건축물
- 차고·주차장 또는 주차용도로 사용되는 시설로서 다음에 해당하는 것
  - **차고·주차장**으로 사용되는 **바닥면적이 200[m²] 이상**인 층이 있는 건축물이나 주차시설
  - 승강기 등 기계장치에 의한 주차시설로서 자동차 20대 이상을 주차할 수 있는 시설
- 항공기 격납고, 관망탑, 항공관제탑, 방송용 송·수신탑
- **지하층** 또는 **무창층**이 있는 건축물로서 바닥면적이 **150[m²]**(공연장의 경우에는 100[m²]) **이상**인 층이 있는 것
- **위험물저장 및 처리시설, 지하구**

56

일반공사 감리대상의 경우 감리현장 연면적의 총합계가 10만[m²] 이하일 때 1인의 책임감리원이 담당하는 소방공사 감리현장은 몇 개 이하인가?

① 2개
② 3개

③ 4개
④ 5개

해설 1인의 책임감리원이 담당하는 소방공사 감리현장의 수
: 5개 이하

57

다음 중 소방기술심의위원회 위원의 자격에 해당되지 않는 사람은?

① 소방기술사
② 소방관련 법인에서 소방관련 업무를 3년 이상 종사한 사람
③ 소방과 관련된 교육기관에서 5년 이상 교육 또는 연구에 종사한 사람
④ 석사 이상의 소방관련 학위를 소지한 사람

해설 소방기술심의위원회 위원의 자격
- 소방기술사
- 석사 이상의 소방 관련 학위를 소지한 사람
- 소방시설관리사
- **소방 관련 법인·단체에서 소방 관련 업무에 5년 이상 종사한 사람**
- 소방공무원 교육기관, 대학교 또는 연구소에서 소방과 관련된 교육이나 연구에 5년 이상 종사한 사람

58

다음 중 위험물탱크 안전성능시험자로 등록하기 위하여 갖추어야 할 사항에 포함되지 않는 것은?

① 자본금
② 기술능력
③ 시 설
④ 장 비

해설 위험물탱크 안전성능시험자 등록 시 요건 : 기술능력, 시설, 장비
- **기술능력**
  - 필수인력
    ⓐ 위험물기능장·위험물산업기사 또는 위험물기능사 1명 이상
    ⓑ 비파괴검사기술사 1명 이상 또는 초음파비파괴검사·자기비파괴검사 및 침투비파괴검사별로 기사 또는 산업기사 1명 이상
  - 필요한 경우에 두는 인력
    ⓐ 충·수압시험, 진공시험, 기밀시험 또는 내압시험의 경우 : 누설비파괴검사 기사, 산업기사 또는 기능사
    ⓑ 수직·수평도시험의 경우 : 측량 및 지형공간

안심Touch

정보기술사, 기사, 산업기사 또는 측량기능사

ⓒ 필수 인력의 보조 : 방사선비파괴검사・초음파
비파괴검사・자기비파괴검사 또는 침투비파
괴검사기능사

• 시 설 : 전용사무실
• 장 비
  – 필수장비 : 자기탐상시험기, 초음파두께측정기 및
    다음 중 어느 하나
    ⓐ 영상초음파탐상기
    ⓑ 방사선투과시험기 또는 초음파탐상시험기
  – 필요한 경우에 두는 장비
    ⓐ 충・수압시험, 진공시험, 기밀시험 또는 내압
      시험의 경우
      ㉮ 진공능력 53[kPa] 이상의 진공누설시험기
      ㉯ 기밀시험장비(안전장치가 부착된 것으로서
        가압능력 200[kPa] 이상, 감압의 경우에는
        감압능력 10[kPa] 이상・감도 10[Pa] 이하
        의 것으로서 각각의 압력변화를 스스로 기
        록할 수 있는 것)
    ⓑ 수직・수평도 시험일 경우 : 수직・수평측정기
  ※ 둘 이상의 기능을 함께 가지고 있는 장비를 갖춘
    경우에는 각각의 장비를 갖춘 것으로 본다.

59

소방기본법령에서 정하는 소방용수시설의 설치기준
사항으로 틀린 것은?

① 급수탑의 급수배관의 구경은 100[mm] 이상으로
  한다.
② 소화전은 상수도와 연결하여 지하식 또는 지상식
  의 구조로 한다.
③ 급수탑의 개폐밸브는 지상에서 0.8[m] 이상
  1.5[m] 이하의 위치에 설치하도록 한다.
④ 상업지역 및 공업지역에 설치하는 경우는 특정소
  방대상물과의 수평거리를 100[m] 이하가 되도
  록 한다.

해설 소방용수시설의 설치기준(제6조 제2항 관련)

(1) 공통기준
  ① 주거지역・**상업지역** 및 **공업지역**에 설치하는 경
    우 : 특정소방대상물과의 **수평거리**를 100[m]
    이하가 되도록 할 것
  ② ① 외의 지역에 설치하는 경우 : 특정소방대상물
    과의 수평거리를 140[m] 이하가 되도록 할 것

(2) 소방용수시설별 설치기준
  ① 소화전의 설치기준 : 상수도와 연결하여 지하
    식 또는 지상식의 구조로 하고, 소방용 호스와
    연결하는 소화전의 연결금속구의 구경은 65
    [mm]로 할 것
  ② 급수탑의 설치기준 : **급수배관의 구경은 100 [mm]
    이상**으로 하고, 개폐밸브는 지상에서 **1.5[m] 이상
    1.7[m] 이하**의 위치에 설치하도록 할 것

60

시・도 소방본부 및 소방서에서 운영하는 화재조사부
서의 고유 업무관장 내용으로 적절하지 않은 것은?

① 화재조사의 실시
② 화재조사의 발전과 조사요원의 능력향상 사항
③ 화재조사를 위한 장비의 관리운영 사항
④ 화재피해를 감소하기 위한 예방 홍보

해설 화재조사전담부서의 장의 업무(규칙 제12조)
• 화재조사의 총괄・조정
• 화재조사의 실시
• 화재조사의 발전과 조사요원의 능력향상에 관한
  사항
• 화재조사를 위한 장비의 관리운영에 관한 사항
• 그 밖의 화재조사에 관한 사항

제 **4** 과목   **소방기계시설의 구조 및 원리**

61

축압식 분말소화설비 저장용기의 안정성 확보를 위하
여 설치하는 안전밸브는 얼마의 압력에서 작동되어여
하는가?

① 내압시험 압력의 0.6배 이하
② 내압시험 압력의 0.7배 이하
③ 내압시험 압력의 0.8배 이하
④ 내압시험 압력의 0.9배 이하

해설 저장용기의 안전밸브의 작동압력
• 가압식 : 최고사용압력의 1.8배 이하
• 축압식 : 내압시험압력의 0.8배 이하

62

소화기는 각층마다 설치하되 특정소방대상물의 각 부분으로부터 1개의 소화기까지의 보행거리가 소형소화기의 경우에는 몇 [m] 이내인가?

① 30[m] 이내   ② 25[m] 이내
③ 20[m] 이내   ④ 15[m] 이내

해설 소화기의 설치거리
- 소형소화기 : 보행거리 20[m] 이내
- 대형소화기 : 보행거리 30[m] 이내

63

연결송수관설비의 송수관 설치 및 송수구 부근에 설치하는 자동배수밸브 또는 체크밸브의 설치에 따른 설치기준에 대한 내용으로 틀린 것은?

① 배수밸브 또는 체크밸브의 설치 시 습식의 경우에는 송수구, 자동배수밸브, 체크밸브의 순으로 설치할 것
② 송수구는 구경 65[mm]의 쌍구형으로 할 것
③ 송수구는 지면으로부터 높이가 0.8[m] 이상 1[m] 이하의 위치에 설치할 것

④ 배수밸브 또는 체크밸브의 설치 시 건식의 경우에는 송수구, 자동배수밸브, 체크밸브, 자동배수밸브의 순으로 설치할 것

해설 송수구의 설치기준
- 송수구 부근의 설치기준
  - 습식의 경우에는 **송수구 · 자동배수밸브 · 체크밸브**의 순으로 설치할 것
  - 건식의 경우에는 송수구 · 자동배수밸브 · 체크밸브 · 자동배수밸브의 순으로 설치할 것
- 구경 65[mm]의 쌍구형으로 할 것
- 지면으로부터 높이가 0.5[m] 이상 1[m] 이하의 위치에 설치할 것

64

지하층에 설치하는 피난시설로 가장 유효한 것으로 짝지어진 것은?

① 피난사다리, 피난용 트랩
② 피난용 트랩, 구조대
③ 피난사다리, 구조대
④ 피난용 트랩, 완강기

해설 장소별 피난기구의 적응성(화재안전기준 별표 1 참고)

소방대상물의 설치장소별 피난기구의 적응성(별표 1)

설치장소별 구분 \ 층별	지하층	1층	2층	3층	4층 이상 10층 이하
1. 노유자시설	피난용트랩	미끄럼대 · 구조대 · 피난교 · 다수인피난장비 · 승강식피난기	미끄럼대 · 구조대 · 피난교 · 다수인피난장비 · 승강식피난기	미끄럼대 · 구조대 · 피난교 · 다수인피난장비 · 승강식피난기	피난교 · 다수인피난장비 · 승강식피난기
2. 의료시설 · 근린생활시설 중 입원실이 있는 의원 · 접골원 · 조산원	피난용트랩	–	–	미끄럼대 · 구조대 · 피난교 · 피난용트랩 · 다수인피난장비 · 승강식피난기	구조대 · 피난교 · 피난용트랩 · 다수인피난장비 · 승강식피난기
3. 다중이용업소의 안전관리에 관한 특별법 시행령 제2조에 따른 다중이용업소로서 영업장의 위치가 4층 이하인 다중이용업소	–	–	미끄럼대 · 피난사다리 · 구조대 · 완강기 · 다수인피난장비 · 승강식피난기	미끄럼대 · 피난사다리 · 구조대 · 완강기 · 다수인피난장비 · 승강식피난기	미끄럼대 · 피난사다리 · 구조대 · 완강기 · 다수인피난장비 · 승강식피난기
4. 그 밖의 것	피난사다리 · 피난용트랩	–	–	미끄럼대 · 피난사다리 · 구조대 · 완강기 · 피난교 · 피난용트랩 · 간이완강기 · 공기안전매트 · 다수인피난장비 · 승강식피난기	피난사다리 · 구조대 · 완강기 · 피난교 · 간이완강기 · 공기안전매트 · 다수인피난장비 · 승강식피난기

※ 비고 : 간이완강기의 적응성은 숙박시설의 3층 이상에 있는 객실에, 공기안전매트의 적응성은 공동주택(공동주택관리법 시행령 제2조의 규정에 해당하는 공동주택)에 한한다.

65

연결살수설비의 가지배관은 교차배관 또는 주배관에서 분기되는 지점을 기점으로 한쪽 가지배관에 설치되는 헤드의 개수는 최고 몇 개까지의 헤드를 설치할 수 있는가?

① 8개   ② 10개
③ 12개   ④ 15개

해설 가지배관 또는 교차배관을 설치하는 경우에는 가지배관의 배열은 토너먼트방식이 아니어야 하며, 가지배관은 교차배관 또는 주배관에서 분기되는 지점을 기점으로 한쪽 가지배관에 설치되는 헤드의 개수는 **8개 이하**로 하여야 한다.

66

연결살수설비의 설치에 대한 기준 중 옳은 것은?

① 송수구는 반드시 65[mm]의 쌍구형으로 한다.
② 연결살수설비 전용헤드를 사용하는 경우 수평거리는 3.2[m] 이하로 한다.
③ 개방형 헤드를 사용할 때 수평주행배관은 헤드를 향해 상향으로 1/100 이상의 기울기로 설치한다.
④ 천장·반자 중 한쪽이 불연재료 외의 것으로 되어있고 천장과 반자 사이의 거리가 0.5[m] 미만인 부분은 연결살수설비헤드를 설치하지 않아도 된다.

해설 **연결살수설비의 설치기준**
• **송수구**는 구경 **65[mm]**의 **쌍구형**으로 설치할 것. 다만, 하나의 송수구역에 부착하는 살수헤드의 수가 **10개 이하**인 것에 있어서는 **단구형**의 것으로 할 수 있다.
• 천장 또는 반자의 각 부분으로부터 하나의 살수헤드까지의 수평거리가 **연결살수설비 전용헤드**의 경우는 **3.7[m]** 이하, **스프링클러헤드**의 경우는 **2.3[m]** 이하로 할 것
• 개방형 헤드를 사용하는 연결살수설비에 있어서의 **수평주행배관**은 헤드를 향하여 상향으로 **100분의 1 이상**의 기울기로 설치하고 주배관 중 낮은 부분에는 자동배수밸브를 기준에 따라 설치하여야 한다.
• 헤드 설치 제외 장소
  – 천장과 반자 **양쪽이 불연재료**로 되어 있는 경우로서 그 사이의 거리 및 구조가 다음의 어느 하나에 해당하는 부분

ⓐ 천장과 반자 사이의 거리가 2[m] 미만인 부분
ⓑ 천장과 반자 사이의 벽이 불연재료이고 천장과 반자 사이의 거리가 2[m] 이상으로서 그 사이에 가연물이 존재하지 아니하는 부분
  – 천장·반자 중 한쪽이 불연재료로 되어있고 천장과 반자 사이의 거리가 1[m] 미만인 부분
  – 천장 및 반자가 불연재료 외의 것으로 되어 있고 천장과 반자 사이의 거리가 0.5[m] 미만인 부분

67

간이스프링클러설비의 화재안전기준에 따라 펌프를 이용하는 가압송수장치를 설치하는 경우에 있어서의 정격토출압력은 가장 먼 가지배관에서 2개의 간이헤드를 동시에 개방한 경우 간이헤드 선단의 방수압력은 몇 [MPa] 이상이어야 하는가?

① 0.1[MPa]
② 0.35[MPa]
③ 1.4[MPa]
④ 3.5[MPa]

해설 **간이스프링클러설비의 규격**
상수도설비에 직접 연결하거나 펌프·고가수조·압력수조·가압수조를 이용하는 가압송수장치를 설치하는 경우에 있어서의 정격토출압력은 가장 먼 가지배관에서 **2개의 간이헤드를 동시에 개방**할 경우
• 간이헤드 선단의 **방수압력** : 0.1[MPa] 이상
• 간이헤드 1개의 **방수량** : 50[L/min] 이상

68

이산화탄소소화설비의 구성요소가 아닌 것은?

① 정압작동장치
② 음향경보장치
③ 수동기동장치
④ 선택밸브

해설 **정압작동장치** : 분말소화설비의 구성요소

69

포소화설비에 대한 설명으로 틀린 것은?

① 포워터스프링클러헤드는 바닥면적 8[m²]마다 1개 이상으로 설치하여야 한다.

② 포헤드는 특정소방대상물의 천장 또는 반자에 설치하되, 바닥면적 7[m²]마다 1개 이상으로 한다.

③ 전역방출방식의 고발포용 고정포방출구는 바닥면적 500[m²] 이내마다 1개 이상을 설치하여야 한다.

④ 포헤드를 정방형으로 배치하든 장방형으로 배치하든 간에 그 유효반경은 2.1[m]이다.

해설 **포헤드의 설치기준**
- 포워터스프링클러헤드는 특정소방대상물의 천장 또는 반자에 설치하되, 바닥면적 8[m²]마다 1개 이상으로 하여 해당 방호대상물의 화재를 유효하게 소화할 수 있도록 할 것
- 포헤드는 특정소방대상물의 천장 또는 반자에 설치하되, 바닥면적 **9[m²]마다 1개 이상**으로 하여 해당 방호대상물의 화재를 유효하게 소화할 수 있도록 할 것

70

이산화탄소소화설비의 자동식 기동장치 종류로 보편적인 종류가 아닌 것은?

① 전기식 기동장치
② 기계식 기동장치
③ 가스압력식 기동장치
④ 유압식 기동장치

해설 **자동식 기동장치의 종류**
- 전기식
- 기계식
- 가스압력식

71

5층 시장건물의 슈퍼마켓에 설치되는 스프링클러설비 전용 수원의 수량산출 계산방법으로서 옳은 것은?

① 10개 × 1.6[m³] = 16[m³]
② 20개 × 1.8[m³] = 36[m³]
③ 30개 × 1.6[m³] = 48[m³]
④ 30개 × 2.6[m³] = 78[m³]

해설 수원 = 30개 × 1.6[m³] = 48[m³]

스프링클러설비 설치장소			기준 개수
지하층을 제외한 층수가 10층 이하인 특정소방대상물	공장 또는 창고(랙식 창고를 포함한다)	특수가연물을 저장·취급하는 것	30
		그 밖의 것	20
	근린생활시설·판매시설·운수시설 또는 복합건축물	**판매시설** 또는 복합건축물 (판매시설이 설치되는 복합건축물을 말한다)	30
		그 밖의 것	20
	그 밖의 것	헤드의 부착높이가 8[m] 이상인 것	20
		헤드의 부착높이가 8[m] 미만인 것	10
아파트			10
지하층을 제외한 층수가 11층 이상인 특정소방대상물 (아파트를 제외한다)·지하가 또는 지하역사			30

72

차고 또는 주차장에 설치하는 물분무소화설비의 배수설비에 관한 내용으로 틀린 것은?

① 차량이 주차하는 장소의 적당한 곳에 높이 20[cm] 이상의 경계턱으로 배수구를 설치할 것

② 배수구에는 새어나온 기름을 모아 소화할 수 있도록 길이 40[m] 이하마다 기름분리장치를 설치할 것

③ 차량이 주차하는 바닥은 배수구를 향하여 2/100 이상의 기울기를 유지할 것

④ 배수설비는 가압송수장치의 최대송수능력의 수량을 유효하게 배수할 수 있는 크기로 할 것

해설 **물분무소화설비의 배수설비**
- 차량이 주차하는 장소의 적당한 곳에 높이 **10[cm] 이상**의 **경계턱**으로 **배수구**를 설치할 것
- 배수구에는 새어나온 기름을 모아 소화할 수 있도록 길이 40[m] 이하마다 집수관·소화피트 등 기름분리장치를 설치할 것
- 차량이 주차하는 바닥은 배수구를 향하여 100분의 2 이상의 기울기를 유지할 것
- 배수설비는 가압송수장치의 최대송수능력의 수량을 유효하게 배수할 수 있는 크기 및 기울기로 할 것

73

이산화탄소소화설비의 수동식 기동장치에 대한 설명으로 틀린 것은?

① 전역방출방식에 있어서는 방호구역마다 국소방출방식에 있어서는 방호대상물마다 설치한다.
② 해당방호구역의 출입구부분 등 조작을 하는 자가 쉽게 피난할 수 있는 장소에 설치한다.
③ 전기를 사용하는 기동장치에는 전원표시등을 설치한다.
④ 기동장치의 조작부는 바닥으로부터 높이 0.5[m] 이상 1.0[m] 이하의 위치에 설치한다.

해설 수동식 기동장치의 설치기준

- 전역방출방식은 방호구역마다 국소방출방식은 방호대상물마다 설치할 것
- 해당방호구역의 출입구 부분 등 조작을 하는 자가 쉽게 피난할 수 있는 장소에 설치할 것
- 기동장치의 조작부는 바닥으로부터 높이 0.8[m] 이상 1.5[m] 이하의 위치에 설치하고, 보호판 등에 따른 보호장치를 설치할 것
- 기동장치에는 그 가까운 곳의 보기 쉬운 곳에 "이산화탄소소화설비 기동장치"라고 표시한 표지를 할 것
- 전기를 사용하는 기동장치에는 전원표시등을 설치할 것
- 기동장치의 방출용 스위치는 음향경보장치와 연동하여 조작될 수 있는 것으로 할 것

74

호스릴 분말소화설비에 있어서는 하나의 노즐에 대한 소화약제의 저장량은 몇 [kg] 이상으로 규정하고 있는지 맞는 것은?

① 제1종 분말 : 20[kg]
② 제2종 분말 : 30[kg]
③ 제3종 분말 : 40[kg]
④ 제4종 분말 : 50[kg]

해설 호스릴 분말소화설비의 노즐당 약제저장량

소화약제의 종별	소화약제의 양
제1종 분말	50[kg]
제2종 분말 또는 제3종 분말	30[kg]
제4종 분말	20[kg]

75

바닥면적 200[m²]인 판매시설에 설치하여야 할 소화기구의 최소능력단위는 얼마인가?(단, 건축물의 주요구조부는 내화구조이고, 실내는 불연재료로 마감되어 있다. 다른 조건은 무시한다)

① 1단위
② 2단위
③ 3단위
④ 4단위

해설 특정소방대상물별 소화기구의 능력단위기준(별표 3)

특정소방대상물	소화기구의 능력단위
1. 위락시설	해당 용도의 바닥면적 30[m²]마다 능력단위 1단위 이상
2. 공연장·집회장·관람장·문화재·장례식장 및 의료시설	해당 용도의 바닥면적 50[m²]마다 능력단위 1단위 이상
3. 근린생활시설·판매시설·운수시설·숙박시설·노유자시설·전시장·공동주택·업무시설·방송통신시설·공장·창고시설·항공기 및 자동차관련시설 및 관광휴게시설	해당 용도의 바닥면적 100[m²]마다 능력단위 1단위 이상
4. 그 밖의 것	해당 용도의 바닥면적 200[m²]마다 능력단위 1단위 이상

※ 소화기구의 능력단위를 산출함에 있어서 건축물의 **주요구조부가 내화구조**이고, 벽 및 반자의 실내에 면하는 부분이 **불연재료·준불연재료** 또는 난연재료로 된 특정소방대상물에 있어서는 위 표의 **기준면적의 2배**를 해당 특정소방대상물의 기준면적으로 한다.

∴ $200[m^2] \div (100[m^2] \times 2$배$) = 1$단위

76

포소화설비의 개방밸브에 있어서 수동식 개방밸브의 설치위치로 가장 적당한 것은?

① 방유제 내에 설치
② 펌프실 또는 송액 주배관으로부터의 분기점 내에 설치
③ 방호대상물마다 절환되는 위치 이전에 설치
④ 화재 시 쉽게 접근할 수 있는 곳에 설치

해설 포소화설비의 개방밸브 설치기준

- 자동 개방밸브는 화재감지장치의 직동에 따라 자동으로 개방되는 것으로 할 것
- 수동식 개방밸브는 화재 시 쉽게 접근할 수 있는 곳에 설치할 것

77

제연설비에 있어서 하나의 제연구역 면적은 몇 [m²] 이내로 구획하여야 하는가?

① 400[m²]

② 600[m²]

③ 800[m²]

④ 1,000[m²]

해설 하나의 제연구역 면적 : 1,000[m²] 이내

78

스프링클러설비의 펌프 성능시험배관에서 유량측정장치는 성능시험배관의 직관부에 설치하되, 펌프의 정격토출량의 기준은 몇 [%] 이상 측정할 수 있는 성능으로 하여야 하는가?

① 65[%]　　　② 140[%]

③ 150[%]　　　④ 175[%]

해설 유량측정장치는 성능시험배관의 직관부에 설치하되, 펌프의 정격토출량의 175[%] 이상 측정할 수 있는 성능이 있을 것

79

고정식 분말소화약제 공급장치에 배관 및 분사헤드를 설치하여 화재발생 부분에만 집중적으로 소화약제를 방출하도록 설치하는 방식은?

① 전역방출방식　　　② 국소방출방식

③ 이동식 방출방식　　④ 탱크사이드방식

해설 분말소화설비의 방출방식의 종류

• 전역방출방식 : 고정식 분말소화약제 공급장치에 배관 및 분사헤드를 고정 설치하여 밀폐 방호구역 내에 분말소화약제를 방출하는 설비

• **국소방출방식** : 고정식 분말소화약제 공급장치에 배관 및 분사헤드를 설치하여 직접 화점에 분말소화약제를 방출하는 설비로 **화재발생 부분에만** 집중적으로 소화약제를 방출하도록 설치하는 방식

• 호스릴방식 : 분사헤드가 배관에 고정되어 있지 않고 소화약제 저장용기에 호스를 연결하여 사람이 직접 화점에 소화약제를 방출하는 이동식 소화설비

80

2개의 옥외소화전을 동시에 사용하여 방수시험을 할 경우 1개의 노즐선단에서의 방사압력[MPa]과 방수량[L/min]의 기준은 각각 얼마 이상이 되어야 하는가?

① 0.17[MPa], 130[L/min]

② 0.2[MPa], 300[L/min]

③ 0.25[MPa], 350[L/min]

④ 0.35[MPa], 400[L/min]

해설 방사압력과 방수량

소화설비	방수압	방수량
옥내소화전설비	0.17[MPa] 이상	130[L/min] 이상
옥외소화전설비	0.25[MPa] 이상	350[L/min] 이상
스프링클러설비	0.1[MPa] 이상	80[L/min] 이상

2011년 6월 12일 시행

제 **2** 회

제 1 과목 소방원론

01

소화약제로 사용되는 물에 대한 설명 중 틀린 것은?

① 극성 분자이다.
② 수소결합을 하고 있다.
③ 아세톤, 벤젠보다 증발잠열이 크다.
④ 아세톤, 구리보다 비열이 매우 작다.

해설 물의 비열은 1[cal/g · ℃]로서 다른 물질보다 크다.

02

플래시오버(Flash Over)란 무엇인가?

① 건물 화재에서 가연물이 착화하여 연소하기 시작하는 단계
② 건물 화재에서 발생한 가연성 가스가 축적되다가 일순간에 화염이 크게 되는 현상
③ 건물 화재에서 소방활동 진압이 끝난 단계
④ 건물 화재에서 다 타고 더 이상 탈 것이 없어 자연 진화된 상태

해설 플래시오버(Flash Over) : 건물 화재에서 발생한 가연성 가스가 축적되다가 일순간에 화염이 크게 되는 현상

03

액체 이산화탄소 1[kg]이 1[atm], 20[℃]의 대기 중에 방출되어 모두 기체로 변화하면 약 몇 [L]가 되는가?

① 437
② 546
③ 658
④ 772

해설 이상기체상태방정식을 적용하면

$$PV = \frac{W}{M}RT \qquad V = \frac{WRT}{PM}$$

여기서, P : 압력(1[atm])
V : 부피[L]
W : 무게(1,000[g])
M : 분자량(44)
R : (0.08205[L · atm/g-mol · K])
T : 절대온도(273+[℃]
$\quad$ =273+20=293[K])

∴ $V = \dfrac{WRT}{PM} = \dfrac{1,000 \times 0.08205 \times 293}{1 \times 44} = 546.4[\text{L}]$

04

목재의 연소형태로 옳은 것은?

① 증발연소
② 분해연소
③ 표면연소
④ 자기연소

해설 분해연소 : 종이, 목재 석탄 등

05

중질유가 탱크에서 조용히 연소하다 열유층에 의해 가열된 하부의 물이 폭발적으로 끓어 올라와 상부의 뜨거운 기름과 함께 분출하는 현상을 무엇이라 하는가?

① 플래시오버
② 보일오버
③ 백드래프트
④ 롤오버

해설 보일오버(Boil Over) : 유류 저장탱크에 화재발생 시 열류층에 의해 탱크 하부에 고인 물 또는 에멀션이 비섬 이상으로 가열되어 부피가 팽창되면서 유류를 탱크 외부로 분출시켜 화재를 확대시키는 현상

06

불연성 가스에 해당하는 것은?

① 프레온가스
② 암모니아가스
③ 일산화탄소가스
④ 메탄가스

해설 프레온가스 : 불연성 가스

07

고체연료의 연소형태를 구분할 때 해당되지 않는 것은?

① 증발연소
② 분해연소
③ 표면연소
④ 예혼합연소

해설 고체의 연소 : 증발연소, 분해연소, 표면연소, 자기연소

08

Halon 1211 소화약제의 분자식은?

① CBr_2F_2
② CH_2ClBr
③ C_2FBr
④ CF_2ClBr

해설 Halon 1211 : CF_2ClBr

09

다음 중 독성이 가장 강한 가스는?

① C_3H_8
② O_2
③ CO_2
④ $COCl_2$

해설 사염화탄소가 물과 공기와 반응할 때 발생하는 포스겐($COCl_2$)는 독성이 강하다.

10

위험물질의 자연발화를 방지하는 방법이 아닌 것은?

① 열의 축적을 방지할 것
② 저장실의 온도를 저온으로 유지할 것
③ 촉매 역할을 하는 물질과 접촉을 피할 것
④ 습도를 높일 것

해설 자연발화의 방지대책
- 습도를 낮게 할 것(습도를 낮게 해야 한 지점의 열의 확산을 잘 시킨다)
- 주위(저장실)의 온도를 낮출 것
- 통풍을 잘 시킬 것
- 불활성 가스를 주입하여 공기와 접촉을 피할 것

11

화재를 소화시키는 소화작용이 아닌 것은?

① 냉각작용
② 질식작용
③ 부촉매작용
④ 활성화작용

해설 소화효과 : 제거효과, 냉각효과, 질식효과, 부촉매효과, 희석효과, 유화효과, 피복효과

12

피난대책의 조건으로 틀린 것은?

① 피난로는 간단명료할 것
② 피난구조설비는 반드시 이동식 설비일 것
③ 막다른 복도가 없도록 계획할 것
④ 피난구조설비는 Fool-Proof와 Fail Safe의 원칙을 중시할 것

해설 피난구조설비는 고정식 설비를 위주로 할 것

13

제4류 위험물 중 제1석유류, 제2석유류, 제3석유류, 제4석유류를 구분하는 기준은?

① 착화점
② 증기비중
③ 비등점
④ 인화점

해설 제4류 위험물의 분류
- 제1석유류 : 인화점이 21[℃] 미만
- 제2석유류 : 인화점이 21[℃] 이상 70[℃] 미만
- 제3석유류 : 인화점이 70[℃] 이상 200[℃] 미만
- 제4석유류 : 인화점이 200[℃] 이상 250[℃] 미만

14

내화구조 기준에서 외벽 중 비내력벽의 경우에는 철근콘크리트조의 두께가 몇 [cm] 이상인 것인가?

① 5　　　　　　　② 6
③ 7　　　　　　　④ 8

해설 내화구조의 기준

내화구분		내화구조의 기준
벽	모든 벽	• **철근콘크리트조** 또는 철골·철근콘크리트조로서 두께가 10[cm] 이상인 것 • 골구를 철골조로 하고 그 양면을 두께 4[cm] 이상의 철망모르타르로 덮은 것 • 두께 5[cm] 이상의 콘크리트 블록·벽돌 또는 석재로 덮은 것 • 철재로 보강된 콘크리트블록조·벽돌조 또는 석조로서 철재에 덮은 두께가 5[cm] 이상인 것
	외벽 중 비내력벽	• **철근콘크리트조** 또는 철골·철근콘크리트조로서 두께가 7[cm] 이상인 것 • 골구를 철골조로 하고 그 양면을 두께 3[cm] 이상의 철망모르타르로 덮은 것 • 두께 4[cm] 이상의 콘크리트 블록·벽돌 또는 석재로 덮은 것 • 무근콘크리트조·콘크리트블록조·벽돌조 또는 석조로서 두께가 7[cm] 이상인 것

15

소화(消火)를 하기 위한 방법으로 틀린 것은?

① 산소의 농도를 낮추어 준다.
② 가연성 물질을 냉각시킨다.
③ 가열원을 계속 공급한다.
④ 연쇄반응을 억제한다.

해설 소화는 연소의 3요소 중 한 가지 이상을 제거하여 주는 것으로 가열원을 계속 공급하면 연소를 확대시키는 것이다.

16

햇빛에 방치한 기름걸레가 자연발화를 일으켰다. 다음 중 이때의 원인에 가장 가까운 것은?

① 광합성작용　　　② 산화열 축적
③ 흡열반응　　　　④ 단열압축

해설 기름걸레를 햇빛에 방치하면 산화열의 축적에 의하여 자연발화한다.

17

등유 또는 경유의 화재에 해당하는 것은?

① A급 화재　　　　② B급 화재
③ C급 화재　　　　④ D급 화재

해설 B급 화재 : 제4류 위험물(등유, 경유)의 화재

18

메탄 1[mol]이 완전 연소하는 데 필요한 산소는 몇 [mol]인가?

① 1　　　　　　　② 2
③ 3　　　　　　　④ 4

해설 메탄의 연소반응식

$$CH_4 + 2O_2 \rightarrow CO_2 + 2H_2O$$

19

제2종 분말소화약제의 주성분은?

① 제1인산암모늄
② 황산나트륨
③ 탄산수소나트륨
④ 탄산수소칼륨

해설 제2종 분말소화약제 : 탄산수소칼륨($KHCO_3$)

20

산소와 질소의 혼합물인 공기의 평균 분자량은?(단, 공기는 산소 21[vol%], 질소 79[vol%]로 구성되어 있다고 가정한다)

① 30.84　　　　　② 29.84
③ 28.84　　　　　④ 27.84

해설 공기의 평균분자량 $= (28 \times 0.79) + (32 \times 0.21)$
　　　　　　　　　　$= 28.84$

제 **2** 과목 | 소방유체역학

21

수조에서 지름 80[mm]인 배관으로 20[℃], 물이 0.95[m³/min]의 유량으로 유입될 때 5[m]의 부차 손실이 발생하였다. 이때의 부차적 손실계수는?(단, 중력가속도 g = 9.8[m/s²]이다)

① 9.0   ② 9.4

③ 9.9   ④ 10.2

해설 부차적 손실계수

$$h = K\frac{u^2}{2g} \qquad K = \frac{h \times 2g}{u^2}$$

여기서, h : 손실수두[m]

g : 중력가속도(9.8[m/s²])

u : 유속 $\left(u = \frac{Q}{A}\right) = \dfrac{0.95[\text{m}^3]/60[\text{s}]}{\frac{\pi}{4}(0.08[\text{m}])^2}$

$\qquad = 3.15[\text{m/s}]$

$\therefore K = \dfrac{h \times 2g}{u^2} = \dfrac{5 \times 2 \times 9.8}{(3.15)^2} = 9.88$

22

다음 중 펌프의 이상현상인 공동현상(Cavitation)의 발생 원인과 거리가 먼 것은?

① 펌프의 흡입측 손실이 클 경우

② 펌프의 마찰손실이 클 경우

③ 펌프의 토출측 배관에 수조나 공기저장기가 있는 경우

④ 펌프의 흡입측 배관경이 너무 작을 경우

해설 흡입측 배관이 작을 때 흡입측 수두와 마찰손실이 클 때 공동현상이 발생한다.

23

관 속에 물이 흐르고 있다. 피토-정압관을 수은이 든 U자관에 연결하여 전압과 정압을 측정하였더니 20[mm]의 액면차가 생겼다. 피토-정압관의 위치에 서의 유속은 약 몇 [m/s]인가?(단, 속도계수는 0.95 이다)

① 2.11   ② 3.65

③ 11.11   ④ 12.35

해설 피토-정압관의 유속

$$V = c\sqrt{2gR\left(\frac{S_o}{S} - 1\right)}$$

여기서, c : 속도계수

$\qquad g$: 중력가속도(9.8[m/s²])

$\qquad R$: 액면차[m]

$\qquad S_o$: 수은의 비중

$\qquad S$: 물의 비중

$\therefore V = c\sqrt{2gR\left(\dfrac{S_o}{S} - 1\right)}$

$\quad = 0.95\sqrt{2 \times 9.8[\text{m/s}^2] \times 0.02[\text{m}]\left(\dfrac{13.6}{1} - 1\right)}$

$\quad = 2.11[\text{m/s}]$

24

측정되는 압력에 의하여 생기는 금속의 탄성변형을 기계적으로 확대 지시하여 유체의 압력을 재는 계기는?

① 마노미터   ② 시차액주계

③ 부르동관 압력계   ④ 기압계

해설 **부르동관 압력계** : 측정되는 압력에 의하여 생기는 금 속의 탄성변형을 기계적으로 확대 지시하여 유체의 압력을 측정하는 계기

25

펌프의 양정 가운데 실양정(Actual Head)을 가장 적합하게 설명한 것은?

① 펌프의 중심선으로부터 흡입 액면까지의 수직 높이

② 흡입 액면에서 송출 액면까지의 수직 높이

안심Touch

③ 펌프의 중심선으로부터 송출 액면까지의 수직 높이

④ 흡입 액면에서 송출 액면까지의 마찰손실수두

해설 **실양정** : 펌프를 중심으로 하여 흡입 액면에서 송출 액면까지의 수직 높이

26

50[kg]의 액화 할론 1301이 21[℃]에서 대기 중으로 방출 할 경우 부피는 몇 [m³]가 되는가?(단, 할론 1301의 분자량은 149이고, 대기압은 101[kPa], 일반 기체상수는 8,314[J/kmol·K]이다)

① 7.51   ② 8.12

③ 0.16   ④ 8.98

해설 이상기체상태방정식을 적용하면

$$PV = \frac{W}{M}RT \quad V = \frac{WRT}{PM}$$

여기서, P : 압력

           $(101[\text{kPa}] = 101 \times 1,000[\text{N/m}^2])$

      V : 부피[m³]

      W : 무게(50[kg])

      M : 분자량(149)

      R : 기체상수

           $(8,314[\text{J/k} - \text{mol} \cdot \text{K}]$

            $= 8,314[\text{N} \cdot \text{m/k} - \text{mol} \cdot \text{K}])$

      T : 절대온도

           $(273 + [℃] = 273 + 21 = 294[\text{K}])$

$$\therefore V = \frac{WRT}{PM}$$

$$= \frac{50 \times 8,314 \times 294}{(101 \times 1,000) \times 149} = 8.12[\text{m}^3]$$

27

다음 중 베르누이 방정식이 유도되기 위한 조건이 아닌 것은?

① 유동은 압축성 유동이다.

② 유체 입자는 유선에 따라 움직인다.

③ 유체는 마찰이 없다(점성력이 0이다).

④ 유동은 정상유동이다.

해설 베르누이 방정식 적용 조건

- 정상흐름
- 비압축성 흐름
- 비점성 흐름

28

이상유체의 정의를 옳게 설명한 것은?

① 압축을 가하면 체적이 수축하고 압력을 제거하면 처음 체적으로 되돌아가는 유체

② 유체 유동 시 마찰 전단응력이 발생하지 않으며 압력변화에 따른 체적변화가 없는 유체

③ 뉴턴의 점성법칙을 만족하는 유체

④ 오염되지 않는 순수한 유체

해설 **이상유체** : 유체 유동 시 마찰 전단응력이 발생하지 않으며 압력변화에 따른 체적변화가 없는 유체

29

그림과 같이 60°기울어진 4[m] × 8[m]의 수문이 A 지점에서 힌지(Hinge)로 연결되어 있을 때 이 수문을 열기 위한 최소 힘 F는 몇 [kN]인가?

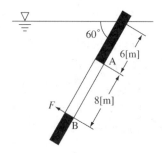

① 1,450   ② 1,540

③ 1,590   ④ 1,650

해설 $F = \gamma y \sin\theta A$

    $= 1,000[\text{kg}_\text{f}/\text{m}^3] \times (6+4)[\text{m}] \times \sin 60 \times (4 \times 8)$

    $= 277,128[\text{kg}_\text{f}]$

$$y_D - \frac{I_C}{y_A} + y = \frac{\frac{4 \times 8^3}{12}}{10 \times 32} + 10 = 10.53[\text{m}]$$

$$\therefore \Sigma M_A = 0$$

    $F \times 8 - 277,128(10.53 - 6) = 0$

    $F = 156,924[\text{kg}_\text{f}]$

이것을 [kN]으로 환산하면

$156,924 \times 9.8[\text{N}] \div 1,000 = 1537.85[\text{kN}]$

$$1[\text{kg}_\text{f}] = 9.8[\text{N}]$$

30

지름 0.2[cm]인 모세관에서 표면장력에 의한 물의 상승높이는 몇 [m]인가?(단, 표면장력계수는 $7.4 \times 10^{-2}[\text{N/m}]$이고 접촉각은 30°이다)

① 0.013
② 0.0012
③ 0.0027
④ 0.031

해설 상승높이(h)

$$h = \frac{4\sigma\cos\theta}{\gamma d}$$

여기서, σ : 표면장력[N/m]
θ : 각도
γ 비중량(9,800[N/m³])
d : 직경[m]

$\therefore \ h = \dfrac{4 \times 0.074[\text{N/m}] \times \cos 30°}{9.800 \times 0.002[\text{m}]} = 0.013[\text{m}]$

31

소화펌프의 토출량이 48[m³/h], 양정 50[m], 펌프효율 67[%]일 때 필요한 축동력은 약 몇 [kW]인가?

① 6.24
② 9.75
③ 10.7
④ 12.1

해설 축동력

$$P[\text{kW}] = \frac{\gamma \, QH}{102 \times \eta}$$

$\therefore \ P[\text{kW}] = \dfrac{\gamma \, QH}{102 \times \eta}$

$= \dfrac{1,000[\text{kg}_\text{f}/\text{m}^3] \times 48[\text{m}^3]/3,600[\text{s}] \times 50[\text{m}]}{102 \times 0.67}$

$= 9.75[\text{kW}]$

32

유체의 흐름에서 유선이란 무엇인가?

① 한 유체 입자가 일정한 기간에 움직인 경로
② 유체 유동 시 유동 단면의 중심을 연결한 선이다.
③ 공간 내의 한 점을 지나는 모든 유체입자들의 순간궤적을 말한다.
④ 유동장 내에서 속도벡터의 방향과 일치하도록 그려진 연속적인 선을 말한다.

해설 정의
• 유선(流線) : 유동장 내의 모든 점에서 속도벡터의 방향과 일치하도록 그려진 가상곡선
• 유적선(流跡線) : 한 유체입자가 일정기간 동안에 움직인 경로
• 유맥선(流脈線) : 공간 내의 한 점을 지나는 모든 유체 입자들의 순간궤적

33

어느 이상기체 10[kg]의 온도를 200[℃]만큼 상승시키는 데 필요한 열량은 압력이 일정한 경우와 체적이 일정한 경우에 375[kJ]의 차이가 있다. 이 이상기체의 기체상수는 약 몇 [J/kg · K]인가?

① 185.5
② 187.5
③ 191.5
④ 194.5

해설 기체상수를 구하면
• 압력이 일정한 경우 : 열량 $Q_P = mC_P\Delta t$
• 체적이 일정한 경우 : 열량 $Q_V = mC_V\Delta t$
$\therefore$ 기체상수 $R = C_P - C_V$
$Q_P - Q_V = mC_P\Delta t - mC_V\Delta t = m\Delta t\,(C_P - C_V)$
$R = \dfrac{Q_P - Q_V}{m\Delta t} = \dfrac{375 \times 10^3}{10 \times 200} = 187.5[\text{J/kg} \cdot \text{K}]$

34

내경 20[cm]인 배관 속을 매분 1.8[m³]의 정상흐름을 보여주는 유체의 레이놀즈수가 1.5×10^6이었다면 이 유체의 점성계수는 몇 [Pa · s]인가?(단, 유체 밀도는 780[kg/m³]이다)

① 4.97×10^{-5}
② 9.93×10^{-5}
③ 1.277×10^{-4}
④ 9.73×10^{-4}

해설 점성계수

$$[Pa \cdot s] = [\frac{N}{m^2} \times s] = [\frac{kg\frac{m}{s^2} \times s}{m^2}] = [kg/m \cdot s]$$이

므로

레이놀즈수(Reynolds Number, Re)에서 점성계수를 구하면

$$Re = \frac{Du\rho}{\mu}$$

여기서, D : 관의 내경(0.2[m])

$$u(유속) = \frac{Q}{A} = \frac{4Q}{\pi D^2}$$

$$= \frac{4 \times 1.8[m^3]/60[s]}{3.14 \times (0.2[m])^2}$$

$$= 0.955[m/s]$$

ρ : 밀도(780[kg/m³])

μ : 점성계수[kg/m · s]

$$\therefore \mu = \frac{Du\rho}{Re} = \frac{0.2 \times 0.955 \times 780}{1.5 \times 10^6}$$

$$= 9.93 \times 10^{-5}[kg/m \cdot s]$$

35

수압기의 피스톤의 직경이 각각 60[cm]와 15[cm]이다. 작은 피스톤에 14.7[N]의 힘을 가하면 큰 피스톤에는 몇 [N]의 하중을 올릴 수 있겠는가?

① 98.5   ② 168.2

③ 235.2   ④ 298.3

해설

$$\frac{W_1}{A_1} = \frac{W_2}{A_2}$$

$$\frac{14.7N}{\frac{\pi}{4}(15)^2} = \frac{W_2}{\frac{\pi}{4}(60)^2}$$

$$\therefore W_2 = 235.2[N]$$

36

안지름이 300[mm], 길이가 301[m]인 주철관을 통하여 물이 유속 3[m/s]로 흐를 때 손실수두는 몇 [m]인가?(단, 관마찰계수는 0.05이다)

① 20.1   ② 23.0

③ 25.8   ④ 28.9

해설 Darcy-Weisbach식을 이용하면

$$손실수두 \; H = \frac{flu^2}{2gD}$$

$$= \frac{0.05 \times 301[m] \times (3[m/s])^2}{2 \times 9.8[m/s^2] \times 0.3[m]}$$

$$= 23.03[m]$$

37

기체의 온도가 상승할 때 점성계수를 가장 올바르게 표현한 것은?

① 분자운동량의 증가로 증가한다.

② 분자운동량의 감소로 감소한다.

③ 분자응집력의 증가로 증가한다.

④ 분자응집력의 감소로 감소한다.

해설 기체의 온도가 상승할 때 점성계수는 분자운동량의 증가로 증가한다.

38

그림과 같이 직각으로 구부러진 고정 날개에 밀도 ρ인 물 분류가 충돌하여 수직 방향으로 분출되고 있다. 분류의 속도는 V, 유량은 Q일 때 고정 날개가 받는 충격력의 크기는?

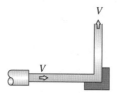

① $\frac{1}{\sqrt{2}} \rho QV$ ② $\sqrt{2} \rho QV$

③ $2\rho QV$ ④ $2\sqrt{2} \rho QV$

해설 충격력

$$F = \sqrt{F_x^2 + F_y^2} = \sqrt{(\rho QV)^2 + (\rho QV)^2}$$

$$= \sqrt{2(\rho QV)^2} = \sqrt{2} \rho QV$$

- x방향의 분력

$$F_x = \rho QV(1 - \cos\theta) V = \rho QV(1 - \cos 90°)$$

$$= \rho QV$$

- y방향의 분력

$$F_y = \rho QV\sin\theta = \rho QV\sin 90° = \rho QV$$

39

압력 $P_1 = 100$[kPa], 온도 $T_1 = 400$[K], 체적 $V_1 = 1.0$[m³]인 밀폐계(Closed System)의 이상기체가 $PV^{1.4} = $ constant인 폴리트로픽 과정(Polytropic Process)을 거쳐 압력 $P_2 = 500$[kPa]까지 압축된다. 이 과정에서 기체가 한 일은 약 몇 [kJ]인가?

① -100 ② -120
③ -150 ④ -180

해설

- $\dfrac{T_2}{T_1} = \left(\dfrac{P_2}{P_1}\right)^{\frac{k-1}{k}}$

- 일 $W = \dfrac{P_1 V_1}{n-1}\left(1 - \dfrac{T_2}{T_1}\right) = \dfrac{P_1 V_1}{n-1}\left(1 - \left(\dfrac{P_2}{P_1}\right)^{\frac{k-1}{k}}\right)$

  $= \dfrac{100 \times 1}{1.4 - 1}\left(1 - \left(\dfrac{500}{100}\right)^{\frac{1.4-1}{1.4}}\right)$

  $= -146$[kJ]

40

멀리 떨어진 화염으로부터 직접 열기를 느끼게 되는 열전달의 원리는?

① 복 사   ② 대 류
③ 전 도   ④ 비 등

해설 복사 : 양지바른 곳에 앉아 있으면 따뜻함을 느끼는 것과 같이 멀리 떨어진 화염으로부터 직접 열기를 느끼게 되는 열전달의 원리

제 **3** 과목   소방관계법규

41

점포에서 위험물을 용기에 담아 판매하기 위하여 지정수량의 40배 이하의 위험물을 취급하는 장소는?

① 일반취급소   ② 주유취급소
③ 판매취급소   ④ 이송취급소

해설 판매취급소 : 점포에서 위험물을 용기에 담아 판매하기 위하여 지정수량의 **40배 이하**의 위험물을 취급하는 장소

42

제조소 중 위험물을 취급하는 건축물의 구조는 특별한 경우를 제외하고는 어떻게 하여야 하는가?

① 지하층이 없는 구조이어야 한다.
② 지하층이 있는 1층 이내의 건축물이어야 한다.
③ 지하층이 있는 구조이어야 한다.
④ 지하층이 있는 2층 이내의 건축물이어야 한다.

해설 제조소는 **지하층**이 **없도록** 하여야 한다(위험물법 규칙 별표 4).

43

의용소방대의 설치 등에 대한 사항으로 옳지 않은 것은?

① 의용소방대원은 비상근으로 한다.
② 소방업무를 보조하기 위하여 특별시·광역시·시·읍·면에 의용소방대를 둔다.
③ 의용소방대의 운영과 처우 등에 대한 경비는 그 대원의 임면권자가 부담한다.
④ 의용소방대의 설치·명칭·구역·조직 훈련 등 운영 등에 관하여 필요한 사항은 소방청장이 정한다.

해설 법 개정으로 맞지 않는 문제임

44

일반적으로 일반 소방시설설계업의 기계분야의 영업범위는 연면적 몇 [m²] 미만의 특정소방대상물에 대한 소방시설의 설계인가?

① 10,000   ② 20,000
③ 30,000   ④ 50,000

해설 일반 소방시설설계업의 영업범위 : 30,000[m²] 미만 (공사업법령 별표 1)

45

산화성 고체이며 제1류 위험물에 해당하는 것은?

① 황화인
② 칼 륨
③ 유기과산화물
④ 염소산염류

해설 위험물의 분류

종 류	품 명	유 별
황화인	가연성 고체	제2류 위험물
칼 륨	자연발화성 및 금수성 물질	제3류 위험물
유기과산화물	자기반응성 물질	제5류 위험물
염소산염류	산화성 고체	제1류 위험물

46

다음 중 소방기본법 시행령에서 규정하는 국고보조대 상이 아닌 것은?

① 소화설비
② 소방자동차
③ 소방전용 전산설비
④ 소방전용 통신설비

해설 국고보조 대상
- 소방활동장비 및 설비
  - **소방자동차**
  - **소방헬리콥터 및 소방정**
  - 소방전용통신설비 및 전산설비
  - 그 밖의 방화복 등 소방활동에 필요한 소방장비
- 소방관서용 청사

47

다음 중 소방시설공사업을 하려는 자가 공사업 등록 신청시에 제출하여야 하는 서류로 볼 수 없는 것은?

① 소방기술인력 연명부
② 소방산업공제조합에 출차 예치·담보한 금액 확 인서
③ 전문경영진단기관이 신청일 전 최근 90일 이내 에 작성한 기업진단보고서
④ 법인 등기부 등본

해설 등록 시 제출서류
- 소방기술인력연명부 및 기술자격증(자격수첩)
- 소방청장이 지정하는 금융회사 또는 소방산업공제 조합에 출자·예치·담보한 금액 확인서 1부
- 금융위원회에 등록한 공인회계사나 전문경영진단기 관이 신청일 전 최근 90일 이내에 작성한 자산평가액 또는 기업진단보고서(소방시설공사업만 해당한다)

48

소방신호의 방법에 해당되지 않는 것은?

① 타 종
② 사이렌
③ 게시판
④ 수신호

해설 소방신호의 방법 : 타종, 사이렌, 게시판, 통풍대, 기

49

관계인이 예방규정을 정하여야 하는 제조소 등의 기 준으로 올바른 것은?

① 지정수량의 20배 이상의 위험물을 취급하는 제 조소
② 지정수량의 150배 이상의 위험물을 저장하는 옥 내저장소
③ 지정수량의 200배 이상의 위험물을 저장하는 옥외저장소
④ 지정수량의 250배 이상의 위험물을 저장하는 옥외탱크저장소

해설 예방규정을 정하여야 할 제조소 등
- 지정수량의 **10배 이상**의 위험물을 취급하는 **제조소**
- 지정수량의 **10배 이상**의 위험물을 취급하는 일반취 급소
- 지정수량의 **100배 이상**의 위험물을 저장하는 **옥외 저장소**
- 지정수량의 **150배 이상**의 위험물을 저장하는 **옥내 저장소**
- 지정수량의 **200배 이상**의 위험물을 저장하는 **옥외 탱크저장소**
- 암반탱크저장소
- 이송취급소

정답 45 ④ 46 ① 47 ④ 48 ④ 49 ②

50

소방활동에 종사하여 시·도지사로부터 소방활동의 비용을 지급받을 수 있는 자는?

① 특정소방대상물에 화재, 재난·재해 그 밖의 상황이 발생한 경우 그 관계인
② 특정소방대상물에 화재, 재난·재해 그 밖의 상황이 발생한 경우 구급활동을 한 자
③ 화재 또는 구조·구급현장에서 물건을 가져간 자
④ 고의 또는 과실로 인하여 화재 또는 구조·구급활동이 필요한 상황을 발생시킨 자

해설 소방활동의 비용을 지급받을 수 없는 자
- 특정소방대상물에 화재, 재난·재해 그 밖의 위급한 상황이 발생한 경우 그 관계인
- 고의 또는 과실로 인하여 화재 또는 구조·구급활동이 필요한 상황을 발생시킨 자
- 화재 또는 구조·구급현장에서 물건을 가져간 자

51

특별한 경우를 제외하고 소방특별조사를 하기 위해 관계인에게 알려야 하는 기간으로 옳은 것은?

① 2일　　② 5일
③ 7일　　④ 14일

해설 소방특별조사시 관계인에게 통보기간 : 7일 전

52

특정소방대상물의 방염대상이 아닌 것은?

① 아파트를 제외한 11층 이상인 건물
② 안마시술소, 체력단련장, 숙박시설, 종합병원
③ 다중이용업의 영업장
④ 실내수영장

해설 방염처리 대상 특정소방대상물
- 근린생활시설 중 의원, 체력단련장, 공연장 및 종교집회장
- 건축물의 옥내에 있는 시설로서 다음의 시설
  - 문화 및 집회시설
  - 종교시설
  - 운동시설(수영장은 제외)
- 의료시설
- 교육연구시설 중 합숙소

- 노유자시설
- 숙박이 가능한 수련시설
- 숙박시설
- 방송통신시설 중 방송국 및 촬영소
- 다중이용업소(안마시술소)
- 층수가 11층 이상인 것(아파트는 제외)

53

다음 중 소방시설관리업을 등록할 수 있는 자는?

① 피성년후견인
② 금고 이상의 형의 집행유예선고를 받고 그 유예기간 중에 있는 사람
③ 금고 이상의 형을 선고 받고 그 집행이 종료되거나 집행이 면제된 날부터 2년이 경과되지 아니한 사람
④ 소방시설관리업의 등록이 취소된 날로부터 2년이 경과된 사람

해설 관리업의 등록의 결격사유
- 피성년후견인
- 소방시설설치유지법률, 소방기본법, 소방시설공사업법 및 위험물안전관리법에 따른 금고 이상의 실형의 선고를 받고 그 집행이 끝나거나(집행이 끝난 것으로 보는 경우를 포함한다) 집행이 면제된 날부터 2년이 지나지 아니한 사람
- 이 법, 소방기본법, 소방시설공사업법 또는 위험물안전관리법에 따른 금고 이상의 형의 집행유예를 받고 그 유예기간 중에 있는 사람
- 관리업의 등록이 취소된 날부터 2년이 지나지 아니한 사람

54

소방시설의 종류 중 경보설비가 아닌 것은?

① 비상방송설비
② 누전경보기
③ 연결살수설비
④ 자동화재속보설비

해설 연결살수설비 : 소화활동설비

55

다음 중 대통령령으로 정하는 소방용품에 속하지 않는 것은?

① 방염제
② 소화약제에 따른 간이소화용구
③ 가스누설경보기
④ 휴대용 비상조명등

[해설] 휴대용 비상조명등, 공기안전매트, 시각경보기는 소방용품이 아니다.

56

무창층이란 지상층 중 피난 또는 소화활동상 유효한 개구부의 면적이 그 층의 바닥면적의 얼마 이하가 되는 층을 말하는가?

① 40분의 1 이하　　② 30분의 1 이하
③ 20분의 1 이하　　④ 10분의 1 이하

[해설] **무창층(無窓層)** : 지상층 중 피난 또는 소화활동상 유효한 개구부의 면적이 그 층의 바닥면적의 30분의 1 이하가 되는 층

57

다음 중 무선통신보조설비를 반드시 설치하여야 하는 특정소방대상물로 볼 수 없는 것은?

① 지하층의 바닥면적의 합계가 2,500[m²]인 경우
② 지하층의 층수가 3개층으로 지하층의 바닥면적의 합계가 1,000[m²]인 경우
③ 지하가(터널 제외)의 연면적이 1,500[m²]인 경우
④ 지하가 터널로서 길이가 500[m]인 경우

[해설] **무선통신보조설비를 설치대상물(가스시설 제외)**
- 지하가(터널을 제외한다)로서 연면적 1,000[m²] 이상인 것
- **지하층의 바닥면적의 합계가 3,000[m²] 이상**인 것 또는 지하층의 층수가 3층 이상이고 지하층의 바닥면적의 합계가 1,000[m²] 이상인 것은 지하층의 모든 층
- 지하가 중 터널로서 길이가 5백[m] 이상인 것
- 지하구로서 규정에 의한 공동구
- 층수가 30층 이상인 것으로서 16층 이상 부분의 모든 층

58

공공기관 소방안전관리업무의 강습과목으로 해당되지 않는 것은?

① 소방관계법령
② 응급처치요령
③ 위험물 실무
④ 소방학개론

[해설] 공공기관 소방안전관리업무의 강습과목(시행규칙 별표 5)
※ 법령 개정으로 맞지 않는 문제임

59

다음은 소방기본법상 소방업무를 수행하여야 할 주체이다. 설명이 옳은 것은?

① 소방청장, 시·도지사는 화재, 재난·재해 그 밖에 구조·구급이 필요한 상황이 발생하였을 때에 신속한 소방활동을 위한 정보를 수집·전파하기 위하여 종합상황실을 설치·운영하여야 한다.
② 소방의 역사와 안전문화를 발전시키고 국민의 안전의식을 높이기 위하여 소방청장은 소방박물관을, 소방본부장이나 소방서장은 소방체험관을 설립하여 운영할 수 있다.
③ 시·도지사는 관할 지역의 특성을 고려하여 종합계획의 시행에 필요한 세부계획을 매년 수립하고 이에 따른 소방업무를 성실히 수행하여야 한다.
④ 소방본부장이나 소방서장은 소방활동에 필요한 소화전·급수탑·저수조를 설치하고 유지 관리하여야 한다.

[해설] **소방업무**
- **소방청장·소방본부장**이나 **소방서장**은 화재, 재난·재해 그 밖에 구조·구급이 필요한 상황이 발생한 때에 신속한 소방활동(소방업무를 위한 모든 활동을 말한다)을 위한 정보를 수집·전파하기 위하여 종합상황실을 설치·운영하여야 한다.
- 소방의 역사와 안전문화를 발전시키고 국민의 안전의식을 높이기 위하여 **소방청장**은 **소방박물관**을, **시·도지사**는 **소방체험관**(화재현장에서의 피난 등을 체험할 수 있는 체험관을 말한다)을 설립하여 운영할 수 있다.

정답 55 ④　56 ②　57 ①　58 ④　59 ③

• **시·도지사**는 소방활동에 필요한 소화전(消火栓)·급수탑(給水塔)·저수조(貯水槽)(이하 "소방용수시설"이라 한다)를 설치하고 유지·관리하여야 한다. 다만, 수도법의 규정에 따라 소화전을 설치하는 일반수도사업자는 관할 소방서장과 사전협의를 거친 후 소화전을 설치하여야 하며 설치사실을 관할 소방서장에게 통지하고 그 소화전을 유지·관리하여야 한다.

60

위험물 안전관리법령에서 정하는 자체소방대에 관한 원칙적인 사항으로 옳지 않은 것은?

① 제4류 위험물을 취급하는 제조소 또는 일반취급소에 대하여 적용한다.

② 저장·취급하는 양이 지정수량의 3만배 이상의 위험물에 한한다.

③ 대상이 되는 관계인은 대통령령의 규정에 의하여 화학소방자동차 및 자체소방대원을 두어야 한다.

④ 자체소방대를 두지 아니한 허가받은 관계인에 대한 벌칙은 1년 이하의 징역 또는 1,000만원 이하의 벌금이다.

[해설] 자체소방대 : 제4류 위험물을 취급하는 지정수량의 3,000배 이상인 제조소 또는 일반취급소

제 4 과목 | **소방기계시설의 구조 및 원리**

61

제연설비의 배출기 및 배출 풍도에 관한 설명 중 틀린 것은?

① 배출기와 배출풍도의 접속 부분에 사용하는 캔버스는 내열성이 있는 것으로 할 것

② 배출기의 전동기 부분과 배풍기 부분은 분리하여 설치할 것

③ 배풍기 부분을 유효한 내열처리로 할 것

④ 배출기의 흡입측 풍도 안의 풍속은 초속 15[m] 이상으로 할 것

[해설] 제연설비의 배출기 및 배출 풍도

• 배출기와 배출풍도의 접속 부분에 사용하는 캔버스는 내열성(석면재료는 제외한다)이 있는 것으로 할 것

• 배출기의 전동기 부분과 배풍기 부분은 분리하여 설치하여야 하며, 배풍기 부분은 유효한 내열처리를 할 것

• 배출기의 흡입측 풍도 안의 풍속은 15[m/s] 이하로 하고 **배출측 풍속은 20[m/s] 이하**로 할 것

62

소화기 중 대형소화기에 충전하는 소화약제의 기준은 할론소화기의 경우 몇 [kg] 이상인가?

① 50　　　　　② 40

③ 30　　　　　④ 20

[해설] 대형소화기의 충전량

종 별	소화약제의 충전량
포	20[L]
강화액	60[L]
물	80[L]
분 말	20[kg]
할 론	30[kg]
이산화탄소	50[kg]

63

폐쇄형 스프링클러 헤드(표준형)을 사용하는 설비의 경우 가압송수장치의 1분당 송수량은 기준개수에 몇 [L]를 곱한 양 이상으로 정하는가?

① 50[L]　　　　② 60[L]

③ 70[L]　　　　④ 80[L]

[해설] 폐쇄형 스프링클러설비의 방수량
= N(헤드수) × 80[L/min]

64

연결살수설비 전용헤드를 사용하는 배관의 설치에서 하나의 배관에 부착하는 살수헤드가 4개일 때 배관의 구경은 몇 [mm] 이상으로 하는가?

① 40[mm]　　　② 50[mm]

③ 65[mm]　　　④ 80[mm]

하나의 배관에 부착하는 살수헤드의 개수	배관의 구경[mm]
1개	32
2개	40
3개	50
4개 또는 5개	65
6개 이상 10개 이하	80

65

옥내소화전설비의 배관에 관한 규정으로 옳지 않은 것은?

① 옥내소화전 방수구와 연결되는 가지배관의 구경은 40[mm] 이상으로 한다.

② 주배관 중 수직배관의 구경은 50[mm] 이상으로 한다.

③ 연결송수관설비의 배관과 겸용할 경우의 방수구로 연결되는 배관의 구경은 65[mm] 이상으로 한다.

④ 연결송수관설비의 배관과 겸용할 경우의 급수주배관의 구경은 80[mm] 이상으로 한다.

해설 연결송수관설비의 배관과 겸용할 경우
- 주배관 : 구경 100[mm] 이상
- 방수구로 연결되는 배관의 구경은 65[mm] 이상

66

자동소화설비가 설치되지 아니한 음식점의 바닥면적이 170[m²]인 주방에 소화기를 설치하고, 그 외 추가적으로 자동확산소화기를 설치하려고 할 때 몇 개를 설치해야 하는가?

① 1개

② 2개

③ 3개

④ 4개

해설 부속용도별로 추가하여야 할 소화기구(제4조 제1항 제3호 관련)

용도별	1. 다음의 시설. 다만, 스프링클러설비·간이스프링클러설비·물분무 등 소화설비 상업용 주방자동소화장치가 설치된 경우에는 자동확산소화기를 설치하지 아니 할 수 있다. 가. 보일러실의(아파트의 경우 방화구획된 것을 제외한다)·건조실·세탁소·대량화기취급소 나. 음식점(지하가의 음식점을 포함한다)·다중이용업소·호텔·기숙사·의료시설·업무시설·공장의 주방 다만, 의료시설·업무시설 및 공장의 주방은 공동취사를 위한 것에 한한다. 다. 관리자의 출입이 곤란한 변전실·송전실·변압기실 및 배전반실(불연재료로 된 상자 안에 장치된 것을 제외한다) 라. 지하구의 제어반 또는 분전반
소화기구의 능력단위	해당 용도의 바닥면적 25[m²]마다 능력단위 1단위 이상의 소화기로 하고, 그 외에 자동확산소화기를 바닥면적 10[m²] 이하는 1개, 10[m²] 초과는 2개를 설치 할 것. 다만, 지하구의 제어반 또는 분전반의 경우에는 제어반 또는 분전반의 내부에 가스·분말·고체에어로졸 자동소화장치를 설치하여야 한다.

67

바닥면적이 45[m²]인 차고에 물분무소화설비를 설치하고자 한다. 가압송수장치(펌프)의 1분당 토출량은 최소 몇 [L] 이상이 되어야 하는가?

① 900

② 950

③ 1,000

④ 1,200

해설 차고 주차장의 토출량

바닥면적(50[m²] 이하는 50[m²]로) × 20[L/min · m²]

=50[m²] × 20[L/min · m²]=1,000[L]

68

체적 300[m²]이고 자동폐쇄장치가 없는 개구부의 면적 2.5[m²]인 특수 가연물의 저장소에 제2종 분말 소화설비를 설치하고자 할 경우 필요한 소화약제의 양은 약 몇 [kg]인가?(단, 전역방출방식이다)

① 108

② 115

③ 191

④ 241

해설 분말소화약제 저장량[kg]

> 소화약제 저장량[kg]
> =방호구역 체적[m³] × 소화약제량[kg/m³]
> +개구부의 면적[m²] × 가산량[kg/m²]

※ 개구부의 면적은 자동폐쇄장치가 설치되어 있지 않는 면적이다.

분말소화약제의 소화약제량

소화약제의 종별	소화약제량	가산량
제1종 분말	0.60[kg/m³]	4.5[kg/m²]
제2종 분말 또는 제3종 분말	0.36[kg/m³]	2.7[kg/m²]
제4종 분말	0.24[kg/m³]	1.8[kg/m²]

∴ 약제량=방호구역 체적[m³] × 소화약제량[kg/m³]
　　　　　+개구부의 면적[m²] × 가산량[kg/m²]
　　　　=300[m²] × 0.36[kg/m³]+2.5[m²]
　　　　　× 2.7[kg/m²]
　　　　=114.75[kg]

69

제연설비 설치장소에 제연구역을 구획할 때 설치기준에 대한 내용으로 틀린 것은?

① 하나의 제연구역의 면적은 1,000[m²] 이내로 할 것
② 거실과 통로는 상호 제연구획할 것
③ 통로상의 제연구역은 보행중심선의 길이가 60[m]를 초과하지 아니할 것
④ 하나의 제연구역은 직경 50[m] 원 내에 들어갈 수 있을 것

해설 제연구획의 기준

- 하나의 제연구역의 면적은 1,000[m²] 이내로 할 것
- 거실과 통로(복도를 포함한다)는 상호 제연구획할 것
- 통로상의 제연구역은 보행중심선의 길이가 60[m]를 초과하지 아니할 것
- 하나의 **제연구역**은 직경 **60[m] 원 내**에 들어갈 수 있을 것
- 하나의 제연구역은 2개 이상 층에 미치지 아니하도록 할 것. 다만, 층의 구분이 불분명한 부분은 그 부분을 다른 부분과 별도로 제연구획하여야 한다.

70

소화용수설비의 소요수량이 40[m³] 이상 100[m³] 미만일 경우에 채수구는 몇 개를 설치하여야 하는가?

① 4개　　　　　② 3개
③ 2개　　　　　④ 1개

해설 소요수량에 따른 채수구의 수

소요수량	채수구의 수
20[m³] 이상 40[m³] 미만	1개
40[m³] 이상 100[m³] 미만	2개
100[m³] 이상	3개

71

일반적으로 지하층에 설치될 수 있는 피난기구는?

① 피난교　　　　　② 완강기
③ 구조대　　　　　④ 피난용 트랩

해설 지하층의 피난기구 : 피난용 트랩, 피난사다리

72

다음 설명에서 (　) 안에 적합한 수치는 어느 것인가?

> 소화용 이산화탄소의 저압식 저장용기는 용기 내부에 냉각시설을 갖추어 영하 (㉠)[℃] 이하의 온도에서 (㉡)[MPa]의 압력을 유지할 수 있는 자동냉동장치를 설치한다.

① ㉠ 18, ㉡ 2.1　　　② ㉠ 25, ㉡ 1.8
③ ㉠ 28, ㉡ 1.5　　　④ ㉠ 30, ㉡ 1.2

해설 저압식 저장용기에는 용기 내부의 온도가 **영하 18[℃] 이하**에서 **2.1[MPa]**의 압력을 유지할 수 있는 **자동냉동장치**를 설치할 것

73

수원은 호스릴 옥내소화전이 가장 많이 설치된 층의 설치개수(설치개수가 5개 이상은 5개)에 몇 [m³]을 곱한 양 이상이어야 하는가?

① 2.6[m³]　　　　② 3.6[m³]
③ 4.6[m³]　　　　④ 5.6[m³]

해설 **옥내소화전설비의 수원**

> 수원의 양[L] = $N \times 2.6[\text{m}^3]$ (호스릴 옥내소화전설비를 포함한다)

74

바닥면적이 500[m²]인 의료시설에 필요한 소화기구의 소화능력 단위는 몇 단위 이상인가?(단, 소화능력 단위 기준은 바닥면적만 고려한다)

① 2.5단위 ② 5단위
③ 10단위 ④ 16.7단위

해설 **특정소방대상물별 소화기구의 능력단위기준(별표 3)**

특정소방대상물	소화기구의 능력단위
1. 위락시설	해당 용도의 바닥면적 30[m²]마다 능력단위 1단위 이상
2. 공연장·집회장·관람장·문화재·장례식장 및 의료시설	해당 용도의 바닥면적 50[m²]마다 능력단위 1단위 이상
3. 근린생활시설·판매시설·운수시설·숙박시설·노유자시설·전시장·공동주택·업무시설·방송통신시설·공장·창고시설·항공기 및 자동차관련시설 및 관광휴게시설	해당 용도의 바닥면적 100[m²]마다 능력단위 1단위 이상
4. 그 밖의 것	해당 용도의 바닥면적 200[m²]마다 능력단위 1단위 이상

(주) 소화기구의 능력단위를 산출함에 있어서 건축물의 주요구조부가 내화구조이고, 벽 및 반자의 실내에 면하는 부분이 불연재료·준불연재료 또는 난연재료로 된 특정소방대상물에 있어서는 위 표의 기준면적의 2배를 해당 특정소방대상물의 기준면적으로 한다.
※ 문제에서 내화구조란 조건이 없으니까 일반구조로 보면
∴ 능력단위 = 500[m²]÷50[m²] = 10단위

75

펌프의 토출관에 압입기를 설치하여 포소화약제 압입용 펌프로 포소화약제를 압입시켜 혼합하는 방식의 프로포셔너는?

① 펌프 프로포셔너
② 프레셔 프로포셔너
③ 라인 프로포셔너
④ 프레셔 사이드 프로포셔너

해설 **프레셔 사이드 프로포셔너(압입혼합방식)** : 펌프의 토출관에 압입기를 설치하여 포소화약제 압입용 펌프로 포소화약제를 압입시켜 혼합하는 방식

76

전역방출방식인 할론소화설비에서 할론 1301 소화약제를 분사하는 분사헤드의 방사압력은 얼마 이상으로 하는가?

① 0.1[MPa] ② 0.2[MPa]
③ 0.9[MPa] ④ 1.0[MPa]

해설 **분사헤드의 방사압력**

약 제	방사압력
할론 2402	0.1[MPa]
할론 1211	0.2[MPa]
할론 1301	0.9[MPa]

77

스프링클러설비에서 헤드의 설치 시 연소할 우려가 있는 개구부의 상하좌우에 몇 [m]간격으로 설치해야 하는가?

① 1.5[m] ② 2.0[m]
③ 2.5[m] ④ 3.0[m]

해설 연소할 우려가 있는 개구부에는 그 상하좌우에 **2.5[m] 간격**으로(개구부의 폭이 2.5[m] 이하인 경우에는 그 중앙에) 스프링클러헤드를 설치하되, 스프링클러헤드와 개구부의 내측면으로부터 직선거리는 15[cm] 이하가 되도록 할 것

78

스프링클러설비의 가압송수장치 정격토출압력은 하나의 헤드 선단에서 얼마의 압력이 되어야 하는가?

① 0.7[MPa] 이상 1.2[MPa] 이하
② 0.1[MPa] 이상 0.7[MPa] 이하
③ 0.1[MPa] 이상 1.2[MPa] 이하
④ 0.17[MPa] 이상 1.2[MPa] 이하

해설 **스프링클러설비의 가압송수장치 정격토출압력**
 : 0.1[MPa] 이상 1.2[MPa] 이하

79

옥외소화전이 하나의 특정소방대상물을 포용하기 위하여 4개소에 설치되어 있다. 규정에 적합한 수원의 유효수량은 몇 [m³] 이상이어야 하는가?

① 5   ② 8
③ 10   ④ 14

해설 옥외소화전설비의 수원

> 수원의 양[L] = N(최대 2개)×7[m³]

$\therefore$ 수원 = N(최대 2개) × 7[m³]
       = 2개 × 7[m³] = 14[m³]

80

다음 (　　) 안에 알맞은 수치는?

> 연결송수관설비 주배관의 구경은 (㉠)[mm] 이상이고 연결송수관설비 방수구의 구경은 (㉡)[mm]이다.

① ㉠ 65, ㉡ 65   ② ㉠ 100, ㉡ 65
③ ㉠ 80, ㉡ 100   ④ ㉠ 100, ㉡ 40

해설 연결송수관설비의 배관
- 주배관 : 구경 100[mm] 이상
- 방수구는 연결송수관설비의 전용 방수구 또는 옥내소화전방수구로서 구경 **65[mm]의 것**으로 하여야 한다.

2011년 10월 2일 시행

제 **4** 회

제 **1** 과목 | **소방원론**

01

건물화재에서의 사망원인 중 가장 큰 비중을 차지하는 것은?

① 연소가스에 의한 질식
② 화 상
③ 열 충격
④ 기계적 상해

해설 건물화재 시 일산화탄소, 이산화탄소 등 연소가스에 의한 질식이 사망원인 중 가장 크다.

02

산소와 화합하지 않는 원소는?

① Fe
② Ar
③ Cu
④ P

해설 아르곤(Ar)은 0족 원소(불활성기체)로서 산소와 화합하지 않으므로 연소하지 않는다.

03

다음 중 분진폭발의 발생 위험성이 가장 낮은 물질은?

① 석탄가루
② 밀가루
③ 시멘트
④ 금속분류

해설 시멘트분, 생석회는 분진폭발하지 않는다.

04

소화약제로 사용하는 CO_2에 대한 설명으로 옳은 것은?

① 상온, 상압에서 무색무취의 기체 상태이다.
② 화염과 접촉하여 유독물질을 쉽게 생성시킨다.
③ 부촉매효과가 가장 주된 소화작용이다.
④ 전기전도성 물질이지만 소화효과는 좋다.

해설 이산화탄소(CO_2)
- 상온, 상압에서 무색무취의 기체 상태이다.
- 불연성 기체로서 화염이나 산소와 접촉하여도 연소하지 않는다.
- 주된 소화효과는 질식효과이다.

05

20[℃]의 물 400[g]을 사용하여 화재를 소화하였다. 물 400[g]이 모두 100[℃]로 기화하였다면 물이 흡수한 열량은 얼마인가?(단, 물의 비중은 1[cal/g · ℃]이고, 증발잠열은 539[cal/g]이다)

① 215.6[kcal]
② 223.6[kcal]
③ 247.6[kcal]
④ 255.6[kcal]

해설 20[℃]의 물 400[g]이 100[℃]의 수증기로 되는 데 필요한 열량

$$\therefore \ Q = mC_p\Delta t + \gamma \cdot m$$
$$= 400[g] \times 1[cal/g \cdot ℃] \times (100-20)[℃]$$
$$+ 539[cal/g] \times 400[g]$$
$$= 247,600[cal]$$
$$= 247.6[kcal]$$

정답 01 ① 02 ② 03 ③ 04 ① 05 ③

06

할로겐화합물 및 불활성기체 소화설비에 사용하는 소화약제 중 성분비가 다음과 같은 비율로 구성된 소화약제는?

> N_2 : 52[%], Ar : 40[%], CO_2 : 8[%]

① FC-3-1-10
② HCFC BLEND A
③ HFC-227ea
④ IG-541

해설 할로겐화합물 및 불활성기체

소화약제	화학식
퍼플루오르부탄 (이하 "FC-3-1-10"이라 한다)	C_4F_{10}
하이드로클로로플루오르카본혼화제 (이하 "HCFC BLEND A"라 한다)	HCFC-123($CHCl_2CF_3$) : 4.75[%] HCFC-22($CHClF_2$) : 82[%] HCFC-124($CHClCF_3$) : 9.5[%] $C_{10}H_{16}$: 3.75[%]
클로로테트라플루오르에탄 (이하 "HCFC-124"라 한다)	$CHClFCF_3$
펜타플루오르에탄 (이하 "HFC-125"라 한다)	CHF_2CF_3
헵타플루오르프로판 (이하 "HFC-227ea"라 한다)	CF_3CHFCF_3
트리플루오르메탄 (이하 "HFC-23"이라 한다)	CHF_3
헥사플루오르프로판 (이하 "HFC-236fa"라 한다)	$CF_3CH_2CF_3$
트리플루오르이오다이드 (이하 "FIC-13I1"이라 한다)	CF_3I
불연성·불활성기체 혼합가스 (이하 "IG-01"이라 한다)	Ar
불연성·불활성기체 혼합가스 (이하 "IG-100"이라 한다)	N_2
불연성·불활성기체 혼합가스 (이하 "IG-541"이라 한다)	N_2 : 52[%], Ar : 40[%], CO_2 : 8[%]
불연성·불활성기체 혼합가스 (이하 "IG-55"라 한다)	N_2 : 50[%], Ar : 50[%]
도데카플루오르-2-메틸펜탄-3-원 (이하 "FK-5-1-12"이라 한다)	$CF_3CF_2C(O)CF(CF_3)_2$

07

질산에 대한 설명으로 틀린 것은?

① 부식성이 있다.
② 불연성 물질이다.
③ 산화제이다.
④ 산화되기 쉬운 물질이다.

해설 질산 : 제6류 위험물, 산화제, 불연성, 부식성 물질

08

연소반응이 일어나는 필요한 조건에 대한 설명으로 가장 거리가 먼 것은?

① 산화되기 쉬운 물질
② 충분한 산소 공급
③ 비휘발성인 액체
④ 연소반응을 위한 충분한 온도

해설 연소반응이 일어나는 필요한 조건
- 산화되기 쉬운 물질(가연물)
- 충분한 산소 공급(산소공급원)
- 연소반응을 위한 충분한 온도(점화원)

09

제4류 위험물의 특수인화물에 해당되는 것은?

① 휘발유
② 나트륨
③ 다이에틸에테르
④ 과산화수소

해설 위험물의 분류

종 류	유 별
휘발유	제4류 위험물 제1석유류
나트륨	제3류 위험물
다이에틸에테르	**제4류 위험물 특수인화물**
과산화수소	제6류 위험물

10

B급 화재는 다음 중 어떤 화재를 의미하는가?

① 금속화재
② 일반화재
③ 전기화재
④ 유류화재

해설 B급 화재 : 유류화재

11

화재현장에서 연기가 사람에 미치는 영향으로 가장 거리가 먼 것은?

① 패닉현상
② 시각적 장애

③ 만발효과   ④ 질식현상

해설 연기가 사람에 미치는 영향 : 패닉현상, 시각적 장애, 질식현상

PLUS ONE 만발효과(晩發效果, Late Effect)
방사능을 쐰 뒤 수년 내지 수십 년이 지나 비로소 증상이 나타나는 방사선 장애

12

건물 내부에서 화재가 발생하여 실내온도가 27[℃]에서 1,227[℃]로 상승한다면 이 온도상승으로 인하여 실내공기는 처음의 몇 배로 팽창하겠는가?(단, 화재에 의한 압력변화 등 기타 주어지지 않은 조건은 무시한다)

① 3배   ② 5배
③ 7배   ④ 9배

해설 보일 – 샤를의 법칙

$$V_2 = V_1 \times \frac{P_1}{P_2} \times \frac{T_2}{T_1}$$
$$= 1 \times \frac{(273 + 1,227)\,[\text{K}]}{(273 + 27)\,[\text{K}]} = 5 \text{배}$$

13

할로겐족 원소로만 나열된 것은?

① F, B, Cl, Si   ② F, Br, Cl, I
③ Si, Br, I, Al   ④ He, N, F, Br

해설 할로겐족 원소(7족) : 플루오린(F), 브롬(Br), 염소(Cl), 옥소(I)

14

물이 소화약제로서 널리 사용되고 있는 이유에 대한 설명으로 가장 거리가 먼 것은?

① 쉽게 구할 수 있다.   ② 비열이 크다.
③ 증발잠열이 크다.   ④ 점도가 크다.

해설 물소화약제의 특성
• 구하기 쉽고 가격이 저렴하다.
• 비열과 증발잠열이 크다.
• 냉각효과 뛰어나다.

15

촛불의 연소형태와 가장 관련이 있는 것은?

① 증발연소   ② 분해연소
③ 표면연소   ④ 자기연소

해설 증발연소 : 황, 나프탈렌, 양초 등과 같이 고체를 가열하면 액체가 되고 액체를 가열하면 기체가 되어 기체가 연소하는 현상

16

연소의 진행방식에 따른 연소생성열 전달의 대표적 3가지 방식이 아닌 것은?

① 열전도   ② 열확산
③ 열복사   ④ 열대류

해설 열전달방식 : 전도, 대류, 복사

17

건축물의 화재 시 피난에 대한 설명으로 옳지 않은 것은?

① 피난동선은 가급적 단순한 형태가 좋다.
② 정전 시에도 피난 방향을 알 수 있는 표시를 한다.
③ 피난동선이라 함은 엘리베이터로 피난을 하기 위한 경로를 말한다.
④ 2방향의 피난통로를 확보한다.

해설 피난동선의 특성
• 피난동선은 가급적 단순형태가 좋다.
• 수평동선(복도)과 수직동선(계단, 경사로)으로 구분한다.
• 가급적 상호 반대방향으로 다수의 출구와 연결되는 것이 좋다.
• 어느 곳에서도 2개 이상의 방향으로 피난할 수 있으며, 그 말단은 화재로부터 안전한 장소이어야 한다.

18

Halon 1301의 화학식으로 옳은 것은?

① CF_3Br ② CH_3Br
③ CH_3I ④ CF_3I

해설 Halon 1301 : CF_3Br

정답 12 ② 13 ② 14 ④ 15 ① 16 ② 17 ③ 18 ①

19

100[℃]를 기준으로 액체상태의 물이 기화할 경우 체적이 약 1,700배 정도 늘어난다. 이러한 체적팽창으로 인하여 기대할 수 있는 가장 큰 소화효과는?

① 촉매효과 ② 질식효과
③ 제거효과 ④ 억제효과

해설 액체상태의 물이 기화할 경우 체적이 약 1,700배 정도 늘어나는데 이러한 체적팽창으로 인하여 질식효과를 기대할 수 있다.

20

불연성 기체나 고체 등으로 연소물을 감싸서 산소 공급을 차단하는 소화의 원리는?

① 냉각소화 ② 제거소화
③ 희석소화 ④ 질식소화

해설 질식소화 : 불연성 기체나 고체 등으로 연소물을 감싸서 산소의 농도를 15[%] 이하로 낮추어 소화하는 방법

제 2 과목 **소방유체역학**

21

그림과 같이 고정된 노즐로부터 밀도가 ρ인 액체 제트가 속도 V로 분출하여 평판에 충돌하고 있다. 이때 제트의 단면적이 A이고 평판이 u인 속도로 제트와 같은 방향으로 움직일 때 평판에 작용하는 힘 F는?

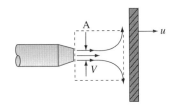

① $\rho A(V+u)$ ② $\rho A(V+u)^2$
③ $\rho A(V-u)$ ④ $\rho A(V-u)^2$

해설 충돌속도 $V-u$, 충돌유량 $Q=A(V-u)$
평판에 작용하는 힘 $F=\rho Q(V-u)=\rho A(V-u)^2$

22

전동기에 브레이크를 설치하여 축출력 14.7[kW]로 30분간 운전한다. 축출력이 모두 마찰열로 변환되어 일정온도 18[℃]의 주위에 전달될 때 주위의 엔트로피 증가량은 약 몇 [kJ/K]인가?

① 90.9 ② 96.9
③ 735 ④ 1,470

해설 $1[\text{kWh}]=860[\text{kcal}]$

$\therefore \Delta S=\dfrac{Q}{T}=\dfrac{14.7\times860\times0.5}{(273+18)[\text{K}]}=21.72[\text{kcal/K}]$

$1[\text{kcal}]=4.18[\text{kJ}]$ 이므로
$21.72\times4.184=90.88[\text{kJ/K}]$

23

유체가 흐르는 관로에서의 부차적 손실계수 K, 관의 직경 D, 관마찰계수 f, 등가 길이 L_e의 관계를 옳게 나타낸 것은?

① $L_e=\dfrac{fD}{K}$ ② $L_e=\dfrac{KD}{f}$
③ $L_e=\dfrac{fK}{D}$ ④ $L_e=\dfrac{D}{fK}$

해설 등가 길이

$$\text{등가 길이 } L_e=\frac{KD}{f}$$

여기서, K : 부차적 손실계수
D : 관지름
f : 관마찰계수

24

완전 흑체로 가정한 흑연의 표면온도가 450[℃]이다. 단위면적당 방출되는 복사에너지는 몇 [kW/m^2]인가?(단, Stefan Boltzmann 상수 $\sigma=5.67\times10^{-8}$ [W/m^2 · K^4]이다)

① 2.325 ② 15.5
③ 21.4 ④ 2,325

해설 복사에너지 $E = \sigma T^4$
$$= (5.67 \times 10^{-8}) \times (273 + 450)^4 \times 10^{-3}$$
$$= 15.49 [\text{kW/m}^2]$$

25

20[℃] 기름 5[m³]의 무게가 24[kN]일 때, 이 기름의 비중량은 몇 [kN/m³]인가?

① 4.7　　　　　　② 4.8
③ 4.9　　　　　　④ 5.0

해설 비중량 = 24[kN]/5[m³] = 4.8[kN/m³]

26

관 내의 흐름에 대한 일반적인 설명으로 틀린 것은?

① 관 내에 물이 흐를 때의 속도는 관의 중심에서 가장 빠르다.
② 관의 벽면에서는 물의 속도가 0으로 된다.
③ 관 내에 물이 흐를 때 속도가 빠를수록 층류가 되기 쉽다.
④ 소방에서 다루고 있는 관 내의 흐름은 대부분 난류이다.

해설 관 내에 물이 흐를 때 속도가 빠를수록 난류가 되기 쉽다.

27

직경이 150[mm]인 옥내소화전 배관으로 소화용수가 유량 3[m³/min]로 흐를 때 소화배관의 길이 30[m]에서 발생하는 관마찰손실수두는 약 몇 [m]인가?(단, 관마찰계수는 0.01이다)

① 0.51　　　　　　② 0.82
③ 3.1　　　　　　④ 30.1

해설 다르시-바이스바흐 방정식

$$H = \frac{flu^2}{2gD}$$

여기서, g(중력가속도) = 9.8[m/s²]
　　　　D(내경) = 150[mm] = 0.15[m]

$$u(\text{유속}) = \frac{Q}{A}$$
$$= \frac{3[\text{m}^3]/60[\text{s}]}{\frac{\pi}{4}(0.15)^2} = 2.83[\text{m/s}]$$

f(관마찰계수) = 0.01
l(길이) = 30[m]

$$\therefore H = \frac{flu^2}{2gD} = \frac{0.01 \times 30 \times (2.83)^2}{2 \times 9.8 \times 0.15} = 0.817[\text{m}]$$

28

그림에서 각 높이는 $h_1 = 60$[cm], $h_2 = 30$[cm], $h_3 = 120$[cm]이고, 각각의 비중은 $S_1 = 1$, $S_2 = 0.65$, $S_3 = 0.8$일 때 $P_B - P_A$의 압력차를 물의 수두로 표시하면 몇 [m]인가?

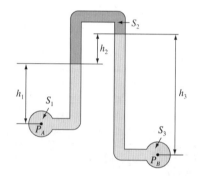

① 0.555　　　　　　② 0.750
③ 0.165　　　　　　④ 1.65

해설 압력평형 $P_A - S_1 h_1 - S_2 h_2 = P_B - S_3 h_3$ 에서
$$P_B - P_A = S_3 h_3 - S_1 h_1 - S_2 h_2$$
$$= (0.8 \times 1.2) - (1 \times 0.6) - (0.65 \times 0.3)$$
$$= 0.165[\text{m}]$$

29

다음 중 차원이 잘못 표시된 것은?(단, M : 질량, L : 길이, T : 시간)

① 밀도 : ML^{-3}　　② 힘 : MLT^{-2}
③ 에너지 : ML^3T^{-1}　　④ 동력 : ML^2T^{-3}

해설 에너지의 단위 $[\text{kg} \cdot \text{m/s}^2 \times \text{m}]$
$$= \left[\frac{\text{kg} \cdot \text{m}^2}{\text{s}^2}\right] = \frac{\text{ML}^2}{\text{T}^2} = \text{ML}^2\text{T}^{-2}$$

30

물이 흐르는 관로상에 피토관을 설치하고 수은이 든 U자관과 연결하였더니 전압과 정압단자에서 수은의 높이차가 85[mm]였다. 이 위치에서의 유속은 약 몇 [m/s]인가?(단, 수은의 비중은 13.6이다)

① 4.58 ② 4.35
③ 3.87 ④ 3.76

해설 압력을 먼저 구하면

- $\Delta P = \dfrac{g}{g_c} R(\gamma_A - \gamma_B)$

  $= 0.085[\text{m}](13.6-1) \times 1,000 = 1,071[\text{kg}_\text{f}/\text{m}^2]$

  $1,071[\text{kg}_\text{f}/\text{m}^2] \Rightarrow \text{mH}_2\text{O}$ 로 환산하면

  $\dfrac{1,071[\text{kg}_\text{f}/\text{m}^2]}{10.332[\text{kg}_\text{f}/\text{m}^2]} \times 10.332[\text{m}] = 1.071[\text{m}]$

- 유속을 구하면

  $u = \sqrt{2gH} = \sqrt{2 \times 9.8 \times 1.071[\text{m}]} = 4.58[\text{m/s}]$

31

비중이 0.4인 나무 조각을 물에 띄우면 전체 체적의 몇 [%]가 물속에 가라앉는가?

① 30[%] ② 40[%]
③ 50[%] ④ 60[%]

해설 나무 조각의 체적 V, 나무 조각이 잠긴 체적 V_1 이라 하면

나무 조각의 무게=부력이므로

$\therefore\ 0.4 \times 1,000 \times V = 1,000 V_1$

$\dfrac{V_1}{V} = 0.4 = 40[\%]$

32

20[℃], 2[kg]의 공기가 온도의 변화 없이 팽창하여 그 체적이 2배로 되었을 때 이 시스템이 외부에 한 일은 약 몇 [kJ]인가?(단, 공기의 기체상수는 0.287 [kJ/kg·K]이다)

① 85.63 ② 102.85
③ 116.63 ④ 125.71

해설 $W = nRT \ln \dfrac{V_2}{V_1}$ 공식에서 $V_2 = 2V_1$

$\therefore\ W = 2[\text{kg}] \times 0.287[\text{kJ/kg·K}] \times 293[\text{K}]$

$\times \ln \dfrac{2V_1}{V_1} = 116.56[\text{kJ}]$

33

그림과 같은 단순한 피토관에서 물의 유속(V)은 몇 [m/s]인가?

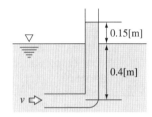

① 1.71 ② 1.98
③ 2.80 ④ 3.28

해설 피토관의 유속

$V = \sqrt{2gH} = \sqrt{2 \times 9.8 \times 0.15[\text{m}]} = 1.71[\text{m/s}]$

34

펌프 양수량 0.6[m³/min], 관로의 전손실수두 5[m]인 펌프가 펌프 중심으로부터 1.5[m] 아래에 있는 물을 19.5[m]의 송출액면에 양수할 때 펌프에 공급해야 할 동력은 몇 [kW]인가?

① 1.513 ② 1.974
③ 2.513 ④ 2.548

해설 동력[kW]

$$P[\text{kW}] = \frac{\gamma QH}{102 \times \eta} \times K$$

여기서, γ : 물의 비중량(1,000[kg$_\text{f}$/m³])

Q : 유량(0.6[m³]/60[s] = 0.01[m³/s])

H(전양정) = 5+1.5+19.5 = 26[m]

K : 전달계수

η : 펌프의 효율

$\therefore\ P[\text{kW}] = \dfrac{1,000 \times 0.01 \times 26}{102 \times 1} \times 1 = 2.549[\text{kW}]$

35

지름 400[mm]인 원형관속을 5[kg/s]의 공기가 흐르고 있다. 관 속 공기의 절대 압력은 200[kPa], 온도가 23[℃]일 때 공기의 평균속도는 약 몇 [m/s]인가?(단, 공기의 기체상수는 287[J/kg · K]이다)

① 14.3
② 15.6
③ 16.2
④ 16.9

해설 평균속도를 구하면

- $PV = WRT$, $P = \dfrac{W}{V}RT$, $\rho = \dfrac{P}{RT}$

  여기서, P : 압력($200 \times 1,000[\text{N/m}^2]$)
  R : 기체상수($287[\text{J/kg} \cdot \text{K}]$
  $= 287[\text{N} \cdot \text{m/kg} \cdot \text{K}]$)
  T : 온도($273 + 23 = 296[\text{K}]$)

  $\therefore \rho = \dfrac{P}{RT} = \dfrac{200 \times 1,000}{287 \times 296} = 2.35[\text{kg/m}^3]$

- 질량유량공식을 이용하면

  $\overline{m} = Au\rho$에서

  $u = \dfrac{\overline{m}}{A\rho} = \dfrac{5[\text{kg/s}]}{\dfrac{\pi}{4}(0.4[\text{m}])^2 \times 2.35[\text{kg/m}^3]}$

  $= 16.93[\text{m/s}]$

36

옥내소화전용 소방펌프 2대를 병렬로 연결하였다. 마찰손실을 무시할 때 기대할 수 있는 효과는?

① 펌프의 양정은 증가하나 유량은 감소한다.
② 펌프의 유량은 증대하나 양정은 감소한다.
③ 펌프의 양정은 증대하나 유량과는 무관하다.
④ 펌프의 유량은 증대하나 양정과는 무관하다.

해설 펌프의 2대 연결

2대 연결 방법		직렬연결	병렬연결
성 능	유량(Q)	Q	$2Q$
	양정(H)	$2H$	H

37

옥외소화전설비의 노즐 선단에서 유량계를 사용하여 방수량을 측정한 결과 0.8[m³/min]이었다. 노즐 구경이 23[mm]이라면 노즐 선단의 방수압력(계기압력)은 약 몇 [kPa]인가?(단, 물의 밀도는 1,000 [kg/m³]이다)

① 346
② 437
③ 515
④ 764

해설 연속방정식에서 유량 $Q = Au$에서

유속 $u = \dfrac{Q}{A} = \dfrac{Q}{\dfrac{\pi}{4} \times d^2}$

$= \dfrac{0.8/60}{\dfrac{\pi}{4} \times (0.023)^2} = 32.09[\text{m/s}]$

노즐선단에서 속도수두

$H = \dfrac{u^2}{2g} = \dfrac{(32.09)^2}{2 \times 9.8} = 52.54[\text{m}]$

방수압력

$P = \dfrac{52.54[\text{m}]}{10.332[\text{m}]} \times 101.300[\text{kPa}] = 515.13[\text{kPa}]$

38

정지유체 속에 잠겨 있는 수평 평면에 대하여, 액체의 자유표면으로부터 평면까지의 깊이를 h, 평면의 면적을 A, 비중량을 γ라고 할 때 평면에 작용하는 힘의 크기 F는?

① $F = \dfrac{hA}{\gamma}$
② $F = \dfrac{\gamma A}{h}$
③ $F = \dfrac{\gamma h}{A}$
④ $F = \gamma h A$

해설 힘의 크기

$F = \gamma h A = \left(\left[\dfrac{\text{kg}_\text{f}}{\text{m}^3} \times \text{m} \times \text{m}^2 \right] = [\text{kg}_\text{f}] \right)$

39

비중과 동점성계수가 각각 1.3, 0.001[m²/s]인 액체의 점성계수는 몇 [Pa · s]인가?

① 0.0769
② 0.769
③ 13
④ 1.3

해설 점성계수를 구하면

$$\nu = \dfrac{\mu}{\rho}$$

- ν(동점성계수) $= 0.001[\text{m}^2/\text{s}]$
- ρ(밀도) $= 1.3[\text{g/cm}^3] = 1,300[\text{kg/m}^3]$
- $\therefore \mu = \nu \times \rho = 0.001 \times 1,300$
  $= 1.3[\text{kg/m} \cdot \text{s}][\text{Pa} \cdot \text{s}]$

$$[Pa \cdot s] = [\frac{N}{m^2} \cdot s] = [\frac{kg \frac{m}{s^2} \times s}{m^2}]$$
$$= [\frac{kg \cdot m \cdot s}{m^2 \cdot s^2}] = [\frac{kg}{m \cdot s}]$$

40

연속방정식과 관련이 없는 것은?

① $A_1 V_1 = A_2 V_2$ ② $\rho_1 A_1 V_1 = \rho_2 A_2 V_2$

③ $\frac{\partial u}{\partial x} + \frac{\partial v}{\partial y} + \frac{\partial w}{\partial z} = 0$ ④ $\tau = \mu \frac{du}{dy}$

해설 뉴턴의 점성법칙 $\tau = \mu \frac{du}{dy}$

| 제 **3** 과목 | **소방관계법규** |

41

지정수량의 몇 배 이상의 위험물을 취급하는 제조소에는 피뢰침을 설치하여야 하는가?(단, 제6류 위험물을 취급하는 위험물제조소는 제외)

① 5배 ② 10배
③ 50배 ④ 100배

해설 피뢰설비 설치기준 : 지정수량의 **10배 이상**(제6류 위험물은 제외)

42

수용인원 100명 이상의 지하역사 · 백화점 등에서의 인명구조용 공기호흡기의 비치 기준으로 옳은 것은?

① 층마다 1대 이상 ② 층마다 2대 이상
③ 층마다 3대 이상 ④ 층마다 4대 이상

해설 인명구조기구의 화재안전기준 참조

43

다량의 위험물을 저장 · 취급하는 제조소 등으로서 대통령령이 정하는 제조소 등이 있는 동일한 사업소에서 대통령령이 정하는 수량 이상의 위험물을 저장 또는 취급하는 경우 해당 사업소의 관계인은 대통령령이 정하는 바에 따라 해당 사업소에 자체소방대를 설치하여야 한다. 여기서, "대통령령이 정하는 수량"이라 함에서 제조소는 지정수량의 몇 배를 말하는가?

① 1,000배 ② 2,000배
③ 3,000배 ④ 5,000배

해설 제4류 위험물을 지정수량의 **3,000배 이상**을 취급하는 제조소나 일반취급소에는 **자체소방대**를 설치하여야 한다(단, 보일러로 위험물을 소비하는 일반취급소는 제외).

44

화재예방, 소방시설 설치 · 유지 및 안전관리에 관한 법률시행령에서 규정하는 특정소방대상물의 분류로 옳지 않은 것은?

① 카지노영업소 – 위락시설
② 박물관 – 문화 및 집회시설
③ 여객자동차터미널 및 화물자동차 차고 – 운수시설
④ 주민자치센터 – 업무시설

해설 • 여객자동차터미널 – 운수시설
• 화물자동차 차고 – 항공기 및 자동차 관련시설

45

다음 중 소화기구에 해당되지 않는 것은?

① 소화기 ② 간이소화용구
③ 자동확산소화기 ④ 화재감지기

해설 소화기구
• 소화기
• 간이소화용구 : 에어로졸식 소화용구, 투척용 소화용구, 소공간용소화용구 및 소화약제 외의 것을 이용한 간이소화용구
• 자동확산소화기

46

화재가 발생할 때 화재조사의 시기는?

① 소화활동 전에 실시한다.
② 화재사실을 인지한 즉시 실시한다.
③ 소화활동 후 즉시 실시한다.
④ 소화활동과 무관하게 적절할 때에 실시한다.

해설 화재조사는 화재사실을 인지한 즉시 실시한다.

47

하자보수를 하여야 하는 소방시설 중 하자보수보증기 간이 3년이 아닌 것은?

① 옥내소화전설비　　② 비상방송설비
③ 상수도 소화용수설비　④ 스프링클러설비

해설 하자보수보증기간
  • 피난기구, 유도등, 유도표지, 비상경보설비, 비상조명등, **비상방송설비** 및 무선통신보조설비 : 2년
  • **자동소화장치**, 옥내소화전설비, **스프링클러설비**, 간이스프링클러설비, 물분무 등 소화설비, 옥외소화전설비 자동화재탐지설비, **상수도 소화용수설비** 및 소화활동설비(무선통신보조설비를 제외한다) : 3년

48

다음 중 소방시설 등의 자체점검 중 종합정밀점검을 시행해야 하는 시기를 맞게 설명한 것은?(단, 소방시설 완공검사필증을 발급받은 신축 건축물이 아닌 경우)

① 건축물 사용승인일(건축물관리대장 또는 건축물 등기사항증명서에 기재되어 있는 날을 말한다)이 속하는 달의 말일까지 실시
② 건축물 사용승인일(건축물관리대장 또는 건축물 등기사항증명서에 기재되어 있는 날을 말한다)이 속하는 달로부터 1개월 이내에 실시
③ 건축물 사용승인일(건축물관리대장 또는 건축물의 등기사항증명서에 기재되어 있는 날을 말한다)이 속하는 달로부터 2개월 이내에 실시
④ 건축물 사용승인일(건축물관리대장 또는 건축물 등기사항증명서에 기재되어 있는 날을 말한다)이 속하는 달로부터 3개월 이내에 실시

해설 설치유지법률 규칙 별표 1 참조

49

건축물 등의 신축 · 증축 · 개축 · 재축 또는 이전의 허가 · 협의 및 사용승인의 동의요구는 누구에게 하여야 하는가?

① 관계인
② 행정안전부장관
③ 시 · 도지사
④ 관할 소방본부장이나 소방서장

해설 건축물 등의 신축 · 증축 · 개축 · 재축 또는 이전의 허가 · 협의 및 사용승인은 관할 소방본부장이나 소방서장의 동의를 받아야 한다.

50

지하가 중 터널로서 길이가 몇 [m] 이상이면 옥내소화전설비를 설치하는가?

① 100[m]　　　　② 500[m]
③ 1,000[m]　　　④ 1,500[m]

해설 지하가 중 **터널**로서 길이가 **1,000[m]** 이상이면 옥내소화전설비를 설치하여야 한다.

51

소방활동구역의 출입자로서 대통령령이 정하는 자에 속하지 않는 사람은?

① 의사 · 간호사 그 밖의 구조 구급업무에 종사하는 자
② 소방활동구역 밖에 있는 특정소방대상물의 소유자 · 관리자 또는 점유자
③ 취재인력 등 보도업무에 종사하는 자
④ 수사업무에 종사하는 자

해설 소방활동구역 안에 있는 특정소방대상물의 소유자 · 관리자 또는 점유자는 출입할 수 있다.

52

다음 중 소방기본법에서 규정하고 있는 자격은?

① 소방시설관리사   ② 소방설비산업기사
③ 위험물산업기사   ④ 소방안전교육사

해설 소방안전교육사는 소방기본법에서 규정하고 있다.

53

방염성능검사의 방법과 검사결과에 따른 합격표시 등에 관하여 필요한 사항은?

① 대통령령으로 정한다.
② 행정안전부령으로 정한다.
③ 시·도지사령으로 정한다.
④ 소방청장령으로 정한다.

해설 방염성능검사의 방법과 검사결과에 따른 합격표시 등에 관하여 필요한 사항 : 행정안전부령(법률 제13조)

54

위험물안전관리법령에 의하여 자체소방대에 배치하여야 하는 화학소방자동차의 구분에 속하지 않는 것은?

① 포수용액 방사차   ② 고가 사다리차
③ 제독차   ④ 할로겐화합물 방사차

해설 화학소방자동차의 구분(시행규칙 별표 23)
• 포수용액 방사차
• 분말방사차
• 할로겐화합물 방사차
• 이산화탄소 방사차
• 제독차

55

특정소방대상물의 관계인 또는 발주자는 정당한 사유 없이 며칠 동안 소방시설공사를 계속하지 아니하는 경우 도급계약을 해지할 수 있는가?

① 60일 이상   ② 30일 이상
③ 15일 이상   ④ 10일 이상

해설 관계인 또는 발주자는 정당한 사유 없이 **30일 이상** 소방시설공사를 계속하지 아니하는 경우 도급계약을 해지할 수 있다.

56

다음 중 구급대원이 될 수 없는 사람은?

① 간호조무사의 자격을 취득한 자
② 응급구조사의 자격을 취득한 자
③ 구급업무에 관한 교육을 받은 자
④ 구조업무에 관한 특수훈련을 받은 자

해설 2011년 9월 6일 소방기본법 시행령이 개정되면서 **구조대와 구급대의 항목은 삭제되었음**

57

관계인이 예방규정을 정하여야 하는 옥외저장소는 지정수량의 몇 배 이상의 위험물을 저장하는 것을 말하는가?

① 10배   ② 100배
③ 150배   ④ 200배

해설 지정수량의 **100배 이상**의 위험물을 저장하는 **옥외저장소**에는 예방규정을 정하여야 한다.

58

소화활동설비에 해당하지 않는 것은?

① 제연설비
② 자동화재속보설비
③ 무선통신보조설비
④ 연소방지설비

해설 자동화재속보설비 : 경보설비

59

착공신고를 하여야 할 소방설비공사로 틀린 것은?

① 비상방송설비의 증설공사
② 옥내소화전설비의 증설공사
③ 연소방지설비의 살수구역 증설공사
④ 비상콘센트설비의 전용회로 증설공사

해설 특정소방대상물에 설비 또는 구역 등을 증설하는 공사
• **옥내·옥외소화전설비**

• 스프링클러설비·간이스프링클러설비 또는 물분무 등 소화설비의 방호구역, 자동화재탐지설비의 경계 구역, 제연설비의 제연구역, 연결살수설비의 살수 구역, 연결송수관설비의 송수구역, **비상콘센트설비 의 전용회로**, 연소방지설비의 살수구역

60

비상방송설비를 설치하여야 할 특정소방대상물은?

① 연면적 3,500[m²] 이상인 것
② 지하층을 포함한 층수가 10층 이상인 것
③ 지하층의 층수가 2층 이상인 것
④ 사람이 거주하지 않는 동식물 관련시설인 것

해설 비상방송설비의 설치기준
• 연면적 3,500[m²] 이상인 것
• 지하층을 제외한 층수가 11층 이상인 것
• 지하층의 층수가 3층 이상인 것

제 **4** 과목 | **소방기계시설의 구조 및 원리**

61

제연설비를 설치하기 위해서는 하나의 제연구역의 면적은 몇 [m²] 이내로 하여야 하는가?

① 1,000
② 1,500
③ 2,000
④ 2,500

해설 제연구역의 면적 : 1,000[m²] 이내

62

연결살수설비 전용헤드를 건축물에 설치할 때 헤드상 호 간 수평거리의 기준은?

① 2.1[m] 이하
② 2.3[m] 이하
③ 3.0[m] 이하
④ 3.7[m] 이하

해설 연결살수설비에서 천장 또는 반자의 각 부분으로부터 하 나의 살수헤드까지의 수평거리
• 연결살수설비 전용헤드의 경우은 3.7[m] 이하
• 스프링클러헤드의 경우는 2.3[m] 이하

63

제연설비의 배출풍도가 400[mm] × 200[mm]로 설 치되어 있다. 이 풍도의 강판 두께는 몇 [mm] 이상으 로 하는가?

① 0.5
② 0.6
③ 0.8
④ 1.0

해설 배출풍도 강판의 두께

풍도단면의 긴 변 또는 직경의 크기	강판두께
450[mm] 이하	0.5[mm]
450[mm] 초과 750[mm] 이하	0.6[mm]
750[mm] 초과 1,500[mm] 이하	0.8[mm]
1,500[mm] 초과 2,250[mm] 이하	1.0[mm]
2,250[mm] 초과	1.2[mm]

64

층고가 낮은 사무실의 양측벽면 상단에 측벽형 스프 링클러헤드를 설치 시 사무실 폭이 최대 몇 [m] 이하인 실내에 있어서는 헤드의 포용이 가능한가?

① 4.5[m]
② 6.0[m]
③ 7.5[m]
④ 9.0[m]

해설 측벽형 스프링클러헤드를 설치하는 경우 긴 변의 한쪽 벽에 일렬로 설치(폭이 4.5[m] 이상 9[m] 이하인 실에 있어서는 긴 변의 양쪽에 각각 일렬로 설치하되 마주 보는 스프링클러헤드가 나란히꼴이 되도록 설치)하고 3.6[m] 이내마다 설치할 것

65

다음 설명의 ( ) 안에 알맞은 숫자는?

> 옥외소화전이 10개 이하 설치된 때에는 옥외소화전마다
> ( )[m] 이내의 장소에 1개 이상의 소화전함을 설치하여
> 야 한다.

① 5
② 10
③ 15
④ 20

해설 소화전함의 설치기준
• 옥외소화전이 **10개 이하 설치**된 때에는 옥외소화전 마다 **5[m] 이내**의 장소에 1개 이상의 소화전함을 설 치하여야 한다.

정답 60 ① 61 ① 62 ④ 63 ① 64 ④ 65 ①

- 옥외소화전이 11개 이상 30개 이하 설치된 때에는 11개 이상의 소화전함을 각각 분산하여 설치하여야 한다.
- 옥외소화전이 31개 이상 설치된 때에는 옥외소화전 3개마다 1개 이상의 소화전함을 설치하여야 한다.

66

1개층의 거실면적이 400[m²]이고, 복도 면적이 310[m²]인 특정소방대상물에 제연설비를 설치할 경우 제연구역은 최소 몇 개로 구획할 수 있는가?

① 1　　　　　　② 2
③ 3　　　　　　④ 4

해설 제연구역의 구획기준
- 하나의 제연구역의 면적은 1,000[m²] 이내로 할 것
- 거실과 통로(복도를 포함한다)는 상호 제연구획할 것

67

소화기구인 대형소화기를 설치하여야 할 특정소방대상물에 옥내소화전이 법적으로 유효하게 설치된 경우 해당 설비의 유효범위 안의 부분에 대한 대형소화기 감소기준은?

① 1/3을 감소할 수 있다.
② 1/2을 감소할 수 있다.
③ 2/3를 감소할 수 있다.
④ 설치하지 않을 수 있다.

해설 대형소화기를 설치하여야 할 특정소방대상물 또는 그 부분에 옥내소화전설비·스프링클러설비·물분무 등 소화설비 또는 옥외소화전설비를 설치한 경우에는 해당설비의 유효범위 안의 부분에 대하여는 대형소화기를 설치하지 아니할 수 있다.

68

소화수조 또는 저수조가 지표면으로부터의 깊이가 얼마 이상인 지하에 있는 경우에 가압송수장치를 설치하는가?

① 3.2[m]　　　　② 4.5[m]
③ 5.5[m]　　　　④ 10[m]

해설 소화수조 또는 저수조가 지표면으로부터의 깊이가 4.5[m] 이상인 지하에 있는 경우에 가압송수장치를 설치하여야 한다.

69

피난기구의 화재안전기준에 대한 설치기준으로 틀린 것은?

① 피난기구를 설치하는 개구부는 서로 동일 직선상이 아닌 위치에 있을 것
② 피난기구는 특정소방대상물의 견고한 부분에 볼트조임, 용접 등으로 견고하게 부착할 것
③ 4층 이상의 층에 설치하는 피난사다리는 고강도 경량 폴리에틸렌 재질을 사용할 것
④ 완강기 및 피난로프는 부착위치에서 피난상 유효한 착지면까지의 길이로 할 것

해설 피난기구의 설치기준
- 피난기구를 설치하는 개구부는 서로 동일직선상이 아닌 위치에 있을 것
- 피난기구는 특정소방대상물의 기둥·바닥·보 기타 구조상 견고한 부분에 볼트조임·매입·용접 기타의 방법으로 견고하게 부착할 것
- **4층 이상의 층**에 피난사다리를 설치하는 경우에는 금속성 고정사다리를 설치하고, 해당 고정사다리에는 쉽게 피난할 수 있는 구조의 노대를 설치할 것
- 완강기는 강하 시 로프가 특정소방대상물과 접촉하여 손상되지 아니하도록 할 것
- 완강기 로프의 길이는 부착위치에서 지면 기타 피난상 유효한 착지면까지의 길이로 할 것

70

특별피난계단의 계단실 및 부속실 제연설비에서 사용하는 유입공기의 배출방식으로 적합하지 않은 것은?

① 배출구에 따른 배출
② 제연설비에 따른 배출
③ 수직풍도에 따른 배출
④ 수평풍도에 따른 배출

해설 유입공기의 배출방식
- **수직풍도에 따른 배출** : 옥상으로 직통하는 전용의 배출용 수직풍도를 설치하여 배출하는 것으로서 다음에 해당하는 것
  - 자연배출식 : 굴뚝효과에 따라 배출하는 것

– 기계배출식 : 수직풍도의 상부에 전용의 배출용 송풍기를 설치하여 강제로 배출하는 것

• **배출구에 따른 배출** : 건물의 옥내와 면하는 외벽마다 옥외와 통하는 배출구를 설치하여 배출하는 것

• **제연설비에 따른 배출** : 거실제연설비가 설치되어 있고 해당 옥내로부터 옥외로 배출하여야 하는 유입공기의 양을 거실제연설비의 배출량에 합하여 배출하는 경우 유입공기의 배출은 해당 거실제연설비에 따른 배출로 갈음할 수 있다.

71

할론소화설비에 배관설치에 대한 내용으로 틀린 것은?

① 배관은 전용으로 할 것

② 강관을 사용하는 경우에 아연도금 등에 따라 방식처리된 것을 사용할 것

③ 강관을 사용할 때에는 압력배관용 탄소강관(KS D 3562) 중 스케줄 40 이상의 것을 사용할 것

④ 동관을 사용하는 경우 저압식 16.5[MPa] 이상의 압력에 견딜 수 있는 것으로 할 것

해설 **할론소화설비의 배관**
• 배관은 전용으로 할 것
• 강관을 사용하는 경우의 배관은 압력배관용 탄소강관(KS D 3562) 중 스케줄 40 이상의 것 또는 이와 동등 이상의 강도를 가진 것으로서 아연도금 등에 따라 방식처리된 것을 사용할 것
• 동관을 사용하는 경우에는 이음이 없는 동 및 동합금관(KS D 5301)의 것으로서 **고압식은 16.5[MPa] 이상, 저압식은 3.75[MPa] 이상**의 압력에 견딜 수 있는 것을 사용할 것
• 배관부속 및 밸브류는 강관 또는 동관과 동등 이상의 강도 및 내식성이 있는 것으로 할 것

72

포소화설비의 배관에 관련된 내용에 대한 설명으로 옳지 않은 것은?

① 급수개폐밸브에는 탬퍼스위치를 설치한다.

② 펌프의 흡입측 배관에는 버터플라이밸브의 개폐표시형 밸브를 설치한다.

③ 송액관에는 적당한 기울기를 유지하도록 배액밸브를 설치한다.

④ 연결송수관설비의 배관과 겸용하는 경우의 주배관은 구경 100[mm] 이상, 방수구로 연결되는 배관의 구경은 65[mm] 이상으로 한다.

해설 수계 소화설비는 펌프의 흡입측 배관에는 버터플라이밸브의 개폐표시형 밸브를 설치할 수 없다.

73

배관 내에 항상 헤드까지 물이 차있고 또 가압된 상태에 있는 경우의 스프링클러설비의 형식은?

① 폐쇄형 습식   ② 폐쇄형 건식

③ 개방형 습식   ④ 폐쇄형 전기동식

해설 **폐쇄형 습식** : 배관 내에 항상 헤드까지 물이 차있고 또 가압된 상태에 있는 경우로서 화재 시 물이 가장 빨리 방수된다.

74

개방형 헤드를 사용하는 연결살수설비에 있어서 하나의 송수구역에 설치하는 살수헤드의 최대 개수는?

① 6개   ② 8개

③ 10개   ④ 12개

해설 개방형 헤드를 사용하는 연결살수설비에 있어서 하나의 송수구역에 설치하는 살수헤드의 수 : 10개 이하

75

지표면에서 최상층 방수구의 높이가 70[m] 이상의 특정소방대상물에 설치하는 연결송수관설비의 가압송수장치의 최소 토출량은?

① 1,000[L/min]   ② 2,400[L/min]

③ 3,200[L/min]   ④ 4,000[L/min]

해설 **최상층 방수구의 높이가 70[m] 이상의 특정소방대상물**
펌프의 토출량은 2,400[L/min](계단식 아파트의 경우에는 1,200[L/min]) 이상이 되는 것으로 할 것. 다만, 해당 층에 설치된 방수구가 3개를 초과(방수구가 5개 이상인 경우에는 5개)하는 것에 있어서는 1개마다 800[L/min](계단식 아파트의 경우에는 400[L/min])를 가산한 양이 되는 것으로 할 것

정답 71 ④ 72 ② 73 ① 74 ③ 75 ②

76

위험물시설에 대한 포소화설비 포헤드는 특정소방대상물의 천장 또는 바닥에 설치하되 그 설치기준으로서 가장 적합한 것은?

① 반경 25[m] 원의 면적에 1개 설치한다.
② 반경 30[m] 원의 면적에 1개 설치한다.
③ 바닥면적 8[m²]마다 1개 이상을 설치한다.
④ 바닥면적 9[m²]마다 1개 이상을 설치한다.

해설 포헤드의 설치기준
- 포워터스프링클러헤드 : 바닥면적 8[m²]마다 1개 이상 설치
- 포헤드 : 바닥면적 **9[m²]마다 1개 이상 설치**

77

스프링클러헤드의 설치방법 중 틀린 것은?

① 헤드와 그 부착면과의 거리는 50[cm] 이하
② 헤드로부터 반경 60[cm] 이상 공간 보유
③ 헤드 반사판은 그 부착면과 평행하게 설치
④ 배관, 조명기구 등 살수 방해 시 그로부터 아래에 설치

해설 스프링클러헤드와 그 **부착면과의 거리는 30[cm] 이하**로 하여야 한다.

78

건물 주차장 최대 방수구역 바닥면적이 60[m²]인 곳에 물분무소화설비를 설치하고자 한다. 기준에 적합한 최소한의 저수량은?

① 12[m³]　　　② 16[m³]
③ 20[m³]　　　④ 24[m³]

해설 물분무소화설비의 수원의 량

특정소방대상물	수원의 양[L]
특수가연물 저장, 취급	바닥면적(최소 50[m²]로) ×10[L/min·m²]×20[min]
차고, 주차장	바닥면적(최소 50[m²]로) ×20[L/min·m²]×20[min]

∴ 저수량(수원)
$$= 60[m^2] \times 20[L/min \cdot m^2] \times 20[min]$$
$$= 24,000[L] = 24[m^3]$$

79

이산화탄소소화약제 저장용기의 개방밸브방식에 속하지 않는 것은?

① 전기식
② 이동식
③ 기계식
④ 가스압력식

해설 저장용기의 개방밸브방식 : 전기식, 기계식, 가스압력식

80

연결송수관설비의 방수기구함은 방수구가 가장 많이 설치된 층을 기준하여 3개층마다 설치하되, 그 층의 방수구마다 보행거리 몇 [m] 이내에 설치하는가?

① 3[m] 이내
② 4[m] 이내
③ 5[m] 이내
④ 6[m] 이내

해설 연결송수관설비의 **방수기구함**은 방수구가 가장 많이 설치된 층을 기준하여 **3개층마다 설치**하되, 그 층의 방수구마다 **보행거리 5[m] 이내**에 설치할 것

제 **1** 회

2012년 3월 4일 시행

제 **1** 과목 | 소방원론

01

가연성 가스의 공기 중 폭발범위를 옳게 표현한 것은?

① 가연성 가스와 공기와의 혼합가스에 점화원을 주었을 때 폭발이 일어날 수 있는 가연성 가스의 [vol%]의 범위

② 동일 압력에서 기체 상태로 존재하기 위한 온도 범위

③ 폭발에 의하여 피해가 발생할 수 있는 가연성 가스의 공기 중 질량 [%]의 범위

④ 폭굉이 발생할 수 있는 공기 중 가연성 가스의 질량 [%]의 범위

해설 **폭발범위**

가연성 가스와 공기와의 혼합가스에 점화원을 주었을 때 폭발이 일어날 수 있는 가연성 가스의 [vol%]의 범위로서 하한값과 상한값이 있다.

02

건축물의 주요구조부가 아닌 것은?

① 차 양   ② 주계단

③ 내력벽   ④ 기 둥

해설 **주요구조부** : 내력벽, 기둥, 바닥, 보, **지붕틀**, 주계단

> 주요구조부 제외 : **사잇벽**, 사잇기둥, 최하층의 바닥, 작은 보, 차양, **옥외계단**

03

CO_2의 증기비중은 약 얼마인가?

① 1.5   ② 1.9

③ 28.8   ④ 44.1

해설 **CO_2의 증기비중**

$$증기비중 = \frac{분자량}{29} \ (CO_2의 \ 분자량 : 44)$$

$$\therefore \ 증기비중 = \frac{분자량}{29} = \frac{44}{29} = 1.517$$

04

플래시오버(Flash Over)현상을 가장 적절히 설명한 것은?

① 역화현상

② 탱크 밖으로 기름이 분출되는 현상

③ 온도상승으로 연소의 급속한 확대현상

④ 외부에서의 연소현상

해설 **플래시오버**

가연성 가스를 동반하는 연기와 유독가스가 방출하여 실내의 급격한 온도상승으로 실내 전체가 순간적으로 연기가 충만하는 현상으로 순발적인 연소확대현상

05

적린의 착화 온도는 약 몇 [℃]인가?

① 34   ② 157

③ 200   ④ 260

해설 **착화 온도**

• 황린 : 34[℃]

• 이황화탄소 : 100[℃]

• 적린 : 260[℃]

정답 01 ① 02 ① 03 ① 04 ③ 05 ④

06

제1종 분말소화약제의 주성분에 해당하는 것은?

① $NaHCO_3$ ② $KHCO_3$

③ NH_4HCO_3 ④ $NH_4H_2PO_4$

해설 분말소화약제

종 별	소화약제	약제의 착색	적응 화재	열분해반응식
제1종 분말	중탄산나트륨 ($NaHCO_3$)	백색	B, C급	$2NaHCO_3 \rightarrow$ $Na_2CO_3 + CO_2 + H_2O$
제2종 분말	중탄산칼륨 ($KHCO_3$)	담회색	B, C급	$2KHCO_3 \rightarrow$ $K_2CO_3 + CO_2 + H_2O$
제3종 분말	인산암모늄 ($NH_4H_2PO_4$)	담홍색, 황색	A, B, C급	$NH_4H_2PO_4 \rightarrow$ $HPO_3 + NH_3 + H_2O$
제4종 분말	중탄산칼륨+요소 $[KHCO_3+(NH_2)_2CO]$	회색	B, C급	$2KHCO_3+(NH_2)_2CO$ $\rightarrow K_2CO_3 + 2NH_3 +$ $2CO_2$

07

다음 중 할로겐족 원소가 아닌 것은?

① F   ② Cl

③ Br   ④ Fr

해설 할로겐족 원소 : F(플루오린) Cl(염소), Br(브롬, 취소), I(아이오딘, 옥소)

08

화재가 발생하여 온도가 21[℃]에서 650[℃]가 되었다면 공기의 부피는 처음의 약 몇 배가 되는가?(단, 압력은 동일하다)

① 3.14   ② 6.25

③ 9.17   ④ 12.05

해설 보일-샤를의 법칙

$$V_2 = V_1 \times \frac{P_1}{P_2} \times \frac{T_2}{T_1}$$

여기서, V : 부피, P : 압력

$$\therefore \ V_2 = V_1 \times \frac{P_1}{P_2} \times \frac{T_2}{T_1}$$
$$= 1 \times \frac{(650+273)[K]}{(21+273)[K]} = 3.14$$

09

Halon 1211의 화학식으로 옳은 것은?

① CF_2ClBr ② $CFBrCl_2$

③ $C_2F_4Br_2$ ④ CH_2ClBr

해설 Halon 1211 : CF_2ClBr, Halon 1011 : CH_2ClBr

10

가연성 액체의 일반적인 특성이 아닌 것은?

① 인화의 위험이 있다.

② 점화원의 접근은 위험하다.

③ 정전기가 점화원이 될 수 있다.

④ 착화 온도가 높을수록 위험도가 높다.

해설 착화 온도가 낮을수록 위험하다.

11

LPG의 일반적인 특징으로 옳은 것은?

① C_6H_6가 주성분이다.

② 공기보다 무겁다.

③ 도시가스보다 가볍다.

④ 물에 잘 녹으나 알코올에는 용해되지 않는다.

해설 LPG(액화석유가스)의 화학적 성질

- 무색무취이다.
- 물에는 녹지 않고 유기용제에는 용해한다.
- 주성분은 프로판($C_3H_8=44$)과 부탄($C_4H_{10}=58$)이다.
- 도시가스보다 무겁다.
- 공기 중에서 쉽게 연소 폭발한다.

$$C_3H_8 + 5O_2 \rightarrow 3CO_2 + 4H_2O$$

- 액체상태에서 기체로 될 때 체적은 약 250배로 된다.
- 액체상태는 물보다 가볍고(약 0.5배), 기체상태는 공기보다 무겁다(약 1.5~2.0배).

12

열전달방법 3가지에 해당되지 않는 것은?

① 복 사   ② 확 산

③ 전 도   ④ 대 류

해설 열전달 : 전도, 대류, 복사

13

유류탱크 화재 시 비점이 낮은 다른 액체가 밑에 있는 경우 연소에 따른 고온층이 강하하여 아래의 비점이 낮은 액체에 도달한 때 급격히 기화하고 다량의 유류가 외부로 넘치는 것을 무엇이라고 하는가?

① 보일오버
② 백드래프트
③ 굴뚝효과
④ 슬롭오버

해설 **보일오버** : 유류탱크 화재 시 비점이 낮은 다른 액체가 밑에 있는 경우 연소에 따른 고온층이 강하하여 아래의 비점이 낮은 액체에 도달한 때 급격히 기화하고 다량의 유류가 외부로 넘치는 것

14

화재 시 건축물의 피난계획으로 부적합한 것은?

① 건축물의 용도를 고려한 피난계획 수립
② 막다른 복도의 설치
③ 안전구획의 설치
④ 단순명료한 피난 경로 구성

해설 **건축물의 피난계획**
- 피난동선을 일상생활동선과 같이 계획
- 평면계획에 대한 복잡성 지양
- 2방향 이상의 피난로 확보
- 막다른 골목 및 미로 지양
- 피난경로의 내장재 불연화
- 초고층 건축물의 체류공간 확보

15

화재발생 시 물을 사용하여 소화하면 더 위험해지는 것은?

① 피크르산
② 질산암모늄
③ 나트륨
④ 황 린

해설 나트륨은 물과 반응하면 수소가스를 발생하므로 위험하다.

$$2Na + 2H_2O \rightarrow 2NaOH + H_2\uparrow$$

16

분말소화설비에 사용하는 소화약제 중 차고 또는 주차장에 설치하는 분말소화설비의 소화약제로 적합한 것은?

① 제1종
② 제2종
③ 제3종
④ 제4종

해설 **제3종 분말** : 차고나 주차장에 적합

17

다음 중 연소의 3요소가 아닌 것은?

① 점화원
② 공 기
③ 연 료
④ 촉 매

해설 **연소의 3요소** : 가연물, 산소공급원(산소, 공기), 점화원

18

화재의 분류상 일반화재에 해당하는 것은?

① A급
② B급
③ C급
④ D급

해설 **화재의 종류**

구 분 급 수	화재의 종류	표시색
A급	일반화재	백 색
B급	유류화재	황 색
C급	전기화재	청 색
D급	금속화재	무 색

19

물 1[g]이 100[℃]에서 수증기로 되었을 때의 부피는 1기압을 기준으로 약 몇 [L]인가?

① 0.3
② 1.7
③ 10.8
④ 22.4

정답 13 ① 14 ② 15 ③ 16 ③ 17 ④ 18 ① 19 ②

해설 이상기체상태방정식을 적용하면

$$PV = nRT = \frac{W}{M}RT \qquad V = \frac{WRT}{PM}$$

여기서, P : 압력 V : 부피
n : mol수(무게/분자량)
W : 무게 M : 분자량(18)
R : 기체상수 T : 절대온도(273+[℃])

$$\therefore V = \frac{WRT}{PM} = \frac{1 \times 0.08205 \times (273+100)}{1 \times 18}$$
$$= 1.7[\text{L}]$$

20

다음 중 연소와 가장 관련이 있는 반응은?

① 산화반응 ② 환원반응
③ 치환반응 ④ 중화반응

해설 연소 : 산화반응

제 **2** 과목 **소방유체역학**

21

소화배관을 흐르고 있는 물의 동압이 144[Pa]이었다면 유속은 약 몇 [m/s]인가?(단, 물의 밀도는 1,000 [kg/m³]이다)

① 0.54 ② 14.7
③ $\frac{14.7}{9.8}$ ④ $\frac{14.7}{2 \times 9.8}$

해설 유속

$$u = \sqrt{2gH}$$

여기서, g : 중력가속도(9.8[m/s])
H : 양정(동압 → [mH₂O]로 환산하면
$\frac{144[\text{Pa}]}{101.325[\text{Pa}]} \times 10.332[\text{mH}_2\text{O}])$
$= 0.01468[\text{mH}_2\text{O}]$

$\therefore u = \sqrt{2gH} = \sqrt{2 \times 9.8 \times 0.01468} = 0.536[\text{m/s}]$

22

27[kPa]의 압력은 수은주 높이로 약 몇 [mm]가 되겠는가?(단, 수은의 비중은 13.60이다)

① 157 ② 203
③ 264 ④ 557

해설 표준대기압

1[atm]=760[mmHg]=10.332[mH₂O](mAq)
=1,013[mb]=1.0332[kgf/cm²]
=1,013×10³[dyne/cm²]=101,325[Pa](N/m²)
=101.325[kPa](kN/m²)=0.101325[MPa](MN/m²)

$$\therefore \frac{27[\text{kPa}]}{101.325[\text{kPa}]} \times 760[\text{mmHg}] = 202.5[\text{mmHg}]$$

23

온도가 20[℃]이고 100[kPa] 압력하의 공기를 가역단열과정으로 압축하여 체적을 50[%]로 줄였을 때 압력은 몇 [kPa]인가?(단, 공기의 비열비는 1.40이다)

① 255.1 ② 258.2
③ 263.9 ④ 267.3

해설 가역단열과정

$$\left(\frac{V_1}{V_2}\right)^{k-1} = \left(\frac{P_2}{P_1}\right)^{\frac{k-1}{k}}$$

$$\therefore \left(\frac{V_1}{V_2}\right)^{k-1} = \left(\frac{P_2}{P_1}\right)^{\frac{k-1}{k}}$$ 에서

$$\left(\frac{1}{0.5}\right)^{1.4-1} = \left(\frac{P_2}{100}\right)^{\frac{1.4-1}{1.4}}$$

P_2를 구하면 $P_2 = 263.9[\text{kPa}]$

24

20[kg]의 액화 이산화탄소가 20[℃]의 대기(표준대기압) 중으로 방출되었을 때 이산화탄소의 체적은 약 몇 [m³]이 되겠는가?(단, 일반기체상수는 8,314 [J/k-mol·K]이다)

① 6.8 ② 7.2
③ 9.3 ④ 11.0

해설 이상기체상태방정식을 적용하면

$$PV = nRT = \frac{W}{M}RT \qquad V = \frac{WRT}{PM}$$

여기서, P : 압력

V : 부피

n : mol수(무게/분자량)

W : 무게

M : 분자량

R : 기체상수

T : 절대온도(273 + [℃])

$$\therefore V = \frac{WRT}{PM}$$

$$\frac{20 \times 8,314 \times (273 + 20)}{101,325[\text{N/m}^2] \times 44} = 10.93[\text{m}^3]$$

25

다음 전단응력과 변형률 그래프에서 뉴턴 유체 (Newtonian Fluid)를 나타낸 것은?

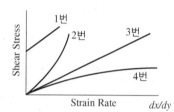

① 1번   ② 2번

③ 3번   ④ 4번

해설 **유체의 분류**

- 그림 1번 : 빙감소성 유체(하수잔사, 왁스)
- 그림 2번 : 의소성 유체(고무의 라텍스 고분자물이나 펌프용액)
- 그림 3번 : 뉴턴유체(전단응력이 속도구배에 비례하는 유체)
- 그림 4번 : 딜라턴트 유체(고온유리, 아스팔트)

26

직경 7.5[cm]인 매끈한 직원관을 통하여 물을 3[m/s]의 속도로 보내려 한다. 무디 선도로부터 관마찰계수는 0.03임을 일았다. 관의 길이가 100[m]이면 압력강하는 몇 [kPa]인가?

① 180   ② 190

③ 200   ④ 210

해설 다르시-바이스바흐 방정식

$$h = \frac{\Delta P}{\gamma} = \frac{flu^2}{2gD}[\text{m}] \qquad \Delta P = \frac{flu^2\gamma}{2gD}[\text{kg/m}^2]$$

여기서, h : 마찰손실[m]

f : 관의 마찰계수(0.03)

l : 관의 길이(100[m])

D : 관의 내경(0.075[m])

u : 유체의 유속(3[m/s])

$$\therefore \Delta P = \frac{flu^2\gamma}{2gD} = \frac{0.03 \times 100 \times 3^2 \times 1,000}{2 \times 9.8 \times 0.075}$$

$$= 18,367.35[\text{kg}_\text{f}/\text{m}^2]$$

이것을 [kPa]로 환산하면

$$\frac{18,367.35[\text{kg}_\text{f}/\text{m}^2]}{10,332[\text{kg}_\text{f}/\text{m}^2]} \times 101.325[\text{kPa}] = 180.13[\text{kPa}]$$

27

비중 S인 액체가 액면으로부터 $x[\text{m}]$ 깊이에 있는 점의 계기 압력은 수은주로 몇 [mm]인가?(단, 수은의 비중은 13.6이다)

① $1.36Sx$ ② $13.6Sx$

③ $\dfrac{Sx}{13.6}$ ④ $\dfrac{1,000Sx}{13.6}$

해설 압력 $P = 1,000Sx[\text{kg}_\text{f}/\text{m}^2]$

수은주 수두 $H = \dfrac{P}{\gamma}$

$$= \frac{1,000Sx[\text{kg}_\text{f}/\text{m}^2]}{13.6 \times 1,000[\text{kg}_\text{f}/\text{m}^3]}$$

$$= \frac{1Sx}{13.6}[\text{m}] = \frac{1,000Sx}{13.6}[\text{mm}]$$

28

다음 물성량 중 길이의 단위로 표시되지 않는 것은?

① 속도수두

② 전압(全壓)

③ 수차의 유효낙차

④ 펌프 전양정

해설 **길이의 단위[m]로 표시** : 수두, 양정, 유효낙차

29

이상기체의 엔탈피가 변하지 않는 과정은?

① 가역단열과정
② 비가역단열과정
③ 교축과정
④ 정적과정

해설 교축과정 : 이상기체의 엔탈피가 변하지 않는 과정

30

체적이 0.031[m³]인 알코올이 51,000[kPa]의 압력을 받으면 체적이 0.025[m³]으로 축소한다. 이때 체적탄성계수는?

① 2.335×10^8[Pa]
② 2.635×10^8[Pa]
③ 1.235×10^7[Pa]
④ 2.535×10^6[Pa]

해설 체적탄성계수 $K = -\dfrac{\Delta P}{\Delta V/V}$

• ΔP : 압력변화(51,000[kPa] = 51,000,000[Pa])

• $-\dfrac{\Delta V}{V} = \dfrac{0.031[\text{m}^3] - 0.025[\text{m}^3]}{0.031[\text{m}^3]} = 0.1935$

∴ $K = \dfrac{51,000,000[\text{Pa}]}{0.1935} = 2.635 \times 10^8[\text{Pa}]$

31

다음 중 대류 열전달과 관계없는 경우는?

① 팬(Fan)을 이용해 컴퓨터를 식힌다.
② 뜨거운 커피에 바람을 불어 식힌다.
③ 에어컨은 높은 곳에 라디에이터는 낮은 곳에 설치한다.
④ 판자를 화로 앞에 놓아 열을 차단한다.

해설 대류(Convection) : 화로에 의해서 방 안이 더워지는 현상은 대류현상에 의한 것이다.

32

하나의 잘 설계된 원심펌프의 임펠러 직경이 10[cm]이다. 똑같은 모양의 펌프를 임펠러 직경이 20[cm]로 만들었을 때 같은 회전수에서 운전하면 새로운 펌프의 설계점 성능 특성 중 유량은 몇 배가 되는가?(단, 레이놀즈수의 영향은 무시한다)

① 동일하다.　　　② 2배
③ 4배　　　④ 8배

해설 상사법칙

$$\text{유량 } Q_2 = Q_1 \times \frac{N_2}{N_1} \times \left(\frac{D_2}{D_1}\right)^3$$

∴ $Q_2 = 1 \times \left(\dfrac{20[\text{cm}]}{10[\text{cm}]}\right)^3 = 8\text{배}$

33

배관의 관로상에 설치하는 유량측정장치로 배관의 관로를 축소하여 그때 발생하는 차압을 이용하는 유량계로서 압력손실이 가장 큰 것은?

① 노즐(Nozzle)
② 벤투리미터(Venturi Meter)
③ 오리피스 미터(Orifice Meter)
④ 피토관(Pitot Tube)

해설 오리피스의 특징
• 설치하기는 쉽고 가격이 싸다.
• 교체가 용이하고 고압에 적당하다.
• 압력손실이 가장 크다.

34

펌프의 공동현상(Cavitation) 방지대책은?

① 흡입 관경을 작게 한다.
② 흡입속도를 감소시킨다.
③ 펌프를 수원보다 되도록 높게 설치한다.
④ 흡입 압력을 유체의 증기압보다 낮게 한다.

해설 공동현상(Cavitation) 방지대책
• 펌프의 흡입측 수두, 마찰손실을 적게 한다.
• 펌프 임펠러 속도를 적게 한다.
• 펌프 흡입관경을 크게 한다.

29 ③　30 ②　31 ④　32 ④　33 ③　34 ② **정답**

- 펌프 설치위치를 수원보다 낮게 하여야 한다.
- 펌프 흡입압력을 유체의 증기압보다 높게 한다.
- 양흡입 펌프를 사용하여야 한다.

여기서, U_{max} : 중심유속

R : 중심에서의 거리

R_o : 중심에서 벽까지의 거리

35

유량 1[m³/min], 전양정 20[m]로 물을 송출하는 펌프가 있다. 이 펌프를 기동하기 위한 축동력은 약 몇 [kW]인가?(단, 펌프의 효율은 80[%]이다)

① 4.1　　　　② 6.7

③ 8.4　　　　④ 12.1

해설 전동기 용량

$$P[\text{kW}] = \frac{0.163 \times Q \times H}{\eta}$$

여기서, Q : 유량(1[m³/min])

H : 전양정(20[m])

η : Pump 효율(0.8)

$\therefore P[\text{kW}] = \dfrac{0.163 \times 1 \times 20}{0.8} = 4.08[\text{kW}]$

37

부차적 손실계수가 4인 밸브를 마찰계수가 0.035이고 관지름이 3[cm]인 관으로 환산한다면 관의 상당길이는 약 몇 [m]인가?

① 2.57　　　　② 3.05

③ 3.43　　　　④ 3.95

해설 관의 상당길이

$$\text{상당길이 } Le = \frac{Kd}{f}$$

여기서, K : 부차적 손실계수

d : 관지름

f : 관마찰계수

$\therefore$ 상당길이 $Le = \dfrac{Kd}{f} = \dfrac{4 \times 0.03[\text{m}]}{0.035} = 3.43$

36

반경 R_o인 원형관에 유체가 흐를 때 최대속도를 U_{max}로 표시하면 반경 위치 R에서의 속도분포식은 어떻게 표시할 수 있는가?(단, 유체는 층류로 흐른다)

① $\dfrac{U}{U_{max}} = \left(\dfrac{R}{R_o}\right)^2$

② $\dfrac{U}{U_{max}} = 2\left(\dfrac{R}{R_o}\right)$

③ $\dfrac{U}{U_{max}} = \left(\dfrac{R}{R_o}\right) - 2$

④ $\dfrac{U}{U_{max}} = 1 - \left(\dfrac{R}{R_o}\right)^2$

해설 속도분포식

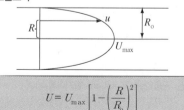

$$U = U_{max}\left[1 - \left(\frac{R}{R_o}\right)^2\right]$$

38

반경 0.4[m]의 파이프에 1[m³/min]의 유량으로 물을 수송한다고 할 때 질량유량은 약 몇 [kg/s]인가?

① 16.67　　　　② 1.67

③ 1,000　　　　④ 0.001

해설 질량 유량(질량 유동율)

$$\overline{m} = Au\rho[\text{kg/s}]$$

여기서, A : 면적

$\quad\left[\dfrac{\pi}{4}(0.4[\text{m}])^2 = 1.256[\text{m}^2]\right]$

u : 유속($u = \dfrac{Q}{A} = \dfrac{1[\text{m}^3]/60[\text{s}]}{1.256[\text{m}^2]}$

$\quad = 0.0133[\text{m/s}]$)

ρ : 밀도(1,000[kg/m³])

$\therefore \overline{m} = Au\rho$

$\quad = 1.256 \times 0.0133 \times 1,000 = 16.70[\text{kg/s}]$

39

15[℃]의 물 2[kg]을 소화약제로 사용하여 모두 증발시켰을 때 냉각효과를 얻을 수 있는 열량은 몇 [kJ]인가?

① 355
② 1,248
③ 2,256
④ 5,224

해설 열량 $Q = 현열 + 잠열 = mCp\Delta t + \gamma \cdot m$

$\qquad = 2[\text{kg}] \times 1[\text{kcal/kg} \cdot ℃] \times (100-15)[℃]$
$\qquad \quad + 539[\text{kcal/kg}] \times 2[\text{kg}]$
$\qquad = 1,248[\text{kcal}]$

$\therefore$ $1[\text{kcal}] = 4.184[\text{kJ}]$ 이므로

$\qquad 1,248[\text{kcal}] \times 4.184[\text{kJ/kcal}] = 5,221.6[\text{kJ}]$

40

그림과 같이 수평으로 분사된 유량 Q의 분류가 경사진 고정 평판에 충돌한 후 양쪽으로 분리되어 흐르고 있다. 위 방향의 유량 $Q_1 = 0.8Q$일 때 수평선과 판이 이루는 각 θ는 몇 도인가?(단, 이상유체의 흐름이고 중력과 압력은 무시한다)

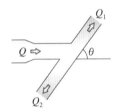

① 50.4
② 53.1
③ 56.2
④ 59.2

해설 유량 $Q_1 = \dfrac{Q}{2}(1+\cos\theta)$, $Q_2 = \dfrac{Q}{2}(1-\cos\theta)$ 에서

$\qquad Q_1 = 0.8Q = \dfrac{Q}{2}(1+\cos\theta)$

$\qquad \cos\theta = 0.8 \times 2 - 1 = 0.6$

$\qquad \therefore \theta = 53.1°$

제**3**과목 **소방관계법규**

41

연면적 또는 바닥면적 등에 관계없이 건축허가 동의를 받아야 하는 특정소방대상물은?

① 청소년시설
② 공연장
③ 항공기 격납고
④ 차고, 주차장

해설 항공기 격납고, 관망탑, 항공관제탑, 방송용 송·수신탑, 위험물 저장 및 처리 시설, 지하구, 노유자생활시설은 면적에 관계없이 건축허가 동의 대상물이다.

42

위험물의 지정수량에서 산화성 고체인 다이크롬산염류의 지정수량은?

① 3,000[kg]
② 1,000[kg]
③ 300[kg]
④ 50[kg]

해설 다이크롬산염류의 지정수량 : 1,000[kg]

43

다음 소방시설 중 피난구조설비에 속하지 않는 것은?

① 방열복
② 유도표지
③ 미끄럼대
④ 무선통신보조설비

해설 무선통신보조설비 : 소화활동설비

44

2급 소방안전관리대상물의 소방안전관리자로 선임될 수 없는 사람은?

① 위험물기능사 자격을 가진 사람
② 소방공무원으로 3년 이상 근무한 경력이 있는 사람
③ 의용소방대원으로 2년 이상 근무한 경력이 있는 사람
④ 소방본부 또는 소방서에서 1년 이상 화재진압 또는 보조업무에 종사한 경력이 있는 사람

해설 **2급 소방안전관리대상물의 소방안전관리자로 선임할 수 있는 사람**

- 건축사 · 산업안전기사 · 산업안전산업기사 · 건축기사 · 건축산업기사 · 일반기계기사 · 전기기사 · 전기산업기사 · 전기공사기능장 · 전기공사기사 또는 전기공사산업기사 자격을 가진 사람
- 위험물기능장 · 위험물산업기사 또는 위험물기능사 자격을 가진 사람
- 소방공무원으로 3년 이상 근무한 경력이 있는 사람
- 다음에 해당하는 사람으로서 소방청장이 실시하는 2급 소방안전관리대상물의 소방안전관리에 관한 **시험에 합격한 사람**
  - 소방본부 또는 소방서에서 1년 이상 화재진압 또는 보조업무에 종사한 경력이 있는 사람
  - **의용소방대원**으로 **3년 이상** 근무한 경력이 있는 사람
  - 군부대(주한 외국군부대를 포함한다) 및 의무소방대의 소방대원으로 1년 이상 근무한 경력이 있는 사람
  - 경찰공무원으로 3년 이상 근무한 경력이 있는 사람
- 특급 또는 1급 소방안전관리대상물의 소방안전관리자 자격이 인정되는 사람

45

전문소방시설공사업의 등록을 하고자 할 때 법인의 자본금의 기준은?

① 5,000만원 이상
② 1억원 이상
③ 2억원 이상
④ 3억원 이상

해설 **소방시설공사업의 등록 자본금**

구 분 \ 자본금	법 인	개 인
전문소방시설 공사업	1억원 이상	자산평가액 1억원 이상
일반소방시설 공사업	1억원 이상	자산평가액 1억원 이상

46

화재경계지구에 관한 사항으로 소방본부장이나 소방서장이 수행하여야 할 직무가 아닌 것은?

① 화재가 발생할 우려가 높아 그로 인한 피해가 클 것으로 예상되는 일정 지역을 화재경계지구로 지정할 수 있다.
② 화재경계지구 안의 특정소방대상물의 위치 · 구조 및 설비 등에 대하여 소방특별조사를 하여야 한다.
③ 화재경계지구 안의 관계인에 대하여 소방에 필요한 훈련 및 교육을 실시할 수 있다.
④ 화재경계지구 안의 관계인에게 대한 소방용수시설, 소화기구 등의 설치를 명할 수 있다.

해설 **화재경계지구**

(1) **시 · 도지사**는 도시의 건물 밀집지역 등 화재가 발생할 우려가 높거나 화재가 발생하는 경우 그로 인하여 피해가 클 것으로 예상되는 일정한 구역으로서 대통령령으로 정하는 지역을 **화재경계지구**(火災警戒地區)로 **지정**할 수 있다.
(2) 소방본부장이나 소방서장은 대통령령으로 정하는 바에 따라 (1)에 따른 화재경계지구 안의 특정소방대상물의 위치 · 구조 및 설비 등에 대하여 소방특별조사를 하여야 한다.
(3) 소방본부장이나 소방서장은 (2)에 따른 소방특별조사를 한 결과 화재의 예방과 경계를 위하여 필요하다고 인정할 때에는 관계인에게 소방용수시설, 소화기구, 그 밖에 소방에 필요한 설비의 설치를 명할 수 있다.
(4) 소방본부장이나 소방서장은 화재경계지구 안의 관계인에 대하여 대통령령으로 정하는 바에 따라 소방에 필요한 훈련 및 교육을 실시할 수 있다.

47

학교의 지하층인 경우 바닥면적의 합계가 얼마 이상인 경우 연결살수설비를 설치하여야 하는가?

① 500[m²]
② 600[m²]
③ 700[m²]
④ 1,000[m²]

해설 국민주택규모 이하인 **아파트의 지하층**(대피시설로 사용하는 것만 해당)과 **학교의 지하층**은 **700[m²] 이상**인 경우에는 **연결살수설비**를 **설치**하여야 한다.

48

소방시설공사업법에서 정하고 있는 "소방시설업"에 속하지 않는 것은?

① 소방시설관리업
② 소방시설공사업
③ 소방공사감리업
④ 소방시설설계업

해설 **소방시설업** : 소방시설설계업, 소방시설공사업, 소방공사감리업, 방염처리업

49

소방용수시설의 설치기준에서 급수탑을 설치하고자 할 때 개폐밸브의 설치 높이는?

① 지상에서 1.0[m] 이상 1.5[m] 이하
② 지상에서 1.5[m] 이상 1.7[m] 이하
③ 지상에서 1.5[m] 이상 2.0[m] 이하
④ 지상에서 1.2[m] 이상 1.8[m] 이하

해설 **급수탑의 개폐밸브의 설치높이** : 지상에서 1.5[m] 이상 1.7[m] 이하

50

소방시설 등의 자체점검 중 종합정밀점검을 실시한 자는 며칠 이내에 그 결과보고서 등을 관할 소방서장 또는 소방본부장에게 제출하여야 하는가?

① 7일 이내
② 15일 이내
③ 30일 이내
④ 60일 이내

해설 종합정밀점검을 실시한 자는 일반대상물 또는 공공기관은 점검일로부터 7일 이내에 소방본부장 또는 소방서장에게 점검결과보고서를 제출하여야 한다.

51

소방신호의 종류에 해당되지 않는 것은?

① 해제신호
② 발화신호
③ 훈련신호
④ 출동신호

해설 **소방신호** : 경계신호, 발화신호, 해제신호, 훈련신호

52

자동화재속보설비를 설치하여야 하는 특정소방대상물에 대한 설명으로 옳지 않은 것은?

① 창고시설로서 바닥면적이 1,500[m²] 이상인 층이 있는 것
② 공장시설로서 바닥면적이 1,000[m²] 이상인 층이 있는 것
③ 노유자시설로서 바닥면적이 500[m²] 이상인 층이 있는 것
④ 문화재보호법에 따라 국보 또는 보물로 지정된 목조건축물

해설 **자동화재속보설비를 설치하여야 하는 특정소방대상물**
(1) 업무시설, **공장**, **창고시설**, 교정 및 군사시설 중 국방·군사시설, 발전시설(사람이 근무하지 않는 시간에는 무인경비시스템으로 관리하는 시설만 해당한다)로서 **바닥면적이 1,500[m²] 이상**인 층이 있는 것(다만, 24시간 상시근무하는 경우에는 예외)
(2) **노유자 생활시설**
(3) (2)에 해당하지 않는 **노유자시설**로서 바닥면적이 **500[m²]** 이상인 층이 있는 것(다만, 24시간 상시근무하는 경우에는 예외)
(4) 수련시설(숙박시설이 있는 건축물만 해당한다)로서 바닥면적이 500[m²] 이상인 층이 있는 것(다만, 24시간 상시근무하는 경우에는 예외)
(5) 보물 또는 국보로 지정된 목조건축물(다만, 사람이 24시간 상주 시 제외)
(6) 근린생활시설 중 의원, 치과의원 및 한의원으로서 입원실이 있는 시설
(7) 의료시설 중 다음의 어느 하나에 해당하는 시설
① 종합병원, 병원, 치과병원, 한방병원 및 요양병원(정신병원과 의료재활시설은 제외)
② 정신병원과 의료재활시설로 사용되는 바닥면적의 합계가 500[m²] 이상인 층이 있는 것
(8) 판매시설 중 전통시장
(9) (1)부터 (8)까지에 해당하지 않는 특정소방대상물 중 층수가 30층 이상인 것

53

소방체험관을 설립하여 운영할 수 있는 사람은?

① 소방본부장
② 소방청장
③ 시·도지사
④ 행정안전부장관

해설 소방박물관과 소방체험관의 설립과 운영
- 소방박물관
  - 설립운영권자 : 소방청장
  - 설립과 운영에 관한 사항 : 행정안전부령
- 소방체험관
  - 설립운영권자 : 시·도지사
  - 설립과 운영에 관한 사항 : 시·도의 조례

54

위험물을 취급하는 건축물에 설치하는 채광·조명 및 환기설비의 기준 등에 관한 설명으로 잘못된 것은?

① 채광설비는 연소의 우려가 없는 장소에 설치하되 채광면적을 최대로 할 것
② 환기설비의 환기구는 지붕 위 또는 지상 2[m] 이상의 높이에 회전식 고정벤틸레이터 또는 루프팬방식으로 설치할 것
③ 환기설비의 환기는 자연배기방식으로 할 것
④ 환기설비의 급기구는 낮은 곳에 설치할 것

해설 채광·조명 및 환기설비
- 채광설비는 불연재료로 하고, 연소의 우려가 없는 장소에 설치하되 채광면적을 최소로 할 것
- 환기구는 지붕 위 또는 지상 2[m] 이상의 높이에 회전식 고정벤틸레이터 또는 루프팬방식으로 설치할 것
- 환기는 자연배기방식으로 할 것
- 급기구는 낮은 곳에 설치하고 가는 눈의 구리망 등으로 인화방지망을 설치할 것

55

불을 사용하는 설비의 관리기준 등에서 경유·등유 등 액체연료를 사용하는 보일러의 연료탱크에는 화재 등 긴급 상황이 발생하는 경우 연료를 차단할 수 있는 개폐밸브를 연료탱크로부터 몇 [m] 이내에 설치하여야 하는가?

① 0.1[m]
② 0.5[m]
③ 1.0[m]
④ 1.5[m]

해설 경유·등유 등 액체연료를 사용하는 경우에는 다음 사항을 지켜야 한다.
- 연료탱크는 보일러본체로부터 수평거리 1[m] 이상의 간격을 두어 설치할 것
- 연료탱크에는 화재 등 긴급 상황이 발생하는 경우 연료를 차단할 수 있는 개폐밸브를 연료탱크로부터 0.5[m] 이내에 설치할 것
- 연료탱크 또는 연료를 공급하는 배관에는 여과장치를 설치할 것
- 사용이 허용된 연료 외의 것을 사용하지 아니할 것

56

위험물제조소 등의 완공검사필증을 잃어버려 재교부를 받은 자가 잃어버린 완공검사필증을 발견하는 경우에는 이를 며칠 이내에 완공검사필증을 재교부한 시·도지사에게 제출하여야 하는가?

① 7일
② 10일
③ 14일
④ 30일

해설 완공검사필증을 발견하는 경우에는 10일 이내에 완공검사필증을 재교부한 시·도지사에게 제출하여야 한다.

57

공동 소방안전관리자를 선임하여야 하는 대상물 중 고층건축물은 지하층을 제외한 층수가 얼마 이상인 건축물에 한하는가?

① 6층
② 11층
③ 20층
④ 30층

해설 고층건축물 : 지하층을 제외한 층수가 11층 이상인 건축물

58

특정소방대상물이 있는 장소 및 그 이웃지역으로서 화재의 예방·경계·진압·구조·구급 등의 활동에 필요한 지역으로 정의되는 것은?

① 방화지역
② 밀집지역
③ 소방지역
④ 관계지역

해설 **관계지역** : 특정소방대상물이 있는 장소 및 그 이웃지역으로서 화재의 예방·경계·진압·구조·구급 등의 활동에 필요한 지역

59

위험물제조소 및 일반취급소로서 연면적이 500[m²] 이상인 것에 설치하여야 하는 경보설비는?

① 비상경보설비
② 자동화재탐지설비
③ 확성장치
④ 비상방송설비

해설 **위험물제조소 및 일반취급소의 자동화재탐지설비 설치기준**
• 연면적이 500[m²] 이상인 것
• 지정수량의 100배 이상을 취급하는 것

60

상주공사감리의 방법에서 감리업자가 지정하는 감리원은 행정안전부령으로 정하는 기간 동안 공사현장에 상주하여 업무를 수행하고 감리일지에 기록해야 한다. 여기서 "행정안전부령으로 정하는 기간"이란?

① 착공신고 때부터 주 1회 이상 완공검사를 신청하는 때까지
② 착공신고 때부터 주 1회 이상 완공검사증명서를 발급받을 때까지
③ 소방시설용 배관을 설치하거나 매립하는 때부터 완공검사를 신청하는 때까지
④ 소방시설용 배관을 설치하거나 매립하는 때부터 소방시설 완공검사증명서를 발급받을 때까지

해설 **행정안전부령으로 정하는 기간** : 소방시설용 배관을 설치하거나 매립하는 때부터 소방시설 완공검사증명서를 발급받을 때까지(공사업법 시행규칙 제16조)

제 4 과목 소방기계시설의 구조 및 원리

61

폐쇄형 스프링클러헤드를 사용하는 연결살수설비의 주배관을 연결할 수 없는 것은?

① 옥내소화전설비의 주배관
② 옥외소화전설비의 주배관
③ 수도배관
④ 옥상수조

해설 폐쇄형 헤드를 사용하는 **연결살수설비의 주배관**은 옥내소화전설비의 주배관(옥내소화전설비가 설치된 경우) 및 **수도배관**(연결살수설비가 설치된 건축물 안에 설치된 수도배관 중 구경이 가장 큰 배관) 또는 **옥상에 설치된 수조**(다른 설비의 수조를 포함)에 **접속**하여야 한다.

62

다음 내용 중 피난기구의 설치위치로서 가장 부적합한 곳은?

① 피난 시 사람이 잘 볼 수 있는 곳
② 피난에 필요한 개구부가 있는 곳
③ 피난계단과 가까운 곳
④ 지상에 충분한 공간이 있는 곳

해설 **피난기구의 설치위치**
• 피난 시 사람이 잘 볼 수 있는 곳
• 피난에 필요한 개구부가 있는 곳
• 지상에 충분한 공간이 있는 곳

63

분말소화설비의 화재안전기준에서 분말소화약제의 저장용기를 가압식으로 설치할 때 안전밸브의 작동압력은 얼마인가?

① 내압시험압력의 0.8배 이하
② 내압시험압력의 1.8배 이하
③ 최고사용압력의 0.8배 이하
④ 최고사용압력의 1.8배 이하

해설 안전밸브의 작동압력
- 가압식 : 최고사용압력의 1.8배 이하
- 축압식 : 내압시험압력의 0.8배 이하

64

다음 설명 중 A, B, C에 들어갈 설비에 해당되지 않는 것은?

> 대형소화기를 설치하여야 할 특정소방대상물 또는 그 부분에 (A), (B), (C) 또는 옥외소화전설비를 설치한 경우에는 해당설비의 유효범위 안의 부분에 대하여는 대형소화기를 설치하지 아니할 수 있다.

① 제연설비
② 옥내소화전설비
③ 물분무 등 소화설비
④ 스프링클러설비

해설 대형소화기를 설치하여야 할 특정소방대상물 또는 그 부분에 **옥내소화전설비·스프링클러설비·물분무 등 소화설비** 또는 **옥외소화전설비**를 설치한 경우에는 해당설비의 유효범위 안의 부분에 대하여는 대형소화기를 설치하지 아니할 수 있다.

65

물분무소화설비에 있어서 전기절연을 위해 전기기기와 물분무헤드의 이격거리가 맞지 않는 것은?

① 110 초과 154[kV] 이하 : 150[cm] 이상
② 154 초과 181[kV] 이하 : 180[cm] 이상
③ 181 초과 220[kV] 이하 : 200[cm] 이상
④ 220 초과 275[kV] 이하 : 260[cm] 이상

해설 전기기기와 물분무헤드 사이의 이격거리

전압[kV]	거리[cm]
66 이하	70 이상
66 초과 77 이하	80 이상
77 초과 110 이하	110 이상
110 초과 154 이하	150 이상
154 초과 181 이하	180 이상
181 초과 220 이하	210 이상
220 초과 275 이하	260 이상

66

옥내소화전설비에서 기동용 수압개폐장치(압력체임버)의 주된 설치 목적은?

① 배관 내의 압력을 감소하기 위하여
② 유수를 감지하기 위하여
③ 헤드의 일정한 압력을 유지하기 위하여
④ 펌프를 기동하기 위하여

해설 기동용 수압개폐장치(압력체임버)의 주된 설치 목적 : 펌프기동

67

습식 스프링클러설비에서 시험용 밸브의 설치위치는 어느 곳이 가장 적합한가?

① 유수검지장치에서 가장 가까운 곳에 설치한다.
② 유수검지장치에서 가장 먼 곳에 설치한다.
③ 펌프 토출측 게이트밸브 상단에 설치한다.
④ 펌프 토출측 게이트밸브 하단에 설치한다.

해설 시험밸브의 설치위치 : 유수검지장치에서 가장 먼 가지배관의 끝으로부터 연결하여 설치한다.

68

스프링클러헤드를 무대부 천장에 설치할 때 천장 각 부분으로부터 하나의 스프링클러헤드까지의 수평거리는 몇 [m] 이하인가?

① 3.0   ② 2.3
③ 2.1   ④ 1.7

해설 스프링클러헤드의 배치기준

설치장소			설치기준
폭 1.2[m] 초과하는 천장 반자 덕트 선반 기타 이와 유사한 부분	무대부, 특수가연물		수평거리 1.7[m] 이하
	랙식 창고		수평거리 2.5[m] 이하 (특수가연물 저장·취급하는 창고 : 1.7[m] 이하)
	아파트		수평거리 3.2[m] 이하
	그 외의 특수소방대상물	기타 구조	수평거리 2.1[m] 이하
		내화구조	수평거리 2.3[m] 이하
랙식 창고	특수가연물		높이 4[m] 이하마다
	그 밖의 것		높이 6[m] 이하마다

69

옥외소화전설비의 설치·유지에 관한 기술상의 기준 중 잘못된 것은?

① 소화전함 표면에는 "호스격납함"이라고 표시한다.
② 소화전함은 옥외소화전마다 그로부터 5[m] 이내의 장소에 설치한다.
③ 가압송수장치의 시동을 표시하는 표시등은 적색으로 하고 소화전함 상부 또는 그 직근에 설치한다.
④ 소화전함이 31개 이상 설치된 때에는 옥외소화전 3개마다 1개 이상의 소화전함을 설치한다.

해설 옥외소화전설비의 소화전함 표면에는 **"옥외소화전"**이라고 표시한 표지를 하고, 가압송수장치의 조작부 또는 그 부근에는 가압송수장치의 기동을 명시하는 적색등을 설치하여야 한다.

70

포소화설비의 수동식 기동장치의 조작부 설치위치는?

① 바닥으로부터 0.5[m] 이상 1.2[m] 이하
② 바닥으로부터 0.8[m] 이상 1.2[m] 이하
③ 바닥으로부터 0.8[m] 이상 1.5[m] 이하
④ 바닥으로부터 0.5[m] 이상 1.5[m] 이하

해설 포소화설비의 수동식 기동장치의 조작부 설치위치 : 바닥으로부터 0.8[m] 이상 1.5[m] 이하

71

할론소화설비의 자동식 기동장치의 종류에 속하지 않는 것은?

① 기계식 방식
② 전기식 방식
③ 가스압력식
④ 수압압력식

해설 자동식 기동장치 : 기계식 방식, 전기식 방식, 가스압력식

72

분말소화설비에 대한 설명으로 틀린 것은?

① 인산염은 제3종 분말소화약제이다.
② 차고 또는 주차장에 설치하는 분말소화설비의 소화약제는 제3종 분말소화약제이다.
③ 분말소화설비의 저장용기의 충전비는 0.8 이상이어야 한다.
④ 탄산수소칼륨과 요소가 화합된 제4종 분말소화약제의 1[kg]당 저장용기의 내용적은 1.50[L]이다.

해설 분말소화설비의 충전비[L/kg]

소화약제의 종별	충전비[L/kg]
제1종 분말	0.80
제2종 분말	1.00
제3종 분말	1.00
제4종 분말	1.25

73

차고에 단백포를 사용하여 포헤드방식의 포소화설비를 하고자 한다. 이때 포소화약제의 1분당 방사량은 바닥면적 1[m²]당 몇 [L] 이상인가?

① 단백포 원액 3.7[L]
② 단백포 수용액 3.7[L]
③ 단백포 원액 6.5[L]
④ 단백포 수용액 6.5[L]

해설 포헤드의 분당 방사량

특정소방대상물	포소화약제의종류	바닥면적 1[m²]당 방사량 [L/min·m²]
차고·주차장 및 비행기 격납고	단백포소화약제	6.5
	합성계면활성제 포소화약제	8.0
	수성막포소화약제	3.7
특수가연물을 저장·취급하는 특정소방대상물	단백포소화약제	6.5
	합성계면활성제포소화약제	6.5
	수성막포소화약제	6.5

74

축압식 분말소화기에 관한 설명으로 가장 적합한 것은?

① 축압식은 용기 내에 동일 약제로 축압한다.
② 장기간 보관 시에도 가스 누설이 없다.
③ 지시압력계는 0.98[MPa] 이상이어야 한다.
④ 축압식은 용기에 질소로 축압한다.

해설 축압식 분말소화기
  • 축압식 : 질소가스로 축압
  • 지시압력계 : 0.70~0.98[MPa]
  • 장기간 보관하면 가스의 누설이 있다.

75

연결송수관설비를 설치하지 않아도 되는 대상물은?

① 층수가 5층 이상으로서 연면적 6,000[m²] 이상
② 지하층의 층수가 3이상이고 지하층의 바닥면적 합계가 1,000[m²] 이상
③ 지하층을 포함한 층수가 7층 이상
④ 지하가 중 터널의 길이가 500[m] 이상

해설 지하가 중 터널의 길이가 1,000[m] 이상이면 연결송수관설비를 설치하여야 한다.

76

다음 중 이산화탄소소화설비에 음향경보장치를 설치해야 하는 가장 주된 이유는?

① 가스방출과 동시에 경보로서 방출을 알리기 위함
② 경보를 듣고 수동으로 방출시키기 위함
③ 방출과 동시에 발하는 경보를 듣고 개구부를 닫아 주기 위함
④ 경보를 발하여 내실자를 대피시킨 후 방출하기 위함

해설 음향경보장치는 경보를 발하여 내실자를 대피시킨 후 방출하기 위함이다.

77

특별피난계단의 부속실에 제연설비를 하려고 한다. 자연배출식 수직풍도의 내부단면적이 5[m²]일 경우 송풍기를 이용한 기계배출식 수직풍도의 최소 내부 단면적은 몇 [m²] 이상이어야 하는가?

① 1[m²]   ② 1.25[m²]
③ 1.5[m²]   ④ 2[m²]

해설 수직풍도의 내부단면적
  • 자연배출식의 경우(다만, 수직풍도의 길이가 100[m]를 초과하는 경우에는 산출수치의 1.2배 이상의 수치)

$$A_P = \frac{Q_N}{2}$$

  여기서, A_P : 수직풍도의 내부단면적[m²]
          Q_N : 수직풍도가 담당하는 1개층의 제연구역의 출입문(옥내와 면하는 출입문을 말한다) 1개의 면적[m²]과 방연풍속[m/s]를 곱한 값[m³/s]
  • 송풍기를 이용한 기계배출식의 경우 풍속은 15[m/s] 이하로 할 것
  ※ 법 개정으로 인하여 맞지 않는 문제임

78

연결살수설비의 구성요소가 아닌 것은?

① 송수구
② 살수헤드
③ 가압펌프
④ 배관 및 밸브

해설 가압펌프는 수(水)계 소화설비의 구성요소이다.

정답 74 ④   75 ④   76 ④   77 정답 없음   78 ③

79

연결살수설비에 설치하는 선택밸브의 설치기준으로 적합하지 않은 것은?

① 화재 시 연소의 우려가 없는 장소로서 조작 및 점검이 쉬운 위치에 설치한다.

② 자동개방밸브에 따른 선택밸브를 사용하는 경우에 있어서는 송수구역에 방수하지 아니하고 자동밸브의 작동시험이 가능하도록 한다.

③ 선택밸브는 지면으로부터 높이가 0.5[m] 이상 1.5[m] 이하의 높이에 설치하여야 한다.

④ 선택밸브의 부근에는 송수구역 일람표를 설치하여야 한다.

해설 연결살수설비의 선택밸브 설치기준(다만, 송수구를 송수구역마다 설치한 때에는 그러하지 아니하다)
- 화재 시 연소의 우려가 없는 장소로서 조작 및 점검이 쉬운 위치에 설치할 것
- 자동개방밸브에 따른 선택밸브를 사용하는 경우에 있어서는 송수구역에 방수하지 아니하고 자동밸브의 작동시험이 가능하도록 할 것
- 선택밸브의 부근에는 송수구역 일람표를 설치할 것

80

18층의 사무소 건축물로 연면적이 60,000[m^2]인 경우 소화용수의 저수량으로 몇 [m^3]가 가장 타당한가?

① 80　　　　　② 100
③ 120　　　　　④ 140

해설 소화수조 또는 저수조의 저수량은 특정소방대상물의 연면적을 다음 표에 따른 기준면적으로 나누어 얻은 수(소수점 이하의 수는 1로 본다)에 20[m^3]를 곱한 양 이상이 되도록 하여야 한다.

특정소방대상물의 구분	면 적
1. 1층 및 2층의 바닥면적 합계가 15,000[m^2] 이상인 특정소방대상물	7,500[m^2]
2. 제1호에 해당되지 아니하는 그 밖의 특정소방대상물	12,500[m^2]

∴ 60,000[m^2] ÷ 12,500[m^2]=4.8
　⇒ 5 × 20[m^3] = 100[m^3]

제 2 회 2012년 5월 20일 시행

제 1 과목 | 소방원론

01

가연성 물질이 아닌 것은?

① 프로판
② 산 소
③ 에 탄
④ 암모니아

해설 산소 : 조연(지연)성 가스

02

화재원인이 되는 정전기 발생 방지대책 중 틀린 것은?

① 상대습도를 높인다.
② 공기를 이온화시킨다.
③ 접지시설을 한다.
④ 가능한 한 부도체를 사용한다.

해설 정전기 방지대책
• 접지를 한다.
• 상대습도를 70[%] 이상으로 한다.
• 공기를 이온화한다.

03

다음 중 착화 온도가 가장 높은 물질은?

① 황 린
② 아세트알데하이드
③ 메 탄
④ 이황화탄소

해설 착화 온도

종 류	황 린	아세트알데하이드	메 탄	이황화탄소
착화 온도	34[℃]	185[℃]	537[℃]	100[℃]

04

물과 반응하여 가연성 가스를 발생시키는 물질이 아닌 것은?

① 탄화알루미늄
② 칼 륨
③ 과산화수소
④ 트라이에틸알루미늄

해설 물과의 반응
• 탄화알루미늄 :
$Al_4C_3 + 12H_2O \rightarrow 4Al(OH)_3 + 3CH_4$(메탄)
• 칼륨 : $2K + 2H_2O \rightarrow 2KOH + H_2$(수소)
• 과산화수소 : 과산화수소는 물과 잘 섞인다.
• 트라이에틸알루미늄 :
$(C_2H_5)_3Al + 3H_2O \rightarrow Al(OH)_3 + 3C_2H_6$(에탄)

05

일반건축물에서 가연성 건축 구조재와 가연성 수용물의 양으로 건물화재 시 화재 위험성을 나타내는 용어는?

① 화재하중
② 연소범위
③ 활성화에너지
④ 착화점

해설 화재하중
일반건축물에서 가연성 건축 구조재와 가연성 수용물의 양으로 건물화재 시 화재 위험성을 나타내는 용어

06

대표적인 열의 전달방법이 아닌 것은?

① 전 도
② 흡 수
③ 복 사
④ 대 류

해설 열의 전달방법 : 전도, 대류, 복사

07

질식소화와 가장 거리가 먼 것은?

① CO_2 소화기를 사용하여 소화
② 물분무의 방사를 이용하여 소화
③ 포소화약제를 방사하여 소화
④ 가스 공급밸브를 차단하여 소화

해설 **질식소화** : 산소의 농도를 15[%] 이하로 낮추어 소화하는 방법

> 제거소화 : 가스 공급밸브를 차단하여 소화

08

Halon 1211의 분자식으로 옳은 것은?

① C_2FClBr ② CBr_2ClF
③ CCl_2BrF ④ $CBrClF_2$

해설 **할론소화약제 명명법**

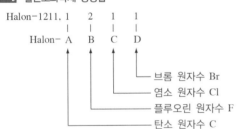

종류	C_2FClBr	CBr_2ClF	CCl_2BrF	$CBrClF_2$
약제명	Halon 2111	Halon 1112	Halon 1121	Halon 1211

09

화재분류 중 금속분화재에 해당되는 것은?

① A급 ② B급
③ C급 ④ D급

해설 **D급** : 금속분화재

10

벤젠에 대한 설명으로 옳은 것은?

① 방향족 화합물로 적색 액체이다.
② 고체 상태에서도 가연성 증기를 발생할 수 있다.

③ 인화점은 약 14[℃]이다.
④ 화재 시 CO_2는 사용불가이며 주수에 의한 소화가 효과적이다.

해설 **벤 젠**
• 물 성

화학식	C_6H_6	인화점	-11[℃]
비 중	0.9	착화점	562[℃]
비 점	80[℃]	연소범위	1.4~7.1[%]
융 점	5.5[℃]		

• 방향족 화합물로서 무색투명한 **방향성**을 갖는 **액체**이며, 증기는 독성이 있다.
• 고체 상태에서도 가연성 증기를 발생할 수 있다.
• 포, 분말, 이산화탄소, 할론소화가 효과가 있다.

11

질식소화방법과 가장 거리가 먼 것은?

① 불활성기체를 가연물에 방출하는 방법
② 가연성 기체의 농도를 높게 하는 방법
③ 불연성 포소화약제로 가연성을 덮는 방법
④ 건조 모래로 가연물을 덮는 방법

해설 **질식소화** : 산소의 농도를 낮추어 가연성 기체의 농도를 낮게 하여 소화하는 방법

12

대기압을 나타내는 단위는?

① mmHg ② cd
③ dB ④ Gauss

해설 **대기압의 단위** : [atm], [mmHg]

13

연소범위에 대한 설명 중 틀린 것은?

① 상한과 하한의 값을 가지고 있다.
② 연소에 필요한 혼합 가스의 농도를 말한다.
③ 동일 물질이라도 환경에 따라 연소범위가 달라질 수 있다.
④ 연소범위가 좁을수록 연소 위험성은 높아진다.

해설 연소범위가 좁을수록 연소 위험이 적다.

14

ABC급 소화성능을 가지는 분말소화약제는?

① 탄산수소나트륨
② 탄산수소칼륨
③ 제1인산암모늄
④ 황산알루미늄

해설 제1인산암모늄($NH_4H_2PO_4$)의 적응화재 : A급(일반화재), B급(유류화재), C급(전기화재)

15

어떤 기체의 확산속도가 산소보다 4배 빠르다면 이 기체는 무엇으로 예상할 수 있는가?

① 질 소
② 수 소
③ 이산화탄소
④ 암모니아

해설 그레이엄의 확산속도법칙 : 확산속도는 분자량의 제곱근에 반비례, 밀도의 제곱근에 반비례한다.

$$\frac{U_B}{U_A} = \sqrt{\frac{M_A}{M_B}} = \sqrt{\frac{d_A}{d_B}}$$

여기서, U_B : B기체의 확산속도
$\quad\quad U_A$: A기체의 확산속도
$\quad\quad M_B$: B기체의 분자량
$\quad\quad M_A$: A기체의 분자량
$\quad\quad d_B$: B기체의 밀도
$\quad\quad d_A$: A기체의 밀도

∴ 기체의 확산속도는 분자량이 작을수록 빠르다.

가 스	화학식	분자량
질 소	N_2	28
수 소	H_2	2
이산화탄소	CO_2	44
암모니아	NH_3	17

$$\therefore \frac{u_B}{u_A} = \sqrt{\frac{M_A}{M_B}}$$

$$\frac{4}{1} = \sqrt{\frac{32}{x}} \quad\quad \left(\frac{4}{1}\right)^2 = \frac{32}{x}$$

$$x = \frac{32}{16} = 2(수소)$$

16

할로겐화합물 및 불활성기체인 HCFC-124의 화학식은?

① CHF_3
② CF_3CHFCF_3
③ $CHClFCF_3$
④ C_4H_{10}

해설 할로겐화합물 및 불활성기체의 종류

소화약제	화학식
퍼플루오르부탄 (이하 "FC-3-1-10"이라 한다)	C_4F_{10}
하이드로클로로플루오르카본혼화제 (이하 "HCFC BLEND A"라 한다)	HCFC-123($CHCl_2CF_3$) : 4.75[%] HCFC-22($CHClF_2$) : 82[%] HCFC-124($CHClCF_3$) : 9.5[%] $C_{10}H_{16}$: 3.75[%]
클로로테트라플루오르에탄 (이하 "HCFC-124"라 한다)	$CHClFCF_3$
펜타플루오르에탄 (이하 "HFC-125"라 한다)	CHF_2CF_3
헵타플루오르프로판 (이하 "HFC-227ea"라 한다)	CF_3CHFCF_3
트리플루오르메탄 (이하 "HFC-23"이라 한다)	CHF_3

17

수소 4[kg]이 완전 연소할 때 생성되는 수증기는 몇 [kmol]인가?

① 1
② 2
③ 4
④ 8

해설 수소의 연소반응식
$$2H_2 + O_2 \rightarrow 2H_2O$$
$\quad$ 4[kg] $\quad\quad\quad$ 2×18[kg](2[kmol])

18

Halon 104가 수증기와 작용해서 생기는 유독가스에 해당하는 것은?

① 포스겐
② 황화수소
③ 이산화질소
④ 포스핀

해설 사염화탄소의 화학반응식
- 공기 중 : $2CCl_4 + O_2 \rightarrow 2COCl_2 + 2Cl_2$
- 습기(수증기) 중
  : $CCl_4 + H_2O \rightarrow COCl_2$(포스겐) $+ 2HCl$
- 탄산가스 중 : $CCl_4 + CO_2 \rightarrow 2COCl_2$

19

연소의 3대 기본요소에 해당되는 것은?

① 가연물, 산소, 점화원
② 가연물, 산소, 바람
③ 가연물, 연쇄반응, 점화원
④ 산소, 점화원, 연쇄반응

해설 연소의 3요소 : 가연물, 산소공급원, 점화원

20

산소를 포함하고 있어서 자기연소가 가능한 물질은?

① 나이트로글리세린　　② 금속칼륨
③ 금속나트륨　　　　　④ 황 린

해설 자기연소 : 나이트로글리세린, 셀룰로이드와 같이 산소를 함유하고 있는 제5류 위험물의 연소

제 **2** 과목　**소방유체역학**

21

다음 그림과 같은 탱크에 물이 들어 있다. A–B면 (5[m]×3[m])에 작용하는 힘은 약 몇 [kN]인가?

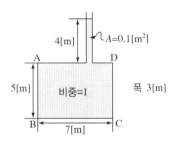

① 0.95
② 10.5
③ 95.5
④ 955

해설 힘 $F = \gamma \bar{h} A$

$$9,800 \times \left(\frac{5}{2} + 4\right) \times (3 \times 5) = 955,500[\text{N}]$$
$$= 955.5[\text{kN}]$$

22

다음 그림에서 압력차 $P_1 - P_2$는 약 몇 [Pa]인가? (단, 수은의 비중은 13.6, 물의 비중은 1, 벤투리관은 수평으로 놓여 있으며, h는 [m]단위이다)

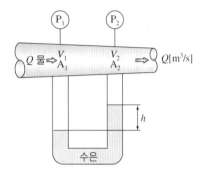

① $1.35 \times 10^4 h$
② $1.25 \times 10^4 h$
③ $13.25 \times 10^4 h$
④ $12.35 \times 10^4 h$

해설 다음 그림에서 $a = b + h$이다.

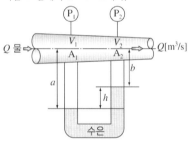

$$P_1 + 9,800a = P_2 + 9,800b + 9,800 \times 13.6h$$
$$P_1 - P_2 = 9,800(b + 13.6h) - 9,800a$$
$$= 9,800(b + 13.6h - a)$$
$$= 9,800\{b + 13.6h - (b + h)\}$$
$$= 9,800 \times 12.6h = 123,480h$$
$$= 12.348 \times 10^4 h$$

23

수평 원관 내 층류 유동에서 유량은?

① 관의 길이에 비례한다.
② 점성에 비례한다.
③ 지름의 4승에 비례한다.
④ 압력강하에 반비례한다.

해설 층류유동일 때

$$유량 \quad Q = \frac{\Delta P \pi d^4}{128 \mu l}$$

여기서, ΔP : 압력차

Q : 유량[m³/s]

γ : 유체의 비중량[kg/m³]

l : 관의 길이[m]

μ : 유체의 점도[kg/m·s]

d : 관의 내경[m]

∴ 층류일 때 유량은 지름의 4승에 비례하고 점성과 관의 길이에 반비례한다.

24

물탱크에서 물의 높이가 4[m]일 때, 수심 2.5[m]에서 받는 계기압력은 약 몇 [Pa]인가?

① 24.5

② 245

③ 2,450

④ 24,500

해설 계기압력 $= \dfrac{2.5}{10.332} \times 101,325 = 24,517.3[Pa]$

25

그림과 같은 중앙 부분에 구멍이 뚫린 정지해 있는 원판에 직경 D의 원형 물제트가 대기압 상태에서 V의 속도로 충돌하여, 원판 뒤로 직경 d의 원형 물제트가 V의 속도로 흘러나가고 있을 때, 이 원판이 받는 힘의 크기는 얼마인가?(단, ρ는 물의 밀도이다)

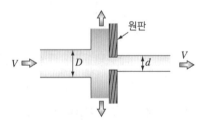

① $\dfrac{\rho \pi V (D^2 - d^2)}{16}$

② $\dfrac{\rho \pi V (D^2 - d^2)}{4}$

③ $\dfrac{\rho \pi V^2 (D^2 - d^2)}{16}$

④ $\dfrac{\rho \pi V^2 (D^2 - d^2)}{4}$

해설 • 연속방정식에서 유량 $Q = AV[m^3/s]$

• 운동량방정식에서 힘 $F = \rho QV[N]$

$$F = \rho QV = \rho AV^2 = \rho V^2 \frac{\pi}{4}(D^2 - d^2)$$

26

질소가스가 정상상태, 정상 유동과정으로 가열된다. 이때 입구의 상태는 500[kPa], 35[℃]이고 출구의 상태는 500[kPa], 1,000[℃]이다. 운동에너지와 위치에너지의 변화를 무시할 때 질소 1[kg]당 요구되는 전열량은 몇 [kJ]인가?(단, 질소의 정압비열은 1.0416 [kJ/kg·K]이다)

① 1,005

② 1,010

③ 1,015

④ 1,020

해설 에너지방정식에서

$$q = m\left(h_2 + \frac{V_2^2}{2} + gz_2\right) - m\left(h_1 + \frac{V_1^2}{2} + gz_1\right)$$

$$q = m\left(c_p T_2 + \frac{V_2^2}{2} + gz_2\right) - m\left(c_p T_1 + \frac{V_1^2}{2} + gz_1\right)$$

운동에너지와 위치에너지를 무시하면

$$q = mc_p(T_2 - T_1)$$

전열량 $q = mc_p \Delta t = 1[kg] \times 1.0416[kJ/kg \cdot K] \times$
$[(1,000+273) - (35+273)[K]] = 1,005.1[kJ]$

27

그림과 같이 지름이 D_1, D_2인 두 개의 동심원 사이에 유체가 흐르고 있다. 유동 단면의 수력직경(Hydraulic Diameter)을 구하면?

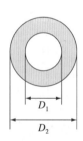

① $D_2 - D_1$

② $\dfrac{D_1 + D_2}{2}$

③ $\dfrac{D_2 - D_1}{4}$

④ $\dfrac{D_1 + D_2}{4}$

해설 수력직경 $= D_2 - D_1$

28

온도 차이 10[℃], 열전도율 10[W/m·K], 두께 25[cm]인 벽을 통한 열유속(Heat Flux)과 온도 차이 20[℃], 열전도율 k[W/m·K], 두께 10[cm]인 벽을 통한 열유속이 같다면 k의 값은?

① 2   ② 5

③ 10   ④ 20

해설 열유속 $Q = k \dfrac{dt}{dl}$

$$10[\text{W/m·K}] \times \frac{10[℃]}{0.25[\text{m}]} = k \times \frac{20[℃]}{0.1[\text{m}]}$$

$$k = 2$$

29

다음 중 동점성계수의 차원으로 올바른 것은?(단, M, L, T는 각각 질량, 길이 시간을 나타낸다)

① $ML^{-1}T^{-1}$ ② $ML^{-1}T^{-2}$

③ $L^2 T^{-1}$ ④ MLT^{-2}

해설 동점성계수 $= [\text{cm}^2/\text{s}] = L^2/T = L^2 T^{-1}$

30

그림과 같은 상태에서 손실을 무시하고 물의 분출 속도를 구하면 약 몇 [m/s]인가?

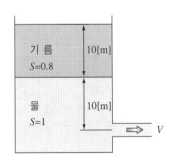

① 16.2   ② 18.8

③ 19.8   ④ 22.8

해설 기름이 받는 압력과 같은 압력의 물의 깊이(he)

$$0.8 \times 1,000[\text{kg}_f/\text{m}^3] \times 10[\text{m}]$$

$$= 1 \times 1,000[\text{kg}_f/\text{m}^3] \times he$$

$$\therefore he = 8[\text{m}]$$

전체깊이 $H = 8 + 10[\text{m}] = 18[\text{m}]$

$$\therefore u = \sqrt{2gH} = \sqrt{2 \times 9.8 \times 18} = 18.78[\text{m/s}]$$

31

펌프의 양정 중 실양정을 설명한 것은?

① 펌프의 중심에서 상부쪽으로 송출수면까지의 수직높이를 말한다.

② 펌프의 중심에서 하부쪽으로 흡입수면까지의 수직높이를 말한다.

③ 흡입수면과 송출수면 사이의 수직높이를 말한다.

④ 흡입수면과 송출수면 사이의 수직높이와 손실높이를 더한 높이를 말한다.

해설 **실양정** : 펌프의 흡입측 수두(수직높이) + 펌프의 토출측 수두(수직높이)

32

오리피스 유량계에서 오리피스의 지름은 3[cm], 관의 안지름은 9[cm]이다. 이 관로에 물을 유동시켰을 때 오리피스 전후에서 압력수두의 차가 12[cm]이었다. 유량계수가 0.66일 때 유량은 몇 [m³/s]인가?

① 7.2×10^{-4} ② 9.3×10^{-4}

③ 1.3×10^{-3} ④ 3.5×10^{-3}

해설 유량 $Q = C_o \times A \times \sqrt{2gH}$

$$= 0.66 \times \frac{\pi}{4}(0.03[\text{m}])^2$$

$$\times \sqrt{2 \times 9.8 \times 0.12[\text{m}]}$$

$$= 7.15 \times 10^{-4}[\text{m}^3/\text{s}]$$

33

관 내의 유동형태가 급격히 변화하여 물의 운동에너지가 압력파의 형태로 나타나는 현상은?

① 서징현상   ② 수격현상

③ 공동현상   ④ 수축현상

해설 **수격작용** : 관 내의 유동형태가 급격히 변화하여 물의 운동에너지가 압력파의 형태로 나타나는 현상

34

다음 중 체적탄성계수에 대한 설명으로 옳은 것은?

① 길이의 차원을 갖는다.

② 유체의 압축성을 나타내는 물성치이다.

③ 밀도에 대한 동역학적 점성의 비율을 나타낸다.

④ 동압하의 온도에 따른 유체의 밀도 변화를 나타낸다.

해설 체적탄성계수

• 압력의 차원을 갖는다.

• 유체의 압축성을 나타내는 물성치이다.

• 체적탄성계수(K)

$$K = -\frac{\Delta P}{\Delta V/V} = \frac{\Delta P}{\Delta \rho/\rho}$$

여기서, P : 압력 V : 체적

ρ : 밀도 $\Delta V/V$: 무차원

K : 압력단위

35

처음에 절대온도, 비체적이 각각 T_1, v_1 인 이상기체 1[kg]을 압력 P로 일정하게 유지한 채로 가열하여 온도를 $3T_1$까지 상승시킨다. 이상기체가 한 일은 얼마인가?

① Pv_1 ② $2Pv_1$

③ $3Pv_1$ ④ $4Pv_1$

해설 등압과정이므로 $\dfrac{T_2}{T_1} = \dfrac{v_2}{v_1}$

따라서 $\dfrac{3T_1}{T_1} = \dfrac{v_2}{v_1}$, $v_2 = 3v_1$

∴ 외부에 한 일

$$W_{12} = P(v_2 - v_1) = P(3v_1 - v_1) = 2Pv_1$$

36

유체의 밀도 A[kg/m³], 점성계수 B[N · s/m²], 동점성계수 C[m²/s], 속도기울기(du/dy) D[s⁻¹]라고 할 때, 각각이 다음과 같을 때 전단응력이 가장 큰 것은?

① $A = 1,000$, $B = 0.001$, $D = 0.1$

② $A = 1,200$, $B = 0.001$, $D = 0.1$

③ $A = 1,000$, $C = 5 \times 10^{-7}$, $D = 0.2$

④ $A = 1,200$, $C = 1 \times 10^{-6}$, $D = 0.1$

해설 전단응력공식을 이용하면

$$\tau = \frac{F}{A} = \mu \frac{du}{dy} = v\rho \frac{du}{dy} \left(v = \frac{\mu}{\rho},\ \mu = v\rho \right)$$

여기서, τ : 전단응력[dyne/cm²]

μ : 점성계수[dyne · s/cm²]

$\dfrac{du}{dy}$: 속도구배

• $\tau = \mu \dfrac{du}{dy} = 0.001 \times 0.1 = 0.0001$

• $\tau = \mu \dfrac{du}{dy} = 0.001 \times 0.1 = 0.0001$

• $\tau = v\rho \dfrac{du}{dy} = 5 \times 10^{-7} \times 1,000 \times 0.2 = 0.0001$

• $\tau = v\rho \dfrac{du}{dy} = 1 \times 10^{-6} \times 1,200 \times 0.1 = 0.00012$

37

진공 밀폐된 18[m³]의 방호구역에 이산화탄소약제를 방사하여, 27[℃], 101[kPa]상태가 되었다. 이때 방사된 이산화탄소량은 약 몇 [kg]인가?(단, 일반 기체상수는 8,314[J/kmol · K]이다)

① 26.4   ② 29.3

③ 32.1   ④ 35.8

해설 이상기체상태방정식을 적용하면

$$PV = nRT = \frac{W}{M}RT$$

여기서, P : 압력(101[kPa] = 101 × 1,000[Pa]

= 101 × 1,000[N/m²])

V : 부피(18[m³])

n : mol수(무게/분자량)

W : 무게

M : 분자량($CO_2 = 44$)

R : 기체상수(8,314[J/kmol · K]

= 8,314[N · m/kmol · K])

T : 절대온도(273 + [℃])

∴ $W = \dfrac{PVM}{RT}$

$= \dfrac{101 \times 1,000[\text{N/m}^2] \times 18[\text{m}^3] \times 44}{8,314[\text{N} \cdot \text{m/kmol} \cdot \text{K}] \times 300[\text{K}]}$

$= 32.07[\text{kg}]$

38

안지름이 20[cm]인 관 속에 평균유속 2[m/s]인 물이 흐른다면 관의 길이 100[m] 사이에서 압력손실수두는 약 몇 [m]인가?(단, 관마찰계수는 0.05이다)

① 3   ② 4
③ 5   ④ 6

해설 Darcy - Weisbach식 : 수평관을 정상적으로 흐를 때 적용

$$H = \frac{\Delta P}{\gamma} = \frac{flu^2}{2gD}[\text{m}]$$

여기서, H : 마찰손실[m]

ΔP : 압력차[kg$_f$/m^2]

γ : 유체의 비중량(물의 비중량 1,000[kg$_f$/m^3])

f : 관의 마찰계수(0.05)

l : 관의 길이(100[m])

u : 유체의 유속(2[m/s])

D : 관의 내경(0.2[m])

$$\therefore H = \frac{flu^2}{2gD} = \frac{0.05 \times 100 \times 2^2}{2 \times 9.8 \times 0.2} = 5.10[\text{m}]$$

39

효율이 75[%]인 원심 펌프가 양정 20[m], 유량 0.1 [m^3/s]의 물을 송출하기 위한 축동력은 약 몇 [kW]인가?

① 16   ② 20
③ 26   ④ 40

해설 Pump의 축동력

$$\text{축동력 } L_s = \frac{\gamma QH}{102 \times \eta}[\text{kW}]$$

$$\therefore L_s = \frac{\gamma QH}{102 \times \eta}$$

$$= \frac{1,000[\text{kg}_f/\text{m}^3] \times 0.1[\text{m}^3/\text{s}] \times 20[\text{m}]}{102 \times 0.75}$$

$$= 26.14[\text{kW}]$$

40

밀도가 1.24[kg/m^3]인 공기가 직경 30[cm]인 관 속을 3[kg/s]의 질량유량으로 흐르고 있다. 이때 관 내의 유량은 몇 [m^3/s]인가?

① 1.82   ② 2.12
③ 2.42   ④ 2.72

해설 $\overline{m} = Au\rho$에서 유속을 구하여 유량 $Q = uA$로 구한다.

$$\bullet \ u = \frac{\overline{m}}{A\rho} = \frac{3[\text{kg/s}]}{\frac{\pi}{4}(0.3[\text{m}])^2 \times 1.24[\text{kg/m}^3]}$$

$$= 34.25[\text{m/s}]$$

$$\bullet \ \text{유량 } Q = uA = 34.25[\text{m/s}] \times \frac{\pi}{4}(0.3[\text{m}])^2$$

$$= 2.42[\text{m}^3/\text{s}]$$

제 **3** 과목 | **소방관계법규**

41

소방행정상 처벌을 하고자 하는 경우에는 소방시설 치유지 및 안전관리에 관한 법률에 따라 청문을 실시해야 한다. 해당되지 않는 것은?

① 소방안전교육사 자격의 취소
② 소방용품의 형식승인 취소
③ 소방시설관리업의 등록취소
④ 제품검사 전문기관의 지정취소

해설 청문 실시 대상(설치유지법률 제44조)
- 소방시설관리사 자격의 취소 및 정지
- 소방시설관리업의 등록취소 및 영업정지
- 소방용품의 형식승인 취소 및 제품검사 중지
- 제품검사 전문기관의 지정취소 및 업무 중지
- 우수품질인증의 취소

42

전문소방시설공사업의 등록기준으로 옳지 않은 것은?

① 주된 기술인력 : 기술사 또는 기계분야와 전기분야의 소방설비기사 각 1명
② 자본금 : 법인 1억 이상

③ 자본금 : 개인 자산평가액 1억 이상

④ 보조기술인력 : 1명 이상

> **해설** 소방시설공사업의 등록기준(공사업법 시행령 별표 1)

업종별 항 목	전문소방시설공사업
기술인력	가. 주된 기술인력 : 소방기술사 또는 기계분야와 전기분야의 소방설비기사 각 1명(기계분야 및 전기분야의 자격을 함께 취득한 사람 1명) 이상 나. 보조기술인력 : 2명 이상
자본금 (자산평가액)	가. 법인 : 1억원 이상 나. 개인 : 자산평가액 1억원 이상
영업범위	특정소방대상물에 설치되는 기계분야 및 전기분야 소방시설의 공사·개설·이전 및 정비

43

다음 중 방염업의 종류에 해당하지 않는 것은?

① 섬유류 방염업

② 합성수지류 방염업

③ 벽지류 방염업

④ 합판·목재류 방염업

> **해설** 방염업의 종류(공사업법 시행령 별표 1)
> • 섬유류 방염업 : 커튼·카펫 등 섬유류를 주된 원료로 하는 방염대상물품을 제조 또는 가공공정에서 방염처리
> • 합성수지류 방염업 : 합성수지류를 주된 원료로 한 방염대상물품을 제조 또는 가공공정에서 방염처리
> • 합판·목재류 방염업 : 합판 또는 목재류를 제조·가공공정 또는 설치현장에서 방염처리

44

소방시설업자가 등록한 사항 중 대표자를 변경하는 경우 첨부서류로 옳지 않은 것은?(단, 행정정보의 공동이용을 통하여 첨부서류에 대한 정보를 확인할 수 없는 경우이다)

① 소방시설업 등록증

② 소방시설업 등록수첩

③ 기술인력 증빙서류

④ 변경된 대표자의 성명

> **해설** 등록사항의 변경신고
> • 명칭·상호 또는 영업소소재지를 변경하는 경우 : 소방시설업등록증 및 등록수첩
> • 대표자를 변경하는 경우
>   – 소방시설업등록증 및 등록수첩
>   – 변경된 대표자의 성명, 주민등록번호 및 주소지 등의 인적사항이 적힌 서류
> • 기술인력을 변경하는 경우
>   – 소방시설업 등록수첩
>   – 기술인력 증빙서류

45

특정옥외탱크저장소의 구조안전점검에 관한 기록은 몇 년간 보존하여야 하는가?

① 10년　　　　② 15년

③ 20년　　　　④ 25년

> **해설** 정기점검서류의 보존기간
> (1) 옥외저장탱크의 **구조안전점검**에 관한 기록 : **25년** (동항 제3호에 규정한 기간의 적용을 받는 경우에는 30년)
> (2) (1)에 해당하지 아니하는 정기점검의 기록 : 3년

46

특정소방대상물로서 그 관리의 권원(權原)이 분리되어 있는 것 가운데 소방본부장이나 소방서장이 지정하는 특정소방대상물의 관계인은 행정안전부령으로 정하는 바에 따라 해당자를 공동 소방안전관리자로 선임하여야 하는데 그 특정소방대상물의 기준으로 옳은 것은?

① 지하층을 합한 층수가 5층 이상인 건축물

② 지하층을 제외한 층수가 11층 이상인 고층건축물

③ 지하층을 합한 층수가 11층 이상인 고층건축물

④ 지하층을 제외한 층수가 5층 이상인 건축물

> **해설** 공동 소방안전관리대상물(설치유지법률 제21조, 시행령 제25조)
> • 고층건축물(지하층을 제외한 11층 이상)
> • 지하가(지하의 인공구조물 안에 설치된 상점 및 사무실, 그 밖에 이와 비슷한 시설이 연속하여 지하도에 접하여 설치된 것과 그 지하도를 합한 것을 말한다)

- 복합건축물로서 연면적이 5,000[m²] 이상인 것 또는 층수가 5층 이상인 것
- 별표 2의 판매시설 중 도매시장 및 소매시장

47

아파트인 경우 단독경보형감지기를 설치하여야 하는 기준은?

① 연면적 1,000[m²] 미만
② 연면적 600[m²] 미만
③ 연면적 1,000[m²] 이상
④ 연면적 600[m²] 이상

해설 단독경보형감지기 설치기준
- 연면적 1,000[m²] 미만의 아파트
- 연면적 1,000[m²] 미만의 기숙사
- 교육연구시설 또는 수련시설 내에 있는 합숙소 또는 기숙사로서 연면적 2,000[m²] 미만인 것
- 연면적 600[m²] 미만의 숙박시설
- 연면적 400[m²] 미만의 유치원

48

시장지역 등에서 화재로 오인할 만한 우려가 있는 불을 피우거나 연막소독을 실시하고자 하는 자가 신고를 하지 아니하여 소방자동차를 출동하게 한 자에 대한 과태료 부과금액은?

① 20만원 이하
② 50만원 이하
③ 100만원 이하
④ 200만원 이하

해설 다음에 해당하는 지역 또는 장소에서 화재로 오인할 만한 우려가 있는 불을 피우거나 연막(煙幕) 소독을 실시하려는 자는 시·도의 조례로 정하는 바에 따라 관할 소방본부장 또는 소방서장에게 신고하여야 한다(기본법 제 19조).
- 시장지역
- 공장·창고가 밀집한 지역
- 목조건물이 밀집한 지역
- 위험물의 저장 및 처리시설이 밀집한 지역
- 석유화학 제품을 생산하는 공장이 있는 지역

> 위의 해당지역에 신고를 하지 아니하고 행위를 하여 소방자동차를 출동하게 한자에게는 20만원 이하의 과태료를 부과한다(기본법 제 57조).

49

다음 중 인화성 액체인 것은?

① 과염소산
② 유기과산화물
③ 질 산
④ 동식물유류

해설 위험물의 성질

종 류	유 별	성 질
과염소산	제6류 위험물	산화성 액체
유기과산화물	제5류 위험물	자기반응성 물질
질 산	제6류 위험물	산화성 액체
동식물유류	제4류 위험물	인화성 액체

50

소방본부장이나 소방서장은 화재경계지구 안의 특정소방대상물의 위치·구조 및 설비 등에 대하여 소방특별조사를 실시하여야 한다. 그 실시 주기는 어떻게 되는가?

① 분기별(3월) 1회 이상
② 월 1회 이상
③ 반년(6월) 1회 이상
④ 연 1회 이상

해설 화재경계지구 안의 소방특별조사 : 연 1회 이상(기본법 시행령 제4조)

51

소방특별조사 결과 특정소방대상물 위치·구조·설비 또는 관리의 상황이 화재나 재난·재해 예방을 위하여 보완될 필요가 있거나 화재가 발생하면 인명 또는 재산의 피해가 클 것으로 예상되는 때에 특정소방대상물의 개수·이전·제거를 관계인에게 명령할 수 있는 사람은?

① 소방서장
② 행정안전부장관
③ 해당구청장
④ 시·도지사

해설 특정소방대상물의 개수·이전·제거 등 소방특별조사 결과에 따른 조치명령권자 : 소방청장, 소방본부장, 소방서장(설치유지법률 제5조)

52

소방서장은 소방특별조사를 하려면 관계인에게 언제까지 조사대상, 조사기간 및 조사사유 등을 서면으로 알려야 하는가?

① 3일 전   ② 5일 전

③ 7일 전   ④ 14일 전

해설 소방특별조사를 하려면 **7일 전**에 관계인에게 서면으로 알려야 한다(설치유지법률 제4조의 3).

53

관계인이 소방시설공사업자에게 하자보수를 요청할 때 소방본부장 또는 소방서장에게 그 사실을 알릴 수 있는데 그 경우에 속하지 않는 것은?

① 규정에 따른 기간 이내에 하자보수계획을 서면으로 알리지 아니한 경우

② 규정에 따른 기간 이내에 하자보수를 이행하지 아니한 경우

③ 규정에 따른 기간 이내에 하자보수 이행증권을 제출하지 아니한 경우

④ 하자보수계획이 불합리하다고 인정되는 경우

해설 관계인이 소방시설공사업자에게 하자보수를 요청할 때 그 사실을 알릴 수 있는 경우(공사업법 제15조)
- 규정에 따른 기간에 하자보수를 이행하지 아니한 경우
- 규정에 따른 기간에 하자보수계획을 서면으로 알리지 아니한 경우
- 하자보수계획이 불합리하다고 인정되는 경우

54

특수가연물의 저장 및 취급 기준으로 옳지 않은 것은?

① 특수가연물을 저장 또는 취급하는 장소에 품명 및 최대 수량을 표기한다.

② 특수가연물을 저장 또는 취급하는 장소에 화기취급 금지표지를 설치한다.

③ 품명별로 구분하여 쌓아서 저장한다.

④ 쌓는 높이는 5[m] 이하가 되도록 한다.

해설 특수가연물의 저장 및 취급 기준(기본법 시행령 제7조)
- 특수가연물을 저장 또는 취급하는 장소에는 품명ㆍ최대수량 및 화기취급의 금지표지를 설치할 것

- 다음 기준에 따라 쌓아 저장할 것. 다만, 석탄ㆍ목탄류를 발전(發電)용으로 저장하는 경우에는 그러하지 아니하다.
  - 품명별로 구분하여 쌓을 것
  - **쌓는 높이는 10[m] 이하**가 되도록 하고, 쌓는 부분의 바닥면적은 50[m²](석탄ㆍ목탄류의 경우에는 200[m²]) 이하가 되도록 할 것. 다만, 살수설비를 설치하거나, 방사능력 범위에 해당 특수가연물이 포함되도록 대형소화기를 설치하는 경우에는 쌓는 높이를 15[m] 이하, 쌓는 부분의 바닥면적을 200[m²](석탄ㆍ목탄류의 경우에는 300[m²]) 이하로 할 수 있다.
  - 쌓는 부분의 바닥면적 사이는 1[m] 이상이 되도록 할 것

55

1급 소방안전관리대상물에 대한 기준으로 옳지 않은 것은?

① 특정소방대상물로서 층수가 11층 이상인 것

② 국보 또는 보물로 지정된 목조건축물

③ 연면적 15,000[m²] 이상인 것

④ 가연성 가스를 1,000[t] 이상 저장ㆍ취급하는 시설

해설 국보 또는 보물로 지정된 목조건축물은 2급 소방안전관리대상물이다(설치유지법률 시행령 제22조).

56

소방활동에 필요한 소화전ㆍ급수탑ㆍ저수조 등의 소방용수시설을 설치하고 유지ㆍ관리하여야 하는 자는?

① 소방청장   ② 시ㆍ도지사

③ 소방본부장   ④ 소방서장

해설 소방용수시설(소화전, 급수탑, 저수조)의 유지ㆍ관리자 : 시ㆍ도지사(기본법 제10조)

57

특정소방대상물 중 노유자시설에 해당되지 않는 것은?

① 장애인의료재활시설   ② 장애인직업재활시설

③ 아동복지시설   ④ 노인의료복지시설

정답 52 ③   53 ③   54 ④   55 ②   56 ②   57 ①

해설 • 장애인의료재활시설 : 의료시설
• 노유자시설(설치유지법률 시행령 별표 2) : 노인의료복지시설, 아동복지시설, 장애인직업재활시설, 정신질환자사회 복귀시설, 정신요양시설, 노숙인관련시설

58

자동화재탐지설비를 설치할 특정소방대상물의 기준으로 옳지 않은 것은?

① 지정수량의 500배 이상의 특수가연물을 저장·취급하는 것
② 지하가(터널 제외)로서 연면적 600[m²] 이상인 것
③ 숙박시설이 있는 수련시설로서 수용인원 100명 이상인 것
④ 장례식장 및 복합건축물로서 연면적 600[m²] 이상인 것

해설 지하가(터널 제외)로서 연면적이 1,000[m²] 이상이면 자동화재탐지설비를 설치하여야 한다(설치유지법률 시행령 별표 4).

59

다음 중 소방신호의 종류 및 방법으로 적절하지 않은 것은?

① 발화신호는 화재가 발생한 때 발령
② 해제신호는 소화활동이 필요 없다고 인정되는 때 발령
③ 경계신호는 화재발생 지역에 출동할 때 발령
④ 훈련신호는 훈련상 필요하다고 인정될 때 발령

해설 **소방신호의 종류 및 방법**

신호 종류	발령 시기	타종신호	사이렌신호
경계 신호	화재예방상 필요하다고 인정 또는 **화재위험경보** 시 발령	1타와 연 2타를 반복	5초 간격을 두고 30초씩 3회
발화 신호	화재가 발생한 때 발령	난 타	5초 간격을 두고 5초씩 3회
해제 신호	소화활동의 필요 없다고 인정할 때 발령	상당한 간격을 두고 1타씩 반복	1분간 1회
훈련 신호	훈련상 필요하다고 인정할 때 발령	연 3타 반복	10초 간격을 두고 1분씩 3회

60

소방시설공사의 하자보수보증에 대한 사항으로 옳지 않은 것은?

① 스프링클러설비, 자동화재탐지설비의 하자보수 보증기간은 3년이다.
② 계약금액이 300만원 이상인 소방시설 등의 공사를 하는 경우 하자보수의 이행을 보증하는 증서를 예치하여야 한다.
③ 금융기관에 예치하는 하자보수보증금은 소방시설공사금액의 100분의 3 이상으로 한다.
④ 관계인으로부터 소방시설의 하자발생을 통보받은 공사업자는 3일 이내에 이를 보수하거나 보수일정을 기록한 하자보수계획을 관계인으로 서면으로 알려야 한다.

해설 2016년 1월 19일 법 개정으로 인하여 맞지 않는 문제임

제 **4** 과목 | **소방기계시설의 구조 및 원리**

61

소화용 설비 중 비상전원을 필요로 하지 아니하는 것은 어느 것인가?

① 옥내소화전설비   ② 스프링클러설비
③ 연결살수설비   ④ 포소화설비

해설 비상전원 설치대상 : 옥내소화전설비, 스프링클러설비, 물분무소화설비, 미분무소화설비, 포소화설비

62

물분무소화설비가 설치된 주차장 바닥의 집수관 소화피트 등 기름분리장치는 몇 [m] 이하마다 설치하여야 하는가?

① 10[m]   ② 20[m]
③ 30[m]   ④ 40[m]

해설 **차고 또는 주차장에 설치하는 배수설비의 기준**
- 차량이 주차하는 장소의 적당한 곳에 높이 10[cm] 이상의 경계턱으로 배수구를 설치할 것
- 배수구에는 새어나온 기름을 모아 소화할 수 있도록 길이 40[m] 이하마다 집수관·소화피트 등 기름분리장치를 설치할 것
- 차량이 주차하는 바닥은 배수구를 향하여 100분의 2 이상의 기울기를 유지할 것
- 배수설비는 가압송수장치의 최대송수능력의 수량을 유효하게 배수할 수 있는 크기 및 기울기로 할 것

63

분말소화약제 동일중량을 저장하는 데 저장용기의 내용적이 가장 작게 요구되는 것은?

① 제1종 분말　　② 제2종 분말
③ 제3종 분말　　④ 제4종 분말

해설 **분말소화약제 저장용기의 내용적**

소화약제의 종별	소화약제 1[kg]당 저장용기의 내용적
제1종 분말(탄산수소나트륨을 주성분으로 한 분말)	0.8[L]
제2종 분말(탄산수소칼륨을 주성분으로 한 분말)	1.0[L]
제3종 분말(인산염을 주성분으로 한 분말)	1.0[L]
제4종 분말(탄산수소칼륨과 요소가 화합된 분말)	1.25[L]

64

이산화탄소소화설비에서 기동용기의 개방에 따라 CO_2 저장용기가 개방되는 시스템방식은?

① 전기식　　② 가스압력식
③ 기계식　　④ 유압식

해설 **CO_2 저장용기의 개방방식**
- 가스압력식 : 감지기나 수동조작스위치에 의하여 기동용기의 솔레노이드밸브의 파괴침이 격발되어 개방되면 기동용기의 가스압력에 의해 선택밸브 및 이산화탄소 저장용기가 개방되는 방식
- 전기식 : 감지기나 수동조작스위치에 의하여 선택밸브 및 이산화탄소 저장용기에 설치된 솔레노이드밸브가 개방되는 방식
- 기계식 : 밸브 내의 압력 차이에 의하여 개방되는 방식

65

피난교를 설치하여야 할 층은?(다중이용업소는 제외)

① 지하층 이상　　② 1층 이상
③ 2층 이상　　④ 3층 이상

해설 **피난교**는 지상 3층 이상 10층 이하에 설치한다.

66

포소화설비용 펌프의 성능 및 성능시험에 대한 설명 중 틀린 것은?

① 성능시험배관은 펌프의 토출측 개폐밸브 이전에서 분기한다.
② 유량측정장치는 펌프의 정격토출량의 150[%] 이상 측정할 수 있는 성능이 있어야 한다.
③ 포소화펌프의 성능은 체절 운전 시 정격토출압력의 140[%]를 초과하지 않아야 한다.
④ 정격토출량의 150[%]로 운전 시 정격토출압력의 65[%] 이상이 되어야 한다.

해설 수계소화설비의 유량측정장치는 성능시험배관의 직관부에 설치하되 펌프의 정격토출량의 175[%] 이상 측정할 수 있는 성능이 있어야 한다.

67

방호대상물 주변에 설치된 벽면적 합계가 20[m²], 방호공간의 벽면적 합계가 50[m²], 방호공간 체적이 30[m³]인 장소에 국소방출방식의 분말소화설비를 설치할 때 저장할 소화약제량[kg]은 얼마인가?(단, 소화약제의 종별에 따른 X, Y의 수치에서 X의 수치는 5.2, Y의 수치는 3.9로 하며, 여유율(K)은 1.1로 한다)

① 120　　② 199
③ 314　　④ 349

해설 **국소방출방식**에 있어서는 다음의 기준에 따라 산출한 양에 1.1을 곱하여 얻은 양 이상으로 할 것

$$Q = X - Y\frac{a}{A}$$

여기서, Q : 방호공간(방호대상물의 각 부분으로부터 0.6[m]의 거리에 따라 둘러싸인 공간을 말한다) 1[m³]에 대한 분말소화약제의 양[kg/m³]

a : 방호대상물의 주변에 설치된 벽면적의 합계[m²]

A : 방호공간의 벽면적(벽이 없는 경우에는 벽이 있는 것으로 가정한 해당 부분의 면적)의 합계[m²]

X 및 Y : 다음 표의 수치

소화약제의 종별	X의 수치	Y의 수치
제1종 분말	5.2	3.9
제2종 분말 또는 제3종 분말	3.2	2.4
제4종 분말	2.0	1.5

$$\therefore \; Q = X - Y\frac{a}{A}$$
$$= 5.2 - 3.9 \left(\frac{20[\mathrm{m}^2]}{50[\mathrm{m}^2]}\right) = 3.64[\mathrm{kg/m}^3]$$

소화약제량 W = 방호공간체적 × Q × 1.1
$$= 30[\mathrm{m}^3] \times 3.64[\mathrm{kg/m}^3] \times 1.1$$
$$= 120.12[\mathrm{kg}]$$

68

하나의 특정소방대상물 또는 그 부분에 2 이상의 방호구역 또는 방호대상물이 있어 이산화탄소 저장용기를 공용하는 경우에 있어서 방호구역이 4개일 때의 선택밸브는 몇 개 설치하는가?

① 4   ② 3
③ 2   ④ 1

해설 선택밸브는 방호구역 또는 방호대상물마다 설치하므로 4개의 선택밸브가 필요하다.

69

제연설비에서 배출기의 배출측 풍속의 기준은 초속 몇 [m] 이하로 하여야 하는가?

① 10   ② 15
③ 20   ④ 25

해설 배출기의 흡입측 풍도 안의 풍속은 15[m/s] 이하로 하고 배출측 풍속은 20[m/s] 이하로 할 것

70

스프링클러설비 중 화재감지기의 작동에 의해 밸브가 개방되고 다시 열에 의해 헤드가 개방되는 방식은?

① 준비작동식 스프링클러설비
② 습식 스프링클러설비
③ 일제살수식 스프링클러설비
④ 건식 스프링클러설비

해설 **스프링클러설비의 종류**

종류 항목		습 식	건 식	준비작동식	일제살수식
사용 헤드		폐쇄형	폐쇄형	폐쇄형	개방형
배 관	1차측	가압수	가압수	가압수	가압수
	2차측	가압수	압축공기	대기압, 저압공기	대기압 (개방)
경보밸브		알람체크 밸브	건식밸브	준비작동 밸브	일제개방 밸브
감지기의 유무		없다.	없다.	있다(교차회로 방식).	있다(교차회로 방식).

∴ 준비작동식 스프링클러설비 : 화재감지기의 작동에 의해 밸브가 개방되고 다시 열에 의해 헤드가 개방되는 방식

71

연결송수관설비의 부속장치 및 기구와 관련이 없는 것은?

① 쌍구형 방수구   ② 자동배수밸브
③ 가이드 베인   ④ 체크밸브

해설 **연결송수관설비의 부속장치** : 송수구, 방수구, 자동배수밸브, 체크밸브

72

소화기 설치 시 전시시설에 설치하는 소화기 산출방법이다. 다음의 산출방법 중 옳은 것은?

① (해당 용도의 바닥면적/50[m²]) = 소화기 개수
② (해당 용도의 바닥면적/100[m²]) = 소화기구의 능력단위
③ (해당 용도의 바닥면적/25[m²]) = 소화기 개수
④ (해당 용도의 바닥면적/20[m²]) = 소화기구의 능력단위

해설 특정소방대상물별 소화기구의 능력단위기준(제4조 제1항 제2호 관련)

특정소방대상물	소화기구의 능력단위
1. 위락시설	해당 용도의 바닥면적 30[m²] 마다 능력단위 1단위 이상
2. 공연장·집회장·관람장·문화재·장례식장 및 의료시설	해당 용도의 바닥면적 50[m²] 마다 능력단위 1단위 이상
3. 근린생활시설·판매시설·운수시설·숙박시설·노유자시설·전시장·공동주택·업무시설·방송통신시설·공장·창고시설·항공기 및 자동차관련시설 및 관광휴게시설	해당 용도의 바닥면적 100[m²] 마다 능력단위 1단위 이상
4. 그 밖의 것	해당 용도의 바닥면적 200[m²] 마다 능력단위 1단위 이상

(주) 소화기구의 능력단위를 산출함에 있어서 건축물의 주요구조부가 내화구조이고, 벽 및 반자의 실내에 면하는 부분이 불연재료·준불연재료 또는 난연재료로 된 특정소방대상물에 있어서는 위 표의 기준면적의 2배를 해당 특정소방대상물의 기준면적으로 한다.

73

랙식 창고에 특수가연물을 저장하는 경우 건물의 각 부분으로부터 스프링클러헤드까지의 수평거리는 얼마인가?

① 1.7[m] 이하　　② 2.1[m] 이하
③ 2.5[m] 이하　　④ 3.2[m] 이하

해설 스프링클러헤드의 배치기준

설치장소			설치기준
폭 1.2[m] 초과하는 천장 반자 덕트 선반 기타 이와 유사한 부분	무대부, 특수가연물		수평거리 1.7[m] 이하
	랙식 창고		수평거리 2.5[m] 이하 (특수가연물 저장·취급하는 창고 : 1.7[m] 이하)
	아파트		수평거리 3.2[m] 이하
	그 외의 특정소방대상물	기타 구조	수평거리 2.1[m] 이하
		내화구조	수평거리 2.3[m] 이하
랙식 창고	특수가연물		높이 4[m] 이하마다
	그 밖의 것		높이 6[m] 이하마나

74

근린생활시설 중 입원실이 있는 의원이 3층에 위치하고 있다. 3층에 피난기구를 설치하고자 하는데 이에 적응되는 피난기구는?

① 피난사다리　　② 완강기
③ 공기안전매트　　④ 구조대

해설 특정소방대상물의 설치장소별 피난기구의 적응성(제4조 제1항 관련)

설치장소별 구분 \ 층별	1. 노유자시설	2. 의료시설·근린생활시설 중 입원실이 있는 의원·접골원·조산원
지하층	피난용트랩	피난용트랩
1층	미끄럼대·구조대·피난교·다수인피난장비·승강식피난기	–
2층	미끄럼대·구조대·피난교·다수인피난장비·승강식피난기	–
3층	미끄럼대·구조대·피난교·다수인피난장비·승강식피난기	미끄럼대·구조대·피난교·피난용트랩·다수인피난장비·승강식피난기
4층 이상 10층 이하	피난교·다수인피난장비·승강식피난기	구조대·피난교·피난용트랩·다수인피난장비·승강식피난기

75

분말소화설비의 배관 방법 중 동관을 사용하는 경우 배관은 최고사용압력의 몇 배 이상의 압력에 견딜 수 있어야 하는가?

① 0.5　　② 1.5
③ 2.5　　④ 3.5

해설 분말소화설비의 배관방법 중 동관을 사용하는 경우의 배관은 고정압력 또는 **최고사용압력의 1.5배 이상**의 압력에 견딜 수 있는 것을 사용할 것

76

다음 중 스프링클러소화설비의 헤드를 설치해야 하는 장소는?

① 병원의 응급처치실   ② 거 실
③ 전자기기실   ④ 통신기기실

해설 스프링클러소화설비의 헤드 설치 제외 장소
- 통신기기실, 전자기기실, 기타 이와 유사한 장소
- 발전실, 변전실, 변압기, 기타 이와 유사한 전기설비가 설치되어 있는 장소
- 병원의 수술실, 응급처치실, 기타 이와 유사한 장소

77

옥외소화전설비의 배관에 있어서 호스는 구경 몇 [mm]의 것으로 하여야 하는가?

① 65   ② 80
③ 100   ④ 125

해설 호스의 구경
- 옥내소화전설비의 호스 : 40[mm]
- 옥외소화전설비의 호스 : 65[mm]

78

다음 시설 중 호스릴 포소화설비를 적용할 수 있는 기준으로 맞는 특정소방대상물은?

① 지상 1층으로서 방화구획되거나 지붕이 있는 부분
② 옥외로 통하는 개구부가 상시 개방된 구조의 부분으로서 그 개방된 부분의 합계면적이 해당 차고 또는 주차장의 바닥면적의 20[%] 이상인 부분
③ 바닥면적 합계가 1,000[m²] 미만인 항공기 격납고
④ 완전 개방된 옥상 주차장

해설 차고·주차장의 부분에는 다음에 해당하는 경우에는 호스릴 포소화설비 또는 포소화전설비를 설치할 수 있다.
- **완전 개방된 옥상주차장** 또는 고가 밑의 주차장으로서 주된 벽이 없고 기둥뿐이거나 주위가 위해방지용 철주 등으로 둘러싸인 부분
- 지상 1층으로서 지붕이 없는 부분

79

소화기를 각층마다 설치하고자 한다. 대형소화기를 설치하는 경우 특정소방대상물의 각 부분으로부터 1개의 소화기까지의 보행거리는 얼마 이내로 배치하여야 하는가?

① 10[m]   ② 20[m]
③ 30[m]   ④ 40[m]

해설 소화기 설치기준
- 소형소화기 : 보행거리 20[m] 이내마다 배치할 것
- 대형소화기 : 보행거리 30[m] 이내마다 배치할 것

80

계단식 및 그 부속실을 동시에 제연하는 것 또는 계단실만 단독으로 제연하는 경우 방연풍속은 얼마 이상으로 해야 하는가?

① 0.3[m/s]   ② 0.5[m/s]
③ 0.7[m/s]   ④ 1.0[m/s]

해설 방연풍속

제연구역		방연풍속
계단실 및 그 부속실을 동시에 제연하는 것 또는 계단실만 단독으로 제연하는 것		0.5[m/s] 이상
부속실만 단독으로 제연하는 것 또는 비상용 승강기의 승강장만 단독으로 제연하는 것	부속실 또는 승강장이 면하는 옥내가 거실인 경우	0.7[m/s] 이상
	부속실 또는 승강장이 면하는 옥내가 복도로서 그 구조가 방화구조(내화시간이 30분 이상인 구조를 포함한다)인 것	0.5[m/s] 이상

2012년 9월 15일 시행

제 **4** 회

제 1 과목 소방원론

01

물과 반응하여 가연성인 아세틸렌가스를 발생시키는 것은?

① 칼 슘
② 아세톤
③ 마그네슘
④ 탄화칼슘

해설 물과의 반응

• 칼슘과 마그네슘은 물과 반응하면 수소가스를 발생한다.

$$Ca + 2H_2O \rightarrow Ca(OH)_2 + H_2 \uparrow$$
$$Mg + 2H_2O \rightarrow Mg(OH)_2 + H_2 \uparrow$$

• 아세톤은 제4류 위험물 제1석유류(수용성)로서 물에 잘 녹는다.
• 탄화칼슘은 물과 반응하면 아세틸렌가스를 발생한다.

$$CaC_2 + 2H_2O \rightarrow Ca(OH)_2 + C_2H_2 \uparrow + 27.8[kcal]$$
(수산화칼슘) (아세틸렌)

02

B급 화재에 해당하지 않는 것은?

① 목탄의 연소
② 등유의 연소
③ 아마인유의 연소
④ 알코올류의 연소

해설 숯, 목탄, 금속분, 코크스의 연소 : 표면연소

03

다음 중 제4류 위험물이 아닌 것은?

① 가솔린
② 메틸알코올
③ 아닐린
④ 트라이나이트로톨루엔

해설 트라이나이트로톨루엔(TNT) : 제5류 위험물

04

점화원이 될 수 없는 것은?

① 충격마찰   ② 대기압
③ 정전기불꽃   ④ 전기불꽃

해설 점화원 : 전기불꽃, 정전기불꽃, 충격마찰에 의한 불꽃 등

05

불타고 있는 유류화재 표면을 포소화약제로 덮어 소화하는 주된 소화법은?

① 냉각소화
② 질식소화
③ 연료제거소화
④ 연쇄반응차단소화

해설 질식소화 : 유류화재 표면을 포소화약제로 덮어 산소의 농도 21[%]를 15[%] 이하로 낮추어 소화하는 방법

06

제3종 분말소화약제의 주성분에 해당하는 것은?

① $NH_4H_2PO_4$ ② $NaHCO_3$
③ $KHCO_3 + (NH_2)_2CO$ ④ $KHCO_3$

해설 분말소화약제

종 별	소화약제	약제의 착색	적응 화재	열분해반응식
제1종 분말	중탄산나트륨 ($NaHCO_3$)	백 색	B, C급	$2NaHCO_3 \rightarrow$ $Na_2CO_3 + CO_2 + H_2O$
제2종 분말	중탄산칼륨 ($KHCO_3$)	담회색	B, C급	$2KHCO_3 \rightarrow$ $K_2CO_3 + CO_2 + H_2O$
제3종 분말	인산암모늄 ($NH_4H_2PO_4$)	담홍색, 황색	A, B, C급	$NH_4H_2PO_4 \rightarrow$ $HPO_3 + NH_3 + H_2O$
제4종 분말	중탄산칼륨+요소 $[KHCO_3 + (NH_2)_2CO]$	회 색	B, C급	$2KHCO_3 + (NH_2)_2CO$ $\rightarrow K_2CO_3 + 2NH_3 +$ $2CO_2$

07

이산화탄소가 소화약제로 사용되는 장점으로 옳지 않은 것은?

① 단위 부피당의 무게가 공기보다 가볍다.
② 화학적으로 안정된 물질이다.
③ 불연성이다.
④ 전기절연성이다.

해설 이산화탄소는 공기보다 1.517배(44/29=1.517) 무겁다.

08

연소범위에 대한 설명 중 틀린 것은?

① 연소범위에는 상한값과 하한값이 있다.
② 온도가 올라가면 연소범위는 넓어진다.
③ 연소범위가 좁을수록 폭발의 위험이 크다.
④ 연소범위는 압력의 영향을 받는다.

해설 연소범위가 넓을수록 폭발의 위험이 크다.

09

표준상태에서 44.8[m³]의 용적을 가진 이산화탄소 가스를 모두 액화하면 몇 [kg]인가?

① 88
② 44
③ 22
④ 11

해설 기체 1[kg-mol]이 차지하는 부피는 22.4[m³]이므로
$$\frac{44.8[\text{m}^3]}{22.4[\text{m}^3]} \times 44[\text{kg}] = 88[\text{kg}]$$

10

건축물의 주요구조부에 해당하는 것은?

① 작은 보
② 옥외계단
③ 지붕틀
④ 최하층 바닥

해설 주요구조부 : 내력벽, 기둥, 바닥, 보, 지붕틀, 주계단

> 주요구조부 제외 : 사잇벽, 사잇기둥, 최하층의 바닥, 작은 보, 차양, 옥외계단

11

0[℃] 얼음의 용융잠열과 100[℃] 물의 증발잠열을 옳게 나타낸 것은?

① 1[cal/g], 22.4[cal/g]
② 1[cal/g], 2,539[cal/g]
③ 80[cal/g], 22.4[cal/g]
④ 80[cal/g], 539[cal/g]

해설
• 얼음의 융해잠열 : 80[cal/g](80[kcal/kg])
• 물의 증발잠열 : 539[cal/g](539[kcal/kg])

12

인화점(Flash Point)을 가장 옳게 설명한 것은?

① 가연성 액체가 증기를 계속 발생하여 연소가 지속될 수 있는 최저온도
② 가연성 증기 발생 시 연소범위의 하한계에 이르는 최저온도
③ 고체와 액체가 평형을 유지하며 공존할 수 있는 온도
④ 가연성 액체의 포화증기압이 대기압과 같아지는 온도

해설 인화점 : 가연성 증기를 발생할 수 있는 최저온도(연소의 하한계)

13

LPG의 특성 중 옳지 않은 것은?

① 기체 비중이 공기보다 무겁다.
② 순수한 LPG는 강한 자극적 냄새를 가지고 있다.

③ 상온, 상압에서 기체이다.

④ 액체상태의 LPG가 기화하면 체적이 증가한다.

해설 순수한 LPG는 무색무취이지만, LPG의 누설 시 감지하기 위하여 부취제를 첨가한 것이다.

14

코크스의 일반적인 연소형태에 해당하는 것은?

① 분해연소   ② 증발연소

③ 표면연소   ④ 자기연소

해설 숯, 목탄, 금속분, 코크스의 연소 : 표면연소

15

제3류 위험물 중 금수성 물질에 해당하는 것은?

① 유 황   ② 탄화칼슘

③ 황 린   ④ 이황화탄소

해설 위험물의 분류

종 류	분 류	성 질
유 황	제2류 위험물	가연성 고체
탄화칼슘	제3류 위험물	금수성 물질
황 린	제3류 위험물	자연발화성 물질
이황화탄소	제4류 위험물	인화성 액체

16

장기간 방치하면 습기, 고온 등에 의해 분해가 촉진되고, 분해열이 축적되면 자연발화 위험성이 있는 것은?

① 셀룰로이드

② 질산나트륨

③ 과망간산칼륨

④ 과염소산

해설 셀룰로이드, 나이트로셀룰로스는 분해열에 의하여 발화한다.

17

산소의 공급이 원활하지 못한 화재실에 급격히 산소가 공급이 될 경우 순간적으로 연소하여 화재가 폭풍을 동반하여 실외로 분출하는 현상은?

① 플래시오버   ② 보일오버

③ 백드래프트   ④ 슬롭오버

해설 **백드래프트(Back Draft)** : 산소의 공급이 원활하지 못한 화재실에 급격히 산소가 공급이 될 경우 순간적으로 연소하여 화재가 폭풍을 동반하여 실외로 분출하는 현상

18

공기 중의 산소는 용적으로 약 몇 [%] 정도인가?

① 15   ② 21

③ 28   ④ 32

해설 **공기의 조성** : 산소 21[%], 질소 78[%], 아르곤, 이산화탄소 등 1[%]

19

가연물이 서서히 산화되어 축적된 열에 의해 발화하는 현상을 무엇이라 하는가?

① 분해연소   ② 자기연소

③ 자연발화   ④ 폭 굉

해설 • 자연발화 : 가연물이 서서히 산화되어 축적된 열에 의해 발화하는 현상
• 산화열에 의한 발화 : 석탄, 건성유, 고무분말
• 분해열에 의한 발화 : 셀룰로이드, 나이트로셀룰로스
• 미생물에 의한 발화 : 퇴비, 먼지
• 흡착열에 의한 발화 : 목탄, 활성탄

20

안전을 위해서 물속에 저장하는 물질은?

① 나트륨   ② 칼 륨

③ 이황화탄소   ④ 과산화나트륨

해설 이황화탄소와 황린은 물속에 저장하고, 칼륨과 나트륨은 등유, 경유, 유동파라핀 속에 저장한다.

제 **2** 과목	소방유체역학

21

그림과 같이 수평관에서 2개소의 압력차를 측정하기 위해 하부에 수은을 넣은 U자관을 부착시켰다. 이때 U자관에서 수은의 높이차 $h = 500$[mm]이었다면 압력차 $P_1 - P_2$는 약 몇 [kPa]인가?

① 66.6
② 61.7
③ 60.5
④ 50.4

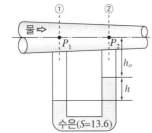

해설 압력차

$$\Delta P = \frac{g}{g_c} R(\gamma_A - \gamma_B)$$

$$\therefore \ \Delta P = \frac{g}{g_c} \times 50[\text{cm}](13.6 - 1)[\text{g}_\text{f}/\text{cm}^3]$$

$$= 630[\text{g}_\text{f}/\text{cm}^2]$$

$[\text{g}_\text{f}/\text{cm}^2]$를 [kPa]로 환산하면

$$\frac{630 \times 10^{-3}[\text{kg}_\text{f}/\text{cm}^2]}{1.0332[\text{kg}_\text{f}/\text{cm}^2]} \times 101.325[\text{kPa}] = 61.78[\text{kPa}]$$

22

성능이 같은 펌프 두 대를 병렬 운전할 경우 옳은 것은?(단, 손실은 무시한다)

① 유량이 2배로 된다.
② 양정이 2배로 된다.
③ 유량과 양정 모두 2배로 된다.
④ 유량은 2배로 되지만 양정은 반으로 준다.

해설 펌프의 성능

펌프 2대 연결 방법		직렬 연결	병렬 연결
성 능	유량(Q)	Q	$2Q$
	양정(H)	$2H$	H

23

그림과 같이 속도 3[m/s]로 운동하는 평판에 속도 10[m/s]인 물 분류가 직각으로 충돌하고 있다. 분류의 단면적이 0.01[m²]으로 일정하다고 하면 평판이 받는 힘은 몇 [N]인가?

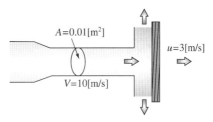

① 98
② 490
③ 700
④ 1,000

해설 $F = Q\rho u$ 에서

$$Q(\text{유량}) = 0.01[\text{m}^2] \times 7[\text{m/s}] = 0.07[\text{m}^3/\text{s}]$$
$$u(\text{유속}) = 10 - 3 = 7[\text{m/s}]$$
$$\therefore \ F = Q\rho u$$
$$= 0.07[\text{m}^3/\text{s}] \times 102[\text{kg}_\text{f} \cdot \text{s}^2/\text{m}^4] \times 7[\text{m/s}]$$
$$= 49.98[\text{kg}_\text{f}]$$

이것을 N으로 환산하면

$$49.98[\text{kg}_\text{f}] \times 9.8[\text{N}] = 489.8[\text{N}]$$

24

전양정 20[m], 직경 20[cm], 질량유량 150[kg/s]로 물을 송출할 때 소요되는 펌프의 축동력(Shaft Power)이 42[kW]이면 펌프의 효율[%]은?

① 70
② 74
③ 76
④ 80

해설 축동력

$$kW = \frac{\gamma QH}{102 \times \eta} \qquad \eta = \frac{\gamma QH}{kW \times 102}$$

• 유속을 구하면 $\overline{m} = Au\rho$

$$u = \frac{\overline{m}}{A\rho} = \frac{150[\text{kg/s}]}{\frac{\pi}{4}(0.2[\text{m}])^2 \times 1,000[\text{kg/m}^3]}$$

$$= 4.78[\text{m/s}]$$

• 유량 $Q = uA$

$$= 4.78[\text{m/s}] \times \frac{\pi}{4}(0.2[\text{m}])^2 = 0.15[\text{m}^3/\text{s}]$$

$$\therefore \eta = \frac{\gamma QH}{[\text{kW}] \times 102} = \frac{1,000 \times 0.15 \times 20}{42 \times 102}$$
$$= 0.70 \Rightarrow 70[\%]$$

25

이상유체에 대한 설명으로 옳은 것은?

① 점성이며, 압축성 유체
② 비점성이며, 압축성 유체
③ 점성이며, 비압축성 유체
④ 비점성이며, 비압축성 유체

해설 **이상유체** : 비점성이며, 비압축성 유체

26

밑면이 8[m] × 3[m], 깊이가 4[m]인 철제 상자가 물 위에 떠 있다. 상자의 무게를 196[kN]이라 할 때 이 상자는 물속 몇 [m] 깊이까지 들어가 있는가?

① 0.83
② 0.91
③ 0.98
④ 10.4

해설 **압력**

$$P = \frac{F}{A} = \frac{196[\text{kN}] \times 1,000[\text{N}]}{(8 \times 3)[\text{m}^2]} = 8,166.7[\text{N/m}^2]$$
$$\therefore P = \gamma h$$
$$h = \frac{P}{\gamma} = \frac{8,166.7[\text{N/m}^2]}{9,800[\text{N/m}^2]} = 0.83[\text{m}]$$

27

질량보존의 법칙으로부터 유도된 방정식은?

① $\tau = \mu \dfrac{du}{dy}$

② $PV = RT$

③ $\rho_1 A_1 V_1 = \rho_2 A_2 V_2$

④ $\dfrac{p_1}{\gamma} + \dfrac{v_1^2}{2g} + z_1 = \dfrac{p_2}{\gamma} + \dfrac{v_2^2}{2g} + z_2$

해설 질량보존의 법칙을 흐르는 유체에 적용하여 얻어진 방정식이 연속방정식($\rho_1 A_1 V_1 = \rho_2 A_2 V_2$)이다.

28

다음 중 무차원수에 대한 물리적 의미가 틀린 것은?

① 레이놀즈수 $= \dfrac{\text{관성력}}{\text{점성력}}$

② 오일러수 $= \dfrac{\text{압 력}}{\text{관성력}}$

③ 웨버수 $= \dfrac{\text{관성력}}{\text{점성력}}$

④ 코시수 $= \dfrac{\text{관성력}}{\text{탄성력}}$

해설 **무차원수**

명 칭	무차원식	물리적 의미
레이놀즈수	$Re = \dfrac{du\rho}{\mu} = \dfrac{du}{\nu}$	$Re = \dfrac{\text{관성력}}{\text{점성력}}$
오일러수	$Eu = \dfrac{\Delta P}{\rho u^2}$	$Eu = \dfrac{\text{압축력}}{\text{관성력}}$
웨버수	$We = \dfrac{\rho l u^2}{\sigma}$	$We = \dfrac{\text{관성력}}{\text{표면장력}}$
코시수	$Ca = \dfrac{\rho u^2}{K}$	$Ca = \dfrac{\text{관성력}}{\text{탄성력}}$
마하수	$M = \dfrac{u}{c}$	$M = \dfrac{\text{유속}}{\text{음속}}$
프루드수	$Fr = \dfrac{u}{\sqrt{gl}}$	$Fr = \dfrac{\text{관성력}}{\text{중력}}$

29

고체 표면의 온도가 15[℃]에서 25[℃]로 올라가면 방사되는 복사열은 약 몇 [%]가 증가하는가?

① 3.5
② 7.1
③ 15
④ 67

해설 복사열은 절대온도[K]의 4제곱에 비례한다.

$$T_1 = (273 + 15)^4 = 6,879,707,136$$
$$T_2 = (273 + 25)^4 = 7,886,150,416$$
$$\text{※ 증가율} = \frac{7,886,150,416 - 6,879,707,136}{7,886,160,416} \times 100$$
$$= 12.8[\%]$$

30

그림과 같이 출구가 수직방향으로 향하는 원관에서 물이 유출되어 떨어지고 있다. 원관의 내경은 10[cm], 출구에서 유속이 1.4[m/s]일 때 손실을 무시하면 출구보다 1.5[m] 아래에서 물기둥의 직경은 약 몇 [cm]인가?

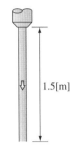

1.5[m]

① 10　　　　　② 9

③ 7　　　　　④ 5

 • 유량 $Q = Au = \dfrac{\pi}{4} \times d_1^2 \times u_1$ 에서

$Q = \dfrac{\pi}{4} \times 0.1^2 \times 1.4 = 0.011[\mathrm{m^3/s}]$

• 출구속도

$u_2 = \sqrt{2gh} = \sqrt{2 \times 9.8 \times 1.5} = 5.422[\mathrm{m/s}]$

• 물기둥 직경

$d_2 = \sqrt{\dfrac{4Q}{\pi u_2}} = \sqrt{\dfrac{4 \times 0.011}{\pi \times 5.422}} = 0.051[\mathrm{m}]$

$= 5.1[\mathrm{cm}]$

31

체적 0.5[m³], 절대 압력 1,300[kPa]인 탱크에 25[℃]의 기체 10[kg]이 들어있다. 이 기체의 기체상수는 약 몇 [kJ/kg·K]인가?

① 0.19　　　　　② 0.22

③ 0.26　　　　　④ 0.29

해설 $PV = WRT$ 에서

$R = \dfrac{PV}{WT}$

$= \dfrac{1,300[\mathrm{kN/m^2}] \times 0.5[\mathrm{m^3}]}{10[\mathrm{kg}] \times (273 + 25)[\mathrm{K}]}$

$= 0.218[\mathrm{kJ/(kg \cdot K)}]$

$[\mathrm{kPa} = \mathrm{kN/m^2}], \ [\mathrm{kN \cdot m = kJ}]$

32

어떤 유체의 비중량[N/m³]이 A이고 점성계수[N·s/m²]가 B이다. 동점성계수[m²/s]는?(단, g는 중력가속도이다)

① $\dfrac{Bg}{A}$　　　　　② $\dfrac{B}{Ag}$

③ $\dfrac{Ag}{B}$　　　　　④ $\dfrac{A}{Bg}$

해설 동점성계수의 단위는 [m²/s]이므로 단위를 정리하여 같은 단위를 찾는다.

$\dfrac{Bg}{A} = [\dfrac{\dfrac{\mathrm{N \cdot s}}{\mathrm{m^2}} \times \dfrac{\mathrm{m}}{\mathrm{s^2}}}{\dfrac{\mathrm{N}}{\mathrm{m^3}}}] = [\dfrac{\mathrm{N \cdot s \cdot m \cdot m^3}}{\mathrm{N \cdot m^2 \cdot s^2}}]$

$= [\dfrac{\mathrm{m^2}}{\mathrm{s}}]$

33

수조의 수면으로부터 20[m] 아래에 설치된 직경 4[cm]의 오리피스에서 1분간 분출된 유량은 약 몇 [m³]인가?(단, 수심은 일정하게 유지된다고 가정하고 오리피스의 유량계수 $C = 0.98$로 하며 다른 조건은 무시한다)

① 1.46　　　　　② 2.46

③ 3.46　　　　　④ 4.86

해설 유량을 구하면

• 유속 $u = c\sqrt{2gH}$

$= 0.98\sqrt{2 \times 9.8[\mathrm{m/s^2}] \times 20[\mathrm{m}]}$

$= 19.4[\mathrm{m/s}] = 1,164[\mathrm{m/min}]$

• 유량 $Q = uA = 1,164[\mathrm{m/min}] \times \dfrac{\pi}{4}(0.04[\mathrm{m}])^2$

$= 1.46[\mathrm{m^3/min}]$

34

어떤 액체의 체적이 10[m³]일 때 질량이 8,800[kg]이었다. 이 액체의 비중은 얼마인가?

① 0.88　　　　　② 0.45

③ 0.98　　　　　④ 1.13

해설 밀도를 구하여 비중을 계산한다.

밀도 $\rho = \dfrac{W(무게)}{V(체적)}$

$= \dfrac{8,800[kg]}{10[m^3]} = 880[kg/m^3] = 0.88$

물의 밀도 $1[g/cm^3] = 1,000[kg/m^3]$, 비중 $= 1$

35

밑면은 한 변의 길이가 1[m]인 정사각형이고 높이 1.5[m]인 직육면체 탱크에 물을 가득 채웠다. 한쪽 측면에 작용하는 힘은 몇 [kN]인가?

① 14.7
② 11.0
③ 22.1
④ 7.4

해설
• 전압력

$P = \gamma \dfrac{h}{2} = 9,800 \times \dfrac{1.5}{2} = 7,350[N] = 7.35[kN]$

(작용점의 높이 $\dfrac{h}{2}$)

• 측면에 작용하는 힘
$F = PA = 7.35 \times (1 \times 1.5) = 11.025[kN]$

36

부차적 손실이 $H = K\dfrac{V^2}{2g}$ 인 관의 상당길이는 Le 는?(단, d는 관지름, f는 관마찰계수, k는 부차손실계수)

① $\dfrac{K \cdot d}{f}$
② $\dfrac{f}{K \cdot d}$
③ $\dfrac{f \cdot K}{d}$
④ $\dfrac{d}{f \cdot K}$

해설

상당길이 $Le = \dfrac{Kd}{f}$

37

다음은 어떤 열역학적 법칙을 설명한 것인가?

온도가 서로 다른 물체를 접촉시키면 높은 온도를 지닌 물체의 온도가 내려가고(열을 방출), 낮은 온도의 물체는 온도가 올라가서(열을 흡수) 두 물체는 온도차가 없어지게 된다.

① 열역학 제3법칙
② 열역학 제2법칙
③ 열역학 제1법칙
④ 열역학 제0법칙

해설 **열역학 제0법칙** : 온도가 서로 다른 물체를 접촉시키면 높은 온도를 지닌 물체의 온도가 내려가고(열을 방출), 낮은 온도의 물체는 온도가 올라가서(열을 흡수) 두 물체는 온도차가 없어지게 된다.

38

수평으로 설치된 안지름 D, 길이 L의 곧은 원관 내에 체적 유량 Q의 유체가 흐를 때 손실수두는?(단, 관마찰계수는 f이고 중력가속도는 g이다)

① $\dfrac{4fLQ^2}{\pi^2 g D^4}$
② $\dfrac{8fLQ^2}{\pi^2 g D^4}$
③ $\dfrac{4fLQ^2}{\pi^2 g D^5}$
④ $\dfrac{8fLQ^2}{\pi^2 g D^5}$

해설 다르시 방정식에서

$$H = \dfrac{fLu^2}{2gD}$$

$H = \dfrac{fLu^2}{2gD} \left(u = \dfrac{Q}{A} = \dfrac{4Q}{\pi D^2} \right)$

$= \dfrac{fL\left(\dfrac{4Q}{\pi D^2}\right)^2}{2gD} = \dfrac{f \cdot L \cdot 16 \cdot Q^2}{\dfrac{\pi^2 \cdot D^4}{2gD}} = \dfrac{8fLQ^2}{\pi^2 g D^5}$

39

공기 1[kg]을 절대압력 100[kPa], 체적 0.85[m³]의 상태로부터 절대압력 500[kPa], 온도 300[℃]로 변환시켰다면, 상승된 온도는 얼마인가?(단, 공기의 기체상수는 287[J/kg·K]이다)

① 0[℃]
② 277[℃]
③ 296[℃]
④ 376[℃]

해설 • 이상기체상태방정식 $PV = WRT$에서

초기온도

$$T_1 = \frac{PV}{WR} = \frac{100 \times 10^3 \times 0.85}{1 \times 287} = 296[\text{K}] = 23[℃]$$

• 온도차 $\Delta T = T_2 - T_1 = 300 - 23 = 277[℃]$

40

다음 설명 중 틀린 것은?

① 흡입배관에서의 마찰손실수두를 작게 하면 펌프의 공동현상을 방지할 수 있다.

② 배관의 직경을 크게 하고 유속을 낮게 하면 수격작용을 방지할 수 있다.

③ 흡수면에서 최상층 송출 수면까지의 수직거리를 전양정이라 한다.

④ 특성이 같은 원심펌프 2대를 직렬로 설치하면 양정을 높일 수 있다.

해설 전양정 = 실양정(흡입측 수두 + 토출측 수두) + 배관의 마찰손실수두

제 3 과목 | **소방관계법규**

41

일반음식점에서 음식조리를 위해 불을 사용하는 설비를 설치하는 경우 지켜야 하는 사항으로 옳지 않은 것은?

① 주방시설에 동물 또는 식물의 기름을 제거할 수 있는 필터를 설치하였다.

② 열이 발생하는 조리기구를 선반으로부터 0.6[m] 떨어지게 설치하였다.

③ 주방설비에 부속된 배기덕트 재질을 0.2[mm] 아연도금 강판으로 사용하였다.

④ 가연성 주요구조부를 단열성이 있는 불연 재료로 덮어 씌웠다.

해설 불의 사용에 있어서 지켜야 할 사항

종 류	내 용
음식조리를 위하여 설치하는 설비	일반음식점에서 조리를 위하여 불을 사용하는 설비를 설치하는 경우에는 다음의 사항을 지켜야 한다. 가. 주방설비에 부속된 배기덕트는 0.5 [mm] 이상의 아연도금강판 또는 이와 동등 이상의 내식성 불연 재료로 설치할 것 나. 주방시설에는 동물 또는 식물의 기름을 제거할 수 있는 필터 등을 설치할 것 다. 열을 발생하는 조리기구는 반자 또는 선반으로부터 0.6[m] 이상 떨어지게 할 것 라. 열을 발생하는 조리기구로부터 0.15[m] 이내의 거리에 있는 가연성 주요구조부는 석면판 또는 단열성이 있는 불연재료로 덮어씌울 것

42

소방안전교육사의 배치 대상별 배치기준으로 옳지 않은 것은?

① 소방청: 2명 이상 배치

② 소방본부 : 2명 이상 배치

③ 소방서 : 1명 이상 배치

④ 한국소방안전원(본원) : 1명 이상 배치

해설 소방안전교육사의 배치 대상별 배치기준

배치대상	배치기준(단위 : 명)
1. 소방청	2 이상
2. 소방본부	2 이상
3. 소방서	1 이상
4. 한국소방안전원	본원 : 2 이상 시 · 도지원 : 1 이상
5. 한국소방산업기술원	2 이상

43

소방안전교육사가 수행하는 소방안전교육의 업무에 직접적으로 해당되지 않는 것은?

① 소방안전교육의 분석

② 소방안전교육의 기획

③ 소방안전관리자 양성교육

④ 소방안전교육의 평가

해설 소방안전교육사는 소방안전교육의 기획 · 진행 · 분석 · 평가 및 교수업무를 수행한다.

44

소방기본법상 도시의 건물밀집지역 등 화재가 발생할 우려가 높은 지역을 화재경계지구로 지정할 수 있는 사람으로 옳은 것은?

① 소방청장
② 소방본부장 또는 소방서장
③ 행정안전부장관
④ 시·도지사

해설 화재경계지구 지정권자 : 시·도지사

45

다음 중 2급 소방안전관리대상물의 소방안전관리자의 선임대상으로 부적합한 것은?

① 위험물산업기사 또는 위험물기능사 자격을 가진 사람
② 소방공무원으로 3년 이상 근무한 경력이 있는 사람
③ 경찰공무원으로 3년 이상 근무한 경력이 있는 사람
④ 산업안전산업기사 또는 전기산업기사 자격을 가진 사람

해설 경찰공무원으로 3년 이상 근무한 경력이 있는 사람으로서 소방청장이 실시하는 2급 소방안전관리대상물의 소방안전관리에 관한 시험에 합격한 사람

46

제4류 위험물의 적응소화설비와 가장 거리가 먼 것은?

① 옥내소화전설비
② 물분무소화설비
③ 포소화설비
④ 할론소화설비

해설 **제4류 위험물** : 질식소화(포소화설비, 물분무소화설비, 가스계 소화설비, 분말소화설비)

47

다음 중 화재의 조사에 대한 내용 중 틀린 것은?

① 소방공무원과 국가경찰공무원은 화재조사를 할 때에는 서로 협력하여야 한다.
② 소방청, 소방본부장, 소방서장은 화재가 발생한 때에는 화재의 원인 및 피해 등에 대한 조사를 하여야 한다.
③ 소방청장은 수사기관이 방화 또는 실화의 혐의가 있어서 증거물을 압수한 때에는 화재조사를 위하여 압수된 증거물에 대한 조사를 할 수 있다.
④ 화재조사의 방법 및 전담조사반의 운영과 화재조사자의 자격 등 화재조사에 관하여 필요한 사항은 대통령령으로 정한다.

해설 화재조사의 방법 및 전담조사반의 운영과 화재조사자의 자격 등 화재조사에 관하여 필요한 사항 : 행정안전부령

48

상주공사감리를 하여야 하는 특정소방대상물의 일반적인 연면적 기준은?(단, 아파트는 제외한다)

① 연면적 5,000[m²] 이상
② 연면적 1만[m²] 이상
③ 연면적 2만[m²] 이상
④ 연면적 3만[m²] 이상

해설 연면적 3만[m²] 이상이면 상주공사감리 대상이다.

49

다음의 특정소방대상물 중 근린생활시설에 해당되는 것은?

① 바닥면적의 합계가 1,500[m²]인 슈퍼마켓
② 바닥면적의 합계가 1,200[m²]인 자동차영업소
③ 바닥면적의 합계가 450[m²]인 골프연습장
④ 바닥면적의 합계가 400[m²]인 공연장

해설 근린생활시설
- 바닥면적의 합계가 1,000[m²] 미만인 슈퍼마켓
- 바닥면적의 합계가 1,000[m²] 미만인 자동차영업소
- 바닥면적의 합계가 500[m²] 미만인 골프연습장
- 바닥면적의 합계가 300[m²] 미만인 공연장

50

다음 중 경보설비에 해당하는 것은?

① 무선통신보조설비
② 비상방송설비
③ 비상콘센트설비
④ 연소방지설비

해설 소화활동설비 : 무선통신보조설비, 비상콘센트설비, 연소방지설비

51

다음 중 과태료 부과 대상이 아닌 것은?

① 소방안전관리자를 선임하지 아니한 자
② 소방훈련 및 교육을 실시하지 아니한 자
③ 피난시설, 방화구획 또는 방화시설의 폐쇄·훼손변경 등의 행위를 한 자
④ 소방시설 등의 점검결과를 보고하지 아니한 자

해설 소방안전관리자를 선임하지 아니한 자 : 300만원 이하의 벌금

52

다음 중 종합정밀점검 점검자의 자격에 해당되지 않는 것은?

① 소방시설관리사가 참여한 경우의 소방시설관리업자
② 소방안전관리자로 선임된 소방시설관리사
③ 소방안전관리자로 선임된 소방기술사
④ 소방안전관리자로 선임된 소방설비기사

해설 종합정밀점검 점검자의 자격 : 소방안전관리자로 선임된 소방기술사, 소방시설관리사

53

소방시설공사업자가 착공신고한 사항 가운데 중요한 사항이 변경된 경우에 변경신고서를 소방서장 또는 소방본부장에게 변경일로부터 며칠 이내에 신고하여야 하는가?

① 30일   ② 14일
③ 10일   ④ 7일

해설 소방시설공사업자가 착공신고 후 변경신고 : 변경일로부터 30일 이내

54

다음 중 개구부에 관한 사항으로 옳지 않은 것은?

① 개구부의 크기가 반지름 30[cm] 이상의 원이 내접할 수 있는 크기일 것
② 해당 층의 바닥면으로부터 개구부 밑부분까지 높이가 1.2[m] 이내일 것
③ 도로 또는 차량의 진입이 가능한 빈터를 향할 것
④ 화재 시 건축물로부터 쉽게 피난할 수 있도록 창살이나 그밖의 장애물이 설치되어 있지 않을 것

해설 무창층(無窓層)이란 지상층 중 다음의 요건을 모두 갖춘 개구부(건축물에서 채광·환기·통풍 또는 출입 등을 위하여 만든 창·출입구 그 밖에 이와 비슷한 것을 말한다)의 면적의 합계가 해당 층의 바닥면적의 **30분의 1 이하**가 되는 층을 말한다.
- 개구부의 크기가 지름 50[cm] 이상의 원이 내접(內接)할 수 있는 크기일 것
- 해당 층의 바닥면으로부터 개구부 밑부분까지의 높이가 1.2[m] 이내일 것
- 도로 또는 차량이 진입할 수 있는 빈터를 향할 것
- 화재 시 건축물로부터 쉽게 피난할 수 있도록 창살이나 그 밖의 장애물이 설치되지 아니할 것
- 내부 또는 외부에서 쉽게 부수거나 열 수 있을 것

55

소방력(消防力)의 기준에 관한 사항으로 옳지 않은 것은?

① 소방기관이 소방업무를 수행하는 데 필요한 인력과 장비 등에 관한 기준이다.
② 소방본부장은 관할 구역 내의 소방력 확충을 위하여 필요한 계획을 수립 시행한다.

안심Touch

③ 소방자동차 등 소방장비의 분류·표준화와 그 관리에 관한 사항이 포함된다.
④ 소방력의 기준은 행정안전부령으로 정한다.

해설 **시·도지사**는 소방력의 기준에 따라 관할구역의 소방력을 확충하기 위하여 필요한 계획을 수립하여 시행하여야 한다.

56
소방시설 등록사항의 변경 시 시·도지사에게 신고해야 할 사항이 아닌 것은?

① 명칭·상호 또는 영업소의 소재지 변경
② 자산규모 변경
③ 기술인력 변경
④ 대표자 변경

해설 소방시설 등록사항의 변경 시 자산규모 변경은 시·도지사에게 신고할 사항이 아니다.

57
소화설비, 경보설비, 피난구조설비, 소화용수설비, 소화활동설비 등을 총칭하는 용어로 규정된 것은?

① 방화시설   ② 소방시설
③ 소화시설   ④ 방재시설

해설 **소방시설** : 소화설비, 경보설비, 피난구조설비, 소화용수설비, 소화활동설비 등

58
소방안전관리대상물의 관계인이 소방안전관리자를 선임한 때에는 선임한 날부터 며칠 이내에 관할 소방본부장 또는 소방서장에게 신고하여야 하는가?

① 7일   ② 14일
③ 21일   ④ 30일

해설 **소방안전관리자 선임신고** : 선임한 날부터 **14일** 이내에 소방본부장 또는 소방서장에게 신고

59
소방시설업(설계, 감리업 등)에 대한 설명으로 옳은 것은?

① 등록사항의 변경은 소방본부장 또는 소방서장에게 한다.
② 감리결과의 보고는 소방본부장 또는 소방서장에게 공사가 완료된 날로부터 30일 이내에 하여야 한다.
③ 소방감리업자가 등록이 취소된 경우에는 그 처분 내용을 지체없이 발주자에게 통보하여야 한다.
④ 소방시설의 구조 및 원리 등에서 공법 등에서 특수한 설계인 경우 한국소방산업기술원에 심의를 요청한다.

해설 **소방시설업(설계, 감리업 등)**
• 등록사항의 변경 : 시·도지사
• **공사가 완료된 날부터 7일 이내에 특정소방대상물의 관계인, 소방시설공사의 도급인 및 특정소방대상물의 공사를 감리한 건축사에게 알리고, 소방본부장 또는 소방서장에게 보고하여야 한다.**
• 소방감리업자가 등록이 취소된 경우에는 그 처분 내용을 지체없이 발주자에게 통보하여야 한다.
• 소방시설의 구조 및 원리 등에서 공법이 특수한 설계 및 시공에 관한 사항은 **중앙소방기술 심의위원회의 심의 사항**이다.

60
화재예방, 소방시설 설치·유지 및 안전관리에 관한 법률시행령에서 규정하는 소방용품 중 소화설비를 구성하는 제품 또는 기기에 해당하지 않는 것은?

① 방염제   ② 소화기
③ 소방호스   ④ 송수구

해설 방염제는 소방용품으로 해당되나 **소화용으로 사용하는 제품 및 기기**로 분류된다.

제 **4** 과목　소방기계시설의 구조 및 원리

61

대형소화기에 해당되는 소화약제량으로 옳은 것은?

① 강화액 : 50[L]　② 기계포 : 15[L]
③ CO₂ : 40[kg]　④ 분말 : 20[kg]

해설 대형소화기의 분류
능력단위가 A급 화재는 10단위 이상, B급 화재는 20
단위 이상인 것으로서 소화약제 충전량은 표에 기재한
이상인 소화기

종 별	소화약제의 충전량
포	20[L]
강화액	60[L]
물	80[L]
분 말	20[kg]
할 론	30[kg]
이산화탄소	50[kg]

62

66,000[V] 이하의 고압의 전기기기가 있는 장소에
물분무헤드를 설치할 경우, 전기기기와 물분무헤드
사이에 얼마 이상의 거리를 두고 설치하여야 하는가?

① 0.7[m]　　　② 1.1[m]
③ 1.8[m]　　　④ 2.6[m]

해설 물분무헤드와 전기기기와의 이격거리

전압[kV]	거리[cm]
66 이하	70 이상
66 초과 77 이하	80 이상
77 초과 110 이하	110 이상
110 초과 154 이하	150 이상
154 초과 181 이하	180 이상
181 초과 220 이하	210 이상
220 초과 275 이하	260 이상

63

포소화설비의 소화수 원액혼합방식 중 원액탱크 내부
에 소화수 원액 격막(Bladder)을 설치하여 포소화설
비 작동 시 소화수 자체압력을 혼합 공급하는 방식은?

① 프레셔(Pressure) 프로포셔너방식
② 프레셔 사이드(Pressure Side) 프로포셔너방식
③ 밸런스드(Balanced) 프로포셔너방식
④ 라인(Line) 프로포셔너방식

해설 **프레셔(Pressure) 프로포셔너방식** : 소화수 원액혼합
방식 중 원액탱크 내부에 소화수 원액 격막(Bladder)
을 설치하여 포소화설비 작동 시 소화수 자체압력을
혼합 공급하는 방식

64

분말소화설비의 배관에 대한 기준이 틀린 것은?

① 동관을 사용하는 경우 최고사용압력의 1.5배 이
상의 압력에 견딜 수 있어야 한다.
② 분말소화설비배관은 전용배관을 한다.
③ 밸브류는 개폐위치를 표시한다.
④ 축압식의 경우 20[℃]에서 압력이 2.5[MPa] 이상
4.2[MPa] 이하인 것에 있어서는 압력배관용 탄소
강관 중 이음이 없는 스케줄 20 이상을 사용한다.

해설 축압식의 경우 20[℃]에서 압력이 2.5[MPa] 이상
4.2[MPa] 이하인 것에 있어서는 압력배관용 탄소강
관 중 이음이 없는 스케줄 40 이상을 사용한다.

65

물분무소화설비의 소화 특징이 아닌 것은?

① 증기로 되면 체적이 약 1,650배로 팽창하고 연소
면을 덮어 산소를 차단한다.
② 유면의 표면에 불연성의 유화(에멀션)층을 만든다.
③ 물방울이 작고 냉각효과가 좋다.
④ 물에 심하게 반응하는 물질에 상당히 효과적으로
제압한다.

해설 물분무소화설비는 제3류 위험물, 제2류 위험물의 마
그네슘, 금속분과 반응하면 가연성 가스를 발생하며
열을 많이 발생하므로 위험하다.

66

스프링클러설비의 펌프와 토출측의 체크밸브 사이의 입상관에 반드시 설치되어야 하는 것은?

① 압력계
② 진공계
③ 스트레이너
④ 압력체임버

해설 펌프와 토출측의 체크밸브 사이의 설치 : 압력계, 성능시험배관, 순환배관, 물올림장치 등

67

의료시설에 피난기구 설치대상의 기준으로 정확한 것은?

① 3층 이상 15층 이하
② 지하층, 4층 이상 12층 이하
③ 지하층, 3층 이상 10층 이하
④ 4층 이상 8층 이하

해설 하단 표 참조

68

호스릴 옥내소화전설비의 노즐선단의 방수량은 몇 [L/min] 이상인가?

① 60
② 80
③ 130
④ 260

해설 옥내소화전설비(호스릴 포함)의 노즐선단의 방수량 : 130[L/min] 이상

69

다음은 특별피난계단의 계단실 및 부속실 제연설비에 관한 화재안전기준이다. 틀린 것은?

① 제연설비가 가동되었을 때, 출입구의 개방에 필요한 힘은 110[N] 이하로 하여야 한다.
② 보충량은 부속실의 수가 20 이하는 1개층 이상, 20을 초과하는 경우에는 2개층 이상의 보충량으로 한다.
③ 급기구는 급기용 수직풍도와 직접 면하는 벽체 또는 천장에 설치해야 한다.
④ 급기구는 옥내와 면하는 출입문으로부터 가능한 가까운 위치에 설치하여야 한다.

소방대상물의 설치장소별 피난기구의 적응성

설치장소별 구분 \ 층별	지하층	1층	2층	3층	4층 이상 10층 이하
1. 노유자시설	피난용트랩	미끄럼대·구조대·피난교·다수인피난장비·승강식피난기	미끄럼대·구조대·피난교·다수인피난장비·승강식피난기	미끄럼대·구조대·피난교·다수인피난장비·승강식피난기	피난교·다수인피난장비·승강식피난기
2. 의료시설·근린생활시설 중 입원실이 있는 의원·접골원·조산원	피난용트랩	–	–	미끄럼대·구조대·피난교·피난용트랩·다수인피난장비·승강식피난기	구조대·피난교·피난용트랩·다수인피난장비·승강식피난기
3. 다중이용업소의 안전관리에 관한 특별법 시행령 제2조에 따른 다중이용업소로서 영업장의 위치가 4층 이하인 다중이용업소	–	–	미끄럼대·피난사다리·구조대·완강기·다수인피난장비·승강식피난기	미끄럼대·피난사다리·구조대·완강기·다수인피난장비·승강식피난기	미끄럼대·피난사다리·구조대·완강기·다수인피난장비·승강식피난기
4. 그 밖의 것	피난사다리·피난용트랩	–	–	미끄럼대·피난사다리·구조대·완강기·피난교·피난용트랩·간이완강기·공기안전매트·다수인피난장비·승강식피난기	피난사다리·구조대·완강기·피난교·간이완강기·공기안전매트·다수인피난장비·승강식피난기

※ 비고 : 간이완강기의 적응성은 숙박시설의 3층 이상에 있는 객실에, 공기안전매트의 적응성은 공동주택(공동주택관리법 시행령 제2조의 규정에 해당하는 공동주택)에 한한다.

해설 급기구는 급기용 수직풍도와 직접 면하는 벽체 또는 천장(해당 수직풍도와 천장급기구 사이의 풍도를 포함한다)에 고정하되, 옥내와 면하는 출입문으로부터 가능한 먼 위치에 설치할 것

70

바닥면적이 10,000[m²]인 방호구역에 폐쇄형 스프링클러소화설비를 설치할 경우 몇 개의 습식 유수검지장치가 필요한가?

① 3개   ② 4개
③ 5개   ④ 2개

해설 하나의 방호구역의 면적은 3,000[m²]를 초과하지 않아야 하므로 10,000[m²] ÷ 3,000[m²] = 3.33 ⟹ 4개

71

연결송수관설비의 가압송수장치를 수동스위치의 조작에 의해 기동되도록 하고자 한다. 이때 수동스위치의 설치기준 중 맞는 것은?

① 수동스위치는 감시제어반과 동력제어반에 설치하여야 한다.
② 수동스위치는 감시제어반을 포함하여 2개 이상의 장소에 설치하여야 한다.
③ 수동스위치는 송수구 부근을 포함하여 2개 이상의 장소에 설치하여야 한다.
④ 수동스위치는 3개 이상 설치하여야 한다.

해설 가압송수장치는 방수구가 개방될 때 자동으로 기동되거나 또는 수동스위치의 조작에 따라 기동되도록 할 것. 이 경우 **수동스위치는 2개 이상**을 설치하되, 그 중 **1개**는 다음의 기준에 따라 **송수구의 부근에 설치**하여야 한다.
• 송수구로부터 5[m] 이내의 보기 쉬운 장소에 바닥으로부터 높이 0.8[m] 이상 1.5[m] 이하로 설치할 것
• 1.5[mm] 이상의 강판함에 수납하여 설치할 것. 이 경우 문짝은 불연재료로 설치할 수 있다.

72

스프링클러설비의 배관에 대한 설명을 틀린 것은?

① 성능시험배관은 펌프의 토출측에 설치된 체크밸브 이전에서 분기한다.
② 습식 스프링클러설비 또는 부압식 스프링클러설비 외의 설비에는 헤드를 향하여 상향으로 수평주행배관의 기울기를 1/500 이상으로 한다.
③ 급수배관에 설치되는 탬퍼스위치는 감시제어반 또는 수신기에서 동작의 유무 확인을 할 수 있어야 한다.
④ 주차장의 스프링클러설비는 습식 이외의 방식으로 한다.

해설 **성능시험배관**은 펌프의 토출측에 설치된 **개폐밸브 이전**에서 **분기**하여 설치하고, 유량측정장치를 기준으로 전단 직관부에 개폐밸브를 후단 직관부에는 유량조절밸브를 설치할 것

73

호스릴 분말소화설비에 있어서 하나의 노즐에 대한 소화약제의 종별에 따른 기준량으로 적합하지 않은 것은?

① 제1종 분말 : 50[kg]
② 제2종 분말 : 40[kg]
③ 제3종 분말 : 30[kg]
④ 제4종 분말 : 20[kg]

해설 호스릴 분말소화설비는 하나의 노즐당 약제량

소화약제의 종별	소화약제의 양
제1종 분말	50[kg]
제2종 분말 또는 제3종 분말	30[kg]
제4종 분말	20[kg]

74

제연설비에서 배출풍도 단면의 직경이 300[mm]인 경우에 배출풍도 강판두께 기준은?

① 0.5[mm] 이상   ② 0.8[mm] 이상
③ 1.0[mm] 이상   ④ 1.3[mm] 이상

해설 배출풍도 강판두께

풍도단면의 긴 변 또는 직경의 크기	강판두께
450[mm] 이하	0.5[mm]
450[mm] 초과 750[mm] 이하	0.6[mm]
750[mm] 초과 1,500[mm] 이하	0.8[mm]
1,500[mm] 초과 2,250[mm] 이하	1.0[mm]
2,250[mm] 초과	1.2[mm]

75

축압식 분말소화기에는 소화기 내부의 압력을 확인하기 위하여 압력계가 부착되어 있다. 국내에서 제조되는 축압식 분말소화기의 지시압력계에 표시된 정상 사용압력 범위는?

① 0.6~0.9[MPa]

② 0.7~0.9[MPa]

③ 0.6~0.98[MPa]

④ 0.7~0.98[MPa]

해설 축압식 분말소화기의 정상인 지시압력계 : 0.7~0.98[MPa]

76

포소화설비용 송수구의 설치에 대한 설명이다. 틀린 것은?

① 송수구는 소화작업에 지장을 주지 않는 장소에 설치한다.

② 송수구는 송수압력범위를 표시한 표지를 설치한다.

③ 송수구는 구경 40[mm] 이상의 쌍구형을 설치한다.

④ 송수구의 자동배수밸브는 배수로 인하여 피해를 주지 않는 장소에 설치한다.

해설 포소화설비의 송수구 : 65[mm]의 쌍구형

77

다음 중 피난기구의 화재안전기준에서 사용하는 용어의 정의에 포함하는 피난기구는?

① 공기안전매트

② 방열복

③ 공기호흡기

④ 인공소생기

해설 피난구조설비

- **피난기구** : 피난사다리, 완강기, 구조대, 미끄럼대, 피난교, 피난용 트랩, **공기안전매트**, 다수인피난장비, 승강식 피난기 등
- 인명구조기구(방열복 및 방화복, 공기호흡기, 인공소생기)
- 피난유도선, 유도등, 유도표지
- 비상조명등, 휴대용 비상조명등

78

불연성 가스 소화설비 또는 분말소화설비에서 국소방출방식에 대한 가장 적합한 설명은?

① 고정시킨 분사헤드로 화재가 발생한 방호대상물에만 직접 소화제를 분사하는 방식이다.

② 내화구조 등의 벽으로 구획된 부분을 1개의 방호대상물로 고정시킨 헤드로 직접 소화제를 분사하는 방식이다.

③ 호스의 선단에 취부된 노즐을 이동해서 방호대상물에 직접 소화제를 분사하는 방식이다.

④ 소화약제 노즐 등을 적재한 차량으로 방호대상물에 접근해서 직접 방호대상물에 소화제를 분사하는 방식이다.

해설 국소방출방식 : 고정시킨 분사헤드로 화재가 발생한 방호대상물에만 직접 소화제를 분사하는 방식

79

지상 5층인 사무실용도의 특정소방대상물에 연결송수관설비를 설치할 경우 최소로 설치할 수 있는 방수구의 수는?(단, 방수구는 각 층별 1개의 설치로 충분하고, 소방차 접근이 가능한 피난층은 1개층이다)

① 2개   ② 3개
③ 4개   ④ 5개

해설 연결송수관설비의 **방수구**는 그 **특정소방대상물의 층마다 설치**할 것. 다만, 다음의 어느 하나에 해당하는 층에는 설치하지 아니할 수 있다.
- 아파트의 1층 및 2층
- 소방차의 접근이 가능하고 소방대원이 소방차로부터 각 부분에 쉽게 도달할 수 있는 피난층
- 송수구가 부설된 옥내소화전을 설치한 특정소방대상물(집회장 · 관람장 · 백화점 · 도매시장 · 소매시장 · 판매시설 · 공장 · 창고시설 또는 지하가를 제외한다)로서 다음의 어느 하나에 해당하는 층
  - 지하층을 제외한 층수가 4층 이하이고 연면적이 6,000[m²] 미만인 특정소방대상물의 지상층
  - 지하층의 층수가 2 이하인 특정소방대상물의 지하층
- ※ 지상 5층이면 5개의 방수구를 설치하여야 하나 소방차 접근이 가능한 피난층은 제외대상이므로 5-1=4개

80

이산화탄소소화설비 저압저장용기 방식 중 용기는 자동냉동기를 설치하여 일정온도 및 압력을 유지하여야 한다. 이때 온도와 압력의 기준은?

① -18[℃] 이하에서 약 1.3[MPa] 이상
② -18[℃] 이하에서 약 2.1[MPa] 이상
③ -20[℃] 이하에서 약 1[MPa] 이상
④ -5[℃] 이하에서 약 2.1[MPa] 이상

해설 **저압식 저장용기** : -18[℃] 이하에서 약 2.1[MPa] 이상

2013년 3월 10일 시행

제 **1** 회

제 **1** 과목 **소방원론**

01

위험물안전관리법령상 품명이 특수인화물에 해당하는 것은?

① 등 유
② 경 유
③ 다이에틸에테르
④ 휘발유

해설 제4류 위험물의 분류

종 류	등 유	경 유	다이에틸에테르	휘발유
품 명	제2석유류	제2석유류	특수인화물	제1석유류

02

어떤 기체의 확산속도가 이산화탄소의 2배였다면 그 기체의 분자량은 얼마로 예상할 수 있는가?

① 11
② 22
③ 44
④ 88

해설 그레이엄의 확산속도법칙 : 확산속도는 분자량의 제곱근에 반비례, 밀도의 제곱근에 반비례 한다.

$$\frac{U_B}{U_A} = \sqrt{\frac{M_A}{M_B}} = \sqrt{\frac{d_A}{d_B}}$$

여기서, U_B : B기체의 확산속도
U_A : A기체의 확산속도
M_B : B기체의 분자량
M_A : A기체의 분자량
d_B : B기체의 밀도
d_A : A기체의 밀도

$$\therefore M_A = M_B \times \left(\frac{U_B}{U_A}\right)^2 = 44 \times \left(\frac{1}{2}\right)^2 = 11$$

03

건축물의 주요구조부가 아닌 것은?

① 기 둥
② 바 닥
③ 보
④ 옥외계단

해설 주요구조부 : 내력벽, 기둥, 바닥, 보, 지붕틀, 주계단

> 주요구조부 제외 : 사잇벽, 사잇기둥, 최하층의 바닥, 작은 보, 차양, **옥외계단**

04

다음 중 인체에 가장 강한 독성을 가지고 있는 것은?

① 이산화탄소
② 산 소
③ 질 소
④ 포스겐

해설 포스겐($COCl_2$)은 사염화탄소와 물, 이산화탄소, 공기 등과 반응할 때 발생하는 맹독성 가스이다.

05

제4류 위험물을 취급하는 위험물제조소에 설치하는 게시판의 주의사항으로 옳은 것은?

① 물기주의
② 화기주의
③ 화기엄금
④ 충격주의

해설 주의사항

위험물의 종류	주의사항	게시판의 색상
제1류 위험물 중 알칼리금속의 과산화물 제3류 위험물 중 금수성 물질	물기엄금	청색바탕에 백색문자
제2류 위험물(인화성 고체는 제외)	화기주의	적색바탕에 백색문자
제2류 위험물 중 인화성 고체 제3류 위험물 중 **자연발화성 물질** 제4류 위험물 제5류 위험물	화기엄금	적색바탕에 백색문자

정답 01 ③ 02 ① 03 ④ 04 ④ 05 ③

06

가연성 기체와 공기를 미리 혼합 시킨 후에 연소시키는 연소형태는?

① 확산연소
② 표면연소
③ 분해연소
④ 예혼합연소

> **[해설]** **예혼합연소** : 가연성 기체와 공기를 미리 혼합시킨 후에 연소하는 형태

07

복사에 관한 Stefan-Boltzmann의 법칙에서 흑체의 단위표면적에서 단위 시간에 내는 에너지의 총량은 절대온도의 얼마에 비례하는가?

① 제곱근   ② 제 곱
③ 3제곱   ④ 4제곱

> **[해설]** **Stefan-Boltzmann의 법칙** : 복사열은 절대온도차의 4제곱에 비례하고 열전달면적에 비례한다.
>
> $$Q = aAF(T_1^4 - T_2^4)[\text{kcal/h}]$$

08

연소 시 분해연소의 전형적인 특성을 보여줄 수 있는 것은?

① 휘발유
② 목 재
③ 목 탄
④ 나프탈렌

> **[해설]** **연소의 형태**
>
> | 종 류 | 휘발유 | 목 재 | 목 탄 | 나프탈렌 |
> |---|---|---|---|---|
> | 품 명 | 증발연소 | 분해연소 | 표면연소 | 증발연소 |

09

연기의 농도가 감광계수 10일 때의 상황을 옳게 설명한 것은?

① 가시거리는 0.2~0.5[m]이고 화재 최성기 때의 농도
② 가시거리는 5[m]이고 어두운 것을 느낄 정도의 농도
③ 가시거리는 20~30[m]이고 연기감지기가 작동할 정도의 농도
④ 가시거리는 10[m]이고 출화실에서 연기가 분출할 때의 농도

> **[해설]** **연기농도와 가시거리**
>
> | 감광계수 | 가시거리[m] | 상 황 |
> |---|---|---|
> | 0.1 | 20~30 | 연기감지기가 작동할 때의 정도 |
> | 0.3 | 5 | 건물 내부에 익숙한 사람이 피난에 지장을 느낄 정도 |
> | 0.5 | 3 | 어둠침침한 것을 느낄 정도 |
> | 1 | 1~2 | 거의 앞이 보이지 않을 정도 |
> | 10 | 0.2~0.5 | 화재 **최성기** 때의 정도 |

10

피난계획의 일반적인 원칙 중 Fail Safe원칙에 해당하는 것은?

① 피난경로는 간단 명료 할 것
② 두 방향 이상의 피난통로를 확보하여 둘 것
③ 피난수단은 이동식 시설을 원칙으로 할 것
④ 그림을 이용하여 표시를 할 것

> **[해설]** **피난계획의 일반적인 원칙**
> * **Fail Safe** : 하나의 수단이 고장으로 실패하여도 다른 수단에 의해 구제할 수 있도록 고려하는 것으로 **양 방향 피난로의 확보**와 **예비전원**을 준비하는 것 등이다.
> * **Fool Proof** : 비상시 머리가 혼란하여 판단능력이 저하되는 상태로 누구나 알 수 있도록 문자나 그림 등을 표시하여 직감적으로 작용하는 것

11

제3종 분말소화약제의 열분해 시 발생되는 생성물이 아닌 것은?

① NH_3 ② HPO_3
③ CO_2 ④ H_2O

해설 제3종 분말소화약제 열분해반응식

$$NH_4H_2PO_4 \rightarrow NH_3 + HPO_3 + H_2O$$

12

액체 물 1[g]이 100[℃], 1기압에서 수증기로 변할 때 열의 흡수량은 몇 [cal]인가?

① 439   ② 539
③ 639   ④ 739

해설 물의 증발잠열 : 539[cal]

13

정전기의 축적을 방지하기 위한 대책에 해당되지 않는 것은?

① 접지를 한다.
② 물질의 마찰을 크게 한다.
③ 공기를 이온화한다.
④ 공기의 상대습도를 일정수준 이상으로 유지한다.

해설 정전기방지법
 • 접지를 할 것
 • 공기를 이온화 할 것
 • 상대습도를 70[%] 이상으로 할 것

14

다음 중 증기압의 단위가 아닌 것은?

① [mmHg]   ② [kPa]
③ [N/cm^2]   ④ [cal/℃]

해설 증기압의 단위 : [mmHg], [kPa], [MPa], [kg_f/cm^2], [N/cm^2]

15

연소의 3요소는 가연물, 산소공급원, 점화원이다. 다음 중 산소공급원이 될 수 없는 것은?

① 염소산칼륨   ② 과산화나트륨
③ 질산나트륨   ④ 네 온

해설 제1류 위험물(산소공급원) : 염소산칼륨, 과산화나트륨, 질산나트륨

네온(Ne) : 불활성기체

16

위험물안전관리법령상 위험물에 속하지 않는 것은?

① 경 유   ② 질 산
③ 수산화칼슘   ④ 황 린

해설 위험물

종 류	경 유	질 산	수산화칼슘	황 린
유 별	제4류 위험물	제6류 위험물	비위험물	제3류 위험물

17

포 소화약제에서 포가 갖추어야 할 구비조건 중 틀린 것은?

① 유동성이 좋아야 한다.
② 비중이 커야 한다.
③ 유면봉쇄성이 좋아야 한다.
④ 내유성이 좋아야 한다.

해설 포소화약제의 구비조건
 • 포의 안정성과 유동성이 좋을 것
 • 독성이 적을 것
 • 유류와의 접착성이 좋을 것

18

ABC 분말소화기 약제의 주성분에 해당하는 것은?

① $NH_4H_2PO_4$　　　② $NaHCO_3$

③ $KHCO_3$　　　④ $Al_2(SO_4)_3$

해설 분말소화약제

종 별	소화약제	약제의 착색	적응 화재	열분해반응식
제1종 분말	탄산수소나트륨 ($NaHCO_3$)	백 색	B, C급	$2NaHCO_3 \rightarrow$ $Na_2CO_3 + CO_2 + H_2O$
제2종 분말	탄산수소칼륨 ($KHCO_3$)	담회색	B, C급	$2KHCO_3 \rightarrow$ $K_2CO_3 + CO_2 + H_2O$
제3종 분말	제일인산암모늄 ($NH_4H_2PO_4$)	담홍색, 황색	A, B, C급	$NH_4H_2PO_4 \rightarrow$ $HPO_3 + NH_3 + H_2O$
제4종 분말	중탄산칼륨+요소 [$KHCO_3 + (NH_2)_2CO$]	회 색	B, C급	$2KHCO_3 + (NH_2)_2CO$ $\rightarrow K_2CO_3 + 2NH_3 +$ $2CO_2$

19

물분무소화설비의 주된 소화효과로만 나열된 것은?

① 냉각효과, 질식효과

② 질식효과, 연쇄반응차단효과

③ 냉각효과, 연쇄반응차단효과

④ 연쇄반응차단효과, 희석효과

해설 물분무소화설비 : 질식, 냉각, 희석, 유화 효과

20

할론 1301 소화약제와 이산화탄소 소화약제의 주된 소화효과를 순서대로 가장 적합하게 나타낸 것은?

① 억제소화 – 질식소화

② 억제소화 – 부촉매소화

③ 냉각소화 – 억제소화

④ 질식소화 – 부촉매소화

해설 주된 소화효과
- 할론 1301 : 부촉매효과(억제효과)
- 이산화탄소 : 질식효과

21

회전수 1,000[rpm], 전양정 60[m]에서 0.12[m³/s]의 물을 배출하는 펌프의 축동력이 100[kW]이다. 이 펌프와 상사인 펌프가 크기가 3배이면서 500[rpm]으로 운전될 때의 축동력을 구하면 몇 [kW]인가?

① 2,037.5　　　② 203.75

③ 3,037.5　　　④ 4,037.5

해설 펌프의 상사법칙에서

$$축동력 \ P_2 = P_1 \times \left(\frac{N_2}{N_1}\right)^3 \times \left(\frac{D_2}{D_1}\right)^5$$

여기서, N : 회전수, D : 내경

$$\therefore P_2 = 100 \times \left(\frac{500}{1,000}\right)^3 \times \left(\frac{3D_1}{D_1}\right)^5 = 3,037.5[\text{kW}]$$

22

그림과 같이 고정된 노즐에서 균일한 유속 V = 40 [m/s], 유량 Q = 0.2[m³/s]로 물이 분출되고 있다. 분류와 같은 방향으로 u = 10[m/s]의 일정속도로 운동하고 있는 평판에 분사된 물이 수직으로 충돌할 때 분류가 평판에 미치는 충격력은 몇 [kN]인가?

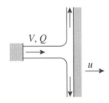

① 4.5　　　② 6

③ 44.1　　　④ 58.8

해설 충격력

$$F = \rho A (V - u)^2$$

여기서, ρ(밀도) : $102[\text{kg}_f \cdot \text{s}^2/\text{m}^4]$

A(면적) $= \frac{\pi}{4}D^2 = \frac{\pi}{4}(0.0798[\text{m}])^2 = 0.005[\text{m}^2]$

$$D = \sqrt{\frac{4Q}{\pi V}} = \sqrt{\frac{4 \times 0.2 [\mathrm{m^3/s}]}{\pi \times 40 [\mathrm{m/s}]}} = 0.0798 [\mathrm{m}]$$

$$\therefore F = \rho A (V-u)^2$$
$$= 102 \times 0.005 \times (40-10 [\mathrm{m/s}])^2$$
$$= 459 [\mathrm{kg_f}]$$

이것을 [kPa]로 환산하면
$$456 \times 9.8 [\mathrm{N}] \times 10^{-3} = 4.5 [\mathrm{kN}]$$

$$\boxed{1[\mathrm{kg_f}] = 9.8[\mathrm{N}]}$$

23

20[℃]에서 물이 지름 75[mm]인 관 속을 1.9×10^{-3} [m³/s]로 흐르고 있다. 이때 레이놀즈수는 얼마 정도인가?(단, 20[℃]일 때 물의 동점성계수는 1.006×10^{-6}[m²/s]이다)

① 1.13×10^4
② 1.99×10^4
③ 2.83×10^4
④ 3.21×10^4

해설 레이놀즈 수(Reynolds Number, Re)

$$Re = \frac{Du}{\nu}$$

여기서, D : 관의 내경[cm]

$$u(\text{유속}) = \frac{Q}{A} = \frac{4Q}{\pi D^2}$$

$$= \frac{4 \times 0.0019 [\mathrm{m^3/s}]}{3.14 \times (0.075 [\mathrm{m}])^2} = 0.43 [\mathrm{m/s}]$$

ν(동점도) : 절대점도를 밀도로 나눈 값
$$\left(\frac{\mu}{\rho} = [\mathrm{m^2/s}]\right)$$

$$\therefore Re = \frac{0.075 [\mathrm{m}] \times 0.43}{1.006 \times 10^{-6}} = 32,057 = 3.21 \times 10^4$$

24

검사면을 통과하는 유동에 대하여 질량 유량($\overline{m}$)을 $\overline{m} = \rho A V$로 구할 때 필요한 조건이 아닌 것은?(단, ρ는 밀도, A는 유동단면적, V는 유체의 속도이다)

① 검사면은 움직이지 않는다.
② 밀도는 일정하다.
③ 검사면이 원형이다.
④ 유동은 검사면에 수직이다.

해설 질량유량 $\overline{m} = \rho A V$의 성립 조건
• 검사면은 움직이지 않는다.
• 밀도는 일정하다.
• 유동은 검사면에 수직이다.

25

온도 차이 ΔT, 열전도율 k, 두께 x, 열전달면적 A인 벽을 통한 열전달률이 Q이다. 동일한 열전달면적인 상태에서 온도 차이가 2배, 벽의 열전도율이 4배가 되고 벽의 두께가 2배가 되는 경우 열전달률은 몇 배가 되는가?

① 4배
② 8배
③ 16배
④ 32배

해설 열전도의 기본법칙(푸리에 법칙)

$$Q = kA \frac{dt}{dx} [\mathrm{kcal/h}]$$

여기서, k : 열전도도[kcal/m·h·℃]
A : 열전달면적[m²]
dt : 온도차[℃]
dx : 두께[m]

$$\therefore Q = kA \frac{dt}{dx} = 4\text{배} \times 1 \times \frac{2\text{배}}{2\text{배}} = 4\text{배}$$

26

그림과 같이 물이 흐르고 있는 관에 설치된 시차 액주계를 보고 A, B 두지점의 압력차를 구하면 약 몇 [kPa]인가?

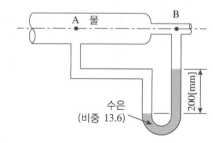

① 2.72
② 6.73
③ 24.7
④ 52.5

해설 시차액주계의 압력

$$\Delta P(P_A - P_B) = \frac{g}{g_c}(\gamma_{Hg} - \gamma_{H_2O})H$$

$$\therefore \ \Delta P = (13.6-1)[\text{g/cm}^3] \times 20[\text{cm}]$$

$$= 252[\text{g}_f/\text{cm}^2] = 252[\text{kg}_f/\text{cm}^2]$$

$$= \frac{0.252[\text{kg}_f/\text{cm}^2]}{1.0332[\text{kg}_f/\text{cm}^2]} \times 101.325[\text{kPa}]$$

$$= 24.7[\text{kPa}]$$

27

깊이를 모르는 물속에서 생성된 직경 1[cm]의 공기 기포가 수면으로 부상하여 직경 2[cm]로 팽창하였다. 기포 내 온도가 일정하다면 물의 깊이는 몇 [m]인가? (단, 중력가속도는 10[m/s²], 대기압은 10⁵[N/m²], 물의 밀도는 1,000[kg/m³]로 가정한다)

① 70 ② 80
③ 90 ④ 100

해설 초기 기포 지름을 1[cm]이므로 $V_1 = \frac{4}{3}\pi(1[\text{cm}])^3$

수면에서의 기포 지름은 $V_2 = \frac{4}{3}\pi 2[\text{cm}])^3 = 8V_1$

보일의 법칙에서 $P_1 V_1 = P_2 V_2$ $P_1 = 8P_2$

수면의 압력 P_0가 P_2이고 $P_1 = P_0 + \gamma h = 8P_0$

$$\therefore \ h = \frac{8P_0 - P_0}{\gamma} = \frac{7P_0}{\rho g}$$

$$= \frac{7 \times 10^5}{10 \times 1,000[\text{kg/m}^3]} = 70[\text{m}]$$

28

물이 담긴 탱크의 밑바닥 옆면에 지름 5[mm]의 구멍이 뚫렸다. 탱크는 오리피스의 단면에 비하여 무한히 크다. 오리피스 중심으로부터 물이 몇 [m] 높이로 탱크에 담겨 있을 때 10[m/s]로 물이 분출되겠는가? (단, 오리피스의 속도계수는 C_V = 0.9이다)

① 5.1 ② 6.3
③ 7.5 ④ 8.7

해설 물의 높이

$$u = \sqrt{2gH}$$

$$\therefore \ u = C_V \sqrt{2gH} \text{ 에서}$$

$$10[\text{m/s}] = 0.9 \times \sqrt{2 \times 9.8 \times H}$$

$$H = \frac{\left(\frac{10[\text{m/s}]}{0.9}\right)^2}{2 \times 9.8} = 6.30[\text{m}]$$

29

무게가 45,000[N]인 어떤 기름의 체적이 5.63[m³]일 때 이 기름의 밀도는 몇 [kg/m³]인가?

① 815.6 ② 803.1
③ 792.9 ④ 781.1

해설 밀도

$$\rho = \frac{W}{V} = \frac{\frac{45,000}{9.8}[\text{kg}]}{5.63[\text{m}^3]} = 815.6[\text{kg/m}^3]$$

30

펌프의 이상현상 중 허용흡입수두와 가장 관련이 있는 것은?

① 수온상승현상 ② 수격작용
③ 공동현상 ④ 서징현상

해설 흡입양정(NPSH)

- 유효흡입양정(NPSHav : available Net Positive Suction Head)

  펌프를 설치하여 사용할 때 펌프 자체와는 무관하게 흡입측 배관 또는 시스템에 의하여 결정되는 양정이다. 유효흡입양정은 펌프 흡입구 중심으로 유입되는 압력을 절대압력으로 나타낸다.

  – 흡입 NPSH(부압수조방식, 수면이 펌프 중심보다 낮을 경우)

  $$\text{유효 NPSH} = H_a - H_p - H_s - H_L$$

  여기서, H_a : 대기압수두[m]

  H_p : 포화수증기압수두[m]

  H_s : 흡입실양정[m]

  H_L : 흡입측 배관 내의 마찰손실수두[m]

– 압입 NPSH(정압수조방식, 수면이 펌프 중심보다 높을 경우)

$$유효 \ NPSH = H_a - H_p + H_s - H_L$$

• 필요흡입양정(NPSH$_{re}$: required Net Positive Suction Head)

펌프의 형식에 의하여 결정되는 양정으로 펌프를 운전할 때 공동현상을 일으키지 않고 정상운전에 필요한 흡입양정이다.

• NPSH$_{av}$와 NPSH$_{re}$ 관계식

– 설계조건 : NPSH$_{av}$ ≧ NPSH$_{re}$ × 1.3

– 공동현상이 발생하는 조건

: NPSH$_{av}$ < NPSH$_{re}$

– 공동현상이 발생되지 않는 조건

: NPSH$_{av}$ > NPSH$_{re}$

31

피스톤과 실린더로 구성된 밀폐된 용기 내에 일정한 질량의 이상기체가 차 있다. 초기 상태의 압력은 2 [bar], 체적은 0.5[m³]이다. 이 시스템의 온도가 일정하게 유지되면서 팽창하여 압력이 1[bar]가 되었다. 이 과정 동안에 시스템이 한 일은 몇 [kJ]인가?

① 52.1 ② 57.2

③ 62.7 ④ 69.3

해설 일

$$W = P_1 V_1 \ln \frac{P_1}{P_2}$$

여기서, P_1 (압력) $= \dfrac{2}{1.013} \times 101.3 [\text{kPa}] = 200[\text{kPa}]$

V_1 (부피) $= 0.5[\text{m}^3]$

P_2 (압력) $= \dfrac{1}{1.013} \times 101.3 [\text{kPa}] = 100[\text{kPa}]$

$\therefore W = P_1 V_1 \ln \dfrac{P_1}{P_2}$

$= 200 \times 0.5 \times \ln \dfrac{200}{100} = 69.31[\text{kJ}]$

$$\frac{[\text{kN}]}{[\text{m}^2]} \times [\text{m}^3] = [\text{kN} \cdot \text{m}] = [\text{kJ}], \ [\text{kPa}] = [\text{kN/m}^2]$$

32

다음 물질 중 비열이 가장 큰 것은?

① 공 기

② 물

③ 콘크리트

④ 철

해설 물의 비열은 1[cal/g · ℃]로서 가장 크다.

33

전양정이 60[m]이고 양수량이 0.032[m³/s]인 원심 펌프의 축동력이 22.4[kW]이다. 이 펌프의 효율은 얼마인가?

① 119[%] ② 84[%]

③ 75[%] ④ 8.6[%]

해설 전동기 용량

$$P[\text{kW}] = \frac{\gamma \times Q \times H}{102 \times \eta} \times K$$

여기서, γ : 물의 비중량(1,000[kg$_\text{f}$/m³])

Q : 방수량(0.032[m³/s])

H : 펌프의 양정(60[m])

$\therefore \eta = \dfrac{\gamma \times Q \times H}{P \times 102}$

$= \dfrac{1,000 \times 0.032 \times 60}{22.4 \times 102} = 0.84 \Rightarrow 84[\%]$

34

급격 확대관과 급격 축소관에서 부차적 손실계수를 정의하는 기준속도는?

① 모두 상류속도

② 모두 하류속도

③ 급격 확대관 : 상류속도, 급격 축소관 : 하류속도

④ 급격 확대관 : 하류속도, 급격 축소관 : 상류속도

해설 부차적 손실계수

• 급격 확대관 : 상류속도

• 급격 축소관 : 하류속도

35

지름 200[mm]인 수평 원관 내를 어떤 액체가 층류로 흐를 때 관 벽에서의 전단응력이 150[Pa]이다. 관의 길이가 30[m]일 때 압력강하 ΔP는 몇 [kPa]인가?

① 70   ② 80
③ 90   ④ 100

해설 수평원관 내의 액체가 층류로 흐를 때 전단응력

$$\tau = -\frac{dp}{dl} \cdot \frac{r}{2}$$

여기서 $\tau = 150[\text{Pa}]$
　　　　$l = 30[\text{m}]$
　　　　$r = 100[\text{mm}] = 0.1[\text{m}]$
　　　　$dp = \Delta p$
$$\Delta p = \frac{2\tau l}{r} = \frac{2 \times 150 \times 30}{0.1} = 90,000[\text{Pa}] = 90[\text{kPa}]$$

36

어떤 관 속의 정압(절대압력)은 294[kPa], 온도는 27[℃], 공기의 기체상수 $R = 287[\text{J/kg} \cdot \text{K}]$일 경우 안지름 250[mm]인 관 속을 흐르고 있는 공기의 평균유속이 50[m/s]이면 공기는 매초 약 몇 [kg]이 흐르는가?

① 8.4   ② 9.5
③ 10.7   ④ 12.5

해설 질량유량

$$\overline{m} = Au\rho \ [\text{kg/s}]$$

- $\overline{m}$: 질량유량[kg/s]
- A : 면적$\left(\frac{\pi}{4}d^2 = \frac{\pi}{4}(0.25[\text{m}])^2 = 0.049[\text{m}^2]\right)$
- $\rho = \frac{P}{RT} = \frac{294 \times 1,000[\text{Pa}]}{287 \times (273 + 27)[\text{K}]} = 3.41[\text{kg/m}^3]$
- $\therefore \ \overline{m} = Au\rho = 0.049 \times 50[\text{m/s}] \times 3.41 = 8.35[\text{kg/s}]$

$$[\text{Pa}] = [\text{N/m}^2] \qquad [\text{J}] = [\text{N} \cdot \text{m}]$$

37

소화설비용으로 많이 사용하는 유량계에 대한 설명으로 잘못된 것은?

① 유량 측정 시 플로트의 변동 폭이 클 때는 최고점의 값을 읽는다.
② 유량계 전 후 배관에 관 부속품(밸브 등)이 근접 설치되어 있으면 안 된다.
③ 유량계의 규격 관경과 실제 관경이 일치하는지 확인해야 한다.
④ 유량계의 설치방향과 유동방향이 일치하는지 확인해야 한다.

해설 유량계는 플로트의 변동이 거의 없을 때 유량의 눈금을 읽는다.

38

유체에 대한 일반적인 설명으로 틀린 것은?

① 아무리 작은 전단응력이라도 물질 내부에 전단응력이 생기면 정지상태로 있을 수가 없다.
② 점성이 없고 비압축성인 유체를 이상유체라 한다.
③ 충격파는 비압축성 유체에서는 잘 관찰되지 않는다.
④ 유체에 미치는 압축의 정도가 커서 밀도가 변하는 유체를 비압축성 유체라 한다.

해설 비압축성 유체 : 압력변화에 대하여 밀도 변화가 없는 유체

39

직경 2[m]의 원형 수문이 그림과 같이 수면에서 3[m] 아래에 30°각도로 기울어져 있을 때 수문의 자중을 무시하면 수문이 받는 힘은 약 몇 [kN]인가?

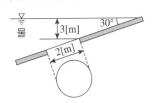

① 107.7   ② 94.2
③ 78.5   ④ 62.8

해설 수문이 받는 힘 F는

$$F = r\bar{y}\sin\theta A$$
$$= 9,800 \times \left(\frac{3}{\sin30} + 1.0\right) \times \sin30 \times \frac{\pi}{4} \times 2^2$$
$$= 107,756.6[\text{N}] = 107.76[\text{kN}]$$

40

압력이 100[kPa] abs이고 온도가 55℃인 공기의 밀도는 몇 [kg/m³]인가?(단, 공기의 기체상수는 287[J/kg·K]이다)

① 12.0   ② 24.2
③ 1.06   ④ 2.14

해설 공기의 밀도

$$\rho = \frac{P}{RT}$$

여기서, P : 압력($100 \times 1,000[\text{Pa}] = 100,000[\text{N/m}^2]$)
R : 기체상수($287[\text{J/kg·K}]$
$\quad = 287[\text{N·m/kg·K}]$)
T : 절대온도($273+55 = 328[\text{K}]$)

$$\therefore \rho = \frac{P}{RT}$$
$$= \frac{100 \times 1,000[\text{Pa}]}{278[\text{J/kg·K}] + (273+55)[\text{K}]}$$
$$= 1.06[\text{kg/m}^3]$$

제 **3** 과목 | 소방관계법규

41

전문소방시설공사업의 법인인 경우 자본금기준은 얼마인가?

① 5,000만원 이상   ② 1억원 이상
③ 2억원 이상   ④ 3억원 이상

해설 전문소방시설공사업의 자본금
• 법인 : 1억원 이상
• 개인 : 자산평가액 1억원 이상

42

소방안전관리자를 해임한 경우 해임한 날로부터 며칠 이내에 재선임하여야 하는가?

① 7일   ② 15일
③ 30일   ④ 60일

해설 소방안전관리자나 위험물안전관리자 해임이나 퇴직한 후 재선임 : 30일 이내

43

하자보수 대상 소방시설의 하자보수 보증기간이 다음 중 다른 것은?

① 자동화재탐지설비
② 비상경보설비
③ 무선통신보조설비
④ 유도등 및 유도표지

해설 하자보수 보증기간
• 2년 : 피난기구, 유도등, 유도표지, 비상경보설비, 비상조명등, 비상방송설비 및 **무선통신보조설비**
• 3년 : **자동소화장치**, 옥내소화전설비, 스프링클러설비, 간이스프링클러설비, 물분무 등 소화설비, 옥외소화전설비, **자동화재탐지설비**, 상수도소화용수설비 및 소화활동설비(무선통신보조설비를 제외한다)

44

소방업무에 필요한 경비의 일부를 보조하는 국고보조 대상사업의 범위가 아닌 것은?

① 소화활동설비
② 소방자동차
③ 소방정
④ 소방전용통신설비

해설 국고보조 대상사업의 범위
- 다음 각 목의 소방활동장비와 설비의 구입 및 설치
  - 소방자동차
  - 소방헬리콥터 및 소방정
  - 소방전용 통신설비 및 전산설비
  - 그 밖에 방화복 등 소방활동에 필요한 소방장비
- 소방관서용 청사의 건축

45

소방안전관리자를 선임하여야 하는 특정소방대상물 중 1급 소방안전관리대상물의 일반적인 기준에 해당되지 않는 것은?

① 연면적 15,000[m²] 이상인 것
② 특정소방대상물로서 층수가 11층 이상인 것
③ 물분무 등 소화설비를 설치하는 특정 소방대상물
④ 가연성 가스를 1,000[t] 이상 저장·취급하는 시설

해설 물분무 등 소화설비를 설치하는 특정소방대상물은 2급 소방안전관리대상물이다.

46

위험물안전관리법령상 제1류 위험물의 성질은?

① 산화성 액체
② 가연성 고체
③ 금수성 물질
④ 산화성 고체

해설 위험물의 성질

유 별	성 질
제1류 위험물	산화성 고체
제2류 위험물	가연성 고체
제3류 위험물	자연발화성 및 금수성 물질
제4류 위험물	인화성 액체
제5류 위험물	자기반응성 물질
제6류 위험물	산화성 액체

47

소방청장, 소방본부장 또는 소방서장은 소방특별조사를 하려면 관계인에게 조사대상, 조사기간 및 조사사유 등을 며칠 전에 서면으로 알려야 하는가?

① 3일 전
② 7일 전
③ 10일 전
④ 14일 전

해설 소방특별조사를 하려면 **7일 전**에 관계인에게 통보하여야 한다.

48

관리의 권원이 분리되어 있는 특정소방대상물에서 공동 소방안전관리자를 선임하지 않아도 되는 것은?

① 연면적이 500[m²] 이상인 복합건축물
② 지하구
③ 판매시설 중 도매시장 및 소매시장
④ 지하층을 제외한 층수가 11층 이상인 고층건축물

해설 공동 소방안전관리자를 선임하여야 하는 특정소방대상물
- **고층 건축물**(지하층을 제외한 층수가 **11층 이상**인 건축물만 해당한다)
- **지하가**(지하의 인공구조물 안에 설치된 상점 및 사무실, 그 밖에 이와 비슷한 시설이 연속하여 지하도에 접하여 설치된 것과 그 지하도를 합한 것을 말한다)
- 복합건축물로서 연면적이 5,000[m²] 이상인 것 또는 층수가 5층 이상인 것
- 판매시설 중 도매시장 및 소매시장

49

화재의 확대가 빠른 특수가연물의 품명과 수량의 기준으로 옳지 않은 것은?

① 발포시킨 합성수지류 : 20[m³] 이상
② 가연성 액체류 : 2[m³] 이상
③ 넝마 및 종이부스러기 : 400[kg] 이상
④ 볏짚류 : 1,000[kg] 이상

해설 넝마 및 종이부스러기 : 1,000[kg] 이상이면 특수가연물이다.

50

건축허가를 함에 있어서 소방본부장 또는 소방서장의 동의를 받아야 하는 건축물등의 범위에 속하는 것은?

① 승강기 등 기계장치에 의한 주차시설로서 자동차 10대를 주차할 수 있는 시설
② 연면적이 300[m²]인 업무시설로 사용되는 건축물
③ 차고·주차장으로 사용되는 바닥면적이 150[m²]인 건축물
④ 연면적이 200[m²]인 노유자시설 및 수련시설

해설 건축허가 등의 동의대상물의 범위
- 연면적이 400[m²] 이상인 건축물.
  다만, 다음 각 목의 어느 하나에 해당하는 시설은 해당 목에서 정한 기준 이상인 건축물로 한다.
  - 학교시설 : 100[m²]
  - **노유자시설(老幼者施設) 및 수련시설 : 200[m²]**
  - 정신의료기관(입원실이 없는 정신건강의학과 의원은 제외한다) : 300[m²]
  - 장애인의료재활시설 : 300[m²]
- 6층 이상인 건축물
- 차고·주차장 또는 주차용도로 사용되는 시설로서 다음 각목의 어느 하나에 해당하는 것
  - 차고·주차장으로 사용되는 바닥면적이 200[m²] 이상인 층이 있는 건축물이나 주차시설
  - 승강기 등 기계장치에 의한 주차시설로서 자동차 20대 이상을 주차할 수 있는 시설
- 항공기격납고, 관망탑, 항공관제탑, 방송용 송·수신탑
- 지하층 또는 무창층이 있는 건축물로서 바닥면적이 150[m²](공연장의 경우에는 100[m²]) 이상인 층이 있는 것
- 위험물 저장 및 처리 시설, 지하구
- 요양병원(정신병원과 장애인의료재활시설은 제외)

51

소방청장은 명예직의 소방대원으로 위촉할 수 있다. 이에 해당되는 사람은?

① 소방기술사
② 소방안전관리자
③ 소방설비기사로서 경력 8년 이상인 사람
④ 소방행정발전에 공로가 있다고 인정되는 사람

해설 명예직의 소방대원으로 위촉할 수 있는 사람
- 의사상자 등 예우 및 지원에 관한 법률 제2조에 따른 의사상자로서 같은 법 제3조 제3호 또는 제4호에 해당하는 사람
- 소방행정발전에 공로가 있다고 인정되는 사람

52

합성수지류 방염업의 방염처리시설 중 어느 하나 이상의 시설을 갖추어야 하는데 이에 속하지 않는 것은?

① 제조설비
② 이송설비
③ 성형설비
④ 가공설비

해설 방염업의 방염처리시설 : 제조설비, 가공설비, 성형설비

53

소방기본법의 정의에서 소방대상물의 관계인으로 옳지 않은 것은?

① 감리자
② 관리자
③ 점유자
④ 소유자

해설 관계인 : 소유자, 점유자, 관리자

54

단독경보형감지기를 설치하여야 하는 특정소방대상물의 기준으로 옳지 않은 것은?

① 연면적 1,000[m²] 미만의 아파트
② 연면적 1,000[m²] 미만의 기숙사
③ 연면적 800[m²] 미만의 숙박시설
④ 수련시설 내에 있는 연면적 2,000[m²] 미만의 기숙사

해설 단독경보형감지기를 설치하여야 하는 특정소방대상물
- 연면적 1,000[m²] 미만의 아파트 등
- 연면적 1,000[m²] 미만의 기숙사
- **교육연구시설** 또는 **수련시설** 내에 있는 **합숙소** 또는 **기숙사**로서 연면적 2,000[m²] 미만인 것
- **연면적 600[m²] 미만의 숙박시설**
- 연면적 400[m²] 미만의 유치원

55

화재조사를 하는 관계인의 정당한 업무를 방해하거나 화재조사를 수행하면서 알게 된 비밀을 다른 사람에게 누설한 사람에 대한 벌칙은?

① 100만원 이하의 벌금
② 150만원 이하의 벌금
③ 200만원 이하의 벌금
④ 300만원 이하의 벌금

해설 화재조사를 하면서 알게 된 비밀을 누설한 사람 : 300만원 이하의 벌금

56

특정소방대상물의 관계인 또는 발주자는 해당 도급계약의 수급인이 도급계약을 해지할 수 있는 경우가 아닌 것은?

① 소방시설업이 영업정지 처분을 받은 때
② 소방시설업이 등록취소 된 경우
③ 소방시설업을 휴업한 때
④ 정당한 사유없이 20일 이상 소방시설공사를 계속하지 아니하는 때

해설 도급계약을 해지할 수 있는 경우
• 소방시설업이 등록취소 되거나 영업정지된 경우
• 소방시설업을 휴업하거나 폐업한 경우
• 정당한 사유 없이 30일 이상 소방시설공사를 계속하지 아니하는 경우

57

위험물을 취급하는 설비에서 정전기를 유효하게 제거하기 위한 방법으로 거리가 먼 것은?

① 접지에 의한 방법
② 자동적으로 압력의 상승을 정지시키는 방법
③ 공기를 이온화하는 방법
④ 공기 중의 상대습도를 70[%] 이상으로 하는 방법

해설 정전기 제거방법
• 접 지
• 공기를 이온화
• 상대습도 70[%] 이상 유지

58

화재경계지구 내에서의 소방관서의 행정행위로 틀린 것은?

① 소방본부장 또는 소방서장은 화재경계지구 안의 관계인에게 소방시설의 유지관리를 위한 자체점검을 연 1회 이상 실시하여야 한다.
② 소방본부장 또는 소방서장은 화재경계지구 안의 관계인에 대하여 소방상 필요한 훈련 및 교육을 연 1회 이상 실시할 수 있다.
③ 소방본부장 또는 소방서장은 소방상 필요한 훈련 및 교육을 실시하고자 하는 때에는 화재경계지구 안의 관계인에게 훈련 또는 교육 10일 전까지 그 사실을 통보하여야 한다.
④ 소방본부장 또는 소방서장은 화재경계지구 안의 소방대상물의 위치·구조 및 설비 등에 대한 소방특별조사를 연 1회 이상 하여야 한다.

해설 소방본부장 또는 소방서장은 화재경계지구 안의 관계인에게 소방상 필요한 훈련 및 교육을 연 1회 이상 실시할 수 있고 자체점검을 연 1회 이상 실시하라는 규정은 없다.

59

제조소 등의 관계인은 위험물제조소 등의 화재예방과 화재 등 재해 발생 시 비상조치를 위해 작성하는 예방규정은 시·도지사에게 언제까지 제출하여야 하는가?

① 매년도 10월 30일까지
② 위험물제조소 등의 허가신청 시 제출
③ 위험물제조소 등의 사용 시작 전까지 제출
④ 제출의무는 없으며 자체적으로 예방규정 수립

해설 예방규정은 위험물제조소 등의 사용 시작 전까지 시·도지사에게 제출하여야 한다.

60

소방관서 종합상황실의 실장이 기록·관리하여야 하는 내용에 속하지 않는 것은?

① 재난상황이 발생하지 않도록 하기 위한 예방관리 업무 규정의 제정
② 하급소방기관에 대한 출동지령 또는 동급 이상의 소방기관 및 유관기관에 대한 지원요청
③ 접수된 재난상황을 검토하여 가까운 소방서에 인력 및 장비의 동원을 요청하는 등의 사고수습
④ 화재, 재난·재해 그 밖에 구조·구급이 필요한 상황(이하 "재난상황"이라 한다)의 발생의 신고 접수

^{해설} 종합상황실의 실장이 기록·관리하여야 하는 내용
- 화재, 재난·재해 그 밖에 구조·구급이 필요한 상황의 발생의 신고접수
- 접수된 재난상황을 검토하여 가까운 소방서에 인력 및 장비의 동원을 요청하는 등의 사고수습
- 하급소방기관에 대한 출동지령 또는 동급 이상의 소방기관 및 유관기관에 대한 지원요청
- 재난상황의 전파 및 보고
- 재난상황이 발생한 현장에 대한 지휘 및 피해현황의 파악
- 재난상황의 수습에 필요한 정보수집 및 제공

제 4 과목 **소방기계시설의 구조 및 원리**

61

연결송수관설비 송수구, 체크밸브, 자동배수밸브의 설치 순서로 맞는 것은?

① 습식의 경우 송수구, 체크밸브, 자동배수밸브의 순으로 설치
② 습식의 경우 송수구, 자동배수밸브, 체크밸브의 순으로 설치
③ 건식의 경우 송수구, 체크밸브, 자동배수밸브의 순으로 설치
④ 건식의 경우 체크밸브, 송수구, 자동배수밸브의 순으로 설치

^{해설} 송수구 부근의 설치순서
- 습식의 경우 : 송수구 – 자동배수밸브 – 체크밸브
- 건식의 경우 : 송수구 – 자동배수밸브 – 체크밸브 – 자동배수밸브

62

표준형 스프링클러헤드의 강도 특성에 의한 분류 중에서 조기반응(Fast Response)에 따른 스프링클러헤드의 반응시간지수(RTI)로 적합한 기준은?

① $50[\text{m}\cdot\text{s}]^{1/2}$ 이하
② $80[\text{m}\cdot\text{s}]^{1/2}$ 이하
③ $150[\text{m}\cdot\text{s}]^{1/2}$ 이하
④ $350[\text{m}\cdot\text{s}]^{1/2}$ 이하

^{해설} 반응시간지수(RTI) 값
- 조기반응 : $50[\text{m}\cdot\text{s}]^{1/2}$ 이하
- 특수반응 : 50 초과 $80[\text{m}\cdot\text{s}]^{1/2}$ 이하
- 표준반응 : 80 초과 $350[\text{m}\cdot\text{s}]^{1/2}$ 이하

63

할로겐화합물 및 불활성기체 소화약제의 농도와 관련된 용어 중 NOAEL의 의미는?

① 쥐에 4시간 노출시켰을 때 모두 사망하는 최소 허용농도
② 사망에 이르게 할 수 있는 최소 허용농도
③ 인간의 심장에 영향을 주지 않는 최대 허용농도로서 관찰이 불가능한 부작용 수준
④ 악영향을 감지할 수 있는 최소 허용농도

^{해설} 용어의 정의
- NOAEL(No Observed Adverse Effect Level)
  : 심장 독성시험 시 심장에 영향을 미치지 않는 최대 허용농도
- LOAEL(Lowest Observed Adverse Effect Level)
  : 심장 독성시험 시 심장에 영향을 미칠 수 있는 최소 허용농도

64

다음 소화기구에 대한 설명 중 틀린 것은?

① 소형소화기는 보행거리 20[m] 이내가 되도록 배치한다.
② 대형소화기는 보행거리 30[m] 이내가 되도록 배치한다.
③ 소화기구는 바닥으로부터 1.5[m] 이하의 위치에 비치해야 한다.
④ 이산화탄소 소화기구는 밀폐된 거실로서 바닥면적이 20[m²] 미만의 장소에 설치한다.

해설 이산화탄소 또는 할론을 방사하는 소화기구(자동확산 소화기는 제외)는 지하층이나 무창층 또는 밀폐된 거실로서 바닥면적이 20[m²] 미만의 장소에 설치할 수 있다(다만, 배기를 위한 유효한 개구부가 있는 장소인 경우에는 그러하지 아니하다).

65

제연설비에 설치되는 다음 기기 중 자동화재감지기와 연동되지 않아도 되는 것은?

① 가동식의 벽   ② 댐 퍼
③ 분배기   ④ 배출기

해설 가동식의 벽, 제연경계벽, 댐퍼 및 배출기의 작동은 자동화재감지기와 연동되어야 하며 예상제연구역 및 제어반에서 수동으로 기동이 가능하도록 하여야 한다.

66

분말소화설비에서 축압용가스로 질소가스를 사용할 경우 소화약제 1[kg]에 대하여 몇 [L] 이상의 배관 청소용 질소가스를 가산하여야 하는가?

① 5   ② 10
③ 15   ④ 20

해설 배관 청소에 필요한 양
• 가압용 가스에 질소가스를 사용하는 것의 질소가스는 소화약제 1[kg]마다 40[L](35[℃]에서 1기압의 압력상태로 환산한 것) 이상, 이산화탄소를 사용하는 것의 이산화탄소는 소화약제 1[kg]에 대하여 20[g]에 배관의 청소에 필요한 양을 가산한 양 이상으로 할 것

• 축압용 가스에 질소가스를 사용하는 것의 질소가스는 소화약제 1[kg]에 대하여 10[L](35[℃]에서 1기압의 압력상태로 환산한 것) 이상, 이산화탄소를 사용하는 것의 이산화탄소는 소화약제 1[kg]에 대하여 20[g]에 배관의 청소에 필요한 양을 가산한 양 이상으로 할 것
• 배관의 청소에 필요한 양의 가스는 별도의 용기에 저장할 것

67

옥내소화전설비에서 가압송수장치의 체절운전 시 순환배관의 설치에 따른 기준으로 맞는 것은?

① 순환배관은 앵글밸브에서 분기하여야 한다.
② 분기배관의 구경은 15[mm] 이상이어야 한다.
③ 체절압력미만에서 개방되는 릴리프밸브를 설치하여야 한다.
④ 릴리프밸브 2차측에는 릴리프밸브 고정 시 수리를 위한 게이트밸브를 설치하여야 한다.

해설 순환배관
• 설치위치 : 펌프와 체크밸브 사이
• 구경 : 20[mm] 이상
• 밸브 설치 : 체절압력 미만에서 개방되는 릴리프밸브를 설치

68

연결송수관설비가 설치되는 아파트에 방수구의 적용 범위에서 제외될 수 있는 항목은?

① 옥내소화전함이 있는 층
② 아파트 2층
③ 최상층
④ 10층 이하의 층

해설 아파트 1층과 2층은 방수구를 설치하지 않아도 된다.

69

화재안전기준에 의한 피난기구가 아닌 것은?

① 미끄럼대   ② 피난사다리
③ 구조대   ④ 엘리베이터

해설 피난기구 : 미끄럼대, 피난사다리, **구조대, 완강기,** 피난교, 공기안전매트, 다수인피난장비, 승강식 피난기, 그 밖의 피난기구

해설 화재조기진압용(ESFR, Early Suppression Fast Response) 스프링클러헤드 : 표준형 스프링클러헤드보다 기류온도 및 기류속도가 조기에 반응하여 일정규모 이내의 랙식창고를 보호하기 위해 설치하는 헤드

70

예상제연구역의 바닥면적이 450[m²]이고 예상제연구역이 직경 40[m]인 원의 범위를 초과하는 거실의 배출기 최저 풍량은 시간당 몇 [m³]이 되어야 하는가?

① 30,000[m³]
② 40,000[m³]
③ 45,000[m³]
④ 50,000[m³]

해설 바닥면적 400[m²] 이상이고 예상제연구역이 직경 40[m]인 원의 범위를 초과할 경우에는 배출량이 45,000[m³/h] 이상으로 할 것

71

물분무소화설비로서 다음 설명 중 옳지 않은 것은?

① 분사된 물은 표면적이 크기 때문에 열을 흡수하기 쉽다.
② 화원으로 산소공급을 차단하는 질식효과를 가져온다.
③ 분사된 물은 전기적인 절연성이 양호하므로 전기화재에도 이용 가능하다.
④ 분사된 물은 유화층을 형성하여 유류화재에는 부적당하다.

해설 물분무소화설비는 질식, 냉각, 희석, 유화 효과로서 일반화재, 유류화재에 적합하다.

72

표준형 스프링클러헤드보다 기류온도 및 기류속도가 조기에 반응하여 일정규모 이내의 랙식창고를 보호하기 위해 설치하는 헤드로 적합한 것은?

① Residential 스프링클러헤드
② Intermediate Level 스프링클러헤드
③ Dry Type 스프링클러헤드
④ ESFR스프링클러헤드

73

어떤 소방대상물의 지하층 2개, 1층과 2층에 각각 4개, 3층 4층에 각각 3개씩 옥내소화전이 설치되어 있다. 수원의 저수량은?(단, 옥상수조는 생략한다)

① 5.2[m³] 이상
② 7.8[m³] 이상
③ 10.4[m³] 이상
④ 13[m³] 이상

해설 옥내소화전설비의 수원의 용량(저수량)

> ① 30층 미만일 때 수원의 양[L]
> = $N \times 2.6[m^3]$(호스릴 옥내소화전설비를 포함)
> ($130[L/min] \times 20[min] = 2,600[L] = 2.6[m^3]$)
> **[고층건축물인 경우]**
> ② 30층 이상 49층 이하일 때 수원의 양[L]
> = $N \times 5.2[m^3]$
> ($130[L/min] \times 40[min] = 5,200[L] = 5.2[m^3]$)
> ③ 50층 이상일 때 수원의 양[L] = $N \times 7.8[m^3]$
> ($130[L/min] \times 60[min] = 7,800[L] = 7.8[m^3]$)

∴ 수원의 저수량 = $N \times 2.6[m^3]$ = $4 \times 2.6[m^3]$
　　　　　　　　 = $10.4[m^3]$

74

포소화설비의 기동장치에 대한 설명으로 틀린 것은?

① 수동식 기동장치의 조작부는 화재 시 쉽게 접근할 수 있는 곳에 설치할 것
② 차고에 설치하는 포소화설비의 수동식 기동장치는 방사구역마다 2개 이상 설치할 것
③ 2 이상의 방사구역을 가진 포소화설비에는 방사구역을 선택할 수 있는 구조로 할 것
④ 호스접결구에는 가까운 곳의 보기 쉬운 곳에 "접결구"라고 표시한 표지를 설치할 것

해설 포소화설비의 기동장치
• 수동식 기동장치의 조작부는 화재 시 쉽게 접근할 수 있는 곳에 설치하되 바닥으로부터 0.8[m] 이상 1.5[m] 이하의 위치에 설치하고 유효한 보호장치를 설치할 것

• 차고 또는 주차장에 설치하는 포소화설비의 수동식 기동장치는 방사구역마다 **1개 이상** 설치할 것
• 항공기격납고에 설치하는 포소화설비의 **수동식 기동장치**는 각 **방사구역마다 2개 이상**을 설치하되, 그 중 1개는 각 방사구역으로부터 가장 가까운 곳 또는 조작에 편리한 장소에 설치하고, 1개는 화재감지수신기를 설치한 감시실 등에 설치할 것
• 2 이상의 방사구역을 가진 포소화설비에는 방사구역을 선택할 수 있는 구조로 할 것
• 기동장치의 조작부 및 호스 접결구에는 가까운 곳의 보기 쉬운 곳에 각각 "기동장치의 조작부" 및 "접결구"라고 표시한 표지를 설치할 것

해설 스프링클러설비의 비교

종류 항목	습 식	건 식	준비 작동식	부압식	일제 살수식
사용 헤드	폐쇄형	폐쇄형	폐쇄형	폐쇄형	개방형
배 관 1차측	가압수	가압수	가압수	가압수	가압수
배 관 2차측	가압수	압축공기	대기압, 저압공기	부압수	대기압 (개방)
경보밸브	알람체크 밸브	건식밸브	준비작동 밸브	준비작동 밸브	일제개방 밸브
감지기의 유무	없 다	없 다	교차회로	단일회로	교차회로

75

소화능력단위에 의한 분류에서 소형소화기를 올바르게 설명한 것은?

① 능력단위가 1단위 이상이면서 대형소화기의 능력단위 미만인 소화기이다.
② 능력단위가 3단위 이상이면서 대형소화기의 능력단위 미만인 소화기이다.
③ 능력단위가 5단위 이상이면서 대형소화기의 능력단위 미만인 소화기이다.
④ 능력단위가 10단위 이상이면서 대형소화기의 능력단위 미만인 소화기이다.

해설 소화기의 분류
• 소형소화기 : 능력단위가 1단위 이상이고 대형소화기의 능력단위 미만인 소화기를 말한다.
• 대형소화기 : 화재 시 사람이 운반할 수 있도록 운반대와 바퀴가 설치되어 있고 능력단위가 A급 10단위 이상, B급 20단위 이상인 소화기를 말한다.

76

패쇄형 스프링클러 헤드를 사용하는 설비방식의 종류가 아닌 것은?

① 습 식
② 건 식
③ 준비작동식
④ 일제살수식

77

포소화설비의 구성요소가 아닌 것은?

① 자동개방밸브
② 클리닝밸브
③ 혼합장치
④ 고정포방출구

해설 클리닝밸브(청소장치의 밸브) : 분말소화설비

78

의료시설 용도의 소방대상물 3층에 피난기구를 설치할 때에 가장 부적합한 것은?

① 미끄럼대
② 피난교
③ 완강기
④ 피난용트랩

해설 소방대상물의 설치장소별 피난기구의 적응성

층 별	설치 장소별 구분	의료시설·근린생활시설 중 입원실이 있는 의원·접골원·조산원
지하층		피난용트랩
1층		–
2층		–
3층		미끄럼대·구조대·피난교·피난용트랩·다수인피난장비·승강식피난기
4층 이상 10층 이하		구조대·피난교·피난용트랩·다수인피난장비·승강식피난기

79

물분무소화설비에서 제어밸브의 설치위치 기준은?

① 바닥으로부터 0.1[m] 이상 0.4[m] 이하
② 바닥으로부터 0.5[m] 이상 0.7[m] 이하
③ 바닥으로부터 0.8[m] 이상 1.5[m] 이하
④ 바닥으로부터 1.6[m] 이상 1.8[m] 이하

해설 제어밸브 설치 : 바닥으로부터 0.8[m] 이상 1.5[m] 이하

80

옥외소화전의 호스 연결 직관 노즐에서 피토게이지 (Pitot Gauge) 측정결과 0.27[MPa]의 방수압력이 되었을 때 유량은?

① 37.735[L/min]
② 391.33[L/min]
③ 39.13[L/min]
④ 3.874[L/min]

해설 방수량

$$Q = 0.6597 D^2 \sqrt{10P}$$

여기서, Q : 방수량[L/min]
D : 노즐내경[mm]
P : 방수압력[MPa]

$\therefore Q = 0.6597 D^2 \sqrt{10P}$
$= 0.6597 \times 19^2 \times \sqrt{10 \times 0.27}$
$\fallingdotseq 391.33[L/min]$

제2회

2013년 6월 2일 시행

소방원론

01

유류화재 시 분말소화약제와 병용하여 가능한 빠른 소화효과와 재착화 방지효과를 기대할 수 있는 소화약제로 다음 중 가장 옳은 것은?

① 단백포 소화약제
② 알코올포 소화약제
③ 합성계면활성제포 소화약제
④ 수성막포 소화약제

해설 **수성막포의 특징**
• 석유류화재에 적합
• 장기보존 가능
• 분말소화약제와 겸용 가능

02

CO_2소화약제 사용 시 CO_2 방출 후 방호공간의 산소 부피 농도를 구하는 식으로 옳은 식은?

① $O_2[\%] = 21\dfrac{CO_2[\%]}{100}$

② $O_2[\%] = 21\left(1 - \dfrac{CO_2[\%]}{100}\right)$

③ $O_2[\%] = 21\left(\dfrac{CO_2[\%]}{100} - 1\right)$

④ $O_2[\%] = \left(\dfrac{CO_2[\%] \times 21}{100} - 1\right)$

해설 **산소의 농도**

$$CO_2[\%] = \frac{21 - O_2[\%]}{21} \times 100$$

이것을 풀이하면

$$CO_2[\%] = \frac{21 - O_2[\%]}{21} \times 100$$

$$21CO_2[\%] = (21 - O_2[\%]) \times 100$$

$$\frac{21CO_2[\%]}{100} = 21 - O_2[\%]$$

$$O_2[\%] = 21 - \frac{21CO_2[\%]}{100}$$

$$O_2[\%] = 21\left(1 - \frac{CO_2[\%]}{100}\right)$$

03

물의 증발잠열은 약 몇 [cal/g]인가?

① 79
② 539
③ 750
④ 810

해설 **물의 증발잠열. 융해잠열**
• 물의 증발잠열 : 539[cal/g]
• 물의 융해잠열 : 80[cal/g]

04

이산화탄소의 성질에 관한 설명으로 틀린 것은?

① 임계온도는 약 31.35[℃]이다.
② 증기비중은 약 0.8로서 공기보다 가볍다.
③ 전기적으로 비전도성이다.
④ 무색, 무취이다.

해설 **이산화탄소의 특성**
• 상온에서 기체이며 그 가스비중(공기=1.0)은 1.51 (44/29=1.517)로 공기보다 무겁다.
• 무색무취로 화학적으로 안정하고 가연성·부식성 도 없다.
• 이산화탄소는 화학적으로 비교적 안정하다.
• 공기보다 1.5배 무겁기 때문에 심부화재에 적합하다.

• 고농도의 이산화탄소는 인체에 독성이 있다.
• 액화가스로 저장하기 위하여 임계온도(31[℃]) 이하로 냉각시켜 놓고 가압한다.
• 저온으로 고체화한 것을 드라이아이스라고 하며 냉각제로 사용한다.

05

자연발화를 일으키는 원인이 아닌 것은?

① 산화열
② 분해열
③ 흡착열
④ 기화열

해설 자연발화의 형태
• 산화열에 의한 발화 : 석탄, 건성유, 고무분말
• 분해열에 의한 발화 : 나이트로셀룰로스
• 미생물에 의한 발화 : 퇴비, 먼지
• 흡착열에 의한 발화 : 목탄, 활성탄

06

폴리염화비닐이 연소할 때 생성되는 연소가스에 해당하지 않는 것은?

① HCl
② CO_2
③ CO
④ SO_2

해설 폴리염화비닐(PVC)의 화학식은 $(CH_2 = CHCl)_n$ 이므로 이산화황(SO_2)은 생성되지 않는다.

07

A급 화재의 가연물질과 관계가 없는 것은?

① 섬 유
② 목 재
③ 종 이
④ 유 류

해설 A급 화재 : 종이, 목재, 섬유, 플라스틱의 화재

> B급 화재 : 유류화재

08

화재 시 온도상승의 100[℃]에서 500[℃]로 온도가 상승하였을 경우 500[℃]의 열복사 에너지는 100[℃]의 열복사에너지의 약 몇 배가 되겠는가?

① 18.45
② 22.12
③ 26.03
④ 30.27

해설 복사에너지는 절대온도의 4제곱에 비례하므로
$$T_1 = (100 + 273)^4 = 1.936 \times 10^{10}[K]$$
$$T_2 = (500 + 273)^4 = 3.57 \times 10^{11}[K]$$
$$\therefore \frac{T_2}{T_1} = \frac{3.57 \times 10^{11}}{1.936 \times 10^{10}} = 18.44 \text{배}$$

09

건축물의 주요구조부가 아닌 것은?

① 내력벽
② 지붕틀
③ 보
④ 옥외계단

해설 주요구조부 : 내력벽, 기둥, 바닥, 보, 지붕틀, 주계단

> 주요구조부 제외 : 사잇벽, 사잇기둥, 최하층의 바닥, 작은 보, 차양, 옥외계단

10

프로판 가스의 증기비중은 약 얼마인가?(단, 공기의 분자량은 290이고, 탄소의 원자량은 12, 수소의 원자량은 1이다)

① 1.37
② 1.52
③ 2.21
④ 2.51

해설 증기비중

> $$증기비중 = \frac{분자량}{29}$$

프로판의 화학식은 C_3H_8이므로 분자량은 44이다.
$$\therefore 증기비중 = \frac{분자량}{29} = \frac{44}{29} = 1.517$$

11

경유 화재 시 주수(물)에 의한 소화가 부적당한 이유는?

① 물보다 비중이 가벼워 물위에 떠서 화재 확대의 우려가 있으므로
② 물과 반응하여 유독가스를 발생하므로
③ 경유의 연소열로 산소가 방출되어 연소를 돕기 때문에
④ 경유가 연소할 때 수소가스가 발생하여 연소를 돕기 때문에

해설 제4류 위험물인 경유는 물과 섞이지 않고 물보다 가벼워서 화재 시 **주수소화**를 하면 **연소면(화재면) 확대** 때문에 적당하지 않다.

12

제1종 분말소화약제의 주성분은?

① 탄산수소나트륨
② 탄산수소칼륨
③ 요 소
④ 황산알루미늄

해설 분말소화약제

종 별	소화약제	약제의 착색	적응 화재	열분해반응식
제1종 분말	탄산수소나트륨 (중탄산나트륨) ($NaHCO_3$)	백 색	B, C급	$2NaHCO_3 \rightarrow$ $Na_2CO_3 + CO_2 + H_2O$
제2종 분말	중탄산칼륨 ($KHCO_3$)	담회색	B, C급	$2KHCO_3 \rightarrow$ $K_2CO_3 + CO_2 + H_2O$
제3종 분말	제일인산암모늄, 인산염 ($NH_4H_2PO_4$)	담홍색, 황색	A, B, C급	$NH_4H_2PO_4 \rightarrow$ $HPO_3 + NH_3 + H_2O$
제4종 분말	중탄산칼륨+요소 $[KHCO_3 + (NH_2)_2CO]$	회 색	B, C급	$2KHCO_3 + (NH_2)_2CO$ $\rightarrow K_2CO_3 + 2NH_3 +$ $2CO_2$

13

다음 중 일반적인 소화방법의 분류로 가장 거리가 먼 것은?

① 질식소화   ② 제거소화
③ 냉각소화   ④ 방염소화

해설 소화의 종류 : 제거소화, 질식소화, 냉각소화, 부촉매소화 등

14

연소의 3요소와 4요소의 차이를 제공하는 요소는?

① 가연물
② 산소공급원
③ 점화원
④ 연쇄반응

해설 연 소
• 연소의 3요소 : 가연물, 산소공급원, 점화원
• 연소의 4요소 : 가연물, 산소공급원, 점화원, 연쇄반응

15

부피비로 메탄 80[%], 에탄 15[%], 프로판 4[%], 부탄 1[%]인 혼합기체가 있다. 이 기체의 공기 중에서의 폭발하한계는 약 몇 [vol%]인가?(단, 공기 중 단일가스의 폭발하한계는 메탄 5[vol%], 에탄 2[vol%], 프로판 2[vol%], 부탄 1.8[vol%]이다)

① 2.2   ② 3.8
③ 4.9   ④ 6.2

해설 혼합가스의 폭발범위

$$L_m = \cfrac{100}{\cfrac{V_1}{L_1} + \cfrac{V_2}{L_2} + \cfrac{V_3}{L_3} + \cfrac{V_4}{L_4}}$$

하한값 $L_m = \cfrac{100}{\cfrac{V_1}{L_1} + \cfrac{V_2}{L_2} + \cfrac{V_3}{L_3} + \cfrac{V_4}{L_4}}$

$$= \cfrac{100}{\cfrac{80}{5} + \cfrac{15}{2} + \cfrac{4}{2} + \cfrac{1}{1.8}}$$

$= 3.84[vol\%]$

16

불꽃의 색깔에 의한 온도를 측정하였을 때 낮은 온도에서부터 높은 온도의 순서로 나열한 것은?

① 암적색, 백적색, 황적색, 휘백색
② 휘백색, 암적색, 백적색, 황적색
③ 암적색, 황적색, 백적색, 휘백색
④ 암적색, 휘백색, 황적색, 백적색

해설 연소의 색과 온도

색 상	온도[℃]
담암적색	520
암적색	700
적 색	850
휘적색	950
황적색	1,100
백적색	1,300
휘백색	1,500 이상

17

다음 중 발화의 위험이 가장 낮은 것은?

① 트라이에틸알루미늄
② 팽창질석
③ 수소화리튬
④ 황 린

해설 팽창질석 : 소화약제

18

순수한 액체 탄화수소를 완전 연소시키면 어떤 물질이 발생하는가?

① 산소, 물
② 물, 일산화탄소
③ 일산화탄소, 이산화탄소
④ 이산화탄소, 물

해설 유기화합물은 완전연소하면 이산화탄소와 물이 생성된다.

$$2CH_3OH + 3O_2 \rightarrow 2CO_2 + 4H_2O$$

19

밀폐된 화재발생 공간에서 산소가 일시적으로 부족하다가 갑작스럽게 공급되면서 폭발적인 연소가 발생하는 현상은?

① 백드래프트
② 프로스오버
③ 보일오버
④ 슬롭오버

해설 용어정의

- **백드래프트**(Back Draft) : 밀폐된 공간에서 화재 발생 시 산소부족으로 불꽃을 내지 못하고 가연성가스만 축적되어 있는 상태에서 갑자기 문을 개방하면 신선한 공기 유입으로 폭발적인 연소가 시작되는 현상
- **프로스오버**(Froth Over) : 물이 뜨거운 기름 표면 아래서 끓을 때 화재를 수반하지 않는 용기에서 넘쳐 흐르는 현상
- **보일오버**(Boil Over) : 유류 저장탱크에 화재 발생 시 열류층에 의해 탱크 하부에 고인 물 또는 에멀션이 비점 이상으로 가열되어 부피가 팽창되면서 유류를 탱크 외부로 분출시켜 화재를 확대시키는 현상
- **슬롭오버**(Slop Over) : 물이 연소유의 뜨거운 표면에 들어갈 때 기름 표면에서 화재가 발생하는 현상
- **롤오버**(Roll Over) : 화재 발생 시 천장부근에 축적된 가연성 가스가 연소범위에 도달하면 천장전체의 연소가 시작하여 불덩어리가 천장을 굴러다니는 것처럼 뿜어져 나오는 현상
- **플래시오버**(Flash Over, FO) : 가연성 가스를 동반하는 연기와 유독가스가 방출하여 실내의 급격한 온도상승으로 실내전체가 확산되어 연소하는 현상
- **플래시백**(Flash Back) : 환기가 잘 되지 않는 장소에서 화재 발생 시 산소부족으로 불꽃을 내지 못하고 가연성 가스만 축적되어 있는 상태에서 갑자기 문을 개방하면 신선한 공기 유입으로 폭발적인 연소가 시작되는 현상

20

다음 중 Halon 1301의 가장 주된 소화효과는?

① 부촉매효과
② 희석효과
③ 냉각효과
④ 제거효과

해설 할론소화약제의 주된 소화효과 : 부촉매효과

정답 16 ③ 17 ② 18 ④ 19 ① 20 ①

제2과목 소방유체역학

21

물이 흐르고 있는 관내에 피토정압관을 넣어 정체압 P_s와 정압 P_o를 측정하였더니 수은이 들어 있는 피토정압관에 연결한 U자관에서 75[mm]의 액면차가 생겼다. 피토정압관 위치에서의 유속은 몇 [m/s]인가?(단, 수은의 비중은 13.6이다)

① 4.3
② 4.45
③ 4.6
④ 4.75

해설 **유 속**

$$u = \sqrt{2gR\left[\frac{\rho_1 - \rho_2}{\rho_2}\right]}$$

$$\therefore \ u = \sqrt{2gR\left[\frac{\rho_1 - \rho_2}{\rho_2}\right]}$$
$$= \sqrt{2 \times 9.8[\text{m/s}^2] \times 0.075[\text{m}] \times \left(\frac{13.6 - 1}{1}\right)}$$
$$= 4.3[\text{m/s}]$$

22

단열 노즐의 출구에서 압력 0.1[MPa]의 건도 0.95인 습증기(포화액 엔탈피 : 418[kJ/kg], 포화증기엔탈피 : 2,706[kJ/kg]) 1[kg]이 배출될 때 습증기의 엔탈피는 몇 [kJ]인가?

① 397.1
② 2,570.1
③ 2,591.6
④ 2,988.7

해설 **습증기 엔탈피**

$$h = h_f + x(h_g - h_f)$$

여기서, h_f : 포화액 엔탈피
  x : 건도
  h_g : 포화증기 엔탈피
$\therefore \ h = 418 + 0.95 \times (2,706 - 418) = 2,591.6[\text{kJ/kg}]$

23

가로×세로가 80[cm]×50[cm]인 300[℃]로 가열된 평판에 수직한 방향으로 25[℃]의 공기를 불어주고 있다. 대류 열전달계수가 25[W/m²·℃]일 때 공기를 불어넣는 면에서의 열전달률은 약 몇 [kW]인가?

① 2.0
② 2.75
③ 5.1
④ 7.3

해설 **열전달열량**

$$q = hA\Delta T$$

여기서, h : 열전달계수[W/m²·℃]
  A : 열전달면적
  ΔT : 온도차
$\therefore \ q = 25 \times (0.8 \times 0.5) \times (300 - 25)$
$\qquad = 2,750[\text{W}] = 2.75[\text{kW}]$

24

회전수가 1,500[rpm]일 때 송풍기 전압 3.92[kPa], 풍량 6[m³/min]를 내는 팬이 있다. 이때 축동력이 0.6[kW]라면 전압효율은 대략 몇 [%] 인가?

① 55[%]
② 60[%]
③ 65[%]
④ 70[%]

해설 **배출기의 용량**

$$\text{동력[kW]} = \frac{Q[\text{m}^3/\text{min}] \times P_r[\text{mmAq}]}{6,120 \times \eta} \times K$$
$$= \frac{Q[\text{m}^3/\text{s}] \times P_r[\text{kg/m}^2]}{102 \times \eta} \times K$$

여기서, Q : 풍량
  P_r : 풍압
  K : 여유율
  η : 배풍기의 효율
$\therefore \ \text{동력[kW]} = \dfrac{Q[\text{m}^3/\text{min}] \times Pr[\text{mmAq}]}{6,120 \times \eta} \times [\text{K}]$

$$0.6[\text{kW}] = \frac{6[\text{m}^3/\text{min}] \times \dfrac{3.92[\text{kPa}]}{101.325[\text{kPa}]} \times 10,332[\text{mmAq}]}{6,120 \times \eta}$$

여기서 η를 구하면 $0.65 \Rightarrow 65[\%]$

안심Touch

25

옥내소화전 노즐선단에서 물 제트의 방사량이 0.1[m³/min], 노즐선단 내경이 25[mm]일 때 방사압력(계기압력)은 약 몇 [kPa]인가?

① 3.27
② 4.41
③ 5.32
④ 5.78

해설 방사압력

$$Q = uA, \quad P = \frac{u^2}{2g} \times \gamma$$

여기서, Q : 유량, u : 유속
　　　　A : 면적, g : 중력가속도(9.8[m/s²])
　　　　γ : 비중량(9,800[N/m³])

• $Q = uA$

유속 $u = \dfrac{Q}{A} = \dfrac{0.1[\text{m}^3]/60[\text{s}]}{\frac{\pi}{4} \times (0.025[\text{m}])^2} = 3.4[\text{m/s}]$

• 방사압력

$P = \dfrac{u^2}{2g} \times \gamma = \dfrac{(3.4[\text{m/s}])^2}{2 \times 9.8[\text{m/s}^2]} \times 9,800[\text{N/m}^3]$
　　$= 5,780[\text{Pa}] = 5.78[\text{kPa}]$

26

표준대기압에서 측정한 용기 내의 압력이 각각 다음과 같다. 압력이 가장 낮은 용기는?

① 진공게이지 눈금이 500[mmHg]이다.
② 진공게이지 눈금이 1.0[kg$_f$/cm²]이다.
③ 진공도가 90[%]이다.
④ 진공도가 0이다.

해설 압력환산

• $\dfrac{500}{760} \times 1.0332 = 0.6797[\text{kg}_f/\text{cm}^2]$ (진공)

∴ 절대압 = 대기압 – 진공
　　　　　$= 1.0332[\text{kg}_f/\text{cm}^2] - 0.6797[\text{kg}_f/\text{cm}^2]$
　　　　　$= 0.3535[\text{kg}_f/\text{cm}^2]$

• $1.0332 - 1 = 0.0332[\text{kg}_f/\text{cm}^2\text{a}]$

• $1.0332 \times 0.9 = 0.92988[\text{kg}_f/\text{cm}^2]$ (진공)

∴ 절대압 = 대기압 – 진공
　　　　　$= 1.0332[\text{kg}_f/\text{cm}^2] - 0.9299[\text{kg}_f/\text{cm}^2]$
　　　　　$= 0.1033[\text{kg}_f/\text{cm}^2]$

• $1.0332 \times 0 = 0[\text{kg}_f/\text{cm}^2] = 1.0332[\text{kg}_f/\text{cm}^2\text{a}]$

∴ 절대압 = 대기압 – 진공
　　　　　$= 1.0332[\text{kg}_f/\text{cm}^2] - 0[\text{kg}_f/\text{cm}^2]$
　　　　　$= 1.0332[\text{kg}_f/\text{cm}^2]$

27

돌연 확대관에서의 손실수두는?

① 압력수두에 반비례한다.
② 위치수두에 비례한다.
③ 유량에 반비례한다.
④ 속도수두에 비례한다.

해설 손실수두

$$H = k \frac{(u_1 - u_2)^2}{2g} = k' \frac{u_1^2}{2g}$$

∴ 확대관의 손실수두는 속도수두$\left(\dfrac{u^2}{2g}\right)$에 비례한다.

28

소화용수 공급용 배관에서의 압력손실에 대한 설명 중 옳은 것은?

① 완전 난류의 경우 관 마찰손실수두는 속도에 비례하여 증가한다.
② 동일 유량인 경우에는 직경이 큰 관의 압력손실이 더 크다.
③ 관 부속품에 의한 손실수두는 압력수두에 비례하여 증가한다.
④ 수평배관에서의 압력손실 발생은 관의 마찰에 의한 값이 가장 크다.

해설 압력손실

• 완전 난류의 경우 관 마찰손실수두는 속도에 비례하여 감소한다.
• 동일 유량인 경우에는 직경이 큰 관의 압력손실이 작다.
• 관 부속품에 의한 손실수두는 배관의 구경에 비례하여 증가한다.
• 수평배관에서의 압력손실 발생은 관의 마찰에 의한 값이 가장 크다.

29

물리량을 질량(M), 길이(L), 시간(T)의 기본차원으로
나타낼 때 에너지의 차원은?

① ML^2T^{-2} ② $ML^{-1}T^{-2}$
③ $ML^{-1}T^{-1}$ ④ $ML^{-2}T^2$

해설 에너지(일)의 단위 $[J] = [N \cdot m]$

$$= [kg \frac{m}{s^2} \times m] = [\frac{kg \cdot m^2}{s^2}] = [\frac{ML^2}{T^2}] = [ML^2T^{-2}]$$

30

체적이 0.5[m³]인 탱크에 산소가 10[kg]이 들어 있
다. 탱크 내부의 온도가 23[℃]라면 압력은 약 몇
[MPa]인가?(단, 일반기체상수는 8,314[J/kmol·
K]이다)

① 1.452 ② 1.539
③ 1.653 ④ 1.725

해설 이상기체상태방정식을 적용하면

$$PV = nRT = \frac{W}{M}RT \qquad P = \frac{WRT}{VM}$$

여기서, P : 압력, V : 부피
$\quad n$: mol수(무게/분자량), W : 무게
$\quad M$: 분자량, R : 기체상수
$\quad T$: 절대온도(273+[℃])

$$\therefore P = \frac{WRT}{VM} = \frac{10 \times 8,314 \times (273+23)}{0.5 \times 32}$$
$$= 1,538,090[Pa](N/m^2)$$
$$= 1.538[MPa](MN/m^2)$$

$$[J] = [N \cdot m]$$

31

보일의 법칙은 이상기체의 어떤 상태량이 일정한 조
건에서의 상태변화를 나타낸 것인가?

① 온 도 ② 압 력
③ 비체적 ④ 밀 도

해설 보일-샤를의 법칙
• 보일의 법칙 : 온도가 일정할 때 기체의 부피는 절대
  압력에 반비례한다.
  $PV = k$(일정)

• 샤를의 법칙 : 압력이 일정할 때 일정량의 기체가
  차지하는 부피는 온도가 1[℃] 증가함에 따라 그 기
  체의 0[℃] 때의 부피의 1/273씩 증가한다. 즉 압력
  이 일정할 때 **기체가 차지하는 부피는 절대온도에
  비례**한다.
  $$\frac{V}{T} = k$$

• 보일-샤를의 법칙 : 기체가 차지하는 부피는 압력에
  반비례하며, 절대온도에 비례한다.

  $$V_2 = V_1 \times \frac{P_1}{P_2} \times \frac{T_2}{T_1}$$

32

안지름 100[mm]의 원통형 수조에 들어있는 물의
안지름 150[mm]인 관을 통해 평균속도 3[m/s]로
배출한다. 이때 수조 내의 수면의 강하속도는 몇
[m/s]인가?

① 3.24 ② 1.423
③ 6.75 ④ 14.13

해설 수면의 강하속도

$$\frac{u_2}{u_1} = \left(\frac{D_1}{D_2}\right)^2$$

$$\therefore u_2 = u_1 \times \left(\frac{D_1}{D_2}\right)^2 = 3[m/s] \times \left(\frac{150}{100}\right)^2$$
$$= 6.75[m/s]$$

33

비점성 유체를 가장 잘 설명한 것은?

① 실제 유체를 뜻한다.
② 전단응력이 존재하는 유체의 흐름을 뜻한다.
③ 유체 유동 시 마찰저항이 존재하는 유체이다.
④ 유체 유동 시 마찰저항이 유발되지 않는 이상적인
　유체를 말한다.

해설 **비점성 유체** : 유체 유동 시 마찰저항이 유발되지 않는
이상적인 유체

34

기준면에서 5[m] 위에 있는 내경 50[mm]의 소화전 배관으로 분당 0.39[m³]의 소화용수가 흐른다. 이 배관 속 소화수의 압력이 150[kPa]이라면 소화수의 전 수두는 약 몇 [m]인가?

① 5 　　　　　　② 15

③ 21 　　　　　　④ 31

해설 전수두

$$전수두 \; H = \frac{u^2}{2g} + \frac{P}{r} + Z$$

여기서, $\frac{u^2}{2g}$: 속도수두

$\frac{P}{r}$: 압력수두

Z : 위치수두

$u(유속) = \dfrac{Q}{A} = \dfrac{0.39[\text{m}^3]/60[\text{s}]}{\frac{\pi}{4}(0.05[\text{m}])^2} = 3.31[\text{m/s}]$

$\therefore$ 전수두 $H = \dfrac{u^2}{2g} + \dfrac{P}{r} + Z = \dfrac{(3.31)^2}{2 \times 9.8[\text{m/s}^2]}$

$+ \dfrac{\left(\frac{150[\text{kPa}]}{101.325[\text{kPa}]} \right) \times 10.332[\text{kg}_f/\text{m}^2]}{1,000[\text{kg}_f/\text{m}^3]} + 5[\text{m}]$

$= 20.85[\text{m}]$

35

펌프의 흡입 이론에서 볼 때 대기압이 100[kPa]인 곳에서 펌프의 흡입 배관으로 물을 흡수할 수 있는 이론 최대 높이는 약 몇 [m]인가?

① 5 　　　　　　② 10

③ 14 　　　　　　④ 98

해설 표준대기압 1[atm]=101.325[kPa]=10.332[mH₂O]
압력 $P = \gamma H$에서

양정 $H = \dfrac{100}{101.325} \times 10.332 = 10.2[\text{m}]$

36

어떤 유체 2[m³]의 무게가 18,000[N]일 때 이 유체의 비중은 약 얼마인가?

① 0.82 　　　　　② 0.92

③ 1.01 　　　　　④ 9.0

해설 비중$(S) = \dfrac{물체의 \; 무게}{4[℃]의 \; 동체적의 \; 물의 \; 무게} = \dfrac{\gamma}{\gamma_W}$

γ_W(물의 비중) 1= 1[g_f/cm³] = 1,000[kg_f/m³]
$= 9,800[\text{N/m}^3]$

$\therefore$ 비중 $= \dfrac{18,000[\text{N}]}{2[\text{m}^3]} = 9,000[\text{N/m}^3]$

$\Rightarrow \dfrac{9,000[\text{N/m}^3]}{9,800[\text{N/m}^3]} = 0.918$

37

지름 4[cm]인 관에 동점성계수 5×10^{-2}[cm²/s]인 유체가 평균속도 2[m/s]로 흐르고 있을 때 레이놀즈 수는 얼마인가?

① 14,000 　　　　② 16,000

③ 18,000 　　　　④ 20,000

해설 레이놀즈 수(Reynolds Number, Re)

$$Re = \frac{Du}{\nu}$$

여기서, D : 관의 내경[cm]

u : 유속(2[m/s])

ν : 동점도(5×10^{-2}[cm²/s])

$\therefore Re = \dfrac{Du}{\nu} = \dfrac{4[\text{cm}] \times 200[\text{cm/s}]}{5 \times 10^{-2}[\text{cm}^2/\text{s}]} = 16,000$

38

다음 그림과 같이 U자관 차압마노미터가 있다. 압력차 $P_A - P_B$를 바르게 표시한 것은?(단, γ_1, γ_2, γ_3는 비중량, h_1, h_2, h_3는 높이 차이를 나타낸다)

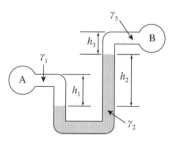

① $- \gamma_1 h_1 - \gamma_2 h_2 + \gamma_3 h_3$

② $- \gamma_1 h_1 + \gamma_2 h_2 + \gamma_3 h_3$

③ $\gamma_1 h_1 + \gamma_2 h_2 - \gamma_3 h_3$

④ $\gamma_1 h_1 - \gamma_2 h_2 - \gamma_3 h_3$

해설 $P_A - P_B = \gamma_2 h_2 + \gamma_3 h_3 - \gamma_1 h_1$

39

그림과 같이 밑면이 2[m]×2[m]인 탱크에 비중이 0.9인 기름과 물이 들어 있다. 벽면 AB에 작용하는 유체(기름 및 물)에 의한 힘은 약 몇 [kN]인가?

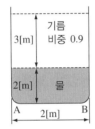

① 135
② 184
③ 215
④ 315

해설 AB에 작용하는 압력

$P_{AB} = (0.9 \times 9,800[\text{N/m}^3] \times 3[\text{m}])$
$\qquad\qquad + 1 \times 9,800[\text{N/m}^3] \times 2[\text{m}]) = 46,060[\text{N/m}^2]$

따라서 AB에 작용하는 힘

$F = P \times A = 46,060[\text{N/m}^2] \times 4[\text{m}^2]$
$\qquad = 184,240[\text{N}] = 184.24[\text{kN}]$

40

그림과 같이 수평으로 놓여 있는 엘보에 물이 0.05[m³/s]의 유량으로 흐른다. 관의 지름은 10[cm], 엘보 입구와 출구의 계기압력은 각각 200[kPa], 150[kPa]일 때 x방향으로 작용하는 힘(R_x)은 약 몇 [N]인가?

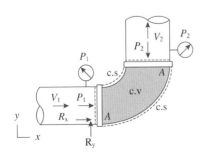

① −1,209
② −1,538
③ −1,889
④ −2,108

해설 유량 $Q = uA$

유속 $u = \dfrac{Q}{A} = \dfrac{0.05[\text{m}^3/s]}{\dfrac{\pi}{4} \times (0.1[\text{m}])^2} = 6.3662[\text{m/s}]$

힘 $-R_x = P_1 A_1 + \rho Q u_1$

$-R_x = (200 \times 10^3)[\text{N/m}^3] \times \dfrac{\pi}{4} \times (0.1[\text{m}])^2$
$\qquad\qquad + 1,000[\text{kg}_f/\text{m}^3] \times 0.05[\text{m}^3/s] \times 6.3662[\text{m/s}]$

$R_x = -1,889.1[\text{N}]$

제3과목 | 소방관계법규

41

위험물 각 유별 저장 및 취급의 공통기준에 대한 내용으로 옳지 않은 것은?

① 제1류 위험물 중 자연발화성 물질에 있어서는 불티·불꽃 또는 고온체와의 접근·과열 또는 공기와의 접촉을 피하고, 금수성 물질에 있어서는 물과의 접촉을 피하여야 한다.

② 제4류 위험물은 불티·불꽃·고온체와의 접근 또는 과열을 피하고, 함부로 증기를 발생시키지 아니하여야 한다.

③ 제5류 위험물은 불티·불꽃·고온체와의 접근이나 과열·충격 또는 마찰을 피하여야 한다.

④ 제6류 위험물은 가연물과의 접촉·혼합이나 분해를 촉진하는 물품과의 접근 또는 과열을 피하여야 한다.

해설 **위험물의 유별 저장·취급의 공통기준**
- **제1류 위험물**은 가연물과의 접촉·혼합이나 분해를 촉진하는 물품과의 접근 또는 과열·충격·마찰 등을 피하는 한편, 알칼리금속의 과산화물 및 이를 함유한 것에 있어서는 물과의 접촉을 피하여야 한다.
- **제2류 위험물**은 산화제와의 접촉·혼합이나 불티·불꽃·고온체와의 접근 또는 과열을 피하는 한편, 철분·금속분·마그네슘 및 이를 함유한 것에 있어서는 물이나 산과의 접촉을 피하고 인화성 고체에 있어서는 함부로 증기를 발생시키지 아니하여야 한다.

- 제3류 위험물 중 자연발화성 물질에 있어서는 불티·불꽃 또는 고온체와의 접근·과열 또는 공기와의 접촉을 피하고, 금수성 물질에 있어서는 물과의 접촉을 피하여야 한다.
- 제4류 위험물은 불티·불꽃·고온체와의 접근 또는 과열을 피하고, 함부로 증기를 발생시키지 아니하여야 한다.
- 제5류 위험물은 불티·불꽃·고온체와의 접근이나 과열·충격 또는 마찰을 피하여야 한다.
- 제6류 위험물은 가연물과의 접촉·혼합이나 분해를 촉진하는 물품과의 접근 또는 과열을 피하여야 한다.

42

대통령령으로 정하는 방염대상물품에 해당되지 않는 것은?

① 암 막 ② 블라인드
③ 침구류 ④ 카 펫

해설 **방염대상물품(제조, 가공공정에서)**
- 창문에 설치하는 커튼류(블라인드를 포함한다)
- 카펫, 두께가 2[mm] 미만인 벽지류(종이벽지는 제외한다)
- 전시용 합판 또는 섬유판, 무대용 합판 또는 섬유판
- 암막·무대막(영화상영관에 설치하는 스크린과 골프 연습장업에 설치하는 스크린을 포함한다)
- 섬유류 또는 합성수지류 등을 원료로 하여 제작된 소파·의자(단란주점영업, 유흥주점영업, 노래연습장업의 영업장에 설치하는 것만 해당)

43

소방본부장 또는 소방서장의 건축허가 등의 동의를 받아야 하는 범위에 속하지 않는 것은?

① 연면적이 400[m²] 이상인 건축물
② 지하층 또는 무창층이 있는 건축물로서 바닥면적이 100[m²] 이상인 층이 있는 것
③ 특정소방대상물 중 위험물 저장 및 처리 시설, 지하구
④ 항공기격납고, 관망탑, 항공관제탑, 방송용 송·수신탑

해설 **건축허가 등의 동의대상물의 범위**
(1) 연면적이 400[m²] 이상인 건축물. 다만, 다음 각 목의 어느 하나에 해당하는 시설은 해당 목에서 정한 기준 이상인 건축물로 한다.
   ① 학교시설 : 100[m²]
   ② 노유자시설(老幼者施設) 및 수련시설 : 200[m²]
   ③ 정신의료기관(입원실이 없는 정신건강의학과 의원은 제외한다) : 300[m²]
   ④ 장애인의료재활시설 : 300[m²]
(2) 6층 이상인 건축물
(3) 차고·주차장 또는 주차용도로 사용되는 시설로서 다음 각목의 어느 하나에 해당하는 것
   ① 차고·주차장으로 사용되는 바닥면적이 200[m²] 이상인 층이 있는 건축물이나 주차시설
   ② 승강기 등 기계장치에 의한 주차시설로서 자동차 20대 이상을 주차할 수 있는 시설
(4) 항공기격납고, 관망탑, 항공관제탑, 방송용 송·수신탑
(5) **지하층 또는 무창층이 있는 건축물로서 바닥면적이 150[m²]**(공연장의 경우에는 100[m²]) **이상인 층이 있는 것**
(6) 특정소방대상물 중 위험물 저장 및 처리 시설, 지하구
(7) (1)에 해당하지 않는 노유자시설 중 다음 각 목의 어느 하나에 해당하는 시설. 다만, ①의 ㉡ 및 ②부터 ⑤까지의 시설 중 건축법 시행령 별표 1의 단독주택 또는 공동주택에 설치되는 시설은 제외한다.
   ① 노인 관련 시설
      ㉠ 노인주거복지시설, 노인의료복지시설, 재가노인복지시설
      ㉡ 확대피해노인전용쉼터
   ② 아동복지시설(아동상담소, 아동전용시설 및 지역아동센터는 제외한다)
   ③ 장애인 거주시설
   ④ 정신질환자 관련 시설(공동생활가정을 제외한 정신질환자지역사회재활시설, 같은 항 제3호에 따른 정신질환자직업재활시설과 정신질환자종합시설 중 24시간 주거를 제공하지 아니하는 시설은 제외한다)
   ⑤ 정신질환자 관련 시설
   ⑥ 결핵환자나 한센인이 24시간 생활하는 노유자시설
(8) 요양병원(정신병원과 장애인의료재활시설은 제외)

44

특정소방대상물 중 침대가 있는 숙박시설의 수용인원을 산정하는 방법으로 옳은 것은?

① 해당 특정소방대상물의 종사자 수에 침대의 수(2인용 침대는 2인으로 산정한다)를 합한 수
② 해당 특정소방대상물의 종사자의 수에 객실 수를 합한 수
③ 해당 특정소방대상물의 종사자의 수 3배수
④ 해당 특정소방대상물의 종사자의 수에 숙박시설 바닥면적의 합계를 3[m²]로 나누어 얻은 수를 합한 수

해설 수용인원의 산정방법(설치유지 법률 영 별표4)
- 숙박시설이 있는 특정소방대상물
  - **침대가 있는 숙박시설** : 당해 특정소방대상물의 종사자의 수에 침대의 수(2인용 침대는 2인으로 산정한다)를 합한 수
  - 침대가 없는 숙박시설 : 당해 특정소방대상물의 종사자의 수에 숙박시설의 바닥면적의 합계를 3[m²]로 나누어 얻은 수를 합한 수
- 제1호 외의 특정소방대상물
  - 강의실·교무실·상담실·실습실·휴게실 용도로 쓰이는 특정소방대상물 : 당해 용도로 사용하는 바닥면적의 합계를 1.9[m²]로 나누어 얻은 수
  - 강당, 문화 및 집회시설, 운동시설, 종교시설 : 당해 용도로 사용하는 바닥면적의 합계를 4.6[m²]로 나누어 얻은 수(관람석이 있는 경우 고정식 의자를 설치한 부분에 있어서는 당해 부분의 의자수로 하고, 긴 의자의 경우에는 의자의 정면너비를 0.45[m]로 나누어 얻은 수로 한다)
  - 그 밖의 특정소방대상물 : 당해 용도로 사용하는 바닥면적의 합계를 3[m²]로 나누어 얻은 수

45

소방안전관리자를 선임하지 아니한 소방안전관리대상물의 관계인에 대한 벌칙은?

① 100만원 이하의 벌금
② 300만원 이하의 벌금
③ 1,000만원 이하의 벌금
④ 3,000만원 이하의 벌금

해설 300만원 이하의 벌금
- 소방특별조사를 정당한 사유 없이 거부·방해 또는 기피한 자
- 방염성능검사에 합격하지 아니한 물품에 합격표시를 하거나 합격표시를 위조하거나 변조하여 사용한 자
- 위반하여 거짓 시료를 제출한 자
- 소방안전관리자 또는 소방안전관리보조자를 선임하지 아니한 자
- 소방시설·피난시설·방화시설 및 방화구획 등이 법령에 위반된 것을 발견하였음에도 필요한 조치를 할 것을 요구하지 아니한 소방안전관리자
- 소방안전관리자에게 불이익한 처우를 한 관계인
- 점검기록표를 거짓으로 작성하거나 해당 특정소방대상물에 부착하지 아니한 자

46

다음 특정소방대상물 중 노유자시설에 속하지 않는 것은?

① 아동복지시설
② 장애인 거주시설
③ 노인의료복지시설
④ 정신의료기관

해설 노유자시설
- 노인 관련시설 : 노인주거복지시설, 노인의료복지시설, 노인여가복지시설, 주·야간보호서비스나 단기보호서비스를 제공하는 재가노인복지시설, 노인보호전문기관, 노인일자리지원기관, 확대피해노인 전용쉼터
- 아동 관련시설 : 아동복지시설, **어린이집**, 유치원(병설유치원은 포함한다)
- 장애인 관련시설 : 장애인 생활시설, 장애인 지역사회시설(장애인 심부름센터, 수화통역센터, 점자도서 및 녹음서 출판시설 등 장애인이 직접 그 시설 자체를 이용하는 것을 주된 목적으로 하지 않는 시설은 제외한다), 장애인직업재활시설
- 정신질환자 관련시설 : 정신질환자사회 복귀시설(정신질환자 생산품 판매시설을 제외한다), 정신요양시설
- 노숙인 관련시설

> 정신의료기관 : 의료시설

47

다음 중 한국소방안전원의 업무가 아닌 것은?

① 소방기술과 안전관리에 관한 교육 및 조사·연구
② 위험물탱크 성능시험
③ 소방기술과 안전관리에 관한 각종 간행물의 발간
④ 화재예방과 안전관리 의식의 고취를 위한 대국민 홍보

[해설] **한국소방안전원의 업무**
- 소방기술과 안전관리에 관한 교육 및 조사·연구
- 소방기술과 안전관리에 관한 각종 간행물 발간
- 화재 예방과 안전관리의식 고취를 위한 대국민 홍보
- 소방업무에 관하여 행정기관이 위탁하는 업무
- 그 밖에 회원의 복리 증진 등 정관으로 정하는 사항

48

소방안전관리자에 대한 실무교육이 과목 및 시간등 그 밖에 실무교육의 실시에 관한 사항은 누가 정하는가?

① 소방안전원장
② 소방본부장
③ 소방청장
④ 시·도지사

[해설] 소방안전관리자에 대한 실무교육이 과목 및 시간 등 그 밖에 실무교육의 실시에 관한 사항은 소방청장이 정한다.

49

위험물 제조소 등에서 자동화재탐지설비를 설치하여야 할 제조소 및 일반취급소는 옥내에서 지정수량 몇 배 이상의 위험물을 저장·취급하는 곳인가?

① 지정수량 5배 이상
② 지정수량 10배 이상
③ 지정수량 50배 이상
④ 지정수량 100배 이상

[해설] **제조소 등별로 설치하여야 하는 경보설비의 종류**

제조소 등의 구분	제조소 등의 규모, 저장 또는 취급하는 위험물의 종류 및 최대수량 등	경보설비
가. 제조소 및 일반취급소	• 연면적이 500[m²] 이상인 것 • 옥내에서 지정수량의 100배 이상을 취급하는 것(고인화점위험물만을 100[℃] 미만의 온도에서 취급하는 것은 제외) • 일반취급소로 사용되는 부분 외의 부분이 있는 건축물에 설치된 일반취급소(일반취급소와 일반취급소 외의 부분이 내화구조의 바닥 또는 벽으로 개구부 없이 구획된 것은 제외)	자동화재 탐지설비
나. 옥내저장소	• 지정수량의 100배 이상을 저장 또는 취급하는 것(고인화점위험물만을 저장 또는 취급하는 것은 제외) • 저장창고의 연면적이 150[m²]를 초과하는 것[연면적 150[m²] 이내마다 불연재료의 격벽으로 개구부 없이 완전히 구획된 저장창고와 제2류 위험물(인화성고체는 제외) 또는 제4류 위험물(인화점이 70[℃] 미만인 것은 제외)만을 저장 또는 취급하는 저장창고는 그 연면적이 500[m²] 이상인 것을 말한다] • 처마 높이가 6[m] 이상인 단층 건물의 것 • 옥내저장소로 사용되는 부분 외의 부분이 있는 건축물에 설치된 옥내저장소[옥내저장소와 옥내저장소 외의 부분이 내화구조의 바닥 또는 벽으로 개구부 없이 구획된 것과 제2류(인화성 고체는 제외) 또는 제4류의 위험물(인화점이 70[℃] 미만인 것은 제외)만을 저장 또는 취급하는 것은 제외]	
다. 옥내탱크저장소	단층 건물 외의 건축물에 설치된 옥내탱크저장소로서 소화난이도등급Ⅰ에 해당하는 것	자동화재 탐지설비
라. 주유취급소	옥내주유취급소	
마. 옥외탱크저장소(2021. 7. 1. 시행)	특수인화물, 제1석유류 및 알코올류를 저장 또는 취급하는 탱크의 용량이 1,000만[L] 이상인 것	• 자동화재 탐지설비 • 자동화재 속보설비
바. 가목부터 마목까지의 규정에 따른 자동화재탐지설비 설치 대상 제조소 등에 해당하지 않는 제조소 등(이송취급소는 제외)	지정수량의 10배 이상을 저장 또는 취급하는 것	자동화재 탐지설비, 비상경보설비, 확성장치 또는 비상방송설비 중 1종 이상

50

화재가 발생되었을 때 화재조사의 실시 시기로서 옳은 것은?

① 소화활동 전에 실시한다.

② 화재사실을 인지하는 즉시 실시한다.

③ 소화활동 후에 실시한다.

④ 소화활동과 무관하게 실시한다.

해설 화재조사(기본법 제29조~제32조, 규칙11조)
- 소방본부장이나 소방서장은 화재조사 시 어떠한 경우라도 관계인에 대하여 필요한 보고 또는 자료제출을 명할 수 있다.
- 소방본부장이나 소방서장은 수사기관이 방화 또는 실화의 혐의가 있어서 이미 피의자를 체포하였을 때에는 화재조사를 할 수 있다.
- 화재조사는 화재사실을 인지하는 즉시 실시한다.

51

방염업자의 지위를 승계한자는 누구에게 신고하여야 하는가?

① 시·도지사　　　② 행정안전부장관

③ 소방청장　　　　④ 대통령

해설 방염업자의 지위 승계 : 시·도지사

52

소방시설업에 대한 행정처분 기준에서 1차 처분사항으로 등록취소에 해당하는 것은?

① 소방시설업 등록사항 중 중요사항 변경신고를 하지 아니하거나 거짓으로 한 때

② 등록의 결격사유에 해당하게 된 때

③ 설계·시공을 수행하게 한 특정소방대상물 관계인에게 통지의무를 불이행 한 때

④ 화재안전기준등에 적합하게 설계·시공 또는 감리를 하지 아니한 때

해설 행정처분 기준

위반사항	근거 법령	행정처분 기준		
		1차	2차	3차
가. 거짓이나 그 밖의 부정한 방법으로 등록한 경우	법 제9조	등록 취소		
나. 법 제4조제1항에 따른 등록기준에 미달하게 된 후 30일이 경과한 경우	법 제9조	경고 (시정 명령)	영업 정지 3개월	등록 취소
다. 법 제5조 각 호의 등록 결격사유에 해당하게 된 경우	법 제9조	등록 취소		
라. 등록을 한 후 정당한 사유 없이 1년이 지날 때까지 영업을 시작하지 아니하거나 계속하여 1년 이상 휴업한 때	법 제9조	경고 (시정 명령)	등록 취소	
바. 법 제8조제1항을 위반하여 다른 자에게 등록증 또는 등록수첩을 빌려준 경우	법 제9조	영업 정지 6개월	등록 취소	
사. 법 제8조제2항을 위반하여 영업정지 기간 중에 소방시설공사 등을 한 경우	법 제9조	등록 취소		
아. 법 제8조 제3항 또는 제4항을 위반하여 통지를 하지 아니하거나 관계서류를 보관하지 아니한 경우	법 제9조	경고 (시정 명령)	영업 정지 1개월	등록 취소
자. 법 제11조 또는 제2조제1항을 위반하여 화재안전기준 등에 적합하게 설계·시공을 하지 아니하거나, 법 제16조제1항에 따라 적합하게 감리를 하지 아니한 경우	법 제9조	영업 정지 1개월	영업 정지 3개월	등록 취소
카. 법 제12조제2항을 위반하여 소속 소방기술자를 공사현장에 배치하지 아니하거나 거짓으로 한 경우	법 제9조	경고 (시정 명령)	영업 정지 1개월	등록 취소
타. 법 제13조 또는 제14조를 위반하여 착공신고(변경신고를 포함한다)를 하지 아니하거나 거짓으로 한 때 또는 완공검사(부분완공검사를 포함한다)를 받지 아니한 경우	법 제9조	경고 (시정명령)	영업 정지 3개월	등록 취소
파. 법 제13조제2항을 위반하여 착공신고사항 중 중요한 사항에 해당하지 아니하는 변경사항을 공사감리 결과보고서에 포함하여 보고하지 아니한 경우	법 제9조	경고 (시정 명령)	영업 정지 1개월	등록 취소

53

다음 중 자체소방대를 두어야 하는 해당 사업소는?

① 위험물제조소
② 지정수량의 3,000배 이상의 위험물을 취급하는 제조소
③ 지정수량의 3,000배 이상의 위험물을 보일러로 소비하는 일반취급소
④ 지정수량의 3,000배 이상의 제4류 위험물을 취급하는 일반취급소

> **해설** **자체소방대를 두어야 하는 해당 사업소**
> • 지정수량의 3,000배 이상의 제4류 위험물을 취급하는 제조소
> • 지정수량의 3,000배 이상의 제4류 위험물을 취급하는 일반취급소

54

소방안전교육사 시험은 누가 실시하는가?

① 소방청장 　　　② 행정안전부장관
③ 시·도지사 　　　④ 소방본부장

> **해설** **소방안전교육사, 소방시설관리사의 시험 실시권자**
> : 소방청장

55

중앙소방기술 심의위원회의 위원이 될 수 있는 사람은?

① 소방관련 연구소에서 3년 동안 연구에 종사한 사람
② 소방관련 법인에서 3년 동안 업무에 종사한 사람
③ 소방시설관리사
④ 소방관련 학사학위를 소지한 사람

> **해설** **중앙위원회의 위원**
> • 소방기술사
> • 석사 이상의 소방 관련 학위를 소지한 사람
> • 소방시설관리사
> • 소방 관련 법인·단체에서 소방 관련 업무에 5년 이상 종사한 사람
> • 소방공무원 교육기관, 대학교 또는 연구소에서 소방과 관련된 교육이나 연구에 5년 이상 종사한 사람

56

소방안전관리자를 두어야 할 특정소방대상물로서 1급 소방안전관리대상물의 기준으로 옳은 것은?

① 가스제조설비를 갖추고 도시가스사업허가를 받아야 하는 시설
② 가연성가스를 1,000[t] 이상 저장·취급하는 시설
③ 지하구
④ 문화재보호법에 따라 국보 또는 보물로 지정된 목조건축물

> **해설** **1급 소방안전관리대상물의 기준**
> • 30층 이상(지하층 제외), 지상 120[m] 이상인 아파트
> • 연면적 15,000[m²] 이상인 것(아파트는 제외)
> • 특정소방대상물로서 층수가 11층 이상인 것(아파트는 제외)
> • 가연성 가스를 1,000[t] 이상 저장·취급하는 시설
>
> > **[2급 소방안전관리대상물]**
> > ① 스프링클러설비·간이스프링클러설비 또는 물분무 등 소화설비(호스릴(Hose Reel) 방식만을 설치한 경우를 제외한다)를 설치하는 특정소방대상물
> > ② 옥내소화전설비 또는 자동화재탐지설비를 설치하는 특정소방대상물
> > ③ 가스제조설비를 갖추고 도시가스사업허가를 받아야 하는 시설 또는 가연성가스를 100[t] 이상 1,000[t] 미만 저장·취급하는 시설
> > ④ 지하구
> > ⑤ 공동주택
> > ⑥ 문화재보호법 제23조에 따라 국보 또는 보물로 지정된 목조건축물

57

소방시설관리업을 하고자 하는 사람의 행정절차로서 옳은 것은?

① 시·도지사에게 등록하여야 한다.
② 행정안전부장관에게 승인을 받아야 한다.
③ 소방청장에게 등록하여야 한다.
④ 소방본부장 또는 소방서장에게 허가를 받아야 한다.

> **해설** 소방시설관리업을 하고자 하는 사람은 시·도지사에게 등록하여야 한다.

58

소방시설업에 속하지 않는 것은?

① 소방시설설계업 ② 소방시설공사업
③ 소방공사감리업 ④ 소방시설관리업

> **해설** **소방시설업** : 소방시설설계업, 소방시설공사업, 소방공사감리업, 방염처리업

59

소방공사 책임감리원의 배치기준으로 옳지 않은 것은?

① 연면적이 20만[m²] 이상인 특정소방대상물은 특급감리원 중 소방기술사
② 지하층을 포함한 층수가 40층 이상인 특정소방대상물은 특급감리원 중 소방기술사
③ 연면적이 3만[m²] 이상 20만[m²] 미만인 특정소방대상물(아파트 제외)은 특급감리원 이상의 소방공사감리원
④ 연면적이 5,000[m²] 이상 3만[m²] 미만이거나 지하층을 포함한 층수가 16층 미만인 특정소방대상물의 공사현장은 초급감리원이상의 소방공사감리원 1명 이상 배치

> **해설** **소방공사책임감리원의 배치기준(시행령 별표 4)**
> • 연면적 5,000[m²] 이상 3만[m²] 미만인 특정소방대상물의 공사 현장인 경우 : **중급 감리원** 이상의 소방공사감리원
> • 연면적 5,000[m²] 미만인 특정소방대상물의 공사현장인 경우 : 초급감리원 이상의 소방공사감리원
> • 지하구(地下溝)의 공사 현장인 경우 : 초급감리원 이상의 소방공사감리원

60

다음 중 소화활동설비가 아닌 것은?

① 제연설비 ② 연결송수관설비
③ 비상방송설비 ④ 연소방지설비

> **해설** **소화활동설비** : 제연설비, 연결송수관설비, 연결살수설비, 비상콘센트설비, 무선통신보조설비, 연소방지설비
>
> | 비상방송설비 : 경보설비 |
> |---|

제4과목 **소방기계시설의 구조 및 원리**

61

폐쇄형 스프링클러 설비의 방호구역·유수검지장치 적용 시 기준이 되는 항목으로 적합하지 않은 것은?

① 하나의 방호구역의 바닥면적은 3,000[m]를 초과하지 아니 할 것
② 하나의 방호구역에는 1개 이상의 유수검지장치 또는 일제개방밸브를 설치할 것
③ 하나의 방호구역은 2개 층에 미치지 아니하도록 할 것
④ 하나의 방수구역을 담당하는 헤드의 개수는 20개 이하로 할 것

> **해설** **방호구역·유수검지장치**
> • 하나의 방호구역의 바닥면적은 **3,000[m²]**를 초과하지 아니할 것. 다만, 폐쇄형스프링클러설비에 **격자형배관방식**(2 이상의 수평주행배관 사이를 가지배관으로 연결하는 방식을 말한다)을 채택하는 때에는 **3,700[m²] 범위** 내에서 펌프용량, 배관의 구경 등을 수리학적으로 계산한 결과 헤드의 방수압 및 방수량이 방호구역 범위 내에서 소화목적을 달성하는 데 충분할 것
> • **방수구역마다 일제개방밸브**를 설치할 것
> • 하나의 방수구역은 **2개층에 미치지 아니 할 것**
> • 하나의 방수구역을 담당하는 헤드의 개수는 **50개 이하**로 할 것. 다만, 2개 이상의 방수구역으로 나눌 경우에는 하나의 방수구역을 담당하는 헤드의 개수는 25개 이상으로 할 것

62

스프링클러설비의 교차배관의 길이가 18[m]이다. 배관에 설치되는 행가의 최소 설치수량으로 옳은 것은?

① 1개 ② 2개
③ 3개 ④ 4개

> **해설** 교차배관에는 가지배관과 가지배관 사이마다 1개 이상의 행가를 설치하되, 가지배관 사이의 거리가 **4.5[m]를 초과**하는 경우에는 4.5[m] 이내마다 1개 이상 행가를 설치하여야 한다.
> ∴ 18[m] ÷ 4.5[m] = 4개

63

다음은 제연구역의 크기에 관한 것이다. 하나의 제연구역의 면적은?

① 1,000[m²] 이내
② 2,000[m²] 이내
③ 3,000[m²] 이내
④ 4,000[m²] 이내

해설 제연구역

• 하나의 제연구역의 면적은 1,000[m²] 이내로 할 것
• 거실과 통로(복도를 포함한다)는 상호 제연 구획할 것
• 통로상의 제연구역은 보행중심선의 길이가 60[m]를 초과하지 아니할 것
• 하나의 제연구역은 직경 60[m] 원내에 들어갈 수 있을 것
• 하나의 제연구역은 2개 이상 층에 미치지 아니하도록 할 것. 다만, 층의 구분이 불분명한 부분은 그 부분을 다른 부분과 별도로 제연구획하여야 한다.

64

고정식 할론 공급 장치에 배관 및 분사헤드를 고정 설치하여 밀폐 방호구역 내에 할론을 방출하는 설비 방식은?

① 전역 방출 방식
② 국소 방출 방식
③ 이동식 방출 방식
④ 반이동식 방출 방식

해설 방출방식

• **전역 방출 방식** : 고정식 할론 공급 장치에 배관 및 분사헤드를 고정 설치하여 밀폐 방호구역 내에 할론을 방출하는 설비 방식
• **국소 방출 방식** : 고정식 할론 공급장치에 배관 및 분사헤드를 설치하여 직접 화점에 할론을 방출하는 설비로 화재발생부분에만 집중적으로 소화약제를 방출하도록 설치하는 방식
• **호스릴(이동식) 방식** : 분사헤드가 배관에 고정되어 있지 않고 소화약제 저장용기에 호스를 연결하여 사람이 직접 화점에 소화약제를 방출하는 이동식소화설비

65

물분무소화설비를 설치하는 차고에, 기준에 따라 배수설비를 설치할 때 차량이 주차하는 바닥의 기울기는 배수구를 향하여 얼마를 유지해야 하는가?

① 1/100 이상
② 2/100 이상
③ 1/200 이상
④ 1/250 이상

해설 물분무소화설비의 배수설비

• 차량이 주차하는 장소의 적당한 곳에 높이 10[cm] 이상의 경계턱으로 배수구를 설치할 것
• 배수구에는 새어나온 기름을 모아 소화할 수 있도록 길이 40[m] 이하마다 집수관·소화피트 등 기름분리장치를 설치할 것
• 차량이 주차하는 바닥은 **배수구**를 향하여 **100분의 2 이상**의 기울기를 유지할 것
• 배수설비는 가압송수장치의 최대송수능력의 수량을 유효하게 배수할 수 있는 크기 및 기울기로 할 것

66

옥내소화전설비의 가압송수펌프의 주변설비에 대한 내용이다. 옳지 않은 것은?

① 펌프의 토출측에는 압력계를 설치한다.
② 정격부하운전 시 펌프의 성능을 시험하기 위한 배관을 설치한다.
③ 체절운전 시 압력의 상승을 위한 순환배관을 설치한다.
④ 기동용 수압개폐장치를 사용할 경우 그 용적은 100[L] 이상으로 한다.

해설 주펌프나 예비펌프에는 체절운전 시 **수온의 상승**을 방지하기 위하여 순환배관을 설치한다.

67

분말소화설비의 분말 탱크를 평상시 보수 점검했을 때 정상적인 상태로 되어있지 않은 것은?

① 클리닝밸브는 개방되어 있었다.
② 배기밸브는 닫혀 있었다.
③ 주개방밸브는 닫혀 있었다.
④ 정압작동 밸브는 정상이었다.

해설 클리닝밸브는 정상적인 상태에는 닫혀 있고 청소 시에는 개방한다.

68

이산화탄소 소화약제의 전역방출방식에 있어서 심부화재 방호대상물의 고무류, 면화류창고, 모피창고, 석탄창고, 집진설비 등에 대한 가스의 설계농도와 체적($1[m^3]$)당 소화약제의 양은?

① 설계농도 50[%], 소화약제의 양 1.6[kg]
② 설계농도 50[%], 소화약제의 양 2.0[kg]
③ 설계농도 75[%], 소화약제의 양 2.0[kg]
④ 설계농도 75[%], 소화약제의 양 2.7[kg]

해설 전역방출방식의 필요가스량(심부화재)

방호대상물	필요가스량	설계농도
유압기기를 제외한 전기 설비, 케이블실	$1.3[kg/m^3]$	50[%]
체적 $55[m^3]$ 미만의 전기설비	$1.6[kg/m^3]$	50[%]
서고, 전자제품창고, 목재가공품창고, 박물관	$2.0[kg/m^3]$	65[%]
고무류·면화류 창고, 모피 창고, 석탄창고, 집진설비	$2.7[kg/m^3]$	75[%]

69

완강기의 조속기가 견고한 커버로 피복된 이유로서 가장 적합한 것은?

① 화재 시의 화열에 직접 쪼이는 것을 방지하기 위하
② 화재 시 주수(注水)에 의해 직접 물이 들어가는 것을 방지하기 위하여
③ 기능에 이상을 생기게 하는 모래 따위의 잡물이 들어가는 것을 방지하기 위하여
④ 운반을 쉽게 하기 위하여

해설 완강기는 기능에 이상을 생기게 하는 모래 따위의 잡물이 들어가는 것을 방지하기 위하여 조속기를 견고한 커버로 피복한다.

70

거실 바닥면적이 $500[m^2]$인 예상 제연구역의 직경이 $35[m]$이다. 시간당 최저배출량은 얼마 이상인가?

① 2만 5천$[m^3]$ 이상
② 3만$[m^3]$ 이상
③ 3만 5천$[m^3]$ 이상
④ 4만$[m^3]$ 이상

해설 거실의 바닥면적이 $400[m^2]$ 이상인 제연구역의 배출량
 • 제연구역이 직경 $40[m]$ 안에 있을 경우 : $40,000[m^3/h]$ 이상

수직거리	배출량
$2[m]$ 이하	$40,000[m^3/h]$ 이상
$2[m]$ 초과 $2.5[m]$ 이하	$45,000[m^3/h]$ 이상
$2.5[m]$ 초과 $3[m]$ 이하	$50,000[m^3/h]$ 이상
$3[m]$ 초과	$60,000[m^3/h]$ 이상

 • 제연구역이 직경 $40[m]$를 초과할 경우 : $45,000[m^3/h]$ 이상

수직거리	배출량
$2[m]$ 이하	$45,000[m^3/h]$ 이상
$2[m]$ 초과 $2.5[m]$ 이하	$50,000[m^3/h]$ 이상
$2.5[m]$ 초과 $3[m]$ 이하	$55,000[m^3/h]$ 이상
$3[m]$ 초과	$65,000[m^3/h]$ 이상

71

물분무소화설비의 소화작용이 아닌 것은?

① 연소작용   ② 유화작용
③ 냉각작용   ④ 질식작용

해설 물분무소화설비의 소화작용 : 질식작용, 냉각작용, 희석작용, 유화작용

72

각 층마다 옥내 소화전이 각각 3개소 설치되어 있고 옥상수조가 없는 지상 5층 건물에 저장하여야 할 수원의 유효수량은 얼마인가?

① $2.6[m^3]$ 이상   ② $5.2[m^3]$ 이상
③ $7.8[m^3]$ 이상   ④ $10.4[m^3]$ 이상

해설 수원의 용량(저수량)

> - 30층 미만일 때 수원의 양[L] = $N \times 2.6[\text{m}^3]$
>   (호스릴 옥내소화전설비를 포함)
> $(130[\text{L/min}] \times 20[\text{min}] = 2,600[\text{L}] = 2.6[\text{m}^3])$
> **[고층건축물일 경우]**
> - 30층 이상 49층 이하일 때 수원의 양[L]
> $= N \times 5.2[\text{m}^3]$
> $(130[\text{L/min}] \times 40[\text{min}] = 5,200[\text{L}] = 5.2[\text{m}^3])$
> - 50층 이상일 때 수원의 양[L] = $N \times 7.8[\text{m}^3]$
> $(130[\text{L/min}] \times 60[\text{min}] = 7,800[\text{L}] = 7.8[\text{m}^3])$
> ※ N : 소화전 수(5개 이상은 5개로 한다)

$$\therefore \text{수원의 양}[L] = N(\text{소화전 수}) \times 2.6[\text{m}^3]$$
$$= 3 \times 2.6[\text{m}^3] = 7.8[\text{m}^3]$$

73

분말소화약제의 가압용가스 용기는 몇 [MPa] 이하에서 조정이 가능하도록 압력조정기를 설치하여야 하는가?

① 2.5　　　　　　② 5
③ 7.5　　　　　　④ 10

해설 가압용 가스용기에는 **2.5[MPa] 이하**의 압력에서 조정이 가능한 **압력조정기**를 설치할 것

74

주방소화장치 설치 기준에 따르면 가스차단장치는 주방 배관의 개폐밸브로부터 몇 [m] 이하의 위치에 설치되어야 하는가?

① 1　　　　　　② 2
③ 3　　　　　　④ 4

해설 주거용 주방자동소화장치의 설치기준(아파트의 각 세대별 주방 및 오피스텔의 각실별 주방에 설치)
- 소화약제 방출구는 환기구(주방에서 발생하는 열기류 등을 밖으로 배출하는 장치)의 청소 부분과 분리되어 있어야 하며, 형식승인 받은 유효설치 높이 및 방호면적에 따라 설치할 것
- 감지부는 형식승인 받은 유효한 높이 및 위치에 설치할 것
- **가스차단장치(전기 또는 가스)**는 상시 확인 및 점검이 가능하도록 설치할 것

- 가스용 주방자동소화장치를 사용하는 경우 탐지부는 수신부와 분리하여 설치하되, 공기보다 가벼운 가스를 사용하는 경우에는 천장 면으로부터 30[cm] 이하의 위치에 설치하고, 공기보다 무거운 가스를 사용하는 장소에는 바닥면으로부터 30[cm] 이하의 위치에 설치할 것
- 수신부는 주위의 열기류 또는 습기 등과 주위온도에 영향을 받지 아니하고 사용자가 상시 볼 수 있는 장소에 설치할 것
※ 화재안전기준(NFSC 101) 개정으로 맞지 않는 문제임

75

간이소화용구에서 삽을 상비한 마른 모래 50[L] 이상의 것 1포의 능력 단위는?

① 0.5　　　　　　② 1
③ 2　　　　　　④ 4

해설 간이소화용구의 능력단위

간이소화용구		능력단위
마른모래	삽을 상비한 50[L] 이상의 것 1포	0.5단위
팽창질석 또는 팽창진주암	삽을 상비한 80[L] 이상의 것 1포	

76

포소화설비의 화재안전기준에서 포 소화약제의 혼합장치 방식이 아닌 것은?

① 펌프 프로포셔너
② 프레셔 프로포셔너
③ 프레셔 아우트 프로포셔너
④ 프레셔 사이드 프로포셔너

해설 혼합장치 방식
- 펌프 프로포셔너방식(Pump Proportioner, 펌프혼합방식) : 펌프의 토출관과 흡입관 사이의 배관 도중에 설치한 흡입기에 펌프에서 토출된 물의 일부를 보내고 농도조절밸브에서 조정된 포소화약제의 필요량을 포소화약제탱크에서 펌프흡입측으로 보내어 약제를 혼합하는 방식
- 라인 프로포셔너방식(Line Proportioner, 관로혼합방식) : 펌프와 발포기의 중간에 설치된 벤투리관의 벤투리작용에 따라 포소화약제를 흡입·혼합하는 방식

- 프레셔 프로포셔너방식(Pressure Proportioner, 차압 혼합방식) : 펌프와 발포기의 중간에 설치된 벤투리관의 벤투리작용과 펌프 가압수의 포소화약제 저장탱크에 대한 압력에 따라 포소화약제를 흡입 혼합하는 방식
- 프레셔 사이드 프로포셔너방식(Pressure Side Proportioner, 압입 혼합방식) : 펌프의 토출관에 압입기를 설치하여 포소화약제 압입용 펌프로 포소화약제를 압입시켜 혼합하는 방식
- 압축공기포 믹싱체임버방식

77

소화약제로 물을 사용하는 소화설비가 아닌 것은?

① 포소화설비
② 스프링클러설비
③ 이산화탄소소화설비
④ 옥내소화전설비

해설 이산화탄소소화설비 소화약제 : 이산화탄소(가스)

78

연결살수설비의 송수구 설치에서 하나의 송수구역에 부착하는 살수전용헤드가 몇 개 이하인 것에 있어서는 단구형으로 설치를 할 수 있는가?

① 10개   ② 15개
③ 20개   ④ 30개

해설 송수구는 구경 65[mm]의 **쌍구형**으로 설치할 것. 다만, 하나의 송수구역에 부착하는 살수헤드의 수가 **10개 이하**인 것은 **단구형**의 것으로 할 수 있다.

79

폐쇄형스프링클러헤드의 기준이 10개인 장소에 설치해야 하는 가압송수장치의 송수량은 얼마 이상으로 하여야 하는가?(단, 가압송수장치의 1분당 송수량은 폐쇄형스프링클러헤드를 사용하는 설비의 경우이다)

① 80[L/min]   ② 800[L/min]
③ 1,600[L/min]   ④ 2,400[L/min]

해설 폐쇄형 헤드의 수원의 양

$$Q = N \times 80[\text{L/min}]$$

여기서, Q : 펌프의 토출량[L/min]
N : 헤드 수
∴ 토출량 = 10개 × 80[L/min] = 800[L/min]

80

이산화탄소 소화설비의 설명 중 틀린 것은?

① 기동용 가스용기에는 내압시험압력의 0.8배 내지 내압 시험압력 이하에서 작동하는 안전장치를 설치(가스압력식)한다.
② 용기의 밸브는 자동 또는 수동으로 개방되는 것으로서 안정장치가 부착된 것으로 한다.
③ 수동식 기동장치는 전역방출 방식의 경우 방호구역마다 설치한다.
④ 저장용기의 주위온도는 항시 60[℃] 이하의 온도를 유지하여야 한다.

해설 소화설비의 저장온도
- 이산화탄소, 할론, 분말소화설비 : 40[℃] 이하
- 할로겐화합물 및 불활성기체 소화설비 : 55[℃] 이하

2013년 9월 28일 시행

제 **1** 과목 ┃ **소방원론**

01

전기화재를 일으키는 원인으로 볼 수 없는 것은?

① 정전기로 인한 스파크 발생
② 과부하에 의한 발열
③ 절연도체 사용
④ 배선의 단락

해설 **전기화재를 일으키는 원인**
- 정전기로 인한 스파크 발생
- 과부하에 의한 발열
- 배선의 단락
- 누 전
- 배선불량

02

건물 내 피난동선의 조건에 대한 설명으로 옳은 것은?

① 피난동선은 그 말단이 갈수록 좋다.
② 피난동선의 한쪽은 막다른 통로와 연결되어 화재 시 연소가 되지 않도록 하여야 한다.
③ 2개 이상의 방향으로 피난할 수 있으며, 그 말단은 화재로부터 안전한 장소이어야 한다.
④ 모든 피난동선은 건물 중심부 한 곳으로 향해야 한다.

해설 **피난동선의 특성**
- 피난동선은 가급적 단순형태가 좋다.
- 수평동선(복도)과 수직동선(계단, 경사로)으로 구분한다.
- 가급적 상호 반대방향으로 다수의 출구와 연결되는 것이 좋다.

- 어느 곳에서도 2개 이상의 방향으로 피난할 수 있으며, 그 말단은 화재로부터 안전한 장소이어야 한다.

03

질소를 불연성가스로 취급하는 이유는?

① 어떠한 물질과도 화합하지 아니하므로
② 산소와 화합하나 흡열반응을 하기 때문에
③ 산소와 산화반응을 하므로
④ 산소와 같이 공기 성분으로 산소와 화합할 수 없기 때문에

해설 **질소**는 산소와 반응은 하나 **흡열반응**을 하기 때문에 가연물이 될 수 없다.

04

0[℃]의 물 1[kg]을 화염면에 방사하였더니 물의 온도가 80[℃]가 되었다. 연소열에 의하여 물이 기화되지 않았다면 물이 흡수한 열량은 몇 [kcal]인가?

① 80
② 100
③ 539
④ 8,000

해설 **흡수한 열량**

$$Q = mc\Delta t$$

여기서, Q : 열량[kcal]
$\qquad m$: 무게[kg]
c : 물의 비열(1[kcal/kg · ℃])
Δt : 온도차
$\therefore Q = mc\Delta t$
$\qquad = 1[kg] \times 1[kcal/kg · ℃] \times (80-0)[℃]$
$\qquad = 80[kcal]$

05

액화천연가스(LNG)의 주성분은?

① CH₄ ② N₂
③ C₃H₈ ④ C₂H₂

해설 액화가스
- 액화천연가스(LNG)의 주성분 : 메탄(CH₄)
- 액화석유가스(LPG)의 주성분 : 프로판(C₃H₈), 부탄
  (C₄H₁₀)

06

할론 소화약제가 아닌 것은?

① C₂F₄Br₂ ② C₆H₆
③ CF₃Br ④ CF₂BrCl

해설 할론 소화약제

종류 구 분	할론 1301	할론 1211	할론 2402	할론 1011
화학식	CF₃Br	CF₂ClBr	C₂F₄Br₂	CH₂ClBr
분자량	148.95	165.4	259.8	129.4

> C₆H₆ : 벤젠(제4류 위험물 제1석유류)

07

위험물안전관리법령상 제2류 위험물인 가연성고체
에 해당하는 것은?

① 칼 륨 ② 나트륨
③ 질산에스테르류 ④ 마그네슘

해설 위험물의 분류

종류 구 분	유 별	성 질
칼 륨	제3류 위험물	금수성물질
나트륨	제3류 위험물	금수성물질
질산에스테르류	제5류 위험물	자기반응성물질
마그네슘	제2류 위험물	가연성 고체

08

다음 중 정전기의 축적을 방지하기 위한 가장 효과적
인 조치는?

① 수분제거 ② 저온유지
③ 접지공사 ④ 고압유지

해설 정전기 방지법
- 접지할 것
- 상대습도 70[%] 이상 유지할 것
- 공기를 이온화 할 것

09

내화건축물과 비교한 목조건축물의 일반적인 화재특
성을 가장 옳게 나타낸 것은?

① 저온단기형 ② 고온단기형
③ 저온장기형 ④ 고온장기형

해설 화재성상
- 목조건축물 : 고온단기형
- 내화건축물 : 저온장기형

10

다음 중 Halon 1301의 화학식에 포함되지 않는 원소
는?

① 탄 소 ② 염 소
③ 플루오린 ④ 브 롬

해설 할론 1301의 분자식 : CF₃Br
할론 소화약제의 명명법

할 론	1	3	0	1
	↓	↓	↓	↓
	탄소(C)	플루오린(F)	염소(Cl)	브롬(Br)

11

제2종 분말 소화약제의 주성분은?

① 탄산수소칼륨
② 탄산수소나트륨
③ 제1인산암모늄
④ 탄산수소칼륨 + 요소

해설 분말소화약제

종 별	소화약제	약제의 착색	적응 화재	열분해반응식
제1종 분말	중탄산나트륨 (NaHCO₃)	백 색	B, C급	$2NaHCO_3 \rightarrow Na_2CO_3 + CO_2 + H_2O$
제2종 분말	중탄산칼륨 (탄산수소칼륨) (KHCO₃)	담회색	B, C급	$2KHCO_3 \rightarrow K_2CO_3 + CO_2 + H_2O$
제3종 분말	제일인산암모늄, 인산염 (NH₄H₂PO₄)	담홍색, 황색	A, B, C급	$NH_4H_2PO_4 \rightarrow HPO_3 + NH_3 + H_2O$
제4종 분말	중탄산칼륨+요소 [KHCO₃+(NH₂)₂CO]	회 색	B, C급	$2KHCO_3 + (NH_2)_2CO \rightarrow K_2CO_3 + 2NH_3 + 2CO_2$

12

이산화탄소소화약제의 장점이 아닌 것은?

① 소화 후 약제에 의한 오손이 없다.
② 장기간 저장이 가능하다.
③ 겨울에는 동결되어도 가열하여 사용할 수 있다.
④ 자체 압력으로 방출이 가능하다.

해설 이산화탄소소화약제는 겨울에 동결은 되지 않지만 장점은 아니다.

13

자신은 불연성 물질이지만 산소공급원 역할을 하는 물질은?

① 과산화나트륨   ② 나트륨
③ 트라이나이트로톨루엔   ④ 적 린

해설 제1류 위험물(과산화나트륨)은 불연성이면서 가열, 마찰, 충격에 의하여 산소를 발생하므로 산소공급원 역할을 한다.

14

다음 중 발화온도가 가장 낮은 물질은?

① 이황화탄소   ② 중 유
③ 휘발유   ④ 아세톤

해설 발화온도

종 류	이황화탄소	중 유	휘발유	아세톤
발화 온도	100[℃]	254~405[℃]	약 300[℃]	538[℃]

15

다음 중 연소할 수 있는 가연물로 볼 수 있는 것은?

① C   ② N₂
③ Ar   ④ CO₂

해설

종 류	C	N₂	Ar	CO₂
명 칭	탄 소	질 소	아르곤	이산화탄소
연소 여부	가연성 물질	불연성 물질	불연성 물질	불연성 물질
불연성 이유	—	산소와 반응하나 흡열반응	0족 원소 (불활성 기체)	산화완결 반응

16

메탄 80[%], 에탄 15[%], 프로판 5[%]인 혼합가스의 연소하한은 약 몇 [vol%]인가?(단, 메탄, 에탄, 프로판의 연소하한은 각각 5.0, 3.0, 2.1[vol%]이다)

① 1.3   ② 2.3
③ 3.3   ④ 4.3

해설 혼합가스의 연소범위

$$L_m = \cfrac{100}{\dfrac{V_1}{L_1} + \dfrac{V_2}{L_2} + \dfrac{V_3}{L_3}}$$

L_m : 혼합가스의 폭발계[vol%]
V_1, V_2, V_3 : 가연성가스의 용량[vol%]
L_1, L_2, L_3 : 가연성가스의 폭발계[vol%]

$\therefore$ 하한값 $L_m = \cfrac{100}{\dfrac{V_1}{L_1} + \dfrac{V_2}{L_2} + \dfrac{V_3}{L_3}}$

$= \cfrac{100}{\dfrac{80}{5} + \dfrac{15}{3} + \dfrac{5}{2.1}} = 4.28$

17

다음은 분말소화약제의 열분해 반응식이다. (   )에 알맞은 것은?

$$2NaHCO_3 \rightarrow (\quad) + CO_2 + H_2O$$

① Na_2CO_3
② $2NaCO_3$
③ Na_2CO_2
④ $2N_2CO_2$

해설 제1종 분말소화약제 열분해반응식

$2NaHCO_3 \rightarrow Na_2CO_3 + CO_2 + H_2O$

18

다음 중 사염화탄소를 소화약제로 사용하지 않는 이유에 대한 설명으로 가장 옳은 것은?

① 폭발의 위험성이 있기 때문에
② 유독가스의 발생 위험이 있기 때문에
③ 전기전도성이 있기 때문에
④ 공기보다 비중이 작기 때문에

해설 사염화탄소의 화학반응식

- 공기 중 : $2CCl_4 + O_2 \rightarrow 2COCl_2 + 2Cl_2$
- 습기(수증기) 중 : $CCl_4 + H_2O \rightarrow COCl_2$(포스겐) + $2HCl$
- 탄산가스 중 : $CCl_4 + CO_2 \rightarrow 2COCl_2$

> 사염화탄소는 물, 공기등과 반응하면 유독성가스인 포스겐($COCl_2$)을 발생하므로 위험하다.

19

다음 가스 중 유독성이 커서 화재 시 인명피해 위험성이 높은 가스는?

① N_2
② O_2
③ CO
④ H_2

해설 일산화탄소(CO)는 혈액 내의 **헤모글로빈(Hb)**과 작용하여 산소운반을 저해하여 사망하므로 인명피해가 가장 높다.

20

가연물에 따른 연소형태를 틀리게 나타낸 것은?

① 목탄, 코크스 : 표면연소
② 목재, 면직물 : 분해연소
③ TNT, 피크르산 : 자기연소
④ 금속분, 플라스틱 : 증발연소

해설 연소형태

- **표면연소** : 목탄, 코크스, 숯, **금속분** 등이 열분해에 의하여 가연성 가스를 발생하지 않고 그 물질 자체가 연소하는 현상
- **분해연소** : 석탄, 종이, 목재, **플라스틱** 등의 연소 시 열분해에 의해 발생된 가스와 공기가 혼합하여 연소하는 현상
- **증발연소** : 황, 나프탈렌, 왁스, 파라핀 등과 같이 고체를 가열하면 열분해는 일어나지 않고 고체가 액체로 되어 일정온도가 되면 액체가 기체로 변화하여 기체가 연소하는 현상
- **자기연소(내부연소)** : 제5류 위험물인 나이트로셀룰로스, 질화면 등 그 물질이 가연물과 산소를 동시에 가지고 있는 가연물이 연소하는 현상

제 2 과목 | **소방유체역학**

21

곧은 원관 속의 흐름이 층류일 때에 대한 설명으로 올바른 것은?

① 전단응력이 벽면에서는 0이고 중심까지 직선적으로 변한다.
② 전단응력이 중심을 최고점으로 하는 포물선의 형태를 갖는다.
③ 전단응력이 중심에서 0이고 중심으로부터 벽면까지 직선적으로 증가한다.
④ 전단응력이 전단면에 걸쳐 일정하다.

해설 곧은 원관 속의 흐름이 층류일 때 전단응력이 중심에서 0이고 **반지름**에 비례하면서 중심으로부터 벽면까지 직선적으로 증가한다.

$$\tau = \frac{dP}{dl} \cdot \frac{r}{2} = \frac{P_A - P_B}{l} \cdot \frac{r}{2}$$

여기서, P : 압력, l : 길이, r : 반지름

22

다음 그림에서 A점의 계기압력은 약 몇 [kPa]인가?

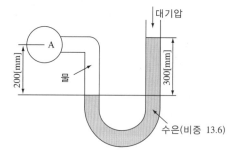

① 0.38

② 38

③ 0.42

④ 42

해설 액주계

$$P_A = r_2 h_2 - r_1 h_1 = (13,600[\text{kg}_f/\text{m}^3] \times 0.3[\text{m}])$$
$$\qquad - (1,000[\text{kg}_f/\text{m}^3] \times 0.2[\text{m}]) = 3,880[\text{kg}_f/\text{m}^2]$$
$$\qquad = 0.388[\text{kg}_f/\text{cm}^2]$$

이것을 [Pa]단위로 환산하면

$$\frac{0.388[\text{kg}_f/\text{cm}^2]}{1.0332[\text{kg}_f/\text{cm}^2]} \times 101.325[\text{kPa}] = 38.05[\text{kPa}]$$

23

점성계수 μ의 차원은 어떤 것인가?(단, M은 질량, L은 길이, T는 시간이다)

① $ML^{-1}T^{-1}$

② $ML^{+1}T^{+1}$

③ $M^{-2}L^{-1}T$

④ $ML^{+1}T^{+2}$

해설 점성계수 : $ML^{-1}T^{-1}[\text{kg/m} \cdot \text{s}]$

24

한 변의 길이가 10[cm]인 금속 정육면체가 대류에 의해 열을 외부로 방출한다. 이 금속 정육면체는 100[W]의 전기히터에 의해 내부에서 가열되고 있다. 정육면체 표면과 공기 사이의 온도차가 50[℃]라면 공기와 정육면체사이의 대류 열전달계수는 몇 [W/m² · ℃]인가?

① 33.3

② 66.7

③ 100

④ 133.3

해설 대류열전달계수

$$h = \frac{q}{A \Delta t}$$
$$\quad = \frac{100}{(0.1[\text{m}] \times 0.1[\text{m}] \times 6\text{면})^2 \times 50}$$
$$\quad = 33.33[\text{W/m}^2 \cdot ℃]$$

25

두 개의 큰 수평 평판사에 유체가 채워져 있다. 아래 평판을 고정하고 윗 평판을 V의 일정한 속도로 움직일 때 평판에는 r의 전단응력이 발생한다. 평판 사이의 간격은 H이고, 평판 사이의 속도분포는 선형(Couette 유동)이라고 가정하여 유체의 점성계수 μ를 구하면?

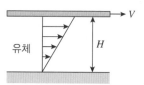

① $\dfrac{\gamma V}{H}$

② $\dfrac{\gamma H}{V}$

③ $\dfrac{VH}{\gamma}$

④ $\dfrac{\gamma V}{H^2}$

해설 아랫면이 받는 전단력 $\gamma = \dfrac{\mu A V}{H}$ 이므로

$$\therefore \mu = \frac{\gamma H}{A V} \text{이다.}$$

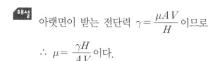

26

물제트가 덮개가 없는 수조내로 유입되어 수조 바닥에 있는 오리피스를 통해 0.003[m³/s]의 유량으로 방출되고 있다. 수조로 유입되는 물제트의 단면적은 0.0025[m²]이고 속도가 7[m/s]일 때 수조 내의 물이 증가되는 비율은 몇 [kg/s]인가?

① 14.5 ② 15.5
③ 16.5 ④ 17.5

해설 수조로 유입되는 유량은

0.0025[m²]×7[m/s] = 0.0175[m³/s]

∴ 수조에 증가되는 양

= 유입량－방출량

= 0.0175－0.003

= 0.0145[m³/s]

= 14.5[kg/s]

> 물은 비중이 1이므로 [L]=[kg], [m³]=[t]

27

지름이 240[mm]인 관로 유동에서 관로의 손실수두가 150[m], 관의 길이가 4,410[m]이다. 이때 관내 물의 유속은 몇 [m/s]인가?(단, 관 마찰계수가 0.04이다)

① 2.0 ② 2.2
③ 2.4 ④ 2.6

해설 Darcy－Weisbach식 : 수평관을 정상적으로 흐를 때 적용

$$h = \frac{flu^2}{2gD}[\text{m}] \qquad u = \sqrt{\frac{H \times 2gD}{f \times l}}$$

여기서, H : 마찰손실[m]

f : 관의 마찰계수

l : 관의 길이[m]

u : 유체의 유속[m/s]

g : 중력가속도(9.8[m/s²])

D : 관의 내경[m]

$\therefore u = \sqrt{\dfrac{H \times 2gD}{f \times l}}$

$= \sqrt{\dfrac{150[\text{m}] \times 2 \times 9.8[\text{m/s}^2] \times 0.24[\text{m}]}{0.04 \times 4,410[\text{m}]}}$

$= 2.0[\text{m/s}]$

28

다음 중 펌프의 서징현상의 발생조건으로 적당하지 않는 것은?

① 펌프의 양정곡선이 산고곡선이고, 곡선의 산고상승부에서 운전했을 때
② 배관 중에 물탱크가 있을 때
③ 배관 중에 공기탱크가 있을 때
④ 유량조절밸브가 탱크 앞쪽에 있을 때

해설 서징현상의 발생조건

- Pump의 양정곡선($Q-H$) 산(山) 모양의 곡선으로 상승부에서 운전하는 경우
- 배관 중에 물탱크가 있을 때
- 배관 중에 공기탱크가 있을 때
- 유량조절밸브가 배관 중 수조의 위치 후방에 있을 때

29

펌프로 지하 5[m]에 있는 물을 수면이 지상 40[m]인 물 탱크까지 1분간에 1.5[m³]을 올리려면 펌프동력은 약 몇 [kW]가 필요한가?(단, η=60[%](효율), 관로의 전 손실수두는 9[m]이다)

① 22 ② 32
③ 38 ④ 48

해설 전동기 용량

$$P[\text{kW}] = \frac{\gamma QH}{102 \times \eta} \times K$$

여기서, γ : 물의 비중량(1,000[kg_f/m³])

Q : 유량(1.5[m³]/60[s]=0.025[m³/s])

H : 전양정(5[m]＋40[m]＋9[m]=54[m])

η : 펌프 효율(60[%]=0.6)

$\therefore P[\text{kW}] = \dfrac{\gamma QH}{102 \times \eta}$

$= \dfrac{1,000 \times 0.025[\text{m}^3/\text{s}] \times 54[\text{m}]}{102 \times 0.6}$

$= 22.05[\text{kW}]$

30

밑면의 길이가 각각 1[m]이고 높이가 0.7[m] 목재 위에 무게가 1,500[N]인 물건을 올려서 물에 띄울 때 물속에 잠긴 부분의 체적은 몇 [m³]인가?(단, 목재의 비중은 0.6이다)

① 0.2
② 0.57
③ 0.7
④ 1.2

해설 물에 잠긴 부피를 $V[m^3]$이라 하고
부력 $F = \gamma V = 9,800 V[N]$
목재의 무게
$W = \gamma V = (0.6 \times 9,800[N/m^3]) \times (1 \times 1 \times 0.7)[m^3]$
$= 4,116[N]$
힘의 평형을 고려하면 $F = 1,500[N] + W$
잠긴 부분의 체적 $9,800 V = 1,500[N] + 4,116[N]$
∴ $V = 0.57[m^3]$

31

다음 중 열역학 제2법칙을 설명한 것으로 잘못된 것은?

① 열효율 100[%]인 열기관은 제작이 불가능하다.
② 열은 스스로 저온체에서 고온체로 이동할 수 없다.
③ 제2종 영구기관은 동작물질의 종류에 따라 존재할 수 있다.
④ 열기관에서 일을 얻으려면 최소 두 개의 열원이 필요하다.

해설 열역학 제2법칙
• 열은 외부에서 작용을 받지 아니하고 저온에서 고온으로 이동시킬 수 없다.
• 열을 완전히 일로 바꿀 수 있는 열기관을 만들 수 없다(열효율이 100[%]인 열기관은 만들 수 없다).
• 자발적인 변화는 비가역적이다.
• 엔트로피는 증가하는 방향으로 흐른다.

32

높이 4[m]에 있는 물의 수압이 7.84×10⁵[Pa]이고, 속도가 10[m/s]일 때 전수두는 몇 [m]인가?

① 69.1
② 79.1
③ 89.1
④ 99.1

해설 전수두
• 속도수두 $= \dfrac{u^2}{2g} = \dfrac{10[m/s]^2}{2 \times 9.8[m/s^2]} = 5.10[m]$

• 압력수두 $= \dfrac{p}{r} = \dfrac{\dfrac{7.84 \times 10^5[Pa]}{101,325[Pa]} \times 10,332[kg_f/m^2]}{1,000[kg_f/m^3]}$
$= 79.94[m]$

∴ 전수두 = 속도수두 + 압력수두 + 위치수두
$= 5.10 + 79.94 + 4 = 89.04[m]$

33

초기 상태가 100[℃], 100[kPa]인 이상기체가 일정한 체적의 탱크에 들어 있다. 이 탱크에 열을 가해 온도가 200[℃]로 되었을 때 탱크 내의 압력은 몇 [kPa]인가?

① 45
② 127
③ 223
④ 298

해설 보일의 법칙을 이용하면

$$P_2 = P_1 \times \frac{V_1}{V_2}$$

∴ $P_2 = P_1 \times \dfrac{V_1}{V_2} = 100[kPa] \times \dfrac{(200 + 273)[K]}{(100 + 273)[K]}$
$= 126.8[kPa]$

34

그림과 같은 수평 관로계에서 펌프가 물을 0.03[m³/s]의 유량으로 수송한다. 관로에서의 총손실수두는?(단, 관의 직경은 150[mm], 마찰계수는 0.0173이다)

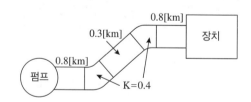

① 90.3[m]
② 60.5[m]
③ 54.3[m]
④ 32.4[m]

해설 총손실수두

$$H = \frac{flu^2}{2gD} + 2K\frac{u^2}{2g}$$

여기서, $u = \dfrac{Q}{A} = \dfrac{0.03[\mathrm{m^3/s}]}{\dfrac{\pi}{4}(0.15[\mathrm{m}])^2} = 1.697[\mathrm{m/s}]$

$\therefore\ H = \dfrac{flu^2}{2gD} + 2K\dfrac{u^2}{2g}$

$= \dfrac{0.0173 \times (800+300+800)[\mathrm{m}] \times (1.697[\mathrm{m/s}])^2}{2 \times 9.8[\mathrm{m/s^2}] \times 0.15[\mathrm{m}]}$

$+ [2 \times (0.4+0.4) \times \dfrac{(1.697[\mathrm{m/s}])^2}{2 \times 9.8[\mathrm{m/s^2}]}] = 32.42[\mathrm{m}]$

35

밑면이 3[m]×5[m]인 물탱크에 물이 5[m] 깊이로 채워져 있을 때 밑면에 작용하는 물에 의한 힘은 몇 [kN]인가?(단, 물의 비중량은 9,800[N/m³]이다)

① 706

② 714

③ 726

④ 735

해설 단위를 환산하면

힘 $F = (3 \times 5 \times 5)[\mathrm{m^3}] \times 9{,}800[\mathrm{N/m^3}]$

$= 735{,}000[\mathrm{N}]$

$= 735[\mathrm{kN}]$

36

유체역학 이론에서 에너지 보존법칙과 가장 관련이 있는 식은?

① 베르누이(Bernoulli)식

② 라울(Raoult's)식

③ 다르시-바이스바흐(Darcy-Weisbach's)식

④ 하젠-윌리엄스(Hazen-Williams)식

해설 에너지 보존법칙에 의하여 베르누이(Bernoulli)식이 성립된다.

37

다음 중 이상기체의 내부에너지에 대해 옳은 것은?

① 내부에너지는 압력의 함수이다.

② 내부에너지는 체적의 함수이다.

③ 내부에너지는 온도의 함수이다.

④ 내부에너지는 일정하다.

해설 내부에너지는 온도만의 함수이다.

38

그림과 같이 수조차의 탱크 측벽에 지름이 25[cm]인 노즐을 달아 깊이 h=3[m]만큼 물을 실었다. 차가 받는 추력 F는 약 몇 [kN]인가?(단, 노면과의 마찰은 무시한다)

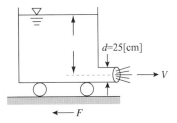

① 1.79

② 2.89

③ 4.56

④ 5.21

해설 $u = \sqrt{2gH} = \sqrt{2 \times 9.8 \times 3[\mathrm{m}]} = 7.668[\mathrm{m/s}]$

$Q = uA = u \times \dfrac{\pi}{4}d^2 = 7.668 \times \dfrac{\pi}{4} \times (0.25)^2$

$= 0.376[\mathrm{m^3/s}]$

$\therefore\ F = Q\rho u = 0.376[\mathrm{m^3/s}] \times 1{,}000[\mathrm{kg/m^3}]$

$\times 7.668[\mathrm{m/s}]$

$= 2{,}883.17[\mathrm{kg \cdot m/s^2}](\mathrm{N})$

$= 2.883[\mathrm{kN}]$

39

이상기체를 등온상태에서 압축시킬 때와 단열상태에서 압축시킬 때의 체적탄성계수를 순서대로 쓰면?
(단, 여기서 P는 압력, V는 비체적, k는 비열비이다)

① $P,\ kP$

② $kP,\ P$

③ $V,\ P$

④ $kV,\ P$

해설 체적탄성계수

• 등온변화일 때, $K=P$

• 단열변화일 때, $K=kP(k : 비열비)$

40

전양정 50[m], 유량 1.5[m³/min]로 운전 중인 펌프가 유체에 가해주는 이론적인 동력은 약 몇 [kW]인가? (단, 물의 비중량은 9,800[N/m³]으로 계산한다)

① 12.25 ② 14.25

③ 16.45 ④ 18.35

해설 **전동기 용량**

$$P[\text{kW}] = \frac{\gamma \times Q \times H}{102 \times \eta} \times K$$

여기서, γ : 물의 비중량(1,000[kg$_f$/m³]=9,800[N/m³])

Q : 방수량(1.5[m³]/60[s])

H : 펌프의 양정(50[m])

K : 전달계수(여유율)

η : 펌프의 효율

∴ 전동기 용량 $P[\text{kW}] = \dfrac{1,000 \times 1.5/60 \times 50}{102}$

$= 12.25[\text{kW}]$

제 3 과목 | **소방관계법규**

41

위험물 제조소에서 "위험물 제조소"라는 표시를 한 표지의 바탕색은?

① 청 색 ② 적 색

③ 흑 색 ④ 백 색

해설 **제조소의 표지 및 게시판**

• "위험물 제조소"라는 표지를 설치

 – 표지의 크기 : 한 변의 길이 0.3[m] 이상, 다른 한 변의 길이 0.6[m] 이상

 – 표지의 색상 : **백색바탕에 흑색 문자**

• 방화에 관하여 필요한 사항을 게시한 게시판 설치

 – 게시판의 크기 : 한 변의 길이 0.3[m] 이상, 다른 한 변의 길이 0.6[m] 이상

 – 기재 내용 : 위험물의 유별·품명 및 저장최대수량 또는 취급최대수량, 지정수량의 배수 및 안전관리자의 성명 또는 직명

 – 게시판의 색상 : 백색바탕에 흑색 문자

• 주의사항을 표시한 게시판 설치

위험물의 종류	주의사항	게시판의 색상
제1류 위험물 중 알칼리금속의 과산화물 제3류 위험물 중 금수성 물질	물기엄금	청색바탕에 백색문자
제2류 위험물 (인화성 고체는 제외)	화기주의	적색바탕에 백색문자
제2류 위험물 중 인화성 고체 제3류 위험물 중 **자연발화성** 물질 **제4류 위험물** **제5류 위험물**	화기엄금	적색바탕에 백색문자

42

소방기본법에 따른 화재조사 전담부서의 장이 관장하는 업무가 아닌 것은?

① 화재조사 인력의 수급 및 배치계획

② 화재조사의 총괄·조정

③ 화재조사를 위한 장비의 관리운영에 관한 사항

④ 화재조사의 실시

해설 **화재조사전담부서의 장의 업무(규칙 제12조)**

• 화재조사의 총괄·조정

• 화재조사의 실시

• 화재조사의 발전과 조사요원의 능력향상에 관한 사항

• 화재조사를 위한 장비의 관리운영에 관한 사항

• 그 밖의 화재조사에 관한 사항

43

소방시설의 종류 중 경보설비가 아닌 것은?

① 단독경보형감지기

② 자동화재탐지설비

③ 비상콘센트설비

④ 통합감시시설

해설 **비상콘센트설비** : 소화활동설비

44

저장소 또는 제조소 등이 아닌 장소에서 지정수량 이상의 위험물을 저장 또는 취급한 자에 대한 벌칙은?

① 1년 이하 징역 또는 1,000만원 이하의 벌금
② 2년 이하 징역 또는 1,000만원 이하의 벌금
③ 1년 이하 징역 또는 2,000만원 이하의 벌금
④ 2년 이하 징역 또는 2,000만원 이하의 벌금

해설 **1년 이하의 징역 또는 1,000만원 이하의 벌금**
- 저장소 또는 제조소 등이 아닌 장소에서 **지정수량 이상의 위험물을 저장 또는 취급한 자**
- 제조소 등의 설치허가를 받지 아니하고 제조소 등을 설치한 자
- 탱크시험자로 등록하지 아니하고 탱크시험자의 업무를 한 자
- 정기점검을 하지 아니하거나 점검기록을 허위로 작성한 관계인으로서 허가를 받은 자
- 정기검사를 받지 아니한 관계인으로서 허가를 받은 자
- 자체소방대를 두지 아니한 관계인으로서 허가를 받은 자
- 운반용기에 대한 검사를 받지 아니하고 운반용기를 사용하거나 유통시킨 자
- 관계공무원에 대하여 필요한 보고 또는 자료제출을 하지 아니하거나 허위의 보고 또는 자료제출을 한 자 또는 관계공무원의 출입·검사 또는 수거를 거부·방해 또는 기피한 자
- 제조소 등에 대한 긴급 사용정지·제한명령을 위반한 자

45

제1종 판매취급소의 위험물을 배합하는 실의 기준으로 옳은 것은?

① 바닥면적은 5[m²] 이상 10[m²] 이하일 것
② 출입구 문턱의 높이는 바닥면으로부터 0.1[m] 이상으로 할 것
③ 바닥은 위험물이 침투하지 아니하는 구조로 하여 적당한 경사가 없는 집유설비를 할 것
④ 내부에 체류한 가연성의 증기는 벽면에 있는 창문으로 방출하는 구조로 할 것

해설 **위험물을 배합하는 실의 기준**
- 바닥면적은 6[m²] 이상 15[m²] 이하일 것

- 내화구조 또는 불연재료로 된 벽으로 구획할 것
- 바닥은 위험물이 침투하지 아니하는 구조로 하여 적당한 경사를 두고 집유설비를 할 것
- 출입구에는 수시로 열 수 있는 자동폐쇄식의 갑종방화문을 설치할 것
- 출입구 문턱의 높이는 바닥면으로부터 0.1[m] 이상으로 할 것
- 내부에 체류한 가연성의 증기 또는 가연성의 미분을 지붕 위로 방출하는 설비를 할 것

46

소방시설공사의 하자보수보증기간으로 옳은 것은?

① 유도등 : 1년
② 비상방송설비 : 2년
③ 자동화재탐지설비 : 2년
④ 상수도소화용수설비 : 2년

해설 **하자보수보증기간(공사업법 령 제6조)**
- **2년** : 피난기구, **유도등**·유도표지, 비상경보설비, 비상조명등·**비상방송설비**, 무선통신보조설비
- **3년** : 자동소화장치, 옥내소화전설비, 옥외소화전설비, 스프링클러설비, 물분무 등 소화설비, **자동화재탐지설비**, **상수도소화용수설비**, 소화활동설비

47

소방시설관리사의 결격사유가 아닌 것은?

① 피성년후견인
② 금고 이상의 실형을 선고받고 그 집행이 면제된 날부터 2년이 지나지 아니한 사람
③ 행정안전부령에 따라 자격이 취소된 날부터 2년이 지나지 아니한 사람
④ 금고 이상의 형의 집행유예를 선고받고 그 유예기간이 지난 사람

해설 **소방시설관리사의 결격사유**
- 피성년후견인
- 이 법, 소방기본법, 소방시설공사업법 또는 위험물안전관리법에 따른 금고 이상의 실형을 선고받고 그 집행이 끝나거나(집행이 끝난 것으로 보는 경우를 포함한다) 집행이 면제된 날부터 2년이 지나지 아니한 사람

- 이 법, 소방기본법, 소방시설공사업법 또는 위험물안전관리법에 따른 금고 이상의 형의 집행유예를 선고받고 그 유예기간 중에 있는 사람
- 제28조에 따라 자격이 취소된 날부터 2년이 지나지 아니한 사람

- 소방공사감리업 : 소방시설공사에 관한 발주자의 권한을 대행하여 소방시설공사가 설계도서와 관계 법령에 따라 적법하게 시공되는지를 확인하고, 품질·시공 관리에 대한 기술지도를 하는 영업
- 방염처리업 : 섬유류 방염업, 합성수지류 방염업, 합판·목재류 방염업

48

이동식 난로를 설치할 수 없는 장소로 소방법령상 규정되어 있는 곳이 아닌 것은?

① 학 원
② 종합병원
③ 역·터미널
④ 고층아파트

해설 이동식 난로 설치 제외 장소
- 다중이용업소
- **학 원**
- 독서실
- 숙박업·목욕장업·세탁업의 영업장
- **종합병원**·병원·치과 병원·한방병원·요양병원·의원·치과의원·한의원 및 조산원
- 휴게음식점·일반음식점·단란주점·유흥주점 및 제과점영업의 영업장
- 영화상영관
- 공연장
- 박물관 및 미술관
- 상점가
- 가설건축물
- **역·터미널**

49

소방시설공사업법상 소방시설업에 속하지 않는 것은?

① 소방시설관리업
② 소방시설설계업
③ 소방시설공사업
④ 소방공사감리업

해설 소방시설업의 종류
- 소방시설설계업 : 소방시설공사에 기본이 되는 공사계획, 설계도면, 설계 설명서, 기술계산서 및 이와 관련된 서류를 작성하는 영업
- 소방시설공사업 : 설계도서에 따라 소방시설을 신설, 증설, 개설, 이전 및 정비하는 영업

50

소방용수시설 중 급수탑의 개폐밸브는 지상에서 몇 [m] 이상 몇 [m] 이하의 위치에 설치하도록 하여야 하는가?

① 0.8[m] 이상 1.0[m] 이하
② 0.8[m] 이상 1.5[m] 이하
③ 1.0[m] 이상 1.5[m] 이하
④ 1.5[m] 이상 1.7[m] 이하

해설 급수탑의 설치기준 : 급수배관의 구경은 100[mm] 이상으로 하고, 개폐밸브는 지상에서 **1.5[m] 이상 1.7[m] 이하**의 위치에 설치하도록 할 것

51

시·도지사가 방염처리업 등록을 위해서 제출된 서류를 심사한 결과 첨부서류가 미비 되었을 때 보완을 요청할 수 있는 기간은?

① 7일 이내
② 10일 이내
③ 14일 이내
④ 30일 이내

해설 방염처리업의 서류 보완기간 : 10일 이내

52

특정소방대상물의 소방시설은 정기적으로 자체점검을 하거나 관리업자 또는 기술자격자로 하여금 점검을 받아야 한다. 관계인 등이 점검을 한 경우 그 점검결과를 누구에게 제출하여야 하는가?

① 소방본부장 또는 소방서장
② 시·도지사
③ 한국소방안전원장
④ 소방청장

해설 **자체점검**
- 작동기능점검 : 7일 이내 소방본부장 또는 소방서장에게 제출
- 종합정밀점검(일반건축물이나 공공기관)
  - 제출처 : 소방시설등점검표를 첨부하여 소방본부장 또는 소방서장
  - 제출기간 : 7일 이내

53

운송책임자의 감독 또는 지원을 받아 이를 운송하여야 하는 위험물을 나열한 것은?

① 칼륨, 나트륨
② 알킬알루미늄, 알킬리튬
③ 알칼리금속, 알칼리토금속
④ 유기금속화합물

해설 운송책임자의 감독 또는 지원을 받는 위험물 : 알킬알루미늄, 알킬리튬

54

객석유도등을 설치해야 하는 소방대상물이 아닌 것은?

① 사무공간 및 업무시설
② 문화 및 집회시설
③ 운동시설
④ 종교시설

해설 객석유도등 설치대상물 : 유흥주점영업, 문화 및 집회시설, 종교시설, 운동시설

55

전문 소방시설설계업의 등록기준에서 기술인력의 최소 인원수로 옳은 것은?

① 소방기술사 1명, 소방설비기사 3명 이상
② 소방기술사 2명, 보조기술인력 2명 이상
③ 소방기술사 1명, 보조기술인력 1명 이상
④ 소방기술사 2명, 보조기술인력 3명 이상

해설 전문 소방시설설계업의 기술인력 : 주된 기술인력(소방기술사) 1명, 보조기술인력 1명

56

소방용 기계·기구의 형식승인을 취소하여야만 하는 경우로서 가장 옳은 것은?

① 제품검사 시 형식승인 및 제품검사의 기술기준에 미달되는 경우
② 거짓이나 그 밖의 부정한 방법으로 형식승인을 받은 경우
③ 형식승인을 위한 시험시설의 시설기준에 미달되는 경우
④ 형식승인을 받지 아니한 소방용 기계·기구를 판매한 경우

해설 **형식승인 취소사유**
- 거짓이나 그 밖의 부정한 방법으로 형식승인을 받은 경우
- 거짓이나 그 밖의 부정한 방법으로 제품검사를 받은 경우
- 변경승인을 받지 아니하거나 거짓이나 그 밖의 부정한 방법으로 변경승인을 받은 경우

57

소방공무원이 화재를 진압하거나 인명구조활동을 위하여 설치·사용하는 소방시설을 무엇이라 하는가?

① 소화용수설비
② 경보설비
③ 소화활동설비
④ 피난구조설비

해설 **소화활동설비** : 소방공무원이 화재를 진압하거나 인명구조활동을 위하여 설치·사용하는 소방시설

> 소화활동설비 : 제연설비, 연결송수관설비, 연결살수설비, 비상콘센트설비, 무선통신보조설비, 연소방지설비

58

위험물 안전관리자가 퇴직한 때에는 퇴직한 날부터 며칠 이내에 다시 위험물 안전관리자를 선임하여야 하는가?

① 7일 이내
② 15일 이내
③ 30일 이내
④ 45일 이내

해설 위험물안전관리자 선임
- 재선임 : 해임 또는 퇴직일로부터 **30일 이내**에 선임 하여야 한다.
- 선임신고 : 선임일로부터 14일 이내에 소방본부장이 나 소방서장에게 신고

59

다음 특정소방대상물 중 의료시설과 관련 없는 업종은?

① 요양병원
② 마약진료소
③ 한방병원
④ 노인의료복지시설

해설 의료시설
- 병원(종합병원, 병원, 치과병원, 한방병원, 요양 병원)
- 격리병원(전염병원, 마약진료소)
- 정신의료기관
- 장애인의료재활시설

> 노인의료복지시설 : 노유자시설

60

비상방송설비를 설치하여야 하는 특정소방대상물에 이를 면제해 주는 기준에 해당되는 것은?

① 단독경보형감지기를 2개 이상의 단독경보형감지기와 연동하여 설치한 경우
② 아크경보기 또는 전기관련법령에 의한 지락차단장치를 화재안전기준에 적합하게 설치한 경우

③ 비상경보설비와 같은 수준의 음향을 발하는 장치를 부설한 방송설비를 화재안전기준에 적합하게 설치한 경우
④ 피난구유도등 또는 통로유도등을 화재안전기준에 적합하게 설치한 경우

해설 특정소방대상물의 소방시설 설치의 면제기준

설치가 면제되는 소방시설	설치면제 요건
비상방송 설비	비상방송설비를 설치하여야 하는 특정소방대상물에 자동화재탐지설비 또는 비상경보설비와 같은 수준 이상의 음향을 발하는 장치를 부설한 방송설비를 화재안전기준에 적합하게 설치한 경우에는 그 설비의 유효범위에서 설치가 면제된다.

제 **4** 과목 | **소방기계시설의 구조 및 원리**

61

분말소화설비의 구성품이 아닌 것은?

① 정압작동장치
② 압력조정기
③ 가압용 가스용기
④ 기화기

해설 분말소화설비의 구성품 : 정압작동장치, 압력조정기, 가압용 가스용기, 청소장치

62

다음 중 퓨지블링크형(Fusiblelink Type) 폐쇄형스프링클러헤드의 구성요소와 관계없는 것은?

① 용융메탈　　② 디플렉터
③ 글라스벌브　④ 프레임

해설 글라스벌브는 감열체 중 유리구 안에 액체 등을 넣어 봉한 것으로 폐쇄형스프링클러헤드와 관계가 없다.

63

소화활동 시에 화재로 인하여 발생하는 각종 유독가스 중에서 일정시간 사용할 수 있도록 제조된 개인호흡장비를 무엇이라 하는가?

① 공기호흡기　　　　② 피난구조설비
③ 제연설비　　　　　④ 소화활동설비

해설 **공기호흡기** : 유독가스 중에서 일정시간 사용할 수 있도록 제조된 개인호흡장비

64

소화수조 및 저수조에 대한 설명 중 맞는 것은?

① 지표면으로부터의 깊이가 7[m] 이상인 경우에는 가압송수장치를 설치해야 한다.
② 지하에 설치하는 소화용수설비의 흡수관투입구는 그 한변이 0.8[m] 이상이거나 직경이 0.6[m] 이상인 것으로 한다.
③ 소요수량이 80[m³]인 경우 채수구는 3개 이상 설치하여야 한다.
④ 채수구는 지면으로부터의 높이가 0.5[m] 이상 1[m] 이하의 위치에 설치한다.

해설 **소화수조 및 저수조**
• 지표면으로부터의 깊이(수조 내부바닥까지의 길이를 말한다)가 **4.5[m] 이상**인 지하에 있는 경우에는 다음 표에 따라 **가압송수장치를 설치**하여야 한다.
• 지하에 설치하는 소화용수설비의 흡수관투입구는 그 **한 변이 0.6[m] 이상**이거나 **직경 0.6[m] 이상**인 것으로 하고, 소요수량이 80[m³] 미만인 것은 1개 이상, **80[m³] 이상**인 것은 **2개 이상을 설치**하여야 하며, "흡수관투입구"라고 표시한 표지를 할 것
• 채수구의 설치기준
　– 채수구는 다음 표에 따라 소방용호스 또는 소방용 흡수관에 사용하는 구경 65[mm] 이상의 나사식 결합금속구를 설치할 것

소요수량	20[m³] 이상 40[m³] 미만	40[m³] 이상 100[m³] 미만	100[m³] 이상
채수구의 수	1개	2개	3개

　– **채수구**는 지면으로부터의 높이가 **0.5[m] 이상 1[m] 이하**의 위치에 설치하고 "채수구"라고 표시한 표지를 할 것

65

옥내소화전 노즐의 방출계수(K) 계산에 직접 사용되는 항목으로 적합한 것은?

① 유량, 오리피스구경
② 유량, 방출압력
③ 방출압력, 오리피스구경
④ 방출압력, 방출온도

해설 방수량 $Q = 0.6597KD^2\sqrt{10P}$

$$K = \frac{Q}{0.6597D^2\sqrt{10P}}$$

∴ 방출계수는 유량과 방출압력에 관계가 있다.

66

간이스프링클러설비의 배관 및 밸브 등의 설치순서에서 다음 (　　)에 가장 적합한 용어는?

> **펌프 등**의 가압송수장치를 이용하여 배관 및 밸브 등을 설치하는 경우에는 수원, 연성계 또는 진공계(수원이 펌프보다 높은 경우를 제외한다.), 펌프 또는 압력수조, 압력계, 체크밸브, (　　　　), 개폐표시형밸브, 유수검지장치, 시험밸브의 순으로 설치할 것

① 진공계　　　　　　② 플렉시블조인트
③ 성능시험배관　　　④ 편심리듀서

해설 **간이스프링클러설비의 배관 및 밸브 등의 순서**
• **상수도직결형의 경우**
　수도용 계량기, 급수차단장치, 체크밸브, 압력계, 유수검지장치(압력스위치 등 유수검지장치와 동등 이상의 기능과 성능이 있는 것을 포함한다), 2개의 시험밸브의 순으로 설치할 것
• **펌프 등의 가압송수장치를 이용하는 경우**
　수원, 연성계 또는 진공계(수원이 펌프보다 높은 경우를 제외한다), 펌프 또는 압력수조, 압력계, 체크밸브, **성능시험배관**, 개폐표시형 밸브, 유수검지장치, 시험밸브의 순으로 설치할 것
• **가압수조를 가압송수장치로 이용하는 경우**
　수원, 가압수조, 압력계, 체크밸브, 성능시험배관, 개폐표시형 밸브, 유수검지장치, 2개의 시험밸브의 순으로 설치할 것

• 캐비닛형의 가압송수장치에 배관 및 밸브 등을 설치
하는 경우
수원, 연성계 또는 진공계(수원이 펌프보다 높은 경
우를 제외한다), 펌프 또는 압력수조, 압력계, 체크
밸브, 개폐표시형 밸브, 2개의 시험밸브의 순으로
설치할 것

67

제연설비의 기준에 대한 설명으로 맞는 것은?

① 배기의 배출측 풍도 안의 풍속은 20[m/s] 이상
으로 한다.
② 유입풍도 안의 풍속은 25[m/s] 이하로 한다.
③ 배출기 흡입측 풍도 안의 풍속은 20[m/s] 이하로
한다.
④ 예상제연구역에 공기가 유입되는 순간의 풍속은
5[m/s] 이하가 되도록 한다.

해설 제연설비의 기준
• 배출기 흡입측 풍도 안의 풍속은 15[m/s] 이하로
하고, **배출측의 풍속은 20[m/s] 이하**로 할 것
• 유입풍도 안의 풍속 : 20[m/s] 이하
• 예상제연구역에 공기가 유입되는 순간의 풍속은
5[m/s] 이하가 되도록 한다.

68

소방대상물에 제연 샤프트를 설치하여 건물 내·외부
의 온도차와 화재 시 발생되는 열기에 의한 밀도차이
를 이용하여 실내에서 발생한 화재 열, 연기 등을
지붕 외부의 루프모니터 등을 이용하여 옥외로 배출
·환기시키는 방식을 무엇이라 하는가?

① 지연방식
② 루프해치방식
③ 스모크타워방식
④ 제3종 기계제연방식

해설 **스모크타워제연방식** : 전용 샤프트를 설치하여 건물 내
·외부의 온도차와 화재 시 발생되는 열기에 의한 밀
도차이를 이용하여 지붕외부의 **루프모니터** 등을 이용
하여 옥외로 배출·환기시키는 방식

69

다음 (   )안에 맞는 숫자와 용어는?

> 국소방출방식의 고정포방출구는 방호대상물의 구
> 분에 따라 해당 방호대상물의 높이의 (   )의 거리를
> 수평으로 연장한 선으로 둘러싸인 부분의 면적을
> (   )이라 한다.

① 3배, 방호면적
② 2배, 관포면적
③ 1.5배, 방호면적
④ 2배를 더한 길이, 외주선면적

해설 **방호면적** : 국소방출방식의 고정포방출구(포발생기가
분리되어 있는 것에 있어서는 해당 포발생기를 포함한
다)는 방호대상물의 구분에 따라 해당 방호대상물의
높이의 **3배**(1[m] 미만의 경우에는 1[m])의 거리를 수
평으로 연장한 선으로 둘러싸인 부분의 면적

70

물분무소화설비의 가압펌프의 동결방지 방법으로 적
절하지 못한 것은?

① 펌프의 물을 배수하여 건조한 상태로 유지한다.
② 열선을 설치한다.
③ 보온장치를 설치한다.
④ 실내를 상시 난방한다.

해설 가압펌프에 물을 배수하여 물이 없는 상태이면 현행법
에 저촉되므로 안 된다.

71

대형소화기로 인정되는 소화능력단위의 적합한 기준
은?

① A급 10단위 이상, B급 10단위 이상
② A급 20단위 이상, B급 10단위 이상
③ A급 10단위 이상, B급 20단위 이상
④ A급 20단위 이상, B급 20단위 이상

해설 소화능력 단위에 의한 분류
• 소형소화기 : 능력단위 1단위 이상이면서 대형소화
기의 능력단위이하인 소화기

- **대형소화기** : 능력단위가 A급 화재는 10단위 이상, B급 화재는 20단위 이상인 것으로서 소화약제 충전량은 표에 기재한 이상인 소화기

종 별	소화약제의 충전량
포	20[L]
강화액	60[L]
물	80[L]
분 말	20[kg]
할 론	30[kg]
이산화탄소	50[kg]

72

소화기구의 화재안전기준에서 지하층이나 무창층 또는 밀폐된 거실로서 그 바닥면적이 20[m²] 미만의 장소에 설치할 수 없는 소화기는?

① 포소화기
② 분말소화기
③ 강화액소화기
④ 이산화탄소소화기

해설 이산화탄소 또는 할론을 방사하는 소화기구(자동확산 소화기는 제외한다)는 지하층이나 무창층 또는 밀폐된 거실로서 그 바닥면적이 20[m²] 미만의 장소에는 설치할 수 없다. 다만, 배기를 위한 유효한 개구부가 있는 장소인 경우에는 그러하지 아니하다.

73

다음 중 통신기기실의 소화설비로 가장 적합한 것은?

① 스프링클러설비
② 옥내소화전설비
③ 할론소화설비
④ 옥외소화전설비

해설 통신기기실, 전기실 등 전기설비 : 가스계소화설비(이산화탄소, 할론, 할로겐화합물 및 불활성기체 소화설비)

74

상수도소화용수설비는 호칭지름 75[mm]의 수도배관에 호칭지름 몇 [mm] 이상의 소화전을 접속하여야 하는가?

① 50
② 65
③ 75
④ 100

해설 호칭지름 75[mm] 이상의 수도배관에 호칭지름 100[mm] 이상의 소화전을 접속할 것

75

이산화탄소 소화설비의 저장용기 중 고압식 용기는 최소 몇 [MPa] 이상의 내압시험 압력에 견디어야 하는가?

① 2.1[MPa]
② 3.5[MPa]
③ 25[MPa]
④ 30[MPa]

해설 저장용기의 내압시험압력
- 고압식 : 25[MPa] 이상
- 저압식 : 3.5[MPa] 이상

76

피난기구의 설치방법이 잘못 설명된 것은?

① 피난기구는 각 층마다 설치한다.
② 의료시설은 그 층의 바닥면적 500[m²]마다 설치한다.
③ 숙박시설은 그 층의 바닥면적 600[m²]마다 설치한다.
④ 판매시설은 그 층의 바닥면적 800[m²]마다 설치한다.

해설 피난기구의 개수 설치기준(층마다 설치하되 아래 기준에 의하여 설치하여야 한다)

소방대상물	설치기준(1개 이상)
숙박시설, 노유자시설, 의료시설	바닥면적 500[m²]마다
위락시설, 문화 및 집회시설, 운동시설, 판매시설	바닥면적 800[m²]마다
계단실형 아파트	각 세대마다
그 밖의 용도의 층	바닥면적 1,000[m²]마다

※ 숙박시설(휴양콘도미니엄은 제외)은 추가로 객실마다 완강기 또는 둘 이상의 간이완강기를 설치할 것

77

습식 스프링클러설비외의 설비에는 헤드를 향하여 상향으로 수평주행배관 기울기를 얼마 이상으로 해야 하는가?

① 100분의 1 　　② 200분의 1
③ 300분의 1 　　④ 500분의 1

해설 **배수를 위한 기울기**

습식스프링클러설비 또는 **부압식 스프링클러설비 외의 설비**에는 헤드를 향하여 상향으로 **수평주행배관의 기울기를 500분의 1 이상, 가지배관의 기울기를 250분의 1 이상**으로 할 것. 다만, 배관의 구조상 기울기를 줄 수 없는 경우에는 배수를 원활하게 할 수 있도록 배수밸브를 설치하여야 한다.

78

스프링클러설비에서 천장부에 폐쇄형 헤드의 배치로 화재 시 감열 개방되어 살수시키는 방식에 속하지 않는 것?

① 습 식 　　② 건 식
③ 반자동식 　　④ 준비작동식

해설 **폐쇄형 헤드 사용** : 습식, 건식, 준비작동식

79

분말 소화설비에 사용하는 소화약제 중 제3종 분말은 어느 것을 주성분으로 한 것인가?

① 탄산수소칼륨 　　② 인산염
③ 탄산수소나트륨 　　④ 요 소

해설 **분말소화약제의 분류**

종 별	소화약제	약제의 착색	적응화재	열분해반응식
제1종 분말	중탄산나트륨 ($NaHCO_3$)	백 색	B, C급	$2NaHCO_3 \rightarrow$ $Na_2CO_3 + CO_2 + H_2O$
제2종 분말	중탄산칼륨 ($KHCO_3$)	담회색	B, C급	$2KHCO_3 \rightarrow$ $K_2CO_3 + CO_2 + H_2O$
제3종 분말	인산암모늄(인산염) ($NH_4H_2PO_4$)	담홍색, 황색	A, B, C급	$NH_4H_2PO_4 \rightarrow$ $HPO_3 + NH_3 + H_2O$
제4종 분말	중탄산칼륨+요소 [$KHCO_3 + (NH_2)_2CO$]	회 색	B, C급	$2KHCO_3 + (NH_2)_2CO$ $\rightarrow K_2CO_3 + 2NH_3 +$ $2CO_2$

80

유량을 토출하여 펌프를 시험할 때 성능시험배관의 밸브를 막고 연속으로 운전할 경우 이때 자동적으로 개방되는 것은 어느 부위인가?

① 후드밸브 　　② 릴리프밸브
③ 시험밸브 　　④ 유량조절밸브

해설 펌프의 성능시험을 할 때 주배관의 개폐밸브를 막고 동력제어반에서 주펌프를 수동으로 기동시키면 펌프가 기동이 되면서 주배관상에 설치된 릴리프밸브가 개방된다.

펌프의 성능은 체절운전 시 정격토출압력의 140[%]를 초과하지 아니하여야 한다.
– 만약 펌프의 명판에 100[m]라고 되어 있으면 (100[m] = 1[MPa]) 1[MPa]×1.4=1.4[MPa] (140[%]) 이전에 릴리프밸브가 개방되어 물이 나와야 한다.

2014년 3월 2일 시행

제 1 과목 | 소방원론

01

공기 중 위험도 값(H)이 가장 작은 것은?

① 다이에틸에테르   ② 수 소

③ 에틸렌   ④ 프로판

해설 위험성이 큰 것은 위험도가 크다는 것이다.

• 각 물질의 연소범위

가 스	하한계[%]	상한계[%]
다이에틸에테르 ($C_2H_5OC_2H_5$)	1.9	48.0
수소(H_2)	4.0	75.0
에틸렌(C_2H_4)	2.7	36.0
프로판(C_3H_8)	2.1	9.5

• 위험도 계산식

$$위험도(H) = \frac{U-L}{L} = \frac{폭발상한계-폭발하한계}{폭발하한계}$$

① 다이에틸에테르 $H = \dfrac{48.0 - 1.9}{1.9} = 24.25$

② 수소 $H = \dfrac{75.0 - 4.0}{4.0} = 17.75$

③ 에틸렌 $H = \dfrac{36.0 - 2.7}{2.7} = 12.33$

④ 프로판 $H = \dfrac{9.5 - 2.1}{2.1} = 3.52$

02

물의 소화효과를 가장 옳게 나열한 것은?

① 냉각효과, 부촉매효과

② 질식효과, 부촉매효과

③ 냉각효과, 질식효과

④ 냉각효과, 질식효과, 부촉매효과

해설 물의 소화효과

• 봉상주수(옥내 · 외 소화전설비), 적상주수(스프링 클러설비) : 냉각효과

• 무상주수(물분무소화설비) : 질식, 냉각, 희석, 유화 효과

03

위험물안전관리법령상 제4류 위험물의 일반적인 특성이 아닌 것은?

① 인화가 용이한 액체이다.

② 대부분의 증기는 공기보다 가볍다.

③ 물보다 가볍고 물에 녹지 않는 것이 많다.

④ 대부분 유기화합물이다.

해설 제4류 위험물의 일반적인 성질

• 대부분 유기화합물이다.

• 대단히 인화하기 쉽다.

• 물보다 가볍고 물에 녹지 않는다.

• 증기비중은 공기보다 무겁기 때문에 낮은 곳에 체류하여 연소, 폭발의 위험이 있다.

• 연소범위의 하한이 낮기 때문에 공기 중 소량 누설되어도 연소한다.

04

보통 화재에서 눈부신 백색(휘백색) 불꽃의 온도는 몇 [℃]인가?

① 600[℃]

② 900[℃]

③ 1,200[℃]

④ 1,500[℃]

해설 연소의 색과 온도

색 상	온도[℃]
담암적색	520
암적색	700
적 색	850
휘적색	950
황적색	1,100
백적색	1,300
휘백색	1,500 이상

05

연소의 3대요소가 아닌 것은?

① 열   ② 산 소
③ 연 료   ④ 습 도

해설 연소의 3요소 : 가연물(연료), 산소공급원(산소), 점화원(열)

06

Halon 1301에서 숫자 "0"은 무슨 원소가 없다는 것을 뜻하는가?

① 탄 소   ② 브 롬
③ 플루오린   ④ 염 소

해설 할론 소화약제의 명명

할론	1	3	0	1
	탄소(C)	플루오린(F)	염소(Cl)	브롬(Br)

07

다음 중 할론 소화약제를 할로겐화합물 및 불활성기체로 대처하는 주된 이유를 가장 올바른 것은?

① 화재 후 잔재처리가 쉽다.
② 오존층의 파괴효과가 적다.
③ 냄새가 거의 없다.
④ 화재를 초기에 진압하기 쉽다.

해설 할론 소화약제는 오존층파괴 및 지구온난화 현상을 일으켜서 할로겐화합물 및 불활성기체로 대처한다.

08

화씨온도가 122[°F]는 섭씨온도는 몇 [℃]인가?

① 40   ② 50
③ 60   ④ 70

해설 온 도

- $[℃] = \dfrac{5}{9}([°F] - 32)$
- $°F = 1.8[℃] + 32$
- $K = 273.16 + [℃]$
- $R = 460 + [°F]$

$\therefore \ [℃] = \dfrac{5}{9}([°F] - 32) = \dfrac{5}{9}(122 - 32) = 50[℃]$

09

다음 중 위험물안전관리법령상 산화성 고체 위험물에 해당하지 않는 것은?

① 과염소산
② 질산칼륨
③ 아염소산나트륨
④ 과산화바륨

해설 산화성 고체(제1류 위험물) : 아염소산나트륨, 염소산나트륨, 질산칼륨, 과산화바륨

과염소산 : 제6류 위험물

10

할론 1301소화약제와 이산화탄소 소화약제는 소화기에 충전되어 있을 때 어떤 상태로 보존되고 있는가?

① 할론 1301 : 기체, 이산화탄소 : 고체
② 할론 1301 : 기체, 이산화탄소 : 기체
③ 할론 1301 : 액체, 이산화탄소 : 기체
④ 할론 1301 : 액체, 이산화탄소 : 액체

해설 할론이나 이산화탄소 소화약제는 액체로 저장하였다가 방출 시 기체로 방출한다.

정답 05 ④ 06 ④ 07 ② 08 ② 09 ① 10 ④

11

대체 소화약제의 물리적인 특성을 나타내는 용어 중 지구온난화지수를 나타내는 약어는?

① ODP ② GWP
③ LOAEL ④ NOAEL

해설 용어정의
- 오존파괴지수(ODP) : 어떤 물질의 오존파괴능력을 상대적으로 나타내는 지표의 정의

$$ODP = \frac{어떤\ 물질\ 1[kg]이\ 파괴하는\ 오존량}{CFC-11(CFCl_3)\ 1[kg]이\ 파괴하는\ 오존량}$$

- **지구온난화지수(GWP)** : 어떤 물질이 기여하는 온난화 정도를 상대적으로 나타내는 지표의 정의

$$GWP = \frac{어떤\ 물질\ 1[kg]이\ 기여하는\ 온난화\ 정도}{CO_2\ 1[kg]이\ 기여하는\ 온난화\ 정도}$$

- LOAEL(Lowest Observed Adverse Effect Level) : 심장 독성시험 시 심장에 영향을 미칠 수 있는 최소 허용농도
- NOAEL(No Observed Adverse Effect Level) : 심장 독성시험 시 심장에 영향을 미치지 않는 최대허용농도

12

분말소화약제의 주성분인 탄산수소나트륨이 열과 반응하여 생기는 가스는?

① 일산화탄소 ② 수 소
③ 이산화탄소 ④ 질 소

해설 분말소화약제의 종류

종 별	소화약제	약제의 착색	적응 화재	열분해반응식
제1종 분말	탄산수소나트륨 (NaHCO₃)	백 색	B, C급	$2NaHCO_3 \rightarrow$ $Na_2CO_3+CO_2+H_2O$
제2종 분말	중탄산칼륨 (KHCO₃)	담회색	B, C급	$2KHCO_3 \rightarrow$ $K_2CO_3+CO_2+H_2O$
제3종 분말	인산암모늄 (NH₄H₂PO₄)	담홍색, 황색	A, B, C급	$NH_4H_2PO_4 \rightarrow$ $HPO_3+NH_3+H_2O$
제4종 분말	중탄산칼륨+요소 [KHCO₃+(NH₂)₂CO]	회 색	B, C급	$2KHCO_3+(NH_2)_2CO$ $\rightarrow K_2CO_3+2NH_3+$ $2CO_2$

13

용기 내 경유가 연소하는 형태는?

① 증발연소 ② 자기연소
③ 표면연소 ④ 훈소연소

해설 제4류 위험물의 연소 : 증발연소(경유가 가열하면 증기가 발생하여 증기가 연소하는 현상)

14

다음 중 인화점이 가장 낮은 것은?

① 등 유 ② 아세톤
③ 경 유 ④ 아세트산

해설 위험물의 인화점

종 류	등 유	아세톤	경 유	아세트산
인화점	40~70[℃]	-18[℃]	50~70[℃]	40[℃]

15

건축물의 방화계획에서 공간적 대응에 해당하지 않는 것은?

① 특별피난계단
② 옥내소화전설비
③ 직통계단
④ 방화구획

해설 옥내소화전설비에 의한 대응은 **설비적 대응**이다.

16

화재 시 연소물의 온도를 일정 온도 이하로 낮추어 소화하는 방법은?

① 질식소화 ② 냉각소화
③ 제거소화 ④ 희석소화

해설 냉각소화 : 화재 시 연소물의 온도를 일정 온도 이하로 낮추어 소화하는 방법

17

기체상태의 Halon 1301은 공기보다 약 몇 배 무거운가?(단, 공기는 79[%]의 질소, 21[%]의 산소로만 구성되어 있다)

① 4.05배   ② 5.17배

③ 6.12배   ④ 7.01배

해설 Halon 1301의 증기비중

$$증기비중 = \frac{분자량}{공기의\ 평균\ 분자량}$$
(Halon 1301의 분자량 : 149)

여기서, 공기의 평균분자량 $= (0.79×28) + (0.21×32)$
$= 28.84$
분자량 : 질소(N_2=28), 산소(O_2=32)

$\therefore$ 증기비중 $= \dfrac{분자량}{28.84} = \dfrac{149}{28.84} = 5.17$

18

일반적인 소방대상물에 따른 화재의 분류로 적합하지 않는 것은?

① 일반화재 : A급   ② 유류화재 : B급

③ 전기화재 : C급   ④ 특수가연물화재 : D급

해설 D급 : 금속화재

19

위험물안전관리법령에서 정한 제5류 위험물의 대표적인 성질에 해당하는 것은?

① 산화성   ② 자연발화성

③ 자기반응성   ④ 가연성

해설 위험물의 성질

유 별	성 질
제1류 위험물	산화성 고체
제2류 위험물	가연성 고체
제3류 위험물	자연발화성 및 금수성 물질
세4류 위험물	인화성 액체
제5류 위험물	자기반응성 물질
제6류 위험물	산화성 액체

20

다음 중 증기비중이 가장 큰 것은?

① CH_4

② CO

③ C_6H_6

④ SO_2

해설 증기비중 $= \dfrac{분자량}{29}$

- 메탄(CH_4) $= \dfrac{16}{29} = 0.55$
- 일산화탄소(CO) $= \dfrac{28}{29} = 0.96$
- 벤젠(C_6H_6) $= \dfrac{78}{29} = 2.69$
- 이산화황(SO_2) $= \dfrac{64}{29} = 2.21$

제 **2** 과목   **소방유체역학**

21

깃(Vane)에 수평으로 유입된 물제트가 각도 θ만큼 방향이 변하여 유출될 때 깃이 받는 수직방향(Vertical Direction) 힘이 최대가 되는 θ는 얼마인가?(단, 중력과 마찰효과는 무시한다)

① 30°   ② 45°

③ 60°   ④ 90°

해설 운동량 방정식

- x방향(수평방향)의 운동량방정식

$$힘\ F_x = \rho QV\cos\theta\,[N]$$

- y방향(수직방향)의 운동량방정식

힘 $F_y = \rho QV\sin\theta\,[N]$에서 $\sin\theta$값이 클수록 수직방향의 힘이 최대가 된다.

따라서, **90°일 때 $\sin\theta$값이 최대**가 되므로 수직방향의 힘이 최대가 된다.

• $\sin\theta$값

θ	$\sin\theta$
0°	0
30°	$\dfrac{1}{2}=0.5$
45°	$\dfrac{\sqrt{2}}{2}=0.707$
60°	$\dfrac{\sqrt{3}}{2}=0.866$
90°	1

22

그림에서 수문이 열지 않도록 하기 위하여 수문의 하단에 받쳐 주어야 할 최소 힘 P는 약 몇 [N]인가? (단, 수문의 폭은 1[m]이다)

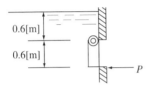

① 2,640
② 2,940
③ 3,540
④ 5,340

해설 • 수문에 작용하는 힘
$$F=\overline{\gamma y}\,A=9,800\times(0.6+0.3)\times(1\times0.6)$$
$$=5,292[\text{N}]$$
• 압력 중심
$$y_P=\frac{I_c}{\overline{y}A}+\overline{y}=\frac{\frac{1\times0.6^3}{12}}{0.9\times0.6}+0.9=0.933[\text{m}]$$
• P점에서 모멘트 합은 0이 되어야 하므로
$$0.6\times F-(0.933-0.6)\times5,292=0$$
$$\therefore\ F=2,937.06[\text{N}]$$

23

이상기체의 정압변화를 나타내는 것은?(단, P : 압력, V : 부피, T : 온도, k : 비열비)

① $PV^k=$일정
② $PV=$일정
③ $\dfrac{V}{T}=$일정
④ $\dfrac{P}{T}=$일정

해설 이상기체의 정압변화 $\dfrac{V}{T}=$일정

24

액면으로부터 40[m]인 지점의 계기압력이 515.8[kPa]일 때 이 액체의 비중량은 약 몇 [kN/m³]인가?

① 11.8
② 12.9
③ 14.2
④ 16.4

해설 비중량

$$비중량\ \gamma=\frac{P}{H}$$

$$\therefore\ 비중량\ \gamma=\frac{P}{H}=\frac{515.8[\text{kN/m}^2]}{40[\text{m}]}$$
$$=12.895[\text{kN/m}^3]$$

25

대기에 노출된 상태로 저장 중인 20[℃]의 소화용수 500[kg]을 연소 중인 가연물에 분사하는 경우 소화용수가 증발하면서 흡수한 열량은 몇 [MJ]인가?(단, 물의 비열은 4.2[kJ/kg · ℃], 기화열은 2,250[kJ/kg]이다)

① 2.59
② 168
③ 1,125
④ 1,293

해설 열 량

$$Q=현열+잠열=mc\Delta t+\gamma\cdot m$$

$$\therefore\ Q=mc\Delta t+\gamma\cdot m$$
$$=\{500\text{kg}\times4.2[\text{kJ/kg}\cdot℃]\times(100-20)[℃]\}$$
$$+(500[\text{kg}]\times2,250[\text{kJ/kg}])$$
$$=1,293,000[\text{kJ}]=1,293[\text{MJ}]$$

26

압력계가 1,275[kPa]을 지시하고 있다. 이것을 액체가 물인 수두로 나타내면 약 몇 [m]인가?

① 13
② 15
③ 130
④ 150

해설 [kPa]를 [mH₂O]로 환산하면
$$\frac{1,275[\text{kPa}]}{101.325[\text{kPa}]}\times10.332[\text{mH}_2\text{O}]=130.01[\text{mH}_2\text{O}]$$

27

동점성계수가 6×10^{-5}[m²/s]인 유체가 0.4[m³/s]의 유량으로 원관에 흐르고 있다. 하임계레이놀즈수가 2,100일 때 층류로 흐를수 있는 관의 최소 지름은 약 몇 [m]인가?

① 1.01　　　　　② 2.02

③ 4.05　　　　　④ 6.06

해설 관의 최소지름

$$Re = \frac{Du\rho}{\mu} = \frac{Du}{\nu}$$

$$D = \frac{Re \times \nu}{\frac{Q}{(\pi/4)D^2}} \Rightarrow D = \frac{Q}{Re \times \nu \times \frac{\pi}{4}}$$

여기서, D : 지름[m], ν : 동점도(6×10^{-5}[m²/s])

$$\therefore D = \frac{Q}{Re \times \nu \times \frac{\pi}{4}}$$

$$= \frac{0.4[\text{m}^3/\text{s}]}{2,100 \times 6 \times 10^{-5}[\text{m/s}] \times \frac{\pi}{4}} = 4.04[\text{m}]$$

28

물이 흐르는 관로상에 피토관을 설치하고 전압과 정압의 단자를 수은이 든 U자관의 양측에 연결하였더니 측정되는 수은의 높이 차가 49.6[mm]이었다. 이 위치에서의 유속은 약 몇 [m/s]인가?(단, 수은의 비중은 13.6이고 U자관 내의 물도 고려한다)

① 2.47　　　　　② 3.50

③ 3.84　　　　　④ 11.12

해설 유 속

$$u = \sqrt{2gR\left(\frac{\rho_A - \rho_B}{\rho_B}\right)}$$

여기서, g : 중력가속도(9.8[m/s²])

R : 수은의 높이 차(0.0496[m])

ρ_A : 수은의 밀도(13,600[kg/m³])

ρ_B : 물의 밀도(1,000[kg/m³])

$$\therefore u = \sqrt{2 \times 9.8 \times 0.0496 \times \left(\frac{13,600 - 1,000}{1,000}\right)}$$

$$= 3.50[\text{m/s}]$$

29

소화용 펌프를 유량 1.5[m³/min], 양정 60[m], 회전수 1,770[rpm]으로 설정하였으나 공장배치가 변경되어 양정이 90[m]가 필요하게 되었다. 이 펌프를 몇 [rpm]으로 운전하면 변경된 양정에서 거의 같은 효율로 운전될 수 있는가?

① 2,073　　　　　② 2,168

③ 2,230　　　　　④ 2,655

해설 펌프의 상사법칙

$$H_2 = H_1 \times \left(\frac{N_2}{N_1}\right)^2, \quad N_2 = N_1 \times \sqrt{\frac{H_2}{H_1}}$$

여기서, H : 수두[m]

N : 회전수[rpm]

D : 내경[mm]

$$\therefore N_2 = N_1 \times \sqrt{\frac{H_2}{H_1}} = 1,770[\text{rpm}] \times \sqrt{\frac{90[\text{m}]}{60[\text{m}]}}$$

$$= 2,167.8[\text{rpm}]$$

30

유체의 연속방정식에 대한 설명으로 가장 적절한 것은?

① 뉴턴의 운동법칙을 만족시키는 방정식

② 일과 에너지의 관계를 나타내는 방정식

③ 유선에 따른 오일러방정식을 적분한 방정식

④ 질량보존의 법칙을 유체 유동에 적용한 방정식

해설 유체의 연속방정식

질량보존의 법칙을 유체 유동에 적용한 방정식

31

이상유체를 가장 잘 표현한 것은?

① 과열유체

② 비점성, 압축성 유체

③ 점성, 비압축성 유체

④ 비점성, 비압축성 유체

해설 이상유체(Ideal Fluid) : 점성이 없는 비압축성 유체

32

계기압력이 1.2[MPa]이고, 대기압이 96[kPa]일 때 절대압력은 몇 [kPa]인가?

① 108   ② 1,104
③ 1,200   ④ 1,296

해설 절대압력 = 대기압+계기압력
              = 96[kPa]+1.2×1,000[kPa]
              = 1,296[kPa]

33

안지름이 30[cm], 길이가 800[m]인 관로를 통하여 0.3[m³/s]의 물을 50[m] 높이까지 양수하는 데 있어 펌프에 필요한 동력은 몇 [kW]인가?(단, 관마찰계수는 0.03이고, 펌프의 효율은 85[%]이다)

① 402   ② 409
③ 415   ④ 427

해설 전동기 용량

$$P[\text{kW}] = \frac{0.163 \times Q \times H}{\eta} \times K$$

여기서, Q : 유량(0.3[m³/s]
             = 0.3×60[m³/min]
             = 18[m³/min])
        η : 펌프 효율
        H : 전양정[m]

$$h = \frac{\Delta P}{\gamma} = \frac{flu^2}{2gD}[\text{m}]$$

여기서, h : 마찰손실[m]
        ΔP : 압력차[kg$_f$/m²]
        γ : 유체의 비중량(물의 비중량 1,000[kg$_f$/m³])
        f : 관의 마찰계수(0.03)
        l : 관의 길이(800[m])
        u : 유체의 유속[m/s]
        D : 관의 내경(0.3[m])

$$h = \frac{flu^2}{2gD} = \frac{0.03 \times 800 \times \left(\frac{0.3}{\frac{\pi}{4}(0.3)^2}\right)^2}{2 \times 9.8 \times 0.3} = 73.59[\text{m}]$$

$\therefore H = 73.59[\text{m}]+50[\text{m}] = 123.59[\text{m}]$

$\therefore P[\text{kW}] = \dfrac{0.163 \times 18 \times 123.59}{0.85} \times 1 = 426.6[\text{kW}]$

34

텅스텐, 백금 또는 백금-이리듐 등을 전기적으로 가열하고 통과 풍량에 따른 열교환 양으로 속도를 측정하는 유속계는 어느 것인가?

① 열선 풍속계   ② 도플러 풍속계
③ 컵형 풍속계   ④ 포토디텍터 풍속계

해설 열선 풍속계

텅스텐, 백금 또는 백금-이리듐 등을 전기적으로 가열하고 통과 풍량에 따른 열교환 양으로 속도를 측정하는 유속계

35

소방차에 설치되어 있는 물탱크에 소화수원으로 2[m³]이 채워진 상태로 화재현장에 출동하여 구경이 21[mm]인 노즐을 사용하여 294.2[kPa]의 방수압력으로 방사할 경우 물탱크 내의 소화수원이 완전히 소모되는 데 약 몇 분이 소요되겠는가?

① 4   ② 5
③ 7   ④ 8

해설 소요시간

• 방수량

$$Q = 0.6597 D^2 \sqrt{10P}$$

여기서, Q : 분당토출량[L/min]
        D : 관경(또는 노즐구경)(21[mm])
        P : 방수압력(294.2[kPa] 또는 0.2942[MPa])

$Q = 0.6597 \times (21)^2 \times \sqrt{10 \times 0.2942[\text{MPa}]}$
    = 499.00[L/min]

• 소요시간

$$= \frac{수원}{분당방사량} = \frac{2,000[\text{L}](2[\text{m}^3])}{499.00[\text{L/min}]} = 4.00[\text{min}]$$

36

날카로운 모서리를 갖는 파이프 입구영역에서 부차적 손실계수가 0.5이고 평균 유속이 3[m/s]라면 입구 손실수두는 몇 [m]인가?

① 0.0235   ② 0.230
③ 2.25   ④ 230

[해설] 손실수두

$$H = K\frac{u^2}{2g}$$

여기서, H : 손실수두[m]

K : 손실계수

u : 유속[m/s]

g : 중력가속도($9.8[\text{m/s}^2]$)

$$\therefore H = K\frac{u^2}{2g} = 0.5 \times \frac{(3[\text{m/s}])^2}{2 \times 9.8[\text{m/s}^2]} = 0.23[\text{m}]$$

37

안지름 50[mm]의 원관에 기름이 2.5[m/s]의 평균속도로 흐를 때 관마찰계수는 얼마인가?(단, 기름의 동점성계수는 $1.31 \times 10^{-4}[\text{m}^2/\text{s}]$이다)

① 0.013　　　　　② 0.067

③ 0.125　　　　　④ 0.954

[해설]

$$Re = \frac{Du}{\nu} = \frac{0.05 \times 2.5}{1.31 \times 10^{-4}} = 954.20(\text{층류})$$

$$\therefore f = \frac{64}{Re} = \frac{64}{954.20} = 0.0671$$

38

냉장고의 내부는 한 변이 2[m]인 정육면체이며 밑바닥은 완전히 단열되어 있다. 안쪽과 바깥 표면온도가 각각 −20[℃]와 40[℃]일 때 열 부하를 600[W] 이하로 유지하기 위하여 윗면 및 측면에 사용되는 스티로폼 단열재의 최소 두께는 몇 [cm]인가?(단, 스티로폼 단열재의 열전도율은 0.03[W/m · K]이다)

① 2　　　　　② 4

③ 6　　　　　④ 8

[해설] 단열재의 최소 두께

$$q = \frac{\lambda}{l}A(t_2 - t_1) \qquad l = \frac{\lambda}{q}A(t_2 - t_1)$$

여기서, q : 열전달률[W]

λ : 열전도도[W/m · K]

l : 두께[m]

A : 단면적[m^2]

t_2 : 고온

t_1 : 저온

- 정육면체 냉장고의 바닥은 완전단열되어 있으므로 열전도열은 5개소의 면에서 열전달이 이루어진다.
- 5개소에서 열이 전도되어 열부하를 600[W]로 유지해야 하므로 단열재의 최소 두께

$$l = \frac{\lambda}{q}A(t_2 - t_1) \times 5\text{개소에서}$$

$$\therefore l = \frac{0.03}{600} \times (2 \times 2[\text{m}^2]) \times 5\text{개소}$$

$$\times [(273 + 40) - (273 + (-20))]$$

$$= 0.06[\text{m}] = 6[\text{cm}]$$

39

정지되어 있는 2개의 평행평판 사이의 유체가 한쪽의 평판이 3[m/s]로 운동하여 유동이 발생하는 경우에 유체내의 전단응력은 몇 [Pa]인가?(단, 유체의 점성계수는 0.29[kg/m · s]이고, 평판 사이의 높이는 2[cm]이고, 속도분포는 선형이다)

① 19.5　　　　　② 20.7

③ 43.5　　　　　④ 180.7

[해설]

$$\tau = \mu\frac{u}{h} = 0.29[\text{kg/m} \cdot \text{s}] \times \frac{3[\text{m/s}]}{0.02[\text{m}]}$$

$$= 43.5\left[\frac{\text{kg} \cdot \text{m/s}^2}{\text{m}^2}\right] = 43.5\left[\frac{\text{N}}{\text{m}^2}\right] = 43.5[\text{Pa}]$$

40

온도가 45[℃]인 CO_2 가스 2.3[kg]이 체적 0.283[m^3]인 용기에 가득 차 있다. 이 가스의 압력은 약 몇 [kPa]인가?(단, 이산화탄소의 기체상수는 0.1889[kJ/kg · K]이다)

① 488　　　　　② 536

③ 635　　　　　④ 797

[해설] 압 력

$$PV = WRT, \qquad P = \frac{WRT}{V}$$

여기서, P : 압력[atm]

W : 무게[kg]

R : 기체상수(0.1889[kJ/kg · K])

T : 절대온도(273+45 = 318[K])

V : 부피[m³]

$$\therefore P = \frac{WRT}{V}$$

$$= \frac{2.3[\text{kg}] \times 0.1889[\text{kJ/kg}\cdot\text{K}] \times 318[\text{K}]}{0.283[\text{m}^3]}$$

$$= 488.2[\text{kJ/m}^3] = 488.2[\text{kN/m}^2]$$

$$[\text{J}] = [\text{N}\cdot\text{m}], \ [\text{kJ}] = [\text{kN}\cdot\text{m}]$$

제 3 과목 소방관계법규

41

소방안전관리대상물의 관계인은 특정소방대상물의 근무자 및 거주자에 대한 소방훈련과 교육을 실시하였을 때에는 그 실시 결과를 소방훈련·교육실시결과 기록부에 기록하고 이를 몇 년간 보관하여야 하는가?

① 1년　　　　　② 2년
③ 3년　　　　　④ 5년

해설 소방훈련·교육실시결과기록부 : 2년간 보관

42

화재안전기준을 달리 적용하여야 하는 특수한 용도 또는 구조를 가진 특정방대상물 중 원자력발전소, 핵폐기물처리시설 등에 설치하지 않아도 되는 소방시설로서 옳은 것은?

① 옥내소화전설비 및 소화용수설비
② 옥내소화전설비 및 옥외소화전설비
③ 스프링클러설비 및 물분무 등 소화설비
④ 연결송수관설비 및 연결살수설비

해설 소방시설을 설치하지 아니할 수 있는 특정소방대상물 및 소방시설의 범위(시행령 별표 7)

구 분	특정소방대상물	소방시설
1. 화재위험도가 낮은 특정소방대상물	석재·불연성금속·불연성 건축재료 등의 공장·기계조립공장·주물공장 또는 불연성 물품을 저장하는 창고	• 옥외소화전 및 연결살수설비
	소방기본법 제2조 제5호에 따른 소방대가 조직되어 24시간 근무하고 있는 청사 및 차고	• 옥내소화전설비, 스프링클러설비, 물분무 등 소화설비, 비상방송설비, 피난기구, 소화용수설비, 연결송수관설비, 연결살수설비
2. 화재안전기준을 적용하기가 어려운 특정소방대상물	펄프공장의 작업장·음료수공장의 세정 또는 충전하는 작업장 그 밖에 이와 비슷한 용도로 사용하는 것	• 스프링클러설비, 상수도소화용수설비 및 연결살수설비
	정수장, 수영장, 목욕장, 농예·축산·어류양식용시설 그 밖에 이와 비슷한 용도로 사용되는 것	• 자동화재탐지설비, 상수도소화용수설비 및 연결살수설비
3. 화재안전기준을 달리 적용하여야 하는 특수한 용도 또는 구조를 가진 특정소방대상물	원자력발전소, 핵폐기물처리시설	• 연결송수관설비 및 연결살수설비
4. 위험물안전관리법 제19조에 따른 자체소방대가 설치된 특정소방대상물	자체소방대가 설치된 위험물제조소 등에 부속된 사무실	• 옥내소화전설비, 소화용수설비, 연결살수설비 및 연결송수관설비

43

특정소방대상물의 관계인 등이 관리업자로 하여금 정기적으로 자체소방점검(종합정밀점검 포함)을 한 경우 그 결과를 누구에게 보고하여야 하는가?

① 소방청장
② 시·도지사
③ 한국소방안전원장
④ 소방본부장 또는 소방서장

41 ② 42 ④ 43 ④ **정답**

해설 자체소방점검 시 보고 : 소방본부장 또는 소방서장

44

소방용수시설의 설치기준에서 급수탑 개폐밸브의 지상으로부터 설치 높이는?

① 1.5[m] 이상 1.7[m] 이하의 위치에 설치
② 1.5[m] 이상 2.0[m] 이하의 위치에 설치
③ 2.0[m] 이상 2.5[m] 이하의 위치에 설치
④ 2.0[m] 이상 3.0[m] 이하의 위치에 설치

해설 급수탑 개폐밸브의 설치
지상에서 1.5[m] 이상 1.7[m] 이하

45

제조소 등의 위치·구조 또는 설비의 변경없이 해당 제조소 등에서 저장하거나 취급하는 위험물의 품명·수량 또는 지정수량의 배수를 변경하고자 하는 자는 변경하고자 하는 날의 며칠 전까지 행정안전부령이 정하는 바에 따라 시·도지사에게 신고하여야 하는가?

① 1일   ② 5일
③ 7일   ④ 14일

해설 위험물의 **품명·수량** 또는 **지정수량의 배수를 변경**하고자 하는 자는 **1일** 이내에 시·도지사에게 신고하여야 한다.

46

다음과 같이 화재진압의 출동을 방해한 사람에 대한 벌칙은?

> 모든 차와 사람은 소방자동차(지휘를 위한 자동차 및 구조·구급차를 포함)가 화재 진압 및 구조·구급활동을 위하여 출동을 하는 때에는 이를 방해하여서는 아니 된다.

① 3백만원 이하의 벌금
② 3년 이하의 징역 또는 1,500만원 이하의 벌금
③ 5년 이하의 징역 또는 5,000만원 이하의 벌금
④ 10년 이하의 징역 또는 5,000만원 이하의 벌금

해설 소방자동차(지휘를 위한 자동차 및 구조·구급차를 포함)가 화재 진압 및 구조·구급활동을 위하여 출동을 방해한 자 : 5년 이하의 징역 또는 5,000만원 이하의 벌금

47

소방관계법에 의한 무창층의 정의는 지상층 중 개구부 면적의 합계가 해당 층 바닥면적의 1/30 이하가 되는 층을 말하는데 여기서 말하는 개구부의 요건으로 틀린 것은?

① 크기는 지름 50[cm] 이상의 원이 내접(內接)할 수 있는 크기일 것
② 도로 또는 차량이 진입할 수 있는 빈터를 향할 것
③ 해당 층의 바닥면으로부터 개구부 밑부분까지의 높이가 1.5[m] 이내일 것
④ 화재 시 건축물로부터 쉽게 피난할 수 있도록 창살이나 그 밖의 장애물이 설치되지 아니할 것

해설 무창층(無窓層)의 정의
지상층 중 다음 요건을 모두 갖춘 개구부(건축물에서 채광·환기·통풍 또는 출입 등을 위하여 만든 창·출입구 그 밖에 이와 비슷한 것을 말한다)의 면적의 합계가 해당 층의 바닥면적의 1/30분 이하가 되는 층을 말한다.
• 개구부의 크기가 지름 50[cm] 이상의 원이 내접(內接)할 수 있는 크기일 것
• **해당 층의 바닥면으로부터 개구부 밑부분까지의 높이가 1.2[m] 이내일 것**
• 도로 또는 차량이 진입할 수 있는 빈터를 향할 것
• 화재 시 건축물로부터 쉽게 피난할 수 있도록 창살이나 그 밖의 장애물이 설치되지 아니할 것
• 내부 또는 외부에서 쉽게 부수거나 열 수 있을 것

48

화재의 예방조치 등을 위한 옮긴 위험물 또는 물건의 보관기간은 규정에 따라 소방본부나 소방서의 게시판에 공고한 후 어느 기간까지 보관하여야 하는가?

① 공고기간 종료일 다음 날부터 5일
② 공고기간 종료일 다음 날부터 7일
③ 공고기간 종료일부터 10일
④ 공고기간 종료일부터 14일

정답 44 ① 45 ① 46 ③ 47 ③ 48 ②

해설 화재의 예방조치 등을 위한 옮기거나 치운 위험물 또는 물건을 보관하는 경우
- 처리권자 : 소방본부장, 소방서장
- 소방서의 게시판의 공고기간 : 14일 동안 공고
- 보관기간 : 게시판에 공고하는 기간의 종료일 다음 날부터 **7일간 보관한 후**에 처리한다.

49

소방안전교육사를 배치하지 않아도 되는 곳은?

① 소방청
② 한국소방안전협회
③ 소방체험관
④ 한국소방산업기술원

해설 소방안전교육사의 배치대상별 배치기준

배치대상	배치기준(단위 : 명)
1. 소방청	2 이상
2. 소방본부	2 이상
3. 소방서	1 이상
4. 한국소방안전원	본원 : 2 이상, 시·도원 : 1 이상
5. 한국소방산업기술원	2 이상

50

소방관련법에 의한 자동화재속보설비를 반드시 설치하여야 하는 특정소방대상물로 거리가 먼 것은?

① 10층 이하의 숙박시설
② 국보로 지정된 목조건축물
③ 노유자 생활시설
④ 바닥면적이 500[m²] 이상의 층이 있는 수련시설

해설 자동화재속보설비 설치대상물
(1) 업무시설, 공장, 창고시설, 교정 및 군사시설 중 국방·군사시설, 발전시설(사람이 근무하지 않는 시간에는 무인경비시스템으로 관리하는 시설만 해당한다)로서 바닥면적이 1,500[m²] 이상인 층이 있는 것(다만, 사람이 24시간 상시근무하고 있는 경우에는 설치하지 않을 수 있다)
(2) **노유자 생활시설**
(3) (2)에 해당하지 않는 노유자시설로서 바닥면적이 500[m²] 이상인 층이 있는 것(다만, 사람이 24시간 상시근무하고 있는 경우에는 설치하지 않을 수 있다)
(4) **수련시설(숙박시설이 있는 건축물만 해당한다)**로서 **바닥면적이 500[m²] 이상**인 층이 있는 것(다만, 사람이 24시간 상시근무하고 있는 경우에는 설치하지 않을 수 있다)
(5) 보물 또는 **국보로 지정된 목조건축물**(다만, 사람이

24시간 상주 시 제외)
(6) 근린생활시설 중 의원, 치과의원 및 한의원으로서 입원실이 있는 시설
(7) 의료시설 중 다음의 어느 하나에 해당하는 시설
  ① 종합병원, 병원, 치과병원, 한방병원 및 요양병원(정신병원과 의료재활시설은 제외)
  ② 정신병원과 의료재활시설로 사용되는 바닥면적의 합계가 500[m²] 이상인 층이 있는 것
(8) 판매시설 중 전통시장
(9) (1)부터 (8)까지에 해당하지 않는 특정소방대상물 중 층수가 30층 이상인 것

51

물분무 등 소화설비를 반드시 설치하여야 하는 특정소방대상물이 아닌 것은?

① 항공기 격납고
② 연면적 600[m²] 이상인 주차용 건축물
③ 바닥면적 300[m²] 이상인 전산실
④ 20대 이상의 차량을 주차할 수 있는 기계식 주차장치

해설 연면적 800[m²] 이상인 주차용 건축물에는 물분무 등 소화설비를 설치하여야 한다.

52

소방관계법에서 건축허가 등의 동의에 관한 설명으로 옳지 않은 것은?

① 사용승인에 대한 동의를 할 때에는 소방시설공사의 완공검사증명서를 교부한 것으로는 동의를 갈음할 수 없다.
② 건축허가 등의 동의를 할 때 소방본부장 또는 소방서장의 동의를 받아야 하는 건축물 등의 범위는 대통령령으로 정한다.
③ 건축허가 등의 권한이 있는 행정기관은 건축허가 등의 동의를 할 때 미리 건축물 등의 시공지 또는 소재지를 관할하는 소방본부장 또는 소방서장의 동의를 받아야 한다.
④ 용도변경의 신고를 수리(受理)할 권한이 있는 행정기관은 그 신고의 수리를 한 때에는 그 건축물 등의 시공지 또는 소재지를 관할하는 소방본부장 또는 소방서장에게 지체없이 그 사실을 알려야 한다.

해설 건축허가 등의 동의(설치유지법률 제7조)
- 사용승인에 대한 동의를 할 때에는 소방시설공사의 **완공검사증명서를 교부한 것으로는 동의를 갈음할 수 있다.** 이 경우 행정기관은 소방시설공사의 완공검사증명서를 확인하여야 한다.
- 건축허가 등의 동의를 할 때 소방본부장 또는 소방서장의 동의를 받아야 하는 건축물 등의 범위는 대통령령으로 정한다.
- 건축허가 등의 권한이 있는 행정기관은 건축허가 등의 동의를 할 때 미리 건축물 등의 시공지 또는 소재지를 관할하는 소방본부장 또는 소방서장의 동의를 받아야 한다.
- 용도변경의 신고를 수리(受理)할 권한이 있는 행정기관은 그 신고의 수리를 한 때에는 그 건축물 등의 시공지 또는 소재지를 관할하는 소방본부장 또는 소방서장에게 지체없이 그 사실을 알려야 한다.

53
소방안전관리 업무를 수행하지 아니한 특정소방대상물의 관계인에 대한 벌칙은?

① 200만원 이하의 과태료
② 100만원 이하의 벌금
③ 300만원 이하의 과태료
④ 500만원 이하의 벌금

해설 소방안전관리자의 업무를 수행하지 아니한 자의 벌칙 : 200만원 이하의 과태료
- 소방안전관리자 미선임 : 300만원 이하의 벌금
- 위험물안전관리자 미선임 : 1,500만원 이하의 벌금

54
화재, 재난·재해 그밖의 위급한 상황이 발생한 현장에 소방활동구역을 정하여 그 구역에 출입할 수 있는 사람을 제한하도록 경찰공무원에게 요청을 할 수 있는 사람은?

① 소방대장　　② 시·도지사
③ 시장·군수　　④ 행정안전부장관

해설 소방활동구역 설정권자 : 소방대장

55
점포에서 위험물을 용기에 담아 판매하기 위하여 지정수량의 40배 이하의 위험물을 취급하는 장소는?

① 일반취급소　　② 주유취급소
③ 판매취급소　　④ 이송취급소

해설 판매취급소 : 점포에서 위험물을 용기에 담아 판매하기 위하여 지정수량의 40배 이하의 위험물을 취급하는 장소
- 제1종 판매취급소 : 저장 또는 취급하는 위험물의 수량이 지정수량의 20배 이하인 판매취급소
- 제2종 판매취급소 : 저장 또는 취급하는 위험물의 수량이 지정수량의 40배 이하인 판매취급소

56
도급받은 소방시설공사의 일부를 하도급하고자 할 때에는 미리 누구에게 알려야 하는가?

① 행정안전부장관
② 시·도지사
③ 소방서장
④ 관계인 및 발주자

해설 도급받은 소방시설공사의 일부를 하도급하고자 할 때에는 미리 관계인 및 발주자에게 알려야 한다. 하수급인을 변경하거나 하도급계약을 해지할 때에도 같다.

57
소방시설공사업자는 소방시설 착공신고서의 중요한 사항이 변경된 경우에는 해당서류를 첨부하여 변경일로부터 며칠 이내에 소방본부장 또는 소방서장에게 신고하여야 하는가?

① 7일　　② 15일
③ 21일　　④ 30일

해설 소방시설 착공신고서의 중요한 사항이 변경된 경우에는 해당서류를 첨부하여 **변경일로부터 30 이내**에 소방본부장 또는 소방서장에게 신고하여야 한다.

정답 53 ①　54 ①　55 ③　56 ④　57 ④

58

2급 소방안전관리대상물의 소방안전관리자로 선임할 수 있는 사람으로 옳지 않은 것은?

① 산업안전기사 자격을 가진 사람
② 건설기계기사 자격을 가진 사람
③ 소방공무원으로 3년 이상 근무한 경력이 있는 사람
④ 의용소방대원으로 3년 이상 근무한 경력이 있는 사람으로 소방청장이 실시하는 2급 소방안전관리대상물의 소방안전관리에 관한 시험에 합격한 사람

해설 일반기계기사 자격을 가진 사람은 2급 소방안전관리대상물의 소방안전관리자로 선임할 수 있다.

59

산화성 고체이며 제1류 위험물에 해당하는 것은?

① 황화인   ② 칼 륨
③ 유기과산화물   ④ 염소산염류

해설 위험물의 분류

종 류	품 명	유 별
황화인	가연성 고체	제2류 위험물
칼 륨	자연발화성 및 금수성 물질	제3류 위험물
유기과산화물	자기반응성 물질	제5류 위험물
염소산염류	산화성 고체	제1류 위험물

60

소방특별조사 결과에 따른 조치명령으로 손실을 입어 손실을 보상하는 경우 그 손실을 입은 자는 누구와 손실보상을 협의하여야 하는가?

① 소방서장   ② 시 · 도지사
③ 소방본부장   ④ 행정안전부장관

해설 소방특별조사 조치명령으로 손실에 대한 보상 : 시 · 도지사

제 4 과목 소방기계시설의 구조 및 원리

61

물분무소화설비의 화재안전기준에서 물분무소화설비를 한 차고, 주차장에 있어서 수원은 그 저수량이 바닥면적 1[m²]에 대하여 몇 [L/min]으로 20분간 방수할 수 있는 양 이상으로 하여야 하는가?

① 10[L/min]   ② 20[L/min]
③ 30[L/min]   ④ 40[L/min]

해설 펌프의 토출량과 수원의 양

특정소방대상물	펌프의 토출량 [L/min]	수원의 양[L]
특수가연물 저장, 취급	바닥면적(50[m²] 이하는 50[m²]로) ×10[L/min·m²]	바닥면적(50[m²] 이하는 50[m²]로) ×10[L/min·m²] ×20[min]
차고, 주차장	바닥면적(50[m²] 이하는 50[m²]로) ×20[L/min·m²]	바닥면적(50[m²] 이하는 50[m²]로) ×20[L/min·m²] ×20[min]
절연유 봉입변압기	표면적(바닥 부분 제외) ×10[L/min·m²]	표면적(바닥 부분 제외) ×10[L/min·m²] ×20[min]
케이블 트레이, 덕트	투영된 바닥면적 ×12[L/min m²]	투영된 바닥면적 ×12[L/min·m²] ×20[min]
컨베이어 벨트	벨트 부분의 바닥면적 ×10[L/min·m²]	벨트 부분의 바닥면적 ×10[L/min·m²] ×20[min]

62

제연설비 배출기의 흡입측 풍도 안의 풍속으로 옳은 것은?

① 15[m/s] 이하   ② 18[m/s] 이하
③ 20[m/s] 이하   ④ 25[m/s] 이하

해설 배출기 흡입측 풍도 안의 풍속은 15[m/s] 이하로 하고, 배출측의 풍속은 20[m/s] 이하로 할 것

> 유입풍도 안의 풍속 : 20[m/s] 이하

63

다음 그림과 같이 어느 고층건물에 시설된 연결송수관의 체크밸브와 소방대 연결 송수관에 자동배수(Auto Drip)장치가 설치되어 있다. 이 장치는 모든 소방대상물의 연결송수관에 거의 필수적인 것이다. 이 장치에 관한 설명으로 옳은 것은?

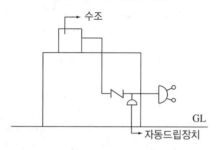

① 외부로부터 송수구를 통해 투입되는 이물질(異物質)에 의해 체크밸브와 송수간의 배관이 막혀 있는지 여부를 이 장치에 의해 점검할 수 있다.
② 이 장치는 화재 시 소방펌프차로부터 급수될 때의 수격을 완화시켜 주기 위한 것이다.
③ 체크밸브와 송수구 사이에 잔류될 수도 있는 물이 저절로 배수되는 장치이다.
④ 이 장치는 배관 내부에 대한 정기적인 통수소제를 위한 것이다.

해설 **자동배수(Auto Drip)장치** : 잔류된 물을 저절로 배수하는 장치

64

고정식 분말소화약제 공급장치에 배관 및 분사헤드를 설치하여 화재발생 부분에만 집중적으로 소화약제를 방출하도록 설치하는 방식은?

① 전역방출방식   ② 국소방출방식
③ 이동식 방출방식   ④ 탱크사이드방식

해설 **방출방식**
• **전역방출방식** : 고정식 분말소화약제 공급장치에 배관 및 분사헤드를 고정 설치하여 밀폐 방호구역내에 분말소화약제를 방출하는 설비
• **국소방출방식** : 고정식 분말소화약제 공급장치에 배관 및 분사헤드를 설치하여 **직접 화점**에 분말소화약제를 방출하는 설비로 화재발생 부분에만 집중적으로 소화약제를 방출하도록 설치하는 방식

• **호스릴방식** : 분사헤드가 배관에 고정되어 있지 않고 소화약제 저장용기에 호스를 연결하여 사람이 직접 화점에 소화약제를 방출하는 이동식 소화설비

65

스프링클러설비에서 교차배관은 가지배관 밑에 수평으로 설치한다. 교차배관의 구경은 적어도 몇 [mm] 이상이어야 하는가?

① 13   ② 25
③ 32   ④ 40

해설 **교차배관의 구경** : 40[mm] 이상

66

가압송수장치의 펌프가 작동하고 있으나 포헤드에서 포가 방출되지 않는 경우의 원인으로서 관계가 적은 것은?

① 포헤드가 막혀 있다.
② 배관이 막혀 있다.
③ 제어밸브 및 자동밸브가 열리지 않는다.
④ 전기계통의 접속불량이 있다.

해설 전기계통의 접속불량이면 펌프가 작동하지 않는다.

67

옥외소화전설비의 유량측정장치는 펌프 정격토출량의 몇 [%]까지 측정할 수 있어야 하는가?

① 140   ② 150
③ 175   ④ 185

해설 **유량측정장치**는 펌프 정격토출량의 175[%]까지 측정할 수 있어야 한다.

> 펌프의 토출량(명판)이 700[L/min]이라면 유량측정장치는 700 × 1.75 = 1,225[L/min]까지 눈금을 볼 수 있어야 한다.

정답 63 ③ 64 ② 65 ④ 66 ④ 67 ③

68

다음의 소화기 압력원 및 방사방식을 설명한 내용 중 적합하다고 볼 수 없는 것은 어느 것인가?

① 이산화탄소 소화기는 자압식이다.
② 분말소화기는 가압식과 축압식이 있다.
③ 산알칼리소화기는 전도식과 파병식이 있다.
④ 할론소화기는 모두 자압식(自壓式)이다.

해설 할론소화기는 주로 축압식이다.

69

완강기의 속도조절기에 관한 기술 중 옳지 않은 것은?

① 견고하고 내구성이 있어야 한다.
② 강하 시 발생하는 열에 의해 기능에 이상이 생기지 아니하여야 한다.
③ 모래 등 이물질이 들어가지 않도록 견고한 커버로 덮여져야 한다.
④ 평상시에는 분해, 청소등을 하기 쉽게 만들어져 있어야 한다.

해설 완강기의 속도조절기는 평상시에는 분해·청소 등을 하지 아니하여도 작동될 수 있어야 한다.

70

분말소화약제의 저장용기에는 저장용기의 내부압력이 설정압력이 되었을 때 주밸브를 개방하는 장치가 필요하다. 이장치의 명칭은?

① 자동폐쇄장치　② 전자개방장치
③ 자동청소장치　④ 정압작동장치

해설 정압작동장치 : 주밸브 개방 장치

71

수계소화설비의 가압송수장치인 압력수조의 설치부속물이 아닌 것은?

① 수위계　② 물올림장치
③ 자동식에어콤프레셔　④ 맨 홀

해설 압력수조의 설치부속물 : 수위계, 급수관, 배수관, 급기관, 맨홀, 압력계. 안전장치, 자동식 공기압축기

물올림장치 설치 : 부압수조방식(수원이 펌프보다 낮은 위치에 있을 경우인데 최근 현장에는 거의 설치되어 있지 않는다)

72

상수도 소화용수 설치 시 소방대상물의 소화전 기준에 맞는 것은?

① 수평투영 반경의 각 부분으로부터 140[m] 이하마다
② 수평투영면의 각 부분으로부터 140[m] 이하마다
③ 수평투영 면적의 각 부분으로부터 140[m] 이하마다
④ 수평투시도의 각 부분으로부터 140[m] 이하마다

해설 상수도 소화용수설비에서 소화전은 수평투영면의 각 부분으로부터 140[m] 이하가 되도록 설치한다.

73

피난로의 급기가압에 의한 제연방식에서 예상되는 문제점과 거리가 가장 먼 것은?

① 전실 등의 문이 열려져 있으면 가압제연이 곤란하다.
② 누설된 공기가 화재실로 인입되면 화재가 거세진다.
③ 공기가 누설될 수 있는 실의 틈새 등의 산정에 변수가 많으며 계산된 면적도 실제 상황과의 차이를 예상할 수 있다.
④ 급기 가압하는 공기량은 최대한 크게 해야 한다.

해설 송풍기의 송풍능력은 송풍기가 담당하는 제연구역에 대한 급기량의 1.15배 이상으로 하여야 한다.

74

이산화탄소 소화설비의 선택밸브에 대한 설명으로 가장 부적합 것은?

① 선택밸브는 반드시 수동으로 개방하여야 한다.
② 선택밸브는 방호구역을 선택하기 위한 밸브이다.
③ 선택밸브는 방호구역마다 설치하여야 한다.
④ 선택밸브에는 담당 방호구역을 나타내는 표시를 하여야 한다.

해설 이산화탄소 소화설비의 선택밸브의 설치기준
- 방호구역 또는 방호대상물마다 설치할 것
- 각 선택밸브에는 그 담당방호구역 또는 방호대상물을 표시할 것

75

제연설비의 배출풍도에 사용되는 강판은 두께가 몇 [mm]부터 사용할 수 있는가?

① 0.2[mm] ② 0.5[mm]
③ 0.8[mm] ④ 1.0[mm]

해설 배출풍도에 사용하는 강판의 두께

풍도단면의 긴 변 또는 직경의 크기	강판 두께
450[mm] 이하	0.5[mm]
450[mm] 초과 750[mm] 이하	0.6[mm]
750[mm] 초과 1,500[mm] 이하	0.8[mm]
1,500[mm] 초과 2,250[mm] 이하	1.0[mm]
2,250[mm] 초과	1.2[mm]

76

포 소화약제의 혼합장치 중 아래 그림은 어느 방식에 맞는 것인가?

① Line Proportioner 방식
② Pump Proportioner 방식
③ Pressure Proportioner 방식
④ Pressure Side Proportioner 방식

해설 포소화약제의 혼합장치
- 펌프 프로포셔너 방식(Pump Proportioner, 펌프 혼합방식) : 펌프의 토출관과 흡입관 사이의 배관도 중에 설치한 흡입기에 펌프에서 토출된 물의 일부를 보내고 농도조절밸브에서 조정된 포소화약제의 필요량을 포소화약제 탱크에서 펌프 흡입측으로 보내어 약제를 혼합하는 방식

- 라인 프로포셔너 방식(Line Proportioner, 관로 혼합방식) : 펌프와 발포기의 중간에 설치된 벤투리관의 벤투리작용에 따라 포 소화약제를 흡입·혼합하는 방식. 이 방식은 옥외소화전에 연결 주로 1층에 사용하며 원액흡입력 때문에 송수압력의 손실이 크고, 토출측 호스의 길이, 포원액 탱크의 높이 등에 민감하므로 아주 정밀설계와 시공을 요한다.
- 프레셔 프로포셔너 방식(Pressure Proportioner, 차압 혼합방식) : 펌프와 발포기의 중간에 설치된 벤투리관의 벤투리작용과 펌프 가압수의 포소화약제 저장탱크에 대한 압력에 따라 포소화약제를 흡입 혼합하는 방식. 현재 우리나라에서는 3[%] 단백포 차압혼합방식을 많이 사용하고 있다.
- 프레셔 사이드 프로포셔너 방식(Pressure Side Proportioner, 압입 혼합방식) : 펌프의 토출관에 압입기를 설치하여 포소화 약제 압입용 펌프로 포소화약제를 압입시켜 혼합하는 방식

77

다음 ( ) 안에 적당한 것은?

> 바닥면적 60[m²]인 차고 또는 주차장에 물분무소화설비를 설치하려고 한다. 이때 수원의 저수량은 1[m²]에 대하여 20[L/min]로 ( ) 분간 방수할 수 있는 양 이상이어야 한다.

① 10 ② 12
③ 20 ④ 30

해설 물분무소화설비를 차고 또는 주차장은 그 바닥면적 (최대 방수구역의 바닥면적을 기준으로 하며, 50[m²] 이하인 경우에는 50[m²]) 1[m²]에 대하여 20[L/min]로 20분간 방수할 수 있는 양 이상으로 할 것

78

어느 밀폐된 실내에 이산화탄소를 방출시켜 실내의 산소농도(체적율)를 14[%]까지 저하시켰다고 할 때 그 속에 차지하는 이산화탄소의 농도(체적률)는 몇 [%]가 될 것인가?

① 21[%] ② 28[%]
③ 33.3[%] ④ 40[%]

해설 이산화탄소의 농도

이산화탄소의 농도
$$= \frac{21-O_2}{21} \times 100 = \frac{21-14}{21} \times 100$$
$$= 33.33[\%]$$

79

소화기 설치장소로서 적당하지 않는 것은?

① 보기 싫으므로 눈에 잘 뜨이지 않는 곳에 둔다.
② 습기가 많지 않는 곳에 둔다.
③ 통행 및 작업에 방해가 되지 않는 곳에 둔다.
④ 바닥으로부터 높이 1.5[m] 이하의 곳에 비치한다.

해설 소화기 설치장소

- 잘 보이는 장소로서 통행에 지장이 없는 장소에 비치한다.
- 습기가 없는 장소에 비치한다.
- 바닥으로부터 높이 1.5[m] 이하의 곳에 비치한다.

80

습식 스프링클러설비의 구성요소가 아닌 것은?

① 유수검지장치   ② 압력스위치
③ 액셀레이터   ④ 리타딩 체임버

해설 액셀레이터와 익져스터는 건식 스프링클러설비의 구성요소이다.

- 액셀레이터(Accelater) : 건식 설비에 있어서는 물이 스프링클러를 통해 압력을 갖고 분출되는 시간이 압축공기의 장애로 인해 습식설비보다 늦게 되므로 초기 소화에 차질이 생기므로 습식 설비와 같은 초기 소화를 할 수 있도록 배관 내의 공기를 빼주는 속도를 증가시켜 주기 위하여 보통 액셀레이터 및 익져스터를 사용한다.
- 익져스터(Exhauster) : 건식 설비의 드라이밸브(건식밸브)에 설치하여 액셀레이터와 같이 공기와 물을 조정하여 초기소화를 돕기 위하여 압축공기를 빼주는 속도를 증가시키기 위하여 사용되는 것이다.

2014년 5월 25일 시행

제 **2** 회

제 **1** 과목 **소방원론**

01

다음 중 자연발화의 위험이 가장 높은 것은?

① 과염소산나트륨　　② 셀룰로이드
③ 질산나트륨　　　　④ 아닐린

해설 **자연발화의 형태**
- 산화열에 의한 발화 : 석탄, 건성유, 고무분말
- 분해열에 의한 발화 : 나이트로셀룰로스, 셀룰로이드
- 생물에 의한 발화 : 퇴비, 먼지
- 흡착열에 의한 발화 : 목탄, 활성탄
- 중합열에 의한 발열 : 시안화수소 등

02

공기 중에 산소는 약 [vol%] 포함되어 있는가?

① 15　　　　　　② 18
③ 21　　　　　　④ 25

해설 공기 중에 산소는 21[vol%]가 함유되어 있다.

03

CO_2 소화기가 갖는 주된 소화효과는?

① 냉각소화　　　　② 질식소화
③ 연료제거소화　　④ 연쇄반응차단소화

해설 **이산화탄소(CO_2)소화기의 소화효과** : 질식, 냉각, 피복소화

> 이산화탄소(CO_2)소화기의 주된 소화효과 : 질식소화

04

목조건물의 화재성상은 내화건물에 비하여 어떠한가?

① 고온 장기형이다.　　② 고온 단기형이다.
③ 저온 장기형이다.　　④ 저온 단기형이다.

해설 **건축물의 화재성상**
- 목조건축물의 화재성상 : **고온단기형**
- 내화건축물의 화재성상 : **저온장기형**

05

다음 중 독성이 가장 강한 가스는?

① C_3H_8　　　　　② O_2
③ CO_2　　　　　④ $COCl_2$

해설 **독성가스의 허용농도**

종 류	C_3H_8	O_2	CO_2	$COCl_2$
명 칭	프로판	산소	이산화탄소	포스겐
허용농도 [ppm]	1,000	–	5,000	0.1

06

할론 1301 소화약제의 주된 소화효과는?

① 기화에 의한 냉각소화 효과
② 중화에 의한 희석소화 효과
③ 압력에 의한 제거소화 효과
④ 부촉매에 의한 억제소화 효과

해설 **할론 1301 소화약제의 주된 소화효과** : 부촉매에 의한 억제소화

정답 01 ②　02 ③　03 ②　04 ②　05 ④　06 ④

07

열전달의 슈테판–볼츠만의 법칙은 복사체에 발산되는 복사열은 복사체의 절대온도의 몇 승에 비례한다는 것인가?

① $\frac{1}{2}$

② 2

③ 3

④ 4

해설 슈테판볼츠만의 법칙 : 복사열은 절대온도차의 4제곱에 비례하고 열전달면적에 비례한다.

$$Q_1 : Q_2 = (T_1 + 273)^4 : (T_2 + 273)^4$$

08

다음 중 물과 반응하여 수소가 발생하지 않는 것은?

① Na

② K

③ S

④ Li

해설 물과의 반응
- 나트륨 $2Na + 2H_2O \rightarrow 2NaOH + H_2\uparrow$
- 칼륨 $2K + 2H_2O \rightarrow 2KOH + H_2\uparrow$
- 리튬 $2Li + 2H_2O \rightarrow 2LiOH + H_2\uparrow$
- 황은 물이나 산에는 녹지 않으나 알코올에는 조금 녹고 고무상황을 제외하고는 CS_2에 잘 녹는다.

09

다음 중 불완전연소 시 발생하는 가스로서 헤모글로빈에 의한 산소의 공급에 장해를 주는 것은?

① CO

② CO_2

③ HCN

④ HCl

해설 일산화탄소(CO)는 혈액 내의 **헤모글로빈(Hb)**과 작용하여 산소운반을 저해하여 사망에 이르게 한다.

10

분말소화약제 중 A, B, C급의 화재에 모두 사용할 수 있는 것은?

① 제1종 분말소화약제

② 제2종 분말소화약제

③ 제3종 분말소화약제

④ 제4종 분말소화약제

해설 분말소화약제

종류	주 성 분	약제의 착색	적응 화재	열분해 반응식
제1종 분말	탄산수소나트륨 ($NaHCO_3$)	백 색	B, C급	$2NaHCO_3$ $\rightarrow Na_2CO_3 + CO_2$ $+ H_2O$
제2종 분말	탄산수소칼륨 ($KHCO_3$)	담회색	B, C급	$2KHCO_3$ $\rightarrow K_2CO_3 + CO_2$ $+ H_2O$
제3종 분말	제일인산암모늄 ($NH_4H_2PO_4$)	담홍색, 황색	A, B, C급	$NH_4H_2PO_4$ $\rightarrow HPO_3 + NH_3$ $+ H_2O$
제4종 분말	탄산수소칼륨 + 요소 ($KHCO_3 + (NH_2)_2CO$)	회 색	B, C급	$2KHCO_3$ $+ (NH_2)_2CO$ $\rightarrow K_2CO_3$ $+ 2NH_3 + 2CO_2$

11

물이 소화약제로 사용되는 장점으로 가장 거리가 먼 것은?

① 기화잠열이 비교적 크다.

② 가격이 저렴하다.

③ 많은 양을 구할 수 있다.

④ 모든 종류의 화재에 사용할 수 있다.

해설 물소화약제는 냉각효과가 있으므로 유류화재, 전기화재에는 적합하지 않다.

12

소화약제로서 이산화탄소의 특징이 아닌 것은?

① 전기 전도성이 있어 위험하다.

② 장시간 저장이 가능하다.

③ 소화약제에 의한 오손이 없다.

④ 무색이고 무취이다.

해설 이산화탄소는 전기 비전도성이다.

13

다음 중 일반적으로 목조건축물의 화재 시 발화에서 최성기까지의 소요시간에 가장 가까운 것은?(단, 풍속이 거의 없을 경우를 가정한다)

① 1분 미만　　　　② 4~14분
③ 30~60분　　　　④ 90분 이상

해설 풍속에 따른 연소시간

풍속[m/s]	0~3
발화 → 최성기	5~15분(4~14분)
최성기 → 연소낙하	6~19분
발화 → 연소낙하	13~24분

14

화재의 분류에서 A급 화재에 속하는 것은?

① 유 류　　　　② 목 재
③ 전 기　　　　④ 가 스

해설 화재의 등급

구 분 \ 급 수	A급	B급	C급	D급
화재의 종류	일반 화재	유류 화재	전기 화재	금속 화재
표시색	백 색	황 색	청 색	무 색

15

20[℃]의 물 1[g]을 100[℃]의 수증기로 변화시키는 데 필요한 열량은 얼마인가?

① 699[cal]　　　　② 619[cal]
③ 539[cal]　　　　④ 80[cal]

해설 $Q = mC_p \Delta t + r \cdot m$
$= \{1[g] \times 1[cal/g \cdot ℃] \times (100-20)[℃]\}$
$\quad + \{539[cal/g] \times 1[g]\}$
$= 619[cal]$

16

위험물질의 자연발화를 방지하는 방법이 아닌 것은?

① 열의 축적을 방지할 것
② 저장실의 온도를 저온으로 유지할 것
③ 촉매 역할을 하는 물질과 접촉을 피할 것
④ 습도를 높일 것

해설 자연발화의 방지대책
• **습도를 낮게 할 것**(습도를 낮게 해야 한 지점의 열의 확산을 잘 시킨다)
• 주위(저장실)의 온도를 낮출 것
• 통풍을 잘 시킬 것
• 불활성 가스를 주입하여 공기와 접촉을 피할 것

17

화재 종류별 표시 색상이 옳게 연결된 것은?

① 일반화재 – 청색　　② 유류화재 – 황색
③ 전기화재 – 백색　　④ 금속화재 – 적색

해설 문제 14번 참조

18

단일원소로 구성된 위험물이 아닌 것은?

① 유 황　　　　② 적 린
③ 에탄올　　　　④ 나트륨

해설 위험물

종류	유 황	적 린	에탄올	나트륨
화학식	S	P	C_2H_5OH	Na

19

휘발유의 인화점은 약 몇 [℃] 정도되는가?

① −40~−20[℃]　　② 30~50[℃]
③ 50~70[℃]　　　　④ 80~100[℃]

해설 휘발유의 인화점 : −43~−20[℃]

20

다음 중 제3류 위험물인 나트륨 화재 시의 소화방법으로 가장 적합한 것은?

① 이산화탄소 소화약제를 분사한다.
② 건조사를 뿌린다.
③ 할론 1301을 분사한다.
④ 물을 뿌린다.

해설 칼륨, 나트륨의 소화약제 : 건조된 모래

제 **2** 과목 **소방유체역학**

21

동력이 2[kW]인 펌프를 사용하여 수면의 높이 차이가 40[m]인 곳으로 물을 끌어 올리려고 한다. 관로 전체의 손실수두가 10[m]라고 할 때 펌프의 유량은 약 몇 [m³/s]인가?(단, 펌프의 효율은 90[%]이다)

① 0.00294　　② 0.00367
③ 0.00408　　④ 0.00453

해설 전동기 용량

$$P[\text{kW}] = \frac{\gamma \times Q \times H}{102 \times \eta} \times K$$
$$Q = \frac{102 \times P \times \eta}{\gamma \times H \times K}$$

여기서, Q : 유량[m³/s]
　　H : 전양정(40[m]+10[m]=50[m])
　　K : 전달계수
　　η : 펌프 효율

$$\therefore Q = \frac{102 \times P \times \eta}{\gamma \times H \times K}$$
$$= \frac{102 \times 2[\text{kW}] \times 0.9}{1,000[\text{kg}_f/\text{m}^3] \times 50 \times 1}$$
$$= 0.00367[\text{m}^3/\text{s}]$$

22

수평원형관의 상류측 단면의 안지름이 300[mm], 하류측 단면의 안지름이 600[mm]인 점차 확대관이 있다. 상류측 물의 유속이 2[m/s]이면 하류측 단면에서의 물의 유속은 몇 [m/s]인가?

① 0.45　　② 0.5
③ 0.55　　④ 0.6

해설 물의 유속

$$\frac{u_2}{u_1} = \left(\frac{D_1}{D_1}\right)^2$$

$$\therefore u_2 = u_1 \times \left(\frac{D_1}{D_1}\right)^2$$
$$= 2[\text{m/s}] \times \left(\frac{300}{600}\right)^2 = 0.5[\text{m/s}]$$

23

토출량이 1.6[m³/min], 전양정이 100[m]인 펌프의 회전차 회전수를 1,000[rpm]에서 1,400[rpm]으로 증가시키면 동력[kW]과 전양정[m]은 각각 얼마로 늘어나는가?(단, 펌프의 효율은 65[%]이고, 여유율은 10[%]이다)

① 44.1[kW], 110[m]
② 82.1[kW], 120[m]
③ 121.1[kW], 196[m]
④ 142.5[kW], 210[m]

해설 동력과 양정
• 동력

$$P_2 = P_1 \times \left(\frac{N_2}{N_1}\right)^3$$

여기서, P_1을 구하면

$$P[\text{kW}] = \frac{\gamma\, QH}{102 \times \eta} \times K$$

여기서, γ : 물의 비중량(1,000[kg_f/m³])
　　Q : 유량[m³/s]
　　H : 전양정[m]
　　K : 전달계수
　　η : 펌프 효율

$$\therefore P_1[\text{kW}] = \frac{\gamma\,QH}{102\times\eta}\times K$$
$$= \frac{1,000\times16[\text{m}^3]/60[\text{s}]\times100[\text{m}]}{102\times0.65}\times1.1$$
$$= 44.24[\text{kW}]$$
$$\therefore P_2 = P_1\times\left(\frac{N_2}{N_1}\right)^3 = 44.24\times\left(\frac{1,400}{1,000}\right)^3$$
$$= 121.4[\text{kW}]$$

- 전양정 $H_2 = H_1\times\left(\frac{N_2}{N_1}\right)^2$
$$= 100[\text{m}]\times\left(\frac{1,400}{1,000}\right)^2 = 196[\text{m}]$$

24

열역학 법칙 중 제2종 영구기관의 제작이 불가능함을 역설한 내용은?

① 열역학 제0법칙　② 열역학 제1법칙
③ 열역학 제2법칙　④ 열역학 제3법칙

해설 **열역학 제2법칙(Kelivin–Planck의 표현)** : 사이클로 작동하면서 열원으로 받은 열량을 전부 일로 변환시키며 100[%]의 효율을 가진 기관으로서 제2종 영구기관의 제작이 불가능하다.

25

단면적이 0.15[m²]인 관 내에 유량 0.9[m³/s]의 물이 흐르고 있다. 관 단면적이 0.1[m²]로 축소되는 부분에서 손실계수가 0.83이라고 한다. 이 축소관에서의 손실수두는 몇 [m]인가?

① 1.52　② 2.38
③ 3.43　④ 14.94

해설 **돌연축소관에서의 손실수두**

$$H = K\frac{u_2^2}{2g}[\text{m}]$$

여기서, C : 축소계수
$$u_2 = \frac{Q}{A_2} = \frac{0.9[\text{m}^3/\text{s}]}{0.1[\text{m}^2]} = 9[\text{m/s}]$$
$$\therefore H = K\frac{u_2^2}{2g} = 0.83\times\frac{(9[\text{m/s}])^2}{2\times9.8[\text{m/s}]} = 3.43[\text{m}]$$

26

지름 6[cm]인 원관으로부터 매분 4,000[L]의 물이 고정된 평면판에 직각으로 부딪칠 때 평면에 작용하는 충격력은 약 몇 [N]인가?

① 1,380　② 1,570
③ 1,700　④ 1,930

해설 충격력 $F = Q\rho u = Q\rho\dfrac{Q}{A}$
$$= 4[\text{m}^3]/60[\text{s}]\times1,000[\text{kg/m}^3]\times\frac{4[\text{m}^3]/60[\text{s}]}{\frac{\pi}{4}(0.06)^2}$$
$$= 1,573.5[\text{kg}\cdot\text{m/s}^2] = 1,573.5[\text{N}]$$

27

분자량이 35인 어떤 가스의 정압비열이 0.535[kJ/kg·K]라고 가정할 때 이 가스의 비열비(k)는 약 얼마인가?(단, 기체상수 R = 8.31434[kJ/kmol·K]이다)

① 1.4　② 1.5
③ 1.65　④ 1.8

해설 **비열비(k)**

$$k = \frac{C_P}{C_V}$$

여기서, $R = \dfrac{\bar{R}}{M} = \dfrac{8.31434[\text{kJ/k-mol·K}]}{35}$
$$= 0.237[\text{kJ/kg·K}]$$
$C_P - C_V = R$
$C_V = C_P - R = 0.535 - 0.237 = 0.298[\text{kJ/kg·K}]$
$$\therefore k = \frac{C_P}{C_V} = \frac{0.535[\text{kJ/kg·K}]}{0.298[\text{kJ/kg·K}]} = 1.8$$

28

단단한 탱크 속에 300[kPa], 0[℃]의 이상기체가 들어 있다. 이것을 100[℃]까지 가열하였을 때 압력상승은 약 몇 [kPa]인가?

① 110　② 210
③ 410　④ 710

해설 • 체적이 일정하므로 $\dfrac{P_1}{T_1} = \dfrac{P_2}{T_2}$

가열 후의 압력

$P_2 = 300 \times \dfrac{273 + 100[\text{K}]}{273 + 0[\text{K}]} = 409.9[\text{kPa}]$

• 압력상승

$\Delta P = P_2 - P_1 = 409.9 - 300 = 109.9[\text{kPa}]$

29

비중이 0.88인 벤젠에 내경 1[mm]의 유리관을 세웠더니 벤젠이 유리관을 따라 9.8[mm]를 올라갔다. 유리와의 접촉각이 0°라 하면 벤젠의 표면장력은 약 몇 [N/m]인가?

① 0.021   ② 0.042

③ 0.084   ④ 0.128

해설 벤젠의 표면장력

$$h = \frac{4\sigma \cos\theta}{rd}$$

여기서, h : 상승높이(0.0098[m])

θ : 0°

$r = r_w s = 9,800[\text{N/m}^2] \times 0.88$

    $= 8.624[\text{N/m}^2]$

d : 내경(0.001[m])

$\therefore \sigma = \dfrac{rhd}{4\cos\theta} = \dfrac{8,624 \times 0.0098 \times 0.001}{4}$

    $= 0.021[\text{N/m}]$

30

[보기] 중 비점성유체(Inviscid Fluid)를 모두 고른 것은?

> [보 기]
> ⓐ 뉴턴(Newton)유체
> ⓑ 표준상태의 공기
> ⓒ 이상유체

① ⓐ   ② ⓒ

③ ⓐ, ⓑ   ④ ⓐ, ⓒ

해설 이상유체 : 비점성유체

31

물과 글리세린과 공기의 점성계수를 크기순으로 바르게 배열한 것은?

① 공기 > 물 > 글리세린

② 글리세린 > 공기 > 물

③ 물 > 글리세린 > 공기

④ 글리세린 > 물 > 공기

해설 글리세린은 제4류 위험물 제3석유류로서 점성이 가장 크다(글리세린>물>공기).

32

그림과 같이 수조에 붙어 있는 상하 두 노즐에서 물이 분출하여 한 점(A)에서 만나려고 하면 어떤 관계의 식이 성립되어야 하는가?(단, 공기저항과 노즐의 손실은 무시한다)

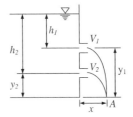

① $h_1 y_1 = h_2 y_2$ ② $h_1 y_2 = h_2 y_1$

③ $h_1 h_2 = y_1 y_2$ ④ $h_1 y_1 = 2 h_2 y_2$

해설 토리첼리공식에서 유속 V는

$V_1 = \sqrt{2gh_1}$, $V_2 = \sqrt{2gh_2}$ 이다.

• 자유낙하높이는 $y_1 = \dfrac{1}{2}gt^2$

시간 $t = \sqrt{\dfrac{2y_1}{g}}$ 이고 $x = V_1 t$이므로

$x_1 = \sqrt{2gh_1} \cdot \sqrt{\dfrac{2y_1}{g}}$ 이다.

• $y_2 = \dfrac{1}{2}gt^2$, 시간 $t = \sqrt{\dfrac{2y_2}{g}}$ 이고

$x = V_2 t$이므로

$x_2 = \sqrt{2gh_2} \cdot \sqrt{\dfrac{2y_2}{g}}$ 이다.

$$\therefore \ x_1 = x_2 \text{이므로}$$

$$\sqrt{2gh_1} \cdot \sqrt{\frac{2y_1}{g}} = \sqrt{2gh_2} \cdot \sqrt{\frac{2y_2}{g}}$$

(양변을 제곱하면)

$$2gh_1 \cdot \frac{2y_1}{g} = 2gh_2 \cdot \frac{2y_2}{g}$$

$$\therefore \ h_1 y_1 = h_2 y_2$$

33

공동현상(Cavitation)의 방지법으로 적절하지 않은 것은?

① 배관을 완만하고 짧게 한다.
② 펌프의 마찰손실을 적게 한다.
③ 펌프의 설치 위치를 가능한 높여서 흡입양정을 높인다.
④ 마찰저항이 작은 흡입관을 사용하여 흡입관의 손실을 줄인다.

해설 공동현상(Cavitation) 방지대책
• 펌프의 흡입측 수두, 마찰손실을 적게 한다.
• 펌프 임펠러 속도를 적게 한다.
• 펌프 흡입관경을 크게 한다.
• 펌프 설치위치를 수원보다 낮게 하여야 한다.
• 펌프 흡입압력을 유체의 증기압보다 높게 한다.
• 양흡입 펌프를 사용하여야 한다.

34

30×50[cm]의 평판이 수면에서 깊이 30[cm]되는 곳에 수평으로 놓여 있을 때 평판에 작용하는 물에 의한 힘은 몇 [N]인가?

① 341 ② 441
③ 541 ④ 641

해설 평판에 작용하는 물에 의한 힘

$$F = r h A$$

$$\therefore \ F = r h A$$
$$= 9,800[\text{N/m}^3] \times 0.3[\text{m}] \times (0.3 \times 0.5[\text{m}])$$
$$= 441[\text{N}]$$

35

온도가 55[℃]인 평판 위를 흐르는 온도 15[℃]의 유체가 있다. 평판과 유체 사이의 대류열전달계수(Convection Heat Transfer Coefficient)가 70[W/m² · K]일 때 평판으로부터 유체로 전달되는 대류 열유속(Heat Flux)은 몇 [W/m²]인가?

① 2,140 ② 2,450
③ 2,800 ④ 2,950

해설 열유속 $= h \Delta t$
$= 70[\text{W/m}^2 \cdot \text{K}] \times \{(273+55)-(273+15)\}[\text{K}]$
$= 2,800[\text{W/m}^2]$

> 이 문제는 단위만 정확히 보아도 풀 수 있는 문제입니다.

36

U자관 액주계가 2개의 큰 저수조 사이의 압력차를 측정하기 위하여 그림과 같이 설치되어 있다. 오일 레벨의 차이가 수면 레벨차이의 10배가 되도록 하는 오일의 비중은?($h_2 = 10h_1$)

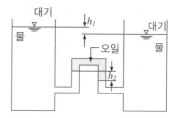

① 0.1 ② 0.5
③ 0.9 ④ 1.5

해설 U자관 액주계의 압력차

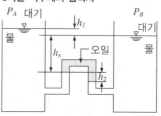

$$P_A = P_B, \ h_2 = 10h_1$$
$$P_A + \gamma_w h_1 + \gamma_w h_x + s\gamma_w h_2 = P_B + \gamma_w (h_2 + h_x)$$
$$\gamma_w h_1 + s\gamma_w h_2 = \gamma_w h_2$$
$$h_1 + s(10h_1) = 10h_1$$

$$s(10h_1) = 10h_1 - h_1$$

비중 $s = \dfrac{9h_1}{10h_1} = 0.9$

① ⓐ 오리피스, ⓑ 피토관
② ⓐ 관노즐, ⓑ 벤투리관
③ ⓐ 위어, ⓑ 벤투리관
④ ⓐ 벤투리관, ⓑ 오리피스

해설 ⓐ 오리피스, ⓑ 피토관

37
부력의 작용점에 관한 설명으로 옳은 것은?

① 떠 있는 물체의 중심
② 물체의 수직 투영면 중심
③ 잠겨진 물체의 중력 중심
④ 잠겨진 물체의 체적의 중심

해설 **부력의 작용점** : 잠겨진 물체의 체적의 중심

38
일정한 유량의 물이 층류로 원관 속을 흐른다고 가정할 때 원관의 지름을 2배로 하면 손실수두는 몇 배가 되는가?

① $\dfrac{1}{2}$　　② $\dfrac{1}{4}$

③ $\dfrac{1}{8}$　　④ $\dfrac{1}{16}$

해설 하겐–포아젤 방정식에서

$$H = \dfrac{128\mu l Q}{r\pi d^4}$$

∴ $H = \dfrac{1}{d^4}$ 이므로 손실수두 $H = \dfrac{1}{2^4} = \dfrac{1}{16}$ 이 된다.

39
다음에서 제시한 실험관 ⓐ, ⓑ의 명칭을 바르게 나열한 것은?

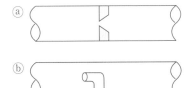

40
원관 내부로 유체가 흐를 때 레이놀즈수가 1,000이라면 관에 대한 마찰계수(f)는 얼마인가?

① 0.032　　② 0.064
③ 0.084　　④ 0.086

해설 층류일 때 관 마찰계수 $f = \dfrac{64}{1,000} = 0.064$

제3과목 **소방관계법규**

41
하자보수를 하여야 하는 소방시설 중 하자보수 보증기간이 3년이 아닌 것은?

① 자동소화장치
② 비상방송설비
③ 상수도소화용수설비
④ 스프링클러설비

해설 **소방시설별 하자보수 보증기간(공사업법 영 제6조)**

소화설비	보수기간
피난기구, 유도등, 유도표지, 비상경보설비, 비상조명등, **비상방송설비**, 무선통신보조설비	2년
자동소화장치, 옥내·외소화전설비, **스프링클러설비**, 간이스프링클러설비, 물분무등 소화설비, **자동화재탐지설비**, 상수도소화용수설비, 소화활동설비(무선통신보조설비는 제외)	3년

42

소방관계법령의 정의에서 곧바로 지상으로 갈 수 있는 출입구가 있는 층을 무엇이라 하는가?

① 지상층　　　② 피난층
③ 피난경유층　　④ 피난지역

해설 피난층
　곧바로 지상으로 갈 수 있는 출입구가 있는 층

43

제6류 위험물에 대한 소화설비 중 적응성이 없는 것은?

① 옥내소화전설비
② 스프링클러설비
③ 포소화설비
④ 할론소화설비

해설 제6류 위험물의 소화설비 적응성
　수계 소화설비(옥내소화전설비, 옥외소화전설비, 스프링클러설비, 물분무소화설비, 포소화설비)

44

한국소방안전원의 업무가 아닌 것은?

① 위험물탱크 성능시험
② 화재예방과 안전관리의식 고취를 위한 대국민 홍보
③ 소방기술과 안전관리에 관한 각종 간행물의 발간
④ 소방기술과 안전관리에 관한 교육 및 조사·연구

해설 한국소방안전원의 업무(기본법 제41조)
　• 소방기술과 안전관리에 관한 교육 및 조사·연구
　• 소방기술과 안전관리에 관한 각종 간행물의 발간
　• 화재예방과 안전관리의식의 고취를 위한 대국민 홍보
　• 소방업무에 관하여 행정기관이 위탁하는 업무
　• 그 밖에 회원의 복리증진 등 정관이 정하는 사항

45

정당한 사유없이 피난시설, 방화구획 및 방화시설의 유지·관리에 필요한 조치 명령을 위반한 경우 이에 대한 벌칙으로 옳은 것은?

① 200만원 이하의 벌금
② 300만원 이하의 벌금
③ 1년 이하의 징역 또는 1,000만원 이하의 벌금
④ 3년 이하의 징역 또는 3,000만원 이하의 벌금

해설 정당한 사유없이 피난시설, 방화구획 및 방화시설의 유지·관리에 필요한 조치 명령을 위반한 경우 이에 대한 벌칙
　: 3년 이하의 징역 또는 3,000만원 이하의 벌금

46

도시의 건물 밀집지역 등 화재가 발생할 우려가 높거나 화재가 발생하는 경우 그로 인하여 피해가 클 것으로 예상되는 일정한 구역으로서 대통령령으로 정하는 지역을 화재경계지구로 지정할 수 있는데 화재경계지구의 지정권자는?

① 국무총리　　　② 행정안전부장관
③ 시·도지사　　④ 소방청장

해설 화재경계지구
　• 지정대상 : 도시의 건물 밀집지역등 화재가 발생할 우려가 높거나 화재가 발생하는 경우 그로 인하여 피해가 클 것으로 예상되는 일정한 구역으로서 대통령령으로 정하는 지역
　• 지정권자 : 화재경계지구의 지정권자 : 시·도지사 (기본법 제13조)
　• 화재경계지구의 지정지역(기본법 영 제4조)
　　- 시장지역
　　- 공장·창고가 밀집한 지역
　　- 목조건물이 밀집한 지역
　　- 위험물의 저장 및 처리시설이 밀집한 지역
　　- 석유화학제품을 생산하는 공장이 있는 지역
　　- 소방시설·소방용수시설 또는 소방출동로가 없는 지역

47

관할 구역에 있는 소방대상물, 관계지역 또는 관계인에 대하여 소방시설 등이 소방관계 법령에 적합하게 설치, 유지·관리되고 있는지 소방대상물에 화재, 재난, 재해 등의 발생 위험이 있는지 등을 확인하기 위하여 관계 공무원으로 하여금 소방안전관리에 관한 특별조사를 하게 할 수 있다. 소방특별조사를 실시하는 사람은?

① 소방안전협회장
② 행정안전부장관
③ 시·도지사
④ 소방본부장 또는 소방서장

해설 **소방특별조사 실시권자** : 소방청장, 소방본부장 또는 소방서장

48

소방용수시설의 설치기준에서 상업지역 및 공업지역에 설치하는 경우 수평거리 몇 [m] 이하가 되도록 하여야 하는가?

① 300[m] 이하   ② 200[m] 이하
③ 140[m] 이하   ④ 100[m] 이하

해설 **소방용수시설의 설치거리(기본법 규칙 별표 3)**
• 공업지역, 상업지역, 주거지역 : 100[m] 이하
• 그 밖의 지역 : 140[m] 이하

49

건축허가 등의 동의를 요구하는 때에 동의요구서와 함께 첨부하여야 하는 서류가 아닌 것은?

① 건축허가신청서 또는 건축허가서
② 소방시설의 층별 평면도 및 층별 계통도
③ 소방시설설계업 등록증
④ 소방시설공사업 등록증

해설 소방시설공사업 등록증은 건축허가 등의 동의요구서에 첨부 서류가 아니다(설치유지법률 규칙 제4조).

50

소방시설업자가 등록사항의 변경이 있는 때에 변경신고를 하지 않아도 되는 것은?

① 기술인력을 변경하는 경우
② 영업소의 소재지를 변경하는 경우
③ 사무실 임대차계약을 변경하는 경우
④ 명칭 또는 상호를 변경하는 경우

해설 **소방시설업(공사업법 규칙 제6조)**
• 등록사항 변경 시 첨부서류
  – 명칭(상호) 또는 영업지소재지 변경 : 소방시설업 등록증 및 등록수첩
  – 대표자 변경 : 소방시설업 등록증 및 등록수첩, 변경된 대표자의 성명, 주민등록번호 및 주소지 등의 인적사항이 적힌 서류
  – 기술인력 변경
    ⓐ 소방시설업등록수첩
    ⓑ 기술인력 증빙서류
• 소방시설업자의 등록사항의 변경신고 : 30일 이내에 시·도지사에게 제출

51

특정소방대상물에 소방안전관리자를 선임하지 아니한 자에 대한 벌칙으로 옳은 것은?

① 300만원 이하의 벌금
② 500만원 이하의 벌금
③ 300만원 이하의 과태료
④ 500만원 이하의 과태료

해설 **소방안전관리자 미선임** : 300만원 이하의 벌금

> 위험물안전관리자 미선임 : 1,500만원 이하의 벌금

52

소방시설관리사 시험의 심사위원 및 시험위원이 될 수 없는 사람은?

① 소방관련분야의 석사학위를 가진 사람
② 소방기술사
③ 소방시설관리사
④ 지방소방위 이상의 소방공무원

해설 **소방시설관리사 시험의 심사위원**
- 소방관련분야의 박사학위를 가진 사람
- 대학에서 소방안전관련학과 조교수 이상으로 2년 이상 재직한 사람
- 소방위 또는 지방소방위 이상의 소방공무원
- 소방시설관리사
- 소방기술사

53

관계인이 예방규정을 정하여야 하는 제조소 등의 기준으로 옳은 것은?

① 지정수량의 10배 이상의 위험물을 취급하는 제조소
② 지정수량의 50배 이상의 위험물을 저장하는 옥외저장소
③ 지정수량의 100배 이상의 위험물을 저장하는 옥내저장소
④ 지정수량의 150배 이상의 위험물을 저장하는 옥외탱크저장소

해설 **예방규정을 정하여야 할 제조소 등(위험물법 영 제15조)**
- 지정수량의 10배 이상의 위험물을 취급하는 제조소
- 지정수량의 10배 이상의 위험물을 취급하는 일반취급소
- 지정수량의 **100배 이상**의 위험물을 저장하는 **옥외저장소**
- 지정수량의 150배 이상의 위험물을 저장하는 옥내저장소
- 지정수량의 200배 이상의 위험물을 저장하는 옥외탱크저장소
- 암반탱크저장소
- 이송취급소

54

스프링클러설비 또는 물분무 등 소화설비가 설치된 연면적 5,000[m²] 이상인 특정소방대상물(위험물 제조소 등은 제외한다)에 대한 종합정밀점검을 할 수 있는 자격자로 옳지 않은 것은?

① 소방시설관리업자(소방시설관리사가 참여한 경우)
② 소방안전관리자로 선임된 소방기술사

③ 소방안전관리자로 선임된 소방시설관리사
④ 기계·전기분야를 함께 취득한 소방설비기사

해설 **종합정밀점검을 할 수 있는 자격자**
- 소방시설관리업자(소방시설관리사가 참여한 경우)
- 소방안전관리자로 선임된 소방기술사
- 소방안전관리자로 선임된 소방시설관리사

55

제조소 등의 아닌 장소에서 지정수량 이상의 위험물을 취급할 수 있는데 시·도의 조례가 정하는 바에 따라 관할 소방서장의 승인을 받아 지정수량 이상의 위험물을 며칠 이내의 기간 동안 임시로 저장 또는 취급할 수 있는가?

① 100일 이상　　② 60일 이상
③ 90일 이내　　④ 120일 이내

해설 **위험물 임시저장기간 : 90일 이내**

56

소방특별조사 결과에 따른 조치명령으로 인하여 손실을 입은 자에 대한 손실보상에 관한 설명이다. 틀린 것은?

① 손실보상에 관하여는 시·도지사와 손실을 입은 자가 협의하여야 한다.
② 보상금액에 관한 협의 성립되지 아니한 경우에는 시·도지사는 그 보상금액을 지급하거나 공탁하고 이를 상대방에게 알려야 한다.
③ 시·도지사가 손실을 보상하는 경우에는 공시지가로 보상하여야 한다.
④ 보상금의 지급 또는 공탁의 통지에 불복이 있는 자는 지급 또는 공탁의 통지를 받은 날부터 30일 이내에 관할 토지수용위원회에 재결을 신청할 수 있다.

해설 시·도지사가 손실을 보상하는 경우에는 시가(時價)로 보상하여야 한다.

57

제2류 위험물에 속하는 것은?

① 질산염류   ② 황화인

③ 칼 륨   ④ 알킬알루미늄

해설 위험물의 분류

종 류	질산염류	황화인	칼 륨	알킬 알루미늄
유 별	제1류 위험물	제2류 위험물	제3류 위험물	제3류 위험물

58

시·도지사가 이웃하는 다른 시·도지사와 소방업무에 관하여 상호응원협정을 체결하고자 하는 때에 포함되어야 하는 사항으로 틀린 것은?

① 화재의 경계·진압활동에 관한 사항

② 응원출동대상지역 및 규모에 관한 사항

③ 출동대원의 수당·식사 등의 소요경비 부담에 관한 사항

④ 지휘권의 범위에 관한 사항

해설 소방업무의 상호응원협정
- 다음의 소방활동에 관한 사항
  - 화재의 경계·진압활동
  - 구조·구급업무의 지원
  - 화재조사활동
- 응원출동대상지역 및 규모
- 다음 각목의 소요경비의 부담에 관한 사항
  - 출동대원의 수당·식사 및 피복의 수선
  - 소방장비 및 기구의 정비와 연료의 보급
  - 그 밖의 경비
- 응원출동의 요청방법
- 응원출동훈련 및 평가

59

소방시설의 종류 중 경보설비가 아닌 것은?

① 비상방송설비   ② 누전경보기

③ 연결살수설비   ④ 자동화재속보설비

해설 경보설비
- 단독경보형 감지기
- 비상경보설비(비상벨설비, 자동식 사이렌설비)
- 비상방송설비
- 누전경보기
- 시각경보기
- 자동화재 탐지설비
- 자동화재 속보설비
- 가스누설경보기
- 통합감시시설

> **연결살수설비 : 소화활동설비**

60

방염성능기준 이상의 실내장식물 등을 설치하여야 하는 특정소방대상물에 속하지 않는 것은?

① 숙박시설

② 노유자시설

③ 11층 이상인 아파트

④ 종합병원

해설 방염성능기준 이상의 실내장식물을 설치하여야 하는 특정소방대상물
- 근린생활시설 중 의원, 체력단련장, 공연장 및 종교집회장
- 건축물의 옥내에 있는 시설로서 다음의 시설
  - 문화 및 집회시설
  - 종교시설
  - 운동시설(수영장은 제외)
- 의료시설
- 교육연구시설 중 합숙소
- 노유자시설
- 숙박이 가능한 수련시설
- 숙박시설
- 방송통신시설 중 방송국 및 촬영소
- 다중이용업소
- 층수가 11층 이상인 것(아파트는 제외)

제4과목 소방기계시설의 구조 및 원리

61

어느 층에 있어서도 당해 층의 옥내소화전설비(설치개수가 5개 이상은 5개)를 동시에 사용할 경우 노즐 선단의 방수압력은 얼마 이상이어야 하는가?

① 0.1[MPa]　　　　　② 0.17[MPa]

③ 0.2[MPa]　　　　　④ 0.35[MPa]

해설 **방수압력**
- 옥내소화전설비 : 0.17[MPa] 이상
- 옥외소화전설비 : 0.25[MPa] 이상
- 스프링클러설비 : 0.1[MPa] 이상

62

일제개방형 스프링클러설비에 대하여 적합하게 설명된 것은?

① 부착장소의 온도 제한이 필요하다.
② 헤드의 퓨즈블링크에 의해서 작동된다.
③ 일정한 규정에 의하여 설치된 헤드에서 동시에 방수하는 형식이다.
④ 헤드의 입구까지 물이 충진되어 있다.

해설 **일제개방형 스프링클러설비** : 일정한 규정에 의하여 설치된 헤드에서 동시에 방수하는 형식

63

소화기의 설치수량 산정에 대한 설명 중 틀린 것은?

① 소화기의 설치 기준은 소화기의 수량으로 정하는 것이 아니라 용도별, 면적별로 소요단위수로 산정한다.
② 소형소화기의 경우 보행거리 30[m]마다 설치하는 기준으로 적용한다.
③ 11층 이상의 고층부분에서는 소화기 감소조항이 적용되지 않는다.
④ 감소조항을 적용 받아도 보행거리 조항은 준수해야 한다.

해설 **소화기의 설치기준**
- 소형소화기 : 보행거리 20[m] 이내마다 1개 이상 설치
- 대형소화기 : 보행거리 30[m] 이내마다 1개 이상 설치

64

완강기의 구성요소를 크게 3가지로 분류할 수 있다. 다음 중 완강기의 구성요소가 아닌 것은?

① 속도조절기　　　　② 로프
③ 벨트 및 후크　　　④ 보호망

해설 **완강기의 구성요소** : 속도조절기, 로프, 벨트 및 후크

65

다음 중 이산화탄소 소화설비 제어반과 관련된 기능이 아닌 것은?

① 음향경보의 발령
② 소화약제의 방출
③ 펌프의 작동
④ 소화약제의 방출 지연

해설 **이산화탄소 소화설비 제어반의 기능**
- 음향경보의 발령
- 소화약제의 방출
- 소화약제의 방출 지연(보통 30초 이내)

66

분말소화설비의 소화약제 중 차고 또는 주차장에 설치할 수 있는 것은 제 몇 종 분말소화약제인가?

① 1　　　　　　　　② 2
③ 3　　　　　　　　④ 4

해설 **차고나 주차장에 설치하는 분말 약제** : 제3종 분말소화약제

67

구조대의 선정조건 중 적합하지 않은 것은?

① 안전하고 쉽게 사용할 수 있는 제품
② 연속으로 활강할 수 있는 제품
③ 설치하는 장소에 맞는 면밀한 설계에 의해 사용상 결함이 없는 경량으로 만든 제품
④ 강도, 기능보다 설치시간이 가장 짧은 제품

해설 구조대는 강도, 기능이 적합하여야 한다.

68

스프링클러설비의 구성에서 옥내소화전설비와 같은 것은?

① 방수방법
② 가압송수방법
③ 감지기를 이용한 작동
④ 일제개방밸브 사용

해설 **소화설비의 구성**
- 방수방법
  - 스프링클러설비 : 적상주수
  - 옥내소화전설비 : 봉상주수
- 가압송수방법
  - 스프링클러설비 : 펌프방식, 고가수조방식, 압력수조방식
  - 옥내소화전설비 : 펌프방식, 고가수조방식, 압력수조방식
- 감지기를 이용한 작동
  - 준비작동식스프링클러설비 : A, B감지기에 의한 교차회로방식
  - 옥내소화전설비 : 감지기 미설치
- 일제개방밸브 사용
  - 일제살수식스프링클러설비 : 일제개방밸브 사용
  - 옥내소화전설비 : 일제개방밸브 미사용

69

스프링클러 헤드(폐쇄형)를 보일러실에 설치하고자 할 경우 헤드의 표시온도로서 옳은 것은?

① 보일러실의 평균온도보다 높은 것을 선택한다.
② 보일러실의 최고온도보다 낮은 것을 선택한다.
③ 보일러실의 최고온도보다 높은 것을 선택한다.
④ 보일러실의 평균온도의 것을 선택한다.

해설 스프링클러 헤드(폐쇄형)를 보일러실에 설치하고자 할 경우 헤드의 표시온도는 보일러실의 최고온도보다 높은 것을 선택한다.

70

물분무소화설비 수원의 저수량 기준에 적합하지 않은 것은?

① 컨베이어벨트 등에 있어서는 벨트 부분의 바닥면적 1[m^2]에 대하여 10[L/min]로 20분간 방수할 수 있는 양 이상으로 할 것
② 특수가연물을 저장 또는 취급하는 특정소방대상물 또는 그 부분에 있어서 그 바닥면적(최대 방수구역의 바닥면적을 기준으로 하며, 50[m^2] 이하인 경우에는 50[m^2]) 1[m^2]에 대하여 10[L/min]로 20분간 방수할 수 있는 양 이상으로 할 것
③ 차고에 있어서는 그 바닥면적(최대 방수구역의 바닥면적을 기준으로 하며, 50[m^2] 이하인 경우에는 50[m^2]) 1[m^2]에 대하여 20[L/min]로 20분간 방수할 수 있는 양 이상으로 할 것
④ 주차장에 있어서는 그 바닥면적(50[m^2]를 초과할 경우에는 50[m^2]) 1[m^2]에 대하여 10[L/min]로 20분간 방수할 수 있는 양 이상으로 할 것

해설 **펌프의 토출량과 수원의 양**

특정소방대상물	펌프의 토출량[L/min]	수원의 양[L]
특수가연물 저장, 취급	바닥면적(50[m^2] 이하는 50[m^2]로) ×10[L/min·m^2]	바닥면적(50[m^2] 이하는 50[m^2]로) ×10[L/min·m^2]×20[min]
차고, 주차장	바닥면적(50[m^2] 이하는 50[m^2]로) ×20[L/min·m^2]	바닥면적(50[m^2] 이하는 50[m^2]로) ×20[L/min·m^2]×20[min]
절연유 봉입변압기	표면적(바닥 부분 제외)×10[L/min·m^2]	표면적(바닥 부분 제외)×10[L/min·m^2]×20[min]
케이블 트레이, 덕트	투영된 바닥면적×12[L/min·m^2]	투영된 바닥면적×12[L/min·m^2]×20[min]
컨베이어벨트	벨트 부분의 바닥면적×10[L/min·m^2]	벨트 부분의 바닥면적×10[L/min·m^2]×20[min]

71

물분무소화설비에 대한 설명이다. 옳은 것은?

① 스프링클러설비와 비교하여 다량의 물로 소화한다.

② 물을 소화제로 사용하므로 전기설비나 알코올과 같은 화재에 부적합하다.

③ 열기의 차폐 및 확대방지 등에 유용하게 사용할 수 있다.

④ 입경이 작아 가벼우므로 도달거리가 같다.

해설 물분무소화설비
- 스프링클러설비와 비교하여 소량의 물로 소화한다.
- 물(분무주수)을 소화제로 사용하므로 전기설비나 알코올과 같은 화재에 적합하다.
- 열기의 차폐 및 확대방지 등에 유용하게 사용할 수 있다.
- 입경이 작아 가벼우므로 도달거리가 짧다.

72

부상지붕구조(플로팅루프)탱크에 설치하는 고정포 방출구는?

① 특 형   ② Ⅰ형
③ Ⅱ형   ④ Ⅲ형

해설 고정포 방출구

종 류	탱 크	포 주입
Ⅰ형	고정지붕구조	상부포주입법
Ⅱ형	고정지붕구조	상부포주입법
특형	부상지붕구조	상부포주입법
Ⅲ형	고정지붕구조	저부포주입법
Ⅳ형	고정지붕구조	저부포주입법

73

분말소화설비 저장용기의 충전비는 얼마 이상으로 하여야 하는가?

① 0.6   ② 0.7
③ 0.8   ④ 0.9

해설 분말소화약제의 충전비

소화약제의 종별	충전비
제1종 분말	0.80[L/kg]
제2종 분말	1.00[L/kg]
제3종 분말	1.00[L/kg]
제4종 분말	1.25[L/kg]

74

할론 1301을 국소방출방식으로 방사할 때 분사헤드의 방사압력은 몇 [MPa] 이상인가?

① 0.1   ② 0.2
③ 0.9   ④ 1.05

해설 할로겐화합물 소화약제의 분사헤드 방사압력

약제의 종류	할론 2402	할론 1211	할론 1301
방사압력	0.1[MPa] 이상	0.2[MPa] 이상	0.9[MPa] 이상

75

대형소화기의 능력단위를 바르게 설명한 것은?

① A급 5단위 이상, B급 10단위 이상

② A급 10단위 이상, B급 15단위 이상

③ A급 10단위 이상, B급 20단위 이상

④ A급 20단위 이상, B급 30단위 이상

해설 소화기의 분류
- 소형소화기 : 능력단위 1단위 이상이면서 대형소화기의 능력단위 이하인 소화기
- 대형소화기 : 능력단위가 A급 화재는 10단위 이상, B급 화재는 20단위 이상인 소화기

76

전역방출방식의 고발포용 고정포방출구는 바닥면적 얼마마다 1개 이상 설치하는가?

① 500[m²]   ② 400[m²]
③ 600[m²]   ④ 300[m²]

해설 전역방출방식 고발포용 고정포방출구의 설비기준

- 당해 방호구역의 관포체적 1[m³]에 대한 1분당 포수용액 방출량은 표(생략)의 방출량 이상으로 할 것 (차고 또는 주차장에 팽창비가 500 이상 1,000 미만일 때 : **0.16[L]로 가장 작다**)
- 고정포방출구는 바닥면적 **500[m²]마다 1개 이상**으로 하여 방호대상물의 화재를 유효하게 소화할 수 있도록 할 것
- 포방출구는 방호대상물의 최고 부분보다 **높은 위치**에 설치할 것
- **개구부에 자동폐쇄장치를 설치 할 것**

77

연결송수관설비에서 가압송수장치를 하여야 하는 소방대상물의 높이는 얼마인가?

① 50[m] 이상
② 31[m] 이상
③ 70[m] 이상
④ 100[m] 이상

해설 연결송수관설비의 설치기준

- **11층 이상에 설치하는 방수구**는 쌍구형으로 설치한다(반드시는 아니다).
- 방수구는 개폐기능을 가진 것으로 할 것
- **높이 70[m] 이상** 소방대상물에는 **가압송수장치**를 설치한다.
- 방수기구함은 방수구가 가장 많은 층을 기준으로 3개 층마다 설치한다.

78

연결송수관설비의 방수구 구경은 얼마의 것으로 사용하여야 하는가?

① 40[mm]
② 50[mm]
③ 100[mm]
④ 65[mm]

해설 연결송수관설비의 방수구 : 65[mm]

79

1개 층의 거실면적이 400[m²]이고 복도면적이 300[m²]인 소방대상물에 제연설비를 설치할 경우 제연구역은 최소 몇 개로 할 수 있는가?

① 1개
② 2개
③ 3개
④ 4개

해설 거실과 통로(복도포함)는 **상호제연구획**할 것

80

제연설비의 설치장소에 있어서 하나의 제연구역은 직경 몇 [m]의 원 내에 들어갈 수 있어야 하는가?

① 25
② 30
③ 35
④ 60

해설 하나의 제연구역은 직경 60[m] 원 내에 들어갈 수 있을 것

77 ③ 78 ④ 79 ② 80 ④ **정답**

안심Touch

제 4 회

2014년 9월 20일 시행

제 1 과목 소방원론

01

연소의 3요소에 해당하지 않는 것은?

① 점화원   ② 가연물
③ 산 소   ④ 촉 매

해설 연소의 3요소 : 가연물, 산소공급원(산소), 점화원

02

소화(消化)를 하기 위한 방법으로 틀린 것은?

① 산소의 농도를 낮추어 준다.
② 가연성 물질을 냉각시킨다.
③ 가열원을 계속 공급한다.
④ 연쇄반응을 억제한다.

해설 가열원을 계속 공급하면 연소를 도와준다.

03

질소가 가연물이 될 수 없는 이유를 가장 옳게 설명한 것은?

① 산화반응 시 흡열반응을 하기 때문에
② 연소 시 화염이 없기 때문에
③ 산소와 반응하지 않기 때문에
④ 산화반응 시 발열반응을 하기 때문에

해설 질소 또는 질소산화물은 산소와 반응은 하나 흡열반응을 하기 때문에 가연물이 아니다.

04

위험물안전관리법령상 제1류 위험물의 성질을 옳게 나타낸 것은?

① 가연성 고체   ② 산화성 고체
③ 인화성 액체   ④ 자연발화성 물질

해설 위험물의 성질

유 별	성 질
제1류 위험물	산화성 고체
제2류 위험물	가연성 고체(환원성 물질)
제3류 위험물	자연발화성 및 금수성 물질
제4류 위험물	인화성 액체
제5류 위험물	자기반응성 물질
제6류 위험물	산화성 액체

05

화재종류 중 A급 화재에 속하지 않는 것은?

① 목재화재   ② 섬유화재
③ 종이화재   ④ 금속화재

해설 A급 화재 : 옹이, 목재, 섬유, 플라스틱 등의 일반가연물 화재

> 금속화재 : D급 화재

06

등유 또는 경유 화재에 해당하는 것은?

① A급 화재   ② B급 화재
③ C급 화재   ④ D급 화재

해설 B급 화재 : 등유, 경유, 휘발유 등 제4류 위험물의 화재

정답 01 ④ 02 ③ 03 ① 04 ② 05 ④ 06 ②

07

내화구조의 기준에서 바닥의 경우 철근콘크리트조로서 두께가 몇 [cm] 이상인 것이 내화구조에 해당하는가?

① 3
② 5
③ 10
④ 15

해설 내화구조의 바닥기준
• **철근콘크리트조** 또는 철골·철근콘크리트조로서 두께가 **10[cm]** 이상인 것
• 철재로 보강된 콘크리트블록조·벽돌조 또는 석조로서 철재에 덮은 두께가 5[cm] 이상인 것
• 철재의 양면을 두께 5[cm] 이상의 철망모르타르 또는 콘크리트로 덮은 것

08

적린의 착화온도는 약 몇 [℃]인가?

① 34
② 157
③ 180
④ 260

해설 적린의 착화온도 : 260[℃]

09

이황화탄소 연소 시 발생하는 유독성의 가스는?

① 황화수소
② 이산화질소
③ 아세트산가스
④ 아황산가스

해설 이황화탄소(CS_2)는 산소와 반응하면 아황산가스(SO_2)와 이산화탄소(CO_2)를 발생한다.

$$CS_2 + 3O_2 \rightarrow CO_2 + 2SO_2$$

10

유류화재 시 주수소화하게 되면 소화약제인 물이 갑작스럽게 증기화되면서 화재면을 확대시키는 현상은?

① Boil Over
② Flash Over
③ Slop Over
④ Froth Over

해설 Slop Over
유류화재 시 주수소화하게 되면 소화약제인 물이 갑작스럽게 증기화되면서 화재면을 확대시키는 현상

11

일반적인 열의 전달형태가 아닌 것은?

① 전 도
② 분 해
③ 대 류
④ 복 사

해설 열의 전달형태 : 전도, 대류, 복사

12

다음 중 물의 소화효과로 가장 거리가 먼 것은?

① 냉각효과
② 질식효과
③ 유화효과
④ 부촉매효과

해설 물의 소화효과(무상주수)
질식, 냉각, 희석, 유화 효과

13

질산에 대한 설명으로 틀린 것은?

① 부식성이 있다.
② 불연성 물질이다.
③ 산화제이다.
④ 산화되기 쉬운 물질이다.

해설 질산 : 환원되기 쉬운 물질로서 산화제이다.

14

목탄의 주된 연소형태에 해당하는 것은?

① 자기연소
② 표면연소
③ 증발연소
④ 확산연소

안심Touch

해설 고체의 연소
- **표면연소** : **목탄, 코크스, 숯, 금속분** 등이 열분해에 의하여 가연성 가스를 발생하지 않고 그 물질 자체가 연소하는 현상
- **분해연소** : 석탄, 종이, 목재, 플라스틱 등의 연소 시 열분해에 의해 발생된 가스와 공기가 혼합하여 연소하는 현상
- **증발연소** : 황, 나프탈렌, 왁스, 파라핀 등과 같이 고체를 가열하면 열분해는 일어나지 않고 고체가 액체로 되어 일정온도가 되면 액체가 기체로 변화하여 기체가 연소하는 현상
- **자기연소(내부연소)** : 제5류 위험물인 나이트로셀룰로스, 질화면, TNT 등 그 물질이 가연물과 산소를 동시에 가지고 있는 가연물이 연소하는 현상

15

다음 물질의 연소 중 자기연소에 해당하는 것은?

① 목 탄
② 종 이
③ 유 황
④ TNT

해설 문제 14번 참조

16

불연성 기체나 고체 등으로 연소물을 감싸서 산소 공급을 차단하는 소화의 원리는?

① 냉각소화   ② 제거소화
③ 희석소화   ④ 질식소화

해설 질식소화 : 불연성 기체나 고체 등으로 연소물을 감싸서 산소 공급을 차단하는 소화

17

화재 시 발생할 수 있는 유해한 가스로 혈액 중의 산소운반 물질인 헤모글로빈과 결합하여 헤모글로빈에 의한 산소 운반을 방해하는 작용을 하는 것은?

① CO   ② CO_2
③ H_2 ④ H_2O

해설 일산화탄소(CO) : 혈액 중의 산소운반 물질인 헤모글로빈과 결합하여 헤모글로빈에 의한 산소 운반을 방해하는 작용을 하는 가스

18

프로판가스의 특성에 대한 설명으로 옳은 것은?

① 누출된 프로판가스는 공기보다 가벼워 천장에 모인다.
② 가스비중은 약 0.5이다.
③ 연소범위는 약 2.1~9.5[vol%]이다.
④ 프로판 가스는 LNG의 주성분이다.

해설 프로판가스의 특성
- 누출된 프로판가스는 공기보다 무거워 바닥에 모인다.
- 가스비중은 1.5 ~ 2.0이다.
- **연소범위는 약 2.1 ~ 9.5[vol%]**이다.
- LPG는 프로판(C_3H_8)과 부탄(C_4H_{10})이 주성분이다.

19

270[℃]에서 제1종 분말소화약제의 열분해 반응식은?

① $2NaHCO_3$ + 열 → Na_2CO_3 + CO_2 + H_2O
② $2NaHCO_3$ + 열 → $2NaCO_3$ + H_2
③ $2KHCO_3$ + 열 → K_2CO_3 + CO_2 + H_2O
④ $2KHCO_3$ + 열 → K_2O + $2CO_2$ + H_2O

해설 열분해 반응식
- 제1종 분말
  - 1차 분해반응식(270℃)
    $2NaHCO_3$ → Na_2CO_3 + CO_2 + H_2O
  - 2차 분해반응식(850℃) : $2NaHCO_3$
    → Na_2O + $2CO_2$ + H_2O
- 제2종 분말
  - 1차 분해반응식(190℃) : $2KHCO_3$
    → K_2CO_3 + CO_2 + H_2O
  - 2차 분해반응식(590℃) : $2KHCO_3$
    → K_2O + $2CO_2$ + H_2O
- 제3종 분말
  - 190[℃]에서 분해 $NH_4H_2PO_4$
    → NH_3 + H_3PO_4 (인산, 오쏘인산)

– 215[℃]에서 분해 $2H_3PO_4$
   → H_2O + $H_4P_2O_7$ (피로인산)
 – 300[℃]에서 분해 $H_4P_2O_7$
   → H_2O + $2HPO_3$ (메타인산)

> 제3종 분말 분해반응식 : 종종출제

• 제4종 분말 $2KHCO_3$ + $(NH_2)_2CO$
  → K_2CO_3 + $2NH_3\uparrow$ + $2CO_2\uparrow$

20

백 드래프트(Back Draft)에 관한 설명으로 가장 거리가 먼 것은?

① 공기가 지속적으로 원활하게 공급되는 경우에는 발생 가능성이 낮다.
② 내화구조건물의 화재 초기에 주로 발생한다.
③ 새로운 공기가 공급되면 화염이 숨 쉬듯이 분출되는 현상이다.
④ 화재진압 과정에서 갑작스런운 폭발의 위험이 있다.

해설 백 드래프트(Back Draft) : 밀폐된 공간에서 화재 발생 시 산소부족으로 불꽃을 내지 못하고 가연성 가스만 축적되어 있는 상태에서 갑자기 문을 개방하면 신선한 공기 유입으로 폭발적인 연소가 시작되는 현상

> 백드래프트(Back Draft)현상은 감쇠기에서 나타난다.

제 **2** 과목 **소방유체역학**

21

수평면과 45° 경사를 갖는 지름 250[mm]인 원관의 위쪽 출구 방향으로 유출하는 물 제트의 유출속도가 9.8[m/s]라고 한다면 출구로부터의 물 제트의 최고 수직상승 높이는 약 몇 [m]인가?(단, 공기의 저항은 무시한다)

① 2.45 ② 3
③ 3.45 ④ 4.45

해설 수직상승 높이

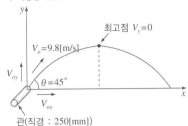

관(직경 : 250[mm])

수평면과 각 θ를 이룬 방향으로 던진 물체의 운동
x방향의 초기속도 = $V_o\cos\theta$
y방향의 초기속도 = $V_o\sin\theta$
최고점에서 $V_y = 0$
자유낙하운동에서 연직방향의 속도 $V_{oy} = V_o\sin\theta$
최고높이에서 속도 $V_y = 0$
연직투상 $-2gh = V_y^2 - V_{oy}^2$ ($V_y = 0$이므로)
       $-2gh = -V_{oy}^2$
       $2gh = (V_o\sin\theta)^2$
$$h = \frac{(V_o\sin\theta)^2}{2g} = \frac{(9.8\times\sin45)^2}{2\times9.8} = 2.45[m]$$

22

그림과 같이 관에 시차압력계를 설치하였을 때 점 A에서의 유속은 약 몇 [m/s]인가?(단, 시차압력계 내부의 유체는 비중 13.6인 수은이고, 관 속을 흐르는 유체는 물이다)

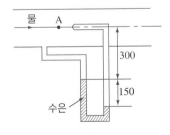

① 4.28 ② 6.09
③ 7.03 ④ 10.5

해설 A에서의 유속

$$V = \sqrt{2gR\left(\frac{S_o}{S} - 1\right)}$$

여기서, C : 속도계수
     g : 중력가속도(9.8[m/s²])

R : 액면차[m]
S_o : 수은의 비중
S : 물의 비중

$$\therefore V = \sqrt{2gR\left(\frac{S_o}{S}-1\right)}$$

$$= \sqrt{2\times9.8[\text{m/s}^2]\times0.15[\text{m}]\left(\frac{13.6}{1}-1\right)}$$

$$= 6.09[\text{m/s}]$$

23

분자량이 4이고 비열비가 1.67인 이상기체의 정압비열은 몇 [kJ/kg · K]인가?(단, 이상기체의 일반기체상수는 8.314[kJ/kmol · K]이다)

① 3.10　　　　② 4.72
③ 5.18　　　　④ 6.75

해설 정압비열

기체상수 $R = \dfrac{\overline{R}}{M} = \dfrac{8.341[\text{kJ/kmol}\cdot\text{K}]}{4}$

$$= 2.0785[\text{kJ/kg}\cdot\text{K}]$$

비열비 $k = \dfrac{C_p}{C_v} = 1.67$,　$C_v = \dfrac{C_p}{k} = \dfrac{C_p}{1.67}$

$$R = C_p - C_v = C_p - \frac{C_p}{1.67}$$

$\therefore$ 정압비열 $R = C_p - \dfrac{C_p}{1.67}$

$$2.0785[\text{kJ/kg}\cdot\text{K}] = C_p - \frac{C_p}{1.67}$$

$$= C_p\left(1-\frac{1}{1.67}\right)$$

$$= C_p(1-0.5988)$$

$$\therefore C_p = \frac{2.0785}{0.4012} = 5.18[\text{kJ/kg}\cdot\text{K}]$$

24

대기압 101[kPa]인 곳에서 측정된 진공압력이 7[kPa]일 때, 절대압력은 몇 [kPa]인가?

① -7　　　　② 7
③ 94　　　　④ 108

해설 절대압력 = 대기압-진공
　　　　= 101[kPa]-7[kPa]
　　　　= 94[kPa]

25

유체의 일반적인 성질로 보기 어려운 것은?

① 변형이 쉽고 정해진 형체가 없다.
② 전단응력을 받으면 연속적으로 변형한다.
③ 정지하였을 때의 전단응력이 운동할 때보다 크다.
④ 일반적으로 압력을 올리면 밀도가 커진다.

해설 유체의 성질
　• 변형이 쉽고 정해진 형체가 없다.
　• 전단응력을 받으면 연속적으로 변형한다.
　• 정지하였을 때의 전단응력이 운동할 때보다 작다.
　• 일반적으로 압력을 올리면 밀도가 커진다.

26

너비 2[m], 높이 4[m]인 직사각형 수문이 수면과 수직으로 놓여있다. 수문 위 끝이 수면 아래 2[m] 지점에 있다면 이 수문에 가해지는 압력중심은 수면으로부터 약 몇 [m] 지점인가?(단, 대기압은 무시한다)

① 3.67　　　　② 3.97
③ 4.33　　　　④ 5.55

해설 수문의 압력중심 y_p는

$$y_p = \frac{I_C}{yA} + \overline{y} = \frac{\dfrac{2\times4^3}{12}}{1\times(2\times4)}+1 = 2.33[\text{m}]$$

$\therefore$ 수문과 수면의 높이는 2[m]이므로 수면으로부터 수면에 가해지는 압력중심은
2[m]+2.33[m] = 4.33[m]이다.

27

성능이 같은 2대의 펌프를 직렬로 설치했을 경우, 손실을 무시하면 전토출량은 어떻게 되겠는가?(단, 1대의 펌프 유량을 Q라 한다)

① 0.5Q　　　　② 1Q
③ 1.5Q　　　　④ 2Q

해설 펌프의 성능

펌프 2대 연결 방법		직렬 연결	병렬 연결
성능	유량(Q)	Q	$2Q$
	양정(H)	$2H$	H

28

캐비테이션 방지법에 관한 설명으로 옳지 않은 것은?

① 회전차를 수중에 완전히 잠기게 한다.
② 양흡입 펌프보다는 단흡입 펌프를 사용한다.
③ 펌프의 회전수를 낮추어 흡입비속도를 작게 한다.
④ 펌프의 설치높이를 가능한 낮추어 유효흡입수두를 크게 한다.

해설 **공동현상(Cavitation) 방지대책**
- 펌프의 흡입측 수두, 마찰손실을 적게 한다.
- 펌프 임펠러 속도를 적게 한다.
- 펌프 흡입관경을 크게 한다.
- 펌프 설치위치를 수원보다 낮게 하여야 한다.
- 펌프 흡입압력을 유체의 증기압보다 높게 한다.
- **양흡입 펌프를 사용**하여야 한다.

29

유속이 2[m/s] 유로에 설치된 부차적 손실계수(K_L)가 6인 밸브에서의 수두손실은 약 얼마인가?

① 0.523[m]   ② 0.876[m]
③ 1.024[m]   ④ 1.224[m]

해설 **손실수두**

$$H = K \frac{u^2}{2g}$$

여기서, K : 손실계수(6)
      u : 유속(2[m/s])
      g : 중력가속도(9.8[m/s^2])

$$\therefore H = K \frac{u^2}{2g} = 6 \times \frac{(2)^2}{2 \times 9.8} = 1.224[m]$$

30

펌프의 축동력에 대한 설명으로 옳은 것은?

① 수동력을 펌프효율로 나눈 값
② 유체에 가한 에너지에서 수력손실을 뺀 값
③ 펌프로부터 유체가 얻어가지고 나가는 동력
④ 구동축에 가한 동력 중 유체에 실제로 전달된 동력

해설 **펌프의 축동력** : 수동력을 펌프효율로 나눈 값

31

피스톤-실린더로 구성된 용기 안에 들어있는 실린더 내의 가스의 초기압력은 200[kPa]이고, 체적은 0.1[m^3]이었다. 실린더 밑면을 가열하여 체적이 0.3[m^3]로 변했을 때의 계의 의하여 한 일은 얼마인가?(단, 가열과정은 일정한 압력하에서 진행되었다)

① 40[W]   ② 40[kW]
③ 40[J]   ④ 40[kJ]

해설 **일**

$$W = P\Delta V$$

$$\therefore W = P\Delta V$$
$$= 200[kPa](kN/m^2) \times (0.3-0.1)[m^3]$$
$$= 40[kN \cdot m] = 40[kJ]$$

$$[N \cdot m] = [J]$$

32

온도 20[℃], 압력 400[kPa], 기체 15[m^3]을 등온 압축하여 체적이 2[m^3]로 되었다면 압축 후의 압력은 몇 [kPa]인가?

① 2,000   ② 2,500
③ 3,000   ④ 4,000

해설 보일의 법칙을 적용하면

$$P_1 V_1 = P_2 V_2$$

$\therefore$ 압축 후의 압력
$$P_2 = P_1 \times \frac{V_1}{V_2} = 400[kPa] \times \frac{15[m^3]}{2[m^3]}$$
$$= 3,000[kPa]$$

33

수평원관 유동에 관한 설명으로 옳지 않은 것은?

① 층류 흐름에서 관 마찰계수는 레이놀즈수의 함수이다.
② 층류 흐름일 때 수평원관 속의 유량은 직경에 반비례한다.

③ 층류 유동상태인 직선원형관의 중심에서 전단응력은 0이다.

④ 층류 유동에서 레이놀즈수가 2,000일 때 관마찰계수는 0.032이다.

해설 층류유동일 때

$$유량\ Q = \frac{\Delta P \pi d^4}{128 \mu l}$$

여기서, ΔP : 압력차

Q : 유량[m³/s]

l : 관의 길이[m]

μ : 유체의 점도[kg/m·s]

d : 관의 내경[m]

∴ 층류일 때 유량은 지름의 4승에 비례하고 점성과 관의 길이에 반비례한다.

※ 관마찰계수 $f = \dfrac{64}{Re} = \dfrac{64}{2,000} = 0.032$

34

관 A에는 물, B에는 비중(S_1) 0.9인 유체가 차 있고, 액주계 액체의 비중(S_2)은 0.8이다. A에서의 압력을 P_A, B에서의 압력을 P_B라고 할 때 $P_A - P_B$는 약 몇 [kPa]인가?

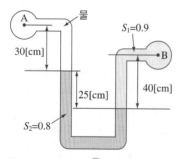

① −1.47 　　　　② −1.37

③ 1.37 　　　　④ 1.47

해설 압력차 $\Delta P(P_A - P_B)$

$$P_A - P_B = \gamma_1 h_1 - \gamma_2 h_2 - \gamma_3 h_3$$

∴ $\Delta P(P_A - P_B) = \gamma_1 h_1 - \gamma_2 h_2 - \gamma_3 h_3$

$-(900[\text{kg}_f/\text{m}^3] \times 0.4[\text{m}])\ \ (800[\text{kg}_f/\text{m}^3] \times 0.25[\text{m}])$

$-(1,000[\text{kg}_f/\text{m}^3] \times 0.3[\text{m}])$

$= -140[\text{kg}_f/\text{m}^2]$

이 단위를 [kPa]로 환산하면

$$-\left(\frac{140[\text{kg}_f/\text{m}^2]}{10,332[\text{kg}_f/\text{m}^2]} \right) \times 101.325[\text{kPa}] = -1.37[\text{kPa}]$$

35

그림과 같이 직각으로 구부러진 고정날개에 밀도 ρ인 물 분류가 충돌하여 수직 방향으로 분출되고 있다. 분류의 속도는 V, 유량은 Q일 때 고정날개가 받는 충격력의 크기는?

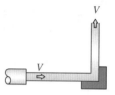

① $\dfrac{1}{\sqrt{2}} \rho QV$

② $\sqrt{2}\, \rho QV$

③ $2 \rho QV$

④ $2\sqrt{2}\, \rho QV$

해설 충격력

• x방향의 분력

$F_x = \rho QV(1 - \cos\theta) = \rho QV(1 - \cos 90°) = \rho QV$

• y방향의 분력

$F_y = \rho QV \sin\theta = \rho QV \sin 90° = \rho QV$

$$F = \sqrt{F_x^2 + F_y^2} = \sqrt{(\rho QV)^2 + (\rho QV)^2}$$
$$= \sqrt{2(\rho QV)^2} = \sqrt{2}\, \rho QV$$

36

단원자 이상기체인 아르곤(Ar)을 상온으로부터 3,000[K]까지 온도를 높일 경우 정압비열의 변화를 바르게 설명한 것은?

① 온도가 높아져도 일정하다.

② 온도가 높아질수록 커진다.

③ 온도가 높아질수록 작아진다.

④ 온도가 높아지면서 커지다 작아진다.

해설 이상기체인 아르곤(Ar)을 상온으로부터 3,000[K]까지 온도를 높일 경우 정압비열의 변화는 일정하다.

37

다음 중 열전도계수가 가장 높은 것은?

① 물 ② 철
③ 공 기 ④ 구 리

해설 구리의 열전도계수는 391[W/m·K]로 가장 높다.

38

동점성계수가 1.15×10^{-6}[m²/s]인 물이 30[mm] 지름인 원관 속을 흐르고 있다. 층류가 기대될 수 있는 최대의 유량은 몇 [cm³/s]인가?(단, 상임계 레이놀즈수는 4,000, 하임계 레이놀즈수는 2,100이다)

① 57 ② 61
③ 65 ④ 71

해설 유속을 구하여 유량을 구한다.

$$Re = \frac{Du}{\nu}$$

여기서, D : 내경(0.03[m])
u : 유속[m/s]
ν : 동점도(1.15×10^{-6}[m²/s])

$2100 = \frac{Du}{\nu}$, $2100 = \frac{0.03[\text{m}] \times u}{1.15 \times 10^{-6}[\text{m}^2/\text{s}]}$

$\therefore u = 0.0805[\text{m/s}]$

$\therefore Q = uA$

$= 0.0805 \times 100[\text{cm/s}] \times \frac{\pi}{4}(3[\text{cm}])^2$

$= 56.9[\text{cm}^3/\text{s}]$

39

물이 내경 10[mm]인 오리피스에서 유속 40[m/s]로 방수되고 있을 때 방수량은 약 몇 [m³/s]인가?

① 0.0031 ② 0.031
③ 0.31 ④ 3.1

해설 방수량

$Q = uA = 40[\text{m/s}] \times \frac{\pi}{4}(0.01[\text{m}])^2$

$= 0.00314[\text{m}^3/\text{s}]$

40

기체를 가역 단열적으로 압축시킬 때 체적탄성계수는?(단, ρ는 밀도, k는 비열비, P는 절대압력이다)

① $\frac{P}{\rho}$ ② $\frac{1}{P}$
③ P ④ kP

해설 체적탄성계수
• 등온변화일 때, $K = P$
• 단열변화일 때, $K = kP$(k : 비열비)

제**3**과목 **소방관계법규**

41

소방청장이 실시하는 소방안전교육사 시험에 응시할 수 없는 사람은?

① 소방공무원으로서 소방학교에서 소방안전교육사 관련 전문교육과정을 2주 이상 이수한 사람
② 기술대학 소방안전 관련 학과 외의 학과를 졸업한 자로서 소방안전관리론을 2학점 이상 이수하고 구급 및 응급처치론을 2학점 이상 이수한 사람
③ 초·중등교육법에 의한 정교사
④ 고등교육법에 의한 전문학교를 졸업하고 소방설비산업기사 자격을 취득한 사람으로서 교육학을 3학점 이상 이수한 사람

해설 소방안전교육사시험의 응시자격(기본법 영 별표2의 2)
• 소방공무원법 제2조에 따른 소방공무원으로 다음 각 목의 어느 하나에 해당하는 사람
  – 소방공무원으로 3년 이상 근무한 경력이 있는 사람
  – 소방학교에서 2주 이상의 소방안전교육사 관련 전문교육과정을 이수한 사람
• 초·중등교육법 제21조에 따라 교원의 자격을 취득한 사람
• 유아교육법 제22조에 따라 교원의 자격을 취득한 사람
• 영유아보육법 제21조에 따라 어린이집의 원장 또는 보육교사의 자격을 취득한 사람(보육교사 자격을 취득한 사람은 보육교사 자격을 취득한 후 3년 이상의 보육업무 경력이 있는 사람만 해당한다)

- 다음 각 목의 어느 하나에 해당하는 기관에서 소방안 전교육 관련 교과목(응급구조학과, 교육학과 또는 제15조 제2호에 따라 소방청장이 정하여 고시하는 소방 관련 학과에 개설된 전공과목을 말한다)을 총 6학점 이상 이수한 사람
  - 고등교육법 제2조 제1호부터 제6호까지의 규정의 어느 하나에 해당하는 학교
  - 학점인정 등에 관한 법률 제3조에 따라 학습과정 의 평가인정을 받은 교육훈련기관
- 국가기술자격법 제2조 제3호에 따른 국가기술자격 의 직무분야 중 안전관리 분야(국가기술자격의 직무 분야 및 국가기술자격의 종목 중 중직무분야의 안전 관리를 말한다)의 기술사 자격을 취득한 사람
- 화재예방, 소방시설 설치·유지 및 안전관리에 관한 법률 제26조에 따른 소방시설관리사 자격을 취득한 사람
- 국가기술자격법 제2조 제3호에 따른 국가기술자격 의 직무분야 중 안전관리 분야의 기사 자격을 취득한 후 안전관리 분야에 1년 이상 종사한 사람
- 국가기술자격법 제2조 제3호에 따른 국가기술자격 의 직무분야 중 안전관리 분야의 산업기사 자격을 취득한 후 안전관리 분야에 3년 이상 종사한 사람
- 의료법 제7조에 따라 간호사 면허를 취득한 후 간호 업무 분야에 1년 이상 종사한 사람
- 응급의료에 관한 법률 제36조 제2항에 따라 1급 응 급구조사 자격을 취득한 후 응급의료 업무 분야에 1년 이상 종사한 사람
- 응급의료에 관한 법률 제36조 제3항에 따라 2급 응 급구조사 자격을 취득한 후 응급의료 업무 분야에 3년 이상 종사한 사람
- 화재예방, 소방시설 설치·유지 및 안전관리에 관한 법률 시행령 제23조 제1항 각 호의 어느 하나에 해당 하는 사람
- 화재예방, 소방시설 설치·유지 및 안전관리에 관한 법률 시행령 제23조 제2항 각 호의 어느 하나에 해당 하는 자격을 갖춘 후 소방안전관리대상물의 소방안 전관리에 관한 실무경력이 1년 이상 있는 사람
- 화재예방, 소방시설 설치·유지 및 안전관리에 관한 법률 시행령 제23조 제3항 각 호의 어느 하나에 해당 하는 자격을 갖춘 후 소방안전관리대상물의 소방안 전관리에 관한 실무경력이 3년 이상 있는 사람
- 의용소방대 설치 및 운영에 관한 법률 제3조에 따라 의용소방대원으로 임명된 후 5년 이상 의용소방대 활동을 한 경력이 있는 사람

42
위험물제조소 등의 정기점검 대상의 기준이 아닌 것은?

① 지하탱크저장소
② 이동탱크저장소
③ 지정수량의 10배 이상의 위험물을 취급하는 제 조소
④ 지정수량의 20배 이상의 위험물을 저장하는 옥외 탱크저장소

해설 정기점검의 대상인 제조소 등
- 지정수량의 10배 이상의 위험물을 취급하는 제조소, 일반취급소
- 지정수량의 100배 이상의 위험물을 저장하는 옥외 저장소
- 지정수량의 150배 이상의 위험물을 저장하는 옥내 저장소
- 지정수량의 **200배 이상**의 위험물을 저장하는 **옥외 탱크저장소**
- 암반탱크저장소
- 이송취급소
- 지하탱크저장소
- 이동탱크저장소
- 위험물을 취급하는 탱크로서 지하에 매설된 탱크가 있는 제조소·주유취급소 또는 일반취급소

43
소방시설공사업자가 착공신고서에 첨부하여야 할 서 류가 아닌 것은?

① 설계도서
② 건축허가서
③ 기술관리를 하는 기술인력의 기술자격증 사본
④ 소방시설공사업 등록증 사본 및 등록수첩

해설 착공신고서에 첨부서류
- 공사업자의 소방시설공사업등록증 사본 및 등록 수첩
- 해당 소방시설공사의 책임시공 및 기술관리를 하는 기술인력의 기술자격증(자격수첩) 사본
- 설계도서(설계설명서를 포함하되, 소방시설 설치·유 지 및 안전관리에 관한 법률 제7조에 따른 건축허가 동의 시 제출된 설계도서가 변경된 경우에만 첨부한다)
- 소방시설공사 하도급통지서 사본(소방시설공사를 하도급하는 경우에만 첨부한다)

44

인화성 액체 위험물 옥외탱크저장소의 탱크 주위에는 방유제를 설치하여야 한다. 방유제의 설치높이 기준으로 옳은 것은?

① 1.0[m] 이상 2.5[m] 이하
② 1.5[m] 이상 3.5[m] 이하
③ 0.5[m] 이상 3.0[m] 이하
④ 0.8[m] 이상 1.5[m] 이하

해설 방유제의 높이 : 0.5[m] 이상 3.0[m] 이하

45

소방청장, 소방본부장 또는 소방서장은 관할구역에 있는 소방대상물, 관계지역 또는 관계인에 대하여 소방시설 등이 소방관계 법령에 적합하게 설치·유지·관리되고 있는지, 소방대상물에 화재, 재난·재해 등의 발생 위험이 있는지 등을 확인하기 위하여 관계 공무원으로 하여금 소방안전관리에 관한 소방특별조사를 하게 할 수 있다. 소방특별조사의 항목이 아닌 것은?

① 소방안전관리 업무 수행에 관한 사항
② 화재의 예방조치 등에 관한 사항
③ 불을 사용하는 설비 등의 관리와 특수가연물의 저장·취급에 관한 사항
④ 소방대상물 및 관계지역에 대한 강제처분 피난명령에 관한 사항

해설 소방특별조사 항목
 • 소방안전관리 업무 수행에 관한 사항
 • 소방계획서의 이행에 관한 사항
 • 자체점검 및 정기적 점검 등에 관한 사항
 • 화재의 예방조치 등에 관한 사항
 • 불을 사용하는 설비 등의 관리와 특수가연물의 저장·취급에 관한 사항

46

소방기계·기구에 대하여 우수품질인증을 할 수 있는 사람은?

① 한국소방안전원장
② 소방본부장 또는 소방서장
③ 시·도지사
④ 소방청장

해설 소방기계·기구에 대하여 우수품질인증자
 소방청장

47

자동화재탐지설비의 설치를 면제할 수 있는 기준으로 옳은 것은?

① 자동화재탐지설비의 기능과 성능을 가진 스프링클러설비를 화재안전기준에 적합하게 설치한 경우
② 자동화재탐지설비의 기능과 성능을 가진 제연설비를 화재안전기준에 적합하게 설치한 경우
③ 자동화재탐지설비의 기능과 성능을 가진 연결송수관설비를 화재안전기준에 적합하게 설치한 경우
④ 자동화재탐지설비의 기능과 성능을 가진 개방형 헤드를 사용하는 소방설비를 화재안전기준에 적합하게 설치한 경우

해설 면제 기준

설치가 면제되는 소방시설	설치면제 요건
자동화재 탐지설비	자동화재 탐지설비의 기능(감지·수신·경보기능을 말한다)과 성능을 가진 스프링클러설비 또는 물분무 등 소화설비를 화재안전기준에 적합하게 설치한 경우에는 그 설비의 유효범위 에서 설치가 면제된다.

48

소방대상물이 있는 장소 및 인근지역으로서 화재의 예방, 경계, 진압, 구조, 구급 등의 소방 활동상 필요한 지역을 무엇이라 하는가?

① 관계지역   ② 방화지역
③ 화재지역   ④ 방화지구

해설 관계지역
 소방대상물이 있는 장소 및 인근지역으로서 화재의 예방, 경계, 진압, 구조, 구급 등의 소방 활동상 필요한 지역

49

방염처리업 등록신청서에 첨부하지 않아도 되는 것은?

① 소방기술인력연명부
② 화공 · 섬유분야 학과의 졸업증명서
③ 방염처리시설 및 시험기기 명세서
④ 과세증명서 사본

해설 ※ 법 개정으로 인하여 맞지 않는 문제임

50

제4류 위험물을 저장 · 취급하는 제조소에 "화기엄금"이란 주의사항을 표시하는 게시판을 설치할 경우 게시판의 색상은?

① 청색바탕에 백색문자
② 적색바탕에 백색문자
③ 백색바탕에 적색문자
④ 백색바탕에 흑색문자

해설 위험물제조소 등의 주의사항

위험물의 종류	표시사항	게시판의 색상
제1류 위험물(알칼리금속의 과산화물) 제3류 위험물 중 금수성 물질	물기엄금	청색바탕에 백색문자
제2류 위험물	화기주의	적색바탕에 백색문자
제2류 위험물 중 인화성 고체 제3류 위험물 중 자연발화성 물질 **제4류 위험물**, 제5류 위험물	화기엄금	적색바탕에 백색문자

51

건축허가 등의 동의요구 시 동의요구서에 첨부하여야 할 서류가 아닌 것은?

① 건축허가 신청서 및 건축허가서
② 소방시설 설치계획표
③ 소방시설설계업 등록증
④ 소방시설공사업 등록증

해설 동의요구서에 첨부하여야 할 서류
- 건축허가신청서 및 건축허가서 또는 건축 · 대수선 · 용도변경신고서 등 건축허가 등을 확인할 수 있는 서류의 사본

- 건축물의 단면도 및 주단면 상세도(내장재료를 명시한 것에 한한다)-**착공신고대상**
- 소방시설(기계 · 전기분야의 시설을 말한다)의 층별 평면도 및 층별 계통도(시설별 계산서를 포함한다)
- **창호도-착공신고대상**
- 소방시설 설치계획표
- 소방시설설계업등록증과 소방시설을 설계한 기술인력자의 기술자격증

52

다음 중 유별을 달리하는 위험물을 혼재하여 저장할 수 있는 것으로 짝지어진 것은?

① 제1류-제2류　　② 제2류-제3류
③ 제3류-제4류　　④ 제5류-제6류

해설 혼재 기준
- 운반 시 유별을 달리하는 위험물의 혼재기준(별표 19 관련)

위험물의 구분	제1류	제2류	제3류	제4류	제5류	제6류
제1류		×	×	×	×	○
제2류	×		×	○	○	×
제3류	×	×		○	×	×
제4류	×	○	○		○	×
제5류	×	○	×	○		×
제6류	○	×	×	×	×	

- 저장소에 저장 시
  유별을 달리하는 위험물은 동일한 저장소에 저장하지 아니하여야 한다. 다만, 옥내저장소 또는 옥외저장소에 있어서 다음의 각목의 규정에 의한 위험물을 저장하는 경우로서 위험물을 유별로 정리하여 저장하는 한편, 서로 1[m] 이상의 간격을 두는 경우에는 그러하지 아니하다.
  - 제1류 위험물(알칼리금속의 과산화물 또는 이를 함유한 것을 제외)과 제5류 위험물을 저장하는 경우
  - **제1류 위험물과 제6류 위험물**을 저장하는 경우
  - 제1류 위험물과 제3류 위험물 중 자연발화성 물질(황린 또는 이를 함유한 것에 한한다)을 저장하는 경우
  - 제2류 위험물 중 인화성 고체와 제4류 위험물을 저장하는 경우
  - **제3류 위험물 중 알킬알루미늄 등과 제4류 위험물(알킬알루미늄 또는 알킬리튬**을 함유한 것에 한한다)을 **저장하는 경우**

문제에서 저장 시 혼재가능 한 것을 질문했는데 정답은 운반으로 답을 하였습니다. 독자님 참고하세요.

53

스프링클러설비가 설치된 소방시설 등의 자체점검에서 종합정밀점검을 받아야 하는 아파트 대상 규모의 기준으로 옳은 것은?

① 연면적이 3,000[m²] 이상이고 층수가 11층 이상일 것
② 연면적이 3,000[m²] 이상이고 층수가 16층 이상일 것
③ 연면적이 5,000[m²] 이상이고 층수가 11층 이상일 것
④ 연면적이 5,000[m²] 이상이고 층수가 16층 이상일 것

해설 2019. 8. 13일 시행규칙 개정(1년 후 시행)으로 맞지 않는 문제입니다. 2020. 8. 14 이후에는 아파트나 일반건축물에 관계없이 스프링클러설비가 설치된 특정소방대상물은 종합정밀점검 대상이다.

54

1급 소방안전관리대상물의 관계인이 소방안전관리자로 선임할 수 없는 사람은?

① 소방설비산업기사 자격을 가진 사람
② 소방공무원 7년 이상 근무한 경력이 있는 사람
③ 위험물기능장 자격을 가진 사람
④ 산업안전기사 자격취득 후 2년 이상 2급 소방안전관리대상물의 소방안전관리자로 근무한 실무경력이 있는 사람

해설 위험물기능장·위험물산업기사 또는 위험물기능사 자격을 가진 사람으로서 **위험물안전관리자로 선임된 사람**은 1급 소방안전관리대상물의 소방안전관리자로 선임할 수 있다.

55

소방기본법의 목적과 거리가 먼 것은?

① 화재를 예방·경계하고 진압하는 것
② 건축물의 안전한 사용을 통하여 안락한 국민생활을 보장해 주는 것
③ 화재, 재난·재해로부터 구조·구급활동을 하는 것
④ 공공의 안녕 및 질서 유지와 복리증진에 기여하는 것

해설 **소방기본법의 목적**
• 화재를 예방·경계하고 진압하는 것
• 화재, 재난·재해로부터 구조·구급활동을 하는 것
• 공공의 안녕 및 질서 유지와 복리증진에 기여하는 것

56

보일러 등의 위치·구조 및 관리와 화재예방을 위하여 불의 사용에 있어서 지켜야 하는 사항 중 일반음식점에서 조리를 위하여 불을 사용하는 설비를 설치하는 경우 주방설비에 부속된 배기덕트는 몇 [mm] 이상의 아연도금강판의 내식성 불연재료로 설치하여야 하는가?

① 0.1[mm]   ② 0.2[mm]
③ 0.3[mm]   ④ 0.5[mm]

해설 주방설비에 부속된 배기덕트는 **0.5[mm] 이상**의 아연도금강판 또는 이와 동등 이상의 내식성 불연재료로 설치할 것

57

위험물 안전관리자에 대한 설명으로 틀린 것은?

① 관계인은 안전관리자가 해임하거나 퇴직한 때에는 30일 이내에 다시 안전관리자를 선임하여야 한다.

② 안전관리자를 선임 또는 해임하거나 퇴직한 때에는 14일 이내에 소방본부장 또는 소방서장에게 신고하여야 한다.

③ 행정안전부령이 정하는 대리자를 지정하여 그 직무를 대행하는 경우 직무를 대행하는 기간은 3개월을 초과할 수 없다.

④ 제조소 등의 관계인과 그 종사자는 안전관리자의 위험물 안전관리에 관한 의견을 존중하고 권고에 따라야 한다.

해설 대리자의 직무대행기간 : 30일 이내

58

소방시설의 종류 중 피난구조설비에 속하지 않는 것은?

① 제연설비　　　　② 공기안전매트
③ 유도등　　　　　④ 공기호흡기

해설 제연설비 : 소화활동설비

59

화재예방, 소방시설 설치 · 유지 및 안전관리에 관한 법령에서 정하고 있는 소화용으로 사용하는 제품 또는 기기에 속하는 것은?

① 피난사다리　　　② 소화약제
③ 공기호흡기　　　④ 소화기구

해설 소화용으로 사용하는 제품 또는 기기(소방용품)
- **소화약제**(별표 1 제1호 나목 2)와 3)의 자동소화장치와 같은호 마목 3)부터 8)까지의 소화설비용에 한한다)
- **방염제**(방염액 · 방염도료 및 방염성 물질)

60

소방시설설계업의 보조기술인력으로 등록할 수 없는 사람은?

① 소방설비기사 자격을 취득한 사람
② 소방설비산업기사 자격을 취득한 사람
③ 소방공무원으로 재직한 경력이 2년 이상인 사람
④ 행정안전부령으로 정하여 소방기술과 관련된 학력을 갖춘 사람으로서 자격수첩을 받은 사람

해설 설계업의 보조기술인력
- 소방기술사, 소방설비기사 또는 소방설비산업기사 자격을 취득한 사람
- 소방공무원으로 재직한 경력이 3년 이상인 사람으로서 자격수첩을 발급받은 사람
- 행정안전부령으로 정하는 소방기술과 관련된 자격 · 경력 및 학력을 갖춘 사람으로서 자격수첩을 발급받은 사람

제 4 과목　소방기계시설의 구조 및 원리

61

일반적으로 지하층에 설치될 수 있는 피난기구는?

① 피난교　　　　　② 완강기
③ 구조대　　　　　④ 피난용트랩

해설 소방대상물의 설치장소별 피난기구의 적응성(제4조제1항 관련)

설치 장소별 구분　층 별	의료시설 · 근린생활시설 중 입원실이 있는 의원 · 접골원 · 조산원
지하층	피난용트랩
1층	–
2층	–
3층	미끄럼대 · 구조대 · 피난교 · 피난용트랩 · 다수인피난장비 · 승강식피난기
4층 이상 10층 이하	구조대 · 피난교 · 피난용트랩 · 다수인피난장비 · 승강식피난기

62

간이소화용구 중 삽을 상비한 마른 모래 50[L] 이상의 것 1포의 능력단위가 맞는 것은?

① 0.3단위　　　　② 0.5단위
③ 0.8단위　　　　④ 1.0단위

해설 간이소화용구의 능력단위(제4조 제1항 제2호 관련)

간이소화용구		능력단위
1. 마른모래	삽을 상비한 50[L] 이상의 것 1포	0.5단위
2. 팽창질석 또는 팽창진주암	삽을 상비한 80[L] 이상의 것 1포	

63

포소화설비의 혼합방법 중 맞지 않는 것은?

① 프레셔 프로포셔너 방식
② 라인 프로포셔너 방식
③ 프레셔 사이드 프로포셔너 방식
④ 리퀴드 펌핑 프레셔 프로포셔너 방식

해설 포소화설비의 혼합방법
• 라인 프로포셔너 방식
• 펌프 프로포셔너 방식
• 프레셔 프로포셔너 방식
• 프레셔 사이드 프로포셔너 방식

64

다음 중 물분무소화설비의 소화효과라고 볼 수 없는 것은?

① 냉각작용 및 산소차단으로 인한 질식효과
② 유류화재 시 물분무에 의한 유화(에멀션)효과
③ 액화 석유가스 화재 시 화재제어 및 피연소물의 연소방지효과
④ 제3류 위험물에 대한 연소방지효과

해설 물분무소화설비는 제3류 위험물에 방사하면 가연성 가스(수소, 아세틸렌, 포스핀, 메탄)가 발생하므로 적합하지 않다.

65

다음 중 물분무 등 소화설비에 해당되는 설비가 아닌 것은?

① 포소화설비
② 이산화탄소소화설비
③ 스프링클러설비
④ 할론소화설비

해설 물분무 등 소화설비
• 물분무소화설비
• 미분무소화설비
• 포소화설비
• 이산화탄소소화설비
• 할론소화설비
• 할로겐화합물 및 불활성기체 소화설비
• 분말소화설비
• 강화액소화설비
• 고체에어로졸소화설비

66

다음 중 전역방출방식의 분말소화설비에 분말이 방사되기 전에, 당해 개구부 및 통기구를 폐쇄하지 않아도 되는 것은?

① 천장에 설치된 통기구
② 바닥에서 천장까지의 높이의 중간부분에 설치된 통기구
③ 바닥에서 천장까지의 높이의 중간하부에 설치된 개구부
④ 천장으로부터 하부로 1[m] 떨어진 벽체에 설치된 통기구

해설 분말을 방사하기 전에 바닥과 천장 사이의 통기구는 폐쇄하여야 하고 천장에 설치된 통기구는 폐쇄하지 않아도 된다(분말은 고체이므로).

67

가로 세로 30[m]×30[m]인 무대부(수평거리 1.7[m])에 스프링클러헤드를 부착하고자 한다. 정방형으로 배치하면 헤드의 소요개수는?

① 169개　　　　② 161개
③ 152개　　　　④ 144개

해설 헤드의 소요개수

$$s = 2R\cos\theta$$

$s = 2 \times 1.7 \times \cos 45° = 2.4[m]$
- 가로 30[m] ÷ 2.4[m] = 12.5개 ⇒ 13개
- 세로 30[m] ÷ 2.4[m] = 12.5개 ⇒ 13개
- ∴ 총 헤드 수 = 13 × 13 = 169개

68

분말소화설비의 용기 유니트에 설치되어 있는 밸브가 아닌 것은?

① 클리닝밸브 ② 안전밸브
③ 배기밸브 ④ 시험밸브

해설 시험밸브는 스프링클러설비(습식, 건식, 부압식)에 있다.

69

건식 스프링클러 설비에서 하향형으로 헤드를 설치할 때 다음 중 어느 것을 설치해야 하는가?

① 드라이 펜턴트(Dry Pendant)
② 글라스 벌브(Glass Bulb)
③ 메탈 피스(Metal Piece)
④ 업라이트(Uplight)

해설 하향형으로 헤드를 설치할 때 동파를 방지하기 위하여 드라이 펜턴트(Dry Pendant)형 헤드를 설치한다.

70

옥내소화전함에 설치하는 소방호스의 설치방법으로 가장 적당한 것은?

① 소화전함에 구경 40[mm] 길이 15[m]의 소방호스 1본을 설치해야 한다.
② 소화전함에 구경 40[mm] 길이 15[m]의 소방호스 2본을 설치해야 한다.
③ 소방호스는 소방대상물의 각 부분에 물이 유효하게 뿌려질 수 있는 길이로 설치해야 한다.
④ 소화전함에 구경 65[mm] 길이 15[m]의 소방호스 2본을 설치해야 한다.

해설 소방호스는 개수는 개정되면서 없어지고 현재는 소방대상물의 각 부분에 물이 유효하게 뿌려질 수 있는 길이로 설치해야 한다.

71

다음 중 의료시설 3층에 설치하여야 하는 피난기구로 적합하지 않은 것은?

① 공기안전매트 ② 미끄럼대
③ 구조대 ④ 피난용 트랩

해설 소방대상물의 설치장소별 피난기구의 적응성

설치 장소별 구분 / 층 별	의료시설·근린생활시설 중 입원실이 있는 의원·접골원·조산원
지하층	피난용트랩
1층	–
2층	–
3층	미끄럼대·구조대·피난교·피난용트랩·다수인피난장비·승강식피난기
4층 이상 10층 이하	구조대·피난교·피난용트랩·다수인피난장비·승강식피난기

72

연결송수관설비에서 가압송수장치를 설치하여야 하는 소방대상물의 높이는 몇 [m] 이상이어야 하는가?

① 40[m] ② 55[m]
③ 70[m] ④ 100[m]

해설 연결송수관설비에서 가압송수장치 : 높이 70[m] 이상에 설치

73

다음은 연결살수설비 살수헤드를 설치하지 않아도 되는 부분이다. 틀린 것은?

① 천장 및 반자가 불연재료 외의 것으로 되어있고 천장과 반자 사이의 거리가 0.5[m] 미만인 부분
② 병원의 수술실, 응급처치실, 기타 이와 유사한 장소
③ 발전실, 변압기, 기타 이와 유사한 전기설비가 설치되어 있는 장소
④ 펌프실, 보일러실, 현관 및 로비 높이 10[m] 이상인 장소 등 기타 이와 유사한 장소

정답 68 ④ 69 ① 70 ③ 71 ① 72 ③ 73 ④

> **해설** 펌프실, 보일러실, 현관 및 로비 높이 20[m] 이상인 장소 등 기타 이와 유사한 장소에는 연결살수 헤드를 설치하지 아니할 수 있다.

74

전역방출 방식인 경우 할론 2402소화약제를 방출하는 분사 헤드는 어떠한 상태로 방사되어야 하는가?

① 무 상   ② 봉 상
③ 직 사   ④ 측 사

> **해설** 할론소화약제의 분사헤드 방사형태 : 무상

75

다음 소방 대상물 중 폐쇄형 스프링클러헤드의 동시 방사소요 설치 개수(기준 개수)가 맞지 않는 것은?

① 지하층을 제외한 10층 이하 호텔은 10개이다(헤드 부착 높이가 8[m] 미만인 경우에 한함).
② 지하층을 제외한 10층 이하 백화점은 20개이다.
③ 지하층을 제외한 10층 이하 시장은 30개이다.
④ 지하층을 제외한 11층 이상 아파트는 10개이다.

> **해설** 폐쇄형 스프링클러 헤드의 수

소방대상물			헤드의 기준개수
10층 이하 소방 대상물 (지하층 제외)	공장, 창고	특수가연물 저장·취급	30
		그 밖의 것	20
	근린생활시설 판매시설 운수시설 복합건축물	판매시설 또는 복합건축물(판매시설이 설치된 복합건축물을 말한다)	30
		그 밖의 것	20
	그밖의 것	헤드의 부착높이 8[m] 이상	20
		헤드의 부착높이 8[m] 미만	10
아파트			10
11층 이상인 소방대상물(아파트는 제외), 지하가, 지하역사			30

76

다음 할로겐화합물 및 불활성기체 중 기본성분이 다른 하나는?

① HCFC BLEND A   ② HFC-125
③ HFC-227ea   ④ IG-541

> **해설** 할로겐화합물 및 불활성기체의 종류

소화약제	화학식
퍼플루오르부탄(FC-3-1-10)	$C4F_{10}$
하이드로클로로플루오르카본혼화제(HCFC BLEND A)	HCFC-123($CHCl_2CF_8$) : 4.75[%] HCFC-22($CHClF_2$) : 82[%] HCFC-124($CHClFCF_3$) : 9.5[%] $C_{10}H_{16}$: 3.75[%]
클로로테트라플루오르에탄 (HCFC-124)	$CHClFCF_3$
펜타플루오르에탄(HFC-125)	CHF_2CF_3
헵타플루오르프로판 (HFC-227ea)	CF_3CHFCF_3
트리플루오르메탄(HFC-23)	CHF_3
헥사플루오르프로판 (HFC-236fa)	$CF_3CH_2CF_3$
트리플루오르이오다이드 (FIC-13I1)	CF_3I
불연성·불활성기체 혼합가스(IG-01)	Ar
불연성·불활성기체 혼합가스(IG-100)	N_2
불연성·불활성기체 혼합가스(IG-541)	N_2 : 52[%], Ar : 40[%], CO_2 : 8[%]
불연성·불활성기체 혼합가스(IG-55)	N_2 : 50[%], Ar : 50[%]
도데카플루오로-2-메틸펜탄-3-원(이하 "FK-5-1-12"이라 한다)	$CF_3CF_2C(O)CF(CF_3)_2$

77

제연설비에서 배출기 배출측 풍속은 몇 [m/s] 이하로 하여야 하는가?

① 5[m/s]   ② 15[m/s]
③ 20[m/s]   ④ 25[m/s]

해설 제연설비의 풍속
• 배출기 흡입측 풍속 : 15[m/s] 이하
• 배출기 배출측 풍속 : 20[m/s] 이하
• 유입풍도 안의 풍속 ; 20[m/s] 이하

78

콘루프 탱크에 설치하는 포방출구 중 적합하지 않는 것은?

① 특형 방출구   ② Ⅰ형 방출구
③ Ⅱ형 방출구   ④ 표면하 주입식 방출구

해설 **특형 포 방출구** : 부상지붕구조(FRT, Floating Roof Tank)

79

소화약제를 이용한 간이 소화용구가 아닌 것은?

① 투척용 소화용구   ② 소공간용 소화용구
③ 에어졸식 소화용구   ④ 충돌식 소화용구

해설 간이 소화용구
• 에어졸식 소화용구
• 투척용 소화용구
• 소공간용 소화용구
• 소화약제외의 것을 이용한 간이소화용구

80

화재 시 연기의 차단방법으로 틀린 것은?

① 덕트에 연기감지기와 연동하는 댐퍼설치
② 화재구역의 연기를 흡인하는 방식
③ 피난로가 되는 복도나 계단실 등에 공기가압방식
④ 화재구역에 소화수를 뿌리는 방식

해설 연기의 차단방법
• 덕트에 연기 감지기와 연동하는 댐퍼설치
• 화재구역의 연기를 흡인하는 방식
• 피난로가 되는 복도나 계단실 등에 공기가압방식

2015년 3월 8일 시행

제 **1** 회

01

다음 중 착화온도가 가장 높은 것은?

① 황 린
② 아세트알데하이드
③ 메 탄
④ 이황화탄소

해설 착화온도

종 류	착화온도[℃]
황 린	34
아세트알데하이드	185
메 탄	537
이황화탄소	100

02

가연성 물질이 되기 쉬운 조건으로 틀린 것은?

① 열전도율이 작아야 한다.
② 공기와 접촉 면적이 커야 한다.
③ 산소와 친화력이 커야 한다.
④ 활성화에너지가 커야 한다.

해설 가연물의 구비조건
• **열전도율**이 **작을 것**
• 발열량이 클 것
• 표면적이 넓을 것
• 산소와 친화력이 좋을 것
• **활성화 에너지**가 **작을 것**

03

실내 연기의 이동속도에 대한 일반적인 설명으로 가장 적당한 것은?

① 수직으로 1[m/s], 수평으로 5[m/s] 정도이다.
② 수직으로 3[m/s], 수평으로 1[m/s] 정도이다.
③ 수직으로 5[m/s], 수평으로 3[m/s] 정도이다.
④ 수직으로 7[m/s], 수평으로 3[m/s] 정도이다.

해설 연기의 이동속도

방 향	이동속도
수평방향	0.5~1.0[m/s]
수직방향	2.0~3.0[m/s]
실내계단	3.0~5.0[m/s]

04

Halon 1211의 화학식으로 옳은 것은?

① CF_2ClBr
② $CFBrCl_2$
③ $C_2F_4Br_2$
④ CH_2BrCl

해설 할론소화약제의 화학식

종 류	화학식	종 류	화학식
할론 1301	CF_3Br	할론 1011	CH_2ClBr
할론 1211	CF_2ClBr	할론 2402	$C_2F_4Br_2$

05

피난대책의 일반적 원칙으로 틀린 것은?

① 2방향 피난통로를 확보한다.
② 피난통로는 간단명료하게 한다.
③ 피난구조설비는 고정식설비를 위주로 설치한다.
④ 원시적인 방법보다 전자설비를 이용한다.

해설 피난대책의 일반적인 원칙
• 피난경로는 간단명료하게 할 것
• 피난구조설비는 고정식설비를 위주로 할 것
• 피난수단은 원시적 방법에 의한 것을 원칙으로 할 것
• 2방향 이상의 피난통로를 확보할 것

06

다음 중 소화약제의 주성분 중 담홍색 또는 황색으로 착색하여 사용하도록 되어 있는 소화약제는?

① 탄산나트륨
② 제1인산암모늄
③ 탄산수소나트륨
④ 탄산수소칼륨

해설 **분말소화약제의 적용화재 및 착색**

종 류	주성분	적응화재	착 색
제1종 분말	$NaHCO_3$	B, C급	백 색
제2종 분말	$KHCO_3$	B, C급	담회색
제3종 분말	$NH_4H_2PO_4$ (제1인산암모늄)	A, B, C급	담홍색, 황색
제4종 분말	$KHCO_3$ + $(NH_2)_2CO$	B, C급	회 색

07

0[℃]의 얼음 1[g]이 100[℃]의 수증기가 되려면 몇 [cal]의 열량이 필요한가?(단, 0[℃] 얼음의 융해열은 80[cal/g]이고 100[℃] 물의 증발잠열은 539[cal/g]이다)

① 539
② 719
③ 939
④ 1119

해설 **열 량**

$$Q = \gamma_1 \cdot m + m C_p \Delta t + \gamma_2 \cdot m$$
$$= (80[cal/g] \times 1[g]) + 1[g] \times 1[cal/g \cdot ℃]$$
$$\times (100-0)[℃]) + (539[cal/g] \times 1[g])$$
$$= 719[cal]$$

08

장기간 방치하면 습기, 고온 등에 의해 분해가 촉진되고 분해열이 축적되면 자연발화의 위험이 있는 것은?

① 셀룰로이드
② 질산나트륨
③ 과망간산칼륨
④ 과염소산

해설 **셀룰로이드(제5류 위험물)** : 장기간 방치하면 습기, 고온 등에 의해 분해가 촉진되고 분해열이 축적되면 자연발화의 위험이 있다.

09

칼륨이 물과 작용하면 위험한 이유로 옳은 것은?

① 물과 격렬히 반응하여 발열하고 가연성 수소가스를 발생하기 때문
② 물과 격렬히 반응하여 발열하고 가연성의 일산화탄소를 생성하기 때문
③ 물과 흡열반응하여 유독성 가스를 생성하기 때문
④ 물과 흡열반응하여 자기연소가 서서히 진행되기 때문

해설 칼륨은 물과 격렬히 반응하여 발열하고 가연성가스인 수소를 발생하기 때문이다.

$$2K + 2H_2O \rightarrow 2KOH + H_2 \uparrow$$

10

인화성 액체의 소화방법으로 틀린 것은?

① 공기차단 또는 연소물질을 제거하여 소화한다.
② 포, 분말, 이산화탄소, 할론소화약제 등을 사용한다.
③ 알코올과 같은 수용성 위험물은 특수한 안정제를 가한 포 소화약제 등을 사용한다.
④ 물, 건조사 및 금속화재용 분말소화기를 사용하여 소화한다.

해설 **인화성 액체의 소화방법** : 질식소화(포, 분말, 이산화탄소에 의한 공기차단)

11

소방시설의 분류에서 다음 중 소화설비에 해당하지 않는 것은?

① 스프링클러설비
② 물분무소화설비
③ 옥내소화전설비
④ 연결송수관설비

해설 **소화설비** : 소화기구, 옥내소화전설비, 옥외소화전설비, 스프링클러설비, 물분무소화설비, 미분무소화설비, 이산화탄소소화설비, 할론소화설비, 할로겐화합물 및 불활성기체 소화설비, 분말소화설비, 강화액소화설비, 고체에어로졸소화설비

소화활동설비 : 제연설비, 연결송수관설비, 연결살수설비, 비상콘센트설비 무선통신보조설비

12

점화원의 형태별 구분 중 화학적 점화원의 종류로 틀린 것은?

① 연소열   ② 융해열
③ 분해열   ④ 아크열

해설 열에너지(열원)의 종류
- 연소열 : 어떤 물질이 완전히 산화되는 과정에서 발생하는 열
- 분해열 : 어떤 화합물이 분해할 때 발생하는 열
- 용해열 : 어떤 물질이 액체에 용해될 때 발생하는 열
- 자연발화 : 어떤 물질이 외부열의 공급 없이 온도가 상승하여 발화점 이상에서 연소하는 현상

> 아크열 : 전기적 열원

13

프로판가스 44[g]을 공기 중에 완전연소 시킬 때 표준상태를 기준으로 약 몇 [L]의 공기가 필요한가? (단, 가연가스를 이상기체로 보며 공기는 질소 80[%]와 산소 20[%]로 구성되어 있다)

① 112   ② 224
③ 448   ④ 560

해설 프로판의 연소반응식

$$C_3H_8 \quad + \quad 5O_2 \quad \rightarrow \quad 3CO_2 \quad + \quad 4H_2O$$

44[g] ⟋ 5×22.4[L]
44[g] ⟍ x

$$x = \frac{5 \times 22.4[L] \times 44[g]}{44[g]} = 112[L] \text{(이론산소량)}$$

$$\therefore \text{이론 공기량} = \frac{112[L]}{0.2} = 560[L]$$

14

정전기 화재사고의 예방대책으로 틀린 것은?

① 제전기를 설치한다.
② 공기를 되도록 건조하게 유지시킨다.
③ 접지를 한다.
④ 공기를 이온화한다.

해설 정전기 방지대책
- 접지할 것
- 상대습도를 70[%] 이상으로 할 것
- 공기를 이온화할 것
- 제전기를 설치할 것

15

B급 화재는 다음 중 어떤 화재를 의미하는가?

① 금속화재   ② 일반화재
③ 전기화재   ④ 유류화재

해설 화재의 종류

구 분 \ 급수	A급	B급	C급	D급
화재의 종류	일반화재	유류화재	전기화재	금속화재
표시색	백색	황색	청색	무색

16

할론 소화약제의 주된 소화원리에 해당하는 것은?

① 연쇄반응의 억제
② 흡열 산화반응
③ 분해·냉각 작용
④ 흡착에 의한 승화작용

해설 할론 소화약제의 주된 소화원리 : 연쇄반응의 억제에 의한 부촉매 효과

17

요리용 기름이나 지방질 기름의 화재 시 가연물과 결합하여 비누화 반응을 일으켜 질식소화와 재발화 억제효과를 나타낼 수 있는 것은?

① Halon 104
② 물
③ 이산화탄소소화약제
④ 제1종 분말소화약제

해설 식용유화재(비누화 현상) : 제1종 분말소화약제

[비누화현상]
제1종 분말약제가 요리용 기름이나 지방질 기름의 화재 시 이들 물질과 결합하여 에스테르가 알칼리 작용으로 가수분해 되어 그 성분의 산의 염(산의 알칼리)과 알코올이 되는 반응
RCOOR + NaOH → RCOOR′ + ROH
(유지)　　(알칼리)　　(지방산의 염)　(알코올)

해설 위험물의 성질

유 별	성 질
제1류 위험물	산화성 고체
제2류 위험물	가연성 고체
제3류 위험물	자연발화성 및 금수성물질
제4류 위험물	인화성 액체
제5류 위험물	자기반응성물질
제6류 위험물	산화성 액체

18

과산화수소의 성질로 틀린 것은?

① 비중이 1보다 작으며 물에 녹지 않는다.
② 산화성물질로 다른 물질을 산화시킨다.
③ 불연성 물질이다.
④ 상온에서 액체이다.

해설 과산화수소(Hydrogen Peroxide)
• 물 성

화학식	비 점	융 점	비 중
H_2O_2	80.2[℃]	−0.89[℃]	1.465

• 점성이 있는 무색 액체(다량일 경우 : 청색)이다.
• 산화성 액체로 불연성물질이다.
• 물·알코올·에테르에는 녹지만, 벤젠에는 녹지 않는다.
• 농도 60[%] 이상 충격, 마찰에 의해서도 단독으로 분해폭발 위험이 있다. 저장용기는 밀봉하지 말고 구멍이 있는 마개를 사용하여야 한다.

19

위험물안전관리법령상 위험물의 유별 성질에 관한 연결 중 틀린 것은?

① 제2류 위험물 : 가연성 고체
② 제4류 위험물 : 인화성 액체
③ 제5류 위험물 : 자기반응성 물질
④ 제6류 위험물 : 산화성 고체

20

다음 물질 중 연소범위가 가장 넓은 것은?

① 아세틸렌　　　② 메 탄
③ 프로판　　　　④ 에 탄

해설 연소범위

종 류	아세틸렌	메 탄	프로판	에 탄
연소 범위	2.5~81[%]	5.0~15.0[%]	2.1~9.5[%]	3.0~12.4[%]

제 **2** 과목　**소방유체역학**

21

다음 시차 압력계에서 압력차($P_B - P_A$)는 약 몇 [kPa]인가?(단, H_1=25[cm], H_2=70[cm], H_3=70[cm]이고 수은의 비중은 13.06이다)

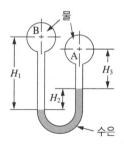

① 1.1　　　　　　② 2.2
③ 11.1　　　　　④ 22.2

해설 압력차

$$P_B + \gamma_3 h_3 = P_A + \gamma_1 h_1 + \gamma_2 h_2$$

$$\boxed{P_B - P_A = \gamma_1 h_1 + \gamma_2 h_2 + \gamma_3 h_3}$$

$$\therefore P_B - P_A = \gamma_1 h_1 + \gamma_2 h_2 + \gamma_3 h_3$$
$$= (1{,}000[\mathrm{kg_f/m^3}] \times 0.25[\mathrm{m}])$$
$$+ (13.6 \times 1{,}000[\mathrm{kg_f/m^3}] \times 0.2[\mathrm{m}])$$
$$+ (1{,}000[\mathrm{kg_f/m^3}] \times 0.7[\mathrm{m}])$$
$$= 2{,}270[\mathrm{kg_f/m^2}]$$

이것을 [kPa]로 환산하면

$$\frac{2{,}270[\mathrm{kg_f/m^2}]}{10.332[\mathrm{kg_f/m^2}]} \times 101.325[\mathrm{kPa}] = 22.26[\mathrm{kPa}]$$

22

물이 안지름 600[mm]의 파이프를 통하여 평균 3[m/s]의 속도로 흐를 때 유량은 약 몇 [m³/s]인가?

① 0.3 　　　　　② 0.85
③ 1.8 　　　　　④ 2.8

해설 유량 $Q = uA = 3[\mathrm{m/sec}] \times \dfrac{\pi}{4}(0.6[\mathrm{m}])^2$
$$= 0.85[\mathrm{m^3/sec}]$$

23

기체가 1[kg/s]의 유속으로 파이프 속을 등온상태로 흐른다. 파이프 내경이 20[cm]이고 압력이 294[Pa]일 때 유속은 약 몇 [m/s]인가?(단, 기체상수는 196[N·m/kg·K]이고, 온도는 27[℃]이다)

① 5,260 　　　　② 5,290
③ 6,290 　　　　④ 6,366

해설 밀도 $\rho = \dfrac{P}{RT}$

$$= \frac{294[\mathrm{N/m^2}]}{196([\mathrm{N \cdot m/kg \cdot K}]) \times (273+27)[\mathrm{K}]}$$
$$= 0.005[\mathrm{kg/m^3}]$$

질량 유량 $\overline{m} = \rho A u$ 에서

평균속도 $u = \dfrac{\overline{m}}{A\rho}$

$$= \frac{1[\mathrm{kg/s}]}{\left(\dfrac{\pi}{4} \times 0.2[\mathrm{m}]\right)^2 \times 0.005\mathrm{kg/m^3}}$$
$$= 6{,}366.2[\mathrm{m/sec}]$$

24

이상유체의 정의를 바르게 설명 한 것은?

① 오염되지 않는 순수한 유체
② 뉴턴의 점성법칙을 만족하는 유체
③ 압축을 가하면 체적이 수축하고 압력을 제거하면 처음 체적으로 되돌아가는 유체
④ 유체 유동 시 마찰 전단응력이 발생하지 않으며 분자 간에 분자력이 작용하지 않는 유체

해설 이상유체 : 유체 유동 시 마찰 전단응력이 발생하지 않으며 분자 간에 분자력이 작용하지 않는 유체

25

온도 차이가 큰 2개의 물체를 접촉시키면 열은 고온의 물체에서 저온의 물체로 전달된다. 이때 한 상태에서 다른 상태로 변화할 때의 계의 엔트로피의 변화는? (단, ΔS_H는 고온부 엔트로피 변화, ΔS_L는 저온부 엔트로피 변화이다)

① $\Delta S_H > 0$
② $\Delta S_L < 0$
③ $\Delta S_H + \Delta S_L < 0$
④ $\Delta S_H + \Delta S_L > 0$

해설 엔트로피의 변화 : 고온부와 저온부의 엔트로피변화의 합이 0보다 크다.

26

안지름이 15[cm]인 직원형관 속을 4.5[m/s]의 평균 속도로 물이 흐르고 있다. 관 길이가 30[m]일 때 수두손실이 5[m]라면 이 관의 마찰계수는 얼마인가?

① 0.024 　　　　② 0.032
③ 0.052 　　　　④ 0.061

해설 유체의 마찰 손실

$$h = \frac{f l u^2}{2 g D} [\text{m}]$$

여기서, h : 마찰손실[m]

f : 관의 마찰계수

l : 관의 길이[m]

u : 유체의 유속[m/sec]

D : 관의 내경[m]

$$\therefore f = \frac{H 2 g D}{l u^2} = \frac{5[\text{m}] \times 2 \times 9.8[\text{m/s}^2] \times 0.15[\text{m}]}{30[\text{m}] \times (4.5[\text{m/s}])^2}$$

$$= 0.024$$

27

수두가 9[m]일 때 오리피스에서 물의 유속이 11[m/s]이다. 속도계수는 약 얼마인가?

① 0.81
② 0.83
③ 0.95
④ 0.97

해설 속도계수

$$u = c \sqrt{2 g H}, \quad c = \frac{u}{\sqrt{2 g H}}$$

$$\therefore c = \frac{u}{\sqrt{2 g H}} = \frac{11[\text{m/s}]}{\sqrt{2 \times 9.8[\text{m/s}^2] \times 9[\text{m}]}} = 0.83$$

28

다음 중 회전식 펌프에 해당되는 것은?

① 기어펌프(Gear Pump)
② 피스톤펌프(Piston Pump)
③ 플런저펌프(Plunger Pump)
④ 다이어프램펌프(Diaphragm Pump)

해설 회전식 펌프 : 기어펌프

29

지름이 5[mm]인 모세관에서 물의 상승높이는 약 몇 [mm]인가?(단, 접촉각은 40°이고, 물의 표면장력은 7.41×10⁻²[N/m]이다)

① 0.46
② 4.6
③ 46
④ 460

해설 상승높이(h)

$$h = \frac{4 \sigma \cos \theta}{\gamma d}$$

여기서 σ : 표면장력[N/m]

θ : 각도

γ 비중량(9,800[N/m³])

d : 직경[m]

$$\therefore h = \frac{4 \times 0.0741[\text{N/m}] \times \cos 40}{9,800 \times 0.005[\text{m}]} = 0.004634[\text{m}]$$

$$= 4.63[\text{mm}]$$

30

수격현상을 줄이기 위한 방법으로 틀린 것은?

① 관 내 유속을 높여야 한다.
② 관로에 서지탱크를 설치한다.
③ 펌프에 플라이휠을 설치한다.
④ 밸브를 가능한 펌프송출구 가까이 설치한다.

해설 수격현상의 방지대책
- 관로의 관경을 크게 하고 유속을 낮게 하여야 한다.
- 압력강하의 경우 Fly Wheel을 설치하여야 한다.
- 조압수조(Surge Tank) 또는 수격방지기(Water Hammering Cushion)를 설치하여야 한다.
- 펌프 송출구 가까이 송출밸브를 설치하여 압력 상승 시 압력을 제어하여야 한다.

31

밀도 ρ, 체적유량 Q, 속도 V의 물 분류가 그림과 같이 $\beta=30°$의 각도로 조정평판에 충동할 때 분류에 의해 판이 받는 수직 충격력은?

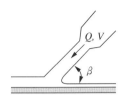

① $\dfrac{\rho Q V}{2}$ ② $\dfrac{\sqrt{3}\,\rho Q V}{2}$

③ $\dfrac{2\rho Q V}{\sqrt{3}}$ ④ $\dfrac{\sqrt{2}\,\rho Q V}{3}$

[해설] 수직 충격력 $F = \dfrac{\rho Q V}{2}$

32

고체 표면의 온도가 20[℃]에서 60[℃]로 올라가면 방사되는 복사열은 약 몇 [%]가 증가하는가?

① 3   ② 14

③ 29   ④ 67

[해설] 복사열은 절대온도[K]의 4제곱에 비례한다.

$T_1 = (273+20)^4 = 7,370,050,801$

$T_2 = (273+60)^4 = 12,296,370,320$

※ 증가율 $= \dfrac{12,296,370,320 - 7,370,050,801}{7,370,050,801} \times 100$

$\qquad = 66.8[\%]$

33

다음 중 수력지름이 가장 큰 것은?(단, 모든 덕트나 관은 완전히 채워져 흐른다고 가정한다)

① 지름 5[cm]인 원형 덕트

② 한 변이 5[cm]인 정사각형 덕트

③ 가로 4[cm], 세로 7[cm]인 직사각형 덕트

④ 바깥지름 10[cm], 안지름 6[cm]인 동심 이중관

[해설] 수력지름

$$\boxed{\text{수력반경 } D_k = 4R_h = \dfrac{4A}{P} = \dfrac{4WH}{2(W+H)} = \dfrac{2WH}{W+H}}$$

여기서, R_h : 수력직경

$\qquad$ A : 단면적

$\qquad$ P : 접수길이

$\qquad$ W : 가로

$\qquad$ H : 세로

(1) $D_k = 4R_h = \dfrac{4A}{P} = \dfrac{4 \times \frac{\pi}{4}d^2}{\pi d} = d = 5[\text{cm}]$

(2) $D_k = 4R_h = \dfrac{4A}{P} = \dfrac{4(W \times H)}{2(W+H)}$

$\qquad = \dfrac{4 \times (5[\text{cm}] \times 5[\text{cm}])}{2 \times (5[\text{cm}] + 5[\text{cm}])} = 5[\text{cm}]$

(3) $D_k = 4R_h = \dfrac{4A}{P} = \dfrac{4(W \times H)}{2(W+H)}$

$\qquad = \dfrac{4 \times (4[\text{cm}] \times 7[\text{cm}])}{2 \times (4[\text{cm}] + 7[\text{cm}])} = 5.1[\text{cm}]$

(4) $D_k = 4R_h = \dfrac{4A}{P} = \dfrac{4 \times \frac{\pi}{4}(d_2 - d_1)^2}{\pi(d_1 + d_2)}$

$\qquad = \dfrac{d_2^2 - d_1^2}{d_1 + d_2} = \dfrac{(d_2 + d_1)(d_2 - d_1)}{d_1 + d_2}$

$\qquad = d_2 - d_1 = 10[\text{cm}] - 6[\text{cm}] = 4[\text{cm}]$

34

효율이 55[%]인 원심펌프가 양정 30[m], 유량 0.2[m³/s]의 물을 송출하기 위한 축동력은 약 몇 [kW]인가?

① 11   ② 32

③ 59   ④ 107

[해설] 축동력

$$\boxed{P[\text{kW}] = \dfrac{\gamma Q H}{102 \times \eta}}$$

$\therefore\ P[\text{kW}] = \dfrac{\gamma Q H}{102 \times \eta}$

$\qquad = \dfrac{1,000[\text{kg}_\text{f}/\text{m}^3] \times 0.2[\text{m}^3/\text{sec}] \times 30[\text{m}]}{102 \times 0.55}$

$\qquad = 106.95[\text{kW}]$

35

비중이 1.03인 바닷물에 전체 부피의 90[%]가 잠겨 있는 빙산이 있다. 이 빙산의 비중은 얼마인가?

① 0.927

② 0.932

③ 0.939

④ 0.945

해설 바닷물에 잠겨있는 부분은 85[%]이므로

$\therefore$ 1.03×0.9 = 0.927

36

20[℃] 100[kPa]의 공기 1[kg]을 일차적으로 300[kPa]까지 등온압축시키고 다시 1,000[kPa]까지 단열압축시켰다. 압축 후의 절대온도는 약 얼마인가?

① 413[K]

② 423[K]

③ 433[K]

④ 443[K]

해설
- 등온압축
  - 온도 $T_1 = T_2 = 20[℃] = 293[K]$
  - 초기압력 $P_1 = 100[kPa]$,
    등온압축 후의 압력 $P_2 = 300[kPa]$
- 단열압축
  - 단열압축 후의 압력 $P_3 = 1,000[kPa]$,
    공기의 비열비 $k = 1.4$
  - 단열압축 시 온도와 압력과의 관계

    $$\frac{T_3}{T_2} = \left(\frac{P_3}{P_2}\right)^{\frac{k-1}{k}}$$

  - 단열압축 후의 온도

    $$T_3 = T_2 \times \left(\frac{P_3}{P_2}\right)^{\frac{k-1}{k}}$$

    $$= 293[K] \times \left(\frac{1,000[kPa]}{300[kPa]}\right)^{\frac{1.4-1}{1.4}}$$

    $$= 413.3[K]$$

37

피토관을 물이 흐르는 관속에 넣었을 때 10[cm]의 높이까지 올라가 정지되었다. 관의 단면적이 0.05[m²]이라면 1분 동안 흘러간 물은 몇 [m³]인가?

① 4.2

② 4.9

③ 5.2

④ 5.9

해설 분당 흘러간 물의 양

$$u = \sqrt{2gH}$$

- 유속 $u = \sqrt{2gH} = \sqrt{2 \times 9.8[m/s^2] \times 0.1[m]}$
  $= 1.4[m/s]$
- 분당 토출량 $= 1.4[m/s] \times 0.05[m^2]$
  $= 0.07[m^3/s] = 4.2[m^3/min]$

38

정지유체 속에 잠겨있는 경사진 평면의 압심(압력의 작용점)에 대한 설명으로 옳은 것은?

① 도심의 아래에 있다.

② 도심의 위에 있다.

③ 도심의 위치와 같다.

④ 도심의 위치와 관계가 없다.

해설 압력 중심

$$y_d = \frac{I_c}{\overline{y}A} + \overline{y}$$

여기서, $\overline{y}$: 면적의 도심, I_c : 도심에 관한 단면 2차 관성 모멘트이다. 그러므로 압력중심은 도심보다 항상 아래에 있다.

39

단면 크기가 가로 0.3[m], 세로 0.5[m]인 덕트 속을 공기가 흐르고 있다. 덕트 속에 흐르는 공기의 유량이 0.45[m³/s]일 때 공기의 질량유량은 몇 [kg/s]인가?(단, 공기의 밀도는 2[kg/m³]이다)

① 0.7

② 0.8

③ 0.9

④ 1.0

해설 질량유량

$$\overline{m} = A u \rho$$

여기서, A : 면적$(0.3[\text{m}] \times 0.5[\text{m}] = 0.15[\text{m}])$

$$u = \frac{Q}{A} = \frac{0.45[\text{m}^3/\text{sec}]}{0.3[\text{m}] \times 0.5[\text{m}]} = 3[\text{m/sec}]$$

$$\rho = 2[\text{kg/m}^3]$$

$$\therefore \ \overline{m} = A u \rho = 0.15[\text{m}^2] \times 3[\text{m/s}] \times 2[\text{kg/m}^3]$$
$$= 0.9[\text{kg/s}]$$

40

유체의 밀도 A는 $[\text{kg/m}^3]$, 점성계수 B는 $[\text{N} \cdot \text{s/m}^2]$, 동점성계수 C는 $[\text{m}^2/\text{s}]$, 속도기울기$[du/dy]$ D는 $[\text{s}^{-1}]$이고, A, B, C, D의 수치가 각각 다음과 같을 때 전단응력이 가장 작은 것은?

① A=1,000, B=0.002, D=0.1
② A=1,200, B=0.01, D=0.1
③ A=1,000, C=5×10^{-6}, D=0.2
④ A=1,200, C=1×10^{-5}, D=0.1

해설 전단응력

$$\text{전단응력} \ \tau = \mu \frac{du}{dy} = B \times D,$$
$$\text{점성계수} \ \mu = \rho \nu = A \times C$$

• 전단응력 $\tau = 0.002 \dfrac{[\text{N} \cdot \text{s}]}{[\text{m}^2]} \times 0.1[\text{s}^{-1}]$
$$= 0.0002[\text{N/m}^2]$$

• 전단응력 $\tau = 0.01 \dfrac{[\text{N} \cdot \text{s}]}{[\text{m}^2]} \times 0.1[\text{s}^{-1}]$
$$= 0.001[\text{N/m}^2]$$

• 점성계수 $\mu = 1,000 \dfrac{[\text{kg}]}{[\text{m}^3]} \times 5 \times 10^{-6} \dfrac{[\text{m}^2]}{[\text{s}]}$
$$= 5 \times 10^{-3}[\text{kg} \cdot \text{m/s}]$$
$$= 5 \times 10^{-3}[\text{N} \cdot \text{s/m}^2]$$

전단응력 $\tau = 5 \times 10^{-3} \dfrac{[\text{N} \cdot \text{s}]}{[\text{m}^2]} \times 0.2[\text{s}^{-1}]$
$$= 0.001[\text{N/m}^2]$$

• 점성계수 $\mu = 1,200 \dfrac{[\text{kg}]}{[\text{m}^3]} \times 1 \times 10^{-5} \dfrac{[\text{m}^2]}{[\text{s}]}$
$$= 0.012[\text{kg} \cdot \text{m/s}] = 0.012[\text{N} \cdot \text{s/m}^2]$$

전단응력 $\tau = 0.012 \dfrac{[\text{N} \cdot \text{s}]}{[\text{m}^2]} \times 0.1[\text{s}^{-1}]$
$$= 0.0012[\text{N/m}^2]$$

제 **3** 과목　소방관계법규

41

특정소방대상물에 사용되는 제조공정에서 방염대상물이 아닌 것은?

① 암막 · 무대막
② 창문에 설치하는 커튼류
③ 전시용 합판
④ 종이벽지

해설 방염처리 대상물품(제조 또는 가공공정에서)
• 창문에 설치하는 커튼류(블라인드를 포함)
• 카펫, 두께가 2[mm] 미만인 벽지류(종이벽지를 제외한 것)
• 전시용 합판 또는 섬유판, 무대용 합판 또는 섬유판
• 암막 · 무대막(영화상영관에 설치하는 스크린을 포함)
• 섬유류 또는 합성수지류 등을 원료로 하여 제작된 소파 · 의자(단란주점, 유흥주점영업, 노래연습장에 설치하는 것만 해당)

42

소방기관이 소방업무를 수행하는 데에 필요한 인력과 장비 등에 관한 기준은 어느 령으로 정하는가?

① 대통령령
② 행정안전부령
③ 시 · 도의 조례
④ 국토교통부장관령

해설 소방력에 관한 기준 : 행정안전부령(기본법 제8조)

43

소방시설공사업 등록 신청 시 제출하여야 할 자산평가액 또는 기업진단보고서는 신청일 전 최근 며칠 이내에 작성한 것이어야 하는가?

① 90일　　② 120일
③ 150일　　④ 180일

해설 등록 시 제출서류
- 신청인의 성명, 주민등록번호 및 주소지 등의 인적 사항이 적힌 서류
- 국가기술자격증 또는 소방기술자 경력수첩
- 소방청장이 지정하는 금융회사 또는 소방산업공제 조합에 출자·예치·담보한 금액 확인서 1부
- 금융위원회에 등록한 공인회계사나 전문경영진단 기관이 신청일 전 최근 90일 이내에 작성한 **자산평가 액** 또는 기업진단보고서(소방시설공사업만 해당)

44

소방시설업의 업종별 등록기준 및 영업범위 중 소방시설설계업에 대한 설명으로 틀린 것은?(단, 제연설비가 설치되는 특정소방대상물은 제외한다)

① 일반소방시설설계업의 보조 기술인력은 1인 이상이다.
② 전문소방시설설계업의 주된 기술인력은 소방기술사 1인 이상이다.
③ 일반소방시설설계업의 경우 소방설비기사도 주된 기술인력이 될 수 있다.
④ 일반소방시설설계업의 영업범위는 연면적 50,000[m²] 미만의 특정소방대상물에 설치되는 소방시설의 설계를 할 수 있다.

해설 일반소방시설설계업의 영업범위 : 연면적 30,000[m²] (공장은 10,000[m²]) 미만

45

소방기본법에서 국민의 안전의식과 화재에 대한 경각심을 높이고 안전문화를 정착시키기 위하여 소방의 날로 정하여 기념행사를 하는 날은 언제인가?

① 매년 9월 11일
② 매년 10월 20일
③ 매년 11월 9일
④ 매년 12월 1일

해설 소방의 날 : 매년 11월 9일

46

소방관계법령에서 정한 연소 우려가 있는 건축물의 구조의 기준으로 해당되지 않는 것은?

① 건축물대장의 건축물 현황도에 표시된 대지 경계선 안에 2이상인 건축물이 있는 경우
② 건축물의 내장재가 가연물인 경우
③ 각각의 건축물이 2층 이상으로 다른 건축물 외벽으로부터 수평거리가 10[m] 이하인 경우
④ 개구부가 다른 건축물을 향하여 설치되어 있는 경우

해설 연소우려가 있는 건축물의 구조(설치유지법률 규칙 제7조)
"행정안전부령으로 정하는 연소우려가 있는 구조"라 함은 건축물대장의 건축물 현황도에 표시된 대지경계선 안에 2 이상의 건축물이 있는 경우로서 각각의 건축물이 다른 건축물의 외벽으로부터 수평거리가 1층에 있어서는 6[m] 이하, 2층 이상의 층에 10[m] 이하이고 개구부가 다른 건축물을 향하여 설치된 구조를 말한다.

47

화재 예방상 위험하다고 인정되는 행위를 하는 사람이나 소화활동에 지장이 있다고 인정되는 물건의 소유자 등에게 금지 또는 제한, 처리 등의 명령을 할 수 있는 사람은?

① 소방본부장
② 의무소방관
③ 소방대장
④ 시·도지사

해설 화재 예방상 위험하다고 인정되는 행위를 하는 사람이나 소화활동에 지장이 있다고 인정되는 물건의 소유자 등에게 금지 또는 제한, 처리 등의 명령권자 : 소방본부장, 소방서장

48

산업안전기사 또는 산업안전산업기사 자격을 취득한 후 몇 년 이상 2급 소방안전관리대상물의 소방안전관리자로 근무한 실무경력이 있는 사람인 경우 1급 소방안전관리대상물의 소방안전관리자로 선임할 수 있는가?

① 1년 이상
② 1년 6개월 이상
③ 2년 이상
④ 3년 이상

해설 1급 소방안전관리대상물의 소방안전관리자 선임자격(설치유지법률 시행령 제23조)
- 소방기술사, 소방시설관리사, **소방설비기사**, **소방설비산업기사**의 자격이 있는 사람
- **산업안전기사**, 산업안전산업기사 자격을 가지고 **2년 이상** 2급 소방안전관리 대상물의 소방안전관리자로 근무한 실무경력이 있는 사람
- 위험물기능장, 위험물산업기사, 위험물기능사 자격을 가진 사람으로서 위험물안전관리자로 선임된 사람
- **소방공무원**으로 **7년 이상** 근무한 경력이 있는 사람
- 5년 이상 2급 소방안전관리대상물의 소방안전관리에 관한 실무경력이 있는 사람으로서 1급 소방안전관리대상물의 시험에 합격한 사람

49

건축허가 등을 할 때 소방본부장 또는 소방서장의 동의를 미리 받아야 하는 대상이 아닌 것은?

① 연면적 200[m²] 이상인 노유자시설 및 수련시설
② 항공기격납고, 관망탑
③ 차고, 주차장으로 사용되는 바닥면적이 100[m²] 이상인 층이 있는 건축물이나 주차시설
④ 지하층 또는 무창층이 있는 건축물로서 바닥면적이 150[m²] 이상인 층이 있는 것

해설 건축허가 등의 동의대상물의 범위
- 연면적이 400[m²](학교시설은 100[m²], **노유자시설 및 수련시설은 200[m²]**, 정신의료기관(입원실이 없는 정신건강의학과의원은 제외), 장애인의료재활시설은 300[m²] 이상)
- 6층 이상인 건축물
- 차고·주차장 또는 주차용도로 사용되는 시설로서
  - **차고·주차장**으로 사용되는 바닥면적이 **200[m²] 이상**인 층이 있는 건축물이나 주차시설
  - 승강기 등 기계장치에 의한 주차시설로서 자동차 20대 이상을 주차할 수 있는 시설
- **항공기격납고**, 관망탑, 항공관제탑, 방송용 송·수신탑
- **지하층** 또는 **무창층**이 있는 건축물로서 바닥면적이 **150[m²]**(공연장은 100[m²]) **이상**인 층이 있는 것
- **위험물저장 및 처리시설**, 지하구
- 요양병원(정신병원과 의료재활시설은 제외)

50

아파트로서 층수가 20층인 특정소방대상물에서 스프링클러설비를 하여야 하는 층수는?(단, 아파트는 신축을 실시하는 경우이다)

① 6층 이상
② 11층 이상
③ 15층 이상
④ 모든 층

해설 6층 이상인 아파트에는 모든 층에 스프링클러설비 설치하여야 한다.

51

칼륨, 나트륨, 알킬알루미늄등과 같은 위험물의 성질은?

① 산화성 고체
② 자기반응성물질
③ 자연발화성물질 및 금수성물질
④ 인화성 액체

해설 **칼륨, 나트륨, 알킬알루미늄, 알킬알루미늄** : 제3류 위험물

유 별	성 질
제1류 위험물	산화성 고체
제2류 위험물	가연성고체
제3류 위험물	자연발화성 및 금수성물질
제4류 위험물	인화성 액체
제5류 위험물	자기반응성물질
제6류 위험물	산화성 액체

52

정당한 사유 없이 소방특별조사 결과에 따른 조치명령을 위반한 자에 대한 벌칙으로 옳은 것은?

① 200만원 이하의 과태료
② 300만원 이하의 벌금
③ 1년 이하의 징역 또는 1,000만원 이하의 벌금
④ 3년 이하의 징역 또는 3,000만원 이하의 벌금

해설 1년 이하의 징역 또는 1,000만원 이하의 벌금

- 관리업의 **등록증**이나 **등록수첩**을 다른 자에게 빌려 준 자
- 영업정지처분을 받고 그 영업정지기간 중에 관리업 의 업무를 한 자
- 소방시설 등에 대한 **자체점검**을 하지 아니하거나 관 리업자 등으로 하여금 **정기적**으로 점검하게 하지 아 니한 자
- 소방시설관리사증을 다른 자에게 빌려주거나 같은 조 제6항을 위반하여 동시에 **둘 이상의 업체**에 취업 한 사람
- 형식승인의 변경승인을 받지 아니한 자

> 소방특별조사 결과에 따른 조치 명령을 위반한 자
> : 3년 이하의 징역 또는 3,000만원 이하의 벌금

53

함부로 버려두거나 그냥 둔 위험물의 소유자, 관리자, 점유자의 주소와 성명을 알 수 없어 필요한 명령을 할 수 없는 때에 소방본부장 또는 소방서장이 취하여 야 하는 조치로 옳은 것은?

① 시·도지사에게 보고하여야 한다.
② 경찰서장에게 통보하여 위험물을 처리하도록 하 여야 한다.
③ 소속공무원으로 하여금 그 위험물을 옮기거나 치우게 할 수 있다.
④ 소유자가 나타날 때까지 기다린다.

해설 함부로 버려두거나 그냥 둔 위험물의 관계인(소유자, 점유자, 관리자)이 없을 때에는 소속공무원으로 하여 금 그 위험물을 옮기거나 치우게 할 수 있다.

54

소방시설공사업법에 따른 행정안전부령으로 정하는 수수료 등의 납부 대상으로 틀린 것은?

① 소방시설업의 기술자 변경신고를 하려는 사람
② 소방시설업의 등록을 하려는 사람
③ 소방시설업자의 지위승계 신고를 하려는 사람
④ 소방시설업 등록증을 재발급 받으려는 사람

해설 수수료 납부 대상

- 소방시설업을 등록하려는 사람(2만원~4만원)
- 소방시설업 등록증 또는 등록수첩을 재발급 받으려 는 사람(1만원)
- 소방시설업자의 지위승계 신고를 하려는 사람(2만원)
- 자격수첩 또는 경력수첩을 발급받으려는 사람(고시 금액)

55

물분무 등 소화설비를 설치하여야 하는 특정소방대상 물이 아닌 것은?

① 주차용 건축물로서 연면적 800[m²] 이상인 것
② 기계식 주차장치를 이용하여 20대 이상의 차량을 주차할 수 있는 것
③ 전산실로서 바닥면적이 300[m²] 이상인 것
④ 항공기 부품공장으로 연면적 100[m²] 이상인 것

해설 항공기 및 자동차관련시설 중 항공기격납고에는 면적 에 관계없이 물분무 등 소화설비를 설치하여야 한다.

56

소방안전관리대상물의 관계인이 소방안전관리를 선 임한 때에는 선임한 날부터 며칠 이내에 관할 소방본 부장 또는 소방서장에게 신고하여야 하는가?

① 7일   ② 14일
③ 21일   ④ 30일

해설 소방안전관리자 선임 신고 : 선임한 날부터 14일 이내에 소방본부장 또는 소방서장에게 신고

57

문화재보호법의 규정에 의한 유형문화재와 지정문화 재에 있어서는 제조소 등과의 수평거리를 몇 [m] 이상 유지하여야 하는가?

① 20   ② 30
③ 50   ④ 70

해설 제조소 등의 안전거리

건축물	안전거리
사용전압 7,000[V] 초과 35,000[V] 이하의 특고압 가공전선	3[m] 이상
사용전압 35,000[V]를 초과하는 특고압 가공전선	5[m] 이상
주거용으로 사용되는 것(제조소가 설치된 부지 내에 있는 것을 제외)	10[m] 이상
고압가스, 액화석유가스, 도시가스를 저장 또는 취급하는 시설	20[m] 이상
학교, 병원(종합병원, 병원, 치과병원, 한방병원 및 요양병원), 공연장, 영화상영관, 수용인원 300명 이상 복지시설, 아동복지시설, 노인복지시설, 장애인복지시설, 한부모가족복지시설, 어린이집, 성매매피해자 등을 위한 지원시설, 정신보건시설, 가정폭력피해자 보호시설 및 그 밖에 수용인원 20명 이상을 수용할 수 있는 것	30[m] 이상
유형문화재, 지정문화재	50[m] 이상

58

업무상 과실로 제조소 등에서 위험물을 유출·방출 또는 확산시켜 사람의 생명·신체 또는 재산에 대하여 위험물을 발생시킨 사람에 해당하는 벌칙 기준은?

① 5년 이하의 금고 또는 1,000만원 이하의 벌금
② 5년 이하의 금고 또는 2,000만원 이하의 벌금
③ 7년 이하의 금고 또는 1,000만원 이하의 벌금
④ 7년 이하의 금고 또는 7,000만원 이하의 벌금

해설 벌 칙
- 제조소 등에서 위험물을 유출·방출 또는 확산시켜 사람의 생명·신체 또는 재산에 대하여 위험물을 발생시킨 사람 : 1년 이상 10년 이하의 징역
- 위의 죄를 범하여 사람을 상해에 이르게 한 때에는 무기 또는 3년 이상의 징역, 사망에 이르게 한때에는 무기 또는 5년 이상의 징역에 처한다.
- 업무상 과실로 제조소 등에서 위험물을 유출·방출 또는 확산시켜 사람의 생명·신체 또는 재산에 대하여 위험물을 발생시킨 사람은 7년 이하의 금고 또는 7,000만원 이하의 벌금
- 업무상 과실에 해당하는 죄를 범하여 사람을 사상에 이르게 한 사람은 10년 이하의 징역 또는 금고나 1억 이하의 벌금에 처한다.

59

화재예방과 화재 등 재해발생 시 비상조치를 위하여 관계인이 예방규정을 정하여야 하는 제조소 등의 기준으로 틀린 것은?

① 이송취급소
② 지정수량 10배 이상의 위험물을 취급하는 제조소
③ 지정수량 100배 이상의 위험물을 저장하는 옥외저장소
④ 지정수량 150배 이상의 위험물을 저장하는 옥외탱크저장소

해설 예방규정을 정하여야 할 제조소 등
- 지정수량의 **10배 이상**의 위험물을 취급하는 **제조소**
- 지정수량의 10배 이상의 위험물을 취급하는 일반취급소
- 지정수량의 **100배 이상**의 위험물을 저장하는 **옥외저장소**
- 지정수량의 **150배 이상**의 위험물을 저장하는 **옥내저장소**
- 지정수량의 **200배 이상**의 위험물을 저장하는 **옥외탱크저장소**
- 암반탱크저장소
- 이송취급소

60

소방대라 함은 화재를 진압하고 화재, 재난, 재해 그 밖의 위급한 상황에서의 구조·구급활동등을 하기 위하여 구성된 조직체를 말한다. 그 구성원으로 틀린 것은?

① 소방공무원   ② 소방안전관리원
③ 의무소방원   ④ 의용소방대원

해설 소방대
- 정의 : 화재를 진압하고 화재, 재난, 재해 그 밖의 위급한 상황에서의 구조·구급활동 등을 하기 위하여 구성된 조직체
- 구성원 : 소방공무원, 의무소방원, 의용소방대원

제 4 과목 소방기계시설의 구조 및 원리

61

피난기구의 설치 기준에 관한 설명으로 틀린 것은

① 피난기구는 계단, 피난구 등으로부터 적당한 거리에 있는 안전한 구조로 된 소화활동상 유효한 개구부에 고정하여 설치할 것
② 미끄럼대는 안전한 강하속도를 유지하도록 하고, 전락방지를 위한 안전조치를 할 것
③ 4층 이상의 층에 피난사다리를 설치하는 경우에는 금속성 고정사다리를 설치할 것
④ 피난기구를 설치하는 개구부는 서로 동일직선상의 위치에 있을 것

해설 피난기구의 설치 기준
- 피난기구는 계단, 피난구 등으로부터 적당한 거리에 있는 안전한 구조로 된 소화활동상 유효한 개구부에 고정하여 설치하거나 필요한 때에 신속하고 유효하게 설치할 수 있는 상태에 둘 것
- 미끄럼대는 안전한 강하속도를 유지하도록 하고 전락방지를 위한 안전조치를 할 것
- 4층 이상의 층에 피난사다리를 설치하는 경우에는 금속성 고정사다리를 설치할 것
- 피난기구를 설치하는 개구부는 서로 동일직선상이 아닌 위치에 있을 것. 다만 피난교, 피난용트랩, 간이완강기, 아파트에 설치되는 피난기구(다수인 피난장비는 제외) 기타 피난상 지장이 없는 것에 있어서는 그러하지 아니하다.

62

소화기구인 대형소화기를 설치하여야 할 특정소방대상물에 옥내소화전설비가 법적으로 유효하게 설치된 경우 당해 설비의 유효범위 안의 부분에 대한 대형소화기 감소기준은?

① 1/3을 감소할 수 있다.
② 1/2을 감소할 수 있다.
③ 2/3을 감소할 수 있다.
④ 설치하지 않을 수 있다.

해설 소화기의 감소
- 소형소화기를 설치하여야 할 특정소방대상물 또는 그 부분에 옥내소화전설비·스프링클러설비·물분무 등 소화설비·옥외소화전설비 또는 대형소화기를 설치한 경우에는 해당 설비의 유효범위의 부분에 대하여는 제4조 제1항 제2호 및 제3호에 따른 소화기의 3분의 2(대형소화기를 둔 경우에는 2분의 1)를 감소할 수 있다. 다만, 층수가 11층 이상인 부분, 근린생활시설, 위락시설, 문화 및 집회시설, 운동시설, 판매시설, 운수시설, 숙박시설, 노유자시설, 의료시설, 아파트, 업무시설(무인변전소를 제외), 방송통신시설, 교육연구시설, 항공기 및 자동차관련시설, 관광 휴게시설은 그러하지 아니하다.
- 대형소화기를 설치하여야 할 특정소방대상물 또는 부분에 옥내소화전설비·스프링클러설비·물분무 등 소화설비 또는 옥외소화전설비를 설치한 경우에는 해당 설비의 유효범위 안의 부분에 대하여는 대형소화기를 설치하지 아니할 수 있다.

63

포소화설비의 개방밸브 중 수동식 개방밸브의 설치 위치 기준으로 가장 적합한 것은?

① 방유제 내에 설치
② 펌프실 또는 송액 주배관으로부터의 분기점 내에 설치
③ 방호대상물마다 절환되는 위치 이전에 설치
④ 화재 시 쉽게 접근할 수 있는 곳에 설치

해설 포소화설비의 개방밸브의 설치 위치 기준
- 자동 개방밸브는 화재감지장치의 작동에 따라 자동으로 개방되는 것으로 할 것
- 수동식 개방밸브는 화재 시 쉽게 접근할 수 있는 곳에 설치할 것

64

상수도소화용수설비의 화재안전기준에서 소화전은 특정소방대상물 수평투영면의 각 부분으로부터 몇 [m] 이하가 되도록 설치해야 하는가?

① 120[m]　② 130[m]
③ 140[m]　④ 150[m]

해설 상수도소화용수설비의 소화전은 특정소방대상물 수 평투영면의 각 부분으로부터 140[m] 이하가 되도록 설치하여야 한다.

65

배출 풍도단면의 긴 변 또는 직경의 크기가 450[mm] 초과 750[mm] 이하일 경우의 강판 두께는 최소 몇 [mm] 이상이어야 하는가?

① 0.5   ② 0.6
③ 0.8   ④ 1.0

해설 강판의 두께에 따른 배출풍도의 크기

풍도단면의 긴 변 또는 직경의 크기	강판두께
450[mm] 이하	0.5[mm]
450[mm] 초과 750[mm] 이하	0.6[mm]
750[mm] 초과 1,500[mm] 이하	0.8[mm]
1,500[mm] 초과 2,250[mm] 이하	1.0[mm]
2,250[mm] 초과	1.2[mm]

66

할로겐화합물 및 불활성기체의 저장용기의 설치기준 으로 틀린 것은?

① 저장용기의 약제량 손실이 10[%]를 초과하거나 압력손실이 10[%]를 초과할 경우에는 재충전하 거나 저장용기를 교체할 것
② 직사광선 및 빗물이 침투할 우려가 없는 곳에 설치할 것
③ 온도가 55[℃] 이하이고 온도 변화가 작은 곳에 설치할 것
④ 방호구역 외에 설치한 경우에는 방화문으로 구획 된 실에 설치할 것

해설 할로겐화합물 및 불활성기체의 저장용기의 설치기준
• 방호구역외의 장소에 설치할 것. 다만, 방호구역 내 에 설치할 경우에는 피난 및 조작이 용이하도록 피난 구 부근에 설치하여야 한다.
• 온도가 55[℃] 이하이고 온도의 변화가 작은 곳에 설치할 것
• 직사광선 및 빗물이 침투할 우려가 없는 곳에 설치 할 것

• 저장용기를 방호구역 외에 설치한 경우에는 방화문 으로 구획된 실에 설치할 것
• 용기의 설치장소에는 해당 용기가 설치된 곳임을 표 시하는 표지를 할 것
• 용기 간의 간격은 점검에 지장이 없도록 3[cm] 이상 의 간격을 유지할 것
• 저장용기와 집합관을 연결하는 연결배관에는 체크 밸브를 설치할 것(다만, 저장용기가 하나의 방호구 역만을 담당하는 경우에는 그러하지 아니하다)
• 저장용기의 약제량 손실이 5[%]를 초과하거나 압력 손실이 10[%]를 초과할 경우에는 재충전하거나 저장 용기를 교체할 것(다만, 불활성기체 소화약제 저장 용기의 경우에는 압력손실이 5[%]를 초과할 경우 재 충전하거나 저장용기를 교체하여야 한다)

67

피난기구의 화재안전기준 중 피난기구 종류로 옳은 것은?

① 공기안전매트
② 방열복
③ 공기호흡기
④ 인공소생기

해설 피난기구 : 공기안전매트

> 인명구조기구 : 공기호흡기, 인공소생기, 방열복

68

간이스프링클러설비의 화재안전기준에 따라 펌프를 이용하는 가압송수장치를 설치하는 경우에 있어서의 정격토출압력은 가장 먼 가지배관에서 2개의 간이헤 드를 동시에 개방할 경우 간이헤드 선단의 방수압력 은 몇 [MPa] 이상인가?

① 0.1   ② 0.35
③ 1.4   ④ 3.5

해설 2개(영 별표 5 제1호 마목 1) 또는 6)과 7)에 해당하는 경우에는 5개)의 간이헤드를 동시에 개방할 경우 간이헤 드 선단의 방수압력 : 0.1[MPa] 이상

안심Touch

69

분말소화설비에서 저장용기의 내부압력이 설정압력으로 되었을 때 주밸브를 개방하기 위해 저장용기에 설치하는 것은?

① 정압작동장치
② 체크밸브
③ 압력조정기
④ 선택밸브

해설 정압작동장치 : 분말소화설비에서 저장용기의 내부압력이 설정압력으로 되었을 때 주밸브를 개방하기 위해 저장용기에 설치하는 것

70

전동기 또는 내연기관에 따른 펌프를 이용하는 가압송수장치의 설치기준에 있어 당해 소방대상물애 설치된 옥외소화전을 동시에 사용하는 경우 각 옥외소화전의 노즐선단에서의 ㉠ 방수압력과 ㉡ 방수량으로 옳은 것은?

① ㉠ 0.25[MPa] 이상, ㉡ 350[L/min] 이상
② ㉠ 0.17[MPa] 이상, ㉡ 350[L/min] 이상
③ ㉠ 0.25[MPa] 이상, ㉡ 100[L/min] 이상
④ ㉠ 0.17[MPa] 이상, ㉡ 100[L/min] 이상

해설 옥외소화전설비
- 방수압 : 0.25[MPa] 이상
- 방수량 : 350[L/min] 이상

71

물분무소화설비를 설치한 차고, 주차장의 배수설비 중 배수구에서 새어나온 기름을 모아 소화할 수 있도록 몇 [m] 이하마다 집수관·소화피트 등 기름분리장치를 설치하여야 하는가?

① 10
② 40
③ 50
④ 100

해설 물분무소화설비의 배수설비
- 차량이 주차하는 장소의 적당한 곳에 높이 10[cm] 이상의 경계벽으로 배수구를 설치할 것
- 배수구에는 새어나온 기름을 모아 소화할 수 있도록 길이 40[m] 이하마다 집수관·소화피트 등 기름분리장치를 설치할 것

- 차량이 주차하는 바닥은 배수구를 향하여 100분의 2 이상의 기울기를 유지할 것
- 배수설비는 가압송수장치의 최대송수능력의 수량을 유효하게 배수할 수 있는 크기 및 기울기로 할 것

72

상수도 소화용수설비의 설치기준으로 옳지 않은 것은?

① 상수도소화용수설비는 수도법의 규정을 따른다.
② 소화전은 소방자동차 등의 진입이 쉬운 도로변 또는 공지에 설치한다.
③ 호칭지름 50[mm] 이상의 수도배관에 호칭지름 80[mm] 이상의 소화전을 접속한다.
④ 소화전은 특정소방대상물의 수평투영면의 각 부분으로부터 140[m] 이하가 되도록 설치한다.

해설 상수도 소화용수설비의 설치기준
- 상수도소화용수설비는 수도법의 규정을 따른다.
- 호칭지름 75[mm] 이상의 수도배관에 호칭지름 100[mm] 이상의 소화전을 접속할 것
- 소화전은 소방자동차 등의 진입이 쉬운 도로변 또는 공지에 설치할 것
- 소화전은 특정소방대상물의 수평투영면의 각 부분으로부터 140[m] 이하가 되도록 설치할 것

73

폐쇄형스프링클러설비의 하나의 방호구역은 바닥면적 몇 [m²]를 초과할 수 없는가?

① 1,000
② 2,000
③ 2,500
④ 3,000

해설 폐쇄형스프링클러설비의 하나의 방호구역 : 바닥면적 3,000[m²]를 초과

74

변전실의 변압기에 물분무소화설비로서 방호하려 한다. 이 변압기에 154[kV]의 고압선이 인입되고 있다. 물분무헤드와 이 고압기기와의 이격거리는 몇 [cm] 이상인가?

① 100
② 120
③ 140
④ 150

정답 69 ① 70 ① 71 ② 72 ③ 73 ④ 74 ④

해설 물분무헤드와 고압기기와 이격거리

전압[kV]	거리[cm]	전압[kV]	거리[cm]
66 이하	70 이상	154 초과 181 이하	180 이상
66 초과 77 이하	80 이상	181 초과 220 이하	210 이상
77 초과 110 이하	110 이상	220 초과 275 이하	260 이상
110 초과 154 이하	150 이상	–	–

75

소화펌프의 원활한 기동을 위하여 설치하는 물올림 장치가 필요한 경우는?

① 수원의 수위가 펌프보다 높을 경우
② 수원의 수위가 펌프보다 낮을 경우
③ 수원의 수위가 펌프와 수평일 때
④ 수원의 수위와 관계없이 설치

해설 물올림장치 설치 : 수원의 수위가 펌프보다 낮을 경우

76

제연설비 설치장소의 제연구역 구획기준으로 틀린 것은?

① 하나의 제연구역의 면적은 1,000[m²] 이내에 할 것
② 거실과 통로는 상호 제연 구획할 것
③ 통로상의 제연구획은 보행중심선의 길이가 60[m]를 초과하지 아니할 것
④ 하나의 제연구역은 직경 50[m] 원 내에 들어갈 수 있을 것

해설 제연구역 구획기준
• 하나의 제연구역의 면적은 1,000[m²] 이내로 할 것
• 거실과 통로(복도를 포함)는 상호 제연 구획할 것
• 통로상의 제연구역은 보행중심선의 길이가 60[m] 를 초과하지 아니할 것
• 하나의 **제연구역**은 직경 **60[m] 원 내**에 들어갈 수 있을 것
• 하나의 제연구역은 2개 이상 층에 미치지 아니하도록 할 것(다만, 층의 구분이 불분명한 부분은 그 부분을 다른 부분과 별도로 제연 구획하여야 한다)

77

가스계 소화설비 선택밸브의 설치기준으로 틀린 것은?

① 선택밸브는 2개 이상의 방호구역에 약제 저장용기를 공용하는 경우 설치한다.
② 선택밸브는 방호구역 내에 설치한다.
③ 선택밸브는 방호구역마다 설치한다.
④ 선택밸브는 방호구경을 나타내는 표시를 한다.

해설 선택밸브의 설치기준
• 방호구역 또는 방호대상물마다 설치할 것
• 각 선택밸브에는 그 담당방호구역 또는 방호대상물을 표시할 것
• 선택밸브는 2개 이상의 방호구역에 약제 저장용기를 공용하는 경우 설치한다.
• 선택밸브는 방호구역 외에 설치한다.

78

호스릴 분말소화설비의 설치기준 중 틀린 것은?

① 방호대상물의 각 부분으로부터 하나의 호스접결구까지의 수평거리가 15[m] 이하가 되게 한다.
② 저장용기의 개방밸브는 호스릴의 설치장소에서 수동으로 개폐 가능하게 한다.
③ 소화약제의 저장용기는 호스릴 설치장소마다 설치한다.
④ 소화약제 방사시간은 30초 이내로 적용한다.

해설 호스릴 분말소화설비의 설치기준
• 방호대상물의 각 부분으로부터 하나의 호스접결구까지의 **수평거리가 15[m] 이하**가 되도록 할 것
• 소화약제의 저장용기의 개방밸브는 호스릴의 설치장소에서 수동으로 개폐할 수 있는 것으로 할 것
• 소화약제의 저장용기는 호스릴을 설치하는 장소마다 설치할 것
• 노즐은 하나의 노즐마다 1분당 다음 표에 따른 소화약제를 방사할 수 있는 것으로 할 것

소화약제의 종별	1분당 방사하는 소화약제의 양
제1종 분말	45[kg]
제2종 분말 또는 제3종 분말	27[kg]
제4종 분말	18[kg]

• 저장용기에는 그 가까운 곳의 보기 쉬운 곳에 적색의 표시등을 설치하고, 이동식분말소화설비가 있다는 뜻을 표시한 표지를 할 것

> 호스릴 분말소화설비의 방사시간 : 없다

79

바닥면적이 500[m²]인 의료시설에 필요한 소화기구의 소화능력 단위는 몇 단위인가?(단, 소화능력단위 기준은 바닥면적만 고려한다)

① 2.5　　　　　　② 5
③ 10　　　　　　④ 16.7

해설 특정소방대상물별 소화기구의 능력단위기준(제4조 제1항 제2호 관련)

특정소방대상물	소화기구의 능력단위
1. 위락시설	해당 용도의 바닥면적 30[m²]마다 능력단위 1단위 이상
2. **공연장 · 집회장 · 관람장 · 문화재** · 장례식장 및 **의료시설**	해당 용도의 바닥면적 **50[m²]마다** 능력단위 1단위 이상
3. 근린생활시설 · 판매시설 · 운수시설 · 숙박시설 · 노유자시설 · 전시장 · 공동주택 · 업무시설 · 방송통신시설 · 공장 · 창고시설 · 항공기 및 자동차 관련 시설 및 관광휴게시설	해당 용도의 바닥면적 **100[m²]마다** 능력단위 1단위 이상
4. 그 밖의 것	해당 용도의 바닥면적 200[m²]마다 능력단위 1단위 이상

(주) 소화기구의 능력단위를 산출함에 있어서 건축물의 주요구조부가 내화구조이고, 벽 및 반자의 실내에 면하는 부분이 불연재료·준불연재료 또는 난연재료로 된 특정소방대상물에 있어서는 위 표의 기준면적의 2배를 해당 특정소방대상물의 기준면적으로 한다.

∴ 500[m²]÷50[m²] = 10단위

80

차고 또는 주차장에 설치하는 포소화설비의 수동식 기동장치는 방사구역마다 몇 개 이상 설치하여야 하는가?

① 1개 이상　　　　② 2개 이상
③ 3개 이상　　　　④ 4개 이상

해설 포소화설비의 수동식기동장치 방사구역마다 설치기준
• 차고, 주차장 : 1개 이상
• 항공기격납고 : 2개 이상(1개는 방사구역의 가까운 곳, 1개는 수신기를 설치한 감시실에 설치)

2015년 5월 31일 시행

제 2 회

제 1 과목 | 소방원론

01

할로겐화합물 및 불활성기체로 볼 수 없는 것은?

① HFC-23
② HFC-227ea
③ IG-541
④ CF₃Br

해설 약제의 종류

소화약제	화학식
퍼플루오르부탄(FC-3-1-10)	C4F10
하이드로클로로플루오르카본혼화제(HCFC BLEND A)	HCFC-123(CHCl₂CF₃) : 4.75[%] HCFC-22(CHClF₂) : 82[%] HCFC-124(CHClFCF₃) : 9.5[%] C10H16 : 3.75[%]
클로로테트라플루오르에탄(HCFC-124)	CHClFCF₃
펜타플루오르에탄(HFC-125)	CHF₂CF₃
헵타플루오르프로판(HFC-227ea)	CF₃CHFCF₃
트리플루오르메탄(HFC-23)	CHF₃
헥사플루오르프로판(HFC-236fa)	CF₃CH₂CF₃
트리플루오르이오다이드(FIC-13I1)	CF₃I
불연성·불활성기체혼합가스(IG-01)	Ar
불연성·불활성기체혼합가스(IG-100)	N₂
불연성·불활성기체혼합가스(IG-541)	N₂ : 52[%], Ar : 40[%], CO₂ : 8[%]
불연성·불활성기체혼합가스(IG-55)	N₂ : 50[%], Ar : 50[%]
도데카플루오르-2-메틸펜탄-3-원(FK-5-1-12)	CF₃CF₂C(O)CF(CF₃)₂

CF₃Br : 할론 1301

02

화상의 종류 중 전기화재에 입은 화상으로서 피부가 탄화되는 현상이 발생하였다면 몇 도 화상인가?

① 1도 화상
② 2도 화상
③ 3도 화상
④ 4도 화상

해설 화상의 종류

• 1도 화상(홍반성) : 최외각의 피부가 손상되어 그 부위가 분홍색이 되며, 심한 통증을 느끼는 상태
• 2도 화상(수포성) : 화상 부위가 분홍색으로 되고 분비액이 많이 분비되는 화상의 정도
• 3도 화상(괴사성) : 화상 부위가 벗겨지고 열이 깊숙이 침투하여 검게 되는 현상
• 4도 화상 : 전기화재에 입은 화상으로, 피부가 탄화되는 현상

03

피난계획의 일반원칙 중 페일 세이프(Fail Safe)에 대한 설명으로 옳은 것은?

① 1가지 피난기구가 고장이 나도 다른 수단을 이용할 수 있도록 고려하는 것
② 피난구조설비를 반드시 이동식으로 하는 것
③ 본능적 상태에서도 쉽게 식별이 가능하도록 그림이나 색채를 이용하는 것
④ 피난수단을 조작이 간편한 원시적인 방법으로 설계하는 것

해설 피난계획의 일반원칙

• Fool Proof : 비상시 머리가 혼란하여 판단능력이 저하되는 상태로 누구나 알 수 있도록 문자나 그림 등을 표시하여 직감적으로 작용하는 것
• Fail Safe : 하나의 수단이 고장으로 실패하여도 **다른 수단에 의해 구제**할 수 있도록 고려하는 것으로 양방향 피난로의 확보와 예비전원을 준비하는 것 등이다.

04

조리를 하던 중 식용유 화재가 발생하면 신선한 야채를 넣어 소화할 수 있다. 이때의 소화방법에 해당하는 것은?

① 희석소화 ② 냉각소화
③ 부촉매소화 ④ 질식소화

해설 냉각소화 : 조리를 하던 중 식용유 화재에 신선한 야채를 넣어 소화하는 방법

05

화재현장에서 18[℃]의 물을 600[kg] 방사하여 소화하였더니 모두 250[℃]의 수증기로 발생되었다. 이때 소화약제로 작용한 물이 흡수한 총열량은 얼마인가?(단, 가열된 포화수증기의 비열은 0.6[kcal/kg℃]이다)

① 42,660[kcal] ② 426,600[kcal]
③ 42,660[cal] ④ 426,600[cal]

해설 총열량

$$Q = mc\Delta t + \gamma m$$

• 18[℃] 물이 100[℃] 물로 될 때 열량(현열)

$q_{s1} = mc\Delta t = 600[\text{kg}] \times 1\dfrac{[\text{kcal}]}{[\text{kg} \cdot ℃]} \times (100-18)[℃]$
$= 49,200[\text{kcal}]$

• 100[℃] 물이 100[℃] 수증기로 될 때 열량(잠열)

$q_L = \gamma m = 539\dfrac{[\text{kcal}]}{[\text{kg}]} \times 600[\text{kg}] = 323,400[\text{kcal}]$

• 100[℃] 수증기가 250[℃] 수증기로 될 때 열량(현열)

$q_{s2} = mc\Delta t = 600[\text{kg}] \times 0.6\dfrac{[\text{kcal}]}{[\text{kg} \cdot ℃]}$
$\times (250-100)[℃] = 54,000[\text{kcal}]$

∴ 총열량 $q = q_{s1} + q_L + q_{s2}$
$= 49,200[\text{kcal}] + 323,400[\text{kcal}] + 54,000[\text{kcal}]$
$= 426,600[\text{kcal}]$

06

다음 중 전기화재에 해당하는 것은?

① A급 화재 ② B급 화재
③ C급 화재 ④ D급 화재

해설 화재의 종류

구 분 \ 급 수	A급	B급	C급	D급
화재의 종류	일반화재	유류화재	전기화재	금속화재
표시색	백 색	황 색	청 색	무 색

07

햇빛에 방치한 기름걸레가 자연발화를 일으켰다. 다음 중 이때의 원인에 가장 가까운 것은?

① 광합성 작용 ② 산화열 축적
③ 흡열반응 ④ 단열압축

해설 기름걸레를 햇빛에 방치하면 산화열의 축적에 의하여 자연발화한다.

08

화재 시 고층건물 내의 연기유동 중 굴뚝효과와 관계가 없는 것은?

① 층의 면적 ② 건물 내외의 온도차
③ 화재실의 온도 ④ 건물의 높이

해설 굴뚝효과는 건물 내·외의 온도차, 화재실의 온도, 건물의 높이와 관련이 있다.

09

식용유 및 지방질유의 화재에 소화력이 가장 높은 분말소화약제의 주성분은?

① 탄산수소나트륨 ② 염화나트륨
③ 제1인산암모늄 ④ 탄산수소칼슘

해설 탄산수소나트륨($NaHCO_3$)은 식용유 및 지방질유의 화재에 소화력이 가장 높은 분말소화약제

10

전기화재의 발생 원인으로 옳지 않은 것은?

① 누 전　　　　　② 합 선
③ 과전류　　　　　④ 고압전류

해설 전기화재의 발생원인 : 합선(단락), 과부하, 누전, 스파크, 배선불량, 전열기구의 과열 등

11

불화단백포소화약제 소화작용의 장점이 아닌 것은?

① 내한용, 초내한용으로 적합하다.
② 포의 유동성이 우수하여 소화속도가 빠르다.
③ 유류에 오염이 되지 않으므로 표면하주입식 포 방출방식에 적합하다.
④ 내화성이 우수하여 대형의 유류저장탱크시설에 적합하다.

해설 불화단백포소화약제 소화작용의 장점
　• 내열성, 내유성, 유동성이 좋다.
　• 포의 유동성이 우수하여 소화속도가 빠르다.
　• 유류에 오염이 되지 않으므로 표면하주입식 포 방출방식에 적합하다.
　• 내화성이 우수하여 대형의 유류저장탱크시설에 적합하다.

12

다음 중 화재의 위험성과 관계가 없는 것은?

① 산화성 물질　　　② 자기반응성 물질
③ 금수성 물질　　　④ 불연성 물질

해설 제1류 위험물과 제6류 위험물은 불연성물질로서 화재의 위험성과 관련이 적다.

13

물리적 작용에 의한 소화에 해당하지 않는 것은?

① 냉각소화　　　　② 질식소화
③ 제거소화　　　　④ 억제소화

해설 억제(부촉매)소화 : 화학적인 소화방법

14

25[℃]에서 증기압이 100[mmHg]이고 증기밀도(비중)가 2인 인화성 액체의 증기-공기밀도는 약 얼마인가?(단, 전압은 760[mmHg]로 한다)

① 1.13　　　　　② 2.13
③ 3.13　　　　　④ 4.13

해설 증기-공기밀도(Vapor-Air Density)

$$증기-공기밀도 = \frac{P_2 d}{P_1} + \frac{P_1 - P_2}{P_1}$$

여기서,　P_1 : 대기압
　　　　　P_2 : 주변온도에서의 증기압
　　　　　d : 증기밀도

$$\therefore 증기-공기밀도 = \frac{P_2 d}{P_1} + \frac{P_1 - P_2}{P_1}$$
$$= \frac{100 \times 2}{760} + \frac{760 - 100}{760} = 1.13$$

[다른 방법]
25[℃] 공기밀도 $= 1 - \frac{100}{760} = 0.868$

∴ 증기-공기밀도 $= 2 - 0.868 = 1.132$

15

Halon 104가 열분해 될 때 발생되는 가스는?

① 포스겐　　　　　② 황화수소
③ 이산화질소　　　④ 포스핀

해설 사염화탄소의 화학반응식
　• 공기 중 : $2CCl_4 + O_2 \rightarrow 2COCl_2 + 2Cl_2$
　• 습기 중 : $CCl_4 + H_2O \rightarrow COCl_2 + 2HCl$
　• 탄산가스 중 : $CCl_4 + CO_2 \rightarrow 2COCl_2$
　• 금속접촉 중 : $3CCl_4 + Fe_2O_3 \rightarrow 3COCl_2 + 2FeCl_2$
　• 발연황산 중 : $2CCl_4 + H_2SO_4 + SO_3 \rightarrow 2COCl_2 + S_2O_5Cl_2 + 2HCl$

포스겐 : $COCl_2$, 포스핀(인화수소) : PH_3

16

메탄(CH_4) 1[mol]이 완전 연소되는 데 필요한 산소는 몇 [mol]인가?

① 1　　　　　　　② 2
③ 3　　　　　　　④ 4

해설 메탄 1[mol]이 완전연소하면 산소가 2[mol]이 필요하다.

$$CH_4 + 2O_2 \rightarrow CO_2 + 2H_2O$$

17
촛불(양초)의 연소형태와 가장 관련이 있는 것은?

① 증발연소 　　　　② 분해연소
③ 표면연소 　　　　④ 자기연소

해설 증발연소 : 황, 나프탈렌, 왁스, 촛불(양초) 등과 같이 고체를 가열하면 열분해는 일어나지 않고 고체가 액체로 되어 일정온도가 되면 액체가 기체로 변화하여 기체가 연소하는 현상

18
1[BTU]는 몇 [cal]인가?

① 212 　　　　② 252
③ 445 　　　　④ 539

해설 1[BTU] : 252[cal]

19
가연물에 점화원을 가했을 때 연소가 일어나는 최저온도를 무엇이라고 하는가?

① 인화점 　　　　② 발화점
③ 연소점 　　　　④ 자연발화점

해설 인화점 : 가연물에 점화원을 가했을 때 연소가 일어나는 최저온도(가연성증기를 발생하는 최저온도)

20
가연성가스의 연소범위에 대한 설명으로 가장 적합한 것은?

① 가연성가스가 연소되기 위해서 공기 또는 산소와 혼합된 가연성가스의 농도범위로서 하한계값과 상한계값을 가진다.
② 가연성가스가 연소 또는 폭발되기 위해서 다른 가연성가스와 혼합되어 일정한 농도를 나타내는 범위를 말한다.
③ 가연성가스가 공기 중에서 일정한 농도를 형성하여 연소할 수 있도록 한 공기의 농도를 말한다.
④ 가연성가스가 공기 또는 산소와 혼합된 가연성가스의 농도범위로서 하한계 값과 상한계 값을 더한 것을 말한다.

해설 연소범위 : 가연성가스가 연소되기 위해서 공기 또는 산소와 혼합된 가연성가스의 농도범위로서 하한계 값과 상한계 값

제 2 과목　소방유체역학

21
정압비열이 1[kJ]([kg · K])인 어떤 이상기체 10[kg]을 온도 30[℃]로부터 150[℃]까지 정압가열하였다. 이때의 가열량[kJ]은?

① 500 　　　　② 750
③ 900 　　　　④ 1,200

해설 가열량

$$Q = mc\Delta t$$

$$\therefore\ Q = 10[kg] \times 1[kJ/kg \cdot K]$$
$$\times [(150+273)-(30+273)]$$
$$= 1,200[kJ]$$

22
그림과 같이 화살표 방향으로 물이 흐르고 있을 때 직경 100[mm]의 원관에 압력계와 피토관이 설치되어 있다. 압력계와 피토관의 지시바늘이 각각 400[kPa]와 410[kPa]를 나타내면 이 관 유동에서 유속 [m/s]은 얼마인가?

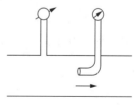

① 4.47 　　　　② 3.25
③ 2.85 　　　　④ 2.44

정답 17 ① 　18 ② 　19 ① 　20 ① 　21 ④ 　22 ①

해설 피토관

$$u = \sqrt{2gH}$$

여기서 g : 중력가속도(9.8[m/s])

H : 양정(동압 = 전압−정압
$= 410[kPa]−400[kPa] = 10[kPa]$)

이것을 [mH₂O]로 환산하면

$$\frac{10[kPa]}{101.325[kPa]} \times 10.332[mH_2O] = 1.02[mH_2O]$$

$$\therefore u = \sqrt{2gH} = \sqrt{2 \times 9.8 \times 1.02} = 4.47[m/sec]$$

23

질량, 길이, 시간을 각각 M, L, T로 표시할 때 밀도의 차원은 다음 중 무엇인가?

① $M^{-1}L^{-3}$　　　　② MLT

③ ML^{-3}　　　　　④ $ML^{-2}T^{-2}$

해설 밀도 : $[kg/m^3](ML^{-3})$

24

펌프의 비속도(η_s)를 구하는 식으로 맞는 것은?(단, Q : 유량 η : 회전수 H : 전양정이다)

① $\eta_s = \dfrac{\eta\sqrt{Q}}{H^{\frac{4}{3}}}$　　　② $\eta_s = \dfrac{\eta\sqrt{H}}{Q^{\frac{4}{3}}}$

③ $\eta_s = \dfrac{Q\sqrt{\eta}}{H^{\frac{4}{3}}}$　　　④ $\eta_s = \dfrac{\eta\sqrt{Q}}{H^{\frac{3}{4}}}$

해설 비속도(Specific Speed)

$$Ns = \frac{N \cdot Q^{1/2}}{\left(\dfrac{H}{n}\right)^{3/4}}$$

여기서, N : 회전수[rpm]

Q : 유량[m³/min]

H : 양정[m]

n : 단수

25

직경이 각각 100[mm], 50[mm]인 수압계에서 100[mm] 피스톤을 100[N]으로 밀면 50[mm]인 피스톤에 작용하는 힘[N]은 얼마인가?

① 100　　　　　② 75

③ 50　　　　　④ 25

해설

$$\frac{W_1}{A_1} = \frac{W_2}{A_2} \quad \frac{100[N]}{\frac{\pi}{4}(100)^2} = \frac{W_2}{\frac{\pi}{4}(50)^2}$$

$$\therefore W_2 = 25[N]$$

26

부차적 손실계수가 5인 밸브를 관마찰계수가 0.035이고, 관지름이 3[cm]인 관으로 환산한다면 관의 상당길이[m]는 얼마인가?

① 4.15　　　　　② 4.21

③ 4.29　　　　　④ 4.35

해설 관의 상당길이

$$Le = \frac{kD}{f}$$

$$\therefore Le = \frac{kD}{f} = \frac{5 \times 0.03[m]}{0.035} = 4.29[m]$$

27

물의 체적을 2[%] 축소시키는 데 필요한 압력[MPa]은?(단, 물의 압축률 값은 $4.8 \times 10^{-10}[m^2/N]$이다)

① 32.1　　　　　② 41.7

③ 45.4　　　　　④ 52.5

해설 압력

$$K = -\frac{\Delta P}{\Delta V/V}, \quad K = \frac{1}{\beta}$$

여기서, P : 압력

V : 체적

p : 밀도

$\Delta V/V$: 무차원

K : 체적탄성계수

β : 압축률

23 ③　24 ④　25 ④　26 ③　27 ② **정답**

- 체적탄성계수$(K) = \dfrac{1}{\beta} = \dfrac{1}{4.8 \times 10^{-10}}$

$$= 2,083,333,333 [\text{N/m}^2 = \text{Pa}]$$

- 필요한 압력 $\Delta P = K\left(-\dfrac{\Delta V}{V}\right)$

$$= 2,083,333,333 \times 10^{-6} [\text{MPa}] \times 0.02$$

$$= 41.7 [\text{MPa}]$$

28

원형관 층류 운동일 때 관마찰계수는?

① 언제나 레이놀즈의 함수이다.

② 마하수와 코시수의 함수이다.

③ 상대조도와 오일러수 함수이다.

④ 레이놀즈수와 상대조도의 함수이다.

해설 관마찰계수(f)

- 층류 : 관마찰 계수는 상대조도와 무관하며 **레이놀 즈수만의 함수**이다.
- 임계영역 : **관마찰계수**는 **상대조도**와 레이놀즈수의 함수이다.
- 난류 : 관마찰계수는 상대조도에 무관하다.

> 관마찰계수 : 상대조도와 레이놀즈수의 함수

29

다음 중 연속 방정식이 아닌 것은?

① $\rho_1 A_1 V_1 = \rho_2 A_2 V_2$

② $A_1 V_1 = A_2 V_2$

③ $\dfrac{au}{ax} + \dfrac{av}{ay} + \dfrac{aw}{az} = 0$

④ $\dfrac{ax}{u} = \dfrac{ay}{v} = \dfrac{az}{w}$

해설 연속방정식

- $A_1 V_1 = A_2 V_2$
- $\rho_1 A_1 V_1 = \rho_2 A_2 V_2$
- $\dfrac{au}{ax} + \dfrac{av}{ay} + \dfrac{aw}{az} = 0$

30

그림과 같은 경사관 미압계에서 밀폐용기 속의 물의 표면에 작용하는 게이지 압력은?(단, 물의 비중량은 γ이다)

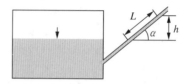

① $\gamma L \cos\alpha$

② $\gamma L \sin\alpha$

③ $\gamma L \tan\alpha$

④ $\gamma \times \dfrac{L}{\tan\alpha}$

해설 게이지압$(P) = \gamma L \sin\alpha = \gamma \dfrac{h}{\sin\alpha} \sin\alpha = \gamma h$

31

내경 40[cm]인 관에 유속 0.5[m/s]로 물이 흐르고 있다면 유량[m³/s]은 약 얼마인가?

① 0.06

② 0.63

③ 1.6

④ 16

해설 유 량

$$Q = uA$$

∴ $Q = uA$

$$= 0.5[\text{m/s}] \times \dfrac{\pi}{4}(0.4[\text{m}])^2 = 0.06[\text{m}^3/\text{sec}]$$

32

지름 5[cm]인 구가 대류에 의해 열을 외부공기로 방출하며, 이 구는 50[W]의 전기히터에 의해 내부에서 가열되고 있다. 구 표면과 공기 사이의 온도 차가 50[℃]라면 공기와 구 사이의 대류 열전달 계수 [W/m² · ℃]는 약 얼마인가?

① 127

② 237

③ 347

④ 458

해설 대류열전달계수$(h) = \dfrac{q}{A\Delta t} = \dfrac{q}{\pi d^2 \times \Delta l}$

$$= \dfrac{50}{\pi \times 0.05^2 \times 50}$$

$$= 127.3 [\text{W/m}^2 \cdot ℃]$$

33

압력이 100[kPa] abs이고 온도가 55[℃]인 공기의 밀도[kg/m³]는 얼마인가?(단, 공기의 기체상수는 287[J/kg·K]이다)

① 1.06　　　　　② 2.14
③ 12.0　　　　　④ 24.2

해설 공기의 밀도

$$\rho = \frac{P}{RT}$$

$$\therefore \ \rho = \frac{P}{RT} = \frac{100 \times 10^3 [\text{Pa(N/m}^2)]}{287[\text{J/kg·K}] \times (273+55)[\text{K}]}$$
$$= 1.06[\text{kg/m}^3]$$

34

그림과 같은 폭 2[m]인 수문에서 물의 압력에 의해 A에 걸리는 모멘트[kN·m]는?

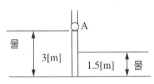

① 22　　　　　② 88
③ 121　　　　　④ 231

해설 • 수문 좌측에 걸리는 힘 $F_1 = \gamma \overline{h} A$에서

$$F_1 = 9,800 \frac{[\text{N}]}{[\text{m}^3]} \times \frac{3[\text{m}]}{2} \times (3[\text{m}] \times 2[\text{m}])$$
$$= 88,200[N]$$

• 수문 좌측에 작용하는 힘의 작용점 y_{p1}

$$= 3[\text{m}] \times \frac{2}{3} = 2[\text{m}]$$

• 수문 우측에 걸리는 힘 $F_2 = \gamma \overline{h} A$에서

$$F_2 = 9,800 \frac{[\text{N}]}{[\text{m}^3]} \times \frac{1.5[\text{m}]}{2} \times (1.5[\text{m}] \times 2[\text{m}])$$
$$= 22,050[\text{N}]$$

• 수문 우측에 작용하는 힘의 작용점 y_{p2}

$$= 1.5[\text{m}] + 1.5[\text{m}] \times \frac{2}{3} = 2.5[\text{m}]$$

∴ 자유물체도

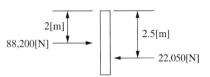

힌지 A에 걸리는 모멘트 $M_A = F_1 \times y_{p1} - F_2 \times y_{p2}$에서

$$M_A = 88,200[\text{N}] \times 2[\text{m}] - 22,050[\text{N}] \times 2.5[\text{m}]$$
$$= 121,275[\text{N·m}] = 121.3[\text{kN·m}]$$

35

옥내소화전 설비에서 노즐구경이 같은 노즐에서 방수압력(계기압력)을 9배로 올리면 방수량은 몇 배로 되는가?

① $\sqrt{3}$　　　　　② 2
③ 3　　　　　④ 9

해설 방수량$(Q) = 0.653 D^2 \sqrt{P}$이므로 방수압력을 9배로 하면 방수압력 $\sqrt{P}$를 9배로 하면 방수량 Q는 3배가 된다.

36

다음 그림에서 h=3[m]일 때 지름 60[mm]인 오리피스를 통해 유출되는 물의 유량[m³/s]은?(단, 용기는 굉장히 크다고 가정하고 마찰손실은 무시한다)

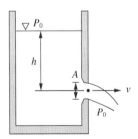

① 0.0217　　　　　② 0.217
③ 5.374　　　　　④ 9.266

해설 유 량

$$Q = uA, \ u = \sqrt{2gH}$$

• 유속$(u) = \sqrt{2gH} = \sqrt{2 \times 9.8[\text{m/s}^2] \times 3[\text{m}]}$
$$= 7.67[\text{m/s}]$$

- $Q = uA = 7.67[\text{m/s}] \times \dfrac{\pi}{4}(0.06[\text{m}])^2$

  $= 0.0217[\text{m}^3/\text{s}]$

37

20[℃], 101.3[kPa] 압력하에서 공기의 밀도 [kg/m³]는?(단, 공기의 기체상수 R=286.8[J/kg · K]이다)

① 1.08　　　　　　② 1.20

③ 1.38　　　　　　④ 1.29

해설 공기의 밀도

$$\rho = \frac{P}{RT}$$

$\therefore\ \rho = \dfrac{P}{RT} = \dfrac{101.3[\text{kPa}] \times 1,000[\text{Pa}]}{286.8[\text{J/kg} \cdot \text{K}] \times (273 + 20)[\text{K}]}$

$= 1.20[\text{kg/m}^3]$

38

그림과 같이 차 위에 물탱크와 펌프가 장치되어 펌프 끝의 지름 5[cm]의 노즐에서 매초 0.09[m³]의 물이 수평으로 분출된다고 하면 그 추력 [N]은 얼마인가?

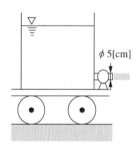

① 4,125　　　　　　② 2,079

③ 412　　　　　　④ 212

해설 추 력

$$F = Q\rho u = Q\rho\frac{Q}{A}$$

$\therefore\ F = Q\rho\dfrac{Q}{A}$

$= 0.09[\text{m}^3/\text{s}] \times 1,000[\text{kg/m}^3] \times \dfrac{0.09[\text{m}^3/\text{s}]}{\dfrac{\pi}{4}(0.05[\text{m}])^2}$

$= 4,126.3[\text{N}]$

39

특별피난계단의 제연설비를 위해 송풍기를 설치하고자 한다. 송풍기 풍량이 408[m³/min]이고, 전압이 441[N/m²]일 때 필요한 전동기 출력[kW]은 얼마인가?(단, 송풍기의 전압효율은 75[%]이고, 전동효율 및 여유율은 무시한다)

① 1　　　　　　② 2

③ 3　　　　　　④ 4

해설 제연설비의 전동기 출력

$$P = \frac{Q[\text{m}^3/\text{min}] \times P_r[\text{mmAq}]}{6,120 \times \eta} \times K$$

여기서, Q : 풍량(408[m³/min])

$\quad\quad P$: 전압$\dfrac{441[\text{N/m}^2]}{101,325[\text{N/m}^2]} \times 10,332[\text{mmAq}]$

$\quad\quad\quad = 44.97[\text{mmAq}]$

$\quad\quad \eta$: 송풍기 효율(75[%] = 0.75)

$\therefore\ P = \dfrac{408 \times 44.97}{6,120 \times 0.75} \times 1 = 4.0[\text{kW}]$

40

매 시간당 30[kg]의 건포화 증기를 포화수로 응축시키는 응축기가 있다. 이 응축기에 공급되는 냉각수의 온도는 15[℃]이고 유량은 1,000[L/h]이다. 응축기 출구의 냉각수 온도[℃]는 얼마가 되겠는가?(단, 냉각수의 비열은 4.2[kJ/kg · ℃], 수증기의 응축잠열은 약 2,520[kJ/kg]이다)

① 30　　　　　　② 33

③ 36　　　　　　④ 39

해설 냉각수의 냉각열량(q_s)과 응축기에서 응축열량(q_L)은 같다.

$q_s = q_L$ 이므로 $G_w C(T_2 - T_1) = G_s \gamma$

응축기 출구의 냉각수 온도 $T_2 = T_1 + \dfrac{G_s \gamma}{G_w C}$

$= 15[℃] + \dfrac{30\dfrac{[\text{kg}]}{[\text{h}]} \times 2,520\dfrac{[\text{kJ}]}{[\text{kg}]}}{1,000\dfrac{[\text{kg}]}{[\text{h}]} \times 4.2\dfrac{[\text{kJ}]}{[\text{kg} \cdot ℃]}}$

$= 32.9[℃]$

(물의 유량 $G_w = 1,000[\text{L/h}] = 1,000[\text{kg/h}]$ 이다)

정답 37 ②　38 ①　39 ④　40 ②

제 3 과목 | 소방관계법규

41

위험물안전관리법령상 제1류 위험물에 해당하는 것은?

① 황화인
② 질산염류
③ 마그네슘
④ 알킬알루미늄

해설 **위험물의 분류**

종류	품명	유별
황화인	가연성 고체	제2류 위험물
질산염류	산화성 고체	제1류 위험물
마그네슘	가연성 고체	제2류 위험물
알킬알루미늄	자연발화성 및 금수성물질	제3류 위험물

42

위험물 중 기어유, 실린더유 그 밖에 1기압에서 인화점이 200[℃] 이상 250[℃] 미만의 인화성 액체는 어디에 해당되는가?

① 제1석유류
② 제2석유류
③ 제3석유류
④ 제4석유류

해설 **제4류 위험물의 분류**
- 특수인화물
  - 1기압에서 발화점이 100[℃] 이하인 것
  - 인화점이 영하 20[℃] 이하이고 비점이 40[℃] 이하인 것
- 제1석유류 : 1기압에서 **인화점이 섭씨 21도 미만인 것**
- 알코올류 : 1분자를 구성하는 탄소원자의 수가 1개부터 3개까지인 포화1가 알코올(변성알코올 포함)
- 제2석유류 : 1기압에서 **인화점이 21[℃] 이상 70[℃] 미만인 것**
- 제3석유류 : 1기압에서 **인화점이 70[℃] 이상 200 [℃] 미만인 것**
- 제4석유류 : 1기압에서 **인화점이 200[℃] 이상 250 [℃] 미만의 것**
- 동식물유류 : 동물의 지육 등 또는 식물의 종자나 과육으로부터 추출한 것으로서 1기압에서 인화점이 250[℃] 미만인 것

43

비상경보설비를 설치하여야 할 특정소방대상물이 아닌 것은?

① 연면적 400[m²] 이상이거나 지하층 또는 무창층의 바닥면적이 150[m²] 이상인 것
② 지하층에 위치한 바닥면적 100[m²]인 공연장
③ 지하가 중 터널로서 길이가 500[m²] 이상인 것
④ 30명 이상의 근로자가 작업하는 옥내작업장

해설 **비상경보설비 설치대상**
- 연면적 400[m²] 이상이거나 지하층 또는 무창층의 바닥면적이 150[m²](공연장은 100[m²]) 이상인 것
- 지하가 중 터널로서 길이가 500[m²] 이상인 것
- 50명 이상의 근로자가 작업하는 옥내작업장

44

소방기본법에 의한 한국소방안전원의 업무감독권한은 누구에게 있는가?

① 시·도지사
② 소방청장
③ 소방본부장
④ 관할 소방서장

해설 소방청장은 한국소방안전원의 업무를 감독한다.

45

소방본부장 또는 소방서장이 소방특별조사를 하고자 하는 때에는 관계인에게 며칠 전에 서면으로 알려야 하는가?

① 1일
② 3일
③ 5일
④ 7일

해설 **소방특별조사**(설치유지법률 제4조)
- 조사권자 : 소방청장, 소방본부장, 소방서장
- 통보 기간 : 7일 전에 서면으로 통보

46

소방시설관리업의 보조 기술인력으로 등록할 수 없는 자는?

① 소방설비기사
② 소방안전관리자
③ 소방설비산업기사
④ 소방공무원 3년 이상 근무경력자로 소방시설 인정자격 수첩을 교부받은 자

> **해설** 소방시설관리업의 보조 기술인력
> • 소방설비기사 또는 소방설비산업기사
> • 소방공무원 3년 이상 근무한 사람으로서 소방기술 인정자격 수첩을 발급받은 사람
> • 대학의 소방 관련학과를 졸업한 사람으로서 소방기술 인정자격 수첩을 발급받은 사람

47

소방시설의 하자보수 보증기간이 3년인 것은?

① 피난기구
② 옥내소화전설비
③ 무선통신보조설비
④ 비상방송설비

> **해설** 하자보수보증기간(공사업법 시행령 제6조)
> • 2년 : 피난기구, 유도등 · 유도표지, 비상경보설비, 비상조명등 · 비상방송설비, **무선통신보조설비**
> • 3년 : 자동소화장치, 옥내소화전설비, 옥외소화전설비, 스프링클러설비, 물분무 등 소화설비, 자동화재 탐지설비, 소화활동설비

48

소방용수시설의 저수조 설치기준으로 틀린 것은?

① 흡수에 지장이 없도록 토사 및 쓰레기 등을 제거할 수 있는 설비를 갖출 것
② 흡수부분의 수심이 0.5[m] 이상일 것
③ 흡수관의 투입구가 사각형의 경우에는 한 변의 길이가 60[cm] 이상일 것
④ 저수조에 물을 공급하는 방법은 상수도에 연결하여 수동으로 급수되는 구조일 것

> **해설** 저수조 설치기준
> • 흡수에 지장이 없도록 토사 및 쓰레기 등을 제거할 수 있는 설비를 갖출 것
> • 흡수부분의 수심이 0.5[m] 이상일 것
> • 흡수관의 투입구가 사각형의 경우에는 한 변의 길이가 60[cm] 이상일 것
> • 저수조에 물을 공급하는 방법은 상수도에 연결하여 **자동으로 급수되는 구조**일 것

49

소방서장의 소방대상물 개수 · 이전 · 제거 등의 명령에 따른 손실보상의무자는?

① 국무총리
② 시 · 도지사
③ 소방서장
④ 구청장

> **해설** 개수 · 이전 · 제거 등의 명령에 따른 손실보상의무자 : 시 · 도지사

50

소화활동설비에 해당하지 않는 것은?

① 제연설비
② 비상콘센트설비
③ 연결송수관설비
④ 자동화재속보설비

> **해설** 소화활동설비 : 제연설비, 연결송수관설비, 연결살수설비, 비상콘센트설비, 무선통신보조설비, 연소방지설비

51

위험물의 저장 또는 취급에 관한 세부기준을 위반한 자에 대한 과태료 금액으로 옳은 것은?

① 1차 위반 시 : 50만원
② 2차 위반 시 : 70만원
③ 3차 위반 시 : 100만원
④ 4차 위반 시 : 150만원

해설 위험물의 저장 또는 취급에 관한 세부기준을 위반한 자에 대한 과태료 금액
- 1차 위반 : 50만원
- 2차 위반 : 100만원
- 3차 이상 위반 : 200만원

52

소방안전관리대상물의 관계인이 소방안전관리자를 선임한 경우에는 선임한 날부터 며칠 이내에 누구에게 신고해야 하는가?

① 7일, 시·도지사
② 14일, 시·도지사
③ 7일, 소방본부장이나 소방서장
④ 14일, 소방본부장이나 소방서장

해설 선임신고 : 14일, 소방본부장이나 소방서장

53

시·도지사는 이웃하는 다른 시·도지사와 소방업무에 관하여 상호응원협정을 체결한다. 상호응원협정 체결 시 포함되어야 하는 사항으로 틀린 것은?

① 소요경비의 부담에 관한 사항
② 응원출동 대상지역 및 규모
③ 화재의 예방에 관한 사항
④ 응원출동 훈련 및 평가

해설 소방업무의 상호응원협정 사항
- 다음 각목의 소방활동에 관한 사항
  - 화재의 경계·진압활동
  - 구조·구급업무의 지원
  - 화재조사활동
- 응원출동대상지역 및 규모
- 다음 각목의 소요경비의 부담에 관한 사항
  - 출동대원의 수당·식사 및 피복의 수선
  - 소방장비 및 기구의 정비와 연료의 보급
  - 그 밖의 경비
- 응원출동의 요청방법
- 응원출동훈련 및 평가

54

소방용품에 해당하지 않는 것은?

① 방염액
② 완강기
③ 가스누설경보기
④ 경보시설 중 음량조절장치

해설 소방용품(별표 3)
- 소화설비를 구성하는 제품 또는 기기
  - 별표 1 제1호 가목의 소화기구(소화약제 외의 것을 이용한 간이소화용구는 제외)
  - 별표 1 제1호 나목의 자동소화장치
  - 소화설비를 구성하는 소화전, 관창(菅槍), 소방호스, 스프링클러헤드, 기동용수압개폐장치, 유수제어밸브 및 가스관선택밸브
- 경보설비를 구성하는 제품 또는 기기
  - 누전경보기 및 **가스누설경보기**
  - 경보설비를 구성하는 발신기, 수신기, 중계기, 감지기 및 음향장치(경종에 한한다)
- 피난구조설비를 구성하는 제품 또는 기기
  - 피난사다리, 구조대, **완강기**(간이완강기 및 지지대를 포함)
  - 공기호흡기(충전기를 포함)
  - 피난구유도등, 통로유도등, 객석유도등 및 예비전원이 내장된 비상조명등
- 소화용으로 사용하는 제품 또는 기기
  - 소화약제(별표 1 제1호 나목 2)와 3)의 자동소화장치와 같은 호 마목 3)부터 8)까지의 소화설비용만 해당)
  - 방염제(**방염액**·방염도료 및 방염성물질)
- 그 밖에 행정안전부령으로 정하는 소방 관련 제품 또는 기기

55

방염성능기준 이상의 실내장식물 등을 설치하여야 하는 특정소방대상물이 아닌 것은?

① 방송국
② 종합병원
③ 11층 이상의 아파트
④ 숙박이 가능한 수련시설

해설 아파트는 층수에 관계없이 방염성능기준 이상의 실내장식물 등을 설치하지 않아도 된다.

52 ④　53 ③　54 ④　55 ③　**정답**

56

소방용수시설의 저수조는 지면으로부터 낙차가 몇 [m] 이하로 설치하여야 하는가?

① 0.5 　　　　② 1.7

③ 4.5 　　　　④ 5.5

해설 저수조는 지면으로부터의 **낙차가 4.5[m] 이하**일 것

57

비상방송설비를 설치하여야 하는 특정소방대상물의 기준으로 틀린 것은?

① 지하층의 층수가 3층 이상인 걸

② 지하층을 제외한 층수가 11층 이상인 것

③ 연면적 3,500[m²] 이상인 것

④ 건축물 내부에 설치된 차고 또는 주차장으로 바닥면적 200[m²] 이상인 것

해설 **비상방송설비의 설치기준**
- 연면적 3,500[m²] 이상인 것
- 지하층을 제외한 층수가 11층 이상인 것
- 지하층의 층수가 3개층 이상인 것

58

소방장비 등에 대한 국고보조 대상사업의 범위와 기준보조율은 무엇으로 정하는가?

① 행정안전부령 　　② 대통령령

③ 소방청령 　　　　④ 시·도의 조례

해설 **소방장비 등에 대한 국고보조 대상사업의 범위와 기준보조율의 기준** : 대통령령

59

종합정밀점검을 실시하여야 하는 다중이용업소의 영업장 기준으로 틀린 것은?

① 연면적 2,000[m²] 이상인 노래연습장

② 언면적 2,000[m²] 이상인 휴게음식점

③ 연면적 2,000[m²] 이상인 유흥주점

④ 연면적 2,000[m²] 이상인 고시원

해설 종합정밀점검

구 분	내 용
대 상	① 스프링클러설비가 설치된 특정소방대상물 ② 물분무 등 소화설비(호스릴방식은 제외)가 설치된 연면적 5,000[m²] 이상인 특정소방대상물(위험물제조소 등을 제외) ③ 다중이용업소의 안전관리에 관한 특별법 시행령 제2조 제1호 나목(단란주점영업, **유흥주점영업**), 제2호(영화상영관과 비디오물감상실업, 복합영상물제공업은 해당되고, 비디오물소극장업은 제외)·**제6호(노래연습장업)**·제7호(산후조리업)·제7호의2(**고시원업**) 및 제7호의5(안마시술소)의 다중이용업의 영업장이 설치된 특정소방대상물로서 연면적이 2,000[m²] 이상인 것 ④ 제연설비가 설치된 터널 ⑤ 공공기관의 소방안전관리에 관한 규정 제2조에 따른 공공기관 중 연면적(터널·지하구의 경우 그 길이와 평균폭을 곱하여 계산된 값을 말한다)이 1,000[m²] 이상인 것으로서 옥내소화전설비 또는 자동화재탐지설비가 설치된 것(다만, 소방기본법 제2조 제5호에 따른 소방대가 근무하는 공공기관은 제외)
점검자의 자격	종합정밀점검은 소방시설관리업자 또는 소방안전관리자로 선임된 소방시설관리사 및 소방기술사가 실시할 수 있다. 이 경우 별표 2에 따른 점검인력 배치기준을 따라야 한다.
점검방법	제18조 제2항에 따른 소방시설별 점검장비를 이용하여 점검하여야 한다.
점검횟수	① 연 1회 이상(30층 이상, 높이 120[m] 이상 또는 연면적 20만[m²] 이상인 특정소방대상물은 반기에 1회 이상) 실시한다. ② ①에도 불구하고 소방본부장 또는 소방서장은 소방청장이 소방안전관리가 우수하다고 인정한 특정소방대상물의 경우에는 3년의 범위 내에서 소방청장이 고시하거나 정한 기간 동안 종합정밀점검을 면제할 수 있다(다만, 면제기간 중 화재가 발생한 경우는 제외).

2020. 8. 14일 이후에는 스프링클러설비가 설치되어 있으면 아파트이든 일반건축물이든지 무조건 종합정밀점검대상이다.

구 분	내 용
점검 시기	① 건축물의 사용승인일이 속하는 달에 실시한다. 다만, 공공기관의 안전관리에 관한 규정 제2조 제2호 또는 제5호에 따른 학교의 경우에는 해 당 건축물의 사용승인일이 1월에서 6월 사이에 있는 경우에는 6월 30일까지 실시할 수 있다. ② ①에도 불구하고 신규로 건축물의 사용승인을 받은 건축물은 그 다음 해부터 실시하되, 건축물 의 사용승인일이 속하는 달의 말일까지 실시한 다. 다만, 소방시설완공검사증명서를 받은 후 1년이 경과한 이후에 사용승인을 받은 경우에는 사용승인을 받은 그 해부터 실시하되, 그 해의 종합정밀점검은 사용승인일부터 3개월 이내에 실시할 수 있다. ③ 건축물 사용승인일 이후 "대상"의 ②에 해당하 게 된 때에는 그 다음 해부터 실시한다. ④ 하나의 대지경계선 안에 2개 이상의 점검 대상 건축물이 있는 경우에는 그 건축물 중 사용승인 일이 가장 빠른 건축물의 사용승인일을 기준으 로 점검할 수 있다.

60

숙박시설 외의 특정소방대상물로서 강의실, 상담실의 용도로 사용하는 바닥면적이 190[m²]일 때 법정수용인원은?

① 80명   ② 90명
③ 100명   ④ 110명

해설 **수용인원의 산정방법**
- 숙박시설이 있는 특정소방대상물
  - **침대가 있는 숙박시설** : 당해 특정소방대상물의 종사자의 수에 침대의 수(2인용 침대는 2인으로 산정)를 합한 수
  - **침대가 없는 숙박시설** : 당해 특정소방대상물의 종사자의 수에 숙박시설의 바닥면적의 합계를 3[m²]로 나누어 얻은 수를 합한 수
- 숙박시설이 있는 특정소방시설물 외의 특정소방대상물
  - **강의실·교무실·상담실·실습실·휴게실** 용도로 쓰이는 특정소방대상물 : 당해 용도로 사용하는 바닥면적의 합계를 1.9[m²]로 나누어 얻은 수
  - **강당·문화 및 집회시설**, 운동시설, 종교시설 : 당해 용도로 사용하는 바닥면적의 합계를 4.6[m²]로 나누어 얻은 수(관람석이 있는 경우 고정식 의자를 설치한 부분에 있어서는 당해 부분의 의자수로 하고, 긴 의자의 경우에는 의자의 정면너비를 0.45[m]로 나누어 얻은 수로 한다)

– 그 밖의 특정소방대상물 : 당해 용도로 사용하는 바닥면적의 합계를 3[m²]로 나누어 얻은 수
∴ 190[m²]÷1.9[m²] = 100명

제 **4** 과목 | 소방기계시설의 구조 및 원리

61

포소화설비의 화재안전기준에서 포소화설비설치 소방대상물로서 가장 부적합한 것은?

① 특수가연물을 저장·취급하는 장소
② 비행기 격납고
③ 알칼리금속 저장창고
④ 차고 또는 주차장

해설 알칼리금속은 물과 반응하면 수소가스를 발생하므로 적합하지 않다.

62

소화기의 소화능력시험에 관한 기준으로 옳은 것은?

① A급 화재용 소화기의 소화능력 시험은 중유를 대상으로 한다.
② B급 화재용 소화기의 소화능력 시험에서 소화는 모형에 불을 붙인 다음 30초 후에 시작한다.
③ C급 화재용 소화기의 전기전도성은 소화약제방사 시 통전전류가 0.25[mA] 이하이어야 한다.
④ 소화는 무풍상태와 사용 상태에서 실시한다.

해설 **소화기의 소화능력시험**
- A급 화재용 소화기의 소화능력 시험은 소나무 또는 오리나무를 대상으로 한다.
- B급 화재용 소화기의 소화능력 시험에서 소화는 모형에 불을 붙인 다음 1분 후에 시작한다.
- C급 화재용 소화기의 전기전도성은 소화약제 방사 시 통전전류가 0.5[mA] 이하이어야 한다.
- 소화는 무풍상태와 사용 상태에서 실시한다.

63

스프링클러설비의 수평주행배관에서 연결된 교차배관의 총 길이가 18[m]이다. 배관에 설치되는 행가의 최소 설치수량으로 옳은 것은?

① 1개　　　　　　② 2개
③ 3개　　　　　　④ 4개

해설 배관에 설치하는 행가의 기준
- 가지배관에는 헤드의 설치지점 사이마다 1개 이상의 행가를 설치하되, 헤드 간의 거리가 3.5[m]를 초과하는 경우에는 3.5[m] 이내마다 1개 이상 설치할 것 (이 경우 상향식헤드와 행가 사이에는 8[cm] 이상의 간격을 두어야 한다)
- 교차배관에는 가지배관과 가지배관 사이마다 1개 이상의 행가를 설치하되, 가지배관 사이의 거리가 4.5[m]를 초과하는 경우에는 4.5[m] 이내마다 1개 이상 설치할 것
- 수평주행배관에는 4.5[m] 이내마다 1개 이상 설치할 것

∴ 행가의 설치수량 = 18[m]÷4.5[m] = 4개

64

전역방출방식 분말소화설비의 분사헤드는 소화약제 저장량을 몇 초 이내에 방사할 수 있는 것으로 하여야 하는가?

① 5　　　　　　② 10
③ 20　　　　　　④ 30

해설 분말소화설비의 분사헤드의 방사시간 : 전역방출방식이나 국소방출방식 모두 30초 이내

65

상수도 소화전의 호칭지름 100[mm] 이상을 연결할 수 있는 상수도 배관의 호칭지름은 몇 [mm] 이상이어야 하는가?

① 50　　　　　　② 75
③ 80　　　　　　④ 100

해설 상수도소화용수설비의 설치기준
- 호칭지름 75[mm] 이상의 수도배관에 호칭지름 100[mm] 이상의 소화전을 접속할 것

- 소화전은 소방자동차 등의 진입이 쉬운 도로변 또는 공지에 설치할 것
- 소화전은 특정소방대상물의 수평투영면의 각 부분으로부터 140[m] 이하가 되도록 설치할 것

66

예상제연구역에 공기가 유입되는 순간의 풍속은 몇 [m/s] 이하인가?

① 10　　　　　　② 5
③ 2　　　　　　④ 0.5

해설 예상제연구역에 공기가 유입되는 순간의 풍속은 5[m/s] 이하가 되도록 하고, 유입구의 구조는 유입공기를 하향 60° 이내로 분출할 수 있도록 하여야 한다.

67

옥내소화전설비에 대한 설명으로 틀린 것은?

① 옥내소화전설비의 전용 수원의 최대 확보량은 50층 이상일 경우에 39[m³] 이상이 되어야 한다.
② 옥내소화전설비의 전용 가압송수장치의 최대 토출량은 최소한 분당 650[L] 이상은 되어야 한다.
③ 기동용 수압개폐장치를 사용할 경우 그 용적이 100[L] 이상이 되어야 한다.
④ 옥내소화전설비에 비상전원을 설치하여야 할 특정소방대상물은 층수가 7층 이상으로 연면적이 1,500[m²] 이상이 되어야 한다.

해설 옥내소화전설비의 설치기준
- 수 원
  - 50층 이상일 때 수원 = 소화전수(최대 5개)× 7.8[m³](130[L/min] × 60[min] = 7,800[L] = 7.8[m³]) 이상 = 5개×7.8[m³] = 39[m³] 이상
- 토출량 = 소화전수(최대 5개)×130[L/min] 이상 = 5개×130[L/min] = 650[L/min] 이상
- 기동용 수압개폐장치의 용량 : 100[L] 이상
- 비상전원 설치기준
  - 층수가 7층 이상으로서 연면적이 2,000[m²] 이상인 것
  - 지하층의 바닥면적의 합계가 3,000[m²] 이상인 것

정답 63 ④　64 ④　65 ②　66 ②　67 ④

68

주차장 물분무소화설비의 수원량 기준으로 다음 중 옳은 것은?

① 10[L/min] × 20분 × 바닥면적(최소 50[m²])
② 12[L/min] × 20분 × 바닥면적(최소 50[m²])
③ 15[L/min] × 20분 × 바닥면적(최소 50[m²])
④ 20[L/min] × 20분 × 바닥면적(최소 50[m²])

해설 물분무소화설비의 펌프 토출량과 수원의 양

특정소방 대상물	펌프의 토출량 [L/min]	수원의 양[L]
특수가연물 저장, 취급	바닥면적(50[m²] 이하는 50[m²]로) × 10[L/min · m²]	바닥면적(50[m²] 이하는 50[m²]로) × 10[L/min · m²] × 20[min]
차고, 주차장	바닥면적(50[m²] 이하는 50[m²]로) × 20[L/min · m²]	바닥면적(50[m²] 이하는 50[m²]로) × 20[L/min · m²] × 20[min]
절연유 봉입변압기	표면적(바닥 부분 제외) × 10[L/min · m²]	표면적(바닥 부분 제외) × 10[L/min · m²] × 20[min]
케이블 트레이, 덕트	투영된 바닥면적 × 12[L/min · m²]	투영된 바닥면적 × 12[L/min · m²] × 20[min]
컨베이어 벨트	벨트 부분의 바닥 면적 × 10[L/min · m²]	벨트 부분의 바닥 면적 × 10[L/min · m²] × 20[min]

69

피난기구인 완강기의 기술기준 중 최대사용하중은 몇 [N] 이상인가?

① 800
② 1,000
③ 1,200
④ 1,500

해설 완강기의 최대사용하중 : 1,500[N] 이상

70

분말소화설비의 화재안전기준에서 분말소화약제의 저장용기를 가압식으로 설치할 때 안전밸브의 작동압력은?

① 최고사용압력의 0.8배 이하
② 최고사용압력의 1.8배 이하
③ 내압시험압력의 0.8배 이하
④ 내압시험압력의 1.8배 이하

해설 분말소화설비의 저장용기 안전밸브의 작동압력
• 가압식 : 최고사용압력의 1.8배 이하
• 축압식 : 내압시험압력의 0.8배 이하

71

이산화탄소 소화설비의 배관사용기준에서 다음 중 부적합한 것은?

① 압력배관용 탄소강관 중 고압식은 스케줄 80 이상으로 한다.
② 압력배관용 탄소강관 중 저압식은 스케줄 40 이상으로 한다.
③ 동관 중 고압식은 12.5[MPa] 이상 압력에 견딜 수 있는 것으로 한다.
④ 동관 중 저압식은 3.75[MPa] 이상 압력에 견딜 수 있는 것으로 한다.

해설 이산화탄소 소화설비의 배관사용기준
• 압력배관용탄소강관(KS D 3562)을 사용하는 경우
  – 고압식 : 스케줄 80(다만, 배관의 호칭구경이 20[mm] 이하인 경우에는 스케줄 40 이상인 것을 사용할 수 있다)
  – 저압식 : 스케줄 40 이상의 것 또는 이와 동등 이상의 강도를 가진 것으로 아연도금 등으로 처리된 것을 사용할 것
• **동관**을 사용하는 경우의 배관 : 이음이 없는 동 및 동합금관(KS D 5301)으로서 아래의 압력에 견딜 수 있는 것을 사용할 것
  – **고압식 : 16.5[MPa] 이상**
  – **저압식 : 3.75[MPa] 이상**

72

연소할 우려가 있는 개구부에 드렌처설비를 설치할 경우 해당 개구부에 한하여 스프링클러 헤드를 설치하지 아니할 수 있는 조건으로 틀린 것은?

① 드렌처헤드는 개구부 위 측에 2.0[m] 이내마다 1개를 설치할 것
② 제어밸브는 특정소방대상물 층마다 설치할 것
③ 수원의 수량은 드렌처헤드가 가장 많이 설치된 제어밸브의 드렌처헤드의 설치개수에 1.6[m³]를 곱하여 얻은 수치 이상이 되도록 할 것
④ 수원에 연결하는 가압송수장치는 점검이 쉽고 화재 등의 재해로 인한 피해우려가 없는 장소에 설치할 것

해설 드렌처설비의 설치기준
- 드렌처헤드는 개구부 위측에 2.5[m] 이내마다 1개를 설치할 것
- 제어밸브(일제개방밸브·개폐표시형밸브 및 수동조작부를 합한 것을 말한다)는 특정소방대상물 층마다에 바닥면으로부터 0.8[m] 이상 1.5[m] 이하의 위치에 설치할 것
- 수원의 수량은 드렌처헤드가 가장 많이 설치된 제어밸브의 드렌처헤드의 설치개수에 1.6[m³]를 곱하여 얻은 수치 이상이 되도록 할 것
- 드렌처설비는 드렌처헤드가 가장 많이 설치된 제어밸브에 설치된 드렌처헤드를 동시에 사용하는 경우에 각각의 헤드선단에 방수압력이 0.1[MPa] 이상, 방수량이 80[L/min] 이상이 되도록 할 것
- 수원에 연결하는 가압송수장치는 점검이 쉽고 화재 등의 재해로 인한 피해우려가 없는 장소에 설치할 것

73

노유자시설로 사용되는 층의 바닥면적이 몇 [m²]마다 1개 이상의 피난기구를 설치해야 하는가?

① 300
② 500
③ 800
④ 1,000

해설 피난기구의 설치기준
- 층마다 설치하되
  – 숙박시설·노유자시설 및 의료시설로 사용되는 층에 있어서는 그 층의 바닥면적 500[m²]마다 1개 이상을 설치할 것

– 위락시설·문화 및 집회시설·운동시설·판매시설로 사용되는 층 또는 복합용도의 층에 있어서는 그 층의 바닥면적 800[m²]마다 1개 이상을 설치할 것
– 계단실형 아파트에 있어서는 각 세대마다 1개 이상을 설치할 것
– 그 밖의 용도의 층에 있어서는 그 층의 바닥면적 1,000[m²]마다 1개 이상을 설치할 것
- 위의 피난기구 외에 숙박시설의 경우에는 추가로 객실마다 완강기 또는 둘 이상의 간이완강기를 설치할 것
- 위의 피난기구 외에 아파트의 경우에는 하나의 관리주체가 관리하는 아파트구역마다 공기 안전매트를 1개 이상 설치할 것

74

물 및 포 소화설비 헤드 또는 노즐 중 선단에서의 방수압력이 가장 높아야 하는 것은?

① 옥내소화전의 노즐
② 스프링클러 헤드
③ 옥외소화전의 노즐
④ 위험물 옥외저장탱크 보조 포소화전의 노즐

해설 노즐의 방수압력
- 옥내소화전의 노즐 : 0.17[MPa]
- 스프링클러 헤드 : 0.1[MPa]
- 옥외소화전의 노즐 : 0.25[MPa]
- 위험물 옥외저장탱크 보조 포소화전의 노즐 : 0.35[MPa]

75

전역방출방식의 할론 소화설비공사가 완공되었을 때 소방감리자의 점검내용 중 옳지 않은 것은?

① 약제저장실은 방화구획 되어 있었고, 건축도면에서 출입문을 검토하니 갑종방화문으로 되어 있었다.
② 저장용기의 간격이 3[cm] 이상으로 되어 있었다.
③ 설계계산서를 확인하니, 설계기준저장량이 30초 이내에 방사할 수 있도록 되어 있었다.
④ 기동장치는 바닥에서 높이 1.2[m] 위치에 설치되어 있었다.

해설 할론 소화설비의 설치기준
- 약제저장실은 방화문으로 구획된 실에 설치할 것
- 저장용기의 간격은 점검에 지장이 없도록 3[cm] 이상의 간격을 유지할 것
- 약제 방사시간 : 10초 이내
- 기동장치의 설치 : 바닥으로부터 0.8[m] 이상 1.5[m] 이하

76

폐쇄형 스프링클러헤드를 사용하는 연결살수설비의 주배관이 접속할 수 없는 것은?

① 옥내소화전설비의 주배관
② 옥외소화전설비의 주배관
③ 수도배관
④ 옥상수조

해설 폐쇄형 스프링클러헤드를 사용하는 연결살수설비의 주배관에 접속할 수 있는 배관 또는 수조
- 옥내소화전설비의 주배관(옥내소화전설비가 설치된 경우에 한함)
- 수도배관(연결살수설비가 설치된 건축물 안에 설치된 수도배관 중 구경이 가장 큰 배관을 말함)
- 옥상수조(다른 설비의 수조를 포함)

77

개방형 헤드를 사용하는 연결살수설비에 있어서 하나의 송수구역에 설치하는 살수헤드의 최대개수는?

① 3
② 5
③ 8
④ 10

해설 개방형 헤드를 사용하는 연결살수설비에 있어서 하나의 송수구역에 설치하는 살수헤드 : 10개 이하

78

팽창질석 160[L] 이상의 것 1포와 삽이 있는 경우 능력단위는?

① 0.5
② 0.8
③ 1.0
④ 1.2

해설 간이소화용구의 능력단위

간이소화용구		능력단위
1. 마른모래	삽을 상비한 50[L] 이상의 것 1포	0.5단위
2. 팽창질석 또는 팽창진주암	삽을 상비한 80[L] 이상의 것 1포	

79

물분무소화설비의 물분무헤드 설치제외 조건 중 기계장치 등 운전 시에 표면의 온도가 몇 [℃] 이상일 때 물분무헤드의 설치제외가 가능한가?

① 250
② 260
③ 270
④ 280

해설 물분무헤드의 설치제외
- 물에 심하게 반응하는 물질 또는 물과 반응하여 위험한 물질을 생성하는 물질을 저장 또는 취급하는 장소
- 고온의 물질 및 증류범위가 넓어 끓어 넘치는 위험이 있는 물질을 저장 또는 취급하는 장소
- 운전 시 표면의 온도가 260[℃] 이상으로 되는 등 직접 분무를 하는 경우 그 부분에 손상을 입힐 우려가 있는 기계장치 등이 있는 장소

80

제연설비를 설치하기 위해서는 하나의 제연구역의 면적은 몇 [m²] 이내로 하여야 하는가?

① 1,000
② 1,500
③ 2,000
④ 2,500

해설 하나의 제연구역의 면적 : 1,000[m²] 이내

2015년 9월 19일 시행

 제4회

제 **1** 과목 **소방원론**

01

다음 중 분진폭발을 일으키지 않는 물질은?

① 시멘트 ② 알루미늄(Al)
③ 석 탄 ④ 마그네슘(Mg)

해설 **분진폭발을 일으키지 않는 물질** : 시멘트, 모래, 팽창질석, 팽창진주암등

02

건축물의 방화계획에서 공간적 대응에 해당되지 않는 것은?

① 대항성 ② 회피성
③ 도피성 ④ 피난성

해설 **공간적 대응**
• 대항성 : 건축물의 내화, 방연성능, 방화구획의 성능, 화재방어의 대응성, 초기 소화의 대응성 등의 화재의 사상에 대응하는 성능과 항력
• 회피성 : 난연화, 불연화, 내장제한, 방화구획의 세분화, 방화훈련 등 화재의 발화, 확대 등 저감시키는 예방적 조치 또는 상황
• 도피성 : 화재발생 시 사상과 공간적 대응관계에서 화재로부터 피난할 수 있는 공간성과 시스템 등의 성상

03

소화 분말 중 열분해로 인하여 부착성이 좋은 메타인산이 생성되어 A급 화재에도 탁월한 효과를 발하는 소화약제는?

① $NH_4H_2PO_4$ ② $NaHCO_3$
③ $KHCO_3$ ④ $Al_2(SO_4)_3$

해설 인산암모늄(제일인산암모늄, $NH_4H_2PO_4$)은 열분해로 인하여 부착성이 좋은 메타인산이 생성되어 A급 화재에도 탁월한 효과를 발하는 소화약제

04

다음 중 황린의 연소 시에 주로 발생하는 물질은?

① P_2O ② PO_2
③ P_2O_3 ④ P_2O_5

해설 **황린의 연소반응식**

$$P_4 + 5O_2 \rightarrow 2P_2O_5$$

05

B급 화재에 해당하지 않는 것은?

① 목탄의 연소 ② 등유의 연소
③ 아마인유의 연소 ④ 알코올류의 연소

해설 **B급 화재** : 제4류 위험물의 연소(등유, 경유, 알코올류, 아마인유)

표면연소 : 숯, 목탄, 금속분, 코크스

06

다음 중 물을 무상으로 분무하여 고비점 유류의 화재를 소화할 때 소화효과를 높이기 위하여 물에 첨가하는 약제는?

① 증점제 ② 침투제
③ 유화제 ④ 강화액

해설 **유화제** : 물을 무상으로 분무하여 고비점 유류의 화재를 소화할 때 소화효과를 높이기 위하여 물에 첨가하는 약제

정답 01 ① 02 ④ 03 ① 04 ④ 05 ① 06 ③

07

부피비로 메탄 80[%], 에탄 15[%], 프로판 4[%], 부탄 1[%]인 혼합기체가 있다. 이 기체의 공기 중 폭발하한계는 약 몇 [vol%]인가?(단, 공기 중 단일가스의 폭발하한계는 메탄 5[vol%], 에탄 2[vol%], 프로판 2[vol%], 부탄 1.8[vol%]이다)

① 2.2 　　　　② 3.8
③ 4.9 　　　　④ 6.2

해설 혼합가스의 폭발범위

$$L_m = \cfrac{100}{\cfrac{V_1}{L_1} + \cfrac{V_2}{L_2} + \cfrac{V_3}{L_3} + \cfrac{V_4}{L_4}}$$

$$L_m = \cfrac{100}{\cfrac{80}{5} + \cfrac{15}{2} + \cfrac{4}{2} + \cfrac{1}{1.8}}$$

$$= 3.83[vol\%]$$

08

자연발화를 방지하는 방법이 아닌 것?

① 습도가 높은 곳을 피한다.
② 저장실의 온도를 높인다.
③ 통풍을 잘 시킨다.
④ 열이 쌓이지 않게 퇴적방법에 주의한다.

해설 자연발화의 방지대책
- 습도를 낮게 할 것(습도를 낮게 해야 한 지점의 열의 확산을 잘 시킨다)
- 주위(저장실)의 온도를 낮출 것
- 통풍을 잘 시킬 것
- 불활성가스를 주입하여 공기와 접촉을 피할 것

09

피난계단에 대한 설명으로 옳은 것은?

① 피난계단용 방화문은 을종방화문을 설치해도 무방하다.
② 계단실은 건축물의 다른 부분과 불연구조의 벽으로 구획한다.
③ 옥외계단은 출입구 외의 개구부로부터 1[m] 이상의 거리를 두어야 한다.
④ 계단실의 벽에 면하는 부분의 마감만은 가연재도 허용된다.

해설 피난계단용 방화문 : 을종방화문

10

다음 중 제거소화법이 활용되기 어려운 화재는?

① 산불화재
② 화학공정의 반응기 화재
③ 컴퓨터 화재
④ 상품 야적장의 화재

해설 제거소화법
- 산불화재
- 화학공정의 반응기 화재
- 상품 야적장의 화재
- 촛불화재

11

주된 연소형태가 표면연소인 가연물로만 나열된 것은?

① 숯, 목탄
② 석탄, 종이
③ 나프탈렌, 파라핀
④ 나이트로셀룰로스, 질화면

해설 연 소
- **표면연소** : **목탄, 코크스, 숯, 금속분 등**이 열분해에 의하여 가연성가스를 발생하지 않고 그 물질 자체가 연소하는 현상
- **분해연소** : 석탄, 종이, 목재, 플라스틱 등의 연소 시 열분해에 의해 발생된 가스와 공기가 혼합하여 연소하는 현상
- **증발연소** : 황, 나프탈렌, 왁스, 파라핀 등과 같이 고체를 가열하면 열분해는 일어나지 않고 고체가 액체로 되어 일정온도가 되면 액체가 기체로 변화하여 기체가 연소하는 현상
- **자기연소(내부연소)** : 제5류 위험물인 나이트로셀룰로스, 질화면, TNT 등 그 물질이 가연물과 산소를 동시에 가지고 있는 가연물이 연소하는 현상

12

다음 중 난연효과가 가장 큰 것은?

① 나트륨
② 칼 슘
③ 마그네슘
④ 할로겐족 원소

해설 할로겐족 원소는 소화약제로 사용되고 난연효과가 크다.

13

15[℃]의 물을 10[kg]이 100[℃]의 수증기가 되기 위해서는 약 몇 [kcal]의 열량이 필요한가?

① 850
② 1,650
③ 5,390
④ 6,240

해설 열 량

$Q = mCp\Delta t + \gamma \cdot m = [10[kg] \times 1[kcal/kg \cdot ℃]$
$\times (100-15)[℃]] + [539[kcal/g] \times 10[kg]]$
$= 6,240[kcal]$

14

화재에 관한 일반적인 이론에 해당되지 않는 것은?

① 착화온도와 화재위험은 반비례한다.
② 인화점과 화재의 위험은 반비례한다.
③ 인화점이 낮은 것은 착화온도가 높다.
④ 온도가 높아지면 연소범위는 넓어진다.

해설 화재의 위험성
• 인화점과 발화점이 낮을수록 위험하다.
• 산소의 농도가 높을수록 위험하다.
• 연소하한계가 낮을수록 위험하다.
• 연소범위가 넓을수록 위험하다.
• 온도(압력)가 상승할수록 위험[압력이 상승하면 하한계는 불변, 상한계는 증가(단, 일산화탄소는 압력 상승 시 연소범위가 감소)]하다.
• 최소점화에너지가 작을수록 위험하다.

15

한계산소농도에 대한 설명으로 틀린 것은?

① 가연물의 종류, 소화약제의 종류와 관계없이 항상 일정한 값을 갖는다.
② 연소가 중단되는 산소의 한계농도이다.
③ 한계산소농도는 질식소화와 관계가 있다.
④ 소화에 필요한 이산화탄소소화약제의 양을 구할 때 사용될 수 있다.

해설 한계산소농도는 가연물의 종류, 소화약제의 종류에 따라 다르다.

16

물의 소화작용과 가장 거리가 먼 것은?

① 증발잠열의 이용
② 질식효과
③ 에멀션 효과
④ 부촉매 효과

해설 물의 소화작용 : 증발잠열(질식효과)이용, 질식효과, 에멀션(유화)효과

> 부촉매효과 : 할론, 분말 소화약제

17

금수성 물질이 아닌 것은?

① 칼 륨
② 나트륨
③ 알킬알루미늄
④ 황 린

해설 황린 : 자연발화성 물질

18

어떤 기체의 확산속도가 산소보다 4배 빠르다면 이 기체는 무엇으로 예상할 수 있는가?

① 질 소
② 수 소
③ 암모니아
④ 이산화탄소

정답 12 ④ 13 ④ 14 ③ 15 ① 16 ④ 17 ④ 18 ②

해설 그레이엄의 확산속도법칙 : 확산속도는 분자량의 제곱 근에 반비례, 밀도의 제곱근에 반비례한다.

$$\frac{U_B}{U_A} = \sqrt{\frac{M_A}{M_B}} = \sqrt{\frac{d_A}{d_B}}$$

여기서, U_B : B기체의 확산속도

U_A : A기체의 확산속도

M_B : B기체의 분자량

M_A : A기체의 분자량

d_B : B기체의 밀도

d_A : A기체의 밀도

∴ 기체의 확산속도는 분자량이 작을수록 빠르다.

가 스	질 소	수 소	이산화탄소	암모니아
화학식	N_2	H_2	CO_2	NH_3
분자량	28	2	44	17

19

연기의 농도가 감광계수로 10일 때의 상황으로 옳은 것은?

① 가시거리는 0.2~0.5[m]이고 화재 최성기 때의 농도

② 가시거리는 5[m]이고 어두운 것을 느낄 정도의 농도

③ 가시거리는 20~30[m]이고 연기감지가 작동할 정도의 농도

④ 가시거리는 10[m]이고 출화실에서 연기가 분출 할 때의 농도

해설 연기농도와 가시거리

감광계수	가시거리[m]	상 황
0.1	20~30	**연기감지기가 작동할 때**의 정도
0.3	5	건물 내부에 익숙한 사람이 피난에 지장을 느낄 정도
0.5	3	어둠침침한 것을 느낄 정도
1	1~2	거의 앞이 보이지 않을 정도
10	0.2~0.5	화재 **최성기** 때의 정도

20

할론 소화약제의 특징으로 옳지 않은 것은?

① 부식성이 크다

② 소화속도가 빠르다.

③ 전기절연성이 높다.

④ 가연물과 산소의 회학반응을 억제한다.

해설 할론 소화약제의 특징

• 부식성이 적다.

• 소화속도가 빠르다.

• 전기절연성이 높다.

• 가연물과 산소의 회학반응을 억제한다.

제 2 과목 | **소방유체역학**

21

온도 200[℃], 압력 500[kPa], 비체적 0.6[m³/kg] 의 산소가 정압하에서 비체적이 0.4[m³/kg]으로 되 었다면, 변화 후의 온도는 약 몇 [℃]인가?

① 42 ② 55

③ 315 ④ 437

해설 비체적

$$\rho = \frac{P}{RT}$$

∴ 비체적$(\nu) = \frac{1}{\rho} = \frac{RT}{P}$ 이므로 압력과 기체상수는

같고 비체적은 절대온도에 비례하므로,

$0.6[\text{m}^3/\text{kg}] : (200+273)[\text{K}] = 0.4[\text{m}^3/\text{kg}] : T_2$

$T_2 = \dfrac{473[\text{K}] \times 0.4[\text{m}^3/\text{kg}]}{0.6[\text{m}^3/\text{kg}]} = 315.3[\text{K}]$

∴ 변화 후의 온도 = 315.3−273 = 42.3[℃]

22

이상기체의 엔탈피가 변하지 않는 과정은?

① 가역단열과정 ② 비가역단열과정

③ 정압과정 ④ 교축과정

해설 **교축과정** : 이상기체의 엔탈피가 변하지 않는 과정

23

반지름 d, 관마찰계수 f, 부차손실계수 K인 관의 상당길이 Le는?

① $\dfrac{f}{K \times d}$ 　　② $\dfrac{K \times d}{f}$

③ $\dfrac{K}{d \times f}$ 　　④ $\dfrac{d \times f}{K}$

해설 관의 상당길이

$$\text{상당길이}(\text{Le}) = \frac{Kd}{f}$$

여기서, K : 부차적손실계수
d : 관지름
f : 관마찰계수

24

어떤 원심펌프의 회전수와 유량을 각각 50[%] 증가시킬 때 양정이 10[%] 감소한다면 비속도는 대략 몇 배가 되는가?

① 1.2 　　② 1.5

③ 2 　　④ 2.5

해설 비속도(N_s)

$$N_s = \frac{n\sqrt{Q}}{H^{\frac{3}{4}}}$$

여기서, Q : 유량
n : 회전수
H : 전양정

$$\therefore N_s = \frac{n\sqrt{Q}}{H^{\frac{3}{4}}} = \frac{(1 \times 0.5) \times \sqrt{1 \times 0.5}}{(1 - 0.1)^{3/4}} = 2.0$$

25

유체에서의 연속방정식과 관련이 없는 것은?

① $A_1 V_1 = A_1 V_1$

② $p_1 A_1 V_1 = p_1 A_1 V_1$

③ $\dfrac{du}{dx} + \dfrac{dv}{dy} + \dfrac{dw}{dz} = 0$

④ $\tau = \mu \dfrac{du}{dy}$

해설 뉴턴의 점성법칙 $\tau = \mu \dfrac{du}{dy}$

26

지름이 d인 관에 물이 0.3[m³/s]의 유량으로 흐를 때 길이가 500[m]에 대해서 손실수두가 17[m]이다. 이때 관마찰계수가 0.011이라면 관의 지름 d는 약 몇 [cm]인가?

① 28 　　② 30

③ 32 　　④ 34

해설 관의 지름

$$\text{손실수두 } H = \frac{flu}{2gD} = \frac{fl\left(\dfrac{Q}{\dfrac{\pi}{4}D^2}\right)^2}{2gD}$$

이 식을 풀이하면

$$D^5 = \frac{16flQ^2}{2Hg\pi^2}, \quad D = \left[\frac{16flQ^2}{2Hg\pi^2}\right]^{1/5}$$

$$\therefore D = \left[\frac{16flQ^2}{2Hg\pi^2}\right]^{1/5}$$

$$= \left[\frac{16 \times 0.011 \times 500[\text{m}] \times (0.3[\text{m}^3/\text{s}])^2}{2 \times 17[\text{m}] \times 9.8[\text{m/s}^2] \times \pi^2}\right]^{1/5}$$

$$= 0.2995[\text{m}] = 30[\text{cm}]$$

27

물탱크에 연결된 마노미터의 눈금이 그림과 같을 때 점 A에서의 게이지압력은 몇 [kPa]인가?(단, 수은의 비중은 13.6이다)

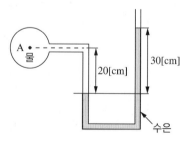

① 32 　　② 38

③ 43 　　④ 47

해설 게이지 압력

$$P_A = \gamma_2 h_2 - \gamma_1 h_1$$

$$\therefore P_A = \gamma_2 h_2 - \gamma_1 h_1$$
$$= (13.6 \times 1,000 [\mathrm{kg_f/m^3}] \times 0.3 [\mathrm{m}])$$
$$- (1 \times 1,000 [\mathrm{kg_f/m^3}] \times 0.2 [\mathrm{m}])$$
$$= 3,880 [\mathrm{kg_f/m^2}]$$

압력을 단위환산하면

$$\frac{3,880 [\mathrm{kg_f/m^2}]}{10,332 [\mathrm{kg_f/m^2}]} \times 101.325 [\mathrm{kPa}] = 38.05 [\mathrm{kPa}]$$

28

펌프의 공동현상이 발생하는 원인으로 틀린 것은?

① 펌프가 물탱크보다 부적당하게 높게 설치되어 있을 때
② 펌프 흡입수두가 지나치게 클 때
③ 펌프 회전수가 지나치게 높을 때
④ 관내를 흐르는 물의 정압이 그 물의 온도에 해당하는 증기압보다 높을 때

해설 공동현상 발생원인
- 펌프의 흡입측 수두가 클 때
- 펌프의 마찰손실이 클 때
- 펌프의 임펠러 속도가 클 때
- 펌프의 흡입관경이 적을 때
- 펌프의 설치위치가 수원보다 높을 때
- 관내의 유체가 고온일 때
- 펌프의 흡입압력이 유체의 증기압보다 낮을 때

29

흐름이 있는 유체의 동압을 측정하기 위한 기구는?

① 노 즐
② 오리피스관
③ 벤투리미터
④ 피토정압관

해설 **피토정압관** : 흐름이 있는 유체의 동압을 측정하기 위한 기구

30

지름 250[mm]인 원판으로부터 수평면과 45° 위 방향으로 분출하는 물제트의 유출속도가 9.8[m/s]라고 한다면 출구로부터 물제트의 최고 수직상승 높이는 몇 [m]인가?(단, 공기의 저항은 무시한다)

① 2.45
② 3
③ 3.45
④ 4.45

해설 수평면과 각 θ를 이룬 방향으로 던진 물체의 운동

x방향의 초기속도 $= V_o \cos\theta$

y방향의 초기속도 $= V_o \sin\theta$

최고점에서 $V_y = 0$

자유낙하운동에서 연직방향의 속도 $V_{oy} = V_o \sin\theta$

최고높이에서 속도 $V_y = 0$

연직투상 $-2gh = V_y^2 - V_{oy}^2$ ($V_y = 0$이므로)

$$-2gh = -V_{oy}^2$$
$$2gh = (V_o \sin\theta)^2$$
$$h = \frac{(V_o \sin\theta)^2}{2g} = \frac{(9.8 \times \sin45)^2}{2 \times 9.8} = 2.45[\mathrm{m}]$$

31

모세관현상에 의한 액주 높이상승을 나타내는 식으로 옳은 것은?(단, β : 접촉각, d : 관경, α : 표면장력, γ : 비중량, h : 액주 높이 상승)

① $h = \dfrac{\alpha \cos\beta}{4\gamma d}$
② $h = \dfrac{\alpha \cos\beta}{\gamma d}$
③ $h = \dfrac{\gamma \cos\beta}{\alpha d}$
④ $h = \dfrac{4\alpha \cos\beta}{\gamma d}$

해설 모세관 현상

$$h = \frac{\Delta p}{\gamma} = \frac{4a\cos\theta}{\gamma d}$$

여기서, a : 표면장력([dyne/cm], [N/m])
θ : 접촉각
γ : 물의 비중량
d : 내경
g : 중력가속도(9.8[m/s²])
ρ : 액체의 밀도[kg/m³]

안심Touch

32

비중이 0.4인 나뭇조각을 물에 띄우면 전체 체적의 몇 [%]가 물 위로 떠오르는가?

① 30 ② 40
③ 50 ④ 60

해설 나뭇조각의 체적 V, 나뭇조각이 잠긴 체적 V_1 이라 하면 나뭇조각의 무게 = 부력이므로

∴ $0.4 \times 1,000 \times V = 1,000\,V_1$

$\dfrac{V_1}{V} = 0.4 = 40[\%]\,(40[\%]$는 가라앉는다)

∴ 물 위로 떠오르는 것은 60[%]이다.

33

밀도가 1,260[kg/m³]인 액체의 동점성계수가 1.19×10^{-3}[m²/s]이라면 점성계수는?

① 1.50×10^{-3}[kg/m · s]
② 0.147[kg/m · s]
③ 1.50[kg/m · s]
④ 14.7[kg/m · s]

해설 점성계수를 구하면

$$\nu = \frac{\mu}{\rho}$$

• ν (동점성계수) $= 1.19 \times 10^{-3}$[m²/s]
• ρ(밀도) $= 1,260$[kg/m³]
∴ $\mu = \nu \times \rho = 0.00119 \times 1,260 = 1.50$[kg/m · s]

34

펌프 양수량 0.6[m³/min], 관로의 전손실수두 5.5[m]인 펌프가 펌프 주심으로부터 2.5[m] 아래에 있는 물을 펌프 중심으로부터 23[m] 위의 송출액면에 양수할 때 펌프에 공급해야 할 동력은 몇 [kW]인가?

① 1.513 ② 1.974
③ 2.548 ④ 3.038

해설 전동기 용량

$$P[\text{kW}] = \frac{0.163 \times Q \times H}{\eta}$$

여기서, Q : 유량(0.6[m³/min])
H : 전양정(2.5[m]+23[m]+5.5[m] = 31[m])
η : 펌프 효율

∴ $P[\text{kW}] = \dfrac{0.163 \times 0.6 \times 31}{1} = 3.03$[kW]

35

크기가 50[cm]×100[cm]인 250[℃]로 가열된 평판 위로 25[℃]의 공기를 불어준다고 할 때 대류 열전달량은 몇 [kW]인가?(단, 대류 열전달계수는 30[W/m² · ℃]이다)

① 3.375 ② 5.879
③ 7.131 ④ 9.332

해설 열전달량

$$q = hA\Delta t$$

∴ $q = hA\Delta t = 30[\text{W/m}^2 \cdot ℃] \times (0.5 \times 1)[\text{m}^2]$
$\times (250 - 25)[℃] = 3,375[\text{W}] = 3.375[\text{kW}]$

36

밑면은 한 변의 길이가 2[m]인 정사각형이고 높이가 4[m]인 직육면체 탱크에 비중이 0.8인 유체를 가득 채웠다. 유체에 의해 탱크의 한쪽 측면에 작용하는 힘은 약 몇 [kN]인가?

① 125.44 ② 169.2
③ 178.4 ④ 186.2

해설 $F = \gamma V = 0.8 \times 9,800[\text{N/m}^3] \times (2 \times 2 \times 4)[\text{m}^3]$
$= 125,440[\text{N}] = 125.44[\text{kN}]$

37

직경이 2[cm]인 호스에 출구 직경이 1[cm]인 원뿔형 노즐이 연결되었고, 노즐을 통해서 600[cm³/s]의 물(밀도 998[kg/m³])이 수평방향으로 대기 중에 분사되고 있다. 노즐 입구의 계기 압력이 400[kPa]일 때 노즐을 고정하기 위한 수평방향의 힘은?

① 122[N] ② 126[N]
③ 130[N] ④ 136[N]

정답 32 ④ 33 ③ 34 ④ 35 ① 36 ① 37 ①

해설 • 연속방정식 $Q = uA$

– 호스 내의 유속 $u_1 = \dfrac{Q}{A_1} = \dfrac{600\dfrac{[\text{cm}^3]}{[\text{s}]}}{\dfrac{\pi}{4} \times (2[\text{cm}])^2}$

$= 190.99[\text{cm/s}] = 1.91[\text{m/s}]$

– 노즐 출구의 유속 $u_2 = \dfrac{Q}{A_2} = \dfrac{600\dfrac{[\text{cm}^3]}{[\text{s}]}}{\dfrac{\pi}{4} \times (1[\text{cm}])^2}$

$= 763.94[\text{cm/s}] = 7.64[\text{m/s}]$

• 유량 $Q = 600\dfrac{[\text{cm}^3]}{[\text{s}]} = 600\dfrac{[\text{cm}^3]}{[\text{s}]} \times \left(\dfrac{1[\text{m}]}{100[\text{cm}]}\right)^3$

$= 6 \times 10^{-4}[m^3/s]$

• 운동량방정식 $P_1A_1 - F - P_2A_2 = \rho Q(u_2 - u_1)$ 에서 $P_2 = 0$이므로

노즐을 고정하기 위한 힘 $F = P_1A_1 - \rho Q(u_2 - u_1)$

$= 400 \times 10^3 \dfrac{[\text{N}]}{[\text{m}^2]} \times \left\{\dfrac{\pi}{4} \times (0.02[\text{m}])^2\right\} - 998\dfrac{[\text{kg}]}{[\text{m}^3]}$

$\times (6 \times 10^{-4}\dfrac{[\text{m}^3]}{[\text{s}]})(7.64 - 1.91)\dfrac{[\text{m}]}{[\text{s}]} = 122.2[\text{N}]$

38

임계 레이놀즈수가 2,100일 때 지름이 10[cm]인 원관에서 실제유체가 층류로 흐를 수 있는 최대 평균유속는 몇 [m/s]인가?(단, 관에는 동점성계수 $\nu = 1.8 \times 10^{-6}[\text{m}^2/\text{s}]$인 물이 흐른다)

① 3.78×10^{-1} ② 3.78×10^{-2}
③ 2.46×10^{-1} ④ 2.46×10^{-2}

해설 최대 평균유속

$$Re = \frac{Du}{\nu}, \quad u = \frac{Re \cdot \nu}{D}$$

$\therefore u = \dfrac{Re \cdot \nu}{D} = \dfrac{2,100 \times 1.8 \times 10^{-6}[\text{m}^2/\text{s}]}{0.1[\text{m}]}$

$= 0.0378[\text{m/s}]$

39

다음 중 차원이 잘못 표시된 것은?(단, M : 질량, L : 길이, T : 시간)

① 밀도 : ML^{-3} ② 힘 : MLT^{-2}
③ 에너지 : ML^2T^{-1} ④ 동력 : ML^2T^{-3}

해설 에너지 차원

$= ML^2T^{-2}[[\text{kg}] \cdot \dfrac{[\text{m}]}{[\text{s}^2]} \cdot [\text{m}] = \dfrac{[\text{kg} \cdot \text{m}^2]}{[\text{s}^2]}]$

40

25[℃], 300[kPa]의 프로판가스가 부피 40[L]인 용기에 있다면 프로판가스는 약 몇 [kg]인가?(단, 프로판(C_3H_8)의 분자량은 44이고 일반기체상수는 8,314 [J/kmol · K]이다)

① 0.12   ② 0.17
③ 0.19   ④ 0.21

해설 이상기체 상태방정식

$$PV = \frac{W}{M}RT \qquad W = \frac{PVM}{RT}$$

여기서 W(무게) : [kg]

P(압력) : 300[kPa] = 300,000[N/m²]

V(부피) : 0.04[m³]

M(분자량) = C_3H_8(44)

R(기체상수) : 8,314[J/kmol · K]

$= 8,314[\text{N} \cdot \text{m/kmol} \cdot \text{K}]$

T(절대온도) : 273 + 25 = 298[K]

$\therefore$ 무게 $W = \dfrac{PVM}{RT}$

$= \dfrac{300,000[\text{N/m}^2] \times 0.04[\text{m}^3] \times 44}{8,314[\text{N} \cdot \text{m/kmol} \cdot \text{K}] \times 298[\text{K}]}$

$= 0.21[\text{kg}]$

제3과목 **소방관계법규**

41

화재경계지구의 지정대상지역에 해당되지 않는 곳은?

① 시장지역
② 공장 · 창고가 밀집한 지역
③ 소방용수시설 또는 소방출동로가 있는 지역
④ 석유화학제품을 생산하는 공장이 있는 지역

해설 소방용수시설 또는 소방출동로가 없는 지역은 화재경계지구의 지정대상지역이다.

안심Touch

42

화재 위험도가 낮은 특정소방대상물로서 옥외소화전을 설치하지 않아도 되는 경우가 아닌 것은?

① 불연성 건축재료 가공공장
② 불연성 물품을 저장하는 창고
③ 석재 가공공장
④ 소방기본법에 따른 소방대가 조직되어 24시간 근무하는 청사

해설 소방시설을 설치하지 아니할 수 있는 특정소방대상물 및 소방시설의 범위

구 분	특정소방대상물	소방시설
1. 화재위험도가 낮은 특정소방대상물	석재·불연성금속·불연성 건축재료 등의 공공장·기계조립공장·주물공장 또는 불연성 물품을 저장하는 창고	옥외소화전 및 연결살수설비
	소방기본법 제2조 제5호에 따른 소방대가 조직되어 24시간 근무하고 있는 청사 및 차고	옥내소화전설비, 스프링클러설비, 물분무 등 소화설비, 비상방송설비, 피난기구, 소화용수설비, 연결송수관설비, 연결살수설비
2. 화재안전기준을 적용하기가 어려운 특정소방대상물	펄프공장의 작업장·음료수공장의 세정 또는 충전하는 작업장 그 밖에 이와 비슷한 용도로 사용하는 것	스프링클러설비, 상수도소화용수설비 및 연결살수설비
	정수장, 수영장, 목욕장, 농예·축산·어류양식용 시설 그 밖에 이와 비슷한 용도로 사용되는 것	자동화재탐지설비, 상수도소화용수설비 및 연결살수설비
3. 화재안전기준을 달리 적용하여야 하는 특수한 용도 또는 구조를 가진 특정소방대상물	원자력발전소, 핵폐기물 처리시설	연결송수관설비 및 연결살수설비
4. 위험물안전관리법 제9조에 따른 자체소방대가 설치된 특정소방대상물	자체소방대가 설치된 위험물제조소 등에 부속된 사무실	옥내소화전설비, 소화용수설비, 연결살수설비 및 연결송수관설비

43

위험물안전관리법상 제3석유류의 정의로 옳은 것은?

① 중유, 크레오소트유 그 밖에 1기압에서 인화점이 섭씨 21도 이상 70도 미만인 것을 말한다.
② 등유, 경유 그 밖에 1기압에서 인화점이 섭씨 21도 이상 70도 미만인 것을 말한다.
③ 중유, 크레오소트유 그 밖에 1기압에서 인화점이 섭씨 70도 이상 섭씨 200도 미만인 것을 말한다.
④ 등유, 경유 그 밖에 1기압에서 인화점이 섭씨 70도 이상 섭씨 200도 미만인 것을 말한다.

해설 제3석유류 : 중유, 크레오소트유 그 밖에 1기압에서 인화점이 섭씨 70도 이상 섭씨 200도 미만인 것

44

소방시설관리업의 기술인력으로 등록된 소방기술자가 받아야 하는 실무교육의 주기 및 회수는?

① 매년 1회 이상
② 매년 2회 이상
③ 2년마다 1회 이상
④ 3년마다 1회 이상

해설 소방기술인력의 실무교육 : 2년마다 1회 이상(4시간 이상 교육)

45

제조소 등에서 위험물을 유출·방출 또는 확산시켜 사람의 생명·신체 또는 재산에 대하여 위험을 발생시킨 자에 대한 벌칙은?

① 1년 이상 10년 이하의 징역
② 무기 또는 3년 이상의 징역
③ 1년 이하의 징역 또는 1,000만원 이하의 벌금
④ 7년 이하의 금고 또는 2,000만원 이하의 벌금

해설 제조소 등에서 위험물을 유출·방출 또는 확산시켜 사람의 생명·신체 또는 재산에 대하여 위험을 발생시킨 자 : 1년 이상 10년 이하의 징역

46

방염성능기준 이상의 실내장식물 등을 설치하여야 하는 특정소방대상물이 아닌 것은?

① 종합병원　　　　② 노유자시설
③ 체력단련장　　　④ 11층 이상인 아파트

해설 아파트는 층수에 관계없이 방염성능기준 이상의 실내 장식물이 아니다.

47

건축허가 등의 동의대상물의 범위로 옳은 것은?

① 차고·주차장으로 사용되는 바닥면적이 200[m²] 이상인 층이 있는 건축물이나 주차시설
② 승강기 등 기계장치에 의한 주차시설로서 자동차 10대 이상을 주차할 수 있는 시설
③ 지하층 또는 무창층이 있는 건축물로서 바닥면적이 100[m²] 이상인 층에 있는 것
④ 지하층 또는 무창층이 있는 건축물로서 공연장의 경우에는 50[m²] 이상인 층이 있는 것

해설 **건축허가 등의 동의대상물의 범위**
- 연면적이 400[m²][학교시설은 100[m²], 노유자시설 및 수련시설은 200[m²], 정신의료기관(입원실이 없는 정신건강의학과의원은 제외), 장애인의료재활시설은 300[m²] 이상인 건축물
- 6층 이상인 건축물
- 차고·주차장 또는 주차용도로 사용되는 시설로서 다음에 해당하는 것
  - **차고·주차장으로 사용되는 바닥면적이 200[m²] 이상**인 층이 있는 건축물이나 주차시설
  - 승강기 등 기계장치에 의한 주차시설로서 자동차 20대 이상을 주차할 수 있는 시설
- 항공기격납고, 관망탑, 항공관제탑, 방송용 송·수신탑
- 지하층 또는 무창층이 있는 건축물로서 바닥면적이 150[m²](공연장의 경우에는 100[m²]) 이상인 층이 있는 것
- 위험물저장 및 처리시설, 지하구

48

소방시설관리업의 등록기준 중 인력기준으로 틀린 것은?

① 주된 기술인력 : 소방시설관리사 1인 이상

② 보조기술인력 : 소방설비기사 또는 소방설비산업기사 2인 이상
③ 보조기술인력 : 소방기술 인정 자격수첩을 교부받은 소방공무원으로 3년 이상 근무한 자 2인 이상
④ 주된 기술인력 : 소방기술사 1인 이상

해설 **소방시설관리업의 등록기준 중 주된 기술인력** : 소방시설관리사 1인 이상

49

특수가연물을 저장 또는 취급하는 장소에 설치하는 표지의 기재사항이 아닌 것은?

① 품 명
② 최대수량
③ 안전관리자의 성명
④ 화기취급의 금지표시

해설 **특수가연물을 저장 또는 취급하는 장소에 설치하는 표지의 기재사항**
- 품 명
- 최대수량
- 화기취급의 금지표시

50

다음 중 위험물의 유별 성질에 대한 설명으로 옳지 않은 것은?

① 제1류 : 산화성 고체
② 제2류 : 가연성 고체
③ 제4류 : 인화성 액체
④ 제6류 : 자기반응성 물질

해설 **위험물의 성질**

유 별	성 질
제1류 위험물	산화성 고체
제2류 위험물	가연성고체
제3류 위험물	자연발화성 및 금수성물질
제4류 위험물	인화성 액체
제5류 위험물	자기반응성물질
제6류 위험물	산화성 액체

51

다음 ( ) 안에 알맞은 것은?

> 상주 공사감리는 지하층을 포함한 층수가 (㉠)층 이상으로서 (㉡)세대 이상인 아파트에 대한 소방시설의 공사를 대상으로 한다.

① ㉠ 8, ㉡ 300
② ㉠ 8, ㉡ 500
③ ㉠ 16, ㉡ 300
④ ㉠ 16, ㉡ 500

해설 상주 공사 감리대상 : 지하층 포함한 층수가 **16층 이상**으로서 **500세대 이상**인 아파트

52

화재, 재난·재해 그 밖의 위급한 상황이 발생한 경우 소방대가 현장에 도착할 때까지 관계인의 소방활동에 포함되지 않는 것은?

① 불을 끄거나 불이 번지지 아니하도록 필요한 조치
② 소방활동에 필요한 보호창구 지급 등 안전을 위한 조치
③ 경보를 울리는 방법으로 사람을 구출하는 조치
④ 대피를 유도하는 방법으로 사람을 구출하는 조치

해설 화재 시 관계인의 소방활동
• 불을 끄거나 불이 번지지 아니하도록 필요한 조치
• 경보를 울리거나 대피를 유도하는 등의 방법으로 사람을 구출하는 조치

53

소방시설의 작동기능점검을 실시한 자는 그 점검결과를 몇 년간 자체 보관하여야 하는가?(단, 공공기관이다)

① 1년
② 2년
③ 3년
④ 4년

해설 작동기능점검 점검결과 서류보관(공공기관) : 2년간 자체보관

54

다음 중 자체소방대를 설치하여야 하는 사업소는?

① 위험물제조소
② 지정수량 3,000배 이상의 위험물을 취급하는 제조소
③ 지정수량 3,000배 이상의 위험물을 보일러로 소비하는 일반취급소
④ 지정수량 3,000배 이상의 제4류 위험물을 취급하는 제조소

해설 자체소방대 설치 : 지정수량 3,000배 이상의 제4류 위험물을 취급하는 제조소 및 일반취급소

55

소방시설관리사시험의 응시자격은 소방설비산업기사 자격을 취득 후 몇 년 이상의 소방실무경력이 필요한가?

① 2년
② 3년
③ 5년
④ 10년

해설 소방설비산업기사, 위험물산업기사, 위험물기능사, 산업안전기사 자격을 취득하고 소방실무경력이 3년 이상이면 소방시설관리사의 응시자격이 된다.

56

화재 또는 구조·구급이 필요한 상황을 허위로 1회 알린 자에게 부과하는 과태료는?

① 50만원
② 100만원
③ 150만원
④ 200만원

해설 화재 또는 구조·구급이 필요한 상황을 허위로 알린 자에게 부과하는 과태료(기본법에서는 500만원 이하 과태료로 개정됨)
• 1회 : 100만원
• 2회 : 150만원
• 3회 : 200만원
• 4회 이상 : 200만원

57

소방기본법상 출동한 소방대원에게 폭행 또는 협박을 행사하여 화재진압·인명구조 또는 구급활동을 방해한 자에 대한 벌칙 기준은?

① 1년 이하의 징역 또는 1,000만원 이하의 벌금
② 1년 이하의 징역 또는 1,500만원 이하의 벌금
③ 3년 이하의 징역 또는 1,500만원 이하의 벌금
④ 5년 이하의 징역 또는 5,000만원 이하의 벌금

해설 5년 이하의 징역 또는 5,000만원 이하의 벌금
• 제16조 제2항을 위반하여 다음의 어느 하나에 해당하는 행위를 한 사람
  – 위력(威力)을 사용하여 출동한 소방대의 화재진압·인명구조 또는 구급활동을 방해하는 행위
  – 소방대가 화재진압·인명구조 또는 구급활동을 위하여 현장에 출동하거나 현장에 출입하는 것을 고의로 방해하는 행위
  – 출동한 소방대원에게 폭행 또는 협박을 행사하여 화재진압·인명구조 또는 구급활동을 방해하는 행위
  – 출동한 소방대의 소방장비를 파손하거나 그 효용을 해하여 화재진압·인명구조 또는 구급활동을 방해하는 행위
• 소방자동차의 출동을 방해한 사람
• 사람을 구출하는 일 또는 불을 끄거나 불이 번지지 아니하도록 하는 일을 방해한 사람
• 정당한 사유 없이 소방용수시설을 사용하거나 소방용수시설의 효용을 해치거나 그 정당한 사용을 방해한 사람

58

소방본부장 또는 소방서장은 화재경계지구 안의 관계인에 대하여 소방상 필요한 훈련 또는 교육을 실시할 경우 관계인에게 훈련 또는 교육 며칠 전까지 그 사실을 통보해야 하는가?

① 3일   ② 5일
③ 7일   ④ 10일

해설 화재경계지구 안의 관계인에 소방훈련 및 교육 통보기간 : 교육 10일 전까지 통보

59

건축허가 등의 동의대상물이 아닌 것은?

① 연면적 150[m²]인 학교
② 연면적 150[m²]인 노유자시설
③ 지하층이 있는 건축물로서 바닥면적이 150[m²]인 층이 있는 것
④ 주차장으로 사용되는 층 중 바닥면적이 200[m²]인 층이 있는 것

해설 연면적이 400[m²][학교시설은 100[m²], **노유자시설** 및 수련시설은 **200[m²]**, 정신의료기관(입원실이 없는 정신건강의학과 의원은 제외), 장애인의료재활시설은 300[m²]] 이상인 건축물은 건축허가 등의 동의대상물의 범위이다.

60

3년 이하의 징역 또는 3,000만원 이하의 벌금에 해당하지 않는 것은?

① 소방시설관리사증을 다른 자에게 빌려준 자
② 관리업의 등록을 하지 아니하고 영업을 한 자
③ 소방용품의 형식승인을 얻지 아니하고 소방용품을 제조한 자
④ 소방용품의 형식승인을 얻지 아니하고 소방용품을 수입한 자

해설 소방시설관리사증을 다른 자에게 빌려준 자 : 1년 이하의 징역 또는 1,000만원 이하의 벌금

제 4 과목 소방기계시설의 구조 및 원리

61

제연설비의 설치 시 아연도금강판으로 제작된 배출풍토 단면의 긴 변이 400[mm]와 2,500[mm]일 때 강판의 최소 두께는 각각 몇 [mm]인가?

① 0.4, 1.0   ② 0.5, 1.0
③ 0.5, 1.2   ④ 0.6, 1.2

해설 배출풍도의 크기

풍도단면의 긴변 또는 직경의 크기	강판 두께
450[mm] 이하	0.5[mm]
450[mm] 초과 750[mm] 이하	0.6[mm]
750[mm] 초과 1,500[mm] 이하	0.8[mm]
1,500[mm] 초과 2,250[mm] 이하	1.0[mm]
2,250[mm] 초과	1.2[mm]

62

완강기의 구성요소가 아닌 것은?

① 디딤판   ② 조속기
③ 로프   ④ 벨트

해설 완강기의 구성부분 : 조속기, 로프 벨트, 후크

63

고발포용 고정포방출구의 팽창비율로 옳은 것은?

① 팽창비 10 이상 20 미만
② 팽창비 20 이상 50 미만
③ 팽창비 50 이상 100 미만
④ 팽창비 80 이상 1,000 미만

해설 발포배율에 따른 분류

구 분	팽창비
저발포용	20배 이하
고발포용	80배 이상 1,000배 미만

64

분말소화설비의 배관에 대한 설치기준으로 틀린 것은?

① 동판을 사용하는 경우 최고사용압력의 1.5배 이상의 압력에 견딜 수 있어야 한다.
② 배관은 전용배관을 한다.
③ 밸브류는 개폐위치를 표시한 것으로 한다.

④ 축압식의 경우 20[℃]에서 압력이 2.5[MPa] 이상 4.2[MPa] 이하인 것에 있어서는 압력배관용 탄소강판 중 이음이 없는 스케줄 20 이상을 사용한다.

해설 축압식의 경우 20[℃]에서 압력이 2.5[MPa] 이상 4.2[MPa] 이하인 것에 있어서는 압력배관용 탄소강판 중 이음이 없는 스케줄 40 이상을 사용한다.

65

대형소화기를 설치하는 경우 특정소방대상물의 각 부분으로부터 1개의 소화기까지의 보행거리는 몇 [m] 이내로 배치하여야 하는가?

① 10   ② 20
③ 30   ④ 40

해설 소화기 배치거리
- 소형소화기 : 보행거리 20[m]마다 1개 설치
- 대형소화기 : 보행거리 30[m]마다 1개 설치

66

물분무소화설비를 설치하는 차고, 주차장의 배수설비기준에 관한 설명으로 옳은 것은?

① 차량이 주차하는 장소의 적당한 곳에 높이 11[cm] 이상의 경계턱으로 배수구를 설치할 것
② 길이 50[m] 이하마다 집수관, 소화피트 등 기름분리장치를 설치할 것
③ 차량이 주차하는 바닥은 배수구를 향하여 1/100 이상의 기울기를 유지할 것
④ 배수설비는 가압송수장치 최대송수능력의 수량을 유효하게 배수할 수 있는 크기 및 기울기로 할 것

해설 차고, 주차장의 배수설비기준
- 차량이 주차하는 장소의 적당한 곳에 높이 10[cm] 이상의 경계턱으로 배수구를 설치할 것
- 길이 40[m] 이하마다 집수관, 소화피트 등 기름분리장치를 설치할 것
- 차량이 주차하는 바닥은 배수구를 향하여 2/100 이상의 기울기를 유지할 것
- 배수설비는 가압송수장치 최대송수능력의 수량을 유효하게 배수할 수 있는 크기 및 기울기로 할 것

정답 62 ①   63 ④   64 ④   65 ③   66 ④

67

지하층에 설치하는 피난기구로 옳게 짝지어진 것은?

① 피난사다리, 피난용트랩
② 피난용트랩, 구조대
③ 피난사다리, 다수인 피난장비
④ 피난용트랩, 다수인 피난장비

해설 지하층에 설치하는 피난기구 : 피난사다리, 피난용트랩

68

할론소화설비의 화재안전기준 중 할론 1301 축압식 저장용기의 충전비로서 옳은 것은?

① 0.51 이상 0.67 미만
② 0.67 이상 2.75 이하
③ 0.7 이상 1.4 이하
④ 0.9 이상 1.6 이하

해설 저장용기의 충전비

약 제	할론 1301	할론 1211	할론 2402	
충전비	0.9~1.6 이하	0.7~1.4 이하	가압식	0.51~0.67 미만
			축압식	0.67~2.75 이하

69

다음 중 물분무소화설비의 설치장소로 가장 적합한 곳은?

① 칼륨과 나트륨 분말의 저장창고
② 금수성물질 저장창고
③ 유리고로가 가동되는 장소
④ 케이블 트레이나 케이블 덕트가 지나가는 공동구

해설 물분무소화설비의는 칼륨, 나트륨, 금수성물질과 반응하면 가연성가스를 발생하고 유리고로가 가동되는 장소에 물을 방수하면 위험하다.

70

배기를 위한 개구부가 없는 경우 지하층이나 무창층 또는 밀폐된 거실로서 그 바닥면적이 20[m²] 미만의 장소에서도 사용 가능한 소화기는?

① 할론 1211 소화기
② 불활성기체 소화기
③ 이산화탄소 소화기
④ 할론 2402 소화기

해설 이산화탄소 또는 할론을 방사하는 소화기구(자동확산 소화기를 제외)는 지하층이나 무창층 또는 밀폐된 거실로서 그 바닥면적이 20[m²] 미만의 장소에는 설치할 수 없다. 다만, 배기를 위한 유효한 개구부가 있는 장소인 경우에는 그러하지 아니하다.

71

정격토출량이 300[L/min]인 옥내소화전설비 펌프의 성능시험배관 유량계의 유량측정범위로 가장 적합한 것은?

① 200[L/min]~300[L/min]
② 200[L/min]~400[L/min]
③ 200[L/min]~500[L/min]
④ 200[L/min]~600[L/min]

해설 성능시험배관의 유량계는 175[%]까지 측정할 수 있어야 하니까 300[L/min]×1.75 = 525[L/min]을 측정할 수 있는 유량계는 ④번이다.

72

다음 중 스프링클러설비의 헤드의 종류가 폐쇄형헤드가 아닌 것은?

① 습식 방식　　　　② 건식 방식
③ 준비작동식 방식　④ 일제살수식 방식

해설 폐쇄형헤드 : 습식, 건식, 준비작동식 스프링클러설비

73

전동기 펌프를 사용하는 스프링클러설비 가압송수장치의 정격토출압력은 하나의 헤드선단에서 얼마인가?

① 0.1[MPa] 이상 0.7[MPa] 이하
② 0.1[MPa] 이상 1.2[MPa] 이하
③ 0.7[MPa] 이상 1.2[MPa] 이하
④ 0.17[MPa] 이상 1.2[MPa] 이하

해설 스프링클러설비의 헤드 방수압력 : 0.1[MPa] 이상 1.2[MPa] 이하

74

다음 중 스프링클러소화설비의 펌프와 토출측의 체크밸브 사이의 입상관에 설치되는 것은?

① 압력계   ② 진공계
③ 스트레이너   ④ 후드밸브

해설 펌프 주위의 설치부속품
 • 펌프 흡입측 : 후드밸브, 개폐밸브, 스트레이너, 진공계(연성계)
 • 펌프 토출측 : 압력계, 릴리프밸브, 펌프성능시험배관, 압력체임버 등

75

상수도소화용수설비는 호칭지름 최소 몇 [mm] 이상의 수도배관에 접속하여 설치하여야 하는가?

① 65   ② 75
③ 80   ④ 100

해설 상수도 소화용수설비의 설치기준(화재안전기준 참조)
 • 호칭 지름 75[mm] 이상의 수도배관에 호칭 지름 100[mm] 이상의 소화전을 접속할 것
 • 소화전은 소방자동차의 진입이 쉬운 도로변 또는 공지에 설치할 것
 • 소화전은 소방대상물의 수평투영면의 각 부분으로부터 140[m] 이하가 되도록 설치할 것

76

전역방출방식 이산화탄소소화설비의 저압식 분사헤드 방출방법은 몇 [MPa] 이상인가?

① 0.3   ② 0.6
③ 1.05   ④ 2.1

해설 분사헤드의 방사압력

구 분	고압식	저압식
방사압력	2.1[MPa] 이상	1.05[MPa] 이상

77

제연구역으로부터 공기가 누설하는 출입문의 누설 틈새 면적을 식 $A = (L/l) \times A_d$로 산출할 때 각 출입문의 l과 A_d의 수치가 잘못된 것은?(단, A : 출입문의 틈새[m²], L : 출입문 틈새의 길이[m], l : 표준 출입문의 틈새길이[m], A_d : 표준 출입문의 누설면적[m²]이다)

① 외여닫이문 : $l = 6.5$
② 쌍여닫이 문 : $l = 9.2$
③ 승강기 출입문 : $l = 8.0$
④ 승강기 출입문 : $A_d = 0.06$

해설 누설틈새의 면적
 • 출입문 틈새면적의 산출식

$$A = \left(\frac{L}{l}\right) \times A_d$$

  – A : 출입문의 틈새[m²]
  – L : 출입문 틈새의 길이[m]
   다만, L의 수치가 l의 수치 이하인 경우에는 l의 수치로 할 것
  – l과 A_d의 수치

출입문 형태		기준틈새 길이[L]	기준틈새 면적[A_d]
외여닫이 문	제연구역의 실내쪽으로 개방	5.6[m]	0.01[m²]
	제연구역의 실외쪽으로 개방	5.6[m]	0.02[m²]
쌍여닫이 문		9.2[m]	0.03[m²]
승강기 출입문		8.0[m]	0.06[m²]

• 창문의 틈새면적의 산출식

출입문 형태		기준틈새길이 [L]
여닫이식 창문	창틀에 방수팩킹이 없는 경우	$2.55 \times 10^{-4} \times$ 틈새의 길이[m]
	창틀에 방수팩킹이 있는 경우	$3.61 \times 10^{-5} \times$ 틈새의 길이[m]
미닫이식 창문		$1.00 \times 10^{-4} \times$ 틈새의 길이[m]

78

호스릴 분말소화설비에 있어서 하나의 노즐당 필요한 소화약제별 기준량으로 틀린 것은?

① 제1종 분말 : 50[kg] 이상
② 제2종 분말 : 40[kg] 이상
③ 제3종 분말 : 30[kg] 이상
④ 제4종 분말 : 20[kg] 이상

해설 호스릴분말소화설비의 노즐당 약제 저장량

소화약제의 종별	소화약제의 양
제1종 분말	50[kg]
제2종 분말 또는 제3종 분말	30[kg]
제4종 분말	20[kg]

79

포소화설비의 약제 혼합방식 중 펌프와 발포기의 중간에 설치된 벤투리관의 벤투리작용에 따라 포 소화약제를 흡입·혼합하는 방식은?

① 펌프 프로포셔너 방식
② 라인 프로포셔너 방식
③ 프레셔 프로포셔너 방식
④ 프레셔 사이드 프로포셔너 방식

해설 혼합방식
• 펌프 프로포셔너 방식(Pump Proportioner, 펌프혼합방식) : 펌프의 토출관과 흡입관 사이의 배관 도중에 설치한 흡입기에 펌프에서 토출된 물의 일부를 보내고 농도조절 밸브에서 조정된 포소화약제의 필요량을 포소화약제 탱크에서 펌프 흡입측으로 보내어 약제를 혼합하는 방식

• 라인 프로포셔너 방식(Line Proportioner, 관로혼합방식) : 펌프와 발포기의 중간에 설치된 벤투리관의 벤투리작용에 따라 포 소화약제를 흡입·혼합하는 방식이다. 이 방식은 옥외 소화전에 연결 주로 1층에 사용하며 원액 흡입력 때문에 송수압력의 손실이 크고, 토출측 호스의 길이, 포 원액 탱크의 높이 등에 민감하므로 아주 정밀설계와 시공을 요한다.
• 프레셔 프로포셔너 방식(Pressure Proportioner, 차압혼합방식) : 펌프와 발포기의 중간에 설치된 벤투리관의 벤투리작용과 펌프 가압수의 포 소화약제 저장탱크에 대한 압력에 따라 포 소화약제를 흡입·혼합하는 방식. 현재 우리나라에서는 3[%] 단백포 차압혼합방식을 많이 사용하고 있다.
• 프레셔 사이드 프로포셔너 방식(Pressure Side Proportioner, 압입혼합방식) : 펌프의 토출관에 압입기를 설치하여 포소화 약제 압입용 펌프로 포 소화약제를 압입시켜 혼합하는 방식이다.

80

다음 중 연결송수관설비를 건식으로 설치하는 경우의 밸브 설치순서로 옳은 것은?

① 송수구 → 자동배수밸브 → 체크밸브 → 자동배수밸브
② 송수구 → 체크밸브 → 자동배수밸브 → 체크밸브
③ 송수구 → 체크밸브 → 자동배수밸브 → 개폐밸브
④ 송수구 → 자동배수밸브 → 체크밸브 → 개폐밸브

해설 연결송수관설비의 송수구 부근의 설치 기준
• 습식 : 송수구 → 자동배수밸브 → 체크밸브
• 건식 : 송수구 → 자동배수밸브 → 체크밸브 → 자동배수밸브

78 ② 79 ② 80 ① **정답**

2016년 3월 6일 시행

제 1 회

제 1 과목 소방원론

01

폭발에 대한 설명으로 틀린 것은?

① 보일러 폭발은 화학적 폭발이라 할 수 없다.
② 분무폭발은 기상폭발에 속하지 않는다.
③ 수증기 폭발은 기상폭발에 속하지 않는다.
④ 화약류 폭발은 화학적 폭발이라 할 수 있다.

해설 폭발의 종류
- **기상폭발**
  - **분무폭발**
  - 분진폭발
  - 가스폭발
  - 분해폭발
- 응상폭발
  - 증기폭발(수증기 폭발)
  - 전선폭발
  - 폭발성화합물의 폭발

02

포소화약제 중 유류화재의 소화 시 성능이 가장 우수한 것은?

① 단백포
② 수성막포
③ 합성계면활성제포
④ 내알코올포

해설 수성막포 : 유류화재의 소화 시 성능이 가장 우수하다.

03

물질의 연소범위에 대한 설명 중 옳은 것은?

① 연소범위의 상한이 높을수록 발화위험이 낮다.
② 연소범위의 상한과 하한 사이의 폭은 발화위험과 무관하다.
③ 연소범위의 하한이 낮은 물질은 취급 시 주의를 요한다.
④ 연소범위의 하한이 낮은 물질은 발열량이 크다.

해설 연소범위
- 연소범위의 상한이 높을수록 위험하다.
- 연소범위의 상한과 하한 사이의 폭이 클수록 위험하다.
- 연소범위의 하한이 낮은 물질은 취급 시 주의를 요한다.

04

화재 시 연소의 연쇄반응을 차단하는 소화방식은?

① 냉각소화
② 화학소화
③ 질식소화
④ 가스제거

해설 화학(부촉매)소화 : 연소의 연쇄반응을 차단하는 소화방식이다.

05

건축물에 화재가 발생할 때 연소확대를 방지하기 위한 계획에 해당되지 않는 것은?

① 수직계획
② 입면계획
③ 수평계획
④ 용도계획

해설 연소확대 방지계획
- 연소확대 방지계획 : 수직계획, 수평계획, 용도계획
- 건축물의 방재계획 : 입면계획, 단면계획, 평면계획, 재료계획

정답 01 ② 02 ② 03 ③ 04 ② 05 ②

06

위험물 운반 시 혼재 가능한 위험물들끼리 옳게 짝지어진 것은?

① 과염소산칼륨과 톨루엔
② 과염소산과 황린
③ 마그네슘과 유기과산화물
④ 가솔린과 과산화수소

해설 저장기준
- 위험물의 분류

항목 \ 종류	화학식	유별
과염소산칼륨	$KClO_4$	제1류 위험물 (과염소산염류)
톨루엔	$C_6H_5CH_3$	제4류 위험물 (제1석유류)
과염소산	$HClO_4$	제6류 위험물
황린	P_4	제3류 위험물
마그네슘	Mg	제2류 위험물
유기과산화물	MEKPO, BPO	제5류 위험물
가솔린	–	제4류 위험물
과산화수소	H_2O_2	제6류 위험물

- 저장 시 혼재 가능(1[m] 이상의 간격을 유지)
  - 제1류 위험물(알칼리금속의 과산화물은 제외)+제5류 위험물
  - 제1류 위험물+제6류 위험물
  - 제1류 위험물+제3류 위험물 중 자연발화성 물질(황린 포함)
  - 제2류 위험물 중 인화성 고체+제4류 위험물
  - 제3류 위험물 중 알킬알루미늄 등과 제4류 위험물(알킬알루미늄 또는 알킬리튬 포함)
- 운반 시 혼재가능
  - 제3류 위험물+제4류 위험물
  - 제1류 위험물+제6류 위험물
  - **제5류 위험물+제2류 위험물+제4류 위험물**

07

건축물 화재의 가혹도에 영향을 주는 주요소로 적합하지 않는 것은?

① 공기의 공급량
② 가연물질의 연소열
③ 가연물질의 비표면적
④ 화재 시의 기상

해설 화재 가혹도에 영향을 주는 요인
- 공기의 공급량
- 가연물질의 연소열
- 가연물질의 비표면적

08

질소(N_2)의 증기비중은 약 얼마인가?

① 0.8
② 0.97
③ 1.5
④ 1.8

해설 질소의 분자량 = N_2 = 14×2 = 28

$$증기비중 = \frac{분자량}{29}$$

∴ 질소의 증기비중 = $\dfrac{분자량}{29} = \dfrac{28}{29} = 0.97$

09

분말소화약제의 주성분 중에서 A, B, C급 화재 모두에 적응성이 있는 것은?

① $KHCO_3$
② $NaHCO_3$
③ $Al_2(SO_4)_3$
④ $NH_4H_2PO_4$

해설 분말소화약제

종류	주성분	착색	적응화재	열분해 반응식
제1종 분말	탄산수소나트륨 ($NaHCO_3$)	백색	B, C급	$2NaHCO_3$ →$Na_2CO_3 + CO_2 + H_2O$
제2종 분말	탄산수소칼륨 ($KHCO_3$)	담회색	B, C급	$2KHCO_3$ → $K_2CO_3 + CO_2 + H_2O$
제3종 분말	제일인산암모늄 ($NH_4H_2PO_4$)	담홍색 황색	A, B, C급	$NH_4H_2PO_4$ → $HPO_3 + NH_3 + H_2O$
제4종 분말	탄산수소칼륨 + 요소 ($KHCO_3$ + $(NH_2)_2CO$)	회색	B, C급	$2KHCO_3 + (NH_2)_2CO$ → K_2CO_3 $+2NH_3 + 2CO_2$

10

산화열에 의해 자연발화 될 수 있는 물질이 아닌 것은?

① 석 탄 ② 건성유
③ 고무분말 ④ 퇴 비

해설 **자연발화의 형태**
- 산화열에 의한 발화 : 석탄, 건성유, 고무분말
- 분해열에 의한 발화 : 나이트로셀룰로스
- 미생물에 의한 발화 : 퇴비, 먼지
- 흡착열에 의한 발화 : 목탄, 활성탄

11

소화약제로 널리 사용되는 물의 물리적 성질로서 틀린 것은?

① 대기압하에서 용융열은 약 80[cal/g]이다.
② 대기압하에서 증발잠열은 약 539[cal/g]이다.
③ 대기압하에서 액체상의 비열은 1[cal/g · ℃]이다.
④ 대기압하에서 액체에서 수증기로 상변화가 일어나면 체적은 500배 증가한다.

해설 대기압하에서 액체에서 수증기로 상변화가 일어나면 체적은 1,700배 증가한다.

12

전기화재의 원인으로 볼 수 없는 것은?

① 승압에 의한 발화 ② 과전류에 의한 발화
③ 누전에 의한 발화 ④ 단락에 의한 발화

해설 승압에 의한 발화는 전기화재의 원인이 될 수 없다.

13

기체연료의 연소형태로서 연료와 공기를 인접한 2개의 분출구에서 각각 분출시켜 계면에서 연소를 일으키게 하는 것은?

① 증발연소 ② 자기연소
③ 확산연소 ④ 분해연소

해설 **확산연소**
기체연료의 연소형태로서 연료와 공기를 인접하여 2개의 분출구에서 각각 분출시켜 계면에서 연소를 일으키게 하는 것

14

공기 중에 분산된 밀가루, 알루미늄가루 등이 에너지를 받아 폭발하는 현상은?

① 분진폭발 ② 분무폭발
③ 충격폭발 ④ 단열압축폭발

해설 **분진폭발**
밀가루, 유황, 알루미늄분말 등이 공기 중에 분산되어 있다가 점화원(에너지)이 존재하면 폭발하는 현상

15

할론 1301의 화학식으로 옳은 것은?

① CBr_3Cl ② $CBrCl_3$
③ CF_3Br ④ $CFBr_3$

해설 **할론 1301의 화학식** : CF_3Br

16

가연물의 종류 및 성상에 따른 화재의 분류 중 A급화재에 해당하는 것은?

① 통전 중인 전기설비 및 전기기기의 화재
② 마그네슘, 칼륨 등의 화재
③ 목재, 섬유화재
④ 도시가스화재

해설 **화재의 분류**
- 전기화재(C급 화재) : 통전 중인 전기설비 및 전기기기의 화재
- 금속화재(D급 화재) : 마그네슘, 칼륨 등의 화재
- 일반화재(A급 화재) : 목재, 섬유화재
- 가스화재(B급 화재 : 유류 및 가스화재) : 도시가스화재

정답 10 ④ 11 ④ 12 ① 13 ③ 14 ① 15 ③ 16 ③

17

대형소화기에 충전하는 소화약제 양의 기준으로 틀린 것은?

① 할론소화기 : 20[kg] 이상
② 강화액소화기 : 60[L] 이상
③ 분말소화기 : 20[kg] 이상
④ 이산화탄소소화기 : 50[kg] 이상

해설 **소화능력단위에 의한 분류**
• 소형소화기 : 능력단위 1단위 이상이면서 대형소화기의 능력단위 이하인 소화기
• 대형소화기 : 능력단위가 A급인 화재는 10단위 이상, B급 화재는 20단위 이상인 것으로서 소화약제 충전량은 표에 기재한 이상인 소화기

종 별	소화약제의 충전량
포	20[L]
강화액	60[L]
물	80[L]
분 말	20[kg]
할 론	30[kg]
이산화탄소	50[kg]

18

열에너지원 중 화학열의 종류별 설명으로 옳지 않은 것은?

① 자연발열이라 함은 어떤 물질이 외부로부터 열의 공급을 받지 아니하고 온도가 상승하는 현상이다.
② 분해열이라 함은 화합물이 분해할 때 발생하는 열을 말한다.
③ 용해열이라 함은 어떤 물질이 분해될 때 발생하는 열을 말한다.
④ 연소열은 어떤 물질이 완전히 산화되는 과정에서 발생하는 열을 말한다.

해설 **용해열** : 어떤 물질이 녹을 때 발생하는 열

19

피난시설의 안전구획 중 1차 안전구획에 속하는 것은?

① 계 단
② 복 도
③ 계단부속실
④ 피난층에서 외부와 직면한 현관

해설 **피난시설의 안전구획**
• 1차 안전구획 : 복도
• 2차 안전구획 : 계단부속실(전실)
• 3차 안전구획 : 계단

20

수소 4[kg]이 완전연소할 때 생성되는 수증기는 몇 [kmol]인가?

① 1
② 2
③ 4
④ 8

해설 **수소의 연소반응식**

$$2H_2 \quad + \quad O_2 \quad \rightarrow \quad 2H_2O$$

$$4[kg] \qquad\qquad 2[kg-mol]$$
$$4[kg] \qquad\qquad x$$

$$\therefore \; x = \frac{4[kg] \times 2[kg-mol]}{4[kg]} = 2[kg-mol]$$

제 **2** 과목 소방유체역학

21

운동량의 단위로 맞는 것은?

① [N]
② [J/s]
③ $[N \cdot s^2/m]$
④ $[N \cdot s]$

해설 **운동량** : $[N \cdot s]$, $[kg \cdot m/s]$

22

이상기체의 기체상수 R을 압력 P, 비체적 ν, 절대온도 T의 관계로 나타낸 것은?

① $R = \dfrac{T\nu}{P}$ ② $R = \dfrac{PT}{\nu}$

③ $R = PT\nu$ ④ $R = \dfrac{P\nu}{T}$

해설 이상기체

$$PV = WRT$$
$$P = \frac{W}{V}RT\left(\nu = \frac{1}{\rho}\right)$$
$$P = \rho RT, \quad P = \frac{1}{\nu}RT$$
$$R = \frac{P\nu}{T}$$

23

NPSH(유효흡입양정)에 관한 설명으로 틀린 것은?

① NPSH$_{av}$(이용 가능한 유효흡입양정)가 작을수록 같은 조건에서 공동현상이 일어날 가능성이 커진다.
② NPSH$_{re}$(필요한 유효흡입양정)은 NPSH$_{av}$보다 커야 공동현상이 발생하지 않는다.
③ NPSH$_{av}$는 포화증기압이 커지면 점차 작아진다.
④ 물의 온도가 올라가면 NPSH$_{av}$가 작아져서 공동현상의 발생 가능성이 커진다.

해설 NPSH$_{re}$와 NPSH$_{av}$ 관계식

• 설계조건 : NPSH$_{av}$ ≧ NPSH$_{re}$ × 1.3
• 공동현상 발생조건 : NPSH$_{av}$ < NPSH$_{re}$
• 공동현상이 발생하지 않는 조건 : NPSH$_{av}$ > NPSH$_{re}$

24

가로(80[cm])×세로(50[cm])이고, 300[℃]로 가열된 평판에 수직한 방향으로 25[℃]의 공기를 불어 주고 있다. 대류 열전달계수가 25[W/m^2·℃]일 때 공기를 불어넣는 면에서의 열전달률은 약 몇 [kW]인가?

① 2.0 ② 2.75
③ 5.1 ④ 7.3

해설 열전달율

$$Q = hA\Delta t$$
$$\therefore Q = hA\Delta t = 25[\text{W/m}^2\cdot℃] \times (0.8\times0.5)[\text{m}^2]$$
$$\times (300-25)[℃] = 2,750[\text{W}]$$
$$= 2.75[\text{kW}]$$

25

안지름 65[mm]의 관 내를 유량 0.24[m^3/min]로 물이 흘러간다면 평균유속은 몇 [m/s]인가?

① 1.2 ② 2.4
③ 3.6 ④ 4.8

해설 평균유속

$$Q = uA$$
$$\therefore u = \frac{Q}{A} = \frac{2.4[\text{m}^3]/60[\text{sec}]}{\frac{\pi}{4}(0.065[\text{m}])^2} = 1.2[\text{m/sec}]$$

26

베르누이(Bernoulli) 방정식으로 맞는 것은?

① $\dfrac{P}{\gamma} + \dfrac{V}{2g} + Z = \text{constant}$

② $\dfrac{P}{\gamma^2} + \dfrac{V}{2g} + Z = \text{constant}$

③ $\dfrac{P^2}{\gamma} + \dfrac{V^2}{2g} + Z = \text{constant}$

④ $\dfrac{P}{\gamma} + \dfrac{V^2}{2g} + Z = \text{constant}$

해설 베르누이(Bernoulli) 방정식

$$: \frac{P}{\gamma} + \frac{V^2}{2g} + Z = \text{constant}$$

27

그림은 원유, 물, 공기에 대하여 전단응력과 속도기울기의 관계를 나타낸 것이다. 물에 해당하는 선은?

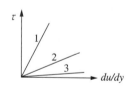

정답 22 ④　23 ②　24 ②　25 ①　26 ④　27 ②

① 1

② 2

③ 3

④ 주어진 정보로는 알 수 없다.

해설 유체의 분류

- 그림 1번 : 빙감소성 유체(하수잔사, 왁스)
- 그림 2번 : 의소성 유체(고무의 라텍스 고분자물이나 펌프용액, 물)
- 그림 3번 : 뉴턴유체(전단응력이 속도구배에 비례하는 유체)
- 그림 4번 : 딜라던트 유체(고온유리, 아스팔트)

28

600[K]의 고온열원과 300[K]의 저온열원 사이에서 작동하는 카르노사이클에 공급하는 열량이 사이클당 200[kJ]이라 할 때 1사이클당 외부에 하는 일은?

① 100[kJ]

② 200[kJ]

③ 300[kJ]

④ 400[kJ]

해설 카르노사이클의 열효율

$$\eta = \frac{T_1 - T_2}{T_1} = \frac{AW}{Q_1} = \frac{Q_1 - Q_2}{Q_1}$$

$$\therefore \text{일 } AW = Q_1 \times \left(\frac{T_1 - T_2}{T_1}\right) = 200 \times \left(\frac{600 - 300}{600}\right)$$

$$= 100[\text{kJ}]$$

29

그림과 같이 수평으로 분사된 유량 Q의 분류가 경사진 고정 평판에 충돌한 후 양쪽으로 분리되어 흐르고 있다. 위 방향의 유량이 $Q_1 = 0.7Q$일 때 수평선과 판이 이루는 각 θ는 몇 도인가?(단, 이상유체의 흐름이고 중력과 압력은 무시한다)

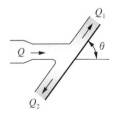

① 3.107

② 22.25

③ 31.07

④ 222.5

① 76.4

② 66.4

③ 56.4

④ 46.4

해설 유량 $Q_1 = \frac{Q}{2}(1 + \cos\theta)$, $Q_2 = \frac{Q}{2}(1 - \cos\theta)$에서

$$Q_1 = 0.7Q = \frac{Q}{2}(1 + \cos\theta)$$

$$\cos\theta = 0.7 \times 2 - 1 = 0.4$$

$$\therefore \theta = 66.4°$$

30

펌프의 흡입 및 토출관의 직경이 동일한 소화전 펌프에서 흡입측의 진공계는 24.5[kPa]를 가리키고 진공계보다 수직으로 1.0[m] 높은 위치에 있는 토출측 압력계의 지침은 382[kPa]이라면 펌프의 전양정[m]은?

① 42.5

② 38.6

③ 18.9

④ 1.004

해설 전양정(H)

$$\therefore H = \left(\frac{24.5[\text{kPa}]}{101.325[\text{kPa}]}\right) \times 10.332[\text{m}] + 1.0[\text{m}]$$

$$+ \left(\frac{382[\text{kPa}]}{101.325[\text{kPa}]}\right) \times 10.332[\text{m}]$$

$$= 42.45[\text{m}]$$

31

시차 압력계에서 압력차($P_A - P_B$)는 몇 [kPa]인가? (단, $H_1 = 250[\text{mm}]$, $H_2 = 200[\text{mm}]$, $H_3 = 700[\text{mm}]$이고, 수은의 비중은 13.60이다)

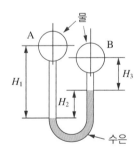

해설 압력차

$$P_A - P_B = \gamma_2 h_2 + \gamma_1 h_1 - \gamma_3 h_3$$

$$\therefore P_A - P_B = \gamma_2 h_2 + \gamma_1 h_1 - \gamma_3 h_3$$
$$= (13.6 \times 9,800 \times 0.2) + (1 \times 9,800 \times 0.25)$$
$$- (1 \times 9,800 \times 0.7)$$
$$= 22,246[\text{N/m}^2](\text{Pa}) = 22.25[\text{kPa}]$$

32

용기 속의 유체를 회전날개를 이용하여 젓고 있다. 용기 외부로 방출된 열은 2,000[kJ]이고, 회전날개를 통해 용기 내로 입력되는 일은 5,000[kJ]일 때 용기 내 유체의 내부에너지 증가량은?

① 2,000[kJ]
② 3,000[kJ]
③ 5,000[kJ]
④ 7,000[kJ]

해설 내부에너지 증가량 = 5,000[kJ]−2,000[kJ]
$$= 3,000[\text{kJ}]$$

33

배관 내 유체의 유량 또는 유속 측정법이 아닌 것은?

① 삼각위어에 의한 방법
② 오리피스에 의한 방법
③ 벤투리관에 의한 방법
④ 피토관에 의한 방법

해설 위어(삼각위어, 사각위어) : 개수로의 유량 측정

34

공기 중에서 무게가 900[N]인 돌이 물속에서의 무게가 400[N]일 때 이 돌의 비중은?

① 1.4
② 1.6
③ 1.8
④ 2.25

해설 돌의 비중 = $\dfrac{900[\text{N}]}{(900-400)[\text{N}]} = 1.8$

35

안지름 50[cm]의 수평 원관 속을 물이 흐르고 있다. 입구 구역이 아닌 50[m] 길이에서 80[kPa]의 압력강하가 생겼다. 관 벽에서의 전단응력은 몇 [Pa]인가?

① 0.002
② 200
③ 8,000
④ 0

해설 수평 원관 내의 액체가 층류로 흐를 때 전단응력

$$\tau = -\frac{dp}{dl} \cdot \frac{r}{2}$$

여기서, $\tau = ?[\text{Pa}]$
$$l = 50[\text{m}]$$
$$r = 25[\text{cm}] = 0.25[\text{m}]$$
$$dp = 80[\text{kPa}]$$

$$\therefore \tau = \frac{dp}{dl} \cdot \frac{r}{2} = \frac{80 \times 1,000[\text{Pa}]}{50} \times \frac{0.25}{2}$$
$$= 200[\text{Pa}]$$

36

20[℃]에서 물이 지름 75[mm]인 관속을 1.9×10^{-3} [m³/s]로 흐르고 있다. 이때 레이놀즈수는 얼마 정도인가?(단, 20[℃]일 때 물의 동점성계수는 1.006×10^{-6}[m²/s]이다)

① 1.13×10^4
② 1.99×10^4
③ 2.83×10^4
④ 3.21×10^4

해설 레이놀즈수(Reynolds Number, Re)

$$Re = \frac{Du\rho}{\mu} = \frac{Du}{\nu} \text{ (무차원)}$$

여기서, D(내경) : 0.075[m]

$$u(\text{유속}) = \frac{Q}{A} = \frac{Q}{\frac{\pi}{4}D^2} = \frac{1.9 \times 10^{-3}[\text{m}^3/\text{s}]}{\frac{\pi}{4}(0.075[\text{m}])^2}$$
$$= 0.43[\text{m/s}]$$

ν(동점도) : $1.006 \times 10^{-6}[\text{m}^2/\text{s}]$

$$\therefore Re = \frac{Du}{\nu} = \frac{0.075[\text{m}] \times 0.43[\text{m/s}]}{1.006 \times 10^{-6}}$$
$$= 32,057 = 3.2 \times 10^4$$

정답 32 ② 33 ① 34 ③ 35 ② 36 ④

37

밀도가 788.6[kg/m³]이고 표면장력계수가 0.022[N/m]인 유체 속에 지름 $1.5×10^{-3}$[m]의 유리관을 연직으로 세웠다. 유리와 액체의 접촉각이 45°라고 할 때 유리관 내 액체의 상승높이는?(단, 중력가속도 $g = 9.806$[m/s²])

① $5.36×10^{-3}$[m]

② $5.28×10^{-3}$[m]

③ $1.86×10^{-5}$[m]

④ $1.84×10^{-5}$[m]

해설 상승높이

$$h = \frac{4\sigma\cos\theta}{\gamma d}$$

여기서, σ : 표면장력[N/m]

θ : 각도

γ : 비중량(788.6×9.8[N/m³])

d : 직경[m]

$$\therefore \ h = \frac{4×0.022[\text{N/m}]×\cos45°}{788.6×9.8[\text{N/m}^3]×1.5×10^{-3}[\text{m}]}$$

$$= 5.36×10^{-3}[\text{m}]$$

38

A점에서 힌지로 연결되어 있는 수문을 열기 위한 수문에 수직인 최소한의 힘이 7,355[N]이라면 수문의 폭 b는 몇 [m]인가?(단, 수문의 무게는 무시함)

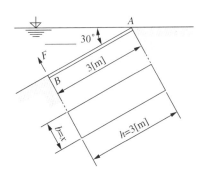

① 0.75

② 0.5

③ 0.4

④ 0.3

해설 수문의 폭

• 힘의 작용점인 압력중심 $y_p = \dfrac{\dfrac{bh^3}{12}}{yA} + \bar{y}$ 에서

$$y_p = \frac{\dfrac{b×(3[\text{m}])^3}{12}}{1.5[\text{m}]×(b×3[\text{m}])} + 1.5[\text{m}] = 2[\text{m}]$$

• A점에 대한 모멘트의 합은 0이므로 $3F_B = 2F$이다.

수문 AB가 받는 힘 $F = \dfrac{3}{2}F_B = \dfrac{3}{2}×7,355[\text{N}]$

$$= 11,032.5[\text{N}]$$

• 수문 AB가 받는 힘 $F = \gamma\bar{y}\sin\theta A = \gamma\bar{y}\sin\theta(b×h)$

에서 $b = \dfrac{F}{\gamma\bar{y}\sin\theta h}$

$$= \frac{11,032.5[\text{N}]}{9,800\dfrac{[\text{N}]}{[\text{m}^2]}×1.5[\text{m}]×\sin30°×3[\text{m}]}$$

$$= 0.5[\text{m}]$$

39

옥내소화전에서 전체의 양정이 28[m], 펌프의 효율이 80[%], 펌프의 토출량이 1[m³/min]이라면 전동기의 용량은 약 몇 [kW]인가?(단, 전달계수 1.1이다)

① 4.35

② 5.48

③ 6.01

④ 6.28

해설 전동기 용량

$$P[\text{kW}] = \frac{\gamma QH}{102×\eta}×K$$

여기서, γ : 물의 비중량(1,000[kgf/m³])

Q : 유량(1[m³]/60[sec])

H : 전양정(28[m])

K : 전달계수(1.1)

η : 펌프 효율(0.8)

$$P[\text{kW}] = \frac{\gamma QH}{102×\eta}×K$$

$$= \frac{1,000×1[\text{m}^3]/60[\text{sec}]×28[\text{m}]}{102×0.8}×1.1$$

$$= 6.29[\text{kW}]$$

40

안지름 20[cm]인 원관이 안지름 40[cm]인 원관에 급확대 연결된 관로에 0.2[m³/s]의 유체가 흐를 때 급확대부에서 발생하는 손실수두는 약 몇 [m]인가?

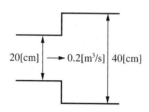

① 1.16 ② 1.45
③ 1.62 ④ 1.83

해설 확대배관의 손실수두

$$H = \frac{(u_1 - u_2)^2}{2g}$$

여기서, $u_1 = \dfrac{Q}{A} = \dfrac{0.2[\text{m}^3/\text{s}]}{\dfrac{\pi}{4}(0.2[\text{m}])^2} = 6.37[\text{m/s}]$

$u_2 = \dfrac{Q}{A} = \dfrac{0.2[\text{m}^3/\text{s}]}{\dfrac{\pi}{4}(0.4[\text{m}])^2} = 1.59[\text{m/s}]$

$\therefore\ H = \dfrac{(u_1 - u_2)^2}{2g} = \dfrac{(6.37 - 1.59)^2}{2 \times 9.8} = 1.16[\text{m}]$

제 3 과목   **소방관계법규**

41

제1종 판매취급소에서 저장 또는 취급할 수 있는 위험물의 수량 기준으로 옳은 것은?

① 지정수량의 20배 이하
② 지정수량의 20배 이상
③ 지정수량의 40배 이하
④ 지정수량의 40배 이상

해설 판매취급소의 기준
- 제1종 판매취급소 : 지정수량의 20배 이하
- 제2종 판매취급소 : 지정수량의 40배 이하

42

펄프공장의 작업장, 음료수 공장의 충전을 하는 작업장 등과 같이 화재안전기준을 적용하기 어려운 특정소방대상물에 설치하지 아니할 수 있는 소방시설이 아닌 것은?

① 연결송수관설비
② 스프링클러설비
③ 상수도소화용수설비
④ 연결살수설비

해설 화재안전기준을 적용하기 어려운 특정소방대상물(펄프공장의 작업장, 음료수 공장의 충전을 하는 작업장)에 설치하지 아니할 수 있는 소방시설
- 스프링클러설비
- 상수도소화용수설비
- 연결살수설비

43

소방대상물의 건축허가 등의 동의요구를 할 때 제출해야 할 서류로 틀린 것은?

① 소방시설 설치계획표
② 소방시설공사업등록증
③ 임시소방시설 설치계획서
④ 소방시설의 층별 평면도 및 층별 계통도

해설 건축허가 등의 동의요구 시 첨부서류
- 건축허가신청서 및 건축허가서
- 소방시설 설치계획표
- 임시소방시설 설치계획서
- 설계도서(건축물의 단면도 및 주단면 상세도, 소방시설의 층별 평면도 및 층별 계통도, 창호도)
- 소방시설설계업등록증과 소방시설을 설계한 기술인력자의 기술자격증

44

간이스프링클러설비를 설치하여야 할 특정소방대상물의 기준으로 옳은 것은?

① 근린생활시설로 사용하는 부분의 바닥면적 합계가 1,000[m²] 이상인 것은 모든 층

② 교육연구시설 내에 합숙소로서 500[m²] 이상인 것
③ 정신병원과 의료재활시설은 제외한 요양병원으로 사용되는 바닥면적의 합계가 300[m²] 이상 600[m²] 미만인 시설
④ 정신의료기관 또는 의료재활시설로 사용되는 바닥면적의 합계가 600[m²] 미만인 시설

해설 간이스프링클러설비 설치대상물
- 근린생활시설로 사용하는 부분의 바닥면적 합계가 1,000[m²] 이상인 것은 모든 층
- 의원, 치과의원 및 한의원으로서 입원실이 있는 시설
- 교육연구시설 내에 합숙소로서 100[m²] 이상인 것
- 종합병원, 병원, 치과병원, 한방병원 및 요양병원(정신병원과 의료재활시설은 제외)으로 사용되는 바닥면적의 합계가 600[m²] 미만인 시설
- 정신의료기관 또는 의료재활시설로 사용되는 바닥면적의 합계가 300[m²] 이상 600[m²] 미만인 시설

45

소방시설 중 소화기구 및 단독경보형감지기를 설치하여야 하는 대상으로 옳은 것은?

① 아파트　　　② 기숙사
③ 오피스텔　　④ 단독주택

해설 단독주택에는 소화기구와 단독경보형감지기를 설치하여야 한다(기존 단독주택은 2017년 2월 4일까지).

46

화재경계지구로 지정할 수 있는 대상이 아닌 것은?

① 시장 지역
② 소방출동로가 없는 지역
③ 공장·창고가 밀집한 지역
④ 콘크리트건물이 밀집한 지역

해설 화재경계지구 지정
- 시장 지역
- 소방시설·소방용수시설 또는 소방출동로가 없는 지역
- 공장·창고가 밀집한 지역
- 목조건물이 밀집한 지역
- 위험물의 저장 및 처리시설이 밀집한 지역

47

화재예방을 위하여 불을 사용하는 설비의 관리기준 중 용접 또는 용단 작업자로부터 반경 몇 [m] 이내에 소화기를 갖추어야 하는가?(단, 산업안전보건법 제23조의 적용을 받는 사업장의 경우는 제외한다)

① 1　　　　② 3
③ 5　　　　④ 7

해설 용접 또는 용단 작업장에서 지켜야 하는 사항
- 용접 또는 용단 작업자로부터 반경 5[m] 이내에 소화기를 갖추어 둘 것
- 용접 또는 용단 작업장 주변 반경 10[m] 이내에는 가연물을 쌓아두거나 놓아두지 말 것

48

소방기본법에 규정된 내용에 관한 설명으로 옳은 것은?

① 소방대상물에는 항해 중인 선박도 포함된다.
② 관계인이란 소방대상물의 관리자와 점유자를 제외한 실제 소유자를 말한다.
③ 소방대의 임무는 구조와 구급활동을 제외한 화재 현장에서의 화재진압활동이다.
④ 의용소방대원과 의무소방원도 소방대의 구성원이다.

해설 소방기본법의 정의
- 소방대상물에는 항해 중인 선박은 포함되지 않는다.
- 관계인이란 소방대상물의 소유자, 관리자, 점유자를 말한다.
- 소방대의 임무는 화재를 진압하고 화재, 재난, 재해 그 밖의 위급한 상황에서 구조·구급활동을 하기 위하여 구성된 조직체이다.
- 의용소방대원과 의무소방원도 소방대의 구성원이다.

49

방염성능기준 이상의 실내장식물 등을 설치하여야 하는 특정소방대상물이 아닌 것은?

① 다중이용업의 영업장
② 의료시설 중 정신의료기관
③ 방송통신시설 중 방송국 및 촬영소
④ 건축물 옥내에 있는 운동시설 중 수영장

해설 건축물 옥내에 있는 운동시설 중 수영장은 실내장식물 등의 설치 제외 대상이다.

50

위험물안전관리법령상 제4류 위험물 인화성 액체의 품명 및 지정수량으로 옳은 것은?

① 제1석유류(수용성 액체) : 100[L]
② 제2석유류(수용성 액체) : 500[L]
③ 제3석유류(수용성 액체) : 1,000[L]
④ 제4석유류 : 6,000[L]

해설 제4류 위험물의 지정수량

종류	제1석유류 (수용성)	제2석유류 (수용성)	제3석유류 (수용성)	제4석유류
지정수량	400[L]	2,000[L]	4,000[L]	6,000[L]

51

제조소에서 저장 또는 취급하는 위험물별 주의사항을 표시한 게시판으로 옳지 않은 것은?

① 제4류 위험물 : 화기주의
② 제5류 위험물 : 화기엄금
③ 제2류 위험물(인화성 고체 제외) : 화기주의
④ 제3류 위험물 중 자연발화성 물질 : 화기엄금

해설 위험물제조소 등의 주의사항

위험물의 종류	주의 사항	게시판의 색상
제1류 위험물 중 알칼리금속의 과산화물 제3류 위험물 중 금수성 물질	물기 엄금	청색바탕에 백색문자
제2류 위험물(인화성 고체는 제외)	화기 주의	적색바탕에 백색문자
제2류 위험물 중 인화성 고체 제3류 위험물 중 자연발화성 물질 **제4류 위험물** 제5류 위험물	**화기 엄금**	적색바탕에 백색문자
제1류 위험물의 알칼리금속의 과산화물 외의 것과 제6류 위험물	별도의 표시를 하지 않는다.	

52

화재조사를 하는 관계 공무원이 화재조사를 수행하면서 알게 된 비밀을 다른 사람에게 누설 시 벌칙기준으로 옳은 것은?

① 100만원 이하의 벌금
② 200만원 이하의 벌금
③ 300만원 이하의 벌금
④ 400만원 이하의 벌금

해설 관계 공무원이 화재조사를 수행하면서 알게 된 비밀을 다른 사람에게 누설 시 벌칙 : 300만원 이하의 벌금

53

원활한 소방활동을 위하여 실시하는 소방용수시설에 대한 조사결과는 몇 년간 보관하는가?

① 2년   ② 3년
③ 4년   ④ 영 구

해설 소방용수시설에 대한 조사결과 : 2년간 보관

54

감리업자가 소방공사의 감리를 완료할 때 그 감리결과를 통보해야 하는 대상자가 아닌 것은?

① 시·도지사
② 소방시설공사의 도급인
③ 특정소방대상물의 관계인
④ 특정소방대상물의 공사를 감리한 건축사

해설 감리결과 통보대상
• 관계인
• 소방시설공사의 도급인
• 특정소방대상물의 공사를 감리한 건축사

55

하자보수 보증기간이 2년인 소방시설은?

① 옥내소화전설비   ② 무선통신보조설비
③ 자동화재탐지설비   ④ 물분무 등 소화설비

해설 소방시설별 하자보수 보증기간(공사업법 영 제6조)

소화설비	보수기간
피난기구, 유도등, 유도표지, 비상경보설비, 비상조명등, **비상방송설비**, 무선통신보조설비	2년
자동소화장치, 옥내·외소화전설비, **스프링클러설비**, 간이스프링클러설비, 물분무등 소화설비, **자동화재탐지설비**, 상수도소화용수설비, 소화활동설비(무선통신보조설비는 제외)	3년

56

특정소방대상물 중 업무시설에 해당되지 않는 것은?

① 방송국   ② 마을회관
③ 주민자치센터   ④ 변전소

해설 특정소방대상물

종류	방송국	마을회관, 주민자치센터, 변전소
구분	방송통신시설	업무시설

57

전문 소방시설공사업의 등록기준 중 보조 기술인력은 최소 몇 명 이상 있어야 하는가?

① 1   ② 2
③ 3   ④ 4

해설 전문 소방시설공사업의 등록기준
· 주된 기술인력 : 1명
· 보조 기술인력 : 2명

58

형식승인을 받지 아니한 소방용품을 수입한 자에 대한 벌칙기준으로 옳은 것은?

① 7년 이하의 징역 또는 5,000만원 이하의 벌금
② 5년 이하의 징역 또는 3,000만원 이하의 벌금
③ 3년 이하의 징역 또는 3,000만원 이하의 벌금
④ 1년 이하의 징역 또는 1,000만원 이하의 벌금

해설 3년 이하의 징역 또는 3,000만원 이하의 벌금
· 관리업의 등록을 하지 아니하고 영업을 한 자
· 소방용품의 형식승인을 받지 아니한 소방용품을 제조하거나 수입한 자
· 형식승인을 받지 아니한 소방용품을 소방시설공사에 사용한 자

59

소방기본법상 화재경계지구안의 소방대상물에 대한 소방특별조사를 거부한 자에 대한 벌칙기준으로 옳은 것은?

① 100만원 이하의 벌금
② 200만원 이하의 벌금
③ 300만원 이하의 벌금
④ 400만원 이하의 벌금

해설 화재경계지구안의 소방대상물에 대한 소방특별조사를 거부한 자 : 100만원 이하의 벌금

60

지정수량 미만인 위험물의 저장 또는 취급기준은 무엇으로 정하는가?

① 시·도의 조례   ② 행정안전부령
③ 행정자치부령   ④ 대통령령

해설 취급기준
· 지정수량 이상 : 위험물안전관리법 적용
· 지정수량 미만 : 시·도의 조례

제4과목 | 소방기계시설의 구조 및 원리

61

플로팅루프(Floating Roof)방식의 위험물 탱크에 적합한 포 방출구는?

① I형 방출구   ② II형 방출구
③ 특형 방출구   ④ 표면하주입식 방출구

해설 **특형 포방출구** : 플로팅루프탱크(Floating Roof Tank) 방식

62

옥외소화전설비 노즐선단에서의 방수압력은 몇 [MPa] 이상이어야 하는가?

① 0.2
② 0.25
③ 0.3
④ 0.4

해설 **방수압력**
- 옥내소화전설비 : 0.17[MPa] 이상
- 옥외소화전설비 : 0.25[MPa] 이상

63

숙박시설·노유자시설 및 의료시설로 사용되는 층에 있어서는 그 층의 바닥면적 몇 [m²]마다 1개 이상의 피난기구를 설치하여야 하는가?

① 500
② 600
③ 800
④ 1,000

해설 **피난기구의 설치기준**
- ㉠ 층마다 설치하되, **숙박시설·노유자시설** 및 **의료시설**로 사용되는 층에 있어서는 그 층의 바닥면적 **500[m²]마다**, 위락시설·문화집회 및 운동시설·판매시설로 사용되는 층 또는 복합용도의 층에 있어서는 그 층의 바닥면적 800[m²]마다, 계단실형 아파트에 있어서는 각 세대마다, 그 밖의 용도의 층에 있어서는 그 층의 바닥면적 1,000[m²]마다 1개 이상 설치할 것
- ㉡ ㉠의 규정에 따라 설치한 피난기구 외에 숙박시설(휴양콘도미니엄을 제외한다)의 경우에는 추가로 객실마다 간이완강기를 설치할 것
- ㉢ ㉠에 따라 설치한 피난기구 외에 공동주택(공동주택관리법 시행령 제2조의 규정에 따른 공동주택에 한한다)의 경우에는 하나의 관리주체가 관리하는 공동주택 구역마다 공기안전매트 1개 이상을 추가로 설치할 것. 다만, 옥상으로 피난이 가능하거나 인접세대로 피난할 수 있는 구조인 경우에는 추가로 설치하지 아니할 수 있다.

64

축압식 분말소화기의 지시압력계에 표시된 정상 사용 압력 범위는?

① 0.6~0.9[MPa]
② 0.7~0.9[MPa]
③ 0.6~0.98[MPa]
④ 0.7~0.98[MPa]

해설 축압식 분말소화기의 정상 사용압력(녹색) : 0.7~0.98[MPa]

65

연결살수설비 전용헤드를 사용하는 배관의 설치에서 하나의 배관에 부착하는 살수헤드 4개일 때 배관의 구경은 몇 [mm] 이상으로 하는가?

① 40
② 50
③ 65
④ 80

해설 연결살수설비 전용헤드를 사용하는 경우에는 다음 표에 따른 구경 이상으로 할 것

하나의 배관에 부착하는 살수헤드의 개수	1개	2개	3개	4개 또는 5개	6개 이상 10개 이하
배관의 구경 [mm]	32	40	50	65	80

66

랙식 창고에 설치하는 스프링클러헤드는 천장 또는 각 부분으로부터 하나의 스프링클러헤드까지의 수평거리가 몇 [m] 이하이어야 하는가?

① 3.2
② 2.5
③ 2.1
④ 1.5

해설 **스프링클러헤드의 배치기준**

설치장소		설치기준
폭 1.2[m] 초과하는 천장, 반자, 덕트, 선반 기타 이와 유사한 부분	무대부, 특수가연물	수평거리 1.7[m] 이하
	일반건축물	수평거리 2.1[m] 이하
	내화건축물	수평거리 2.3[m] 이하
	랙식 창고	수평거리 2.5[m] 이하 (특수가연물 : 1.7[m] 이하)
	아파트 세대 내의 거실	수평거리 3.2[m] 이하
랙식 창고	특수가연물	높이 4[m] 이하마다
	그 밖의 것	높이 6[m] 이하마다

67

고압의 전기기기가 있는 장소의 전기기기와 물분무헤드의 이격거리 기준으로 틀린 것은?

① 110[kV] 초과 154[kV] 이하 : 150[cm] 이상
② 154[kV] 초과 181[kV] 이하 : 180[cm] 이상
③ 181[kV] 초과 220[kV] 이하 : 200[cm] 이상
④ 220[kV] 초과 275[kV] 이하 : 260[cm] 이상

해설 물분무헤드와 전기기기와의 이격거리

전압[kV]	거리[cm]
66 이하	70 이상
66 초과 77 이하	80 이상
77 초과 110 이하	110 이상
110 초과 154 이하	150 이상
154 초과 181 이하	180 이상
181 초과 220 이하	210 이상
220 초과 275 이하	260 이상

68

근린생활시설 중 입원실이 있는 의원 3층에 적응성이 있는 피난기구는?

① 피난사다리
② 완강기
③ 공기안전매트
④ 구조대

해설 근린생활시설 중 입원실이 있는 의원 3층에는 구조대가 적합하다.

69

부속용도로 사용되는 부분 중 음식점의 주방에 추가해야 할 소화기의 능력단위는?(단, 지하가의 음식점을 포함한다)

① 1단위 이상/해당 용도의 바닥면적 10[m²]
② 1단위 이상/해당 용도의 바닥면적 15[m²]
③ 1단위 이상/해당 용도의 바닥면적 20[m²]
④ 1단위 이상/해당 용도의 바닥면적 25[m²]

해설 음식점의 주방에 추가해야 할 소화기의 능력단위 : 해당 용도의 바닥면적 25[m²]마다 1단위 이상

70

특수가연물을 저장 또는 취급하는 특정소방대상물에 있어서 물분무소화설비 수원의 최소 저수량은?(단, 최대 방수구역의 바닥면적을 기준으로 한다)

① 바닥면적[m²]×10[L/min]×20[min]
② 바닥면적[m²]×20[L/min]×20[min]
③ 바닥면적[m²]×20[L/min]×10[min]
④ 바닥면적[m²]×10[L/min]×10[min]

해설 물분무소화설비의 수원의 양 산출

특정소방대상물	펌프의 토출량[L/min]	수원의 양[L]
특수가연물 저장, 취급	바닥면적(최소 50[m²])×10[L/min·m²]	바닥면적(최소 50[m²])×10[L/min·m²]×20[min]
차고 주차장	바닥면적(최소 50[m²])×2[L/min·m²]	바닥면적(최소 50[m²])×20[L/min·m²]×20[min]
컨베이어 벨트	벨트부분의 바닥면적×10[L/min·m²]	벨트부분의 바닥면적×10[L/min·m²]×20[min]

71

이산화탄소 소화설비에서 이산화탄소 소화약제의 저압식 저장용기 설치기준으로 옳은 것은?

① 충전비는 1.5 이상 1.9 이하로 설치
② 압력경보장치는 2.3[MPa] 이상 1.9[MPa] 이하에서 작동
③ 안전밸브는 내압시험 압력의 0.8배~1.0배에서 작동
④ 자동냉동장치는 용기 내부의 온도가 영하 18[℃] 이상에서 2.5[MPa]의 압력을 유지하도록 설치

해설 저압식 저장용기 설치기준
• 충전비는 1.1 이상 1.4 이하
• 압력경보장치는 2.3[MPa] 이상 1.9[MPa] 이하에서 작동
• 안전밸브는 내압시험 압력의 0.64배~0.8배에서 작동
• 자동냉동장치는 용기 내부의 온도가 영하 18[℃] 이하에서 2.1[MPa]의 압력을 유지하도록 설치

72

급기가압 제연방식의 문제점에 대한 설명으로 틀린 것은?

① 가압실 외부로 누설된 공기가 화재실로 이어지면 화세를 강화시킬 수 있다.
② 피난 시 가압실의 문을 열어두면 급기 가압용 공기를 공급하여도 효과가 없다.
③ 문을 괴어놓거나 하여 자동폐쇄장치를 무효화하기 쉽다.
④ 상시 급기가압을 하므로 송풍기의 설치비용 등이 과대하다.

> **해설** 급기가압 제연방식은 화재 시 전층 급기, 화재층 배기를 하므로 상시 가압이 아니다.

73

분말소화설비의 구성품이 아닌 것은?

① 정압작동장치
② 압력조정기
③ 가압용 가스용기
④ 구조대

> **해설** **구조대** : 피난기구

74

스프링클러설비의 배관에 대한 설명으로 틀린 것은?

① 성능시험배관은 펌프의 토출측에 설치된 체크밸브 이전에서 분기한다.
② 습식 스프링클러설비 또는 부압식 스프링클러설비 외의 설비에는 헤드를 향하여 상향으로 수평주행배관의 기울기를 1/500 이상으로 한다.
③ 급수배관에 설치하는 탬퍼스위치는 감시제어반 또는 수신기에서 동작의 유무 확인을 할 수 있어야 한다.
④ 주차장의 스프링클러설비는 습식 이외의 방식으로 한다.

> **해설** 성능시험배관은 펌프의 토출측에 설치된 **개폐밸브** 이전에서 분기한다.

75

포소화설비 수동식 기동장치의 설치기준으로 틀린 것은?

① 2 이상의 방사구역은 방사구역을 선택할 수 있는 구조로 한다.
② 바닥으로부터 0.8[m] 이상 1.5[m] 이하의 위치에 설치한다.
③ 주차장에 설치하는 포소화설비의 기동장치는 방사구역마다 1개 이상 설치한다.
④ 항공기격납고에 설치하는 포소화설비의 기동장치는 방사구역마다 1개 설치한다.

> **해설** **포소화설비 수동식 기동장치의 설치기준**
> • 2 이상의 방사구역은 방사구역을 선택할 수 있는 구조로 한다.
> • 바닥으로부터 0.8[m] 이상 1.5[m] 이하의 위치에 설치한다.
> • **주차장**에 설치하는 포소화설비의 기동장치는 방사구역마다 **1개 이상 설치**한다.
> • 항공기격납고에 설치하는 포소화설비의 기동장치는 방사구역마다 **2개 설치**한다.

76

이산화탄소 소화설비에서 기동용기의 개방에 따라 CO_2 저장용기가 개방되는 시스템 방식은?

① 전기식
② 가스압력식
③ 기계식
④ 유압식

> **해설** **가스압력식**
> 전역방출방식에 주로 사용되며, 기동용기의 개방에 따라 CO_2 저장용기가 개방되는 방식

77

연결송수관설비의 방수용기구함은 피난층과 가장 가까운 층을 기준으로 3개층마다 설치하되 그 층의 방수구마다 몇 [m]의 보행거리 이내에 설치해야 하는가?

① 2   ② 3
③ 4   ④ 5

해설 방수용기구함은 피난층과 가장 가까운 층을 기준으로 3개층마다 설치하되 그 층의 방수구마다 **5[m]의 보행거리 이내에 설치**하여야 한다.

78

분말소화약제 가압식 저장용기는 최고사용압력의 몇 배 이하의 압력에서 작동하는 안전밸브를 설치해야 하는가?

① 0.8배   ② 1.2배
③ 1.8배   ④ 2.0배

해설 안전밸브 작동압력
- 가압식 : 최고사용압력의 1.8배 이하
- 축압식 : 내압시험압력의 0.8배 이하

79

알람체크밸브(Alarm Check Valve)가 동작하여 작동 중인 경우 폐쇄상태에 있는 것은?

① 시험밸브
② 경보용 볼밸브
③ 1차측 게이트밸브
④ 압력게이지 밸브

해설 알람밸브가 동작되면 1차측 개폐밸브, 압력게이지밸브, 경보용밸브(압력스위치로 가는 배관의 밸브)는 개방되어 있고 시험밸브는 소방점검 시 개방한다.

80

특별피난계단의 계단실 및 부속실 제연설비에서 사용하는 유입공기의 배출방식으로 적합하지 않은 것은?

① 배출구에 따른 배출
② 제연설비에 따른 배출
③ 수직풍도에 따른 배출
④ 수평풍도에 따른 배출

해설 유입공기의 배출방식
- 배출구에 따른 배출
- 제연설비에 따른 배출
- 수직풍도에 따른 배출

안심Touch

2016년 5월 8일 시행

제 2 회

제 **1** 과목 | **소방원론**

01

응축상태의 연소를 무엇이라 하는가?

① 작열연소
② 불꽃연소
③ 폭발연소
④ 분해연소

해설 작열연소 : 응축상태의 연소

02

화재 발생 위험에 대한 설명으로 틀린 것은?

① 인화점은 낮을수록 위험하다.
② 발화점은 높을수록 위험하다.
③ 산소 농도는 높을수록 위험하다.
④ 연소 하한계는 낮을수록 위험하다.

해설 발화점이 낮을수록 화재 위험성이 크다.

03

할로겐화합물소화약제 중 HFC 계열인 펜타플루오로에탄(HFC-125, CHF_2CF_3)의 최대허용 설계농도는?

① 0.2[%]
② 1.0[%]
③ 7.5[%]
④ 11.5[%]

해설 HFC-125의 최대허용 설계농도 : 11.5[%]

04

실험군 쥐를 15분 동안 노출시켰을 때 실험군의 절반이 사망하는 치사 농도는?

① ODP
② GWP
③ NOAEL
④ ALC

해설 ALC : 실험군 쥐를 15분 동안 노출시켰을 때 실험군의 절반이 사망하는 치사 농도

05

다음 열분해 반응식과 관계가 있는 분말소화약제는?

$$2NaHCO_3 \rightarrow Na_2CO_3 + CO_2 + H_2O$$

① 제1종 분말
② 제2종 분말
③ 제3종 분말
④ 제4종 분말

해설 분말소화약제의 열분해 반응식

종 류	주성분	착 색	적응 화재	열분해 반응식
제1종 분말	탄산수소나트륨 ($NaHCO_3$)	백 색	B, C급	$2NaHCO_3$ $\rightarrow Na_2CO_3 + CO_2$ $+ H_2O$
제2종 분말	탄산수소칼륨 ($KHCO_3$)	담회색	B, C급	$2KHCO_3$ $\rightarrow K_2CO_3 + CO_2$ $+ H_2O$
제3종 분말	제일인산암모늄 ($NH_4H_2PO_4$)	담홍색, 황색	A, B, C급	$NH_4H_2PO_4$ $\rightarrow HPO_3 + NH_3$ $+ H_2O$
제4종 분말	탄산수소칼륨 + 요소 ($KHCO_3 + (NH_2)_2CO$)	회 색	B, C급	$2KHCO_3$ $+(NH_2)_2CO$ $\rightarrow K_2CO_3$ $+2NH_3+2CO_2$

06

물분무소화설비의 주된 소화효과가 아닌 것은?

① 냉각효과 ② 연쇄반응 단절효과
③ 질식효과 ④ 희석효과

해설 물분무소화설비의 주된 소화효과 : 질식, 냉각, 희석, 유화효과

07

물의 물리적 성질에 대한 설명으로 틀린 것은?

① 물의 비열은 1[cal/g · ℃]이다.
② 물의 융용열은 79.7[cal/g]이다.
③ 물의 증발잠열은 439[kcal/g]이다.
④ 대기압하에서 100[℃] 물이 액체에서 수증기로 바뀌면 체적은 약 1,700배 증가한다.

해설 물의 증발잠열 : 539[kcal/g]

08

화재강도에 영향을 미치는 인자가 아닌 것은?

① 가연물의 비표면적
② 화재실의 구조
③ 가연물의 배열상태
④ 점화원 또는 발화원의 온도

해설 화재강도에 영향을 미치는 인자 : 가연물의 비표면적, 화재실의 구조, 가연물의 배열상태

09

온도 및 습도가 높은 장소에서 취급할 때 자연발화의 위험성이 가장 큰 것은?

① 질산나트륨 ② 황화인
③ 아닐린   ④ 셀룰로이드

해설 셀룰로이드는 제5류 위험물로서 온도와 습도가 높으면 자연발화의 위험이 있다.

10

오존층 파괴 효과가 없는(ODP=0) 소화약제는?

① Halon 1301
② HFC-227ea
③ HCFC BLEND A
④ Halon 1211

해설 HFC-227ea는 오존층파괴지수인 ODP가 0이다.

11

열에너지원의 종류 중 화학열에 해당하는 것은?

① 압축열   ② 분해열
③ 유전열   ④ 스파크열

해설 화학열 : 분해열, 연소열, 용해열 등

12

어떤 유기화합물을 분석한 결과 실험식이 CH_2O이었으며, 분자량을 측정하였더니 60이었다. 이 물질의 시성식은?(단, C, H, O의 원자량은 각각 12, 1, 16)

① CH_3OH
② CH_3COOCH_3
③ CH_3COCH_3
④ CH_3COOH

해설 분자량이 60인 것은 초산(CH_3COOH)이다.

13

분말소화약제의 열분해에 의한 반응식 중 맞는 것은?

① $2NaHCO_3 + 열 \rightarrow NaCO_3 + 2CO_2 + H_2O$
② $2KHCO_3 + 열 \rightarrow KCO_3 + 2CO_2 + H_2O$
③ $NH_4H_2PO_4 + 열 \rightarrow HPO_3 + NH_3 + H_2O$
④ $2KHCO_3 + (NH_2)_2CO + 열 \rightarrow K_2CO_3 + NH_2 + CO_2$

해설 **분말소화약제**

종류	열분해 반응식
제1종 분말	$2NaHCO_3 \rightarrow Na_2CO_3 + CO_2 + H_2O$
제2종 분말	$2KHCO_3 \rightarrow K_2CO_3 + CO_2 + H_2O$
제3종 분말	$NH_4H_2PO_4 \rightarrow HPO_3 + NH_3 + H_2O$
제4종 분말	$2KHCO_3 + (NH_2)_2CO \rightarrow K_2CO_3 + 2NH_3 + 2CO_2$

14

위험물의 위험성을 나타내는 성질에 대한 설명으로 틀린 것은?

① 비등점이 낮아지면 인화의 위험성이 높다.
② 비중의 값이 클수록 위험성이 높다.
③ 융점이 낮아질수록 위험성이 높다.
④ 점성이 낮아질수록 위험성이 높다.

해설 비중이 작을수록 물 위에 뜨므로 위험성이 높다.

15

다음 중 가연성 가스가 아닌 것은?

① 수 소　　　② 염 소
③ 암모니아　　④ 메 탄

해설 염소 : 조연(지연)성 가스

16

연소상태에 대한 설명 중 적합하지 못한 것은?

① 불완전연소는 산소의 공급량 부족으로 나타나는 현상이다.
② 가연성 액체의 연소는 액체 자체가 연소하고 있는 것이다.
③ 분해연소는 가연물질이 가열 분해되고, 그때 생기는 가연성 기체가 연소하는 현상을 말한다.
④ 표면연소는 가연물 그 자체가 직접 불에 타는 현상을 의미한다.

해설 액체는 증기가 되고 증기가 연소하는 것이 증발연소이다.

17

유류화재에 대한 설명으로 틀린 것은?

① 액체 상태에서 불이 붙을 수 있다.
② 유류는 반드시 휘발하여 기체 상태에서만 불이 붙을 수 있다.
③ 경질류 화재는 쉽게 발생할 수 있으나 열 축적이 없어 쉽게 진화할 수 있다.
④ 중질류 화재는 경질류 화재의 진압보다 어렵다.

해설 액체의 유증기가 연소한다.

18

건물 내부에서 화재가 발생하여 실내온도가 27[℃]에서 1,227[℃]로 상승한다면 이 온도상승으로 인하여 실내 공기는 처음의 몇 배로 팽창하는가?(단, 화재에 의한 압력변화 등 기타 주어지지 않은 조건은 무시한다)

① 3배　　　　② 5배
③ 7배　　　　④ 9배

해설 **부피팽창**
$$V_2 = V_1 \times \frac{T_2}{T_1} = 1 \times \frac{(1,227+273)[K]}{(27+273)[K]} = 5.0$$

19

건축물의 주요구조부에서 제외되는 것은?

① 차 양　　　② 바 닥
③ 내력벽　　　④ 지붕틀

해설 **주요구조부** : 내력벽, 기둥, 바닥, 보, 지붕틀 및 주계단

20

화재의 종류에서 A급 화재에 해당하는 색상은?

① 황 색　　　② 청 색
③ 백 색　　　④ 적 색

해설 **화재의 종류 및 색상**

화재종류	A급	B급	C급	D급
색 상	백색	황색	청색	무색

정답 14 ②　15 ②　16 ②　17 ①　18 ②　19 ①　20 ③

제2과목 소방유체역학

21

뉴턴 유체의 정의로 옳은 것은?

① 전단응력과 전단변형률이 비례하는 유체
② 전단응력과 전단변형률이 반비례하는 유체
③ 수직응력과 전단변형률이 비례하는 유체
④ 수직응력과 전단변형률이 반비례하는 유체

해설 뉴턴 유체
유체가 흐를 때 전단응력과 속도구배를 도시하면 원점을 지나는 직선인 유체로서 전단응력과 전단변형률이 비례하는 유체

22

그림과 같이 3[m/s]의 속도로 분류의 방향을 따라 이동하는 평판에 10[m/s]의 속도로 물이 분출하여 충돌한다. 분류의 단면적이 0.02[m²]일 때, 평판이 받는 힘 F 는 몇 [N]인가? (단, 물의 밀도는 1,000[kg/m³]으로 한다)

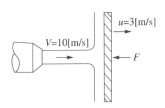

① 960
② 980
③ 1,000
④ 1,020

해설 힘 $F = Q\rho u = uA\rho u = \rho A u^2 = \rho A(u_1 - u_2)^2$

$\therefore F = \rho A(u_1 - u_2)^2$
$= 1,000[\text{kg/m}^3] \times 0.02[\text{m}^2] \times (10-3[\text{m/s}])^2$
$= 980[\text{kg} \cdot \text{m/s}^2] = 980[\text{N}]$

23

파이프 속을 흐르는 유체의 압력을 측정하기 위한 계기가 아닌 것은?

① 부르동 압력계
② 마노미터
③ 위 어
④ 피에조미터

해설 위어(Weir) : 개수로의 유량 측정

24

그림과 같은 수평 관로에서 유체가 ①에서 ②로 흐르고 있다. ①, ②에서의 압력과 속도를 각각 P_1, V_1 및 P_2, V_2라 하고 손실수두를 H_l이라 할 때 에너지 방정식은?

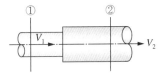

① $\dfrac{P_1}{\gamma} + \dfrac{V_1^2}{2g} = \dfrac{P_2}{\gamma} + \dfrac{V_2^2}{2g} + H_l$

② $\dfrac{P_1}{\gamma} + \dfrac{V_1^2}{2g} + H_l = \dfrac{P_2}{\gamma} + \dfrac{V_2^2}{2g}$

③ $\dfrac{P_1}{\gamma} + \dfrac{V_1^2}{2g} = \dfrac{P_2}{\gamma} + \dfrac{V_2^2}{2g}$

④ $H_l = \dfrac{P_1}{\gamma} + \dfrac{P_2}{\gamma} - \left(\dfrac{V_1^2}{2g} + \dfrac{V_2^2}{2g}\right)$

해설 에너지 방정식

$$\dfrac{P_1}{\gamma} + \dfrac{V_1^2}{2g} = \dfrac{P_2}{\gamma} + \dfrac{V_2^2}{2g} + H_l$$

25

하젠-윌리엄스(Hagen-Williams) 공식에서 P 는 무엇을 나타내는가?(단, Q=유량[L/min], C=조도계수, d=관의 내경[mm], L=관의 길이[m])

$$P = \frac{6.053 \times Q^{1.85}}{C^{1.85} \times d^{4.87}} \times L \times 10^5$$

① 펌프의 가압 시 생기는 날개 이면의 압축손실
② 펌프의 1차측 및 2차측의 압력차
③ 배관흐름 중 외부로 누수되는 압력손실
④ 배관 내의 마찰손실

해설 배관 내의 마찰손실(P)

$$P = 6.053 \times 10^5 \times \frac{Q^{1.85}}{C^{1.85} \times D^{4.87}} \times L$$

26

펌프 입구에서의 압력 80[kPa], 출구에서의 압력 160[kPa]이고, 이 두 곳의 높이 차이(출구가 높음)는 1[m]이다. 입구 및 출구 관의 직경은 같으며 송출유량이 0.02[m³/s]일 때, 효율 90[%]인 펌프에 필요한 축동력은 약 몇 [kW]인가?

① 1.4
② 1.6
③ 1.8
④ 2.0

해설 전동기 용량

$$P[\text{kW}] = \frac{\gamma Q H}{102 \times \eta} \times K$$

여기서, γ : 물의 비중량($1,000[\text{kg}_f/\text{m}^3]$)

Q : 유량($0.02[\text{m}^3/\text{sec}]$)

H : 전양정$\left(\frac{160-80[\text{kPa}]}{101.325[\text{kPa}]} \times 10.332[\text{m}]\right) + 1[\text{m}]$
$= 9.16[\text{m}]$

K : 전달계수

η : 펌프 효율(0.9)

$$\therefore P[\text{kW}] = \frac{\gamma Q H}{102 \times \eta} \times K$$
$$= \frac{1,000 \times 0.02[\text{m}^3/\text{sec}] \times 9.16[\text{m}]}{102 \times 0.9} \times 1$$
$$= 2.0[\text{kW}]$$

27

어느 이상기체 10[kg]의 온도를 200[℃]만큼 상승시키는 데 필요한 열량은 압력이 일정한 경우와 체적이 일정한 경우에 375[kJ]의 차이가 있다. 이 이상기체의 기체상수[J/Kg·K]로 옳은 것은?

① 185.5
② 187.5
③ 191.5
④ 194.5

해설 기체상수를 구하면
- 압력이 일정한 경우 : 열량 $Q_P = mC_P\Delta t$
- 체적이 일정한 경우 : 열량 $Q_V = mC_V\Delta t$

∴ 기체상수 $R = C_P - C_V$

$Q_P - Q_V = mC_P\Delta t - mC_V\Delta t = m\Delta t(C_P - C_V)$

$$R = \frac{Q_P - Q_V}{m\Delta t} = \frac{375 \times 10^3}{10 \times 200} = 187.5[\text{J/kg·K}]$$

28

바닷물 위에 떠 있는 물체에 작용하는 부력에 대한 설명으로 옳은 것은?(단, 정지하고 있는 상태이다)

① 물체의 중량보다 크다.
② 물체의 중량보다 적다.
③ 물체에 의하여 배제된 액체의 무게와 같다.
④ 물체에 의하여 배제된 액체의 무게에 유체의 비중량을 곱한 무게와 같다.

해설 부력의 크기는 물체가 유체 속에 잠긴 체적에 해당하는 유체의 무게와 같고 그 방향은 수직상방이다.

29

급확대관 혹은 급축소관에서의 손실수두에 관한 설명 중 옳지 않은 것은?

① 입출구 속도차의 제곱에 비례한다.
② 중력가속도에 반비례한다.
③ 급축소관은 입출구 속도차의 제곱에 반비례한다.
④ 급확대관에서 굵은관 직경이 가는관 직경에 비해 매우 클 경우 손실계수는 약 1이다.

해설 급격한 축소관은 입출구 속도차의 제곱에 비례한다.

$$H = \frac{(u_1 - u_2)^2}{2g}$$

30

체적이 10[m³]인 변형하지 않는 용기 내에 산소 2[kg]과 수소 2[kg]으로 구성된 혼합 기체가 들어있다. 용기 내의 온도가 30[℃]일 때 용기 내 압력은 몇 [kPa]인가?(단, 산소의 기체상수는 259.8[J/kg·K], 수소의 기체상수는 4,147[J/kg·K]이며, 화학반응은 일어나지 않는 것으로 한다)

① 267.2
② 271.3
③ 277.3
④ 281.3

해설 용기 내 압력

$$PV = WRT$$

• 산소의 압력

$$P = \frac{WRT}{V}$$

$$= \frac{2[\text{kg}] \times 259.8[\text{J/kg}\cdot\text{K}] \times (273+30)[\text{K}]}{10[\text{m}^3]}$$

$$= 15,743.88[\text{N/m}^2(\text{Pa})] = 15.74[\text{kPa}]$$

• 수소의 압력

$$P = \frac{WRT}{V}$$

$$= \frac{2[\text{kg}] \times 4,147[\text{J/kg}\cdot\text{K}] \times (273+30)[\text{K}]}{10[\text{m}^3]}$$

$$= 251,308.2[\text{N/m}^2(\text{Pa})] = 251.31[\text{kPa}]$$

∴ 용기 내 압력 = 15.74+251.31 = 267.05[kPa]

31

유체에 대한 일반적인 설명으로 틀린 것은?

① 유체 유동 시 비점성 유체는 마찰저항이 존재하지 않는다.
② 실제 유체에서는 마찰저항이 존재한다.
③ 뉴턴(Newton)의 점성법칙은 압력, 유체의 변형률에 관한 함수 관계를 나타내는 법칙이다.
④ 전단응력이 가해지면 정지 상태로 있을 수 없는 물질을 유체라 한다.

해설 뉴턴의 점성법칙

점성계수, 유체의 변형률에 관한 함수 관계를 나타내는 법칙

$$\tau = \mu \frac{du}{dy}$$

32

이산화탄소가 압력 2×10⁵[Pa], 비체적 0.04[m³/kg] 상태로 저장되었다가 온도가 일정한 상태로 압축되어 압력이 8×10⁵[Pa]이 되었다면, 변화 후 비체적은 몇 [m³/kg]인가?

① 0.01
② 0.02
③ 0.16
④ 0.32

해설

$$PV = nRT = \frac{W}{M}RT\left(\rho = \frac{W}{V}\right)$$

$$\rho = \frac{PV}{RT}$$

여기서, 비체적(Vs)는 밀도의 역수이고 $Vs = \frac{RT}{PV}$ 이며, 비체적은 압력(P)에 반비례하므로

$$0.04 : \frac{1}{2 \times 10^5} = x : \frac{1}{8 \times 10^5}$$

$$\therefore \ x = 0.01[\text{m}^3/\text{kg}]$$

33

옥내소화전 노즐선단에서 물 제트의 방사량이 0.1[m³/min], 노즐선단 내경이 25[mm]일 때 방사압력(계기압력)은 약 몇 [kPa]인가?

① 3.27
② 4.41
③ 5.32
④ 5.88

해설 방사압력

$$Q = 0.6597D^2\sqrt{10P}$$

여기서, Q : 유량(0.1[m³/min] = 100[L/min])
　　　　D : 구경[mm]
　　　　P : 방사압력[MPa]

$$\therefore \ Q = 0.6597D^2\sqrt{10P}$$

$$100 = 0.6597 \times (25[\text{mm}])^2 \times \sqrt{10 \times P}$$

그러므로 $P = 5.88 \times 10^{-3}[\text{MPa}] = 5.88[\text{kPa}]$

안심Touch

34

폭 1[m], 길이 2[m]인 수직평판이 물속 0.5[m] 깊이에 잠겨있다. 이 평판에 작용하는 정수력은 얼마인가?

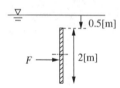

① 9.8[kPa]
② 14.7[kPa]
③ 24.5[kPa]
④ 29.4[kPa]

해설 평판에 작용하는 힘 $F = \gamma \bar{h} A$ 에서

$$F = 9,800 \frac{[\text{N}]}{[\text{m}^3]} \times (0.5[\text{m}] + 1[\text{m}]) \times (1[\text{m}] \times 2[\text{m}])$$
$$= 29,400[\text{Pa}] = 29.4[\text{kPa}]$$

35

온도차이 40[℃], 열전도율 k_1, 두께 5[cm]인 벽을 통한 열유속(Heat-Flux)과 온도차이 20[℃], 열전도율 k_2, 두께 10[cm]인 벽을 통한 열유속이 같다면 이 두 재질의 열전도율의 비 k_2/k_1의 값은?

① 1/4
② 1/2
③ 2
④ 4

해설 열유속 $Q = k \dfrac{dt}{dl}$ 공식에서

$$k_1 \times \frac{40[℃]}{0.05[\text{m}]} = k_2 \times \frac{20[℃]}{0.1[\text{m}]}$$
$$k_1 \times 800 = k_2 \times 200$$
$$\therefore \frac{k_2}{k_1} = \frac{800}{200} = 4$$

36

질량과 체적이 각각 4,400[kg], 5.1[m³]인 유체의 비중은 약 얼마인가?

① 0.86
② 8.6
③ 10.6
④ 11.6

해설 유체의 비중

> 물의 비중 = 1, 밀도 = 1[g/cm³] = 1,000[kg/m³]

$$\therefore \rho = \frac{W}{V} = \frac{4,400[\text{kg}]}{5.1[\text{m}^3]} = 862.74[\text{kg/m}^3]$$
$$\Rightarrow \text{비중} : 0.86$$

37

하나의 잘 설계된 원심펌프의 임펠러 직경이 10[cm]이다. 똑같은 모양의 펌프를 임펠러 직경이 20[cm]로 만들었을 때, 유량계수를 같게 하고 10[cm]에서와 같은 회전수에서 운전하면 새로운 펌프의 설계점 성능 특성 중 수두 또는 양정은 몇 배가 되는가?(단, 레이놀즈수의 영향은 무시한다)

① 동 일
② 2배
③ 4배
④ 8배

해설 펌프의 양정

> $$H_2 = H_1 \times \left(\frac{N_2}{N_1}\right)^2 \times \left(\frac{D_2}{D_1}\right)^2$$

$$\therefore H_2 = H_1 \times \left(\frac{D_2}{D_1}\right)^2 = 1 \times \left(\frac{20[\text{cm}]}{10[\text{cm}]}\right)^2 = 4$$

38

노즐에서 10[m/s]로서 수직방향으로 물을 분사할 때 최대 상승높이는 약 몇 [m]인가?(단, 저항은 무시한다)

① 5.10
② 6.34
③ 3.22
④ 2.65

해설 상승높이

> $$u = \sqrt{2gH} \qquad H = \frac{u^2}{2g}$$

$$\therefore H = \frac{u^2}{2g} = \frac{(10[\text{m/s}])^2}{2 \times 9.8[\text{m/s}]^2} = 5.10[\text{m}]$$

39

직경 7.62[cm], 길이가 10[m]인 소방호스에 $1.67 \times 10^{-3}[\text{m}^3/\text{s}]$의 물이 흐르고 있을 때 평균유속은 약 몇 [m/s]인가?

① 0.27 ② 0.37
③ 0.47 ④ 0.57

해설 평균유속

$$Q = uA$$

$$\therefore u = \frac{Q}{A} = \frac{1.67 \times 10^{-3}[\text{m}^3/\text{s}]}{\frac{\pi}{4}(0.0762[\text{m}])^2} = 0.37[\text{m/s}]$$

40

곧은 원형 관에서의 속도 분포는 $u(r) = U\left(1 - \frac{r^2}{R^2}\right)$ 로 표현된다. 여기에서 r은 관의 중심선으로부터 측정되었고, R은 관의 반지름이다. 이때 관에서의 체적유량 Q를 나타낸 식은 어느 것인가?(단, 체적유량 $Q = \int_A u(r) dA$ 이다)

① $\dfrac{\pi U R^2}{4}$ ② $\dfrac{\pi U R^2}{2}$
③ $\pi U R^2$ ④ $2\pi U R^2$

해설
- 면적 $dA = 2\pi r dr$, 속도분포 $u(r) = U\left(1 - \frac{r^2}{R^2}\right)$
- 체적유량 $Q = \int_A u(r) dA$

$$= \int_0^r U\left(1 - \frac{r^2}{R^2}\right)(2\pi r dr)$$

$$= \int_0^R 2\pi U\left(r - \frac{r^3}{R^2}\right)dr = 2\pi U \int_0^R \left(r - \frac{r^3}{R^2}\right)dr$$

$$= 2\pi U\left[\frac{r^2}{2} - \frac{r^4}{4R^2}\right]_0^R = 2\pi U\left(\frac{R^2}{2} - \frac{R^4}{4R^2}\right)$$

$$= 2\pi U\left(\frac{R^2}{2} - \frac{R^2}{4}\right) = 2\pi U\left(\frac{2R^2}{4} - \frac{R^2}{4}\right)$$

$$= 2\pi U \times \frac{R^2}{4} = \frac{\pi U R^2}{2}$$

제 3 과목   소방관계법규

41

연면적이 33[m²] 이상이 되지 않아도 소화기구를 설치하여야 하는 특정소방대상물은?

① 변전실 ② 가스시설
③ 판매시설 ④ 유흥주점영업소

해설 소화기구 설치대상
- 연면적이 33[m²] 이상
- 지정문화재 및 가스시설
- 터 널

42

소방시설 등에 대한 자체점검 중 작동기능점검의 실시 횟수로 옳은 것은?

① 분기에 1회 이상 ② 6개월에 2회 이상
③ 연 1회 이상 ④ 연 2회 이상

해설 점검횟수
- 작동기능점검 : 연 1회 이상(종합정밀점검대상이면 종합점검실시 후 6개월이 되는 달에 실시)
- 종합정밀점검 : 연 1회 이상

43

다음 중 소방대상물이 아닌 것은?

① 산 림 ② 항해 중인 선박
③ 인공구조물 ④ 선박건조구조물

해설 소방대상물(기본법 제2조)
- 건축물
- 차 량
- 선박(항구 안에 매어 둔 선박만 해당)
- 선박건조구조물
- 산 림

> 항해 중인 선박, 운항 중인 항공기 : 소방대상물이 아니다.

44

소방용수시설인 저수조의 설치기준으로 옳은 것은?

① 흡수부분의 수심이 0.5[m] 이하일 것
② 지면으로부터의 낙차가 4.5[m] 이하일 것
③ 흡수관의 투입구가 사각형의 경우에는 한 변의 길이가 60[cm] 이하일 것
④ 저수조에 물을 공급하는 방법은 상수도에 연결하여 수동으로 급수되는 구조일 것

해설 저수조의 설치기준
- 지면으로부터의 **낙차**가 4.5[m] 이하일 것
- 흡수부분의 수심이 0.5[m] 이상일 것
- 소방펌프자동차가 쉽게 접근할 수 있을 것
- 흡수에 지장이 없도록 토사, 쓰레기 등을 제거할 수 있는 설비를 갖출 것
- 흡수관의 투입구가 사각형의 경우에는 한 변의 길이가 60[cm] 이상, 원형의 경우에는 지름이 60[cm] 이상일 것
- 저수조에 물을 공급하는 방법은 상수도에 연결하여 **자동으로 급수**되는 구조일 것

45

일반음식점에서 조리를 위하여 불을 사용하는 설비를 설치할 경우 화재예방을 위하여 지켜야 할 사항 중 틀린 것은?

① 주방설비에 부속된 배기덕트는 0.5[mm] 이상의 아연도금강판 또는 이와 동등 이상의 내식성 불연재료로 설치할 것
② 주방시설에는 기름을 제거할 수 있는 필터 등을 설치할 것
③ 열을 발생하는 조리기구는 반자 또는 선반으로부터 0.5[m] 이상 떨어지게 할 것
④ 열을 발생하는 조리기구로부터 0.15[m] 이내의 거리에 있는 가연성 주요구조부는 석면판 또는 단열성이 있는 불연재로 덮어씌울 것

해설 일반음식점에서 조리를 위하여 불을 사용하는 설비(기본법 시행령 별표 1)
- 주방설비에 부속된 배기덕트는 0.5[mm] 이상의 아연도금강판 또는 이와 동등 이상의 내식성 불연재료로 설치할 것

- 주방시설에는 동물 또는 식물의 기름을 제거할 수 있는 필터 등을 설치할 것
- 열을 발생하는 조리기구는 반자 또는 선반으로부터 0.6[m] 이상 떨어지게 할 것
- 열을 발생하는 조리기구로부터 0.15[m] 이내의 거리에 있는 가연성 주요구조부는 석면판 또는 단열성이 있는 불연재로 덮어씌울 것

46

위험물제조소 등에서 자동화재탐지설비를 설치하여야 할 제조소 및 일반취급소는 옥내에서 지정수량 몇 배 이상의 위험물을 저장ㆍ취급하는 곳인가?

① 지정수량 5배 이상
② 지정수량 10배 이상
③ 지정수량 50배 이상
④ 지정수량 100배 이상

해설 자동화재탐지설비를 설치하여야 할 제조소 및 일반취급소
- 연면적 500[m²] 이상인 것
- 옥내에서 **지정수량의 100배 이상**을 취급하는 것 (고인화점 위험물만을 100[℃] 미만의 온도에서 취급하는 것을 제외한다)
- 일반취급소로 사용되는 부분 외의 부분이 있는 건축물에 설치된 일반취급소(일반취급소와 일반취급소 외의 부분이 내화구조의 바닥 또는 벽으로 개구부 없이 구획된 것을 제외한다)

47

지정수량 미만인 위험물의 저장 또는 취급에 관한 기술상의 기준은 무엇으로 정하는가?

① 대통령령
② 소방청령
③ 행정안전부령
④ 시ㆍ도의 조례

해설 지정수량 미만 : 시ㆍ도의 조례

> 지정수량 이상 : 위험물안전관리법 적용

48

공장 · 창고가 밀집한 지역에서 화재로 오인할 만한 우려가 있는 불을 피우는 자가 관할 소방본부장에게 신고를 하지 않아 소방자동차를 출동하게 한 자에 대한 벌칙은?

① 200만원 이하의 과태료
② 100만원 이하의 과태료
③ 50만원 이하의 과태료
④ 20만원 이하의 과태료

해설 공장 · 창고가 밀집한 지역에서 불을 피우는 자가 관할 소방서장에게 신고를 하지 않아 소방자동차를 출동하게 한 자에 대한 벌칙 : 20만원 이하의 과태료

49

출동한 소방대의 소방장비를 파손하거나 그 효용을 해하여 화재진압 · 인명구조 또는 구급활동을 방해하는 행위를 한 자의 벌칙은?

① 10년 이하의 징역 또는 5,000만원 이하의 벌금
② 5년 이하의 징역 또는 5,000만원 이하의 벌금
③ 3년 이하의 징역 또는 3,000만원 이하의 벌금
④ 2년 이하의 징역 또는 1,000만원 이하의 벌금

해설 5년 이하의 징역 또는 5,000만원 이하의 벌금
• 제16조 제2항을 위반하여 다음에 해당하는 행위를 한 사람
 – 위력(威力)을 사용하여 출동한 소방대의 화재진압, 인명구조 또는 구급활동을 방해하는 행위
 – 소방대가 화재진압, 인명구조 또는 구급활동을 위하여 현장에 출동하거나 현장에 출입하는 것을 고의로 방해하는 행위
 – 출동한 소방대원에게 폭행 또는 협박을 행사하여 화재진압, 인명구조 또는 구급활동을 방해하는 행위
 – 출동한 소방대의 소방장비를 파손하거나 그 효용을 해하여 화재진압, 인명구조 또는 구급활동을 방해하는 행위
• 소방자동차의 출동을 방해한 자
• 사람을 구출하는 일 또는 불을 끄거나 불이 번지지 아니하도록 하는 일을 방해한 사람
• 정당한 사유 없이 소방용수시설을 사용하거나 소방용수시설의 효용을 해하거나 그 정당한 사용을 방해한 사람

50

대지경계선 안에 2 이상의 건축물이 있는 경우 연소 우려가 있는 구조로 볼 수 있는 것은?

① 1층 외벽으로부터 수평거리 6[m] 이상이고 개구부가 설치되지 않은 구조
② 2층 외벽으로부터 수평거리 10[m] 이상이고 개구부가 설치되지 않은 구조
③ 2층 외벽으로부터 수평거리 6[m]이고 개구부가 다른 건축물을 향하여 설치된 구조
④ 1층 외벽으로부터 수평거리 10[m]이고 개구부가 다른 건축물을 향하여 설치된 구조

해설 연소 우려가 있는 건축물의 구조(설치유지법률 규칙 제7조)
대지경계선 안에 2 이상의 건축물이 있는 경우로서 각각의 건축물이 다른 건축물의 외벽으로부터 **수평거리가 1층에는 6[m] 이하, 2층 이상의 층은 10[m] 이하**이고 개구부가 다른 건축물을 향하여 설치된 구조를 말한다.

51

탱크안전성능검사의 대상이 되는 탱크 중 기초 · 지반 검사를 받아야 하는 옥외탱크저장소의 액체위험물탱크의 용량은 몇 [L] 이상인가?

① 100만
② 10만
③ 1만
④ 1천

해설 탱크안전성능검사의 대상이 되는 탱크
㉠ 기초 · 지반검사 : 옥외탱크저장소의 액체위험물탱크의 용량이 100만[L] 이상인 탱크
㉡ 충수 · 수압검사 : 액체위험물을 저장 또는 취급하는 탱크
㉢ 용접부 검사 : ㉠의 규정에 의한 탱크
㉣ 암반탱크검사 : 액체위험물을 저장 또는 취급하는 암반 내의 공간을 이용한 탱크

52

공동 소방안전관리자를 선임하여야 하는 특정소방대상물 중 고층건축물은 지하층을 제외한 층수가 몇 층 이상인 건축물만 해당되는가?

① 6층
② 11층
③ 20층
④ 30층

해설 **공동 소방안전관리자 선임**
고층건축물(지하층을 제외한 층수가 **11층 이상**인 건축물만 해당)

53

소화용수시설별 설치기준 중 다음 (   ) 안에 모두 알맞은 것은?

> 소방용호스와 연결하는 소화전의 연결 금속구 구경은 (㉠   )[mm], 급수탑의 개폐밸브는 지상에서 (㉡   )[m] 이상 (㉢   )[m] 이하의 위치에 설치하도록 할 것

① ㉠ 65, ㉡ 0.8, ㉢ 1.5
② ㉠ 50, ㉡ 0.8, ㉢ 1.5
③ ㉠ 65, ㉡ 1.5, ㉢ 1.7
④ ㉠ 50, ㉡ 1.5, ㉢ 1.7

해설 **소화용수시설별 설치기준**
- 소화전 설치기준 : 상수도와 연결하여 지하식 또는 지상식 구조로 하고 소방용호스와 연결하는 소화전의 **연결 금속구 구경**은 **65[mm]**로 할 것
- 급수탑의 설치기준
  - 급수배관의 구경 : **100[mm] 이상**
  - **개폐밸브**는 지상에서 **1.5[m] 이상 1.7[m] 이하**의 위치에 설치하도록 할 것

54

소방시설업의 등록을 하지 않고 영업을 한 자에 대한 벌칙은?

① 1년 이하의 징역 또는 1,000만원 이하의 벌금
② 2년 이하의 징역 또는 1,500만원 이하의 벌금
③ 3년 이하의 징역 또는 1,000만원 이하의 벌금
④ 3년 이하의 징역 또는 3,000만원 이하의 벌금

해설 **소방시설업의 등록을 하지 않고 영업을 한 자** : 3년 이하의 징역 또는 3,000만원 이하의 벌금

55

다음 중 특정소방대상물의 관계인의 업무가 아닌 것은?(단, 소방안전관리대상물은 제외한다)

① 자위소방대의 구성 · 운영 · 교육
② 소방시설의 유지 · 관리
③ 화기취급의 감독
④ 방화구획의 유지 · 관리

해설 자위소방대 및 초기대응체계의 구성 · 운영 · 교육은 소방안전관리대상물의 소방안전관리자의 업무이다.

56

소방시설공사의 하자보수 보증기간이 3년이 아닌 것은?

① 자동소화장치
② 무선통신보조설비
③ 자동화재탐지설비
④ 간이스프링클러설비

해설 **소방시설별 하자보수 보증기간(공사업법 영 제6조)**

소화설비	보수기간
피난기구, 유도등, 유도표지, 비상경보설비, 비상조명등, **비상방송설비**, 무선통신보조설비	2년
자동소화장치, 옥내 · 외소화전설비, **스프링클러설비**, 간이스프링클러설비, 물분무등 소화설비, **자동화재탐지설비**, 상수도소화용수설비, 소화활동설비(무선통신보조설비는 제외)	3년

57

기술인력 중 보조기술인력에 속하지 않는 자는?

① 소방설비기사
② 소방설비산업기사
③ 소방공무원 2년 경력자
④ 소방관련학과 졸업자

해설 **보조기술인력** : 소방공무원 3년 경력자

58

건축허가 등의 동의대상물의 범위 중 노유자시설의 연면적 기준은?

① 100[m²] 이상　　② 200[m²] 이상

③ 400[m²] 미만　　④ 400[m²] 이상

해설 노유자시설 및 수련시설은 연면적이 200[m²] 이상이면 건축허가 등의 동의대상물이다.

59

특정소방대상물에 설치된 전산실의 경우 물분무 등 소화설비를 설치해야 하는 바닥면적 기준은 몇 [m²] 이상인가?(단, 하나의 방화구획 내에 둘 이상의 실이 설치된 경우 이를 하나의 실로 본다)

① 100[m²]　　② 300[m²]

③ 500[m²]　　④ 1,000[m²]

해설 전기시설에 물분무 등 소화설비 설치 대상 : 바닥면적 300[m²] 이상

60

위험물의 지정수량에서 산화성 고체인 다이크롬산염류의 지정수량은?

① 3,000[kg]　　② 1,000[kg]

③ 300[kg]　　④ 50[kg]

해설 제1류 위험물인 다이크롬산염류의 지정수량 : 1,000[kg]

제 **4** 과목 **소방기계시설의 구조 및 원리**

61

펌프의 토출관에 압입기를 설치하여 포 소화약제 압입용 펌프로 포소화약제를 압입시켜 혼합하는 포소화약제의 혼합방식은?

① 펌프 프로포셔너

② 프레셔 프로포셔너

③ 라인 프로포셔너

④ 프레셔 사이드 프로포셔너

해설 **프레셔 사이드 프로포셔너 방식**
펌프의 토출관에 압입기를 설치하여 포소화약제 압입용 펌프로 포소화약제를 압입시켜 혼합하는 포소화약제의 혼합방식

62

평상시 최고주위온도가 70[℃]인 장소에 폐쇄형 스프링클러헤드를 설치하는 경우 표시온도가 몇 [℃]인 것을 설치해야 하는가?

① 79[℃] 미만

② 79[℃] 이상 121[℃] 미만

③ 121[℃] 이상 162[℃] 미만

④ 162[℃] 이상

해설 **폐쇄형 스프링클러헤드의 표시온도**

설치장소의 최고 주위온도	표시온도
39[℃] 미만	79[℃] 미만
39[℃] 이상 64[℃] 미만	79[℃] 이상 121[℃] 미만
64[℃] 이상 106[℃] 미만	121[℃] 이상 162[℃] 미만
106[℃] 이상	162[℃] 이상

63

폐쇄형 스프링클러헤드가 설치된 건물에 하나의 유수검지장치가 담당해야 할 방호구역의 바닥면적은 몇 [m²]를 초과하지 않아야 하는가?(단, 폐쇄형 스프링클러설비에 격자형 배관방식은 제외한다)

① 1,000　　② 2,000

③ 2,500　　④ 3,000

해설 유수검지장치의 하나의 방호구역 : 바닥면적 3,000[m²] 마다

64

관람장은 해당 용도의 바닥면적 몇 [m²]마다 능력단위 1단위 이상의 소화기구를 비치해야 하는가?

① 30　　② 50

③ 100　　④ 200

해설 능력단위 기준(NFSC 101 별표 3)
- 위락시설 : 해당 용도의 바닥면적 30[m²]마다 능력 단위 1단위 이상
- 공연장, 집회장, **관람장**, 문화재, 장례식장, 의료시 설 : 해당 용도의 **바닥면적 50[m²]**마다 능력단위 1단 위 이상

65

옥내소화전설비의 가압송수장치를 압력수조방식으로 할 경우에 압력수조에 설치하는 부속장치 중 필요하지 않은 것은?

① 수위계　　　　② 급기관
③ 맨 홀　　　　　④ 오버 플로관

해설 압력수조의 부속장치

수위계, 급수관, 배수관, 급기관, 맨홀, 압력계, 안전 장치, 자동식 공기압축기

66

호스릴 이산화탄소소화설비는 방호대상물의 각 부분으로부터 하나의 호스접결구까지의 수평거리는 최대 몇 [m] 이하인가?

① 10　　　　　　② 15
③ 20　　　　　　④ 25

해설 호스릴 소화설비 수평거리
- 이산화탄소, 분말소화설비 : 수평거리 15[m] 이하
- 할론소화설비 : 수평거리 20[m] 이하

67

포워터스프링클러헤드는 특정소방대상물의 천장 또는 반자에 설치하되, 바닥면적 몇 [m²]마다 1개 이상을 설치하여야 하는가?

① 4　　　　　　　② 6
③ 8　　　　　　　④ 9

해설 포헤드의 설치기준
- 포워터스프링클러헤드
  - 소방대상물의 천장 또는 반자에 설치할 것
  - **바닥면적 8[m²]**마다 1개 이상 설치할 것

- 포헤드
  - 소방대상물의 천장 또는 반자에 설치할 것
  - 바닥면적 9[m²]마다 1개 이상으로 설치할 것

68

소화용수설비의 저수조가 지표면으로부터의 깊이가 몇 [m] 이상인 지하에 있는 경우에 가압송수장치를 설치하는가?(단, 지표면으로부터의 깊이는 수조 내부 바닥까지의 길이를 말한다)

① 4　　　　　　　② 4.5
③ 5　　　　　　　④ 5.5

해설 저수조의 가압송수장치 설치 : 지표면으로부터 4.5[m] 이상인 지하에 있는 경우

69

제연설비에 사용하는 송풍기의 종류가 아닌 것은?

① 왕복형　　　　② 다익형
③ 리밋로드형　　④ 터보형

해설 송풍기의 종류 : 다익형 송풍기, 터보형 송풍기, 리밋 로드형 송풍기

70

66,000[V] 이하의 고압의 전기기기가 있는 장소에 물분무헤드 설치 시 전기기기와 물분무헤드 사이의 최소 이격거리는 몇 [m]인가?

① 0.7　　　　　　② 1.1
③ 1.8　　　　　　④ 2.6

해설 물분무헤드와 전기기기와의 이격거리

전압[kV]	거리[cm]
66 이하	70 이상
66 초과 77 이하	80 이상
77 초과 110 이하	110 이상
110 초과 154 이하	150 이상
154 초과 181 이하	180 이상
181 초과 220 이하	210 이상
220 초과 275 이하	260 이상

71

연결살수설비의 송수구 설치기준에 관한 설명으로 옳은 것은?

① 지면으로부터 높이가 1[m] 이상 1.5[m] 이하의 위치에 설치할 것

② 개방형 헤드를 사용하는 연결살수설비에 있어서 하나의 송수구역에 설치하는 살수헤드의 수는 15개 이하가 되도록 할 것

③ 폐쇄형 헤드를 사용하는 송수구의 호스접결구는 각 송수구역마다 설치할 것

④ 폐쇄형 헤드를 사용하는 설비의 경우에는 송수구·자동배수밸브·체크밸브의 순으로 설치할 것

해설 연결살수설비의 송수구 설치기준
- 설치높이 : 0.5[m] 이상 1.0[m] 이하
- 구경은 65[mm]의 쌍구형으로 설치할 것. 다만, 하나의 송수구역에 부착하는 살수헤드의 수는 10개 이하가 되도록 할 것
- 개방형 헤드를 사용하는 송수구의 호스접결구는 각 송수구역마다 설치할 것
- 송수구 부근의 설치기준
  – 폐쇄형 헤드 : 송수구 → 자동배수밸브 → 체크밸브
  – 개방형 헤드 : 송수구 → 자동배수밸브

72

입원실이 있는 3층 산후조리원에 적응성이 없는 피난기구는?

① 미끄럼대　　　　② 승강식피난기
③ 피난용트랩　　　④ 공기안전매트

해설 입원실이 있는 3층 산후조리원에는 공기안전매트는 적응성이 없다.

73

물분무소화설비를 설치하는 차고 또는 주차장의 배수설비 설치기준이 틀린 것은?

① 차량이 주차하는 장소의 적당한 곳에 높이 10[cm] 이상의 경계턱으로 배수구를 설치할 것

② 배수구에는 새어 나온 기름을 모아 소화할 수 있도록 길이 20[m] 이하마다 집수관·소화피트 등 기름분리장치를 설치할 것

③ 차량이 주차하는 바닥은 배수구를 향하여 100분의 2 이상의 기울기를 유지할 것

④ 배수설비는 가압송수장치의 최대송수능력의 수량을 유효하게 배수할 수 있는 크기 및 기울기로 할 것

해설 배수구에는 새어 나온 기름을 모아 소화할 수 있도록 길이 40[m] 이하마다 집수관·소화피트 등 기름분리장치를 설치할 것

74

가압송수장치에 있어 수원의 수위가 펌프보다 낮은 위치에 있을 때 배관 흡수구에 사용할 수 있는 밸브는?

① 풋 밸브
② 앵글 밸브
③ 게이트 밸브
④ 스모렌스키 체크밸브

해설 부압수조방식(수원의 수위가 펌프보다 낮은 위치)
: 풋(Foot) 밸브 설치

75

차고 또는 주차장에 설치하는 분말소화설비의 소화약제는?

① 제1종 분말　　　② 제2종 분말
③ 제3종 분말　　　④ 제4종 분말

해설 차고 또는 주차장 : 제3종 분말

76

완강기 및 간이완강기의 최대사용하중 기준은 몇 [N] 이상인가?

① 800　　　　　　② 1,000
③ 1,200　　　　　④ 1,500

해설 완강기 및 간이완강기의 최대사용하중 : 1,500[N]

77

분말소화약제의 가압용가스 용기에는 몇 [MPa] 이하의 압력에서 조정이 가능한 압력조정기를 설치하는가?

① 2.5   ② 5
③ 7.5   ④ 10

해설 분말소화약제의 가압용가스 용기의 압력조정기 조정압력
: 2.5[MPa] 이하의 압력

78

호스릴 이산화탄소소화설비의 설치기준으로 틀린 것은?

① 노즐은 20[℃]에서 하나의 노즐마다 60[kg/min] 이상의 소화약제를 방사할 수 있어야 한다.
② 소화약제 저장용기는 호스릴 3개마다 1개 이상 설치해야 한다.
③ 소화약제 저장용기의 가장 가까운 곳의 보기 쉬운 곳에 표시등을 설치해야 한다.
④ 소화약제 저장용기의 개방밸브는 호스의 설치장소에서 수동으로 개폐할 수 있어야 한다.

해설 호스릴 이산화탄소소화설비의 저장용기는 호스릴을 설치하는 장소마다 설치해야 한다.

79

간이소화용구 중 삽을 상비한 마른모래 50[L] 이상의 것 1포의 능력단위는?

① 0.5   ② 1
③ 2   ④ 4

해설 간이소화용구의 능력단위

간이소화용구		능력단위
마른모래	삽을 상비한 50[L] 이상의 것 1포	0.5단위
팽창질석 또는 팽창진주암	삽을 상비한 80[L] 이상의 것 1포	

80

계단실 및 그 부속실을 동시에 제연구역으로 선정 시 방연풍속은 최소 몇 [m/s]인가?

① 0.3   ② 0.5
③ 0.7   ④ 1.0

해설 방연풍속

제연구역		방연풍속
계단실 및 그 부속실을 동시에 제연하는 것 또는 계단실만 단독으로 제연하는 것		0.5[m/s] 이상
부속실만 단독으로 제연하는 것 또는 비상용 승강기의 승강장만 단독으로 제연하는 것	부속실 또는 승강장이 면하는 옥내가 거실인 경우	0.7[m/s] 이상
	부속실 또는 승강장이 면하는 옥내가 복도로서 그 구조가 방화구조(내화시간이 30분 이상인 구조를 포함한다)인 것	0.5[m/s] 이상

2016년 10월 1일 시행

제 1 과목 **소방원론**

01

화재를 발생시키는 열원 중 기계적 원인은?

① 저항열
② 압축열
③ 분해열
④ 자연발열

해설 기계적 에너지 : 마찰열, 압축열

02

건축법상 건축물의 주요구조부에 해당되지 않는 것은?

① 지붕틀
② 내력벽
③ 주계단
④ 최하층 바닥

해설 **주요구조부**

내력벽, 기둥, 바닥, 보, 지붕틀, 주계단

> 주요구조부 제외 : 사잇기둥, 최하층의 바닥, 작은 보, 차양, 옥외계단

03

제4류 위험물 중 제1석유류, 제2석유류, 제3석유류, 제4석유류를 각 품명별로 구분하는 분류의 기준은?

① 발화점
② 인화점
③ 비 중
④ 연소범위

해설 제4류 위험물의 분류 : 인화점

04

이산화탄소소화약제가 공기 중에 34[vol%] 공급되면 산소의 농도는 약 몇 [vol%]가 되는가?

① 12
② 14
③ 16
④ 18

해설 산소의 농도[%]

$$CO_2 [\%] = \frac{21 - O_2 [\%]}{21} \times 100$$

$$34[\%] = \frac{21 - x}{21} \times 100$$

$$\therefore \ x = 13.86[\%]$$

05

질식소화 방법과 가장 거리가 먼 것은?

① 건조모래로 가연물을 덮는 방법
② 불활성기체를 가연물에 방출하는 방법
③ 가연성 기체의 농도를 높게 하는 방법
④ 불연성 포소화약제로 가연물을 덮는 방법

해설 질식소화 : 마른모래, 불활성기체, 불연성 포소화약제로 화재면을 덮어 소화하는 방법

06

할론 1301 소화약제를 사용하여 소화할 때 연소열에 의하여 생긴 열분해 생성가스가 아닌 것은?

① HF
② HBr
③ Br_2
④ CO_2

해설 할론 1301의 열분해 시 생성가스 : HF(플루오린화수소), HBr(브롬화수소), 브롬(Br_2)

07

100[℃]의 액체 물 1[g]을 100[℃]의 수증기로 만드는 데 필요한 열량은 약 몇 [cal/g]인가?

① 439 ② 539
③ 639 ④ 739

해설 증발잠열(100[℃]의 액체 물 1[g]을 100[℃]의 수증기로 만드는 데 필요한 열량) : 539[cal/g]

08

분진폭발의 발생 위험성이 가장 낮은 물질은?

① 석탄가루 ② 밀가루
③ 시멘트 ④ 금속분류

해설 시멘트는 분진폭발하지 않는다.

09

제연방식의 종류가 아닌 것은?

① 자연제연방식
② 기계제연방식
③ 흡입제연방식
④ 스모크타워 제연방식

해설 제연방식은 밀폐제연방식, 자연제연방식, 스모크타워 제연방식, 기계제연방식이 있다.

10

화씨온도 122[°F]는 섭씨온도로 몇 [℃]인가?

① 40 ② 50
③ 60 ④ 70

해설 섭씨온도[℃]

$$[℃] = \frac{5}{9}([°F] - 32)$$

$$\therefore \ [℃] = \frac{5}{9}([°F] - 32) = \frac{5}{9}(122 - 32) = 50[℃]$$

11

멜라민수지, 모, 실크, 요소수지 등과 같이 질소성분을 함유하고 있는 가연물의 연소 시 발생하는 기체로 눈, 코, 인후 등에 매우 자극적이고 역한 냄새가 나는 유독성 연소가스는?

① 아크롤레인 ② 시안화수소
③ 일산화질소 ④ 암모니아

해설 멜라민수지, 모, 실크, 요소수지가 연소하면 암모니아의 매우 자극적이고 역한 냄새가 난다.

12

할로겐화합물소화약제의 명명법은 Freon-XYZBA로 표현한다. 이 중 Y가 의미하는 것은?

① 플루오린 원자의 수
② 수소 원자의 수-1
③ 탄소 원자의 수-1
④ 수소 원자의 수+1

해설 명명법

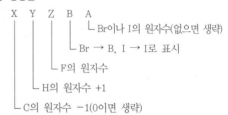

13

나이트로셀룰로스의 용도, 성상 및 위험성과 저장·취급에 대한 설명 중 틀린 것은?

① 질화도가 낮을수록 위험성이 크다.
② 운반 시 물, 알코올을 첨가하여 습윤시킨다.
③ 무연화학의 원료로 사용된다.
④ 햇빛에서 황갈색으로 변하고 물에 녹지 않지만 아세톤, 초산에스터, 나이트로벤젠에 녹는다.

해설 질화도가 높을수록 위험성이 크다.

정답 07 ② 08 ③ 09 ③ 10 ② 11 ④ 12 ④ 13 ①

14

인화점에 대한 설명 중 틀린 것은?

① 인화점은 공기 중에서 액체를 가열하는 경우 액체표면에서 증기가 발생하여 점화원에서 착화하는 최저온도를 말한다.

② 인화점 이하의 온도에서는 성냥불을 접근해도 착화하지 않는다.

③ 인화점 이상 가열하면 증기를 발생하여 성냥불이 접근하면 착화한다.

④ 인화점은 보통 연소점 이상, 발화점 이하의 온도이다.

해설 온도 : 발화점 > 연소점 > 인화점

15

화재의 분류 중 B급 화재의 종류로 옳은 것은?

① 금속화재   ② 일반화재

③ 전기화재   ④ 유류화재

해설 B급 화재 : 유류화재

16

건축물 내부 화재 시 연기의 평균 수평이동속도는 약 몇 [m/s]인가?

① 0.5~1   ② 2~3

③ 3~5   ④ 10

해설 연기의 이동속도

방 향	수평방향	수직방향	실내계단
이동속도	0.5~1.0 [m/s]	2.0~3.0 [m/s]	3.0~5.0 [m/s]

17

할로겐화합물 및 불활성기체에 물성을 평가하는 항목 중 심장의 역반응(심장 장애현상)이 나타나는 최저 농도를 무엇이라 하는가?

① LOAEL   ② NOAEL

③ ODP   ④ GWP

해설 LOAEL : 심장의 역반응(심장 장애현상)이 나타나는 최저 농도

18

상온, 상압에서 액체 상태인 할론 소화약제는?

① 할론 2402   ② 할론 1301

③ 할론 1211   ④ 할론 140

해설 소화약제의 상태

종 류	CO_2	Halon 1301	Halon 1211	Halon 2402
상 태	기 체	기 체	기 체	액 체

19

산소와 질소의 혼합물인 공기의 평균분자량은?(단, 공기는 산소 21[vol%], 질소 79[vol%]로 구성되어 있다고 가정한다)

① 30.84   ② 29.84

③ 28.84   ④ 27.84

해설 공기의 평균분자량

분자량 = $(32 \times 0.21) + (28 \times 0.79) = 28.84$

20

대기 중에 대량의 가연성 가스가 유출되거나 대량의 가연성 액체가 유출되어 그것으로부터 발생하는 증기가 공기와 혼합해서 가연성 혼합기체를 형성하고 발화원에 의하여 발생하는 폭발현상은?

① BLEVE

② SLOP OVER

③ UVCE

④ FIRE BALL

해설 UVCE

대기 중에 대량의 가연성 가스가 유출하여 발생하는 증기가 공기와 혼합해서 가연성 혼합기체를 형성하고 발화원에 의하여 발생하는 폭발현상

제2과목　소방유체역학

21

밀도가 769[kg/m³], 동점성계수가 0.001[m²/s]인 액체의 점성계수는 몇 [Pa · s]인가?

① 1.3

② 13

③ 0.0769

④ 0.769

해설 먼저 점성계수[Pa · s]를 풀이하면

$$[Pa \cdot s] = \frac{[N]}{[m^2]} \cdot [s] = \frac{[kg]\frac{[m]}{[s^2]}}{[m^2]} \times [s]$$

$$= \frac{\frac{[kg \cdot m]}{[s^2]}}{\frac{[m^2]}{1}} \times [s] = \frac{[kg \cdot m]}{[s^2 \cdot m^2]} \times [s]$$

$$= \frac{[kg]}{[m \cdot s]}$$

$$\therefore \nu = \frac{\mu}{\rho}, \quad \mu = \nu \rho$$

$$= 0.001[m^2/s] \times 769[kg/m^3]$$

$$= 0.769[kg/m \cdot s] = 0.769[Pa \cdot s]$$

22

물방울(20[℃])의 내부압력이 외부압력보다 1[kPa]만큼 더 큰 압력을 유지하도록 하려면 물방울의 지름은 약 몇 [mm]로 해야 하는가?(단, 20[℃]에서 물의 표면장력은 0.0727[N/m]이다)

① 0.15

② 0.3

③ 0.6

④ 0.9

해설 물방울의 지름

$$h = \frac{4\sigma \cos\theta}{\gamma d}$$

여기서, h : 상승높이

　　　　σ : 표면장력[N/m]

　　　　θ : 각도

　　　　γ : 비중량(9,800[N/m³])

　　　　d : 직경[m]

$$\therefore \frac{1[kPa]}{101.325[kPa]} \times 10.332[m]$$

$$= \frac{4 \times 0.0727[N/m] \times \cos 0}{9,800 \times x}$$

$$x = 2.96 \times 10^{-4}[m] = 0.296[mm]$$

23

관 상당길이를 구할 때 사용되는 식으로 옳은 것은?

① Hagen-Williams식

② Torricelli식

③ Darcy-Weisbach식

④ Reynolds식

해설 관의 상당길이 : Darcy-Weisbach식

$$L_e = \frac{Kd}{f}$$

24

펌프의 공동현상(Cavitation) 방지대책으로 가장 적절한 것은?

① 펌프를 수원보다 되도록 높게 설치한다.

② 흡입 속도를 증가시킨다.

③ 흡입 압력을 낮게 한다.

④ 양쪽 흡입한다.

해설 공동현상(Cavitation) 방지대책

- 펌프의 흡입측 수두, 마찰손실을 적게 한다.
- 펌프 임펠러 속도를 적게 한다.
- 펌프 흡입관경을 크게 한다.
- 펌프 설치위치를 수원보다 낮게 하여야 한다.
- 펌프 흡입압력을 유체의 증기압보다 높게 한다.
- 양흡입 펌프를 사용하여야 한다.

25

100[mm] 관로를 통하여 물을 정확히 10분 동안 탱크에 공급하였다. 탱크의 늘어난 무게가 95.3[kN]이다. 이 관로를 흐르는 평균유량은 약 몇 [m³/s]인가? (단, 물의 밀도는 ρ = 1,000[kg/m³]이다)

① 0.0162 ② 0.0972

③ 0.162 ④ 0.972

해설 비중량 $\gamma = \dfrac{W}{V} = \rho g$ 이므로

탱크의 부피는 $V = \dfrac{W}{\rho g}$ 이다.

$$V = \frac{95.3 \times 10^3}{1,000 \times 9.8} = 9.7245 [\text{m}^3]$$

$$\therefore \text{유량 } Q = \frac{V}{t} = \frac{9.7245}{10 \times 60} = 0.0162 [\text{m}^3/\text{sec}]$$

26

원관에서 유체가 완전히 발달된 층류로 흐를 때 속도 분포는?

① 전단면에서 일정하다.

② 관 벽에서 0이고, 중심까지 직선적으로 증가한다.

③ 관 중심에서 0이고, 관 벽에서 직선적으로 증가한다.

④ 포물선분포로 관 벽에서 속도는 0이고, 관 중심에서 속도는 최대가 된다.

해설 층류일 때 속도분포는 포물선분포로 관 벽에서 속도는 0이고, 관 중심에서 속도는 최대가 된다.

27

수면으로부터 15[m]의 깊이에 있는 잠수부가 물속으로 숨을 내쉬려면 그 압력은 몇 [kPa] 이상이 되어야 하는가?(단, 대기압은 98[kPa]이다)

① 210 ② 245

③ 270 ④ 320

해설 15[m] 깊이의 압력

$$P = P_o + \gamma H$$

$$\therefore P = P_o + \gamma H$$
$$= 98[\text{kPa}] + \left(\frac{15[\text{m}]}{10.332[\text{m}]} \times 101.325[\text{kPa}] \right)$$
$$= 245.1[\text{kPa}]$$

28

500[℃]와 20[℃]의 두 열원 사이에 설치되어 있는 열기관이 가질 수 있는 최대의 이론 열효율은 약 몇 [%]인가?

① 48 ② 58

③ 62 ④ 96

해설 열효율 $\eta = 1 - \dfrac{T_2}{T_1}$

$$= 1 - \frac{(273 + 20)[\text{K}]}{(273 + 500)[\text{K}]} = 1 - 0.38$$
$$= 0.62 \rightarrow 62[\%]$$

29

안지름 25[cm]인 원관으로 수평거리 1,500[m] 떨어진 곳에 2.36[m/s]로 물을 보내는 데 필요한 압력은 약 몇 [kPa]인가?(단, 관마찰계수는 0.035이다)

① 485 ② 585

③ 620 ④ 670

해설 다르시-바이스바흐 방정식

$$h = \frac{\Delta P}{\gamma} = \frac{flu^2}{2gD}[\text{m}] \qquad \Delta P = \frac{flu^2 \gamma}{2gD}[\text{kg}_\text{f}/\text{m}^2]$$

여기서, h : 마찰손실[m]

$\quad\quad f$: 관의 마찰계수(0.035)

$\quad\quad l$: 관의 길이(1,500[m])

$\quad\quad D$: 관의 내경(0.25[m])

$\quad\quad u$: 유체의 유속(2.36[m/sec])

$$\therefore \Delta P = \frac{flu^2 \gamma}{2gD} = \frac{0.035 \times 1,500 \times (2.36)^2 \times 1,000}{2 \times 9.8 \times 0.25}$$
$$= 59,674.28[\text{kg}_\text{f}/\text{m}^2]$$

이것을 [kPa]로 환산하면

$$\frac{59,674.28[\text{kg}_\text{f}/\text{m}^2]}{10,332[\text{kg}_\text{f}/\text{m}^2]} \times 101.325[\text{kPa}] = 585.22[\text{kPa}]$$

30

체적이 2[m³]인 밀폐용기 속에 15[℃], 0.8[MPa]의 공기가 들어 있다. 압력이 1[MPa]로 상승하였을 때, 온도 변화량은?

① 63[K] ② 72[K]

③ 87[K] ④ 90[K]

해설 온도변화량

• 변화 후의 온도 $T_2 = \dfrac{P_2}{P_1} \times T_1$

$$= \dfrac{1[\text{MPa}]}{0.8[\text{MPa}]} \times (273+15)[\text{K}]$$

$$= 360[\text{K}]$$

• 온도 변화량 $\triangle T = T_2 - T_1$

$$= 360[\text{K}] - (273+15)[\text{K}]$$

$$= 72[\text{K}]$$

31

동일한 사양의 소방펌프를 1대로 운전하다가, 2대로 병렬연결하여 동시에 운전할 경우에 나타나는 현상으로 옳은 것은?(단, 펌프형식은 원심펌프이고 배관 마찰손실 및 낙차 등은 고려하지 않는다)

① 동일한 양정에서 유량이 2배가 된다.

② 동일한 유량에서 양정이 항상 2배가 된다.

③ 유량과 양정이 모두 2배가 된다.

④ 유량과 양정이 변화하지 않는다.

해설 펌프 2대를 병렬연결하면 유량은 증대하나 양정과는 무관하다.

2대 연결방법		직렬연결	병렬연결
성 능	유량(Q)	Q	$2Q$
	양정(H)	$2H$	H

32

20[℃]의 물 10[L]를 대기압에서 110[℃]의 증기로 만들려면, 공급해야 하는 열량은 약 몇 [kJ]인가? (단, 대기압에서 물의 비열은 4.2[kJ/kg℃], 증발잠열은 2,260[kJ/kg]이고, 증기의 정압비열은 2.1[kJ/kg℃]이다)

① 26,380

② 26,170

③ 22,600

④ 3,780

해설 열 량

$$Q = Q_1 + Q_2 + Q_3 = mc\Delta t + \gamma m + mc\Delta t$$

$$\therefore \ Q = mc\Delta t + \gamma m + mc\Delta t$$

$$= [10[\text{kg}] \times 4.2[\text{kJ/kg} \cdot ℃] \times (100-20)[℃]]$$

$$+ [2,260[\text{kJ/kg}] \times 10[\text{kg}]] + [10[\text{kg}]$$

$$\times 2.1[\text{kJ/kg} \cdot ℃] \times (110-100)[℃]]$$

$$= 26,170[\text{kJ}]$$

33

송풍기의 전압공기동력 L_{at}를 옳게 나타낸 것은? (단, g는 중력가속도, P_t는 송풍기 전압, Q는 체적유량, γ는 공기의 비중량을 나타낸다)

① $L_{at} = \dfrac{\gamma P_t Q}{g}$ ② $L_{at} = \dfrac{\gamma P_t Q}{2g}$

③ $L_{at} = P_t Q$ ④ $L_{at} = \gamma P_t Q$

해설 송풍기의 전압공기동력(L_{at})

$$L_{at} = P_t Q$$

34

그림과 같이 고정된 노즐에서 균일한 유속 $V = 40[\text{m/s}]$, 유량 $Q = 0.2[\text{m}^3/\text{s}]$로 물이 분출되고 있다. 분류와 같은 방향으로 $u = 10[\text{m/s}]$의 일정속도로 운동하고 있는 평판에 분사된 물이 수직으로 충돌할 때 분류가 평판에 미치는 충격력은 몇 [kN]인가?

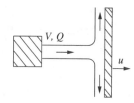

① 4.5   ② 6

③ 44.1   ④ 58.8

해설 충격력

$$F = \rho A (V-u)^2$$

여기서, ρ(밀도) : $102[\text{kg}_f \cdot \text{s}^2/\text{m}^4]$

A(면적) $= \dfrac{\pi}{4} D^2 = \dfrac{\pi}{4}(0.0798[\text{m}])^2 = 0.005[\text{m}^2]$

$D = \sqrt{\dfrac{4Q}{\pi V}} = \sqrt{\dfrac{4 \times 0.2[\text{m}^3/\text{s}]}{\pi \times 40[\text{m/s}]}} = 0.0798[\text{m}]$

$$\therefore F = \rho A (V-u)^2$$
$$= 102 \times 0.005 \times (40-10[\mathrm{m/s}])^2 = 459[\mathrm{kg_f}]$$

이것을 [kPa]로 환산하면

$$456 \times 9.8[\mathrm{N}] \times 10^{-3} = 4.5[\mathrm{kN}]$$

$$\boxed{1[\mathrm{kg_f}] = 9.8[\mathrm{N}]}$$

35

다음 그림에서 단면 1의 관지름은 50[cm]이고 단면 2의 관지름은 30[cm]이다. 단면 1과 2의 압력계의 읽음이 같을 때 관을 통과하는 유량은 몇 [m³/s]인가? (단, 관로의 모든 손실은 무시한다)

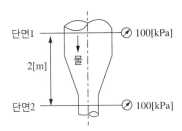

① 0.442

② 0.671

③ 4.74

④ 9.71

해설 베르누이 방정식

$$\frac{P_1}{\gamma} + \frac{u_1^2}{2g} + Z_1 = \frac{P_2}{\gamma} + \frac{u_2^2}{2g} + Z_2$$

여기서, $P_1 = P_2 = 100[\mathrm{kPa}]$ 이므로

$P_1 - P_2 = 0$, $Z_1 - Z_2 = h = 2m$, $V_1 = 0$

u_2 (유속) $= \sqrt{2gh} = \sqrt{2 \times 9.8[\mathrm{m/s^2}] \times 2[\mathrm{m}]}$
$= 6.26[\mathrm{m/s}]$

$\therefore$ 유량 $Q = uA = u_2 \times \frac{\pi}{4} D_2^2$

$= 6.26[\mathrm{m/s}] \times \frac{\pi}{4} \times (0.3[\mathrm{m}])^2$

$= 0.442[\mathrm{m^3/s}]$

36

배관 내 유체유량을 직접 측정할 수 있는 기기가 아닌 것은?

① 마노미터

② 벤투리미터

③ 로터미터

④ 오리피스미터

해설 마노미터 : 압력 측정

37

유체 속에 완전히 잠긴 경사 평면에 작용하는 압력힘의 작용점은?

① 경사 평면의 도심보다 밑에 있다.

② 경사 평면의 도심에 있다.

③ 경사 평면의 도심보다 위에 있다.

④ 경사 평면의 도심과는 관계가 없다.

해설 유체 속에 완전히 잠긴 경사 평면에 작용하는 압력힘의 작용점은 경사 평면의 도심보다 밑에 있다.

38

계기압력이 25[kPa]에서 85[kPa]로 높아졌을 때 절대압력이 50[%] 증가했다면 국소대기압은 몇 [kPa]인가?

① 105

② 100

③ 95

④ 90

해설 국소대기압

$$\boxed{\text{절대압력 } P_a = P(\text{대기압}) + P_g(\text{게이지압})}$$

초기 절대압력 $P_{a1} = P + 25[\mathrm{kPa}]$, 최종 절대압력 $P_{a2} = P + 85[\mathrm{kPa}] = 1.5 P_{a1}$ 이다.

• $P_{a2} = P + 85[\mathrm{kPa}] = 1.5(P + 25[\mathrm{kPa}])$

• $P + 85[\mathrm{kPa}] = 1.5P + 37.5[\mathrm{kPa}]$

• $1.5P - P = 85[\mathrm{kPa}] - 37.5[\mathrm{kPa}]$

$\therefore$ 국소대기압 $P = \dfrac{47.5[\mathrm{kPa}]}{0.5} = 95[\mathrm{kPa}]$

39

다음 중 무차원인 것은?

① 표면장력 ② 탄성계수
③ 비 열 ④ 비 중

해설 무차원 : 비중, 레이놀즈수 등

40

두께 10[cm]인 벽의 내부 표면의 온도는 20[℃]이고 외부 표면의 온도는 0[℃]이다. 외부벽은 온도가 −10 [℃]인 공기에 노출되어 있어 대류 열전달이 일어난다. 외부 표면에서의 대류 열전달계수가 200[W/m² · K]라면 정상상태에서 벽의 열전도율은 몇 [W/m · K]인가?(단, 복사열전달은 무시한다)

① 10 ② 20
③ 30 ④ 40

해설 대류열전달량과 벽에서의 전도열량은 같다.

$$hA\triangle T = \frac{\lambda}{l}A\triangle T$$

여기서, h : 열전달계수(200[W/m² · K])
　　　　A : 단면적[m²]
　　　　λ : 열전도율[W/m · K]
　　　　l : 두께(10[cm] = 0.1[m])

$200\frac{[W]}{[m^2 \cdot K]} \times [(273+0)[K] - \{273+(-10)\}[K]]$

$= \frac{\lambda}{0.1[m]}\{(273+20)[K] - (273+0)[K]\}$

$2,000 = 200\lambda$

$\therefore$ 열전도율 $\lambda = \frac{2,000}{200} = 10[W/m \cdot K]$

제 **3** 과목 **소방관계법규**

41

특수가연물의 저장 및 취급 기준은 무엇으로 정하는가?

① 대통령령 ② 행정안전부령
③ 시 · 도의 조례 ④ 소방청장령

해설 특수가연물의 저장 및 취급 기준 : 대통령령

42

특정소방대상물 중 지하구에 대한 기준으로 다음 (　　) 안에 들어갈 내용으로 알맞은 것은?

> 전력 · 통신용의 전선이나 가스 · 냉난방용의 배관 또는 이와 비슷한 것을 집합수용하기 위하여 설치한 지하 인공구조물로서 사람이 점검 또는 보수하기 위하여 출입이 가능한 것 중 폭 (　㉠　)[m] 이상이고 높이가 (　㉡　)[m] 이상이며, 길이가 (　㉢　)[m] 이상인 것

① ㉠ 1.8, ㉡ 2.0, ㉢ 50
② ㉠ 2.0, ㉡ 2.0, ㉢ 500
③ ㉠ 2.5, ㉡ 3.0, ㉢ 600
④ ㉠ 3.0, ㉡ 5.0, ㉢ 700

해설 지하구
전력 · 통신용의 전선이나 가스 · 냉난방용의 배관 또는 이와 비슷한 것을 집합수용하기 위하여 설치한 지하 인공구조물로서 사람이 점검 또는 보수하기 위하여 출입이 가능한 것 중 **폭 1.8[m] 이상이고 높이가 2[m] 이상이며, 길이가 50[m] 이상**인 것

43

특수가연물의 품명과 수량기준이 옳게 연결된 것은?

① 면화류 − 200[kg] 이상
② 대팻밥 − 300[kg] 이상
③ 가연성 고체류 − 1,000[kg] 이상
④ 합성수지류(발포시킨 것) − 10[m³] 이상

해설 특수가연물
- 면화류 − 200[kg] 이상
- 나무껍질 및 대팻밥 − 400[kg] 이상
- 가연성 고체류 − 3,000[kg] 이상
- 합성수지류(발포시킨 것) − 20[m³] 이상

44

소방본부장이나 소방서장이 소방시설공사 완공검사를 위한 현장 확인 대상 특정소방대상물의 범위에 해당하지 않는 것은?

① 운동시설　　② 노유자시설
③ 판매시설　　④ 업무시설

해설 완공검사 현장 확인특정소방대상물
- 문화 및 집회시설, 종교시설, **판매시설, 노유자시설,** 수련시설, **운동시설,** 숙박시설, 창고시설, 지하상가 및 다중이용업소
- 스프링클러설비등, 물분무 등 소화설비(호스릴방식은 제외)가 설치되는 특정소방대상물
- 연면적 10,000[m²] 이상이거나 11층 이상 특정소방대상물(아파트는 제외)
- 가연성가스 제조, 저장 취급하는 시설 중 지상에 노출된 가연성가스탱크의 저장용량 합계가 1,000[t] 이상인 시설

45

소방시설관리업의 등록을 하지 않고 영업을 한 자에 대한 벌칙기준은?

① 300만원 이하의 벌금
② 1년 이하의 징역 또는 1,000만원 이하의 벌금
③ 3년 이하의 징역 또는 3,000만원 이하의 벌금
④ 5년 이하의 징역 또는 3,000만원 이하의 벌금

해설 소방시설관리업의 등록을 하지 않고 영업을 한 자 : 3년 이하의 징역 또는 3,000만원 이하의 벌금

46

소방청장, 소방본부장 또는 소방서장은 소방특별조사를 하려면 관계인에게 조사대상, 조사기간 및 조사사유 등을 서면으로 며칠 전에 알려야 하는가?(단, 긴급하게 조사할 필요가 있는 경우와 사전에 통지하면 조사목적을 달성할 수 없다고 인정되는 경우는 제외한다)

① 3　　② 7
③ 10　　④ 14

해설 소방특별조사
- 조사권자 : 소방청장, 소방본부장, 소방서장
- 통보기간 : 점검하기 7일 전에 서면으로 통보

47

방염성능기준 이상의 실내장식물 등을 설치하여야 하는 특정소방대상물에 해당되지 않는 것은?

① 근린생활시설 중 체력단련장
② 의료시설 중 종합병원
③ 숙박이 가능한 수련시설
④ 층수가 16층 이상인 아파트

해설 아파트는 방염성능기준 이상의 실내장식물을 설치할 필요가 없다.

48

휴대용 비상조명등을 설치해야 하는 특정소방대상물이 아닌 것은?

① 숙박시설
② 지하가 중 지하상가
③ 판매시설 중 대규모점포
④ 수용인원 100명 이상의 도서관

해설 휴대용 비상조명등 설치대상
- 숙박시설
- 수용인원 100명 이상의 영화상영관, 대규모점포, 지하역사, 지하상가

49

다음 중 소방활동 종사 명령권을 가진 사람은 누구인가?

① 소방청장
② 소방대장
③ 시·도지사
④ 관계인

해설 소방활동 종사 명령권자 : 소방대장

50

지정수량의 몇 배 이상의 위험물을 취급하는 제조소에는 피뢰침을 설치해야 하는가?(단, 제6류 위험물을 취급하는 위험물제조소는 제외한다)

① 5배
② 10배
③ 50배
④ 100배

해설 지정수량 설치 : 지정수량의 10배 이상(제6류 위험물은 제외)

51

위험물 제조소에 환기설비를 설치할 경우 바닥면적이 100[m²]이면 급기구의 면적은 몇 [cm²] 이상이어야 하는가?

① 150
② 300
③ 450
④ 600

해설 제조소의 환기설비 중 급기구의 크기(위험물법 규칙 별표 4)

- 환기 : 자연배기방식
- 급기구는 당해 급기구가 설치된 실의 바닥면적 150[m²]마다 1개 이상으로 하되 급기구의 크기는 800[cm²] 이상으로 할 것

바닥면적	급기구의 면적
60[m²] 미만	150[cm²] 이상
60[m²] 이상 90[m²] 미만	300[cm²] 이상
90[m²] 이상 120[m²] 미만	450[cm²] 이상
120[m²] 이상 150[m²] 미만	600[cm²] 이상

52

특정소방대상물에 소방시설을 설치하는 경우 소방청장이 정하는 내진설계기준에 맞게 설치해야 하는 설비가 아닌 것은?

① 옥내소화전설비
② 연결살수설비
③ 스프링클러설비
④ 물분무 등 소화설비

해설 내진설계 대상

- 옥내소화전설비
- 스프링클러설비
- 물분무 등 소화설비

53

운송책임자의 감독·지원을 받아 운송해야 하는 위험물은?

① 알칼리토금속
② 칼 륨
③ 유기과산화물
④ 알킬리튬

해설 운송책임자의 감독·지원을 받아 운송해야 하는 위험물
: 알킬알루미늄, 알킬리튬

54

정당한 사유 없이 소방대가 현장에 도착할 때까지 사람을 구출하는 조치 또는 불을 끄거나 불이 번지지 아니하도록 하는 조치를 하지 아니한 사람에 대한 벌칙은?

① 1년 이하의 징역
② 100만원 이하의 벌금
③ 500만원 이하의 벌금
④ 1,000만원 이하의 벌금

해설 100만원 이하의 벌금

- 화재경계지구안의 소방대상물에 대한 소방특별조사를 거부·방해 또는 기피한 자
- 정당한 사유 없이 소방대의 생활안전활동을 방해한 자
- 소방대가 현장에 도착할 때까지 사람을 구출하는 조치 또는 불을 끄거나 불이 번지지 아니하도록 하는 조치를 하지 아니한 사람

55

소방시설 중 소화활동설비에 해당하지 않는 것은?

① 제연설비
② 연소방지설비
③ 비상경보설비
④ 무선통신보조설비

해설 비상경보설비 : 경보설비

56

소방시설의 하자 발생 통보를 받은 공사업자는 며칠 이내에 하자를 보수하거나 보수 일정을 기록한 하자보수계획을 관계인에게 서면으로 알려야 하는가?

① 1일
② 2일
③ 3일
④ 7일

정답 50 ② 51 ③ 52 ② 53 ④ 54 ② 55 ③ 56 ③

해설 공사업자가 관계인에게 하자보수계획을 알려야 하는 기간 : 3일

57

제연설비를 설치해야 하는 특정소방대상물의 기준으로 틀린 것은?

① 운동시설로서 무대부의 바닥면적이 $200[m^2]$ 이상인 것
② 지하가(터널은 제외한다)로서 연면적 $1,000[m^2]$ 이상인 것
③ 휴게시설로서 지하층의 바닥면적이 $500[m^2]$ 이상인 것
④ 문화 및 집회시설 중 영화상영관으로서 수용인원이 100명 이상인 것

해설 시외버스정류장, 철도 및 도시철도시설, 공항시설 및 항공시설의 대합실 또는 **휴게시설**로서 지하층 또는 무창층의 **바닥면적이 1,000[m²] 이상**이면 제연설비 설치 대상이다.

58

소방기본법상 소방대상물에 해당되지 않는 것은?

① 건축물　　　　② 항해 중인 선박
③ 차 량　　　　④ 산 림

해설 항해 중인 선박과 운항 중인 항공기는 소방대상물이 아니다.

59

다음에 해당하는 자에 대한 벌칙기준으로 벌금이 가장 큰 경우는?

① 소방안전관리자를 선임하지 아니한 자
② 변경허가를 받지 아니하고 제조소 등을 변경한 자
③ 위험물의 운반에 관한 중요기준을 따르지 아니한 자
④ 방염성능검사에 합격하지 아니한 물품에 합격표시를 위조하거나 변조하여 사용한 자

해설 벌칙기준
• 소방안전관리자를 선임하지 아니한 자 : 300만원 이하의 벌금
• 변경허가를 받지 아니하고 제조소 등을 변경한 자 : 1,500만원 이하의 벌금
• 위험물의 운반에 관한 중요기준을 따르지 아니한 자 : 1,000만원 이하의 벌금
• 방염성능검사에 합격하지 아니한 물품에 합격표시를 위조하거나 변조하여 사용한 자 : 300만원 이하의 벌금

60

옥외저장탱크의 주위에 그 저장 또는 취급하는 위험물의 최대수량이 지정수량의 1,000배 초과 2,000배 이하인 경우 옥외저장탱크의 측면으로부터 보유해야 하는 공지의 최소 너비는 몇 [m] 이상이어야 하는가? (단, 위험물을 이송하기 위한 배관 그 밖에 이에 준하는 공작물은 제외한다)

① 9　　　　　　② 7
③ 5　　　　　　④ 3

해설 옥외탱크저장소의 보유공지(위험물법 규칙 별표 6)

취급하는 위험물의 최대수량	공지의 너비
지정수량의 500배 이하	3[m] 이상
지정수량의 500배 초과 1,000배 이하	5[m] 이상
지정수량의 1,000배 초과 2,000배 이하	9[m] 이상
지정수량의 2,000배 초과 3,000배 이하	12[m] 이상
지정수량의 3,000배 초과 4,000배 이하	15[m] 이상
지정수량의 4,000배 초과	탱크의 수평단면의 최대지름과 높이 중 큰 것과 같은 거리 이상(30[m] 초과는 30[m]로, 15[m] 미만은 15[m]로 한다)

제4과목 소방기계시설의 구조 및 원리

61

연소할 우려가 있는 개구부의 스프링클러헤드 설치기준 중 다음 ( ) 안에 알맞은 것은?

> 연소할 우려가 있는 개구부에는 그 상하좌우에 (㉠)[m] 간격으로 스프링클러헤드를 설치하되, 스프링클러헤드와 개구부의 내측면으로부터 직선거리는 (㉡)[cm] 이하가 되도록 할 것

① ㉠ 1.5, ㉡ 15
② ㉠ 2.5, ㉡ 15
③ ㉠ 1.5, ㉡ 20
④ ㉠ 2.5, ㉡ 20

해설 연소할 우려가 있는 개구부에는 그 상하좌우에 2.5[m] 간격으로(개구부의 폭이 2.5[m] 이하인 경우에는 그 중앙에) 스프링클러헤드를 설치하되, 스프링클러헤드와 개구부의 내측면으로부터 직선거리는 15[cm] 이하가 되도록 할 것. 이 경우 사람이 상시 출입하는 개구부로서 통행에 지장이 있는 때에는 개구부의 상부 또는 측면(개구부의 폭이 9[m] 이하인 경우에 한한다)에 설치하되 헤드 상호간의 간격은 1.2[m] 이하로 설치하여야 한다.

62

호스릴 이산화탄소소화설비의 설치기준으로 틀린 것은?

① 소화약제 저장용기는 호스릴을 설치하는 장소마다 설치할 것
② 노즐은 20[℃]에서 하나의 노즐마다 40[kg/min] 이상의 소화약제를 방사할 수 있는 것으로 할 것
③ 방호대상물의 각 부분으로부터 하나의 호스접결구까지 수평거리가 15[m] 이하가 되도록 할 것
④ 소화약제 저장용기의 개방밸브는 호스의 설치장소에서 수동으로 개폐할 수 있는 것으로 할 것

해설 호스릴 이산화탄소소화설비의 방사량 : 60[kg/min] 이상

63

소화기의 설치기준 중 다음 ( ) 안에 알맞은 것은? (단, 가연성물질이 없는 작업장 및 지하구의 경우는 제외한다)

> 각 층마다 설치하되, 특정소방대상물의 각 부분으로부터 1개의 소화기까지의 보행거리가 소형소화기의 경우에는 (㉠)[m] 이내, 대형소화기의 경우에는 (㉡)[m] 이내가 되도록 배치할 것

① ㉠ 20, ㉡ 10
② ㉠ 10, ㉡ 20
③ ㉠ 20, ㉡ 30
④ ㉠ 30, ㉡ 20

해설 소화기 설치기준
- 소형소화기 : 보행거리 20[m] 이내
- 대형소화기 : 보행거리 30[m] 이내

64

할론 소화약제 가압용 가스용기의 충전가스로 옳은 것은?

① NO_2
② O_2
③ N_2
④ H_2

해설 가압용 가스용기의 충전가스 : 질소(N_2)

65

완강기의 최대 사용자수는 최대 사용하중을 몇 [N]으로 나누어서 얻는 값으로 해야 하는가?

① 600
② 700
③ 1,000
④ 1,500

해설 완강기의 최대 사용자수

$$최대\ 사용자수 = \frac{최대\ 사용하중}{1,500[N]}$$

66

물분무소화설비의 수원 저수량 기준으로 옳은 것은?

① 특수가연물을 저장하는 또는 취급하는 특정소방대상물 또는 그 부분에 있어서 그 바닥면적 1[m²]에 대하여 20[L/min]로 20분간 방수할 수 있는 양 이상으로 할 것
② 주차장은 그 바닥면적 1[m²]에 대하여 10[L/min]로 20분간 방수할 수 있는 양 이상으로 할 것
③ 케이블트레이는 투영된 바닥면적 1[m²]에 대하여 10[L/min]로 20분간 방수할 수 있는 양 이상으로 할 것
④ 케이블덕트는 투영된 바닥면적 1[m²]에 대하여 12[L/min]로 20분간 방수할 수 있는 양 이상으로 할 것

해설 펌프의 토출량과 수원의 양

특정소방대상물	펌프의 토출량 [L/min]	수원의 양[L]
특수가연물 저장, 취급	바닥면적(50[m²] 이하는 50[m²]로) ×10[L/min·m²]	바닥면적(50[m²] 이하는 50[m²]로) ×10[L/min·m²] ×20[min]
차고, 주차장	바닥면적(50[m²] 이하는 50[m²]로) ×20[L/min·m²]	바닥면적(50[m²] 이하는 50[m²]로) ×20[L/min·m²] ×20[min]
절연유 봉입변압기	표면적(바닥 부분 제외) ×10[L/min·m²]	표면적(바닥 부분 제외) ×10[L/min·m²] ×20[min]
케이블 트레이, 덕트	투영된 바닥면적 ×12[L/min·m²]	투영된 바닥면적 ×12[L/min·m²] ×20[min]
컨베이어 벨트	벨트 부분의 바닥면적 ×10[L/min·m²]	벨트 부분의 바닥면적 ×10[L/min·m²] ×20[min]

67

제연설비에서 배출풍도 단면적의 직경의 크기가 450[mm] 이하인 경우 배출풍도 강판두께의 기준으로 옳은 것은?

① 0.5[mm] 이상
② 0.8[mm] 이상
③ 1.0[mm] 이상
④ 1.2[mm] 이상

해설 배출풍도 강판두께

풍도단면의 긴 변 또는 직경의 크기	강판두께
450[mm] 이하	0.5[mm]
450[mm] 초과 750[mm] 이하	0.6[mm]
750[mm] 초과 1,500[mm] 이하	0.8[mm]
1,500[mm] 초과 2,250[mm] 이하	1.0[mm]
2,250[mm] 초과	1.2[mm]

68

주방용 자동소화장치의 설치기준 중 가스차단 장치는 주방배관의 개폐밸브로부터 최대 몇 [m] 이하의 위치에 설치해야 하는가?

① 1
② 2
③ 3
④ 4

해설 2017년 4월 11일 화재안전기준 개정으로 인하여 맞지 않는 문제임

69

특별피난계단의 계단실 및 부속실 제연설비에 대한 설명으로 틀린 것은?

① 급기구는 급기되는 기류 흐름이 출입문으로 인하여 차단되거나 방해받지 아니하도록 옥내와 면하는 출입문으로부터 가능한 가까운 위치에 설치해야 한다.
② 제연설비가 가동되었을 때, 출입구의 개방에 필요한 힘은 110[N] 이하로 하여야 한다.
③ 보충량은 부속실의 수가 20 이하는 1개층 이상, 20을 초과하는 경우에는 2개층 이상의 보충량으로 한다.
④ 급기구는 급기용 수직풍도와 직접 면하는 벽체 또는 천장에 고정해야 한다.

해설 급기구는 급기되는 기류 흐름이 출입문으로 인하여 차단되거나 방해받지 아니하도록 옥내와 면하는 출입문으로부터 가능한 먼 위치에 설치해야 한다.

70

옥내소화전 방수구와 연결되는 가지배관의 구경은 최소 몇 [mm] 이상이어야 하는가?

① 40
② 50
③ 65
④ 100

해설 옥내소화전 방수구와 연결되는 가지배관의 구경 : 40[mm] 이상

[연결송수관설비와 겸용 시]
• 주배관의 구경 : 100[mm] 이상
• 방수구로 연결되는 배관의 구경 : 65[mm] 이상

71

지하가 중 지하상가에 설치해야 할 인명구조기구의 종류로 옳은 것은?

① 공기호흡기
② 구조대
③ 방열복
④ 인공소생기

해설 공기호흡기 설치대상
• 문화 및 집회시설 중 수용인원 100명 이상의 영화상영관
• 판매시설 중 대규모점포
• 운수시설 중 지하역사
• 지하가 중 지하상가

72

포소화설비의 화재안전기준에 따른 팽창비의 정의로 옳은 것은?

① 최종 발생한 포원액 체적/원래 포원액 체적
② 최종 발생한 포수용액 체적/원래 포원액 체적
③ 최종 발생한 포원액 체적/원래 포수용액 체적
④ 최종 발생한 포 체적/원래 포수용액 체적

해설 팽창비

$$팽창비 = \frac{방출\ 후\ 포의\ 체적[L]}{방출\ 전\ 포수용액[L]}$$

$$= \frac{방출\ 후\ 포의\ 체적[L]}{\frac{원액의\ 양[L]}{농도[\%]}}$$

73

최대 방수구역의 바닥면적이 60[m²]인 주차장에 물분무소화설비를 설치하려고 하는 경우 수원의 최소 저수량은 몇 [m³]인가?

① 12
② 16
③ 20
④ 24

해설 물분무소화설비의 수원
• 차고, 주차장일 때, 수원 = 바닥면적(최소 50[m²]) ×20[L/min·m²]×20[min]
• 특수가연물 저장, 취급 시, 수원 = 바닥면적(최소 50[m²])×10[L/min·m²]×20[min]
∴ 수원 = 60[m²]×20[L/min·m²]×20[min]
= 24,000[L] = 24[m³]

74

하나의 배관에 부착하는 살수헤드의 개수가 7개인 경우 연결살수설비 배관의 최소 구경은 몇 [mm]인가? (단, 연결살수설비 전용헤드를 사용하는 경우이다)

① 32
② 40
③ 50
④ 80

해설 연결살수설비의 배관
연결살수설비 전용헤드를 사용하는 경우에는 다음 표에 따른 구경 이상으로 할 것

하나의 배관에 부착하는 살수헤드의 개수	1개	2개	3개	4개 또는 5개	6개 이상 10개 이하
배관의 구경 [mm]	32	40	50	65	80

75

평상시 최고 주위온도가 110[℃]이며 높이가 3.8[m]인 공장에 설치하는 폐쇄형 스프링클러헤드의 표시온도로 옳은 것은?

① 79[℃] 미만
② 79[℃] 이상 121[℃] 미만
③ 121[℃] 이상 162[℃] 미만
④ 162[℃] 이상

해설 폐쇄형 스프링클러헤드의 표시온도

설치장소의 최고 주위온도	표시온도
39[℃] 미만	79[℃] 미만
39[℃] 이상 64[℃] 미만	79[℃] 이상 121[℃] 미만
64[℃] 이상 106[℃] 미만	121[℃] 이상 162[℃] 미만
106[℃] 이상	162[℃] 이상

76

스프링클러설비 교차배관의 최소구경은 몇 [mm] 이상이어야 하는가?(단, 패들형 유수검지장치를 사용하는 경우는 제외한다)

① 13　　　　　② 25
③ 32　　　　　④ 40

해설 교차배관의 구경 : 40[mm] 이상(패들형 유수검지장치는 제외)

77

분말소화설비 저장용기의 설치기준으로 옳은 것은?

① 저장용기의 충전비는 0.7 이상으로 할 것
② 가압식의 분말소화설비는 사용압력 범위를 표시한 지시압력계를 설치할 것
③ 축압식은 용기의 내압시험압력의 1.8배 이하의 압력에서 작동하는 안전밸브를 설치할 것
④ 저장용기에는 저장용기의 내부압력이 설정압력으로 되었을 때 주밸브를 개방하는 정압작동장치를 설치할 것

해설 분말소화설비 저장용기의 설치기준
　• 충전비 : 0.8 이상
　• 축압식의 분말소화설비는 사용압력 범위를 표시한 지시압력계를 설치할 것
　• 축압식은 용기의 내압시험압력의 0.8배 이하의 압력에서 작동하는 안전밸브를 설치할 것
　• 저장용기에는 저장용기의 내부압력이 설정압력으로 되었을 때 주밸브를 개방하는 정압작동장치를 설치할 것

78

제3종 분말소화설비에 사용되는 소화약제의 주성분으로 옳은 것은?

① 인산염
② 탄산수소칼륨
③ 탄산수소나트륨
④ 탄산수소칼륨과 요소와의 반응물

해설 제3종 분말 : 인산염(제일인산암모늄)

79

공기포 소화약제의 혼합방식 중 펌프와 발포기의 중간에 설치된 벤투리관의 벤투리작용에 따라 포소화약제를 흡입·혼합하는 방식은?

① 라인 프로포셔너 방식
② 프레셔 프로포셔너 방식
③ 펌프 프로포셔너 방식
④ 프레셔사이드 프로포셔너 방식

해설 라인 프로포셔너 방식
　공기포 소화약제의 혼합방식 중 펌프와 발포기의 중간에 설치된 벤투리관의 벤투리작용에 따라 포소화약제를 흡입·혼합하는 방식

80

연결살수설비의 헤드를 설치하지 아니할 수 있는 장소의 기준으로 틀린 것은?

① 천장·반자 중 한쪽이 불연재료로 되어 있고, 천장과 반자 사이의 거리가 1[m] 미만인 부분
② 현관 또는 로비 등으로서 바닥으로부터 높이가 15[m] 이상인 장소
③ 천장과 반자 양쪽이 불연재료로 되어 있는 경우로서 천장과 반자 사이의 거리가 2[m] 미만인 부분
④ 천장과 반자 양쪽이 불연재료로 되어 있는 경우로서 천장과 반자 사이의 벽이 불연재료이고, 천장과 반자 사이의 거리가 2[m] 이상으로서 그 사이에 가연물이 존재하지 아니하는 부분

해설 현관 또는 로비 등으로서 바닥으로부터 **높이가 20[m] 이상**인 장소에는 연결살수헤드 면제대상이다.

76 ④　77 ④　78 ①　79 ①　80 ② **정답**

2017년 3월 5일 시행

제 1 회

제 1 과목 **소방원론**

01

일반적인 화재에서 연소 불꽃 온도가 1,500[℃]이었을 때의 연소 불꽃의 색상은?

① 휘백색   ② 적 색
③ 휘적색   ④ 암적색

해설 연소 시 불꽃 색상

색 상	온도[℃]	색 상	온도[℃]
담암적색	520	황적색	1,100
암적색	700	백적색	1,300
적 색	850	휘백색	1,500 이상
휘적색	950		

02

인화점이 가장 낮은 것은?

① 경 유   ② 메틸알코올
③ 이황화탄소   ④ 등 유

해설 제4류 위험물의 인화점

종 류	품 명	인화점
경 유	제2석유류	50~70[℃]
메틸알코올	알코올류	11[℃]
이황화탄소	특수인화물	-30[℃]
등 유	제2석유류	40~70[℃]

제4류 위험물의 인화점 구분
• 특수인화물 : 인화점이 -20[℃] 이하이고 비점이 40[℃] 이하인 것
• 제1석유류 : 인화점이 21[℃] 미만인 것
• 제2석유류 : 인화점이 21[℃] 이상 70[℃] 미만인 것
• 제3석유류 : 인화점이 70[℃] 이상 200[℃] 미만인 것

• 제4석유류 : 인화점이 200[℃] 이상 250[℃] 미만인 것
• 알코올류 : 메틸알코올(인화점 11[℃]), 에틸알코올(인화점 13[℃])

03

실내온도 15[℃]에서 화재가 발생하여 900[℃]가 되었다면 기체의 부피는 약 몇 배로 팽창되는가?

① 2.23   ② 4.07
③ 6.45   ④ 8.05

해설 샤를의 법칙을 적용하면

$$V_2 = V_1 \times \frac{T_2}{T_1} = 1 \times \frac{(273+900)[K]}{(273+15)[K]} = 4.07$$

04

숯, 코크스가 연소하는 형태에 해당하는 것은?

① 분무연소   ② 예혼합연소
③ 표면연소   ④ 분해연소

해설 고체의 연소
• **표면연소** : 목탄, 코크스, 숯, 금속분 등이 열분해에 의하여 가연성가스를 발생하지 않고 그 물질 자체가 연소하는 현상
• **분해연소** : 석탄, 종이, 목재, 플라스틱 등의 연소 시 열분해에 의해 발생된 가스와 공기가 혼합하여 연소하는 현상
• **증발연소** : 황, 나프탈렌, 왁스, 파라핀 등과 같이 고체를 가열하면 열분해는 일어나지 않고 고체가 액체로 되어 일정온도가 되면 액체가 기체로 변화하여 기체가 연소하는 현상
• **자기연소(내부연소)** : 제5류 위험물인 나이트로셀룰로스, 질화면 등 그 물질이 가연물과 산소를 동시에 가지고 있는 가연물이 연소하는 현상

05

열의 전달 형태가 아닌 것은?

① 대 류　　　　　② 산 화
③ 전 도　　　　　④ 복 사

해설 열전달 형태 : 전도, 대류 복사

06

건축물 화재 시 계단실 내 연기의 수직이동속도는 약 몇 [m/s]인가?

① 0.5~1　　　　　② 1~2
③ 3~5　　　　　④ 10~15

해설 연기의 이동속도

방 향	수평방향	수직방향	실내계단
이동속도	0.5~1.0 [m/s]	1.0~2.0 [m/s]	3.0~5.0 [m/s]

07

수소의 공기 중 폭발한계는 약 몇 [vol%]인가?

① 12.5~74　　　　　② 4~75
③ 3~12.4　　　　　④ 2.5~81

해설 폭발한계(연소범위)

종 류	연소범위
일산화탄소	12.5~74[%]
수 소	4~75[%]
에 탄	3~12.4[%]
아세틸렌	2.5~81[%]

08

피난대책의 일반적인 원칙으로 틀린 것은?

① 피난경로는 간단명료하게 한다.
② 피난구조설비는 고정식 설비보다 이동식 설비를 위주로 설치한다.

③ 피난수단은 원시적 방법에 의한 것을 원칙으로 한다.
④ 2방향 피난통로를 확보한다.

해설 피난대책의 일반적인 원칙
- 피난경로는 **간단명료**하게 할 것
- 피난구조설비는 **고정식설비를 위주**로 할 것
- 피난수단은 **원시적 방법**에 의한 것을 원칙으로 할 것
- **2방향 이상의 피난통로**를 확보할 것
- 피난통로는 불연화로 할 것

09

다음 물질 중 자연발화의 위험성이 가장 낮은 것은?

① 석 탄　　　　　② 팽창질석
③ 셀룰로이드　　　　　④ 퇴 비

해설 팽창질석, 팽창진주암 : 소화약제

10

액체위험물 화재 시 물을 방사하게 되면 열류를 교란시켜 탱크 밖으로 밀어 올리거나 비산시키는 현상은?

① 열파(Thermal Wave)현상
② 슬롭오버(Slop Over)현상
③ 파이어볼(Fire Ball)현상
④ 보일오버(Boil Over)현상

해설 슬롭오버(Slop Over)
액체위험물 화재 시 물을 방사하게 되면 열류를 교란시켜 탱크 밖으로 밀어 올리거나 비산시키는 현상

11

수소 1[kg]이 완전연소 할 때 필요한 산소량은 몇 [kg]인가?

① 4　　　　　② 8
③ 16　　　　　④ 32

해설 산소량

$$2H_2 + O_2 \rightarrow 2H_2O$$

$2\times2[kg]　32[kg]$
$1[kg]　　x$

$$\therefore \; x = \frac{1\,[\text{kg}] \times 32\,[\text{kg}]}{2 \times 2\,[\text{kg}]} = 8\,[\text{kg}]$$

12

다음 중 발화점[℃]이 가장 낮은 물질은?

① 아세틸렌　　　② 메 탄
③ 프로판　　　　④ 이황화탄소

해설 발화점

종 류	발화점
아세틸렌	299[℃]
메 탄	537[℃]
프로판	466[℃]
이황화탄소	100[℃]

13

내화건축물과 비교한 목조건축물 화재의 일반적인 특징은?

① 고온 단기형　　　② 저온 단기형
③ 고온 장기형　　　④ 저온 장기형

해설 화재 특성
• 목조건축물 : 고온 단기형
• 내화건축물 : 저온 장기형

14

제3종 분말소화약제의 주성분으로 옳은 것은?

① 탄산수소나트륨　　② 제1인산암모늄
③ 탄산수소칼륨　　　④ 탄산수소칼륨과 요소

해설 분말소화약제

종 별	소화약제	약제의 착색	적응화재
제1종 분말	중탄산나트륨 ($NaHCO_3$)	백 색	B, C급
제2종 분말	중탄산칼륨($KHCO_3$)	담회색	B, C급
제3종 분말	제일인산암모늄 ($NH_4H_2PO_4$)	담홍색, 황색	A, B, C급
제4종 분말	중탄산칼륨+요소 [$KHCO_3 + (NH_2)_2CO$]	회 색	B, C급

15

상온·상압 상태에서 기체로 존재하는 할론소화약제로만 연결된 것은?

① Halon 2402, Halon 1211
② Halon 1211, Halon 1011
③ Halon 1301, Halon 1011
④ Halon 1301, Halon 1211

해설 할론소화약제

종 류 구 분	할론 1301	할론 1211	할론 2402	할론 1011
화학식	CF_3Br	CF_2ClBr	$C_2F_4Br_2$	CH_2ClBr
상온 상태	기 체	기 체	액 체	액 체

16

건축물의 주요구조부에 해당하는 것은?

① 내력벽　　　　② 작은 보
③ 옥외 계단　　　④ 사잇기둥

해설 주요구조부 : 내력벽, 기둥, 바닥, 보, 지붕틀, 주계단

17

위험물의 유별에 따른 대표적인 성질의 연결이 틀린 것은?

① 제1류 - 산화성고체　② 제2류 - 가연성고체
③ 제4류 - 인화성액체　④ 제5류 - 산화성액체

해설 위험물의 성질

종 류	성 질
제1류	산화성고체
제2류	가연성고체
제3류	자연발화성 및 금수성물질
제4류	인화성액체
제5류	자기반응성물질
제6류	산화성액체

정답 12 ④　13 ①　14 ②　15 ④　16 ①　17 ④

18

분말소화약제의 열분해 반응식 중 다음 (   ) 안에 알맞은 것은?

$$2NaHCO_3 \rightarrow Na_2CO_3 + H_2O + (\qquad)$$

① Na
② Na_2
③ CO
④ CO_2

해설 분말소화약제의 분해반응식

- 제1종 분말 :
  $2NaHCO_3 \rightarrow Na_2CO_3 + CO_2 + H_2O$
- 제2종 분말 :
  $2KHCO_3 \rightarrow K_2CO_3 + CO_2 + H_2O$
- 제3종 분말 :
  $NH_4H_2PO_4 \rightarrow NH_3 + HPO_3 + H_2O$
- 제4종 분말 :
  $2KHCO_3 + (NH_2)_2CO \rightarrow K_2CO_3 + 2NH_3 + 2CO_2$

19

동식물유류에서 "아이오딘값이 크다"라는 의미로 옳은 것은?

① 불포화도가 높다.
② 불건성유이다.
③ 자연발화성이 낮다.
④ 산소와의 결합이 어렵다.

해설 동·식물유류의 분류

구 분	건성유	반건성유	불건성유
아이오딘값	130 이상	100~130	100 이하
반응성	크 다	중 간	적 다
불포화도	크 다	중 간	적 다
종 류	아마인유, 해바라기유, 들기름, 정어리기름, 동유, 상어유	참기름, 콩기름, 채종유, 청어유, 옥수수기름, 면실유	피마자유, 올리브유, 야자유, 돼지기름, 쇠기름, 고래기름

20

황린과 적린이 서로 동소체라는 것을 증명하는 가장 효과적인 실험은?

① 비중을 비교한다.
② 착화점을 비교한다.
③ 유기용제에 대한 용해도를 비교한다.
④ 연소생성물을 확인한다.

해설 동소체는 같은 원소로 되어 있으면서 성질과 모양이 다른 단체로서 연소 생성물로서 동소체임을 확인한다.

원 소	동 소 체
탄 소	흑연, 다이아몬드
산 소	산소, 오존
황	사방황, 단사황
인	백인, 적인, 황인

제 **2** 과목 **소방유체역학**

21

안지름 1,000[mm]의 원통형 수조에 들어있는 물을 안지름 150[mm]인 관을 통해 평균유속 3[m/s]로 배출한다. 이때 수조 내 수면의 강하속도는 약 몇 [cm/s]인가?

① 3.24
② 1.423
③ 6.75
④ 14.13

해설 강하속도

$$u_2 = u_1 \times \left(\frac{D_1}{D_2}\right)^2 = 300[cm/s] \times \left(\frac{150[mm]}{1,000[mm]}\right)^2$$
$$= 6.75[cm/s]$$

22

그림과 같이 개방된 물탱크의 수면까지 수직으로 살짝 잠긴 반지름 a인 원형 평판을 b만큼 밀어 넣었더니 한쪽 면이 압력에 의해 받는 힘이 50[%] 늘어났다. 대기압의 영향을 무시한다면 b/a는?

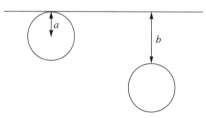

① 0.2
② 0.5
③ 1
④ 2

해설 b/a

전압력 $F_a = \gamma A a$, $F_b = \gamma A (a+b)$

$F_b = \gamma A (a+b) = 1.5 F_a = 1.5 \gamma A a$

$\therefore a + b = 1.5a$, $b = 0.5a$, $\dfrac{b}{a} = 0.5$

23

관 내 유동에서 해당 유체가 완전발달 층류유동을 할 때 관마찰계수는?

① 레이놀즈수와 관의 상대조도에 관계된다.
② 마하수와 레이놀즈수에 관계된다.
③ 관의 길이와 지름 및 레이놀즈수에 관계된다.
④ 레이놀즈수에만 관계된다.

해설 층류 흐름에서의 관마찰계수 $f = \dfrac{64}{\text{Re}}$ 이다.

24

유량계수가 0.94인 방수노즐로부터 방수압력(계기압력) 255[kPa]로 물을 방사할 때 방수량을 측정한 결과 0.1[m³/min]이었다며 사용한 노즐의 구경은 약 몇 [mm]인가?

① 10
② 12
③ 14
④ 16

해설 방수량

$$Q = 0.6597 CD^2 \sqrt{10P}$$

여기서, Q : 방수량(0.1×1,000[L/min])
C : 유량계수(0.94)
D : 노즐구경[mm]
P : 방수압력(0.255[MPa])

$\therefore D^2 = \dfrac{Q}{0.6597 \times C \times \sqrt{10P}}$

$= \sqrt{\dfrac{100[\text{L/min}]}{0.6597 \times 0.94 \times \sqrt{10 \times 0.255[\text{MPa}]}}}$

$= 10.05[\text{mm}]$

25

이상기체의 내부에너지에 대한 설명 중 옳은 것은?

① 내부에너지는 압력과 온도의 함수이다.
② 내부에너지는 압력만의 함수이다.
③ 내부에너지는 체적과 압력의 함수이다.
④ 내부에너지는 온도만의 함수이다.

해설 이상기체의 내부에너지, 엔탈피는 온도만의 함수이다.

26

20[℃], 2[kg]의 공기가 온도의 변화 없이 팽창하여 그 체적이 2배로 되었을 때, 이 시스템이 외부에 한 일은 약 몇 [kJ]인가?(단, 공기의 기체상수는 0.287 [kJ/kg · K]이다)

① 85.63
② 102.85
③ 116.63
④ 125.71

해설 $W = nRT \ln \dfrac{V_2}{V_1}$ 공식에서 $V_2 = 2V_1$

$\therefore 2[\text{kg}] \times 0.287[\text{kJ/kg} \cdot \text{K}] \times 293[\text{K}] \times \ln \dfrac{2V_1}{V_1}$

$= 116.56[\text{kJ}]$

27

물속에 지름 4[mm]의 유리관을 삽입할 때, 모세관에 의한 상승높이는 약 몇 [mm]인가?(단, 물과 유리관의 접촉각은 0°이고, 물의 표면장력은 0.0742[N/m]이다)

① 4.1　　　　　　② 5.3
③ 6.7　　　　　　④ 7.6

해설 상승높이(h)

$$h = \frac{4\sigma\cos\theta}{\gamma d}$$

여기서, σ : 표면장력[N/m]
　　　　θ : 각 도
　　　　γ : 비중량(9,800[N/m^3])
　　　　d : 직경[m]

$$\therefore h = \frac{4 \times 0.0742[\text{N/m}] \times \cos 0}{9,800 \times 0.004[\text{m}]}$$

$$= 0.00757[\text{m}] = 7.57[\text{mm}]$$

28

그림과 같이 물 제트가 정지하고 있는 사각판의 중앙부분에 직각방향으로 부딪히도록 분사하고 있다. 이때 분사속도(V_j)를 점차 증가시켰더니 2[m/s]의 속도가 될 때 사각판이 넘어졌다면, 이판의 질량은 약 몇 [kg]인가?(단, 제트의 단면적은 0.01[m^2]이다)

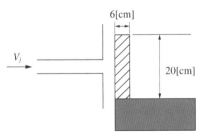

① 4.1[kg]　　　　② 13.6[kg]
③ 16.4[kg]　　　④ 40.0[kg]

해설 사각판 하단 우측 끝지점 모멘트 평형을 적용하면

$$1,000[\text{kg/m}^3] \times 0.01[\text{m}^2] \times (2[\text{m/s}])^2 \times \left(\frac{0.2}{2}[\text{m}]\right)$$

$$= x \times 9.8[\text{m/s}^2] \times \frac{0.06}{2}[\text{m}]$$

$$\therefore x = 13.6[\text{kg}]$$

29

비중이 0.7인 물체를 물에 띄우면 전체 체적의 몇 [%]가 물속에 잠기는가?

① 30[%]　　　　　② 49[%]
③ 70[%]　　　　　④ 100[%]

해설 물체의 체적은 V, 물체가 물에 잠긴 체적은 V_1이라면 물체의 무게 = 부력이므로

$$1,000 \times 0.7 \times V = 1,000 \times V_1$$

$$\therefore \frac{V_1}{V} = 0.7 \rightarrow 70[\%]$$

30

비점성 유체를 가장 옳게 설명한 것은?

① 실제 유체를 뜻한다.
② 전단응력이 존재하는 유체흐름을 뜻한다.
③ 유체 유동 시 마찰저항이 존재하는 유체이다.
④ 유체 유동 시 마찰저항이 유발되지 않는 이상적인 유체를 말한다.

해설 비점성유체 : 유체 유동 시 마찰저항이 유발되지 않는 이상적인 유체

31

다음 중 무차원이 아닌 것은?

① 기체상수　　　　② 레이놀즈수
③ 항력계수　　　　④ 비 중

해설 무차원은 단위가 없는 것인데
기체상수 $R = 0.08205 \dfrac{[\text{L} \cdot \text{atm}]}{[\text{g} - \text{mol} \cdot \text{K}]}$이다.

32

어떤 펌프를 전양정 50[m], 유량 1.5[m^3/min]로 운전하기 위해 가해주는 동력이 15[kW]라면 이 펌프의 효율은 약 몇 [%]인가?

① 72.6　　　　　　② 75.4
③ 78.8　　　　　　④ 81.7

해설 전동기 용량

$$P[\text{kW}] = \frac{\gamma Q H}{102 \times \eta} \times K$$

여기서, P : 동력[kW]

γ : 물의 비중량(1,000[kg_f/m^3])

Q : 유량(1.5[m^3/60sec])

H : 전양정(50[m])

K : 전달계수

η : Pump 효율

$$\therefore \eta = \frac{\gamma Q H K}{P \times 102} = \frac{1,000 \times 1.5/60 \times 50 \times 1}{15 \times 102}$$

$$= 0.817 \Rightarrow 81.7[\%]$$

33

그림과 같이 수조측면에 구멍이 나있다. 이 구멍을 통하여 흐르는 유속은 약 몇 [m/s]인가?

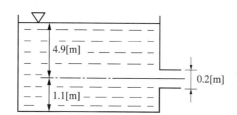

① 6.9　　　　② 3.09

③ 9.8　　　　④ 13.8

해설 유 속

$$u = \sqrt{2 g H}$$

$$\therefore u = \sqrt{2 g H} = \sqrt{2 \times 9.8[\text{m/s}^2] \times 4.9[\text{m}]}$$

$$= 9.8[\text{m/s}]$$

34

텅스텐, 백금 또는 백금-이리듐 등을 전기적으로 가열하고 통과 풍량에 따른 열교환양으로 속도를 측정하는 것은?

① 열선 풍속계　　　② 도플러 풍속계

③ 컵형 풍속계　　　④ 포토디렉터 풍속계

해설 **열선풍속계** : 텅스텐, 백금 또는 백금-이리듐 등을 전기적으로 가열하고 통과 풍량에 따른 열교환 양으로 속도를 측정한다.

35

그림에서 h_1=300[m], h_2=150[mm], h_3=350[mm]일 때 A와 B의 압력차($P_A - P_B$)는 약 몇 [kPa]인가? (단, A, B의 액체는 물이고, 그 사이의 액주계 유체는 비중이 13.6인 수은이다)

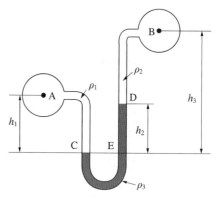

① 15　　　　② 17

③ 19　　　　④ 21

해설 압력차

$$\Delta P(P_A - P_B) = \rho_2 h_2 + \rho_3 h_3 - \rho_1 h_1$$

$$= (13.6 \times 9,800[\text{N/m}^2] \times 0.15[\text{m}])$$

$$+ (9,800[\text{N/m}^2] \times (0.35 - 0.15))$$

$$- (9,800[\text{N/m}^2] \times 0.3[\text{m}])$$

$$= 19,012[\text{N/m}^2](\text{Pa})$$

$$= 19.0[\text{kPa}]$$

36

지름 4[cm]인 관에 동점성계수 5×10^{-2}[cm^2/s]인 유체가 평균 속도 2[m/s]로 흐르고 있을 때 레이놀즈수는 얼마인가?

① 14,000　　　② 16,000

③ 18,000　　　④ 20,000

해설 레이놀즈수

$$Re = \frac{D u}{\nu}$$

여기서, D : 직경[cm]　　　u : 유속[cm/s]

ν : 동점성계수[cm^2/s]

$$\therefore Re = \frac{D u}{\nu} = \frac{4[\text{cm}] \times 200[\text{cm/s}]}{5 \times 10^{-2}[\text{cm}^2/\text{s}]} = 16,000$$

37

임펠러의 지름이 같은 원심식 송풍기에서 회전수만 변화시킬 때 동력변화를 구하는 식으로 옳은 것은? (단, 변화 전·후의 회전수를 N_1, N_2, 변화 전·후의 동력을 L_1, L_2로 표시한다)

① $L_2 = L_1 \times \left(\dfrac{N_2}{N_1} \right)^3$

② $L_2 = L_1 \times \left(\dfrac{N_2}{N_1} \right)^2$

③ $L_2 = L_1 \times \left(\dfrac{N_1}{N_2} \right)^3$

④ $L_2 = L_1 \times \left(\dfrac{N_1}{N_2} \right)^2$

해설 펌프의 상사법칙

> (1) 유량　$Q_2 = Q_1 \times \dfrac{N_2}{N_1} \times \left(\dfrac{D_2}{D_1} \right)^3$
>
> (2) 전양정　$H_2 = H_1 \times \left(\dfrac{N_2}{N_1} \right)^2 \times \left(\dfrac{D_2}{D_1} \right)^2$
>
> (3) 동력　$L_2 = L_1 \times \left(\dfrac{N_2}{N_1} \right)^3 \times \left(\dfrac{D_2}{D_1} \right)^5$

여기서, N : 회전수[rpm], D : 내경[mm]

38

표준 대기압 상태에서 15[℃]의 물 2[kg]을 모두 기체로 증발시키고자 할 때 필요한 에너지는 약 몇 [kJ]인가?(단, 물의 비열은 4.2[kJ/kg·K], 기화열은 2,256[kJ/kg]이다)

① 355

② 1,248

③ 2,256

④ 5,226

해설 에너지＝현열＋기화잠열＝$mc\Delta t + \gamma m$

∴ 에너지(열량)＝$mc\Delta t + \gamma m$
＝2[kg]×4.2[kJ/kg·K]×(373−288)[K]
＋(2,256[kJ/kg·K]×2[kg])
＝5,526[kJ]

39

그림과 같이 안쪽원의 지름이 D_1, 바깥쪽 원의 지름이 D_2인 두 개의 동심원 사이에 유체가 흐르고 있다. 이 유동 단면의 수력지름(Hydraulic Diameter)을 구하면?

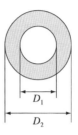

① $D_2 + D_1$　　　② $D_2 - D_1$

③ $\pi(D_2 + D_1)$　　　④ $\pi(D_2 - D_1)$

해설 유동단면적을 A, 접수길이를 P라 할 때 수력반지름

$R_h = \dfrac{A}{P}$ 이고, 수력지름 $D_h = 4R_h$ 이다.

$$\therefore \text{수력지름 } D_h = 4 \times \frac{\frac{\pi}{4}(D_2 - D_1)^2}{\pi(D_2 + D_1)}$$

$$= \frac{(D_2 - D_1)(D_2 + D_1)}{(D_2 + D_1)}$$

$$= D_2 - D_1$$

40

완전 흑체로 가정한 흑연의 표면 온도가 450[℃]이다. 단위면적당 방출되는 복사에너지 유속은 약 몇 [kW/m²]인가?(단, 흑체의 Stefan−Boltzmann 상수는 $\sigma = 5.67 \times 10^{-8}$[W/m²·K⁴]이다)

① 2.33　　　② 15.5

③ 21.4　　　④ 232.5

해설 복사에너지 $q = \sigma T^4$

$= 5.67 \times 10^{-8} \times (450+273)^4$

$= 15{,}493[\text{W/m}^2] = 15.49[\text{kW/m}^2]$

제 3 과목 소방관계법규

41

단독경보형감지기를 설치해야 하는 특정소방대상물의 기준으로 틀린 것은?

① 연면적 800[m²] 미만의 숙박시설
② 연면적 1,000[m²] 미만의 아파트동
③ 연면적 1,000[m²] 미만의 기숙사
④ 수련시설 내에 있는 연면적 2,000[m²] 미만의 기숙사

해설 단독경보형감지기의 설치 기준
- 연면적 1,000[m²] 미만의 아파트 등, 기숙사
- 교육연구시설 또는 수련시설 내에 있는 합숙소 또는 기숙사로서 연면적 2,000[m²] 미만
- 연면적 600[m²] 미만의 숙박시설
- 연면적 400[m²] 미만의 유치원

42

화재안전기준을 달리 적용하여야 하는 특수한 용도 또는 구조를 가진 특정소방대상물 중 원자력발전소, 핵폐기물처리시설에 설치하지 아니할 수 있는 소방시설로 옳은 것은?

① 옥내소화전설비 및 소화용수설비
② 연결송수관설비 및 연결살수설비
③ 옥내소화전설비 및 옥외소화전설비
④ 스프링클러설비 및 물분무 등 소화설비

해설 소방시설을 설치하지 아니할 수 있는 특정소방대상물 및 소방시설의 범위 [별표 6]

구 분	특정소방대상물	소방시설
1. 화재위험도가 낮은 특정소방대상물	석재·불연성금속·불연성 건축재료 등의 가공공장·기계조립공장·주물공장 또는 불연성 물품을 저장하는 창고	옥외소화전 및 연결살수설비

구 분	특정소방대상물	소방시설
1. 화재위험도가 낮은 특정소방대상물	소방기본법 제2조 제5호의 규정에 의한 소방대가 조직되어 24시간 근무하고 있는 청사 및 차고	옥내소화전비, 스프링클러설비, 물분무 등 소화설비, 비상방송설비, 피난기구, 소화용수설비, 연결송수관설비, 연결살수설비
2. 화재안전기준을 적용하기가 어려운 특정소방대상물	펄프공장의 작업장·음료수공장의 세정 또는 충전하는 작업장 그 밖에 이와 비슷한 용도로 사용하는 것	스프링클러설비, 상수도소화용수설비 및 연결살수설비
	정수장, 수영장, 목욕장, 농예·축산·어류양식용시설, 그 밖에 이와 비슷한 용도로 사용되는 것	자동화재탐지설비, 상수도소화용수설비 및 연결살수설비
3. 화재안전기준을 다르게 적용하여야 하는 특수한 용도 또는 구조를 가진 특정소방대상물	원자력발전소, 핵폐기물처리시설	연결송수관설비 및 연결살수설비
4. 위험물안전관리법 제19조에 의한 자체소방대가 설치된 특정소방대상물	자체소방대가 설치된 위험물제조소 등에 부속된 사무실	옥내소화전설비, 소화용수설비, 연결살수설비 및 연결송수관설비

43

제조소 등의 지위승계 및 폐지에 관한 설명 중 다음 ( ) 안에 알맞은 것은?

제조소 등의 설치자가 사망하거나 그 제조소 등의 양도·인도한 때 또는 합병이 있는 때에는 그 설치자의 지위를 승계한 자는 승계한 날부터 (㉠)일 이내에 그리고 제조소 등의 관계인은 당해 제조소 등의 용도를 폐지한 때에는 용도를 폐지한 날부터 (㉡)일 이내에 시·도지사에게 신고하여야 한다.

① ㉠ 14, ㉡ 14
② ㉠ 14, ㉡ 30
③ ㉠ 30, ㉡ 14
④ ㉠ 30, ㉡ 30

정답 41 ① 42 ② 43 ③

해설 제조소 등의 신고
- 제조소 등의 **지위승계**
  - 신고 : 시·도지사에게 신고
  - 기간 : 지위 승계한 날부터 **30일 이내**
- 제조소 등의 **용도폐지**
  - 신고 : 시·도지사에게 신고
  - 기간 : 용도폐지한 날부터 **14일 이내**

44

위험물을 취급하는 건축물 그 밖의 시설 주위에 보유해야 하는 공지의 너비를 정하는 기준이 되는 것은? (단, 위험물을 이송하기 위한 배관 그밖에 이와 유사한 시설을 제외한다)

① 위험물안전관리자의 보유 기술자격
② 위험물의 품명
③ 취급하는 위험물의 최대수량
④ 위험물의 성질

해설 위험물의 보유공지 확보 기준 : 취급 또는 저장하는 위험물의 최대수량(지정수량의 배수)

45

소방기본법령상 화재피해조사 중 재산피해 조사의 조사범위가 아닌 것은?

① 열에 의한 탄화, 용융, 파손 등의 피해
② 연기, 물품반출, 화재로 인한 폭발 등에 의한 피해
③ 소방시설의 사용 또는 작동 등의 상황
④ 소화활동 중 사용된 물로 인한 피해

해설 화재조사의 종류 및 조사의 범위
- 화재원인조사

종류	조사범위
발화원인 조사	화재가 발생한 과정, 화재가 발생한 지점 및 불이 붙기 시작한 물질
발견·통보 및 초기 소화상황 조사	화재의 발견·통보 및 초기소화 등 일련의 과정
연소상황 조사	화재의 연소경로 및 확대원인 등의 상황
피난상황 조사	피난경로, 피난상의 장애요인 등의 상황
소방시설 등 조사	소방시설의 사용 또는 작동 등의 상황

- 화재피해조사

종류	조사범위
인명피해 조사	• **소방활동 중 발생한 사망자 및 부상자** • 그 밖에 화재로 인한 사망자 및 부상자
재산피해 조사	• **열에 의한 탄화, 용융, 파손 등의 피해** • **소화활동 중 사용된 물로 인한 피해** • 그 밖에 연기, 물품반출, 화재로 인한 폭발 등에 의한 피해

46

소방시설공사 현장에 감리원을 배치하지 아니한 자의 벌칙 기준은?

① 100만원 이하의 벌금
② 300만원 이하의 벌금
③ 500만원 이하의 벌금
④ 1,000만원 이하의 벌금

해설 300만원 이하의 벌금
- 등록증이나 등록수첩을 다른 자에게 빌려준 자
- 소방시설공사 현장에 **감리원을 배치하지 아니한 자**
- 감리업자의 보완 요구에 따르지 아니한 자
- 공사감리 계약을 해지하거나 대가 지급을 거부하거나 지연시키거나 불이익을 준 자
- 자격수첩 또는 경력수첩을 빌려 준 사람
- 동시에 둘 이상의 업체에 취업한 사람
- 관계인의 정당한 업무를 방해하거나 업무상 알게 된 비밀을 누설한 사람

47

소방기본법상 최대 200만원 이하의 과태료 처분 대상이 아닌 것은?

① 화재 또는 구조·구급이 필요한 상황을 거짓으로 알린 사람
② 소방활동구역을 대통령령으로 정하는 사람 외에 출입한 사람
③ 소방용수시설, 소화기구 등의 설치 명령을 위반한 자
④ 대통령령으로 정하는 특수가연물의 저장 및 취급 기준을 위반한 자

해설 과태료

(1) **500만원 이하의 과태료**
화재 또는 구조·구급이 필요한 상황을 거짓으로 알린 사람

(2) **200만원 이하의 과태료**
① 소방용수시설, 소화기구 및 설비 등의 설치 명령을 위반한 자
② 불을 사용할 때 지켜야 하는 사항 및 같은 조 제2항에 따른 특수가연물의 저장 및 취급 기준을 위반한 자
③ 한국119청소년단 또는 이와 유사한 명칭을 사용한 자
④ 소방자동차전용구역 방해행위로 소방자동차의 출동에 지장을 준 자
⑤ 소방활동구역을 출입한 사람
⑥ 출입·조사 등의 명령을 위반하여 보고 또는 자료 제출을 하지 아니하거나 거짓으로 보고 또는 자료 제출을 한 자
⑦ 한국소방안전원 또는 이와 유사한 명칭을 사용한 자

(3) **100만원 이하의 과태료**
전용구역에 차를 주차하거나 전용구역에의 진입을 가로막는 등의 방해행위를 한 자

48

수용인원 산정방법 중 침대가 없는 숙박시설로서 해당 특정소방대상물의 종사자의 수는 5명, 복도, 계단 및 화장실의 바닥면적을 제외한 바닥면적이 158[m²]인 경우의 수용인원은?

① 84명   ② 58명
③ 45명   ④ 37명

해설 수용인원

침대가 없는 숙박시설 : 해당 특정소방대상물의 종사자 수에 숙박시설 바닥면적의 합계를 3[m²]로 나누어 얻은 수를 합한 수

$$\therefore \text{수용인원} = 5 + \frac{158[m^2]}{3[m^2]} = 57.67 \rightarrow 58\text{명}$$

49

특정소방대상물의 의료시설 중 병원에 해당하지 않는 것은?

① 마약진료소   ② 장례식장
③ 전염병원   ④ 요양병원

해설 의료시설

- 병원(종합병원, 병원, 치과병원, 한방병원, **요양병원**)
- 격리병원(**전염병원, 마약진료소**)
- 정신의료기관
- 장애인 의료재활시설

> 장례식장 : 특정소방대상물의 종류로서 26. 장례식장이 별도로 구분된다.

50

위험물안전관리법령상 위험물 유별에 따른 성질의 분류 중 자기반응성 물질은?

① 황 린
② 염소산염류
③ 알칼리토금속
④ 질산에스테르류

해설 위험물의 분류

종류＼항목	유 별	성 질
황 린	제3류 위험물	자연발화성물질
염소산염류	제1류 위험물	산화성 고체
알카리토금속	제3류 위험물	금수성물질
질산에스테르류	제5류 위험물	자기반응성물질

51

소방시설공사업법상 소방시설공사 결과 소방시설의 하자 발생 시 통보를 받은 공사업자는 며칠 이내에 하자를 보수하여야 하는가?

① 3   ② 5
③ 7   ④ 10

해설 소방시설의 하자가 발생하였을 때에는 공사업자에게 그 사실을 알려야 하며, 통보를 받은 공사업자는 **3일 이내**에 하자를 보수하거나 보수 일정을 기록한 하자보수계획을 관계인에게 서면으로 알려야 한다.

52

위험물안전관리법상 위험물의 정의 중 다음 (   ) 안에 알맞은 것은?

> 위험물이라 함은 (㉠) 또는 발화성 등의 성질을 가지는 것으로서 (㉡)이/가 정하는 물품을 말한다.

① ㉠ 인화성, ㉡ 대통령령
② ㉠ 휘발성, ㉡ 국무총리령
③ ㉠ 인화성, ㉡ 국무총리령
④ ㉠ 휘발성, ㉡ 대통령령

해설 위험물 : 인화성 또는 발화성 등의 성질을 가지는 것으로서 대통령령이 정하는 물품

53

소방시설 중 경보설비에 해당하지 않는 것은?

① 비상벨설비   ② 단독경보형 감지기
③ 비상방송설비   ④ 비상콘센트설비

해설 비상콘센트설비 : 소화활동설비

54

국가가 시·도의 소방업무에 필요한 경비의 일부를 보조하는 국고보조 대상이 아닌 것은?

① 소방용수시설
② 소방전용통신설비
③ 소방자동차
④ 소방관서용 청사의 건축

해설 국고보조 대상
- 소방활동장비 및 설비
  - 소방자동차
  - 소방헬리콥터 및 소방정
  - 소방전용통신설비 및 전산설비
  - 그 밖의 방화복 등 소방활동에 필요한 소방장비
- 소방관서용 청사

55

제조소 등에 전기설비(전기배선, 조명기구 등은 제외)가 설치된 장소의 면적이 250[m²]라면, 설치해야 할 소형 수동식소화기의 최소개수는?

① 1개   ② 2개
③ 3개   ④ 4개

해설 전기설비의 소화설비
제조소 등에 전기설비(전기배선, 조명기구 등은 제외한다)가 설치된 경우에는 당해 장소의 **면적 100[m²]마다 소형수동식소화기를 1개 이상 설치**할 것

$$\therefore 소화기 개수 = \frac{설치장소\ 면적}{기준\ 면적} = \frac{250[m^2]}{100[m^2]} = 2.5$$
$$\rightarrow 3개$$

56

소방시설공사업법령상 소방공사감리를 실시함에 있어 용도와 구조에서 특별히 안전성과 보안성이 요구되는 소방대상물로서 소방시설물에 대한 감리는 감리업자가 아닌 자가 감리를 할 수 있는 장소는?

① 교도소 등 교정관련시설
② 국방 관계시설 설치장소
③ 정보기관의 청사
④ 원자력안전법상 관계시설이 설치되는 장소

해설 용도와 구조에서 특별히 안전성과 보안성이 요구되는 소방대상물로서 원자력안전법상 관계시설이 설치되는 장소의 감리는 감리업자가 아닌 자도 할 수 있다.

57

하자보수대상 소방시설 중 하자보수 보증기간이 3년인 것은?

① 유도등   ② 피난기구
③ 비상방송설비   ④ 간이스프링클러설비

해설 소방시설공사의 하자보수 보증기간
- 2년 : **피난기구**, 유도등, 유도표지, **비상경보설비**, 비상조명등, **비상방송설비** 및 **무선통신보조설비**
- 3년 : 자동소화장치, 옥내소화전설비, 스프링클러설비, **간이스프링클러설비**, 물분무 등 소화설비, 옥외소화전설비, **자동화재탐지설비**, 상수도소화용수설비, 소화활동설비(무선통신보조설비 제외)

58

소방시설관리업자가 기술인력을 변경 시 시·도지사에게 첨부하여 제출하는 서류가 아닌 것은?

① 소방시설관리업 등록수첩
② 변경된 기술인력의 기술자격증(자격수첩)
③ 기술인력 연명부
④ 사업자등록증 사본

해설 등록사항 변경 시 첨부서류
  • 명칭·상호 또는 영업소소재지를 변경하는 경우 : 소방시설관리업등록증 및 등록수첩
  • 대표자를 변경하는 경우 : 소방시설관리업등록증 및 등록수첩
  • **기술인력을 변경하는 경우**
    - 소방시설관리업 등록수첩
    - 변경된 기술인력의 기술자격증(자격수첩)
    - 기술인력연명부

59

제조 또는 가공 공정에서 방염처리를 한 물품으로서 방염대상물품이 아닌 것은?(단, 합판·목재류의 경우에는 설치 현장에서 방염처리를 한 것을 포함한다)

① 카 펫
② 창문에 설치하는 커튼류
③ 두께가 2[mm] 미만인 종이벽지
④ 전시용 합판 또는 섬유판

해설 제조 또는 가공공정에서 방염처리 대상물품
  • 창문에 설치하는 커튼류(블라인드를 포함한다)
  • 카펫, 두께가 2[mm] 미만인 벽지류로서 종이벽지를 제외한 것
  • 전시용 합판 또는 섬유판, 무대용 합판 또는 섬유판
  • 암막·무대막(영화상영관에 설치하는 스크린을 포함한다)

60

특정소방대상물 중 근린생활시설에 해당되는 것은? (단, 같은 건축물에 해당 용도로 쓰는 바닥면적의 합계이다)

① 바닥면적의 합계가 1,500[m²]인 슈퍼마켓
② 바닥면적의 합계가 1,200[m²]인 자동차영업소
③ 바닥면적의 합계가 450[m²]인 골프연습장
④ 바닥면적의 합계가 400[m²]인 영화상영관

해설 근린생활시설
  • 슈퍼마켓은 바닥면적의 합계가 1,000[m²] 미만인 것
  • 자동차영업소는 바닥면적의 합계가 1,000[m²] 미만인 것
  • **골프연습장**은 바닥면적의 합계가 **500[m²] 미만**인 것
  • 영화상영관은 바닥면적의 합계가 300[m²] 미만인 것

제 **4** 과목 **소방기계시설의 구조 및 원리**

61

소화수조, 저수조의 채수구 또는 흡수관 투입구는 소방차가 몇 [m] 이내의 지점까지 접근할 수 있는 위치에 설치하여야 하는가?

① 2 ② 3
③ 4 ④ 5

해설 소화수조, 저수조의 채수구 또는 흡수관 투입구는 소방차가 2[m] 이내의 지점까지 접근할 수 있는 위치에 설치한다.

62

분말소화약제 저장용기의 내부압력이 설정압력으로 되었을 때 정압작동장치에 의해 개방되는 밸브는?

① 주밸브 ② 클리닝밸브
③ 니들밸브 ④ 기동용기밸브

해설 정압작동장치는 15[MPa]의 압력으로 충전된 가압용 가스용기에서 1.5~2.0[MPa]로 감압하여 저장용기에 보내어 약제와 혼합하여 소정의 방사압력에 달하여 (통상 15~30초) 주밸브를 개방시키기 위하여 설치하는 것으로 저장용기의 압력이 낮을 때는 열려 가스를 보내고 적정압력에 달하면 정지하는 구조로 되어 있다.

63

제연구역 구획기준 중 제연경계의 폭과 수직거리 기준으로 옳은 것은?(단, 구조상 불가피한 경우는 제외한다)

① 폭 : 0.3[m] 이상, 수직거리 : 0.6[m] 이내
② 폭 : 0.6[m] 이내, 수직거리 : 2[m] 이상
③ 폭 : 0.6[m] 이상, 수직거리 : 2[m] 이내
④ 폭 : 2[m] 이상, 수직거리 : 0.6[m] 이내

해설 제연구역 구획기준
- 제연경계의 폭 : 0.6[m] 이상
- 수직거리 : 2[m] 이내(다만, 구조상 불가피한 경우는 2[m]를 초과할 수 있다)

64

대형소화기에 충전하는 소화약제량의 최소기준으로 틀린 것은?

① 물소화기 : 80[L] 이상
② 이산화탄소소화기 : 50[kg] 이상
③ 할론소화기 : 30[kg] 이상
④ 강화액소화기 : 20[L] 이상

해설 대형 소화기의 충전량

종 별	소화약제의 충전량
포	20[L]
강화액	60[L]
물	80[L]
분 말	20[kg]
할 론	30[kg]
이산화탄소	50[kg]

65

특별피난계단의 계단실 및 부속실 제연설비의 차압 등에 관한 기준으로 틀린 것은?

① 제연구역과 옥내와의 사이에 유지해야 하는 최소 차압은 40[Pa] 이상으로 해야 한다.
② 제연설비가 가동되었을 경우 출입문의 개방에 필요한 힘은 100[N] 이하로 해야 한다.

③ 옥내에 스프링클러가 설치된 경우 제연구역과 옥내와의 사이에 유지해야 하는 최소차압은 12.5[Pa] 이상으로 해야 한다.
④ 계단실과 부속실을 동시에 제연하는 경우 부속실의 기압은 계단실과 같게 하거나 계단실의 기압보다 낮게 할 경우에는 부속실과 계단실의 압력차이는 5[Pa] 이하가 되도록 해야 한다.

해설 출입문 개방에 필요한 힘 : 110[N] 이하

66

장례식장을 제외한 의료시설 3층에 피난기구의 적응성이 없는 것은?

① 공기안전매트　　② 구조대
③ 승강식피난기　　④ 피난용트랩

해설 의료시설에 설치하는 피난기구
- 3층 : 미끄럼대, **구조대**, 피난교, **피난용트랩**, 다수인피난장비, **승강식피난기**
- 4층~10층 이하 : 구조대, 피난교, 피난용트랩, 다수인피난장비, 승강식피난기

67

분말소화약제 가압용 가스용기의 설치기준 중 틀린 것은?

① 분말소화약제의 가압용 가스용기를 7병 이상 설치한 경우에는 2개 이상의 용기에 전자개방밸브를 부착할 것
② 분말소화약제의 가압용가스 용기에는 2.5[MPa] 이하의 압력에서 조정이 가능한 압력조정기를 설치할 것
③ 가압용가스에 질소가스를 사용하는 것의 질소가스는 소화약제 1[kg]마다 40[L] 이상, 이산화탄소를 사용하는 것의 이산화탄소는 소화약제 1[kg]에 대하여 20[g]에 배관의 청소에 필요한 양을 가산한 양 이상으로 할 것
④ 축압용가스에 질소가스를 사용하는 것의 질소가스는 소화약제 1[kg]마다 10[L] 이상, 이산화탄소를 사용하는 것의 이산화탄소는 소화약제 1[kg]에 대하여 20[g]에 배관의 청소에 필요한 양을 가산한 양 이상으로 할 것

해설 분말소화약제의 가압용가스 용기를 3병 이상 설치한 경우에는 2개 이상의 용기에 전자개방밸브를 부착하여야 한다.

68

인명구조기구의 종류가 아닌 것은?

① 방열복　　　② 공기호흡기
③ 인공소생기　　④ 자동 제세동기

해설 인명구조기구 : 방열복, 방화복, 공기호흡기, 인공소생기

69

연결송수관설비 방수구의 설치기준 중 다음 (　　) 안에 알맞은 것은?(단, 집회장·관람장·백화점·도매시장·소매시장·판매시설·공장·창고시설 또는 지하가를 제외한다)

> 송수구가 부설된 옥내소화전을 설치한 특정소방대상물로서 지하층을 제외한 층수가 (㉠)층 이하이고 연면적이 (㉡)[m²] 미만인 특정소방대상물의 지상층에는 방수구를 설치하지 아니할 수 있다.

① ㉠ 4, ㉡ 6,000　　② ㉠ 5, ㉡ 3,000
③ ㉠ 4, ㉡ 3,000　　④ ㉠ 5, ㉡ 6,000

해설 연결송수관설비의 방수구 설치 제외
• 아파트의 1층 및 2층
• 소방차의 접근이 가능하고 소방대원이 소방차로부터 각 부분에 쉽게 도달할 수 있는 피난층
• 송수구가 부설된 옥내소화전을 설치한 특정소방대상물(집회장·관람장·백화점·도매시장·소매시장·판매시설·공장·창고시설 또는 지하가를 제외)로서 다음의 어느 하나에 해당하는 층
　- 지하층을 제외한 층수가 **4층 이하**이고 **연면적이 6,000[m²] 미만**인 특정소방대상물의 지상층
　- 지하층의 층수가 2 이하인 특정소방대상물의 지하층

70

할로겐화합물 및 불활성기체의 최대허용설계농도[%] 기준으로 옳은 것은?

① HFC-125 : 9[%]
② IG-541 : 50[%]
③ FC-3-1-10 : 43[%]
④ HCFC-124 : 1[%]

해설 할로겐화합물 및 불활성기체 최대허용설계농도

소화약제	최대허용 설계농도[%]
FC-3-1-10	40
HCFC BLEND A	10
HCFC-124	1.0
HFC-125	11.5
HFC-227ea	10.5
HFC-23	30
HFC-236fa	12.5
FIC-13I1	0.3
FK-5-1-12	10
IG-01	43
IG-100	43
IG-541	43
IG-55	43

71

상수도직결형 간이스프링클러설비의 배관 및 밸브 등의 설치순서로 옳은 것은?

① 수도용계량기-급수차단장치-개폐표시형밸브-체크밸브-압력계-유수검지장치-2개의 시험밸브 순으로 설치
② 수도용계량기-급수차단장치-개폐표시형밸브-압력계-체크밸브-유수검지장치-2개의 시험밸브 순으로 설치
③ 수도용계량기-개폐표시형밸브-압력계-체크밸브-압력계-개폐표시형밸브 순으로 설치
④ 수도용계량기-개폐표시형밸브-압력계-체크밸브-압력계-개폐표시형밸브-일제개방밸브 순으로 설치

해설 간이스프링클러설비의 배관 및 밸브 등의 순서
- 상수도직결형일 경우
  수도용계량기 → 급수차단장치 → 개폐표시형 개폐밸브 → 체크밸브 → 압력계 → 유수검지장치(압력스위치 등) → 2개의 시험밸브
- 펌프 등의 가압송수장치를 이용하는 경우
  수원 → 연성계(진공계) → 펌프 또는 압력수조 → 압력계 → 체크밸브 → 성능시험배관 → 개폐표시형 개폐밸브 → 유수검지장치 → 시험밸브
- 가압수조를 가압송수장치로 이용하는 경우
  수원 → 가압수조 → 압력계 → 체크밸브 → 성능시험배관 → 개폐표시형 밸브 → 유수검지장치 → 2개의 시험밸브
- 캐비닛형 가압송수장치를 이용하는 경우
  수원 → 연성계(진공계) → 펌프 또는 압력수조 → 압력계 → 체크밸브 → 개폐표시형 밸브 → 2개의 시험밸브

72

호스릴포소화설비 또는 포소화전설비를 설치할 수 있는 차고·주차장의 부분으로 맞는것은?

① 지상 1층으로서 방화구획 되거나 지붕이 있는 부분
② 완전 개방된 옥상주차장 또는 고가 밑의 주차장 등으로 주된 벽이 없고 기둥뿐이거나 주위가 위해방지용 철주 등으로 둘러싸인 부분
③ 옥외로 통하는 개구부가 상시 개방된 구조의 부분으로 그 개방된 부분의 합계면적이 해당 차고 또는 주차장의 바닥면적의 10[%] 이상인 부분
④ 지상에서 수동 또는 원격조작에 따라 개방이 가능한 개구부의 유효면적의 합계가 바닥면적의 10[%] 이상인 부분

해설 차고 또는 주차장의 포소화설비
- 설치하는 설비 : 포워터스프링클러설비·포헤드설비 또는 고정포방출설비, 압축공기포소화설비
- 차고·주차장의 부분에는 호스릴포소화설비 또는 포소화전설비를 설치할 수 있는 경우
  - 완전 개방된 옥상주차장 또는 고가 밑의 주차장으로서 주된 벽이 없고 기둥뿐이거나 주위가 위해방지용 철주 등으로 둘러싸인 부분
  - 지상 1층으로서 지붕이 없는 부분

73

물분무소화설비를 설치하는 차고 또는 주차장의 배수설비 설치기준으로 옳은 것은?

① 차량이 주차하는 바닥은 배수구를 향하여 100분의 1 이상의 경사를 유지할 것
② 차량이 주차하는 장소의 적당한 곳에 높이 5[cm] 이상의 경계턱으로 배수구를 설치할 것
③ 배수설비는 가압송수장치 최대송수능력의 수량을 유효하게 배수할 수 있는 크기 및 기울기로 할 것
④ 배수구에는 새어나온 기름을 모아 소화할 수 있도록 길이 50[m] 이하마다 집수관·소화피트 등 기름분리장치를 설치할 것

해설 차고 또는 주차장에 설치하는 배수설비의 설치기준
- 차량이 주차하는 장소의 적당한 곳에 높이 **10[cm] 이상**의 **경계턱**으로 배수구를 설치할 것
- 배수구에는 새어나온 기름을 모아 소화할 수 있도록 길이 **40[m] 이하**마다 집수관·소화피트 등 기름분리장치를 설치할 것
- 차량이 주차하는 바닥은 배수구를 향하여 **100분의 2 이상**의 **기울기**를 유지할 것
- 배수설비는 가압송수장치의 최대송수능력의 수량을 유효하게 배수할 수 있는 크기 및 기울기로 할 것

74

스프링클러설비의 배관 중 수직배수배관의 구경은 최소 몇 [mm] 이상으로 하여야 하는가?(단, 수직배관의 구경이 50[mm] 미만인 경우는 제외한다)

① 40　　② 45
③ 50　　④ 60

해설 수직배수배관의 구경 : 50[mm] 이상

75

폐쇄형 스프링클러헤드를 사용하는 경우 포소화설비 자동식 기동장치의 설치기준으로 틀린 것은?(단, 자동화재탐지설비의 수신기가 설치된 장소에 상시 사람이 근무하고 있고 화재 시 즉시 해당 조작부를 작동시킬 수 있는 경우는 제외한다)

① 하나의 감지장치 경계구역은 하나의 층이 되도록 할 것

② 폐쇄형 스프링클러헤드는 표시온도가 79[℃] 이상 121[℃] 미만인 것을 사용할 것

③ 폐쇄형 스프링클러헤드 1개의 경계면적은 20[m²] 이하로 할 것

④ 부착면의 높이는 바닥으로부터 5[m] 이하로 하고, 화재를 유효하게 감지할 수 있도록 할 것

해설 포소화설비 자동식 기동장치의 설치기준(폐쇄형 스프링클러헤드를 사용)

- 폐쇄형 스프링클러헤드는 표시온도가 **79[℃] 미만**인 것을 사용하고 1개의 경계면적은 20[m²] 이하로 할 것
- 부착면의 높이는 바닥으로부터 5[m] 이하로 하고, 화재를 유효하게 감지할 수 있도록 할 것
- 하나의 감지장치 경계구역은 하나의 층이 되도록 할 것

76

옥외소화전이 31개 이상 설치된 경우 옥외소화전 몇 개마다 1개 이상의 소화전함을 설치하여야 하는가?

① 3
② 5
③ 9
④ 11

해설 옥외소화전함의 설치 기준

소화전의 개수	설치 기준
10개 이하	옥외소화전마다 5[m] 이내에 1개 이상
11개 이상 30개 이하	11개를 각각 분산
31개 이상	옥외소화전 3개마다 1개 이상

77

소화기구의 설치기준 중 다음 (　　) 안에 알맞은 것은?

능력단위가 2단위 이상이 되도록 소화기를 설치하여야 할 특정소방대상물 또는 그 부분에 있어서는 간이소화용구의 능력단위가 전체 능력단위의 (　　)을 초과하지 아니하게 할 것

① 1/2
② 1/3
③ 1/4
④ 1/5

해설 능력단위가 2단위 이상이 되도록 소화기를 설치하여야 할 특정소방대상물 또는 그 부분에 있어서는 간이소화용구의 능력단위가 전체 능력단위의 1/2을 초과하지 아니하게 할 것 다만, 노유자시설의 경우에는 그렇지 않다.

78

이산화탄소 소화설비 배관의 설치기준 중 다음 (　　) 안에 알맞은 것은?

동관을 사용하는 경우의 배관은 이음이 없는 동 및 동합금관(KS D 5301)으로서 고압식은 (㉠)[MPa] 이상, 저압식은 (㉡)[MPa] 이상의 압력에 견딜 수 있는 것을 사용할 것

① ㉠ 16.5, ㉡ 3.75
② ㉠ 25, ㉡ 3.5
③ ㉠ 16.5, ㉡ 2.5
④ ㉠ 25, ㉡ 3.75

해설 이산화탄소소화설비의 배관 설치기준

- 배관은 전용으로 할 것
- 강관을 사용하는 경우의 배관은 압력배관용탄소강관(KS D 3562) 중 스케줄 80(저압식은 스케줄 40) 이상의 것 또는 이와 동등 이상의 강도를 가진 것으로 아연도금 등으로 방식처리된 것을 사용할 것. 다만, 배관의 호칭구경이 20[mm] 이하인 경우에는 스케줄 40 이상인 것을 사용할 수 있다.
- **동관을 사용하는 경우의 배관**은 이음이 없는 동 및 동합금관(KS D 5301)으로서 **고압식은 16.5[MPa] 이상, 저압식은 3.75[MPa] 이상**의 압력에 견딜 수 있는 것을 사용할 것
- 고압식의 경우 개폐밸브 또는 선택밸브의 2차측 배관부속은 호칭압력 2.0[MPa] 이상의 것을 사용하여야 하며, 1차측 배관부속은 호칭압력 4.0[MPa] 이상의 것을 사용하여야 하고, 저압식의 경우에는 2.0[MPa]의 압력에 견딜 수 있는 배관부속을 사용할 것

정답 75 ② 76 ① 77 ① 78 ①

79

물분무소화설비의 물분무헤드를 설치하지 아니할 수 있는 장소가 아닌 것은?

① 식물원·수족관·목욕실·관람석 부분을 제외한 수영장 또는 그 밖의 이와 비슷한 장소

② 물에 심하게 반응하는 물질 또는 물과 반응하여 위험한 물질을 생성하는 물질을 저장 또는 취급하는 장소

③ 고온의 물질 및 증류범위가 넓어 끓어 넘치는 위험이 있는 물질을 저장 또는 취급하는 장소

④ 운전 시에 표면의 온도가 260[℃] 이상으로 되는 등 직접 분무를 하는 경우 그 부분에 손상을 입힐 우려가 있는 기계장치 등이 있는 장소

해설 **물분무헤드의 설치제외 장소**
- 물에 심하게 반응하는 물질 또는 물과 반응하여 위험한 물질을 생성하는 물질을 저장 또는 취급하는 장소
- 고온의 물질 및 증류범위가 넓어 끓어 넘치는 위험이 있는 물질을 저장 또는 취급하는 장소
- 운전 시에 표면의 온도가 260[℃] 이상으로 되는 등 직접 분무를 하는 경우 그 부분에 손상을 입힐 우려가 있는 기계장치 등이 있는 장소

80

화재조기진압용 스프링클러설비 헤드 하나의 최소 방호면적은 몇 [m^2] 이상이어야 하는가?

① 4.3   ② 6

③ 7.2   ④ 9.3

해설 **화재조기진압용 스프링클러설비 헤드 하나의 방호면적**
: 6.0[m^2] 이상 9.3[m^2] 이하

2017년 5월 18일 시행

제 2 회

제 1 과목 소방원론

01

제3류 위험물의 물리 · 화학적 성질에 대한 설명으로 옳은 것은?

① 화재 시 황린을 제외하고 물로 소화하면 위험성이 증가한다.
② 황린을 제외한 모든 물질들은 물과 반응하여 가연성의 수소기체를 발생한다.
③ 모두 분자내부에 산소를 갖고 있다.
④ 모두 액체상태의 화합물이다.

해설 제3류 위험물

• 화재 시 황린을 제외하고 물로 소화하면 위험성이 증가한다.

> 황린은 물속에 저장하므로 주수소화가 가능하다.

• 제3류 위험물은 물과 반응하면 수소, 에탄, 아세틸렌, 포스핀, 메탄가스를 발생한다.

> [물과 반응]
> • 칼륨 : $2Na + 2H_2O \rightarrow 2NaOH + H_2 \uparrow$
> • 트라이에틸알루미늄
> $(C_2H_5)_3Al + 3H_2O \rightarrow Al(OH)_3 + 3C_2H_6 \uparrow$
> • 카바이트(탄화칼슘)
> $CaC_2 + 2H_2O \rightarrow Ca(OH)_2 + C_2H_2 \uparrow$
> • 인화칼슘
> $Ca_3P_2 + 6H_2O \rightarrow 2PH_3 + 3Ca(OH)_2$
> • 탄화알루미늄
> $Al_4C_3 + 12H_2O \rightarrow 4Al(OH)_3 + 3CH_4 \uparrow$

• 분자 내에 산소를 가지는 것은 없다.
• 고체가 대부분이고 액체가 일부 있다.

02

다음 물질 중 연소범위가 가장 넓은 것은?

① 아세틸렌   ② 메 탄
③ 프로판   ④ 에 탄

해설 연소범위

가 스	하한계[%]	상한계[%]
아세틸렌(C_2H_2)	2.5	81.0
메탄(CH_4)	5.0	15.0
에탄(C_2H_6)	3.0	12.4
프로판(C_3H_8)	2.1	9.5
부탄(C_4H_{10})	1.8	8.4

03

피난시설의 안전구획 중 2차 안전구획으로 옳은 것은?

① 거 실   ② 복 도
③ 계단전실   ④ 계 단

해설 피난시설의 안전구획

• 1차 안전구획 : 복도
• 2차 안전구획 : 계단부속실(전실)
• 3차 안전구획 : 계단

04

감광계수에 따른 가시거리 및 상황에 대한 설명으로 틀린 것은?

① 감광계수 0.1[m⁻¹]는 연기감지기가 작동할 정도의 연기농도이고, 가시거리는 20~30[m]이다.
② 감광계수는 0.5[m⁻¹]는 거의 앞이 보이지 않을 정도의 농도이고, 가시거리는 1~2[m]이다.

---

③ 감광계수 10[m⁻¹]는 화재최성기 때의 연기농도를 나타낸다.

③ 감광계수 $10[m^{-1}]$는 화재최성기 때의 연기농도를 나타낸다.

④ 감광계수 $30[m^{-1}]$는 출화실에서 연기가 분출할 때의 농도이다.

해설 연기농도와 가시거리

감광계수	가시거리[m]	상 황
0.1	20~30	연기감지기가 **작동**할 때의 정도
0.3	5	건물 내부에 익숙한 사람이 피난에 지장을 느낄 정도
0.5	3	어두침침한 것을 느낄 정도
1	1~2	거의 앞이 보이지 않을 정도
10	0.2~0.5	화재 **최성기** 때의 정도
30	–	출화실에서 연기가 분출할 때의 농도

05

연료설비의 착화방지 대책 중 틀린 것은?

① 누설연료의 확산방지 및 제한 – 방유제
② 가연성 혼합기체의 형성 방지 – 환기
③ 착화원 배제 – 연료 가열 시 간접가열
④ 정전기 발생 억제 – 비금속 배관 사용

해설 정전기 발생 억제 : 금속 배관 사용

06

물의 주수 형태에 대한 설명으로 틀린 것은?

① 일반적으로 적상은 고압으로, 무상은 저압으로 방수할 때 나타난다.
② 물을 무상으로 분무하면 비점이 높은 중질유 화재에서 사용할 수 있다.
③ 스프링클러소화설비 헤드의 주수 형태를 적상이라 하며 일반적으로 실내 고체 가연물의 화재에 사용한다.
④ 막대 모양 굵은 물줄기의 소방용 방수노즐을 이용한 주수 형태를 봉상이라고 하며, 일반 고체 가연물의 화재에 주로 사용한다.

해설 물의 주수형태
- 봉상 : 막대 모양 굵은 물줄기의 소방용 방수노즐을 이용한 주수 형태로서 옥내소화전설비와 옥외소화전설비를 말한다.
- 적상 : 반사판에 분사되어 방사되는 형태로서 봉상보다는 입자가 작은 스프링클러설비를 말한다.
- 무상 : 물의 입자가 미세하게 방사하여 소화효과를 증가시키는 형태로서 물분무소화설비를 말한다.

> 봉상, 적상, 무상으로 구분하는 것은 물의 입자 크기로 분류한다.

07

단백포 소화약제 안정제로 철염을 첨가하였을 때 나타나는 현상이 아닌 것은?

① 포의 유면봉쇄성 저하
② 포의 유동성 저하
③ 포의 내화성 향상
④ 포의 내유성 향상

해설 단백포 소화약제 안정제(철염)를 첨가하는 이유
- 포의 유동성 저하
- 포의 내화성 향상
- 포의 내유성 향상

08

화재를 발생시키는 열원 중 물리적인 열원이 아닌 것은?

① 마 찰   ② 단 열
③ 압 축   ④ 분 해

해설 화학적열원 : 분해, 연소, 용해등

09

20[℃]의 물 1[g]을 100[℃]의 수증기로 변화시키는 데 필요한 열량은 몇 [cal]인가?

① 699   ② 619
③ 539   ④ 80

해설 열 량

$$Q = mC_p + \gamma \cdot m$$
$$= 1[g] \times 1[cal/g \cdot ℃] \times (100-20)[℃]$$
$$\quad + 539[cal/g] \times 1[g]$$
$$= 619[cal]$$

10

메탄의 공기 중 연소범위[vol%]로 옳은 것은?

① 2.1~9.5

② 5~15

③ 2.5~81

④ 4~75

해설 연소범위(공기 중)

가 스	하한계[%]	상한계[%]
아세틸렌(C_2H_2)	2.5	81.0
수소(H_2)	4.0	75.0
일산화탄소(CO)	12.5	74.0
암모니아(NH_3)	15.0	28.0
메탄(CH_4)	5.0	15.0
에탄(C_2H_6)	3.0	12.4
프로판(C_3H_8)	2.1	9.5
부탄(C_4H_{10})	1.8	8.4

11

할론 1301 소화약제와 이산화탄소 소화약제의 각 주된 소화효과가 순서대로 올바르게 나열된 것은?

① 억제소화 – 질식소화

② 억제소화 – 부촉매소화

③ 냉각소화 – 억제소화

④ 질식소화 – 부촉매소화

해설 주된 소화효과
- 할론소화약제 : 억제(부촉매)소화
- 이산화탄소소화약제 : 질식소화

12

내화구조의 기준 중 바닥의 경우 철근콘크리트조로서 두께가 몇 [cm] 이상인 것이 내화구조에 해당하는가?

① 3

② 5

③ 10

④ 15

해설 바닥은 철근콘크리트조로서 두께가 10[cm] 이상인 것은 내화구조이다.

13

화재의 분류방법 중 전기화재의 표시색은?

① 무 색

② 청 색

③ 황 색

④ 백 색

해설 화재의 종류

구 분 \ 급 수	A급	B급	C급	D급
화재의 종류	일반화재	유류화재	전기화재	금속화재
표시색	백 색	황 색	청 색	무 색

14

분말소화설비의 소화약제 중 차고 또는 주차장에 사용할 수 있는 것은?

① 탄산수소나트륨을 주성분으로 한 분말

② 탄산수소칼륨을 주성분으로 한 분말

③ 탄산수소칼륨과 요소가 화합된 분말

④ 인산염을 주성분으로 한 분말

해설 차고, 주차장 : 제3종 분말(인산염)

15

상태의 변화 없이 물질의 온도를 변화시키기 위해서 가해진 열을 무엇이라 하는가?

① 현 열

② 잠 열

③ 기화열

④ 융해열

해설 현열 : 상태의 변화 없이 물질의 온도를 변화시키기 위해서 가해진 열

잠열 : 온도 변화 없이 상태를 변화시키기 위해서 가해진 열

16

자신은 불연성 물질이지만 산소공급원 역할을 하는 물질은?

① 과산화나트륨
② 나트륨
③ 트라이나이트로톨루엔
④ 적 린

해설 산소공급원 : 제1류 위험물(산화성액체), 제5류 위험물(자기반응성물질), 제6류 위험물(산화성액체)

종 류	유 별	연 소
과산화나트륨	제1류 위험물	불연성
나트륨	제3류 위험물	가연성
트라이나이트로톨루엔	제5류 위험물	가연성
적 린	제2류 위험물	가연성

17

물이 다른 액상의 소화약제에 비해 비점이 높은 이유로 옳은 것은?

① 물은 배위결합을 하고 있다.
② 물은 이온결합을 하고 있다.
③ 물은 극성 공유결합을 하고 있다.
④ 물은 비극성 공유결합을 하고 있다.

해설 물은 극성 공유결합을 하므로 비점이 높다.

18

다음 중 증기비중이 가장 큰 물질은?

① CH_4
② CO
③ C_6H_6
④ SO_2

해설 증기비중

종 류	CH_4	CO	C_6H_6	SO_2
명 칭	메 탄	일산화탄소	벤 젠	아황산가스
분자량	16	28	78	64
증기비중	$\frac{16}{29}=0.55$	$\frac{28}{29}=0.97$	$\frac{78}{29}=2.69$	$\frac{64}{29}=2.21$

$$증기비중 = \frac{분자량}{29}$$

19

햇볕에 장시간 노출된 기름걸레가 자연발화 한 경우 그 원인으로 옳은 것은?

① 산소의 결핍
② 산화열 축적
③ 단열 압축
④ 정전기 발생

해설 기름걸레를 햇볕에 장시간 노출하면 산화열이 축적되어 자연발화 한다.

20

HCFC BLEND A를 구성하는 성분이 아닌 것은?

① HCFC-22
② HCFC-124
③ HCFC-123
④ Ar

해설 할로겐화합물 소화약제의 성분

소화약제	화학식
퍼플루오르부탄 (이하 "FC-3-1-10"이라 한다)	C_4F_{10}
하이드로클로로플루오르카본혼화제 (이하 "HCFC BLEND A"라 한다)	HCFC-123($CHCl_2CF_3$) : 4.75[%] HCFC-22($CHClF_2$) : 82[%] HCFC-124($CHClCF_3$) : 9.5[%] $C_{10}H_{16}$: 3.75[%]
클로로테트라플루오르에탄 (이하 "HCFC-124"라 한다)	$CHClFCF_3$
펜타플루오르에탄 (이하 "HFC-125"라 한다)	CHF_2CF_3
헵타플루오르프로판 (이하 "HFC-227ea"라 한다)	CF_3CHFCF_3
트리플루오르메탄 (이하 "HFC-23"이라 한다)	CHF_3
헥사플루오르프로판 (이하 "HFC-236fa"라 한다)	$CF_3CH_2CF_3$
트리플루오르이오다이드 (이하 "FIC-13I1"이라 한다)	CF_3I

제 2 과목 소방유체역학

21

공기 1[kg]을 $T_1 = 10[℃]$, $P_1 = 0.1[MPa]$, $V_1 = 0.8[m^3]$ 상태에서 $T_2 = 167[℃]$, $P_2 = 0.7[MPa]$까지 단열압축시킬 때 압축에 필요한 일은 약 얼마인가?(단, 공기의 정압비열과 정적비열은 각각 1.0035 [kJ/kg · K], 0.7165[kJ/kg · K]이다)

① 112.5[J]   ② 112.5[kJ]

③ 157.5[J]   ④ 157.5[kJ]

해설 압축에 필요한 일

$$\boxed{단열압축일 \quad W_t = \frac{1}{k-1}mR(T_1 - T_2)}$$

여기서,

k(비열비) $= \dfrac{C_p}{C_v}$ 에서 $k = \dfrac{1.0035[\text{kJ/kg · K}]}{0.7165[\text{kJ/kg · K}]} = 1.4$

R(기체상수) $= C_p - C_v$ 에서
$R = (1.0035 - 0.7165)[\text{kJ/kg · K}]$
$\quad = 0.287[\text{kJ/kg · K}]$

$\therefore \ W_t = \dfrac{1}{1.4 - 1} \times 1[\text{kg}] \times 0.287\dfrac{[\text{kJ}]}{[\text{kg · K}]}$
$\qquad \times [(273 + 10) - (273 + 167)][\text{K}]$
$\quad = -112.6[\text{kJ}]$
$\qquad (-\ 부호는\ 압축일을\ 나타낸다)$

22

회전속도 1,000[rpm]일 때 유량 $Q[m^3/min]$, 전양정 $H[m]$인 원심펌프가 상사한 조건에서 회전속도가 1,200[rpm]으로 작동할 때 유량 및 전양정은 어떻게 변하는가?

① 유량$=1.2Q$, 전양정$=1.44H$

② 유량$=1.2Q$, 전양정$=1.2H$

③ 유량$=1.44Q$, 전양정$=1.44H$

④ 유량$=1.44Q$, 전양정$=1.2H$

해설 상사법칙

• 유량 $Q_2 = Q_1 \times \dfrac{N_2}{N_1} \times \left(\dfrac{D_2}{D_1}\right)^3$

$\qquad = Q \times \dfrac{1,200}{1,000} = 1.2Q$

• 양정 $H_2 = H_1 \times \left(\dfrac{N_2}{N_1}\right)^2 \times \left(\dfrac{D_2}{D_1}\right)^2$

$\qquad = H \times \left(\dfrac{1,200}{1,000}\right)^2 = 1.44H$

23

자유표면이 대기와 접하고 있는 유체가 탱크 내에 채워져 있을 때 탱크 내의 압력에 대한 설명으로 옳은 것은?

① 압력은 유체 깊이의 제곱에 비례한다.

② 탱크 바닥에서의 압력은 탱크지름에 비례한다.

③ 압력은 유체의 밀도에 비례한다.

④ 깊이가 같을 경우 탱크 벽면 부근의 압력이 탱크 중심에서의 압력보다 높다.

해설 압 력

$$\boxed{P = \frac{F}{A} = \frac{F}{\frac{\pi}{4} \times D^2} = \rho g H}$$

여기서, F : 힘 A : 면적
$\qquad\quad D$: 탱크지름 ρ : 유체의 밀도
$\qquad\quad g, H$: 유체의 깊이

• 압력은 유체 깊이에 비례한다.

• 탱크 바닥에서의 압력은 탱크지름의 제곱에 반비례한다.

• 압력은 유체의 밀도에 비례한다.

• 임의의 한 점에서 작용하는 압력의 크기는 모든 방향에서 동일하다.

24

관의 안지름이 변화하는 관로에서 안지름이 3배로 되면 유속은 어떻게 되는가?

① 9배로 커진다.   ② 3배로 커진다.

③ 1/3로 작아진다.   ④ 1/9로 작아진다.

해설 유 속

$$u_2 = u_1 \times \left(\frac{D_1}{D_2}\right)^2 = 1 \times \left(\frac{1}{3}\right)^2 = \frac{1}{9} \ 로\ 작아진다.$$

25

다음 중 열역학 제2법칙과 관계되는 설명으로 옳지 않은 것은?

① 열효율 100[%]인 열기관은 제작이 불가능하다.
② 열은 스스로 저온체에서 고온체로 이동할 수 없다.
③ 제2종 영구기관은 동작물질의 종류에 따라 존재할 수 있다.
④ 한 열원에서 발생하는 열량을 모두 일로 바꾸기 위해서는 반드시 다른 열원의 도움이 필요하다.

해설 열역학 제2법칙

- 열을 완전히 일로 바꿀 수 있는 열기관을 만들 수 없다(열효율 100[%]인 열기관은 만들 수 없다).
- 열은 외부에서 적용을 받지 아니하고 저온에서 고온으로 이동할 수 없다.
- 한 열원에서 발생하는 열량을 모두 일로 바꾸기 위해서는 반드시 다른 열원의 도움이 필요하다.
- 자발적인 변화는 비가역적이다.
- 엔트로피는 증가하는 방향으로 흐른다.

26

유속이 0.99[m/s]이고, 비중이 0.85인 기름이 흐르고 있는 곳에 피토관을 세웠을 때, 피토관에서 기름의 상승 높이(H)는 약 몇 [mm]인가?

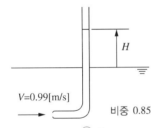

$V=0.99[\text{m/s}]$ 비중 0.85

① 50   ② 5
③ 42   ④ 4.2

해설 상승높이

$$u = \sqrt{2gH} \qquad H = \frac{u^2}{2g}$$

$$\therefore H = \frac{u^2}{2g} = \frac{(0.99[\text{m/s}])^2}{2 \times 9.8[\text{m/s}^2]} = 0.05[\text{m}] = 50[\text{mm}]$$

27

수조에서 안지름 80[mm]인 배관으로 20[℃] 물이 0.95[m³/min]의 유량으로 유입될 때, 5[m]의 부차적 손실이 발생하였다. 이때의 부차적 손실계수는 약 얼마인가?

① 7.5   ② 8.2
③ 9.9   ④ 11.6

해설 부차적 손실계수

$$h = K\frac{u^2}{2g} \qquad K = \frac{h \times 2g}{u^2}$$

여기서 h : 손실수두[m]
  g : 중력가속도(9.8[m/s²])
  u : 유속

$$\left(u = \frac{Q}{A} = \frac{0.95[\text{m}^3]/60[\sec]}{\frac{\pi}{4}(0.08[\text{m}])^2} = 3.15[\text{m/s}] \right)$$

$$\therefore K = \frac{h \times 2[\text{g}]}{u^2} = \frac{5 \times 2 \times 9.8}{(3.15)^2} = 9.88$$

28

펌프에서 공동현상이 발생할 때 나타나는 현상이 아닌 것은?

① 소음과 진동 발생   ② 양정곡선 저하
③ 효율곡선 증가   ④ 펌프 깃의 침식

해설 공동현상의 발생 현상

- 소음과 진동 발생
- 관정 부식
- 임펠러의 손상
- 펌프의 성능저하(토출량, 양정, 효율감소)

29

안지름이 50[mm]인 옥내소화전 배관으로 분당 0.26[m³]의 물이 흐른다. 이때 물속의 압력이 392[kPa]라면 기준면에서 20[m] 위에 있는 이 배관 속의 물이 갖는 전 수두는 약 몇 [m]인가?

① 24.9   ② 32.8
③ 44.3   ④ 60.2

해설 전수두

$$전수두 \ H = \frac{u^2}{2g} + \frac{P}{r} + Z$$

여기서, $\frac{u^2}{2g}$: 속도수두 $\frac{P}{r}$: 압력수두

Z : 위치수두

$u(유속) = \dfrac{Q}{A} = \dfrac{0.26[\text{m}^3]/60[\text{s}]}{\dfrac{\pi}{4}(0.05[\text{m}])^2} = 2.21[\text{m/sec}]$

$\therefore$ 전수두 $H = \dfrac{u^2}{2g} + \dfrac{P}{r} + Z$

$= \dfrac{(2.21)^2}{2 \times 9.8[\text{m/s}^2]}$

$+ \dfrac{\left(\dfrac{392[\text{kPa}]}{101.325[\text{kPa}]}\right) \times 10,332[\text{kg/m}^2]}{1,000[\text{kg/m}^3]}$

$+ 20[\text{m}]$

$= 60.22[\text{m}]$

30

탱크 안의 물의 압력을 수은 마노미터를 이용하여 측정하였더니 수은주의 높이가 500[mm]이었다. 대기압이 100[kPa]일 때 탱크 안의 물의 절대압력은 약 몇 [kPa]인가?(단, 수은의 비체적은 7.35 × $10^{-5}[\text{m}^3/\text{kg}]$이다)

① 154.2   ② 160.2
③ 166.7   ④ 174.5

해설 절대압

$$절대압 = 대기압 + 게이지압$$

• 대기압 : 100[kPa]

$$\rho = \frac{1}{V_S} = \frac{1}{7.35 \times 10^{-5}[\text{m}^3/\text{kg}]}$$
$$= 13,605.44[\text{kg/m}^3]$$

• 게이지압

$P = \rho g H$

$= 13,605.44[\text{kg/m}^3] \times 9.8[\text{m/s}^2] \times 0.5[\text{m}]$

$= 66,666.66 \dfrac{[\text{kg} \cdot \text{m} \cdot \text{m}]}{[\text{m}^3 \cdot \text{s}^2]}$

$([\text{kg} \cdot \text{m/s}^2] \div [\text{m}^2] = [\text{N/m}^2] = [\text{Pa}])$

$= 66,666.66[\text{Pa}] = 66.67[\text{kPa}]$

$\therefore$ 절대압 = 대기압 + 게이지압

$= 100[\text{kPa}] + 66.67[\text{kPa}] = 166.67[\text{kPa}]$

31

15[℃]의 방에 설치된 길이 50[cm], 지름 6[mm]인 저항선으로부터 50[W]의 열이 대류 열전달에 의하여 공기로 전달된다. 대류 열전달계수가 150[W/m² · K]라고 하면 저항선의 표면온도는 약 몇 [℃]인가?

① 50.4   ② 61.5
③ 74.8   ④ 89.6

해설 대류 열전달열량

$$Q = \alpha A(t_2 - t_1) = \alpha(\pi DL)(t_2 - t_1)$$

$\therefore$ 저항선의 표면온도 $t_2 = t_1 + \dfrac{Q}{\alpha A}$

$\therefore (273 + 15)[\text{K}] + \dfrac{50[\text{W}]}{150\dfrac{[\text{W}]}{[\text{m}^2 \cdot \text{K}]} \times (\pi \times 0.006[\text{m}] \times 0.5[\text{m}])}$

$= 323.4[\text{K}] = 50.4[\text{℃}]$

32

어떤 관 속의 정압(절대압력)은 294[kPa], 온도는 27[℃], 공기의 기체상수는 287[J/kg · K]일 경우, 안지름 250[mm]인 관 속을 흐르고 있는 공기의 평균 유속이 50[m/s]이면 공기는 매초 약 몇 [kg]이 흐르는가?

① 8.4   ② 9.5
③ 10.7   ④ 12.5

해설 중량유량

$$\overline{m} = Au\rho$$

여기서, A : 면적[m²] u : 유속[m/s]

$\rho = \dfrac{P}{RT}$

$= \dfrac{294,000[\text{Pa}]}{287[\text{N} \cdot \text{m/kg} \cdot \text{K}] \times 300[\text{K}]}$

$= 3.41[\text{kg/m}^3]$

$\therefore \overline{m} = Au\rho$

$= \dfrac{\pi}{4}(0.25[\text{m}])^2 \times 50[\text{m/s}] \times 3.41[\text{kg/m}^3]$

$= 8.37[\text{kg/s}]$

$$[\text{Pa}] = [\text{N/m}^2]$$

33

웨버수(Weber Number)의 물리적 의미를 옳게 나타낸 것은?

① $\dfrac{\text{관성력}}{\text{표면장력}}$　　② $\dfrac{\text{관성력}}{\text{중력}}$

③ $\dfrac{\text{표면장력}}{\text{관성력}}$　　④ $\dfrac{\text{중력}}{\text{관성력}}$

해설 무차원수

명 칭	무차원식	물리적 의미
레이놀즈수	$Re = \dfrac{du\rho}{\mu} = \dfrac{du}{\nu}$	$Re = \dfrac{\text{관성력}}{\text{점성력}}$
오일러수	$Eu = \dfrac{\Delta P}{\rho u^2}$	$Eu = \dfrac{\text{압축력}}{\text{관성력}}$
웨버수	$We = \dfrac{\rho l u^2}{\sigma}$	$We = \dfrac{\text{관성력}}{\text{표면장력}}$
코시수	$Ca = \dfrac{\rho u^2}{K}$	$Ca = \dfrac{\text{관성력}}{\text{탄성력}}$
마하수	$M = \dfrac{u}{c}$	$M = \dfrac{\text{유속}}{\text{음속}}$
프루드수	$Fr = \dfrac{u}{\sqrt{gl}}$	$Fr = \dfrac{\text{관성력}}{\text{중력}}$

34

액체에 지름이 아주 가는 유리관이나 빨대를 넣었을 때 액체가 상승 또는 하강하는 높이와 관련하여 옳은 것은?

① 지름이 클수록 액체가 상승(하강)하는 높이는 커진다.
② 표면장력이 클수록 액체가 상승(하강)하는 높이는 커진다.
③ 액체의 밀도가 클수록 액체가 상승(하강)하는 높이는 커진다.
④ 액체가 상승(하강)하는 높이는 중력가속도의 크기와는 무관하다.

해설 아주 가는 유리관이나 빨대를 넣었을 때 표면장력이 클수록 액체가 상승(하강)하는 높이는 커진다.

35

안지름 50[mm]의 관에 기름이 2.5[m/s]의 속도로 흐를 때 관마찰계수는?(단, 기름의 동점성계수는 1.31×10^{-4}[m²/s]이다)

① 0.0067　　② 0.0671
③ 0.012　　④ 0.025

해설 관마찰계수

$$\text{층류일 때 관마찰계수 } f = \dfrac{64}{Re}$$

• 레이놀즈수를 구하면
$$Re = \dfrac{Du}{\nu} = \dfrac{0.05[\text{m}] \times 2.5[\text{m/s}]}{1.31\times10^{-4}[\text{m}^2/\text{s}]} = 954.20$$

• 관마찰계수 $f = \dfrac{64}{Re} = \dfrac{64}{954.20} = 0.0671$

36

동력이 24.3[kW]인 소화펌프로 지하 5[m]에 있는 소화수를 지상으로부터 40[m]의 높이에 있는 물탱크까지 분당 1.5[m³]로 올리는 경우 사용된 소화펌프의 효율은 약 얼마인가?(단, 관로의 전 손실수두는 9[m]이며, 펌프의 전달계수는 1.1이다)

① 55[%]　　② 60[%]
③ 65[%]　　④ 70[%]

해설 전동기 용량

$$P[\text{kW}] = \dfrac{\gamma QH}{102 \times \eta} \times K \qquad \eta = \dfrac{\gamma QHK}{P \times 102}$$

여기서, γ : 물의 비중량(1,000[kg_f/m³])
　　　　Q : 유량(1.5[m³]/60[sec]= 0.025[m³/sec])
　　　　H : 전양정(5[m]+40[m]+9[m] = 54[m])
　　　　K : 전달계수(1.1)
　　　　η : 펌프 효율

$$\therefore \eta = \dfrac{\gamma QHK}{P \times 102}$$
$$= \dfrac{1,000 \times 0.025 \times 54 \times 1.1}{24.3 \times 102} = 0.599 \rightarrow 60[\%]$$

37

단면적이 0.01[m²]인 옥내소화전 노즐로 그림과 같이 7[m/s]로 움직이는 벽에 수직으로 물을 방수할 때 벽이 받는 힘은 약 몇 [kN]인가?

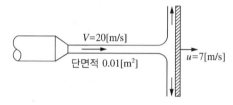

① 1.42
② 1.69
③ 1.85
④ 2.14

해설 힘 $F = Q\rho u = Au\rho u$
$= (0.01[\mathrm{m^2}] \times 13[\mathrm{m/s}]) \times 102[\mathrm{kg_f} \cdot \mathrm{s^2}]/[\mathrm{m^4}]$
$\times (20-7)[\mathrm{m/s}]$
$= 172.38[\mathrm{kg_f}]$
이것을 [kN]으로 환산하면
$172.38[\mathrm{kg_f}] \times 9.8[\mathrm{N}] \times 10^{-3} = 1.69[\mathrm{kN}]$

38

그림과 같이 비중량이 γ인 유체에 잠겨있고, 면적이 A인 평면에 작용하는 힘은?

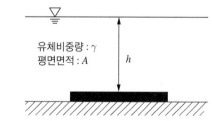

유체비중량 : γ
평면면적 : A

① $\dfrac{1}{2}\gamma hA$
② $\dfrac{hA}{2\gamma}$
③ $\dfrac{hA}{\gamma}$
④ γhA

해설 평면에 작용하는 힘 $F = \gamma hA$

39

유체의 정의를 설명할 때 (   ) 안에 가장 알맞은 용어는?

> 유체란 아무리 작은 (   )에도 저항할 수 없어 연속적으로 변형되는 물질이다.

① 관성력
② 전단응력
③ 압 력
④ 중 력

해설 유체란 아무리 작은 전단응력에도 저항할 수 없어 연속적으로 변형되는 물질이다.

40

동점성계수와 비중이 각각 0.003[m²/s], 1.2일 때 이 액체의 점성계수는 약 몇 [N·s/m²]인가?

① 2.2
② 2.8
③ 3.6
④ 4.0

해설 점성계수

$$\nu = \frac{\mu}{\rho} \qquad \mu = \nu\rho$$

∴ $\mu = \nu\rho$
$= 0.003[\mathrm{m^2/s}] \times (1.2 \times 1,000[\mathrm{N} \cdot \mathrm{s^2}]/[\mathrm{m^4}])$
$= 3.6[\mathrm{N/s} \cdot \mathrm{m^2}]$

> 물의 밀도 $\rho = 1[\mathrm{g/cm^3}] = 1,000[\mathrm{kg_f/m^3}]$
> $= 1,000[\mathrm{N} \cdot \mathrm{s^2/m^4}]$

| 제 **3** 과목 | **소방관계법규** |

41

위험물안전관리법상 위험물제조소 등의 관계인은 당해 제조소 등의 용도를 폐지한 때에는 용도를 폐지한 날부터 며칠 이내에 시·도지사에게 신고하여야 하는가?

① 7일
② 14일
③ 21일
④ 30일

해설 위험물제조소 용도폐지
- 신고 : 시·도지사에게 신고
- 신고기한 : 용도를 폐지한 날부터 14일 이내

42

보일러 등의 위치·구조 및 관리와 화재예방을 위하여 불의 사용에 있어서 지켜야 하는 사항 중 난로의 연통은 천장으로부터 최소 몇 [m] 이상 떨어지게 설치하여야 하는가?

① 0.3   ② 0.6
③ 1   ④ 2

해설 보일러 등의 위치·구조 및 관리와 화재예방을 위하여 불의 사용에 있어서 지켜야 하는 사항

종류	발화점
보일러	1. 가연성 벽·바닥 또는 천장과 접촉하는 증기기관 또는 연통의 부분은 규조토·석면 난연성 단열재로 덮어씌워야 한다. 2. 경유·등유 등 액체연료를 사용하는 경우에는 다음 각 목의 사항을 지켜야 한다. ① 연료탱크는 보일러본체로부터 수평거리 1[m] 이상의 간격을 두어 설치할 것 ② 연료탱크에는 화재 등 긴급상황이 발생하는 경우 연료를 차단할 수 있는 개폐밸브를 연료탱크로부터 0.5[m] 이내에 설치할 것 ③ 연료탱크 또는 연료를 공급하는 배관에는 여과장치를 설치할 것 ④ 사용이 허용된 연료 외의 것을 사용하지 아니할 것 ⑤ 연료탱크에는 불연재료로 된 받침대를 설치하여 연료탱크가 넘어지지 아니하도록 할 것 3. 기체연료를 사용하는 경우에는 다음 각 목에 의한다. ① 보일러를 설치하는 장소에는 환기구를 설치하는 등 가연성가스가 머무르지 아니하도록 할 것 ② 연료를 공급하는 배관은 금속관으로 할 것 ③ 화재 등 긴급 시 연료를 차단할 수 있는 개폐밸브를 연료용기 등으로부터 0.5[m] 이내에 설치할 것 ④ 보일러가 설치된 장소에는 가스누설경보기를 설치할 것 4. **보일러와 벽·천장 사이의 거리는 0.6[m] 이상**되도록 하여야 한다. 5. 보일러를 실내에 설치하는 경우에는 콘크리트 바닥 또는 금속 외의 불연재료로 된 바닥 위에 설치하여야 한다.

43

소방본부 종합상황실의 실장이 서면·모사전송 또는 컴퓨터통신 등으로 소방청 종합상황실에 보고하여야 하는 화재의 기준이 아닌 것은?

① 이재민이 100인 이상 발생한 화재
② 사망자가 3인 이상 발생하거나 사상자가 5인 이상 발생한 화재
③ 재산피해액이 50억원 이상 발생한 화재
④ 층수가 5층 이상이거나 병상이 30개 이상인 요양소에서 발생한 화재

해설 상황실에 보고하여야 하는 화재
- 다음에 해당하는 화재
  - **사망자가 5인 이상** 발생하거나 **사상자가 10인 이상** 발생한 화재
  - 이재민이 100인 이상 발생한 화재
  - 재산피해액이 50억원 이상 발생한 화재
  - 관공서·학교·정부미도정공장·문화재·지하철 또는 지하구의 화재
  - 관광호텔, 층수가 11층 이상인 건축물, 지하상가, 시장, 백화점, 지정수량의 3,000배 이상의 위험물의 제조소·저장소·취급소, 층수가 5층 이상이거나 객실이 30실 이상인 숙박시설, 층수가 5층 이상이거나 **병상이 30개 이상인 종합병원**·정신병원·한방병원·요양소, 연면적 15,000[m²] 이상인 공장 또는 소방기본법 시행령에 따른 화재경계지구에서 발생한 화재
  - 철도차량, 항구에 매어둔 총 톤수가 1,000[t] 이상인 선박, 항공기, 발전소 또는 변전소에서 발생한 화재
  - 가스 및 화약류의 폭발에 의한 화재
  - 다중이용업소의 안전관리에 관한 특별법 제2조에 따른 다중이용업소의 화재
- 긴급구조대응활동 및 현장지휘에 관한 규칙에 의한 통제단장의 현장지휘가 필요한 재난상황
- 언론에 보도된 재난상황

44

화재예방, 소방시설 설치·유치 및 안전관리에 관한 법률상 1년 이하의 징역 또는 1,000만원 이하의 벌금에 처하는 경우는?

① 소방용품의 형식승인을 받지 아니하고 소방용품을 제조하거나 수입한 자
② 형식승인을 받은 그 소방용품에 대하여 제품검사를 받지 아니한 자
③ 거짓이나 그 밖의 부정한 방법으로 제품검사 전문기관으로 지정을 받은 자
④ 형식승인의 변경승인을 받지 아니한 자

해설 벌 칙
- 3년 이하의 징역 또는 3,000만원 이하의 벌금
  - 소방용품의 형식승인을 받지 아니하고 소방용품을 제조하거나 수입한 자
  - 형식승인을 받은 그 소방용품에 대하여 제품검사를 받지 아니한 자
  - 거짓이나 그 밖의 부정한 방법으로 제품검사 전문기관으로 지정을 받은 자
- 1년 이하의 징역 또는 1,000만원 이하의 벌금
  - 관리업의 등록증이나 등록수첩을 다른 자에게 빌려준 자
  - 영업정지처분을 받고 그 영업정지기간 중에 관리업의 업무를 한 자
  - 형식승인의 변경승인을 받지 아니한 자

45

연소우려가 있는 건축물의 구조에 대한 기준으로 다음 (   ) 안에 알맞은 것은?

> 건축물대장의 건축물 현황도에 표시된 대지경계선 안에 둘 이상의 건축물이 있는 경우, 각각의 건축물이 다른 건축물의 외벽으로부터 수평거리가 1층에 있어서는 (㉠)[m] 이하, 2층 이상의 층의 경우에는 (㉡)[m] 이하인 경우, 개구부가 다른 건축물을 향하여 설치되어 있는 경우 모두 해당하는 구조이다.

① ㉠ 6, ㉡ 10   ② ㉠ 10, ㉡ 6
③ ㉠ 3, ㉡ 5   ④ ㉠ 5, ㉡ 3

해설 연소우려가 있는 건축물의 구조
- 건축물대장의 건축물 현황도에 표시된 대지경계선 안에 둘 이상의 건축물이 있는 경우

- 각각의 건축물이 다른 건축물의 외벽으로부터 수평거리가 1층의 경우에는 6[m] 이하, 2층 이상의 층의 경우에는 10[m] 이하인 경우
- 개구부가 다른 건축물을 향하여 설치되어 있는 경우

46

제조소 등의 설치허가 등에 있어서 최저의 기준이 되는 위험물의 지정수량이 100[kg]인 위험물의 품명이 바르게 연결된 것은?

① 브롬산염류 – 질산염류 – 아이오딘산염류
② 칼륨 – 나트륨 – 알킬알루미늄
③ 황화인 – 적린 – 유황
④ 과염소산 – 과산화수소 – 질산

해설 지정수량

종 류	유 별	지정수량
브롬산염류, 질산염류, 아이오딘산염류	제1류 위험물	300[kg]
칼륨, 나트륨, 알킬알루미늄	제3류 위험물	10[kg]
황화인, 적린, 유황	제2류 위험물	100[kg]
과염소산, 과산화수소, 질산	제6류 위험물	300[kg]

47

소방청장 또는 시·도지사가 처분을 실시하기 위한 청문대상이 아닌 것은?

① 소방시설관리사 자격의 정지
② 소방안전관리자 자격의 취소
③ 소방시설관리업의 등록취소
④ 소방용품의 형식승인 취소

해설 청문 대상
- 처분권자 : 소방청장, 시·도지사
- 청문대상
  - 소방시설관리사 자격의 취소 및 정지
  - 소방시설관리업의 등록취소 및 영업정지
  - 소방용품의 형식승인 취소 및 제품검사 중지
  - 성능인증의 취소
  - 우수품질인증의 취소
  - 전문기관의 지정취소 및 업무정지

48

위험물안전관리법령상 자체소방대를 설치하는 제조소 또는 일반취급소에서 취급하는 제4류 위험물의 최대수량의 합이 지정수량의 24만배 이상 48만배 미만인 사업소의 관계인이 두어야 하는 화학소방자동차와 자체소방대원의 수의 기준으로 옳은 것은?(단, 화재 그 밖의 재난발생 시 다른 사업소 등과 상호응원에 관한 협정을 체결하고 있는 사업소는 제외한다)

① 화학소방자동차 : 2대, 자체소방대원의 수 : 10인
② 화학소방자동차 : 3대, 자체소방대원의 수 : 10인
③ 화학소방자동차 : 3대, 자체소방대원의 수 : 15인
④ 화학소방자동차 : 4대, 자체소방대원의 수 : 20인

해설 자체소방대를 두는 화학소방자동차 및 인원

사업소의 구분	화학소방 자동차	자체소방 대원의 수
1. 제조소 또는 일반취급소에서 취급하는 제4류 위험물의 최대수량의 합이 지정수량의 3,000배 이상 12만배 미만인 사업소	1대	5명
2. 제조소 또는 일반취급소에서 취급하는 제4류 위험물의 최대수량의 합이 지정수량의 12만배 이상 24만배 미만인 사업소	2대	10명
3. 제조소 또는 일반취급소에서 취급하는 제4류 위험물의 최대수량의 합이 지정수량의 24만배 이상 48만배 미만인 사업소	3대	15명
4. 제조소 또는 일반취급소에서 취급하는 제4류 위험물의 최대수량의 합이 지정수량의 48만배 이상인 사업소	4대	20명
5. 옥외탱크저장소에 저장하는 제4류 위험물의 최대수량이 지정수량의 50만배 이상인 사업소 (2022. 1. 1. 시행)	2대	10명

49

분말 형태의 소화약제를 사용하는 소화기의 내용연수로 옳은 것은?(단, 소방용품의 성능을 확인받아 그 사용기한을 연장하는 경우는 제외한다)

① 10년   ② 7년
③ 5년   ④ 3년

해설 분말소화기 내용연수 : 10년

50

소방기술자의 배치기준 중 중급기술자 이상의 소방기술자(기계분야 및 전기분야) 소방시설공사 현장의 기준으로 틀린 것은?

① 지하층을 포함한 층수가 16층 이상 40층 미만인 특정소방대상물의 공사 현장
② 연면적 5,000[m²] 이상 30,000[m²] 미만인 특정소방대상물(아파트는 제외)의 공사 현장
③ 연면적 10,000[m²] 이상 200,000[m²] 미만인 아파트의 공사 현장
④ 물분무 등 소화설비(호스릴방식의 소화설비는 제외) 또는 제연설비가 설치되는 특정소방대상물의 공사 현장

해설 소방기술자 배치기준(소방공사업법 시행령 [별표 2])

소방기술자의 배치기준	소방시설공사 현장의 기준
1. 행정안전부령으로 정하는 특급기술자인 소방기술자(기계분야 및 전기분야)	• 연면적 20만[m²] 이상인 특정소방대상물의 공사 현장 • 지하층을 포함한 층수가 40층 이상인 특정소방대상물의 공사 현장
2. 행정안전부령으로 정하는 **고급기술자** 이상의 소방기술자(기계분야 및 전기분야)	• 연면적 3만[m²] 이상 20만[m²] 미만인 특정소방대상물(아파트는 제외)의 공사 현장 • 지하층을 포함한 층수가 **16층 이상 40층 미만**인 특정소방대상물의 공사 현장
3. 행정안전부령으로 정하는 **중급기술자** 이상의 소방기술자(기계분야 및 전기분야)	• 물분무 등 소화설비(호스릴 방식의 소화설비는 제외) 또는 제연설비가 설치되는 특정소방대상물의 공사 현장 • 연면적 5,000[m²] 이상 3만[m²] 미만인 특정소방대상물(아파트는 제외한다)의 공사 현장 • 연면적 1만[m²] 이상 20만[m²] 미만인 아파트의 공사 현장
4. 행정안전부령으로 정하는 초급기술자 이상의 소방기술자(기계분야 및 전기분야)	• 연면적 1,000[m²] 이상 5,000[m²] 미만인 특정소방대상물(아파트는 제외)의 공사 현장 • 연면적 1,000[m²] 이상 1만[m²] 미만인 아파트의 공사현장 • 지하구(地下溝)의 공사 현장

소방기술자의 배치기준	소방시설공사 현장의 기준
5. 법 제28조에 따라 자격수첩을 발급받은 소방기술자	연면적 1,000[m²] 미만인 특정소방대상물의 공사 현장

51

대통령령으로 정하는 화재경계지구의 지정대상지역이 아닌 것은?

① 시장지역
② 목조건물이 밀집한 지역
③ 위험물의 저장 및 처리시설이 밀집한 지역
④ 석유화학제품을 판매하는 시설이 있는 지역

해설 석유화학제품을 생산하는 시설이 있는 지역은 화재경계지구 대상이다.

52

소방기본법상 벌칙 기준 중 100만원 이하의 벌금에 해당하는 자가 아닌 것은?

① 화재경계지구 안의 소방대상물에 대한 소방특별조사를 거부·방해 또는 기피한 자
② 정당한 사유 없이 소방대의 생활안전활동을 방해한 자
③ 화재 발생을 막거나 폭발 등으로 화재가 확대되는 것을 막기 위하여 가스·전기 또는 유류 등의 시설에 대하여 위험물질의 공급을 차단하는 등 필요한 조치를 정당한 사유 없이 방해한 자
④ 타고 남은 불 또는 화기가 있을 우려가 있는 재의 처리 명령을 정당한 사유 없이 따르지 아니하거나 이를 방해한 자

해설 타고 남은 불 또는 화기가 있을 우려가 있는 재의 처리 명령을 정당한 사유 없이 따르지 아니하거나 이를 방해한 자 : 200만원 이하의 벌금

53

소방기본법령상 대통령령으로 정하는 특수 가연물의 품명별 수량기준이 옳은 것은?

① 가연성고체류 - 1,000[kg] 이상
② 목재가공품 및 나무부스러기 - 20[m³] 이상
③ 석탄·목탄류 - 3,000[kg] 이상
④ 면화류 - 200[kg] 이상

해설 특수가연물의 수량 기준

품 명	수 량
면화류	200[kg] 이상
나무껍질 및 대팻밥	400[kg] 이상
넝마 및 종이부스러기	1,000[kg] 이상
사 류	1,000[kg] 이상
볏짚류	1,000[kg] 이상
가연성고체류	3,000[kg] 이상
석탄·목탄류	10,000[kg] 이상
가연성액체류	2[m³] 이상
목재가공품 및 나무부스러기	10[m³] 이상

54

소방특별조사 결과 소방대상물의 개수·이전·제거 명령으로 인하여 손실을 입은 자가 있는 경우, 손실을 보상하여야 하는 자는?

① 소방청장　　　② 대통령
③ 소방본부장　　④ 소방서장

해설 소방특별조사에 따른 손실 보상권자 : 소방청장, 시·도지사(특별시장·광역시장·특별자치시장·도지사 또는 특별자치도지사)

55

위험물안전관리법령상 위험물 및 지정수량에 대한 기준 중 다음 (　　) 안에 알맞은 것은?

> 금속분이라 함은 알칼리금속·알칼리토류금속·철 및 마그네슘외의 금속의 분말을 말하고, 구리분·니켈분 및 (　㉠　) [μm]의 체를 통과하는 것이 (　㉡　) [wt%] 미만인 것은 제외한다.

① ㉠ 150, ㉡ 50　　② ㉠ 53, ㉡ 50

③ ㉠ 50,　㉡ 150　④ ㉠ 50, ㉡ 53

해설 금속분이라 함은 알칼리금속·알칼리토류금속·철 및 마그네슘외의 금속의 분말을 말하고, 구리분·니켈분 및 150[μm]의 체를 통과하는 것이 50[wt%] 미만인 것은 제외한다.

56

하자를 보수하여야 하는 소방시설과 소방시설별 하자보수 보증기간이 틀린 것은?

① 자동소화장치 : 3년

② 자동화재탐지설비 : 2년

③ 무선통신보조설비 : 2년

④ 간이스프링클러설비 : 3년

해설 소방시설공사의 하자보수 보증기간
 • 2년 : 피난기구, 유도등, 유도표지, 비상경보설비, 비상조명등, 비상방송설비 및 무선통신보조설비
 • 3년 : 자동소화장치, 옥내소화전설비, 스프링클러설비, 간이스프링클러설비, 물분무 등 소화설비, 옥외소화전설비, **자동화재탐지설비**, 상수도소화용수설비, 소화활동설비(무선통신보조설비 제외)

57

소방시설 중 경보설비가 아닌 것은?

① 통합감시시설　　　② 가스누설경보기

③ 자동화재속보설비　④ 비상콘센트설비

해설 비상콘센트설비 : 소화활동설비

58

특정소방대상물의 건축·대수선·용도변경 또는 설치 등을 위한 공사를 시공하는 자가 공사현장에서 인화성 물품을 취급하는 작업 등 대통령령을 정하는 작업을 하기 전에 설치하고 유지·관리하는 임시소방시설의 종류가 아닌 것은?(단, 용접·용단 등 불꽃을 발생시키거나 화기를 취급하는 작업이다)

① 간이소화장치　　② 비상경보장치

③ 자동확산소화기　④ 간이피난유도선

해설 임시소방시설의 소방시설 : 소화기, 간이소화장치, 비상경보장치, 간이피난유도선

59

지진이 발생할 경우 소방시설이 정상적으로 작동할 수 있도록 대통령령으로 정하는 소방시설의 내진설계 대상이 아닌 것은?

① 옥내소화전설비　　② 스프링클러설비

③ 물분무 등 소화설비　④ 제연설비

해설 소방시설의 내진설계 대상 : 옥내소화전설비, 스프링클러설비, 물분무 등 소화설비

60

과태료의 부과기준 중 특수가연물의 저장 및 취급기준을 2회 위반한 경우 과태료 금액으로 옳은 것은?

① 50만원　　　　　② 100만원

③ 150만원　　　　④ 200만원

해설 특수가연물의 저장 및 취급의 기준을 위반한 경우(법 제15조 제2항)
 • 1회 : 20만원
 • 2회 : 50만원
 • 3회 : 100만원
 • 4회 이상 : 100만원

제4과목 | 소방기계시설의 구조 및 원리

61

차고·주차장에 설치하는 포소화전설비의 설치기준으로 옳은 것은?

① 저발포의 소화약제를 사용할 수 있는 것으로 할 것

② 호스를 포소화전방수구로 분리하여 비치하는 때에는 그로부터 1.5[m] 이내의 거리에 호스함을 설치할 것

③ 호스함은 바닥으로부터 높이 1[m] 이하의 위치에 설치하고 그 표면에는 포소화전함이라고 표시한 표지와 적색의 위치표시등을 설치할 것

④ 방호대상물의 각 부분으로부터 하나의 포소화전 방수구까지의 수평거리는 15[m] 이하가 되도록 하고 호스의 길이는 방호대상물의 각 부분에 포가 유효하게 뿌려질 수 있도록 할 것

해설 **차고·주차장에 설치하는 호스릴포소화설비 또는 포소화전설비의 설치기준**

- 특정소방대상물의 어느 층에 있어서도 그 층에 설치된 호스릴포방수구 또는 포소화전방수구(호스릴포방수구 또는 포소화전방수구가 5개 이상 설치된 경우에는 5개)를 동시에 사용할 경우 각 이동식 포노즐 선단의 포수용액 방사압력이 0.35[MPa] 이상이고 300[L/min] 이상(1개층의 바닥면적이 200[m²] 이하인 경우에는 230[L/min] 이상)의 포수용액을 수평거리 15[m] 이상으로 방사할 수 있도록 할 것.
- **저발포의 포소화약제**를 사용할 수 있는 것으로 할 것
- 호스릴 또는 호스를 호스릴포방수구 또는 포소화전방수구로 분리하여 비치하는 때에는 그로부터 3[m] 이내의 거리에 호스릴함 또는 호스함을 설치할 것
- **호스릴함** 또는 **호스함**은 바닥으로부터 높이 1.5[m] 이하의 위치에 설치하고 그 표면에는 "포호스릴함(또는 포소화전함)"이라고 표시한 표지와 적색의 위치표시등을 설치할 것
- 방호대상물의 각 부분으로부터 하나의 **호스릴포방수구**까지의 **수평거리는 15[m] 이하**(포소화전방수구의 경우에는 25[m] 이하)가 되도록 하고 호스릴 또는 호스의 길이는 방호대상물의 각 부분에 포가 유효하게 뿌려질 수 있도록 할 것

62

분말소화설비에 사용하는 소화약제 중 제3종 분말의 주성분으로 옳은 것은?

① 인산염
② 탄산수소칼륨
③ 탄산수소나트륨
④ 요 소

해설 **제3종 분말소화약제** : 인산염, 인산암모늄, 제일인산암모늄

제3종 분말약제의 화학식 : $NH_4H_2PO_4$

63

옥내소화설비의 압력수조를 이용한 가압송수장치에 있어서 압력수조에 설치하는 것이 아닌 것은?

① 급기관
② 압력계
③ 오버플로관
④ 자동식 공기압축기

해설 **압력수조에 설치대상물**

수위계·급수관·배수관·급기관·맨홀·압력계·안전장치 및 압력저하 방지를 위한 자동식 공기압축기

64

스프링클러설비 배관에 설치되는 행거의 설치기준 중 다음 (　) 안에 알맞은 것으로 연결된 것은?

가지배관에는 헤드의 설치지점 사이마다 1개 이상의 행거를 설치하되, 헤드 간의 거리가 (　㉠　)[m]를 초과하는 경우에는 (　㉠　)[m] 이내마다 1개 이상 설치할 것. 이 경우 상향식헤드와 행거 사이에는 (　㉡　)[cm] 이상의 간격을 두어야 한다.

① ㉠ 3.5, ㉡ 6
② ㉠ 4.5, ㉡ 6
③ ㉠ 3.5, ㉡ 8
④ ㉠ 4.5, ㉡ 8

해설 **행거의 설치기준**

- 가지배관에는 헤드의 설치지점 사이마다 1개 이상의 행거를 설치하되, 헤드 간의 거리가 3.5[m]를 초과하는 경우에는 **3.5[m] 이내마다 1개 이상** 설치할 것. 이 경우 상향식헤드와 행거 사이에는 **8[cm] 이상**의 간격을 두어야 한다.
- 교차배관에는 가지배관과 가지배관 사이마다 1개 이상의 행거를 설치하되, 가지배관 사이의 거리가 4.5[m]를 초과하는 경우에는 4.5[m] 이내마다 1개 이상 설치할 것
- 수평주행배관에는 4.5[m] 이내마다 1개 이상 설치할 것

65

소화수조의 소요수량이 20[m³] 이상 40[m³] 미만일 때 가압송수장치의 1분당 양수량은 최소 몇 [L] 이상이어야 하는가?(단, 소화수조가 지표면으로부터의 깊이(수조 내부 바닥까지의 길이)가 4.5[m] 이상인 지하에 있는 경우이다)

① 1,100
② 2,200
③ 3,300
④ 4,400

해설 소요수량에 따른 채수구의 수와 양수량

소요수량	채수구의 수	가압송수장치의 1분당 양수량
20[m³] 이상 40[m³] 미만	1개	1,100[L] 이상
40[m³] 이상 100[m³] 미만	2개	2,200[L] 이상
100[m³] 이상	3개	3,300[L] 이상

66

화재조기진압용 스프링클러설비를 설치할 장소의 구조기준으로 틀린 것은?

① 해당 층의 높이가 13.7[m] 이하일 것
② 천장의 기울기가 1,000분의 168을 초과하지 않아야 하고, 이를 초과하는 경우에는 반자를 지면과 수평으로 설치할 것
③ 천장은 평평하여야 하며 철재나 목재트러스 구조인 경우, 철재나 목재의 돌출부분이 102[m]를 초과하지 아니할 것
④ 보로 사용되는 목재·콘크리트 및 철재사이의 간격이 0.8[m] 이상 1.5[m] 이하일 것

해설 보로 사용되는 목재·콘크리트 및 철재 사이의 간격이 **0.9[m] 이상 2.3[m] 이하일** 것. 다만, 보의 간격이 2.3[m] 이상인 경우에는 화재조기진압용 스프링클러헤드의 동작을 원활히 하기 위하여 보로 구획된 부분의 천장 및 반자의 넓이가 28[m²]를 초과하지 아니할 것

67

개방형헤드를 사용하는 연결살수설비에 있어서 하나의 송수구역에 설치하는 살수헤드의 수는 최대 몇 개 이하가 되도록 하여야 하는가?

① 8
② 10
③ 16
④ 32

해설 연결살수설비(개방형헤드를 사용)에 있어서 하나의 송수구역에 설치하는 살수헤드 : 10개 이하

68

스프링클러설비를 설치하여야 할 특정소방대상물에 있어서 스프링클러헤드를 설치하지 아니할 수 있는 기준으로 틀린 것은?

① 천장 및 반자가 불연재료 외의 것으로 되어 있고 천장과 반자 사이의 거리가 1[m] 미만인 부분
② 천장과 반자 양쪽이 불연재료로 되어 있는 경우로서 천장과 반자 사이의 거리가 2[m] 미만인 부분
③ 천장·반자 중 한쪽이 불연재료로 되어 있고 천장과 반자 사이의 거리가 1[m] 미만인 부분
④ 현관 또는 로비 등으로서 바닥으로부터 높이가 20[m] 이상인 장소

해설 스프링클러헤드 설치 제외
- 천장과 반자 양쪽이 불연재료로 되어 있는 경우로서 그 사이의 거리 및 구조가 다음의 어느 하나에 해당하는 부분
  - 천장과 반자 사이의 거리가 2[m] 미만인 부분
  - 천장과 반자 사이의 벽이 불연재료이고 천장과 반자 사이의 거리가 2[m] 이상으로서 그 사이에 가연물이 존재하지 아니하는 부분
- 천장·반자 중 한쪽이 불연재료로 되어있고 천장과 반자 사이의 거리가 1[m] 미만인 부분
- **천장 및 반자가 불연재료 외의 것으로 되어 있고 천장과 반자 사이의 거리가 0.5[m] 미만인 부분**

안심Touch

69

소화약제 외의 것을 이용한 간이소화용구의 능력단위 중 다음 (　　) 안에 알맞은 것으로 연결된 것은?

간이소화용구		능력단위
마른모래	삽을 상비한 (㉠)[L] 이상의 것 1포	0.5단위
팽창질석 또는 팽창진주암	삽을 상비한 (㉡)[L] 이상의 것 1포	

① ㉠ 30, ㉡ 50　　　② ㉠ 50, ㉡ 30
③ ㉠ 80, ㉡ 50　　　④ ㉠ 50, ㉡ 80

해설 **소화약제 외의 것을 이용한 간이소화용구의 능력단위**

간이소화용구		능력단위
마른모래	삽을 상비한 50[L] 이상의 것 1포	0.5단위
팽창질석 또는 팽창진주암	삽을 상비한 80[L] 이상의 것 1포	

70

화재 시 현저하게 연기가 찰 우려가 없는 장소로서 호스릴 할론소화설비를 설치할 수 있는 장소기준으로 틀린 것은?

① 지상 1층 및 피난층에 있는 부분으로서 지상에서 수동 또는 원격조작에 따라 개방할 수 있는 개구부의 유효면적의 합계가 바닥면적의 15[%] 이상이 되는 부분
② 전기설비가 설치되어 있는 부분의 바닥면적이 해당 설비가 설치되어 있는 구획의 바닥면적의 5분의 1 미만이 되는 부분
③ 다량의 화기를 사용하는 부분(해당 설비의 주위 5[m] 이내의 부분을 포함)의 바닥면적이 해당 설비가 설치되어 있는 구획의 바닥면적의 5분의 1 미만이 되는 부분
④ 옥외로 통하는 개구부가 상시 개방된 구조의 부분으로서 그 개방된 부분의 합계 면적이 해당 차고 또는 주차장의 바닥면적의 15[%] 이상인 부분

해설 **호스릴 할론소화설비를 설치할 수 있는 장소**
- 지상 1층 및 피난층에 있는 부분으로서 지상에서 수동 또는 원격조작에 따라 개방할 수 있는 개구부의 유효면적의 합계가 바닥면적의 15[%] 이상이 되는 부분
- 전기설비가 설치되어 있는 부분 또는 다량의 화기를 사용하는 부분(해당 설비의 주위 5[m] 이내의 부분을 포함한다)의 바닥면적이 해당 설비가 설치되어 있는 구획의 바닥면적의 1/5 미만이 되는 부분

71

방호대상물 주변에 설치된 벽면적의 합계가 20[m²], 방호공간의 벽면적 합계가 50[m²], 방호공간 체적이 30[m³]인 장소에 국소방출방식의 분말 소화설비를 설치할 때 저장할 소화약제량은 약 몇 [kg]인가?(단, 소화약제의 종별에 따른 X, Y의 수치에서 X의 수치는 5.2, Y의 수치는 3.9로 하며, 여유율(K)은 1.1로 한다)

① 120　　　② 199
③ 314　　　④ 349

해설 **소화약제량**

$$Q = \left(X - Y\frac{a}{A} \right) \times 1.1$$

$Q = \left(X - Y\frac{a}{A} \right) \times 1.1 = \left(5.2 - 3.9 \times \frac{20}{50} \right) \times 1.1$
$\quad = 4[\text{kg/m}^3]$
∴ 약제량 $= 4[\text{kg/m}^3] \times 30[\text{m}^3] = 120[\text{kg}]$

72

다음 중 지하층이나 무창층 또는 밀폐된 거실로서 그 바닥면적이 20[m²] 미만인 장소에 설치할 수 있는 소화기구는?(단, 배기를 위한 유효한 개구부가 없는 장소인 경우이다)

① 이산화탄소를 방사하는 소화기구
② 할론 1301을 방사하는 소화기구
③ 할론 1211을 방사하는 소화기구
④ 할론 2402를 방사하는 소화기구

해설 이산화탄소 또는 할론을 방사하는 소화기구(자동확산 소화기를 제외한다)는 지하층이나 무창층 또는 밀폐된 거실로서 그 바닥면적이 20[m²] 미만의 장소에는 설치할 수 없다. 다만, 배기를 위한 유효한 개구부가 있는 장소인 경우에는 그러하지 아니하다.

※ 이 문제는 2017. 4. 11일 화재안전기준 개정으로 맞지 않는 문제입니다.

73

다음의 할로겐화합물 및 불활성기체 중 기본성분이 다른 것은?

① HCFC BLEND A　② HFC-125
③ IG-541　④ HFC-227ea

해설 할로겐화합물 및 불활성기체
- 할로겐화합물 소화약제 : HCFC BLEND A, HFC-125, HFC-227ea
- 불활성기체 소화약제 : IG-541, IG-01, IG-55, IG-100

74

스프링클러설비의 배관의 설치기준 중 다음 (　) 안에 알맞은 것으로 연결된 것은?

> 연결송수관설비의 배관과 겸용할 경우의 주배관은 구경 (㉠)[mm] 이상, 방수구로 연결되는 배관의 구경은 (㉡)[mm] 이상의 것으로 하여야 한다.

① ㉠ 65, ㉡ 80
② ㉠ 65, ㉡ 100
③ ㉠ 100, ㉡ 65
④ ㉠ 100, ㉡ 80

해설 스프링클러설비의 배관의 설치기준
- 연결송수관설비의 배관과 겸용할 경우의 주배관 : 100[mm] 이상
- 방수구로 연결되는 배관 : 65[mm] 이상

75

미분무소화설비 용어의 정의 중 다음 (　) 안에 알맞은 것은?

> 미분무란 물만을 사용하여 소화하는 방식으로 최소설계압력에서 헤드로부터 방출되는 물입자 중 99[%]의 누적체적분포가 (㉠)[μm] 이하로 분무되고 (㉡)급 화재에 적응성을 갖는 것을 말한다.

① ㉠ 200, ㉡ B, C
② ㉠ 400, ㉡ B, C
③ ㉠ 200, ㉡ A, B, C
④ ㉠ 400, ㉡ A, B, C

해설 미분무란 물만을 사용하여 소화하는 방식으로 최소설계압력에서 헤드로부터 방출되는 물입자 중 99[%]의 누적체적분포가 400[μm] 이하로 분무되고 A, B, C급 화재에 적응성을 갖는 것

76

호스릴 이산화탄소소화설비 하나의 노즐에 대하여 저장량은 최소 몇 [kg] 이상이어야 하는가?

① 60　② 70
③ 80　④ 90

해설 호스릴 이산화탄소소화설비
- 저장량 : 90[kg] 이상
- 방사량 : 60[kg/min] 이상

77

연결송수관설비의 방수용기구함 설치기준 중 다음 (　) 안에 알맞은 것은?

> 방수기구함은 피난층과 가장 가까운 층을 기준으로 (㉠)개 층마다 설치하되, 그 층의 방수구마다 보행거리 (㉡)[m] 이내에 설치할 것

① ㉠ 2, ㉡ 3　② ㉠ 3, ㉡ 5
③ ㉠ 3, ㉡ 2　④ ㉠ 5, ㉡ 3

해설 연결송수관설비의 **방수기구함**은 피난층과 가장 가까운 층을 기준으로 **3개 층마다 설치**하되, 그 층의 방수구마다 **보행거리 5[m]** 이내에 설치할 것

78

특정소방대상물의 용도 및 장소별로 설치하여야 할 인명구조기구의 설치기준 중 공기호흡기를 층마다 2개 이상 비치하여야 할 특정소방대상물의 기준으로 옳은 것은?

① 지하가 중 터널
② 운수시설 중 지하역사
③ 판매시설 중 농수산물도매시장
④ 문화 및 집회시설 중 수용인원 50명 이상의 영화상영관

해설 **인명구조기구 설치대상**

특정소방대상물	인명구조기구의 종류	설치 수량
지하층을 포함하는 층수가 7층 이상인 관광호텔 및 5층 이상인 병원	• 방열복 또는 방화복(헬멧, 보호장갑 및 안전화를 포함) • 공기호흡기 • 인공소생기	각 2개 이상 비치할 것. 다만, 병원의 경우에는 인공소생기를 설치하지 않을 수 있다.
• 문화 및 집회시설 중 수용인원 100명 이상의 영화상영관 • 판매시설 중 대규모 점포 • 운수시설 중 **지하역사** • 지하가 중 지하상가	공기호흡기	**층마다 2개 이상** 비치할 것. 다만, 각 층마다 갖추어 두어야 할 공기호흡기 중 일부를 직원이 상주하는 인근 사무실에 갖추어 둘 수 있다.
물분무 등 소화설비 중 이산화탄소소화설비를 설치하여야 하는 특정소방대상물	공기호흡기	이산화탄소소화설비가 설치된 장소의 출입구 외부 인근에 1대 이상 비치할 것

79

승강식피난기 및 하향식 피난구용 내림식 사다리의 설치기준 중 다음 (   ) 안에 알맞은 것은?

> 대피실의 면적은 2세대 이상일 경우에는 (㉠)[m²] 이상으로 하고, 건축법 시행령 제46조 제4항의 규정에 적합하여야 하며, 하강구(개구부) 규격은 직경 (㉡)[cm] 이상일 것. 단, 외기와 개방된 장소에는 그러하지 아니한다.

① ㉠ 2, ㉡ 50
② ㉠ 3, ㉡ 50
③ ㉠ 2, ㉡ 60
④ ㉠ 3, ㉡ 60

해설 승강식피난기 및 하향식 피난구용 내림식사다리는 대피실의 면적은 2[m²](2세대 이상일 경우에는 3[m²]) 이상으로 하고, 건축법 시행령 제46조 제4항의 규정에 적합하여야 하며, 하강구(개구부) 규격은 직경 **60[cm] 이상**일 것. 단, 외기와 개방된 장소에는 그러하지 아니한다.

80

물분무소화설비에 제어반 설치 시 감시제어반과 동력제어반으로 구분하여 설치하지 아니할 수 있는 경우가 아닌 것은?

① 압력수조에 따른 가압송수장치를 사용하는 물분무소화설비
② 고가수조에 따른 가압송수장치를 사용하는 물분무소화설비
③ 가압수조에 따른 가압송수장치를 사용하는 물분무소화설비
④ 내연기관에 따른 가압송수장치를 사용하는 물분무소화설비

해설 **감시제어반과 동력제어반으로 구분하여 설치하지 아니할 수 있는 경우**

• 다음 각 목의 어느 하나에 해당하지 아니하는 특정소방대상물에 설치되는 물분무소화설비
  ㉠ 지하층을 제외한 층수가 7층 이상으로서 연면적이 2,000[m²] 이상인 것
  ㉡ ㉠에 해당하지 아니하는 특정소방대상물로서 지하층의 바닥면적의 합계가 3,000[m²] 이상인 것. 다만, 차고·주차장 또는 보일러실·기계실·전기실 등 이와 유사한 장소의 면적은 제외한다.
• **내연기관**에 따른 가압송수장치를 사용하는 물분무소화설비
• **고가수조**에 따른 가압송수장치를 사용하는 물분무소화설비
• **가압수조**에 따른 가압송수장치를 사용하는 물분무소화설비

2017년 9월 23일 시행

제 **4** 회

제 1 과목 소방원론

01

수분과 접촉하면 위험하며 경유, 유동파라핀 등과 같은 보호액에 보관하여야 하는 위험물은?

① 과산화수소　　② 이황화탄소
③ 황　　　　　　④ 칼 륨

해설 저장방법

종 류	저장방법
과산화수소	구멍 뚫린 마개 사용
이황화탄소	물 속
황	건조하고 서늘한 장소
칼 륨	등유, 경유, 유동파라핀 속

02

화재 시 연소물에 대한 공기공급을 차단하여 소화하는 방법은?

① 냉각소화　　② 부촉매소화
③ 제거소화　　④ 질식소화

해설 질식소화
공기 중의 산소의 농도를 21[%]에서 15[%] 이하로 낮추어 산소농도를 낮추어 소화하는 방법

03

가압식 분말소화기 가압용 가스의 역할로 옳은 것은?

① 분말소화약제의 유동방지
② 분말소화소화기에 부착된 압력계 작동
③ 분말소화약제의 혼화 및 방출
④ 분말소화약제의 응고방지

해설 가압용 가스의 역할 : 분말소화약제의 혼합하여 방출을 목적으로 한다.

04

피난계획의 일반적인 원칙 중 Fool Proof 원칙에 대한 설명으로 옳은 것은?

① 한 가지 피난기구가 고장이 나도 다른 수단을 이용할 수 있도록 하는 원칙
② 두 방향의 피난동선을 항상 확보하는 원칙
③ 피난수단을 이동식 시설로 하는 원칙
④ 피난수단을 조작이 간편한 원시적 방법으로 하는 원칙

해설 피난계획의 일반원칙
• Fool Proof : 비상시 머리가 혼란하여 판단능력이 저하되는 상태로 누구나 알 수 있도록 문자나 그림 등을 표시하여 직감적으로 작용하는 것
• Fail Safe : 하나의 수단이 고장으로 실패하여도 다른 수단에 의해 구제할 수 있도록 고려하는 것으로 양방향 피난로의 확보와 예비전원을 준비하는 것 등

05

유류화재 시 분말소화약제와 병용하여 가능한 빠른 소화효과와 재착화방지 효과를 기대할 수 있는 소화약제로 다음 중 가장 옳은 것은?

① 단백포 소화약제
② 수성막포 소화약제
③ 알코올형포 소화약제
④ 합성계면활성제포 소화약제

해설 수성막포의 특징
• 석유류화재에 적합
• 장기보존 가능
• 분말소화약제와 겸용 가능

06

프로판가스 44[g]을 공기 중에 완전연소시킬 때 표준 상태를 기준으로 약 몇 [L]의 공기가 필요한가?(단, 가연가스를 이상기체로 보며, 공기는 질소 80[%]와 산소 20[%]로 구성되어 있다)

① 112
② 224
③ 448
④ 560

해설 프로판의 연소반응식

$$C_3H_8 + 5O_2 \rightarrow 3CO_2 + 4H_2O$$

$$\begin{matrix} 44g \\ 44g \end{matrix} \times \begin{matrix} 5 \times 22.4[L] \\ x \end{matrix}$$

$$x = \frac{44[g] \times 5 \times 22.4[L]}{44[g]} = 112[L] \text{ (산소의 부피)}$$

∴ 공기 중의 산소는 20[%]이므로

$$112[L] \div 0.2 = 560[L]$$

07

다음 불꽃의 색상 중 가장 온도가 높은 것은?

① 암적색
② 적 색
③ 휘백색
④ 휘적색

해설 연소의 색과 온도

색 상	온도[℃]	색 상	온도[℃]
담암적색	520	황적색	1,100
암적색	700	백(적)색	1,300
적 색	850	휘백색	1,500 이상
휘적색	950		

08

벤젠에 대한 설명으로 옳은 것은?

① 방향족 화합물로 적색 액체이다.
② 고체 상태에서도 가연성 증기를 발생할 수 있다.
③ 인화점은 약 14[℃]이다.
④ 화재 시 CO_2는 사용불가이며 주수에 의한 소화가 효과적이다.

해설 벤 젠

• 물 성

화학식	C_6H_6	인화점	−11[℃]
비 중	0.9	착화점	562[℃]
비 점	80[℃]	연소범위	1.4~7.1[%]
융 점	5.5[℃]		

• 방향족 화합물로서 무색, 투명한 방향성을 갖는 액체이며, 증기는 독성이 있다.
• 고체 상태에서도 가연성 증기를 발생할 수 있다.
• 포, 분말, 이산화탄소, 할론소화가 효과가 있다.

09

물과 반응하여 가연성인 아세틸렌가스를 발생시키는 것은?

① 칼 슘
② 아세톤
③ 마그네슘
④ 탄화칼슘

해설 탄화칼슘이 물과 반응하면 가연성가스인 아세틸렌가스를 발생한다.

$$CaC_2 + 2H_2O \rightarrow Ca(OH)_2 + C_2H_2 \uparrow$$
　　　　　　　　　　　（수산화칼슘）　　（아세틸렌）

10

할로겐화합물소화약제인 HCFC−124의 화학식은?

① CHF_3
② CF_3CHFCF_3
③ $CHClFCF_3$
④ C_4H_{10}

해설 할로겐화합물 및 불활성기체 소화약제의 종류

소화약제	화학식
퍼플루오로부탄 (이하 "FC−3−1−10"이라 한다)	C_4F_{10}
하이드로클로로플루오로카본혼화제 (이하 "HCFC BLEND A"라 한다)	HCFC−123($CHCl_2CF_3$) : 4.75[%] HCFC−22($CHClF_2$) : 82[%] HCFC−124($CHClCF_3$) : 9.5[%] $C_{10}H_{16}$: 3.75[%]
클로로테트라플루오로에탄 (이하 "HCFC−124"라 한다)	$CHClFCF_3$
펜타플루오로에탄 (이하 "HFC−125"라 한다)	CHF_2CF_3

소화약제	화학식
헵타플루오로프로판 (이하 "HFC-227ea"라 한다)	CF_3CHFCF_3
트리플루오르메탄 (이하 "HFC-23"이라 한다)	CHF_3

11

장기간 방치하면 습기, 고온 등에 의해 분해가 촉진되고 분해열이 축적되면 자연발화 위험성이 있는 것은?

① 셀룰로이드
② 질산나트륨
③ 과망간산칼륨
④ 과염소산

해설 셀룰로이드, 나이트로셀룰로스는 분해열이 축적되어 자연발화의 위험성이 있다.

12

PVC가 공기 중에서 연소할 때 발생되는 자극성의 유독성가스는?

① 염화수소
② 아황산가스
③ 질소가스
④ 암모니아

해설 PVC(폴리염화비닐, Poly Vinyl Chloride)는 공기 중에서 연소할 때 자극성의 유독성 가스인 염화수소(HCl)를 발생한다.

13

화재 시 이산화탄소를 사용하여 질식소화하는 경우 산소의 농도를 14[vol%]까지 낮추려면 공기 중의 이산화탄소 농도는 약 몇 [vol%]가 되어야 하는가?

① 22.3[vol%]
② 33.3[vol%]
③ 44.3[vol%]
④ 55.3[vol%]

해설 이산화탄소 농도[%]

$$= \frac{21-O_2}{21} \times 100 = \frac{21-14}{21} \times 100 = 33.3[\%]$$

14

독성이 강한 가스로서 석유제품이나 유지등이 연소할 때 발생되는 것은?

① 포스겐
② 시안화수소
③ 아크롤레인
④ 아황산가스

해설 주요 연소생성물

가스	현상
CO_2 (이산화탄소)	연소가스 중 가장 많은 양을 차지, 완전 연소 시 생성
CO (일산화탄소)	불완전 연소 시에 다량 발생, 혈액 중의 헤모글로빈(Hb)과 결합하여 혈액 중의 산소 운반을 저해하여 사망
$COCl_2$ (포스겐)	매우 독성이 강한 가스로서 연소 시에는 거의 발생하지 않으나 사염화탄소 약제 사용 시 발생
CH_2CHCHO (아크롤레인)	석유제품이나 유지류가 연소할 때 생성
SO_2 (아황산가스)	황을 함유하는 유기화합물이 완전연소 시에 발생
H_2S (황화수소)	황을 함유하는 유기화합물이 불완전연소 시에 발생, 달걀 썩는 냄새가 나는 가스
HCl (염화수소)	PVC와 같이 염소가 함유된 물질의 연소 시 생성

15

고체연료의 연소형태를 구분할 때 해당되지 않는 것은?

① 증발연소
② 분해연소
③ 표면연소
④ 예혼합연소

해설 고체의 연소 : 증발연소, 분해연소, 표면연소, 자기연소

16

다음 중 연소할 수 있는 가연물로 볼 수 있는 것은?

① C
② N_2
③ Ar
④ CO_2

해설 가연물의 구분

종 류	가연물 여부
C(탄소)	탄소로서 가연물이다.
N₂(질소)	산소와 반응은 하지만, 흡열반응을 하므로 불연성가스이다.
Ar(아르곤)	0족 원소로서 불활성가스이다.
CO₂(이산화탄소)	산소와 더 이상 반응하지 않으므로 불연성이다.

17

다음 중 인화점이 가장 낮은 물질은?

① 산화프로필렌 　② 이황화탄소

③ 아세틸렌 　④ 다이에틸에테르

해설 특수인화물의 인화점

종 류	인화점[℃]
산화프로필렌	−37[℃]
이황화탄소	−30[℃]
아세틸렌	가연성 가스
다이에틸에테르	−45[℃]

18

100[℃]를 기준으로 액체상태의 물이 기화할 경우 체적이 약 1,700배 정도 늘어난다. 이러한 체적팽창으로 인하여 기대할 수 있는 가장 큰 소화효과는?

① 촉매효과 　② 질식효과

③ 제거효과 　④ 억제효과

해설 액체상태의 물이 기화할 경우 체적이 약 1,700배 정도 늘어나는데, 이러한 체적팽창으로 인하여 질식효과를 기대할 수 있다.

19

다음 중 오존파괴지수(ODP)가 가장 큰 할론 소화약제는?

① Halon 1211 　② Halon 1301

③ Halon 2402 　④ Halon 104

해설 CFC는 할로겐화합물 및 불활성기체 소화약제로서 ODP는 0이고, 할론 1301은 ODP가 14.1로 가장 크다.

20

분말소화약제에 사용되는 제1인산암모늄의 열분해 시 생성되지 않는 것은?

① CO₂ 　② H₂O

③ NH₃ 　④ HPO₃

해설 제3종 분말(제1인산암모늄)의 열분해반응식

$$NH_4H_2PO_4 \rightarrow HPO_3 + NH_3 + H_2O$$

제 2 과목 | 소방유체역학

21

유체의 점성에 관한 일반적인 특성 설명 중 틀린 것은?

① 뉴턴유체에서 전단응력은 흐름방향의 속도기울기에 반비례한다.

② 액체의 점성은 온도가 상승하면 감소한다.

③ 기체의 점성은 온도가 상승하면 증가하는 경향이 있다.

④ 이상유체가 아닌 모든 실제 유체에는 점성을 가진다.

해설 전단응력 공식을 이용하면

$$\tau = \frac{F}{A} = \mu \frac{du}{dy}$$

여기서, τ : 전단응력[dyne/cm²]

　　　　μ : 점성계수[dyne · sec/cm²]

　　　　$\frac{du}{dy}$: 속도구배

∴ 뉴턴유체에서 전단응력은 흐름방향의 속도기울기에 비례한다.

22

회전수 1,000[rpm]으로 물을 송출하는 펌프의 축동력은 100[kW]가 소요된다. 이 펌프와 상사관계인 펌프가 그 크기는 3배이면서 500[rpm]으로 운전할 때 필요한 축동력은 약 몇 [kW]인가?

① 303.7   ② 3,037
③ 203.7   ④ 2,037

해설 펌프의 상사법칙

$$동력 \ P_2 = P_1 \times \left(\frac{N_2}{N_1}\right)^3 \times \left(\frac{D_2}{D_1}\right)^5$$

여기서, N : 회전수[rpm] D : 내경[mm]

$$\therefore \ P_2 = P_1 \times \left(\frac{N_2}{N_1}\right)^3 \times \left(\frac{D_2}{D_1}\right)^5$$
$$= 100 \times \left(\frac{500}{1,000}\right)^3 \times \left(\frac{3}{1}\right)^5 = 3,037.51[kW]$$

23

관광용 잠수함의 벽면에 지름 30[cm]인 원형의 창문을 수직방향으로 설치하려 한다. 잠수함은 30[m] 잠수할 수 있고 잠수함의 내부에는 대기압으로 유지되고 있다면 이 창문이 지탱하도록 설계하려면 최소한 몇 [kN]의 힘을 견딜 수 있게 설계해야 하는가?(단, 해수의 밀도는 1,025[kg/m³]이다)

① 5.33   ② 53.3
③ 2.13   ④ 21.3

해설 해저에서 작용하는 힘 $F_1 = \gamma hA = \rho ghA$과 창문에서 작용하는 힘을 F_2라 할 때 창문이 지탱하도록 설계하려면 $F_1 = F_2$가 되어야 한다.

$\therefore \ F_2 = \rho ghA$

$\therefore \ 1,025 \frac{[kg]}{[m^3]} \times 9.8 \frac{[m]}{[s^2]} \times 30[m] \times \left(\frac{\pi}{4} \times 0.3^2\right)[m^2]$
$= 21,301[N] = 21.3[kN]$

24

유량이 20[m³/min]인 물을 실양정 30[m]인 곳으로 양수하자면 펌프의 동력은 약 몇 [kW]가 필요한가? (단, 양수 장치에서의 전 손실수두는 5[m]이다)

① 32   ② 49
③ 98   ④ 114

해설 전동기 용량

$$P[kW] = \frac{\gamma QH}{102 \times \eta} \times K$$

여기서, γ : 물의 비중량(1,000[kg_f/m³])
      Q : 유량(20[m³]/60[sec])
      H : 전양정(30[m] + 5[m] = 35[m])
      K : 전달계수
      η : 펌프 효율

$\therefore \ P[kW] = \frac{\gamma QH}{102 \times \eta} \times K$
$= \frac{1,000 \times 20/60 \times 35}{102 \times 1} \times 1$
$= 114.38[kW]$

25

힘의 차원을 MLT계로 나타낸 것으로 옳은 것은?

① MLT^2 ② MLT
③ MLT^{-2} ④ $ML^{-1}T^{-1}$

해설 힘의 차원 : $kg \cdot m/s^2 [MLT^{-2}]$

26

그림과 같이 유량 0.314[m³/s]로 분출하는 물제트가 5[m/s]의 속도로 이동하고 있는 평판에 충돌할 때 평판에 작용하는 힘은 몇 [N]인가?(단, 제트의 지름은 200[mm]이다)

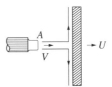

① 196.4   ② 273.3
③ 783.8   ④ 984.4

해설 힘 $F = \rho A(V - U)^2$
$= 1,000 \times \frac{\pi}{4}(0.2[m])^2 \times (5-0)^2$
$= 785[N(kg \cdot m/s^2)]$

22 ②   23 ④   24 ④   25 ③   26 ③   **정답**

27

급격 확대관과 급격 축소관에서 부차적 손실계수를 정의하는 기준속도는?

① 급격 확대관 : 상류속도, 급격한 축소관 : 상류속도

② 급격 확대관 : 하류속도, 급격한 축소관 : 하류속도

③ 급격 확대관 : 상류속도, 급격한 축소관 : 하류속도

④ 급격 확대관 : 하류속도, 급격한 축소관 : 상류속도

해설 부차적 손실계수를 정의하는 기준속도

급격 확대관 : 상류속도, 급격한 축소관 : 하류속도

28

공기가 그림과 같은 안지름 10[cm]인 직관의 두 단면 사이를 정상유동으로 흐르고 있다. 각 단면에서의 온도와 압력은 일정하다고 하고 단면 (2)에서의 공기의 평균속도가 10[m/s]일 때 단면 (1)에서의 평균속도는 약 몇 [m/s]인가?(단, 공기는 이상기체라고 가정하고 각 단면에서의 온도와 압력은 $P_1 = 100$[Pa], $T_1 = 320$[K], $P_2 = 20$[Pa], $T_2 = 300$[K]이다)

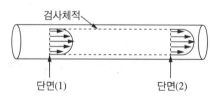

검사체적

단면(1)   단면(2)

① 1.675   ② 2.133

③ 2.875   ④ 3.732

해설 이상기체 상태방정식

$$\rho_1 = \frac{P_1}{RT_1}, \quad \rho_2 = \frac{P_2}{RT_2}$$

$$\overline{m} = A_1 u_1 \rho_1 = A_2 u_2 \rho_2$$

여기서, $A_1 = A_2$, R은 동일하므로

$$\rho_1 u_1 = \rho_2 u_2, \quad \rho\frac{P_1 u_1}{RT_1} = \frac{P_2 u_2}{RT_2}$$

$$\frac{P_1 u_1}{T_1} = \frac{P_2 u_2}{T_2}, \quad \frac{100 P_a \times u_1}{320[\mathrm{K}]} = \frac{20 P_a \times 10}{300[\mathrm{K}]},$$

$$u_1 = 2.133[\mathrm{m/sec}]$$

29

안지름이 50[mm]인 관에 비중이 0.8인 유체가 0.26[m³/min]의 유량으로 흐를 때 유속은 약 몇 [m/s]인가?

① 1.31   ② 2.21

③ 13.2   ④ 22.1

해설 유량 $Q = uA$

$$u = \frac{Q}{A} = \frac{0.26[\mathrm{m^3}]/60[\sec]}{\frac{\pi}{4}(0.05[\mathrm{m}])^2} = 2.21[\mathrm{m/sec}]$$

30

비중이 1.36의 액체가 흐르는 곳의 압력을 측정하기 위하여 피에조미터를 연결한 결과 90[mm]가 상승하였다. 이 파이프 안의 압력은 약 몇 [Pa]인가?

① 2,462   ② 1,842

③ 1,200   ④ 649

해설 압력 $P = \gamma H = 1.36 \times 9{,}800[\mathrm{N/m^3}] \times 0.09[\mathrm{m}]$
$$= 1{,}199.52[\mathrm{N/m^2}](\mathrm{Pa})$$

31

모세관 현상과 관련하여 액체가 상승하는 높이에 대한 설명으로 틀린 것은?

① 상승높이는 표면장력에 비례한다.

② 상승높이는 관 지름에 반비례한다.

③ 상승높이는 유체의 비중량에 반비례한다.

④ 상승높이는 유체의 밀도에 비례한다.

해설 모세관 현상에서 액체가 상승하는 높이(h)

$$h = \frac{4\sigma\cos\beta}{\gamma d}$$

여기서, σ : 표면장력 β : 접촉각

γ : 비중량 d : 관지름

32

펌프의 이상 현상인 공동현상(Cavitatoin)의 발생원
인으로 거리가 먼 것은?

① 펌프 입구 직전에서의 전압력이 높을 경우
② 펌프의 설치위치가 수면보다 높을 경우
③ 펌프의 회전수가 클 경우
④ 펌프의 흡입측 배관지름이 작을 경우

해설 **공동현상 발생원인**
- 펌프의 흡입측 수두가 클 때
- 펌프의 마찰손실이 클 때
- 펌프의 임펠러 속도(회전수)가 클 때
- 펌프의 흡입관경이 적을 때
- 펌프의 설치위치가 수원보다 높을 때
- 관 내의 유체가 고온일 때
- 펌프의 흡입압력이 유체의 증기압보다 낮을 때

33

그림과 같은 균일 유동인 직선관에 설치된 피토관의
수은 액주계 높이 차이가 20[mm]이다. 유동기체는
공기이며 밀도는 1.23[kg/m³]일 때 공기의 평균속도
는 약 몇 [m/s]인가?(단, 수은의 비중은 13.6이다)

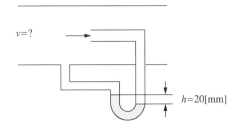

① 2.08   ② 46.5
③ 65.8   ④ 131.6

해설 **유 속**

$$u = \sqrt{2gh\left(\frac{\rho_{Hg}}{\rho_{Air}} - 1\right)}$$

여기서, g : 중력가속도(9.8[m/s²])
　　　　h : 높이[m]
　　　　ρ : 밀도

$u = \sqrt{2 \times 9.8 \frac{[\text{m}]}{[\text{s}^2]} \times 0.02[\text{m}] \times \left(\frac{13.6 \times 1,000[\text{kg/m}^3]}{1.23[\text{kg/m}^3]} - 1\right)}$

$= 65.83[\text{m/s}]$

34

초기상태의 절대온도와 체적이 각각 T_1, V_1인 이상
기체 1[kg]을 압력 P로 정압 상태로 가열하여 온도를
$4T_1$까지 상승시킨다. 이상기체가 한 일은 얼마인가?

① PV_1 ② $2PV_1$
③ $3PV_1$ ④ $4PV_1$

해설 등압과정이므로　　　$\frac{T_2}{T_1} = \frac{V_2}{V_1}$ 이다.　　　따라서

$\frac{4T_1}{T_1} = \frac{V_2}{V_1}$, 　$V_2 = 4V_1$

∴ 외부에 한 일
　　$W_{12} = P(V_2 - V_1) = P(4V_1 - V_1) = 3PV_1$

35

온도차이 10[℃], 열전도율 20[W/m · K], 두께
50[cm]인 벽을 통한 열유속(Heat Flux)과 온도차이
40[℃], 열전도율 A[W/m · K], 두께 10[cm]인 벽을
통한 열유속이 같다면 A의 값은?

① 1   ② 2
③ 5   ④ 10

해설 열유속 $Q = k \cdot \frac{dt}{dl}$ 공식에서

$20[\text{W/m} \cdot \text{K}] \times \frac{10[℃]}{0.5[\text{m}]} = k \times \frac{40[℃]}{0.1[\text{m}]}$ 에서 k를
구하면 $k = 1$

36

지름이 150[mm], 길이 800[m]의 수평관에 밀도
950[kg/m³], 점성계수 0.75[kg/m · s]인 기름이
0.01[m³/s]이 유량으로 흐르고 있다. 이 기름을 수송
하는 데 필요한 동력은 몇 [kW]인가?

① 4.83   ② 6.28
③ 8.45   ④ 10.9

해설 **동 력**

$$손실수두 \ h_L = f\frac{L}{d} \cdot \frac{u^2}{2g}$$

여기서, f : 관마찰계수$\left(f=\dfrac{64}{Re}\right)$

$$Re=\dfrac{du\rho}{\mu}$$
$$=\dfrac{0.15[\text{m}]\times0.566[\text{m/s}]\times950[\text{kg/m}^3]}{0.75[\text{kg/m}\cdot\text{s}]}$$
$$=107.54<2,100(\text{층류})$$

• 평균유속 $u=\dfrac{Q}{A}=\dfrac{0.01\dfrac{[\text{m}^3]}{[\text{s}]}}{\dfrac{\pi}{4}(0.15[\text{m}])^2}=0.566[\text{m/s}]$

• 관마찰계수 $f=\dfrac{64}{Re}$ 에서 $f=\dfrac{64}{107.54}=0.595$

∴ 손실수두 $h_L=f\dfrac{L}{d}\dfrac{u^2}{2g}$ 에서

$$h_L=0.595\times\dfrac{800[\text{m}]}{0.15[\text{m}]}\times\dfrac{(0.566[\text{m}])^2}{2\times9.8[\text{m/s}^2]}=51.87[\text{m}]$$

∴ 동력 $P=\gamma Qh_L=\rho gQh_L$ 에서

$$P=950\dfrac{[\text{kg}]}{[\text{m}^3]}\times9.8\dfrac{[\text{m}]}{[\text{s}^2]}\times0.01\dfrac{[\text{m}^3]}{[\text{s}]}\times51.87[\text{m}]$$
$$=4,829.1[\text{W}]=4.83[\text{kW}]$$

37

비중이 0.2인 물체를 물 위에 띄웠을 때 물 밖으로 나오는 부피는 전체 부피의 몇 [%]인가?

① 20　　　　　② 40
③ 60　　　　　④ 80

해설 전체부피[%]

물체의 체적 V, 물체가 물 밖으로 나온 체적 V_1 이라 하면, 물체의 무게 = 부력이므로

$$1,000\times0.2\times V=1,000(V-V_1)$$
$$200\,V=1,000\,V-100\,V_1$$
$$1,000\,V_1=800\,V$$

$$\therefore\ \dfrac{V_1}{V}=\dfrac{800}{1,000}=0.8\ \rightarrow\ 80[\%]$$

38

표준상태의 공기 1[kg]을 100[kPa]에서 2[MPa]까지 가역 단열압축하였을 경우 엔트로피의 변화는 몇 [kJ/K]인가?

① 7.1　　　　　② 0
③ 5.0　　　　　④ 9.7

해설 가역 단열압축과정은 열량변화 $\delta Q=0$이므로 엔트로피 변화 $dS=\displaystyle\int_1^2\dfrac{\delta Q}{T}=\int_1^2\dfrac{0}{T}=0$이다.

39

급수탑의 수면과 지상에 설치된 옥외소화전의 방수구까지의 높이차가 50[m]일 때 옥외소화전 방수구까지의 정수압력은 약 몇 [kPa]인가?

① 490　　　　　② 980
③ 4,900　　　　④ 9,800

해설 50[m]를 [kPa]로 환산하면

$$\dfrac{50[\text{m}]}{10.332[\text{m}]}\times101.325[\text{kPa}]=490.34[\text{kPa}]$$

40

20[℃]의 물이 안지름 20[cm]인 원관 내를 1[m³/s]의 유량으로 흐르고 있을 때 레이놀즈수(Re)는 약 얼마인가?(단, 물의 동점성계수는 1.2×10^{-4}[m²/s]이다)

① 2,841　　　　② 5,305
③ 28,412　　　④ 53,052

해설 레이놀즈수(Reynolds Number, Re)

$$Re=\dfrac{Du}{\nu}$$

여기서, D : 관의 내경[cm]

$$u(\text{유속})=\dfrac{Q}{A}=\dfrac{4Q}{\pi D^2}=\dfrac{4\times1[\text{m}^3/\text{s}]}{\pi\times(0.2[\text{m}])^2}$$
$$=31.83[\text{m/s}]$$

$\nu(\text{동점도})$: 절대점도를 밀도로 나눈 값
$$\left(\dfrac{\mu}{\rho}=[\text{m}^2/\text{sec}]\right)$$

$$\therefore\ Re=\dfrac{0.2[\text{m}]\times31.83}{1.2\times10^{-4}}=53,050$$

41

소방용수시설 및 지리조사에 대한 기준으로 다음 ( ) 안에 알맞은 것은?

> 소방본부장 또는 소방서장은 소방용수시설 및 지리조사를 월 (㉠)회 이상 실시해야 하며, 그 보사결과를 (㉡)년간 보관해야 한다.

① ㉠ 1, ㉡ 1　　　　② ㉠ 1, ㉡ 2
③ ㉠ 2, ㉡ 1　　　　④ ㉠ 2, ㉡ 2

해설 소방용수시설 및 지리조사
- 조사자 : 소방본부장, 소방서장
- 조사횟수 : **월 1회 이상**
- 조사내용
  - 소방용수시설에 대한 조사
  - 소방대상물에 인접한 도로의 폭·교통상황, 도로 주변의 토지의 고저·건축물의 개황 그 밖의 소방 활동에 필요한 지리에 대한 조사
- 조사결과 보관 : **2년간 보관**

42

점포에서 위험물을 용기에 담아 판매하기 위하여 지정수량의 40배 이하의 위험물을 취급하는 장소의 취급소 구분으로 옳은 것은?

① 이송취급소　　　② 일반취급소
③ 주유취급소　　　④ 판매취급소

해설 판매취급소
　점포에서 위험물을 용기에 담아 판매하기 위하여 지정 수량의 40배 이하의 위험물을 취급하는 장소

43

화재예방, 소방시설 설치·유지 및 안전관리에 관한 법률상 특정소방대상물의 관계인이 소방안전관리자를 30일 이내에 선임하여야 하는 기준일로 틀린 것은?

① 신축으로 해당 특정소방대상물의 소방안전관리자를 신규로 선임하여야 하는 경우 : 해당 특정소방대상물의 완공일

② 특정소방대상물을 양수하여 관계인의 권리를 취득한 경우 : 해당 권리를 취득한 날
③ 증축으로 인하여 특정소방대상물이 소방안전관리대상물로 된 경우 : 증축공사의 개시일
④ 소방안전관리자를 해임한 경우 : 소방안전관리자를 해임한 날

해설 소방안전관리자 선임신고
- 선임신고 : 30일 이내
- 선임 기준일
  - 신축·증축·개축·재축·대수선 또는 용도변경으로 해당 특정소방대상물의 소방안전관리자를 신규로 선임하여야 하는 경우 : 해당 특정소방대상물의 완공일(건축물의 경우에는 건축물을 사용할 수 있게 된 날)
  - **증축** 또는 용도변경으로 인하여 특정소방대상물이 영 제22조 제1항에 따른 소방안전관리대상물로 된 경우 : **증축공사의 완공일** 또는 용도변경 사실을 건축물관리대장에 기재한 날
  - 특정소방대상물을 양수하거나 민사집행법에 의한 경매, 채무자 회생 및 파산에 관한 법률에 의한 환가, 국세징수법·관세법 또는 지방세기본법에 의한 압류재산의 매각 그 밖에 이에 준하는 절차에 의하여 관계인의 권리를 취득한 경우 : 해당 권리를 취득한 날 또는 관할 소방서장으로부터 소방안전관리자 선임 안내를 받은 날. 다만, 새로 권리를 취득한 관계인이 종전의 특정소방대상물의 관계인이 선임신고한 소방안전관리자를 해임하지 아니하는 경우를 제외한다.
  - 법 제21조에 따른 특정소방대상물의 경우 : 소방본부장 또는 소방서장이 공동 소방안전관리 대상으로 지정한 날
  - 소방안전관리자를 해임한 경우 : 소방안전관리자를 해임한 날
  - 소방안전관리업무를 대행하는 자를 감독하는 자를 소방안전관리자로 선임한 경우로서 그 업무대행 계약이 해지 또는 종료된 경우 : 소방안전관리업무 대행이 끝난 날

44

소방기본법령상 소방업무 상호응원협정 체결 시 포함되도록 하여야 하는 사항이 아닌 것은?

① 응원출동의 요청방법
② 응원출동훈련 및 평가

③ 응원출동대상지역 및 규모

④ 응원출동 시 현장지휘에 관한 사항

해설 **소방업무의 상호응원 협정**
- 다음의 소방활동에 관한 사항
  - 화재의 경계 · 진압활동
  - 구조 · 구급업무의 지원
  - 화재조사활동
- **응원출동대상지역 및 규모**
- 다음의 소요경비의 부담에 관한 사항
  - 출동대원의 수당 · 식사 및 피복의 수선
  - 소방장비 및 기구의 정비와 연료의 보급
  - 그 밖의 경비
- **응원출동의 요청방법**
- **응원출동훈련 및 평가**

45

소방기본법령상 특수가연물의 저장 및 취급의 기준 중 맞는 것은?(단, 석탄 · 목탄류를 발전용으로 저장하는 경우는 제외한다)

> 쌓는 높이는 (㉠)[m] 이하가 되도록 하고, 쌓는 부분의 바닥면적은 (㉡)[m²] 이하가 되도록 할 것

① ㉠ 15, ㉡ 200　　② ㉠ 15, ㉡ 300

③ ㉠ 10, ㉡ 30　　　④ ㉠ 10, ㉡ 50

해설 **특수가연물의 저장 및 취급 기준**
- 특수가연물을 저장 또는 취급하는 장소에는 품명 · 최대수량 및 화기취급의 금지표지를 설치할 것
- 다음 각 목의 기준에 따라 쌓아 저장할 것. 다만, 석탄 · 목탄류를 발전(發電)용으로 저장하는 경우에는 그러하지 아니하다.
  - 품명별로 구분하여 쌓을 것
  - 쌓는 **높이는 10[m]** 이하가 되도록 하고, 쌓는 부분의 **바닥면적은 50[m²]**(석탄 · 목탄류의 경우에는 200[m²]) 이하가 되도록 할 것. 다만, 살수설비를 설치하거나 방사능력 범위에 해당 특수가연물이 포함되도록 대형수동식소화기를 설치하는 경우에는 쌓는 높이를 15[m] 이하, 쌓는 부분의 바닥면적은 200[m²](석탄 · 목탄류의 경우에는 300[m²]) 이하로 할 수 있다.

46

화재예방, 소방시설 설치 · 유지 및 안전관리에 관한 법률상 임시소방시설을 설치하여야 하는 공사의 종류와 규모 기준 중 틀린 것은?

① 간이소화장치 : 연면적 3,000[m²] 이상 공사의 작업현장에 설치

② 비상경보장치 : 연면적 400[m²] 이상 공사의 작업현장에 설치

③ 간이피난유도선 : 바닥면적이 100[m²] 이상인 지하층 또는 무창층의 작업현장에 설치

④ 지하층, 무창층 또는 4층 이상의 층 공사의 작업현장에 설치. 이 경우 해당 층의 바닥면적이 600[m²] 이상인 경우만 해당

해설 **임시소방시설을 설치하여야 하는 공사의 종류와 규모**
- **간이소화장치** : 다음의 어느 하나에 해당하는 공사의 작업현장에 설치한다.
  - 연면적 3,000[m²] 이상
  - 지하층, 무창층 또는 4층 이상의 층. 이 경우 해당 층의 바닥면적이 600[m²] 이상인 경우만 해당한다.
- **비상경보장치** : 다음의 어느 하나에 해당하는 공사의 작업현장에 설치한다.
  - 연면적 400[m²] 이상
  - 지하층 또는 무창층. 이 경우 해당 층의 바닥면적이 150[m²] 이상인 경우만 해당한다.
- **간이피난유도선** : 바닥면적이 150[m²] 이상인 지하층 또는 무창층의 작업현장에 설치한다.

47

소방시설공사업법령상 하자보수 대상 소방시설과 하자보수보증기간 중 옳은 것은?

① 유도표지 : 1년

② 자동화재탐지설비 : 2년

③ 물분무 등 소화설비 : 2년

④ 자동소화장치 : 3년

해설 **소방시설공사의 하자보수 보증기간**
- **2년** : 피난기구, 유도등, **유도표지**, 비상경보설비, 비상조명등, 비상방송설비 및 무선통신보조설비
- **3년** : **자동소화장치**, 옥내소화전설비, 스프링클러설비, 간이스프링클러설비, **물분무 등 소화설비**, 옥외소화전설비, **자동화재탐지설비**, 상수도소화용수설비, 소화활동설비(무선통신보조설비 제외)

48

소방기본법령상 동원된 소방력의 운용과 관련하여 필요한 사항을 정하는 자는?(단, 동원된 소방력의 소방활동 수행과정에서 발생하는 경비 및 동원된 민간 소방인력이 소방활동을 수행하다가 사망하거나 부상을 입은 경우의 사항은 제외한다)

① 대통령
② 시·도지사
③ 소방청장
④ 행정안전부장관

해설 소방력의 운용과 관련하여 필요한 사항은 소방청장이 정한다.

49

위험물안전관리법령상 다수의 제조소 등을 설치한 자가 1인의 안전관리자를 중복하여 선임할 수 있는 경우 중 다음 (   ) 안에 알맞은 것은?

> 동일구내에 있거나 상호 (   )[m] 이내의 거리에 있는 저장소로서 저장소의 규모, 저장하는 위험물의 종류 등을 고려하여 행정안전부령이 정하는 저장소를 동일인이 설치한 경우

① 50
② 100
③ 150
④ 200

해설 1인의 안전관리자를 중복하여 선임할 수 있는 경우
① 보일러·버너 또는 이와 비슷한 것으로서 위험물을 소비하는 장치로 이루어진 7개 이하의 일반취급소와 그 일반취급소에 공급하기 위한 위험물을 저장하는 저장소[일반취급소 및 저장소가 모두 동일구내(같은 건물 안 또는 같은 울 안을 말한다)에 있는 경우에 한한다]를 동일인이 설치한 경우
② 위험물을 차량에 고정된 탱크 또는 운반용기에 옮겨 담기 위한 5개 이하의 일반취급소[일반취급소 간의 거리(보행거리를 말한다)가 300[m] 이내인 경우에 한한다]와 그 일반취급소에 공급하기 위한 위험물을 저장하는 저장소를 동일인이 설치한 경우
③ 동일구내에 있거나 상호 100[m] 이내의 거리에 있는 저장소로서 저장소의 규모, 저장하는 위험물의 종류 등을 고려하여 행정안전부령이 정하는 저장소를 동일인이 설치한 경우
④ 다음 각 목의 기준에 모두 적합한 5개 이하의 제조소 등을 동일인이 설치한 경우

• 각 제조소 등이 동일구내에 위치하거나 상호 100[m] 이내의 거리에 있을 것
• 각 제조소 등에서 저장 또는 취급하는 위험물의 최대수량이 지정수량의 3,000배 미만일 것. 다만, 저장소의 경우에는 그러하지 아니하다.
⑤ 그 밖에 ① 또는 ②의 규정에 의한 제조소 등과 비슷한 것으로서 행정안전부령이 정하는 제조소 등을 동일인이 설치한 경우

50

화재예방, 소방시설 설치·유지 및 안전관리에 관한 법률상 주택의 소유자가 설치하여야 하는 소방시설의 설치대상으로 틀린 것은?

① 다세대주택
② 다가구주택
③ 아파트
④ 연립주택

해설 주택용 소방시설
• 주택의 종류 : 다세대주택, 다가구주택, 연립주택, 단독주택
• 설치하여야 하는 소방시설 : 소화기, 단독경보형감지기

> 공동주택 : 아파트 등, 기숙사

51

화재예방, 소방시설 설치·유지 및 안전관리에 관한 법률상 특정소방대상물에 설치되는 소방시설 중 소방본부장 또는 소방서장의 건축허가 등의 동의대상에서 제외되는 것이 아닌 것은?(단, 설치되는 소방시설이 화재안전기준에 적합한 경우 그 특정소방대상물이다)

① 인공소생기
② 유도표지
③ 누전경보기
④ 비상조명등

해설 건축허가 등의 동의대상에서 제외되는 것
• [별표 5]에 따라 특정소방대상물에 설치되는 소화기구, **누전경보기**, 피난기구, 방열복 및 방화복·공기호흡기 및 **인공소생기**, 유도등 또는 **유도표지**가 화재안전기준에 적합한 경우 그 특정소방대상물
• 건축물의 증축 또는 용도변경으로 인하여 해당 특정소방대상물에 추가로 소방시설이 설치되지 아니하는 경우 그 특정소방대상물

52

소방시설공사업법령상 완공검사를 위한 현장 확인 대상 특정소방대상물의 범위 기준 중 틀린 것은?

① 문화 및 집회시설
② 가스계(이산화탄소·할론·할로겐화합물 및 불활성기체소화약제)소화설비(호스릴소화설비는 제외한다)가 설치되는 것
③ 가연성가스를 제조·저장 또는 취급하는 시설 중 지상에 노출된 가연성가스탱크의 저장용량 합계가 1,000[t] 이상인 시설
④ 연면적 1만[m²] 이상이거나 11층 이상인 특정소방대상물 아파트

해설 완공검사를 위한 현장확인 대상 특정소방대상물의 범위
- 문화 및 집회시설, 종교시설, 판매시설, 노유자(老幼者)시설, 수련시설, 운동시설, 숙박시설, 창고시설, 지하상가 및 다중이용업소의 안전관리에 관한 특별법에 따른 다중이용업소
- 스프링클러설비 등, 물분무 등 소화설비(호스릴방식은 제외)가 설치되는 특정소방대상물
- **연면적 1만[m²] 이상이거나 11층 이상인 특정소방대상물(아파트는 제외**한다)
- 가연성가스를 제조·저장 또는 취급하는 시설 중 지상에 노출된 가연성가스탱크의 저장용량 합계가 1,000[t] 이상인 시설

53

위험물안전관리법령상 정기검사를 받아야 하는 특정옥외탱크저장소의 관계인은 특정옥외탱크저장소의 설치허가에 따른 완공검사필증을 발급받은 날부터 몇 년 이내에 정기검사를 받아야 하는가?

① 12 ② 11
③ 10 ④ 9

해설 특정옥외탱크저장소의 정기점검
- 제조소 등의 설치허가에 따른 **완공검사필증을 교부받은 날부터 12년**
- 법 제18조 제2항의 규정에 의한 최근의 정기검사를 받은 날부터 11년
- 특정 옥외저장탱크에 안전조치를 한 후 기술원에 구조안전점검시기 연장신청을 하여 당해 안전조치가 적정한 것으로 인정받은 경우에는 최근의 정기검사를 받은 날부터 13년

54

소방기본법상 타고 남은 불 또는 화기가 있을 우려가 있는 재의 처리 명령에 정당한 사유 없이 따르지 아니하거나 이를 방해한 자에 대한 벌칙기준으로 옳은 것은?

① 300만원 이하의 벌금
② 200만원 이하의 벌금
③ 100만원 이하의 벌금
④ 50만원 이하의 벌금

해설 200만원 이하의 벌금
- 정당한 사유 없이 제12조 제1항 각 호의 어느 하나에 따른 명령에 따르지 아니하거나 이를 방해한 자

> [제12조 제1항]
> ① 불장난, 모닥불, 흡연, 화기(火氣) 취급, 그 밖에 화재예방상 위험하다고 인정되는 행위의 금지 또는 제한
> ② 타고 남은 불 또는 화기가 있을 우려가 있는 재의 처리
> ③ 함부로 버려두거나 그냥 둔 위험물, 그 밖에 불에 탈 수 있는 물건을 옮기거나 치우게 하는 등의 조치

- 정당한 사유 없이 제30조 제1항에 따른 관계 공무원의 출입 또는 조사를 거부·방해 또는 기피한 자

55

소방청장, 소방본부장 또는 소방서장은 소방특별조사를 하려면 관계인에게 조사대상, 조사기간 및 조사사유 등을 며칠 전에 서면으로 알려야 하는가?(단, 긴급하게 조사할 필요가 있는 경우와 사전에 통지하면 조사목적을 달성할 수 없다고 인정되는 경우는 제외한다)

① 7 ② 10
③ 12 ④ 14

해설 소방특별조사
- 특별조사권자 : 소방청장, 소방본부장 또는 소방서장
- **조사시기 및 조사내용 : 7일 전**에 관계인에게 조사대상, 조사기간 및 조사사유 등을 서면으로 알려야 한다.

> [7일 전에 알리지 않아도 되는 경우]
> ① 화재, 재난·재해가 발생할 우려가 뚜렷하여 긴급하게 조사할 필요가 있는 경우
> ② 소방특별조사의 실시를 사전에 통지하면 조사목적을 달성할 수 없다고 인정되는 경우

정답 52 ④ 53 ① 54 ② 55 ①

56

위험물안전관리법령상 관계인이 예방규정을 정하여야 하는 위험물을 취급하는 제조소의 지정수량 기준으로 옳은 것은?

① 지정수량의 10배 이상
② 지정수량의 100배 이상
③ 지정수량의 150배 이상
④ 지정수량의 200배 이상

해설 **예방규정을 정하여야 하는 제조소 등**
• 지정수량의 **10배 이상**의 위험물을 취급하는 **제조소**
• 지정수량의 100배 이상의 위험물을 저장하는 옥외저장소
• 지정수량의 150배 이상의 위험물을 저장하는 옥내저장소
• 지정수량의 200배 이상의 위험물을 저장하는 옥외탱크저장소
• 암반탱크저장소
• 이송취급소
• 지정수량의 10배 이상의 위험물을 취급하는 일반취급소. 다만, 제4류 위험물(특수인화물을 제외)만을 지정수량의 50배 이하로 취급하는 일반취급소(제1석유류 · 알코올류의 취급량이 지정수량의 10배 이하인 경우에 한한다)로서 다음 각 목의 어느 하나에 해당하는 것을 제외한다.
  – 보일러 · 버너 또는 이와 비슷한 것으로서 위험물을 소비하는 장치로 이루어진 일반취급소
  – 위험물을 용기에 옮겨 담거나 차량에 고정된 탱크에 주입하는 일반취급소

57

소방기본법령상 소방용수시설을 주거지역 · 상업지역 및 공업지역에 설치하는 경우 소방대상물과의 수평거리는 몇 [m] 이하가 되도록 하여야 하는가?

① 100   ② 140
③ 150   ④ 200

해설 **소방용수시설의 설치기준**
① 공통기준
  ㉠ 국토의 계획 및 이용에 관한 법률 제36조제1항 제1호의 규정에 의한 **주거지역 · 상업지역** 및 **공업지역**에 설치하는 경우 : 소방대상물과의 **수평거리를 100[m] 이하**가 되도록 할 것
  ㉡ ㉠ 외의 지역에 설치하는 경우 : 소방대상물과의 수평거리를 140[m] 이하가 되도록 할 것

② 소방용수시설별 설치기준
  ㉠ 소화전의 설치기준 : 상수도와 연결하여 지하식 또는 지상식의 구조로 하고, 소방용호스와 연결하는 소화전의 연결금속구의 구경은 65[mm]로 할 것
  ㉡ 급수탑의 설치기준 : 급수배관의 구경은 100[mm] 이상으로 하고, **개폐밸브**는 지상에서 **1.5[m] 이상 1.7[m] 이하**의 위치에 설치하도록 할 것
  ㉢ 저수조의 설치기준
    • 지면으로부터의 **낙차**가 **4.5[m] 이하**일 것
    • **흡수부분의 수심**이 **0.5[m] 이상**일 것
    • 소방펌프자동차가 쉽게 접근할 수 있도록 할 것
    • 흡수에 지장이 없도록 토사 및 쓰레기 등을 제거할 수 있는 설비를 갖출 것
    • 흡수관의 투입구가 사각형의 경우에는 한 변의 길이가 60[cm] 이상, 원형의 경우에는 지름이 60[cm] 이상일 것
    • 저수조에 물을 공급하는 방법은 상수도에 연결하여 **자동으로 급수되는 구조**일 것

58

소방용품의 형식승인을 받지 아니하고 소방용품을 제조하거나 수입한 자에 대한 벌칙 기준으로 옳은 것은?

① 3년 이하의 징역 또는 3,000만원 이하의 벌금
② 1년 이하의 징역 또는 1,000만원 이하의 벌금
③ 300만원 이하의 벌금
④ 100만원 이하의 벌금

해설 **3년 이하의 징역 또는 3,000만원 이하의 벌금**
• 소방용품의 형식승인을 받지 아니하고 소방용품을 **제조하거나 수입한 자**
• 관리업의 등록을 하지 아니하고 영업을 한 자
• 제품검사를 받지 아니한 자
• 소방용품을 판매 · 진열하거나 소방시설공사에 사용한 자
• 제품검사를 받지 아니하거나 합격표시를 하지 아니한 소방용품을 판매 · 진열하거나 소방시설공사에 사용한 자

59

화재예방, 소방시설 설치·유지 및 안전관리에 관한 법률상 소방특별조사의 항목이 아닌 것은?

① 화재의 예방조치 등에 관한 사항
② 소방시설 등의 자체점검 및 정기적 점검 등에 관한 사항
③ 공공기관의 소방안전관리 업무 수행에 관한 사항
④ 불을 사용하는 설비 등의 관리와 특수가연물의 생산·품질관리에 관한 사항

해설 소방특별조사 항목
- 법 제20조 및 제24조에 따른 소방안전관리 업무 수행에 관한 사항
- 소방계획서의 이행에 관한 사항
- 자체점검 및 정기적 점검 등에 관한 사항
- 화재의 예방조치 등에 관한 사항
- 불을 사용하는 설비 등의 관리와 특수가연물의 저장·취급에 관한 사항
- 다중이용업소의 안전관리에 관한 특별법 제8조부터 제13조까지의 규정에 따른 안전관리에 관한 사항
- 위험물안전관리법 제5조·제6조·제14조·제15조 및 18조에 따른 안전관리에 관한 사항

60

특정소방대상물의 소방시설 설치의 면제기준 중 다음 (   ) 안에 알맞은 것은?

> 물분무 등 소화설비를 설치하여야 하는 차고·주차장에 (   )를 화재안전기준에 적합하게 설치한 경우에는 그 설비의 유효범위에서 설치가 면제된다.

① 옥내소화전설비
② 스프링클러설비
③ 간이스프링클러설비
④ 할론소화설비

해설 물분무 등 소화설비를 설치하여야 하는 차고·주차장에 **스프링클러설비**를 화재안전기준에 적합하게 설치한 경우에는 그 설비의 유효범위에서 설치가 면제된다.

제 4 과목 소방기계시설의 구조 및 원리

61

전역방출방식의 고발포용 고정포방출구 설치 기준 중 다음 (   ) 안에 알맞은 것은?

> 고정포방출구는 바닥면적 (   )[m^2]마다 1개 이상으로 하여 방호대상물의 화재를 유효하게 소화할 수 있도록 할 것

① 600   ② 500
③ 400   ④ 300

해설 전역방출방식의 고발포용 고정포방출구 설치 기준
- 개구부에 자동폐쇄장치(갑종방화문·을종방화문 또는 불연재료로 된 문으로 포수용액이 방출되기 직전에 개구부가 자동적으로 폐쇄될 수 있는 장치)를 설치할 것. 다만, 해당 방호구역에서 외부로 새는 양 이상의 포수용액을 유효하게 추가하여 방출하는 설비가 있는 경우에는 그러하지 아니하다.
- 고정포방출구(포발생기가 분리되어 있는 것은 해당 포발생기를 포함한다)는 특정소방대상물 및 포의 팽창비에 따른 종별에 따라 해당 방호구역의 관포체적(해당 바닥면으로부터 방호대상물의 높이보다 0.5[m] 높은 위치까지의 체적) 1[m^2]에 대하여 1분당 방출량이 다음 표에 따른 양 이상이 되도록 할 것
- **고정포방출구는 바닥면적 500[m^2]마다 1개 이상으로** 하여 방호대상물의 화재를 유효하게 소화할 수 있도록 할 것
- 고정포방출구는 방호대상물의 최고부분보다 높은 위치에 설치할 것. 다만, 밀어 올리는 능력을 가진 것은 방호대상물과 같은 높이로 할 수 있다.

62

피난구조설비의 화재안전기준 중 피난기구 종류로 옳은 것은?

① 공기안전매트
② 방열복
③ 공기호흡기
④ 인공소생기

해설 피난구조설비
- 피난기구 : 피난사다리, 구조대, 완강기, 그 밖에 법 제9조 제1항에 따라 소방청장이 정하여 고시하는 화재안전기준으로 정하는 것
- 인명구조기구 : **방열복** 및 방화복, **공기호흡기, 인공소생기**
- 유도등 : 피난유도선, 피난구유도등, 통로유도등, 객석유도등, 유도표지
- 비상조명등 및 휴대용비상조명등

63

대형소화기를 설치하여야 할 특정소방대상물 또는 그 부분에 옥내소화전설비를 설치한 경우 해당 설비의 유효범위안의 부분에 대한 대형소화기 감소기준으로 옳은 것은?

① $\frac{1}{3}$을 감소할 수 있다.

② $\frac{1}{2}$을 감소할 수 있다.

③ $\frac{2}{3}$을 감소할 수 있다.

④ 설치하지 아니할 수 있다.

해설 대형소화기를 설치하여야 할 특정소방대상물 또는 그 부분에 옥내소화전설비·스프링클러설비·물분무등 소화설비 또는 옥외소화전설비를 설치한 경우에는 해당 설비의 유효범위 안의 부분에 대하여는 대형소화기를 설치하지 아니할 수 있다.

64

전역방출방식의 이산화탄소소화설비를 설치한 특정소방대상물 또는 그 부분에 설치하는 자동폐쇄장치의 설치기준 중 다음 (   ) 안에 알맞은 것은?

개구부가 있거나 천장으로부터 (㉠)[m] 이상의 아랫부분 또는 바닥으로부터 해당 층의 높이의 (㉡) 이내의 부분에 통기구가 있어 이산화탄소의 유출에 따라 소화효과를 감소시킬 우려가 있는 것은 이산화탄소가 방사되기 전에 해당 개구부 및 통기구를 폐쇄할 수 있도록 할 것

① ㉠ 1, ㉡ $\frac{2}{3}$ ② ㉠ 1, ㉡ $\frac{1}{2}$

③ ㉠ 0.3, ㉡ $\frac{2}{3}$ ④ ㉠ 0.3, ㉡ $\frac{1}{2}$

해설 전역방출방식의 이산화탄소소화설비 자동폐쇄장치의 설치기준
- 환기장치를 설치한 것은 이산화탄소가 방사되기 전에 해당 환기장치가 정지할 수 있도록 할 것
- 개구부가 있거나 천장으로부터 1[m] 이상의 아랫부분 또는 바닥으로부터 해당 층의 높이의 2/3 이내의 부분에 통기구가 있어 이산화탄소의 유출에 따라 소화효과를 감소시킬 우려가 있는 것은 이산화탄소가 방사되기 전에 해당 개구부 및 통기구를 폐쇄할 수 있도록 할 것
- 자동폐쇄장치는 방호구역 또는 방호대상물이 있는 구획의 밖에서 복구할 수 있는 구조로 하고, 그 위치를 표시하는 표지를 할 것

65

상수도소화용수설비의 설치기준 중 다음 (   ) 안에 알맞은 것은?

호칭지름 (㉠)[mm] 이상의 수도배관에 호칭지름 (㉡)[mm] 이상의 소화전을 접속할 것

① ㉠ 80, ㉡ 65   ② ㉠ 75, ㉡ 100
③ ㉠ 65, ㉡ 100   ④ ㉠ 50, ㉡ 65

해설 상수도소화용수설비의 설치기준
- 호칭지름 **75[mm]** 이상의 **수도배관**에 호칭지름 **100[mm]** 이상의 **소화전**을 접속할 것

• 소화전은 소방자동차 등의 진입이 쉬운 도로변 또는 공지에 설치할 것
• 소화전은 특정소방대상물의 수평투영면의 각 부분으로부터 140[m] 이하가 되도록 설치할 것

66

할로겐화합물 및 불활성기체의 저장용기의 설치기준 중 틀린 것은?(단, 불활성기체 소화약제 저장용기의 경우는 제외한다)

① 방호구역외의 설치한 경우에는 방화문으로 구획된 실에 설치할 것
② 용기 간의 간격은 점검에 지장이 없도록 3[cm] 이상의 간격을 유지할 것
③ 온도가 40[℃] 이하이고 온도의 변화가 작은 곳에 설치할 것
④ 저장용기의 약제량 손실이 5[%]를 초과하거나 압력손실이 10[%]를 초과할 경우에는 재충전하거나 저장용기를 교체할 것

해설 할로겐화합물 및 불활성기체의 저장용기의 설치기준
• 방호구역외의 장소에 설치할 것. 다만, 방호구역 내에 설치할 경우에는 피난 및 조작이 용이하도록 피난구 부근에 설치하여야 한다.
• **온도가 55[℃] 이하**이고 온도의 변화가 작은 곳에 설치할 것
• 직사광선 및 빗물이 침투할 우려가 없는 곳에 설치할 것
• 저장용기를 방호구역 외에 설치한 경우에는 방화문으로 구획된 실에 설치할 것
• 용기의 설치장소에는 해당 용기가 설치된 곳임을 표시하는 표지를 할 것
• 용기 간의 간격은 점검에 지장이 없도록 3[cm] 이상의 간격을 유지할 것
• 저장용기와 집합관을 연결하는 연결배관에는 체크밸브를 설치할 것. 다만, 저장용기가 하나의 방호구역만을 담당하는 경우에는 그러하지 아니하다.
• 저장용기의 약제량 손실이 5[%]를 초과하거나 압력손실이 10[%]를 초과할 경우에는 재충전하거나 저장용기를 교체할 것. 다만, 불활성기체 소화약제 저장용기의 경우에는 압력손실이 5[%]를 초과할 경우 재충전하거나 저장용기를 교체하여야 한다.

67

소화수조 등에 관한 기준 중 틀린 것은?

① 소화수조, 저수조의 채수구 또는 흡수관투입구는 소방차가 2[m] 이내의 지점까지 접근할 수 있는 위치에 설치할 것
② 채수구는 소방용호스 또는 소방용흡수관에 사용하는 구경 65[mm] 이상의 나사식 결합금속구를 설치할 것
③ 지하에 설치하는 소화용수설비의 흡수관투입구는 그 한 변이 0.8[m] 이상이거나 직경이 0.8[m] 이상인 것으로 하고, 소요수량이 60[m³] 미만인 것은 1개 이상을 설치하여야 하며, "흡관투입구"라고 표시한 표지를 할 것
④ 채수구는 지면으로부터의 높이가 0.5[m] 이상 1[m] 이하의 위치에 설치하고 "채수구"라고 표시한 표지를 할 것

해설 지하에 설치하는 소화용수설비의 흡수관투입구는 그 한 변이 **0.6[m] 이상**이거나 **직경이 0.6[m] 이상**인 것으로 하고, 소요수량이 80[m³] 미만인 것은 1개 이상, 80[m³] 이상인 것은 2개 이상을 설치하여야 하며, "흡관투입구"라고 표시한 표지를 할 것

68

특별피난계단의 계단실 및 부속실 제연설비의 차압 등에 관한 기준 중 틀린 것은?

① 제연설비가 가동되었을 경우 출입문의 개방에 필요한 힘은 150[N] 이하로 하여야 한다.
② 제연구역과 옥내와의 사이에 유지하여야 하는 최소차압은 40[Pa] 이상으로 하여야 한다.
③ 옥내에 스프링클러설비가 설치된 경우 제연구역과 옥내와의 사이에 유지하여야 하는 최소차압은 12.5[Pa] 이상으로 하여야 한다.
④ 계단실과 부속실을 동시에 제연 하는 경우 부속실의 기압은 계단실과 같게 하거나 계단실의 기압보다 낮게 할 경우에는 부속실과 계단실의 압력차이는 5[Pa] 이하가 되도록 하여야 한다.

해설 특별피난계단의 계단실 및 부속실 제연설비의 차압 등
- 제연구역과 옥내와의 사이에 유지하여야 하는 최소 차압은 40[Pa](옥내에 스프링클러설비가 설치된 경우에는 12.5[Pa]) 이상으로 하여야 한다.
- 제연설비가 가동되었을 경우 **출입문의 개방에 필요한 힘은 110[N] 이하**로 하여야 한다.
- 제4조 제2호의 기준에 따라 출입문이 일시적으로 개방되는 경우 개방되지 아니하는 제연구역과 옥내와의 차압은 제1항의 기준에 불구하고 제1항의 기준에 따른 차압의 70[%] 미만이 되어서는 아니 된다.
- 계단실과 부속실을 동시에 제연하는 경우 부속실의 기압은 계단실과 같게 하거나 계단실의 기압보다 낮게 할 경우에는 부속실과 계단실의 압력차이는 5[Pa] 이하가 되도록 하여야 한다.

69
전역방출방식의 할론소화설비의 분사헤드 설치기준 중 할론 1211 분사헤드의 방사압력은 최소 몇 [MPa] 이상이어야 하는가?

① 0.1   ② 0.2
③ 0.7   ④ 0.9

해설 분사헤드의 방사압력

약 제	방사압력
할론 2402	0.1[MPa] 이상
할론 1211	0.2[MPa] 이상
할론 1301	0.9[MPa] 이상

70
연결송수관설비의 방수용기구함의 설치기준 틀린 것은?

① 방수기구함은 피난층과 가장 가까운 층을 기준으로 3개 층마다 설치하되, 그 층의 방수구마다 보행거리 10[m] 이내에 설치할 것
② 방수기구함에는 "방수기구함"이라고 표시한 표지를 할 것
③ 방수기구함의 길이 15[m] 호스는 방수구에 연결하였을 때 그 방수구가 담당하는 구역의 각 부분에 유효하게 물이 뿌려질 수 있는 개수 이상을 비치할 것. 이 경우 쌍구형 방수구는 단구형 방수구의 2배 이상의 개수를 설치하여야 한다.

④ 방수기구함의 방사형 관창은 단구형 방수구의 경우에는 1개, 쌍구형 방수구의 경우에는 2개 이상 비치할 것

해설 연결송수관설비의 방수용기구함의 설치기준
- **방수기구함**은 피난층과 가장 가까운 층을 기준으로 **3개 층**마다 설치하되, 그 층의 방수구마다 **보행거리 5[m] 이내**에 설치할 것
- 방수기구함에는 길이 15[m]의 호스와 방사형 관창을 다음 각목의 기준에 따라 비치할 것
  - 호스는 방수구에 연결하였을 때 그 방수구가 담당하는 구역의 각 부분에 유효하게 물이 뿌려질 수 있는 개수 이상을 비치할 것. 이 경우 쌍구형 방수구는 단구형 방수구의 2배 이상의 개수를 설치하여야 한다.
  - 방사형 관창은 단구형 방수구의 경우에는 1개, 쌍구형 방수구의 경우에는 2개 이상 비치할 것
- 방수기구함에는 "방수기구함"이라고 표시한 표지를 할 것

71
스프링클러설비 헤드의 설치기준 중 높이가 4[m] 이상인 공장 및 창고에 설치하는 스프링클러 헤드는 그 설치장소의 평상시 최고 주위온도에 관계없이 최소 표시온도 몇 [℃] 이상의 것으로 설치할 수 있는가? (단, 랙식 창고를 포함한다)

① 162[℃]   ② 121[℃]
③ 79[℃]   ④ 64[℃]

해설 폐쇄형 스프링클러 헤드의 표시온도
폐쇄형스프링클러헤드는 그 설치장소의 평상시 최고 주위온도에 따라 다음 표에 따른 표시온도의 것으로 설치하여야 한다. 다만, 높이가 4[m] 이상인 공장 및 창고(랙식 창고를 포함한다)에 설치하는 스프링클러 헤드는 그 설치장소의 평상시 최고 주위온도에 관계없이 **표시온도 121[℃] 이상**의 것으로 할 수 있다.

설치장소의 최고 주위온도	표시온도
39[℃] 미만	79[℃] 미만
39[℃] 이상 64[℃] 미만	79[℃] 이상 121[℃] 미만
64[℃] 이상 106[℃] 미만	121[℃] 이상 162[℃] 미만
106[℃] 이상	162[℃] 이상

72

옥내소화전설비 배관의 설치기준 중 다음 (　　)
안에 알맞은 것은?

> 연결송수관설비의 배관과 겸용할 경우의 주배
> 관은 구경 (　㉠　)[mm] 이상, 방수구로 연
> 결되는 배관의 구경은 (　㉡　)[mm] 이상의
> 것으로 하여야 한다.

① ㉠ 40, ㉡ 50　　　② ㉠ 50, ㉡ 40

③ ㉠ 65, ㉡ 100　　④ ㉠ 100, ㉡ 65

해설 옥내소화전설비의 배관이 연결송수관설비의 배관과
겸용할 경우의 **주배관**은 **구경 100[mm] 이상**, 방수구
로 **연결**되는 배관의 **구경은 65[mm] 이상**의 것으로 하
여야 한다.

73

특정소방대상물별 소화기구의 능력단위 기준 중 틀린
것은?(단, 건축물의 주요구조부가 내화구조이고 벽
및 반자의 실내에 면하는 부분이 불연재료로 된 특정
소방대상물인 경우이다)

① 위락시설은 해당용도의 바닥면적 60[m²]마다
능력단위 1단위 이상

② 장례식장 및 의료시설은 해당 용도의 바닥면적
100[m²]마다 능력단위 1단위 이상

③ 관광휴게시설은 해당 용도의 바닥면적 200[m²]
마다 능력단위 1단위 이상

④ 공동주택은 해당 용도의 바닥면적 100[m²]마다
능력단위 1단위 이상

해설 **소방대상물별 소화기구의 능력단위기준**

소방대상물	소화기구의 능력단위
1. 위락시설	당해 용도의 바닥면적 30 [m²]마다 능력단위 1단위 이상
2. **공연장·집회장·관람 장·문화재·장례식장** 및 의료시설	당해 용도의 바닥면적 50 [m²]마다 능력단위 1단위 이상
3. 근린생활시설·판매시 설·운수시설·숙박시 설·**노유자시설**·전시 장·**공동주택**·업무시 설·방송통신시설·공 장·창고시설, 항공기 및 자동차관련시설 및 **관광휴게시설**	당해 용도의 바닥면적 100 [m²]마다 능력단위 1단위 이상
4. 그 밖의 것	당해 용도의 바닥면적 200 [m²]마다 능력단위 1단위 이상

(주) 소화기구의 능력단위를 산출함에 있어서 건축물의
주요구조부가 내화구조이고, 벽 및 반자의 실내에
면하는 부분이 불연재료·준불연재료 또는 난연재
료로 된 특정소방대상물에 있어서는 위 표의 **기준면
적의 2배**를 해당 특정소방대상물의 기준면적으로
한다.

74

간이스프링클러설비의 배관 및 밸브 등의 설치순서
중 다음 (　　) 안에 알맞은 것은?

> 펌프 등의 가압송수장치를 이용하여 배관 및
> 밸브 등을 설치하는 경우에는 수원, 연성계
> 또는 진공계(수원이 펌프보다 높은 경우를 제
> 외), 펌프 또는 압력수조, 압력계, 체크밸브,
> (　　), 개폐표시형밸브, 유수검지장치, 시험
> 밸브의 순으로 설치할 것

① 진공계　　　　　② 플렉시블조인트

③ 성능시험배관　　④ 편심 레듀서

해설 **간이스프링클러설비의 배관 및 밸브 등의 순서**
- 상수도직결형일 경우
  수도용계량기 → 급수차단장치 → 개폐표시형 개폐
  밸브 → 체크밸브 → 압력계 → 유수검지장치(압력
  스위치 등) → 2개의 시험밸브
- **펌프 등의 가압송수장치**를 이용하는 경우
  수원 → 연성계(진공계) → 펌프 또는 압력수조 →
  압력계 → 체크밸브 → **성능시험배관** → 개폐표시형
  개폐밸브 → 유수검지장치 → 시험밸브
- 가압수조를 가압송수장치로 이용하는 경우
  수원 → 가압수조 → 압력계 → 체크밸브 → 성능시
  험배관 → 개폐표시형 밸브 → 유수검지장치 → 2개
  의 시험밸브

• 캐비닛형 가압송수장치를 이용하는 경우
수원 → 연성계(진공계) → 펌프 또는 압력수조 →
압력계 → 체크밸브 → 개폐표시형 밸브 → 2개의
시험밸브

75

특정소방대상물의 보가 있는 부분의 포헤드 설치기준
중 포헤드와 보 하단의 수직거리가 0.2[m]일 경우
포헤드와 보의 수평거리 기준으로 옳은 것은?

① 0.75[m] 미만
② 0.75[m] 이상 1[m] 미만
③ 1[m] 이상 1.5[m] 미만
④ 1.5[m] 이상

해설 특정소방대상물의 보가 있는 부분의 포헤드 설치기준

포헤드와 보의 하단의 수직거리	포헤드와 보의 수평거리
0	0.75[m] 미만
0.1[m] 미만	0.75[m] 이상 1[m] 미만
0.1[m] 이상 0.15[m] 미만	1[m] 이상 1.55[m] 미만
0.15[m] 이상 0.30[m] 미만	1.5[m] 이상

76

피난기구의 설치기준 중 노유자시설로 사용되는 층에
있어서 그 층의 바닥면적 몇 [m²]마다 1개 이상을
설치하여야 하는가?

① 300   ④ 500
③ 800   ④ 1,000

해설 피난기구의 개수 설치기준(층마다 설치하되 아래 기준에
의하여 설치하여야 한다)

소방대상물	설치기준(1개 이상)
숙박시설, 노유자시설, 의료시설	바닥면적 500[m²]마다
위락시설, 문화 및 집회시설, 운동시설, 판매시설	바닥면적 800[m²]마다
계단실형 아파트	각 세대마다
그 밖의 용도의 층	바닥면적 1,000[m²]마다

※ 숙박시설(휴양콘도미니엄은 제외)은 추가로 객실
마다 완강기 또는 둘 이상의 간이완강기를 설치할
것

77

연소할 우려가 있는 개구부에 드렌처설비를 설치한
경우 해당 개구부에 한하여 스프링클러헤드를 설치하
지 아니할 수 있는 드렌처설비의 설치기준으로 틀린
것은?

① 드렌처헤드는 개구부 위 측에 2.5[m] 이내마다
1개를 설치할 것
② 제어밸브는 특정소방대상물 층마다에 바닥면으
로부터 0.8[m] 이상 1.5[m] 이하의 위치에 설치
할 것
③ 수원의 수량은 드렌처헤드가 가장 많이 설치된
제어밸브의 드렌처헤드의 설치개수에 2.6[m³]
를 곱하여 얻은 수치 이상이 되도록 할 것
④ 드렌처설비는 드렌처헤드가 가장 많이 설치된
제어밸브에 설치된 드렌처헤드를 동시에 사용
하는 경우에 각각의 헤드선단에 방수압력이
0.1[MPa] 이상, 방수량이 80[L/min] 이상이
되도록 할 것

해설 드렌처설비의 설치기준

연소할 우려가 있는 개구부에 드렌처설비를 설치한
경우에는 해당 개구부에 한하여 스프링클러헤드를 설
치하지 아니할 수 있다.

• 드렌처헤드는 개구부 위 측에 **2.5[m] 이내마다 1개**
를 설치할 것
• 제어밸브(일제개방밸브・개폐표시형 밸브 및 수동
조작부를 합한 것을 말한다)는 특정소방대상물 층마
다에 바닥면으로부터 **0.8[m] 이상 1.5[m] 이하**의 위
치에 설치할 것
• 수원의 수량은 드렌처헤드가 가장 많이 설치된 제어
밸브의 드렌처헤드의 설치개수에 **1.6[m³]**를 곱하여
얻은 수치 이상이 되도록 할 것
• 드렌처설비는 드렌처헤드가 가장 많이 설치된 제어
밸브에 설치된 드렌처헤드를 동시에 사용하는 경우
에 각각의 헤드선단에 방수압력이 **0.1[MPa] 이상**,
방수량이 **80[L/min] 이상**이 되도록 할 것
• 수원에 연결하는 가압송수장치는 점검이 쉽고 화
재 등의 재해로 인한 피해우려가 없는 장소에 설치
할 것

안심Touch

78

미분무소화설비 용어의 정의 중 다음 (　) 안에 알맞은 것은?

> 저압 미분무 소화설비란 (　㉠　) 사용압력이 (　㉡　)[MPa] 이하인 미분무소화설비를 말한다.

① ㉠ 최고, ㉡ 1.2 　　② ㉠ 최저, ㉡ 1.2
③ ㉠ 최고, ㉡ 0.7 　　④ ㉠ 최저, ㉡ 0.7

해설 용어 정의
- 저압 미분무 소화설비 : **최고사용압력이 1.2[MPa] 이하**인 미분무소화설비
- 중압 미분무 소화설비 : 사용압력이 1.2[MPa]을 초과하고 3.5[MPa] 이하인 미분무소화설비
- 고압 미분무 소화설비 : 최저사용압력이 3.5[MPa]을 초과하는 미분무소화설비

79

화재 시 현저하게 연기가 찰 우려가 없는 장소로서 호스릴 분말소화설비를 설치할 수 있는 장소의 기준 중 다음 (　) 안에 알맞은 것은?

> 전기설비가 설치되어 있는 부분 또는 다량의 화기를 사용하는 부분(해당 설비의 주위 5[m] 이내의 부분을 포함한다)의 바닥면적이 해당 설비가 설치되어 있는 구획의 바닥면적의 (　) 미만이 되는 부분

① $\frac{1}{5}$ 　　　　② $\frac{1}{3}$

③ $\frac{1}{2}$ 　　　　④ $\frac{2}{3}$

해설 화재 시 현저하게 연기가 찰 우려가 없는 장소로서 호스릴 분말소화설비 설치기준
- 지상 1층 및 피난층에 있는 부분으로서 지상에서 수동 또는 원격조작에 따라 개방할 수 있는 개구부의 유효면적의 합계가 바닥면적의 15[%] 이상이 되는 부분
- 전기설비가 설치되어 있는 부분 또는 다량의 화기를 사용하는 부분(해당 설비의 주위 5[m] 이내의 부분을 포함한다)의 바닥면적이 해당 설비가 설치되어 있는 구획의 **바닥면적의 1/5 미만**이 되는 부분

80

분말소화설비의 가압용가스 설치기준 중 옳은 것은?

① 분말소화약제의 가압용가스 용기를 7병 이상 설치한 경우에는 2개 이상의 용기에 전자개방밸브를 부착하여야 한다.
② 분말소화약제의 가압용 가스용기에는 2.5[MPa] 이하의 압력에서 조정이 가능한 압력조정기를 설치하여야 한다.
③ 가압용가스에 질소가스를 사용하는 것의 질소가스는 소화약제 1[kg]마다 10[L] 이상, 이산화탄소를 사용하는 것의 이산화탄소는 소화약제 1[kg]에 대하여 10[g]에 배관의 청소에 필요한 양을 가산한 양 이상으로 할 것
④ 축압용가스에 질소가스를 사용하는 것의 질소가스는 소화약제 1[kg]에 대하여 40[L] 이상, 이산화탄소를 사용하는 것의 이산화탄소는 소화약제 1[kg]에 대하여 20[g]에 배관의 청소에 필요한 양을 가산한 양 이상으로 할 것

해설 분말소화설비의 가압용가스 설치기준
- 분말소화약제의 가스용기는 분말소화약제의 저장용기에 접속하여 설치하여야 한다.
- 분말소화약제의 **가압용 가스용기를 3병 이상** 설치한 경우에는 **2개 이상**의 용기에 **전자개방밸브를 부착**하여야 한다.
- 분말소화약제의 가압용 가스용기에는 **2.5[MPa] 이하의 압력**에서 조정이 가능한 **압력조정기**를 설치하여야 한다.
- 가압용가스 또는 축압용가스는 다음 각 호의 기준에 따라 설치하여야 한다.
  - 가압용가스 또는 축압용가스는 질소가스 또는 이산화탄소로 할 것
  - **가압용가스**에 질소가스를 사용하는 것의 질소가스는 **소화약제 1[kg]마다 40[L]**(35[℃])에서 1기압의 압력상태로 환산한 것) 이상, 이산화탄소를 사용하는 것의 이산화탄소는 소화약제 1[kg]에 대하여 20[g]에 배관의 청소에 필요한 양을 가산한 양 이상으로 할 것
  - **축압용가스**에 질소가스를 사용하는 것의 질소가스는 **소화약제 1[kg]에 대하여 10[L]**(35[℃]에서 1기압의 압력상태로 환산한 것) 이상, 이산화탄소를 사용하는 것의 이산화탄소는 소화약제 1[kg]에 대하여 20[g]에 배관의 청소에 필요한 양을 가산한 양 이상으로 할 것
- 배관의 청소에 필요한 양의 가스는 별도의 용기에 저장할 것

제 **1** 과목 | **소방원론**

01

미분무소화설비의 소화효과 중 틀린 것은?

① 질 식   ② 부촉매
③ 냉 각   ④ 유 화

해설 미분무소화설비의 소화효과 : 질식, 냉각, 희석, 유화 작용

02

조리를 하던 중 식용유 화재가 발생하면 신선한 야채를 넣어 소화할 수 있다. 이때의 소화방법에 해당하는 것은?

① 희석소화   ② 냉각소화
③ 부촉매소화   ④ 질식소화

해설 냉각소화 : 조리를 하던 중 식용유화재에 신선한 야채를 넣어 소화하는 방법

03

적린의 착화온도는 약 몇 [℃]인가?

① 34   ② 157
③ 200   ④ 260

해설 착화온도

종 류	황 린	이황화탄소	적 린
착화온도	34[℃]	100[℃]	260[℃]

04

건축물에서 방화구획의 구획 기준이 아닌 것은?

① 피난구획   ② 수평구획
③ 층간구획   ④ 용도구획

해설 방화구획의 종류 : 층 또는 면적별(수평)구획, 승강기의 승강로 구획, 위험용도별 구획

05

물의 비열과 증발잠열을 이용한 소화효과는?

① 희석효과   ② 억제효과
③ 냉각효과   ④ 질식효과

해설 물은 비열과 증발잠열이 크므로 냉각효과가 뛰어나다.

06

할로겐화합물 및 불활성기체 소화약제 중 최대허용설계농도가 가장 낮은 것은?

① FC-3-1-10   ② FIC-13I1
③ FK-5-1-12   ④ IG-541

해설 할로겐화합물 및 불활성기체 소화약제의 최대허용 설계 농도

소화약제	최대허용 설계농도[%]	소화약제	최대허용 설계농도[%]
FC-3-1-10	40	HFC-227ea	10.5
IG-01, IG-55 IG-100, IG-541	43	FK-5-1-12 HCFC BLEND A	10
HFC-23	30	HCFC-124	1.0

안심Touch

소화약제	최대허용 설계농도[%]	소화약제	최대허용 설계농도[%]
HFC- 236fa	12.5	FIC-13I1	0.3
HFC-125	11.5		

07

열에너지원 중 화학적 열에너지가 아닌 것은?

① 분해열　　　　② 용해열

③ 유도열　　　　④ 생성열

해설 열에너지원의 분류
- 화학적 에너지 : 연소열, 분해열, 용해열, 생성열, 자연발열
- 기계적 에너지 : 마찰열, 마찰스파크, 압축열
- 전기적 에너지 : 저항열, **유도열**, 유전열, 아크열, 정전기열, 낙뢰에 의한 발열

08

25[℃]에서 증기압이 100[mmHg]이고 증기밀도(비중)가 2인 인화성액체의 증기-공기밀도는 약 얼마인가?(단, 전압은 760[mmHg]로 한다)

① 1.13　　　　② 2.13

③ 3.13　　　　④ 4.13

해설 증기-공기밀도

$$\therefore \text{증기-공기밀도} = \frac{P_2 d}{P_1} + \frac{P_1 - P_2}{P_1}$$

$$= \frac{100 \times 2}{760} + \frac{760 - 100}{760} = 1.13$$

> **[다른 방법]**
>
> 공기밀도 $= 1 - \dfrac{100}{760} = 0.8684$
>
> $\therefore$ 증기-공기밀도 $= 2 - 0.8684 = 1.13$

09

제3종 분말소화약제의 주성분으로 옳은 것은?

① 탄산수소칼륨

② 탄산수소나트륨

③ 탄산수소칼륨과 요소

④ 제1인산암모늄

해설 분말소화약제

종류	주성분	착색	적응 화재	열분해 반응식
제1종 분말	탄산수소 나트륨 ($NaHCO_3$)	백색	B, C급	$2NaHCO_3 \rightarrow$ $Na_2CO_3 +$ $CO_2 + H_2O$
제2종 분말	탄산수소 칼륨 ($KHCO_3$)	담회색	B, C급	$2KHCO_3 \rightarrow$ $K_2CO_3 + CO_2$ $+ H_2O$
제3종 분말	제일인산 암모늄 ($NH_4H_2PO_4$)	담홍색 황색	A, B, C급	$NH_4H_2PO_4 \rightarrow$ $HPO_3 + NH_3$ $+ H_2O$
제4종 분말	탄산수소 칼륨 + 요소 ($KHCO_3 +$ $(NH_2)_2CO$)	회색	B, C급	$2KHCO_3 +$ $(NH_2)_2CO \rightarrow$ $K_2CO_3 +$ $2NH_3 + 2CO_2$

10

20[℃]의 물 400[g]을 사용하여 화재를 소화하였다. 물 400[g]이 모두 100[℃]로 기화하였다면 물이 흡수한 열량은 얼마인가?(단, 물의 비중은 1[cal/g · ℃]이고, 증발잠열은 539[cal/g]이다)

① 215.6[kcal]　　　　② 223.6[kcal]

③ 247.6[kcal]　　　　④ 255.6[kcal]

해설 20[℃]의 물 400[g]을 100[℃]의 수증기로 되는 데 필요한 열량

$$\therefore Q = mCp\Delta t + r \cdot m = 400[g] \times 1[cal/g \cdot ℃] \times$$
$$(100 - 20)[℃] + 539[cal/g] \times 400[g]$$
$$= 247,600[cal]$$
$$= 247.6[kcal]$$

11

기름탱크에서 화재가 발생하였을 때 탱크 하부에 있는 물 또는 물-기름 에멀션이 뜨거운 열유층에 의해서 가열되어 유류가 탱크 밖으로 갑자기 분출하는 현상은?

① 리프트(Lift)

② 백파이어(Back fire)

③ 플래시오버(Flash over)

④ 보일 오버(boil over)

해설 보일 오버 : 기름탱크에서 화재가 발생하였을 때 탱크 저면에 있는 물 또는 물-기름 에멀션이 뜨거운 열유층에 의해서 가열되어 유류가 탱크 밖으로 갑자기 분출하는 현상

12
가연물이 되기 위한 조건이 아닌 것은?

① 산화되기 쉬울 것
② 산소와의 친화력이 클 것
③ 활성화에너지가 클 것
④ 열전도도가 작을 것

해설 가연물이 되기 위한 조건
- 산화되기 쉬울 것
- 산소와의 친화력이 클 것
- 활성화에너지가 작을 것
- 열전도도가 작을 것
- 표면적이 넓을 것
- 발열량이 클 것

13
메탄가스 1[mol]을 완전 연소시키기 위해서 필요한 이론적 최소 산소요구량은 몇 [mol]인가?

① 1   ② 2
③ 3   ④ 4

해설 메탄의 연소반응식

$$CH_4 + 2O_2 \rightarrow CO_2 + 2H_2O$$

∴ 메탄 1[mol]과 산소 2[mol]이 반응하면 이산화탄소 1[mol]과 물 2[mol]이 생성된다.

14
소화방법 중 질식소화에 해당하지 않는 것은?

① 이산화탄소소화기로 소화
② 포소화기로 소화
③ 마른모래로 소화
④ Halon-1301 소화기로 소화

해설 Halon 1301 : 부촉매소화

15
분말소화약제 중 A, B, C급의 화재에 모두 사용할 수 있는 것은?

① 제1종 분말소화약제
② 제2종 분말소화약제
③ 제3종 분말소화약제
④ 제4종 분말소화약제

해설 제3종 분말소화약제 : A, B, C급 화재에 적합

제1종, 제2종, 제4종 분말소화약제 : B, C급에 적합

16
전기부도체이며 소화 후 장비의 오손 우려가 낮기 때문에 전기실이나 통신실등의 소화설비로 적합한 것은?

① 스프링클러설비
② 옥내소화전설비
③ 포소화설비
④ 이산화탄소소화설비

해설 전기실, 통신실등 전기설비 : 가스계소화설비(이산화탄소, 할론, 할로겐화합물 및 불활성기체소화설비)가 적합

17
자연발화성물질이 아닌 것은?

① 황 린
② 나트륨
③ 칼 륨
④ 유 황

해설 자연발화성물질(제3류 위험물) : 황린, 칼륨, 나트륨 등

유황 : 제2류 위험물로서 가연성 고체

12 ③ 13 ② 14 ④ 15 ③ 16 ④ 17 ④ **정답**

18

목조건축물의 온도와 시간에 따른 화재특성으로 옳은 것은?

① 저온단기형　　② 저온장기형
③ 고온단기형　　④ 고온장기형

해설 화재성상

- 목조건축물 : 고온단기형
- 내화건축물 : 저온장기형

19

내화구조의 지붕에 해당하지 않는 것은?

① 철근콘크리트조
② 철골철근콘크리트조
③ 철재로 보강된 유리블록
④ 무근콘크리트조

해설 내화구조

내화구분	내화구조의 기준
지 붕	• 철근콘크리트조 또는 철골 · 철근콘크리트조 • 철재로 보강된 콘크리트블록조 · 벽돌조 또는 석조 • 철재로 보강된 유리블록 또는 망입유리로 된 것

20

플래시오버(Flash Over)의 지연대책으로 틀린 것은?

① 두께가 얇은 가연성 내장재료를 사용한다.
② 열전도율이 큰 내장재료를 사용한다.
③ 주요구조부를 내화구조로 하고 개구부를 적게 설치한다.
④ 실내에 저장하는 가연물의 양을 줄인다.

해설 두께가 얇은 내장재료는 플래시오버에 빨리 도달한다.

제 2 과목　소방유체역학

21

지름(D) 60[mm]인 물 분류가 30[m/s]의 속도(V)로 고정평판에 대하여 45°각도로 부딪칠 때 지면에 수직 방향으로 작용하는 힘(F_y)은 약 몇 N인가?

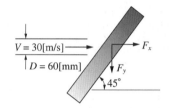

① 1,700　　② 1,800
③ 1,900　　④ 2,000

해설 수직 방향으로 작용하는 힘

$$F_y = \rho Q u \sin\theta = \rho A u^2 \sin\theta$$

여기서, ρ : 밀도(1,000[N · s²/m⁴]),
　　　　Q : 유량([m³/s], $Q = uA$)

$$\therefore \; F_y = 1,000\left[\frac{\text{N} \cdot \text{s}^2}{\text{m}^4}\right] \times \left\{\frac{\pi}{4} \times (0.06[\text{m}])^2\right\}$$
$$\times \left(30\left[\frac{\text{m}}{\text{s}}\right]\right)^2 \times \sin 45° = 1,799.4[\text{N}]$$

22

어떤 탱크 속에 들어있는 산소의 밀도는 온도가 25[℃]일 때 2.0[kg/m³]이다. 이때 대기압은 97[kPa]이라면 이 산소의 압력은 계기압력으로 약 몇 [kPa]인가?(단, 산소의 기체상수는 259.8[J/kg · K]이다)

① 58　　② 65
③ 72　　④ 88

해설 산소의 계기압력

절대압 = 대기압 + 계기압력,
계기압력 = 절대압 − 대기압

$[\text{N} \cdot \text{m}] = [\text{J}]$

- 절대압

$$PV = WRT$$

$$P = \frac{W}{V}RT$$

$$P = \rho RT = 2.0[\text{kg/m}^3] \times 259.8[\text{N} \cdot \text{m/kg} \cdot \text{K}]$$
$$\times 298[\text{K}] = 154,840.8[\text{N/m}^2]$$
$$= 154.8[\text{kN/m}^2 = \text{kPa}]$$

- 대기압 : 97[kPa]

∴ 계기압력 = 절대압 - 대기압 = 154.8 - 97
$$= 57.8[\text{kPa}]$$

23

60[℃]의 물 200[kg]과 100[℃]의 포화 증기를 적당량 혼합하면 90[℃]의 물이 된다. 이때 혼합하여야 할 포화 증기의 양은 약 몇 [kg]인가?(단, 100[℃]에서 물의 증발잠열은 2,256[kJ/kg]이고, 물의 비열은 4.186[kJ/kg · K]이다)

① 8.53
② 9.12
③ 10.03
④ 10.93

해설 **포화 증기의 양**

열역학 제0 법칙에서 물이 얻은 열량은 포화증기가 잃은 열량과 같다.

- 물이 얻은 열량

$$q_1 = mC\Delta t = 200[\text{kg}] \times 4.186[\frac{\text{kJ}}{\text{kg} \cdot \text{K}}] \times$$
$$\{(273+90)-(273+60)\}[\text{K}] = 25,116[\text{kJ}]$$

- 포화증기가 잃은 열량

$$q_2 = m(\gamma + C\Delta t) = m[2,256[\frac{\text{kJ}}{\text{kg} \cdot \text{K}}]$$
$$+ 4.186[\frac{\text{kJ}}{\text{kg} \cdot \text{K}}] \times \{(273+100)-(273+90)\}[\text{K}]]$$
$$= 2,297.86[\text{m}]$$

∴ $q_1 = q_2$에서 $m = \dfrac{25,116}{2,297.86} = 10.93[\text{kg}]$

24

개방된 물통에 깊이 2[m]로 물이 들어있고 이 물 위에 깊이 2[m]의 기름이 떠 있다. 기름의 비중이 0.5일 때 물통 밑바닥에서의 압력은 약 몇 [Pa]인가? (단, 유체 상부면에 작용하는 대기압은 무시한다)

① 9,810
② 16,280
③ 29,420
④ 34,240

해설 **물통 밑바닥에서의 압력**

- 기름과 물의 경계면에서 받는 압력

$$P_1 = \gamma h_1 = \rho g h_1$$
$$= \left(0.5 \times 1,000[\frac{\text{kg}}{\text{m}^3}]\right) \times 9.8[\frac{\text{m}}{\text{s}^2}] \times 2[\text{m}]$$
$$= 9,800[\text{Pa}]$$

- 물통 밑바닥에서의 압력

$$P_2 = P_1 + \rho g h_2 = 9,800[\text{Pa}] + 1,000[\frac{\text{kg}}{\text{m}^3}]$$
$$\times 9.81[\frac{\text{m}}{\text{s}^2}] \times 2[\text{m}] = 29,420[\text{Pa}]$$

(여기서, 기름과 물의 경계면에서 받는 압력에서 중력가속도는 9.8[m/s²]을 적용하였고, 물에 대하여 압력을 계산할 때 중력가속도는 9.81[m/s²]로 적용하였다. 물은 온도에 따라 밀도가 변하기 때문에 4[℃] 물을 기준으로 보면 중력가속도는 9.81[m/s²]로 계산하였다)

25

길이 300[m], 지름이 10[cm]인 관에 1.2[m/s]의 평균속도로 물이 흐르고 있다면 손실 수두는 약 몇 [m]인가?(단, 관의 마찰계수는 0.02이다)

① 2.1
② 4.4
③ 6.7
④ 8.3

해설 **다르시-바이스바흐(Darcy-Weisbach) 식**

$$H = \frac{\Delta P}{\gamma} = \frac{flu^2}{2gD}$$

여기서, f : 관의 마찰계수(0.02)
l : 관의 길이(300[m])
u : 유체의 유속(1.2[m/s])
g : 중력가속도(9.8[m/s²])
D : 관의 내경(0.1[m])

∴ $H = 0.02 \times \dfrac{300}{0.1} \times \dfrac{(1.2)^2}{2 \times 9.8} = 4.4[\text{mH}_2\text{O}]$

26

어떤 오일의 동점성계수가 $2 \times 10^{-4}[\text{m}^2/\text{s}]$이고 비중이 0.9라면 점성계수는 몇 [kg/m · s]인가?(단, 물의 밀도는 1,000[kg/m³]이다)

① 1.2
② 2.0
③ 0.18
④ 1.8

해설 $\nu(동점성계수) = \dfrac{\mu(점성계수)}{\rho(밀도)}$

$\mu(점성계수) = 2 \times 10^{-4} [\mathrm{m^2/sec}] \times 900 [\mathrm{kg/m^3}]$
$= 0.18 [\mathrm{kg/m \cdot sec}]$

27

정지 유체 속에 잠겨 있는 경사진 평면에서 압력에 의해 작용하는 합력의 작용점에 대한 설명으로 옳은 것은?

① 도심의 아래에 있다.
② 도심의 위에 있다.
③ 도심의 위치와 같다.
④ 도심의 위치와 관계가 없다.

해설 압력 중심

$$y_d = \frac{I_c}{\bar{y}A} + \bar{y}$$

여기서, $\bar{y}$: 면적의 도심, I_c : 도심에 관한 단면 2차 관성 모멘트이다.
그러므로 압력중심은 도심보다 항상 아래에 있다.

28

20[℃], 100[kPa]의 공기 1[kg]을 일차적으로 300 [kPa]까지 등온압축시키고 다시 1,000[kPa]까지 단열 압축시켰다. 압축 후의 절대온도는 약 몇 [K]인가?(단, 모든 과정은 가역과정이고 공기의 비열비는 1.4이다)

① 413[K]   ② 433[K]
③ 453[K]   ④ 473[K]

해설 압축 후의 절대온도
• 초기상태 $T_1 = 20[℃] = 293[\mathrm{K}]$, $P_1 = 100[\mathrm{kPa}]$에서 등온압축하므로 $T_2 = 293[\mathrm{K}]$, $P_2 = 300[\mathrm{kPa}]$이다.
• 단열압축과정일 때 온도와 압력과의 관계

$$\frac{T_3}{T_2} = \left(\frac{P_3}{P_2}\right)^{\frac{k-1}{k}} \text{에서}$$

∴ 최종상태의 온도

$$T_3 = T_2 \times \left(\frac{P_3}{P_2}\right)^{\frac{k-1}{k}} = 293[\mathrm{K}] \times \left(\frac{1,000[\mathrm{kPa}]}{300[\mathrm{kPa}]}\right)$$
$$= 413.3[\mathrm{K}]$$

29

관의 단면에 축소부분에 있어서 유체를 단면에서 가속시킴으로써 생기는 압력차이를 측정하여 유량을 측정하는 장치가 있다. 다음 중 이에 해당하지 않는 것은?

① Nozzle Meter   ② Orifice Meter
③ Venturi Meter   ④ Rota Meter

해설 로터미터는 직접 눈으로 유량을 읽을 수 있는 유량계로서 압력강하를 이용하지 않는다.

30

다음 중 동점성계수의 차원으로 옳은 것은?(단, M, L, T는 각각 질량, 길이, 시간을 나타낸다)

① $\mathrm{ML^{-1}T^{-1}}$ ② $\mathrm{ML^{-1}T^{-2}}$
③ $\mathrm{L^2T^{-1}}$ ④ $\mathrm{MLT^{-2}}$

해설 동점성계수 $\nu = \dfrac{\mu}{\rho} = \dfrac{\mathrm{L^2}}{\mathrm{T}} [\mathrm{L^2T^{-1}}]$

31

물이 안지름 600[mm]인 파이프를 통하여 3[m/s]의 속도로 흐를 때 유량은 몇 [m³/s]인가?

① 0.34   ② 0.85
③ 1.82   ④ 2.88

해설 유량 $Q = uA = 3[\mathrm{m/sec}] \times \dfrac{\pi}{4}(0.6[\mathrm{m}])^2 = 0.85[\mathrm{m^3/s}]$

32

단면적이 10[m²]이고 두께가 2.5[cm]인 단열재를 통과하는 열전달량이 3[kW]이다. 내부(고온)의 온도가 415[℃]이고 단열재의 열전도도가 0.2[W/m · K]일 때 외부(저온)면의 온도는?

① 353[℃]   ② 378[℃]
③ 396[℃]   ④ 402[℃]

정답 27 ① 28 ① 29 ④ 30 ③ 31 ② 32 ②

해설 외부온도

$$Q = kA\frac{dt}{dl} , \quad dt = \frac{Q \cdot dl}{k \cdot A}$$

여기서, Q : 열전달량(3[kW] = 3,000[W]),
　　　　k : 열전도도(0.2[W/m・K])
　　　　A : 열전달면적(10[m²]),
　　　　dt : 온도차(고온 – 저온)
　　　　dl : 두께([m])

$$\therefore \ dt = \frac{Q \cdot dl}{k \cdot A}$$

$$688 - T(저온) = \frac{3,000 \times 0.025}{0.2 \times 10}$$

$$688 - T(저온) = 37.5$$

$$T = 650.5[K] \Rightarrow 377.5[℃]$$

$$[K] = 273 + [℃],$$
$$[℃] = [K] - 273 = 650.5 - 273 = 377.5[℃]$$

33

송풍기의 전압이 10[kPa]이고 풍량이 3[m³/s]인 송풍기의 동력은 몇 [kW]인가?(단, 공기의 밀도는 1.2[m³/kg]이다)

① 30　　　　　　② 56
③ 294　　　　　④ 353

해설 송풍기의 동력

$$P[\text{kW}] = \frac{Q[\text{m}^3/\text{s}] \times Pr[\text{kg/m}^2]}{102 \times \eta} \times K$$

$\therefore \ P([\text{kW}])$

$$= \frac{3[\text{m}^3/\text{s}] \times \dfrac{10[\text{kPa}]}{101.325[\text{kPa}]} \times 10,332[\text{kg/m}^2]}{102 \times 1} \times 1$$

$$= 29.99[\text{kW}]$$

34

관 속의 부속품을 통한 유체 흐름에서 관의 등가길이(상당길이)를 표현하는 식은?(단, 부차 손실계수 K, 관 지름 d, 관마찰계수 f)

① Kfd　　　　　　② $\dfrac{fd}{K}$

③ $\dfrac{Kf}{d}$　　　　　　④ $\dfrac{Kd}{f}$

해설 등가길이

$$상당길이 \ Le = \frac{Kd}{f}$$

여기서, k : 부차적 손실계수
　　　　d : 관지름
　　　　f : 관마찰계수

35

어떤 펌프가 1,400[rpm]으로 회전 할 때 12.6[m]의 전양정을 갖는다고 한다. 이 펌프를 1,450[rpm]으로 회전할 경우 전양정은 약 몇 [m]인가?(단, 상사법칙을 만족한다고 한다)

① 10.6　　　　　　② 12.6
③ 13.5　　　　　　④ 14.8

해설 상사법칙

$$H_2 = H_1 \times \left(\frac{N_2}{N_1}\right)^2 = 12.6[\text{m}] \times \left(\frac{1,450}{1,400}\right)^2$$

$$= 13.516[\text{m}]$$

36

다음 중 압력차를 측정하는 데 사용되는 기구는?

① 로터미터
② U자관 액주계
③ 열전대
④ 위 어

해설 U자관 액주계 : 두 점 사이의 극히 작은 압력차를 측정하고자 할 때 사용하는 액주계

37

체적이 0.031[m³]인 액체에 61,000[kPa]의 압력을 가했을 때 체적이 0.025[m³]이 되었다. 이때 액체의 체적탄성계수는 약 얼마인가?

① 2.38×10^8[Pa]　　② 2.62×10^8[Pa]
③ 1.23×10^8[Pa]　　④ 3.15×10^8[Pa]

해설 체적탄성계수 $K = -\dfrac{\Delta P}{\Delta V/V}$

- ΔP : 압력변화$(61{,}000[\text{kPa}] = 61{,}000{,}000[\text{Pa}])$

- $\dfrac{\Delta V}{V} = \dfrac{0.025[\text{m}^3] - 0.031[\text{m}^3]}{0.031[\text{m}^3]} = -0.1935$

$\therefore K = -\dfrac{61{,}000{,}000[\text{Pa}]}{(-0.1935)} = 3.15 \times 10^8 [\text{Pa}]$

38

흐르는 유체에서 정상유동(Steady Flow)이란 어떤 것을 지정하는가?

① 임의의 점에서 유체속도가 시간에 따라 일정하게 변하는 흐름
② 임의의 점에서 유체속도가 시간에 따라 일정하게 변하지 않는 흐름
③ 임의의 시각에서 속도 내 모든 점의 속도벡터가 일정한 흐름
④ 임의의 시각에서 속도 내 각 점의 속도벡터가 서로 다른 흐름

해설 정상유동 : 유체가 임이의 한 점에서 압력, 밀도, 속도 등이 시간에 따라 일정하게 변하지 않는 흐름

39

지름이 10[mm]인 노즐에서 물이 방사하는 방사압(계기압력)이 392[kPa]라면 방수량은 약 몇 [m³/min]인가?

① 0.402　　　　　② 0.230
③ 0.132　　　　　④ 0.012

해설 방수량

$$Q = 0.6597 C D^2 \sqrt{10P}$$

여기서, Q : 방수량[L/min]
$\qquad\quad\; D$: 노즐내경[mm]
$\qquad\quad\; P$: 방수압력[MPa]

$\therefore Q = 0.6597 C D^2 \sqrt{10P}$
$\qquad = 0.6597 \times 10^2 \times \sqrt{10 \times 0.392}$
$\qquad = 130.61[\text{L/min}] = 0.131[\text{m}^3/\text{min}]$

40

옥내소화전설비의 배관 유속이 3[m/s]인 위치에 피토정압관을 설치하였을 때 정체압과 정압의 차를 수두로 나타내면 몇 [m]가 되겠는가?

① 0.46　　　　　② 4.6
③ 0.92　　　　　④ 9.2

해설 수 두

$$H = \frac{u^2}{2g} = \frac{(3[\text{m/s}])^2}{2 \times 9.8[\text{m/s}^2]} = 0.46[\text{m}]$$

제3과목　소방관계법규

41

화재예방, 소방시설의 설치·유지 및 안전관리에 관한 법령상 스프링클러설비를 설치하여야 하는 특정소방대상물의 기준으로 틀린 것은?(단, 위험물 저장 및 처리 시설 중 가스시설 또는 지하구는 제외한다)

① 물류터미널로서 바닥면적 합계가 5,000[m²] 이상인 경우에는 모든 층
② 숙박이 가능한 수련시설에 해당하는 용도로 사용되는 시설의 바닥면적의 합계가 600[m²] 이상인 것은 모든 층
③ 종교시설(주요구조부가 목재인 것은 제외)로서 수용인원이 100명이상인 것에 해당하는 경우에는 모든 층
④ 지하가(터널은 제외)로서 연면적 1,000[m²] 이상인 것

해설 스프링클러설비를 설치하여야 하는 특정소방대상물의 기준
- 창고시설(물류터미널은 제외)로서 바닥면적 합계가 5,000[m²] 이상인 경우에는 모든 층
- 숙박이 가능한 수련시설에 해당하는 용도로 사용되는 시설의 바닥면적의 합계가 600[m²] 이상인 경우에는 모든 층
- 종교시설(주요구조부가 목재인 것은 제외)로서 수용인원이 100명이상인 것에 해당하는 경우에는 모든 층
- 지하가(터널은 제외)로서 연면적 1,000[m²] 이상인 것

42

대통령령 또는 화재안전기준이 변경되어 그 기준이 강화되는 경우 특정소방대상물의 소방시설 중 대통령령으로 정하는 것으로 변경으로 강화된 기준을 적용하여야 하는 소방시설은?(단, 건축물의 신축·개축·재축·이전 및 대수선 중인 특정소방대상물을 포함한다)

① 비상경보설비
② 화재조기진압용 스프링클러설비
③ 옥내소화전설비
④ 제연설비

해설 강화된 기준으로 적용대상(소급적용대상)
* 다음 소방시설 중 대통령령으로 정하는 것
  – 소화기구
  – **비상경보설비**
  – 자동화재속보설비
  – 피난구조설비
* 지하구에 설치하여야 하는 소방시설(공동구, 전력 또는 통신사업용 지하구)
* 노유자(老幼者)시설, 의료시설에 설치하여야 하는 소방시설 중 대통령령으로 정하는 것
  – 노유자(老幼者)시설에 설치하는 간이스프링클러설비 및 자동화재탐지설비, 단독경보형감지기
  – 의료시설에 설치하는 스프링클러설비, 간이스프링클러설비, 자동화재탐지설비 및 자동화재속보설비

43

소방시설공사업법령상 완공검사를 위한 확인대상 특정소방대상물의 범위기준으로 틀린 것은?

① 운동시설
② 호스릴 이산화탄소 소화설비가 설치되는 것
③ 연면적 10,000[m²] 이상이거나 11층 이상인 특정소방대상물(아파트는 제외)
④ 가연성가스를 제조·저장 또는 취급하는 시설 중 지상에 노출된 가연성가스탱크의 저장용량 합계가 1,000[t] 이상인 시설

해설 완공검사를 위한 현장확인 대상 특정소방대상물의 범위
* 문화 및 집회시설, 종교시설, 판매시설, 노유자(老幼者)시설, 수련시설, **운동시설**, 숙박시설, 창고시설, 지하상가 및 다중이용업소

* 스프링클러설비등, **물분무 등 소화설비(호스릴방식은 제외)**가 설치되는 특정소방대상물
* 연면적 10,000[m²] 이상이거나 11층 이상인 특정소방대상물(아파트는 제외)
* 가연성가스를 제조·저장 또는 취급하는 시설 중 지상에 노출된 가연성가스탱크의 저장용량 합계가 1,000[t] 이상인 시설

44

소방기본법령상 특수가연물 중 품명과 지정수량의 연결이 틀린 것은?

① 사류 – 1,000[kg] 이상
② 볏짚류 – 3,000[kg] 이상
③ 석탄·목탄류 – 10,000[kg] 이상
④ 합성수지류 발포시킨 것 – 20[m³] 이상

해설 특수가연물의 품명별 수량 기준

품 명		수 량
면화류		200[kg] 이상
나무껍질 및 대팻밥		400[kg] 이상
넝마 및 종이부스러기		1,000[kg] 이상
사 류		1,000[kg] 이상
볏짚류		**1,000[kg] 이상**
가연성고체류		3,000[kg] 이상
석탄·목탄류		10,000[kg] 이상
가연성액체류		2[m³] 이상
목재가공품 및 나무부스러기		10[m³] 이상
합성수지류	발포시킨 것	20[m³] 이상
	그 밖의 것	3,000[kg] 이상

45

화재예방, 소방시설 설치·유지 및 안전관리에 관한 법령상 성능위주설계를 하여야 하는 특정소방대상물(신축하는 것만 해당)의 기준으로 옳은 것은?

① 건축물의 높이가 100[m] 이상인 아파트 등
② 연면적 100,000[m²] 이상인 특정소방대상물
③ 연면적 15,000[m²] 이상인 특정소방대상물로서 철도 및 도시철도 시설
④ 하나의 건축물에 영화상영관이 10개 이상인 특정소방대상물

해설 성능위주설계를 하여야 하는 특정소방대상물(신축하는 것만 해당)

- 연면적 20만[m^2] 이상인 특정소방대상물. 다만, 공동주택 중 주택으로 쓰이는 층수가 5층 이상인 주택(아파트 등)은 제외한다.
- 다음의 어느 하나에 해당하는 특정소방대상물. 다만, **아파트등은 제외**한다.
  - 건축물의 높이가 100[m] 이상인 특정소방대상물
  - 지하층을 포함한 층수가 30층 이상인 특정소방대상물
- 연면적 3만[m^2] 이상인 특정소방대상물로서 다음의 어느 하나에 해당하는 특정소방대상물
  - **철도 및 도시철도 시설**
  - 공항시설
- 하나의 건축물에 **영화상영관이 10개 이상**인 특정소방대상물

46

공동 소방안전관리자를 선임해야 하는 특정소방대상물이 아닌 것은?

① 판매시설 중 도매시장 및 소매시장
② 복합건축물로서 층수가 5층 이상인 것
③ 지하층을 제외한 층수가 7층 이상인 고층건축물
④ 복합건축물로서 연면적이 5,000[m^2] 이상인 것

해설 공동소방안전관리자를 선임해야 하는 특정소방대상물

- **고층 건축물**(지하층을 제외한 층수가 11층 이상인 건축물만 해당한다)
- 지하가(지하의 인공구조물 안에 설치된 상점 및 사무실, 그 밖에 이와 비슷한 시설이 연속하여 지하도에 접하여 설치된 것과 그 지하도를 합한 것을 말한다)
- 그 밖에 대통령령으로 정하는 특정소방대상물
  - 복합건축물로서 연면적이 5,000[m^2] 이상인 것 또는 층수가 5층 이상인 것
  - 판매시설 중 도매시장 및 소매시장
  - 특정소방대상물 중 소방본부장 또는 소방서장이 지정하는 것

47

소방시설업의 영업정지처분을 받고 그 영업 정지 기간에 영업을 한자에 대한 벌칙기준으로 옳은 것은?

① 1년 이하의 징역 또는 1,000만원 이하의 벌금
② 2년 이하의 징역 또는 1,200만원 이하의 벌금
③ 3년 이하의 징역 또는 1,500만원 이하의 벌금
④ 5년 이하의 징역 또는 3,000만원 이하의 벌금

해설 1년 이하의 징역 또는 1,000만원 이하의 벌금

- **영업정지처분을 받고 그 영업정지 기간에 영업을 한 자**
- 제11조나 제12조제1항을 위반하여 설계나 시공을 한 자
- 제16조제1항을 위반하여 감리를 하거나 거짓으로 감리한 자
- 공사감리자를 지정하지 아니한 자

48

특수가연물의 저장 및 취급기준 중 다음 (   ) 안에 알맞은 것은?(단, 석탄·목탄류는 제외한다)

> 살수설비를 설치하거나, 방사능력 범위에 해당 특수가연물이 포함되도록 대형수동식소화기를 설치하는 경우에는 쌓는 높이를 (㉠)[m] 이하, 쌓는 부분의 바닥면적을 (   )[m^2] 이하로 할 수 있다.

① ㉠ 15, ㉡ 200
② ㉠ 15, ㉡ 300
③ ㉠ 10, ㉡ 50
④ ㉠ 10, ㉡ 200

해설 특수가연물의 저장 및 취급의 기준

- 특수가연물을 저장 또는 취급하는 장소에는 품명·최대수량 및 화기취급의 금지표지를 설치할 것
- 다음 각 목의 기준에 따라 쌓아 저장할 것. 다만, 석탄·목탄류를 발전(發電)용으로 저장하는 경우에는 그러하지 아니하다.
  - 품명별로 구분하여 쌓을 것
  - 쌓는 높이는 10[m] 이하가 되도록 하고, 쌓는 부분의 바닥면적은 50[m^2](석탄·목탄류의 경우에는 200[m^2]) 이하가 되도록 할 것. 다만, **살수설비를 설치**하거나, 방사능력 범위에 해당 특수가연물이 포함되도록 **대형수동식소화기를 설치하는 경우**에

는 쌓는 높이를 15[m] 이하, 쌓는 부분의 바닥면적을 200[m²](석탄·목탄류의 경우에는 300[m²]) 이하로 할 수 있다.
- 쌓는 부분의 바닥면적 사이는 1[m] 이상이 되도록 할 것

49

화재예방, 소방시설 설치·유지 및 안전관리에 관한 법령상 소방안전관리자를 두어야 하는 1급 소방안전관리대상물의 기준으로 틀린 것은?

① 30층 이상(지하층은 제외한다)이거나 지상으로부터 높이가 120[m] 이상인 아파트
② 가연성 가스를 1,000[t] 이상 저장·취급하는 시설
③ 연면적 15,000[m²] 이상인 특정소방대상물(아파트는 제외)
④ 지하구

해설 **1급 소방안전관리대상물의 기준**
동·식물원, 철강 등 불연성 물품을 저장·취급하는 창고, 위험물 저장 및 처리 시설 중 위험물 제조소 등, 지하구를 제외하고 다음에 해당하는 것
- 30층 이상(지하층은 제외)이거나 지상으로부터 높이가 120[m] 이상인 아파트
- 연면적 15,000[m²] 이상인 특정소방대상물(아파트는 제외한다)
- 층수가 11층 이상인 특정소방대상물(아파트는 제외한다)
- 가연성 가스를 1,000[t] 이상 저장·취급하는 시설

> 지하구 : 2급 소방안전관리대상물

50

화재예방, 소방시설 설치·유지 및 안전관리에 관한 법령상 피난시설, 방화구획 또는 방화시설의 폐쇄·훼손·변경등의 행위를 한 자에 대한 과태료 부과기준으로 옳은 것은?

① 500만원 이하   ② 300만원 이하
③ 200만원 이하   ④ 100만원 이하

해설 **300만원 이하의 과태료**
- 화재안전기준을 위반하여 소방시설을 설치 또는 유지·관리한 자
- 피난시설, 방화구획 또는 방화시설의 폐쇄·훼손·변경 등의 행위를 한 자

51

특정소방대상물의 자동화재탐지설비 설치 면제기준 중 다음 (　　) 안에 알맞은 것은?(단, 자동화재탐지설비의 기능은 감지·수신·경보기능을 말한다)

> 자동화재탐지설비의 기능(감지·수신·경보기능을 말한다)과 성능을 가진 (　　) 또는 물분무 등 소화설비를 화재안전기준에 적합하게 설치한 경우에는 그 설비의 유효범위에서 설치가 면제된다.

① 비상경보설비   ② 연소방지설비
③ 연결살수설비   ④ 스프링클러설비

해설 **특정소방대상물의 소방시설 설치의 면제기준**

설치가 면제되는 소방시설	설치면제 기준
자동화재탐지설비	자동화재탐지설비의 기능(감지·수신·경보기능을 말한다)과 성능을 가진 스프링클러설비 또는 물분무 등 소화설비를 화재안전기준에 적합하게 설치한 경우에는 그 설비의 유효범위에서 설치가 면제된다.

52

제조소 또는 일반취급소에서 변경허가를 받아야 하는 경우가 아닌 것은?

① 배출설비를 신설하는 경우
② 불활성기체의 봉입장치를 신설하는 경우
③ 위험물의 펌프설비를 증설하는 경우
④ 위험물취급탱크의 탱크전용실을 증설하는 경우

해설 **제조소 또는 일반취급소의 변경허가를 받아야 하는 경우**
- 제조소 또는 일반취급소의 위치를 이전하는 경우
- 건축물의 벽·기둥·바닥·보 또는 지붕을 증설 또는 철거하는 경우
- 배출설비를 신설하는 경우

• 위험물취급탱크를 신설·교체·철거 또는 보수(탱크의 본체를 절개하는 경우에 한한다)하는 경우
• 위험물취급탱크의 노즐 또는 맨홀을 신설하는 경우(노즐 또는 맨홀의 직경이 250[mm]를 초과하는 경우에 한한다)
• 위험물취급탱크의 방유제의 높이 또는 방유제 내의 면적을 변경하는 경우
• **위험물취급탱크의 탱크전용실을 증설 또는 교체하는 경우**
• 300[m](지상에 설치하지 아니하는 배관의 경우에는 30[m])를 초과하는 위험물배관을 신설·교체·철거 또는 보수(배관을 절개하는 경우에 한한다)하는 경우
• **불활성기체의 봉입장치를 신설하는 경우**
• 방화상 유효한 담을 신설·철거 또는 이설하는 경우
• **위험물의 제조설비 또는 취급설비(펌프설비를 제외한다)를 증설하는 경우**
• 자동화재탐지설비를 신설 또는 철거하는 경우

53

위험물안전관리법령상 제조소의 사용전압이 35,000 [V]를 초과하는 특고압가공전선에 있어서 안전거리는 몇 [m] 이상을 두어야 하는가?(단, 제6류 위험물을 취급하는 제조소는 제외한다)

① 3   ② 5
③ 20   ④ 30

해설 제조소 등의 안전거리

건축물	안전거리
사용전압 7,000[V] 초과 35,000[V] 이하의 특고압 가공전선	3[m] 이상
사용전압 35,000[V] 초과의 특고압 가공전선	5[m] 이상
주거용으로 사용되는 것(제조소가 설치된 부지 내에 있는 것을 제외)	10[m] 이상
고압가스, 액화석유가스, 도시가스를 저장 또는 취급하는 시설	20[m] 이상
학교, 병원급의료기관, 공연장·영화상영관 그 밖에 유사시설로서 수용인원 300명 이상 수용, 복지시설(아동복지시설, 노인복지시설, 장애인복지시설, 한부모가족복지시설), 어린이집, 성매매피해자를 위한 지원시설, 정신보건시설, 가정폭력피해자보호시설 및 그 밖에 유사한시설로서 수용인원 2명인이상 수용	30[m] 이상
유형문화재, 지정문화재	50[m] 이상

54

소방본부장 또는 소방서장은 건축허가 등의 동의요구 서류를 접수한 날부터 며칠 이내에 건축허가등의 동의여부를 회신하여야 하는가?(단, 허가를 신청한 건축물은 특급 소방안전관리대상물이다)

① 5일   ② 7일
③ 10일   ④ 30일

해설 건축허가등의 동의여부를 회신기간
• 특급 소방안전관리대상물 : 10일 이내
• 특급외의 소방안전관리대상물 : 5일 이내

55

위험물안전관리법령상 정기점검의 대상인 제조소 등의 기준으로 틀린 것은?

① 이송취급소
② 위험물을 취급하는 탱크로서 지하에 매설된 탱크가 있는 일반취급소
③ 지정수량의 100배 이상의 위험물을 저장하는 옥외저장소
④ 지정수량의 150배 이상의 위험물을 저장하는 옥외탱크저장소

해설 정기점검 대상 : 지정수량의 200배 이상의 위험물을 저장하는 옥외탱크저장소

56

기상법에 따른 이상기상의 예보 또는 특보가 있을 때 화재에 관한 경보를 발령하고 그에 따른 조치를 할 수 있는 자는?

① 소방청장   ② 행정안전부장관
③ 소방본부장   ④ 시·도지사

해설 소방본부장이나 소방서장은 이상기상(異常氣象)의 예보 또는 특보가 있을 때에는 화재에 관한 경보를 발령하고 그에 따른 조치를 할 수 있다.

57

소방기본법령상 시·도지사가 이웃하는 다른 시·도지사와 소방업무에 관하여 상호응원 협정을 체결하고자 하는 때에는 포함되어야 할 사항이 아닌 것은?

① 소방신호방법의 통일
② 화재조사활동에 관한 사항
③ 응원출동대상지역 및 규모
④ 출동대원의 수당·식사 및 피복의 수선의 소요경비의 부담에 관한 사항

해설 상호응원 협정을 체결 시 포함사항
• 다음의 소방활동에 관한 사항
　– 화재의 경계·진압활동
　– 구조·구급업무의 지원
　– 화재조사활동
• 응원출동대상지역 및 규모
• 다음의 소요경비의 부담에 관한 사항
　– 출동대원의 수당·식사 및 피복의 수선
　– 소방장비 및 기구의 정비와 연료의 보급
　– 그 밖의 경비
• 응원출동의 요청방법
• 응원출동훈련 및 평가

58

소방활동 종사명령으로 소방활동에 종사한 사람이 그로 인하여 사망하거나 부상을 입은 경우 보상하여야 하는 자는?

① 국무총리
② 행정안전부장관
③ 시·도지사
④ 소방본부장

해설 소방활동에 종사한 사람이 사망 또는 부상 시 피해 보상자
: 시·도지사

59

위험물안전관리법령상 제조소 또는 일반취급소에서 취급하는 제4류 위험물의 최대수량의 합이 지정수량의 48만배 이상인 사업소의 자체소방대에 두는 화학소방자동차 및 인원기준으로 다음 (　) 안에 알맞은 것은?

화학소방자동차	자체 소방대원의 수
(㉠) 대	(㉡) 인

① ㉠ 1대, ㉡ 5인　② ㉠ 2대, ㉡ 10인
③ ㉠ 3대, ㉡ 15인　④ ㉠ 4대, ㉡ 20인

해설 자체소방대에 두는 화학소방자동차 및 인원

사업소의 구분	화학소방자동차	자체소방대원의 수
1. 제조소 또는 일반취급소에서 취급하는 제4류 위험물의 최대수량의 합이 지정수량의 3,000배 이상 12만배 미만인 사업소	1대	5명
2. 제조소 또는 일반취급소에서 취급하는 제4류 위험물의 최대수량의 합이 지정수량의 12만배 이상 24만배 미만인 사업소	2대	10명
3. 제조소 또는 일반취급소에서 취급하는 제4류 위험물의 최대수량의 합이 지정수량의 24만배 이상 48만배 미만인 사업소	3대	15명
4. 제조소 또는 일반취급소에서 취급하는 제4류 위험물의 최대수량의 합이 지정수량의 48만배 이상인 사업소	4대	20명
5. 옥외탱크저장소에 저장하는 제4류 위험물의 최대수량이 지정수량의 50만배 이상인 사업소 (2022. 1. 1. 시행)	2대	10명

60

화재예방, 소방시설 설치·유지 및 안전관리에 관한 법령상 분말형태의 소화약제를 사용하는 소화기의 내용연수로 옳은 것은?

① 10년　　② 7년
③ 3년　　④ 5년

해설 소화기의 내용연수 : 10년

61

물분무 등 소화설비 중 이산화탄소소화설비를 설치하여야 하는 특정소방대상물에 설치하여야 할 인명구조기구의 종류로 옳은 것은?

① 방열복
② 방화복
③ 인공소생기
④ 공기호흡기

해설 **인명구조기구** : 방열복, 방화복(안전헬멧, 보호장갑, 안전화 포함), 인공소생기
　　※ CO_2소화설비 설치 : 공기호흡기 비치

62

옥내소화전설비의 설치기준 중 틀린 것은?

① 성능시험배관은 펌프의 토출측에 설치된 개폐밸브 이후에서 분기하여 설치하고, 유량측정장치를 기준으로 전단 직관부에 개폐밸브를 후단 직관부에는 유량조절밸브를 설치하여야 한다.
② 가압송수장치의 체절운전 시 수온의 상승을 방지하기 위하여 체크밸브와 펌프사이에서 분기한 구경 20[mm] 이상의 배관에 체절압력 미만에서 개방되는 릴리프밸브를 설치하여야 한다.
③ 펌프의 성능은 체절운전 시 정격토출압력의 140[%]를 초과하지 아니하고, 정격토출량의 150[%]로 운전 시 정격토출압력의 65[%] 이상이 되어야 한다.
④ 연결송수관설비의 배관과 겸용할 경우의 주배관은 구경 100[mm] 이상, 방수구로 연결되는 배관의 구경은 65[mm] 이상의 것으로 하여야 한다.

해설 성능시험배관은 펌프의 토출측에 설치된 **개폐밸브 이전에서 분기하여 설치**하고, 유량측정장치를 기준으로 전단 직관부에 개폐밸브를 후단 직관부에는 유량조절밸브를 설치하여야 한다.

63

고발포용 고정포방출구의 팽창비율로 옳은 것은?

① 팽창비 10 이상 20 미만
② 팽창비 20 이상 50 미만
③ 팽창비 50 이상 100 미만
④ 팽창비 80 이상 1,000 미만

해설 **팽창비율**

구 분	팽창비
저발포용	20배 이하
고발포용	80배 이상 1,000배 미만

64

연결송수관설비의 송수구 설치기준 중 건식의 경우 송수구 부근 자동배수밸브 및 체크밸브의 설치순서로 옳은 것은?

① 송수구 → 체크밸브 → 자동배수밸브 → 체크밸브
② 송수구 → 체크밸브 → 자동배수밸브 → 개폐밸브
③ 송수구 → 자동배수밸브 → 체크밸브 → 개폐밸브
④ 송수구 → 자동배수밸브 → 체크밸브 → 자동배수밸브

해설 **연결송수관설비의 송수구 설치기준**
　• 습식 : 송수구 → 자동배수밸브 → 체크밸브
　• 건식 : 송수구 → 자동배수밸브 → 체크밸브 → 자동배수밸브

65

미분무소화설비의 수원의 설치기준 중 다음 (　) 안에 알맞은 내용으로 옳은 것은?

> 사용되는 필터 또는 스트레이너의 메시는 헤드 오리피스 지름의 (　)[%] 이하가 되어야 한다.

① 40 　　　　　　② 65
③ 80 　　　　　　④ 90

해설 미분무소화설비의 수원에 사용되는 필터 또는 스트레이너의 메시는 **헤드 오리피스 지름의 80[%] 이하**가 되어야 한다.

66

소화수조의 설치기준 중 다음 (   ) 안에 알맞은 것은?

> 소화용수설비를 설치하여야 할 특정소방대상물에 있어서 유수의 양이 (   )[m³/min] 이상인 유수를 사용할 수 있는 경우에는 소화수조를 설치하지 아니할 수 있다.

① 0.8   ② 1.3
③ 1.6   ④ 2.6

해설 소화용수설비를 설치하여야 할 특정소방대상물에 있어서 유수의 양이 0.8[m³/min] 이상인 유수를 사용할 수 있는 경우에는 소화수조를 설치하지 아니할 수 있다.

67

대형소화기의 종별 소화약제의 최소 충전용량으로 옳은 것은?

① 기계포 : 15[L]   ② 분말 : 20[kg]
③ CO₂ : 40[kg]   ④ 강화액 : 50[L]

해설 대형소화기의 분류
능력단위가 A급 화재는 10단위 이상, B급 화재는 20단위 이상인 것으로서 소화약제 충전량은 표에 기재한 이상인 소화기

종 별	소화약제의 충전량
포	20[L]
강화액	60[L]
물	80[L]
분 말	20[kg]
할 론	30[kg]
이산화탄소(CO_2)	50[kg]

68

호스릴 할론소화설비의 분사헤드의 설치기준 중 방호대상물의 각 부분으로부터 하나의 호스접결구까지의 수평거리가 몇 [m] 이하가 되도록 설치하여야 하는가?

① 10   ② 15
③ 20   ④ 25

해설 호스릴 할론소화설비의 설치기준
• 방호대상물의 각 부분으로부터 하나의 호스접결구까지의 **수평거리가 20[m] 이하**가 되도록 할 것
• 소화약제의 저장용기의 개방밸브는 호스릴의 설치장소에서 수동으로 개폐할 수 있는 것으로 할 것
• 소화약제의 저장용기는 호스릴을 설치하는 장소마다 설치할 것
• 노즐은 20℃에서 하나의 노즐마다 1분당 다음 표에 따른 소화약제를 방사할 수 있는 것으로 할 것

소화약제의 종별	1분당 방사하는 소화약제의 양
할론 2402	45[kg]
할론 1211	40[kg]
할론 1301	35[kg]

• 소화약제 저장용기의 가까운 곳의 보기 쉬운 곳에 적색의 표시등을 설치하고, 호스릴 할론소화설비가 있다는 뜻을 표시한 표지를 할 것

69

연소방지설비의 방수헤드의 설치기준으로 틀린 것은?

① 방수헤드 간의 수평거리는 연소방지설비 전용헤드의 경우에는 2[m] 이하로 할 것
② 방수헤드 간의 수평거리는 스프링클러헤드의 경우에는 1.5[m] 이하로 할 것
③ 살수구역은 환기구 등을 기준으로 지하구의 길이방향으로 350[m] 이내마다 1개 이상 설치하되, 하나의 살수구역의 길이는 3[m] 이상으로 할 것
④ 천장 또는 반자의 실내에 면하는 부분에 설치할 것

해설 연소방지설비의 방수헤드의 설치기준
• 천장 또는 벽면에 **설치**할 것
• 방수헤드간의 수평거리는 연소방지설비 전용헤드의 경우에는 2[m] 이하, 스프링클러헤드의 경우에는 1.5[m] 이하로 할 것
• 살수구역은 환기구 등을 기준으로 지하구의 길이방향으로 350[m] 이내마다 1개 이상 설치하되, 하나의 살수구역의 길이는 3[m] 이상으로 할 것

70

스프링클러설비의 헤드의 설치기준 중 틀린 것은?

① 살수가 방해되지 아니하도록 스프링클러헤드 로부터 반경 60[cm] 이상의 공간을 보유할 것

② 스프링클러헤드와 그 부착면과의 거리는 30[cm] 이하로 할 것

③ 측벽형 스프링클러헤드를 설치하는 경우 긴 변의 한쪽 벽에 일렬로 설치하고 4.5[m] 이내마다 설치할 것

④ 상부에 설치된 헤드의 방출수에 따라 감열부에 영향을 받을 우려가 있는 헤드에는 방출수를 차단할 수 있는 유효한 차폐판을 설치할 것

해설 헤드의 설치기준

• 살수가 방해되지 아니하도록 스프링클러헤드로부터 반경 60[cm] 이상의 공간을 보유할 것. 다만, 벽과 스프링클러헤드간의 공간은 10[cm] 이상으로 한다.

• 스프링클러헤드와 그 부착면(상향식헤드의 경우에는 그 헤드의 직상부의 천장·반자 또는 이와 비슷한 것을 말한다. 이하 같다)과의 거리는 30[cm] 이하로 할 것

• 연소할 우려가 있는 개구부에는 그 상하좌우에 2.5[m] 간격으로(개구부의 폭이 2.5[m] 이하인 경우에는 그 중앙에) 스프링클러헤드를 설치하되, 스프링클러헤드와 개구부의 내측 면으로부터 직선거리는 15[cm] 이하가 되도록 할 것. 이 경우 사람이 상시 출입하는 개구부로서 통행에 지장이 있는 때에는 개구부의 상부 또는 측면(개구부의 폭이 9[m] 이하인 경우에 한한다)에 설치하되, 헤드 상호 간의 간격은 1.2[m] 이하로 설치하여야 한다.

• 습식스프링클러설비 및 부압식스프링클러설비 외의 설비에는 상향식스프링클러헤드를 설치할 것. 다만, 다음의 어느 하나에 해당하는 경우에는 그러하지 아니하다.

  – 드라이펜던트스프링클러헤드를 사용하는 경우

  – 스프링클러헤드의 설치장소가 동파의 우려가 없는 곳인 경우

  – 개방형스프링클러헤드를 사용하는 경우

• **측벽형스프링클러헤드**를 설치하는 경우 긴 변의 한쪽 벽에 일렬로 설치(폭이 4.5[m] 이상 9[m] 이하인 실에 있어서는 긴변의 양쪽에 각각 일렬로 설치하되 마주보는 스프링클러헤드가 나란히꼴이 되도록 설치)하고 **3.6[m] 이내마다 설치**할 것

• 상부에 설치된 헤드의 방출수에 따라 감열부에 영향을 받을 우려가 있는 헤드에는 방출수를 차단할 수 있는 유효한 차폐판을 설치할 것

71

가연성 가스의 저장·취급시설에 설치하는 연결살수설비의 헤드의 설치기준 중 다음 (   ) 안에 알맞는 것은?(단, 지하에 설치된 가연성가스의 저장·취급시설로서 지상에 노출된 부분이 없는 경우는 제외한다)

> 가스저장탱크·가스홀더 및 가스발생기의 주위에 설치하되, 헤드상호 간의 거리는 (   )[m] 이하로 할 것

① 2.1

② 2.3

③ 3.0

④ 3.7

해설 가연성 가스의 저장·취급시설에 설치하는 연결살수설비의 헤드의 설치기준

• 연결살수설비 전용의 개방형헤드를 설치할 것

• 가스저장탱크·가스홀더 및 가스발생기의 주위에 설치하되, **헤드상호 간의 거리는 3.7[m] 이하**로 할 것

• 헤드의 살수범위는 가스저장탱크·가스홀더 및 가스발생기의 몸체의 중간 윗부분의 모든 부분이 포함되도록 하여야 하고 살수된 물이 흘러내리면서 살수범위에 포함되지 아니한 부분에도 모두 적셔질 수 있도록 할 것

72

특정소방대상물에 따라 적응하는 포소화설비 기준 중 특수가연물을 저장·취급하는 공장 또는 창고에 적응하는 포소화설비의 종류가 아닌 것은?

① 포워터 스프링클러설비

② 고정포방출설비

③ 호스릴포소화설비

④ 압축공기포소화설비

해설 적응하는 포소화설비의 종류

소방대상물	적응 포소화설비
특수가연물을 저장·취급하는 공장 또는 창고	포워터 스프링클러설비, 포헤드설비, 고정포방출설비, 압축공기포소화설비
차고·주차장	호스릴포소화설비, 포소화전설비 포워터 스프링클러설비, 포헤드설비, 고정포방출설비, 압축공기포소화설비

소방대상물	적응 포소화설비
항공기 격납고	포워터 스프링클러설비, 포헤드설비, 고정포방출설비, 압축공기포소화설비
발전기실, 엔진펌프실, 변압기, 전기케이블실, 유압설비	바닥면적의 합계가 300[m²] 미만의 장소에는 고정식 압축공기포소화설비를 설치할 수 있다.

73

표준형 스프링클러헤드의 감도 특성에 의한 분류 중 조기반응(Fast Response)에 따른 스프링클러헤드의 반응시간지수(RTI)기준으로 옳은 것은?

① 50[m·s]$^{1/2}$ 이하 ② 80[m·s]$^{1/2}$ 이하
③ 150[m·s]$^{1/2}$ 이하 ④ 350[m·s]$^{1/2}$ 이하

해설 반응시간지수(RTI) 값
- 조기반응(Fast Response) : 50 이하
- 특수반응(Special Response) : 50 초과 80 이하
- 표준반응(Standard Response) : 80 초과 350 이하

74

이산화탄소소화설비 가스압력식 기동장치의 기준 중 틀린 것은?

① 기동용가스용기 및 해당 용기에 사용하는 밸브는 25[MPa] 이상의 압력에 견딜 수 있는 것으로 할 것
② 기동용가스용기에는 내압시험압력의 0.64배부터 내압시험압력 이하에서 작동하는 안전장치를 설치할 것
③ 기동용가스용기의 용적은 5[L] 이상으로 하고, 해당 용기에 저장하는 질소 등의 비활성기체는 6.0 [MPa] 이상(21[℃] 기준)의 압력으로 충전 할 것
④ 기동용가스용기에는 충전여부를 확인할 수 있는 압력게이지를 설치할 것

해설 가스압력식 기동장치(자동식 기동장치)의 설치기준
- 기동용가스용기 및 해당 용기에 사용하는 밸브는 25[MPa] 이상의 압력에 견딜 수 있는 것으로 할 것
- 기동용가스용기에는 **내압시험압력의 0.8배부터 내압시험압력 이하**에서 작동하는 **안전장치**를 설치할 것

- 기동용가스용기의 용적은 5[L] 이상으로 하고, 해당 용기에 저장하는 질소 등의 비활성기체는 6.0 [MPa] 이상(21[℃] 기준)의 압력으로 충전할 것
- 기동용가스용기에는 충전여부를 확인할 수 있는 압력게이지를 설치할 것

75

이산화탄소 또는 할론을 방사하는 소화기구(자동확산소화기를 제외)의 설치기준 중 다음 (   ) 안에 알맞은 것은?(단, 배기를 위한 유효한 개구부가 있는 장소인 경우는 제외한다)

> 이산화탄소 또는 할론을 방사하는 소화기구(자동확산소화기를 제외한다)는 지하층이나 무창층 또는 밀폐된 거실로서 그 바닥면적이 (   ) [m²] 미만의 장소에는 설치할 수 없다.

① 15 ② 20
③ 30 ④ 40

해설 이산화탄소 또는 할론을 방사하는 소화기구(자동확산소화기를 제외한다)는 지하층이나 무창층 또는 밀폐된 거실로서 그 바닥면적이 20[m²] 미만의 장소에는 설치할 수 없다. 다만, 배기를 위한 유효한 개구부가 있는 장소인 경우에는 그러하지 아니하다.

76

호스릴 분말소화설비 노즐이 하나의 노즐마다 1분당 방사하는 소화약제의 양 기준으로 옳은 것은?

① 제1종 분말 – 45[kg]
② 제2종 분말 – 30[kg]
③ 제3종 분말 – 30[kg]
④ 제4종 분말 – 20[kg]

해설 호스릴 분말소화설비 하나의 노즐당 분당 방사량

소화약제의 종별	소화약제의 양
제1종 분말	45[kg]
제2종 분말 또는 제3종 분말	27[kg]
제4종 분말	18[kg]

77

전역방출방식의 분말소화설비를 설치한 특정소방대상물 또는 그 부분의 자동폐쇄장치 설치기준 중 다음 ( ) 안에 알맞은 것은?

> 개구부가 있거나 천장으로부터 1[m] 이상의 아랫부분 또는 바닥으로부터 해당층의 높이의 ( ) 이내의 부분에 통기구가 있어 분말의 유출에 따라 소화효과를 감소시킬 우려가 있는 것은 분말이 방사되기 전에 해당 개구부 및 통기구를 폐쇄할 수 있도록 할 것

① $\frac{1}{5}$ ② $\frac{1}{2}$

③ $\frac{2}{3}$ ④ $\frac{3}{4}$

해설 분말소화설비의 자동폐쇄장치 설치기준
- 환기장치를 설치한 것은 분말이 방사되기 전에 해당 환기장치가 정지할 수 있도록 할 것
- 개구부가 있거나 천장으로부터 1[m] 이상의 아랫부분 또는 바닥으로부터 **해당 층의 높이의 2/3 이내의** 부분에 통기구가 있어 분말의 유출에 따라 소화효과를 감소시킬 우려가 있는 것은 분말이 방사되기 전에 해당 개구부 및 통기구를 폐쇄할 수 있도록 할 것
- 자동폐쇄장치는 방호구역 또는 방호대상물이 있는 구획의 밖에서 복구할 수 있는 구조로 하고, 그 위치를 표시하는 표지를 할 것

78

물분무소화설비 송수구의 설치기준 중 다음 ( ) 안에 알맞은 것은?

> 송수구는 화재층으로부터 지면으로 떨어지는 유리창 등이 송수 및 그 밖의 소화작업에 지장을 주지 아니하는 장소에 설치할 것. 이 경우 가연성가스의 저장·취급시설에 설치하는 송수구는 그 방호대상물로부터 (㉠)[m] 이상의 거리를 두거나 방호대상물에 면하는 부분이 높이 (㉡)[m] 이상 폭 (㉢)[m] 이상의 철근콘크리트 벽으로 가려진 장소에 설치하여야 한다.

① ㉠ 20, ㉡ 1.0, ㉢ 1.5
② ㉠ 20, ㉡ 1.5, ㉢ 2.5

③ ㉠ 40, ㉡ 1.0, ㉢ 1.5
④ ㉠ 40, ㉡ 1.5, ㉢ 2.5

해설 물분무소화설비 송수구의 설치기준
- 송수구는 화재층으로부터 지면으로 떨어지는 유리창 등이 송수 및 그 밖의 소화작업에 지장을 주지 아니하는 장소에 설치할 것. 이 경우 가연성가스의 저장·취급시설에 설치하는 송수구는 그 방호대상물로부터 **20[m] 이상**의 거리를 두거나 방호대상물에 면하는 부분이 **높이 1.5[m] 이상 폭 2.5[m] 이상**의 철근콘크리트 벽으로 가려진 장소에 설치하여야 한다.
- 송수구로부터 물분무소화설비의 주배관에 이르는 연결배관에 개폐밸브를 설치한 때에는 그 개폐상태를 쉽게 확인 및 조작할 수 있는 옥외 또는 기계실 등의 장소에 설치할 것
- 구경 65[mm]의 쌍구형으로 할 것
- 송수구에는 그 가까운 곳의 보기 쉬운 곳에 송수압력범위를 표시한 표지를 할 것
- 송수구는 하나의 층의 바닥면적이 3,000[m²]를 넘을 때마다 1개(5개를 넘을 경우에는 5개로 한다) 이상을 설치할 것
- 지면으로부터 높이가 0.5[m] 이상 1[m] 이하의 위치에 설치할 것
- 송수구의 가까운 부분에 자동배수밸브(또는 직경 5[mm]의 배수공) 및 체크밸브를 설치할 것. 이 경우 자동배수밸브는 배관안의 물이 잘 빠질 수 있는 위치에 설치하되, 배수로 인하여 다른 물건 또는 장소에 피해를 주지 아니하여야 한다.
- 송수구에는 이물질을 막기 위한 마개를 씌울 것

79

피난사다리의 중량 기준 중 다음 ( ) 안에 알맞은 것은?

> 올림식사다리인 경우 (㉠)[kg] 이하, 내림식사다리의 경우 (㉡)[kg] 이하 이어야 한다.

① ㉠ 25, ㉡ 30   ② ㉠ 30, ㉡ 25
③ ㉠ 20, ㉡ 35   ④ ㉠ 35, ㉡ 20

해설 피난사다리의 중량 기준
- 올림식사다리 : 35[kg] 이하
- 내림식사다리 : 20[kg] 이하

80

화재조기진압용 스프링클러설비를 설치할 장소의 구조 기준 중 틀린 것은?

① 천장의 기울기가 $\frac{168}{1,000}$ 을 초과하지 않아야 하고, 이를 초과하는 경우에는 반자를 지면과 수평으로 설치할 것

② 천장은 평평하여야 하며 철재나 목재트러스 구조인 경우, 철재나 목재의 돌출부분이 102[mm]를 초과하지 아니할 것

③ 보로 사용되는 목재·콘크리트 및 철재 사이의 간격이 0.9[m] 이상 2.3[m] 이하일 것. 다만, 보의 간격이 2.3[m] 이상인 경우에는 화재조기진압용 스프링클러헤드의 동작을 원활히 하기 위하여 보로 구획된 부분의 천장 및 반자의 넓이가 28[m²]를 초과하지 아니할 것

④ 해당 층의 높이가 10[m] 이하일 것. 다만, 2층 이상일 경우에는 해당 층의 바닥을 내화구조로 하고 다른 부분과 방화구획 할 것

해설 화재조기진압용 스프링클러설비를 설치할 장소의 구조
- **해당 층의 높이가 13.7[m] 이하**일 것. 다만, 2층 이상일 경우에는 해당층의 바닥을 내화구조로 하고 다른 부분과 방화구획 할 것
- 천장의 기울기가 1,000분의 168을 초과하지 않아야 하고, 이를 초과하는 경우에는 반자를 지면과 수평으로 설치할 것
- 천장은 평평하여야 하며 철재나 목재트러스 구조인 경우, 철재나 목재의 돌출부분이 102[mm]를 초과하지 아니할 것
- 보로 사용되는 목재·콘크리트 및 철재 사이의 간격이 0.9[m] 이상 2.3[m] 이하일 것. 다만, 보의 간격이 2.3[m] 이상인 경우에는 화재조기진압용 스프링클러헤드의 동작을 원활히 하기 위하여 보로 구획된 부분의 천장 및 반자의 넓이가 28[m²]를 초과하지 아니할 것
- 창고 내의 선반의 형태는 하부로 물이 침투되는 구조로 할 것

제 **2** 회 2018년 4월 28일 시행

제 **1** 과목 | 소방원론

01

자연발화에 대한 설명으로 틀린 것은?

① 외부로부터 열의 공급을 받지 않고 온도가 상승하는 현상이다.
② 물질의 온도가 발화점 이상이면 자연발화한다.
③ 다공질이고 열전도가 작은 물질일수록 자연발화가 일어나기 어렵다.
④ 건성유가 묻어있는 기름걸레가 적층되어 있으면 자연발화가 일어나기 쉽다.

해설 열전도율이 적으면 열이 한곳에 모이므로 자연발화가 일어나기 쉽다.

02

분해폭발을 일으키지 않는 물질은?

① 아세틸렌 　　　② 프로판
③ 산화질소 　　　④ 산화에틸렌

해설 **분해폭발** : 아세틸렌, 산화에틸렌, 하이드라진, 다이아조화합물, 산화질소와 같이 분해하면서 폭발하는 현상

03

B급 화재에 해당하지 않는 것은?

① 목 탄 　　　② 등 유
③ 아세톤 　　　④ 이황화탄소

해설 **B급(유류) 화재** : 제4류 위험물의 화재(등유, 아세톤, 이황화탄소)

> 목탄, 코크스, 숯, 금속분 : 표면연소

04

오존파괴지수(ODP)가 가장 큰 것은?

① Halon 104 　　　② CFC 11
③ Halon 1301 　　　④ CFC 113

해설 Halon 1301은 오존층파괴지수(ODP)가 13.1로 가장 크다.

05

공기 1[kg] 중에는 산소가 약 몇 [mol]이 들어 있는가? (단, 산소, 질소 1[mol]의 분자량은 각각 32[g], 28[g]이고, 공기 중 산소의 농도는 23[wt%]이다)

① 5.65 　　　② 6.53
③ 7.19 　　　④ 7.91

해설 산소의 몰수 = $(1,000[g] \times 0.23) \div 32 = 7.19[mol]$

06

물이 소화약제로서 널리 사용되고 있는 이유에 대한 설명으로 틀린 것은?

① 다른 약제에 비해 쉽게 구할 수 있다.
② 비열이 크다.
③ 증발잠열이 크다.
④ 점도가 크다.

해설 **물을 소화약제로 사용하는 이유**
• 다른 약제에 비해 쉽게 구할 수 있다.
• 가격이 저렴하다.
• 비열이 크다.
• 증발잠열이 크다.

07

포 소화약제에 대한 설명으로 옳은 것은?

① 수성막포는 단백포 소화약제보다 유출유 화재에 소화성능이 떨어진다.
② 수용성 유류화재에는 알코올형포 소화약제가 적합하다.
③ 알코올형포 소화약제의 주성분은 제2철염이다.
④ 불화단백포는 단백포에 비하여 유동성이 떨어진다.

해설 알코올포 소화약제는 수용성 액체(알코올, 아세톤, 피리딘, 글리세린 등)

08

화학적 점화원의 종류가 아닌 것은?

① 연소열   ② 중합열
③ 분해열   ④ 아크열

해설 열에너지원의 분류
• 화학적 에너지 : 연소열, 분해열, 중합열, 용해열, 자연발열
• 기계적 에너지 : 마찰열, 마찰스파크, 압축열
• **전기적 에너지** : 저항가열, 유도가열, 유전가열, **아크가열**, 정전기가열, 낙뢰에 의한 발열

09

가연물의 종류에 따른 화재의 분류로 틀린 것은?

① 일반화재 : A급
② 유류화재 : B급
③ 전기화재 : C급
④ 주방화재 : D급

해설 화재의 종류

급 수 구 분	A급	B급	C급	D급	K급
화재의 종류	일반 화재	유류 화재	전기 화재	금속 화재	주방 화재
표시색	백 색	황 색	청 색	무 색	–

10

방폭구조 중 전기불꽃이 발생하는 부분을 기름 속에 잠기게 함으로써 기름면 위 또는 용기 외부에 존재하는 가연성 증기에 착화할 우려가 없도록 한 구조는?

① 내압 방폭구조
② 안전증 방폭구조
③ 유입 방폭구조
④ 본질안전 방폭구조

해설 **유입 방폭구조** : 전기불꽃이 발생하는 부분을 기름 속에 잠기게 함으로써 기름면 위 또는 용기 외부에 존재하는 가연성 증기에 착화할 우려가 없도록 한 구조

11

물의 증발잠열은 약 몇 [kcal/kg]인가?

① 439   ② 539
③ 639   ④ 739

해설 **물의 증발잠열** : 539[kcal/kg](539[cal/g])

12

할론 소화약제가 아닌 것은?

① CF_3Br ② $C_2F_4Br_2$
③ CF_2ClBr ④ $KHCO_3$

해설

종 류	CF_3Br	$C_2F_4Br_2$	CF_2ClBr	$KHCO_3$
약제명	Halon 1301	Halon 2402	Halon 1211	중탄산칼륨 (분말소화약제)

13

정전기 발생 방지대책 중 틀린 것은?

① 상대습도를 높인다.
② 공기를 이온화시킨다.
③ 접지시설을 한다.
④ 가능한 한 부도체를 사용한다.

안심Touch

해설 **정전기 방지대책**
• 접지를 한다.
• 상대습도를 70[%] 이상으로 한다.
• 공기를 이온화시킨다.

14

안전을 위해서 물속에 저장하는 물질은?

① 나트륨   ② 칼 륨
③ 이황화탄소   ④ 과산화나트륨

해설 **저장방법**
• 황린, 이황화탄소 : 물속에 저장
• **칼륨**, 나트륨 : **등유(석유)**, 경유, 유동파라핀 속에 저장
• 나이트로셀룰로스 : 물 또는 알코올에 습면시켜 저장
• 과산화나트륨 : 서늘하고 건조한 장소에 저장

15

일산화탄소에 관한 설명으로 틀린 것은?

① 일산화탄소의 증기비중은 약 0.97로 공기보다 약간 가볍다.
② 인체의 혈액 속에서 헤모글로빈(Hb)과 산소의 결합을 방해한다.
③ 질식작용은 없다.
④ 불완전연소 시 주로 발생한다.

해설 일산화탄소(CO)는 질식작용의 우려가 있다.

16

기름의 표면에 거품과 얇은 막을 형성하여 유류화재 진압에 뛰어난 소화효과를 갖는 포소화약제는?

① 수성막포   ② 합성계면활성제포
③ 단백포   ④ 알코올형포

해설 **수성막포** : 기름의 표면에 거품과 얇은 막을 형성하여 유류화재 진압에 뛰어난 소화효과를 갖는 포소화약제

17

실내 화재 발생 시 순간적으로 실 전체로 화염이 확산되면서 온도가 급격히 상승하는 현상은?

① 제트 파이어(Jet fire)
② 파이어 볼(Fire ball)
③ 플래시 오버(Flash over)
④ 리프트(Lift)

해설 **플래시 오버(flash over)** : 실내 화재 발생 시 순간적으로 실 전체로 화염이 확산되면서 온도가 급격히 상승하는 현상

18

소화약제로서의 물의 단점을 개선하기 위하여 사용하는 첨가제가 아닌 것은?

① 부동액   ② 침투제
③ 증점제   ④ 방식제

해설 **물의 소화성능을 향상시키기 위해 첨가하는 첨가제** : 침투제, 증점제, 유화제, 부동액
• 침투제 : 물의 표면장력을 감소시켜서 침투성을 증가시키는 Wetting Agent
• 증점제 : 물의 점도를 증가시키는 Viscosity Agent로서 Sodium Carboxy Methyl Cellulose가 있다.
• 유화제 : 기름의 표면에 유화(에멀션)효과를 위한 첨가제(분무주수)

19

칼륨이 물과 반응하면 위험한 이유는?

① 수소가 발생하기 때문에
② 산소가 발생하기 때문에
③ 이산화탄소가 발생하기 때문에
④ 아세틸렌이 발생하기 때문에

해설 칼륨은 물과 반응하면 **수소**를 발생하므로 위험하다.

$$2K + 2H_2O \rightarrow 2KOH + H_2 \uparrow$$

정답 14 ③ 15 ③ 16 ① 17 ③ 18 ④ 19 ①

20

자연발화의 발화원이 아닌 것은?

① 분해열   ② 흡착열
③ 발효열   ④ 기화열

해설 자연발화의 형태
- 산화열에 의한 발화 : 석탄, 건성유, 고무분말
- 분해열에 의한 발화 : 나이트로셀룰로스, 셀룰로이드
- 미생물(발효열)에 의한 발화 : 퇴비, 먼지
- 흡착열에 의한 발화 : 목탄, 활성탄
- 중합열에 의한 발열 : 시안화수소

제 2 과목 소방유체역학

21

물이 2[m] 깊이로 차 있는 개방된 직육면체 모양의 물탱크 바닥에 한 변이 20[cm]인 정사각형 판이 놓여 있다. 이 판의 윗면이 받는 힘은 약 몇 [N]인가?(단, 대기압은 무시한다)

① 785   ② 492
③ 259   ④ 157

해설 $F = rV = 9,800[\text{N/m}^3] \times (0.2 \times 0.2 \times 2)[\text{m}^3]$
$= 784[\text{N}]$

22

동력이 2[kW]인 펌프를 사용하여 수면의 높이 차이가 40[m]인 곳으로 물을 끌어 올리려고 한다. 관로 전체의 손실수두가 10[m]라고 할 때 펌프의 유량은 약 몇 [m³/s]인가?(단, 펌프의 효율은 90[%]이다)

① 0.00294   ② 0.00367
③ 0.00408   ④ 0.00453

해설 전동기 용량

$$P[\text{kW}] = \frac{\gamma \times Q \times H}{102 \times \eta} \times K$$

여기서 γ : 물의 비중량(1,000[kg$_f$/m³])
  Q : 방수량[m³/sec]
  H : 펌프의 양정(40[m]+10[m] = 50[m])
  η : 펌프의 효율(90[%] = 0.9)

$$\therefore Q = \frac{P \times 102 \times \eta}{\gamma \times H} = \frac{2[\text{kW}] \times 102 \times 0.9}{1,000[\text{kg}_f/\text{m}^3] \times 50[\text{m}]}$$

$$= 0.003672[\text{m}^3/s]$$

23

비중이 0.75인 액체와 비중량이 6,700[N/m³]인 액체를 부피 비 1 : 2로 혼합한 혼합액의 밀도는 약 몇 [kg/m³]인가?

① 688   ② 706
③ 727   ④ 748

해설 혼합액의 밀도
- 비중이 0.75인 액체 = 750[kg/m³]
- 중량이 6,700[N/m³]인 액체

$$\gamma = \rho g$$

$$\rho = \frac{\gamma}{g} = \frac{6,700[\text{N/m}^3]}{9.8[\text{m/s}^2]} = 683.67[\text{N} \cdot \text{s}^2/\text{m}^4]$$

$$= 683.67[\text{kg/m}^3]$$

$$\therefore \text{혼합액의 밀도} = \frac{(750 \times 1) + (683.67 \times 2)}{3}$$

$$= 705.8[\text{kg/m}^3]$$

24

물 분류가 고정평판을 60°의 각도로 충돌할 때 유량이 500[L/min], 유속이 15[m/s]이면 분류가 평판에 수직 방향으로 마치는 힘은 약 몇 [N]인가?(단, 중력은 무시한다)

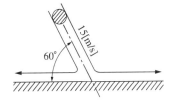

① 10.8   ② 5.4
③ 108   ④ 54

해설 수직방향으로 미치는 힘(F)

$$F = \rho Q u \sin\theta$$

여기서, ρ : 밀도($1,000[\mathrm{kg/m^3}]$),

Q : 유량($500[\mathrm{L/min}] = 0.5[\mathrm{m^3}]/60[\mathrm{s}]$)

u : 유속($15[\mathrm{m/s}]$)

$$\therefore F = 1,000\left[\frac{\mathrm{kg}}{\mathrm{m^3}}\right] \times \left(0.5\left[\frac{\mathrm{m^3}}{\mathrm{min}}\right] \times \frac{1[\mathrm{min}]}{60[\mathrm{s}]}\right)$$
$$\times 15\left[\frac{\mathrm{m}}{\mathrm{s}}\right] \times \sin 60° = 108.3[\mathrm{N}]$$

25

동력(Power)과 같은 차원을 갖는 것은?(단, P는 압력, Q는 체적유량, V는 유체속도를 나타낸다)

① PV ② PQ

③ VQ ④ PQV

해설 동력단위(중력단위에서

$1[\mathrm{kg_f \cdot m/s}] = 9.8[\mathrm{kg \cdot m^2/s^2}] = 9.8[\mathrm{W}]$

• P(압력)단위 $= [\mathrm{kg_f/m^2}]$

• Q(체적유량)단위 $= [\mathrm{m^3/s}]$

• V(유체속도)단위 $= [\mathrm{m/s}]$

$\therefore$ ② $PQ = [\mathrm{kg_f/m^2}] \times [\mathrm{m^3/s}] = [\mathrm{kg_f \cdot m/s}]$

26

출구 지름이 1[cm]인 노즐이 달린 호스로 20[L]의 생수통에 물을 채운다. 생수통을 채우는 시간이 50초가 걸린다면, 노즐 출구에서의 물의 평균 속도는 몇 [m/s]인가?

① 5.1 ② 7.2

③ 11.2 ④ 20.4

해설 유 속

$$Q = uA \quad u = \frac{Q}{A} = \frac{Q}{\frac{\pi}{4}D^2} = \frac{4Q}{\pi D^2}$$

$$\therefore u = \frac{4Q}{\pi D^2} = \frac{4 \times 0.02[\mathrm{m^3}]/50[\mathrm{s}]}{\pi \times (0.01[\mathrm{m}])^2} = 5.09[\mathrm{m/s}]$$

27

펌프는 흡입 수면으로부터 송출되는 높이까지 물을 송출시키는 기계로서 흡입수면과 송출수면 사이의 높이를 실양정이라고 한다. 이 실양정을 세분화할 때 펌프로부터 송출수면까지의 높이를 무엇이라고 하는가?(단, 흡입수면과 송출수면은 대기에 노출된다고 가정한다)

① 유효실양정 ② 무효실양정

③ 송출실양정 ④ 흡입실양정

해설 송출실양정 : 펌프로부터 송출수면까지의 높이

28

열려있는 탱크에 비중(S)이 2.5인 액체가 1.2[m], 그 위에 물이 1[m]가 있다. 이때 탱크의 바닥면에 작용하는 계기압력은 약 몇 [kPa]인가?

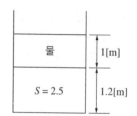

① 19.6 ② 39.2

③ 58.8 ④ 78.4

해설 탱크의 바닥면에 작용하는 계기압력

$$P = \left(9,800\left[\frac{\mathrm{N}}{\mathrm{m^3}}\right] \times 1[\mathrm{m}]\right) + \left(2.5 \times 9,800\left[\frac{\mathrm{N}}{\mathrm{m^3}}\right] \times 1.2[\mathrm{m}]\right)$$
$$= 39,200[\mathrm{Pa}] = 39.2[\mathrm{kPa}]$$

29

절대압력이 101[kPa]인 상온의 공기가 가역단열 변화를 할 때 체적탄성계수는 몇 [kPa]인가?(단, 공기의 비열비는 1.4이다)

① 72.1 ② 92.3

③ 118.8 ④ 141.4

해설 체적탄성계수

- 등온변화일 때, $K = P$
- 단열변화일 때, $K = kP(k :$ 비열비$)$

$\therefore K = kP = 1.4 \times 101[\text{kPa}] = 141.4[\text{kPa}]$

30

다음 중 대류 열전달과 관계되는 사항으로 가장 거리가 먼 것은?

① 팬(fan)을 이용해 컴퓨터 CPU의 열을 식힌다.
② 뜨거운 커피에 바람을 불어 식힌다.
③ 에어컨은 높은 곳에 라디에이터는 낮은 곳에 설치한다.
④ 판자를 화로 앞에 놓아 열을 차단한다.

해설 대류(Convection) : 화로에 의해서 방안이 더워지는 현상은 대류 열전달현상에 의한 것이다.

31

유동하는 물의 속도가 12[m/s], 압력이 98[kPa]이다. 이때 속도수두와 압력수두는 각각 얼마인가?

① 7.35[m], 10[m]
② 43.5[m], 10.5[m]
③ 7.35[m], 20.3[m]
④ 0.66[m], 10[m]

해설 속도수두와 압력수두

- 속도수두 $H = \dfrac{u^2}{2g} = \dfrac{(12[\text{m/s}])^2}{2 \times 9.8[\text{m/s}^2]} = 7.35[\text{m}]$

- 압력수두

$$H = \frac{P}{\gamma} = \frac{\dfrac{98[\text{kPa}]}{101.325[\text{kPa}]} \times 10.332[\text{kg}_\text{f}/\text{m}^2]}{1,000[\text{kg}_\text{f}/\text{m}^3]}$$
$$= 9.99[\text{m}]$$

32

높이 40[m]의 저수조에서 15[m]의 저수조로 안지름 45[cm], 길이 600[m]의 주철관을 통해 물이 흐르고 있다. 유량은 0.25[m³/s]이며, 관로 중의 터빈에서 29.4[kW]의 동력을 얻는다면 관로의 손실수두는 약 몇 [m]인가?(단, 터빈의 효율은 100[%]이다)

① 7
② 9
③ 11
④ 13

해설

터빈의 동력 $P = \dfrac{\gamma h_s Q}{1,000}[\text{kW}]$

$h_s = \dfrac{1,000P}{\gamma Q} = \dfrac{1,000 \times 29.4}{9,800 \times 0.25} = 12[\text{m}]$

주어진 조건에서 $P_1 = P_2$, $z_1 = 40[\text{m}]$, $z_2 = 15[\text{m}]$

여기서, 40[m]의 저수조 속도와 15[m]의 저수조 속도는 매우 작기 때문에 $V_1 = V_2 \approx 0[\text{m/sec}]$로 가정한다.

기계에너지방정식을 적용하여 풀면

$$\frac{P_1}{\gamma} + \frac{V_1^2}{2g} + z_1 = \frac{P_2}{\gamma} + \frac{V_2^2}{2g} + z_2 + h_L + h_s$$

h_s : 단위중량당 축일[J/N=m],

h_L : 단위중량당 손실[J/N=m]

$\dfrac{P_1}{\gamma} + 0 + 40 = \dfrac{P_2}{\gamma} + 0 + 15 + h_L + 12$

관로손실 $h_L = 40 - 12 - 15 = 13[\text{m}]$

33

지름이 1.5[m]로 변하는 돌연 축소하는 관에 6[m³/s]의 유량으로 물이 흐리고 있다. 이때 손실동력은 약 몇 [kW]인가?(단, 돌연 축소에 의한 부차적 손실계수 K는 0.3이다)

① 6.8
② 7.4
③ 9.1
④ 10.4

해설 손실동력(P)

$$P = \gamma Q H$$

- 손실수두 $H = K\dfrac{u^2}{2g} = 0.3 \times \dfrac{(3.4[\text{m/s}])^2}{2 \times 9.8[\text{m/s}^2]}$
$$= 0.177[\text{m}]$$

여기서, 유속 $u = \dfrac{Q}{\dfrac{\pi}{4}D^2} = \dfrac{6[\text{m}^3/\text{s}]}{\dfrac{\pi}{4}(1.5[\text{m}])^2} = 3.4[\text{m/s}]$

- 손실동력 $P = \gamma Q H$
$$= 9,800[\text{N/m}^3] \times 6[\text{m}^3/\text{s}] \times 0.177[\text{m}]$$
$$= 10,407.6[\text{N} \cdot \text{m/s}] = 10.4[\text{kW}]$$

$$\left[\frac{\text{N} \cdot \text{m}}{\text{s}}\right] = \left[\frac{\text{J}}{\text{s}}\right] = [\text{W}]$$

안심Touch

34

어느 용기에 3[g]의 수소(H_2)가 채워졌다. 만일 같은 압력 및 온도 조건하에서 이 용기에 수소 대신 메탄(CH_4, 분자량 16)을 채운다면 이 용기에 채운 메탄의 질량은 몇 [g]인가?

① 10 ② 24
③ 34 ④ 40

해설 메탄의 질량
- 수소의 몰수(수소의 분자량 $H_2 = 1 \times 2 = 2$)
$$= \frac{3[\text{g}]}{2} = 1.5[\text{mol}]$$
- 메탄의 질량 $= 1.5[\text{mol}] \times 16[\text{g/mol}] = 24[\text{g}]$

35

유량이 0.75[m^3/min]인 소화설비 배관의 안지름이 100[mm]일 때 배관 속을 흐르는 물의 평균 유속은 약 몇 [m/s]인가?

① 0.8 ② 1.1
③ 1.4 ④ 1.6

해설 평균 유속
$$Q = uA \quad u = \frac{Q}{A} = \frac{Q}{\frac{\pi}{4}D^2} = \frac{4Q}{\pi D^2}$$

$$\therefore \; u = \frac{4Q}{\pi D^2} = \frac{4 \times 0.75[\text{m}^3]/60[\text{s}]}{\pi \times (0.1[\text{m}])^2} = 1.59[\text{m/s}]$$

36

공동현상(Cavitation)의 방지법으로 적절하지 않은 것은?

① 단흡입펌프보다는 양흡입펌프를 사용한다.
② 펌프의 회전수를 낮추어 흡입 비속도를 적게 한다.
③ 펌프의 설치 위치를 가능한 한 높여서 흡입양정을 크게 한다.
④ 마찰저항이 작은 흡입관을 사용하여 흡입관의 손실을 줄인다.

해설 공동 현상의 방지 대책
- 펌프의 흡입측 수두, 마찰손실을 적게 한다.
- 펌프 임펠러 속도를 적게 한다.
- 펌프 흡입관경을 크게 한다.
- 펌프 설치위치를 수원보다 낮게 하여야 한다.
- 펌프 흡입압력을 유체의 증기압보다 높게 한다.
- 양흡입 펌프를 사용하여야 한다.
- 양흡입 펌프로 부족 시 펌프를 2대로 나눈다.

37

유동손실을 유발하는 액체의 점성, 즉 점도를 측정하는 장치에 관한 설명으로 옳은 것은?

① Stomer 점도계는 하겐-포아젤 법칙을 기초로 한 방식이다.
② 낙구식 점도계는 Stokes의 법칙을 이용한 방식이다.
③ Saybolt 점도계는 액중에 잠긴 원판의 회전저항의 크기로 측정한다.
④ Ostwald 점도계는 Stokes의 법칙을 이용한 방식이다.

해설 점도계
- 맥마이클(Macmichael)점도계, **스토머(Stomer)점도계** : 뉴턴의 점성법칙
- **오스트발트(Ostwald) 점도계**, 세이볼트 점도계 : 하겐-포아젤의 법칙
- **낙구식 점도계** : 스토크스(Stokes)의 법칙

38

한 변의 길이가 10[cm]인 정육면체의 금속 무게를 공기 중에서 달았더니 77[N]이었고, 어떤 액체 중에서 달아보니 70[N]이었다. 이 액체의 비중량은 몇 [N/m^3]인가?

① 7,700 ② 7,300
③ 7,000 ④ 6,300

해설 액체의 비중량
$$\gamma = \frac{W_1 - W_2}{V} = \frac{77 - 70}{(0.1 \times 0.1 \times 0.1)[\text{m}^3]} = 7,000[\text{N/m}^3]$$

39

분자량이 4이고 비열비가 1.67인 이상기체의 정압비열은 약 몇 [kJ/kmol·K]인가?(단, 이상기체의 일반기체상수는 8.314[J/mol·K]이다)

① 3.10   ② 4.72
③ 5.18   ④ 6.75

해설 정압비열

$$정압비열 \ C_p = \frac{k}{k-1}R$$

여기서, k : 비열비(1.67)

$$R(기체상수) = \frac{\overline{R}}{M}에서 \ R = \frac{8.314[\frac{kJ}{kmol \cdot K}]}{4}$$
$$= 2.0785[kJ/kmol \cdot K]$$

∴ 정압비열 $C_p = \frac{k}{k-1}R$에서

$$C_p = \frac{1.67}{1.67-1} \times 2.0785[kJ/kmol \cdot K]$$
$$\fallingdotseq 5.18[kJ/kmol \cdot K]$$

40

관 내에서 유체가 흐를 경우 유체의 흐름이 빨라 완전난류 유동이 되면 손실 수두는?

① 대략 속도의 제곱에 비례한다.
② 대략 속도의 제곱에 반비례한다.
③ 대략 속도에 비례한다.
④ 대략 속도에 반비례한다.

해설 유체의 마찰 손실

$$h = \frac{\Delta P}{\gamma} = \frac{flu^2}{2gD}[m]$$

여기서 h : 마찰손실[m], ΔP : 압력차[kg/m²]
       γ : 유체의 비중량(물의 비중량 1,000[kg/m³])
       f : 관의 마찰계수, l : 관의 길이[m]
       u : 유체의 유속[m/sec], D : 관의 내경[m]

제3과목 소방관계법규

41

화재예방, 소방시설 설치·유지 및 안전관리에 관한 법령상 수용인원 산정 방법 중 다음의 청소년시설의 수용인원은 몇 명인가?

> 청소년시설의 종사자수는 5명, 숙박시설은 모두 2인용 침대이며 침대수량은 50개이다.

① 55   ② 75
③ 85   ④ 105

해설 숙박시설이 있는 특정소방대상물의 수용인원산정
• 침대가 있는 숙박시설 : 해당 특정소방대상물의 종사자 수에 침대 수(2인용 침대는 2개로 산정한다)를 합한 수
• 침대가 없는 숙박시설 : 해당 특정소방대상물의 종사자 수에 숙박시설 바닥면적의 합계를 3[m²]로 나누어 얻은 수를 합한 수
∴ 수용인원 = 종사자수 + 침대수 = 5 + (2×50)
                            = 105명

42

위험물안전관리법령상 제조소 등이 아닌 장소에서 지정수량 이상의 위험물을 취급할 수 있는 기준 중 다음 ( ) 안에 알맞은 것은?

> 시·도의 조례가 정하는 바에 따라 관할 소방서장의 승인을 받아 지정수량 이상의 위험물을 ( )일 이내의 기간 동안 임시로 저장 또는 취급하는 경우

① 15   ② 30
③ 60   ④ 90

해설 위험물 임시저장기간 : 90일 이내

43

화재예방 소방시설 설치·유지 및 안전관리에 관한 법령상 단독경보형 감지기를 설치하여야 하는 특정 소방대상물의 기준 중 틀린 것은?

① 연면적 600[m²] 미만의 기숙사
② 연면적 600[m²] 미만의 숙박시설
③ 연면적 1,000[m²] 미만의 아파트 등
④ 교육연구시설 또는 수련시설 내에 있는 합숙소 또는 기숙사로서 연면적 2,000[m²] 미만인 것

해설 단독경보형 감지기를 설치하여야 하는 특정소방대상물
(1) **연면적 1,000[m²] 미만의 아파트 등**
(2) **연면적 1,000[m²] 미만의 기숙사**
(3) 교육연구시설 또는 수련시설 내에 있는 합숙소 또는 기숙사로서 연면적 2,000[m²] 미만인 것
(4) **연면적 600[m²] 미만의 숙박시설**
(5) 7)에 해당하지 않는 수련시설(숙박시설이 있는 것만 해당한다)

> 7) 노유자생활시설에 해당하지 않는 노유자시설로서 연면적 400[m²] 이상인 노유자시설 및 숙박시설이 있는 수련시설로서 수용인원 100명 이상인 것

(6) 연면적 400[m²] 미만의 유치원

44

화재예방, 소방시설 설치·유지 및 안전관리에 관한 법령상 방염성능기준 이상의 실내장식물등을 설치하여야 하는 특정소방대상물의 기준으로 틀린 것은?

① 층수가 11층 이상인 아파트
② 건축물의 옥내에 있는 시설로서 종교시설
③ 의료시설 중 종합병원
④ 노유자시설

해설 방염성능기준 이상의 실내장식물등을 설치하여야 하는 특정소방대상물
• 근린생활시설 중 의원, 체력단련장, 공연장 및 종교집회장
• 건축물의 옥내에 있는 시설로서 다음의 시설
  – 문화 및 집회시설
  – 종교시설
  – **운동시설(수영장은 제외)**
• 의료시설
• 교육연구시설 중 합숙소

• 노유자시설
• 숙박이 가능한 수련시설
• 숙박시설
• 방송통신시설 중 방송국 및 촬영소
• 다중이용업소
• 층수가 11층 이상인 것(아파트는 제외)

45

소방시설공사업법령상 감리원의 세부 배치 기준 중 일반 공사감리 대상인 경우 다음 ( ) 안에 알맞은 것은?(단, 일반 공사감리 대상인 아파트의 경우는 제외한다)

> 1명의 감리원이 담당하는 소방공사감리 현장은 (㉠)개 이하로서 감리현장 연면적의 총 합계가 (㉡)[m²] 이하일 것

① ㉠ 5, ㉡ 50,000
② ㉠ 5, ㉡ 100,000
③ ㉠ 7, ㉡ 50,000
④ ㉠ 7, ㉡ 100,000

해설 일반 공사감리 대상
• 1명의 감리원이 담당하는 소방공사감리 현장 : **5개 이하**(자동화재탐지설비 또는 옥내소화전설비 중 어느 하나만 설치하는 2개의 소방공사감리현장이 최단 차량주행거리로 30[km] 이내에 있는 경우에는 1개의 소방공사감리현장으로 본다)
• 감리현장 연면적의 총 합계가 100,000[m²] 이하
• 다만, 일반 공사감리 대상인 아파트의 경우에는 연면적의 합계에 관계없이 1명의 감리원이 5개 이내의 공사현장을 감리할 수 있다.

46

화재예방, 소방시설 설치·유지 및 안전관리에 관한 법령상 둘 이상의 특정소방대상물이 내화구조로 된 연결통로가 벽이 없는 구조로서 그 길이가 몇 [m] 이하인 경우 하나의 소방대상물로 보는가?

① 6
② 9
③ 10
④ 12

해설 하나의 대상물과 별개의 대상물로 보는 경우
• 하나의 대상물로 보는 경우
  – 내화구조로 된 연결통로가 다음의 어느 하나에 해당되는 경우

ⓐ 벽이 없는 구조로서 그 길이가 6[m] 이하인 경우
ⓑ 벽이 있는 구조로서 그 길이가 10[m] 이하인
  경우. 다만, 벽 높이가 바닥에서 천장까지의 높
  이의 1/2분 이상인 경우에는 벽이 있는 구조로
  보고, 벽 높이가 바닥에서 천장까지의 높이의
  1/2 미만인 경우에는 벽이 없는 구조로 본다.
 – 내화구조가 아닌 연결통로로 연결된 경우
 – 컨베이어로 연결되거나 플랜트설비의 배관 등으
  로 연결되어 있는 경우
 – 지하보도, 지하상가, 지하가로 연결된 경우
 – 방화셔터 또는 갑종 방화문이 설치되지 않은 피트
  로 연결된 경우
 – 지하구로 연결된 경우
• **별개의 대상물로 보는 경우**
 – 화재 시 경보설비 또는 자동소화설비의 작동과 연
  동하여 자동으로 닫히는 방화셔터 또는 갑종방화
  문이 설치된 경우
 – 화재 시 자동으로 방수되는 방식의 드렌처설비 또
  는 개방형 스프링클러헤드가 설치된 경우

47

소방기본법령상 특수가연물의 저장 기준 중 다음
( ) 안에 알맞은 것은?(단, 석탄·목탄류를 발전용
으로 저장하는 경우는 제외한다)

> 쌓는 높이는 10[m] 이하가 되도록 하고, 쌓
> 는 부분의 바닥면적은 (㉠)[m²] 이하가 되
> 도록 할 것. 다만, 살수설비를 설치하거나,
> 방사능력 범위에 해당 특수가연물이 포함되도
> 록 대형수동식소화기를 설치하는 경우에는 쌓
> 는 높이를 (㉡)[m] 이하, 쌓는 부분의 바닥
> 면적을 (㉢)[m²] 이하로 할 수 있다.

① ㉠ 20, ㉡ 50, ㉢ 100
② ㉠ 15, ㉡ 50, ㉢ 200
③ ㉠ 50, ㉡ 20, ㉢ 100
④ ㉠ 50, ㉡ 15, ㉢ 200

해설 **특수가연물의 저장 및 취급 기준**
• 특수가연물을 저장 또는 취급하는 장소에는 품명·
 최대수량 및 화기취급의 금지표지를 설치할 것
• 다음 각 목의 기준에 따라 쌓아 저장할 것. 다만,
 석탄·목탄류를 발전(發電)용으로 저장하는 경우에
 는 그러하지 아니하다.
 – 품명별로 구분하여 쌓을 것

– 쌓는 높이는 10[m] 이하가 되도록 하고, **쌓는 부분
 의 바닥면적은 50[m²]**(석탄·목탄류의 경우에는
 200[m²]) 이하가 되도록 할 것. 다만, **살수설비를
 설치**하거나, 방사능력 범위에 해당 특수가연물이
 포함되도록 대형수동식소화기를 설치하는 경우에
 는 **쌓는 높이를 15[m] 이하**, 쌓는 부분의 **바닥면적
 을 200[m²]**(석탄·목탄류의 경우에는 300[m²])
 이하로 할 수 있다.
– 쌓는 부분의 바닥면적 사이는 1[m] 이상이 되도록
 할 것

48

화재예방, 소방시설 설치·유지 및 안전관리에 관한
법령상 근무자 및 거주자에게 소방훈련·교육을 실시
하여야 하는 특정소방대상물의 기준 중 다음 ( )
안에 알맞은 것은?

> 특정소방대상물 중 상시 근무하거나 거주하는
> 인원(숙박시설의 경우에는 상시 근무하는 인원)
> 이 ( )명 이하인 특정소방대상물을 제외한 것
> 을 말한다.

① 3   ② 5
③ 7   ④ 10

해설 소방훈련·교육을 실시하여야 하는 특정소방대상물 :
 인원 11명 이상(10명 이하는 제외)

49

소방기본법령상 소방본부장 또는 소방서장은 화재경
계지구 안의 관계인에 대하여 소방상 필요한 훈련
및 교육을 실시하고자 하는 때에는 관계인에게 훈련
또는 교육 며칠 전까지 그 사실을 통보하여야 하는가?

① 5   ② 7
③ 10   ④ 14

해설 화재경계지구 안의 **소방훈련 및 교육**을 실시하고자 할
 때 관계인에게 **10일 이내에 통보**하여야 한다.

50

소방기본법상 명령권자가 소방본부장, 소방서장, 소방대장에게 있는 사항은?

① 소방활동을 할 때에 긴급한 경우에는 이웃한 소방본부장 또는 소방서장에게 소방업무의 응원 요청할 수 있다.

② 화재, 재난·재해, 그 밖의 위급한 상황이 발생한 현장에서 소방활동을 위하여 필요할 때에는 그 관할구역에 사는 사람 또는 그 현장에 있는 사람으로 하여금 사람을 구출하는 일 또는 불을 끄거나 불이 번지지 아니하도록 하는 일을 하게 할 수 있다.

③ 수사기관이 방화 또는 실화의 혐의가 있어서 이미 피의자를 체포하였거나 증거물을 압수하였을 때에 화재조사를 위하여 필요한 경우에는 수사에 지장을 주지 아니하는 범위에서 그 피의자 또는 압수된 증거물에 대한 조사를 할 수 있다.

④ 화재, 재난·재해, 그 밖의 위급한 상황이 발생하였을 때에는 소방대를 현장에 신속하게 출동시켜 화재진압과 인명구조·구급 등 소방에 필요한 활동을 하게 하여야 한다.

 소방업무의 응원, 소방활동 종사명령, 소방활동 등
- **소방본부장이나 소방서장**은 소방활동을 할 때에 긴급한 경우에는 이웃한 소방본부장 또는 소방서장에게 소방업무의 응원(應援)을 요청할 수 있다.
- **소방본부장, 소방서장 또는 소방대장**은 화재, 재난·재해, 그 밖의 위급한 상황이 발생한 현장에서 소방활동을 위하여 필요할 때에는 그 관할구역에 사는 사람 또는 그 현장에 있는 사람으로 하여금 사람을 구출하는 일 또는 불을 끄거나 불이 번지지 아니하도록 하는 일을 하게 할 수 있다. 이 경우 소방본부장, 소방서장 또는 소방대장은 소방활동에 필요한 보호장구를 지급하는 등 안전을 위한 조치를 하여야 한다.
- **소방청장, 소방본부장 또는 소방서장**은 수사기관이 방화(放火) 또는 실화(失火)의 혐의가 있어서 이미 피의자를 체포하였거나 증거물을 압수하였을 때에 화재조사를 위하여 필요한 경우에는 수사에 지장을 주지 아니하는 범위에서 그 피의자 또는 압수된 증거물에 대한 조사를 할 수 있다. 이 경우 수사기관은 소방청장, 소방본부장 또는 소방서장의 신속한 화재조사를 위하여 특별한 사유가 없으면 조사에 협조하여야 한다.

- 소방청장, 소방본부장 또는 소방서장은 화재, 재난·재해, 그 밖의 위급한 상황이 발생하였을 때에는 소방대를 현장에 신속하게 출동시켜 화재진압과 인명구조·구급 등 소방에 필요한 활동을 하게 하여야 한다.

51

위험물안전관리법상 허가를 받지 아니하고 당해 제조소등을 설치하거나 그 위치·구조 또는 설비를 변경할 수 있으며, 신고를 하지 아니하고 위험물의 품명·수량 또는 지정수량의 배수를 변경할 수 있는 기준으로 틀린 것은?

① 주택의 난방시설을 위한 저장소 또는 취급소

② 공동주택의 중앙난방시설을 위한 저장소 또는 취급소

③ 수산용으로 필요한 건조시설을 위한 지정수량 20배 이하의 저장소

④ 농예용으로 필요한 난방시설을 위한 지정수량 20배 이하의 저장소

해설 **신고를 하지 않고 변경할 수 있는 경우**
- 주택의 난방시설(**공동주택의 중앙난방시설을 제외한다**)을 위한 **저장소 또는 취급소**
- 농예용·축산용 또는 수산용으로 필요한 난방시설 또는 건조시설을 위한 지정수량 20배 이하의 저장소

52

소방기본법상 화재경계지구 안의 소방대상물에 대한 소방특별조사를 거부·방해 또는 기피한 자에 대한 벌칙 기준으로 옳은 것은?

① 400만원 이하의 벌금

② 300만원 이하의 벌금

③ 200만원 이하의 벌금

④ 100만원 이하의 벌금

해설 **100만원 이하의 벌금**
- 화재경계지구 안의 소방대상물에 대한 소방특별조사를 거부·방해 또는 기피한 자
- 소방대의 생활안전활동을 방해한 자

- 정당한 사유 없이 소방대가 현장에 도착할 때까지 사람을 구출하는 조치 또는 불을 끄거나 불이 번지지 아니하도록 하는 조치를 하지 아니한 사람
- 피난 명령을 위반한 사람
- 정당한 사유 없이 물의 사용이나 수도의 개폐장치의 사용 또는 조작을 하지 못하게 하거나 방해한 자

① 소방서장
② 소방본부장
③ 소방청장
④ 시·도지사

해설 소방특별조사 결과 문제 시 조치명령권자 : 소방청장, 소방본부장, 소방서장

53

화재예방, 소방시설 설치·유지 및 안전관리에 관한 법령상 소방시설등의 자체점검 시 점검인력 배치기준 중 점검인력 1단위가 하루 동안 점검할 수 있는 특정소 방대상물의 종합정밀점검 연면적 기준으로 옳은 것은?(단, 보조인력을 추가하는 경우를 제외한다)

① 3,500[m²]
② 7,000[m²]
③ 10,000[m²]
④ 12,000[m²]

해설 자체점검
- 점검인력 1단위 : 소방시설관리사 1명 + 보조기술인 력 2명
- 최대 점검인력 : 소방시설관리사 1명 + 보조기술인 력 6명 (총 7명)
- 점검의 종류

구 분 항 목	일반건축물		아파트	
	점검 한도 면적	보조기술 인력 1명 추가	점검 한도 면적	보조기술 인력 1명 추가
종합정밀 점검	10,000 [m²]	3,000 [m²]	300 세대	70세대
작동기능 점검	12,000 [m²]	3,500 [m²]	350 세대	90세대
소규모 점검	3,500 [m²]	–	90세대	–

54

소방특별조사 결과 소방대상물의 위치·구조·설비 또는 관리의 상황이 화재나 재난·재해 예방을 위하 여 보완될 필요가 있거나 화재가 발생하면 인명 또는 재산의 피해가 클 것으로 예상되는 때 관계인에게 그 소방대상물의 개수·이전·제거, 사용의 금지 또 는 제한, 사용폐쇄, 공사의 정지 또는 중지, 그 밖의 필요할 조치를 명할 수 있는 자가 아닌 것은?

55

소방시설공사업법상 제3자에게 소방시설공사 시공 을 하도급한 자에 대한 벌칙 기준으로 옳은 것은?(단, 대통령령으로 정하는 경우는 제외한다)

① 100만원 이하의 벌금
② 300만원 이하의 벌금
③ 1년 이하의 징역 또는 1,000만원 이하의 벌금
④ 3년 이하의 징역 또는 1,500만원 이하의 벌금

해설 1년 이하의 징역 또는 1,000만원 이하의 벌금
- 영업정지처분을 받고 그 영업정지 기간에 영업을 한 자
- 규정을 위반하여 설계나 시공을 한 자
- 규정을 위반하여 감리를 하거나 거짓으로 감리한 자
- 규정을 위반하여 공사감리자를 지정하지 아니한 자
- 공사감리 결과의 통보 또는 공사감리 결과보고서의 제출을 거짓으로 한 자
- 규정을 위반하여 해당 소방시설업자가 아닌 자에게 소방시설공사등을 도급한 자
- 규정을 위반하여 **제3자에게 소방시설공사 시공을 하 도급한 자**

56

소방기본법령상 소방용수시설 및 지리조사의 기준 중 다음 (   ) 안에 알맞은 것은?

> 소방본부장 또는 소방서장은 원활한 소방 활 동을 위하여 설치된 소방용수시설에 대한 조 사를 (㉠)회 이상 실시하여야 하며 그 조사 결과를 (㉡)년간 보관하여야 한다.

① ㉠ 월 1, ㉡ 1
② ㉠ 월 1, ㉡ 2
③ ㉠ 연 1, ㉡ 1
④ ㉠ 연 1, ㉡ 2

해설 소방용수시설 및 지리조사
- 조사 시기 : 월 1회 이상
- 조사결과 보관 : 2년간

57

화재예방, 소방시설 설치·유지 및 안전관리에 관한 법령상 특정소방대상물의 관계인이 특정 소방대상물의 규모·용도 및 수용인원 등을 고려하여 갖추어야 하는 소방시설의 종류 기준 중 다음 (   ) 안에 알맞은 것은?

> 화재안전기준에 따라 소화기구를 설치하여야 하는 특정소방대상물은 연면적 (㉠)[m²] 이상인 것. 다만, 노유자시설의 경우에는 투척용 소화용구 등을 화재안전기준에 따라 산정된 소화기 수량의 (㉡) 이상으로 설치할 수 있다.

① ㉠ 33, ㉡ $\frac{1}{2}$ ② ㉠ 33, ㉡ $\frac{1}{5}$

③ ㉠ 50, ㉡ $\frac{1}{2}$ ④ ㉠ 50, ㉡ $\frac{1}{5}$

해설 소화기구 설치 기준
(1) **연면적 33[m²] 이상인 것**. 다만, **노유자시설**의 경우에는 투척용 소화용구 등을 화재안전기준에 따라 산정된 **소화기 수량의 1/2 이상으로 설치**할 수 있다.
(2) (1)에 해당하지 않는 시설로서 지정문화재 및 가스시설
(3) 터 널

58

위험물안전관리법령상 인화성액체위험물(이황화탄소를 제외)의 옥외탱크저장소의 탱크 주위에 설치하여야 하는 방유제의 기준 중 틀린 것은?

① 방유제의 용량은 방유제 안에 설치된 탱크가 하나인 때에는 그 탱크 용량의 110[%] 이상으로 할 것
② 방유제의 용량은 방유제안에 설치된 탱크가 2기 이상인 때에는 그 탱크 중 용량이 최대인 것의 용량의 110[%] 이상으로 할 것
③ 방유제의 높이는 1[m] 이상 3[m] 이하, 두께 0.2[m] 이상, 지하매설깊이 0.5[m] 이상으로 할 것
④ 방유제 내의 면적은 80,000[m²] 이하로 할 것

해설 방유제의 기준
• 방유제의 용량
  – 탱크가 하나인 경우 : 탱크 용량의 110[%] 이상

– 탱크가 2기 이상인 경우 : 최대탱크 용량의 110[%] 이상
• 방유제는 높이 0.5[m] 이상 3[m] 이하, 두께 0.2[m] 이상, 지하매설깊이 1[m] 이상
• 방유제 내의 면적 : 80,000[m²] 이하

59

소방기본법령상 인접하고 있는 시·도간 소방업무의 상호응원협정을 체결하고자 하는 때에 포함되도록 하여야 하는 사항이 아닌 것은?

① 소방교육·훈련의 종류 및 대상자에 관한 사항
② 화재의 경계·진압활동에 관한 사항
③ 출동대원의 수당·식가 및 피복의 수선 소요경비의 부담에 관한 사항
④ 화재조사활동에 관한 사항

해설 상호응원협정 체결 시 포함사항
• 다음의 소방활동에 관한 사항
  – **화재의 경계·진압활동**
  – 구조·구급업무의 지원
  – **화재조사활동**
• 응원출동대상지역 및 규모
• 다음의 소요경비의 부담에 관한 사항
  – **출동대원의 수당·식사 및 피복의 수선**
  – 소방장비 및 기구의 정비와 연료의 보급
  – 그 밖의 경비
• 응원출동의 요청방법
• 응원출동훈련 및 평가

60

위험물안전관리법령상 제조소 또는 일반 취급소의 위험물취급탱크 노즐 또는 맨홀을 신설 시 노즐 또는 맨홀의 직경이 몇 [mm]를 초과하는 경우에 변경허가를 받아야 하는가?

① 250   ② 300
③ 450   ④ 600

해설 제조소 또는 일반 취급소의 변경허가를 받아야 하는 경우
• 제조소 또는 일반취급소의 위치를 이전하는 경우
• 건축물의 벽·기둥·바닥·보 또는 지붕을 증설 또는 철거하는 경우
• 배출설비를 신설하는 경우

• 위험물취급탱크를 신설·교체·철거 또는 보수(탱크의 본체를 절개하는 경우에 한한다)하는 경우
• **위험물취급탱크의 노즐 또는 맨홀을 신설하는 경우 (노즐 또는 맨홀의 직경이 250[mm]를 초과하는 경우에 한한다)**
• 위험물취급탱크의 방유제의 높이 또는 방유제 내의 면적을 변경하는 경우
• 위험물취급탱크의 탱크전용실을 증설 또는 교체하는 경우
• 300[m](지상에 설치하지 아니하는 배관의 경우에는 30[m])를 초과하는 위험물배관을 신설·교체·철거 또는 보수(배관을 절개하는 경우에 한한다)하는 경우
• 불활성기체의 봉입장치를 신설하는 경우
• 자동화재탐지설비를 신설 또는 철거하는 경우

제 4 과목 | 소방기계시설의 구조 및 원리

61

옥외소화전설비 소화전함의 설치기준 중 다음 ( ) 안에 알맞은 것은?

> 옥외소화전이 31개 이상 설치된 때에는 옥외소화전 ( )개마다 1개 이상의 소화전함을 설치하여야 한다.

① 3　　　　　　　② 5
③ 7　　　　　　　④ 11

해설 옥외 소화전함의 설치기준
• 옥외소화전이 10개 이하 설치 : 옥외소화전마다 5[m] 이내의 장소에 1개 이상의 소화함을 설치
• 옥외소화전이 11개 이상 30개 이하 설치 : 11개 이상의 소화전함을 각각 분산하여 설치
• 옥외소화전이 31개 이상 설치 : 옥외소화전 3개마다 1개 이상의 소화전함을 설치

62

호스릴 분말소화설비의 설치기준 중 틀린 것은?

① 방호대상물의 각 부분으로부터 하나의 호스접결구까지의 수평거리가 15[m] 이하가 되도록 할 것

② 소화약제의 저장용기는 호스릴을 설치하는 장소마다 설치할 것

③ 소화약제의 저장용기의 개방밸브는 호스릴의 설치장소에서 자동으로 개폐할 수 있는 것으로 할 것

④ 저장용기에는 그 가까운 곳의 보기 쉬운 곳에 적색의 표시등을 설치하고, 이동식 분말소화설비가 있다는 뜻을 표시한 표지를 할 것

해설 호스릴 분말소화설비 설치기준
• 방호대상물의 각 부분으로부터 하나의 호스접결구까지의 수평거리가 15[m] 이하가 되도록 할 것
• 소화약제의 **저장용기의 개방밸브**는 호스릴의 설치장소에서 **수동으로 개폐할 수 있는 것**으로 할 것
• 소화약제의 저장용기는 호스릴을 설치하는 장소마다 설치할 것
• 노즐은 하나의 노즐마다 1분당 다음 표에 따른 소화약제를 방사할 수 있는 것으로 할 것

소화약제의 종별	1분당 방사하는 소화약제의 양
제1종 분말	45[kg]
제2종 분말, 제3종 분말	27[kg]
제4종 분말	18[kg]

• 저장용기에는 그 가까운 곳의 보기 쉬운 곳에 적색의 표시등을 설치하고, 이동식분말소화설비가 있다는 뜻을 표시한 표지를 할

63

소화기의 정의 중 다음 ( ) 안에 알맞은 것은?

> 대형소화기란 화재 시 사람이 운반할 수 있도록 운반대와 바퀴가 설치되어 있고 능력단위가 A급 (㉠)단위 이상, B급 (㉡)단위 이상인 소화기를 말한다.

① ㉠ 3, ㉡ 5　　　② ㉠ 5, ㉡ 3
③ ㉠ 10, ㉡ 20　　④ ㉠ 20, ㉡ 10

해설 소화기
소화약제를 압력에 따라 방사하는 기구로서 사람이 수동으로 조작하여 소화하는 다음의 것을 말한다.
• 소형소화기 : 능력단위가 1단위 이상이고 대형소화기의 능력단위 미만인 소화기
• 대형소화기 : 화재 시 사람이 운반할 수 있도록 운반대와 바퀴가 설치되어 있고 능력단위가 A급 10단위 이상, B급 20단위 이상인 소화기

64

연결살수설비 배관 구경의 설치기준 중 하나의 배관에 부착하는 살수헤드의 개수가 3개인 경우 배관의 최소 구경은 몇 [mm]이상이어야 하는가?

① 40
② 50
③ 65
④ 80

해설 연결살수설비 전용헤드를 사용하는 경우 헤드개수에 따른 구경

하나의 배관에 부착하는 헤드 수	배관의 구경[mm]
1개	32
2개	40
3개	50
4개 또는 5개	65
6개 이상 10개 이하	80

65

피난기구 중 완강기의 구조에 대한 기준으로 틀린 것은?

① 완강기는 안전하고 쉽게 사용할 수 있어야 하며, 사용자가 타인의 도움 없이 자기의 몸무게에 의하여 자동적으로 강하할 수 있어야 한다.
② 로프의 양끝은 이탈되지 아니하도록 벨트의 연결장치 등에 연결되어야 한다.
③ 벨트는 로프에 고정되어 있거나 또는 분리식인 경우 쉽고 견고하게 로프에 연결할 수 있는 구조이어야 한다.
④ 로프·속도조절기구·벨트 및 고정 지지대 등으로 구성되어야 한다.

해설 완강기의 구조
• 완강기는 안전하고 쉽게 사용할 수 있어야 하며, 사용자가 타인의 도움 없이 자기의 몸무게에 의하여 자동적으로 강하할 수 있어야 한다.
• 로프의 양끝은 이탈되지 아니하도록 벨트의 연결장치 등에 연결되어야 한다.
• 벨트는 로프에 고정되어 있거나 또는 분리식인 경우 쉽고 견고하게 로프에 연결할 수 있는 구조이어야 한다.
• **속도조절기·속도조절기의 연결부·로프·연결금속구 및 벨트**로 구성되어야 한다.

66

연결살수설비의 가지배관은 교차배관 또는 주배관에서 분기되는 지점을 기점으로 한쪽 가지배관에 설치되는 헤드의 개수는 최대 몇 개 이하로 하여야 하는가?

① 8개
② 10개
③ 12개
④ 15개

해설 가지배관 또는 교차배관을 설치하는 경우에는 가지배관의 배열은 토너멘트방식이 아니어야 하며, 가지배관은 교차배관 또는 주배관에서 분기되는 지점을 기점으로 한쪽 가지배관에 설치되는 헤드의 개수는 **8개 이하**로 하여야 한다.

67

특정소방대상물별 소화기구의 능력단위기준 중 노유자시설 소화기구의 능력단위 기준으로 옳은 것은? (단, 건축물의 주요구조부, 벽 및 반자의 실내에 면하는 부분에 대한 조건은 무시한다)

① 해당 용도의 바닥면적 200[m²]마다 능력단위 1단위 이상
② 해당 용도의 바닥면적 100[m²]마다 능력단위 1단위 이상
③ 해당 용도의 바닥면적 50[m²]마다 능력단위 1단위 이상
④ 해당 용도의 바닥면적 30[m²]마다 능력단위 1단위 이상

해설 특정소방대상물별 소화기구의 능력단위기준

특정소방대상물	소화기구의 능력단위
위락시설	해당 용도의 바닥면적 30[m²]마다 능력단위 1단위 이상
공연장·집회장·관람장·문화재·장례식장 및 의료시설	해당 용도의 바닥면적 50[m²]마다 능력단위 1단위 이상
근린생활시설·판매시설·운수시설·숙박시설·**노유자시설**·전시장·공동주택·업무시설·방송통신시설·공장·창고시설·항공기 및 자동차 관련 시설 및 관광휴게시설	해당 용도의 **바닥면적 100[m²]마다 능력단위 1단위 이상**

특정소방대상물	소화기구의 능력단위
그 밖의 것	해당 용도의 바닥면적 200[m²]마다 능력단위 1단위 이상

※ 소화기구의 능력단위를 산출함에 있어서 건축물의 주요구조부가 내화구조이고, 벽 및 반자의 실내에 면하는 부분이 불연재료·준불연재료 또는 난연재료로 된 특정소방대상물에 있어서는 위 표의 **기준면적의 2배**를 해당 특정소방대상물의 기준면적으로 한다.

68

소화수조 또는 저수조가 지표면으로부터 깊이가 4.5[m] 이상인 지하에 있는 경우 설치하여야 하는 가압송수장치의 1분당 최소 양수량은 몇 [L]인가?(단, 소요수량은 80[m³]이다)

① 1,100 ② 2,200
③ 3,300 ④ 4,400

해설 분당 양수량

소요수량	20[m³] 이상 40[m³] 미만	40[m³] 이상 100[m³] 미만	100[m³] 이상
분당 양수량	1,100[L] 이상	2,200[L] 이상	3,300[L] 이상

69

미분무소화설비의 화재안전기준에 따른 용어의 정리 중 다음 (   ) 안에 알맞은 것은?

미분무란 물만을 사용하여 소화하는 방식으로 최소설계압력에서 헤드로부터 방출되는 물입자 중 (㉠)[%]의 누적체적 분포가 (㉡)[μm] 이하로 분무되고 A, B, C급 화재에 적응성을 갖는 것을 말한다.

① ㉠ 30, ㉡ 200 ② ㉠ 50, ㉡ 200
③ ㉠ 60, ㉡ 400 ④ ㉠ 99, ㉡ 400

해설 **미분무** : 물만을 사용하여 소화하는 방식으로 최소설계압력에서 헤드로부터 방출되는 물입자 중 **99[%]**의 누적체적분포가 **400[μm]** 이하로 분무되고 A, B, C급 화재에 적응성을 갖는 것

70

고정포방출구의 구분 중 다음에서 설명하는 것은?

고정지붕구조 또는 부상덮개부착고정지붕 구조의 탱크에 상부포주입법을 이용하는 것으로서 방출된 포가 탱크옆판의 내면을 따라 흘러내려 가면서 액면 아래로 몰입되거나 액면을 뒤섞지 않고 액면상을 덮을 수 있는 반사판 및 탱크내의 위험물 증기가 외부로 역류되는 것을 저지할 수 있는 구조·기구를 갖는 포방출구

① Ⅰ형 ② Ⅱ형
③ Ⅲ형 ④ 특형

해설 **고정포방출구의 구분**
- **Ⅰ형** : **고정지붕구조**의 탱크에 **상부포주입법**(고정포방출구를 탱크옆판의 상부에 설치하여 액표면상에 포를 방출하는 방법을 말한다)을 이용하는 것으로서 방출된 포가 액면 아래로 몰입되거나 액면을 뒤섞지 않고 액면상을 덮을 수 있는 통계단 또는 미끄럼판 등의 설비 및 탱크내의 위험물증기가 외부로 역류되는 것을 저지할 수 있는 구조·기구를 갖는 포방출구
- **Ⅱ형** : **고정지붕구조 또는 부상덮개부착고정지붕구조**(옥외저장탱크의 액상에 금속제의 플로팅, 팬 등의 덮개를 부착한 고정지붕구조의 것을 말한다)의 탱크에 **상부포주입법**을 이용하는 것으로서 방출된 포가 탱크옆판의 내면을 따라 흘러내려 가면서 액면 아래로 몰입되거나 액면을 뒤섞지 않고 액면상을 덮을 수 있는 반사판 및 탱크내의 위험물증기가 외부로 역류되는 것을 저지할 수 있는 구조·기구를 갖는 포방출구
- **특형** : **부상지붕구조**의 탱크에 **상부포주입법**을 이용하는 것으로서 부상지붕의 부상부분상에 높이 0.9[m] 이상의 금속제의 칸막이(방출된 포의 유출을 막을 수 있고 충분한 배수능력을 갖는 배수구를 설치한 것에 한한다)를 탱크옆판의 내측로부터 1.2[m] 이상 이격하여 설치하고 탱크옆판과 칸막이에 의하여 형성된 환상부분(이하 "환상부분"이라 한다)에 포를 주입하는 것이 가능한 구조의 반사판을 갖는 포방출구
- **Ⅲ형** : **고정지붕구조**의 탱크에 **저부포주입법**(탱크의 액면하에 설치된 포방출구로부터 포를 탱크내에 주입하는 방법을 말한다)을 이용하는 것으로서 송포관(발포기 또는 포발생기에 의하여 발생된 포를 보내는 배관을 말한다. 당해 배관으로 탱크내의 위험물이 역류되는 것을 저지할 수 있는 구조·기구를 갖는 것에 한한다)으로부터 포를 방출하는 포방출구

• Ⅳ형 : 고정지붕구조의 탱크에 저부포주입법을 이용하는 것으로서 평상시에는 탱크의 액면하의 저부에 설치된 격납통(포를 보내는 것에 의하여 용이하게 이탈되는 캡을 갖는 것을 포함한다)에 수납되어 있는 특수호스 등이 송포관의 말단에 접속되어 있다가 포를 보내는 것에 의하여 특수호스 등이 전개되어 그 선단이 액면까지 도달한 후 포를 방출하는 포방출구

71

습식스프링클러설비 또는 부압식 스프링클러설비 외의 설비에는 헤드를 향하여 상향으로 수평주행배관 기울기를 몇 이상으로 하여야 하는가?(단, 배관의 구조상 기울기를 줄 수 없는 경우는 제외한다)

① $\dfrac{1}{100}$ ② $\dfrac{1}{200}$

③ $\dfrac{1}{300}$ ④ $\dfrac{1}{500}$

해설 습식스프링클러설비 또는 부압식 스프링클러설비 외의 설비

• 수평주행배관 기울기 : $\dfrac{1}{500}$ 이상

• 가지배관 기울기 : $\dfrac{1}{250}$ 이상

72

특정소방대상물의 용도 및 장소별로 설치하여야 할 인명구조기구의 기준으로 틀린 것은?

① 지하층을 포함하는 층수가 7층 이상인 관광호텔은 방열복 또는 방화복, 공기호흡기를 각 2개 이상 비치할 것
② 문화 및 집회시설 중 수용인원 100명 이상의 영화상영관은 공기호흡기를 층마다 2개 이상 비치할 것
③ 지하가 중 지하상가는 공기호흡기를 층마다 2개 이상 비치할 것
④ 물분무 등 소화설비 중 이산화탄소 소화설비를 설치하여야 하는 특정소방대상물은 공기호흡기를 이산화탄소 소화설비가 설치된 장소의 출입구 외부 인근에 1대 이상 비치할 것

해설 인명구조기구의 기준

특정소방대상물	인명구조기구의 종류	설치수량
지하층을 포함하는 층수가 7층 이상인 관광호텔 및 5층 이상인 병원	• 방열복 또는 방화복(헬멧, 보호장갑 및 안전화를 포함) • 공기호흡기 • 인공소생기	각 2개 이상 비치할 것. 다만, 병원의 경우에는 인공소생기를 설치하지 않을 수 있다.
• 문화 및 집회시설 중 수용인원 100명 이상의 영화상영관 • 판매시설 중 대규모 점포 • 운수시설 중 지하역사 • 지하가 중 지하상가	공기호흡기	층마다 2개 이상 비치할 것. 다만, 각 층마다 갖추어 두어야 할 공기호흡기 중 일부를 직원이 상주하는 인근 사무실에 갖추어 둘 수 있다.
물분무 등 소화설비 중 이산화탄소소화설비를 설치하여야 하는 특정소방대상물	공기호흡기	이산화탄소소화설비가 설치된 장소의 출입구 외부 인근에 1대 이상 비치할 것

73

물분무소화설비 송수구의 설치기준 중 다음 (   ) 안에 알맞은 것은?

> 송수구는 화재층으로부터 지면으로 떨어지는 유리창 등이 송수 및 그 밖의 소화작업에 지장을 주지 아니하는 장소에 설치할 것. 이 경우 가연성가스의 저장·취급시설에 설치하는 송수구는 그 방호대상물로부터 (㉠)[m] 이상의 거리를 두거나 방호대상물에 면하는 부분이 높이 (㉡)[m] 이상 폭 (㉢)[m] 이상의 철근 콘크리트 벽으로 가려진 장소에 설치하여야 한다.

① ㉠ 20, ㉡ 1.5, ㉢ 2.5
② ㉠ 20, ㉡ 0.5, ㉢ 1
③ ㉠ 10, ㉡ 0.8, ㉢ 1.5
④ ㉠ 10, ㉡ 1, ㉢ 2

해설 물분무소화설비 송수구의 설치기준
• 송수구는 화재층으로부터 지면으로 떨어지는 유리창 등이 송수 및 그 밖의 소화작업에 지장을 주지

아니하는 장소에 설치할 것. 이 경우 가연성가스의 저장·취급시설에 설치하는 송수구는 그 방호대상물로부터 **20[m] 이상의 거리**를 두거나 방호대상물에 면하는 부분이 **높이 1.5[m] 이상 폭 2.5[m] 이상의 철근콘크리트 벽**으로 가려진 장소에 설치하여야 한다.

- 구경 65[mm]의 쌍구형으로 할 것
- 송수구에는 그 가까운 곳의 보기 쉬운 곳에 송수압력범위를 표시한 표지를 할 것
- 송수구는 하나의 층의 바닥면적이 3,000[m²]를 넘을 때마다 1개(5개를 넘을 경우에는 5개로 한다) 이상을 설치할 것
- 지면으로부터 높이가 0.5[m] 이상 1[m] 이하의 위치에 설치할 것

74

포헤드를 정방형으로 배치한 경우 포헤드 상호 간 거리 산정식으로 옳은 것은?(단, r은 유효반경이며 S는 포헤드 상호 간의 거리이다)

① $S = 2r \times \sin 30°$

② $S = 2r \times \cos 30°$

③ $S = 2r$

④ $S = 2r \times \cos 45°$

해설 포헤드 상호 간 거리 산정식
- 정방형으로 배치한 경우

$$S = 2r \times \cos 45°$$

여기서, S : 포헤드 상호 간의 거리([m])
　　　　r : 유효반경(2.1[m])
- 장방형으로 배치한 경우

$$pt = 2r$$

여기서, pt : 대각선의 길이([m])
　　　　r : 유효반경(2.1[m])

75

분말소화약제 1[kg]당 저장용기의 내용적이 가장 작은 것은?

① 제1종 분말　　　② 제2종 분말

③ 제3종 분말　　　④ 제4종 분말

해설 저장용기의 내용적

소화약제의 종별	소화약제 1[kg]당 저장용기의 내용적
제1종 분말	0.8[L]
제2종 분말	1.0[L]
제3종 분말	1.0[L]
제4종 분말	1.25[L]

76

화재조기진압용 스프링클러설비를 설치할 장소의 구조 기준으로 틀린 것은?

① 해당 층의 높이가 13.7[m] 이하일 것. 다만, 2층 이상일 경우에는 해당 층의 바닥을 내화구조로 하고 다른 부분과 방화구획 할 것

② 천장의 기울기가 $\dfrac{168}{1,000}$ 을 초과하지 않아야 하고, 이를 초과하는 경우에는 반자를 지면과 수평으로 설치할 것

③ 천장은 평평하여야 하며 철재나 목재트러스 구조인 경우, 철재나 목재의 돌출부분이 102[mm]를 초과하지 아니할 것

④ 창고 내의 선반의 형태는 하부로 물이 침투되지 않는 구조로 할 것

해설 화재조기진압용 스프링클러설비를 설치할 장소의 구조 기준
- 해당 층의 높이가 13.7[m] 이하일 것. 다만, 2층 이상일 경우에는 해당 층의 바닥을 내화구조로 하고 다른 부분과 방화구획 할 것.
- 천장의 기울기가 168/1,000을 초과하지 않아야 하고, 이를 초과하는 경우에는 반자를 지면과 수평으로 설치할 것
- 천장은 평평하여야 하며 철재나 목재트러스 구조인 경우, 철재나 목재의 돌출부분이 102[mm]를 초과하지 아니할 것
- 보로 사용되는 목재·콘크리트 및 철재사이의 간격이 0.9[m] 이상 2.3[m] 이하일 것. 다만, 보의 간격이 2.3[m] 이상인 경우에는 화재조기진압용 스프링클러헤드의 동작을 원활히 하기 위하여 보로 구획된 부분의 천장 및 반자의 넓이가 28[m²]를 초과하지 아니할 것
- 창고 내의 **선반의 형태**는 하부로 물이 침투되는 구조로 할 것

77

이산화탄소 소화약제 저장용기의 설치기준으로 옳은 것은?

① 저장용기의 충전비는 고압식은 1.1 이상 1.5 이하, 저압식은 0.64 이상 0.8 이하로 할 것
② 저압식 저장용기에는 액면계 및 압력계와 1.5[MPa] 이상 1.9[MPa] 이하의 압력에서 작동하는 압력경보장치를 설치할 것
③ 저장용기는 고압식은 25[MPa] 이상, 저압식은 3.5[MPa] 이상의 내압시험압력에 합격한 것으로 할 것
④ 저압식 저장용기에는 용기내부의 온도가 섭씨 영하 21[℃] 이하에서 1.8[MPa]의 압력을 유지할 수 있는 자동냉동장치를 설치할 것

해설 이산화탄소 소화약제 저장용기의 설치기준
• 저장용기의 충전비

고압식	저압식
1.5 이상 1.9 이하	1.1 이상 1.4 이하

• 저압식 저장용기에는 내압시험압력의 0.64배부터 0.8배의 압력에서 작동하는 안전밸브와 내압시험압력의 0.8배부터 내압시험압력에서 작동하는 봉판을 설치할 것
• 저압식 저장용기에는 액면계 및 압력계와 **2.3[MPa] 이상 1.9[MPa] 이하의 압력에서 작동**하는 **압력경보장치**를 설치할 것
• 저압식 저장용기에는 용기내부의 온도가 섭씨 **영하 18[℃] 이하**에서 **2.1[MPa]**의 압력을 유지할 수 있는 **자동냉동장치**를 설치할 것
• 저장용기는 **고압식은 25[MPa] 이상**, 저압식은 3.5[MPa] 이상의 내압시험압력에 **합격**한 것으로 할 것

78

하나의 옥내소화전을 사용하는 노즐선단에서의 방수압력이 0.7[MPa]를 초과할 경우에 감압장치를 설치하여야 하는 곳은?

① 방수구 연결배관
② 호스접결구의 인입 측
③ 노즐선단
④ 노즐 안쪽

해설 노즐선단에서의 방수압력이 0.7[MPa]를 초과할 경우에 호스접결구의 인입 측에 감압장치를 설치하여야 한다.

79

할론 소화설비 자동식 기동장치의 설치기준 중 다음 ( ) 안에 알맞은 것은?

> 전기식 기동장치로서 ( )병 이상의 저장용기를 동시에 개방하는 설비는 2병 이상의 저장용기에 전자개방밸브를 부착할 것

① 3
② 5
③ 7
④ 10

해설 자동식 기동장치의 설치기준
• 자동식 기동장치에는 수동으로도 기동할 수 있는 구조로 할 것
• 전기식 기동장치로서 **7병 이상의 저장용기**를 동시에 개방하는 설비는 **2병 이상의 저장용기에 전자개방밸브를 부착**할 것
• 가스압력식 기동장치는 다음 각 목의 기준에 따를 것
  – 기동용가스용기 및 해당 용기에 사용하는 밸브는 25[MPa] 이상의 압력에 견딜 수 있는 것으로 할 것
  – 기동용가스용기에는 내압시험압력 0.8배부터 내압시험압력 이하에서 작동하는 안전장치를 설치할 것
  – 기동용가스용기의 용적은 1[L] 이상으로 하고, 해당 용기에 저장하는 이산화탄소의 양은 0.6[kg] 이상으로하며, 충전비는 1.5 이상으로 할 것
• 기계식 기동장치는 저장용기를 쉽게 개방할 수 있는 구조로 할 것

정답 77 ③ 78 ② 79 ③

80

스프링클러설비의 종류 중 폐쇄형스프링클러헤드를
사용하는 방식이 아닌 것은?

① 습 식   ② 건 식
③ 준비작동식   ④ 일제살수식

해설 스프링클러설비의 종류

종류 항목		습 식	건 식	부압식	준비 작동식	일제 살수식
사용 헤드		폐쇄형	폐쇄형	폐쇄형	폐쇄형	개방형
배 관	1차측	가압수	가압수	가압수	가압수	가압수
	2차측	가압수	압축 공기	부압수	대기압, 저압공기	대기압 (개방)
경보밸브		알람체 크밸브	건식 밸브	준비작 동밸브	준비작동 밸브	일제개 방밸브
감지기의 유무		없다	없다	단일회 로방식	교차회로 방식	교차회 로방식
시험장치 유무		있다	있다	있다	없다	없다

2018년 9월 15일 시행

제4회

제1과목 소방원론

01

가연성물질 종류에 따른 연소생성가스의 연결이 틀린 것은?

① 탄화수소류 – 이산화탄소
② 셀룰로이드 – 질소산화물
③ PVC – 암모니아
④ 레이온 – 아크롤레인

해설 폴리염화비닐(polyvinyl chloride, PVC)의 연소 : CO_2, HCl(완전연소 시 발생), CO(불완전연소 시 발생)

02

소화에 대한 설명 중 틀린 것은?

① 질식소화에 필요한 산소농도는 가연물과 소화약제의 종류에 따라 다르다.
② 억제소화는 자유활성기(Free Radical)에 의한 연쇄반응을 차단하는 물리적인 소화방법이다.
③ 액체 이산화탄소나 할론의 냉각소화 효과는 물보다 아주 작다.
④ 화염을 금속망이나 소결금속 등의 미세한 구멍으로 통과시켜 소화하는 화염방지기(Flame Arrester)는 냉각소화를 이용한 안전장치이다.

해설 억제소화는 자유활성기(Free Radical)에 의한 연쇄반응을 차단하는 화학적인 소화방법이다.

03

화재하중에 주된 영향을 주는 것은?

① 가연물의 온도
② 가연물의 색상
③ 가연물의 양
④ 가연물의 융점

해설 화재하중 : 일반 건축물에서 가연성 건축 구조재와 **가연성 수용물의 양**으로 건물화재 시 화재 위험성을 나타내는 용어

04

분말 소화약제 원시료의 중량 50[g]을 12시간 건조한 후 중량을 측정하였더니 49.95[g]이고, 24시간 건조한 후 중량을 측정하였더니 49.90[g]이었다. 수분함수율은 몇 [%]인가?

① 0.1
② 0.15
③ 0.2
④ 0.25

해설 수분함수율 = $(50-49.90/50) \times 100 = 0.2$

05

출화의 시기를 나타낸 것 중 옥외출화에 해당되는 것은?

① 목재사용 가옥에서는 벽, 추녀 밑의 판자나 목재에 발염착화한 때
② 불연 벽체나 칸막이 및 불연 천장인 경우 실내에서는 그 뒷판에 발염착화한 때
③ 보통가옥 구조인 경우 천정판의 발염착화한 때
④ 천정 속, 벽 속 등에서 발염착화한 때

해설 **옥외출하** : 목재사용 가옥에서는 벽, 추녀 밑의 판자나 목재에 발염착화한 때

06

연소범위에 대한 설명으로 틀린 것은?

① 연소범위에는 상한과 하한이 있다.
② 연소범위의 값은 공기와 혼합된 가연성 기체의 체적농도로 표시된다.
③ 연소범위의 값은 압력과 무관하다.
④ 연소범위는 가연성 기체의 종류에 따라 다른 값을 갖는다.

해설 연소범위는 압력에 따라 다르다.

07

이산화탄소 소화약제를 방출하였을 때 방호구역 내에서 산소농도가 18[vol%]가 되기 위한 이산화탄소의 농도는 약 몇 [vol%]인가?

① 3
② 7
③ 6
④ 14

해설 이산화탄소의 농도

$$이산화탄소의 농도[\%] = \frac{21 - O_2}{21} \times 100$$

$$\therefore 이산화탄소의 농도[\%] = \frac{21 - 18}{21} \times 100 = 14.28[\%]$$

08

위험물의 종류에 따른 저장방법 설명 중 틀린 것은?

① 칼륨 – 경유 속에 저장
② 아세트알데하이드 – 구리 용기에 저장
③ 이황화탄소 – 물속에 저장
④ 황린 – 물속에 저장

해설 저장방법

종 류	저장방법 등
칼륨, 나트륨	등유, 경유 속에 저장
아세트알데하이드	구리, 마그네슘, 은, 수은과 접촉하면 아세틸레이트 생성으로 접촉 금지
이황화탄소, 황린	물 속에 저장
나이트로셀룰로스	물 또는 알코올에 습면시켜 저장

09

제4류 위험물을 취급하는 위험물제조소에 설치하는 게시판의 주의사항으로 옳은 것은?

① 화기엄금
② 물기주의
③ 화기주의
④ 충격주의

해설 제4류 위험물의 제조소의 주의사항 : 화기엄금

10

고비점 유류의 화재에 적응성이 있는 소화설비는?

① 옥내소화전설비
② 옥외소화전설비
③ 미분무소화설비
④ 연결송수관설비

해설 미분무소화설비 : 고비점 유류의 화재에 적응

11

프로판 가스의 공기 중 폭발범위는 약 몇 [vol%]인가?

① 2.1~9.5
② 15~25.5
③ 20.5~32.1
④ 33.1~63.5

해설 프로판의 폭발범위 : 2.1~9.5[vol%]

12

실 상부에 배연기를 설치하여 연기를 옥외로 배출하고 급기는 자연적으로 하는 제연방식은?

① 제2종 기계제연방식
② 제3종 기계제연방식
③ 스모크타워 제연방식
④ 제1종 기계제연방식

해설 기계제연방식
• 제1종 기계제연 : 제연팬으로 급기와 배기를 동시에 행하는 제연방식
• 제2종 기계제연 : 제연팬으로 급기를 하고 자연배기를 하는 제연방식
• **제3종 기계제연** : 제연팬으로 배기를 하고 **자연급기**를 하는 제연방식

13

제3류 위험물로 금수성 물질에 해당하는 것은?

① 탄화칼슘　　　　② 유 황
③ 황 린　　　　　　④ 이황화탄소

해설 위험물의 분류

항 목＼종 류	유 별	성 질
탄화칼슘	제3류 위험물 칼슘의 탄화물	금수성 물질
유 황	제2류 위험물	가연성 고체
황 린	제3류 위험물	자연발화성 물질
이황화탄소	제4류 위험물 특수인화물	인화성 액체

14

실내에 화재가 발생하였을 때 그 실내의 환경변화에 대한 설명 중 틀린 것은?

① 압력이 내려간다.
② 산소의 농도가 감소한다.
③ 일산화탄소가 증가한다.
④ 이산화탄소가 증가한다.

해설 화재가 발생하면
  • 압력이 증가한다.
  • 화재 시 발생하는 유해성가스 때문에 산소의 농도가 감소한다.
  • 화재 시 발생하는 일산화탄소, 이산화탄소는 증가한다.

15

사염화탄소를 소화약제로 사용하지 않는 이유에 대한 설명 중 옳은 것은?

① 폭발의 위험성이 있기 때문에
② 유독가스의 발생 위험이 있기 때문에
③ 전기 전도성이 있기 때문에
④ 공기보다 비중이 작기 때문에

해설 사염화탄소는 공기, 수분, 이산화탄소와 반응하면 포스겐($COCl_2$)의 유독가스가 발생하므로 위험하다.

16

실험군 쥐를 15분 동안 노출시켰을 때 실험군의 절반이 사망하는 치사 농도는?

① ODP　　　　　② GWP
③ NOAEL　　　　④ ALC

해설 용어설명
  • 오존 파괴지수(ODP) : 어떤 물질의 오존 파괴능력을 상대적으로 나타내는 지표

$$ODP = \frac{어떤\ 물질\ 1[kg]이\ 파괴하는\ 오존량}{CPC-11\ 1[kg]이\ 파괴하는\ 오존량}$$

  • 지구 온난화지수(GWP) : 일정무게의 CO_2가 대기 중에 방출되어 지구온난화에 기여하는 정도를 1로 정하였을 때 같은 무게의 어떤 물질이 기여하는 정도

$$GWP = \frac{물질\ 1[kg]이\ 기여하는\ 온난화\ 정도}{CO_2\ 1[kg]이\ 기여하는\ 온난화\ 정도}$$

  • NOAEL : 심장 독성 시험 시 심장에 영향을 미치지 않는 최대허용농도
  • ALC(Approximate Lethal Concentration) : 실험군 쥐를 15분 동안 노출시켰을 때 실험군의 절반이 사망하는 치사 농도

17

전기화재의 발생 원인이 아닌 것은?

① 누 전　　　　　② 합 선
③ 과전류　　　　④ 마 찰

해설 전기화재의 발생 원인 ; 누전, 합선, 과부하, 전열기구의 과열등

18

제1류 위험물 중 과산화나트륨의 화재에 가장 적합한 소화방법은?

① 다량의 물에 의한 소화
② 마른 모래에 의한 소화
③ 포소화기에 의한 소화
④ 분무상의 주수 소화

해설 과산화나트륨은 물과 반응하면 산소를 발생하므로 적합하지 않고 마른모래나 탄산수소염류 분말약제가 적합하다.

정답 13 ①　14 ①　15 ②　16 ④　17 ④　18 ②

19

실내 화재 시 연기의 이동과 관련이 없는 것은?

① 건물 내·외부의 온도차
② 공기의 팽창
③ 공기의 밀도차
④ 공기의 모세관 현상

해설 연기유동에 영향을 미치는 요인
- 건물 내·외부의 온도차
- 공기의 팽창
- 공기의 밀도차
- 굴뚝효과
- 외부에서의 풍력
- 공조설비

20

다음 중에서 전기음성도가 가장 큰 원소는?

① B
② Na
③ O
④ Cl

해설 전기음성도 : F > O > N > Cl

제 **2** 과목 **소방유체역학**

21

이상기체의 폴리트로픽 변화 $PV^n=C$에서 n이 대상 기체의 비열비(Ratio of specific heat)인 경우는 어떤 변화인가?(단, P는 압력, V는 부피, C는 상수(Constant)를 나타낸다)

① 단열변화
② 등온변화
③ 정적변화
④ 정압변화

해설 $PV^n = C$
- $n=0$이면 $PV^n = PV^0 = P$: 정압변화
- $n=1$이면 $PV^n = PV^1 = T = C$: 등온변화

- $n=k$이면 $PV^n = PV^k = C$: 단열변화
- $n=\infty$이면 $PV^n = P^{\frac{1}{n}}V = P^0V = V = C$: 정적변화

22

비중이 0.88인 벤젠에 안지름 1[mm]의 유리관을 세웠더니 벤젠이 유리관을 따라 9.8[mm]를 올라갔다. 유리와의 접촉각이 0°라 하면 벤젠의 표면장력은 몇 [N/m]인가?

① 0.021
② 0.042
③ 0.084
④ 0.128

해설 표면장력

$$\sigma = \frac{h\gamma d}{4 \times \cos\theta}$$

여기서 σ : 표면장력[N/m]
　　h : 상승높이(0.0098[m])
　　γ : 비중량(0.88×9,800[N/m³])
　　d : 직경(0.001[m])
　　θ : 각도

$$\therefore \sigma = \frac{0.0098[\text{m}] \times 0.88 \times 9,800[\text{N/m}^3] \times 0.001[\text{m}]}{4 \times \cos\theta}$$

$$= 0.0211[\text{N/m}]$$

23

복사 열전달에 대한 설명 중 올바른 것은?

① 방출되는 복사열은 복사되는 면적에 반비례한다.
② 방출되는 복사열은 방사율이 작을수록 커진다.
③ 방출되는 복사열은 절대온도의 4승에 비례한다.
④ 완전흑체의 경우 방사율은 0이다.

해설 복사열은 절대온도[K]의 4승에 비례한다.

24

다음 중 금속의 탄성변형을 이용하여 기계적으로 압력을 측정할 수 있는 것은?

① 부르동관 압력계   ② 수은 기압계
③ 맥라우드 진공계   ④ 마노미터 압력계

해설 **부르동관 압력계** : 측정되는 압력에 의하여 생기는 금속의 탄성변형을 기계적으로 확대 지시하여 유체의 압력을 측정하는 계기

25

노즐 내의 유체의 질량 유량은 0.06[kg/s], 출구에서의 비체적을 7.8[m³/kg], 출구에서의 평균 속도를 80[m/s]라고 하면, 노즐 출구의 단면적은 약 몇 [cm²]인가?

① 88.5   ② 78.5
③ 68.5   ④ 58.5

해설 **노즐 출구의 단면적**

$$A = \frac{\overline{m} \times \nu}{u} = \frac{\left[\frac{\text{kg}}{\text{s}}\right] \times \left[\frac{\text{m}^3}{\text{kg}}\right]}{\left[\frac{\text{m}}{\text{s}}\right]} = [\text{m}^2]$$

$$\therefore A = \frac{0.06 \times 7.8}{80} = 0.00585[\text{m}^2] = 58.5[\text{cm}^2]$$

26

지름이 13[mm]인 옥내소화전의 노즐에서 10분간 방사된 물의 양이 1.7[m³]이었다면 노즐의 방사압력(계기압력)은 약 몇 [kPa]인가?

① 17   ② 27
③ 228   ④ 456

해설 **옥내소화전 방사압력**

$$Q = 0.6597D^2\sqrt{10P}$$

$$\frac{Q}{0.6597D^2} = \sqrt{10P}$$

$$P = \left(\frac{Q}{0.6597D^2}\right)^2 \div 10$$

여기서, Q : 방수량[L/min]
　　　　D : 지름[mm]
　　　　P : 방수압력[MPa]

$$\therefore P = \left(\frac{Q}{0.6597D^2}\right)^2 \div 10$$
$$= \left(\frac{(1.7 \times 1,000)/10}{0.6597 \times (13)^2}\right)^2 \div 10$$
$$= 0.232[\text{MPa}] = 232[\text{kPa}]$$

27

온도와 압력이 각각 15[℃], 101.3[kPa]이고 밀도 1.225[kg/m³]인 공기가 흐르는 관로 속에 U자관 액주계를 설치하여 유속을 측정하였더니 수은주 높이 차이가 250[mm]이었다. 이때 공기는 비압축성 유동이라고 가정할 때 공기의 유속은 약 몇 [m/s]인가? (단, 수은의 비중은 13.6이다)

① 174   ② 233
③ 296   ④ 355

해설 **공기의 유속**

• 수은의 밀도 $\rho_2 = s\rho_w$ 에서
  $\rho_1 = 13.6 \times 1,000[\text{kg/m}^3] = 13,600[\text{kg/m}^3]$

• 유속 $u = \sqrt{2gh\left(\frac{\rho_2}{\rho_1} - 1\right)}$ 에서

$$u = \sqrt{2 \times 9.8\left[\frac{\text{m}}{\text{s}^2}\right] \times 0.25[\text{m}] \times \left(\frac{13,600[\text{kg/m}^3]}{1.225[\text{kg/m}^3]} - 1\right)}$$
$$= 233.2[\text{m/s}]$$

28

반지름이 R 인 원관에서의 물의 속도분포가 $u = u_0 [1 - (r/R)^2]$와 같을 때, 벽면에서의 전단응력의 크기는 얼마인가?(단, μ는 점성계수, ν는 동점성계수, u_0는 관 중앙에서의 속도, r은 관 중심으로부터의 거리이다)

① $\dfrac{\mu u_0}{R}$ ② $\dfrac{2\mu u_0}{R}$

③ $\dfrac{\nu u_0}{R}$ ④ $\dfrac{2\nu u_0}{R}$

정답 24 ①   25 ④   26 ③   27 ②   28 ②

해설 전단응력의 크기

> 원관에서 층류유동의 전단응력 $\tau = -\mu \dfrac{du}{dr}$

- 속도분포 $u = u_o \left\{ 1 - \left(\dfrac{r}{R} \right)^2 \right\} = \dfrac{u_o}{R^2}(R^2 - r^2)$ 에서

  속도구배 $\dfrac{du}{dr} = \dfrac{u_o}{R^2}(-2r)$ 이고 벽면이 경계조건이

  므로 $r = R$이다. 이것을 속도구배에 대입하면

  $\dfrac{du}{dr} = \dfrac{u_o}{R^2}(-2R) = -\dfrac{2u_o}{R}$ 이다.

- 전단응력 $\tau = -\mu \dfrac{du}{dr} = -\mu \left(-\dfrac{2u_o}{R} \right) = \dfrac{2\mu u_o}{R}$

29

일반적으로 원심펌프의 특성 곡선은 3가지로 나타내는데 이에 속하지 않는 것은?

① 유량과 전양정의 관계를 나타내는 전양정 곡선
② 유량과 축동력의 관계를 나타내는 축동력 곡선
③ 유량과 펌프효율의 관계를 나타내는 효율 곡선
④ 유량과 회전수의 관계를 나타내는 회전수 곡선

해설 원심펌프의 특성 곡선
- 유량과 전양정의 관계를 나타내는 전양정 곡선
- 유량과 축동력의 관계를 나타내는 축동력 곡선
- 유량과 펌프효율의 관계를 나타내는 효율 곡선

30

지름 6[cm], 길이 15[m], 관마찰계수 0.025인 수평 원관 속을 물이 난류로 흐를 때 관 출구와 입구의 압력차가 9,810[Pa]이면 유량은 약 몇 [m³/s]인가?

① 5.0
② 5.0×10^{-3}
③ 0.5
④ 0.5×10^{-3}

해설 유량

> 관 마찰손실수두 $h = \dfrac{f l u^2}{2gD}$,
>
> 압력차 $\Delta P = \gamma h = \dfrac{f l u^2 \gamma}{2gD}$

- 유속 $u = \sqrt{\dfrac{\Delta P \times d \times 2g}{f \times l \times \gamma}}$ 에서

  $u = \sqrt{\dfrac{9,810\left[\dfrac{\mathrm{N}}{\mathrm{m}^2}\right] \times 0.06[\mathrm{m}] \times 2 \times 9.8\left[\dfrac{\mathrm{m}}{\mathrm{s}^2}\right]}{0.025 \times 15 \times 9,800\left[\dfrac{\mathrm{N}}{\mathrm{m}^3}\right]}}$

  $= 1.77[\mathrm{m/s}]$

- 유량 $Q = Au = \dfrac{\pi}{4} \times d^2 \times u$ 에서

  $Q = \dfrac{\pi}{4} \times (0.06[\mathrm{m}])^2 \times 1.77\left[\dfrac{\mathrm{m}}{\mathrm{s}}\right] = 5 \times 10^{-3}[\mathrm{m}^3/\mathrm{s}]$

31

유체역학적 관점으로 말하는 이상유체(Ideal fluid)에 관한 설명으로 가장 옳은 것은?

① 점성으로 인해 마찰손실이 생기는 유체
② 높은 압력을 가하면 밀도가 상승하는 유체
③ 유체에 압력을 가하면 체적이 줄어드는 유체
④ 압력을 가해도 밀도변화가 없으며 마찰손실도 없는 유체

해설 이상유체 : 압력을 가해도 밀도변화가 없으며 마찰손실도 없는 유체

32

펌프 동력과 관계된 용어의 정의에서 펌프에 의해 유체에 공급되는 동력을 무엇이라고 하는가?

① 축동력
② 수동력
③ 전체동력
④ 원동기 동력

해설 수동력 : 펌프에 의해 유체에 공급되는 동력

33

수평 하수도관에 $\dfrac{1}{2}$만 물이 차 있다. 관의 안지름이 1[m], 길이가 3[m]인 하수도관 내 물과 접촉하는 곡면에서 받는 합력의 수직방향(중력방향) 성분은 약 몇 [kN]인가?(단, 대기압의 효과는 무시한다)

① 11.55
② 23.09
③ 46.18
④ 92.36

해설 힘 $F = \gamma V = \gamma \times \left(\dfrac{\pi}{4} \times D^2 \times L \right)$ 에서

$$F = 9,800 \left[\dfrac{N}{m^3} \right] \times \left\{ \dfrac{\pi}{4} \times (1[m])^2 \times 3[m] \right\} \times \dfrac{1}{2}$$
$$= 11,545[N] = 11.55[kN]$$

34

지름 10[cm]의 원형노즐에서 물이 50[m/s]의 속도로 분출되어 벽에 수직으로 충돌할 때 벽이 받는 힘의 크기는 약 몇 [kN]인가?

① 19.6
② 33.9
③ 57.1
④ 79.3

해설 힘의 크기

$$F = Q\rho u = u A \rho u$$

여기서, F : 힘[N],

Q : 유량($uA = 50[m/s] \times \dfrac{\pi}{4}(0.1[m])^2 = 0.39[m^3/s]$)

ρ : 밀도($1,000[kg/m^3]$)

u : 유속($50[m/s]$)

$$\therefore F = u A \rho u = 50 \times \dfrac{\pi}{4}(0.1)^2 \times 1,000 \times 50$$
$$= 19,634.95[kg \cdot m/s^2] = 19.63[kN]$$

$$[kg \cdot m/s^2] = [N]$$

35

카르노 사이클에 대한 설명 중 틀린 것은?

① 열효율은 온도만의 함수로 구성된다.
② 두 개의 등온과정과 두 개의 단열과정으로 구성된다.
③ 최고온도와 최저온도가 같을 때 비가역 사이클보다는 카르노 사이클의 효율이 반드시 높다.
④ 작동유체의 밀도에 따라 열효율은 변한다.

해설 카르노 사이클
• 열효율은 온도만의 함수로 구성된다.
• 두 개의 등온과정과 두 개의 단열과정으로 구성된다.
• 최고온도와 최저온도가 같을 때 비가역 사이클보다는 카르노 사이클의 효율이 반드시 높다.
• 작동유체의 밀도에 따라 열효율은 변하지 않는다.

36

피스톤 내의 기체 0.5[kg]을 압축하는 데 15[kJ]의 열량이 가해졌다. 이때 12[kJ]의 열이 피스톤 밖으로 빠져나갔다면 내부에너지의 변화는 약 몇 [kJ]인가?

① 27
② 13.5
③ 3
④ 1.5

해설 내부에너지의 변화
계가 열을 흡수하면 (+)이고, 계가 열을 방출하면 (−)이다. 또한, 계가 일을 하면 (+)이고, 계가 일을 받으면 (−)이다.
∴ 압축하는 데 15[kJ]의 열량이 가해졌을 경우
열량 변화 $\delta Q = dU + \delta W$ 에서 내부에너지 변화
$dU = \delta Q - \delta W = (15 - 12)[kJ] - 0 = 3[kJ]$

37

20[℃]의 물이 안지름 2[cm]인 원관 속을 흐르고 있는 경우 평균 속도는 약 몇 [m/s]인가?(단, 레이놀즈수는 2,100, 동점성계수는 $1.006 \times 10^{-6}[m^2/s]$이다)

① 0.106
② 1.067
③ 2.003
④ 0.703

해설 평균속도

$$Re = \dfrac{Du}{\nu} \quad u = \dfrac{Re \cdot \nu}{D}$$

여기서, D : 관의 내경[m]

u : 유속[m/s]

ν : 동점도[m²/s]

$$\therefore u = \dfrac{Re \cdot \nu}{D} = \dfrac{2,100 \times 1.006 \times 10^{-6}[m^2/s]}{0.02[m]}$$
$$= 0.1056[m/s]$$

38

지름이 10[cm]인 원통에 물이 담겨있다. 중심축에 대하여 300[rpm]의 속도로 원통을 회전시켰을 때 수면의 최고점과 최저점의 높이 차는 약 몇 [cm]인가? (단, 회전시켰을 때 물이 넘치지 않았다고 가정한다)

① 8.5
② 10.2
③ 11.4
④ 12.6

해설 최고점과 최저점의 높이 차

- 회전수 $N = \dfrac{60\omega}{2\pi}$ 에서 각속도

$$\omega = \dfrac{2\pi N}{60} = \dfrac{2\pi \times 300}{60} = 31.42[\text{rad/s}]$$

- 상승높이 $h = \dfrac{r^2 \omega^2}{2g}$ 에서

$$h = \dfrac{(5[\text{cm}])^2 \times (31.42[\text{rad/s}])^2}{2 \times 980[\text{cm/s}^2]} = 12.59[\text{cm}] = 12.6[\text{cm}]$$

39

단면적이 0.1[m²]에서 0.5[m²]로 급격히 확대되는 관로에 0.5[m³/s]의 물이 흐를 때 급확대에 의한 손실수두는 약 몇 [m]인가?(단, 급확대에 의한 부차적 손실계수는 0.64이다)

① 0.82   ② 0.99
③ 1.21   ④ 1.45

해설 돌연확대관 손실수두

$$H = k\dfrac{(u_1 - u_2)^2}{2g} = k'\dfrac{u_1^2}{2g}$$

여기서, $u_1 = \dfrac{Q}{A} = \dfrac{0.5[\text{m}^3/\text{s}]}{0.1[\text{m}^2]} = 5[\text{m/s}]$

$$\therefore H = k'\dfrac{u_1^2}{2g} = 0.64 \times \dfrac{(5\text{m/s})^2}{2 \times 9.8[\text{m/s}^2]} = 0.816[\text{m}]$$

40

배관 내에서 물의 수격작용(Water Hammer)을 방지하는 대책으로 잘못된 것은?

① 조압 수조(Surge Tank)를 관로에 설치한다.
② 밸브를 펌프 송출구에서 멀게 설치한다.
③ 밸브를 서서히 조작한다.
④ 관경을 크게 하고 유속을 작게 한다.

해설 수격현상의 방지대책
- 관로의 관경을 크게 하고 유속을 낮게 하여야 한다.
- 압력강하의 경우 Fly Wheel을 설치하여야 한다.
- 조압수조(Surge Tank) 또는 수격방지기(Water Hammering Cusion) 설치하여야 한다.
- 펌프 **송출구 가까이 송출밸브를 설치**하여 압력 상승 시 압력을 제어하여야 한다.

제 **3** 과목 | 소방관계법규

41

화재예방, 소방시설 설치·유지 및 안전관리에 관한 법령에 따른 특정소방대상물 중 운동 시설의 용도로 사용하는 바닥면적의 합계가 50[m²]일 때 수용인원은?(단, 관람석이 없으며 복도, 계단 및 화장실의 바닥면적은 포함하지 않은 경우이다)

① 8명   ② 11명
③ 17명   ④ 26명

해설 강당, 문화 및 집회시설, 운동시설, 종교시설의 수용인원
- 해당용도로 사용하는 **바닥면적의 합계를 4.6[m²]로 나누어 얻은 수**(관람석이 있는 경우 고정식 의자를 설치한 부분은 그 부분의 의자 수로 하고, 긴 의자의 경우에는 의자의 정면너비를 0.45[m]로 나누어 얻은 수로 한다)
- 바닥면적을 산정할 때에는 복도(건축법 시행령 제2조 제11호에 따른 준불연재료 이상의 것을 사용하여 바닥에서 천장까지 벽으로 구획한 것을 말한다), 계단 및 화장실의 바닥면적을 포함하지 않는다.
- 계산 결과 소수점 이하의 수는 반올림한다.

$$\text{수용인원} = \dfrac{\text{바닥면적의 합계}}{4.6[\text{m}^2]}$$

$$\therefore \text{수용인원} = \dfrac{\text{바닥면적의 합계}}{4.6[\text{m}^2]} = \dfrac{50[\text{m}^2]}{4.6[\text{m}^2]}$$
$$= 10.87\text{명} = 11\text{명}$$

42

소방기본법령에 따른 급수탑 및 지상에 설치하는 소화전·저수조의 경우 소방용수표지 기준 중 다음 ( ) 안에 알맞은 것은?

> 문자는 (㉠), 내측바탕은 (㉡), 외측 바탕은 (㉢)으로 하고 반사도료를 사용하여야 한다.

① ㉠ 검은색, ㉡ 청색, ㉢ 적색
② ㉠ 검은색, ㉡ 적색, ㉢ 청색
③ ㉠ 백색, ㉡ 청색, ㉢ 적색
④ ㉠ 백색, ㉡ 적색, ㉢ 청색

해설 소방용수표지의 문자는 **백색**, 내측바탕은 **적색**, 외측 바탕은 **청색**으로 하고 반사도료를 사용하여야 한다.

43

화재예방, 소방시설 설치·유지 및 안전관리에 관한 법령에 따른 소방시설 등의 자체점검 시 점검인력 1단위가 하루 동안 점검할 수 있는 특정소방대상물의 연면적 기준 중 다음 (   ) 안에 알맞은 것은?(단, 점검인력 1단위에 보조인력 1명을 추가하는 경우는 제외한다)

> • 종합정밀점검 : (㉠)[m²]
> • 작동기능점검 : (㉡)[m²]
> • 작동기능점검 소규모 점검의 경우 : (㉢)[m²]

① ㉠ 10,000, ㉡ 12,000, ㉢ 3,500
② ㉠ 13,000, ㉡ 15,500, ㉢ 7,000
③ ㉠ 12,000, ㉡ 10,000, ㉢ 3,500
④ ㉠ 15,500, ㉡ 13,000, ㉢ 7,000

해설 자체점검 시 점검인력 1단위(소방시설관리사 1명＋보조 기술인력 2명)의 점검한도면적

구 분\항 목	일반건축물 점검한도면적	보조기술인력 1명 추가	아파트 점검한도면적	보조기술인력 1명 추가
종합정밀점검	10,000[m²]	3,000[m²]	300세대	70세대
작동기능점검	12,000[m²]	3,500[m²]	350세대	90세대
소규모점검	3,500[m²]	–	90세대	–

44

소방기본법에 따른 출동한 소방대의 소방장비를 파손하거나 그 효용을 해하여 화재진압·인명구조 또는 구급활동을 방해하는 행위를 한 사람에 대한 벌칙 기준은?

① 5년 이하의 징역 또는 5,000만원 이하의 벌금
② 5년 이하의 징역 또는 3,000만원 이하의 벌금
③ 3년 이하의 징역 또는 3,000만원 이하의 벌금
④ 3년 이하의 징역 또는 1,500만원 이하의 벌금

해설 5년 이하의 징역 또는 5,000만원 이하의 벌금
• 제16조제2항을 위반하여 다음 각 목의 어느 하나에 해당하는 행위를 한 사람
 - 위력(威力)을 사용하여 출동한 소방대의 화재진압·인명구조 또는 구급활동을 방해하는 행위
 - 소방대가 화재진압·인명구조 또는 구급활동을 위하여 현장에 출동하거나 현장에 출입하는 것을 고의로 방해하는 행위
 - 출동한 소방대원에게 폭행 또는 협박을 행사하여 화재진압·인명구조 또는 구급활동을 방해하는 행위
 - 출동한 소방대의 **소방장비를 파손**하거나 그 **효용을 해하여 화재진압·인명구조 또는 구급활동을 방해하는 행위**
• 소방자동차의 출동을 방해한 사람
• 사람을 구출하는 일 또는 불을 끄거나 불이 번지지 아니하도록 하는 일을 방해한 사람
• 정당한 사유 없이 소방용수시설 또는 비상소화장치를 사용하거나 소방용수시설 또는 비상소화장치의 효용을 해치거나 그 정당한 사용을 방해한 사람

45

소방시설공사업법령에 따른 완공검사를 위한 현장 확인 대상 특정소방대상물의 범위 기준 중 틀린 것은?

① 연면적 10,000[m²] 이상이거나 11층 이상인 특정소방대상물(아파트는 제외)
② 가연성가스를 제조·저장 또는 취급하는 시설 중 지상에 노출된 가연성가스탱크의 저장용량 합계가 1,000[t] 이상인 시설
③ 가스계(이산화탄소·할론·할로겐화합물 및 불활성기체 소화약제)소화설비(호스릴소화설비는 포함)가 설치되는 것
④ 문화 및 집회시설, 종교시설, 판매시설, 노유자시설, 수련시설, 운동시설, 숙박시설, 창고시설, 지하상가

해설 완공검사를 위한 현장 확인대상 특정소방대상물의 범위
• 문화 및 집회시설, 종교시설, 판매시설, 노유자(老幼者)시설, 수련시설, 운동시설, 숙박시설, 창고시설, 지하상가 및 다중이용업소
• 스프링클러설비등, **물분무 등 소화설비(호스릴방식은 제외)**가 설치되는 특정소방대상물

- 연면적 10,000[m²] 이상이거나 11층 이상인 특정소방대상물(아파트는 제외한다)
- 가연성가스를 제조·저장 또는 취급하는 시설 중 지상에 노출된 가연성가스탱크의 저장용량 합계가 1,000[t] 이상인 시설

46

화재예방, 소방시설 설치·유지 및 안전관리에 관한 법령에 따른 특정소방대상물의 연소방지 설비 설치면제 기준 중 다음 (   ) 안에 해당하지 않는 소방시설은?

> 연소방지설비를 설치하여야 하는 특정 소방대상물에 (   )를 화재안전기준에 적합하게 설치한 경우에는 그 설비의 유효범위에서 설치가 면제된다.

① 스프링클러설비 ② 강화액소화설비
③ 물분무소화설비 ④ 미분무소화설비

해설 연소방지 설비 설치면제 기준

설치가 면제되는 소방시설	설치면제 기준
연소방지 설비	연소방지설비를 설치하여야 하는 특정 소방대상물에 **스프링클러설비, 물분무소화설비 또는 미분무소화설비**를 화재안전기준에 적합하게 설치한 경우에는 그 설비의 유효범위에서 설치가 면제된다.

47

화재예방, 소방시설 설치·유지 및 안전관리에 관한 법령에 따른 비상방송설비를 설치하여야 하는 특정소방대상물의 기준 중 틀린 것은?(단, 위험물 저장 및 처리 시설 중 가스시설, 사람이 거주하지 않는 동물 및 식물 관련 시설, 지하가 중 터널, 축사 및 지하구는 제외한다)

① 연면적 3,500[m²] 이상인 것
② 연면적 1,000[m²] 미만의 기숙사
③ 지하층의 층수가 3층 이상인 것
④ 지하층을 제외한 층수가 11층 이상인 것

해설 비상방송설비를 설치하여야 하는 특정소방대상물

- 연면적 3,500[m²] 이상인 것
- 지하층을 제외한 층수가 11층 이상인 것
- 지하층의 층수가 3층 이상인 것

48

위험물안전관리법령에 따른 소방청장, 시·도지사, 소방본부장 또는 소방서장이 한국소방산업기술원에 위탁할 수 있는 업무의 기준 중 틀린 것은?

① 시·도지사의 탱크안전성능검사 중 암반탱크에 대한 탱크안전성능검사
② 시·도지사의 탱크안전성능검사 중 용량이 100만[L] 이상인 액체위험물을 저장하는 탱크에 대한 탱크안전성능검사
③ 시·도지사의 완공검사에 관한 권한 중 저장용량이 30만[L] 이상인 옥외탱크저장소 또는 암반탱크저장소의 설치 또는 변경에 따른 완공검사
④ 시·도지사의 완공검사에 관한 권한 중 지정수량 3,000배 이상의 위험물을 취급하는 제조소 또는 일반취급소의 설치 또는 변경(사용 중인 제조소 또는 일반취급소의 보수 또는 부분적인 증설은 제외)에 따른 완공검사

해설 한국소방산업기술원에 위탁할 수 있는 업무

- 법제8조제1항의 규정에 의한 시·도지사의 탱크안전성능검사 중 다음 각목에 해당하는 탱크에 대한 탱크안전성능검사
  - **용량이 100만[L] 이상**인 액체위험물을 저장하는 탱크
  - 암반탱크
  - 지하탱크저장소의 위험물탱크 중 행정안전부령이 정하는 액체위험물탱크
- 법제9조제1항에 따른 시·도지사의 완공검사에 관한 권한 중 다음의 어느 하나에 해당하는 완공검사
  - 지정수량의 3,000배 이상의 위험물을 취급하는 제조소 또는 일반취급소의 설치 또는 변경(사용 중인 제조소 또는 일반취급소의 보수 또는 부분적인 증설은 제외한다)에 따른 완공검사
  - 옥외탱크저장소(저장용량이 50만[L] 이상인 것만 해당한다) 또는 암반탱크저장소의 설치 또는 변경에 따른 완공검사

49

화재예방, 소방시설 설치·유지 및 안전관리에 관련 법령에 따른 펄프공장의 작업장, 음료수 공장의 충전을 하는 작업장 등과 같이 화재안전기준을 적용하기 어려운 특정소방대상물에 설치하지 아니할 수 있는 소방시설의 종류가 아닌 것은?

① 상수도소화용수설비
② 스프링클러설비
③ 연결살수설비
④ 연결송수관설비

해설 소방시설을 설치하지 아니할 수 있는 특정소방대상물 및 소방시설의 범위

구 분	특정소방대상물	소방시설
화재안전 기준을 적용하기 어려운 특정소방 대상물	펄프공장의 작업장, 음료수 공장의 세정 또는 충전을 하는 작업장, 그 밖에 이와 비슷한 용도로 사용하는 것	스프링클러설비, 상수도소화용수설비 및 연결살수설비
	정수장, 수영장, 목욕장, 농예·축산·어류 양식용 시설, 그 밖에 이와 비슷한 용도로 사용되는 것	자동화재탐지설비, 상수도소화용수설비 및 연결살수설비

50

위험물안전관리법에 따른 정기검사의 대상인 제조소 등의 기준 중 다음 (   ) 안에 알맞은 것은?

> 정기점검의 대상이 되는 제조소 등의 관계인 가운데 액체위험물을 저장 또는 취급하는 (   )[L] 이상의 옥외탱크저장소의 관계인은 행정안전부령이 정하는 바에 따라 소방본부장 또는 소방서장으로부터 당해 제조소 등이 규정에 따른 기술기준에 적합하게 유지되고 있는지의 여부에 대하여 정기적으로 검사를 받아야 한다.

① 50만
② 100만
③ 150만
④ 230만

해설 정기검사의 대상 : 액체위험물을 저장 또는 취급하는 50만[L] 이상의 옥외탱크저장소

51

소방시설공사업법에 따른 소방기술 인정 자격수첩 또는 소방기술자 경력수첩의 기준 중 다음 (   ) 안에 알맞은 것은?(단, 소방기술자 업무에 영향을 미치지 아니하는 범위에서 근무시간 외에 소방시설업이 아닌 다른 업종에 종사하는 경우는 제외한다)

> • 소방기술 인정 자격수첩 또는 소방기술자 경력수첩을 발급받은 사람이 동시에 둘 이상의 업체에 취업한 경우는 (㉠)의 기간을 정하여 그 자격을 정지시킬 수 있다.
> • 소방기술 인정 자격수첩 또는 소방기술자 경력수첩을 다른 사람에게 빌려 준 경우에는 그 자격을 취소하여야 하며 빌려 준 사람은 (㉡) 이하의 벌금에 처한다.

① ㉠ 6개월 이상 1년 이하, ㉡ 200만원
② ㉠ 6개월 이상 1년 이하, ㉡ 300만원
③ ㉠ 6개월 이상 2년 이하, ㉡ 200만원
④ ㉠ 6개월 이상 2년 이하, ㉡ 300만원

해설 소방기술 인정 자격수첩 또는 소방기술자 경력수첩
• 거짓이나 그 밖의 부정한 방법으로 자격수첩 또는 경력수첩을 발급받은 경우(자격 취소)
• 자격수첩 또는 경력수첩을 다른 사람에게 빌려준 경우(자격 취소)
• 동시에 둘 이상의 업체에 취업한 경우(**6개월 이상 2년 이하의 자격 정지**)
• 자격수첩 또는 경력수첩을 빌려 준 사람 : **300만원 이하의 벌금**

52

소방기본법에 따른 공동주택에 소방자동차 전용구역에 차를 주차하거나 전용구역에의 진입을 가로막는 등의 방해 행위를 한 자에게는 몇 만원 이하의 과태료를 부과하는가?

① 20만원
② 100만원
③ 200만원
④ 300만원

해설 소방자동차 전용구역에 차를 주차하거나 전용구역에의 진입을 가로막는 등의 방해 행위를 한 자에게는 100만원 이하의 과태료를 부과한다.

53

위험물안전관리법령에 따른 위험물의 유별 저장·취급의 공통기준 중 다음 ( ) 안에 알맞은 것은?

> ( ) 위험물은 산화제와의 접촉·혼합이나 불티·불꽃·고온체와의 접근 또는 과열을 피하는 한편, 철분·금속분·마그네슘 및 이를 함유한 것에 있어서는 물이나 산과의 접촉을 피하고 인화성 고체에 있어서는 함부로 증기를 발생시키지 아니하여야 한다.

① 제1류
② 제2류
③ 제3류
④ 제4류

해설 위험물의 유별 저장·취급의 공통기준
- 제1류 위험물은 가연물과의 접촉·혼합이나 분해를 촉진하는 물품과의 접근 또는 과열·충격·마찰 등을 피하는 한편, 알칼리금속의 과산화물 및 이를 함유한 것에 있어서는 물과의 접촉을 피하여야 한다.
- **제2류 위험물**은 산화제와의 접촉·혼합이나 불티·불꽃·고온체와의 접근 또는 과열을 피하는 한편, 철분·금속분·마그네슘 및 이를 함유한 것에 있어서는 물이나 산과의 접촉을 피하고 인화성 고체에 있어서는 함부로 증기를 발생시키지 아니하여야 한다.
- 제3류 위험물 중 자연발화성물질에 있어서는 불티·불꽃 또는 고온체와의 접근·과열 또는 공기와의 접촉을 피하고, 금수성물질에 있어서는 물과의 접촉을 피하여야 한다.
- 제4류 위험물은 불티·불꽃·고온체와의 접근 또는 과열을 피하고, 함부로 증기를 발생시키지 아니하여야 한다.
- 제5류 위험물은 불티·불꽃·고온체와의 접근이나 과열·충격 또는 마찰을 피하여야 한다.
- 제6류 위험물은 가연물과의 접촉·혼합이나 분해를 촉진하는 물품과의 접근 또는 과열을 피하여야 한다.

54

위험물안전관리법령에 따른 다수의 제조소 등을 설치한 자가 1인의 안전관리자를 중복하여 선임할 수 있는 경우의 기준 중 다음 ( ) 안에 알맞은 것은?(단, 아래의 기준에 모두 적합한 5개 이하의 제조소 등을 동일인이 설치한 경우이다)

> - 각 제조소 등이 동일구내에 위치하거나 상호 (㉠)[m] 이내의 거리에 있을 것
> - 각 제조소 등에서 저장 또는 취급하는 위험물의 최대수량이 지정수량의 (㉡)배 미만일 것. 다만, 저장소의 경우에는 그러하지 아니하다.

① ㉠ 100, ㉡ 3,000
② ㉠ 300, ㉡ 3,000
③ ㉠ 100, ㉡ 1,000
④ ㉠ 300, ㉡ 1,000

해설 다음 각목의 기준에 모두 적합한 5개 이하의 제조소 등을 동일인이 설치한 경우
- 각 제조소 등이 동일구내에 위치하거나 상호 **100**[m] 이내의 거리에 있을 것
- 각 제조소 등에서 저장 또는 취급하는 위험물의 최대수량이 지정수량의 **3,000**배 미만일 것. 다만, 저장소의 경우에는 그러하지 아니하다.

55

소방기본법령에 따른 화재조사에 관한 전문교육 기준 중 다음 ( ) 안에 알맞은 것은?

> 소방청장은 화재조사에 관한 시험에 합격한 자에게 ( )마다 전문보수교육을 실시하여야 한다.

① 3개월
② 6개월
③ 1년
④ 2년

해설 전문보수교육 : 2년마다 이수

56

화재예방, 소방시설 설치·유지 및 안전관리에 관한 법령에 따른 건축허가 등의 동의 대상물의 범위 기준 중 틀린 것은?

① 건축 등을 하려는 학교시설 : 연면적 $200[m^2]$ 이상
② 노유자시설 : 연면적 $200[m^2]$ 이상
③ 정신의료기관(입원실이 없는 정신건강의학과 의원은 제외) : 연면적 $300[m^2]$ 이상
④ 장애인 의료재활시설 : 연면적 $300[m^2]$ 이상

해설 건축허가 등의 동의 대상물의 범위
- 학교시설 : 연면적 $100[m^2]$ 이상
- 노유자시설, 수련시설 : 연면적 $200[m^2]$ 이상
- 정신의료기관(입원실이 없는 정신건강의학과 의원은 제외), 장애인 의료재활시설 : 연면적 $300[m^2]$ 이상

57

화재예방, 소방시설 설치·유지 및 안전관리에 관한 법에 따른 소방시설관리업자가 사망한 경우 그 상속인이 소방시설관리업자의 지위를 승계한 자는 누구에게 신고하여야 하는가?

① 소방청장　　　　② 시·도지사
③ 소방본부장　　　④ 소방서장

해설 소방시설관리업자의 지위를 승계한 자 : 시·도지사에게 신고

58

화재예방, 소방시설 설치·유지 및 안전관리에 관한 법령에 따른 임시소방시설 중 비상경보장치를 설치하여야 하는 공사의 작업현장의 규모의 기준 중 다음 (　) 안에 알맞은 것은?

> • 연면적 (㉠)[m²] 이상
> • 지하층 또는 무창층, 이 경우 해당 층의 바닥면적이 (㉡)[m²] 이상인 경우만 해당

① ㉠ 400, ㉡ 150　　② ㉠ 400, ㉡ 600
③ ㉠ 600, ㉡ 150　　④ ㉠ 600, ㉡ 600

해설 비상경보장치
• 연면적 400[m²] 이상
• 지하층 또는 무창층. 이 경우 해당 층의 바닥면적이 150[m²] 이상인 경우만 해당한다.

59

위험물안전관리법령에 따른 지정수량의 10배 이상의 위험물을 저장 또는 취급하는 제조소 등(이동탱크저장소를 제외)에 화재발생 시 이를 알릴 수 있는 경보설비의 종류가 아닌 것은?

① 확성장치(휴대용확성기 포함)
② 비상방송설비
③ 자동화재속보설비
④ 자동화재탐지설비

해설 지정수량의 10배 이상에 설치하는 경보설비 : 자동화재탐지설비, 비상방송설비, 비상경보설비, 확성장치 중 1종 이상

60

소방기본법령에 따른 특수가연물의 기준 중 다음 (　) 안에 알맞은 것은?

품 명	수 량
나무껍질 및 대팻밥	(㉠)[kg] 이상
면화류	(㉡)[kg] 이상

① ㉠ 200, ㉡ 400　　② ㉠ 200, ㉡ 1,000
③ ㉠ 400, ㉡ 200　　④ ㉠ 400, ㉡ 1,000

해설 특수가연물

품 명	수 량
나무껍질 및 대팻밥	400[kg] 이상
면화류	200[kg] 이상
넝마 및 종이부스러기, 사류, 볏짚류	1,000[kg] 이상

제4과목　소방기계시설의 구조 및 원리

61

포헤드의 설치기준 중 다음 (　) 안에 알맞은 것은?

> 포워터 스프링클러헤드는 특정소방대상물의 천장 또는 반자에 설치하되, 바닥면적 (　)[m²]마다 1개 이상으로 하여 해당 방호대상물의 화재를 유효하게 소화할 수 있도록 할 것

① 4　　　　　　② 6
③ 8　　　　　　④ 9

해설 포헤드의 설치기준
• 포워터 스프링클러헤드는 특정소방대상물의 천장 또는 반자에 설치하되, 바닥면적 8[m²]마다 1개 이상으로 하여 해당 방호대상물의 화재를 유효하게 소화할 수 있도록 할 것
• 포헤드는 특정소방대상물의 천장 또는 반자에 설치하되, 바닥면적 9[m²]마다 1개 이상으로 하여 해당 방호대상물의 화재를 유효하게 소화할 수 있도록 할 것

62

물분무소화설비의 물분무헤드를 설치하지 아니할 수 있는 기준 중 다음 (　) 안에 알맞은 것은?

> 운전 시에 표면의 온도가 (　)[℃] 이상으로 되는 등 직접 분무를 하는 경우 그 부분에 손상을 입힐 우려가 있는 기계장치 등이 있는 장소

① 79　　　　　　② 121
③ 162　　　　　④ 260

해설 물분무헤드의 설치제외
- 물에 심하게 반응하는 물질 또는 물과 반응하여 위험한 물질을 생성하는 물질을 저장 또는 취급하는 장소
- 고온의 물질 및 증류범위가 넓어 끓어 넘치는 위험이 있는 물질을 저장 또는 취급하는 장소
- 운전 시에 표면의 온도가 260[℃] 이상으로 되는 등 직접 분무를 하는 경우 그 부분에 손상을 입힐 우려가 있는 기계장치 등이 있는 장소

63

스프링클러설비의 수평주행배관에서 연결된 교차배관의 총 길이가 18[m]이다. 배관에 설치되는 행가의 최소 설치수량으로 옳은 것은?

① 1개　　　　　② 2개
③ 3개　　　　　④ 4개

해설 배관에 설치되는 행가의 기준
- 가지배관에는 헤드의 설치지점 사이마다 1개 이상의 행가를 설치하되, 헤드간의 거리가 3.5[m]를 초과하는 경우에는 3.5[m] 이내마다 1개 이상 설치할 것. 이 경우 상향식헤드와 행가 사이에는 8[cm] 이상의 간격을 두어야 한다.
- 교차배관에는 가지배관과 가지배관 사이마다 1개 이상의 행가를 설치하되, 가지배관 사이의 거리가 4.5[m]를 초과하는 경우에는 4.5[m]이내마다 1개 이상 설치할 것
- **수평주행배관에는 4.5[m] 이내마다 1개 이상 설치할 것**

$$\therefore \text{행가의 설치수량} = \frac{18[m]}{4.5[m]} = 4\text{개}$$

64

특정소방대상물별 소화기구의 능력단위기준 중 옳은 것은?(단, 건축물의 주요구조부가 내화구조이고, 벽 및 반자의 실내에 면하는 부분이 불연재료·준불연재료 또는 난연재료로 된 특정소방대상물인 경우이다)

① 위락시설 : 해당 용도의 바닥면적 30[m²]마다 능력단위 1단위 이상
② 공연장 : 해당 용도의 바닥면적 50[m²]마다 능력단위 1단위 이상
③ 의료시설 : 해당 용도의 바닥면적 100[m²]마다 능력단위 1단위 이상
④ 노유자시설 : 해당 용도의 바닥면적 100[m²]마다 능력단위 1단위 이상

해설 특정소방대상물별 소화기구의 능력단위기준

특정소방대상물	소화기구의 능력단위
위락시설	해당 용도의 **바닥면적** 30[m²]마다 능력단위 1단위 이상
공연장·집회장·관람장·문화재·장례식장 및 **의료시설**	해당 용도의 **바닥면적** 50[m²]마다 능력단위 1단위 이상
근린생활시설·판매시설·운수시설·숙박시설·노유자시설·전시장·공동주택·업무시설·방송통신시설·공장·창고시설·항공기 및 자동차 관련 시설 및 관광휴게시설	해당 용도의 바닥면적 100[m²]마다 능력단위 1단위 이상
그 밖의 것	해당 용도의 바닥면적 200[m²]마다 능력단위 1단위 이상

※ 주요구조부가 내화구조이고 벽·반자의 실내에 면하는 부분이 불연재료·준불연재료·난연재료로 된 특정소방대상물에 있어서는 표의 기준면적의 2배를 기준면적으로 한다.

65

포소화약제의 혼합장치 중 펌프의 토출관과 흡입관 사이의 배관 도중에 설치한 흡입기에 펌프에서 토출된 물의 일부를 보내고, 농도 조절밸브에서 조정된 포소화약제의 필요량을 포소화약제 탱크에서 펌프 흡입측으로 보내어 이를 혼합하는 방식은?

① 펌프 프로포셔너 방식
② 프레셔 프로포셔너 방식
③ 라인 프로포셔너 방식
④ 프레셔 사이드 프로포셔너 방식

해설 혼합방식

- **펌프 프로포셔너방식** : 펌프의 토출관과 흡입관 사이의 배관도중에 설치한 흡입기에 펌프에서 토출된 물의 일부를 보내고, 농도 조정밸브에서 조정된 포소화약제의 필요량을 포소화약제 탱크에서 펌프 흡입측으로 보내어 이를 혼합하는 방식
- **프레셔 프로포셔너방식** : 펌프와 발포기의 중간에 설치된 벤투리관의 벤투리작용과 펌프 가압수의 포소화약제 저장탱크에 대한 압력에 따라 포소화약제를 흡입·혼합하는 방식
- **라인 프로포셔너방식** : 펌프와 발포기의 중간에 설치된 벤투리관의 벤투리작용에 따라 포소화약제를 흡입·혼합하는 방식
- **프레셔사이드 프로포셔너방식** : 펌프의 토출관에 압입기를 설치하여 포소화약제 압입용펌프로 포 소화약제를 압입시켜 혼합하는 방식

66

할로겐화합물 및 불활성기체 소화설비를 설치한 특정소방대상물 또는 그 부분에 대한 자동폐쇄장치의 설치기준 중 다음 (   )안에 알맞은 것은?

> 개구부가 있거나 천장으로부터 (㉠)[m] 이상의 아랫부분 또는 바닥으로부터 해당층의 높이의 (㉡) 이내의 부분에 통기구가 있어 할로겐화합물 및 불활성기체 소화약제의 유출에 따라 소화효과를 감소시킬 우려가 있는 것은 할로겐화합물 및 불활성기체소화약제가 방사되기 전에 당해 개구부 및 통기구를 폐쇄할 수 있도록 할 것

① ㉠ 1.5, ㉡ $\frac{1}{3}$ ② ㉠ 1.5, ㉡ $\frac{2}{3}$

③ ㉠ 1, ㉡ $\frac{1}{3}$ ④ ㉠ 1, ㉡ $\frac{2}{3}$

해설 자동폐쇄장치의 설치기준

- 환기장치를 설치한 것은 할로겐화합물 및 불활성기체 소화약제가 방사되기 전에 해당 환기장치가 정지할 수 있도록 할 것
- 개구부가 있거나 천장으로부터 **1[m] 이상**의 아랫부분 또는 바닥으로부터 해당 층의 높이의 **2/3 이내**의

부분에 통기구가 있어 할로겐화합물 및 불활성기체 소화약제의 유출에 따라 소화효과를 감소시킬 우려가 있는 것은 할로겐화합물 및 불활성기체 소화약제가 방사되기 전에 당해 개구부 및 통기구를 폐쇄할 수 있도록 할 것
- 자동폐쇄장치는 방호구역 또는 방호대상물이 있는 구획의 밖에서 복구할 수 있는 구조로 하고, 그 위치를 표시하는 표지를 할 것

67

소화수조 및 저수조의 전동기 또는 내연기관에 따른 펌프를 이용하는 가압송수장치의 설치기준 중 다음 (   )안에 알맞은 것은?(단, 수원의 수위가 펌프의 위치보다 높거나 수직회전축 펌프의 경우는 제외한다)

> 펌프의 토출측에는 (㉠)를 체크밸브 이전에 펌프토출측 플랜지에서 가까운 곳에 설치하고, 흡입측에는 (㉡) 또는 (㉢)를 설치할 것

① ㉠ 압력계, ㉡ 연성계, ㉢ 진공계
② ㉠ 연성계, ㉡ 압력계, ㉢ 진공계
③ ㉠ 진공계, ㉡ 압력계, ㉢ 연성계
④ ㉠ 연성계, ㉡ 진공계, ㉢ 압력계

해설 펌프의 **토출측에는 압력계**를 체크밸브 이전에 펌프토출측 플랜지에서 가까운 곳에 설치하고, 흡입 측에는 연성계 또는 진공계를 설치할 것. 다만, 수원의 수위가 펌프의 위치보다 높거나 수직회전축 펌프의 경우에는 연성계 또는 진공계를 설치하지 아니할 수 있다.

68

폐쇄형스프링클러헤드의 설치기준 중 다음 (   )안에 알맞은 것은?

> 폐쇄형스프링클러헤드는 그 설치장소의 평상시 최고 주위온도에 따라 표시온도의 것으로 설치하여야 한다. 다만, 높이가 4[m] 이상인 공장 및 창고(랙식 창고를 포함)에 설치하는 스프링클러헤드는 그 설치장소의 평상시 최고 주위온도에 관계없이 표시온도 (   )[℃] 이상의 것으로 할 수 있다.

① 64   ② 79
③ 121   ④ 162

해설 폐쇄형스프링클러헤드는 그 설치장소의 평상시 최고 주위온도에 따라 다음 표에 따른 표시온도의 것으로 설치하여야 한다. 다만, 높이가 4[m] 이상인 공장 및 창고(랙식 창고를 포함한다)에 설치하는 스프링클러 헤드는 그 설치장소의 평상시 최고 주위온도에 관계없이 **표시온도 121[℃] 이상**의 것으로 할 수 있다.

설치장소의 최고 주위온도	표시온도
39[℃] 미만	79[℃] 미만
39[℃] 이상 64[℃] 미만	79[℃] 이상 121[℃] 미만
64[℃] 이상 106[℃] 미만	121[℃] 이상 162[℃] 미만
106[℃] 이상	162[℃] 이상

69

호스릴 이산화탄소 소화설비는 방호대상물의 각 부분으로부터 하나의 호스접결구까지의 수평거리는 최대 몇 [m] 이하가 되도록 설치하여야 하는가?

① 10 ② 15
③ 20 ④ 25

해설 호스릴 방식의 수평거리

종 류	이산화탄소 소화설비	할론 소화설비	분말 소화설비
수평거리	15[m] 이하	20[m] 이하	15[m] 이하

70

소화기구의 소화약제별 적응성 기준 중 A급 화재에 적응성을 가지는 소화약제가 아닌 것은?

① 인산염류소화약제 ② 중탄산염류소화약제
③ 산알칼리소화약제 ④ 고체에어로졸화합물

해설 중탄산염류 분말소화약제 : B, C급화재에 적합

71

상수도소화용수설비를 설치하여야 하는 특정소방대상물의 기준 중 다음 (   )안에 알맞은 것은?

- 연면적 (㉠)[m²] 이상인 것. 다만, 위험물 저장 및 처리 시설 중 가스시설, 지하가 중 터널 또는 지하구의 경우에는 그러하지 아니하다.
- 가스시설로서 지상에 노출된 탱크의 저장용량의 합계가 (㉡)[t] 이상인 것

① ㉠ 5,000, ㉡ 100 ② ㉠ 5,000, ㉡ 30
③ ㉠ 1,000, ㉡ 100 ④ ㉠ 1,000, ㉡ 30

해설 상수도소화용수설비를 설치하여야 하는 특정소방대상물
- 연면적 5,000[m²] 이상인 것. 다만, 위험물 저장 및 처리 시설 중 가스시설, 지하가 중 터널 또는 지하구의 경우에는 그러하지 아니하다.
- 가스시설로서 지상에 노출된 탱크의 저장용량의 합계가 100[t] 이상인 것

72

연결살수설비 배관의 설치기준 중 옳은 것은?

① 연결살수설비 전용헤드를 사용하는 경우 하나의 배관에 부착하는 살수헤드의 개수가 2개이면 배관의 구경은 50[mm] 이상으로 설치하여야 한다.
② 옥내소화전설비가 설치된 경우 폐쇄형헤드를 사용하는 연결살수설비의 주배관은 옥내소화전설비의 주배관에 접속하여야 한다.
③ 개방형헤드를 사용하는 연결살수설비의 수평주행배관은 헤드를 향하여 상향으로 1/50 이상의 기울기로 설치하여야 한다.
④ 가지배관을 설치하는 경우에는 가지배관의 배열은 토너먼트방식으로 하여야 한다.

해설 연결살수설비 배관의 설치기준
- 연결살수설비의 배관의 구경에 따른 헤드 수

살수 헤드 수	1개	2개	3개	4개 또는 5개	6개~10개
배관의 구경[mm]	32	40	50	65	80

- 옥내소화전설비가 설치된 경우 폐쇄형헤드를 사용하는 연결살수설비의 주배관은 옥내소화전설비의 주배관에 접속하여야 한다.

73

인명구조기구 중 공기호흡기를 층마다 2개 이상 비치하여야 할 특정소방대상물의 용도 및 장소별 설치기준 중 다음 (   ) 안에 알맞은 것은?

> • 문화 및 집회시설 중 수용인원 (㉠)명 이상의 영화상영관
> • 지하가 중 (㉡)

① ㉠ 50, ㉡ 터널 ② ㉠ 50, ㉡ 지하상가
③ ㉠ 100, ㉡ 터널 ④ ㉠ 100, ㉡ 지하상가

해설 인명구조기구를 설치하여야 하는 특정소방대상물
• 방열복 또는 방화복(안전헬멧, 보호장갑 및 안전화를 포함한다), 인공소생기 및 공기호흡기를 설치하여야 하는 특정소방대상물 : 지하층을 포함하는 층수가 7층 이상인 관광호텔
• 방열복 또는 방화복(안전헬멧, 보호장갑 및 안전화를 포함한다) 및 공기호흡기를 설치하여야 하는 특정소방대상물 : 지하층을 포함하는 층수가 5층 이상인 병원
• 공기호흡기를 설치하여야 하는 특정소방대상물
 – **수용인원 100명 이상인 문화 및 집회시설 중 영화상영관**
 – 판매시설 중 대규모점포
 – 운수시설 중 지하역사
 – **지하가 중 지하상가**
 – 화재안전기준에 따라 이산화탄소소화설비(호스릴이산화탄소소화설비는 제외한다)를 설치하여야 하는 특정소방대상물

74

옥내 · 외소화전설비의 수원의 기준 중 다음 (   ) 안에 알맞은 것은?

> • 옥내소화전설비의 수원은 그 저수량이 옥내소화전의 설치개수가 가장 많은 층의 설치개수에 (㉠)[m³]를 곱한 양 이상
> • 옥외소화전설비의 수원은 그 저수량이 옥외소화전의 설치개수에 (㉡)[m³]를 곱한 양 이상

① ㉠ 1.6, ㉡ 2.6 ② ㉠ 2.6, ㉡ 7
③ ㉠ 7, ㉡ 2.6 ④ ㉠ 2.6, ㉡ 1.6

해설 옥내 · 외소화전설비의 수원의 기준

항 목 종 류	토출량	수 원
옥내소화전설비	130[L/min]	N(소화전 수, 최대5개) ×2.6[m³]
옥외소화전설비	350[L/min]	N(소화전 수, 최대2개) ×7.0[m³]

75

연소방지설비를 설치하여야 하는 적용대상물의 기준 중 옳은 것은?

① 지하구(전력 또는 통신사업용인 것)
② 가스시설 중 지상에 노출된 탱크의 용량이 30[t] 이상인 탱크시설
③ 지하층(피난층으로 주된 출입구가 도로와 접한 경우는 제외)으로서 바닥면적의 합계가 150[m²] 이상인 것
④ 판매시설, 운수시설, 창고시설 중 물류 터미널로서 해당 용도로 사용되는 부분의 바닥면적의 합계가 1,000[[m²] 이상인 것

해설 연소방지설비 설치대상물 : **지하구**(전력 또는 통신사업용인 것만 해당한다)

76

완강기 및 간이완강기의 최대사용하중 기준은 몇 [N] 이상이어야 하는가?

① 800 ② 1,000
③ 1,200 ④ 1,500

해설 완강기 및 간이완강기의 최대사용하중 기준 : 1,500[N] 이상

77

분말소화설비 가압용가스에 이산화탄소를 사용하는 것의 이산화탄소는 소화약제 1[kg]에 대하여 몇 [g]에 배관의 청소에 필요한 양을 가산한 양 이상으로 설치하여야 하는가?

① 10 ② 15
③ 20 ④ 40

해설 **가압용가스 또는 축압용가스의 설치기준**
- 가압용가스에 질소가스를 사용하는 것의 질소가스는 소화약제 1[kg]마다 40[L](35[℃]에서 1기압의 압력상태로 환산한 것) 이상, 이산화탄소를 사용하는 것의 이산화탄소는 소화약제 1[kg]에 대하여 **20[g]에 배관의 청소에 필요한 양**을 가산한 양 이상으로 할 것
- 축압용가스에 질소가스를 사용하는 것의 질소가스는 소화약제 1[kg]에 대하여 10[L](35[℃]에서 1기압의 압력상태로 환산한 것) 이상, 이산화탄소를 사용하는 것의 이산화탄소는 소화약제 1[kg]에 대하여 20[g]에 배관의 청소에 필요한 양을 가산한 양 이상으로 할 것

78

미분무소화설비의 미분무헤드 설치기준 중 틀린 것은?

① 하나의 헤드까지의 수평거리 산정은 설계자가 제시하여야 한다.
② 미분무 설비에 사용되는 헤드는 표준형 헤드를 설치하여야 한다.
③ 폐쇄형 미분무헤드는 그 설치장소의 평상시 최고주위온도에 따라 $T_a = 0.9\,T_m - 27.3[℃]$식에 따른 표시온도의 것으로 설치하여야 한다.
④ 미분무헤드는 소방대상물의 천장·반자·천장과 반자 사이·덕트·선반·기타 이와 유사한 부분에 설계자의 의도에 적합하도록 설치하여야 한다.

해설 미분무설비에 사용되는 헤드는 조기반응형 헤드를 설치하여야 한다.

79

스프링클러설비의 종류에 따른 밸브 및 헤드의 연결이 옳은 것은?(단, 설비의 종류 – 밸브 – 헤드의 순이다)

① 습식 – 스모렌스키체크밸브 – 폐쇄형헤드
② 건식 – 건식밸브 – 개방형헤드
③ 준비작동식 – 준비작동식밸브 – 개방형헤드
④ 일제살수식 – 일제개방밸브 – 개방형헤드

해설 **스프링클러 설비의 종류**

종류 \ 항목	습식	건식	부압식	준비작동식	일제살수식
사용 헤드	폐쇄형	폐쇄형	폐쇄형	폐쇄형	개방형
배관 1차측	가압수	가압수	가압수	가압수	가압수
배관 2차측	가압수	압축공기	부압수	대기압, 저압공기	대기압 (개방)
경보밸브	알람체크밸브	건식밸브	준비작동밸브	준비작동밸브	일제개방밸브
감지기 회로방식	–	–	단일회로방식	교차회로방식	교차회로방식
감지기의 유무	없다	없다	있다	있다	있다
시험장치 유무	있다	있다	있다	없다	없다

80

분말소화설비 분말소화약제의 저장용기 설치기준 중 옳은 것은?

① 저장용기의 충전비는 0.7 이상으로 할 것
② 저장용기에는 가압식은 최고사용압력의 0.8배 이하, 축압식은 용기의 내압시험압력의 1.8배 이하의 압력에서 작동하는 안전밸브를 설치할 것
③ 제3종 분말소화약제 저장용기의 내용적은(소화약제 1[kg]당 저장용기의 내용적) 1[L]로 할 것
④ 저장용기에는 저장용기의 내부압력이 설정압력으로 되었을 때 주밸브를 개방하는 압력조정기를 설치할 것

해설 **분말소화약제의 저장용기 설치기준**
- 저장용기의 충전비는 0.8 이상으로 할 것
- 저장용기에는 가압식은 최고사용압력의 1.8배 이하, 축압식은 용기의 내압시험압력의 0.8배 이하의 압력에서 작동하는 안전밸브를 설치할 것
- 저장용기의 내용적

종 별	제1종 분말	제2종 분말	제3종 분말	제4종 분말
충전비[L/kg]	0.8	1.0	1.0	1.25

- 저장용기에는 저장용기의 내부압력이 설정압력으로 되었을 때 주밸브를 개방하는 정압작동장치를 설치할 것

2019년 3월 3일 시행

제 1 회

제 1 과목 소방원론

01

제2종 분말소화약제의 주성분은?

① 탄산수소칼륨
② 탄산수소나트륨
③ 제1인산암모늄
④ 탄산수소칼륨 + 요소

해설 분말소화약제의 종류

종 별	소화약제	약제의 착색	적응 화재	열분해반응식
제1종 분말	탄산수소 나트륨 ($NaHCO_3$)	백 색	B, C급	$2NaHCO_3 \rightarrow Na_2CO_3 + CO_2 + H_2O$
제2종 분말	탄산수소칼륨 ($KHCO_3$)	담회색	B, C급	$2KHCO_3 \rightarrow K_2CO_3 + CO_2 + H_2O$
제3종 분말	제일인산암모늄 ($NH_4H_2PO_4$)	담홍색, 황색	A, B, C급	$NH_4H_2PO_4 \rightarrow HPO_3 + NH_3 + H_2O$
제4종 분말	중탄산칼륨 + 요소 $[KHCO_3 + (NH_2)_2CO]$	회 색	B, C급	$2KHCO_3 + (NH_2)_2CO \rightarrow K_2CO_3 + 2NH_3 + 2CO_2$

02

가연물이 연소할 때 연쇄반응을 차단하기 위해서는 공기 중의 산소량을 일반적으로 약 몇 [%] 이하로 억제해야 하는가?

① 15
② 17
③ 19
④ 21

해설 연쇄반응을 차단하기 위해서는 공기 중의 산소량 : 15[%] 이하

03

건축물의 방재센터에 대한 설명으로 틀린 것은?

① 피난층에 두는 것이 가장 바람직하다.
② 화재 및 안전관리의 중추적 기능을 수행한다.
③ 방재센터는 직통 계단위치와 관계없이 안전한 곳에 설치한다.
④ 소방차의 접근이 용이한 곳에 두는 것이 바람직 하다.

해설 방재센터는 피난인원의 유도를 위하여 피난층에 설 치한다.

04

소화기의 소화약제에 관한 공통적 성질에 대한 설명 으로 틀린 것은?

① 산·알칼리 소화약제는 양질의 유기산을 사용한다.
② 소화약제는 현저한 독성 또는 부식성이 없어야 한다.
③ 분말상의 소화약제는 고체화 및 변질 등 이상이 없어야 한다.
④ 액상의 소화약제는 결정의 석출, 용액의 분리, 부유물 또는 침전물 등 기타 이상이 없어야 한다.

해설 산·알칼리 소화약제 : 황산(H_2SO_4, 무기산)과 알칼리 ($NaHCO_3$ = 탄산수소나트륨)를 사용

05

물의 소화작용과 가장 거리가 먼 것은?

① 증발잠열의 이용
② 질식 효과
③ 에멀션 효과
④ 부촉매 효과

해설 물의 소화작용 : 냉각효과(증발잠열), 질식효과, 유화 효과(에멀션효과), 희석효과

정답 01 ① 02 ① 03 ③ 04 ① 05 ④

06

다음 중 부촉매 소화효과로서 가장 적절한 것은?

① CO_2
② $C_2F_4Br_2$
③ 질 소
④ 아르곤

해설 **부촉매 소화효과** : 할론소화약제, 할로겐화합물 및 불활성기체소화약제 중 할로겐화합물 소화약제

> 할론 2402 : $C_2F_4Br_2$

07

연소 시 분해연소의 전형적인 특성을 보여줄 수 있는 것은?

① 나프탈렌
② 목 재
③ 목 탄
④ 휘발유

해설 **분해연소** : 석탄, 종이, 목재, 플라스틱 등의 연소 시 열분해에 의해 발생된 가스와 공기가 혼합하여 연소하는 현상

> • 증발연소 : 황, 나프탈렌
> • 표면연소 : 목탄, 코크스, 금속분

08

소화제의 적응대상에 따라 분류한 화재종류 중 C급 화재에 해당되는 것은?

① 금속분화재
② 유류화재
③ 일반화재
④ 전기화재

해설 **화재의 종류**

구 분 \ 급 수	A급	B급	C급	D급
화재의 종류	일반화재	유류화재	전기화재	금속화재
표시색	백 색	황 색	청 색	무 색

09

목재가 열분해할 때 발생하는 가스가 아닌 것은?

① 수증기
② 염화수소
③ 일산화탄소
④ 이산화탄소

해설 목재의 주성분은 셀룰로스, 리그린, 수분이 주성분으로 염소(Cl)가 없으므로 염화수소(HCl)는 발생하지 않는다.

10

포소화약제가 유류화재를 소화시킬 수 있는 능력과 관계가 없는 것은?

① 수분의 증발잠열을 이용한다.
② 유류 표면으로부터 기름의 증발을 억제 또는 차단한다.
③ 포의 연쇄반응 차단효과를 이용한다.
④ 포가 유류 표면을 덮어 기름과 공기와의 접촉을 차단한다.

해설 **포소화약제** : 질식, 냉각효과

11

위험물안전관리법령에서 정한 제5류 위험물의 대표적인 성질에 해당하는 것은?

① 산화성
② 자연발화성
③ 자기반응성
④ 가연성

해설 **위험물의 성질**

유 별	성 질
제1류 위험물	산화성 고체
제2류 위험물	가연성 고체
제3류 위험물	자연발화성 및 금수성 물질
제4류 위험물	인화성 액체
제5류 위험물	자기반응성 물질
제6류 위험물	산화성 액체

12

플래시 오버(Flash-over) 현상과 관련이 없는 것은?

① 화재의 확산
② 다량의 연기 방출
③ 파이어볼의 발생
④ 실내온도의 급격한 상승

해설 플래시 오버(Flash-over) 현상
- 실내온도의 급격한 상승
- 화재의 확산
- 다량의 연기 방출

13

270[℃]에서 다음의 열분해 반응식과 관계가 있는 분말 소화약제는?

$$2NaHCO_3 \rightarrow Na_2CO_3 + CO_2 + H_2O$$

① 제1종 분말 ② 제2종 분말
③ 제3종 분말 ④ 제4종 분말

해설 열분해반응식
- 제1종 분말
  - 1차 분해반응(270[℃])
    $2NaHCO_3 \rightarrow Na_2CO_3 + CO_2 + H_2O$
  - 2차 분해반응(850[℃])
    $2NaHCO_3 \rightarrow Na_2O + 2CO_2 + H_2O$
- 제2종 분말
  - 1차 분해반응(190[℃])
    $2KHCO_3 \rightarrow K_2CO_3 + CO_2 + H_2O$
  - 2차 분해반응(590[℃])
    $2KHCO_3 \rightarrow K_2O + 2CO_2 + H_2O$

14

인화점에 대한 설명 중 틀린 것은?

① 인화점은 공기 중에서 액체를 가열하는 경우 액체표면에서 증기가 발생하여 점화원에서 착화하는 최저온도를 말한다.
② 인화점 이하의 온도에서는 성냥불을 접근시켜도 착화하지 않는다.
③ 인화점 이상 가열하면 증기가 발생되어 성냥불이 접근하면 착화한다.
④ 인화점은 보통 연소점 이상, 발화점 이하의 온도이다.

해설 온도의 순서 : 발화점 > 연소점 > 인화점

15

슈테판-볼츠만(Stefan-Boltzmann)의 법칙에서 복사체의 단위표면에서 단위시간당 방출되는 복사에너지는 절대온도의 얼마에 비례하는가?

① 제곱근 ② 제 곱
③ 3제곱 ④ 4제곱

해설 슈테판-볼츠만(Stefan-Boltzman) 법칙 : 복사열은 절대온도차의 4제곱에 비례하고 열전달면적에 비례한다.

$$Q = aAF(T_1^4 - T_2^4)[\text{kcal/h}]$$
$$Q_1 : Q_2 = (T_1 + 273)^4 : (T_2 + 273)^4$$

16

15[℃]의 물 1[g]을 1[℃] 상승시키는 데 필요한 열량은 몇 [cal]인가?

① 1 ② 15
③ 1,000 ④ 15,000

해설 1[cal] : 15[℃]의 물을 [1℃] 올리는 데 필요한 열량

17

질산에 대한 설명으로 틀린 것은?

① 산화제이다.
② 부식성이 있다.
③ 불연성 물질이다.
④ 산화되기 쉬운 물질이다.

해설 질산 : 산화성 액체(산화제), 부식성, 불연성 물질

18

나이트로셀룰로스의 용도, 성상 및 위험성과 저장·취급에 대한 설명 중 틀린 것은?

① 질화도가 낮을수록 위험성이 크다.
② 운반 시 물, 알코올을 첨가하여 습윤시킨다.
③ 무연화약의 원료로 사용된다.

④ 햇빛에서 황갈색으로 변하고 물에 녹지 않지만 아세톤, 초산에스테르, 나이트로벤젠에 녹는다.

> **해설** **나이트로셀룰로스**
> • 질화도가 높을수록 위험성이 크다.
> • 물, 알코올을 첨가하여 습윤시켜 운반 또는 저장한다.
> • 햇빛에서 황갈색으로 변하고 물에 녹지 않지만 아세톤, 초산에스테르, 나이트로벤젠에 녹는다.
> • 무연화약의 원료로 사용된다.

19

화재 시 고층건물 내의 연기 유동인 굴뚝효과와 관계가 없는 것은?

① 건물 내외의 온도차 ② 건물의 높이
③ 층의 면적 ④ 화재실의 온도

> **해설** **굴뚝효과에 영향을 주는 요인**
> • 건물의 높이 • 건물 내외부의 온도차
> • 화재실의 온도 • 외벽의 기밀성

20

등유 또는 경유 화재에 해당하는 것은?

① A급 화재 ② B급 화재
③ C급 화재 ④ D급 화재

> **해설** **B급 화재** : 등유, 경유, 휘발유 등의 제4류 위험물의 화재

제 2 과목 **소방유체역학**

21

반지름 R인 수평 원관 내 유동의 속도분포가 $u(r) = U\left[1 - \left(\dfrac{r}{R}\right)^2\right]$으로 주어질 때 유량으로 옳은 것은?(단, U는 관 중심에서 이루는 최대 유속이며, r은 관 중심에서 반지름 방향으로의 거리이다)

① $\pi R^2 U$ ② $\dfrac{\pi R^2 U}{2}$

③ $\dfrac{3\pi R^2 U}{4}$ ④ $\dfrac{5\pi R^2 U}{8}$

> **해설** **유량(Q)**
> $$\begin{aligned} Q &= \int_0^R u(2\pi r\,dr) = \int_0^R U\left\{1 - \left(\frac{r}{R}\right)^2\right\}(2\pi r\,dr) \\ &= 2\pi U \int_0^R \left\{1 - \left(\frac{r}{R}\right)^2\right\} r\,dr \\ &= 2\pi U \int_0^R \left(r - \frac{r^3}{R^2}\right) dr \\ &= 2\pi U \left[\frac{r^2}{2} - \frac{1}{4} \times \frac{r^4}{R^2}\right]_0^R \\ &= 2\pi U \left(\frac{R^2}{2} - \frac{1}{4} \times \frac{R^4}{R^2}\right) \\ &= 2\pi U \left(\frac{R^2}{2} - \frac{R^2}{4}\right) = 2\pi U \left(\frac{2R^2}{4} - \frac{R^2}{4}\right) \\ &= 2\pi U \times \frac{R^2}{4} = \frac{\pi R^2 U}{2} \end{aligned}$$

22

안지름이 250[mm], 길이가 218[m]인 주철관을 통하여 물이 유속 3.6[m/s]로 흐를 때 손실수두는 약 몇 [m]인가?(단, 관 마찰계수는 0.05이다)

① 20.1 ② 23.0
③ 25.8 ④ 28.8

> **해설** **다르시-바이스바흐(Darcy – Weisbach) 식**
> $$H = \frac{\Delta P}{\gamma} = \frac{flu^2}{2gD}$$
> 여기서, f : 관의 마찰계수(0.05)
> l : 관의 길이(218[m])
> u : 유체의 유속(3.6[m/sec])
> g : 중력가속도(9.8[m/s²])
> D : 관의 내경(0.25[m])
> $\therefore \; H = \dfrac{\Delta P}{\gamma} = \dfrac{flu^2}{2gD} = \dfrac{0.05 \times 218 \times (3.6)^2}{2 \times 9.8 \times 0.25}$
> $\qquad \fallingdotseq 28.83[\text{m}]$

23

기체를 액체로 변화시킬 때의 조건으로 가장 적합한 것은?

① 온도를 낮추고 압력을 높인다.
② 온도를 높이고 압력을 낮춘다.
③ 온도와 압력을 모두 낮춘다.
④ 온도와 압력을 모두 높인다.

해설 온도를 낮추고 압력을 높이면 기체를 액체로 변화시킬 수 있다.

24

Newton 유체와 관련한 유체의 점성법칙과 직접적으로 관계가 없는 것은?

① 점성 계수   ② 전단 응력
③ 속도 구배   ④ 중력 가속도

해설 뉴톤의 점성 법칙

$$\tau = \frac{F}{A} = \mu \frac{du}{dy}$$

여기서, τ : 전단응력([dyne/cm^2])
　　　　μ : 점성계수([dyne · sec/cm^2])
　　　　$\frac{du}{dy}$: 속도구배

25

물 소화펌프의 토출량이 0.7[m^3/min], 양정 60[m], 펌프효율 72[%]일 경우 전동기 용량은 약 몇 [kW]인가?(단, 펌프의 전달계수는 1.10이다)

① 10.5   ② 12.5
③ 14.5   ④ 15.5

해설 전동기 용량

$$P[\text{kW}] = \frac{\gamma Q H}{102 \times \eta} \times K$$

여기서, γ : 물의 비중량(1,000[kg$_f$/m^3])
　　　　Q : 유량(0.7[m^3/60sec])
　　　　H : 전양정(60[m])
　　　　K : 전달계수(1.1)
　　　　η : 펌프 효율(72[%] = 0.72)

$$\therefore P[\text{kW}] = \frac{\gamma QH}{102 \times \eta} \times K$$
$$= \frac{1,000 \times 0.7/60 \times 60}{102 \times 0.72} \times 1.1$$
$$\fallingdotseq 10.48[\text{kW}]$$

26

이상기체를 등온 과정으로 서서히 가열한다. 이 과정을 'PV^n=constant'와 같은 폴리트로픽(Polytropic) 과정으로 나타내고자 할 때, 지수 n의 값은?

① $n = 0$ ② $n = 1$
③ $n = k$ (비열비)   ④ $n = \infty$

해설 폴리트로픽의 변화
• $n = 0$이면 정압변화
• $n = 1$이면 등온변화
• $n = k$이면 단열변화
• $n = \infty$이면 **정적변화**

27

피토 정압관으로 지름이 400[mm]인 풍동의 유속을 측정하였을 때 풍동의 중심에서 정체압과 정압이 각각 수주로 80[mmAq], 40[mmAq]이었다. 풍동 내에서 평균유속을 중심부 유속의 3/4이라 할 때 공기의 유량은 약 몇 [m^3/s]인가?(단, 풍동 내의 공기 밀도는 1.25[kg/m^3]이고, 피토관 계수(C)는 1로 한다)

① 1.15   ② 2.36
③ 3.56   ④ 4.71

해설 피토 정압관의 유량(Q)

$$Q = CAu_{av}$$

• 압력차
$$\Delta P = P_s - P_o = (80 - 40)[\text{mmAq}] = 40[\text{mmAq}]$$
이고 단위를 환산하면
$$\Delta P = \frac{40 \times 10^{-3}[\text{mAq}]}{10.332[\text{mAq}]} \times 101,325[\text{Pa}]$$
$$\fallingdotseq 392.28[\text{Pa}]$$

• 유속 $u_o = \sqrt{\dfrac{2\Delta P}{\rho}}$ 이고

평균유속 $u_{av} = \dfrac{3}{4}\sqrt{\dfrac{2\Delta P}{\rho}} = \dfrac{3}{4} \times \sqrt{\dfrac{2 \times 392.28[\text{Pa}]}{1.25[\text{kg/m}^3]}}$
$$\fallingdotseq 18.79[\text{m/s}]$$

정답 23 ① 24 ④ 25 ① 26 ② 27 ②

$$[Pa] = \left[\frac{N}{m^2}\right]$$

$$\sqrt{\frac{Pa}{\frac{kg}{m^3}}} = \sqrt{\frac{kg \cdot \frac{m}{s^2}}{\frac{kg}{m^3}}} = \sqrt{\frac{m^2}{s^2}} = [m/s]$$

$$\therefore \text{유량} \ Q = 1 \times \left\{\frac{\pi}{4} \times (0.4[m])^2\right\} \times 18.79[m/s]$$
$$= 2.36[m^3/s]$$

28

그림에서 피스톤 A와 피스톤 B의 단면적이 각각 6[cm²], 600[cm²]이고, 피스톤 B의 무게가 90[kN]이며, 내부에는 비중이 0.75인 기름으로 채워져 있다. 그림과 같은 상태를 유지하기 위한 피스톤 A의 무게는 약 몇 [N]인가?(단, C와 D는 수평선상에 있다)

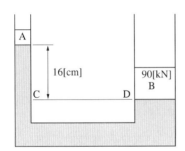

① 756
② 899
③ 1,252
④ 1,504

해설 압력(P)

$$P = \frac{W}{S}$$

• $P_C = P_D$이므로 $P_A + \gamma H = P_B$에서

$$P_A = P_B - \gamma H = \frac{W_B}{S_B} - \gamma H,$$

$$P_A = \frac{90 \times 10^3[N]}{600 \times 10^{-4}[m^2]} - 9,800[N/m^3] \times 0.16[m]$$
$$= 1,498,432[N]$$

• 압력 $P_A = \frac{W_A}{S_A}$에서

$$W_A = P_A \times S_A$$
$$= 1,498,432[N/m^2] \times (6 \times 10^{-4}[m^2])$$
$$\fallingdotseq 899.1[N]$$

29

20[℃], 101[kPa]에서 산소(O₂) 25[g]의 부피는 약 몇 [L]인가?(단, 일반기체상수는 8,314[J/kmol·K]이다)

① 21.8
② 20.8
③ 19.8
④ 18.8

해설 이상기체상태방정식을 적용하면

$$PV = nRT = \frac{W}{M}RT \qquad V = \frac{WRT}{PM}$$

여기서, P : 압력[Pa], V : 부피[m³],
$\quad n$: mol수(무게/분자량), W : 무게[kg]
$\quad M$: 분자량(O₂ = 32),
$\quad R$: 기체상수(8,314[J/kmol·K])
$\quad T$: 절대온도(273+[℃])

$$\therefore V = \frac{WRT}{PM} = \frac{25 \times 10^{-3}[kg] \times 8,314 \times (273+20)}{101 \times 10^3[Pa(N/m^2)] \times 32}$$
$$= 0.01884[m^3] \fallingdotseq 18.84[L]$$

$$1[m^3] = 1,000[L]$$

30

다음 중 멀리 떨어진 화염으로부터 관찰자가 직접 열기를 느꼈다고 할 때 가장 크게 영향을 미친 열전달 원리는?(단, 화염과 관찰자 사이에 공기흐름은 거의 없다고 가정한다)

① 복 사
② 대 류
③ 전 도
④ 비 등

해설 복사 : 관찰자가 직접 열기를 느꼈다고 하는 것은 겨울에 양지바른 곳에 있을 때 열기를 느끼는 것과 같다.

31

관 내 유동 중 지름이 급격히 커지면서 발생하는 부차적 손실계수는 0.38이다. 지름이 작은 부분에서의 속도가 0.8[m/s]라고 할 때 부차적 손실수두는 약 몇 [m]인가?

① 0.0045
② 0.0092
③ 0.0124
④ 0.0825

해설 손실수두

$$H = k\frac{u^2}{2g}$$

$$\therefore H = k\frac{u^2}{2g} = 0.38 \times \frac{(0.8[\text{m/s}])^2}{2 \times 9.8[\text{m/s}^2]} ≒ 0.0124[\text{m}]$$

32

그림과 같이 수조차의 탱크 측벽에 안지름이 25[cm]인 노즐을 설치하여 노즐로부터 물이 분사되고 있다. 노즐 중심은 수면으로부터 3[m] 아래에 있다고 할 때 수조차가 받는 추력 F는 약 몇 [kN]인가?(단, 노면과의 마찰은 무시한다)

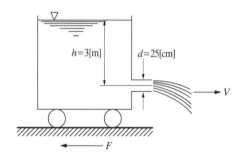

① 1.77   ② 2.89

③ 4.56   ④ 5.21

해설 $u = \sqrt{2gH} = \sqrt{2 \times 9.8 \times 3[\text{m}]} = 7.668[\text{m/sec}]$

$$Q = \mu A = u \times \frac{\pi}{4} d^2 = 7.668 \times \frac{\pi}{4} \times (0.25)^2$$

$$= 0.3764[\text{m}^3/\text{sec}]$$

$$\therefore F = Q\rho u$$

$$= 0.3764[\text{m}^3/\text{sec}] \times 1,000[\text{kg/m}^3]$$

$$\times 7.668[\text{m/sec}] \div 1,000$$

$$= 2.89[\text{kN}]$$

$$[\text{kg} \cdot \text{m/s}^2] = [\text{N}]$$

33

비열이 0.475[kJ/kg·K]인 철 10[kg]을 20[℃]에서 80[℃]로 올리는 데 필요한 열량은 약 몇 [kJ]인가?

① 222   ② 232

③ 285   ④ 315

해설 열량

$$Q = mc\Delta t$$

여기서, Q : 열량[kcal]

m : 무게(10[kg])

c : 철의 비열0.475[kJ/kg·K]

Δt : 온도차({(273+80)−(273+20)}[K])

$$\therefore Q = mc\Delta t$$

$$= 10[\text{kg}] \times 0.475[\text{kJ/kg} \cdot \text{K}] \times 60[\text{K}]$$

$$= 285[\text{kJ}]$$

34

그림과 같이 수직관로를 통하여 물이 위에서 아래로 흐르고 있다. 손실을 무시할 때 상하에 설치된 압력계의 눈금이 동일하게 지시되도록 하려면 아래의 지름 d는 약 몇 [mm]로 하여야 하는가?(단, 위의 압력계가 있는 곳에서 유속은 3[m/s], 안지름은 65[mm]이고, 압력계의 설치 높이 차이는 5[m]이다)

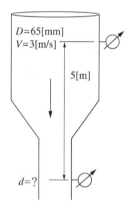

① 30[mm]   ② 35[mm]

③ 40[mm]   ④ 45[mm]

해설 $\dfrac{P_1}{\gamma} + \dfrac{u_1^2}{2g} + Z_1 = \dfrac{P_2}{\gamma} + \dfrac{u_2^2}{2g} + Z_2$

여기서 $P_1 = P_2$

$$U_2 = \sqrt{2g\left[(Z_1 - Z_2) + \frac{V^2}{2g}\right]}$$

$$= \sqrt{2g\left(5 + \frac{3^2}{2g}\right)} ≒ 10.34[\text{m/sec}]$$

$$\therefore u_1 A_1 = u_2 A_2$$

$$u_1 \times \frac{\pi}{4} D_1^2 = u_2 \times \frac{\pi}{4} D_2^2$$

$$D_2 = \sqrt{\frac{u_1 \times D_1^2}{u_2}} = \sqrt{\frac{3[\mathrm{m/sec}] \times (65[\mathrm{mm}])^2}{10.34[\mathrm{m/sec}]}}$$
$$\fallingdotseq 35.01[\mathrm{mm}]$$

35

그림과 같이 비중량이 γ_1, γ_2, γ_3인 세 가지의 유체로 채워진 마노미터에서 A점과 B점의 압력 차이 $(P_A - P_B)$는?

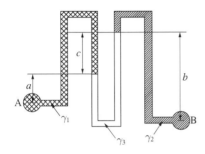

① $-a\gamma_1 - b\gamma_2 + c\gamma_3$ ② $a\gamma_1 + b\gamma_2 - c\gamma_3$
③ $a\gamma_1 - b\gamma_2 + c\gamma_3$ ④ $a\gamma_1 - b\gamma_2 - c\gamma_3$

해설 마노미터의 압력차$(P_A - P_B)$
- $P_1 = P_A + a\gamma_1$
- $P_2 = P_1 - c\gamma_3 = P_A - a\gamma_1 - \gamma c_3$
- $P_B = P_2 + b\gamma_2 = P_A - a\gamma_1 - c\gamma_3 + b\gamma_2$
  $\therefore P_A - P_B = a\gamma_1 - b\gamma_2 + c\gamma_3$

36

비중이 0.89이며 중량이 35[N]인 유체의 체적은 약 몇 [m³]인가?

① 0.13×10^{-3} ② 2.43×10^{-3}
③ 3.03×10^{-3} ④ 4.01×10^{-3}

해설 비중이 0.89이면
$\gamma = 0.89 \times 9,800[\mathrm{N/m^3}] = 8,722[\mathrm{N/m^3}]$
$\therefore$ 체적 $V = \dfrac{W}{\gamma}$
$= \dfrac{35[\mathrm{N}]}{8,722[\mathrm{N/m^3}]}$
$= 4.01 \times 10^{-3}[\mathrm{m^3}]$

37

할론 1301이 밀도 1.4[g/cm³], 속도 15[m/s]로 지름 50[mm] 배관을 통해 정상류로 흐르고 있다. 이때 할론 1301의 질량 유량은 약 몇 [kg/s]인가?

① 20.4   ② 30.6
③ 41.2   ④ 52.5

해설 질량 유량(질량 유동율)

$$\overline{m} = Au\rho[\mathrm{kg/sec}]$$

여기서, A : 면적 $\left[\dfrac{\pi}{4}(0.05[\mathrm{m}])^2 \fallingdotseq 1.96 \times 10^{-3}[\mathrm{m^2}]\right]$
$\quad\quad u$: 유속(15[m/s])
$\quad\quad \rho$: 밀도(1.4[g/cm³] = 1,400[kg/m³])
$\therefore \overline{m} = Au\rho = 1.96 \times 10^{-3} \times 15 \times 1,400$
$\quad\quad = 41.16[\mathrm{kg/s}]$

38

배관 내 유체의 흐름속도가 급격히 변화될 때 속도에너지가 압력에너지로 변화되면서 배관 및 관 부속물에 심한 압력파로 때리는 현상을 무엇이라고 하는가?

① 수격 현상   ② 서징 현상
③ 공동 현상   ④ 무구속 현상

해설 수격 작용 : 관 내의 유동형태가 급격히 변화하여 물의 운동에너지가 압력파의 형태로 나타나는 현상

39

그림과 같이 높이가 h이고 윗변의 길이가 $h/2$인 직각 삼각형으로 된 평판이 자유표면에 윗변을 두고 물속에 수직으로 놓여 있다. 물의 비중량을 γ라고 하면, 이 평판에 작용하는 힘은?

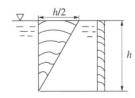

① $\dfrac{\gamma h^3}{2}$ ② $\dfrac{\gamma h^3}{6}$
③ $\dfrac{\gamma h^3}{8}$ ④ $\dfrac{\gamma h^3}{12}$

해설 힘(F)

$$F = \gamma \bar{y} \sin\theta A$$

• 삼각형 도심의 위치 $\bar{y} = \dfrac{h}{3}$

• $F = \gamma \times \dfrac{h}{3} \times \sin90° \times \left(\dfrac{1}{2} \times \dfrac{h}{2} \times h\right) = \dfrac{\gamma h^3}{12}$

40

회전수 1,800[rpm], 유량 4[m³/min], 양정 50[m]인 원심펌프의 비속도[m³/min · m · rpm]는 약 얼마인가?

① 46　　　　② 72
③ 126　　　④ 191

해설 비속도

$$ns = \dfrac{n\sqrt{Q}}{H^{\frac{3}{4}}}$$

여기서, Q : 유량(4[m³/min])
　　　　n : 회전수(1,800[rpm])
　　　　H : 전양정(50[m])

∴ $ns = \dfrac{n\sqrt{Q}}{H^{\frac{3}{4}}} = \dfrac{1,800 \times \sqrt{4}}{(50)^{3/4}}$

　　　≒ 191.46[m³/min · m · rpm]

제 3 과목　소방관계법규

41

소방활동구역의 출입자로서 대통령령이 정하는 자에 속하지 않는 사람은?

① 의사·간호사 그 밖의 구조 구급업무에 종사하는 자
② 소방활동구역 밖에 있는 소방대상물의 소유자·관리자 또는 점유자
③ 취재인력 등 보도업무에 종사하는 자
④ 수사업무에 종사하는 자

해설 소방활동구역의 출입자

• 소방활동구역 안에 있는 소방대상물의 소유자·관리자 또는 점유자
• 전기·가스·수도·통신·교통의 업무에 종사하는 사람으로서 원활한 소방활동을 위하여 필요한 사람
• 의사·간호사 그 밖의 구조·구급업무에 종사하는 사람
• 취재인력 등 보도업무에 종사하는 사람
• 수사업무에 종사하는 사람
• 그 밖에 소방대장이 소방활동을 위하여 출입을 허가한 사람

42

다음 위험물 중 위험물안전관리법령에서 정하고 있는 지정수량이 가장 적은 것은?

① 브롬산염류　　② 유 황
③ 알칼리토금속　④ 과염소산

해설 지정수량

종 류	유 별	지정수량
브롬산염류	제1류 위험물	300[kg]
유 황	제2류 위험물	100[kg]
알칼리토금속	제3류 위험물	50[kg]
과염소산	제1류 위험물	300[kg]

43

대통령령이 정하는 특정소방대상물에는 관계인이 소방안전관리자를 선임하지 않은 경우의 벌금 규정은?

① 100만원 이하
② 200만원 이하
③ 300만원 이하
④ 1,000만원 이하

해설 소방안전관리자 미선임 : 300만원 이하 벌금

44

소방특별조사 결과에 따른 조치명령으로 인하여 손실을 입은 자에 대한 손실보상에 관한 설명으로 틀린 것은?

① 손실보상에 관하여는 시·도지사와 손실을 입은 자가 협의하여야 한다.

② 보상금액에 관한 협의가 성립되지 아니한 경우에는 시·도지사는 그 보상금액을 지급하거나 공탁하고 이를 상대방에게 알려야 한다.

③ 시·도지사가 손실을 보상하는 경우에는 공시지가로 보상하여야 한다.

④ 보상금의 지급 또는 공탁의 통지에 불복이 있는 자는 지급 또는 공탁의 통지를 받은 날부터 30일 이내에 관할토지수용위원회에 재결을 신청할 수 있다.

해설 시·도지사가 손실을 보상하는 경우에는 시가(時價)로 보상하여야 한다.

45

건축허가 등을 함에 있어서 미리 소방본부장 또는 소방서장의 동의를 받아야 하는 건축물 등의 범위로 차고·주차장으로 사용되는 층 중 바닥면적이 몇 제곱미터 이상인 층이 있는 시설에 시설하여야 하는가?

① 50   ② 100

③ 200   ④ 400

해설 건축허가 등의 동의대상물 범위

- 연면적이 400[m²][학교시설은 100[m²], 노유자시설 및 수련시설은 200[m²], **정신의료기관**(입원실이 없는 정신건강과학과의원은 제외), 장애인의료재활시설은 300[m²] 이상인 건축물
- 차고·주차장 또는 주차용도로 사용되는 시설로서 다음에 해당하는 것
  - **차고·주차장**으로 사용되는 층 중 바닥면적이 **200[m²] 이상**인 층이 있는 시설
  - 승강기 등 기계장치에 의한 주차시설로서 자동차 20대 이상을 주차할 수 있는 시설
- **항공기격납고**, 관망탑, 항공관제탑, 방송용 송·수신탑
- 지하층 또는 무창층이 있는 건축물로서 바닥면적이 150[m²](공연장의 경우에는 100[m²]) 이상인 층이 있는 것
- 위험물저장 및 처리시설, 지하구

46

자동화재탐지설비를 설치하여야 하는 특정소방대상물의 기준으로 틀린 것은?

① 지하구

② 지하가 중 터널로서 길이가 700[m] 이상인 것

③ 노유자 생활시설

④ 복합건축물로서 연면적 600[m²] 이상인 것

해설 터널의 길이가 1,000[m] 이상이면 자동화재탐지설비를 설치하여야 한다.

47

화재조사를 하는 관계인의 정당한 업무를 방해하거나 화재조사를 수행하면서 알게 된 비밀을 다른 사람에게 누설한 사람에 대한 벌칙은?

① 100만원 이하의 벌금

② 150만원 이하의 벌금

③ 200만원 이하의 벌금

④ 300만원 이하의 벌금

해설 관계인의 정당한 업무를 방해하거나 화재 조사를 수행하면서 알게 된 비밀을 다른 사람에게 누설한 경우의 벌칙(소방공무원에 대한 벌칙임) : 300만원 이하의 벌금

48

소방기본법령상 특수가연물의 저장 기준 중 ㉠, ㉡, ㉢에 알맞은 것은?(단, 석탄·목탄류를 발전용으로 저장하는 경우는 제외한다)

> 쌓는 높이는 10[m] 이하가 되도록 하고, 쌓는 부분의 바닥면적은 (㉠)[m²] 이하가 되도록 할 것. 다만, 살수설비를 설치하거나, 방사능력 범위에 해당 특수가연물이 포함되도록 대형수동식소화기를 설치하는 경우에는 쌓는 높이를 (㉡)[m] 이하, 쌓는 부분의 바닥면적을 (㉢)[m²] 이하로 할 수 있다.

① ㉠ 200, ㉡ 20, ㉢ 400

② ㉠ 200, ㉡ 15, ㉢ 300

③ ㉠ 50, ㉡ 20, ㉢ 100

④ ㉠ 50, ㉡ 15, ㉢ 200

해설 **특수가연물의 저장 및 취급의 기준**
- 품명별로 구분하여 쌓을 것
- 쌓는 높이는 10[m] 이하가 되도록 하고, 쌓는 부분의 바닥면적은 50[m²](석탄 · 목탄류의 경우에는 200[m²]) 이하가 되도록 할 것. 다만, 살수설비를 설치하거나, 방사능력 범위에 해당 특수가연물이 포함되도록 대형수동식소화기를 설치하는 경우에는 쌓는 높이를 15[m] 이하, 쌓는 부분의 바닥면적을 200[m²](석탄 · 목탄류의 경우에는 300[m²]) 이하로 할 수 있다.
- 쌓는 부분의 바닥면적 사이는 1[m] 이상이 되도록 할 것

49

위험물안전관리법령상 인화성액체위험물(이황화탄소를 제외)의 옥외탱크저장소의 탱크주위에 설치하여야 하는 방유제의 기준 중 틀린 것은?

① 방유제의 용량은 방유제 안에 설치된 탱크가 하나인 때에는 그 탱크 용량의 110[%] 이상으로 할 것
② 방유제의 용량은 방유제 안에 설치된 탱크가 2기 이상인 때에는 그 탱크 중 용량이 최대인 것의 용량의 110[%] 이상으로 할 것
③ 방유제의 높이 1[m] 이상 3[m] 이하, 두께 0.2[m] 이상, 지하매설깊이 0.5[m] 이상으로 할 것
④ 방유제 내의 면적은 80,000[m²] 이하로 할 것

해설 **방유제의 설치 기준**
- 용량 : 방유제 안에 탱크가 하나인 때에는 그 탱크용량의 110[%] 이상, 2기 이상인 때에는 가장 큰 탱크 용량의 110[%] 이상으로 할 것
- 높이 : 0.5[m] 이상 3[m] 이하, 두께 : 0.2[m] 이상, 지하매설깊이 : 1[m] 이상
- 면적 : 80,000[m²] 이하
- 방유제 내에 최대 설치 개수 : 10기 이하(인화점이 200[℃] 이상은 예외)

> 탱크의 용량이 20만[L] 이하이고, 인화점이 70[℃] 이상 200[℃] 미만인 경우 : 20기 이하

- 방유제의 탱크 옆판으로부터 유지거리(인화점 200[℃] 이상은 제외)

탱크의 지름	이격거리
지름이 15[m] 미만	탱크높이의 1/3 이상
지름이 15[m] 이상	탱크높이의 1/2 이상

50

화재예방, 소방시설 설치 · 유지 및 안전관리에 관한 법령상 특정소방대상물의 관계인이 특정소방대상물의 규모 · 용도 및 수용인원 등을 고려하여 갖추어야 하는 소방시설의 종류 기준 중 ㉠, ㉡에 알맞은 것은?

> 화재안전기준에 따라 소화기구를 설치하여야 하는 특정소방대상물은 연면적 (㉠)[m²] 이상인 것. 다만, 노유자시설의 경우에는 투척용 소화용구 등을 화재안전기준에 따라 산정된 소화기 수량의 (㉡) 이상으로 설치할 수 있다.

① ㉠ 33, ㉡ $\frac{1}{2}$　　② ㉠ 33, ㉡ $\frac{1}{3}$

③ ㉠ 50, ㉡ $\frac{1}{2}$　　④ ㉠ 50, ㉡ $\frac{1}{3}$

해설 **소화기구를 설치하여야 하는 특정소방대상물**
- 연면적 33[m²] 이상인 것. 다만, 노유자시설의 경우에는 투척용 소화용구 등을 화재안전기준에 따라 산정된 소화기 수량의 1/2 이상으로 설치할 수 있다.
- 지정문화재 및 가스시설
- 터 널

51

화재예방, 소방시설 설치 · 유지 및 안전관리에 관한 법령상 특정소방대상물의 피난시설, 방화구획 또는 방화시설의 폐쇄 · 훼손 · 변경 등의 행위를 한 자에 대한 과태료 기준으로 옳은 것은?

① 200만원 이하의 과태료
② 300만원 이하의 과태료
③ 500만원 이하의 과태료
④ 600만원 이하의 과태료

해설 **300만원 이하의 과태료**
- 화재안전기준을 위반하여 소방시설을 설치 또는 유지 · 관리한 자
- 규정을 위반하여 피난시설, 방화구획 또는 방화시설의 폐쇄 · 훼손 · 변경 등의 행위를 한 자

52

화재예방, 소방시설 설치·유지 및 안전관리에 관한 법령상 소방시설 등에 대한 자체점검 중 종합정밀점검 대상기준으로 틀린 것은?

① 제연설비가 설치된 터널
② 노래연습장으로서 연면적이 2,000[m²] 이상인 것
③ 아파트는 연면적 5,000[m²] 이상이고 옥내소화전설비가 설치된 것
④ 소방대가 근무하지 않는 국공립학교 중 연면적이 1,000[m²] 이상인 것으로서 자동화재탐지설비가 설치된 것

해설 스프링클러설비가 설치된 특정소방대상물은 종합정밀점검대상이다.

53

소방기본법령상 소방용수시설별 설치기준 중 틀린 것은?

① 급수탑 개폐밸브는 지상에서 1.5[m] 이상 1.7[m] 이하의 위치에 설치하도록 할 것
② 소화전은 상수도와 연결하여 지하식 또는 지상식의 구조로 하고, 소방용호스와 연결하는 소화전의 연결금속구의 구경은 100[mm]로 할 것
③ 저수조 흡수관의 투입구가 사각형의 경우에는 한 변의 길이가 60[cm] 이상, 원형의 경우에는 지름이 60[cm] 이상일 것
④ 저수조는 지면으로부터의 낙차가 4.5[m] 이하일 것

해설 소방용수시설별 설치기준
- 소화전 : 상수도와 연결하여 지하식 또는 지상식의 구조로 하고, 소방용호스와 연결하는 소화전의 **연결금속구의 구경**은 **65[mm]**로 할 것
- 급수탑 : 급수배관의 구경은 100[mm] 이상으로 하고 개폐밸브는 지상에서 1.5[m] 이상 1.7[m] 이하의 위치에 설치하도록 할 것
- 저수조
 - 지면으로부터의 낙차가 4.5[m] 이하일 것
 - 흡수부분의 수심이 0.5[m] 이상일 것
 - 소방펌프자동차가 쉽게 접근할 수 있도록 할 것

- 흡수관의 투입구가 사각형의 경우에는 한 변의 길이가 60[cm] 이상, 원형의 경우에는 지름이 60[cm] 이상일 것
- 저수조에 물을 공급하는 방법은 상수도에 연결하여 자동으로 급수되는 구조일 것

54

자체소방대를 설치하여야 하는 제조소 등으로 옳은 것은?

① 지정수량 3,000배의 아세톤을 취급하는 일반취급소
② 지정수량 3,500배의 칼륨을 취급하는 제조소
③ 지정수량 4,000배의 등유를 이동저장탱크에 주입하는 일반취급소
④ 지정수량 4,500배의 기계유를 유압장치로 취급하는 일반취급소

해설 **자체소방대 설치대상** : 제4류 위험물을 지정수량 3,000배 이상 취급하는 제조소나 일반취급소

> 아세톤 : 제4류 위험물

55

위험물안전관리법상 제1류 위험물의 성질은?

① 산화성 액체
② 가연성 고체
③ 금수성 물질
④ 산화성 고체

해설 위험물의 성질

유 별	성 질
제1류	산화성 고체
제2류	가연성 고체
제3류	자연발화성 및 금수성 물질
제4류	인화성 액체
제5류	자기반응성 물질
제6류	산화성 액체

56

소방기본법상 소방활동구역의 설정권자로 옳은 것은?

① 소방본부장　　　　② 소방서장
③ 소방대장　　　　　④ 시·도지사

해설 소방활동구역의 설정권자 : 소방대장

57

소방시설공사업법상 소방시설업자가 등록을 한 후 정당한 사유 없이 1년이 지날 때까지 영업을 개시하지 아니하거나 계속하여 1년 이상 휴업한 때는 몇 개월 이내의 영업정지를 당할 수 있나?

① 1개월 이내　　　　② 2개월 이내
③ 3개월 이내　　　　④ 6개월 이내

해설 등록을 취소하거나 6개월 이내의 영업의 정지
• 거짓이나 그 밖의 부정한 방법으로 등록한 경우(**등록취소**)
• 제4조제1항에 따른 등록기준에 미달하게 된 후 30일이 경과한 경우. 다만, 자본금기준에 미달한 경우 중 「채무자 회생 및 파산에 관한 법률」에 따라 법원이 회생절차의 개시의 결정을 하고 그 절차가 진행중인 경우 등 대통령령으로 정하는 경우는 30일이 경과한 경우에도 예외로 한다.
• 제5조 각 호의 등록 결격사유에 해당하게 된 경우(**등록취소**)
• 등록을 한 후 정당한 사유 없이 1년이 지날 때까지 영업을 시작하지 아니하거나 계속하여 1년 이상 휴업한 때(**6개월 이내에 영업정지**)
• 제8조제1항을 위반하여 다른 자에게 등록증 또는 등록수첩을 빌려준 경우
• 제8조제2항을 위반하여 영업정지 기간 중에 소방시설공사등을 한 경우(**등록취소**)
• 제8조제3항 또는 제4항을 위반하여 통지를 하지 아니하거나 관계서류를 보관하지 아니한 경우

58

소방신호의 종류가 아닌 것은?

① 진화신호　　　　　② 발화신호
③ 경계신호　　　　　④ 해제신호

해설 소방신호 : 경계신호, 발화신호, 해제신호, 훈련신호

59

화재예방, 소방시설 설치·유지 및 안전관리에 관한 법령상 근무자 및 거주자에게 소방훈련·교육을 실시하여야 하는 특정소방대상물의 기준 중 다음 (　　)에 알맞은 것은?

> 특정소방대상물 중 상시 근무하거나 거주하는 인원(숙박시설의 경우에는 상시 근무하는 인원)이 (　　)명 이하인 특정소방대상물을 제외한 것을 말한다.

① 3　　　　　　　　② 5
③ 7　　　　　　　　④ 10

해설 소방훈련과 교육 대상 : 거주인원 11명 이상(10명 이하는 제외)

60

화재예방, 소방시설 설치·유지 및 안전관리에 관한 법령상 소방안전관리대상물의 소방계획서 포함되어야 하는 사항이 아닌 것은?

① 예방규정을 정하는 제조소 등의 위험물 저장·취급에 관한 사항
② 소방시설·피난시설 및 방화시설의 점검·정비계획
③ 특정소방대상물의 근무자 및 거주자의 자위소방대 조직과 대원의 임무에 관한 사항
④ 방화구획, 제연구획, 건축물의 내부 마감재료(불연재료·준불연재료 또는 난연재료로 사용된 것) 및 방염물품의 사용현황과 그 밖의 방화구조 및 설비의 유지·관리계획

해설 소방계획서의 작성 내용
• 소방안전관리대상물의 위치·구조·연면적·용도 및 수용인원 등 일반 현황
• 소방안전관리대상물에 설치한 소방시설·방화시설, 전기시설·가스시설 및 위험물시설의 현황
• 화재 예방을 위한 자체점검계획 및 진압대책
• **소방시설·피난시설 및 방화시설의 점검·정비계획**
• 피난층 및 피난시설의 위치와 피난경로의 설정, 장애인 및 노약자의 피난계획 등을 포함한 피난계획

- 방화구획, 제연구획, 건축물의 내부 마감재료(불연재료 · 준불연재료 또는 난연재료로 사용된 것을 말한다) 및 방염물품의 사용현황과 그 밖의 방화구조 및 설비의 유지 · 관리계획
- 소방훈련 및 교육에 관한 계획
- 특정소방대상물의 근무자 및 거주자의 자위소방대 조직과 대원의 임무(장애인 및 노약자의 피난 보조 임무를 포함한다)에 관한 사항
- 화기 취급 작업에 대한 사전 안전조치 및 감독 등 공사 중 소방안전관리에 관한 사항
- 공동 및 분임 소방안전관리에 관한 사항
- 소화와 연소 방지에 관한 사항
- 위험물의 저장 · 취급에 관한 사항(예방규정을 정하는 제조소 등은 제외한다)

제4과목 소방기계시설의 구조 및 원리

61

이산화탄소 소화약제 저장용기에 대한 설명으로 옳지 않은 것은?

① 온도가 40[℃] 이하인 장소에 설치할 것
② 방화문으로 구획된 실에 설치할 것
③ 고압식 저장용기의 충전비는 1.3 이상 1.7 이하로 할 것
④ 저압식 저장용기에는 2.3[MPa] 이상 1.9[MPa] 이하에서 작동하는 압력경보장치를 설치할 것

해설 이산화탄소 저장용기의 충전비

구 분	저압식	고압식
충전비	1.1 이상 1.4 이하	1.5 이상 1.9 이하

62

화재예방, 소방시설 설치 · 유지 및 안전관리에 관한 법령에 따라 구분된 소방설비 중 "물분무 등 소화설비"에 속하지 않는 것은?

① 포소화설비
② 이산화탄소소화설비
③ 스프링클러설비
④ 강화액소화설비

해설 물분무 등 소화설비
- 물분무소화설비
- 미분무소화설비
- 포소화설비
- 이산화탄소소화설비
- 할론소화설비
- 할로겐화합물 및 불활성기체소화설비
- 분말소화설비
- 강화액소화설비
- 고체에어로졸 소화설비

63

바닥면적이 500[m²]인 의료시설에 필요한 소화기구의 소화능력 단위는 몇 단위 이상인가?(단, 소화능력 단위 기준은 바닥면적만 고려한다)

① 2.5
② 5
③ 10
④ 16.7

해설 특정소방대상물별 소화기구의 능력단위기준

특정소방대상물	소화기구의 능력단위
1. 위락시설	해당 용도의 바닥면적 30[m²]마다 능력단위 1단위 이상
2. 공연장 · 집회장 · 관람장 · 문화재 · 장례식장 및 의료시설	해당 용도의 바닥면적 50[m²]마다 능력단위 1단위 이상
3. 근린생활시설 · 판매시설 · 운수시설 · 숙박시설 · 노유자시설 · 전시장 · 공동주택 · 업무시설 · 방송통신시설 · 공장 · 창고시설 · 항공기 및 자동차 관련 시설 및 관광휴게시설	해당 용도의 바닥면적 100[m²]마다 능력단위 1단위 이상
4. 그 밖의 것	해당 용도의 바닥면적 200[m²]마다 능력단위 1단위 이상

※ 소화기구의 능력단위를 산출함에 있어서 건축물의 주요구조부가 내화구조이고, 벽 및 반자의 실내에 면하는 부분이 불연재료 · 준불연재료 또는 난연재료로 된 특정소방대상물에 있어서는 위 표의 **기준면적의 2배**를 해당 특정소방대상물의 기준면적으로 한다.

$$\therefore 능력단위 = \frac{바닥면적[m^2]}{기준면적[m^2]} = \frac{500[m^2]}{50[m^2]} = 10단위$$

64

포소화설비에서 고정지붕구조 또는 부상덮개부착고 정지붕구조의 탱크에 사용하는 포 방출구 형식으로 방출된 포가 탱크옆판의 내면을 따라 흘러내려 가면 서 액면 아래로 몰입되거나 액면을 뒤섞지 않고 액면 상을 덮을 수 있는 반사판 및 탱크 내의 위험물 증기가 외부로 역류되는 것을 저지할 수 있는 구조·기구를 갖는 포방출구는?

① Ⅰ형 방출구　② Ⅱ형 방출구
③ Ⅲ형 방출구　④ Ⅳ형 방출구

해설 **고정식 방출구의 종류**

고정식 포방출구방식은 탱크에서 저장 또는 취급하는 위험물의 화재를 유효하게 소화할 수 있도록 하는 포 방출구

- **Ⅰ형** : 고정지붕 구조(CRT, Cone Roof Tank)의 탱크에 **상부포주입법**(고정포방출구를 탱크옆판의 상부에 설치하여 액표면 상에 포를 방출하는 방법)을 이용하는 것으로 방출된 포가 액면 아래로 몰입되거나 액면을 뒤섞지 않고 액면 상을 덮을 수 있는 통계단 또는 미끄럼판 등의 설비 및 탱크 내의 위험물 증기가 외부로 역류되는 것을 저지할 수 있는 구조·기구를 갖는 포방출구

- **Ⅱ형** : 고정 지붕구조(CRT) 또는 **부상덮개부착 고정지붕 구조의 탱크**에 **상부포주입법**을 이용하는 것으로 방출된 포가 탱크옆판의 내면을 따라 흘러내려 가면서 액면 아래로 몰입되거나 액면을 뒤섞지 않고 액면 상을 덮을 수 있는 반사판 및 탱크 내의 위험물 증기가 외부로 역류되는 것을 저지할 수 있는 구조·기구를 갖는 포방출구

- **특형** : 부상지붕구조(FRT, Floating Roof Tank)의 탱크에 **상부포주입법**을 이용하는 것으로 부상지붕의 부상 부분 상에 높이 0.9[m] 이상의 금속제의 칸막이를 탱크옆판의 내측으로부터 1.2[m] 이상 이격하여 설치하고 탱크옆판과 칸막이에 의하여 형성된 환상부분에 포를 주입하는 것이 가능한 구조의 반사판을 갖는 포방출구

- **Ⅲ형** : 고정 지붕구조(CRT)의 탱크에 **저부포주입법**(탱크의 액면하에 설치된 포방출구부터 포를 탱크 내에 주입하는 방법)을 이용하는 것으로 송포관으로부터 포를 방출하는 포방출구

- **Ⅳ형** : 고정 지붕구조(CRT)의 탱크에 **저부포주입법**을 이용하는 것으로 평상시에는 탱크의 액면하의 저부에 격납통에 수납되어 있는 특수호스 등이 송포관의 말단에 접속되어 있다가 포를 보내어 선단의 액면까지 도달한 후 포를 방출하는 포방출구

65

상수도소화용수설비를 설치하여야 하는 특정소방대 상물의 연면적 기준으로 옳은 것은?(단, 특정소방대 상물 중 숙박시설로 한정한다)

① 연면적 1,000[m²] 이상인 경우
② 연면적 1,500[m²] 이상인 경우
③ 연면적 3,000[m²] 이상인 경우
④ 연면적 5,000[m²] 이상인 경우

해설 상수도소화용수설비를 설치하여야 하는 특정소방대 상물의 연면적 5,000[m²] 이상인 경우에 설치한다.

66

포소화설비의 수동식 기동장치의 조작부 설치위치 는?

① 바닥으로부터 0.5[m] 이상 1.2[m] 이하
② 바닥으로부터 0.8[m] 이상 1.2[m] 이하
③ 바닥으로부터 0.8[m] 이상 1.5[m] 이하
④ 바닥으로부터 0.5[m] 이상 1.5[m] 이하

해설 포소화설비의 수동식 기동장치 : 바닥으로부터 0.8[m] 이상 1.5[m] 이하

67

다음 중 완강기의 주요 구성요소가 아닌 것은?

① 앵커볼트　② 속도조절기
③ 연결금속구　④ 로프

해설 완강기의 구성부분 : 조속기, 로프, 벨트, 후크, 연결금속구

68

이산화탄소 소화설비 중 호스릴 방식으로 설치되는 호스접결구는 방호대상물의 각 부분으로부터 수평거리 몇 [m] 이하이어야 하는가?

① 15[m] 이하　② 20[m] 이하
③ 25[m] 이하　④ 40[m] 이하

해설 호스릴 이산화탄소 소화설비 : 수평거리 15[m] 이하마다 설치

69

스프링클러설비에서 건식 설비와 비교한 습식설비의 특징에 관한 설명으로 옳지 않은 것은?

① 구조가 상대적으로 간단하고 설비비가 적게 든다.
② 동결의 우려가 있는 곳에는 사용하기가 적절하지 않다.
③ 헤드 개방 시 즉시 방수된다.
④ 오동작이 발생할 때 물에 의해 야기되는 피해가 적다.

해설 습식설비는 오동작이 발생할 때 물에 의해 야기되는 피해가 크다.

70

지상 5층 건물의 2층 슈퍼마켓이 스프링클러설비가 설치되어 있다. 이때 설치된 폐쇄형 헤드의 수는 총 40개라고 할 때 최소 저수량 산출 시 스프링클러 헤드의 기준 개수로 옳은 것은?(단, 다른 층의 폐쇄형 헤드의 수는 모두 40개 미만이라고 가정한다)

① 10개   ② 20개
③ 30개   ④ 40개

해설 수원 산출 시 스프링클러 헤드의 기준 개수

소방대상물			헤드의 기준개수
10층 이하 소방 대상물 (지하층 제외)	공장, 창고 (랙식 창고 포함)	특수가연물 저장·취급	30
		그 밖의 것	20
	근린생활시설 판매시설 운수시설 복합건축물	판매시설 또는 복합건축물(판매시설이 설치된 복합건축물을 말한다)	30
		그 밖의 것	20
	그밖의 것	헤드의 부착높이 8[m] 이상	20
		헤드의 부착높이 8[m] 미만	10
아파트			10
11층 이상인 소방대상물(아파트는 제외), 지하가, 지하역사			30

71

다음 소방시설 중 내진설계가 요구되는 소방시설이 아닌 것은?

① 옥내소화전설비   ② 옥외소화전설비
③ 물분무소화설비   ④ 스프링클러설비

해설 내진설계 소방시설 : 옥내소화전설비, 스프링클러설비, 물분무 등 소화설비

72

지상 5층인 사무실용도의 소방대상물에 연결송수관설비를 설치할 경우 최소로 설치할 수 있는 방수구의 총 수는?(단, 방수구는 각 층별 1개의 설치로 충분하고, 소방차 접근이 가능한 피난층은 1개층(1층)이다)

① 2개   ② 3개
③ 4개   ④ 5개

해설 연결송수관설비의 방수구 수 : 총 5개층인데 소방차의 접근이 가능하고 소방대원이 소방차로부터 각 부분에 쉽게 도달할 수 있는 피난층은 제외하므로 4개만 설치한다.

> 아파트의 1층과 2층은 방수구를 설치하지 아니할 수 있다.

73

다음은 옥외소화전설비에서 소화전함의 설치기준에 관한 설명이다. 괄호 안에 들어갈 말로 옳은 것은?

> • 옥외소화전이 10개 이하 설치된 때에는 옥외소화전마다 (㉠)[m] 이내의 장소에 1개 이상의 소화전함을 설치하여야 한다.
> • 옥외소화전이 11개 이상 30개 이하 설치된 때에는 (㉡)개 이상의 소화전함을 각각 분산하여 설치하여야 한다.
> • 옥외소화전이 31개 이상 설치된 때에는 옥외소화전 3개마다 1개 이상의 소화전함을 설치하여야 한다.

① ㉠ 5, ㉡ 11   ② ㉠ 7, ㉡ 11
③ ㉠ 5, ㉡ 15   ④ ㉠ 7, ㉡ 15

해설 소화전함의 설치기준
- 옥외소화전이 **10개 이하 설치**된 때에는 옥외소화전마다 **5[m]** 이내의 장소에 **1개 이상의 소화전함**을 설치하여야 한다.
- 옥외소화전이 11개 이상 30개 이하 설치된 때에는 **11개 이상의 소화전함**을 각각 분산하여 설치하여야 한다.
- 옥외소화전이 31개 이상 설치된 때에는 옥외소화전 3개마다 1개 이상의 소화전함을 설치하여야 한다.

74

습식스프링클러설비 및 부압식스프링클러설비 외의 스프링클러설비에는 특정한 제외조건 이외에는 상향식스프링클러헤드를 설치해야 하는데, 다음 중 특정한 제외조건에 해당하지 않는 경우는?

① 스프링클러헤드의 설치장소가 동파의 우려가 없는 곳인 경우
② 플러시형 스프링클러헤드를 사용하는 경우
③ 드라이펜던트 스프링클러헤드를 사용하는 경우
④ 개방형 스프링클러헤드를 사용하는 경우

해설 하향식스프링클러헤드 설치 가능한 경우
- 스프링클러헤드의 설치장소가 동파의 우려가 없는 곳인 경우
- 드라이펜던트 스프링클러헤드를 사용하는 경우
- 개방형 스프링클러헤드를 사용하는 경우

75

제연설비 설치장소의 제연구역 구획기준으로 틀린 것은?

① 하나의 제연구역의 면적은 1,000[m²] 이내로 할 것
② 거실과 통로는 상호 제연구획 할 것
③ 통로상의 제연구역은 보행중심선의 길이가 60[m]를 초과하지 아니할 것
④ 하나의 제연구역은 지름 40[m] 원 내에 들어갈 수 있을 것

해설 하나의 제연구역은 지름 60[m] 원 내에 들어갈 수 있을 것

76

전역방출방식의 분말소화설비에서 분말이 방사되기 전, 다음에 해당하는 개구부 또는 통기구 중 폐쇄하지 않아도 되는 것은?

① 천장에 설치된 통기구
② 바닥으로부터 해당 층의 높이의 $\frac{1}{2}$ 높이 위치에 설치된 통기구
③ 바닥으로부터 해당 층의 높이의 $\frac{1}{3}$ 높이 위치에 설치된 개구부
④ 천장으로부터 아래로 1.2[m] 떨어진 벽체에 설치된 통기구

해설 분말소화설비의 자동폐쇄장치
- 환기장치를 설치한 것은 분말이 방사되기 전에 해당 환기장치가 정지할 수 있도록 할 것
- 개구부가 있거나 천장으로부터 1[m] 이상의 아랫부분 또는 바닥으로부터 해당 층의 높이의 2/3 이내의 부분에 통기구가 있어 분말의 유출에 따라 소화효과를 감소시킬 우려가 있는 것은 분말이 방사되기 전에 해당 개구부 및 통기구를 폐쇄할 수 있도록 할 것
- 자동폐쇄장치는 방호구역 또는 방호대상물이 있는 구획의 밖에서 복구할 수 있는 구조로 하고, 그 위치를 표시하는 표지를 할 것

77

상수도소화용수설비에서 소화전의 호칭지름 100[mm] 이상을 연결할 수 있는 상수도 배관의 호칭지름은 몇 [mm] 이상이어야 하는가?

① 50　　　　② 75
③ 80　　　　④ 100

해설 상수도소화용수설비 설치기준
(1) **호칭지름 75[mm] 이상**의 수도배관에 호칭지름 **100[mm] 이상의 소화전**을 접속할 것
(2) (1)의 규정에 따른 소화전은 소방자동차 등의 진입이 쉬운 도로변 또는 공지에 설치할 것
(3) (1)의 규정에 따른 소화전은 소방대상물의 수평투영면의 각 부분으로부터 140[m] 이하가 되도록 설치할 것

78

일반적으로 지하층에 설치될 수 있는 피난기구는?

① 피난교   ② 승강식 피난기
③ 구조대   ④ 피난용 트랩

해설 지하층에 설치하는 피난기구
- 노유자시설 : 피난용 트랩
- 의료시설, 근린생활시설 중 입원실이 있는 의원, 접골원, 조산원 : 피난용 트랩

79

소화능력단위에 의한 분류에서 소형소화기를 올바르게 설명한 것은?

① 능력단위가 1단위 이상이면서 대형소화기의 능력단위 미만인 소화기이다.
② 능력단위가 3단위 이상이면서 대형소화기의 능력단위 미만인 소화기이다.
③ 능력단위가 5단위 이상이면서 대형소화기의 능력단위 미만인 소화기이다.
④ 능력단위가 10단위 이상이면서 대형소화기의 능력단위 미만인 소화기이다.

해설 소화능력 단위에 의한 분류
- 소형 소화기 : 능력단위 1단위 이상이면서 대형 소화기의 능력단위 이하인 소화기
- 대형 소화기 : 능력단위가 A급 화재는 10단위 이상, B급 화재는 20단위 이상인 것으로서 소화약제 충전량은 표에 기재한 이상인 소화기

종 별	소화약제의 충전량
포	20[L]
강화액	60[L]
물	80[L]
분 말	20[kg]
할 론	30[kg]
이산화탄소	50[kg]

80

인명구조기구를 설치하여야 하는 특정소방대상물 중 공기호흡기만을 설치 가능한 대상물에 포함되지 않는 것은?

① 수용인원 100명 이상인 영화상영관
② 운수시설 중 지하역사
③ 판매시설 중 대규모점포
④ 호스릴 이산화탄소소화설비를 설치하여야 하는 특정소방대상물

해설 인명구조기구를 설치하여야 하는 특정소방대상물
- 방열복 또는 방화복(안전헬멧, 보호장갑 및 안전화를 포함한다), 인공소생기 및 공기호흡기를 설치하여야 하는 특정소방대상물 : 지하층을 포함하는 층수가 7층 이상인 관광호텔
- 방열복 또는 방화복(안전헬멧, 보호장갑 및 안전화를 포함한다) 및 공기호흡기를 설치하여야 하는 특정소방대상물 : 지하층을 포함하는 층수가 5층 이상인 병원
- **공기호흡기를 설치하여야 하는 특정소방대상물**은 다음의 어느 하나와 같다.
  - 수용인원 100명 이상인 문화 및 집회시설 중 영화상영관
  - 판매시설 중 대규모점포
  - 운수시설 중 지하역사
  - 지하가 중 지하상가
  - **이산화탄소소화설비(호스릴이산화탄소소화설비는 제외)**를 설치하여야 하는 특정소방대상물

안심Touch

2019년 4월 27일 시행

제 2 회

제 1 과목 소방원론

01

다음 중 인화점이 가장 낮은 물질은?

① 등 유　　　　② 아세톤
③ 경 유　　　　④ 아세트산

해설 제4류 위험물의 인화점

종 류	품 명	인화점
등 유	제2석유류	40~70[℃]
아세톤	제1석유류	-18[℃]
경 유	제2석유류	50~70[℃]
아세트산(초산)	제2석유류	40[℃]

02

제3종 분말 소화약제의 주성분은?

① 요 소　　　　② 탄산수소나트륨
③ 제1인산암모늄　④ 탄산수소칼륨

해설 분말소화약제

종 별	소화약제	약제의 착색	적응 화재	열분해반응식
제1종 분말	탄산수소 나트륨 ($NaHCO_3$)	백 색	B, C급	$2NaHCO_3 \rightarrow$ $Na_2CO_3+CO_2+H_2O$
제2종 분말	탄산수소칼륨 ($KHCO_3$)	담회색	B, C급	$2KHCO_3 \rightarrow$ $K_2CO_3+CO_2+H_2O$
제3종 분말	제일인산암모늄 ($NH_4H_2PO_4$)	담홍색, 황색	A, B, C급	$NH_4H_2PO_4 \rightarrow$ $HPO_3+NH_3+H_2O$
제4종 분말	중탄산칼륨 +요소 $[KHCO_3$ $+(NH_2)_2CO]$	회 색	B, C급	$2KHCO_3+(NH_2)_2CO$ $\rightarrow K_2CO_3+2NH_3$ $+2CO_2$

03

다음 중 증기비중이 가장 큰 것은?

① 공 기　　　　② 메 탄
③ 부 탄　　　　④ 에틸렌

해설 증기비중

$$증기비중 = \frac{분자량}{29}$$

• 분자량

종 류	화학식	분자량
공 기	–	29
메 탄	CH_4	16
부 탄	C_4H_{10}	58
에틸렌	C_2H_4	28

• 증기비중

– 공기 증기비중 $= \dfrac{분자량}{29} = \dfrac{29}{29} = 1.0$

– 메탄 증기비중 $= \dfrac{분자량}{29} = \dfrac{16}{29} = 0.55$

– 부탄 증기비중 $= \dfrac{분자량}{29} = \dfrac{58}{29} = 2.0$

– 에틸렌 증기비중 $= \dfrac{분자량}{29} = \dfrac{28}{29} = 0.97$

04

촛불(양초)의 연소형태로 옳은 것은?

① 증발연소　　　② 액적연소
③ 표면연소　　　④ 자기연소

해설 증발연소 : 황, 나프탈렌, 왁스, 파라핀 등과 같이 고체를 가열하면 열분해는 일어나지 않고 고체가 액체로 되어 일정온도가 되면 액체가 기체로 변화하여 기체가 연소하는 현상

05

다음 중 황린의 완전 연소 시에 주로 발생되는 물질은?

① P_2O
② PO_2
③ P_2O_3
④ P_2O_5

해설 황린은 공기 중에서 연소 시 오산화인(P_2O_5)의 흰 연기를 발생한다.

$$P_4 + 5O_2 \rightarrow 2P_2O_5$$

06

다른 곳에서 화원, 전기스파크 등의 착화원을 부여하지 않고 가연성 물질을 공기 또는 산소 중에서 가열함으로서 발화 또는 폭발을 일으키는 최저온도를 나타내는 용어는?

① 인화점
② 발열점
③ 연소점
④ 발화점

해설 **발화점** : 외부의 점화원 없이 그 물질 자체가 열이 축적되어 발화되는 최저온도

07

식용유화재 시 가연물과 결합하여 비누화반응을 일으키는 소화약제는?

① 물
② Halon 1301
③ 제1종 분말소화약제
④ 이산화탄소 소화약제

해설 **비누화반응** : 제1종 분말소화약제($NaHCO_3$: 탄산수소나트륨)

08

다음 중 연소 시 발생하는 가스로 독성이 가장 강한 것은?

① 수 소
② 질 소
③ 이산화탄소
④ 일산화탄소

해설 일산화탄소(CO)는 불완전 연소 시 발생하는 가스로서 독성이 아주 강하다.

09

0[℃]의 얼음 1[g]이 100[℃]의 수증기가 되려면 몇 [cal]의 열량이 필요한가?(단, 0[℃] 얼음의 융해열은 80[cal/g]이고 100[℃] 물의 증발잠열은 539 [cal/g]이다)

① 539
② 719
③ 939
④ 1,119

해설 **열 량**

$$Q = \gamma_1 \cdot m + mCp\Delta t + \gamma_2 \cdot m$$
$$= (80[cal/g] \times 1[g]) + \{1[g] \times 1[cal/g \cdot ℃]$$
$$\times (100-0)[℃]\} + (539[cal/g] \times 1[g])$$
$$= 719[cal]$$

10

소방안전관리대상물에서 소방안전관리자가 작성하는 것으로 소방계획서 내에 포함되지 않는 것은?

① 화재예방을 위한 자체검사계획
② 화재 시 화재실 진입에 따른 전술 계획
③ 소방시설·피난시설 및 방화시설의 점검·정비계획
④ 소방훈련 및 교육계획

해설 **소방계획서의 작성 내용**
- 소방안전관리대상물의 위치·구조·연면적·용도 및 수용인원 등 일반 현황
- 소방안전관리대상물에 설치한 소방시설·방화시설, 전기시설·가스시설 및 위험물시설의 현황
- 화재 예방을 위한 자체점검계획 및 진압대책
- 소방시설·피난시설 및 방화시설의 점검·정비계획
- 피난층 및 피난시설의 위치와 피난경로의 설정, 장애인 및 노약자의 피난계획 등을 포함한 피난계획
- 방화구획, 제연구획, 건축물의 내부 마감재료(불연재료·준불연재료 또는 난연재료로 사용된 것을 말한다) 및 방염물품의 사용현황과 그 밖의 방화구조 및 설비의 유지·관리계획
- 소방훈련 및 교육에 관한 계획
- 특정소방대상물의 근무자 및 거주자의 자위소방대

조직과 대원의 임무(장애인 및 노약자의 피난 보조 임무를 포함한다)에 관한 사항
- 화기 취급 작업에 대한 사전 안전조치 및 감독 등 공사 중 소방안전관리에 관한 사항
- 공동 및 분임 소방안전관리에 관한 사항
- 소화와 연소 방지에 관한 사항
- 위험물의 저장·취급에 관한 사항(예방규정을 정하는 제조소 등은 제외한다)

11

분무연소에 대한 설명이다. 틀린 것은?

① 휘발성이 낮은 액체연료의 연소가 여기에 해당된다.
② 점도가 높은 중질유의 연소에 많이 이용되고 있다.
③ 액체연료를 수$[\mu m]$~ 수백$[\mu m]$ 크기가 액적으로 미립화시켜 연소시킨다.
④ 미세한 액적으로 분무시키는 이유는 표면적을 작게 하여 공기와의 혼합을 좋게 하기 위함이다.

해설 분무연소 : 미세한 액적으로 분무시켜 **표면적은 넓게** 하여 공기와의 혼합을 좋게 하기 위함이다.

12

부피비로 메탄 80[%], 에탄 15[%], 프로판 4[%], 부탄 1[%]인 혼합기체가 있다. 이 기체의 공기 중에서의 폭발하한계는 약 몇 [vol%]인가?(단, 공기 중 단일가스의 폭발하한계는 메탄 5[vol%], 에탄 2[vol%], 프로판 2[vol%], 부탄 1.8[vol%]이다)

① 2.2   ② 3.8
③ 4.9   ④ 6.2

해설 혼합가스의 폭발범위

$$L_m = \cfrac{100}{\cfrac{V_1}{L_1}+\cfrac{V_2}{L_2}+\cfrac{V_3}{L_3}+\cfrac{V_4}{L_4}}$$

∴ 하한값 $L_m = \cfrac{100}{\cfrac{V_1}{L_1}+\cfrac{V_2}{L_2}+\cfrac{V_3}{L_3}+\cfrac{V_4}{L_4}}$
$$= \cfrac{100}{\cfrac{80}{5}+\cfrac{15}{2}+\cfrac{4}{2}+\cfrac{1}{1.8}} ≒ 3.83[\%]$$

13

건물 내 피난동선의 조건에 대한 설명으로 옳은 것은?

① 피난동선은 그 말단이 길수록 좋다.
② 모든 피난동선은 건물 중심부 한 곳으로 향해야 한다.
③ 피난동선의 한쪽은 막다른 통로와 연결되어 화재 시 연소가 되지 않도록 하여야 한다.
④ 2개 이상의 방향으로 피난할 수 있으며, 그 말단은 화재로부터 안전한 장소이어야 한다.

해설 피난동선의 특성
- 피난동선은 가급적 단순형태가 좋다.
- 수평동선(복도)과 수직동선(계단, 경사로)으로 구분한다.
- 가급적 상호 반대방향으로 다수의 출구와 연결되는 것이 좋다.
- 어느 곳에서도 2개 이상의 방향으로 피난할 수 있으며, 그 말단은 화재로부터 안전한 장소이어야 한다.

14

이산화탄소 소화약제가 공기 중에 34[vol%] 공급되면 산소의 농도는 약 몇 [vol%]가 되는가?

① 12   ② 14
③ 16   ④ 18

해설 산소의 농도

$$CO_2 \text{ 농도}[\%] = \frac{21-O_2}{21}\times100$$

∴ $34 = \frac{21-O_2}{21}\times100$
∴ $O_2 = 13.86[vol\%]$

15

화재를 소화시키는 소화작용이 아닌 것은?

① 냉각작용   ② 질식작용
③ 부촉매작용   ④ 활성화작용

해설 소화작용 : 질식작용, 냉각작용, 부촉매작용, 희석작용, 제거작용

16

소화약제에 대한 설명 중 옳은 것은?

① 물이 냉각효과가 가장 큰 이유는 비열과 증발잠열이 크기 때문이다.

② 이산화탄소는 순도가 95.0[%] 이상인 것을 소화약제로 사용해야 한다.

③ 할론 2402는 상온에서 기체로 존재하므로 저장 시에는 액화시켜 저장한다.

④ 이산화탄소는 전기적으로 비전도성이며 공기보다 3배 정도 무거운 기체이다.

> **해설** 소화약제
> - 물이 냉각효과가 가장 큰 이유는 비열($1[cal/g \cdot ℃]$)과 증발잠열($539[cal/g]$)이 크기 때문이다.
> - 이산화탄소는 순도가 99.5[%] 이상인 것을 소화약제로 사용하여야 하고 수분이 많으면 줄톰슨효과에 의하여 노즐이 막힐 우려가 있다.
> - **할론 2402**는 상온에서 **액체 상태**이고 저장 시 액체 상태로 저장한다.
> - 이산화탄소(CO_2)는 공기보다 1.52배($44/29 = 1.517$배) 무겁다.

17

벤젠 화재 시 이산화탄소 소화약제를 사용하여 소화하여 34[%]로 할 경우 한계산소량은 약 몇 [vol%]인가?

① 14   ② 19

③ 24   ④ 28

> **해설** 벤젠 화재 시 이산화탄소로 소화할 수 있으므로 산소의 농도
>
> $$CO_2 \ 농도[\%] = \frac{21 - O_2}{21} \times 100$$
>
> $\therefore 34 = \dfrac{21 - O_2}{21} \times 100$
>
> $\therefore O_2 농도 = 13.86[vol\%] ≒ 14[vol\%]$

18

건물 화재에서 플래시오버(Flash Over)에 관한 설명으로 옳은 것은?

① 가연물이 착화되는 초기 단계에서 발생한다.

② 화재 시 발생한 가연성 가스가 축적되다가 일순간에 화염이 실 전체로 확대되는 현상을 말한다.

③ 소방활동 진압이 끝난 단계에서 발생한다.

④ 화재 시 모두 연소하여 자연 진화된 상태를 말한다.

> **해설** 플래시오버(Flash Over) : 화재 시 발생한 가연성 가스가 축적되다가 일순간에 화염이 실 전체로 확대되는 현상

19

화재발생 시 물을 사용하여 소화하면 더 위험해지는 것은?

① 적 린   ② 질산암모늄

③ 나트륨   ④ 황 린

> **해설** 나트륨은 물과 반응하면 가연성 가스인 수소(H_2)를 발생한다.
>
> $$2Na + 2H_2O \ \rightarrow \ 2NaOH + H_2$$

20

탄화칼슘이 물과 반응할 때 생성되는 가연성가스는?

① 메 탄   ② 에 탄

③ 아세틸렌   ④ 프로필렌

> **해설** 탄화칼슘이 물과 반응하면 가연성 가스인 **아세틸렌가스**를 발생한다.
>
> $$CaC_2 + 2H_2O \ \rightarrow \ Ca(OH)_2 + C_2H_2 \uparrow$$
> (수산화칼슘) (아세틸렌)

제 2 과목 소방유체역학

21

비중량이 9,806[N/m³]인 유체를 전양정 95[m]에 70[m³/min]의 유량으로 송수하려고 한다. 이때 소요되는 펌프의 수동력은 약 몇 [kW]인가?

① 1,054   ② 1,063

③ 1,071   ④ 1,087

해설 수동력[kW]$= \dfrac{\gamma Q H}{102}$

$$= \dfrac{\left(\dfrac{9{,}806}{9.8}\right)[\text{kg}_f/\text{m}^3] \times 70[\text{m}^3]/60[\text{sec}] \times 95[\text{m}]}{102}$$

$$\fallingdotseq 1{,}087.27[\text{kW}]$$

> $1[\text{kg}_f] = 9.8[\text{N}]$

22

압력 1.5[MPa], 온도 300[℃]인 과열증기를 질량유량 18,000[kg/h]가 되도록 총 길이 20[m]인 관로에 유속 30[m/s]로 유동시킬 때 압력강하는 약 몇 [Pa]인가?(단, 압력 1.5[MPa], 온도 300[℃]인 과열증기의 비체적은 0.1697[m³/kg]이고 관마찰계수는 0.02이다)

① 5,459   ② 5,588

③ 5,696   ④ 5,723

해설 압력강하($\triangle P$)

$$\triangle P = f\dfrac{l}{d}\dfrac{\rho u^2}{2}$$

- 밀도 $\rho = \dfrac{1}{v}$ 에서

  $\rho = \dfrac{1}{0.1697[\text{m}^3/\text{kg}]} \fallingdotseq 5.893[\text{kg/m}^3]$
- 질량유량 $m = 18{,}000[\text{kg/h}] = 5[\text{kg/s}]$
- 질량유량 $m = \rho Q = \rho\left(\dfrac{\pi}{4}\times d^2\right)u$ 에서 관경

  $d = \sqrt{\dfrac{4m}{\rho \pi u}}$

  $\fallingdotseq 0.1898[\text{m}]$

∴ 압력강하

$$\triangle P = 0.02 \times \dfrac{20[\text{m}]}{0.1898[\text{m}]}$$

$$\times \dfrac{5.893[\text{kg/m}^3] \times (30[\text{m/s}])^2}{2}$$

$$= 5{,}587.7([\dfrac{\text{kg} \cdot \text{m/s}^2}{\text{m}^2}] = [\text{N/m}^2] =)[\text{Pa}]$$

23

물이 흐르고 있는 관 내에 피토정압관을 넣어 정체압 P_s와 정압 P_o를 측정하였더니 수은이 들어 있는 피토정압관에 연결된 U자관에서 75[mm]의 액면차가 생겼다. 피토정압관 위치에서의 유속은 몇 [m/s]인가? (단, 수은의 비중은 13.6이다)

① 4.3   ② 4.45

③ 4.6   ④ 4.75

해설 피토 정압관에서 유속(V)

$$V = \sqrt{2gh\left(\dfrac{s}{s_o} - 1\right)}$$

유속 $V = \sqrt{2 \times 9.8[\text{m/s}^2] \times 0.075[\text{m}]\left(\dfrac{13.6}{1} - 1\right)}$

$\fallingdotseq 4.3[\text{m/s}]$

24

그림과 같이 입구와 출구가 β의 각을 이루고 있는 고정된 판에 질량유량 $\overline{m}$의 분류가 V의 속도로 충돌하고 있다. 분류에 의해 판이 받는 힘의 크기는?

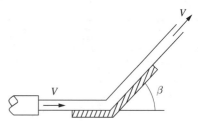

① $\overline{m}\,V(1 - \sin\beta)$

② $\overline{m}\,V(1 - \cos\beta)$

③ $\overline{m}\,V\sqrt{2(1 - \sin\beta)}$

④ $\overline{m}\,V\sqrt{2(1 - \cos\beta)}$

해설 분류에 의해 판이 받는 힘(F)

$$F = \sqrt{F_x^2 + F_y^2}$$

- x방향의 힘

  $F_x = \rho Q(V - V\cos\beta) = \overline{m}\,V(1 - \cos\beta)$

- y방향의 힘 $F_y = \rho QV\sin\beta = \overline{m}\,V\sin\beta$

$\therefore$ 힘 $F = \sqrt{\{\overline{m}\,V(1-\cos\beta)\}^2 + (\overline{m}\,V\sin\beta)^2}$

$= \sqrt{\overline{m}^2\,V^2\{(1-\cos\beta)^2 + (\sin\beta)^2\}}$

$= \overline{m}\,V\sqrt{\{(1-\cos\beta)^2 + (\sin\beta)^2\}}$

$= \overline{m}\,V\sqrt{1 - 2\cos\beta + \cos^2\beta + \sin^2\beta}$

(여기서, $\sin^2\beta + \cos^2\beta = 1$ 이다)

$= \overline{m}\,V\sqrt{1 - 2\cos\beta + 1} = \overline{m}\,V\sqrt{2 - 2\cos\beta}$

$= \overline{m}\,V\sqrt{2(1 - \cos\beta)}$

25

액면으로부터 40[m]인 지점의 계기압력이 515.8 [kPa]일 때 이 액체의 비중량은 몇 [kN/m³]인가?

① 11.8 ② 12.9

③ 14.2 ④ 16.4

해설 비중량

$$P = \gamma H \qquad \gamma = \frac{P}{H}$$

$\therefore$ 비중량 $\gamma = \dfrac{P}{H} = \dfrac{515.8[\text{kPa}][\text{kN/m}^2]}{40[\text{m}]}$

$\fallingdotseq 12.9[\text{kN/m}^3]$

26

배관에서 소화약제 압송 시 발생하는 손실은 주손실과 부차적손실로 구분할 수 있다. 다음 중 부차적손실을 야기하는 요소는?

① 마찰계수 ② 상대조도

③ 배관의 길이 ④ 배관의 급격한 확대

해설 관마찰손실

- 주손실 : 관로마찰에 의한 손실
- 부차적손실 : 급격한 확대, 급격한 축소, 관부속품에 의한 손실

27

어떤 기술자가 펌프에서 일어나는 수격현상을 방지하기 위한 방안으로 다음과 같은 방법을 제시하였는데 이 중 옳은 방지법을 모두 고른 것은?

> ㉠ 공기실을 설치한다.
> ㉡ 플라이휠을 설치한다.
> ㉢ 역류가 많이 일어나는 밸브를 사용한다.

① ㉠, ㉡ ② ㉠, ㉢

③ ㉡, ㉢ ④ ㉠, ㉡, ㉢

해설 수격현상 방지대책

- 관로의 관경을 크게 하고 유속을 낮게 할 것
- 압력강하의 경우 Fly Wheel을 설치할 것
- 조압수조(Surge Tank) 또는 수격방지기(Water Hammering Cushion) 설치할 것
- 펌프 송출구 가까이 송출밸브를 설치하여 압력상승 시 압력을 제어할 것

28

작동원리와 구조를 기준으로 펌프를 분류할 때 터보형 중에서 원심식 펌프에 속하는 것은?

① 기어펌프 ② 벌류트펌프

③ 피스톤펌프 ④ 플런지펌프

해설 터보형 펌프

- 원심식 : 벌류트펌프, 터빈펌프
- 사류식 : 디퓨저펌프
- 축류식 : 축류펌프

29

안지름 65[mm]의 관 내를 유량 0.24[m³/min]로 물이 흘러간다면 평균유속은 약 몇 [m/s]인가?

① 1.2 ② 2.4

③ 3.4 ④ 4.8

해설 평균 유속

$$Q = uA$$

$\therefore u = \dfrac{Q}{A} = \dfrac{0.24[\text{m}^3]/60[\text{sec}]}{\dfrac{\pi}{4}(0.065[\text{m}])^2} \fallingdotseq 1.20[\text{m/s}]$

30

기체가 0.3[MPa]의 일정한 압력하에 8[m³]에서 4[m³]까지 마찰없이 압축되면서 동시에 500[kJ]의 열을 외부에 방출하였다면 내부에너지[kJ]의 변화는 어떻게 되는가?

① 700[kJ] 증가하였다.
② 1,700[kJ] 증가하였다.
③ 1,200[kJ] 증가하였다.
④ 1,500[kJ] 증가하였다.

해설 내부에너지

내부에너지 $= P\Delta V$
$= 0.3 \times 1,000 [\text{kN/m}^2] \times (8-4)[\text{m}^3]$
$= 1,200 [\text{kN} \cdot \text{m} = \text{kJ}]$

∴ 내부에너지는 1,200[kJ] − 500[kJ] = 700[kJ] 증가하였다.

$$1[\text{MPa}] = 1[\text{MN/m}^2] = 1 \times 1,000[\text{kN/m}^2][\text{kPa}]$$

31

다음 용어의 정의들 중 잘못된 것은?

① 뉴턴의 점성법칙을 만족하는 유체를 뉴턴유체라고 한다.
② 시간에 따라 유동형태가 변화하지 않는 유체를 비정상유체라 한다.
③ 큰 압력변화에 대하여 체적변화가 없는 유체를 비압축성유체라고 한다.
④ 입자의 상대운동에 저해하려는 성질을 점성이라고 하고 이러한 성질을 가진 유체를 점성유체라고 한다.

해설 비정상유체 : 시간에 따라 유동형태가 변화하는 유체

32

지름 1[m]인 곧은 수평 원관에서 층류로 흐를 수 있는 유체의 최대 평균속도는 몇 [m/s]인가?(단, 임계레이놀즈(Reynolds)수는 2,000이고 유체의 동점성계수는 $4 \times 10^{-4}[\text{m}^2/\text{s}]$이다)

① 0.4
② 0.8
③ 40
④ 80

해설 최대 평균속도

$$Re = \frac{Du}{v} \qquad u = \frac{Re \times v}{D}$$

$\therefore u = \dfrac{Re \times v}{D} = \dfrac{2,000 \times 4 \times 10^{-4} [\text{m}^2/\text{s}]}{1[\text{m}]}$
$= 0.8[\text{m/s}]$

33

평면벽을 통해 전도되는 열전달량에 대한 설명으로 옳은 것은?

① 면적과 온도차에 비례한다.
② 면적과 온도차에 반비례한다.
③ 면적에 비례하며 온도차에 반비례한다.
④ 면적에 반비례하며 온도차에 비례한다.

해설 열전달량

$$Q = hA\Delta t$$

여기서, Q : 열전달량
h : 열전달계수[kcal/m² · h · ℃]
A : 면적
Δt : 온도차

∴ 열전달량은 면적과 온도차에 비례한다.

34

다음 그림에서 A점의 계기압력은 약 몇 [kPa]인가?

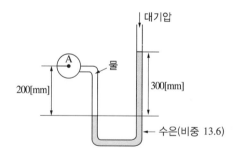

① 0.38
② 38
③ 0.42
④ 42

해설 A점의 압력

$$P_A = \gamma_2 h_2 - \gamma_1 h_1$$

$$\therefore\ P_A = \left[(13.6 \times 9,800)[\mathrm{N/m^3}] \times 0.3[\mathrm{m}]\right]$$
$$- \left[9,800[\mathrm{N/m^3}] \times 0.2[\mathrm{m}]\right]$$
$$= 38,024[\mathrm{N/m^2}]$$

$$\therefore\ 3,8024[\mathrm{N/m^2}][\mathrm{Pa}] = 38.024[\mathrm{kN/m^2}][\mathrm{kPa}]$$

35

진공 밀폐된 20[m³]의 방호구역에 이산화탄소 약제를 방사하여, 30[℃], 101[kPa] 상태가 되었다. 이때 방사된 이산화탄소량은 약 몇 [kg]인가?(단, 일반 기체상수는 8.314[kJ/kmol·K]이다)

① 33.6   ② 35.3
③ 37.1   ④ 39.2

해설 이상기체상태방정식을 적용하면

$$PV = \frac{W}{M}RT \qquad W = \frac{PVM}{RT}$$

여기서, P : 압력(101[kPa=kN/m²])
　　　　V : 부피(20[m³])
　　　　W : 무게[kg]
　　　　M : 분자량($CO_2 = 44$)
　　　　R : 기체상수(8.314[kJ/k-mol·K]
　　　　　　 = 8.314[kN·m/k-mol·K])
　　　　T : 절대온도(273 + ℃ = 273 + 30 = 303K)

$$\therefore\ W = \frac{PVM}{RT} = \frac{101 \times 20 \times 44}{8.314 \times 303} = 35.28[\mathrm{kg}]$$

36

비중이 1.03인 바닷물에 전체 부피의 90[%]가 잠겨있는 빙산이 있다. 이 빙산의 비중은 얼마인가?

① 0.856   ② 0.956
③ 0.927   ④ 0.882

해설 빙산의 비중
 • $1.03 \times 0.9 = 0.927$
 • 부력 $F = \gamma V = 1.03 \times 1,000 \times 90 = 92,700$
　빙산의 무게 $W = S \times 1,000 \times 100 = 10^5 S$
　$F = W$ 이므로
 $\therefore\ 92,700 = 10^5 S \qquad S = 0.927$

37

그림과 같이 거리 b만큼 떨어진 평행평판 사이에 점성계수 μ인 유체가 채워져 있다. 위판이 동쪽으로 아래판은 북쪽으로 일정한 속도 V로 움직일 때 위판이 받는 전단응력은?(단, 평판 내 유체의 속도분포는 선형적이다)

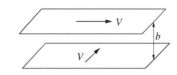

① $\mu\ \dfrac{V}{\sqrt{2b}}$ ② $\mu\ \dfrac{V}{b}$

③ $\mu\ \dfrac{\sqrt{2}\ V}{b}$ ④ $\mu\ \dfrac{2\ V}{b}$

해설 전단응력(τ)

$$\tau = \mu\frac{du}{dy}$$

 • 두 평판사이의 수직거리 $dy = b$
 • 위판과 아래판의 합성속도
　$du = \sqrt{V^2 + V^2} = \sqrt{2V^2} = \sqrt{2}\ V$
 $\therefore$ 전단응력 $\tau = \mu\dfrac{\sqrt{2}\ V}{b}$

38

관 출구 단면적이 입구 단면적의 $\dfrac{1}{2}$이고 마찰손실을 무시하였을 때 압력계 P의 계기압력은 얼마인가?(단, 유속 $V = 5[\mathrm{m/s}]$, 입구단면적 $A = 0.01[\mathrm{m^2}]$, 대기압 = 101.3[kPa], 밀도 = 1,000[kg/m³]이다)

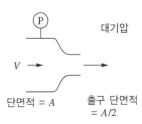

① 375[Pa]   ② 12.5[kPa]
③ 37.5[kPa]   ④ 138.8[kPa]

해설 연속방정식을 적용한다.

$$Q = uA = u\left(\frac{\pi}{4} \times d^2\right)$$

- 유량 $Q = u_1 A_1 = 5[\text{m/s}] \times 0.01[\text{m}^2]$
  $= 0.05[\text{m}^3/\text{s}]$

- 유량 $Q = u_2 A_2 = \frac{1}{2} u_2 A_1$ 에서

- 유속 $u_2 = \frac{2Q}{A_1} = \frac{2 \times 0.05[\text{m}^3/\text{s}]}{0.01[\text{m}^2]} = 10[\text{m/s}]$

베르누이방정식을 적용한다.

$$P_1 + \frac{u_1^2}{2g}\gamma + Z_1\gamma = P_2 + \frac{u_2^2}{2g}\gamma + Z_2\gamma$$

- $Z_1 = Z_2,\ P_2 = P_{atm} = 0$

- $P_1 + \frac{u_1^2}{2g}\gamma = 0 + \frac{u_2^2}{2g}\gamma$ 에서

  $P_1 = \frac{\gamma}{2g}(u_2^2 - u_1^2)$

  $= \frac{9,800[\text{N/m}^3]}{2 \times 9.8[\text{m/s}^2]} \times \{(10[\text{m/s}])^2 - (5[\text{m/s}])^2\}$

  $= 37,500[\text{Pa}] = 37.5[\text{kPa}]$

39

압력 $P_1 = 100[\text{kPa}]$, 온도 $T_1 = 400[\text{K}]$, 체적 $V_1 = 1.0[\text{m}^3]$인 밀폐계(Closed System)의 이상기체가 $PV^{1.4} = \text{constant}$인 폴리트로픽 과정(Polytropic Process)을 거쳐 압력 $P_2 = 500[\text{kPa}]$까지 압축된다. 이 과정에서 기체가 한 일은 약 몇 [kJ]인가?

① −100 ② −120
③ −150 ④ −180

해설
- $\dfrac{T_2}{T_1} = \left(\dfrac{P_2}{P_1}\right)^{\frac{k-1}{k}}$

- 일 $W = \dfrac{P_1 V_1}{n-1}\left(1 - \dfrac{T_2}{T_1}\right) = \dfrac{P_1 V_1}{n-1}\left(1 - \left(\dfrac{P_2}{P_1}\right)^{\frac{k-1}{k}}\right)$

  $= \dfrac{100 \times 1}{1.4 - 1}\left(1 - \left(\dfrac{500}{100}\right)^{\frac{1.4-1}{1.4}}\right) = -146[\text{kJ}]$

40

원통형 탱크(지름 3[m])에 물이 3[m] 깊이로 채워져 있다. 물의 비중을 1이라 할 때 물에 의해 탱크 밑면에 받는 힘은 약 몇 [kN]인가?

① 62.9 ② 102
③ 165 ④ 208

해설 탱크 밑면에 받는 힘
- 탱크 밑면에 받는 압력
  $P = \gamma h = (9,800 \times 10^{-3})[\text{kN/m}^3] \times 3[\text{m}]$
  $= 29.4[\text{kN/m}^2]$
- 탱크 밑면에 작용하는 힘
  $F = PA = 29.4[\text{kN/m}^2] \times \dfrac{\pi}{4}(3[\text{m}])^2 = 207.8[\text{kN}]$

제 3 과목 | 소방관계법규

41

소방안전관리자를 선임하지 아니한 경우의 벌칙기준은?

① 100만원 이하의 과태료
② 200만원 이하의 벌금
③ 200만원 이하의 과태료
④ 300만원 이하의 벌금

해설 소방안전관리자 미선임 : 300만원 이하의 벌금

42

제4류 위험물에 속하지 않는 것은?

① 아염소산염류 ② 특수인화물
③ 알코올류 ④ 동식물유류

해설 위험물의 분류

종류 \ 항목	유 별	지정수량
아염소산염류	제1류 위험물	50[kg]
특수인화물	제4류 위험물	50[L]
알코올류	제4류 위험물	400[L]
동식물유류	제4류 위험물	10,000[L]

43

피난시설 및 방화시설에서 해서는 안 될 사항으로 틀린 것은?

① 피난시설, 방화구획 및 방화시설을 폐쇄하거나 훼손하는 등의 행위
② 피난시설, 방화구획 및 방화시설을 유지·관리하는 행위
③ 피난시설, 방화구획 및 방화시설의 주위에 물건을 쌓는 행위
④ 피난시설, 방화구획 및 방화시설의 용도에 장애를 주는 행위

해설 피난시설, 방화구획 및 방화시설을 유지·관리하는 행위는 정상적인 행위이다.

44

제조 또는 가공공정에서 방염처리를 하는 방염대상물품으로 틀린 것은?(단, 합판, 목재류의 경우에는 설치현장에서 방염처리를 한 것은 포함한다)

① 카 펫
② 창문에 설치하는 커튼류
③ 두께가 2[mm] 미만인 벽지류
④ 전시용 합판 또는 섬유판

해설 두께가 2[mm] 미만인 벽지류는 방염대상물품에서 제외한다.

45

소방특별조사를 실시할 수 있는 경우로 틀린 것은?

① 화재가 자주 발생하였거나 발생할 우려가 뚜렷한 곳에 대한 점검이 필요한 경우
② 재난예측정보, 기상예보 등을 분석한 결과 소방대상물에 화재, 재난·재해의 발생 위험이 높다고 판단되는 경우
③ 화재, 재난·재해 등이 발생할 경우 인명 또는 재산 피해의 우려가 없다고 판단되는 경우
④ 관계인이 실시하는 소방시설 등에 대한 자체점검 등이 불성실하거나 불완전하다고 인정되는 경우

해설 소방특별조사 실시대상
• 관계인이 이 법 또는 다른 법령에 따라 실시하는 소방시설 등, 방화시설, 피난시설 등에 대한 자체점검 등이 불성실하거나 불완전하다고 인정되는 경우
• 「소방기본법」 제13조에 따른 화재경계지구에 대한 소방특별조사 등 다른 법률에서 소방특별조사를 실시하도록 한 경우
• 국가적 행사 등 주요 행사가 개최되는 장소 및 그 주변의 관계 지역에 대하여 소방안전관리 실태를 점검할 필요가 있는 경우
• 화재가 자주 발생하였거나 발생할 우려가 뚜렷한 곳에 대한 점검이 필요한 경우
• 재난예측정보, 기상예보 등을 분석한 결과 소방대상물에 화재, 재난·재해의 발생 위험이 높다고 판단되는 경우
• 화재, 재난·재해, 그 밖의 긴급한 상황이 발생할 경우 인명 또는 재산 피해의 우려가 현저하다고 판단되는 경우

46

위험물제조소에 환기설비를 설치할 경우 바닥면적이 100[m²]이면 급기구의 면적은 몇 [cm²] 이상이어야 하는가?

① 150
② 300
③ 450
④ 600

해설 급기구는 당해 급기구가 설치된 실의 바닥면적 150[m²]마다 1개 이상으로 하되 급기구의 크기는 800[cm²] 이상으로 할 것. 다만, 바닥면적 150[m²] 미만인 경우에는 다음의 크기로 할 것

바닥면적	급기구의 면적
60[m²] 미만	150[cm²] 이상
60[m²] 이상 90[m²] 미만	300[cm²] 이상
90[m²] 이상 120[m²] 미만	450[cm²] 이상
120[m²] 이상 150[m²] 미만	600[cm²] 이상

47

위험물안전관리법령상 지정수량 미만인 위험물의 저장 또는 취급에 관한 기술상의 기준은 무엇으로 정하는가?

① 대통령령
② 국무총리령
③ 시·도의 조례
④ 행정안전부령

> **해설** 지정수량 미만인 위험물 : 시 · 도의 조례

48

소방시설 중 경보설비에 속하지 않는 것은?

① 통합감시시설
② 자동화재탐지설비
③ 자동화재속보설비
④ 무선통신보조설비

> **해설** 무선통신보조설비 : 소화활동설비

49

소방기본법상 화재의 예방조치 명령으로 틀린 것은?

① 불장난, 모닥불, 흡연, 화기취급 및 풍등 등 소형 열기구 날리기의 금지 또는 제한
② 타고 남은 불 또는 화기의 우려가 이는 재의 처리
③ 함부로 버려두거나 그냥 둔 위험물, 그 밖에 불에 탈 수 있는 물건을 옮기거나 치우게 하는 등의 조치
④ 불이 번지는 것을 막기 위하여 불이 번질 우려가 있는 소방대상물의 사용 제한

> **해설** 화재의 예방조치 명령
> - 불장난, 모닥불, 흡연, 화기(火氣) 취급, 풍등 등 소형 열기구 날리기, 그 밖에 화재예방상 위험하다고 인정되는 행위의 금지 또는 제한
> - 타고 남은 불 또는 화기가 있을 우려가 있는 재의 처리
> - 함부로 버려두거나 그냥 둔 위험물, 그 밖에 불에 탈 수 있는 물건을 옮기거나 치우게 하는 등의 조치

50

화재예방, 소방시설 설치 · 유지 및 안전관리에 관한 법령상 방염성능기준으로 틀린 것은?

① 버너의 불꽃을 제거한 때부터 불꽃을 올리며 연소하는 상태가 그칠 때까지 시간은 20초 이내
② 버너의 불꽃을 제거한 때부터 불꽃을 올리지 아니하고 연소하는 상태가 그칠 때까지 시간은 30초 이내
③ 탄화한 면적은 50[cm²] 이내, 탄화한 길이는 20[cm] 이내
④ 불꽃에 의하여 완전히 녹을 때까지 불꽃의 접촉 횟수는 2회 이상

> **해설** 방염성능기준
> - 버너의 불꽃을 제거한 때부터 불꽃을 올리며 연소하는 상태가 그칠 때까지 시간은 20초 이내일 것
> - 버너의 불꽃을 제거한 때부터 불꽃을 올리지 아니하고 연소하는 상태가 그칠 때까지 시간은 30초 이내일 것
> - 탄화(炭化)한 면적은 50[cm²] 이내, 탄화한 길이는 20[cm] 이내일 것
> - 불꽃에 의하여 완전히 녹을 때까지 불꽃의 접촉 횟수는 3회 이상일 것
> - 소방청장이 정하여 고시한 방법으로 발연량(發煙量)을 측정하는 경우 최대연기밀도는 400 이하일 것

51

화재예방 상 필요하다고 인정되거나 화재위험 경보 시 발령하는 소방신호는?

① 경계신호
② 발화신호
③ 해제신호
④ 훈련신호

> **해설** 소방신호의 종류(기본법 규칙 별표 4)

신호의 종류	발하는 시기	타종 신호
경계신호	화재예방 상 필요할 때 화재위험경보 시 발령	1타와 연2타를 반복
발화신호	화재가 발생한 때 발령	난 타
해제신호	소화활동이 필요 없다고 인정되는 때 발령	상당한 간격을 두고 1타씩 반복
훈련신호	훈련상 필요하다고 인정되는 때 발령	연 3타 반복

52

소방용수시설 저수조의 설치기준으로 틀린 것은?

① 지면으로부터의 낙차가 4.5[m] 이하일 것
② 흡수부분의 수심이 0.5[m] 이하일 것
③ 흡수관의 투입구가 사각형의 경우에는 한 변의 길이가 60[cm] 이상일 것
④ 흡수관의 투입구가 원형의 경우에는 지름이 60[cm] 이상일 것

정답 48 ④ 49 ④ 50 ④ 51 ① 52 ②

해설 저수조의 설치기준
- 지면으로부터의 낙차가 4.5[m] 이하일 것
- 흡수부분의 수심이 0.5[m] 이상일 것
- 소방펌프자동차가 쉽게 접근할 수 있도록 할 것
- 흡수에 지장이 없도록 토사 및 쓰레기 등을 제거할 수 있는 설비를 갖출 것
- 흡수관의 투입구가 사각형의 경우에는 한 변의 길이가 60[cm] 이상, 원형의 경우에는 지름이 60[cm] 이상일 것
- 저수조에 물을 공급하는 방법은 상수도에 연결하여 자동으로 급수되는 구조일 것

53

화재예방, 소방시설 설치·유지 및 안전관리에 관한 법령상 종합정밀점검을 실시하여야 하는 특정소방대상물의 기준 중 틀린 것은?

① 물분무 등 소화설비(호스릴 방식의 물분무 등 소화설비만을 설치한 경우는 제외)가 설치된 연면적 5,000[m²] 이상인 특정소방대상물
② 스프링클러설비가 설치된 아파트
③ 공공기관 중 연면적이 1,000[m²] 이상인 것으로서 옥내소화전설비 또는 자동화재탐지설비가 설치된 것(소방대가 근무하는 공공기관은 제외)
④ 노래연습장업이 설치된 특정소방대상물로서 연면적이 1,500[m²] 이상인 것

해설 종합정밀점검 대상
- 스프링클러설비가 설치된 특정소방대상물
- 스프링클러설비 또는 물분무 등 소화설비[호스릴(Hose Reel) 방식의 물분무 등 소화설비만을 설치한 경우는 제외한다]가 설치된 연면적 5,000[m²] 이상인 특정소방대상물(위험물 제조소 등은 제외한다).
- 단란주점영업과 유흥주점영업, 영화상영관·비디오물감상실업 및 복합영상물제공업, 노래연습장업, 산후조리업, 고시원업, 안마시술소의 다중이용업의 영업장이 설치된 특정소방대상물로서 연면적이 2,000[m²] 이상인 것
- 제연설비가 설치된 터널
- 공공기관 중 연면적이 1,000[m²] 이상인 것으로서 옥내소화전설비 또는 자동화재탐지설비가 설치된 것. 다만, 「소방기본법」 제2조제5호에 따른 소방대가 근무하는 공공기관은 제외한다.

> 2020. 8. 14 이후에는 연면적에 관계없이 스프링클러설비가 설치된 특정소방대상물은 종합정밀점검 대상이다.

54

공사업자가 소방시설공사를 마친 때에는 누구에게 완공검사를 받는가?

① 소방본부장 또는 소방서장
② 군 수
③ 시·도지사
④ 소방청장

해설 소방시설공사의 완공검사 : 소방본부장 또는 소방서장

55

소방시설공사업법상 특정소방대상물의 관계인 또는 발주자로부터 소방시설공사등을 도급 받은 소방시설업자가 제3자에게 소방시설공사 시공을 하도급할 수 없다. 이를 위반하는 경우의 벌칙 기준은?(단, 대통령령으로 도급받은 소방시설공사의 일부를 한 번만 제3자에게 하도급할 수 있는 경우는 제외한다)

① 100만원 이하의 벌금
② 300만원 이하의 벌금
③ 1년 이하의 징역 또는 1,000만원 이하의 벌금
④ 3년 이하의 징역 또는 1,500만원 이하의 벌금

해설 하도급 위반하는 경우 : 1년 이하의 징역 또는 1,000만원 이하의 벌금

56

화재예방, 소방시설 설치·유지 및 안전관리에 관한 법령상 소방용품으로 틀린 것은?

① 시각경보기
② 자동소화장치
③ 가스누설경보기
④ 방염제

해설 경보설비의 소방용품
- 누전경보기, 가스누설경보기
- 경보설비를 구성하는 발신기, 수신기, 중계기, 감지기, 음향장치(경종만 해당)

57

소방기본법령상 소방용수시설 및 지리조사의 기준 중 ㉠, ㉡에 알맞은 것은?

> 소방본부장 또는 소방서장은 원활한 소방활동을 위하여 소방용수시설에 대한 조사를 (㉠)회 이상 실시하여야 하며 그 조사결과를 (㉡)년간 보관하여야 한다.

① ㉠ 월 1, ㉡ 1 　　② ㉠ 월 1, ㉡ 2
③ ㉠ 연 1, ㉡ 1 　　④ ㉠ 연 1, ㉡ 2

해설 소방용수시설 및 지리조사(기본법 규칙 제7조)
- 조사권자 : 소방본부장이나 소방서장
- **조사횟수 : 월 1회 이상**
- 조사내용
  - 소방용수시설에 대한 조사
  - 소방대상물에 인접한 도로의 폭·교통상황, 도로 주변의 토지의 고저·건축물의 개황 그 밖의 소방활동에 필요한 지리에 대한 조사
- **조사결과 보관 : 2년간 보관**

58

화재를 진압하고 화재, 재난·재해, 그 밖의 위급한 상황에서 구조·구급활동 등을 하기 위하여 소방공무원, 의무소방원, 의용소방대원으로 구성된 조직체는?

① 구조구급대 　　② 소방대
③ 의무소방대 　　④ 의용소방대

해설 소방대 : 화재를 진압하고 화재, 재난·재해, 그 밖의 위급한 상황에서 구조·구급활동 등을 하기 위하여 소방공무원, 의무소방원, 의용소방대원으로 구성된 조직체

59

화재예방, 소방시설 설치·유지 및 안전관리에 관한 법률에서 지방소방기술심의위원회의 심의사항은?

① 화재안전기준에 관한 사항
② 소방시설의 성능위주설계에 관한 사항
③ 소방시설에 하자가 있는지의 판단에 관한 사항
④ 소방시설의 설계 및 공사감리의 방법에 관한 사항

해설 소방시설공사 하자가 있는지의 판단에 관한 사항(법률 제11조의2 참조) : 지방소방기술심의위원회의 심의사항

60

다음 ( ) 안에 들어갈 말로 옳은 것은?

> 위험물제조소 등을 설치하고자 할 때 설치장소를 관할하는 ( )의 허가를 받아야 한다.

① 행정안전부장관 　　② 소방청장
③ 경찰청장 　　④ 시·도지사

해설 위험물제조소 등의 설치허가권자 : 시·도지사

제 **4** 과목 **소방기계시설의 구조 및 원리**

61

연결살수설비의 설치 기준에 대한 설명으로 옳은 것은?

① 송수구는 반드시 65[mm]의 쌍구형으로만 한다.
② 연결살수설비 전용헤드를 사용하는 경우 천장으로부터 하나의 살수헤드까지 수평거리는 3.2[m] 이하로 한다.
③ 개방형헤드를 사용하는 연결살수설비의 수평주행배관은 헤드를 향해 상향으로 1/100 이상의 기울기로 설치한다.
④ 천장·반자 중 한쪽이 불연재료로 되어있고 천장과 반자 사이의 거리가 0.5[m] 미만인 부분은 연결살수설비 헤드를 설치하지 않아도 된다.

정답 57 ② 58 ② 59 ③ 60 ④ 61 ③

해설 연결살수설비의 설치기준
- 송수구는 구경 65[mm]의 쌍구형으로 설치할 것. 다만, 하나의 송수구역에 부착하는 살수헤드의 수가 **10개 이하**인 것에 있어서는 **단구형**의 것으로 할 수 있다.
- 천장 또는 반자의 각 부분으로부터 하나의 살수헤드까지의 수평거리가 **연결살수설비전용헤드**의 경우는 **3.7[m] 이하**, 스프링클러헤드의 경우는 **2.3[m] 이하**로 할 것
- 개방형헤드를 사용하는 연결살수설비에 있어서의 **수평주행배관**은 헤드를 향하여 상향으로 **100분의 1 이상**의 기울기로 설치하고 주배관 중 낮은 부분에는 자동배수밸브를 기준에 따라 설치하여야 한다.
- 헤드 설치 제외 장소
  - 천장과 반자 **양쪽이 불연재료**로 되어 있는 경우로서 그 사이의 거리 및 구조가 다음 각목의 1에 해당하는 부분
    - ㉠ 천장과 반자 사이의 거리가 2[m] 미만인 부분
    - ㉡ 천장과 반자 사이의 벽이 불연재료이고 천장과 반자 사이의 거리가 2[m] 이상으로서 그 사이에 가연물이 존재하지 아니하는 부분
  - 천장·반자 중 **한쪽이 불연재료**로 되어있고 천장과 반자 사이의 거리가 **1[m] 미만**인 부분
  - 천장 및 반자가 **불연재료외**의 것으로 되어 있고 천장과 반자 사이의 거리가 0.5[m] 미만인 부분

62

물분무소화설비를 설치하는 차고 또는 주차장의 배수설비 중 배수구에는 새어나온 기름을 모아 소화할 수 있도록 최대 몇 [m] 이하마다 집수관·소화피트 등 기름분리장치를 설치하여야 하는가?

① 10 　　　　② 40
③ 50 　　　　④ 100

해설 차고 또는 주차장에 설치하는 물분무소화설비의 배수설비 기준
- 차량이 주차하는 장소의 적당한 곳에 높이 10[cm] 이상의 경계턱으로 배수구를 설치할 것
- 배수구에는 새어나온 기름을 모아 소화할 수 있도록 길이 40[m] 이하마다 집수관·소화피트 등 기름분리장치를 설치할 것
- 차량이 주차하는 바닥은 배수구를 향하여 100분의 2 이상의 기울기를 유지할 것
- 배수설비는 가압송수장치의 최대송수능력의 수량을 유효하게 배수할 수 있는 크기 및 기울기로 할 것

63

완강기의 속도 조절기에 관한 설명으로 틀린 것은?

① 견고하고 내구성이 있어야 한다.
② 강하 시 발생하는 열에 의해 기능에 이상이 생기지 아니하여야 한다.
③ 모래 등 이물질이 들어가지 않도록 견고한 커버로 덮어져야 한다.
④ 평상시에는 분해, 청소 등을 하기 쉽게 만들어져 있어야 한다.

해설 완강기의 속도조절기는 평상시에는 분해·청소 등을 하지 아니하여도 작동될 수 있어야 한다.

64

할론 소화설비 중 가압용 가스용기의 충전가스로 옳은 것은?

① NO_2 　　　② O_2
③ N_2 　　　　④ H_2

해설 가압용 가스용기의 가스 : 질소(N_2)

65

상수도 소화용수설비의 설치 시 소화전 설치기준으로 옳은 것은?

① 특정소방대상물의 수평투영 반경의 각 부분으로부터 140[m] 이하가 되도록 설치
② 특정소방대상물의 수평투영면의 각 부분으로부터 140[m] 이하가 되도록 설치
③ 특정소방대상물의 수평투영 반경의 각 부분으로부터 100[m] 이하가 되도록 설치
④ 특정소방대상물의 수평투영면의 각 부분으로부터 100[m] 이하가 되도록 설치

해설 상수도 소화용수설비의 **소화전**은 소방대상물의 수평투영면의 각 부분으로부터 **140[m] 이하**가 되도록 설치할 것

66

다음 중 분말소화설비의 구성품이 아닌 것은?

① 정압작동장치　② 압력조정기
③ 가압용 가스용기　④ 기화기

해설 분말소화설비의 구성품 : 정압작동장치, 압력조정기, 가압용 가스용기

67

습식 스프링클러설비 또는 부압식 스프링클러설비외의 설치에는 헤드를 향하여 상향으로 수평주행배관 기울기를 최소 몇 이상으로 하여야 하는가?(단, 배관의 구조상 기울기를 줄 수 없는 경우는 제외한다)

① $\dfrac{1}{100}$　　② $\dfrac{1}{200}$

③ $\dfrac{1}{300}$　　④ $\dfrac{1}{500}$

해설 습식 스프링클러설비 또는 부압식 스프링클러설비 외의 설비 배관의 기울기

- 수평주행배관의 기울기 : $\dfrac{1}{500}$

- 가지배관의 기울기 : $\dfrac{1}{250}$

68

미분무소화설비의 화재안전기준에서 나타내고 있는 가압송수장치 방식으로 가장 거리가 먼 것은?

① 고가수조방식　② 펌프방식
③ 압력수조방식　④ 가압수조방식

해설 미분무소화설비의 가압송수장치 : 펌프방식, 압력수조방식, 가압수조방식

69

대형소화기를 설치하는 경우 특정소방대상물의 각 부분으로부터 1개의 소화기까지의 보행거리는 몇 [m] 이내로 배치하여야 하는가?

① 10　　② 20

③ 30　　④ 40

해설 소화기의 설치기준
- 소형소화기 : 보행거리 20[m] 이내마다 배치할 것
- 대형소화기 : 보행거리 30[m] 이내마다 배치할 것

70

완강기의 부품구성으로 옳은 것은?

① 체인, 후크, 벨트, 연결구금
② 후크, 체인, 벨트, 조속기
③ 로프, 벨트, 후크, 조속기
④ 로프, 릴, 후크, 벨트

해설 완강기의 구성부분 : 조속기, 로프, 벨트, 후크, 연결금속구

71

일제살수식 스프링클러설비에 대한 설명으로 옳은 것은?

① 정상상태에서 방수구를 막고 있는 감열체가 일정온도에서 자동적으로 파괴·용해 또는 이탈됨으로써 방수구가 개방되는 방식이다.
② 가압된 물이 분사될 때 헤드의 축심을 중심으로 한 반원상에 균일하게 분산시키는 방식이다.
③ 물과 오리피스가 분리되어 동파를 방지할 수 있는 특징을 가진 방식이다.
④ 화재 발생 시 자동감지장치의 작동으로 일제개방밸브가 개방되면 스프링클러헤드까지 소화용수가 송수되는 방식이다.

해설 일제살수식 스프링클러설비 : 화재 발생 시 자동감지장치의 작동으로 일제개방밸브가 개방되면 스프링클러헤드까지 소화용수가 송수되는 방식

72

옥외소화전에 관한 설명으로 옳은 것은?

① 호스는 구경 40[mm]의 것으로 한다.
② 노즐 선단에서 방수압력 0.17[MPa] 이상, 방수량이 130[L/min] 이상의 가압송수장치가 필요하다.

정답 66 ④　67 ④　68 ①　69 ③　70 ③　71 ④　72 ④

③ 압력체임버를 사용할 경우 그 용적은 50[L] 이하의 것으로 한다.

④ 옥외소화전이 10개 이하 설치된 때에는 옥외소화전마다 5[m] 이내의 장소에 1개 이상의 소화전함을 설치하여야 한다.

해설 옥외소화전설비
- 호스의 구경 : 65[mm]의 것
- 노즐 선단에서 방수압력 0.25[MPa] 이상, 방수량이 350[L/min] 이상
- 압력체임버의 용적 : 100[L] 이상
- 옥외소화전의 소화전함

소화전의 개수	설치 기준
10개 이하	옥외소화전마다 5[m] 이내에 1개 이상
11개 이상 30개 이하	11개를 각각 분산
31개 이상	옥외소화전 3개마다 1개 이상

73

상수도소화용수설비 설치 시 호칭지름 75[mm] 이상의 수도배관에는 호칭지름 몇 [mm] 이상의 소화전을 접속하여야 하는가?

① 50[mm] ② 75[mm]
③ 80[mm] ④ 100[mm]

해설 상수도 소화용수설비의 설치기준(화재안전기준 참조)
- 호칭 지름 75[mm] 이상의 수도배관에 호칭 지름 100 [mm] 이상의 소화전을 접속할 것
- 소화전은 소방자동차의 진입이 쉬운 도로변 또는 공지에 설치할 것
- 소화전은 소방대상물의 수평투영면의 각 부분으로부터 140[m] 이하가 되도록 설치할 것

74

호스릴 이산화탄소 소화설비의 설치기준으로 틀린 것은?

① 소화약제 저장용기는 호스릴을 설치하는 장소마다 설치할 것

② 노즐은 20[℃]에서 하나의 노즐마다 40[kg/min] 이상의 소화약제를 방사할 수 있는 것으로 할 것

③ 방호대상물의 각 부분으로부터 하나의 호스접결구까지의 수평거리가 15[m] 이하가 되도록 할 것

④ 소화약제 저장용기의 개방밸브는 호스의 설치장소에서 수동으로 개폐할 수 있는 것으로 할 것

해설 호스릴 이산화탄소소화설비의 설치기준
- 방호대상물의 각 부분으로부터 하나의 호스접결구까지의 수평거리가 15[m] 이하가 되도록 할 것
- 노즐은 20[℃]에서 하나의 노즐마다 **60[kg/min] 이상의 소화약제를 방사할 수 있는 것으로 할 것**
- 소화약제 저장용기는 호스릴을 설치하는 장소마다 설치할 것
- 소화약제 저장용기의 개방밸브는 호스의 설치장소에서 수동으로 개폐할 수 있는 것으로 할 것
- 소화약제 저장용기의 가장 가까운 곳의 보기 쉬운 곳에 표시등을 설치하고, 호스릴이산화탄 소화설비가 있다는 뜻을 표시한 표지를 할 것

75

연소할 우려가 있는 개구부에는 상하 좌우 몇 [m] 간격으로 스프링클러헤드를 설치하여야 하는가?

① 1.5[m] ② 2.0[m]
③ 2.5[m] ④ 3.0[m]

해설 연소할 우려가 있는 개구부에는 그 상하좌우에 **2.5[m] 간격**으로(개구부의 폭이 2.5[m] 이하인 경우에는 그 중앙에) 스프링클러헤드를 설치하되, 스프링클러헤드와 개구부의 내측면으로부터 직선거리는 15[cm] 이하가 되도록 할 것

76

고정식 할론 공급장치에 배관 및 분사헤드를 고정 설치하여 밀폐 방호구역 내에 할론을 방출하는 설비 방식은?

① 전역방출방식 ② 국소방출방식
③ 이동식 방출방식 ④ 반이동식 방출방식

해설 전역방출방식 : 고정식 할론 공급장치에 배관 및 분사헤드를 고정 설치하여 밀폐 방호구역내에 할론을 방출하는 설비 방식

77

소화기의 정의 중 다음 (   ) 안에 알맞은 것은?

> 대형소화기란 화재 시 사람이 운반할 수 있도록 운반
> 대와 바퀴가 설치되어 있고 능력단위가 A급 (㉠)단
> 위 이상, B급 (㉡)단위 이상인 소화기를 말한다.

① ㉠ 10, ㉡ 5　　　② ㉠ 20, ㉡ 5

③ ㉠ 10, ㉡ 20　　　④ ㉠ 20, ㉡ 10

해설 소화능력 단위에 의한 분류

- 소형 소화기 : 능력단위 1단위 이상이면서 대형 소화
기의 능력단위 이하인 소화기
- 대형 소화기 : 능력단위가 **A급 화재는 10단위 이상**,
B급 화재는 20단위 이상인 것으로서 소화약제 충전
량은 표에 기재한 이상인 소화기

종 별	소화약제의 충전량
포	20[L]
강화액	60[L]
물	80[L]
분 말	20[kg]
할 론	30[kg]
이산화탄소	50[kg]

78

포헤드를 정방형으로 배치한 경우 포헤드 상호 간의
거리(S) 산정식으로 옳은 것은?(단, r은 유효반경이
다)

① $S = 2r \times \sin 30°$　　② $S = 2r \times \cos 30°$

③ $S = 2r$　　　　　　④ $S = 2r \times \cos 45°$

해설 정방형으로 배치한 경우 포헤드 상호 간의 거리(S)
　　 $= 2r \times \cos 45°$

79

다음 중 분말소화약제 1[kg]당 저장용기의 내용적이
가장 작은 것은?

① 제1종 분말　　　② 제2종 분말

③ 제3종 분말　　　④ 제4종 분말

해설 분말 저장용기의 내용적

소화약제의 종별	소화약제 1[kg]당 저장용기의 내용적
제1종 분말(탄산수소나트륨을 주 성분으로 한 분말)	0.8[L]
제2종 분말(탄산수소칼륨을 주성 분으로 한 분말)	1[L]
제3종 분말(인산염을 주성분으로 한 분말)	1[L]
제4종 분말(탄산수소칼륨과 요소 가 화합된 분말)	1.25[L]

80

계단실 및 그 부속실을 동시에 제연구역으로 선정
시 방연풍속은 최소 얼마 이상이어야 하는가?

① 0.3[m/s]　　　② 0.5[m/s]

③ 0.7[m/s]　　　④ 1.0[m/s]

해설 방연풍속

제연구역		방연풍속
계단실 및 그 부속실을 동시에 제연하는 것 또는 계단실만 단독으로 제연하는 것		0.5[m/s] 이상
부속실만 단독 으로 제연하는 것 또는 비상용 승강기의 승강 장만 단독으로 제연하는 것	부속실 또는 승강장이 면하 는 옥내가 거실인 경우	0.7[m/s] 이상
	부속실 또는 승강장이 면하 는 옥내가 복도로서 그 구조 가 방화구조(내화시간이 30 분 이상인 구조를 포함한다) 인 것	0.5[m/s] 이상

제4회 2019년 9월 21일 시행

제 1 과목 | 소방원론

01

화재 발생 시 물을 소화약제로 사용할 수 있는 것은?

① 칼슘카바이드   ② 무기과산화물
③ 마그네슘분말   ④ 염소산염류

해설 소화방법

항 목 종 류	유 별	물과 반응 시 발생하 는 가스	소화방법
칼슘카바이드	제3류 위험물	아세틸렌	질식소화
무기과산화물	제1류 위험물	산 소	질식소화
마그네슘분말	제2류 위험물	수 소	질식소화
염소산염류	제1류 위험물	녹는다.	냉각소화

02

다음 중 가스계소화약제가 아닌 것은?

① 포소화약제
② 할로겐화합물 및 불활성기체 소화약제
③ 이산화탄소 소화약제
④ 할론 소화약제

해설 포소화약제 : 수계 소화약제

[명칭 개정]
• 청정소화약제 : 할로겐화합물 및 불활성기체 소화
약제
• 할로겐화합물소화약제 : 할론 소화약제

03

건축물 화재 시 플래시오버(Flash over)에 영향을 주는 요소가 아닌 것은?

① 내장재료   ② 개구율
③ 화원의 크기   ④ 건물의 층수

해설 플래시오버(Flash over)에 영향을 주는 요소
• 개구율(개구부의 크기)
• 내장재료
• 화원의 크기
• 가연물의 종류
• 실내의 표면적

04

연기의 물리·화학적인 방법으로 틀린 것은?

① 화재 시 발생하는 연소생성물을 의미한다.
② 연기의 색상은 연소물질에 따라 다양하다.
③ 연기는 기체로만 이루어진다.
④ 연기의 감광계수가 크면 피난장애를 일으킨다.

해설 연기는 완전 연소되지 않는 가연물인 탄소 및 타르입
자이다.

05

물의 물리·화학적인 성질에 대한 설명으로 틀린 것은?

① 수소결합성물질로서 비점이 높고 비열이 크다.
② 100[℃]의 액체 물이 100[℃]의 수증기로 변하면
체적이 약 1,600배 증가한다.
③ 유류화재에 물을 무상으로 주수하면 질식효과
이 외에 유탁액이 생성되어 유화효과가 나타난다.
④ 비극성 공유결합상 물질로 비점이 높다.

해설 물은 극성 공유결합을 하는 물질로서 비점이 높다.

06

자연발화의 조건으로 틀린 것은?

① 열전도율이 낮을 것
② 발열량이 클 것
③ 주위 온도가 높을 것
④ 표면적이 작을 것

해설 자연발화의 조건
- 주위의 온도가 높을 것
- 열전도율이 작을 것
- 발열량이 클 것
- **표면적이 넓을 것**

07

제4류 위험물 중 제1석유류, 제2석유류, 제3석유류, 제4석유류를 각 품명별로 구분하는 분류의 기준은?

① 발화점
② 인화점
③ 비 중
④ 연소범위

해설 제4류 위험물의 분류 : 인화점
- 특수인화물
  - 1기압에서 발화점이 100[℃] 이하인 것
  - 인화점이 −20[℃] 이하이고 비점이 40[℃] 이하인 것
- 제1석유류 : 1기압에서 인화점이 21[℃] 미만인 것
- 알코올류 : 1분자를 구성하는 탄소원자의 수가 1개부터 3개까지인 포화1가 알코올(변성알코올 포함)
- 제2석유류 : 1기압에서 인화점이 21[℃] 이상 70[℃] 미만인 것
- 제3석유류 : 1기압에서 인화점이 70[℃] 이상 200[℃] 미만인 것
- 제4석유류 : 1기압에서 인화점이 200[℃] 이상 250[℃] 미만의 것
- 동식물유류 : 동물의 지육 등 또는 식물의 종자나 과육으로부터 추출한 것으로서 1기압에서 인화점이 250[℃] 미만인 것

08

질식소화방법에 대한 예를 설명한 것으로 옳은 것은?

① 열을 흡수할 수 있는 매체를 화염 속에 투입한다.
② 열용량의 큰 고체물질을 이용하여 소화한다.
③ 중질유 화재 시 물을 무상으로 분무한다.
④ 가연성기체의 분출 화재 시 주 밸브를 닫아서 연료공급을 차단한다.

해설 중질유 화재 시 물을 무상으로 분무하여 질식소화한다.

09

증기비중을 구하는 식은 다음과 같다. (   ) 안에 들어갈 알맞은 값은?

$$증기비중 = \frac{분자량}{(\quad)}$$

① 15
② 21
③ 22.4
④ 29

해설

$$증기비중 = \frac{분자량}{공기의\ 평균분자량} = \frac{분자량}{29}$$

10

알루미늄 분말 화재 시 적응성이 있는 소화약제는?

① 물
② 마른모래
③ 포말
④ 강화액

해설 알루미늄 분말 화재 시 적응 약제 : 마른모래, 팽창질석, 팽창진주암

11

화씨온도가 122[°F]는 섭씨온도로 몇 [℃]인가?

① 40
② 50
③ 60
④ 70

해설 화씨온도

$$[℃] = \frac{5}{9}([°F] - 32) = \frac{5}{9}(122 - 32) = 50$$

12

제1류 위험물로서 그 성질이 산화성 고체인 것은?

① 셀룰로이드류   ② 금속분류
③ 아염소산염류   ④ 과염소산

해설 위험물의 구분

종류 \ 항목	유별	성질
셀룰로이드류	제5류 위험물	자기반응성물질
금속분류	제2류 위험물	가연성 고체
아염소산염류	제1류 위험물	산화성 고체
과염소산	제6류 위험물	산화성 액체

13

폭발에 대한 설명으로 틀린 것은?

① 보일러폭발은 화학적 폭발이라 할 수 없다.
② 분무폭발은 기상폭발에 속하지 않는다.
③ 수증기폭발은 기상폭발에 속하지 않는다.
④ 화약류폭발은 화학적 폭발이라 할 수 있다.

해설 폭발의 종류
- 기상폭발
  - 분무폭발   - 분진폭발
  - 가스폭발   - 분해폭발
- 응상폭발
  - 증기폭발(수증기 폭발)
  - 전선폭발
  - 폭발성화합물의 폭발

14

부피비로 질소 65[%], 수소 15[%], 탄산가스 20[%]로 혼합된 760[mmHg]의 기체가 있다. 이때 질소의 분압은 몇 [mmHg]인가?(단, 모두 이상기체로 간주한다)

① 152   ② 252
③ 394   ④ 494

해설 질소의 분압 = 760[mmHg] × 0.65 = 494[mmHg]

15

할론 소화약제로부터 기대할 수 있는 소화작용으로 틀린 것은?

① 부촉매작용   ② 냉각작용
③ 유화작용   ④ 질식작용

해설 할론 소화약제 : 질식, 냉각, 부촉매작용

16

건축물에 화재가 발생할 때 연소확대를 방지하기 위한 계획에 해당되지 않는 것은?

① 수직계획   ② 입면계획
③ 수평계획   ④ 용도계획

해설 연소확대 방지 계획
- 연소확대 방지계획 : 수직계획, 수평계획, 용도계획
- 건축물의 방재계획 : 입면계획, 단면계획, 평면계획, 재료계획

17

산소와 질소의 혼합물인 공기의 평균 분자량은(단, 공기는 산소 21[vol%], 질소 79[vol%]로 구성되어 있다고 가정한다)

① 30.84   ② 29.84
③ 28.84   ④ 27.84

해설 공기의 평균분자량 = (32 × 0.21) + (28 × 0.79)
= 28.84

18

고가의 압력탱크가 필요하지 않아서 대용량의 포소화설비에 적용되는 것으로 펌프의 토출관에 압입기를 설치하여 포소화약제 압입용 펌프로 포소화약제를 압입시켜 혼합하는 방식은?

① 프레셔 프로포셔너 방식(Pressure Proportioner Type)
② 프레셔 사이드 프로포셔너 방식(Pressure Side Proportioner Type)
③ 펌프 프로포셔너 방식(Pump Proportioner Type)
④ 라인 프로포셔너 방식(Line Proportioner Type)

해설 프레셔 사이드 프로포셔너(압입혼합 방식) : 펌프의 토출관에 압입기를 설치하여 포소화약제 압입용 펌프로 포소화약제를 압입시켜 혼합하는 방식

19

전기화재가 발생되는 발화요인으로 틀린 것은?

① 역 률   ② 합 선
③ 누 전   ④ 과전류

해설 전기화재가 발생요인 : 합선, 누전, 과전류, 스파크, 배선불량 등

20

제1석유류는 어떤 위험물에 속하는가?

① 산화성 액체   ② 인화성 액체
③ 자기반응성물질   ④ 금수성물질

해설 제1석유류 : 제4류 위험물(인화성 액체)

제 2 과목   소방유체역학

21

다음 중 이상유체에 대한 설명으로 가장 적합한 것은?

① 점성이 없는 유체
② 압축성이 없는 유체
③ 점성과 압축성이 없는 유체
④ 뉴턴의 점성법칙을 만족하는 유체

해설 이상유체 : 비점성이며, 비압축성 유체

22

저장용기의 압력이 800[kPa]이고, 온도가 80[℃]인 이산화탄소가 들어 있다. 이산화탄소의 비중량[N/m³]은?(단, 일반기체상수는 8,314[J/kmol · K]이다)

① 113.4   ② 117.6
③ 121.3   ④ 125.4

해설 $\dfrac{P}{\gamma} = RT$ 에서

비중량 $\gamma = \dfrac{P}{RT}$

$$= \dfrac{800 \times 10^3 [\text{N/m}^2]}{188.95 [\text{N} \cdot \text{m/kg} \cdot \text{K}] \times (273+80)[\text{K}]}$$

$$≒ 11.99 [\text{kg/m}^3]$$

$$= 11.99 [\text{kg/m}^3] \times 9.8 [\text{N/kg}]$$

$$≒ 117.5 [\text{N/m}^3]$$

> 이산화탄소 기체상수 $R = 8,314 [\text{J/kmol} \cdot \text{K}]$
> $= (8314/44)[\text{J/kg} \cdot \text{K}]$
> $= 188.95 [\text{N} \cdot \text{m/kg} \cdot \text{K}]$

23

관 속에 물이 흐르고 있다. 피토-정압관을 수은이 든 U자관에 연결하여 전압과 정압을 측정하였더니 20[mm]의 액면차가 생겼다. 피토-정압관의 위치에서의 유속[m/s]은?(단, 수은의 비중은 13.6이고, 유량계수는 0.9이며 유체는 정상상태, 비점성, 비압축성 유동이라고 가정한다)

① 2.0   ② 3.0
③ 11.0   ④ 12.0

해설 유속 $u = c\sqrt{2gH}$

$$= 0.9 \times \sqrt{2 \times 9.8 \times \dfrac{20[\text{mmHg}]}{760[\text{mmHg}]} \times 10.332[\text{m}]}$$

$$≒ 2.08 [\text{m/s}]$$

24

옥내소화전용 소방펌프 2대를 직렬로 연결하였다. 마찰손실을 무시할 때 기대할 수 있는 효과는?

① 펌프의 양정은 증가하나 유량은 감소한다.
② 펌프의 유량은 증대하나 양정은 감소한다.
③ 펌프의 양정은 증대하나 유량과는 무관하다.
④ 펌프의 유량은 증대하나 양정과는 무관하다.

해설 펌프의 2대 연결

2대 연결 방법		직렬연결	병렬연결
성 능	유량(Q)	Q	$2Q$
	양정(H)	$2H$	H

25

15[℃]의 물 24[kg]과 80[℃]의 물 85[kg]을 혼합한 경우 최종 물의 온도[℃]는?

① 32.8 ② 42.6
③ 65.7 ④ 75.5

해설 물의 온도(T)

혼합 후 물의 온도

$$= \frac{(15+273)[\text{K}] \times 24[\text{kg}] + (80+273)[\text{K}] \times 85[\text{kg}]}{24[\text{kg}] + 85[\text{kg}]}$$

$$\fallingdotseq 338.69[\text{K}]$$

절대온도를 섭씨온도로 환산하면

$338.69 - 273 = 65.7[℃]$

26

안지름이 2[cm]인 원관 내를 물을 흐르게 하여 층류상태로부터 점차 유속을 빠르게 하여 완전 난류 상태로 될 때의 한계유속[cm/s]은?(단, 물의 동점성계수는 0.01[cm²/s], 완전 난류가 되는 임계레이놀즈수는 4,000이다)

① 10 ② 15
③ 20 ④ 40

해설 한계유속

$$Re = \frac{Du}{\nu}$$

$$\therefore \text{한계유속 } u = \frac{Re\nu}{D} = \frac{4,000 \times 0.01[\text{cm}^2/\text{s}]}{2[\text{cm}]}$$

$$= 20[\text{cm/s}]$$

27

물의 체적을 2[%] 축소시키는 데 필요한 압력[MPa]은?(단, 체적탄성계수는 2.08[GPa]이다)

① 32.1 ② 41.6
③ 45.4 ④ 52.5

해설 체적탄성계수 $K = -\dfrac{\Delta P}{\Delta V / V}$

$$\Delta P = -K \times (-\Delta V / V)$$

$$= -2.08 \times 1,000[\text{MPa}] \times (-0.02)$$

$$= 41.6[\text{MPa}]$$

28

가로 80[cm], 세로 50[cm]이고 300[℃]로 가열된 평판에 수직한 방향으로 25[℃]의 공기를 불어주고 있다. 대류 열전달계수가 25[W/m²·℃]일 때 공기를 불어넣는 면에서의 열전달률은 약 몇 [kW]인가?

① 2.0 ② 2.75
③ 5.1 ④ 7.3

해설 열전달열량

$$Q = hA\Delta T$$

여기서, h : 열전달계수[W/m²·℃]
   A : 열전달면적
   ΔT : 온도차

$$\therefore Q = 25[\text{W/m}^2 \cdot ℃] \times (0.8 \times 0.5)[\text{m}^2] \times (300 - 25)[℃]$$

$$= 2,750[\text{W}] = 2.75[\text{kW}]$$

29

그림과 같이 속도 V인 자유제트가 곡면에 부딪혀 θ의 각도로 유동방향이 바뀐다. 유체가 곡면에 가하는 힘의 x, y성분의 크기인 F_x와 F_y는 θ가 증가함에 따라 각각 어떻게 되겠는가?(단, 유동단면적은 일정하고, $0° < \theta < 90°$이다)

① F_x : 감소한다. F_y : 감소한다.
② F_x : 감소한다. F_y : 증가한다.
③ F_x : 증가한다. F_y : 감소한다.
④ F_x : 증가한다. F_y : 증가한다.

해설 • x성분의 힘

$-F_x = \rho Q(V\cos\theta - V)$, $F_x = \rho QV(1 - \cos\theta)$

• y성분의 힘

$F_y = \rho Q(V\sin\theta - 0)$, $F_y = \rho QV\sin\theta$

안심Touch

θ	30°	45°	60°
F_x	0.134	0.293	0.5
F_y	0.5	0.707	0.866

따라서, θ값이 증가할수록 x성분의 힘 F_x와 y성분의 힘 F_y는 증가한다.

30

간격이 10[mm]인 평행한 두 평판 사이에 점성계수가 8×10^{-2}[N · s/m²]인 기름이 가득 차 있다. 한쪽 관이 정지된 상태에서 다른 관이 6[m/s]의 속도로 미끄러질 때 면적 1[m²]당 받는 힘[N]은?(단, 평판 내 유체의 속도분포는 선형적이다)

① 12   ② 24
③ 48   ④ 96

해설 힘 $F = \mu A \dfrac{u}{h}$

$$= 8\times10^{-2}[\text{N} \cdot \text{s/m}^2]\times1[\text{m}^2]\times\frac{6[\text{m/s}]}{0.01[\text{m}]}$$

$$= 48[\text{N}]$$

31

안지름이 5[mm]인 원형 직선 관 내에 0.2×10^{-3} [m³/min]의 물이 흐르고 있다. 유량을 두 배로 하기 위해서는 직선 관 양단의 압력차가 몇 배가 되어야 하는가?(단, 물의 동점성계수는 10^{-6}[m²/s]이다)

① 1.14배   ② 1.41배
③ 2배   ④ 4배

해설 하겐-포아젤 방정식을 이용하여 압력차를 구하면

$$Q = \frac{\triangle P \pi d^4}{128 \mu l} \text{(m}^3/\text{s)} \quad \triangle P = \frac{128 \mu l Q}{\pi d^4}$$

• 유량 $Q = AV$에서

속도 $U = \dfrac{Q}{A} = \dfrac{3.33\times10^{-6}}{\dfrac{\pi}{4}\times0.005^2} \fallingdotseq 0.17\text{m/s}$

(직경 $d=5[\text{mm}]=0.005[\text{m}]$,

유량 $Q = 0.2[\text{m}]\times10^{-3}[\text{m}^3]/60[\text{sec}]$

$= 3.33\times10^{-6}[\text{m}^3/\text{s}]$)

• 레이놀즈수 $Re = \dfrac{\rho UD}{\mu} = \dfrac{UD}{\nu} = \dfrac{0.17\times0.005}{10^{-6}}$

$= 850$

• 동점성계수 $\nu = 10^{-6}[\text{m}^2/\text{s}]$

• 점성계수 $\mu = \dfrac{\rho UD}{Re} = \dfrac{1,000\times0.17\times0.005}{850}$

$= 10^{-3}[\text{N} \cdot \text{s/m}^2]$

• 하겐-포아젤 방정식 $\triangle P = \dfrac{128 \mu l Q}{\pi d^4}$ 을 이용하여

직선관 길이 $l=1[\text{m}]$로 가정하면 다음과 같다.

$$\triangle P_1 = \frac{128 \mu l Q}{\pi d^4}$$

$$= \frac{128\times10^{-3}\times1\times(3.33\times10^{-6})}{\pi\times0.005^4}$$

$$\fallingdotseq 217.1[\text{Pa}]$$

$$\triangle P_2 = \frac{128 \mu l Q}{\pi d^4}$$

$$= \frac{128\times10^{-3}\times1\times(2\times3.33\times10^{-6})}{\pi\times0.005^4}$$

$$\fallingdotseq 434.2[\text{Pa}]$$

$$\therefore \frac{\triangle P_2}{\triangle P_1} = \frac{434.2}{217.1} = 2$$

32

세 액체가 그림과 같은 U자관에 들어 있을 때 가운데 유체 S_2의 비중은 얼마인가?(단, 비중 $S_1 = 1$, $S_3 = 2$, $h_1 = 20[\text{cm}]$, $h_2 = 10[\text{cm}]$, $h_3 = 30[\text{cm}]$이다)

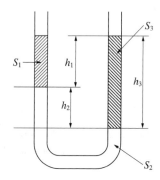

① 1   ② 2
③ 4   ④ 8

해설 **U자관의 압력측정**

$$S_1 \gamma_w h_1 + S_2 \gamma_w h_2 = S_3 \gamma_w h_3$$

$$S_2 \gamma_w h_2 = S_3 \gamma_w h_3 - S_1 \gamma_w h_1 \text{ 에서}$$

$$S_2 h_2 = S_3 h_3 - S_1 h_1$$

유체의 비중

$$S_2 = \frac{S_3 h_3 - S_1 h_1}{h_2} = \frac{2 \times 30[\mathrm{m}] - 1 \times 20[\mathrm{m}]}{10[\mathrm{m}]} = 4$$

33

물이 들어가 있는 그림과 같은 수조에서 바닥에 지름 D의 구멍이 있다. 모든 손실과 표면장력의 영향을 무시할 때 바닥 아래 y지점에서의 분류 반지름 r의 값은?(단, H는 일정하게 유지된다고 가정한다)

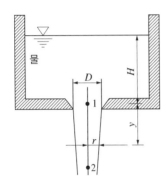

① $r = \dfrac{\pi D^2}{4} \left(\dfrac{H+y}{H} \right)^{1/2}$

② $r = \dfrac{D}{4} \left(\dfrac{H+y}{H} \right)^{1/4}$

③ $r = \dfrac{D}{2} \left(\dfrac{H}{H+y} \right)^{1/4}$

④ $r = \dfrac{D}{2} \left(\dfrac{H+y}{H} \right)^{1/2}$

해설 반지름 r의 값

유속 $V_1 = \sqrt{2gH}$, $V_2 = \sqrt{2g(H+y)}$

연속방정식 $Q = AV$ 에서

$$\frac{\pi}{4} \times D^2 \times \sqrt{2gH} = \pi r^2 \sqrt{2g(H+y)}$$

$$r^2 = \frac{D^2}{4} \sqrt{\frac{H}{H+y}}$$

$$r = \frac{D}{2} \left(\frac{H}{H+y} \right)^{1/4}$$

34

온도가 20[℃]이고 100[kPa] 압력하의 공기를 가역 단열과정으로 압축하여 체적을 30[%]로 줄였을 때 압력은 몇 [kPa]인가?(단, 공기의 비열비는 1.4이다)

① 263.9 ② 324.5

③ 403.5 ④ 539.5

해설 가역단열과정

$$\left(\frac{V_1}{V_2} \right)^{k-1} = \left(\frac{P_2}{P_1} \right)^{\frac{k-1}{k}}$$

$\therefore \left(\dfrac{V_1}{V_2} \right)^{k-1} = \left(\dfrac{P_2}{P_1} \right)^{\frac{k-1}{k}}$ 에서

$$\left(\frac{1}{0.3} \right)^{1.4-1} = \left(\frac{P_2}{100} \right)^{\frac{1.4-1}{1.4}}$$

P_2를 구하면 $P_2 = 539.5[\mathrm{kPa}]$

35

유효낙차가 65[m]이고, 유량이 20[m³/s]인 수력발전소에서 수차의 이론 출력은 약 몇 [kW]인가?

① 12,740 ② 1,300

③ 12.74 ④ 1.3

해설 수차의 출력

$$P[\mathrm{kW}] = \frac{\gamma \times Q \times H}{102 \times \eta} \times K$$

$$= \frac{1,000[\mathrm{kg_f/m^3}] \times 20[\mathrm{m^3/s}] \times 65[\mathrm{m}]}{102}$$

$$= 12,745[\mathrm{kW}]$$

36

내경이 D인 배관에 비압축성 유체인 물이 V속도로 흐르다가 갑자기 내경이 $3D$가 되는 확대관으로 흘렀다. 확대된 배관에서 물의 속도는 어떻게 되는가?

① 변화 없다. ② $\dfrac{1}{3}$로 줄어든다.

③ $\dfrac{1}{6}$로 줄어든다. ④ $\dfrac{1}{9}$로 줄어든다.

해설 물의 속도

$$u_2 = u_1 \times \left(\frac{D_1}{D_2}\right)^2$$

$$\therefore u_2 = u_1 \times \left(\frac{D_1}{D_2}\right)^2 = V \times \left(\frac{D}{3D}\right)^2 = \frac{1}{9}D로 줄어$$

든다.

37

그림에서 수문의 길이는 1.5[m]이고 폭은 1[m]이다. 유체(s)의 비중이 0.8일 때 수문에 수직방향으로 작용하는 압력에 의한 힘 F[kN]의 크기는?

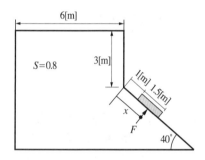

① 96.9
② 75.5
③ 60.2
④ 48.5

해설 수문에 작용하는 힘(F)

$$F = \gamma h_c A$$

- 비중 $s = 0.8$이므로
  비중량 $\gamma = 0.8 \times 9,800[\text{N/m}^3] = 7,840[\text{N/m}^3]$
- 도심점의 깊이
  $$h_c = 3[\text{m}] + \left(1[\text{m}] + \frac{1.5[\text{m}]}{2}\right)\sin 40° = 4.125[\text{m}]$$
- $\therefore$ 힘 $F = 7,840[\text{N/m}^3] \times 4.125[\text{m}] \times (1.5[\text{m}]$
  $\times 1[\text{m}])$
  $= 48,510[\text{N}] = 48.51[\text{kN}]$

38

관로의 손실에 관한 내용 중 등가길이의 의미로 옳은 것은?

① 부차적 손실과 같은 크기의 마찰손실이 발생할 수 있는 직관의 길이
② 배관 요소 중 곡관에 해당하는 총 길이
③ 손실계수에 손실수두를 곱한 값
④ 배관시스템의 밸브, 밴드, 티 등 추가적 부품의 총길이

해설 등가길이 : 부차적 손실과 같은 크기의 마찰손실이 발생할 수 있는 직관의 길이

39

다음 중 캐비테이션(공동현상) 방지방법으로 옳은 것을 모두 고른 것은?

> ㉠ 펌프의 설치위치를 낮추어 흡입양정을 작게 한다.
> ㉡ 흡입관 지름을 작게 한다.
> ㉢ 펌프의 회전수를 작게 한다.

① ㉠, ㉡
② ㉠, ㉢
③ ㉡, ㉢
④ ㉠, ㉡, ㉢

해설 공동현상
- 공동현상의 발생원인
  - 펌프의 흡입측 수두가 클 때
  - 펌프의 마찰손실이 클 때
  - **펌프의 임펠러 속도(회전수)가 클 때**
  - 펌프의 흡입관경이 적을 때
  - 펌프설치위치가 수원보다 높을 때
  - 관 내의 유체가 고온일 때
  - 펌프의 흡입압력이 유체의 증기압보다 낮을 때
- 공동 현상의 방지 대책
  - 펌프의 흡입측 수두, 마찰손실을 적게 한다.
  - **펌프 임펠러 속도를 적게 한다.**
  - **펌프 흡입관경을 크게 한다.**
  - 펌프 설치위치를 수원보다 낮게 하여야 한다.
  - 펌프 흡입압력을 유체의 증기압보다 높게 한다.
  - 양흡입 펌프를 사용하여야 한다.
  - 양흡입 펌프로 부족 시 펌프를 2대로 나눈다.

40

중력가속도가 10.6[m/s²]인 곳에서 어떤 금속체의 중량이 100[N]이었다. 중력가속도가 1.67[m/s²]인 달 표면에서 이 금속체의 중량[N]은?

① 13.1　　　　② 14.2
③ 15.8　　　　④ 17.2

해설 금속체의 중량[N]

$10.6[m/s^2] : 100[N] = 1.67[m/s^2] : x$

$\therefore x = 15.75[N]$

제 **3** 과목　**소방관계법규**

41

화재예방, 소방시설 설치·유지 및 안전관리에 관한 법령상 무창층으로 판정하기 위한 개구부가 갖추어야 할 요건으로 틀린 것은?

① 크기는 반지름 30[cm] 이상의 원이 내접할 수 있을 것
② 해당 층의 바닥면으로부터 개구부 밑부분까지 높이가 1.2[m] 이내일 것
③ 도로 또는 차량의 진입이 가능한 빈터를 향할 것
④ 화재 시 건축물로부터 쉽게 피난할 수 있도록 창살이나 그 밖의 장애물이 설치되어 있지 아니할 것

해설 **무창층**(無窓層)이란 지상층 중 다음의 요건을 모두 갖춘 개구부(건축물에서 채광·환기·통풍 또는 출입 등을 위하여 만든 창·출입구 그 밖에 이와 비슷한 것을 말한다)의 면적의 합계가 해당 층의 바닥면적의 **30분의 1 이하**가 되는 층을 말한다.
- 개구부의 크기가 **지름 50[cm] 이상**의 원이 내접(內接)할 수 있을 것
- 해당 층의 바닥면으로부터 개구부 밑부분까지의 높이가 1.2[m] 이내일 것
- 도로 또는 차량이 진입할 수 있는 빈터를 향할 것
- 화재 시 건축물로부터 쉽게 피난할 수 있도록 창살이나 그 밖의 장애물이 설치되지 아니할 것
- 내부 또는 외부에서 쉽게 부수거나 열 수 있을 것

42

화재안전기준을 달리 적용하여야 하는 특수한 용도 또는 구조를 가진 특정소방대상물인 원자력발전소, 핵폐기물처리시설에 설치하지 아니할 수 있는 소방시설은?

① 옥내소화전설비 및 소화용수설비
② 연결송수관설비 및 연결살수설비
③ 옥내소화전설비 및 자동화재탐지설비
④ 스프링클러설비 및 물분무 등 소화설비

해설 소방시설을 설치하지 아니할 수 있는 특정소방대상물 및 소방시설의 범위(별표 6)

구 분	특정소방대상물	소방시설
1. 화재위험도가 낮은 특정소방대상물	석재·불연성금속·불연성 건축재료 등의 가공공장·기계조립공장·주물공장 또는 불연성 물품을 저장하는 창고	옥외소화전 및 연결살수설비
	소방기본법 제2조 제5호의 규정에 의한 소방대가 조직되어 24시간 근무하고 있는 청사 및 차고	옥내소화전설비, 스프링클러설비, 물분무 등 소화설비, 비상방송설비, 피난기구, 소화용수설비, 연결송수관설비, 연결살수설비
2. 화재안전기준을 적용하기가 어려운 특정소방대상물	펄프공장의 작업장·음료수공장의 세정 또는 충전하는 작업장 그 밖에 이와 비슷한 용도로 사용하는 것	스프링클러설비, 상수도소화용수설비 및 연결살수설비
	정수장 수영장 목욕장, 농예·축산·어류양식용 시설 그 밖에 이와 비슷한 용도로 사용되는 것	자동화재탐지설비, 상수도소화용수설비 및 연결살수설비

구 분	특정소방대상물	소방시설
3. 화재안전기준을 다르게 적용하여야 하는 특수한 용도 또는 구조를 가진 특정소방대상물	원자력발전소, 핵폐기물처리시설	연결송수관설비 및 연결살수설비
4. 「위험물안전관리법」제19조에 의한 자체소방대가 설치된 특정소방대상물	자체소방대가 설치된 위험물제조소등에 부속된 사무실	옥내소화전설비, 소화용수설비, 연결살수설비 및 연결송수관설비

43

시장지역에서 화재로 오인할 만한 우려가 있는 불을 피우거나 연막소독을 한 자가 소방본부장 또는 소방서장에게 신고를 하지 아니하여 소방자동차를 출동하게 한 때에 과태료 부과 금액 기준으로 옳은 것은?

① 20만원 이하
② 50만원 이하
③ 100만원 이하
④ 200만원 이하

해설 불을 피우거나 연막소독을 한 자가 소방서에 신고를 하지 않아서 소방자동차를 출동하게 한 때 : 20만원 이하의 과태료(소방법령에서 가장 적은 과태료이다)

44

제조소 등의 설치허가 또는 변경허가를 받고자 하는 자는 설치허가 또는 변경허가신청서에 행정안전부령으로 정하는 서류를 첨부하여 누구에게 제출하여야 하는가?

① 소방본부장
② 소방서장
③ 소방청장
④ 시·도지사

해설 제조소 등의 설치허가 또는 변경허가 시 서류 제출 : 시·도지사

45

소방기본법상 관계인이 소방활동을 위반하여 정당한 사유없이 소방대가 현장에 도착할 때까지 사람을 구출하는 조치 또는 불을 끄거나 불이 번지지 아니하도록 하는 조치를 하지 아니한 자에 대한 벌칙으로 옳은 것은?

① 100만원 이하의 벌금
② 200만원 이하의 벌금
③ 300만원 이하의 벌금
④ 1,000만원 이하의 벌금

해설 관계인은 소방대상물에 화재, 재난·재해 그 밖의 위급한 상황이 발생한 경우에는 소방대가 현장에 도착할 때까지 경보를 울리거나 대피를 유도하는 등의 방법으로 사람을 구출하는 조치 또는 불을 끄거나 불이 번지지 아니하도록 필요한 조치를 하여야 한다.(기본법 제20조)-위반 시 100만원 이하의 벌금

46

소방기본법령상 대통령령으로 정하는 특수가연물의 품명별 수량의 기준으로 옳은 것은?

① 가연성 고체류 : $2[m^3]$ 이상
② 목재가공품 및 나무 부스러기 : $5[m^3]$ 이상
③ 석탄·목탄류 : 3,000[kg] 이상
④ 면화류 : 200[kg] 이상

해설 특수가연물의 종류

품 명		수 량
면화류		200[kg] 이상
나무껍질 및 대팻밥		400[kg] 이상
넝마 및 종이부스러기		1,000[kg] 이상
사 류		1,000[kg] 이상
볏짚류		1,000[kg] 이상
가연성 고체류		3,000[kg] 이상
석탄·목탄류		10,000[kg] 이상
가연성 액체류		$2[m^3]$ 이상
목재가공품 및 나무부스러기		$10[m^3]$ 이상
합성수지류	발포시킨 것	$20[m^3]$ 이상
	그 밖의 것	3,000[kg] 이상

47

위험물안전관리법령상 위험물 및 지정수량에 대한 기준 중 다음 ( ) 안에 알맞은 것은?

> 금속분이라 함은 알칼리금속·알칼리토류금속·철 및 마그네슘 외의 금속의 분말을 말하고 구리분·니 켈분 및 (㉠)[μm]의 체를 통과하는 것이 (㉡) [wt%] 미만인 것은 제외한다.

① ㉠ 150, ㉡ 50   ② ㉠ 53, ㉡ 50

③ ㉠ 50, ㉡ 150   ④ ㉠ 50, ㉡ 53

해설 금속분이라 함은 알칼리금속·알칼리토류금속·철 및 마그네슘외의 금속의 분말을 말하고, 구리분·니 켈분 및 **150[μm]**의 체를 통과하는 것이 **50[wt%] 미 만**인 것은 제외한다.

48

특정소방대상물의 소방시설등에 대한 자체점검 기 술자격자의 범위에서 "행정안전부령"으로 정하는 기 술자격자는?

① 소방안전관리자로 선임된 소방설비산업기사

② 소방안전관리자로 선임된 소방설비기사

③ 소방안전관리자로 선임된 전기기사

④ 소방안전관리자로 선임된 소방시설관리사 및 소 방기술사

해설 **자체점검 기술자격자** : 소방안전관리자로 선임된 소방 시설관리사 및 소방기술사

49

화재예방, 소방시설설치·유지 및 안전관리에 관한 법령에서 정하는 소방시설이 아닌 것은?

① 캐비닛형 자동소화장치

② 이산화탄소소화설비

③ 가스누설경보기

④ 방염성물질

해설 **방염성물질** : 소방시설이 아니다.

50

위험물안전관리법령에서 정하는 제3류 위험물에 해 당하는 것은?

① 나트륨   ② 염소산염류

③ 무기과산화물   ④ 유기과산화물

해설 위험물의 분류

항목＼종류	유별	성질
나트륨	제3류 위험물	자연발화성 및 금수성 물질
염소산염류	제1류 위험물	산화성 고체
무기과산화물	제1류 위험물	산화성 고체
유기과산화물	제5류 위험물	자기반응성물질

51

성능위주설계를 할 수 있는 자의 기술인력에 대한 기준으로 옳은 것은?

① 소방기술사 1명 이상

② 소방기술사 2명 이상

③ 소방기술사 3명 이상

④ 소방기술사 4명 이상

해설 **성능위주설계의 기술인력** : 소방기술사 2명 이상

52

소방안전관리자의 업무로 볼 수 없는 것은?

① 소방계획서의 작성 및 시행

② 화재경계지구의 지정

③ 자위소방대(自衛消防隊)의 구성·운영·교육

④ 피난시설·방화구획 및 방화시설의 유지·관리

해설 **소방안전관리자의 업무**
- 피난계획에 관한 사항과 소방계획서의 작성 및 시행
- 자위소방대(自衛消防隊) 및 초기대응체계의 구성· 운영·교육
- 피난시설·방화구획 및 방화시설의 유지·관리
- 소방훈련 및 교육
- 소방시설이나 그 밖의 소방관련시설의 유지·관리
- 화기(火氣) 취급의 감독

53

소방시설공사업자는 소방시설착공신고서의 중요한 사항이 변경된 경우에는 해당서류를 첨부하여 변경일로부터 며칠 이내에 소방본부장 또는 소방서장에게 신고하여야 하는가?

① 7일   ② 15일
③ 21일   ④ 30일

해설 소방시설착공신고서의 중요한 사항이 **변경된 경우에**는 **30일** 이내에 **소방본부장 또는 소방서장**에게 신고하여야 한다.

54

위험물안전관리법령상 제조소 또는 일반취급소의 위험물취급탱크 노즐 또는 맨홀을 신설하는 경우 노출 또는 맨홀의 직경이 몇 [mm]를 초과하는 경우에 변경허가를 받아야 하는가?

① 250   ② 300
③ 450   ④ 600

해설 제조소 또는 일반취급소의 변경허가
• 제조소 또는 일반취급소의 위치를 이전하는 경우
• 건축물의 벽·기둥·바닥·보 또는 지붕을 증설 또는 철거하는 경우
• 배출설비를 신설하는 경우
• 위험물취급탱크를 신설·교체·철거 또는 보수(탱크의 본체를 절개하는 경우에 한한다)하는 경우
• **위험물취급탱크의 노즐 또는 맨홀을 신설하는 경우(노즐 또는 맨홀의 직경이 250[mm]를 초과하는 경우에 한한다)**
• 위험물취급탱크의 방유제의 높이 또는 방유제 내의 면적을 변경하는 경우
• 위험물취급탱크의 탱크전용실을 증설 또는 교체하는 경우
• 300[m](지상에 설치하지 아니하는 배관의 경우에는 30[m])를 초과하는 위험물배관을 신설·교체·철거 또는 보수(배관을 절개하는 경우에 한한다)하는 경우
• 불활성기체의 봉입장치를 신설하는 경우
• 자동화재탐지설비를 신설 또는 철거하는 경우

55

화재예방, 소방시설설치·유지 및 안전관리에 관한 법령에 정하는 특정소방대상물의 분류로 틀린 것은?

① 카지노영업소 - 위락시설
② 박물관 - 문화 및 집회시설
③ 물류터미널 - 운수시설
④ 변전소 - 업무시설

해설 물류터미널 - 창고시설

56

소방기본법상 소방의 역사와 안전문화를 발전시키고 국민의 안전의식을 높이기 위하여 소방체험관을 설립하여 운영할 수 있는 자는?(단, 소방체험관은 화재현장에서의 피난 등을 체험할 수 있는 체험관을 말한다)

① 행정안전부장관   ② 소방청장
③ 시·도지사   ④ 소방본부장

해설 설립 운영권자
• 소방박물관 : 소방청장
• 소방체험관 : 시·도지사

57

특정소방대상물의 건축·대수선·용도변경 또는 설치 등을 위한 공사를 시공하는 자가 공사현장에서 인화성물품을 취급하는 작업 등 대통령령으로 정하는 작업을 하기 전에 설치하고 유지·관리해야 하는 임시소방시설의 종류가 아닌 것은?(단, 용접·용단 등 불꽃을 발생시키거나 화기를 취급하는 작업이다)

① 간이소화장치   ② 비상경보장치
③ 자동확산소화기   ④ 간이피난유도선

해설 **임시소방시설의 종류** : 소화기, 간이소화장치, 비상경보장치, 간이피난유도선

정답 53 ④   54 ①   55 ③   56 ③   57 ③

58

보일러, 난로. 건조설비, 가스·전기시설, 그 밖에 화재 발생 우려가 있는 설비 또는 기구 등의 위치·구조 및 관리와 화재예방을 위하여 불을 사용할 때 지켜야 하는 사항은 다음 중 어느 것으로 정하는가?

① 대통령령 ② 총리령
③ 행정안전부령 ④ 소방청훈령

해설 불을 사용할 때 지켜야 하는 사항의 기준 : 대통령령

59

다음 중 화재경계지구의 지정대상 지역과 거리가 먼 것은?

① 공장지역
② 시장지역
③ 목조건물이 밀집한 지역
④ 소방용수시설이 없는 지역

해설 화재경계지구 지정대상
- 시장지역
- 공장·창고가 밀집한 지역
- 목조건물이 밀집한 지역
- 위험물의 저장 및 처리시설이 밀집한 지역
- 석유화학제품을 생산하는 공장이 있는 지역
- 소방시설·소방용수시설 또는 **소방 출동로가 없는 지역**

60

다음 중 1급 소방안전관리대상물이 아닌 것은?

① 연면적 15,000[m²] 이상인 공장
② 층수가 11층 이상인 업무시설
③ 지하구
④ 가연성가스 1,000[t] 이상 저장·취급하는 시설

해설 1급 소방안전관리대상물의 기준(아파트, 위험물제조소 등, 지하구, 철강 등 불연성물품을 저장·취급하는 창고 및 동식물원을 제외한 것)
  (1) 30층 이상(지하층은 제외)이거나 지상으로부터 120[m] 이상인 아파트
  (2) 연면적 15,000[m²] 이상인 특정소방대상물(아파트는 제외)
  (3) (2)에 해당되지 아니하는 특정소방대상물로서 층수가 11층 이상 특정소방대상물(아파트는 제외)

  (4) 가연성가스를 1천톤 이상 저장·취급하는 시설

  지하구 : 2급 소방안전관리대상물

┌─────────────────────────┐
│ 제**4**과목   **소방기계시설의 구조 및 원리** │
└─────────────────────────┘

61

다음은 특정소방대상물별 소화기구의 능력단위 기준에 대한 설명이다. (   ) 안에 들어갈 내용으로 알맞은 것은?

문화재에 소화기구를 설치할 경우 능력단위 기준에 따라 해당용도의 바닥면적 (   )[m²]마다 능력단위 1단위 이상이 되어야 한다.

① 30 ② 50
③ 100 ④ 200

해설 소화기구의 능력단위

특정소방대상물	소화기구의 능력단위
1. 위락시설	해당 용도의 바닥면적 30[m²]마다 능력단위 1단위 이상
2. 공연장·집회장·관람장·문화재·장례식장 및 의료시설	해당 용도의 바닥면적 50[m²]마다 능력단위 1단위 이상
3. 근린생활시설·판매시설·운수시설·숙박시설·노유자시설·전시장·공동주택·업무시설·방송통신시설·공장·창고시설·항공기 및 자동차 관련 시설 및 관광휴게시설	해당 용도의 바닥면적 100[m²]마다 능력단위 1단위 이상
4. 그 밖의 것	해당 용도의 바닥면적 200[m²]마다 능력단위 1단위 이상

(주) 소화기구의 능력단위를 산출함에 있어서 건축물의 주요구조부가 내화구조이고, 벽 및 반자의 실내에 면하는 부분이 불연재료·준불연재료 또는 난연재료로 된 특정소방대상물에 있어서는 위 표의 기준면적의 2배를 해당 특정소방대상물의 기준면적으로 한다.

62

일반적인 산·알칼리 소화기의 약제방출 압력원에 대한 설명으로 옳은 것은?

① 산과 알칼리의 화학반응에 의해 생성된 CO_2의 압력이다.
② 소화기 내부의 질소가스 충전압력이다.
③ 소화기 내부의 이산화탄소 충전압력이다.
④ 수동 펌프를 주로 이용하고 있다.

해설 산·알칼리 소화기의 화학반응식

$$2NaHCO_2 + H_2SO_4 \rightarrow Na_2SO_4 + 2CO_2 + 2H_2O$$

산·알칼리의 소화기의 압력원 : 이산화탄소(CO_2)

63

다음 중 입원실이 있는 3층 조산원에 대한 피난기구의 적응성으로 가장 거리가 먼 것은?

① 미끄럼대
② 승강식피난기
③ 피난용트랩
④ 공기안전매트

해설 공기안전매트는 아파트에 추가로 설치하여야 한다.

64

소화설비에 대한 설명으로 틀린 것은?

① 물분무소화설비는 제4류 위험물을 소화할 수 있는 물입자를 방사한다.
② 증류범위가 넓어 끓어 넘치는 위험이 있는 물질을 저장 또는 취급하는 장소에는 물분무 헤드를 설치하지 아니할 수 있다.
③ 주차장에는 물분무소화설비를 통신기기실에는 스프링클러설비를 설치하여야 한다.
④ 폐쇄형스프링클러 헤드는 그 자체가 자동화재탐지장치의 역할을 할 수 있으나 개방형은 그렇지 않다.

해설 소화설비
- 주차장 : 스프링클러설비(건식, 준비작동식)
- 통신기기실 : 가스계소화설비(이산화탄소, 할론, 할로겐화합물 및 불활성기체)

65

제연설비 설치 시 아연도금강판으로 제작된 단면의 긴 변이 400[mm]인 경우 (㉠)와 2,500[mm]인 경우 (㉡), 강관의 최소 두께는 각각 몇 [mm]인가?

① ㉠ 0.4, ㉡ 1.0
② ㉠ 0.5, ㉡ 1.0
③ ㉠ 0.5, ㉡ 1.2
④ ㉠ 0.6, ㉡ 1.2

해설 배출풍도의 크기에 따른 강판의 두께

풍도단면의 긴 변 또는 직경의 크기	강판 두께
450[mm] 이하	0.5[mm]
450[mm] 초과 750[mm] 이하	0.6[mm]
750[mm] 초과 1,500[mm] 이하	0.8[mm]
1,500[mm] 초과 2,250[mm] 이하	1.0[mm]
2,250[mm] 초과	1.2[mm]

66

호스릴 분말소화설비의 설치기준으로 틀린 것은?

① 소화약제의 저장용기는 호스릴을 설치하는 장소마다 설치할 것
② 방호대상물의 각 부분으로부터 하나의 호스접결구까지의 수평거리가 15[m] 이하가 되도록 할 것
③ 소화약제 저장용기의 개방밸브는 호스릴의 설치장소에서 자동으로 개폐할 수 있는 것으로 할 것
④ 저장용기에는 그 가까운 곳의 보기 쉬운 곳에 적색의 표시등을 설치하고 이동식 분말소화설비가 있다는 뜻을 표시한 표지를 할 것

해설 호스릴 분말소화설비의 설치기준
- 방호대상물의 각 부분으로부터 하나의 호스접결구까지의 수평거리가 15[m] 이하가 되도록 할 것
- 소화약제 저장용기의 개방밸브는 호스릴의 설치장소에서 **수동으로 개폐**할 수 있는 것으로 할 것
- 소화약제의 저장용기는 호스릴을 설치하는 장소마다 설치할 것
- 저장용기에는 그 가까운 곳의 보기 쉬운 곳에 적색의 표시등을 설치하고 이동식 분말소화설비가 있다는 뜻을 표시한 표지를 할 것

정답 62 ① 63 ④ 64 ③ 65 ③ 66 ③

67

할론 1301을 전역방출방식으로 방사할 때 분사헤드의 최소 방사압력[MPa]은?

① 0.1   ② 0.2

③ 0.9   ④ 1.05

해설 분사헤드의 방사압력

약 제	방사압력
할론 2402	0.1[MPa] 이상
할론 1211	0.2[MPa] 이상
할론 1301	0.9[MPa] 이상

68

포소화설비에서 부상지붕구조의 탱크에 상부포주입법을 이용한 포방출구 형태는?

① Ⅰ형 방출구   ② Ⅱ형 방출구

③ 특형 방출구   ④ 표면하주입식 방출구

해설 고정포 방출구

종 류	탱크의 종류	포 주입방법
Ⅰ형	고정지붕탱크(CRT ; Cone Roof Tank)	상부포주입법
Ⅱ형	고정지붕탱크, 부상덮개부착 고장지붕구조탱크	상부포주입법
특형	부상지붕탱크(FRT ; Floating Roof Tank)	상부포주입법
Ⅲ형	고정지붕탱크(CRT ; Cone Roof Tank)	저부포주입법
Ⅳ형	고정지붕탱크(CRT ; Cone Roof Tank)	저부포주입법

69

폐쇄형스프링클러헤드를 사용하는 설비에서 하나의 방호구역의 바닥면적의 기준은 몇 [m²] 이하인가? (단, 격자형배관방식을 채택하지 아니한다)

① 1,500   ② 2,000

③ 2,500   ④ 3,000

해설 하나의 방호구역의 바닥면적은 **3,000[m²]**를 초과하지 아니할 것. 다만, 폐쇄형스프링클러설비에 **격자형배관방식**(2 이상의 수평주행배관 사이를 가지배관으

로 연결하는 방식을 말한다)을 채택하는 때에는 **3,700 [m²]** 범위 내에서 펌프용량, 배관의 구경 등을 수리학적으로 계산한 결과 헤드의 방수압 및 방수량이 방호구역 범위 내에서 소화목적을 달성하는 데 충분할 것

70

분말소화설비에 사용하는 소화약제 중 제3종 분말의 주성분으로 옳은 것은?

① 인산염   ② 탄산수소칼륨

③ 탄산수소나트륨   ④ 요 소

해설 분말소화약제의 분류

종 별	소화약제	약제의 착색	적응화재	열분해반응식
제1종 분말	탄산수소나트륨 ($NaHCO_3$)	백 색	B, C급	$2NaHCO_3 \rightarrow Na_2CO_3 + CO_2 + H_2O$
제2종 분말	탄산수소칼륨 ($KHCO_3$)	담회색	B, C급	$2KHCO_3 \rightarrow K_2CO_3 + CO_2 + H_2O$
제3종 분말	인산암모늄 ($NH_4H_2PO_4$)	담홍색, 황색	A, B, C급	$NH_4H_2PO_4 \rightarrow HPO_3 + NH_3 + H_2O$
제4종 분말	중탄산칼륨 + 요소 $[KHCO_3 + (NH_2)_2CO]$	회 색	B, C급	$2KHCO_3 + (NH_2)_2CO \rightarrow K_2CO_3 + 2NH_3 + 2CO_2$

71

다음 시설 중 호스릴 포소화설비를 설치할 수 있는 소방대상물은?

① 완전 밀폐된 주차장

② 지상 1층으로서 지붕이 있는 부분

③ 주된 벽이 없고 기둥뿐인 고가 밑의 주차장

④ 바닥면적의 합계가 1,000[m²] 미만인 항공기격납고

해설 차고나 주차장에 호스릴포소화설비 또는 포소화전을 설치할 수 있는 경우(2019. 8. 13일 개정)
- **완전 개방된 옥상주차장** 또는 고가 밑의 주차장 등으로서 주된 벽이 없고 기둥뿐이거나 주위가 위해방지용 철주 등으로 둘러싸인 부분
- 지상 1층으로서 지붕이 없는 부분

72

소화용수설비의 소요수량이 40[m³] 이상 100[m³] 미만일 경우에 채수구는 몇 개를 설치하여야 하는가?

① 1
② 2
③ 3
④ 4

해설 소요수량에 따른 채수구의 수

소요수량	채수구의 수
20[m³] 이상 40[m³] 미만	1개
40[m³] 이상 100[m³] 미만	2개
100[m³] 이상	3개

73

1개 층의 거실면적이 400[m²]이고 복도면적이 300[m²]인 소방대상물에 제연설비를 설치할 경우 제연구역은 최소 몇 개인가?

① 1
② 2
③ 3
④ 4

해설 거실과 통로(복도 포함)는 상호제연구획 하여야 하므로 2개 구역이다.

74

습식 스프링클러설비외의 설비에는 헤드를 향하여 상향으로 경사를 유지하여야 한다. 이때 수평주행배관의 최소 기울기는?

① $\dfrac{1}{500}$
② $\dfrac{1}{250}$
③ $\dfrac{1}{100}$
④ $\dfrac{2}{100}$

해설 습식스프링클러설비 또는 부압식 스프링클러설비 외의 설비에는 헤드를 향하여 상향으로 **수평주행배관의 기울기를 1/500 이상**, **가지배관의 기울기를 1/250 이상**으로 할 것. 다만, 배관의 구조상 기울기를 줄 수 없는 경우에는 배수를 원활하게 할 수 있도록 배수밸브를 설치하여야 한다.

75

소화펌프의 원활한 기동을 위하여 설치하는 물올림장치가 필요한 경우는?

① 수원의 수위가 펌프보다 높은 경우
② 수원의 수위가 펌프보다 낮은 경우
③ 수원의 수위가 펌프와 수평일 경우
④ 수원의 수위와 관계없이 설치

해설 수원의 수위가 펌프보다 낮은 경우에 펌프의 임펠러에 물을 충만하여 화재 시 신속하게 물을 공급하기 위하여 물올림장치를 설치한다.

76

연결송수관설비 방수구의 설치기준에 대한 내용이다. 다음 (   ) 안에 들어갈 내용으로 알맞은 것은?(단, 집회장 · 관람장 · 백화점 · 도매시장 · 소매시장 · 판매시설 · 공장 · 창고시설 또는 지하가를 제외한다)

> 송수구가 부설된 옥내소화전을 설치한 특정소방대상물로서 지하층을 제외한 층수가 (㉠)층 이하이고 연면적이 (㉡)[m²] 미만인 특정소방대상물의 지상층에는 방수구를 설치하지 아니할 수 있다.

① ㉠ 4, ㉡ 6,000
② ㉠ 5, ㉡ 6,000
③ ㉠ 4, ㉡ 3,000
④ ㉠ 5, ㉡ 3,000

해설 방수구를 설치하지 않아도 되는 경우
- 아파트의 1층 및 2층
- 소방차의 접근이 가능하고 소방대원이 소방차로부터 각 부분에 쉽게 도달할 수 있는 피난층
- 송수구가 부설된 옥내소화전을 설치한 특정소방대상물(집회장 · 관람장 · 백화점 · 도매시장 · 소매시장 · 판매시설 · 공장 · 창고시설 또는 지하가를 제외한다)로서 다음 어느 하나에 해당하는 층
  - 지하층을 제외한 층수가 4층 이하이고 연면적이 6,000[m²] 미만인 특정소방대상물의 지상층
  - 지하층의 층수가 2 이하인 특정소방대상물의 지하층

77

특정소방대상물의 용도 및 장소별로 설치하여야 할 인명구조기구의 기준으로 틀린 것은?

① 지하가 중 지하상가는 공기호흡기를 층마다 2개 이상 비치할 것
② 문화 및 집회시설 중 수용인원 100명 이상의 영화상영관은 공기호흡기를 층마다 2개이상 비치할 것
③ 물분무 등 소화설비 중 이산화탄소소화설비를 설치해야 하는 특정소방대상물은 공기호흡기를 이산화탄소 소화설비가 설치된 장소의 출입구 외부 인근에 1개 이상 비치할 것
④ 지하층을 포함하는 층수가 7층 이상인 관광호텔은 방열복 또는 방화복, 공기호흡기, 인공소생기를 각 1개 이상 비치할 것

해설 인명구조기구 설치대상

특정소방대상물	인명구조기구의 종류	설치 수량
지하층을 포함하는 층수가 7층 이상인 관광호텔 및 5층 이상인 병원	• 방열복 또는 방화복(헬멧, 보호장갑 및 안전화를 포함) • 공기호흡기 • 인공소생기	각 2개 이상 비치할 것. 다만, 병원의 경우에는 인공소생기를 설치하지 않을 수 있다.
• 문화 및 집회시설 중 수용인원 100명 이상의 영화상영관 • 판매시설 중 대규모 점포 • 운수시설 중 지하역사 • 지하가 중 지하상가	공기호흡기	층마다 2개 이상 비치할 것. 다만, 각 층마다 갖추어 두어야 할 공기호흡기 중 일부를 직원이 상주하는 인근 사무실에 갖추어 둘 수 있다.
물분무 등 소화설비 중 이산화탄소소화설비를 설치하여야 하는 특정소방대상물	공기호흡기	이산화탄소소화설비가 설치된 장소의 출입구 외부 인근에 1대 이상 비치할 것

78

최대 방수구역의 바닥면적이 60$[m^2]$인 주차장에 물분무소화설비를 설치하려고 하는 경우 수원의 최소 저수량은 몇 $[m^3]$인가?

① 12
② 16
③ 20
④ 24

해설 펌프의 토출량과 수원의 양

특정소방대상물	펌프의 토출량 [L/min]	수원의 양[L]
특수가연물 저장, 취급	바닥면적(50$[m^2]$ 이하는 50$[m^2]$로) × 10[L/min·m^2]	바닥면적(50$[m^2]$ 이하는 50$[m^2]$로) × 10[L/min·m^2] × 20[min]
차고, 주차장	바닥면적(50$[m^2]$ 이하는 50$[m^2]$로) × 20[L/min·m^2]	바닥면적(50$[m^2]$ 이하는 50$[m^2]$로) × 20[L/min·m^2] × 20[min]
절연유 봉입변압기	표면적(바닥 부분 제외) × 10[L/min·m^2]	표면적(바닥 부분 제외) × 10[L/min·m^2] × 20[min]
케이블 트레이, 덕트	투영된 바닥면적 × 12[L/min·m^2]	투영된 바닥면적 × 12[L/min·m^2] × 20[min]
컨베이어 벨트	벨트 부분의 바닥면적 × 10[L/min·m^2]	벨트 부분의 바닥면적 × 10[L/min·m^2] × 20[min]

주차장의 수원
= 바닥면적(50$[m^2]$ 이하는 50$[m^2]$로) × 20[L/min·m^2] × 20[min]
= 60$[m^2]$ × 20[L/min·m^2] × 20[min]
= 24,000[L] = 24$[m^3]$

79

유량을 토출하여 펌프를 시험할 때 성능시험배관의 밸브를 막고 연속으로 운전할 경우 자동적으로 개방되는 것은 어느 밸브인가?

① 후드밸브
② 릴리프밸브
③ 시험밸브
④ 유량조절밸브

해설 펌프 시험할 때 성능시험배관의 개폐밸브를 막고 연속으로 운전할 경우 릴리프밸브가 자동으로 개방된다.

80

이산화탄소소화설비의 수동식 기동장치에 대한 설치 기준으로 틀린 것은?

① 전기를 사용하는 기동장치에는 전원표시등을 설치할 것
② 전역방출방식에 있어서는 방호구역마다, 국소방출방식에 있어서는 방호대상물마다 설치할 것
③ 해당 방호구역의 출입구부분 등 조작을 하는 자가 쉽게 피난할 수 있는 장소에 설치할 것
④ 기동장치의 조작부는 바닥으로부터 높이 0.5[m] 이상 0.8[m] 이하의 위치에 설치하고, 보호판 등에 따른 보호장치를 설치할 것

해설 이산화탄소소화설비의 수동식 기동장치의 설치기준

- **전역방출방식**에 있어서는 **방호구역마다**, **국소방출방식**에 있어서는 **방호대상물마다** 설치할 것
- 해당 방호구역의 출입구부분 등 조작을 하는 자가 쉽게 피난할 수 있는 장소에 설치할 것
- **기동장치의 조작부**는 **바닥으로부터 높이 0.8[m] 이상 1.5[m] 이하의 위치**에 설치하고, 보호판 등에 따른 보호장치를 설치할 것
- 기동장치에는 그 가까운 곳의 보기 쉬운 곳에 "이산화탄소소화설비 기동장치"라고 표시한 표지를 할 것
- 전기를 사용하는 기동장치에는 전원표시등을 설치할 것
- 기동장치의 방출용 스위치는 음향경보장치와 연동하여 조작될 수 있는 것으로 할 것

2020년 6월 13일 시행

제 1 과목 소방원론

01

화재안전기준상 이산화탄소 소화약제 저압식 저장용기의 설치기준에 대한 설명으로 틀린 것은?

① 충전비는 1.1이상 1.4이하로 한다.
② 3.5[MPa] 이상의 내압시험압력에 합격한 것이어야 한다.
③ 용기 내부의 온도가 -18[℃] 이하에서 2.1[MPa]의 압력을 유지할 수 있는 자동냉동장치를 설치해야 한다.
④ 내압시험압력의 0.64~0.8배의 압력에서 작동하는 봉판을 설치해야 한다.

해설 이산화탄소 소화약제 저압식 저장용기의 설치기준
- 충전비
  - 저압식 : 1.1 이상 1.4 이하
  - 고압식 : 1.5 이상 1.9 이하
- 내압시험압력(아래 압력 이상일 때 내압시험압력에 합격한 것으로 한다)
  - 저압식 : 3.5[MPa] 이상
  - 고압식 : 25[MPa] 이상
- 저압식 저장용기에는 용기 내부의 온도가 -18[℃] 이하에서 2.1[MPa]의 압력을 유지할 수 있는 자동냉동장치를 설치해야 한다.
- 저압식 저장용기에는 내압시험압력의 0.64배부터 0.8배의 압력에서 작동하는 안전밸브와 **내압시험압력의 0.8배부터 내압시험압력에서 작동하는 봉판**을 설치해야 한다.
- 저압식 저장용기에는 액면계 및 압력계와 2.3[MPa] 이상 1.9[MPa] 이하의 압력에서 작동하는 압력경보장치를 설치해야 한다.

02

화재로 인하여 산소가 부족한 건물 내에 산소가 새로 유입된 때에는 고열가스의 폭발 또는 급속한 연소가 발생하는데 이 현상을 무엇이라고 하는가?

① 파이어볼   ② 보일오버
③ 백드래프트   ④ 백파이어

해설 백드래프트 : 화재로 인하여 산소가 부족한 건물 내에 산소가 새로 유입된 때에는 고열가스의 폭발 또는 급속한 연소가 발생하는 현상

03

0[℃]의 얼음 1[g]을 100[℃]의 수증기로 만드는 데 필요한 열량은 약 몇 [cal]인가?(단, 물의 용융열은 80[cal/g], 증발잠열은 539[cal/g]이다)

① 518   ② 539
③ 619   ④ 719

해설 열 량
$$Q = \gamma_1 \cdot m + mC\Delta t + \gamma_2 \cdot m$$
$$= (80[\text{cal/g}] \times 1[\text{g}]) + (1[\text{g}] \times 1[\text{cal/g} \cdot ℃] \times (100-0)[℃]) + (539[\text{cal/g}] \times 1[\text{g}])$$
$$= 719[\text{cal}]$$

04

공기 중의 산소는 약 몇 [vol%]인가?

① 15   ② 21
③ 28   ④ 32

해설 공기의 조성 : 산소 21[%], 질소 78[%], 아르곤 등 1[%]

05

연소 또는 소화약제에 관한 설명으로 틀린 것은?

① 기체의 정압비열은 정적비열보다 크다.
② 프로판 가스가 완전연소하면 일산화탄소와 물이 발생한다.
③ 이산화탄소 소화약제는 액화할 수 있다.
④ 물의 증발잠열은 아세톤, 벤젠보다 크다.

해설 프로판가스의 연소 반응식

$$C_3H_8 + 5O_2 \rightarrow 3CO_2(이산화탄소) + 4H_2O(물)$$

06

다음 중 전기화재에 해당하는 것은?

① A급 화재   ② B급 화재
③ C급 화재   ④ K급 화재

해설 화재의 등급

급수 구분	A급	B급	C급	D급	K급
화재의 종류	일반 화재	유류 화재	전기 화재	금속 화재	식용유 화재
표시 색	백색	황색	청색	무색	–

07

물을 이용한 대표적인 소화효과로만 나열된 것은?

① 냉각효과, 부촉매효과
② 냉각효과, 질식효과
③ 질식효과, 부촉매효과
④ 제거효과, 냉각효과, 부촉매효과

해설 물의 방사형태에 따른 소화효과
 • 봉상주수 : 냉각효과
 • 적상주수 : 냉각효과
 • 무상주수 : 질식, 냉각, 희석, 유화효과

08

포소화약제의 포가 갖추어야 할 조건으로 적합하지 않는 것은?

① 화재면과의 부착성이 좋을 것
② 응집성과 안정성이 우수할 것
③ 환원시간(Drainage Time)이 짧을 것
④ 약제는 독성이 없고 변질되지 말 것

해설 포소화약제의 조건
 • 포의 안정성과 응집성이 좋을 것
 • 독성이 없고 변질되지 말 것
 • 화재면과 부착성이 좋을 것

09

다음 중 인화점이 가장 낮은 것은?

① 경 유   ② 메틸알코올
③ 이황화탄소   ④ 등 유

해설 제4류 위험물의 인화점

종류	경 유	메틸 알코올	이황화 탄소	등 유
인화점	50~70[℃]	11[℃]	–30[℃]	40~70[℃]

10

자연발화를 일으키는 원인이 아닌 것은?

① 산화열   ② 분해열
③ 흡착열   ④ 기화열

해설 자연발화의 형태
 • 산화열에 의한 발화 : 석탄, 건성유, 고무분말
 • 분해열에 의한 발화 : 나이트로셀룰로스, 셀룰로이드
 • 미생물에 의한 발화 : 퇴비, 먼지
 • 흡착열에 의한 발화 : 목탄, 활성탄
 • 중합열에 의한 발화 : 시안화수소

11

열전달에 대한 설명으로 틀린 것은?

① 전도에 의한 열전달은 물질 표면을 보온하여 완전히 막을 수 있다.

② 대류는 밀도차이에 의해서 열이 전달된다.

③ 진공 속에서도 복사에 의한 열전달이 가능하다.

④ 화재 시의 열전달은 전도, 대류, 복사가 모두 관여된다.

> **해설** 전도에 의한 열전달은 물질 표면을 보온하여 완전히 막을 수 없다.

12

불연성 물질로만 이루어진 것은?

① 황린, 나트륨

② 적린, 유황

③ 이황화탄소, 나이트로글리세린

④ 과산화나트륨, 질산

> **해설** 위험물의 분류

종 류	유 별	연소 여부
황린, 나트륨	제3류 위험물	가연성
적린, 유황	제2류 위험물	가연성
이황화탄소	제4류 위험물	가연성
나이트로글리세린	제5류 위험물	가연성
과산화나트륨	제1류 위험물	불연성
질 산	제6류 위험물	불연성

> ※ 제1류 위험물과 제6류 위험물은 불연성이다.

13

피난대책의 일반적인 원칙이 아닌 것은?

① 피난수단은 원시적인 방법으로 하는 것이 바람직하다.

② 피난대책은 비상시 본능 상태에서도 혼돈이 없도록 한다.

③ 피난경로는 가능한 한 길어야 한다.

④ 피난시설은 가급적 고정식 시설이 바람직하다.

> **해설** 피난경로는 가능한 짧아야 신속히 대피할 수 있다.

14

기체상태의 Halon 1301은 공기보다 약 몇 배 무거운 가?(단, 공기의 평균분자량은 28.84이다)

① 4.05배　　② 5.17배

③ 6.12배　　④ 7.01배

> **해설** 할론 1301의 증기비중
>
> $$증기비중 = \frac{분자량}{공기의\ 평균분자량} = \frac{분자량}{28.84}$$
>
> • 할론 1301(CF_3Br)의 분자량
> $= 12 + (19 \times 3) + 79.9 = 148.9$
> • 할론 1301의 증기비중
> $= \dfrac{분자량}{28.84} = \dfrac{148.9}{28.84} = 5.16$

15

건물화재에서의 사망원인 중 가장 큰 비중을 차지하는 것은?

① 연소가스에 의한 질식

② 화 상

③ 열충격

④ 기계적 상해

> **해설** 건물화재 시 연소가스에 의한 질식으로 사망하는 것이 가장 큰 비중을 차지한다.

16

공기 중 산소의 농도를 낮추어 화재를 진압하는 소화 방법에 해당하는 것은?

① 부촉매소화　　② 냉각소화

③ 제거소화　　④ 질식소화

> **해설** 질식소화 : 공기 중 산소의 농도를 15[%] 이하로 낮추어서 소화하는 방법

17

다음 중 독성이 가장 강한 가스는?

① C_3H_8 ② O_2

③ CO_2 ④ $COCl_2$

해설 포스겐($COCl_2$)은 맹독성가스로 인체에 가장 위험하다.

종 류	C_3H_8	O_2	CO_2	$COCl_2$
명 칭	프로판	산 소	이산화탄소	포스겐
허용 농도	1,000[ppm]	–	5,000[ppm]	0.1[ppm]

18

물과 반응하여 가연성가스를 발생시키는 물질이 아닌 것은?

① 탄화알루미늄
② 칼 륨
③ 과산화수소
④ 트라이에틸알루미늄

해설 물과의 반응
- 탄화알루미늄
  $Al_4C_3 + 12H_2O \rightarrow 4Al(OH)_3 + 3CH_4$(메탄)
- 칼 륨 $2K + 2H_2O \rightarrow 2KOH + H_2$(수소)
- 과산화수소는 물과 잘 섞인다.
- 트라이에틸알루미늄
  $(C_2H_5)_3Al + 3H_2O \rightarrow Al(OH)_3 + 3C_2H_6$(에탄)

19

전기화재의 원인으로 볼 수 없는 것은?

① 중합반응에 의한 발화
② 과전류에 의한 발화
③ 누전에 의한 발화
④ 단락에 의한 발화

해설 중합반응에 의한 발화는 자연발화의 원인이다.

20

위험물별 성질의 연결로 틀린 것은?

① 제2류 위험물 – 가연성 고체
② 제3류 위험물 – 자연발화성 물질 및 금수성 물질
③ 제4류 위험물 – 산화성 고체
④ 제5류 위험물 – 자기반응성 물질

해설 위험물의 성질

유별	제1류 위험물	제2류 위험물	제3류 위험물	제4류 위험물	제5류 위험물	제6류 위험물
성질	산화성 고체	가연성 고체	자연발화성 및 금수성 물질	인화성 액체	자기반응성 물질	산화성 액체

제 **2** 과목   **소방유체역학**

21

표준대기압 하에서 온도가 20[℃]인 공기의 밀도 [kg/m³]는?(단, 공기의 기체상수는 287[J/kg · K]이다)

① 0.012
② 1.2
③ 17.6
④ 1,000

해설 밀 도

$$PV = WRT, \quad P = \frac{W}{V}RT$$

$$\rho = \frac{P}{RT}$$

$$\rho = \frac{P}{RT} = \frac{101,325[\text{N/m}^2]}{287[\text{J/kg} \cdot \text{K}] \times (273 + 20)[\text{K}]}$$

$$= 1.20[\text{kg/m}^3]$$

> ※ [J] = [N · m]

22

안지름 25[cm]인 원관으로 1,500[m] 떨어진 곳(수평거리)에 하루에 10,000[m³]의 물을 보내는 경우 압력강하[kPa]는 얼마인가?(단, 마찰계수는 0.035이다)

① 58.4 　　　　② 584

③ 84.8 　　　　④ 848

해설 다르시 - 바이스바흐(Darcy - Weisbach) 식

$$H = \frac{\Delta P}{\gamma} = \frac{flu^2}{2gD}, \quad \Delta P = \frac{flu^2\gamma}{2gD}$$

여기서 f : 관의 마찰계수(0.035)
　　　 l : 관의 길이(1,500m)
　　　 u : 유체의 유속[m/s]

$$= \frac{Q}{\frac{\pi}{4}D^2} = \frac{10,000[\text{m}^3]/(24 \times 3,600)[\text{s}]}{\frac{\pi}{4}(0.25[\text{m}])^2}$$

$$= 2.359[\text{m/s}]$$

　　　 g : 중력가속도(9.8[m/s²])
　　　 D : 관의 내경(0.25[m])
　　　 γ : 물의 비중량(1,000kg_f/m³)

$$\therefore \Delta P = \frac{flu^2\gamma}{2gD}$$

$$= \frac{0.035 \times 1,500 \times (2.359)^2 \times 1,000}{2 \times 9.8 \times 0.25}$$

$$= 59,623.72[\text{kg}_\text{f}/\text{m}^2]$$

[kg_f/m²]을 [kPa]로 환산하면

$$\frac{59,623.72[\text{kg}_\text{f}/\text{m}^2]}{10.332[\text{kg}_\text{f}/\text{m}^2]} \times 101.325[\text{kPa}] = 584.58[\text{kPa}]$$

23

직경이 20[mm]에서 40[mm]로 돌연 확대하는 원형관이 있다. 이때 직경이 20[mm]인 관에서 레이놀즈수가 5,000이라면 직경이 40[mm]인 관에서의 레이놀즈수는 얼마인가?

① 2,500 　　　　② 5,000

③ 7,500 　　　　④ 10,000

해설 40[mm]인 관에서의 레이놀즈수

$$Re_2 = Re_1 \times \frac{d_1}{d_2} = 5,000 \times \frac{20[\text{mm}]}{40[\text{mm}]} = 2,500$$

24

다음 중 점성계수가 큰 순서대로 바르게 나열한 것은?

① 공기 > 물 > 글리세린

② 글리세린 > 공기 > 물

③ 물 > 글리세린 > 공기

④ 글리세린 > 물 > 공기

해설 글리세린은 954[cP]로서 가장 크다(물의 점도 1[cP]이다).

25

10[kg]의 이산화탄소가 15[℃]의 대기(표준대기압) 중으로 방출되었을 때 이산화탄소의 부피[m³]는? (단, 일반기체상수는 8.314[kJ/kmol · K]이다)

① 5.4 　　　　② 6.2

③ 7.3 　　　　④ 8.2

해설 이상기체상태방정식을 적용하면

$$PV = nRT = \frac{W}{M}RT \qquad W = \frac{PVM}{RT}$$

여기서, P : 압력(101.325[kPa] = 101.325[kN/m²])
　　　　 V : 부피[m³]
　　　　 W : 무게(10[kg]), M : 분자량(CO₂ = 44)
　　　　 R : 기체상수(8.314[kJ/kmol · K])
　　　　 T : 절대온도(273 + 15[℃] = 288[K])

$$\therefore V = \frac{WRT}{PM}$$

$$= \frac{10[\text{kg}] \times 8.314[\text{kN} \cdot \text{m/kmol} \cdot \text{K}] \times 288[\text{K}]}{101.325[\text{kN/m}^2] \times 44[\text{kg/kg-mol}]}$$

$$= 5.37[\text{m}^3]$$

26

점성계수 μ의 차원으로 옳은 것은?(단, M은 질량, L은 길이, T는 시간이다)

① $[ML^{-1}T^{-1}]$ 　　　② $[MLT]$

③ $[M^{-2}L^{-1}T]$ 　　　④ $[MLT^2]$

해설 점성계수 : $[\text{kg/m} \cdot \text{s}] [ML^{-1}T^{-1}]$

27

어떤 펌프가 1,000[rpm]으로 회전하여 전양정 10[m]에 0.5[m³/min]의 유량을 방출한다. 이때 펌프가 2,000[rpm]으로 운전된다면 유량[m³/min]은 얼마인가?

① 1.2　　　　　② 1
③ 0.7　　　　　④ 0.5

해설 상사법칙

$$유량 \ \ Q_2 = Q_1 \times \frac{N_2}{N_1} \times \left(\frac{D_2}{D_1}\right)^3$$

$$\therefore \ Q_2 = 0.5[\text{m}^3/\text{min}] \times \frac{2{,}000}{1{,}000} = 1[\text{m}^3/\text{min}]$$

28

열역학 제2법칙에 관한 설명으로 틀린 것은?

① 열효율 100[%]인 열기관은 제작이 불가능하다.
② 열은 스스로 저온체에서 고온체로 이동할 수 없다.
③ 제2종 영구기관은 동작물질에 종류에 따라 존재할 수 있다.
④ 한 열원에서 발생하는 열량을 일로 바꾸기 위해서는 반드시 다른 열원의 도움이 필요하다.

해설 열역학 제2법칙
- 열은 외부에서 작용을 받지 아니하고 저온에서 고온으로 이동시킬 수 없다.
- 열을 완전히 일로 바꿀 수 있는 열기관을 만들 수 없다(열효율이 100[%]인 열기관은 만들 수 없다).
- 자발적인 변화는 비가역적이다.
- 엔트로피는 증가하는 방향으로 흐른다.

29

밑변은 한 변의 길이가 2[m]인 정사각형이고 높이가 4[m]인 직육면체 탱크에 비중이 0.8인 유체를 가득 채웠다. 유체에 의해 탱크의 한쪽 측면에 작용하는 힘[kN]은?

① 125.4　　　　② 169.2
③ 178.4　　　　④ 186.2

해설 힘

$$F = r\,V = 0.8 \times 9.8[\text{kN/m}^3] \times (2 \times 2 \times 4)[\text{m}^3]$$
$$= 125.44[\text{kN}]$$

30

단면적이 0.1[m²]에서 0.5[m²]로 급격히 확대되는 관로에 0.5[m³/s]의 물이 흐를 때 급격 확대에 의한 부차적 손실수두[m]는?

① 0.61　　　　　② 0.78
③ 0.82　　　　　④ 0.98

해설 확대 부차적 손실수두

$$H = K\frac{(u_1 - u_2)^2}{2\,g}$$

여기서, $u_1 = \dfrac{Q}{A} = \dfrac{0.5[\text{m}^3/\text{s}]}{0.1[\text{m}^2]} = 5[\text{m/s}]$

$u_2 = \dfrac{Q}{A} = \dfrac{0.5[\text{m}^3/\text{s}]}{0.5[\text{m}^2]} = 1[\text{m/s}]$

$$\therefore \ H = K\frac{(u_1 - u_2)^2}{2g} = \frac{(5-1)^2}{2 \times 9.8[\text{m/s}^2]} = 0.816[\text{m}]$$

31

어떤 수평관에서 물의 속도는 28[m/s]이고, 압력은 160[kPa]이다. (㉠)속도수두와 (㉡)압력수두는 각각 얼마인가?

① ㉠ 40[m], ㉡ 14.3[m]
② ㉠ 50[m], ㉡ 14.3[m]
③ ㉠ 40[m], ㉡ 16.3[m]
④ ㉠ 50[m], ㉡ 16.3[m]

해설 속도수두와 압력수두

- 속도수두 $H = \dfrac{u^2}{2g} = \dfrac{(28[\text{m/s}])^2}{2 \times 9.8[\text{m/s}^2]} = 40[\text{m}]$

- 압력수두 $H = \dfrac{p}{\gamma} = \dfrac{160[\text{kN/m}^2]}{9.8[\text{kN/m}^3]} = 16.32[\text{m}]$

$[\text{kPa}] = [\text{kN/m}^2]$
비중량 $\gamma = 1{,}000[\text{kg}_f/\text{m}^3] = 9{,}800[\text{N/m}^3]$
$= 9.8[\text{kN/m}^3]$

32

대기압이 100[kPa]인 지역에서 이론적으로 펌프로 물을 끌어올릴 수 있는 최대 높이[m]는?

① 8.8
② 10.2
③ 12.6
④ 14.1

해설 **최대 높이**

$$H = \frac{100[kPa]}{101.325[kPa]} \times 10.332[m] = 10.20[m]$$

> 101.325[kPa]([kN/m²]) = 10.332[mH₂O]

101.325[kPa]([kN/m^2]) = 10.332[mH$_2$O]

33

유체의 흐름에 있어서 유선에 대한 설명으로 옳은 것은?

① 유동단면의 중심을 연결한 선이다.
② 유체의 흐름에 있어서 위치벡터에 수직한 방향을 갖는 연속적인 선이다.
③ 모든 점에서 유체흐름의 속도벡터의 방향을 갖는 연속적인 선이다.
④ 정상류에서만 존재하고 난류에서는 존재하지 않는다.

해설 **유선(流線)** : 유동장 내의 모든 점에서 속도 벡터의 방향과 일치하도록 그려진 가상곡선

34

비중이 0.85인 가연성액체가 직경 20[m], 높이 15[m]인 탱크에 저장되어 있을 때 탱크 최저부에서의 액체에 의한 압력[kPa]은?

① 147
② 12.7
③ 125
④ 14.7

해설 **압 력**

$$P = \gamma H$$

여기서, γ : 비중량($0.85 \times 9,800[N/m^3]$),
  H : 높이(15[m])

$\therefore P = \gamma H = 0.85 \times 9,800[N/m^3] \times 15[m]$
  $= 124,950[N/m^2 = Pa]$
  $= 124.95[kPa]$

35

표준대기압 상태에서 소방펌프차가 양수 시작 후 펌프 입구의 진공계가 10[cmHg]를 표시하였다면 펌프에서 수면까지의 높이[m]는?(단, 수은의 비중은 13.6이며, 모든 마찰손실 및 펌프 입구에서의 속도수두는 무시한다)

① 0.36
② 1.36
③ 2.36
④ 3.36

해설 $1[atm] = 10.332[mH_2O] = 760[mmHg] = 76[cmHg]$

$\therefore \frac{10[cmHg]}{76[cmHg]} \times 10.332[m] = 1.36[m]$

36

동점성계수가 $2.4 \times 10^{-4}[m^2/s]$이고, 비중이 0.88인 40[℃] 엔진오일을 1[km] 떨어진 곳으로 원형관을 통하여 완전발달 층류상태로 수송할 때 관의 직경 100[mm]이고 유량 0.02[m³/s]이라면 필요한 최소 펌프동력[kW]은?

① 28.2
② 30.1
③ 32.2
④ 34.4

해설 펌프동력

$$P[\text{kW}] = \frac{\gamma \times Q \times H}{102 \times \eta} \times K$$

여기서, γ : 오일의 비중량($0.88 = 880[[\text{kg}_f/\text{m}^3]]$)

Q : 방수량($0.02[\text{m}^3/\text{s}]$)

H : 펌프의 양정[m]

다르시–바이스바흐 방정식을 적용한다.

$$H = \frac{f l u^2}{2gD}$$

레이놀즈수를 구해서 관마찰계수(f)를 구한다.

$$Re = \frac{Du}{\nu} = \frac{0.1[\text{m}] \times (2.55[\text{m/s}])}{2.4 \times 10^{-4}[\text{m}^2/\text{s}]} = 1,062.5 \text{(층류)}$$

$$\left(u = \frac{Q}{A} = \frac{0.02[\text{m}^3/\text{s}]}{\frac{\pi}{4}(0.1[\text{m}])^2} = 2.55[\text{m/s}]\right)$$

$$f = \frac{64}{Re} = \frac{64}{1,062.5} = 0.06$$

$\therefore$ 양정 $H = \dfrac{f l u^2}{2gD}$

$$= \frac{0.06 \times 1,000[\text{m}] \times (2.55[\text{m/s}])^2}{2 \times 9.8[\text{m/s}^2] \times 0.1[\text{m}]} = 199.06[\text{m}]$$

$\ast$ $P[\text{kW}] = \dfrac{\gamma \times Q \times H}{102 \times \eta} \times K$

$$= \frac{880 \times 0.02 \times 199.06}{102 \times 1} = 34.35[\text{kW}]$$

37

완전 흑체로 가정한 흑연의 표면온도가 450[℃]이다. 단위면적당 방출되는 복사에너지의 열유속[kW/m²]은?(단, 흑체의 Stefan–Boltzmann 상수 $\sigma = 5.67 \times 10^{-8}[\text{W/m}^2 \cdot \text{K}^4]$이다)

① 2.33
② 15.5
③ 21.4
④ 232.5

해설 열유속

$$E = \sigma T^4$$

$$= (5.67 \times 10^{-8}) \times (273 + 450)^4 \times 10^{-3}[\text{kW/W}]$$

$$= 15.49[\text{kW/m}^2]$$

38

그림과 같은 단순 피토관에서 물의 유속[m/s]은?

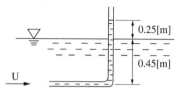

① 1.71
② 1.98
③ 2.21
④ 3.28

해설 유속

$$u = \sqrt{2gH} = \sqrt{2 \times 9.8[\text{m/s}^2] \times 0.25[\text{m}]}$$

$$= 2.21[\text{m/s}]$$

39

온도 20[℃], 절대압력 400[kPa], 기체 15[m³]을 등온압축하여 체적이 2[m³]로 되었다면 압축 후의 절대압력[kPa]은?

① 2,000
② 2,500
③ 3,000
④ 4,000

해설 절대압력

$$P_2 = P_1 \times \frac{V_1}{V_2} = 400[\text{kPa}] \times \frac{15[\text{m}^3]}{2[\text{m}^3]} = 3,000[\text{kPa}]$$

40

4[kg/s]의 물 제트가 평판에 수직으로 부딪힐 때 평판을 고정시키기 위하여 60[N]의 힘이 필요하다면 제트의 분출속도[m/s]는?

① 3
② 7
③ 15
④ 30

해설 단위환산을 하면

$$\text{분출속도} = \frac{60\text{N}}{40[\text{kg/s}]} = \frac{60\left[\dfrac{\text{kg} \cdot \text{m}}{\text{s}^2}\right]}{40\left[\dfrac{\text{kg}}{\text{s}}\right]} = 15[\text{m/s}]$$

제 3 과목 소방관계법규

41

소방기본법령상 소방활동에 필요한 소화전 · 급수탑 · 저수조를 설치하고 유지 · 관리하여야 하는 사람은?(단, 수도법에 따라 설치되는 소화전은 제외한다)

① 소방서장
② 시 · 도지사
③ 소방본부장
④ 소방파출소장

해설 소화전 · 급수탑 · 저수조를 설치하고 유지 · 관리 : 시 · 도지사

42

다음 소방시설 중 소방시설공사업법령상 하자보수 보증기간이 3년이 아닌 것은?

① 비상방송설비
② 옥내소화전설비
③ 자동화재탐지설비
④ 물분무 등 소화설비

해설 소방시설공사의 하자보수 보증기간(공사업법 영 제6조)
 • 2년 : 피난기구, 유도등, 유도표지, 비상경보설비, 비상조명등, **비상방송설비** 및 무선통신보조설비
 • 3년 : 자동소화장치, 옥내소화전설비, 스프링클러설비, 간이스프링클러설비, 물분무 등 소화설비, 옥외소화전설비, 자동화재 탐지설비, 상수도소화용수설비, 소화활동설비(무선통신보조설비 제외)

43

다음 중 위험물안전관리법령상 제6류 위험물은?

① 유 황
② 칼 륨
③ 황 린
④ 질 산

해설 위험물의 분류

종류	유 황	칼 륨	황 린	질 산
유별	제2류 위험물	제3류 위험물	제3류 위험물	제6류 위험물

44

화재예방, 소방시설 설치 · 유지 및 안전관리에 관한 법률상 2급 소방안전관리대상물의 소방안전관리자로 선임될 수 없는 사람은?

① 위험물기능사 자격을 가진 사람
② 소방공무원으로 3년 이상 근무한 경력이 있는 사람
③ 의용소방대원으로 3년 이상 근무한 경력이 있는 사람
④ 2급 소방안전관리대상물의 소방안전관리에 관한 시험에 합격한 사람

해설 2급 소방안전관리대상물의 소방안전관리자로 선임할 수 있는 사람
 • 건축사 · 산업안전기사 · 산업안전산업기사 · 건축기사 · 건축산업기사 · 일반기계기사 · 전기기사 · 전기산업기사 · 전기공사기능장 · 전기공사기사 또는 전기공사산업기사 자격을 가진 사람
 • 위험물기능장 · 위험물산업기사 또는 **위험물기능사 자격을 가진 사람**
 • **소방공무원으로 3년 이상** 근무한 경력이 있는 사람
 • 다음에 해당하는 사람으로서 소방청장이 실시하는 2급 소방안전관리대상물의 **소방안전관리에 관한 시험에 합격한 사람**
  − 소방본부 또는 소방서에서 1년 이상 화재진압 또는 보조업무에 종사한 경력이 있는 사람
  − **의용소방대원으로 3년 이상** 근무한 경력이 있는 사람
  − 군부대(주한 외국군부대를 포함한다) 및 의무소방대의 소방대원으로 1년 이상 근무한 경력이 있는 사람
  − 경찰공무원으로 3년 이상 근무한 경력이 있는 사람
 • 특급 또는 1급 소방안전관리대상물의 소방안전관리자 자격이 인정되는 사람

45

화재예방, 소방시설 설치·유지 및 안전관리에 관한 법률상 소방안전관리대상물의 관계인이 소방안전관리자를 선임한 경우에는 선임한 날부터 며칠 이내에 소방본부장 또는 소방서장에게 신고하여야 하는가?

① 7   ② 14
③ 21   ④ 30

해설 소방안전관리자
- 퇴직 또는 해임 시 재선임 : 30일 이내
- 선임 후 선임신고 : 선임일로부터 14일 이내

46

소방기본법령상 시·도의 소방본부와 소방서에서 운영하는 화재조사전담부서에서 관장하는 업무가 아닌 것은?

① 화재조사의 실시
② 화재조사를 위한 장비의 관리운영에 관한 사항
③ 화재피해 감소를 위한 예방 홍보에 관한 사항
④ 화재조사의 발전과 조사요원의 능력향상에 관한 사항

해설 화재조사전담부서의 장의 업무(규칙 제12조)
- 화재조사의 총괄·조정
- 화재조사의 실시
- 화재조사의 발전과 조사요원의 능력향상에 관한 사항
- 화재조사를 위한 장비의 관리운영에 관한 사항
- 그 밖의 화재조사에 관한 사항

47

위험물안전관리법령상 위험물의 안전관리와 관련된 업무를 수행하는 자로서 소방청장이 실시하는 안전교육대상자가 아닌 사람은?

① 제조소 등의 관계인
② 안전관리자로 선임된 자
③ 위험물운송자로 종사하는 자
④ 탱크시험자의 기술인력으로 종시히는 자

해설 안전교육대상자
- 안전관리자로 선임된 자
- 위험물운송자로 종사하는 자
- 탱크시험자의 기술인력으로 종사하는 자

48

소방시설공사업법상 소방시설업의 등록을 하지 아니하고 영업을 한 사람에 대한 벌칙은?

① 500만원 이하의 벌금
② 1년 이하의 징역 또는 1,000만원 이하의 벌금
③ 3년 이하의 징역 또는 3,000만원 이하의 벌금
④ 5년 이하의 징역 또는 5,000만원 이하의 벌금

해설 소방시설업의 등록을 하지 아니하고 영업을 한 사람 : 3년 이하의 징역 또는 3,000만원 이하의 벌금

49

화재예방, 소방시설 설치·유지 및 안전관리에 관한 법률상 건축물대장의 건축물 현황도에 표시된 대지경계선 안에 둘 이상의 건축물이 있는 경우 연소 우려가 있는 건축물의 구조에 대한 기준으로 맞는 것은?

① 건축물이 다른 건축물의 외벽으로부터 수평거리가 1층의 경우에는 6[m] 이하인 경우
② 건축물이 다른 건축물의 외벽으로부터 수평거리가 2층의 경우에는 6[m] 이하인 경우
③ 건축물이 다른 건축물의 외벽으로부터 수평거리가 1층의 경우에는 20[m] 이하인 경우
④ 건축물이 다른 건축물의 외벽으로부터 수평거리가 2층의 경우에는 20[m] 이하인 경우

해설 연소 우려가 있는 건축물의 구조(시행규칙 제7조)
- 건축물 대장의 건축물 현황도에 표시된 대지경계선 안에 둘 이상의 건축물이 있는 경우
- 각각의 건축물이 다른 건축물의 외벽으로부터 수평거리가 **1층의 경우에는 6[m] 이하, 2층 이상의 층의 경우에는 10[m] 이하**인 경우
- 개구부(영 제2조 제1호에 따른 개구부를 말한다)가 다른 건축물을 향하여 설치되어 있는 경우

정답 45 ②   46 ③   47 ①   48 ③   49 ①

50

화재예방, 소방시설 설치·유지 및 안전관리에 관한 법률상 무창층 여부 판단 시 개구부 요건에 대한 기준으로 맞는 것은?

① 도로 또는 차량이 진입할 수 없는 빈터를 향할 것
② 내부 또는 외부에서 쉽게 파괴 또는 개방할 수 없을 것
③ 크기는 지름 50[cm] 이상의 원이 내접할 수 있는 크기일 것
④ 해당 층의 바닥면으로부터 개구부 밑부분까지의 높이가 1.5[m] 이내일 것

해설 **무창층(無窓層)** : 지상층 중 다음의 요건을 모두 갖춘 개구부의 면적의 합계가 당해 층의 바닥면적)의 30분의 1 이하가 되는 층을 말한다.
- 개구부의 크기가 **지름 50[cm] 이상의 원**이 내접할 수 있을 것
- 해당 층의 바닥면으로부터 개구부 밑부분까지의 높이가 1.2[m] 이내일 것
- 개구부는 도로 또는 차량이 진입할 수 있는 빈터를 향할 것
- 화재 시 건축물로부터 쉽게 피난할 수 있도록 개구부에 창살 그 밖의 장애물이 설치되지 아니할 것
- 내부 또는 외부에서 쉽게 파괴 또는 개방할 수 있을 것

51

화재예방, 소방시설 설치·유지 및 안전관리에 관한 법률상 소방시설관리업 등록의 결격사유에 해당하지 않는 사람은?

① 피성년후견인
② 소방시설관리업의 등록이 취소된 날부터 2년이 지난 자
③ 금고 이상의 형의 집행유예를 선고 받고 그 유예기간 중에 있는 자
④ 금고 이상의 실형을 선고받고 그 집행이 면제된 날부터 2년이 지나지 아니한 자

해설 **관리업의 등록의 결격사유**
- 피성년후견인
- 이 법, 소방기본법, 소방시설공사업법 및 위험물안전관리법에 따른 금고 이상의 실형의 선고를 받고 그 집행이 끝나거나(집행이 끝난 것으로 보는 경우를 포함한다) 집행이 면제된 날부터 2년이 지나지 아니한 사람
- 이 법, 소방기본법, 소방시설공사업법 또는 위험물안전관리법에 따른 금고 이상의 형의 집행유예를 받고 그 유예기간 중에 있는 사람
- 관리업의 등록이 취소된 날부터 2년이 지나지 아니한 사람

52

다음 보기 중 화재예방, 소방시설 설치·유지 및 안전관리에 관한 법률상 소방용품의 형식승인을 반드시 취소하여야만 하는 경우를 모두 고른 것은?

> ㉠ 형식승인을 위한 시험시설의 시설기준에 미달되는 경우
> ㉡ 거짓이나 그 밖의 부정한 방법으로 형식승인을 받은 경우
> ㉢ 제품검사 시 소방용품의 형식승인 및 제품검사의 기술기준에 미달되는 경우

① ㉡
② ㉢
③ ㉡, ㉢
④ ㉠, ㉡, ㉢

해설 **형식승인 취소 또는 6개월 이내의 제품검사 중지사유**
- 거짓이나 그 밖의 부정한 방법으로 형식승인을 받은 경우(**형식승인 취소**)
- 시험시설의 시설기준에 미달되는 경우
- 거짓이나 그 밖의 부정한 방법으로 제36조제3항에 따른 제품검사를 받은 경우(**형식승인 취소**)
- 제품검사 시 기술기준에 미달되는 경우
- 변경승인을 받지 아니하거나 거짓이나 그 밖의 부정한 방법으로 변경승인을 받은 경우(**형식승인 취소**)

53

소방기본법령상 소방대원에게 실시할 교육·훈련의 횟수 및 기간으로 옳은 것은?

① 1년마다 1회, 2주 이상
② 2년마다 1회, 2주 이상
③ 3년마다 1회, 2주 이상
④ 4년마다 1회, 4주 이상

해설 소방대원에게 교육·훈련 : 2년마다 1회, 2주 이상

54

소방기본법령상 벌칙이 5년 이하의 징역 또는 5,000만원 이하의 벌금에 해당하지 않는 것은?

① 정당한 사유 없이 소방용수시설의 효용을 해치거나 그 정당한 사용을 방해한 자
② 소방자동차가 화재진압 및 구조·구급 활동을 위하여 출동한 때 그 출동을 방해한 자
③ 출동한 소방대의 소방장비를 파손하거나 그 효용을 해하여 화재진압·인명구조 또는 구급활동을 방해한 자
④ 사람을 구출하거나 불이 번지는 것을 막기 위하여 불이 번질 우려가 있는 소방대상물 사용제한의 강제처분을 방해한 자

해설 5년 이하의 징역 또는 3,000만원 이하의 벌금
• 다음에 해당하는 행위를 한 사람
 – 위력(威力)을 사용하여 출동한 소방대의 화재진압, 인명구조 또는 구급활동을 방해하는 행위
 – 소방대가 화재진압, 인명구조 또는 구급활동을 위하여 현장에 출동하거나 현장에 출입하는 것을 고의로 방해하는 행위
 – 출동한 소방대원에게 폭행 또는 협박을 행사하여 화재진압, 인명구조 또는 구급활동을 방해하는 행위
 – 출동한 소방대의 소방장비를 파손하거나 그 효용을 해하여 화재진압, 인명구조 또는 구급활동을 방해하는 행위
• 소방자동차의 출동을 방해한 사람
• 사람을 구출하는 일 또는 불을 끄거나 불이 번지지 아니하도록 하는 일을 방해한 사람
• 정당한 사유 없이 소방용수시설을 사용하거나 소방용수시설의 효용을 해치거나 그 정당한 사용을 방해한 사람

55

소방기본법령상 소방용수시설인 저수조의 설치기준으로 맞는 것은?

① 흡수부분의 수심이 0.5[m] 이하일 것
② 지면으로부터 낙차가 4.5[m] 이하일 것
③ 흡수관의 투입구가 사각형의 경우에는 한 변의 길이가 60[cm] 이하일 것
④ 저수조에 물을 공급하는 방법은 상수도에 연결하여 수동으로 급수되는 구조일 것

해설 저수조의 설치 기준
• 지면으로부터의 낙차가 4.5[m] 이하일 것
• 흡수부분의 수심이 0.5[m] 이상일 것
• 소방펌프자동차가 쉽게 접근할 수 있을 것
• 흡수에 지장이 없도록 토사, 쓰레기 등을 제거할 수 있는 설비를 갖출 것
• 흡수관의 투입구가 사각형의 경우에는 한 변의 길이가 60[cm] 이상, 원형의 경우에는 지름이 60[cm] 이상일 것
• 저수조에 물을 공급하는 방법은 상수도에 연결하여 자동으로 급수되는 구조일 것

56

위험물안전관리법령상 제조소 등을 설치하고자 하는 자가 누구의 허가를 받아 설치할 수 있는가?

① 소방서장   ② 소방청장
③ 시·도지사   ④ 안전관리자

해설 제조소 등의 설치 허가권자 : 시·도지사

57

위험물안전관리법령상 업무상 과실로 제조소 등에서 위험물을 유출·방출 또는 확산시켜 사람의 생명·신체 또는 재산에 대하여 위험을 발생시킨 자에 대한 벌칙으로 옳은 것은?

① 5년 이하의 금고 또는 5,000만원 이하의 벌금
② 5년 이하의 금고 또는 7,000만원 이하의 벌금
③ 7년 이하의 금고 또는 5,000만원 이하의 벌금
④ 7년 이하의 금고 또는 7,000만원 이하의 벌금

해설 업무상 과실로 제조소 등에서 위험물을 유출·방출 또는 확산시켜 사람의 생명·신체 또는 재산에 대하여 위험을 발생시킨 자 : 7년 이하의 금고 또는 7,000만원 이하의 벌금

58

화재예방, 소방시설 설치·유지 및 안전관리에 관한 법률상 특정소방대상물 중 숙박시설에 해당하지 않는 것은?

① 모 텔
② 오피스텔
③ 가족호텔
④ 한국전통호텔

해설 오피스텔 : 업무시설

59

화재예방, 소방시설 설치·유지 및 안전관리에 관한 법률상 건축물의 신축·증축·용도변경 등의 허가 권한이 있는 행정기관은 건축허가를 할 때 미리 그 건축물 등의 시공지 또는 소재지를 관할하는 소방본부장이나 소방서장의 동의를 받아야 한다. 다음 중 건축허가 등의 동의대상물의 범위가 아닌 것은?

① 수련시설로서 연면적 200[m²] 이상인 건축물
② 지하층 또는 무창층이 있는 건축물로서 바닥면적이 150[m²] 이상인 층이 있는 것
③ 승강기 등 기계장치에 의한 주차시설로서 자동차 10대 이상을 주차할 수 있는 시설
④ 차고·주차장으로 사용되는 바닥면적 200[m²] 이상인 층이 있는 건축물이나 주차시설

해설 건축허가 등의 동의대상물의 범위
  ① 연면적이 400[m²][학교시설은 100[m²], 노유자시설 및 수련시설은 200[m²], 정신의료기관(입원실이 없는 정신과의원은 제외), 장애인의료재활시설은 300[m²] 이상
  ② 6층 이상인 건축물
  ③ 차고·주차장 또는 주차용도로 사용되는 시설로서
    ㉠ 차고·주차장으로 사용되는 바닥면적이 200[m²] 이상인 층이 있는 건축물이나 주차시설

  ㉡ 승강기 등 기계장치에 의한 주차시설로서 자동차 **20대 이상**을 주차할 수 있는 시설
  ④ 항공기격납고, 관망탑, 항공관제탑, 방송용 송·수신탑
  ⑤ 지하층 또는 무창층이 있는 건축물로서 바닥면적이 150[m²](공연장은 100[m²]) 이상인 층이 있는 것
  ⑥ 위험물저장 및 처리시설, 지하구
  ⑦ ①에 해당하지 않는 노유자시설 중 다음 각 목의 어느 하나에 해당하는 시설.(다만, ㉠의 ㉮ 및 ㉡부터 ㉣까지의 시설 중 단독주택 또는 공동주택에 설치되는 시설은 제외한다)
    ㉠ 노인 관련 시설 중 다음의 어느 하나에 해당하는 시설
      ㉮ 노인주거복지시설·노인의료복지시설 및 재가노인복지시설
      ㉯ 학대피해노인 전용쉼터
    ㉡ 아동복지시설(아동상담소, 아동전용시설 및 지역아동센터는 제외한다)
    ㉢ 장애인 거주시설
    ㉣ 정신질환자 관련 시설(공동생활가정을 제외한 재활훈련시설과 종합시설 중 24시간 주거를 제공하지 아니하는 시설은 제외한다)
    ㉤ 별표 2 제9호마목에 따른 노숙인 관련 시설 중 노숙인자활시설, 노숙인재활시설 및 노숙인요양시설
    ㉥ 결핵환자나 한센인이 24시간 생활하는 노유자시설
  ⑧ 요양병원. 다만, 정신의료기관 중 정신병원과 의료재활시설은 제외한다.

60

소방기본법령상 소방활동구역에 출입할 수 있는 자는?

① 한국소방안전원에 종사하는 자
② 수사업무에 종사하지 않는 검찰청 소속공무원
③ 의사·간호사 그 밖의 구조·구급업무에 종사하는 사람
④ 소방활동구역 밖에 있는 소방대상물의 소유자·관리자 또는 점유자

해설　소방활동구역에 출입자

- 소방활동구역 안에 있는 소방대상물의 소유자·관리자 또는 점유자
- 전기·가스·수도·통신·교통의 업무에 종사하는 사람으로서 원활한 소방활동을 위하여 필요한 사람
- 의사·간호사 그 밖의 구조·구급업무에 종사하는 사람
- 취재인력 등 보도업무에 종사하는 사람
- 수사업무에 종사하는 사람
- 그 밖에 소방대장이 소방활동을 위하여 출입을 허가한 사람

제 4 과목　소방기계시설의 구조 및 원리

61

상수도소화용수설비의 화재안전기준에 따라 상수도소화용수설비의 소화전은 특정소방대상물의 수평투영면의 각 부분으로부터 최대 몇 [m] 이하가 되도록 설치하여야 하는가?

① 100 　　　　② 120
③ 140 　　　　④ 160

해설　상수도소화용수설비의 설치기준

- 호칭지름 75[mm] 이상의 수도배관에 호칭지름 100[mm] 이상의 소화전을 접속할 것
- 소화전은 소방자동차 등의 진입이 쉬운 도로변 또는 공지에 설치할 것
- 소화전은 특정소방대상물의 수평투영면의 각 부분으로부터 140[m] 이하가 되도록 설치할 것

62

소화수조 및 저수조의 화재안전기준에 따라 소화용수 소요수량이 120[m³]일 때 소화용수설비에 설치하는 채수구는 몇 개가 소요되는가?

① 2 　　　　② 3
③ 4 　　　　④ 5

해설　요수량에 따른 채수구의 수와 양수량

소요수량	20[m³] 이상 40[m³] 미만	40[m³] 이상 100[m³] 미만	100[m³] 이상
채수구의 수	1개	2개	3개
가압송수장치의 1분당 양수량	1,100[L] 이상	2,200[L] 이상	3,300[L] 이상

63

포소화설비의 화재안전기준에 따른 포소화설비 설치기준에 대한 설명으로 틀린 것은?

① 포워터스프링클러헤드는 바닥면적 8[m²]마다 1개 이상 설치하여야 한다.
② 포헤드를 정방형으로 배치하든 장방형으로 배치하든 간에 그 유효반경은 2.1[m]로 한다.
③ 포헤드는 특정소방대상물의 천장 또는 반자에 설치하되, 바닥면적 7[m²]마다 1개 이상으로 한다.
④ 전역방출방식의 고발포용 고정포방출구는 바닥면적 500[m²] 이내마다 1개 이상을 설치하여야 한다.

해설　포소화설비 설치기준

- 포워터스프링클러헤드는 바닥면적 8[m²]마다 1개 이상 설치하여야 한다.
- 포헤드를 정방형으로 배치하든 장방형으로 배치하든 간에 그 유효반경은 2.1[m]로 한다.

$$S = 2r \times \cos 45°$$

여기서, S : 포헤드 상호 간의 거리[m],
　　　r : 유효반경(2.1[m])

- **포헤드**는 특정소방대상물의 천장 또는 반자에 설치하되 바닥면적 **9[m²]마다 1개 이상**으로 한다.
- 전역방출방식의 고발포용 고정포방출구는 바닥면적 500[m²]마다 1개 이상 설치하여야 한다.

64

소화기구 및 자동소화장치의 화재안전기준에 따라 부속용도별 추가하여야 할 소화기구 중 음식점의 주방에 추가하여야 할 소화기구의 능력단위는?(단, 지하가의 음식점을 포함한다)

① 해당 용도의 바닥면적 10[m²]마다 1단위 이상
② 해당 용도의 바닥면적 15[m²]마다 1단위 이상
③ 해당 용도의 바닥면적 20[m²]마다 1단위 이상
④ 해당 용도의 바닥면적 25[m²]마다 1단위 이상

해설 부속용도별로 추가하여야 할 소화기구

용도별	소화기구의 능력단위
1. 다음 각목의 시설. 다만, 스프링클러설비·간이스프링클러설비·물분무 등 소화설비 또는 상업용 주방자동소화장치가 설치된 경우에는 자동확산소화기를 설치하지 아니할 수 있다. 가. 보일러실의(아파트의 경우 방화구획된 것을 제외한다)·건조실·세탁소·대량화기취급소 나. 음식점(지하가의 음식점을 포함한다)·다중이용업소·호텔·기숙사·의료시설·업무시설·공장·장례식장·교육연구시설·교정 및 군사시설의 주방. 다만, 의료시설·업무시설 및 공장의 주방은 공동취사를 위한 것에 한한다. 다. 관리자의 출입이 곤란한 변전실·송전실·변압기실 및 배전반실(불연재료로 된 상자 안에 장치된 것을 제외한다) 라. 지하구의 제어반 또는 분전반 상부	1. 해당 용도의 바닥면적 25[m²]마다 능력단위 1단위 이상의 소화기로 하고, 그 외에 자동확산소화기를 바닥면적 10[m²] 이하는 1개, 10[m²] 초과는 2개를 설치할 것. 다만, 지하구의 제어반 또는 분전반의 경우에는 제어반 또는 분전반의 내부에 가스·분말·고체에어로졸자동소화장치를 설치하여야 한다. 2. 나목의 주방의 경우에는 1호에 의하여 설치하는 소화기 중 1개 이상은 주방화재용 소화기(K급)를 설치하여야 한다.

65

분말소화설비의 화재안전기준에 따라 전역방출방식 분말소화설비의 분사헤드는 소화약제 저장량을 최대 몇 초 이내에 방사할 수 있는 것으로 하여야 하는가?

① 10
② 20
③ 30
④ 60

해설 전역 또는 국소방출방식의 분말소화설비의 분사헤드 방사시간 : 30초 이내

66

연결살수설비의 화재안전기준에 따라 연결살수설비 전용헤드를 사용하는 배관의 설치에서 하나의 배관에 부착하는 살수헤드가 4개일 때 배관의 구경은 몇 [mm] 이상으로 하는가?

① 50
② 65
③ 80
④ 100

해설 연결살수설비전용헤드 사용 시 배관의 구경

하나의 배관에 부착하는 살수헤드의 개수	1개	2개	3개	4개 또는 5개	6개 이상 10개 이하
배관의 구경[mm]	32	40	50	65	80

67

연결살수설비의 화재안전기준상 연결살수설비의 가지배관은 교차배관 또는 주배관에서 분기되는 지점을 기점으로 한쪽 가지배관에 설치되는 헤드의 개수를 최대 몇 개 이하로 해야 하는가?

① 8
② 10
③ 12
④ 15

해설 연결살수설비의 가지배관 또는 교차배관을 설치하는 경우에는 가지배관의 배열은 토너먼트방식이 아니어야 하며, 가지배관은 교차배관 또는 주배관에서 분기되는 지점을 기점으로 한쪽 가지배관에 설치되는 헤드의 개수는 **8개 이하**로 하여야 한다.

68

스프링클러설비의 화재안전기준에 따라 설치장소의 최고 주위온도가 70[℃]인 장소에 폐쇄형 스프링클러 헤드를 설치하는 경우 표시온도가 몇 [℃]인 것을 설치해야 하는가?

① 79[℃] 미만
② 162[℃] 이상
③ 79[℃] 이상 121[℃] 미만
④ 121[℃] 이상 162[℃] 미만

해설 **폐쇄형 스프링클러헤드의 표시온도**

설치장소의 최고 주위온도	표시온도
39[℃] 미만	79[℃] 미만
39[℃] 이상 64[℃] 미만	79[℃] 이상 121[℃] 미만
64[℃] 이상 106[℃] 미만	121[℃] 이상 162[℃] 미만
106[℃] 이상	162[℃] 이상

69

옥외소화전설비의 화재안전기준에 따라 옥외소화전설비의 수원은 그 저수량이 옥외소화전의 설치개수에 몇 [m³]를 곱한 양 이상이 되도록 하여야 하는가?(단, 옥외소화전이 2개 이상 설치된 경우에는 2개로 고려한다)

① 3
② 5
③ 7
④ 9

해설 **옥외소화전설비의 수원**

수원의 양[L] = N(최대 2개) × 7[m³]
(350[L/min] × 20[min] = 7,000[L] = 7[m³])

70

피난사다리의 형식승인 및 제품검사의 기술기준에 따라 피난사다리에 대한 설명으로 틀린 것은?

① 수납식 사다리는 평소에 실내에 두다가 필요시 꺼내어 사용하는 사다리를 말한다.
② 올림식 사다리는 소방대상물 등에 기대어 세워서 사용하는 사다리를 말한다.
③ 고정식 사다리는 항시 사용 가능한 상태로 소방대상물에 고정되어 사용되는 사다리를 말한다.
④ 내림식 사다리는 평상시에는 접어둔 상태로 두었다가 사용하는 때에 소방대상물 등에 걸어 내려 사용하는 사다리를 말한다.

해설 **수납식 피난사다리** : 횡봉이 종봉 내에 수납되어 사용하는 때에 횡봉을 꺼내어 사용할 수 있는 구조

71

화재예방, 소방시설 설치 · 유지 및 안전관리에 관한 법률상 주거용 주방자동소화장치를 설치하지 않아도 되는 경우는?

① 30층 오피스텔의 16층에 있는 세대의 주방
② 20층 오피스텔의 3층에 있는 세대의 주방
③ 30층 아파트의 16층에 있는 세대의 주방
④ 20층 아파트의 3층에 있는 세대의 주방

해설 **주거용 주방자동소화장치 설치 대상** : 아파트 등 및 30층 이상 오피스텔의 모든 층

72

분말소화설비의 화재안전기준에 따라 분말소화설비의 소화약제 중 차고 또는 주차장에 설치해야 하는 것은?

① 제1종 분말
② 제2종 분말
③ 제3종 분말
④ 제4종 분말

해설 **차고, 주차장** : 제3종 분말(제일인산암모늄)

정답 68 ④　69 ③　70 ①　71 ②　72 ③

73

스프링클러설비의 화재안전기준에 따라 극장에 설치된 무대부에 스프링클러설비를 설치할 때 스프링클러헤드를 설치하는 천장 및 반자 등의 각 부분으로부터 하나의 스프링클러헤드까지의 수평거리는 최대 몇 [m] 이하인가?

① 1.0
② 1.7
③ 2.0
④ 2.7

해설 스프링클러헤드의 배치기준

설치장소		설치기준
	무대부, 특수가연물	수평거리 1.7[m] 이하
폭 1.2[m] 초과하는 천장, 반자, 덕트, 선반 기타 이와 유사한 부분	랙식 창고	수평거리 2.5[m] 이하(특수가연물을 저장 · 취급하는 창고 : 1.7[m] 이하)
	공동주택(아파트) 세대내의 거실	수평거리 3.2[m] 이하
	그 밖의 소방대상물 · 기타 구조	수평거리 2.1[m] 이하
	내화 구조	수평거리 2.3[m] 이하
랙 창고	특수가연물	랙 높이 4[m] 이하마다
	그 밖의 것	랙 높이 6[m] 이하마다

74

이산화탄소소화설비의 화재안전기준에 따른 이산화탄소소화설비의 수동식 기동장치 설치기준으로 틀린 것은?

① 기동장치 조작부는 보호판 등에 따른 보호장치를 설치하여야 한다.
② 기동장치 조작부는 바닥으로부터 0.8[m] 이상 1.5[m] 이하의 위치에 설치한다.
③ 전역방출방식은 방호구역마다, 국소방출방식은 방호대상물마다 설치한다.
④ 기동장치의 복구 스위치는 음향경보장치와 연동하여 조작될 수 있는 것이어야 한다.

해설 기동장치의 복구 스위치는 음향경보장치와 연동과 관계없고 수동으로 조작하여야 한다.

75

포소화설비의 화재안전기준에 따라 차고 또는 주차장에 설치하는 포소화설비의 수동식 기동장치는 방사구역마다 최소한 몇 개 이상을 설치해야 하는가?

① 1
② 2
③ 3
④ 4

해설 포소화설비의 화재안전기준
- 차고 또는 주차장에 설치하는 포소화설비의 수동식 기동장치는 방사구역마다 **1개 이상** 설치
- 항공기격납고에 설치하는 포소화설비의 수동식 기동장치는 방사구역마다 **2개 이상** 설치

76

소화활동 시에 화재로 인하여 발생하는 각종 유독가스 중에서 일정시간 사용할 수 있도록 제조된 압축공기의 개인호흡장비는?

① 산소발생기
② 공기호흡기
③ 방열마스크
④ 인공소생기

해설 유독가스 중에서 일정시간 사용할 수 있도록 제조된 압축공기의 개인호흡장비 : 공기호흡기

77

미분무소화설비의 화재안전기준에 따라 다음 용어에 대한 설명 중 ( ) 안에 알맞은 것은?

> 미분무란 물만을 사용하여 소화하는 방식으로 최소설계압력에서 헤드로부터 방출되는 물입자 중 (㉠)[%]의 누적체적 분포가 (㉡)[μm] 이하로 분무되고 A, B, C급 화재에 적응성을 갖는 것을 말한다.

① ㉠ 30, ㉡ 120
② ㉠ 50, ㉡ 120
③ ㉠ 60, ㉡ 200
④ ㉠ 99, ㉡ 400

해설 미분무 : 물만을 사용하여 소화하는 방식으로 최소설계압력에서 헤드로부터 방출되는 물입자 중 99[%]의 누적체적 분포가 400[μm] 이하로 분무되고 A, B, C급 화재에 적응성을 갖는 것

78

물분무소화설비의 수원을 옥내소화전설비, 스프링
클러설비, 옥외소화전설비, 포소화전설비의 수원과
겸용하여 사용하고 있다. 이 중 옥내소화전설비와
옥외소화전설비가 고정식으로 설치되어 있고, 그 소
화설비가 설치된 부분이 방화벽과 방화문으로 구획되
어 있는 경우 필요한 수원의 저수량은?

① 스프링클러설비에 필요한 저수량 이상
② 모든 소화설비에 필요한 저수량 중 최소의 것
  이상
③ 각 고정식 소화설비에 필요한 저수량 중 최대의
  것 이상
④ 각 고정식 소화설비에 필요한 저수량 중 최소의
  것 이상

해설 수원을 겸용하는 경우에 소화설비가 설치된 부분이 방화
벽과 방화문으로 구획되어 있는 경우 수원의 저수량 : 각
고정식 소화설비에 필요한 저수량 중 최대의 것 이상

79

할론소화설비의 화재안전기준에 따른 할론소화약제
의 저장용기 설치장소에 대한 설명으로 틀린 것은?

① 가능한 한 방호구역 외의 장소에 설치해야 한다.
② 온도가 40[℃] 이하이고, 온도변화가 적은 곳에
  설치해야 한다.
③ 용기 간에 이물질이 들어가지 않도록 용기 간의
  간격을 1[cm] 이하로 유지해야 한다.
④ 저장용기가 여러 개의 방호구역을 담당하는 경우
  저장용기와 집합관을 연결하는 연결배관에는 체
  크밸브를 설치해야 한다.

해설 용기간의 간격은 점검에 지장이 없도록 3[cm] 이하로
유지해야 한다.

80

스프링클러설비의 화재안전기준에 따라 스프링클러
설비 가압송수장치의 정격토출압력 기준으로 맞는
것은?

① 하나의 헤드 선단의 방수압력이 0.2[MPa] 이상
  1.0[MPa] 이하가 되어야 한다.
② 하나의 헤드 선단의 방수압력이 0.2[MPa] 이상
  1.2[MPa] 이하가 되어야 한다.
③ 하나의 헤드 선단의 방수압력이 0.1[MPa] 이상
  1.0[MPa] 이하가 되어야 한다.
④ 하나의 헤드 선단의 방수압력이 0.1[MPa] 이상
  1.2[MPa] 이하가 되어야 한다.

해설 스프링클러설비 가압송수장치의 정격토출압력 : 0.1[MPa]
이상 1.2[MPa] 이하

제3회 2020년 8월 23일 시행

제 1 과목 소방원론

01

물과 접촉하면 발열하면서 수소기체를 발생하는 것은?

① 과산화수소　　② 나트륨
③ 황 린　　　　④ 아세톤

해설 나트륨(Na)은 물과 반응하면 수소가스를 발생하므로 위험하다.

$$2Na + 2H_2O → 2NaOH + H_2↑$$

- 과산화수소(제6류 위험물)와 아세톤(제4류 위험물 제1석유류, 수용성)은 물과 잘 섞인다.
- 황린(제3류 위험물)은 물속에 저장한다.

02

가연성 기체의 일반적인 연소범위에 관한 설명으로 옳지 못한 것은?

① 연소범위에는 상한과 하한이 있다.
② 연소범위의 값은 공기와 혼합된 가연성 기체의 체적 농도로 표시한다.
③ 연소범위의 값은 압력과 무관하다.
④ 연소범위는 가연성 기체의 종류에 따라 다른 값을 갖는다.

해설 연소범위
- 연소범위에는 상한값과 하한값이 있다.
- 온도나 압력이 증가하면 하한값은 변하지 않고 상한값은 증가한다.
- 연소범위가 넓을수록 폭발의 위험이 크다.

03

소화약제로 사용되는 물에 대한 설명 중 틀린 것은?

① 극성 분자이다.
② 수소결합을 하고 있다.
③ 아세톤, 벤젠보다 증발 잠열이 크다.
④ 아세톤, 구리보다 비열이 작다.

해설 물의 비열은 $1[cal/g \cdot ℃]$로 크다.

04

질소(N_2)의 증기비중은 약 얼마인가?(단, 공기분자량은 29이다)

① 0.8　　　　② 0.97
③ 1.5　　　　④ 1.8

해설 질소(N_2)의 증기비중
- 질소의 분자량 : 28
- 질소의 증기비중 = $28/29$ = 0.966

05

위험물안전관리법령상 제1석유류, 제2석유류, 제3석유류, 제4석유류를 구분하는 기준은?

① 인화점　　　② 발화점
③ 비 점　　　④ 녹는점

해설 제4류 위험물의 분류
- 제1석유류 : 인화점이 21[℃] 미만
- 제2석유류 : 인화점이 21[℃] 이상 70[℃] 미만
- 제3석유류 : 인화점이 70[℃] 이상 200[℃] 미만
- 제4석유류 : 인화점이 200[℃] 이상 250[℃] 미만

06

기계적 열에너지에 의한 점화원에 해당되는 것은?

① 충격, 기화, 산화
② 촉매, 열방사선, 중합
③ 충격, 마찰, 압축
④ 응축, 증발, 촉매

해설 **기계적 에너지** : 마찰열, 마찰스파크, 압축열

07

A급 화재에 해당하는 가연물이 아닌 것은?

① 섬 유　　　　② 목 재
③ 종 이　　　　④ 유 류

해설 **유류화재** : B급 화재

08

어떤 기체의 확산 속도가 이산화탄소의 2배였다면, 그 기체의 분자량은 얼마로 예상할 수 있는가?

① 11　　　　② 22
③ 44　　　　④ 88

해설 **그레이엄의 확산속도법칙** : 확산속도는 분자량의 제곱근에 반비례, 밀도의 제곱근에 반비례 한다.

$$\frac{u_B}{u_A} = \sqrt{\frac{M_A}{M_B}} = \sqrt{\frac{d_A}{d_B}}$$

여기서 u_B : B기체의 확산속도
u_A : A기체의 확산속도
M_B : B기체의 분자량
M_A : A기체의 분자량($CO_2 = 44$)
d_B : B기체의 밀도
d_A : A기체의 밀도

$\therefore u_B = u_A \times \sqrt{\dfrac{M_A}{M_B}}$, $2 = 1 \times \sqrt{\dfrac{44}{x}}$

$\therefore x = 11$

09

물과 반응하여 가연성인 아세틸렌가스를 발생하는 것은?

① 나트륨　　　　② 아세톤
③ 마그네슘　　　　④ 탄화칼슘

해설 **물과의 반응**
• 나트륨 $2Na + 2H_2O \rightarrow 2NaOH + H_2$(수소)
• 아세톤은 물과 잘 섞인다(수용성).
• 마그네슘 $Mg + 2H_2O \rightarrow Mg(OH)_2 + H_2 \uparrow$
• 탄화칼슘 $CaC_2 + 2H_2O \rightarrow Ca(OH)_2 + C_2H_2 \uparrow$
(아세틸렌)

10

Halon 1301의 화학식에 포함되지 않는 원소는?

① C　　　　② Cl
③ F　　　　④ Br

해설 할론 1301의 분자식 : CF_3Br

할로겐화합물 소화약제의 명명법			
할 론　　1	3	0	1
↓	↓	↓	↓
탄소(C)	플루오린(F)	염소(Cl)	브롬(Br)

11

연소의 3요소에 해당하지 않는 것은?

① 점화원
② 연쇄반응
③ 가연물질
④ 산소공급원

해설 **연소의 3요소** : 가연물, 산소공급원, 점화원

연소의 4요소 : 가연물, 산소공급원, 점화원, 연쇄반응

12

가연물이 되기 위한 조건이 아닌 것은?

① 산화되기 쉬울 것
② 산소와의 친화력이 클 것
③ 활성화 에너지가 클 것
④ 열전도도가 작을 것

해설 활성화 에너지가 작아야 가연물이 되기 쉽다.

13

위험물안전관리법령상 제3류 위험물에 해당되지 않는 것은?

① Ca   ② K
③ Na   ④ Al

해설 위험물의 분류

종류	Ca	K	Na	Al
명칭	칼슘	칼륨	나트륨	알루미늄
유별	제3류 위험물 알칼리토 금속	제3류 위험물	제3류 위험물	제2류 위험물 금속분

14

표준상태에서 44.8[m³]의 용적을 가진 이산화탄소 가스를 모두 액화하면 몇 [kg]인가?(단, 이산화탄소의 분자량은 44이다)

① 88   ② 44
③ 22   ④ 11

해설 이산화탄소의 무게 $\dfrac{44.8[\mathrm{m}^3]}{22.4[\mathrm{m}^3]} \times 44[\mathrm{kg}] = 88[\mathrm{kg}]$

> 표준상태에서 기체 1[kg-mol]이 차지하는 부피 : 22.4[m³]

15

건축물 내부 화재 시 연기의 평균 수평이동속도는 약 몇 [m/s]인가?

① 0.01~0.05   ② 0.5~1
③ 10~15   ④ 20~30

해설 연기의 이동속도

방향	수평방향	수직방향	실내계단
이동 속도	0.5~1.0[m/s]	2.0~3.0[m/s]	3.0~5.0[m/s]

16

건축법상 건축물의 주요 구조부에 해당되지 않는 것은?

① 지붕틀   ② 내력벽
③ 주계단   ④ 최하층 바닥

해설 주요 구조부 : 내력벽, 기둥, 바닥, 보, 지붕틀, 주계단

17

이산화탄소 소화기가 갖는 주된 소화 효과는?

① 유화소화   ② 질식소화
③ 제거소화   ④ 부촉매소화

해설 이산화탄소의 소화 효과 : 질식소화

18

다음 중 가연성 물질이 아닌 것은?

① 프로판   ② 산 소
③ 에 탄   ④ 수 소

해설 산소(O_2) : 조연성(지연성) 가스

19

칼륨 화재 시 주수소화가 적응성이 없는 이유는?

① 수소가 발생되기 때문
② 아세틸렌이 발생되기 때문
③ 산소가 발생되기 때문
④ 메탄가스가 발생하기 때문

해설 칼륨(K)은 물과 반응하면 수소가스를 발생하므로 위험하다.

$$2K + 2H_2O \rightarrow 2KOH + H_2\uparrow$$

20

다음의 위험물 중 위험물안전관리법령상 지정수량이 나머지 셋과 다른 것은?

① 알킬알루미늄
② 황화인
③ 유기과산화물
④ 질산에스테르류

해설 지정수량

종류	알킬알루미늄	황화인	유기과산화물	질산에스테르류
유별	제3류 위험물	제2류 위험물	제5류 위험물	제5류 위험물
지정수량	10[kg]	100[kg]	10[kg]	10[kg]

제 **2** 과목 | 소방유체역학

21

그림과 같이 수면으로부터 2[m] 아래에 직경 3[m]의 평면 원형 수문이 수직으로 설치되어 있다. 물의 압력에 의해 수문이 받는 전압력의 세기[kN]는?

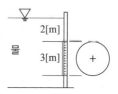

① 104.5
② 242.5
③ 346.5
④ 417.5

해설 수문이 받는 전압력의 세기[kN]

$$F = \gamma \bar{h} A [\text{N}]$$
$$= 9,800[\text{N/m}^3] \times \left(2[\text{m}] + \frac{3[\text{m}]}{2}\right) \times \left[\frac{\pi}{4} \times (3[\text{m}])^2\right]$$
$$= 242,452[\text{N}] = 242.5[\text{kN}]$$

22

송풍기의 전압이 1.47[kPa], 풍량이 20[m³/min], 전압효율이 0.6일 때 축동력[W]은?

① 463.2
② 816.7
③ 1,110.3
④ 1,264.4

해설 축동력

$$\text{동력 } P[\text{kW}] = \frac{Q[\text{m}^3/\text{min}] \times P_r[\text{mmAq}]}{6,120 \times \eta} \times K$$

여기서, Q : 풍량(20[m³/min])

P_r : 전압($\frac{1.47[\text{kPa}]}{101.325[\text{kPa}]} \times 10,332[\text{mmAq}]$

　　　　 $= 149.89[\text{mmAq}]$)

η : 효율(60[%] = 0.6)

∴ 동력 $P[\text{kW}] = \dfrac{20[\text{m}^3/\text{min}] \times 149.89[\text{mmAq}]}{6,120 \times 0.6}$

　　　　　　 $= 0.81639[\text{kW}] = 816.39[\text{W}]$

정답 19 ① 20 ② 21 ② 22 ②

23

열역학 제1법칙(에너지 보존의 법칙)에 대한 설명으로 옳은 것은?

① 공급열량은 총에너지 변화에 외부에 한 일량과의 합계이다.
② 열효율이 100[%]인 열기관은 없다.
③ 순수물질이 상압(1기압), 0[K]에서 결정상태이면 엔트로피는 0이다.
④ 일에너지는 열에너지로 쉽게 변화될 수 있으나, 열에너지는 일에너지로 변환되기 어렵다.

해설 열역학 제1법칙은 일, 열 및 내부에너지 사이의 관계식으로 공급열량은 총에너지 변화에 외부에 한 일량과의 합계이다.

24

원심 펌프의 임펠러 직경이 20[cm]이다. 이 펌프와 상사한 동일한 모양의 펌프를 임펠러 직경 60[cm]로 만들었을 때 같은 회전수에서 운전하면 새로운 펌프의 설계점 성능 특성 중 유량은 몇 배가 되는가?(단, 레이놀즈수의 영향은 무시한다)

① 1배   ② 3배
③ 9배   ④ 27배

해설 상사법칙

$$
유량 \ Q_2 = Q_1 \times \frac{N_2}{N_1} \times \left(\frac{D_2}{D_1}\right)^3
$$

$$
\therefore \ Q_2 = 1 \times \left(\frac{60[\text{cm}]}{20[\text{cm}]}\right)^3 = 27배
$$

25

정상상태의 원형 관의 유동에서 주 손실에 의한 압력강하(ΔP)는 어떻게 나타내는가?(단, V는 평균속도, D는 관 직경, l은 관 길이, f는 마찰계수, ρ는 유체의 밀도, γ는 비중량이다)

① $\rho f \dfrac{L}{D} \dfrac{V^2}{2}$ ② $\rho f \dfrac{D}{L} \dfrac{V^2}{2}$

③ $\gamma f \dfrac{L}{D} \dfrac{V^2}{2}$ ④ $\gamma f \dfrac{D}{L} \dfrac{V^2}{2}$

해설 정상상태의 원형 관의 유동에서 주 손실에 의한 압력강하

$$
H = \frac{\Delta P}{\gamma} = \frac{fl V^2}{2gD}
$$

$$
\Delta P = \frac{fl V^2 \cdot \gamma}{2gD}
$$

여기서, $\gamma = \rho g$이므로

$$
\Delta P = \frac{fl V^2 \cdot \gamma}{2gD} = \frac{fl V^2 \cdot \rho g}{2gD} = \frac{fl V^2 \cdot \rho}{2D}
$$

26

유체에 대한 일반적인 설명으로 틀린 것은?

① 아무리 작은 전단응력이라도 물질 내부에 전단응력이 생기면 정지상태로 있을 수가 없다.
② 점성이 작은 유체일수록 유동 저항이 작아 더 쉽게 움직일 수 있다.
③ 충격파는 비압축성 유체에서는 잘 관찰되지 않는다.
④ 유체에 미치는 압축의 정도가 커서 밀도가 변하는 유체를 비압축성유체라 한다.

해설 비압축성 유체 : 압력변화에 대하여 밀도변화가 없는 유체

27

뉴턴의 점성법칙과 직접적으로 관계없는 것은?

① 압 력
② 전단응력
③ 속도구배
④ 점성계수

해설 Newton의 점성법칙(난류인 경우)
전단응력은 점성계수와 속도구배에 비례한다.

$$
\tau = \frac{F}{A} = \mu \frac{du}{dy}
$$

여기서, τ : 전단응력[dyne/cm^2]
μ : 점성계수[dyne $\cdot$ s/cm^2]
$\dfrac{du}{dy}$: 속도구배

28

직경이 d인 소방 호스 끝에 직경이 $d/2$인 노즐이 연결되어 있다. 노즐에서 유출되는 유체의 평균속도는 호스에서의 평균속도에 얼마인가?

① 1/4

② 1/2

③ 2배

④ 4배

해설 평균속도

$$u = \frac{4Q}{\pi d^2}$$

여기서 d를 $d/2$인 노즐에 연결하면

$$u = \frac{4Q}{\pi d^2} = \frac{4Q}{\pi \left(\frac{d}{2}\right)^2} = \frac{4Q}{\pi \frac{d^2}{4}} = \frac{4Q \times 4}{\pi d^2}$$

∴ 호스의 평균속도보다 4배이다.

29

온도 54.64[℃], 압력 100[kPa]인 산소가 지름 10[cm]인 관속을 흐를 때 층류로 흐를 수 있는 평균속도의 최댓값[m/s]은 얼마인가?(단, 임계레이놀즈수는 2,100, 산소의 점성계수는 23.16×10^{-6}[kg/m·s], 기체상수는 259.75[N·m/kg·K])

① 0.212

② 0.414

③ 0.616

④ 0.818

해설 평균속도

레이놀즈수(Reynolds Number, Re)

$$Re = \frac{Du\rho}{\mu} = \frac{Du}{\nu}$$

여기서 D : 관의 내경[cm], u : 유속[m/s],
　　　μ : 유체의 점도[kg/m·s],
　　　ρ : 유체의 밀도[g/cm³]
먼저 유체의 밀도를 구하면

$$\rho = \frac{P}{RT}$$

$$= \frac{100 \times 1,000[\text{N/m}^2]}{259.75[\text{N} \cdot \text{m/kg} \cdot \text{K}] \times (273 + 54.64)[\text{K}]}$$

$$= 1.175[\text{kg/m}^3]$$

임계레이놀즈수가 2,100일 때 유속을 구하면

$$Re = \frac{Du\rho}{\mu}$$

$$2,100 = \frac{0.1[\text{m}] \times u \times 1.175[\text{kg/m}^3]}{23.16 \times 10^{-6}[\text{kg/m} \cdot \text{s}]}$$

$$\therefore u = 0.4139[\text{m/s}]$$

30

수평 노즐입구에서의 계기압력이 P_1[Pa], 면적이 A_1[m²]이고 출구에서의 면직은 A_2[m²]이다. 물이 노즐을 통해 V_2[m/s]의 속도로 대기 중으로 방출될 때 노즐을 고정시키는 데 필요한 힘[N]의 크기는 얼마인가?(단, 물의 밀도는 ρ[kg/m³]이다)

① $P_1 A_1 - \rho A_2 V_2^2 \left(1 - \dfrac{A_2}{A_1}\right)$

② $P_1 A_1 + \rho A_2 V_2^2 \left(1 - \dfrac{A_2}{A_1}\right)$

③ $P_1 A_1 - \rho A_2 V_2^2 \left(1 + \dfrac{A_2}{A_1}\right)$

④ $P_1 A_1 + \rho A_2 V_2^2 \left(1 + \dfrac{A_2}{A_1}\right)$

해설 노즐 입출구의 운동량방정식을 적용하면

$$P_1 A_1 - P_2 A_2 - F_x = \rho Q(V_2 - V_1)$$

노즐 출구에서 P_2는 대기압이므로 0이다.

유량 $Q = A_1 V_1 = A_2 V_2$, 유속 $V_1 = V_2 \times \dfrac{A_2}{A_1}$

$$F_x = P_1 A_1 - \rho Q(V_2 - V_1)$$

$$= P_1 A_1 - \rho A_2 V_2 \left(V_2 - V_2 \frac{A_2}{A_1}\right)$$

$$= P_1 A_1 - \rho A_2 V_2^2 \left(1 - \frac{A_2}{A_1}\right)$$

31

풍동에서 유속을 측정하기 위해서 피토관을 설치하였다. 이때 피토관에 연결된 U자관 액주계 내 비중이 0.8인 알코올이 10[cm] 상승하였다. 풍동 내의 공기의 압력이 100[kPa]이고, 온도가 20[℃]일 때 풍동에서 공기의 속도[m/s]는?(단, 일반기체상수는 0.287[kJ/kg · K]이다)

① 33.5　　　　　　② 36.3
③ 38.6　　　　　　④ 40.4

해설 공기의 속도

$$u = c\sqrt{2gR\left(\frac{\rho_o}{\rho} - 1\right)}$$

여기서, c : 상수, R : 높이[m], ρ_o : 알코올의 비중

ρ : 공기의 비중($\rho = \dfrac{P}{RT}$

$= \dfrac{100 \times 10^3 [\text{Pa}]([\text{N/m}^2])}{0.287 \times 10^3 [\text{N} \cdot \text{m/kg} \cdot \text{K}] \times (273 + 20)[\text{K}]}$

$= 1.189 [\text{kg/m}^3])$

∴ 공기의 속도

$u = c\sqrt{2gR\left(\frac{\rho_o}{\rho} - 1\right)}$

$= \sqrt{2 \times 9.8 [\text{m/s}^2] \times 0.1 [\text{m}] \left(\dfrac{0.8 \times 1,000 [\text{kg/m}^3]}{1.189 [\text{kg/m}^3]} - 1\right)}$

$= 36.28 [\text{m/s}]$

32

관지름 d, 관마찰계수 f, 부차손실계수 K인 관의 상당길이 L_e는?

① $\dfrac{f}{K \times d}$　　　　② $\dfrac{K \times d}{f}$

③ $\dfrac{K}{d \times f}$　　　　④ $\dfrac{d \times f}{K}$

해설 등가길이

$$\text{상당길이 } L_e = \frac{Kd}{f}$$

여기서, k : 부차적 손실계수, d : 관지름
　　　　f : 관마찰계수

33

압력 300[kPa], 체적 1.66[m³]인 상태의 가스를 정압하에서 열을 방출시켜 체적을 1/2로 만들었다. 이때 기체에 해준 일[kJ]은 얼마인가?

① 129　　　　　　② 249
③ 399　　　　　　④ 981

해설
일 $= 300[\text{kN/m}^2] \times 1.66[\text{m}^3] \times \dfrac{1}{2} = 249[\text{kN} \cdot \text{m}]$

$= 249[\text{kJ}]$

$$[\text{N} \cdot \text{m}] = [\text{J}], \ [\text{kN} \cdot \text{m}] = [\text{kJ}]$$

34

다음 중 기체상수가 가장 큰 것은?

① 수 소
② 산 소
③ 공 기
④ 질 소

해설 기체상수(R)과 분자량(M) 사이의 관계식

$$R = \frac{848}{M} [\text{kg}_\text{f} \cdot \text{m/kg} \cdot \text{K}]$$

$$= \frac{8,412}{M} [\text{N} \cdot \text{m/kg} \cdot \text{K}]$$

∴ 분자량이 작을수록 기체상수(R)가 크다.

종 류	수 소	산 소	공 기	질 소
화학식	H_2	O_2	-	N_2
분자량	2	32	29	28

35

펌프의 이상 현상 중 펌프의 유효흡입수두(NPSH)와 가장 관련이 있는 것은?

① 수온상승 현상
② 수격 현상
③ 공동 현상
④ 서징 현상

해설 흡입양정(NPSH)

① 유효흡입양정(NPSHav : available Net Positive Suction Head)

펌프를 설치하여 사용할 때 펌프 자체와는 무관하게 흡입측 배관 또는 시스템에 의하여 결정되는 양정이다. 유효흡입양정은 펌프 흡입구 중심으로 유입되는 압력을 절대압력으로 나타낸다.

㉠ 흡입 NPSH(부압수조방식, 수면이 펌프 중심보다 낮을 경우)

$$\text{유효 NPSH} = H_a - H_p - H_s - H_L$$

여기서, H_a = 대기압두[m]

H_p = 포화 수증기압두[m]

H_s = 흡입실양정[m]

H_L = 흡입측 배관 내의 마찰손실수두[m]

㉡ 압입 NPSH(정압수조방식, 수면이 펌프 중심보다 높을 경우)

$$\text{유효 NPSH} = H_a - H_p - H_s - H_L$$

② 필요흡입양정(NPSHre : required Net Positive Suction Head)

펌프의 형식에 의하여 결정되는 양정으로 펌프를 운전할 때 공동현상을 일으키지 않고 정상운전에 필요한 흡입양정이다.

③ NPSHav와 NPSHre 관계식

㉠ 설계조건 : NPSHav ≧ NPSHre × 1.3

㉡ 공동현상이 발생하는 조건

NPSHav < NPSHre

㉢ 공동현상이 발생되지 않는 조건

NPSHav > NPSHre

36

점성계수의 MLT계 차원으로 옳은 것은?

① $[ML^{-1}T^{-1}]$

② $[ML^{2}T^{-1}]$

③ $[L^{2}T^{-2}]$

④ $[ML^{-2}T^{-2}]$

해설 점성계수 : $[\text{kg/m} \cdot \text{s}]$ $[ML^{-1}T^{-1}]$

37

부력에 대한 설명으로 틀린 것은?

① 부력의 중심인 부심은 유체에 잠긴 물체체적의 중심이다.

② 부력의 크기는 물체에 의해 배제된 유체의 무게와 같다.

③ 부력이 작용하므로 모든 물체는 항상 유체 속에 잠기지 않고 유체표면에 뜨게 된다.

④ 정지 유체에 잠겨있거나 떠 있는 물체가 유체에 의하여 수직 상 방향으로 받는 힘을 부력이라고 한다.

해설 부력은 정지유체에 잠겨있거나 떠 있는 물체는 유체에 의하여 수직방향으로 힘을 받는다.

38

U자관 액주계가 오리피스 유량계에 설치되어 있다. 액주계 내부에는 비중 13.6인 수은으로 채워져 있으며, 유량계에는 비중 1.6인 유체가 유동하고 있다. 액주계에서 수은의 높이 차이가 200[mm]라면 오리피스 전후의 압력차[kPa]는 얼마인가?

① 13.5

② 23.5

③ 33.5

④ 43.5

해설 오리피스 전후의 압력차[kPa]

$$\Delta P = \frac{g}{g_c} R (\gamma_A - \gamma_B)$$

$$= 0.2[\text{m}](13,600 - 1,600)[\text{kg}_f/\text{m}^3]$$

$$= 2,400[\text{kg}_f/\text{m}^3]$$

$$\therefore \frac{2,400[\text{kg}_f/\text{m}^2]}{10,332[\text{kg}_f/\text{m}^2]} \times 101.325[\text{kPa}] = 23.54[\text{kPa}]$$

39

단면적이 10[m²]이고 두께가 2.5[cm]인 단열재를 통과하는 열전달량이 3[kW]이다. 내부(고온)면의 온도가 415[℃]이고 단열재의 열전도도가 0.2[W/m·K]일 때 외부(저온)면의 온도[℃]는?

① 353.7 ② 377.5
③ 396.2 ④ 402.4

해설 열전도열량 $q = \dfrac{\lambda}{l} A(t_2 - t_1)$

$$3 \times 10^3 = \dfrac{0.2}{0.025} \times 10 \times (415 - t_1)$$

$$\therefore t_1 = 415 - \dfrac{3,000 \times 0.025}{0.2 \times 10} = 377.5[℃]$$

40

기준면에서 7.5[m] 높은 곳에서 유속이 6.5[m/s]인 물이 흐르고 있을 때 압력이 55[kPa]이었다. 전수두[m]는 얼마인가?

① 15.3 ② 17.4
③ 19.1 ④ 23.5

해설 전수두

$$전수두 \ H = \dfrac{u^2}{2g} + \dfrac{P}{r} + Z$$

여기서, $\dfrac{u^2}{2g}$: 속도수두, $\dfrac{P}{r}$: 압력수두,

Z : 위치수두, u(유속) : 6.5[m/s]

$\therefore$ 전수두

$$H = \dfrac{u^2}{2g} + \dfrac{P}{r} + Z = \dfrac{(6.5)^2}{2 \times 9.8[m/s^2]}$$
$$+ \dfrac{\left(\dfrac{55[kPa]}{101.325[kPa]}\right) \times 10,332[kg_f/m^2]}{1,000[kg_f/m^3]}$$
$$+ 7.5[m] = 15.26[m]$$

제 3 과목 소방관계법규

41

소방시설공사업법령상 소방본부장이나 소방서장이 소방시설공사가 공사감리 결과보고서대로 완공되었는지를 현장에서 확인할 수 있는 특정소방대상물이 아닌 것은?

① 판매시설
② 문화 및 집회시설
③ 11층 이상인 아파트
④ 수련시설 및 노유자시설

해설 연면적 10,000[m²] 이상이거나 11층 이상인 특정소방대상물은 현장확인 대상물이나 아파트는 제외한다.

42

화재예방, 소방시설 설치·유지 및 안전관리에 관한 법령상 시·도지사는 관리업자에게 영업정지를 명하는 경우로서 그 영업정지가 국민에게 심한 불편을 주거나 그 밖에 공익을 해칠 우려가 있을 때에는 영업정지처분을 갈음하여 최대 얼마 이하의 과징금을 부과할 수 있는가?

① 1,000만원
② 2,000만원
③ 3,000만원
④ 5,000만원

해설 화재예방, 소방시설 설치·유지 및 안전관리에 관한 법령상 과징금
• 과징금 처분권자 : 시·도지사
• 관리업자의 영업정지처분에 갈음하는 과징금 : 3,000만원 이하

안심Touch

43

화재예방, 소방시설 설치·유지 및 안전관리에 관한 법령상 소방청장 또는 시·도지사가 청문을 하여야 하는 처분이 아닌 것은?

① 소방시설관리사 자격의 정지
② 소방안전관리자 자격의 취소
③ 소방시설관리업의 등록취소
④ 소방용품의 형식승인 취소

해설 청문
- 청문회 실시권자 : 소방청장 또는 시·도지사
- 청문회 실시 대상
  - 소방시설관리사 자격의 취소 및 정지
  - 소방시설관리업의 등록취소 및 영업정지
  - 소방용품의 형식승인취소 및 제품검사 중지
  - 우수품질인증의 취소
  - 전문기관의 지정취소 및 업무정지

44

소방기본법령상 화재경계지구로 지정할 수 있는 대상 지역이 아닌 것은?(단, 소방청장·소방본부장 또는 소방서장이 화재경계지구로 지정할 필요가 있다고 별도로 지정한 지역은 제외한다)

① 시장지역
② 석조건물이 있는 지역
③ 위험물의 저장 및 처리 시설이 밀집한 지역
④ 석유화학제품을 생산하는 공장이 있는 지역

해설 목조건물이 밀집한 지역은 화재경계지구 대상이다.

45

소방기본법령상 동원된 소방력의 운용과 관련하여 필요한 사항을 정하는 자는?(단, 동원된 소방력의 소방활동 수행 과정에서 발생하는 경비 및 동원된 민간 소방인력이 소방활동을 수행하다가 사망하거나 부상을 입은 경우와 관련된 사항은 제외한다)

① 대통령   ② 소방청장
③ 시·도지사   ④ 행정안전부장관

해설 동원된 소방력의 운용과 관련하여 필요한 사항은 소방 청장이 정한다.

46

소방기본법령상 소방서 종합상황실의 실장이 서면·모사전송 또는 컴퓨터통신 등으로 소방본부의 종합상황실에 지체 없이 보고하여야 하는 화재의 기준으로 틀린 것은?

① 이재민이 50인 이상 발생한 화재
② 재산피해액이 50억원 이상 발생한 화재
③ 층수가 11층 이상인 건축물에서 발생한 화재
④ 사망자가 5인 이상 발생하거나 사상자가 10인 이상 발생한 화재

해설 이재민이 100인 이상 발생한 화재는 보고사항이다.

47

화재예방, 소방시설 설치·유지 및 안전관리에 관한 법령상 자동화재속보설비를 설치하여야 하는 특정소방대상물의 기준으로 틀린 것은?(단, 사람이 24시간 상시 근무하고 있는 경우는 제외한다)

① 업무시설로서 바닥면적이 1,500[m²] 이상인 층이 있는 것
② 문화재보호법에 따라 보물 또는 국보로 지정된 목조건축물
③ 노유자 생활시설에 해당하지 않는 노유자시설로서 바닥면적이 300[m²] 이상인 층이 있는 것
④ 수련시설(숙박시설이 있는 건축물만 해당)로서 바닥면적이 500[m²] 이상인 층이 있는 것

해설 노유자 생활시설에 해당하지 않는 **노유자시설**로서 바닥면적이 **500[m²] 이상인 층**이 있는 것은 **자동화재속보설비** 설치대상이다.

정답 43 ② 44 ② 45 ② 46 ① 47 ③

48

위험물안전관리법령상 점포에서 위험물을 용기에 담아 판매하기 위하여 지정수량의 40배 이하의 위험물을 취급하는 장소의 취급소 구분으로 옳은 것은?(단, 위험물을 제조외의 목적으로 취급하기 위한 장소이다)

① 이송취급소
② 일반취급소
③ 주유취급소
④ 판매취급소

해설 **판매취급소** : 점포에서 위험물을 용기에 담아 판매하기 위하여 지정수량의 40배 이하의 위험물을 취급하는 장소

49

소방기본법령상 소방신호의 종류가 아닌 것은?

① 발화신호
② 해제신호
③ 훈련신호
④ 소화신호

해설 **소방신호** : 경계신호, 발화신호, 해제신호, 훈련신호

50

소방기본법령상 국가가 시·도의 소방업무에 필요한 경비의 일부를 보조하는 국고보조 대상이 아닌 것은?

① 소방자동차 구입
② 소방용수시설 설치
③ 소방전용통신설비 설치
④ 소방관서용 청사의 건축

해설 **국고보조 대상**
• 소방활동장비 및 설비
　– 소방자동차
　– 소방헬리콥터 및 소방정
　– 소방전용통신설비 및 전산설비
　– 그 밖의 방화복 등 소방활동에 필요한 소방장비
• 소방관서용 청사

51

화재예방, 소방시설 설치·유지 및 안전관리에 관한 법령상 특정소방대상물 중 숙박시설의 종류가 아닌 것은?

① 학교 기숙사
② 일반형 숙박시설
③ 생활형 숙박시설
④ 근린생활시설에 해당하지 않는 고시원

해설 **숙박시설**
• 일반형 숙박시설
• 생활형 숙박시설
• 근린생활시설에 해당하지 않는 고시원

52

화재예방, 소방시설 설치·유지 및 안전관리에 관한 법령상 소방시설 관리사의 결격사유가 아닌 것은?

① 피성년후견인
② 소방기본법령에 따른 금고 이상의 실형을 선고받고 그 집행이 면제된 날부터 2년이 지나지 아니한 사람
③ 소방시설공사업법령에 따른 금고 이상의 형의 집행유예를 선고받고 그 유예기간이 지난 후 2년이 지나지 아니한 사람
④ 거짓이나 그 밖의 부정한 방법으로 관리사 시험에 합격하여 자격이 취소된 날부터 2년이 지나지 아니한 사람

해설 소방시설공사업법령에 따른 금고 이상의 형의 집행유예를 선고받고 그 유예기간 중에 있는 사람은 결격사유이다.

53

화재예방, 소방시설 설치·유지 및 안전관리에 관한 법령상 특정소방대상물에 설치되어 소방본부장 또는 소방서장의 건축허가 등의 동의대상에서 제외되게 하는 소방시설이 아닌 것은?(단, 설치되는 소방시설은 화재안전기준에 적합하다)

① 유도표지
② 누전경보기
③ 비상조명등
④ 인공소생기

해설 건축허가 등의 제외 동의대상물
- 소화기구, **누전경보기**, 피난기구, 방열복·방화복·공기호흡기, **인공소생기**, 유도등, **유도표지**가 화재안전기준에 적합한 경우 그 특정소방대상물
- 건축물의 증축 또는 용도변경으로 인하여 해당 특정소방대상물에 추가로 소방시설 등이 설치되지 아니하는 경우 그 특정소방대상물
- 성능위주설계를 한 특정소방대상물

54

위험물안전관리법령상 제조소 등에 전기설비(전기배선, 조명기구 등은 제외)가 설치된 장소의 면적이 $300[\text{m}^2]$일 경우, 소형수동식소화기는 최소 몇 개 설치하여야 하는가?

① 1개
② 2개
③ 3개
④ 4개

해설 제조소 등에 전기설비(전기배선, 조명기구 등은 제외)가 설치된 경우 : 면적 $100[\text{m}^2]$마다 소형수동식소화기를 1개 이상 설치할 것

∴ 소화기 설치개수 $= \dfrac{300[\text{m}^2]}{100[\text{m}^2]} = 3$개

55

소방시설공사업법령상 상주 공사감리의 대상 기준 중 다음 괄호 안에 알맞은 것은?

- 연면적 (㉠)$[\text{m}^2]$ 이상의 특정소방대상물(아파트 제외)에 대한 소방시설의 공사
- 지하층을 포함한 층수가 (㉡)층 이상으로서 (㉢)세대 이상인 아파트에 대한 소방시설의 공사

① ㉠ 30,000, ㉡ 16, ㉢ 500
② ㉠ 30,000, ㉡ 11, ㉢ 300
③ ㉠ 50,000, ㉡ 16, ㉢ 500
④ ㉠ 50,000, ㉡ 11, ㉢ 300

해설 상주 공사감리대상
- 연면적 30,000$[\text{m}^2]$ 이상의 특정소방대상물(아파트는 제외한다)에 대한 소방시설의 공사
- 지하층을 포함한 층수가 16층 이상으로서 500세대 이상인 아파트에 대한 소방시설의 공사

56

소방기본법령상 소방대상물에 해당하지 않는 것은?

① 차 량
② 건축물
③ 운항 중인 선박
④ 선박 건조 구조물

해설 운항 중인 선박은 소방대상물이 아니다.

57

위험물안전관리법령상 제3류 위험물이 아닌 것은?

① 칼 륨
② 황 린
③ 나트륨
④ 마그네슘

해설 마그네슘 : 제2류 위험물

58

화재예방, 소방시설 설치·유지 및 안전관리에 관한 법령상 특정소방대상물 중 교육연구시설에 포함되지 않는 것은?

① 도서관
② 초등학교
③ 직업훈련소
④ 자동차운전학원

해설 **자동차운전학원** : 항공기 및 자동차관련시설

59

위험물안전관리법령상 산화성 고체이며 제1류 위험물에 해당하는 것은?

① 칼 륨
② 황화인
③ 염소산염류
④ 유기과산화물

해설 **위험물의 분류**

종류	칼 륨	황화인	염소산염류	유기과산화물
유별	제3류 위험물	제2류 위험물	제1류 위험물	제5류 위험물
성질	자연발화성 및 금수성 물질	가연성 고체	산화성 고체	자기반응성 물질

60

화재예방, 소방시설 설치·유지 및 안전관리에 관한 법령상 건축허가 등을 할 때 미리 소방본부장 또는 소방서장의 동의를 받아야 하는 건축물의 범위에 해당하는 것은?

① 연면적 200[m²]인 노유자시설 및 수련시설
② 연면적 300[m²]인 업무시설로 사용되는 건축물
③ 승강기 등 기계장치에 의한 주차시설로서 자동차 10대를 주차할 수 있는 시설
④ 차고·주차장으로 사용되는 층 중 바닥면적이 150[m²]인 층이 있는 건축물

해설 **건축동의를 받아야 하는 건축물의 범위**
• 연면적 200[m²]인 노유자시설 및 수련시설
• 연면적 400[m²]인 업무시설로 사용되는 건축물
• 승강기 등 기계장치에 의한 주차시설로서 자동차 20 대를 주차할 수 있는 시설
• 차고·주차장으로 사용되는 층 중 바닥면적이 200[m²] 인 층이 있는 건축물

제 4 과목 | 소방기계시설의 구조 및 원리

61

옥외소화전설비의 화재안전기준상 옥외소화전설비의 배관 등에 관한 기준 중 호스의 구경은 몇 [mm]로 하여야 하는가?

① 35
② 45
③ 55
④ 65

해설 옥외소화전설비의 호스의 구경 : 65[mm]
옥내소화전설비의 호스의 구경 : 40[mm]

62

스프링클러설비의 화재안전기준상 배관의 설치기준 중 다음 괄호 안에 알맞은 것은?

연결송수관설비의 배관과 겸용할 경우의 주배관은 구경 (㉠)[mm] 이상, 방수구로 연결되는 배관의 구경은 (㉡)[mm] 이상의 것으로 하여야 한다.

① ㉠ 65, ㉡ 80
② ㉠ 65, ㉡ 100
③ ㉠ 100, ㉡ 65
④ ㉠ 100, ㉡ 80

해설 **스프링클러설비와 연결송수관설비 겸용**
• 주배관 : 100[mm] 이상
• 방수구로 연결된 배관 : 65[mm] 이상

63

물분무소화설비의 화재안전기준상 66[kV] 이하인 고압의 전기기기가 있는 장소에 물분무헤드를 설치 시 전기기기와 물분무헤드 사이의 이격거리는 최소 몇 [cm]인가?

① 70
② 80
③ 90
④ 100

해설 전기기기와 물분무헤드 사이의 이격거리

전압[kV]	거리[cm]	전압[kV]	거리[cm]
66 이하	70 이상	154 초과 181 이하	180 이상
66 초과 77 이하	80 이상	181 초과 220 이하	210 이상
77 초과 110 이하	110 이상	220 초과 275 이하	260 이상
110 초과 154 이하	150 이상		

64

이산화탄소소화설비의 화재안전기준상 전역방출식 이산화탄소소화설비 분사헤드의 방사압력은 최소 몇 [MPa] 이상이 되어야 하는가?(단, 저압식은 제외한다)

① 1.2
② 2.1
③ 3.6
④ 4.2

해설 전역방출식 이산화탄소소화설비 분사헤드의 방사압력
• 고압식 : 2.1[MPa] 이상
• 저압식 : 1.05[MPa] 이상

65

소화기구 및 자동소화장치의 화재안전기준상 소화기구의 설치기준 중 다음 괄호 안에 알맞은 것은?

> 능력단위가 2단위 이상이 되도록 소화기를 설치하여야 할 특정소방대상물 또는 그 부분에 있어서는 간이소화용구의 능력단위가 전체 능력단위의 (　)을 초과하지 아니하게 할 것

① $\dfrac{1}{2}$

② $\dfrac{1}{3}$

③ $\dfrac{1}{4}$

④ $\dfrac{1}{5}$

해설 능력단위가 2단위 이상이 되도록 소화기를 설치하여야 할 특정소방대상물 또는 그 부분에 있어서는 간이소화용구의 능력단위가 전체 능력단위의 1/2을 초과하지 아니하게 할 것. 다만, 노유자시설의 경우에는 그러하지 않다.

66

소화수조 및 저수조의 화재안전기준상 소화용수설비 소화수조의 소요수량이 120[m³]일 때 채수구는 몇 개를 설치하여야 하는가?

① 1　　　　② 2
③ 3　　　　④ 4

해설 소요수량에 따른 채수구의 수

소요 수량	20[m³] 이상 40[m³] 미만	40[m³] 이상 100[m³] 미만	100[m³] 이상
채수구의 수	1개	2개	3개

67

소방대상물에 제연 샤프트를 설치하여 건물 내·외부의 온도차와 화재 시 발생되는 열기에 의한 밀도차이를 이용하여 실내에서 발생한 화재 열, 연기 등을 지붕 외부의 루프모니터 등을 통해 옥외로 배출·환기 시키는 제연방식은?

① 자연제연방식
② 루프해치방식
③ 스모크 타워 제연방식
④ 제3종 기계제연방식

해설 **스모크 타워 제연방식** : 제연 샤프트를 설치하여 건물 내·외부의 온도차와 화재 시 발생되는 열기에 의한 밀도차이를 이용하여 실내에서 발생한 화재 열, 연기 등을 지붕 외부의 루프모니터 등을 통해 옥외로 배출·환기 시키는 제연방식

68

물분무소화설비의 화재안전기준상 물분무헤드를 설치하지 않을 수 있는 장소 기준 중 다음 괄호 안에 알맞은 것은?

> 운전 시 표면의 온도가 ( )[℃] 이상으로 되는 등 직접 분무를 하는 경우 그 부분에 손상을 입힐 우려가 있는 기계장치 등이 있는 장소

① 250
② 260
③ 270
④ 280

해설 운전 시 표면의 온도가 260[℃] 이상으로 되는 등 직접 분무를 하는 경우 그 부분에 손상을 입힐 우려가 있는 기계장치 등이 있는 장소에는 물분무헤드를 설치하지 않아도 된다.

69

소화수조 및 저수조의 화재안전기준상 소화수조, 저수조의 채수구 또는 흡수관투입구는 소방차가 최대 몇 [m] 이내의 지점까지 접근할 수 있는 위치에 설치하여야 하는가?

① 2
② 4
③ 6
④ 8

해설 채수구에 소방차 접근 위치 : 2[m] 이내

70

특별피난계단의 계단실 및 부속실 제연설비의 화재안전기준상 제연설비에 사용되는 플랩댐퍼의 정의로 옳은 것은?

① 급기가압 공간의 제연량을 자동으로 조절하는 장치를 말한다.
② 제연덕트 내에 설치되어 화재 시 자동으로 폐쇄 또는 개방되는 장치를 말한다.
③ 제연구역과 화재구역 사이의 연결을 자동으로 차단 할 수 있는 댐퍼를 말한다.
④ 부속실의 설정압력범위를 초과하는 경우 압력을 배출하여 설정압 범위를 유지하게 하는 과압방지장치를 말한다.

해설 **플랩댐퍼** : 부속실의 설정압력범위를 초과하는 경우 압력을 배출하여 설정압 범위를 유지하게 하는 과압방지장치

71

스프링클러설비의 화재안전기준상 가압송수장치에서 폐쇄형스프링클러헤드까지 배관 내에 항상 물이 가압되어 있다가 화재로 인한 열로 폐쇄형스프링클러헤드가 개방되면 배관 내에 유수가 발생하여 습식유수검지 장치가 작동하게 되는 스프링클러설비는?

① 건식스프링클러설비
② 습식스프링클러설비
③ 부압식스프링클러설비
④ 준비작동식스프링클러설비

해설 **스프링클러설비의 비교**

항목 \ 종류	습 식	건 식	부압식	준비작동식	일제살수식
사용헤드	폐쇄형	폐쇄형	폐쇄형	폐쇄형	개방형
배관 1차측	가압수	가압수	가압수	가압수	가압수
배관 2차측	가압수	압축공기	부압수	대기압, 저압공기	대기압(개방)
경보밸브	알람밸브	건식밸브	준비작동밸브	준비작동밸브	일제개방밸브
감지기의 유무	없 다	없 다	단일회로	교차회로	교차회로
시험장치	있 다	있 다	있 다	없 다	없 다

67 ③ 68 ② 69 ① 70 ④ 71 ② **정답**

72

이산화탄소소화설비의 화재안전기준상 이산화탄소소화설비의 가스압력식 기동장치에 대한 기준 중 틀린 것은?

① 기동용가스용기에는 충전여부를 확인할 수 있는 압력게이지를 설치할 것
② 기동용가스용기 및 해당 용기에 사용하는 밸브는 25[MPa] 이상의 압력에 견딜 수 있는 것으로 할 것
③ 기동용가스용기에는 내압시험압력의 0.64배부터 내압시험압력 이하에서 작동하는 안전장치를 설치할 것
④ 기동용가스용기의 용적은 5[L] 이상으로 하고, 해당 용기에 저장하는 질소 등의 비활성기체는 6.0[MPa] 이상(21[℃] 기준)의 압력으로 충전할 것

해설 이산화탄소소화설비의 가스압력식 기동장치 : 기동용가스용기에는 내압시험압력의 0.8배부터 내압시험압력 이하에서 작동하는 안전장치를 설치할 것

73

피난기구의 화재안전기준상 피난기구의 종류가 아닌 것은?

① 미끄럼대
② 간이완강기
③ 인공소생기
④ 피난용트랩

해설 인명구조기구 : 인공소생기, 공기호흡기, 방열복, 방화복

74

분말소화설비의 화재안전기준상 호스릴 분말소화설비의 설치기준으로 틀린 것은?

① 소화약제의 저장용기는 호스릴을 설치하는 장소마다 설치할 것
② 방호대상물의 각 부분으로부터 하나의 호스접결구까지의 수평거리가 15[m] 이하가 되도록 할 것
③ 소화약제의 저장용기의 개방밸브는 호스릴의 설치장소에서 수동으로 개폐할 수 있는 것으로 할 것

④ 제1종 분말소화약제를 사용하는 호스릴 분말소화설비의 노즐은 하나의 노즐마다 1분당 27[kg]을 방사할 수 있는 것으로 할 것

해설 호스릴 분말소화설비의 분당 방사량

종류	제1종 분말	제2종 또는 제3종 분말	제4종 분말
분당 방사량	45[kg]	27[kg]	18[kg]

75

스프링클러설비의 화재안전기준상 스프링클러헤드를 설치하지 않을 수 있는 장소 기준으로 틀린 것은?

① 계단실·경사로·목욕실·화장실·기타 이와 유사한 장소
② 통신기기실·전자기기실·기타 이와 유사한 장소
③ 천장과 반자 양쪽이 불연재료로 되어 있는 경우로서 천장과 반자 사이의 거리가 2[m] 미만인 부분
④ 천장 및 반자가 불연재료 외의 것으로 되어 있고 천장과 반자 사이의 거리가 1.5[m] 미만인 부분

해설 스프링클러헤드 설치제외 장소
- 천장 및 반자가 불연재료로 되어 있는 경우로서 다음에 해당하는 것
  – 천장과 반자 사이의 거리가 2[m] 미만인 부분
  – 천장과 반자 사이의 벽이 불연재료이고 천장과 반자 사이의 거리가 2[m] 이상으로서 그 사이에 가연물이 존재하지 아니하는 부분
- 천장과 반자 중 한쪽이 불연재료로 되어 있고 천장과 반자 사이의 거리가 1[m] 미만인 부분
- 천장 및 반자가 불연재료 외의 것으로 되어 있고 천장과 반자 사이의 거리가 0.5[m] 미만인 부분

76

분말소화설비의 화재안전기준상 분말소화약제의 저장용기를 가압식으로 설치할 때 안전밸브의 작동압력 기준은?

① 최고사용압력의 0.8배 이하
② 최고사용압력의 1.8배 이하
③ 내압시험압력의 0.8배 이하
④ 내압시험압력의 1.8배 이하

해설 분말소화설비의 저장용기에는 **가압식**은 **최고사용압력**의 1.8배 이하, 축압식은 용기의 내압시험압력의 0.8배 이하의 압력에서 작동하는 **안전밸브**를 설치할 것

77

피난기구의 화재안전기준상 피난기구의 설치기준 중 피난사다리 설치 시 금속성 고정사다리를 설치하여야 하는 층의 기준으로 옳은 것은?(단, 하향식 피난구용 내림식사다리는 제외한다)

① 4층 이상   ② 5층 이상
③ 7층 이상   ④ 11층 이상

해설 금속성 고정사다리를 설치 : 4층 이상

78

분말소화설비의 화재안전기준상 분말소화약제 저장용기의 내부압력이 설정압력으로 되었을 때 주밸브를 개방하기 위해 설치하는 장치는?

① 자동폐쇄장치   ② 전자개방장치
③ 자동청소장치   ④ 정압작동장치

해설 **정압작동장치** : 분말소화약제 저장용기의 내부압력이 설정압력으로 되었을 때 주밸브를 개방하기 위해 설치하는 장치

79

포소화설비의 화재안전기준상 전역방출방식의 고발포용고정포방출구 설치기준 중 다음 괄호 안에 알맞은 것은?

> 고정포방출구는 바닥면적 ( )[m²]마다 1개 이상으로 하여 방호대상물의 화재를 유효하게 소화할 수 있도록 할 것

① 300   ② 400
③ 500   ④ 600

해설 고정포방출구는 바닥면적 500[m²]마다 1개 이상으로 하여 방호대상물의 화재를 유효하게 소화할 수 있도록 할 것

80

소화기구 및 자동소화장치의 화재안전기준상 노유자시설에 대한 소화기구의 능력단위 기준으로 옳은 것은?(단, 건축물의 주요구조부, 벽 및 반자의 실내에 면하는 부분에 대한 조건은 무시한다)

① 해당 용도의 바닥면적 30[m²]마다 능력단위 1단위 이상
② 해당 용도의 바닥면적 50[m²]마다 능력단위 1단위 이상
③ 해당 용도의 바닥면적 100[m²]마다 능력단위 1단위 이상
④ 해당 용도의 바닥면적 200[m²]마다 능력단위 1단위 이상

해설 특정소방대상물별 소화기구의 능력단위기준

특정소방대상물	소화기구의 능력단위
1. 위락시설	해당 용도의 바닥면적 30[m²]마다 능력단위 1단위 이상
2. 공연장·집회장·관람장·문화재·장례식장 및 의료시설	해당 용도의 바닥면적 50[m²]마다 능력단위 1단위 이상
3. 근린생활시설·판매시설·운수시설·숙박시설·**노유자시설**·전시장·공동주택·업무시설·방송통신시설·공장·창고시설·항공기 및 자동차 관련 시설 및 관광휴게시설	해당 용도의 바닥면적 100[m²]마다 능력단위 1단위 이상
4. 그 밖의 것	해당 용도의 바닥면적 200[m²]마다 능력단위 1단위 이상

소화기구의 능력단위를 산출함에 있어서 건축물의 주요구조부가 내화구조이고, 벽 및 반자의 실내에 면하는 부분이 불연재료·준불연재료 또는 난연재료로 된 특정소방대상물에 있어서는 위 표의 기준면적의 2배를 해당 특정소방대상물의 기준면적으로 한다.

여기서 멈출 거예요? 고지가 바로 눈앞에 있어요.
마지막 한 걸음까지 시대에듀가 함께할게요!

좋은 책을 만드는 길
독자님과 함께하겠습니다.

도서나 동영상에 궁금한 점, 아쉬운 점, 만족스러운 점이
있으시다면 어떤 의견이라도 말씀해 주세요.
시대고시기획은 독자님의 의견을 모아 더 좋은 책으로 보답하겠습니다.

www.sidaegosi.com

소방설비산업기사 기계편 과년도 기출문제 필기

개정6판1쇄 발행	2021년 02월 05일(인쇄 2020년 12월 15일)
초 판 발 행	2015년 01월 15일(인쇄 2014년 11월 21일)
발 행 인	박영일
책 임 편 집	이해욱
편 저	이덕수
편 집 진 행	윤진영 · 김경숙
표지디자인	조혜령
편집디자인	심혜림 · 박동진
발 행 처	(주)시대고시기획
출 판 등 록	제10-1521호
주 소	서울시 마포구 큰우물로 75 [도화동 538 성지 B/D] 9F
전 화	1600-3600
팩 스	02-701-8823
홈 페 이 지	www.sidaegosi.com
I S B N	979-11-254-8803-3(13500)
정 가	26,000원

국 가 기 술 자 격 검 정 답 안 지

교시(차수) 기재란
( )교시·차 ① ② ③
문제지 형별 기재란
( )형 Ⓐ Ⓑ
선택과목 1
선택과목 2

수험번호
⓪ ① ② ③ ④ ⑤ ⑥ ⑦ ⑧ ⑨

감독위원 확인
(인)

문번	1	2	3	4
1	①	②	③	④
2	①	②	③	④
3	①	②	③	④
4	①	②	③	④
5	①	②	③	④
6	①	②	③	④
7	①	②	③	④
8	①	②	③	④
9	①	②	③	④
10	①	②	③	④
11	①	②	③	④
12	①	②	③	④
13	①	②	③	④
14	①	②	③	④
15	①	②	③	④
16	①	②	③	④
17	①	②	③	④
18	①	②	③	④
19	①	②	③	④
20	①	②	③	④

문번	1	2	3	4
21	①	②	③	④
22	①	②	③	④
23	①	②	③	④
24	①	②	③	④
25	①	②	③	④
26	①	②	③	④
27	①	②	③	④
28	①	②	③	④
29	①	②	③	④
30	①	②	③	④
31	①	②	③	④
32	①	②	③	④
33	①	②	③	④
34	①	②	③	④
35	①	②	③	④
36	①	②	③	④
37	①	②	③	④
38	①	②	③	④
39	①	②	③	④
40	①	②	③	④

문번	1	2	3	4
41	①	②	③	④
42	①	②	③	④
43	①	②	③	④
44	①	②	③	④
45	①	②	③	④
46	①	②	③	④
47	①	②	③	④
48	①	②	③	④
49	①	②	③	④
50	①	②	③	④
51	①	②	③	④
52	①	②	③	④
53	①	②	③	④
54	①	②	③	④
55	①	②	③	④
56	①	②	③	④
57	①	②	③	④
58	①	②	③	④
59	①	②	③	④
60	①	②	③	④

문번	1	2	3	4
61	①	②	③	④
62	①	②	③	④
63	①	②	③	④
64	①	②	③	④
65	①	②	③	④
66	①	②	③	④
67	①	②	③	④
68	①	②	③	④
69	①	②	③	④
70	①	②	③	④
71	①	②	③	④
72	①	②	③	④
73	①	②	③	④
74	①	②	③	④
75	①	②	③	④
76	①	②	③	④
77	①	②	③	④
78	①	②	③	④
79	①	②	③	④
80	①	②	③	④

문번	1	2	3	4
81	①	②	③	④
82	①	②	③	④
83	①	②	③	④
84	①	②	③	④
85	①	②	③	④
86	①	②	③	④
87	①	②	③	④
88	①	②	③	④
89	①	②	③	④
90	①	②	③	④
91	①	②	③	④
92	①	②	③	④
93	①	②	③	④
94	①	②	③	④
95	①	②	③	④
96	①	②	③	④
97	①	②	③	④
98	①	②	③	④
99	①	②	③	④
100	①	②	③	④

문번	1	2	3	4
101	①	②	③	④
102	①	②	③	④
103	①	②	③	④
104	①	②	③	④
105	①	②	③	④
106	①	②	③	④
107	①	②	③	④
108	①	②	③	④
109	①	②	③	④
110	①	②	③	④
111	①	②	③	④
112	①	②	③	④
113	①	②	③	④
114	①	②	③	④
115	①	②	③	④
116	①	②	③	④
117	①	②	③	④
118	①	②	③	④
119	①	②	③	④
120	①	②	③	④

문번	1	2	3	4
121	①	②	③	④
122	①	②	③	④
123	①	②	③	④
124	①	②	③	④
125	①	②	③	④

수험자 유의사항

1. 시험 중에는 통신기기(휴대전화·소형 무전기 등) 및 전자기기(초소형 카메라 등)를 소지하거나 사용할 수 없습니다.

2. 부정행위 예방을 위해 시험문제지에도 수험번호와 성명을 반드시 기재하시기 바랍니다.

3. 시험시간이 종료되면 즉시 답안작성을 멈춰야 하며, 종료시간 이후 계속 답안을 작성하거나 감독위원의 답안카드 제출지시에 불응할 때에는 당해 시험이 무효처리 됩니다.

4. 기타 감독위원의 정당한 지시에 불응하여 타 수험자의 시험에 방해가 될 경우 퇴실조치 될 수 있습니다.

답안카드 작성 시 유의사항

1. 답안카드 기재·마킹 시에는 반드시 검정색 사인펜을 사용해야 합니다.

2. 답안카드를 잘못 작성했을 시에는 카드를 교체하거나 수정테이프를 사용하여 수정할 수 있습니다.
   그러나 불완전한 수정처리로 인해 발생하는 전산자동판독불가 등 불이익은 수험자의 귀책사유입니다.
   - 수정테이프 이외의 수정액, 스티커 등은 사용 불가
   - 답안카드 왼쪽(성명·수험번호 등)을 제외한 '답안란' 만 수정테이프로 수정 가능

3. 성명란은 수험자 본인의 성명을 정자체로 기재합니다.

4. 해당차수(교시)시험을 기재하고 해당 란에 마킹합니다.

5. 시험문제지 형별기재란은 시험문제지 형별을 기재하고, 우측 형별마킹란에 해당 형별을 마킹합니다.

6. 수험번호란은 숫자로 기재하고 아래 해당번호에 마킹합니다.

7. 시험문제지 형별 및 수험번호 등 마킹착오로 인한 불이익은 전적으로 수험자의 귀책사유입니다.

8. 감독위원의 날인이 없는 답안카드는 무효처리 됩니다.

9. 상단과 우측의 검은색 띠(▐▐▐) 부분은 낙서를 금지합니다.

부정행위 처리규정

시험 중 다음과 같은 행위를 하는 자는 당해 시험을 무효처리하고 자격별 관련 규정에 따라 일정기간 동안 시험에 응시할 수 있는 자격을 정지합니다.

1. 시험과 관련된 대화, 답안카드 교환, 다른 수험자의 답안·문제지를 보고 답안 작성, 대리시험을 치르거나 치르게 하는 행위, 시험문제 내용과 관련된 물건을 휴대하거나 이를 주고받는 행위

2. 시험장 내외로부터 도움을 받아 답안을 작성하는 행위, 공인어학성적 및 응시자격서류를 허위기재하여 제출하는 행위

3. 통신기기(휴대전화·소형 무전기 등) 및 전자기기(초소형 카메라 등)를 휴대하거나 사용하는 행위

4. 다른 수험자와 성명 및 수험번호를 바꾸어 작성·제출하는 행위

5. 기타 부정 또는 불공정한 방법으로 시험을 치르는 행위

주의
바르게 마킹한 것… ●
잘못 마킹한 것… ⊘ ⦿ ◉ ⊗

성명
홍 길 동

교시(차수) 기재란
( )교시·차 ① ② ③

문제지 형별 기재란
( )형 Ⓐ Ⓑ

선택과목 1

선택과목 2

수 험 번 호							
⓪	⓪	⓪	⓪	⓪	⓪	⓪	⓪
①	①	①	①	①	①	①	①
②	②	②	②	②	②	②	②
③	③	③	③	③	③	③	③
④	④	④	④	④	④	④	④
⑤	⑤	⑤	⑤	⑤	⑤	⑤	⑤
⑥	⑥	⑥	⑥	⑥	⑥	⑥	⑥
⑦	⑦	⑦	⑦	⑦	⑦	⑦	⑦
⑧	⑧	⑧	⑧	⑧	⑧	⑧	⑧
⑨	⑨	⑨	⑨	⑨	⑨	⑨	⑨

감독위원 확인
홍 길 동

소방시설관리사

최고의
베스트셀러

소방시설관리사 1차
4X6배판 / 정가 53,000원

소방시설관리사 2차
소방시설의 설계 및 시공
4X6배판 / 정가 30,000원

소방시설관리사 2차
소방시설의 점검실무행정
4X6배판 / 정가 30,000원

※ 도서의 이미지와 가격은 변경될 수 있습니다.

과년도
기출문제 분석표
수록

시험에 완벽하게
대비할 수 있는
이론과 예상문제

핵심이론
요약집 제공

과년도
출제문제와
명쾌한 해설

더 이상의 소방 시리즈는 없다!

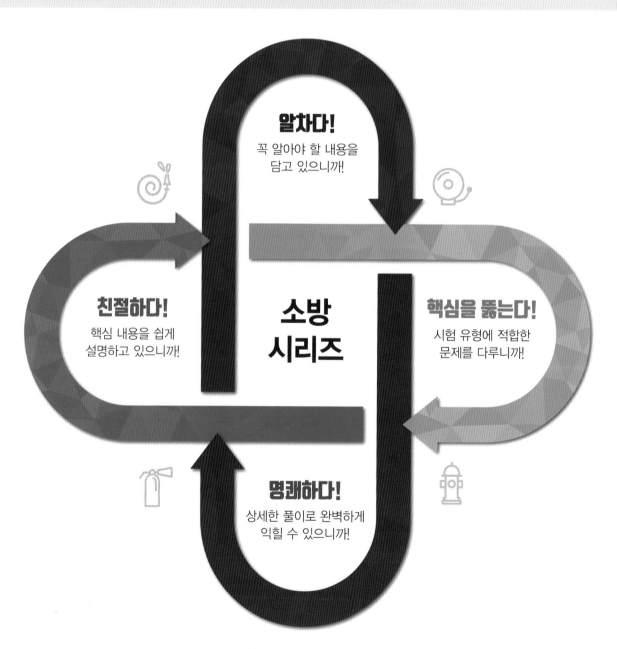

알차다!
꼭 알아야 할 내용을
담고 있으니까!

핵심을 뚫는다!
시험 유형에 적합한
문제를 다루니까!

**소방
시리즈**

친절하다!
핵심 내용을 쉽게
설명하고 있으니까!

명쾌하다!
상세한 풀이로 완벽하게
익힐 수 있으니까!

(주)시대고시기획이 신뢰와 책임의 마음으로 수험생 여러분에게 다가갑니다.

(주)시대고시기획의 소방 도서는...

현장실무와 오랜 시간 동안 저자의 노하우를 바탕으로 최단기간 합격의 기회를 제공합니다.

2021년 시험대비를 위해 최신개정법 및 이론을 반영하였습니다.

빨간키(빨리보는 간단한 키워드)를 수록하여 가장 기본적인 이론을 시험 전에 확인할 수 있도록 하였습니다.

연도별 기출문제 분석표를 통해 시험의 경향을 한눈에 파악할 수 있도록 하였습니다.

본문 안에 출제 표기를 하여 보다 효율적으로 학습할 수 있도록 하였습니다.

소방시설관리사	소방시설관리사 1차	4×6배판 / 53,000원
	소방시설관리사 2차 점검실무행정	4×6배판 / 30,000원
	소방시설관리사 2차 설계 및 시공	4×6배판 / 30,000원
위험물기능장	위험물기능장 필기	4×6배판 / 38,000원
	위험물기능장 실기	4×6배판 / 35,000원
소방설비기사·산업기사[기계편]	소방설비기사 기본서 필기	4×6배판 / 33,000원
	소방설비기사 과년도 기출문제 필기	4×6배판 / 26,000원
	소방설비산업기사 과년도 기출문제 필기	4×6배판 / 26,000원
	소방설비기사 기본서 실기	4×6배판 / 35,000원
	소방설비기사 과년도 기출문제 실기	4×6배판 / 27,000원
소방설비기사·산업기사[전기편]	소방설비기사 기본서 필기	4×6배판 / 33,000원
	소방설비기사 과년도 기출문제 필기	4×6배판 / 26,000원
	소방설비산업기사 과년도 기출문제 필기	4×6배판 / 26,000원
	소방설비기사 기본서 실기	4×6배판 / 36,000원
	소방설비기사 과년도 기출문제 실기	4×6배판 / 26,000원
소방안전관리자	소방안전관리자 1급 예상문제집	4×6배판 / 19,000원
	소방안전관리자 2급 예상문제집	4×6배판 / 15,000원
	소방기술사	
	김성곤의 소방기술사 핵심 길라잡이	4×6배판 / 75,000원
	소방관계법규	
	화재안전기준(포켓북)	별판 / 15,000원

* 도서 가격은 변동될 수 있습니다.

시대북 통합서비스 앱 안내

연간 1,500여 종의 실용서와 수험서를 출간하는 시대고시기획, 시대교육, 시대인에서
출간도서 구매 고객에 대하여 도서와 관련한 "실시간 푸시 알림" 앱 서비스를 개시합니다.

이제 수험정보와 함께 도서와 관련한 다양한 서비스를
찾아다닐 필요 없이 스마트폰에서 실시간으로 받을 수 있습니다.

사용방법 안내 🔍

1. 메인 및 설정화면

- 로그인/로그아웃
- 푸시 알림 신청내역을 확인하거나 취소할 수 있습니다.
- 시험 일정 시행 공고 및 컨텐츠 정보를 알려드립니다.
- 1:1 질문과 답변(답변 시 푸시 알림)

2. 도서별 세부 서비스 신청화면

메인화면의 [콘텐츠 정보] [정오표/도서 학습자료 찾기] [상품 및 이벤트]
각종 서비스를 이용하여 다양한 서비스를 제공받을 수 있습니다.

[제공 서비스]

- **최신 이슈&상식** : 최신 이슈와 상식 제공(주 1회)
- **뉴스로 배우는 필수 한자성어** : 시사 뉴스로 배우기 쉬운 한자성어(주 1회)
- **정오표** : 수험서 관련 정오자료 업로드 시
- **MP3 파일** : 어학 및 MP3파일 업로드 시
- **시험일정** : 수험서 관련 시험 일정이 공고되고 게시될 때
- **기출문제** : 수험서 관련 기출문제가 게시될 때
- **도서업데이트** : 도서 부가자료가 파일로 제공되어 게시될 때
- **개정법령** : 수험서 관련 법령개정이 개정되어 게시될 때
- **동영상강의** : 도서와 관련한 동영상강의가 제공, 변경 정보가 발생한 경우
- ***향후 서비스 자동 알림 신청** : 이 외의 추가서비스가 개발될 경우 추가된 서비스에 대한 알림을 자동으로 발송해 드립니다.
- ***질문과 답변 서비스** : 도서와 동영상 강의 등에 대한 1:1 고객상담

⑦ **앱 설치방법** ▶ Google Play App Store

← 시대에듀로 검색 🎤

※ 본 앱 및 제공 서비스는 사전 예고 없이 수정, 변경되거나 제외될 수 있고, 푸시 알림 발송의 경우 기기변경이나 앱 권한 설정, 네트워크 및 서비스 상황에 따라 지연, 누락될 수 있으므로 참고하여 주시기 바랍니다.

※ 안드로이드와 IOS기기는 일부 메뉴가 상이할 수 있습니다.